에듀윌과 함께 시작하면,
당신도 합격할 수 있습니다!

대학 졸업 후 취업을 위해 바쁜 시간을 쪼개며
화재감식평가기사&산업기사 자격시험을 준비하는 취준생

비전공자이지만 더 많은 기회를 만들기 위해
화재감식평가기사&산업기사에 도전하는 수험생

낮에는 현장에서 일하면서 더 나은 미래를 위해
화재감식평가기사&산업기사에 도전하는 주경야독 직장인

누구나 합격 할 수 있습니다.
시작하겠다는 '다짐' 하나면 충분합니다.

마지막 페이지를 덮으면,

**에듀윌과 함께
화재감식평가기사&산업기사 자격증 합격이 시작됩니다.**

나에게 맞는 최적 학습법
4주 합격 플래너

이론부터 기출까지 3회독 합격전략!

WEEK	DAY	학습내용	완료
1 WEEK	DAY 01	CHAPTER 01 화재조사론	☐
	DAY 02	CHAPTER 01 화재조사론	☐
	DAY 03	CHAPTER 02 화재감식론	☐
	DAY 04	CHAPTER 02 화재감식론	☐
	DAY 05	CHAPTER 03 증거물 관리 및 법과학	☐
	DAY 06	CHAPTER 03 증거물 관리 및 법과학	☐
	DAY 07	CHAPTER 04 화재조사보고 및 피해 평가	☐
2 WEEK	DAY 08	CHAPTER 04 화재조사보고 및 피해 평가	☐
	DAY 09	CHAPTER 05 화재조사관계법규	☐
	DAY 10	CHAPTER 05 화재조사관계법규	☐
	DAY 11	출제예상 200제	☐
	DAY 12	출제예상 200제	☐
	DAY 13	출제예상 200제 해설특강	☐
	DAY 14	2025년 CBT 복원문제	☐

WEEK	DAY	학습내용	완료
3 WEEK	DAY 15	2024년~2023년 CBT 복원문제	☐
	DAY 16	2022년~2021년 기출문제	☐
	DAY 17	2020년 기출문제 **1회독**	☐
	DAY 18	오답정리	☐
	DAY 19	2025년 CBT 복원문제	☐
	DAY 20	2024년~2023년 CBT 복원문제	☐
	DAY 21	2022년~2021년 기출문제	☐
4 WEEK	DAY 22	2020년 기출문제 **2회독**	☐
	DAY 23	오답정리	☐
	DAY 24	2025년 CBT 복원문제	☐
	DAY 25	2024년~2023년 CBT 복원문제	☐
	DAY 26	2022년~2021년 기출문제	☐
	DAY 27	2020년 기출문제 **3회독**	☐
	DAY 28	오답정리 & 최종복습	☐

에듀윌이
너를
지지할게
ENERGY

시작하는 방법은
말을 멈추고
즉시 행동하는 것이다.

– 월트 디즈니(Walt Disney)

에듀윌
화재감식평가기사

필기 한권끝장(산업기사 동시대비)

핵심이론 + 출제예상 200제

WHAT?
화재감식평가기사(산업기사)란?

┃ 화재원인을 규명하는 최전선의 인력! 화재감식평가기사

산업 구조가 변화하면서 복합 건축물, 대형 공장 등 복잡한 구조물이 증가하고, 다양한 에너지원과 위험물질이 사용되고 있습니다. 이로 인해 단순 화재를 넘어 대형화재 사고가 발생하는 사례가 늘고 있으며, 화재원인 규명도 점점 어려워지고 있습니다. 따라서 과학적이고 체계적인 분석을 통해 발화원인과 사후 처리 과정을 연구하는 전문인력의 필요성이 더욱 커지고 있습니다.

NEWS 2020.00.00

**이천 물류센터 화재 사고,
38명 사망한 대형 참사**

2020년 0월 00일 신축 중인 물류센터 공사 현장에서 대형화재가 발생했다. 가연성 단열재의 사용으로 유증기가 폭발하였으며, 대형화재 원인을 계속해서 분석 중이다.

NEWS 2024.00.00

**일차전지 제조공장 화재,
인명피해 발생**

2024년 0월, 경기도 화성시의 일차전지 제조공장에서 대형화재로 23명의 사망자가 발생했다. 베터리 폭발 및 급격한 연소로 큰 인명피해가 발생한 것으로 보이며, 정확한 화재원인 규명 및 예방 대책 마련이 필요하다.

화재감식평가기사(산업기사)는 화재현장에서 원인조사, 피해분석 및 평가를 통해 과학적으로 발화원인과 발생 메커니즘을 규명하는 전문 자격증입니다. 산업의 대형화·복잡화로 화재 위험 요인이 증가함에 따라 원인분석과 재산피해 보상 관련 분쟁이 늘면서 화재감식과 관련된 전문인력 수요가 확대되고 그 중요성 또한 더욱 커지고 있습니다. 자격 취득 후에는 소방기관, 공공기관, 보험사, 기업의 안전관리 부서 등으로 진출할 수 있습니다.

- **법·제도 강화** : 건축물의 화재안전기준, 방재설비 규정, 위험물·가스시설 관리 등 강화
- **사회적 수요 증가** : 화재 예방 및 재발방지 컨설팅 등 전문성 강화 및 법규 중요성 증대
- **다양한 분야로 진출** : 소방 및 공공기관, 보험 및 손해사정 분야, 기업 및 관련 안전 부서 등

화재의 진실 규명,
화재감식평가기사

시험 정보

• 시험 일정

구분	필기시험	필기합격(예정자)발표	실기시험	최종합격자 발표일
1회	2월~3월	3월 중	4월~5월	6월 중
2회	5월 중	6월 중	7월~8월	9월 중
3회	7월 중	8월 중	10월~11월	12월 중

※ 위 시험일정은 산업기사와 동일하며, 정확한 시험일정은 한국산업인력공단(Q-net) 참고 바랍니다.
※ CBT 시험방식으로 시험기간 중 원하는 날짜와 시간을 선택하여 응시 가능합니다.

• 검정방법&합격기준

① 검정방법
- **기사** | 객관식 4지 택일형 과목당 20문항(총 5과목)
- **산업기사** | 객관식 4지 택일형 과목당 20문항(총 4과목)

② 합격기준

기사/산업기사	• 100점을 만점으로 하여 5과목 평균 60점 이상 획득한 경우 • 각 과목당 40점 이상 획득한 경우(한 과목이라도 40점 미만이면 과락)

※ 시험시간은 과목당 30분입니다.

• 시험 방식
필기시험은 CBT 시험 방식으로 시행

개요	• 종이가 아닌 컴퓨터 화면 속의 문제를 푸는 방식 • 산업기사는 2020년 3회, 기사는 2022년 3회 시험부터 CBT 시험 방식으로 시행
준비물 및 합격여부	• 신분증, 필기구 등(별도의 연습종이는 시험장에서 제공) • 답안지 제출 버튼을 눌러 시험이 종료되면 합격 여부가 컴퓨터 화면에 표시됨. 단, 최종 합격 여부는 추후 한국산업인력공단에서 발표

WHY?
에듀윌을 선택해야 하는 이유

▎핵심이론과 기출문제 분권화로 가볍게 학습 가능

2권 분권 구성으로 더 편리하고 가볍게 공부할 수 있습니다.

1권 핵심이론＋출제예상 200제
2권 6개년 기출

기사/산업기사 동시 대비 가능!

화재감식평가기사와 산업기사는 출제기준이 유사합니다. 「출제예상 200제」는 두 시험의 기출문제를 분석하여, 출제 가능성이 높은 핵심문제를 과목별로 구성하여 이를 통해 수험생이 기사와 산업기사를 모두 효율적으로 동시에 대비할 수 있습니다.

▎초단기 합격을 위한 무료특강 제공

전문 교수진의 출제예상 200제
해설 강의를 무료로 제공합니다.

출제예상 200제의 해설특강으로 개념부터 풀이까지 한번에 정리하여 최신 시험 출제경향을 파악하고 실전 감각을 극대화할 수 있습니다. 교재와 함께 무료특강을 병행하여 학습한다면 체계적인 학습은 물론, 단기간 내에 핵심을 효과적으로 정리할 수 있습니다.

강의 수강 경로
에듀윌 도서몰(book.eduwill.net) → 회원가입/로그인 → 동영상강의실 → '화재감식평가' 검색
※25년 12월 부터 순차적으로 제공예정

최신 출제기준&개정 법령 반영

화재감식평가기사/산업기사 시험은 소방기본법, 화재조사법, 화재조사 및 보고규정 등이 공포된 날짜를 기준으로 시험에 반영되어 출제되고 있습니다. 이에 에듀윌 교재는 최신 출제기준 및 개정 법령을 이론과 기출문제에 모두 반영하여 수록하였습니다.

화재감식평가기사 출제기준

1과목	2과목	3과목	4과목	5과목
화재조사론	화재감식론	증거물관리 및 법과학	화재조사보고 및 피해평가	화재조사관계법규
• 화재조사개론 • 연소론 • 화재론 • 폭발론 • 예비조사 • 발화지역 판정 발화개소 판정 의견 화재현장의 상황 파악 및 현장보존	• 발화원인 판정 • 전기화재 감식 • 가스화재 감식 • 화학물질 화재감식 • 미소화원 화재감식 • 방화화재 감식 • 차량화재 감식 • 임야화재 감식 • 선박, 항공기 화재 감식	• 증거의 종류 • 증거물 수집, 운송, 저장, 보관, 검사 • 촬영,녹화,녹음 • 화재와 법과학	• 화재조사 서류작성 • 화재피해액 산정	• 관계법령 • 관련규정 • 기타법률 • 화재수사 실무관련 규정 • 화재 민사분쟁관련 법규 • 화재분쟁의 소송 외적 해결관련 법규

화재감식평가산업기사 출제기준

1과목	2과목	3과목	4과목
화재조사론	화재감식론	증거물관리 및 법과학	화재조사보고 및 피해평가
• 화재조사개론 • 연소론 • 화재론 • 폭발론 • 예비조사 • 발화지역 판정 발화개소 판정 의견 화재현장의 상황 파악 및 현장보존	• 발화원인 판정 • 전기화재 감식 • 가스화재 감식 • 화학물질 화재감식 • 미소화원 화재감식 • 방화화재 감식 • 차량화재 감식 • 임야화재 감식 • 선박, 항공기 화재 감식	• 증거의 종류 • 증거물 수집, 운송, 저장, 보관, 검사 • 촬영,녹화,녹음 • 화재와 법과학	• 관계법령 • 관련규정 • 화재조사 서류작성 • 화재피해액 산정

※ 위 출제기준 적용기간은 2026.01.01~2026.12.31.입니다.
※ 에듀윌 화재감식평가기사 필기 한권끝장 교재는 화재감식평가기사의 출제기준과 주요 시험범위가 유사한 산업기사를 동시에 대비할 수 있도록 구성하였습니다.

STRUCTURE
이 책의 구성과 특징

교재 가이드

STEP 01 핵심이론 공략
기출문제를 분석하여 추출해 낸 빈출 KEYWORD로 꼭 필요한 이론만 효율적으로 학습!

STEP 02 필수 문제 점검
시험에 출제될 가능성이 높은 핵심문제를 수록한 출제예상 200제로 기사/산업기사 동시 대비 가능!

• 1권(핵심이론 + 출제예상 200제)

① 기출문제 분석을 통해 선별한 빈출 KEYWORD 중심으로 핵심이론을 구성하였습니다.
② 학습의 이해를 돕기 위한 용어 CHECK와 심화학습을 위한 고득점 POINT로 정리하였습니다.
③ 기사와 산업기사 기출문제를 종합분석하여 선별한 출제예상 200제로 기사/산업기사 모두 동시에 대비할 수 있습니다.

출제예상 200제 해설 무료특강   에듀윌 도서몰(book.eduwill.net) → 동영상강의실 → '화재감식평가' 검색

초단기 합격이 가능한
효율적인 구성

STEP 03 기출문제 반복 학습
상세한 해설이 수록된 최신 기출문제를
반복적으로 학습하여 실전 완벽 대비!

＋ 무료특강
쉽고 상세하게 풀이해주는
출제예상 200제 무료특강

• 2권(6개년 기출)

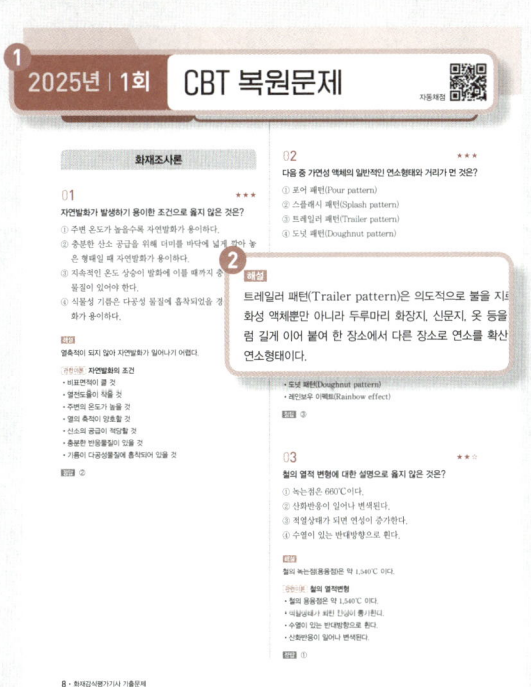

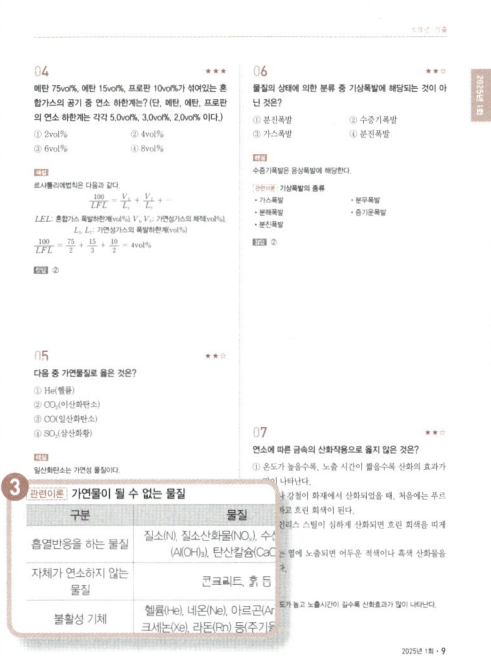

❶ 자동채점 QR코드로 성적분석과 학습상태를 점검할 수 있습니다.
❷ 직관적인 해설로 문제의 핵심을 빠르게 파악하고, 정답을 한눈에 확인할 수 있습니다.
❸ 해설에서 다루지 못한 내용이나 문제 풀이에 도움이 되는 부분은 관련이론을 통해 기출과 이론을 동시에 학습할 수 있습니다.

CONTENTS 차례

01 핵심이론

CHAPTER 01 화재조사론	14
CHAPTER 02 화재감식론	80
CHAPTER 03 증거물관리 및 법과학	158
CHAPTER 04 화재조사보고 및 피해평가	189
CHAPTER 05 화재조사관계법규	224

02

출제예상 200제

SUBJECT 01 화재조사론　　264

SUBJECT 02 화재감식론　　276

SUBJECT 03 증거물관리 및 법과학　　286

SUBJECT 04 화재조사보고 및 피해평가　　297

SUBJECT 05 화재조사관계법규　　308

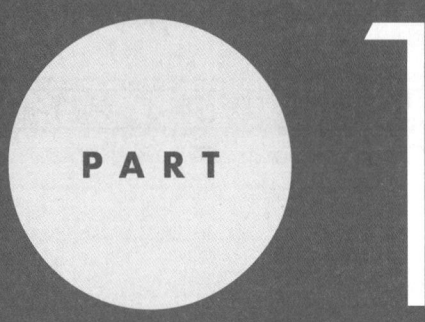

핵심이론

CHAPTER 01 화재조사론
CHAPTER 02 화재감식론
CHAPTER 03 증거물 관리 및 법과학
CHAPTER 04 화재조사보고 및 피해평가
CHAPTER 05 화재조사관계법규

기출문제를 분석한 핵심이론

에듀윌 화재감식평가기사 필기 한권끝장 교재는 기출문제의 철저한 분석을 통해 출제경향을 반영하였으며, 필기시험 합격에 꼭 필요한 핵심이론을 과목별 KEYWORD 중심으로 구성하여 효율적인 학습이 가능하도록 하였습니다. 또한 학습에 이해를 돕기 위해 용어 CHECK 코너를 마련하여 기초 개념을 쉽고 빠르게 정리할 수 있도록 하였고, 고득점 POINT를 통해 심화학습과 응용력을 강화하여 이해도 · 학습효율 · 학습의 깊이를 동시에 높일 수 있도록 하였습니다.

CHAPTER 01 화재조사론

KEYWORD 01 화재조사개론

1. 화재조사의 목적 및 특징

(1) 화재조사의 목적
① 화재조사의 근본적 목적
  ㉠ 경찰관서는 범죄수사가 목적이며 소방기관은 행정조사가 목적이다.
  ㉡ 소방기관은 화재를 조사하여 유사화재 재발방지, 피해경감, 소방정책에 활용한다.

(2) 부분별 목적

구분	목적
소방	• 출화원인을 규명하고 예방행정의 자료로 한다. • 화재확대 및 연소원인을 규명하여 예방 및 진압대책 상의 자료로 한다. • 화재에 의한 피해를 알리고 유사화재의 방지와 피해의 경감에 이바지한다. • 사상자의 발생원인과 방화관리 상황 등을 규명하여 인명구조 및 안전대책의 자료로 한다.
사법기관	방화, 보험사기, 살인, 증거은폐 등 범죄와 관련성을 수사하여 사회 안전확보를 목표로 한다.

(3) 화재조사의 특징
① 신속성: 증거가 훼손되기 전 신속하게 화재조사를 진행해야 한다.
② 강제성: 화재조사는 강제조사권이 있다.
③ 과학성: 화재조사는 과학적으로 이루어야 한다.
④ 현장성: 화재현장은 화재조사에 필요한 중요한 정보들이 있다.
⑤ 안전성: 화재현장은 위험하기 때문에 반드시 안전에 유의해야 한다.
⑥ 다각성: 다양한 이해관계자들의 입장과 주장이 다르기 때문에 여러 관점에서 종합적으로 고려하여 조사를 진행해야 한다.

2. 화재조사의 범위 및 유의사항

(1) 화재조사의 범위

① 화재원인조사

구분	조사내용
발화원인 조사	발화과정, 지점, 최초 연소물질
발견·통보 및 초기 소화상황 조사	화재의 발견·통보 및 초기소화 등 일련의 과정
연소상황조사	화재의 연소경로 및 확대원인 등의 상황
피난상황 조사	피난경로, 피난상의 장애요인 등의 상황
소방시설 등 조사	소방시설의 사용 또는 작동 등의 상황

② 화재피해조사

구분		조사내용
인명피해		• 화재로 인한 사망자 및 부상자 • 화재진압 중 발생한 사망자 및 부상자
재산피해	소실피해	열에 의한 탄화, 용융, 파손 등의 피해
	수손피해	소화활동으로 발생한 수손피해 등
	기타피해	연기, 물품반출, 화재 중 발생한 폭발 등에 의한 피해 등

③ 조사일시의 결정

화재 발생 사실을 인지하는 즉시 조사하고 재조사를 진행할 경우 기상·장비 등을 고려하여 협의 후 진행한다.

> **고득점 POINT** 화재조사의 실시
> - 화재원인에 관한 사항
> - 화재로 인한 인명·재산피해상황
> - 대응활동에 관한 사항
> - 소방시설 등의 설치·관리 및 작동 여부에 관한 사항
> - 화재발생 건축물과 구조물, 화재유형별 화재위험성 등에 관한 사항
> - 그 밖에 대통령령으로 정하는 사항

(2) 일반적 유의사항

① 화재 관계자들의 민사 분쟁에는 관여하지 않는다.
② 취득한 비밀을 누설하거나 다른 목적으로 사용하지 않는다.
③ 관계인의 명예가 훼손되지 않도록 유의하고, 대외 발표는 신중하게 한다.
④ 화재현장 출입 시 신분을 명확히 밝히고 관계자가 입회한 상태에서 조사한다.
⑤ 화재조사 시 관계인의 개인 권리를 침해하거나 업무를 방해하지 않는다.
⑥ 화재조사 시 피해자와 관계자를 정중하게 대하고 팀을 구성하여 활동한다.
⑦ 과학적 근거에 의한 조사가 우선이며, 질문은 조사는 보조적인 방법이다.
⑧ 관계자로부터 제한이나 강제력 없는 임의 진술을 얻도록 한다.

(3) 조사범위의 설정 및 사생활보호

① 조사범위의 설정
  ㉠ 소방관서장은 화재조사를 위해 화재현장을 보존하거나 그 주변 지역을 통제구역으로 지정한다.
  ㉡ 방화나 실화 혐의로 수사 대상이 되면 관할 경찰서장이 통제구역을 설정한다.
  ㉢ 소방관서장 또는 경찰서장의 허가 없이는 누구든지 설정된 통제구역에 출입할 수 없다. 또한, 화재현장에 출입할 때는 관계인 등이 입회한 상태에서 실시한다.
  ㉣ 화재현장 보존조치를 하거나 통제구역을 설정한 경우, 소방관서장 또는 경찰서장의 허가 없이 누구든지 화재 현장에 있는 물건 등을 이동시키거나 변경, 훼손해서는 안 된다.

② 사생활 보호
  ㉠ 화재조사관은 질문 시 선입관을 배제하고 유도질문을 삼가한다.
  ㉡ 개인의 사생활이 존중될 수 있도록 배려하고 임의진술 확보에 주력한다.
  ㉢ 관계자에 대한 실문 시 화재와 이해관계가 있는 제3자와 격리조치 후 신술을 얻노록 한다.

3. 화재조사의 책임과 권한

(1) 법적으로 부여된 권한
  ① 소방관서장은 화재조사를 위해 관계인에게 자료 제출을 명령할 수 있다.
  ② 소방관서장은 화재조사가 필요하면 관계인 등을 소방관서로 불러 질문할 수 있다.
  ③ 소방관서장은 수사기관이 방화혐의로 피의자를 이미 체포했을 때, 해당 피의자를 조사할 수 있다.
  ④ 수사기관의 장은 소방관서장의 신속한 화재조사를 위해 특별한 이유가 없다면 조사에 협조해야 한다.
  ⑤ 화재조사를 하는 화재조사관은 조사 중 알게 된 비밀을 다른 용도로 쓰거나 외부에 누설해서는 안 된다.
  ⑥ 소방관서장, 중앙행정기관의 장, 지방자치단체의 장, 보험회사, 그 밖의 관련 기관·단체의 장은 화재조사에 필요한 사항에 대해 서로 협력해야 한다.
  ⑦ 소방관서장은 화재원인 규명 및 피해액 산출 등을 위해 필요하면 금융감독원, 관계 보험회사 등에 개인정보를 포함한 보험가입 정보 등을 요청할 수 있으며 정보를 요청받은 기관은 정당한 사유가 없다면 이를 거부할 수 없다.
  ⑧ 소방공무원과 경찰공무원은 서로 협력해야 한다. 화재조사 결과 방화 또는 실화 혐의가 있다고 판단되면 지체없이 관할 경찰서장에게 그 사실을 알리고 필요한 증거를 수집·보존하는 등 범죄 수사에 협력해야 한다.

> **고득점 POINT** 소방공무원과 경찰공무원의 협력사항
> - 화재현장의 출입·보존 및 통제에 관한사항
> - 화재조사에 필요한 증거물의 수집 및 보존에 관한 사항
> - 관계인 등에 대한 진술 확보에 관한 사항
> - 그 밖에 화재조사에 필요한 사항

⑵ 전담ㆍ전문의 보장
① 소방관서장은 화재조사전담부서에 화재조사관을 2명 이상 배치해야 한다.
② 전담부서에는 화재조사를 위한 감식ㆍ감정 장비 등 장비와 시설을 갖추어 두어야 한다.
③ 전담부서의 구성ㆍ운영에 필요한 사항은 행정안전부령으로 정한다.

⑶ 화재조사관의 자세 등
① 화재조사관의 자세
  ㉠ 다른 조사관들과 상호 정보를 교류한다.
  ㉡ 항상 겸손하게 생각하여야 하며, 선입견을 버리고 객관적인 사실을 확인한다.
  ㉢ 조사결과에 대한 보안 유지와 언론 보도에 신중해야 한다.
  ㉣ 불필요한 전문용어 사용으로 자신의 의견을 과대포장 하지 않는다.
  ㉤ 감식결과는 관계자의 이해관계를 떠나 과학적이고 논리적인 근거에 의해 설명한다.

② 화재조사관의 안전
  ㉠ 화재조사활동 시 화재진압 인력과 협력 한다.
  ㉡ 화재현장지휘관에게 알리지 않고 건물 내 다른 곳으로 이동하지 않는다.
  ㉢ 화재가 진압된 건물에서 조사를 수행할 때 불이 다시 날 수 있다는 것을 염두에 둔다.
  ㉣ 화재가 완전히 진압되기 전 조사관은 단독행동을 해서는 안되며 지휘관의 지휘를 받아 조사한다.

KEYWORD 02 연소론

1. 연소의 개념

(1) 연소의 정의
산소 또는 기타 산화제와 가연성 물질이 결합하여 급격한 산화반응을 일으키면서 빛과 열을 방출하는 현상이다.

(2) 산화와 환원

구분	산화	환원
정의	전자를 잃거나 수소를 잃는 반응	전자를 얻거나 산소를 잃는 반응
산소	얻음	잃음
산화수 변화	증가	감소

(3) 연소의 조건

① 가연물

㉠ 가연물의 구비조건
- 연쇄반응이 용이해야 한다.
- 활성화에너지(점화에너지)가 작아야 한다.
- 조연성(지연성)가스와 친화력이 커야 한다.
- 산소와 반응하기 쉽고, 발열량이 커야 한다.
- 질량 대비 표면적(비표면적)이 커야 한다.(기체 > 액체 > 고체)
- 열전도율이 낮아 열 축적이 용이해야 한다.(고체 > 액체 > 기체)

㉡ 가연물이 될 수 없는 물질

구분	물질
흡열반응을 하는 물질	질소(N), 질소산화물(NO_X), 수산화알루미늄($Al(OH)_3$), 탄산칼슘($CaCO_3$) 등
자체가 연소하지 않는 물질	콘크리트, 흙 등
불활성 기체	He(헬륨), Ne(네온), Ar(아르곤), Kr(크립톤), Xe(크세논), Rn(라돈) 등(주기율표 0족 원소)
산화반응이 완료된 물질	H_2O(물), CO_2(이산화탄소), 산화알루미늄(Al_2O_3), 산화규소(SiO_2), 오산화인(P_2O_5), 삼산화황(SO_3) 등

> **용어 CHECK** 산화제와 환원제
> - 산화제는 다른 물질을 산화시키고 자신은 환원되는 물질을 말한다.
> - 환원제는 다른 물질을 환원시키고 자신은 산화되는 물질을 말한다.

② 산소공급원

구분	물질
산소	공기 중에 부피로 21vol%, 중량으로 23wt% 존재한다.
산화제	가열, 충격, 마찰에 의해 산소를 발생시키는 물질이다.(제1류 위험물, 제6류 위험물)
자기반응성 물질(제5류 위험물)	니트로글리세린(NG), 셀룰로이드, 트리니트로톨루엔(TNT) 등
조연성 물질	산소(O_2), 불소(F_2), 오존(O_3), 염소(Cl_2), 할로겐원소 등

③ 점화원
  ㉠ 점화원의 종류
    • 전기적 점화원: 저항열, 유도열, 유전열, 아크열, 정전기 등
    • 기계적 점화원: 충격, 마찰, 압축 등
    • 화학적 점화원: 연소열, 분해열, 용해열, 자연발화 등
    • 광학적 점화원: 적외선, 레이저 등
    • 열적 점화원: 화염, 열방사, 가열표면, 나화, 고온표면 등
  ㉡ 최소발화(착화)에너지(MIE)
    • 최소발화에너지는 혼합비율이 화학양론 비율에 가까울수록 낮아진다.
    • 연소 하한계나 상한계에 가까워질수록 증가하며, 농도가 하한계나 상한계 쪽으로 멀어질수록 점차 커진다.
    • 최소발화에너지는 매우 미미하여 줄(Joule)의 1,000분의 1인 mJ 단위를 사용한다.
    • 압력·온도·산소 농도가 높아질수록 최소발화에너지는 낮아진다.

$$최소발화에너지(E) = \frac{1}{2}CV^2 = \frac{1}{2}QV$$

E: 최소발화에너지(Joule), C: 정전용량, 콘덴서용량(F), Q: 전기량, V: 전압(V)

용어 CHECK 최소발화에너지(최소점화에너지=최소착화에너지)
• 최소발화에너지는 가연성 기체를 발화시킬 수 있는 에너지로 가연물의 종류에 따라 달라진다.
• 수소 0.02mJ, 탄화수소계 0.25mJ, 분진 10mJ

④ 연쇄반응
  ㉠ 불꽃연소는 가연성분자와 산소분자가 직접 결합하여 반응이 완결되는 것이 아니라 가연성 분자나 산소의 분해 이온들이 결합하여 생성된 활성 라디칼(H^+, O^{2-}, OH^-)에 의해 연쇄적인 반응이 지속된다.
  ㉡ 불꽃연소의 반응은 개시 → 전파 → 억제 → 종결의 과정이 연쇄적으로 발생하여 반복·지속된다.
    • 개시: 가연성 분자가 열에너지를 받아 분해되면 수소이온이 생성됨
    • 전파: 생성된 수소이온이 산소와 반응하여 산소이온을 생성함
    • 억제: 생성된 산소이온은 다시 가연성분자와 반응하여 수산화이온을 생성함
    • 종결: 수산화이온은 가연성분자와 반응하여 수증기를 생성함
  ㉢ 억제소화는 이러한 연쇄반응을 차단하여 연소를 중단시키는 소화방법이다.

(4) 연소의 형태

① 연소의 기본형태

연소의 형태	분류	가연물의 종류
기체연소	확산연소	LPG-공기, 수소-산소
	예혼합연소	가솔린 엔진의 연소, 가정용 가스레인지, 난방용 보일러
	폭발연소	아세틸렌 용기 내 연소 등
액체연소	증발연소	에테르, 이황화탄소, 알코올류, 아세톤, 석유류 등
	분해연소	중유, 벙커C유
고체연소	표면연소	목탄, 코크스, 금속(분·박·리본 포함) 등
	증발연소	황, 나프탈렌, 파라핀(양초) 등
	분해연소	목재, 석탄, 종이, 섬유, 플라스틱, 합성수지, 고무류 등
	자기연소	니트로셀룰로오스, 트리니트로톨루엔, 니트로글리세린 등

② 기체의 연소

연소의 분류	내용
확산연소 (발염연소)	가연성가스가 확산되어 산소와 접촉하면서 연소하는 형태로, 연소범위에 해당하는 혼합가스를 생성하는 기체의 일반적인 연소 방식이다.
예혼합연소	연소 전에 가연성가스와 산소를 미리 혼합하여 연소하며, 이로 인해 역화의 위험이 있다.
폭발연소	가연성 혼합가스가 밀폐 용기 안에서 점화되면 폭발적인 연소가 일어나며, 예혼합연소에서는 역화 발생 시 폭발 위험이 있다.

③ 액체의 연소

연소의 분류	내용
증발연소	액체상태 자체가 아니라, 먼저 증발한 기체상태에서 산소와 반응하여 연소한다.
분해연소	점도가 높고 비휘발성이거나 비중이 큰 액체 연료는 증발이 아닌 열분해 과정을 통해 연소한다.

④ 고체의 연소

연소의 분류	내용
표면연소	고체연료의 표면에서 산소와 직접 급격한 산화 반응을 일으켜 승화·증발·열분해 없이 연소한다.
증발연소	고체연료가 열분해 없이 먼저 융해되어 액체가 되고, 이후 기화된 증기가 산소와 결합해 연소를 일으킨다.
분해연소	고체 가연물질을 가열하여 열분해로 생성된 분해가스가 연소한다.
자기연소	산소를 함유한 고체연료가 열분해 과정에서 가연성가스와 산소를 동시에 방출하여 외부 산소 없이도 연소가 일어나는 현상이다.

2. 연소의 특성

(1) 인화와 발화

① 인화점(Flash Point)
  ㉠ 외부 점화원에 의해 발화하는 최저온도로, 점화원을 제거하면 연소되지 않는다.
  ㉡ 인화가 일어나는 최저온도는 폭발범위 하한값에 도달되는 온도이다.
  ㉢ 인화점은 액체의 화재 위험도를 평가하기 위한 지표이다.

② 발화점(Ignition Point)
  ㉠ 외부에서 점화 에너지가 공급되지 않아도 물질 자체가 스스로 연소를 시작하는 최저온도를 말한다.
  ㉡ 외부 점화원 없이 물질이 스스로 발화할 수 있는 온도로 인화점 및 연소점보다 높다.
  ㉢ 발화점이 낮아지는 조건
    - 분자구조가 복잡할수록
    - 발열량이 높을수록
    - 열전도율이 낮을수록
    - 화학적 활성도가 클수록
    - 산소와 친화력이 클수록

③ 연소점(Fire Point)
  ㉠ 가연물이 스스로 연소를 지속할 수 있는 최저온도를 말하며 화염이 꺼지지 않고 계속 유지되는 온도이다.
  ㉡ 보통 연소점은 인화점보다 5~10℃ 정도 높고, 연소점 이상에서는 점화원을 제거하더라도 연소가 계속해서 지속된다.
  ※ 온도가 높은 순서: 발화점 > 연소점 > 인화점

고득점 POINT 주요물질의 인화점 및 발화점

물질	인화점(℃)	발화점(℃)
황린	누출 시 자연발화	34
이황화탄소	-30	100
셀룰로이드	4.4	180
아세트알데히드	-37.7	185
가솔린	-20	500~550
경유	40~80	350~380
등유	30~60	400~500
중유	55~100	300~450
윤활유	120~350	250~350
아스팔트	200~350	450~500

(2) 화염속도와 연소속도
  ① 화염속도
    ㉠ 화염이 퍼져나가는 속도를 말하며 화염속도는 연소속도에 아직 타지 않은 가스(미연소가스)의 이동속도를 더한 값으로 이는 연소속도보다 빠르다.
    ㉡ 연소 시 생성된 연소가스가 열팽창하여 화염면 앞의 미연소가스를 전방으로 밀어내고, 화염은 이 미연소가스층을 통과하며 전파된다.

  ② 연소속도
    ㉠ 연소속도는 화염속도에서 아직 타지 않은 가스(미연소 가스)의 이동속도를 제외한 값을 말한다.
    ㉡ 연소속도는 화재영역 안에서 연료가 단위시간 당 소모되는 질량감소속도(kg/s)와 비례한다.
    ㉢ 연소속도가 큰 혼합물일수록 폭굉유도거리(Detonation Induction Distance)가 짧아진다.
    ㉣ 연소속도에 영향을 미치는 요인
      • 가연물의 온도, 압력
      • 가연물질과 접촉하는 속도
      • 산화반응을 일으키는 속도
      • 촉매의 존재여부

(3) 완전연소와 불완전연소
  ① 완전연소
    ㉠ 가연성 물질에 산소가 충분히 공급되어 연료가 모두 연소되는 현상으로 탄화수소의 경우 완전연소 시 수증기(H_2O)와 이산화탄소(CO_2)만 생성된다.
    ㉡ 탄화수소의 완전연소반응식

    $$C_m H_n + (m + \frac{n}{4})O_2 \rightarrow mCO_2 + \frac{n}{2}H_2O$$

    • 메탄: $CH_4 + 2O_2 \rightarrow CO_2 + 2H_2O$
    • 에탄: $C_2H_6 + 3.5O_2 \rightarrow 2CO_2 + 3H_2O$
    • 프로판: $C_3H_8 + 5O_2 \rightarrow 3CO_2 + 4H_2O$
    • 부탄: $C_4H_{10} + 6.5CO_2 \rightarrow 4CO_2 + 5H_2O$

  ② 불완전연소
    ㉠ 산소공급이 부족하여 연료가 완전히 연소되지 못하는 현상으로 이 과정에서 일산화탄소(CO), 그을음, 알데하이드 등 미연소물질을 남긴다.
    ㉡ 불완전연소의 원인
      • 환기미흡, 배기가스 배출불량
      • 불꽃 온도 및 주위 기온 저하
      • 공기의 공급량이 부족
      • 가스량의 과다 공급

(4) 연소범위

① 연소범위

가연성 기체가 공기와 혼합되어 안정적으로 연소할 수 있는 농도 범위를 말하며, 기체의 종류에 따라 그 범위가 달라진다.

② 가연성 기체의 연소범위

기체 또는 증기	연소범위(vol%)	기체 또는 증기	연소범위(vol%)
이황화탄소	1.25 ~ 44	에탄	3 ~ 12.5
휘발유	1.4 ~ 7.6	에틸알코올	3.5 ~ 20
부탄	1.8 ~ 8.4	수소	4 ~ 75
에테르	1.9 ~ 48	메탄	5 ~ 15
프로판	2.1 ~ 9.5	시안화수소	6 ~ 41
아세틸렌	2.5 ~ 81	메틸알코올	7 ~ 37
아세톤	2.5 ~ 12.8	일산화탄소	12.5 ~ 75
산화에틸렌	3 ~ 80	암모니아	15 ~ 28

③ 연소범위에 영향을 주는 요인

㉠ 온도가 높아질수록 분자의 운동에너지가 증가하여 가연성 혼합물이 더 쉽게 연소하게 되므로 연소범위는 넓어진다.

㉡ 산소농도가 높을수록 연소 반응이 촉진되어 연소범위가 넓어진다.

㉢ 압력이 높아지면 하한계에는 큰 변화가 없지만 상한계가 증가하여 전체적인 연소범위가 확대된다.

㉣ 공기 중에 불활성가스(질소, 이산화탄소)가 존재하면 산소농도가 상대적으로 낮아져 연소범위는 좁아진다.

㉤ 최소점화에너지(MIE)는 가연성가스 혼합물이 완전연소 조성에 가까울 때 가장 낮아지며, 혼합비가 하한계나 상한계에 가까워질수록 최소점화에너지(MIE)는 증가하게 된다.

(5) 위험도

① 위험도의 정의

물질의 연소·폭발 위험도를 나타내는 척도이다.

$$H = \frac{U-L}{L}$$

H: 위험도, U: 연소상한계, L: 하한계

(6) 르샤틀리에 법칙(Le Chatelier's Law)

① 르샤틀리에 법칙

두 종류 이상의 가연성가스가 혼합된 경우 혼합가스에 대한 연소한계값을 구하는 법칙이다.

$$\frac{100}{L} = \frac{V_1}{L_1} + \frac{V_2}{L_2} + \frac{V_3}{L_3} + \cdots$$

L: 혼합가스 연소한계(vol%), V_1, V_2, V_3: 각 가연성가스의 체적(vol%),
L_1, L_2, L_3: 각 가연성가스의 연소한계(%)

(7) 증기비중과 증기밀도(g/L)

① 증기비중

㉠ 표준상태(0℃, 1기압)에서 그 기체의 분자량을 공기의 분자량으로 나눈 값이다.

㉡ 증기비중이 1 이상이면 공기보다 무겁고, 1 미만이면 공기보다 가볍다.

$$증기비중 = \frac{분자량}{공기의\ 분자량(29)}$$

② 증기밀도

표준상태(0℃, 1기압)에서 그 기체의 1mol 당 분자량을 공기의 부피(22.4L)로 나눈 값이다.

$$증기밀도 = \frac{1mol당\ 분자량}{공기의\ 부피(22.4L)}$$

> **고득점 POINT 분자량 계산**
>
> 분자량은 분자를 이루는 모든 원자의 원자량을 합한 값을 말한다.
> - 이산화탄소(CO_2) : $12 + (16 \times 2) = 44$
> - 메탄(CH_4) : $12 + (1 \times 4) = 16$
> - 에탄(C_2H_6) : $(12 \times 2) + (1 \times 6) = 30$
> - 아세틸렌(C_2H_2) : $(12 \times 2) + (1 \times 2) = 26$

3. 기체, 액체, 고체의 발화 및 점화원

(1) 인화성 기체의 발화

인화성 기체가 공기 중 연소범위 내에 존재할 때 점화원에 의해 발화한다.

(2) 액체의 발화

액체가 인화점 이상의 온도로 가열되어 표면에서 발생한 증기가 연소범위 내에 존재할 때 점화원에 의해 발화한다.

(3) 고체의 발화

고체는 승화·증발·열분해 과정을 통해 발화하며, 비표면적(㎡/kg)이 커질수록 발화가 더욱 쉽게 발화한다.

(4) 소화이론

① 연소의 조건에 따른 제어 분류

㉠ 제거소화
- 가연물을 제거하여 연소현상을 제어하는 소화방법이다.
- 산림화재에서 화염이 번져나가는 방향에 있는 나무와 같은 탈 수 있는 물질들을 미리 제거하여 불이 더 이상 확산되지 않도록 막는 방법이다.

㉡ 냉각소화
- 가연물의 온도를 인화점 이하로 낮추어 연소현상을 제어하는 소화방법이다.
- 물은 비열과 증발잠열이 커서 냉각소화에 매우 효과적이며, 쉽게 얻을 수 있어 냉각소화의 대표적인 소화약제로 사용된다.

㉢ 질식소화
- 연소의 4요소 중 산소공급원을 차단하여 연소현상을 제어하는 소화방법이다.
- 일반가연물의 경우 공기 중 산소농도가 15% 이하가 되면 연소현상이 억제되어 소화가 이루어진다.

㉣ 억제소화(부촉매소화)
- 연소과정에서 생성되는 라디칼을 제거해 연쇄반응을 차단함으로써 연소현상을 제어하는 소화방법이다.

② 소화의 적용에 따른 분류

구분	소화방법
물리적 소화	제거소화, 냉각소화, 질식소화
화학적 소화	억제소화(부촉매소화)

용어 CHECK 소화

소화란 물질이 연소할 때 필요한 연소의 4요소(가연물, 산소공급원, 점화원, 연쇄반응) 중 일부 또는 전부를 제거하여 연소가 계속될 수 없도록 하는 것을 말한다.

KEYWORD 03　화재론

1. 화재개론

(1) 화재의 정의

사람의 의도에 반하거나 고의 또는 과실에 의하여 발생하는 연소현상으로서 소화할 필요가 있는 현상 또는 사람의 의도에 반하여 발생하거나 확대된 화학적 폭발현상을 말한다.

(2) 화재의 분류

① 가연물에 따른 분류

구분	내용	표시색
A급화재 (일반화재)	목재, 섬유, 종이, 고무, 플라스틱과 같이 재가 남는 일반가연물 화재로 발생빈도가 가장 높다.	백색
B급화재 (유류화재)	인화성 액체(제4류 위험물), 특정 고체가연물 또는 페인트 등에 불이 붙어 발생하며, 재가 남지 않고 연소성이 매우 뛰어나 일반화재보다 훨씬 더 위험하다.	황색
C급화재 (전기화재)	전류가 흐르는 전기설비에서 발생하는 화재로 소화 시 전기전도성이 있는 소화약제를 사용하면 감전 위험이 매우 크다.	청색
D급화재 (금속화재)	나트륨, 칼륨, 마그네슘 등 특정 가연성 금속에서 발생하며, 분말형태로 존재할 때 가연성이 증가한다.	무
E급화재 (가스화재)	메탄, 에탄, 프로판, 아세틸렌과 같은 가연성가스에서 발생하는 화재로 국내에서는 아직 가스화재를 별도로 분류하지 않고, B급화재(유류화재)에 준하여 사용하고 있다.	황색
K급화재 (식용유화재)	식용유의 발화점은 끓는점보다 낮고, 인화점은 발화점보다 낮아 화재 발생 시 유온이 발화점 이상의 온도가 되고 유면의 화염을 제거해도 유온이 발화점 이상 이기 때문에 곧 재발화 한다.	황색

② 화재의 유형에 따른 분류

유형	내용
건축·구조물화재	건축물, 구조물 또는 그 수용물이 화재로 인하여 소손된 화재
자동차·철도차량화재	자동차, 철도차량 및 피견인 차량 또는 그 적재물이 화재로 인하여 소손된 화재
선박·항공기 화재	선박, 항공기 또는 그 적재물이 소손된 화재
위험물·가스제조소 등 화재	위험물제조소 등, 가스제조·저장·취급시설 등이 화재로 인하여 소손 된 화재
임야화재	산림, 야산, 들판의 수목, 잡초, 경작물 등이 소손된 화재
기타화재	위 분류에 해당되지 않는 화재

③ 화재의 소실정도에 따른 분류

소실정도	내용
전소	전체의 70% 이상 소실되었거나 또는 그 미만이라도, 보수해도 재사용이 불가능한 것
반소	전체의 30% 이상 70% 미만이 소실된 것
부분소	전소, 반소 화재에 해당되지 아니하는 것

④ 화재의 원인에 따른 분류

원인	내용
실화	취급 부주의나 사용·보관상 잘못으로 발생한 과실적 화재
방화	의도적이고 계획적인 행동으로 고의적으로 발생시킨 화재
자연발화	산화나 약품 혼합, 마찰 등에 의해 발화되거나 스파크나 화염 없이 열기에 의해 발생한 화재
천재발화	지진, 낙뢰, 화산 분화 등에 의해 발화한 화재
원인미상	위 이외의 원인으로서 발화한 화재

2. 화재의 양상

(1) 건물화재

① 실내화재의 성장과정

㉠ 발화기(초기)

불이 처음 시작되는 시기를 말하며 이때는 화재의 규모가 작고, 불이 처음 붙은 가연물에 한정된다.

㉡ 성장기(중기)
- 가연물 위에 불꽃이 형성되고 점차 확대된다.
- 화염은 공기를 흡입하며 커지고, 벽과 천장의 영향을 크게 받는다.
- 가연물 위치에 따라 화염온도가 달라진다.
  - 벽 근처: 적은 공기 흡수 → 높은 온도
  - 구석: 더 적은 공기 흡수 → 가장 높은 온도
- 상승한 고온가스는 천장에 부딪혀 퍼진 뒤 하강하며 벽과 천장에 확산되어 가스층 두께가 증가한다.
- 천장·벽에서 발생한 열, 가연물 위치, 공기 유입량이 결합되어 구획실 온도가 결정된다.
- 화재가 진행될수록 천장 가스층과 구획실 전체 온도가 함께 상승한다.

㉢ 최성기
- 가연물이 연소하면서 최대 열량을 방출, 다량의 연소가스 발생한다.
- 방출되는 열과 가스량은 환기구의 수·크기에 크게 좌우된다.
- 구획실 내에서는 산소 공급 부족으로 다량의 미연소가스가 발생한다.
- 미연소가스는 인접한 공간이나 다른 구획실로 이동하고 산소와 만나면 급격히 발화한다.

㉣ 쇠퇴기(감퇴기)
- 구획실 내 가연물이 소모됨에 따라 열발산율이 감소하기 시작하면서 가연물이 완전히 소진되면 화재규모와 실내온도가 함께 하강한다.
- 남은 잔여물이 한동안 열을 유지하고, 손상된 벽·바닥은 붕괴 위험이 높아진다.
- 가연물이 완전히 소진되면 화재는 종결된다.

(2) 유류화재

① 유류화재의 현상

㉠ 보일오버(Boil over)
- 탱크 하부에 고인 물이 급속히 가열되어 불붙은 기름이 분출되는 현상으로 원유나 중질유 등 비점이 다른 성분이 혼합된 저장탱크에서 발생한다.
- 열류층이 대류에 의해 탱크 하부로 이동하면 하부에 있던 물과 기름의 에멀젼이 열류층에 의해 가열되어 물이 증기로 변하며 1,700배 팽창해 유류를 탱크 외부로 분출시킨다.

㉡ 슬롭오버(Slop over)
- 유류화재 발생 시 과열된 액면에 소화수가 유입되면 물이 부피팽창하여 불붙은 기름이 분출되는 현상이다.
- 점성이 큰 중질유는 화재로 인해 액면 온도가 물의 비점 이상으로 상승하는데 이때 소화수가 과열된 액면에 닿으면 물이 수증기로 변해 급격히 팽창하여 유류를 탱크 외부로 밀어낸다.

㉢ 프로스오버(Froth over)
- 유류탱크 내부에서 물이 과열된 기름 아래서 비등할 때 기름과 물이 거품처럼 섞여 탱크 밖으로 넘쳐 흐르는 현상이다.
- 유류 탱크 아래쪽에 물이나 물·기름 혼합물이 존재하고 있는 상태에서 물의 비점 이상의 온도를 가진 폐유 등을 상당량 주입할 때도 프로스오버가 발생한다.

> **고득점 POINT 보일오버(Boil over) 발생조건**
> - 저장탱크 상단에 덮개나 지붕이 없는 개방형 탱크에서 발생한다.
> - 탱크 내 상부의 고온 유층 열파가 저부로 전달될 때 발생한다.
> - 탱크 하부에 물이나 다량의 수분을 함유한 유류가 존재할 때 발생한다.
> - 물이 증발하며 기름거품을 생성할 만큼 충분히 높은 온도가 유지될 때 발생한다.
> - 화재가 장시간 지속되며 탱크 내 온도가 꾸준히 상승할 때 발생한다.

3. 화재의 현상

(1) 열 및 화염의 전달

① 전도(Conduction)

㉠ 온도가 상승하면 물질 내 자유전자의 이동과 분자운동이 활발해져 분자 간 충돌로 열에너지가 발생한다. 이 열전도는 주로 고체에서 빠르게 일어나며 특히 자유전자가 많은 금속에서 빠르게 일어나고 비금속 물질은 상대적으로 낮다.

㉡ 열전도율(kcal/m·h·℃)
- 열전도율은 두께 1m, 면적 $1m^2$인 재료 양면의 온도차가 1℃일 때 1시간 동안 전달된 열량으로 고체(소재에 따라 다름)가 기체보다 우수하다.
- 압력이 낮아질수록 열전도가 감소해 진공에서는 발생하지 않는다.
- 열전도율이 높은 순위: 구리 > 목재 > 석고보드 > 폴리스티렌 > 폴리우레탄

ⓒ 퓨리에(Fourier)법칙
- 고체 내부에서 온도차에 의해 전달되는 열전달률을 나타내는 열전도에 관한 법칙이다.

$$q = kA\frac{T_2 - T_1}{L}$$

k: 열전도율(W/m·K), A: 단면적(m^2), T: 온도(절대온도)

- 열전달 형태와 관계되는 법칙으로 열전달량은 열전도계수, 면적, 온도차에 비례한다.

ⓔ 열관성(Thermal Inertia)
- 주변의 온도 변화에도 물질의 온도를 유지하려는 특성으로 열관성이 클수록 열축적이 어려워 점화가 어렵다.
- 목재 같은 저밀도 물질은 열관성이 작아 쉽게 점화되지만 철·구리 등 밀도와 열전도율이 높은 금속은 열관성이 커 점화가 어렵다.

$$열관성 = k\rho c$$

k: 열전도율(W/m·K), ρ: 밀도(kg/m^3), c: 열용량(J/kg·K)

② 대류(Convection)
  ㉠ 유체의 흐름에 의해 열이 전달되는 현상으로 유체속도가 빨라질수록 대류에 의한 열전달이 증가한다.
  ㉡ 펌프나 팬 등 외력에 의해 유체가 유동할 때 발생하는 강제대류와 유체 내부온도 분포에 따른 밀도 차로 발생하는 자연대류가 있다.

③ 복사(Radiation)
  ㉠ 매질 없이 전자기파로 열이 전달되는 현상으로 모든 물체가 온도에 비례한 전자기파를 방출하며 주로 적외선 형태로 발생한다.
  ㉡ 스테판-볼츠만 법칙
  물체의 열복사량은 절대온도의 네제곱에 비례하며, 복사는 진공에서도 이루어져 태양열이 지구에 전달되고, 물체 표면 상태에 따라 반사·흡수·방출이 일어나며 흡수된 에너지는 다시 열로 방출된다.

$$Q = \varepsilon \sigma A T^4$$

Q: 복사열(W/cm^2), ε: 복사율, σ: 스테판-볼츠만상수($5.67 \times 10^{-12} W/cm^2 \cdot K^4$), T: 절대온도(K)

④ 접염연소
화염(불꽃)이 직접 다른 가연물에 접촉하여 불이 옮겨 붙는 현상으로 불꽃이 직접 닿기 때문에 가연물이 발화점에 도달하는 시간이 짧아 화재가 비교적 빠르게 확산된다.

⑤ 비화
연소 중인 가연물에서 튀어나온 불티나 불꽃 덩어리(불똥, 탄화된 물질 조각 등)가 바람이나 대류에 의해 다른 장소의 가연물에 떨어져 새로운 화재를 일으키는 현상으로 불티의 비행방향과 착화지점을 정확히 예측하기 어려워 진압 작전 수립이 어렵다.

(2) 연기

① 연기의 특징
  ㉠ 화재로 발생한 고체·액체·기체 미립자가 공기 중에 부유하는 복합체로 미립자의 크기는 0.01㎛~10㎛로 다양하며 무염연소 시에는 약 0.5~1㎛, 유염연소 시에는 약 0.01~1㎛ 정도이다.
  ㉡ 연기는 가연성 물질로 산소가 부족해 환기지배형 화재 시 미연소가스가 발생해 검은색을 띠며 연소과정에서 생성된 개별 그을음(soot)은 대부분 탄소 덩어리 형태로 존재한다.

② 연기의 이동
  ㉠ 연소 진행에 따라 연기층의 두께가 변하며 이 연기층은 대류에 의해 이동한다.
  ㉡ 건물 내부온도가 외부보다 높으면 연기는 위로, 낮으면 아래로 확산되며, 인간의 평균 보행속도(1.33 m/s)는 이러한 연기의 수직확산속도보다 느리다.

구분	연기의 이동속도
건물내부 수평방향	0.5 ~ 1 m/s
건물내부 수직방향	2 ~ 3 m/s
건물내부 계단부 수직방향	3 ~ 5 m/s

③ 연기의 특성
  ㉠ 온도가 낮거나 공기가 희박한 환경에서는 불완전연소가 일어나 연기농도가 짙고 양이 많아지며, 부력에 의해 천장으로 모여 사방으로 퍼지면서 두터운 층을 형성한 뒤 개구부로 빠져나간다.
  ㉡ 연소 시 생성된 고체 미립자, 액상 타르와 액적 입자, 무상 증기 및 기상 분자가 공기와 혼합된 복합혼합물로 농황색의 유화수소나 수증기처럼 눈에 보이는 성분이 있고 일산화탄소나 사염화탄소처럼 눈에 보이지 않는 성분도 포함된다.

④ 연기로 인한 영향

구분	영향
시각적 영향	연기는 빛을 흡수하여 시야를 가려 피난이나 소화활동을 방해한다.
생리적 영향	연기는 유독가스와 독성 물질을 함유하여 산소농도를 낮추어 산소결핍이 발생한다.
심리적 영향	시야를 가려 대피를 어렵게 할 뿐만 아니라, 방향 상실과 공포, 불확실성이 더해져 극심한 심리적 불안감을 유발하여 피난을 저해한다.

⑤ 연기의 유동
  ㉠ 팽창력
    화재로 인한 실내 온도상승으로 기체가 부피팽창 및 압력이 증가해 연기유동을 일으킨다.
  ㉡ 부력
    고온으로 인한 기체 밀도 차를 이용하여 연기를 상부로 이동시키는 힘으로 화염에서 멀어질수록 약해진다.

ⓒ 연돌효과(굴뚝효과)
- 건물 내부와 외부의 온도차이로 인해 발생하는 공기의 밀도 차이 때문에 따뜻하고 가벼운 공기는 위로 상승하고, 상승한 공기의 빈자리를 채우기 위해 외부의 차갑고 무거운 공기가 건물 하층부의 틈새(출입문, 창문 틈 등)를 통해 내부로 유입되는 현상이다.
- 여름철에는 건물 내부 공기가 외부 공기보다 차갑기 때문에 역굴뚝효과가 나타날 수 있다.

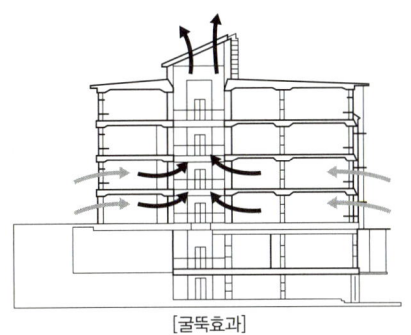

[굴뚝효과]

ⓔ 바람의 효과
외부 바람이 건축물 내부로 유입되며 연기 이동에 영향을 미치는 현상이다.
ⓜ 공조설비
냉·난방용 공기조화장치가 작동하면 건물 내부 공기 흐름이 변화해 연기가 유동화되고, 동시에 화재구역에 신선한 공기를 공급해 연소를 촉진하기도 한다.
ⓗ 피스톤 효과
승강기나 에스컬레이터가 개구부를 따라 상하 이동할 때 발생하는 피스톤 작용으로 길고 좁은 수직·수평 샤프트 내부의 공기를 압축·팽창시켜 공기 흐름을 유발하는 현상이다.

고득점 POINT 굴뚝효과에 영향을 주는 요소
- 건물의 높이
- 외벽의 기밀도
- 건물 내외부의 온도차
- 각 층간의 공기 누설
- 화재실의 온도

⑥ 연기의 농도
㉠ 절대농도
- 연기중량 농도: 단위체적 당 연기 입자의 중량(kg/m^3)
- 연기입자 농도: 단위체적 당 연기 입자의 개수(개/m^3)
㉡ 상대농도
빛의 감쇠 정도를 나타내는 상대농도인 감광계수를 이용해 화재 시 피난한계 가시거리 등에 활용한다.

ⓒ 감광계수

연기가 빛을 얼마나 감쇠시키는지를 나타내는 상대농도로 값이 클수록 빛의 투과력이 떨어지며 빛이 연소가스를 통과할 때 연기 입자에 의해 산란·흡수되어 가시거리는 낮아진다.

감광계수(m^{-1})	가시거리(m)	상황
0.1	20 ~ 30	화재초기의 연기농도(연기감지기 작동)
0.3	5	건물 숙지자의 피난한계농도
0.5	3	어두침침함을 느낄 정도
1	1 ~ 2	거의 앞이 보이지 않을 정도
10	0.2 ~ 0.5	최성기때의 연기농도
30	0	출화실에서 연기가 분출될 때의 농도

⑦ 중성대(NPL, Neutral Pressure Level)

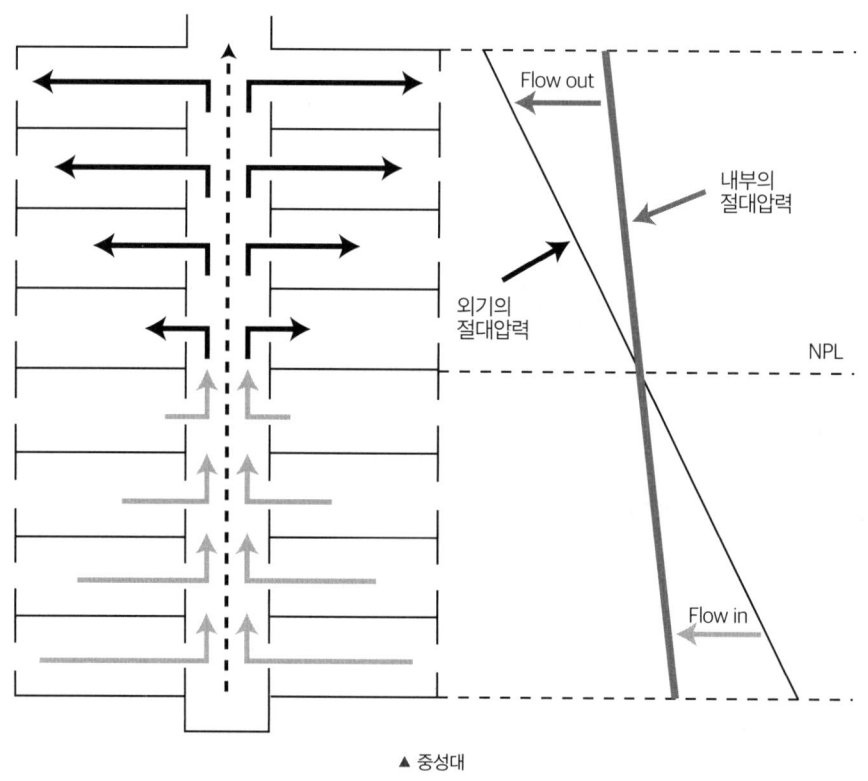

▲ 중성대

㉠ 화재 시 고온의 기체가 천장에 모여 상부는 외부보다 압력이 높고 하부는 낮아지며, 실내외 압력이 같아지는 경계면을 중성대라 한다.
㉡ 중성대 위쪽은 내부 압력이 높아 기체가 밖으로 빠져나가고, 아래쪽은 외부 공기가 유입된다. 이때 상부는 열과 연기로 생존이 불가능하지만, 하부는 신선한 공기로 인해 생존이 가능하다.
㉢ 배연은 반드시 중성대 위쪽에서 해야 효과적이며, 아래쪽에서 할 경우 공기유입만 증가되어 화세가 더 커진다.

(3) 연소생성가스

① 일산화탄소(CO)

㉠ 무색·무취·무미의 가연성 가스로서 산소공급이 원활하지 않아 불완전연소 시 발생한다.

㉡ 헤모글로빈과의 결합력이 산소보다 250배 강해 혈액의 산소 운반능력이 저하되어 질식사를 초래한다.

㉢ 허용농도: 50 ppm

혈중 이산화탄소 농도(%)	인체반응
10 ~ 20	가벼운 두통
20 ~ 30	정서불안, 중증 두통
30 ~ 40	극심한 두통, 구토, 산소부족으로 인한 실신유발
40 ~ 50	의식장애, 호흡곤란
50 ~ 60	혼수상태, 경련
60 ~ 70	의식혼탁, 호흡중추마비
80 이상	사망

② 이산화탄소(CO_2)

㉠ 완전연소 시 발생하는 무색·무미의 기체이며, 공기보다 무겁다.

㉡ 독성은 거의 없으나, 공기보다 1.529배 무거워 농도가 높아지면 질식 위험이 발생한다.

㉢ 허용농도: 5,000 ppm

③ 황화수소(H_2S)

㉠ 불완전연소 시 발생하고 썩은 계란 냄새가 난다.

㉡ 0.2 % 이상에서 후각이 마비되고, 0.7 % 이상에서 호흡기와 신경계에 치명적 손상을 일으킨다.

㉢ 허용농도: 10 ppm

④ 이산화황(SO_2)

㉠ 아황산가스라고도 하며, 유황 함유 물질의 연소 시 발생하는 무색의 자극성 가스이다.

㉡ 눈과 호흡기 점막을 자극·손상시켜 과도하게 노출 시 질식을 유발한다.

㉢ 허용농도: 5 ppm

⑤ 암모니아(NH_3)

㉠ 질소 함유 물질(나일론, 멜라민수지 등) 연소 시 나오는 무색 유독성 기체이다.

㉡ 냉동시설의 냉매로 많이 쓰이며 점액질과 기도조직에 강한 자극과 손상 유발하고, 화재 시 누출 가능성이 크다.

㉢ 허용농도: 25 ppm

⑥ 시안화수소(HCN)

㉠ 청산가스라고도 하며, 질소성분을 포함하고 있는 합성수지, 인조견 등 불완전연소 시 발생하는 맹독성 가스로 0.3% 농도에서 노출 시 즉시 사망한다.

㉡ 폴리우레탄 화재 시 주로 생성되며, 인화성이 강해 수분·알칼리와 반응 시 폭발 위험이 높다.

㉢ 허용농도: 10 ppm

⑦ 포스겐(COCl$_2$)
  ㉠ 연소가스 중 가장 치명적인 맹독성 가스이다.
  ㉡ PVC 등 염소 함유 수지류 연소 시 발생하고, 과거에 사용된 소화약제인 사염화탄소(CCl$_4$)를 화재현장에 사용하면 발생되는 물질이다.
  ㉢ 허용농도: 0.1 ppm

⑧ 염화수소(HCl)
  ㉠ 염소 함유 수지류 연소 시 생성되는 자극성이 강한 유독성 기체이다.
  ㉡ 흡입 시 기도조직의 부종·경련을 유발하고 눈과 호흡기에 심각한 손상을 일으킨다.
  ㉢ 허용농도: 5 ppm

⑨ 이산화질소(NO$_2$)
  ㉠ 적갈색을 띠고 질산, 셀룰로오스 연소·분해 시 발생하며 독성이 강하다.
  ㉡ 허용농도: 2 ppm

⑩ 불화수소(HF)
  ㉠ 불소수지 연소 시 발생하는 무색의 자극성 기체로 모래, 유리를 부식시키고 피부에 화상 유발한다.
  ㉡ 허용농도: 3 ppm

⑪ 아크롤레인(CH$_2$=CH-CHO)
  ㉠ 불완전연소 시 발생하는 무색의 자극성 기체로 석유류, 유지류 등이 탈 때 생성되며 독성이 가장 강한 맹독성 가스로 눈·호흡기에 강한 자극을 유발한다.
  ㉡ 허용농도: 0.1 ppm

⑫ 질소산화물(NO$_x$)
  ㉠ 일산화질소(NO), 이산화질소(NO$_2$), 아산화질소(N$_2$O), 삼산화질소(N$_2$O$_3$) 등은 하나로 묶어 질소산화물(NOx)이라 부른다.
  ㉡ 대부분 고온의 연소 과정에서 발생하며, 대기오염의 주요 원인으로 흡입할 경우 호흡기 질환을 일으킬 수 있다.
  ㉢ 허용농도는 해당 성분별로 다르다.

4. 화염확산

(1) 화염의 연소특성

① 정방향 화염확산(순풍 화염확산)
  ㉠ 화염의 확산방향이 가스의 흐름이나 외부 바람과 같은 방향일 때 발생하며, 화염이 연료를 직접 향해 나아가기 때문에 자연스럽게 연료와의 접촉이 발생하여 확산이 유도된다.
  ㉡ 가스와 산소의 농도 차로 인해 화염은 위쪽으로 확산되는 특성이 있으며, 특히 벽면을 따라 상승하는 경우에는 화염이 가연물 표면에 직접 접촉하면서 연소가 매우 빠르게 진행된다.

② 역방향 화염확산(반대방향 화염확산)
  ㉠ 화염의 확산방향이 가스 흐름이나 바람과 반대일 때 발생한다.
  ㉡ 화염은 전방의 연료를 가열하면서 서서히 확산되며, 확산속도는 매우 느리다.
  ㉢ 수평면을 따라 측면으로 퍼지거나, 수직면을 따라 아래로 향할 때 발생하고 연소는 전체적으로 더디게 진행된다.

(2) 액체에서의 화염확산
① 액체 연료의 화염확산은 대부분 정방향 화염확산 형태로 나타난다.
② 액체 연료는 온도가 상승함에 따라 표면장력이 감소하고, 표면장력이 낮아지면 액체의 이동성이 높아져 화염확산속도는 더욱 빨라진다.
③ 두께가 2mm 이하인 얇은 기연물에서는 표면장력으로 인해 액체의 흐름이 제한되어 화염확산이 일어나지 않는다.
④ 일반적으로 액체에 의한 화염확산속도는 1~10 cm/s이며, 액체 연료가 기화된 상태에서는 1~2 m/s로 액체 상태일 때 보다 빠르다.

(3) 고체에서의 화염확산
① 고체 가연물이 발화하고 연소하기 위해서는 충분한 열을 받아야 한다.
② 고체의 발화에 영향을 주는 모든 요인은 화염 확산속도에도 직결된다.
③ 고체 상태에서의 화염확산속도는 가연물의 두께, 열적 특성, 그리고 확산 방식에 따라 달라진다.

고득점 POINT 고체연료의 발화시간

• 얇은 재료의 착화시간(<2mm)

$$t_{ig} = \rho c l \frac{T_{ig} - T_\infty}{\dot{q}''}$$

t_{ig}: 재료의 착화시간(s), ρ: 연료밀도(kg/m³), c: 비열(kJ/kg·K), l: 재료의 두께(mm), T_{ig}: 점화온도(K), T_∞: 초기온도(실온, K), $\dot{q}''$: 열유속(kW·m²)

• 두꺼운 재료의 착화시간(>2mm)

$$t_{ig} = C(k\rho c)\left[\frac{T_{ig} - T_\infty}{\dot{q}''}\right]^2$$

t_{ig}: 재료의 착화시간(s), C: $\frac{\pi}{4}$(열손실없이 이상적인 경우), k: 열전도도(kW/m·K), ρ: 연료밀도(kg/m³), T_{ig}: 점화온도(K), T_∞: 초기온도(실온, K), $\dot{q}''$: 열유속(kW·m²)

④ 얇은 가연물에서 화염확산
  ㉠ 정방향 화염확산
    • 화염은 일반적으로 위쪽으로 확산되며, 커튼이나 종이 위에서 불꽃이 타오를 때 이 현상이 쉽게 관찰된다.
    • 위쪽으로의 화염확산속도는 아래로 확산될 때보다 빠르고, 가연물이 활발히 연소되는 영역도 더 넓게 형성된다.
    • 얇은 가연물은 발화와 연소가 빠르게 진행되어 화염의 길이가 짧다.
    • 재료가 얇을수록 화염확산속도가 증가하여 수십 cm/s에 달할 수 있다.

ⓛ 역방향 화염확산
　　　　• 화염은 아래 방향으로 확산되며, 성냥개비나 종이를 따라 내려가는 불꽃에서 이 현상을 쉽게 확인할 수 있다.
　　　　• 화염은 가연물의 양쪽 표면에 닿아 확산되지만, 활발히 연소되는 구역은 짧게 형성된다.
　　　　• 얇은 가연물에서는 역방향 화염확산속도가 0.2~2 cm/s 범위에 있다.
　⑤ 두꺼운 가연물에서 화염확산
　　ⓚ 정방향 화염확산
　　　• 두꺼운 가연물에서는 화염이 벽면을 타고 위쪽으로 번지거나, 가연성 천장 아래쪽을 따라 확산된다.
　　　• 벽에 화염이 충분히 닿지 않거나 화염 크기가 작으면, 위쪽으로 향한 화염확산이 제한되거나 특정 높이에서 멈춘다.
　　　• 열전달로 연소지점 앞의 가연물이 예열될 때 화염의 길이가 길어진다.
　　　• 화염확산속도가 계속 가속될 수 있으나, 모든 경우에는 해당하지는 않는다.
　　ⓛ 역방향 화염확산
　　　• 화염은 벽을 타고 아래로 확산되거나, 수평면 위에서 옆으로 퍼질 때 역방향으로 진행된다.
　　　• 열이 전달되는 면적이 좁아지면서 가열속도는 제한적으로 유지되며 두꺼운 가연물 내부로 열이 흡수되어 화염 확산속도는 느려진다.
　　　• 외부에서 추가 열이 공급되지 않으면, 두꺼운 가연물에서는 역방향으로 화염이 퍼지기 어렵다.
　　　• 두꺼운 고체 가연물의 역방향 확산속도는 외부 열에 가열된 액체 가연물에서의 화염확산속도와 비슷해진다.
　⑥ 화염확산의 특징
　　ⓚ 고체의 화염확산속도는 액체의 화염확산속도보다 느리다.
　　ⓛ 화염확산속도는 불꽃의 진행 방향과 연료의 특성에 따라 달라진다.
　　ⓜ 다공성 고체는 비다공성 재료에 비해 화염이 더 빠르게 퍼진다.
　　ⓝ 화염확산은 화재로 생기는 부력과 대기 바람에 따른 공기 유동의 영향을 받는다.

5. 구획실에서의 화재확산

(1) 화염충돌에 의한 화재확산
① 화염이 천장높이에 도달하면 더 이상 위로 올라가지 못하고 천장면을 따라 수평으로 퍼져나간다.(천장제트)
② 화염은 천장을 따라 수평으로 퍼질 때 전체 길이가 길어진다.
③ 구획실 내 가연물이 벽 중앙보다 구석에 있을 때 열이 집중적으로 축적되어 더 빠르게 연소하며 화염이 더 길게 확산된다.

(2) 원격발화에 의한 화재확산
① 전도에 의한 원격발화
　ⓚ 전도된 열은 벽과 천장을 따라 다른 실내 공간으로 전달되어 원격발화를 유발한다.
　ⓛ 화재 시 벽체 표면뿐 아니라 내부까지 열이 전도되어 은폐된 가연물을 발화시킨다.

② 복사에 의한 원격발화
　ⓚ 복사열은 화염의 직접적인 불꽃의 접촉(접염)이 없어도 스스로 주변의 가연성 물질을 발화시킨다.
　ⓛ 복사열이 높아지면 화염에서 멀리 떨어진 가연물이나 외부 물질까지도 발화시킬 수 있다.

③ 드롭다운(Drop-down)에 의한 원격발화
　㉠ 불타는 잔해가 하부로 낙하해 떨어진 잔해가 아래층 가연물에 착화되어 원격발화를 일으키는 현상이다.
　㉡ 건물의 여러 층이 연결된 공간에서는 불타는 잔해가 아래로 낙하해 하층 가연물에 착화되어 화재가 확산될 수 있다.

6. 구획실 화재 발달

(1) 구획실 화재 현상

① 구획화재의 열과 연기의 이동
　㉠ 연소과정에서 발생한 열과 연소생성물은 위로 상승하며, 이로써 화재기둥(Fire plume)이 형성된다.
　㉡ 열원에서 상승하는 기류로 인해 해당 부위는 상대적으로 저기압 상태가 되며, 이를 보상하려는 주변 공기의 흐름이 발생한다. 이 흐름을 공기유입(Entrainment) 또는 바닥부 공기유동(Floor jet)이라 한다.
　㉢ 상승한 고온의 연소가스는 천장 부근에 집적되어 천장분출(Ceiling jet)을 형성하고, 그 결과 열기층(Ceiling layer)은 점차 두꺼워진다.
　㉣ 천장을 따라 퍼진 연기는 벽면에 도달하면서 벽분출(Wall jet)을 형성하고, 벽과의 마찰로 인해 점차 약화되고 이후 부력의 영향으로 벽 제트의 하강이 둔화되며, 공기는 다시 화재기둥 방향으로 되돌아 흐른다.
　㉤ 이러한 순환이 반복되면서 열기층은 점차 하강하고, 중성대의 위치 또한 함께 낮아진다.

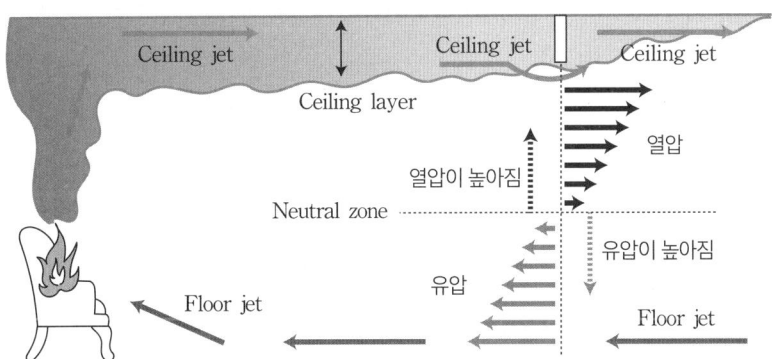

　㉥ 구획실 화재에서는 중성대를 경계로 위쪽에는 양압, 아래쪽에는 음압이 형성되며, 이러한 압력 차이는 연기의 흐름 방향을 결정한다.

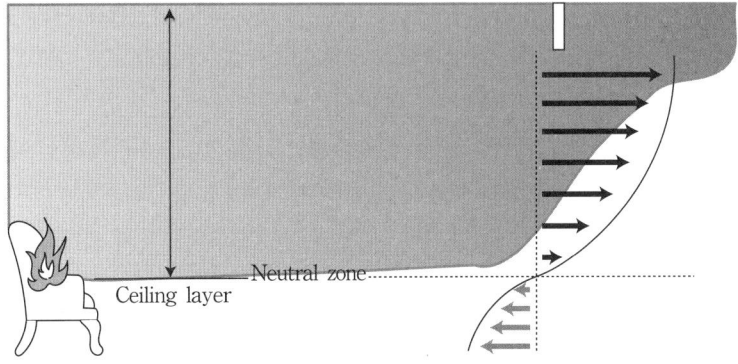

　㉦ 플래시오버가 발생한 이후에는 중성대의 위치가 점점 낮아지고, 그에 따라 실내 공간은 연기로 가득 차게 된다.

② 구획실화재의 진행단계
  ㉠ 화재 초기
  - 가연물과 이를 연소시킬 수 있는 충분한 공기가 존재하는 조건에서 화재가 시작된다.
  - 액체 또는 기체 연료는 짧은 시간 안에 화재가 급속히 성장할 수 있으나, 대부분 일정 기간의 성장단계를 거쳐 이루어 진다.
  - 점화 후 생성된 화염은 잠복기를 거치며, 열 공급이 지속되지 않으면 스스로 소화되기도 한다.
  - 훈소는 비교적 오랜 시간이 소요되는 과정으로 화재는 느리게 성장한다.

  ㉡ 화재 성장기
  - 열과 산소가 지속적으로 공급되면 화염은 점진적으로 성장하며, 가연물의 표면을 따라 확산되거나 인접한 가연물에 착화되며 전파된다.
  - 화재의 성장속도와 양상은 연료의 종류, 연소 형태, 산소 공급 상태 등 다양한 요인에 의해 결정된다.

  ㉢ 플래시오버 단계
  - 연기층의 온도가 약 500 ~ 600℃에 도달하면 플래시오버(Flash over)가 발생한다.
  - 화염은 복사열에 의해 급속히 확산되며, 실내의 가연성 물질들이 거의 동시에 점화된다.
  - 실내온도는 급격히 상승하고, 공간 전체가 전면적인 연소상태에 이르게 된다.

  ㉣ 최성기
  - 화재가 완전발달화재 단계에 이르면 최성기에 도달하고 가연물과 공기공급이 충분할 경우 화재는 인접 공간으로 확산될 수 있다.
  - 외부 공기공급이 제한될 경우 환기 부족 상태가 형성되고 공기유입이 상대적으로 원활한 위치에서 화염이 나타난다. 이 단계에서 화재실의 내부 온도는 약 700℃에서 1,200℃까지이다.

  ㉤ 감쇠기
  - 화재실 내 가연물이 소진되기 시작하면 연소반응이 약화되면서 감쇠단계로 전환되고, 그에 따라 내부 온도는 서서히 하강한다.
  - 가연물의 추가 공급이 이루어지지 않으면 화재는 더 이상 성장하지 않고, 화염은 자연스럽게 소멸된다.

③ 구획실 화재의 특수현상
  ㉠ 플래시오버 (Flash over)
  - 성장기와 최성기의 과도기에서 나타나는 현상으로 열복사에 의해 가연물이 순간적으로 동시에 발화한다. 이후 산소가 부족해지면 연기는 검게 변하고 산소 공급 상태에 따라 환기지배형 연소로 전환된다.
  - 실내 온도는 최대 약 900℃까지 상승하고, 열방출률이 급격히 증가한다. 이때 열전달 방식은 복사열이 중심이 되고 복사 열유속은 20 kW/㎡ 이상에 이른다.
  - 플래시오버 발생온도는 개구부 면적과 개구부 높이 곱의 제곱근에 비례한다. 따라서 개구부 크기를 줄이면 플래시오버를 지연시킬 수 있다.

> **고득점 POINT** 플래시오버 발생에 영향을 미치는 요인
> - 화원의 크기 · 천장의 높이 · 개구부의 크기 · 실내 내장재의 종류 · 가연물의 양과 종류
> - 화재실의 온도

- ⓒ 백드래프트(Back draft)
  - 백드래프트는 최성기 이후 산소 공급이 부족한 상태에서 훈소가 진행되다가, 다량의 공기가 한꺼번에 유입될 때 폭발적으로 발화하는 현상으로 화재가 최성기를 지나 환기지배형 화재로 전환되면, 고온의 가스층에는 미연소가스와 일산화탄소 농도가 점차 높아진다.
  - 연소속도는 음속에 가까울 만큼 빠르게 진행되며, 강력한 충격파가 발생해 소방관에게 치명적 위험을 초래한다.

> **고득점 POINT** 백드래프트(Back draft) 전조증상
> - 닫힌 문 가장자리에서 짙고 무거운 검은 연기가 흘러나온다.
> - 개구부로 유입된 외부 공기에 의해 연기가 실내로 역류하거나 맴돈다.
> - 창문 유리에 검은색 응축물이 맺히거나 얼룩이 생긴다.
> - 압력 차로 외부 공기가 빨려들어올 때 휘파람 같은 소리와 진동이 발생한다.

- ⓒ 드래프트 효과(Draft-effect)
  - 화재로 인해 가열된 공기가 위로 상승하면서 불길이 위로 빠르게 번지는 현상이다.
  - 연소를 촉진하려면 적절한 공기공급과 신속한 연소가스 배출이 필수이다. 이를 위해 설치하는 장치인 연통이 통기효과를 통해 연소효율을 높인다.
- ⓔ 플래임오버(Flame over)
  - 화염에 의해 벽·천장·바닥 표면이 급격히 가열되어 점화함으로써 화재가 급속히 퍼지는 현상이다.
  - 플래임오버는 롤오버 이전에 발생하며, 이를 막기 위해 내장재를 비가연성 재료로 마감해야 한다.
- ⓜ 롤오버(Roll over)
  - 실내 상층부에 축적된 고온의 가연성가스가 미발화구역으로 이동하며 화재가 급속히 확산되는 현상이다.
  - 화재가 완전히 성장하기 전 상층부에서 발생해 화염이 굽이치며 공간을 빠르게 확대하는 단계로 출입구를 차단하는 것이 가장 중요하다.
  - 화재는 플래임오버 → 롤오버 → 플래시오버의 순으로 진행되지만, 롤오버나 플래임오버 이후에 반드시 플래시오버가 일어나는 것은 아니다.

③ 화재하중

화재하중이란 단위 바닥면적에 대한 등가목재중량을 말한다.

$$Q = \frac{\Sigma G_i H_i}{H_0 A} = \frac{\Sigma Q_i}{4{,}500 A}$$

Q: 화재하중(kg/m^2), G_i: 가연물의 양(kg), H_i: 가연물의 단위 중량당의 발열량(kcal/kg),
H_0: 목재의 단위 중량당의 발열량(4,500kcal/kg), A: 화재구획의 바닥면적(m^2),
ΣQi: 화재구획 내의 가연물 전 발열량(kcal)

> **고득점 POINT** 연료지배형 화재와 환기지배형 화재 비교
>
> | 구분 | 연료지배형 화재 | 환기지배형 화재 |
> | --- | --- | --- |
> | 특징 | • 산소가 충분히 공급될 때 가연물의 종류와 양에 의해 화재가 지배되는 화재를 말한다.
• 대형 창문이 개방된 상태에서 주로 발생한다.
• 플래시오버 이전 단계에 나타난다. | • 가연물의 양이 많을 때 공기 공급량에 의해 연소가 지배되는 화재를 말한다.
• 지하실이나 작은 창문이 고정된 밀폐공간에서 주로 발생한다.
• 플래시오버 이후 단계에 나타난다. |

(2) 구획실 환기 유동

① 단일 환기구 흐름

㉠ 고온가스층이 개구부 상단에 위치해 가스가 배출될 때, 가스층 경계면의 높이는 중성대 높이와 같다.

㉡ 가스층 경계면이 개구부 하단까지 내려오면, 중성대는 개구부 높이의 약 $\frac{1}{3} \sim \frac{1}{2}$ 지점에 위치한다.

㉢ 중성대가 개구부 최하단에 도달하면 외부 공기의 유입이 차단되어 연소가 중단되며, 이후 중성대가 상승하면 외부 공기가 급속히 유입되면서 연소가 다시 활발해진다.

㉣ 단일 환기구가 있는 구획실에서의 공기흐름은 $A\sqrt{H}$(A: 개구부 면적, H: 개구부 높이)에 비례한다.

② 다중 환기구 흐름

㉠ 화재 구획실 내에 서로 다른 높이의 개구부가 여러 개 있을 경우 중성대는 하나의 높이에만 형성되고 연소 중 추가로 환기구가 열리면 중성대의 높이는 상승한다.

㉡ 중성대가 상승할수록 화재기류도 위쪽으로 이동하고 연소는 상부공간으로 확산된다. 이때 중성대 위쪽은 고온과 연기로 인해 생존이 불가능한 영역이 된다.

7. 구획실 간 화재확산

(1) 개구부를 통한 화재확산

① 화염은 개구부를 통해 인접구획으로 확산되며, 이 과정에서 직접적인 열 전달이 발생한다.

② 복사열이 개구부를 통해 전달되며, 인접구획의 가연물에 점화된다.

③ 불씨는 개구부를 통해 다른 구획으로 비산되어 가연물을 점화하고 화재가 확산될 수 있다.

(2) 방화벽을 통한 화재확산

① 방화벽을 통한 열전도로 화재가 인접구획으로 확산될 수 있다.

② 화재로 인해 방화벽이 붕괴되면 차단 기능이 상실되어 화재가 인접구획으로 확산될 수 있다.

8. 화재거동

(1) 부력유동(Buoyant Flow)
화재로 발생한 연소가스는 밀도가 낮아 부력에 의해 상승하며, 화재확산과 연기 흐름에 영향을 미친다. 이로 인해 유입구로는 찬 공기가 들어오고, 배출구로는 뜨거운 연기가 빠져나가는 흐름이 형성된다. 구획 내 천장에는 고온의 공기층이 쌓여 실내공기 순환을 결정짓는다.

(2) 화재기둥(Fire Plume)
화재 지점에서 뜨거운 연기와 가스가 상승하며 불기둥이 형성된다. 이 과정에서 주변의 찬 공기가 유입되어 혼합되고 화재강도에 따라 불기둥의 크기와 상승속도, 열량이 달라지며, 불기둥이 천장에 닿으면 상승을 멈추고 연기가 천장면을 따라 퍼지면서 고온의 연기층이 형성된다.

(3) 천장분출(Ceiling Jet)
화재기둥이 천장에 도달하면 뜨거운 가스와 연기가 천장을 따라 수평으로 퍼지는 천장분출이 발생한다. 이로 인해 천장 아래에 고온의 연기층이 형성되고, 열이 축적되면서 구획 내 다른 지점에서 발화 위험이 커진다. 천장이 높을수록 분출 범위가 넓어지고, 낮을수록 연기가 빠르게 구획 전체로 확산된다.

> **고득점 POINT** 　구획실 화재거동에 미치는 요인
> - 구획실의 크기와 높이
> - 환기구의 크기, 위치, 수량
> - 최초 발화되는 가연물의 크기, 위치
> - 구획실 내 가연물의 특징

KEYWORD 04 폭발론

1. 폭발의 조건 및 원인

(1) 폭발의 정의
급격한 연소로 인해 압력이 순간적으로 해소되며 폭음과 충격파가 발생하는 현상을 말한다.

(2) 폭발의 조건
① 혼합가스 및 분진이 밀폐공간 안에 존재해야 한다.
② 혼합가스 및 분진에 발화를 일으킬 수 있는 점화원이 있어야 한다.
③ 가연성 가스, 증기, 분진이 산소와 혼합되어 폭발범위 내에 있어야 한다.

(3) 폭발의 원인
폭발은 단순한 연소를 넘어, 물질이 급격한 에너지를 방출하고 부피가 팽창하면서 충격파를 발생시키는 현상으로 그 원인은 크게 화학적 폭발과 물리적 폭발로 구분된다.

2. 폭발의 분류

(1) 원인에 따른 분류

구분	종류
물리적 폭발	비등액체증기운폭발(BLEVE), 보일러폭발.
화학적 폭발	산화폭발, 분해폭발, 중합폭발

① 물리적폭발
  ㉠ 비등액체증기운폭발(BLEVE)
   • 외부화재로 인해 액화가스가 끓어올라 급격한 체적팽창이 일어나고 가열된 액화가스 용기의 내압이 약해져 파열이 발생하고, 과열된 액체가 순간적으로 기화하며 충격파와 화구, 파편이 광범위한 피해를 일으키는 폭발을 말한다.
   • 비등액체증기운폭발(BLEVE) 형성과정

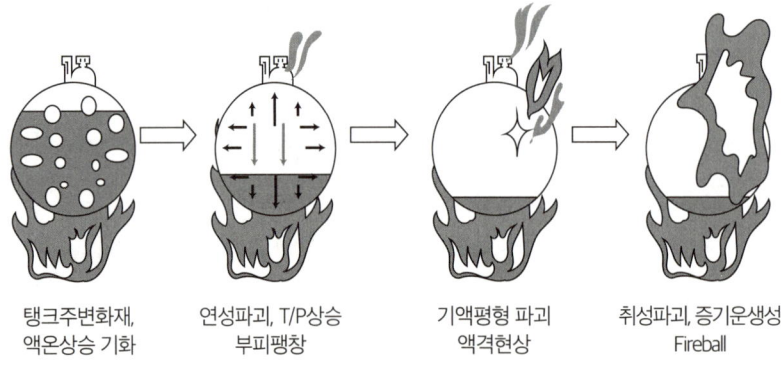

탱크주변화재, 액온상승 기화 → 연성파괴, T/P상승 부피팽창 → 기액평형 파괴 액격현상 → 취성파괴, 증기운생성 Fireball

② 화학적 폭발
  ㉠ 산화폭발
    가연성 물질이 산소(산화제)와 매우 **빠르게** 반응하는 폭발성 화학반응을 말하며, 가연물, 산소, 점화원이 폭발범위 내에서 결합할 때 순간적으로 막대한 열과 가스를 방출한다.
  ㉡ 분해폭발
    아세틸렌과 같은 자기 반응성 물질은 외부의 산소 없이도 열이나 충격에 의해 분자구조가 급격히 분해되며 폭발한다. 이 과정에서 짧은 시간 안에 막대한 열과 가스가 생성되어 강력한 충격파를 일으킨다.
  ㉢ 중합폭발
    초산비닐, 염화비닐과 같은 단량체(monomer)가 다량체(polymer)로 중합반응을 일으키면서 폭발한다.

용어 CHECK 중합반응

중합반응은 단량체에 촉매를 넣고 일정한 온도와 압력에서 반응시켜 더 큰 분자인 고분자를 생성하는 과정으로 단량체가 폭발적으로 중합되면 발열성을 띠기 때문에 냉각설비가 필수이며, 냉각 실패나 반응성 물질의 촉매 없이도 반응을 일으킬 수 있으므로 반응 중지제 사용이 필요하다.

(2) **물질의 상태에 따른 분류**

구분	종류
기상폭발	가스폭발, 분무폭발, 분해폭발, 분진폭발
응상폭발	수증기폭발, 증기폭발, 고상 간 전이폭발, 전선폭발

① 기상폭발(기체의 폭발)
  ㉠ 가스폭발
    가연성가스가 누출되어 공기와 혼합된 상태에서 점화원에 의해 발생하는 폭발로 농도가 폭발범위 내에 있으면 연소가 순간적으로 진행되어 막대한 열과 가스를 발생시키고, 압력이 급격히 상승해 강력한 충격파를 유발한다.
  ㉡ 분무폭발
    인화성 액체가 미세한 안개 형태로 공기 중에 퍼졌을 때, 넓은 표면적으로 인해 기화가 촉진되고 점화원에 의해 급격히 연소하면서 압력이 급상승해 강력한 충격파를 발생시킨다.
  ㉢ 분해폭발
    아세틸렌이나 산화에틸렌 같은 불안정한 물질이 외부 산소 없이도 열이나 충격에 의해 급격히 분해되면서 발생하는 폭발로 짧은 시간에 막대한 열과 가스를 방출해 강력한 충격파를 유발한다.

② 분진폭발

밀가루, 미분탄, 금속 분말 등 가연성 고체가 미세한 분진 형태로 공기 중에 부유할 때 점화원에 의해 순간적으로 연소하면서 막대한 열과 가스를 발생시키고, 이로 인해 압력이 급상승해 강력한 충격파를 일으키는 폭발이다.

- 분진폭발의 진행과정
  - 열 발생 및 에너지 축적 : 분진 입자가 열을 받으면서 에너지가 축적된다.
  - 증발 및 가스화 : 입자가 가열되어 증발하면서 가연성 가스가 발생한다.
  - 가연성 혼합가스 형성 및 발화 : 발생한 가연성 가스가 공기와 혼합되어 혼합가스를 형성하며, 점화원에 의해 발화가 일어난다.
  - 연쇄반응 및 폭발 : 주변의 다른 분진 입자들도 연쇄적으로 발화하면서 폭발이 일어난다.
- 분진폭발의 특징

  분진폭발은 가스폭발에 비해 연소속도 및 폭발압력 상승속도는 느리고 최소점화(발화)에너지는 크다.
  - 연소시간이 길고 에너지가 크기 때문에 파괴력과 타는 정도가 크다.
  - 비산하여 접촉되는 가연물은 국부적으로 심한 탄화를 일으켜 인체에 닿으면 심한 화상을 입는다.
  - 최초의 폭발이 주위의 축적되어 있던 분진을 날려 2차, 3차 폭발로 이어지며 피해가 커진다.
  - 가스에 비해 불완전연소가 발생하기 쉬워 탄소가 타서 없어지지 않는다.
  - 연소 후의 가스 상에 일산화탄소가 다량 존재하여 일산화탄소 중독 위험성이 크다.

⑩ 증기운 폭발(UVCE, Unconfined Vapor Cloud Explosion)
- 다량의 가연성 가스가 급격히 방출되어 공기와 혼합되면서 증기운을 형성하고 점화원에 의해 폭발을 일으키는 현상이다.
- 풍속이 낮아 증기운이 잘 퍼지지 않는 상황에서 특히 피해가 커지며 폭발시간이 짧아 복사열보다는 화염전파와 압력파로 인한 시설물 피해가 더 심각하다.

고득점 POINT 분진폭발을 일으키지 않는 물질

• 탄화칼슘	• 시멘트	• 수산화칼슘(소석회)
• 석회석	• 가성소다	• 산화알루미늄
• 대리석	• 탄산칼슘(생석회)	

② 응상폭발(액체 및 고체의 폭발)
    ㉠ 수증기 폭발
        고온의 물질에 물이 닿아 순간적으로 수증기로 기화하며 부피가 급팽창해 발생하는 물리적 폭발로 용광로 쇳물이나 과열된 보일러에 물이 닿을 때 발생하는 폭발이다.
    ㉡ 증기폭발
        과열된 액체가 갑작스럽게 증기로 기화하면서 부피가 급팽창해 발생하는 물리적 폭발로 보일러 파열이나 고온 물질과의 접촉 시 발생하는 폭발이다.
    ㉢ 고상간 전이폭발
        특정 결정구조(무정형 안티몬)를 가진 물질이 한 고체 상태에서 다른 상태로 급격히 전이되며 부피가 팽창하고, 이로 인해 용기 내 압력이 급상승해 파열과 함께 발생하는 물리적 폭발로 특정 결정구조를 가진 물질에서 드물게 나타나는 폭발이다.
    ㉣ 전선폭발
        순간적인 과전류로 금속이 급격히 기화하면서 부피가 팽창해 발생하는 물리적 폭발로 주로 단락이나 과부하로 인해 발생하고 충격파와 함께 파편과 화염을 동반하여 위험하다.

(3) 반응 전파속도에 따른 분류

구분	폭연(Deflagration)	폭굉(Detonation)
충격파 전파속도	0.1 ~ 10m/s로 음속(340m/s)보다 느리다.	1,000 ~ 3,500m/s로 음속(340m/s)보다 빠르다.
압력상승	완만하게 상승한다.	급격하게 상승하고 충격파를 동반한다.
화재파급효과	크다.	작다.
충격파	발생하지 않는다.	발생한다.
특징	• 폭굉으로 전이될 수 있다. • 반응 전파와 화염면 전파는 분자량 및 난류확산의 영향을 받는다.	• 파면에서 온도, 압력, 밀도가 불연속적으로 나타난다.

① 폭굉유도거리(Detonation Inducement Distance, DID)
    ㉠ 폭굉유도거리는 연소가 폭굉으로 발전할 때 까지의 거리를 말한다.
    ㉡ 폭굉유도거리(DID)가 짧아질 조건
        • 정상연소속도가 큰 혼합가스일수록 DID가 짧아진다.
        • 관속에 방해물이 있거나 관지름이 가늘수록 DID가 짧아진다.
        • 점화원의 에너지가 클수록 DID가 짧아진다.

KEYWORD 05 예비조사

1. 화재조사 전 준비

(1) 조사인원과 임무분담

① 조사인원
  ㉠ 화재조사 책임자는 화재규모·연소범위·퇴적상태·발굴범위를 검토해 인력을 배정한다.
  ㉡ 현장 접근이 제한된 경우 유관기관 협조로 인력 및 자원을 지원받는다.
  ㉢ 사진·도면·발굴 등 업무 비중을 균형 있게 조정한다.
  ㉣ 발굴범위가 넓으면 구역별로 팀을 나눠 분담시킨다.

② 임무분담
  ㉠ 현장관리 책임자는 인력 배치·출입 통제·현장 보호를 총괄해 안전을 확보한다.
  ㉡ 조사팀은 잔해를 분석하고 주요 증거를 수집해 발화원인을 규명한다.
  ㉢ 현장기록팀은 사진촬영과 도면 작성으로 화재확산 경로와 피해 규모를 도식화해 보존한다.
  ㉣ 증거물분석팀은 수집된 잔해와 잔류물을 분류·이송한 뒤 실험실에서 정밀분석을 실시한다.

(2) 조사복장과 기자재

① 조사복장
  ㉠ 기상조건에 맞춰 우의·방한복·방풍복 등 적절한 복장을 갖춘다.
  ㉡ 신분이 드러나는 복장을 착용해 조사자의 독립성과 식별을 보장한다.
  ㉢ 조사자는 안전모·안전화·절연장화를 착용해 현장에서 일어날 수 있는 사고를 예방한다.
  ㉣ 기자재(전담부서에 갖추어야 할 장비와 시설)

구분	기자재명 및 시설규모
발굴용구 (8종)	공구세트, 전동 드릴, 전동 그라인더(절삭·연마기), 전동 드라이버, 이동용 진공청소기, 휴대용 열풍기, 에어컴프레서(공기압축기), 전동 절단기
기록용 기기 (13종)	디지털카메라(DSLR)세트, 비디오카메라세트, TV, 적외선거리측정기, 디지털온도·습도측정시스템, 디지털풍향풍속기록계, 정밀저울, 버니어캘리퍼스(아들자가 달려 두께나 지름을 재는 기구), 웨어러블캠, 3D스캐너, 3D카메라(AR), 3D캐드시스템, 드론
감식기기 (16종)	절연저항계, 멀티테스터기, 클램프미터, 정전기측정장치, 누설전류계, 검전기, 복합가스측정기, 가스(유증)검지기, 확대경, 산업용실체현미경, 적외선열상카메라, 접지저항계, 휴대용디지털현미경, 디지털탄화심도계, 슈미트해머(콘크리트 반발 경도 측정기구), 내시경현미경
감정용 기기(21종)	가스크로마토그래피, 고속카메라세트, 화재시뮬레이션시스템, X선촬영기, 금속현미경, 시편(試片)절단기, 시편성형기, 시편연마기, 접점저항계, 직류전압전류계, 교류전압전류계, 오실로스코프(변화가심한 전기 현상의 파형을 눈으로 관찰하는 장치), 주사전자현미경, 인화점측정기, 발화점측정기, 미량융점측정기, 온도기록계, 폭발압력측정기세트, 전압조정기(직류, 교류), 적외선 분광광도계, 전기단락흔실험장치[1차 용융흔(鎔融痕), 2차 용융흔(鎔融痕), 3차용융흔(鎔融痕) 측정 가능]
조명기기 (5종)	이동용 발전기, 이동용 조명기, 휴대용 랜턴, 헤드랜턴, 전원공급장치(500A 이상)
안전장비 (8종)	보호용 작업복, 보호용 장갑, 안전화, 안전모(무전송수신기 내장), 마스크(방진마스크, 방독마스크), 보안경, 안전고리, 화재조사 조끼

증거수집 장비 (6종)	증거물수집기구세트(핀셋류, 가위류 등), 증거물보관세트(상자, 봉투, 밀폐용기, 증거수집용 캔 등), 증거물 표지세트(번호, 스티커, 삼각형표지 등), 증거물 태그 세트(대, 중, 소), 증거물보관장치, 디지털증거물저장장치
화재조사 차량 (2종)	화재조사 전용차량, 화재조사 첨단 분석차량(비파괴 검사기, 산업용 실체현미경 등 탑재)
보조장비 (6종)	노트북컴퓨터, 전선 릴, 이동용 에어컴프레서, 접이식 사다리, 화재조사 전용 의복(활동복, 방한복), 화재조사용 가방
화재조사 분석실	실 화재조사 분석실의 구성장비를 유효하게 보존·사용할 수 있고, 환기 시설 및 수도·배관시설이 있는 30제곱미터(㎡) 이상의 실(室)
화재조사 분석실 구성장비(10종)	증거물보관함, 시료보관함, 실험작업대, 바이스(가공물 고정을 위한기구), 개수대, 초음파세척기, 실험용 기구류(비커, 피펫, 유리병 등), 건조기, 항온항습기, 오토 데시케이터(물질 건조, 흡습성 시료 보존을 위한 유리 보존기)

비고
1. 화재조사 차량은 탑승공간과 장비 적재공간이 구분되어 주요 장비의 적재·활용이 가능하고, 차량 내부에 기초 조사사무용 테이블을 설치할 수 있는 차량을 말한다.
2. 화재조사 전용 의복은 화재진압대원, 구조대원 및 구급대원의 의복과 구별이 가능하고, 화재조사 활동에 적합한 기능을 가진 것을 말한다.
3. 화재조사용 가방은 일상적인 외부 충격으로부터 가방 내부의 장비및 물품이 손상되지 않을 정도의 강도를 갖춘 재질로 제작되고, 휴대가 간편한가방을 말한다.
4. 화재조사 분석실의 면적은 청사 공간의 효율적 활용을 위하여 불가

2. 조사계획 수립

(1) 조사업무의 구성
① 소방관서장은 전문성 있는 화재조사 전담부서를 설치·운영한다.
② 전담부서는 현장에서 자료수집·관계자 질문·현장 확인·감식·실험 등을 통해 화재 원인·피해·대응 활동을 조사한다.
③ 조사결과를 토대로 규정에 맞는 조사서류를 작성후 보고하고, 화재증명원 발급 및 정보공개포털을 통한 현장조사서 등 민원서류를 발급·공개한다.
④ 필요한 경우 조사결과를 공표히어 유사화재 예방에 활용한다.

(2) 조사 전 팀 회의
① 회의목적은 팀 이해도 향상과 계획 공유하여 역할 분담 명확히 하기 위해 신행한다.
② 지역특성·이전 화재 사례·환경 조건을 공유한다.
③ 현장에서 예상되는 문제와 해결방안을 논의한다.
④ 안전규정 준수사항을 점검하고 팀 전원이 숙지후, 조사장비 및 개인 안전장구의 상태와 사용범위를 확인한다.

(3) 역할의 분담
① 책임자는 조사계획을 수립해 팀 업무를 조율하고, 화재합동조사전담부서 설치·운영 시 현장조사 전 회의로 역할을 분담한다.
② 전문분야 화재 발생 시 관련 전문가를 참여시켜 지원받되, 이해관계가 충돌되지 않도록 한다.
③ 현장감식 시 업무 중복을 막고 조사관 간 긴밀히 소통한다.

KEYWORD 06 발화지역 판정

1. 과학적 방법론

(1) 활동의 순서

단계	내용
문제인식	화재 발생 사실과 원인규명의 필요성을 파악하여 조사의 출발점과 목적을 명확히 한다.
문제정의	조사로 규명할 내용을 명확하고 구체적으로 설정하여 해결해야 할 과제로 한정한다.
자료수집	현장의 물리적 증거, 목격자 진술, 관련 문서 등 정보를 편향 없이 체계적으로 수집한다.
자료분석	수집된 정보를 분류·해석하여 단서 간 연관성을 파악하고 연소 패턴 분석을 통해 화염 이동 경로를 재구성한다.
가설설정	분석된 데이터를 토대로 화재원인에 대한 가설을 수립하고, 검증 가능한 형태로 제시한다.
가설검증	수립된 가설이 데이터 분석을 통해 확인된 사실들과 모순되지 않는지 논리적으로 시험하고 평가하는 과정으로 검증과정에서 가설이 사실과 맞지 않으면 그 가설은 폐기된다.
최종가설선택	모든 검증을 통과한 하나의 가설을 최종 결론으로 확정하여 화재 원인을 공식화한다.

(2) 순차적 패턴 분석

① 출화개소의 추정
  ㉠ 화재현장에서는 건축물과 가재도구에 다양한 연소 흔적이 형성된다.
  ㉡ 물질마다 용융점·비점·발화점이 달라 탄화 잔해가 층처럼 퇴적된다.
  ㉢ 화재패턴을 순차적으로 분석하면 정확한 발화원을 판별할 수 있다.
  ㉣ 피해 정도가 약한 구간에서부터 심한 구간으로 차례로 이동하며 출화지점을 좁혀나간다.
  ㉤ 물질별 연소 강약을 비교·검토하고 연소의 진행 방향을 순차 확인하여 최종발화지점을 검토한다.

② 출화개소의 판단
  ㉠ 출화개소는 화염이 처음 발생한 지점을 가리킨다.
  ㉡ 구조물이 붕괴되거나 도괴된 경우, 해당 취약요인을 확인한다.
  ㉢ 건물 내부와 외부의 연소상태를 비교하여 화염의 이동경로를 파악한다.
  ㉣ 발화지점과 연소 확산 경계구역을 구분하여 출화개소를 귀납적으로 판단한다.
  ㉤ 출입구 방향, 창문·환기구 등 개구부 위치를 고려하여 출화개소를 결정한다.

(3) 체계적 절차

화재조사의 기본절차

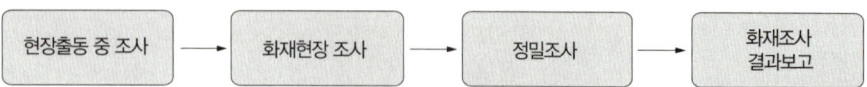

2. 발화위치 결정을 위한 데이터 수집

(1) 초기 현장 평가
① 화재 진압 후 현장에 도착했을 때 잔류 열기·연기·냄새 등 초기상태를 관찰하여 기록한다.
② 현장의 구조적 안정성과 전반적 안전상태를 점검해 조사자들이 위험없이 진입할 수 있는지 확인한다.
③ 현장에 남아 있는 전기기기와 가연성 물질 등 증거물이 훼손되지 않도록 보호 대책을 마련·시행한다.
④ 화재 발생 시점과 현장 상황, 소방활동 내역을 포함해 목격자의 진술 등 정보를 수집하여 정리한다.

(2) 발굴 및 복원
① 화재 현장에서 잔해를 제거하고 발굴 작업을 통해 증거물을 수집한다.
② 잔해를 층별 또는 구역별로 정리하면 각 구역의 화재진행상황을 분석한다.
③ 파손된 구조물을 재구성하고 현장을 최대한 원형대로 복원하여 발화원인을 조사한다.
④ 발굴 및 복원 과정에서 확인된 주요 증거물과 그 위치를 사진·영상·스케치 등으로 기록·문서화한다.

(3) 추가 데이터 수집 활동
① 증거물을 실험실로 이송해 화학·금속·전기 분석을 수행한다.
② 필요 시 현장을 재방문하여 누락된 증거나 정보를 보완한다.
③ CCTV 영상, 화재출동보고서, 기상 데이터, 인근 주민 진술, 보안시스템 및 자동화재탐지설비 로그 등 다양한 출처에서 추가 데이터를 수집한다.
④ 수집된 모든 자료를 종합해 발화지점을 추정한다.

3. 자료분석

(1) 화재패턴 분석
① 화재패턴은 열과 연소로 인해 생긴 물리적 변화와 손상의 흔적으로, 벽·천장·바닥·가구 표면에 남아 화염의 이동경로를 추적하는 물적 증거로 활용된다.
② 화재패턴을 분석하여 발화지점을 확정하고, 불길의 확산경로와 방향을 추적하여 패턴별 특징으로 전기적 요인·기계적 마찰·인화성 물질 사용 여부를 확인한다.
③ 화재가 확산되며 여러 패턴이 중첩되고, 건물의 구조·환기상태·가연성 물질 특성 등의 환경요인이나 소방관의 초동진압으로 원래 패턴이 왜곡되어 발화지점을 정확히 식별하기 어려울 수 있다.

(2) 열 및 화염 벡터 분석
① 화재현장에서 열·연기·화염의 이동 방향을 화살표로 나타낸 것을 열 및 화염 벡터라 하며, 연소 강도가 센 곳에서 약한 곳으로 향하는 벡터를 그려 발화지점을 추정하는 데 이용된다.
② 벡터의 크기는 열 강도를 나타내어 강할수록 길고 굵게 표시되며, 방향은 열이나 화염의 이동경로를 보여주고, 여러 벡터가 수렴하는 지점이 발화지점일 가능성이 크다.
③ 화재현장에서 열·화염 벡터를 관찰해 확산경로를 파악하고, 이를 사진이나 도면에 표시해 기록한 후, 그 결과를 화재패턴 및 기타 증거와 종합하여 발화지점과 원인을 밝혀낸다.

④ 벡터는 벽·천장·바닥·가구 등에 남은 그을림, 용융, 변색 등의 물리적 흔적에서 추출하며, 화재패턴 분석과 연계하여 해석한다.

⑤ 복잡한 구조물이나 다층 공간에서는 건물 구조·공기 흐름·초기 소화활동 등 요인으로 벡터 분석이 왜곡되거나 난해해질 수 있다.

(3) 탄화심도 분석

① 탄화심도

㉠ 목재 표면의 탄화 깊이를 의미하며, 수열이 강할수록 탄화심도는 깊어진다.

㉡ 가연성 물질이 열에 의해 탄화된 깊이인 탄화심도는 화재노출 시간과 열 강도에 따라 달라진다.

㉢ 동일한 목재의 여러 지점을 비교하여 화재가 처음 시작되었을 가능성이 높은 위치와 장기간 열에 노출된 구역을 추정하는 데 활용된다.

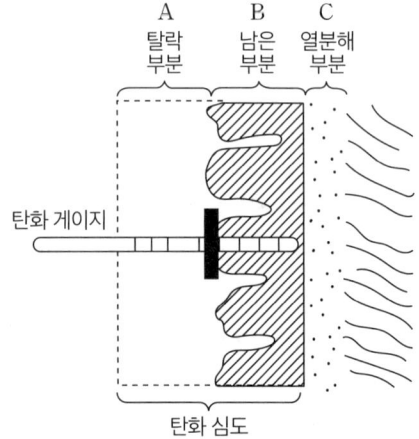

② 측정방법

㉠ 탄화된 요철 중 적절한 지점을 골라 게이지로 깊이를 재며, 소실된 부분까지 포함해 비교한다. 계침은 볼록한 부분(凸)을 측정한다.

㉡ 측정기구는 목재 표면에 직각으로 꽂아 측정하고 송곳처럼 날카로운 측정기구는 탄화되지 않은 부위까지 파고들 수 있어 사용하지 않는다.

㉢ A지점과 B지점을 측정할 때는 압력을 동일하게 유지한다.

㉣ 여러 번 측정한 후 평균값을 사용하여 측정오차를 줄인다.

(4) 하소심도 측정

① 하소
  ㉠ 하소는 화재로 석고보드가 화학적으로 변해 재로 된 상태로 고온에 노출된 석고판은 열로 인해 탈수되어 저밀도의 경석고로 변환된다.
  ㉡ 하소로 인해 밀도는 낮아지고 색은 변하며 심하면 벽에서 떨어지거나 무너질 수 있다.

② 열반응 특성
  ㉠ 하소된 석고판 재료는 열에 노출되면 색상이 옅은 회색에서 더 하얗게 변하며 이러한 색 변화는 벽 전체를 관통해 나타날 수 있다.
  ㉡ 화열로 인해 석고가 화학적으로 변화하면 판재료의 밀도가 낮아지고 표면이 푸석푸석해진다.
  ㉢ 석고판의 하소깊이는 해당 판이 화열에 노출된 정도, 열의 세기, 그리고 지속시간을 반영한다.

③ 분석
  ㉠ 하소심도의 상대적 크기를 비교하면 화재로 인한 석고판의 총열량 차이를 파악할 수 있다.
  ㉡ 심도가 깊을수록 더 오래, 더 강한 열에 노출된 것으로 열원의 복합성, 벽판재료의 균질성, 마감재료의 특성 등에 영향을 받는다.

(5) 아크 조사 또는 아크 매핑

① 아크는 전기 이상으로 전류가 공기를 지나며 고온 플라즈마를 형성하는 현상을 말하며 아크 매핑(Arc mapping)은 이 흔적을 현장 전체에 표시해 분석하는 작업이다.
② 아크 조사는 전기회로에서 아크 발생 지점을 찾고, 화재의 원인인지 결과인지를 구별하는 절차를 말한다.
③ 아크맵핑은 배선로의 용융흔적을 조사하여 아크발생의 순서와 위치를 시간적으로 재구성한 것을 말한다.

(6) 순차적 사건의 분석

① 분석
화재조사는 발생부터 진압까지의 전 과정을 시간 순서에 따라 배열해 분석하고 이를 통해 각 사건의 연관성을 파악하고 원인·발화 지점·확산 경로를 밝힌다.

② 절차

단계	내용
데이터 수집	증거·진술·기록·CCTV 등 현장에서 확보한 자료로 사건 순서구성
사건 식별	핵심사건을 도출하여 발생시점 추정
시간 배열	사건을 시간 순서대로 배치하고 인과관계 분석
상호작용 분석	사건 간 연계 파악·확산에 기여한 요인 확인

4. 발화위치 가설

(1) 가설설정
수집된 증거를 토대로 가설을 설정하고 조사 과정에서 새로운 정보에 따라 수정될 수 있으며, 화재원인과 발화지점을 밝히는 데 반드시 필요하다.

① 최초가설

화재의 시발점을 추정하기위해 초기조사와 증거수집을 근거로 발화지점과 원인을 초기단계에서 추정하고, 화재의 물리적 증거, 목격자 진술, 화재 패턴 분석 등을 현장에서 수집된 데이터를 종합해 설정한다. 여러 가능성을 고려하되, 신뢰도가 높은 가설을 우선시 하여야 한다.

② 최초가설의 수정

㉠ 화재현장은 복잡하기 때문에 초기단계의 가설이 그대로 유지되기 어려워 추가 증거가 확보되거나 새로운 분석 결과에 따라 최초가설은 수정될 수 있다.

㉡ 수정된 가설은 다시 증거와 대조하고 논리적 타당성과 일관성이 유지되는지 검토하며 반복적 수정과 검증과정을 통해 지속적으로 평가한다.

5. 발화지점 가설의 검증

(1) 가설검증의 방법

① 가설검증

설정된 발화지점 가설이 현장의 모든 증거와 부합하는지를 확인하는 과정으로 가설의 타당성을 평가하고 확정하는 과정이다.

② 검증 방법

㉠ 물리적 증거 비교

가설에서 제시한 발화 지점·원인이 현장에서 관찰된 흔적(탄화, 용융, 변형 등)과 일치하는지 검토한다.

㉡ 목격자 진술 검토

사건의 시간적 흐름이나 초기 화재 양상이 가설과 일치하는지 확인한다.

㉢ 현장 재현

환기 조건, 연료 특성, 온도 상승 곡선 재현 등 실험, 모의 시뮬레이션 등을 활용해 가설이 실제 조건에서 어떻게 작용했는지 재현하여 검증한다.

㉣ 반증 확인

가설과 맞지 않는 증거가 있는지, 더 합리적인 설명이 가능한지를 탐색하고 반증이 발생하면 가설을 수정한다.

(2) 분석 기법 및 도구
① 분석 기법
  ㉠ 열·연기패턴분석
    화재 시 열과 연기의 이동 경로는 발화 위치와 확산 방향을 나타내는 핵심단서로 가설이 패턴과 일치하지 않으면 신뢰성은 떨어진다.
  ㉡ 전기적 손상 분석
    전선 피복 손상, 퓨즈 용해, 차단기 작동 여부 등을 통해 발화 원인이 전기적 요인인지 판단하며, 아크 흔적과 용융패턴은 발화원인을 밝히는데 중요한 자료가 된다.
  ㉢ 연료·환기 조건 분석
    가연물의 종류와 양, 환기 상태는 화재 확산 속도와 양상에 결정적 영향을 주며 가설이 실제 연소 조건과 적합하는지 확인한다.

② 분석 도구
  ㉠ 화재모델링
    컴퓨터 기반 시뮬레이션을 활용해 화재의 확산 경로와 발화 지점을 가상의 환경에서 재현하는 분석방법으로 현장에서 수집된 증거와 비교하여 가설이 실제 화재 진행 양상과 일치하는지 검증하며, 다양한 시나리오(연료 조건, 환기 상태, 구조물 특성 등)를 적용할 수 있어 현실적 제약을 보완한다.
  ㉡ 타임라인 분석
    화재와 관련된 사건들을 시간 순서에 따라 배열하여 인과관계를 밝혀 사건의 흐름 속에서 화재 발생 원인과 확산 과정을 논리적으로 추론하는 방법으로 목격자 진술, 경보 기록, CCTV 영상 등 시간 정보를 포함한 데이터를 활용해 사건 간의 연결고리를 명확히 한다.
  ㉢ 실험
    특정 조건을 설정한 후 실제로 화재를 재현하여 가설과 비교하는 방법으로 가설이 현실에서 동일하게 나타나는지 확인하고, 증거와의 일치 여부를 평가하며 소규모 모의실험에서부터 대형 화재실험까지 다양하게 이루어져 실험결과는 가설을 보강하거나 반증하는 데 직접적인 근거가 된다.

6. 최종 가설의 선택

(1) **발화지역 결정**
  ① 화재원인 규명의 첫 단계 중 하나로 발화지역이 잘못 설정되면 이후 원인분석 전반에 오류가 생길 수 있어 현장조사, 물리적 증거, 목격자·관계자 진술 등을 종합적으로 고려해야 한다.
  ② 발화가 시작된 범위를 가능한 한 좁고 구체적으로 특정하여 이후 원인규명 과정의 신뢰성을 확보해야 한다.

(2) **모순된 데이터의 선별**
  ① 관계자 진술은 현장 사실과 다를 수 있으므로, 객관적 증거와 대조해 신뢰할 수 있는 진술만 근거로 삼는다. 그러나 모순된 진술도 향후 새로운 단서가 될 수 있으므로 반드시 기록한다.
  ② 조사에서 부정된 사항은 반증 근거와 함께 명확히 기록해야 한다. 이를 보고서에 언급하지 않으면 의도적 누락으로 오해받아 제3자에게 의구심을 줄 수 있다.

7. 선택된 가설의 검증

(1) 증거를 통한 가설의 검증

① 검증절차

㉠ 모든 증거와 가설의 일치 여부를 확인한다.

㉡ 증거와 충돌하는 가설은 수정하거나 배제한다.

㉢ 여러 가설 중 가장 합리적인 것을 도출한다.

② 검증 시 유의사항

㉠ 조사자는 현장 증거를 통해 가설을 검증해야 하며, 화재조사의 가설은 반드시 물리적 증거와 일관성이 있어야 한다.

㉡ 제시된 모든 가설은 증거로 뒷받침되어야 한다.

(2) 대형화재 발화지역의 검증

① 검증절차

㉠ 수집된 증거를 종합하여 넓은 발화 구역 중 화재의 시작점을 특정하고, 여러 가능성을 검토한 뒤 가장 합리적인 발화 지점을 도출한다.

㉡ 바람이나 건축 구조와 같은 외부 요인을 함께 고려 해야한다.

② 검증 시 유의사항

㉠ 대형화재는 발화 구역이 복잡하게 형성될 수 있어, 정확한 지점을 특정하기 어려운 경우가 있다.

㉡ 화재에서는 여러 발화 가능성을 검토하거나, 발화범위가 넓게 형성될 수 있음을 고려해야 한다.

(3) 발화지역에 대한 목격자 증언

① 검증절차

㉠ 목격자 진술을 확보한 뒤 다른 증거와 대조하여 일관성을 확인 해야하며 진술의 신뢰성을 평가하고, 불일치가 나타날 경우 그 원인을 분석한다.

㉡ 증언은 보조 자료로 활용하고, 가설 검증에서는 물리적 증거를 우선 시 해야한다.

② 검증 시 유의사항

목격자의 증언은 발화 지점을 추정하는 데 유용한 단서가 될 수 있다. 다만 기억의 왜곡이나 상황 인지의 한계로 인해 정확성이 떨어질 가능성도 함께 고려해야 한다.

KEYWORD 07 발화개소 판정 의견: 방화지점 판정

1. 건물 구조재의 연소특성 및 방향의 파악

(1) 목재류

① 탄화

㉠ 목재의 탄화특성

목재는 표면에서 중심부로 탄화가 진행되며, 반복적인 표면 박리와 재화 과정을 거쳐 결국 가늘어지며 소실된다.

㉡ 탄화흔 특징
- 발화부와 가까울수록 탄화심도가 깊고, 탄화면 폭이 넓으며, 골이 뚜렷하다.
- 탄화면이 거칠수록 연소 강도가 높다.
- 발화부는 상대적으로 밝은 색을 띠고, 멀어질수록 점차 어두운 색조로 변한다.

㉢ 연소 강도 판단 요소
- 수종, 밀도, 온도, 크기, 함수율, 비표면적, 구조물의 종류 등에 따라 연소 속도가 달라진다.
- 탄화면 폭과 골 깊이는 연소 강도의 중요한 지표로 활용된다.

㉣ 목재의 수열에 의한 상태변화

온도(℃)	상태 및 형상
100이하	수분이 서서히 증발하기 시작한다.
160	열분해가 시작되면서 점차 갈색으로 변하기 시작한다.
220	표면이 열분해로 인해 흑갈색으로 변한다.
260	목재의 인화온도에 해당한다.
300 ~ 350	목재의 탄화가 완료되어 표면은 검게 변하고 구조적 강도가 급격히 약화된다.
420 ~ 470	목재의 발화온도에 해당한다.

② 박리

㉠ 목재 박리의 특성

목재가 탄화되면서 표면이 떨어져 나가는 현상을 박리라고 하며 연소가 강할수록 박리는 더 깊고, 크며, 빈번하게 발생한다.

㉡ 박리의 종류
- 연소 박리는 박리면적이 작고 거칠며, 표면의 요철이 크고 분포가 산재하는 형태로 나타난다.
- 소화수 박리는 박리면적이 크고 평탄하며 윤기가 나고, 표면의 거칠기는 작으며 분포가 집중되어 나타난다.

③ 소실상태

㉠ 부분소실1: 각재·판재가 연소하면서 가늘어지며, 가늘수록 소손(소실·손상)의 정도가 심하다.

㉡ 부분소실2: 목재가 연소되어 일부가 떨어져 나가고, 천장은 불에 타 뚫리는 현상이 나타난다.

㉢ 대반소실: 건물의 주요 구조재 대부분이 불에 타 사라진 상태가 나타난다.

㉣ 완전소실: 구조재가 전부 소실되어 흔적조차 남지 않은 상태로 원래부터 없었던 것인지 화재로 소실된 것인지 구별이 어려워 잔존하는 못, 금속부재 등을 통해 화재 당시 존재 여부를 판단한다.

용어 CHECK 노출온도 조건에 따른 목재의 균열흔

구분	발생온도	형태 및 발생조건
완소흔	약 800℃	삼각·사각의 거북이 등껍질 모양으로 중온 화재 시 나타난다.
강소흔	약 900℃	깊은 골이 생기며 만두형 요철(계란판 모양)로 고온 화재 시 발생한다.
열소흔	1,000℃ 이상	홈의 깊이가 가장 크고 반월형으로 볼록하게 솟아오르며, 주로 대규모 건물 화재에서 관찰된다.
훈소흔	–	발열체가 목재 표면에 밀착될 때 무염연소가 일어나며, 이 과정에서 목재 표면에 밀착된 흔적이 형성된다.

(2) 금속류

① 변색
  ㉠ 철이나 강철은 화재 시 푸른빛이 도는 회색으로 변하며, 스테인리스강은 산화가 심해질수록 흐릿한 회색을 띤다.
  ㉡ 금속은 불에 노출되면 산화가 일어나고 온도와 노출시간이 증가할수록 산화가 더 빨리 진행된다.
  ㉢ 구리는 열에 닿으면 어두운 붉은색이나 검은 산화막이 생긴다.

② 만곡
  ㉠ 금속 구조물이 화염에 의해 가열되면 팽창과 자중으로 인해 휘어지는 현상이 나타나고 특히 철골은 지붕 등 상부 하중의 영향을 받아 크게 변형될 수 있다.
  ㉡ 변형은 발화지점뿐만 아니라 열을 받은 모든 부위에서 나타나고 구조물의 설치 방향이나 주변의 가연물 적치 상태에 따라 차이가 생긴다.
  ㉢ 하중이 없는 경우, 열을 직접 받은 쪽이 더 많이 팽창해 반대편으로 휘어지는 양상이 관찰된다.

③ 용융
  ㉠ 금속은 각각 고유한 용융점을 가지며, 텅스텐 > 철 > 구리 > 알루미늄 > 마그네슘 > 아연 순으로 낮아진다.
  ㉡ 화재현장에서 어떤 금속이 녹아 있는지를 확인하면 당시 불길의 온도를 추정할 수 있다.
  ㉢ 같은 재질의 금속일 경우 더 많이 녹아내린 부분이 상대적으로 더 큰 열을 받은 위치이므로 화재진행 방향을 파악하는 근거가 된다.

④ 금속별 용융점

금속의 종류	금속별 용융점(℃)
텅스텐	3,410
크롬	1,907
철	1,540
구리(동)	1,085
알루미늄	660
마그네슘	650
아연	419

(3) **콘크리트·몰탈·타일류**
  ① 폭열(Spalling)
    ㉠ 폭열의 특성
      - 콘크리트가 급격한 온도 변화에 노출될 때, 내부 수분이 순간적으로 팽창하면서 표면이 박리·탈락하는 현상으로 폭음과 함께 발생하며, 구조체 내부까지 고온이 침투해 철근이 노출되고 내력이 크게 저하된다. 철근의 팽창은 콘크리트를 추가적으로 파괴한다.
      - 강도·고내구성 콘크리트일수록 조직이 치밀해 수증기 배출로 폭열을 완화하기 위해 폴리프로필렌 섬유를 첨가하기도 한다.
    ㉡ 주요원인
      - 흡수율이 큰 골재 사용
      - 내화성이 약한 골재 사용
      - 내부 함수율이 높은 경우
      - 치밀한 조직으로 수증기 배출이 차단된 경우
  ② 백화현상
    ㉠ 백화현상의 특성
      - 화재 현장의 벽면·철판 등에서 나타나는 현상으로 직접 화염 접촉 또는 강한 복사열 노출 시 발생한다.
      - 벽에 붙은 그을음이 열에 의해 연소하면서 표면이 하얗게 변색된 흔적(백화흔)이 관찰된다.

(4) **유리**
  ① 깨진 형태
    ㉠ 충격에 의한 파괴
      충격부위를 중심으로 방사형 파손형태를 횡으로 잇는 동심원 파손이 생기며, 파손면에는 물결모양의 리플마크가 관찰되는데 리플마크는 방향성을 가져 파괴 시작 지점과 충격방향을 알 수 있는 단서가 된다.
    ㉡ 열에 의한 파괴
      - 완만한 곡선형태의 불규칙하고 구불구불한 균열이 발생하며, 파단면은 충격에 의한 파괴와 달리 리플마크가 없는 매끄러운 형태를 보인다.
      - 유리창은 복사열을 받은 중앙부와 창틀에 의해 보호된 부분의 온도 차가 약 70℃ 이상일 때 금이가기 시작한다.
    ㉢ 압력에 의한 파괴
      - 화재 압력은 약 0.014~0.028kPa으로 보통 창유리 파괴에는 2.07~6.90kPa가 필요하기 때문에 일반적인 화재 시 발생하는 압력만으로 유리창이 파괴되기는 어렵다.
      - 폭발에 의한 압력은 구획실 내의 외벽이나 창문, 출입문의 유리에 압력에 의한 파괴를 초래할 수 있다.
      - 압력에 의한 파괴는 방사형보다 평행선에 가까운 균열로 파괴되며 충격에 의한 파괴와 달리 동심원 형태는 나타나지 않고 각 파편이 단독적으로 파괴된다.

② 파단면의 특징

구분	연성(Ductile)파괴	취성(Brittle)파괴	피로(Fatigue)파괴
원인	과하중(정적 하중)	충격 하중, 저온상태	반복하중(변동 하중)
파괴 전 변형	눈에 띄게 늘어남 (연신, 넥킹)	전조 증상 없이 갑자기 파괴	겉보기엔 멀쩡하나 내부 균열 성장
파단면 특징	칙칙하고 거친 회색을 띠고 컵-콘(Cup and Cone) 형상을 나타냄	평탄하고 반짝이며 셰브론 마크(Chevron Mark)가 나타남	해빈 무늬(Beachmarks)가 나타나며 최종 파단부 동시 존재

(5) 합성수지류의 화재열에 의한 영향
 ① 합성수지는 주로 분해연소와 표면연소의 형태를 나타낸다.
 ② 화재로 인한 변화는 변색 → 연화·변형 → 용융 → 소실의 과정을 거친다.
 ③ 일부 합성수지는 열전도성이 낮아 열원이 제거되면 연소가 멈출 수 있으나, 대부분 연소가 시작되면 자체 발열로 연소가 지속된다.

(6) 도료류의 화재열에 의한 영향
 ① 도료류의 종류
  ㉠ 아마인유, 대두유, 요동유 등 건성유에 공기를 주입해 가열 후 안료와 전색제를 혼합하여 만든 착색도료를 말한다.
  ㉡ 건성유는 요오드가가 130 이상으로 요오드가가 높을수록 산화되기 쉽고 화재 위험성이 크다.
  ㉢ 요오드가는 유지가 흡수할 수 있는 염화요오드의 양을 수치화한 것으로 값이 높을수록 산화되기 쉽고 자연발화 위험성이 커진다.

 ② 화재열에 의한 영향
  ㉠ 도료는 금속 등의 표면에 얇은 막 형태로 도포되고 차량 보닛, 건물 함석 지붕 등에 사용되어 연소강도의 단서가 된다.
  ㉡ 화재로 인한 외관의 변화는 변색 → 발포 → 회화(잿빛화) → 소실의 과정을 거친다.

(7) 내화보드
 ① 합판과 시멘트 보드의 장점을 결합한 내벽용 건축자재를 말하며, 화재 시 변색, 하소 탈락 등의 흔적이 나타난다.
 ② 열을 받아 강도가 약해지면 모래처럼 허물어지거나 소화활동으로 파괴되기도 한다.
 ③ 단순한 낙하 정도로는 연소 강약 판단이 어려워 내부재료의 소손 상태와 파단면의 양상을 종합적으로 검토해야 한다.

⑻ 전기용융흔에 의한 연소방향

① 전선 용융흔의 구분

㉠ 단락흔(1차흔)
- 화재의 원인이 되는 흔적으로 열소열로 인해 흔적이 사라질 수도 있다.
- 아크비드가 형성되고, 소선과 망울 사이에 뚜렷한 경계가 있다.
- 구형의 형태를 가지고 있고 표면에 광택이 있으며 용융·비용융 경계에 특유의 주상조직이 나타난다.

㉡ 용융흔(2차흔)
- 화재의 결과로 발생한 흔적으로 화염으로 피복이 타면서 전선이 접촉해 생긴다.
- 망울의 표면이 거칠고 광택이 없고, 소선과 망울의 경계가 없으며 전체가 한 덩어리 형태이다.
- 주상조직 경계가 나타나지 않는다.

㉢ 열흔(비통전흔)
- 화재열로 인해 전선이 용융된 흔적으로 화염온도가 구리의 융점을 초과했을 때 발생한다.
- 외관이 눈물방울 모양으로 처지며 광택이 없고 금속조직은 입자가 커지고 불규칙하게 변형된다.

용어 CHECK 아크비드(Arc Bead)와 주상조직

- 아크비드(Arc Bead): 전기 합선(단락)이 일어날 때 발생하는 아크(Arc) 불꽃에 의해 구리선이 녹아 생긴 구슬 모양의 금속 입자를 말하며, 합선 발생 여부를 알려주는 외부적 증거에 해당한다.
- 주상조직 (Columnar Structure): 녹았던 쇳물이 식으면서 굳을 때 생기는 내부 결정 구조로 이름처럼 기둥(柱) 모양(狀)의 결정들이 한 방향으로 나란히 배열된 조직을 말하며, 열의 방향 (화재 원인)을 알려주는 내부 증거에 해당한다.

② 단락흔 발생 위치에 따른 연소방향

㉠ 단락흔 자체가 연소방향을 보여주는 단서가 된다.
㉡ 전기회로상 여러 개의 단락흔이 있을 경우, 이론적으로 모순되지 않도록 연소방향을 판정해야 한다.
㉢ 단락흔의 연소방향은 일반적으로 부하측에서 전원측으로 진행되었다고 판단할 수 있으며 전원측에 가까운 지점에서 1차 단락이 발생한 경우, 부하측의 단락은 1차 단락이 아닐 가능성이 크다.
㉣ 전기적 요인으로 화재가 발생한 경우 최종 부하측이 화재원인이 될 수 있다.

⑼ 철재구조물 변형 또는 도괴방향에 의한 연소방향 판정

① 구조물 중앙에 화염이 있는 경우

철구조물의 보와 기둥은 중앙 화염 방향으로 만곡된다.

② 구조물 한쪽방면에 화염이 접한 경우

화염이 있는 쪽의 보가 먼저 주저앉고 이어서 화염 반대쪽 기둥이 화염 쪽으로 만곡된다.

③ 만곡(철골 휨 현상)
  ㉠ 만곡은 수열의 정도와 비례하므로, 초기 화염 방향이나 위치를 추적하는 단서가 된다.
  ㉡ 발화부 뿐만 아니라 수열을 받은 부분에서도 발생할 수 있다.
  ㉢ 만곡 및 도괴는 설치 각도, 가연물 적치 상태 등에 따라 달라질 수 있으며, 열을 많이 받은 부분일수록 연화(강도 저하)가 심해져 변형 가능성이 높다.
  ㉣ 철골의 만곡은 지붕 등 하중의 영향을 크게 받는다.
  ㉤ 철제 구조물은 열팽창과 자중으로 인해 변형되며, 하중이 없는 상태에서는 열받은 부분의 팽창률이 더 높아져 반대 방향으로 휘어진다.

2. 발화건물의 판정

(1) 현장관찰 방법
① 높은 위치에서 현장 전체를 관찰하고 전체적인 연소 양상을 확인한다.
② 발화원인이 될 수 있는 가연물에 유의하며 조사한다.
③ 소실되어 붕괴된 부분에서는 복원적 관점에서 관찰한다.
④ 건물의 구조재 및 수용품의 소실 상태를 통해 연소방향을 파악한다.
⑤ 낙하물과 붕괴물이 많은 장소에서는 도괴방향과 연소방향을 함께 관찰한다.
⑥ 소손 및 탄화정도가 약한 부위에서 강한 부위로 이동하며 관찰한다.
⑦ 다수의 건물이 소실된 경우 연소확대가 정지된 경계부근의 소손상황을 관찰하여 연소경로를 파악한다.

(2) 개구부를 통한 연소 확산 특성
① 개구부를 통한 화재 확산 매커니즘
  ㉠ 개구부가 열리면 외부 공기가 공급되어 산소가 원활히 공급된다.
  ㉡ 개구부를 통해 불씨가 이동하면서 인접 공간으로 화재가 확산된다.
  ㉢ 개구부를 통해 직접적인 화염이 통과하여 주변 공간으로 번진다.
  ㉣ 개구부를 통해 복사열이 전달되어 주변 가연물이 가열·착화된다.

② 구획실화재와 개구부의 크기
  ㉠ 환기지배형 구획실 화재에서는 개구부의 크기가 화재 규모에 큰 영향을 미친다.
  ㉡ 플래시오버를 유발하는 화재의 크기는 개구부의 크기에 비례하고 개구부 높이의 제곱근에 비례한다.
  ㉢ 화재의 크기는 구획실 내부로 유입되는 공기의 질량유량으로 결정된다.

$$\dot{m} = C \times A \sqrt{H}$$

$\dot{m}$: 공기의 질량유량(kg/s), C: 계수, A: 개구부 면적(m²), H: 개구부 높이(m)

③ 출화개소 판단 시 유의사항
  ㉠ 출화개소는 화재 발생 시 최초 불꽃이 일어난 지점이다.
  ㉡ 구조물이 붕괴되거나 도괴된 경우 해당 취약요인을 반드시 확인해야 한다.
  ㉢ 건물 내부와 외부의 연소상태를 비교하여 화염의 이동 경로를 파악하고 출입구 방향, 창문, 환기구 등 개구부의 위치를 종합적으로 고려한다.
  ㉣ 발화지점과 연소가 확산된 경계구역을 구분하여 귀납적으로 판단한다.
  ㉤ 소손 정도가 약한 부분에서 강한 부분으로 이동하며 출화개소를 판정한다.

(3) **상층과 하층으로의 연소 특성**
  ① 수직 및 상층으로의 연소확대
    ㉠ 화재로 발생한 뜨거운 연기와 가스는 부력에 의해 상층으로 상승하고 상층온도가 상승하면 상부에 있는 가연물에 착화되어 연소가 확대된다.
    ㉡ 층간 간격이 좁고 벽·천장 구조물이 가연성일 경우 연소 확대가 빠르게 진행되며 계단, 엘리베이터 샤프트 등에서는 굴뚝효과로 인해 수직 확대가 이루어진다.

  ② 수평 및 하층으로 연소확대
    ㉠ 수평 확대는 주로 복사열, 바람, 건물 내 공기 흐름에 의해 이루어지며 복사열은 발생 지점에서 주변으로 전파되어 수평 방향으로 화재를 확산시킨다.
    ㉡ 바닥이나 천장 내부의 가연물을 통해 수평 및 하층으로 화재가 확대된다.
    ㉢ 폴다운 현상으로 하층 바닥에서 독립적인 발화가 새롭게 발생하기도 한다.

3. 화재패턴

(1) **화재패턴의 역학**
  화재 이후에도 현장에 잔존하여 육안으로 확인할 수 있는 물리적 흔적으로 화염이 통과하며 남긴 자취로서 화재가 확산된 경로를 드러낸다. 이러한 흔적은 주로 그을음, 가스, 고열의 영향으로 표면이 탄화되거나 변색된 형태로 나타난다.

(2) **화재패턴의 원인**
  화재패턴은 열로 인한 변형, 소실, 연소생성물의 퇴적으로 형성되고 열원과의 위치에 따라 손상 정도가 달라지며, 탄화·소실·용융·변색 등의 차이를 통해 손상 부위와 비손상 부위의 경계가 나타난다.

(3) **구획실 화재의 화재패턴**

① V 패턴(V pattern)

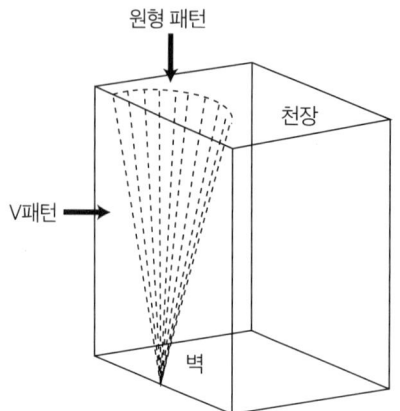

㉠ 물질 연소 시 가장 흔하게 형성되는 패턴으로 불꽃, 대류, 복사열에 의해 발생하고, 연소가 진행될 때 수직 벽면에 나타난다.
㉡ 발화지점이 아닌 곳에서도 형성될 수 있고 경계선은 화재효과의 가장자리를 나타낸다.
㉢ 각도는 열방출률, 가연물의 양과 형태, 환기 조건 등에 의해 결정된다.

② U 패턴(U pattern)

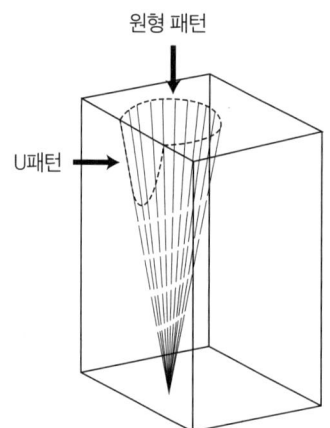

㉠ V 패턴과 유사하지만 복사열의 영향을 크게 받는다.
㉡ 예각에 가까운 V 패턴과 달리 완만한 곡선 형태를 띤다.

③ 역삼각형(▽) 패턴
  ㉠ 벽면이나 출입문 등에 나타나며, 화염과 연기가 위로 확산되면서 넓어지는 전형적인 연소 형태이다.
  ㉡ 밑변이 위로 가고 꼭짓점이 아래를 향하는(▽) 삼각형(또는 V자) 모양의 그을음이나 열 손상 흔적이 나타난다.

④ 삼각형(△) 패턴

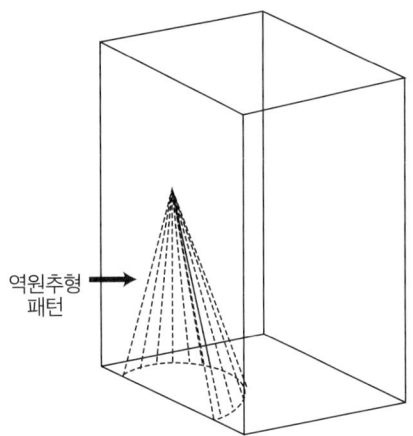

  ㉠ 화재가 초기단계에서 빠르게 진화되어 천장까지 확산되지 못했을 때 형성되며, 벽면에 의해 불기둥이 차단되지 않은 경우에도 발생한다.
  ㉡ 인화성 액체를 사용한 방화나 단시간 연소 시 수직 벽면에 나타난다.

⑤ 모래시계 패턴(Hourglass pattern)

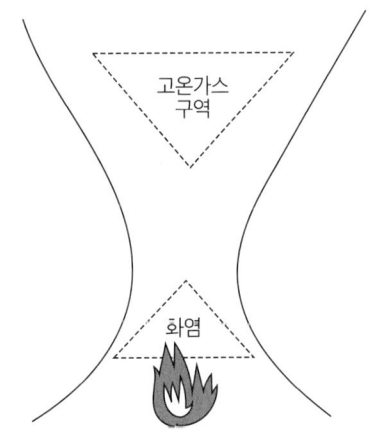

  ㉠ 화염이 수직 표면과 밀착하면 하부에 역 V형, 상부 고온가스 영역에는 정 V형이 동시에 나타난다.
  ㉡ 특정 지점에서 불이 시작되면, 불꽃과 열은 자연스럽게 위로 상승하고 동시에 발화지점보다 아래쪽에 있는 연료를 태우면서 아래로도 번져나가면서 이 두 개의 패턴이 발화지점에서 만나면서 그을음이나 탄화 흔적이 모래시계 모양이 나타난다.

⑥ 열그림자 패턴(Heat shadowing pattern)
  화염이 장애물에 차단되어 연소되지 않은 부분이 그림자처럼 남는 패턴으로 테이블, 의자, 유리 등 장애물이 복사열·대류열·화염의 전달을 막아 발생한다.

⑦ 드롭다운 패턴(Drop down pattern)
　복사열로 멀리 떨어진 가연물이 착화되고, 연소 잔재가 바닥으로 떨어져 발생한다.

⑧ 폴다운패턴(Fall down pattern)
　발화 구획실 벽의 커튼이나 장식물이 연소되어 떨어지며 형성하여 방화 의심 흔적으로 오인될 수 있으나 고온 천장에서 착화물이 떨어져 바닥을 연소시키기도 한다.

⑨ 포인터/애로우 패턴(Pointer/Arrow pattern)
　목재 벽체의 수직 샛기둥에서 나타나며, 짧고 심하게 탄화된 부위가 발화지점과 가깝다.

⑩ 대각선 패턴
　건물 외벽을 대각선으로 가로지르는 형태로 고온 열층이 낮은 쪽으로 확산되며 발생한다.

⑪ 고온가스층 패턴
　㉠ 플래시오버 직전 나타나며, 복사열에 의해 가연물 표면이 손상된다.
　㉡ 가스층의 높이와 이동방향을 보여주며, 가려진 하부는 보호구역으로 남는다.

⑫ 환기생성패턴(Ventilation generated pattern)
　구획된 실에서 화재가 성장할 때 문 상부 틈으로 뜨거운 가스가 빠져나가고, 하부로 찬 공기가 유입되어 문의 상부에 탄화 흔적이 생긴다.

⑬ 완전연소패턴(Clean burn pattern)
　훈소 단계에서 불연성 표면에 나타나는 현상으로, 그을음이 제거된 깨끗한 영역이 주변에 형성된다.

⑭ 끝이 잘린 원추패턴

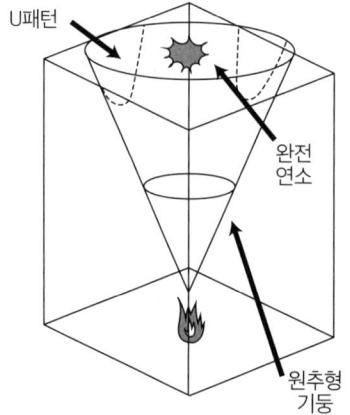

　수직·수평면 모두에서 나타나는 3차원 패턴으로 플룸이 천장에 부딪혀 상승이 제한되면 끝이 잘린 원추형으로 형성된다.

⑮ 원형 패턴
　천장, 테이블 상판, 선반 등의 수평면 하부에 나타나며 원형을 띠며, 열원이 벽에서 멀어질수록 더 둥근 형태를 보인다.

⑯ 안장형 패턴
　바닥 접합부 상부 가장자리에서 발견되며, 접합부 위 바닥이 아랫방향으로 타들어가면서 안장모양 흔적이 형성된다.

(4) 가연성 액체의 화재패턴

① 고스트마크(Ghost mark)
㉠ 플래시오버와 같은 강력한 열기에 의해 발생하는 패턴으로, 바닥 타일 아래에 스며든 액체가연물이 강렬히 연소하여 타일 틈새 모양으로 변색되거나 박리되는 현상이다.
㉡ 바닥 타일 위로 인화성 액체가 쏟아져 발생한 경우 방화 화재패턴으로 나타날 수 있다.

② 스플래쉬패턴(Splash pattern)
㉠ 액체 가연물이 쏟아지면서 주변으로 튀어 발생하거나, 열에 의해 액체가 끓으며 주변으로 튄 흔적이 남는 패턴이다.
㉡ 국부적으로 점 모양의 연소 흔적이 나타나며, 바람의 영향을 받아 바람이 부는 방향 반대편으로 더 길게 형성된다.

③ 틈새연소패턴(Seamburn pattern)
바닥 마감재 표면이나 틈새에 고인 액체가연물이 다른 부분보다 강하게 연소하여 남긴 흔적으로 바닥의 틈이나 모서리를 따라 흐른 액체가연물이 집중적으로 연소하면서 뚜렷한 탄화 경계를 남긴다.

④ 낮은연소패턴
일반적으로 화재는 상부가 더 심하게 손상되지만, 이 패턴은 하부의 소실이 심하고 상부의 손상은 약한 특징을 가지며 액체촉진제를 사용한 방화화재에서 주로 나타나는 현상이다.

⑤ 불규칙패턴
바닥 표면에 인화성 액체가 불규칙적으로 흩뿌려지면서 형성된 패턴으로 웅덩이나 굴곡 형태로 나타나며, 연소 흔적이 일정하지 않고 불규칙하다.

⑥ 포어 패턴(퍼붓기 패턴)
㉠ 인화성 액체가 바닥에 의도적으로 살포되었을 때 나타나는 패턴으로 연소된 부분과 연소되지 않는 부분이 뚜렷하게 구분된다.
㉡ 액체가 흐른 자리는 강한 탄화 흔적을 보이며 때로는 액체가 흘러내린 모양 그대로 불규칙하거나 곡선 형태의 경계선을 남긴다.

⑦ 도넛 패턴
가연성 액체가 웅덩이처럼 고여 있을 때 형성되는 패턴으로 중심부보다 가장자리가 강하게 연소하여 도넛 모양의 흔적을 남기며 액체가 증발하여 중심부가 냉각되는 현상으로 인해 발생한다.

⑧ 무지개효과(Rainbow effect)
㉠ 석유화학제품, 플라스틱, 목재 등에서 열분해가 일어날 때 기름띠가 표면에 광택을 내며 무지개빛을 띠는 현상이다.
㉡ 촉진제가 사용되었음을 시사할 수 있으나, 이 현상만으로 방화 여부를 단정할 수는 없다.

(5) 방화의 화재패턴
① 트레일러 패턴(Trailer pattern)　② 불규칙패턴
③ 포어 패턴(퍼붓기 패턴)　④ 삼각형(△) 패턴
⑤ 스플래쉬 패턴(Splash pattern)　⑥ 낮은연소패턴
⑦ 고스트마크(Ghost mark)　⑧ 독립 연소 패턴
⑨ 틈새연소 패턴(Seamburn pattern)

> **용어 CHECK**　방화의 화재패턴
> - 트레일러 패턴(Trailer Pattern)은 의도적인 방화 흔적으로, 발화성 액체나 두루마리 화장지, 신문지, 옷 등을 길게 이어 붙여 트레일러처럼 배치하여 한 장소에서 다른 장소로 화염을 확산시키기 위해 사용된 흔적이다.
> - 독립 연소 패턴은 방화 화재패턴으로 발화점이 2개소 이상에 의도적으로 불을 지른 경우 나타난다.

4. 화재패턴의 분석요소

(1) 화재 효과를 통한 온도 예측
① 열전달은 전도, 대류, 복사라는 세 가지 방식으로 이루어지며 열전달 방식에 따라 화재패턴이 달라지므로, 확산 경로와 강도를 예측하는 근거가 된다.
② 모든 탄화수소계 가연물은 난류확산 화염에서 유사한 온도를 보이지만, 열방출률은 가연물의 종류에 따라 달라진다.
③ 화재현장에서 수거한 유리, 플라스틱, 강철 등의 시료는 전문 분석을 통해 당시의 온도와 열 반응을 정확히 파악할 수 있다.
④ 분말 금속이나 발열성 화학물질은 일반 탄화수소 가연물보다 더 높은 온도를 발생시켜 독특한 화재패턴을 남긴다.

(2) 물질의 질량손실
① 가연물이 연소할 때 발생하는 질량손실은 화재의 강도와 지속 시간을 평가하는 기준이 된다.
② 질량손실은 화재원인조사에서 중요한 단서가 되며 특정 물질이 예상보다 더 많은 질량손실이 있다면, 그 지점이 발화지점이거나 집중적으로 연소된 구역일 가능성이 크다.
③ 질량손실이 클수록 더 높은 열에너지가 발생하고 연소가 장시간 지속되었음을 알 수 있다.
④ 나무와 같은 유기물은 큰 질량손실을 보이지만, 금속은 상대적으로 적어 질량손실의 정도는 재료마다 다르다는 것을 알 수 있다.

(3) 탄화물

① 탄화물 표면 효과

㉠ 목재 표면의 탄화상태는 화재의 강도와 지속시간을 파악하는 단서가 된다.

㉡ 탄화 깊이와 질감은 목재가 열에 노출된 시간을 나타내며, 더 깊이 탄화된 부분은 더 높은 온도와 장시간 노출을 의미하기 때문에 이를 통해 화재의 진행 방향과 발화지점을 추적할 수 있다.

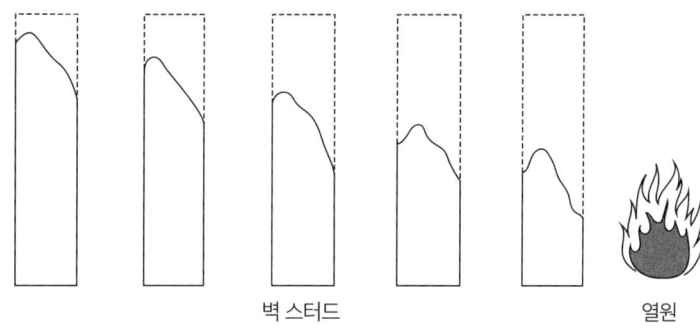

② 목재의 탄화율

㉠ 화재 경과 및 시간대를 재구성하는 핵심 요소에 해당한다.

㉡ 탄화율에 영향을 주는 요인

- 목재 종류(침엽수, 활엽수 등)
- 환경 조건(바람, 습도)
- 보호 피복(페인트, 코팅제)
- 목재의 수분 함량(수분함량이 높을수록 탄화속도는 느려진다.)
- 화재 강도와 지속시간(화재가 강하고 오래 지속될수록 탄화가 더 깊다.)
- 환기 상태(환기 상태가 좋을수록 완전연소가 이루어져 다른 패턴이 나타난다.)
- 목재 배치 방향(수평·수직)

(4) 산화작용

① 산화작용

가연물이 산소와 결합하여 열, 빛, 화염을 방출하는 화학반응으로 연소 패턴을 생성한다.

② 금속의 산화작용

㉠ 온도와 노출 시간이 길수록 산화가 심하며 산화정도는 습도, 노출 시간에 영향을 받는다.

㉡ 스테인리스 스틸이 1,000℃ 이상의 열을 받으면 회색, 심하면 흐린 회색을 띤다.

㉢ 구리는 적색의 산화제일구리(Cu_2O), 흑색의 산화제이구리(CuO)가 된다.

(5) 색변화

① 금속 산화, 페인트·코팅 열분해, 합성물질 연소 등으로 발생한다.

② 금속 표면이 붉은색 → 갈색 → 검은색 변화 시 산화 진행 의미하며, 이러한 특정 화학물질 분해로 인한 색 변화는 발화지점 추적이 가능하다.

③ 벽·천장·바닥의 색 변화는 열원 위치, 화염 이동 경로, 연소 진행 상황 파악하는 단서가 된다.

(6) 물질의 융해
① 고체에서 액체로 변화하는 과정으로 물질의 특성에 따라 융점은 물질마다 상이하다.
② 특정 물질의 융해 흔적으로 화재 온도 추정이 가능하다.

(7) 열팽창 및 물질의 변형
① 열팽창
   ㉠ 물질이 열로 인해 부피가 증가하는 현상으로 팽창하는 정도는 물질마다 다르다.
   ㉡ 열팽창으로 인해 구조물이 변형될 수 있다.

② 물질의 변형
   변형은 화재의 온도와 지속시간에 따라 다르게 나타나며 열팽창 뒤틀림, 균열, 휘어짐등 다양한 형태로 변형을 일으킨다.

③ 금속의 열팽창과 변형
   금속은 열로 길이와 부피가 증가하며, 고온에서 변형을 일으켜 구조물의 붕괴원인이나 화재 진행상황을 분석할 수 있다.

④ 유리의 열팽창 및 변형
   ㉠ 유리는 열에 의해 팽창하며, 열이 고르게 전달되지 않으면 깨지거나 파손된다. 유리창의 파손 패턴은 화재의 위치와 열원의 강도를 분석하는 데 중요한 단서가 된다.
   ㉡ 유리가 특정 방향으로 유리가 파손되거나 독특한 모양의 파손 흔적이 발화지점이나 열원의 특성을 밝히는 단서가 된다.

⑤ 건축 자재의 변형
   목재, 콘크리트, 플라스틱 같은 건축 자재는 불에 노출되면 형태가 변하는데 이러한 변화는 화재의 세기와 지속시간, 그리고 열원이 작용한 지점을 파악하는 중요한 자료가 된다.

⑥ 화재조사에서 열팽창과 변형의 분석
   화재현장에서 나타나는 열팽창과 자재 변형의 흔적을 조사함으로써 당시의 온도, 열원의 위치, 불길이 번진 방향까지 확인할 수 있다.

(8) 표면에 연기 침착
① 그을음은 거친 표면일수록 잘 달라붙으며 맞닿아 있던 두 물체 사이에 그을음이 보이지 않는다면, 접촉이 이루어진 이후에 화재가 발생한 것으로 볼수 있다.
② 주변보다 차가운 물체가 뜨거운 물체보다 그을음이 잘 붙고 콘크리트 벽처럼 고온에 노출된 표면은 그을음이 타면서 하얗게 변하기도 하는데, 이를 백화흔(850℃ 이상)이라 한다.

(9) 완전연소

① 완전연소

연료가 충분한 산소와 결합해 가연성 성분이 모두 산화되는 반응을 말한다.

② 조건

완전연소가 일어나려면 이론적으로 필요한 양의 공기가 충분히 공급되어야 하고 온도는 연소점 이상으로 유지되어야 한다.

③ 완전연소와 불완전연소의 차이

완전연소에서는 주로 이산화탄소와 물이 주로 생성되고 반대로 산소가 부족하면 불완전연소가 일어나 일산화탄소, 그을음, 탄화수소 등이 발생한다.

④ 조사에서의 중요성

㉠ 화재조사에서는 완전연소 여부가 중요한 단서가 되며, 완전연소가 이루어졌다면 그을음이나 연료 찌꺼기가 거의 남지 않아 높은 온도와 충분한 산소가 공급되었다는 것을 의미한다.

㉡ 불완전연소 흔적은 산소 부족이나 과잉 연료, 혹은 낮은 연소 온도로 인해 연료가 완전하게 연소되지 못했음을 의미한다.

(10) 하소(Calcination)

① 물질이 높은 온도에 노출되어 화학적·물리적 변화가 일어나는 현상으로 이 과정에서 물질은 분해되거나 상전이가 일어나면서 가스가 방출되거나 재 같은 고체 잔여물로 바뀐다.

② 하소가 심할수록 고온에 오랜 시간 노출된 것을 의미하고 하소흔적은 열의 위치와 강도를 밝히는 자료로서 화재 당시 온도와 연소 시간을 추정하는 근거로 활용된다.

(11) 유리창

① 유리 파편은 열을 받은 방향으로 떨어지는 경향이 있어 조각의 흩어진 위치와 파단면을 살펴보면 충격 방향을 추정할 수 있다.

② 화재로 인해 깨진 유리는 모서리가 둥글고 매끈하지만, 폭발에 의한 경우 날카롭다. 파손 무늬가 방사형이면 강제 충격 가능성이 크며, 특정 면에 그을음이 남아 있다면 파손 전 이미 화재가 발생한 것이다.

③ 유리는 압력에는 강하지만 장력에는 약하기 때문에 충격이 가해지면 맞은 편 면에서부터 파괴가 시작된다.

④ 유리의 파괴선은 방사형과 동심원 형태로 나타나고, 표면에는 리플마크가 남아 파괴 시작지점과 힘이 작용한 방향을 알려준다.

(12) 붕괴된 가구 스프링

① 스프링이 무너진 부위를 살펴보면 화염이 진행된 방향을 유추할 수 있다. 그러나 화재 전부터 무거운 물체가 올려져 있었다면 열과 무관하게 스프링이 변형될 수 있다.

② 고열은 금속의 강도를 약하게 만들어 압력이 없어도 스프링을 무너뜨리며 화재 후에도 스프링이 그대로 남아 있다면 해당 부위는 열의 영향을 적게 받은 것을 의미하고 반대로 붕괴된 스프링은 고온에 노출되어 탄성을 잃었다는 증거가 된다.

⒀ 전구의 변형

▲ 전구의 변형

① 불꽃은 먼저 닿는 면에서 전구를 변형시키는데 이를 블로우아웃 현상이라하며, 백열등뿐 아니라 수은등과 같은 대형 전구에서도 이런 변형이 나타난다.
② 전구가 전선에 매달려 있으면 천장 부근의 고온가스의 영향을 받아 방향의 단서로 쓰기 어렵다.
③ 벌브가 열린 이후 다른 방향에서 불길이 닿는 경우에는 별도의 변형이 생기지 않아 전구 유리의 파손과 낙하 위치를 분석하면 발화 지점과 화재 전 상황을 추적할 수 있다.

⒁ 무지개효과(Rainbow effect pattern)

① 무지개효과는 인화성 액체나 유성 물질이 물 위에 퍼지면서 여러 색깔의 막을 형성하는 현상을 말한다.
② 해당 물질은 물과 섞이지 않고 표면에 떠 있어 빛이 굴절·반사되며 다양한 색상을 띠며, 아스팔트, 목재, 플라스틱 등이 열에 의해 분해되면서 생성된 유성 물질도 이러한 패턴이 나타난다.
③ 무지개 효과가 발견되었다고 하여 반드시 인화성 액체가 사용되었다고 단정할 수는 없으며 여러 건축 자재 역시 유사한 패턴을 남길 수 있기 때문에 이는 보조적인 단서로 활용하고 단독으로 방화 여부를 판별하는 기준이 될 수 없다.

5. 패턴에 의한 화재진행 과정 추적

(1) 화재원인 판정 절차 순서
발화건물의 판정 → 발화층과 발화실 판정 → 발화범위 한정 → 한정된 발화범위의 발굴 및 복원 → 발화개소의 판정 → 발화원의 판정 → 발화원인 규명

(2) 발화건물의 판정

① **전체의 연소방향 파악**
  ㉠ 화재 현장의 연소방향은 높은 위치에서 살피는 것이 효과적으로 위에서 관찰할때 불길이 번진 흐름을 전체적으로 확인하기 쉽다. 이때 높은 위치 확보가 어렵다면 사다리차, 드론, 헬리콥터 등을 활용한다.
  ㉡ 지붕재와 구조재의 잔해, 그리고 붕괴된 방향에서도 연소 흐름을 알 수 있다.

② **건물별 연소방향 파악**
  ㉠ 건물 내부의 연소방향은 불이 멈춘 지점이나 연소의 강약이 뚜렷한 부분에서 파악하여야 하며 불길이 멈춘 흔적은 발화건물을 확인하는 중요한 단서가 된다.
  ㉡ 구조물이 붕괴된 흔적도 방향성을 보여주며, 보통 발화지점 쪽으로 무너진다.

③ **인접 건물 간의 연소방향 파악**
  여러 동이 불에 탔을경우 건물 간 간격과 외벽 구조를 고려해야하며, 서로 마주한 창문이나 개구부의 상태도 확인해야한다. 이를 통해 건물 간의 연소경로와 불길의 이동 방향을 명확히 할 수 있다.

(3) 발화층과 발화실의 판정
화재는 일반적으로 위층으로 확산되지만, 경우에 따라 아래층으로도 번지는 경우도 있어 단순히 각 층의 피해 정도만 보고 발화층을 단정해서는 안되며 층별 소실 상태를 신중히 비교하여 발화층과 발화실을 판정한다.

(4) 발화범위의 한정 및 복원

① **발화범위의 한정 및 복원**
  화재원인을 규명하기 위해 추정 발화시점을 발굴해야 하며, 발화범위를 잘못 설정할 경우 원인 자체를 오판하게 되게 때문에 발화범위를 좁혀가며 발굴해야 한다.

② **발화범위를 좁혀가는 순서**

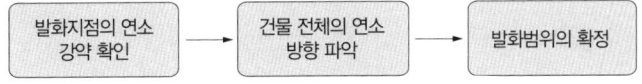

발화지점의 연소 강약 확인 → 건물 전체의 연소 방향 파악 → 발화범위의 확정

(5) 발화개소의 판정
　① 발화개소의 판정
　　화염흔적이 확실히 보이지 않는다면 초기에는 방 전체 단위로 범위를 넓게 잡고 발굴과 복원이 진행되면 점차 범위를 좁혀 구체적인 발화개소를 정한다.

　② 실내조사 순서

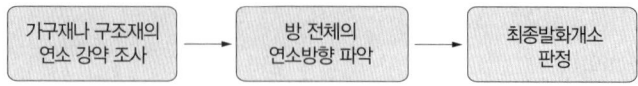

6. 발굴 및 복원

(1) 발굴 전 관찰사항
　① 발굴작업을 시작하기 전 작업 구역의 경계를 명확히 설정한다.
　② 낙하물이나 위험 요소를 먼저 제거하여 안전을 확보한다.
　③ 현장의 연소 상태는 사진과 기록으로 남겨야 한다.

(2) 발굴 및 복원의 방법
　① 발굴은 위쪽에서 부터 아래쪽으로 진행한다.
　② 발화지점에 가까워질수록 거친 도구보다는 작은 공구나 손작업을 사용한다.
　③ 복원이 필요한 물건은 번호나 표식을 붙여 정리한다.
　④ 연소된 물건은 가능하면 제자리에 두어야 하며 불가피하게 옮길 때에는 복원이 가능하도록 조치한다.
　⑤ 원형이 소실된 경우에는 대체품을 사용하되, 대체품임을 분명히 표시한다.
　⑥ 발굴작업에는 관계자를 입회시키는 것이 원칙이다.
　⑦ 잔존물은 파손 위험이 크므로 불필요한 이동을 최소화한다.

(3) 주요 관찰 및 주의사항
　① 발굴과정에서 발견된 증거물은 화재원인을 밝히는 중요한 단서가 되므로 증거물은 정확히 기록하고 체계적으로 분석해야 한다.
　② 발굴과정에서 손상될 수 있는 물건은 특별히 주의해 다뤄야 하며, 복원 단계에서는 현장의 원래 상태를 최대한 유지하는 것이 중요하다.

KEYWORD 08 화재현장의 상황 파악 및 현장보존

1. 화재상황

(1) 기상상황

① 날씨

기온이 높을수록 연소속도는 빨라지고, 맑은 날은 햇빛이 집광되어 발화를 유발할 수 있다. 반대로 비가 오는 날은 합선이나 누전으로 인한 화재가 많으며, 낙뢰나 강풍 등 기상현상에 의해 화재가 발생할 가능성이 커진다.

② 습도

㉠ 상대습도는 실제 수증기량을 포화수증기량과 비교한 값이며, 절대습도는 일정 부피의 공기에 포함된 수증기의 질량을 의미한다.
㉡ 가연물의 수분 함량은 주위 공기의 습도에 좌우되며 공기가 건조할수록 가연물은 점화되기 쉽고 상대습도가 낮으면 정전기가 쉽게 발생한다.
㉢ 정전기 방지를 위해서는 대체로 상대습도를 70% 이상 유지해야 한다.

③ 바람

풍향과 풍속은 화염의 확산을 좌우하는 중요한 요인으로 강한 바람은 불길이 특정 방향으로 빠르게 번지도록 만든다.

④ 기상특보

폭염, 한파, 태풍과 같은 극단적 기상현상은 화재의 발생과 진행에 직접적 또는 간접적으로 영향을 미치며 극단적인 기상상황에서는 평상시와 다른 연소 양상이나 가연물의 변화가 나타날 수 있다.

(2) 가연물질의 종류 및 특징

① 목재

㉠ 목재는 수분 함량이 15% 이상이면 높은 열에 장시간 노출되더라도 점화가 어렵다.
㉡ 불에 닿은 부분부터 연소가 시작되며, 발화지점과 가까울수록 균열이 깊고 넓게 나타나며 연소가 지속되면 표면이 벗겨지고 회화가 반복되면서 최종적으로는 가늘어진 조각이 떨어져 소실된다.
㉢ 목재의 탄화는 외부에서 내부로 진행되며, 표면에는 깊은 골과 불규칙한 요철이 형성된다.
㉣ 목재의 탄화심도를 비교하면 불길이 번진 방향을 확인할 수 있다.

② 유류, 가스

㉠ 유류와 가스는 발화점과 인화점이 낮아 작은 불꽃에도 쉽게 점화된다.
㉡ 가연성가스는 공기와 특정 농도로 섞일 때 폭발적인 연소를 일으키며 증기밀도가 공기보다 무거운 경우가 많아 누출 시 낮은 지점에 모이게 되어 주변 열원에 의해 폭발 위험이 커진다.

③ 플라스틱 등
　㉠ 플라스틱은 저온 상태에서는 착화가 어렵지만, 일단 착화하면 진압이 어렵다.
　㉡ 플라스틱은 저분자 물질과 달리 온도 변화에 따른 상변화가 뚜렷하지 않다.
　㉢ 폴리염화비닐은 연소 시 염화수소 가스를 발생시킨다.
　㉣ 열경화성 수지는 화염에 노출되면 표면이 숯처럼 변해 내부로의 연소 확대가 지연된다.
　㉤ 열가소성 수지는 가열하면 녹아 유연해지고, 냉각하면 단단해지는 성질을 반복한다.

구분	종류		
열가소성 수지	• 폴리염화비닐(PVC) • 폴리프로필렌(PP)	• 폴리스티렌(PS) • 아크릴수지 등	• 폴리에틸렌(PE)
열경화성 수지	• 에폭시수지 • 페놀수지	• 폴리에스터 • 멜라민수지	• 폴리우레탄 • 우레아수지 등

(3) 화염의 상황
　① 화세의 강약
　　㉠ 발화지점에 가까울수록 화염의 영향을 더 오래 받아 열 흔적이 깊게 남는다.
　　㉡ 연소강약은 불길이 번져나간 방향을 판단하는 중요한 단서가 된다.
　　㉢ 열과 화염이 특정 지점에서 퍼져나간 경로를 분석하면 발화 위치를 파악할 수 있다.
　　㉣ 건축물의 구조재와 재료별 연소특성을 고려하여 화세의 강약을 비교하면 발화지점을 더 정확하게 판정할 수 있다.

　② 화염의 높이
　　㉠ 연료의 위치에 따라 화염의 길이가 달라지며, 구석에 위치한 연료는 벽면에 비해 화염의 길이가 더 길다.
　　㉡ 화염이 천장보다 높게 치솟으면 천장을 따라 수평으로 확산되는데 이때 천장이 화염을 차단하면 불길은 옆으로 퍼져 오히려 전체 길이가 길어진다.
　　㉢ 화염확산속도는 수평이 1일 때, 수직은 20, 하강은 0.3의 비율을 가진다.

　③ 온도
　　㉠ 인화점은 외부 점화원으로 착화할 수 있는 최저온도이다.
　　㉡ 발화점은 외부 점화원 없이 스스로 착화되는 최저온도이다.
　　㉢ 주변 온도가 높을수록 자연발화가 쉬워지고, 최소착화에너지는 낮아진다.
　　㉣ 구획실 화재는 최성기 단계에서 1,000℃ 이상에 도달한다.

　④ 비화
　비화는 불씨나 연소물질이 바람이나 폭발로 인해 이동하여 다른 장소에서 새로운 화재를 일으키는 현상으로 주로 강풍이나 폭발, 이동체에 의해 발생한다.

　⑤ 화염의 색

불꽃색	담암적색	암적색	적색	휘백색	황적색	백적색	휘백색
온도(℃)	520	700	850	950	1,100	1,300	1,500 이상

(4) 연소확대 상황

① 연소의 범위
  ㉠ 화재현장은 전후좌우에서 연소확대 과정을 파악해야 한다.
  ㉡ 복사열, 접염, 비화 등으로 연소가 확산될 수 있으므로 주의가 필요하다.
  ㉢ 연소의 범위를 설정하면 발화지점을 분석하는 데 활용할 수 있다.

② 진행방향
  ㉠ 열과 불이 이동한 흔적은 화재 진행방향을 보여준다.
  ㉡ 각 구조재의 연소강약과 열·화염의 벡터 분석을 통해 발화지점을 더 정확히 확인할 수 있다.

③ 화재 성장
  ㉠ 화재성장은 점화 후 시간에 따른 화재 강도의 변화를 의미하며 시간에 따른 발열량 변화를 화재성장률로 정의한다.
  ㉡ NFPA는 1MW에 도달하는 시간에 따라 화재를 4단계(Slow, Medium, Fast, Ultrafast)로 분류한다.

(5) 피난상황

① 피난 경로 분석
  화재 시 사람들이 이동한 경로를 조사하면 피난 장애물이나 통로 차단 여부를 알 수 있다.

② 피난인원 및 방법 분석
  ㉠ 대피인원과 속도를 조사해 화재확산속도, 연기농도, 인원 밀집도 등의 영향을 분석한다.
  ㉡ 출구가 제대로 작동했는지, 잠금이나 장애물은 없었는지, 비상구가 적절히 사용되었는지 확인한다.

2. 화재진압상황

(1) 목격자 및 소방대 진화상황

① 목격자 진술
  ㉠ 화재 당시 현장에 있던 사람들의 진술을 수집한 자료와 비교·분석한다.
  ㉡ 진술은 발생 시각, 최초의 불꽃과 연기, 초기 대응 상황에 대한 정보를 제공한다.
  ㉢ 모순된 진술은 사실과 대조하여 검토하고, 조사서에는 반드시 기록한다.
  ㉣ 조사관은 특정 답변을 유도하는 질문 방식을 사용하지 않는다.

② 소방대의 진화상황
  ㉠ 소방대 도착 당시 상황과 초기 진화 과정을 조사한다.
  ㉡ 최초 신고 시각과 도착 시간, 초기 대응의 흐름을 분석하여 연소 확대 과정을 파악한다.

(2) 소방대의 활동 상황

① 소방대가 처음 화염을 목격한 지점을 확인하고, 초기 대응 위치를 통해 발화지점을 추정한다.
② 출동보고서 등 소방활동 기록을 검토하고, 관계자 진술 및 현장 상황과 비교·분석한다.

(3) 화재진화 과정상 특이점

① 현장도착 시 관찰·확인 사항

㉠ 불꽃과 연기의 상태, 연소 진행 상황, 지붕 붕괴 여부, 개구부 화염 분출과 화세의 강약을 확인한다.

㉡ 이상한 소리, 특이한 냄새, 폭발과 같은 현상과 그 위치를 기록한다.

㉢ 관계자의 부상 여부, 복장, 행동, 응답 내용을 확인한다.

㉣ 출입문, 창문, 셔터의 개폐 및 잠금 상태를 조사한다.

② 소화활동 중의 관찰·확인사항

㉠ 연소 확산 상황을 확인한다.

㉡ 관계자의 발언을 기록한다.

㉢ 누설전류나 가스 누설 여부, 밸브 개폐 상태 등 원인판정에 필요한 사항을 확인한다.

㉣ 잔화작업 중 발화지점 근처 물건의 이동, 손괴, 도괴 상황을 확인한다.

(4) 소방시설 조사

구분	확인사항
비상경보 및 자동화재탐지설비	• 경보설비와 자동화재탐지설비의 정상 작동 여부를 확인한다. • 수신반 이벤트 로그를 분석하여 세부 상황을 파악한다. • 최초로 감지기가 작동한 경계구역은 발화지점 판정의 근거가 된다.
스프링클러설비	• 스프링클러설비 작동 여부를 확인한다. • 스프링클러설비가 화재 진압에 기여한 정도를 조사한다. • 살수범위는 발화지점을 포함한 연소범위 분석의 자료가 된다.
비상구와 방화구획	• 비상구 표기와 사용가능 여부를 확인한다. • 방화구획의 기능 유지 여부를 조사한다. • 방화구획은 화재확산을 막는 중요한 요소이다.

3. 탐문

(1) 범죄심리학적 탐문

① 진술분석 기법

진술의 일관성·정확성·세부사항을 검토하여 신뢰성을 판단하며, 반복질문에 대한 동일 답변 여부, 목소리 떨림 등을 통해 진위를 분석한다.

② 행동분석 기법

말투, 신체 언어, 스트레스 반응을 통해 심리상태와 의도성을 추정하고 방화 등 범죄 개연성을 판단할 때 활용한다.

(2) 화재현장목격자 탐문

① 최초발견자, 최초신고자

㉠ 주소, 성명, 연락처, 거주지 등 기본사항을 확인한다.

㉡ 화재 인지 경위, 최초 연소 상태, 주변 거주 여부, 취한 행동을 조사한다.

㉢ 최초발견자 및 최초신고자에게 얻을 수 있는 정보는 발견시각, 위치, 연기의 색과 종류 등이다.

② 초기소화자

인적사항을 확인하고 연소범위, 소화방법, 함께한 인원을 조사한다.

③ 관계인

㉠ 인적사항과 가족관계를 조사한다.

㉡ 건물의 용도·구조·칸막이, 화기취급설비 등을 확인한다.

㉢ 발화 전 상황에 대한 진술을 확보한다.

(3) 확보방안

① 관계자 찾는 방법

맨발 여부, 복장, 소화액 흔적, 부상 상태, 경찰 연행 여부 등으로 판별한다.

② 탐문방법

신원 확인 후 일문일답식 질문을 통해 발화상황을 파악하고 신속하게 기록한다.

(4) 관계자 진술방법

① 성명·연령·주소 등 기본사항을 먼저 기록한다.

② 인권을 고려하여 유도심문을 피하고, 임의진술을 확보한다.

③ 계통적 순서에 따라 일문일답 형식으로 질문한다.

④ 기억이 희박해지기 전에 신속히 조사해야 하며, 안정된 환경을 마련한다.

⑤ 진술내용은 빠르게 기록하고 필요 시 녹음한다.

⑥ 제3자와 격리한 후 진술을 청취한다.

4. 현장보존

(1) 화재방어 시 현장보존과 통제

① 현장보존과 통제

㉠ 진화 전후 위험상황을 고려하여 활동구역을 설정하고 출입을 제한한다.

㉡ 원칙적으로 소손·소훼된 장소 전체를 통제 대상으로 한다.

㉢ 로프와 표식으로 출입금지구역을 명확히 구분한다.

㉣ 재발화 방지를 위해 최소한의 조치를 취하되 불필요한 변형은 피한다.

㉤ 진압 중 물건 이동과 파괴를 최소화하여 증거를 보존한다.

② 소방대원의 역할 및 주의사항
  ㉠ 잔불을 정리하는 동안 남아있는 증거물이 훼손되지 않게 주의한다.
  ㉡ 화재현장에 있는 설비, 기구 또는 시설의 손잡이를 돌리거나 작동스위치를 켜는 것을 자제한다.
  ㉢ 화재현장에서 석유류 연료를 사용하는 장비를 사용하거나 재급유 하는 것을 자제한다.
  ㉣ 사망이 확인된 사체는 현장보존을 위해 그 위치를 변경하여서는 안 된다.
  ㉤ 잔불정리 시에 필요 이상으로 물건을 옮기거나 쓰러뜨리지 않도록 한다.
  ㉥ 화재진압과정에서 높은 수압은 증거물을 훼손할 수 있음을 인지해야 한다.
  ㉦ 증거물이 부득이하게 파괴되거나 변경되었을 때는 그 내용을 화재조사관에게 전달하여야 한다.

(2) 출입금지구역의 통제
  ① 출입금지구역의 통보
    수사기관과 협조하여 출입을 통제하고 구두·문서로 관계자에게 알리고, 이해를 구한다.
  ② 출입금지구역의 범위 확대사유
    ㉠ 목격자 진술이 엇갈려 출화범위가 불명확할 때
    ㉡ 조사자와 목격자 판단이 상이할 때
    ㉢ 건물 전체 소손으로 구역 판정이 곤란할 때
    ㉣ 구조물이 대량 소손되고 퇴적물이 심할 때
    ㉤ 실종자가 발생하여 확인이 불가할 때
    ㉥ 발화원 추정 물건과 연결 설비 전체가 조사 대상일 때
    ㉦ 폭발 비산거리 영향권이 포함될 때

(3) 관련기관과의 협조
  ① 상호협조사항
    ㉠ 소방공무원과 경찰공무원의 협력
      • 화재현장의 출입·보존 및 통제에 관한 사항
      • 화재조사에 필요한 증거물의 수집 및 보존에 관한 사항
      • 관계인 등에 대한 진술 확보에 관한 사항
      • 그 밖에 화재조사에 필요한 사항
    ㉡ 관계기관 등의 협조
      • 소방관서장, 중앙행정기관의 장, 지방자치단체의 장, 보험회사, 그 밖의 관련 기관·단체의 장은 화재조사에 필요한 사항에 대하여 서로 협력하여야 한다.
      • 소방관서장은 화재원인 규명 및 피해액 산출 등을 위하여 필요한 경우에는 금융감독원, 관계 보험회사 등에 개인정보를 포함한 보험가입 정보 등을 요청할 수 있다.

(4) 조사범위

① 화재원인조사

구분	조사내용
발화원인 조사	발화과정, 지점, 최초 연소물질
발견·통보 및 초기 소화상황 조사	화재의 발견·통보 및 초기소화 등 일련의 과정
연소상황조사	화재의 연소경로 및 확대원인 등의 상황
피난상황 조사	피난경로, 피난상의 장애요인 등의 상황
소방시설 등 조사	소방시설의 사용 또는 작동 등의 상황

② 화재피해조사

구분		조사내용
인명피해		• 화재로 인한 사망자 및 부상자 • 화재진압 중 발생한 사망자 및 부상자
재산피해	소실피해	열에 의한 탄화, 용융, 파손 등의 피해
	수손피해	소화활동으로 발생한 수손피해 등
	기타피해	연기, 물품반출, 화재 중 발생한 폭발 등에 의한 피해 등

③ 조사일시의 결정

화재 발생 사실 확인 즉시 조사하고 재조사는 기상·장비 등을 고려하여 협의 후 진행한다.

5. 현장안전

(1) 일반사항

① 조사자는 헬멧, 장갑, 안전화, 호흡보호구 등 적절한 보호장비를 착용해야 하며, 보호장비는 물리적 위험과 유해 물질로부터 조사자를 보호하기 위해 필요하다.

② 화재현장의 구조적 붕괴, 뜨거운 잔해, 유해물질, 전기적 위험 등 위험요소를 사전 평가하고 안전 접근 방법을 계획한다.

(2) 화재현장 안전에 영향을 주는 요소

① 조사자의 안전

조사자는 현장을 철저히 평가하고, 안전하게 조사를 수행해야 한다.

② 화재현장 안전평가 소요

화재규모, 구조 손상 정도, 잔류 열, 화학물질 존재 여부 등을 확인해야 한다.

(3) 현장 밖 조사활동의 안전

① 증거물 보관·이송, 화학분석, 실험실 안전규정을 준수한다.

② 현장 밖에서도 동일한 안전 절차를 지킨다.

CHAPTER 02 화재감식론

KEYWORD 09 발화원인 판정

1. 일반사항

(1) 화재 발생 요소 확인

① 초기 발화를 위해서는 가연물, 산소, 점화원이 필요한데 이를 '연소의 3요소'라고 한다.
② 연소의 3요소에서 화재가 발생하고 유지되기 위해서는 불길이 끊임없이 이어지고 퍼져 나가도록 하는 연쇄반응이 더해져야 비로소 화재가 성립되는데 이를 '연소의 4요소'라고 한다. 따라서 네 가지 요소 중 어느 하나라도 빠지면 연소는 시작되지 않거나 곧 중단된다.

2. 배제과정

(1) 배제방법

① 화재원인 판별은 현장에서 확인되는 증거를 근거로 이루어져야 한다. 단, 발화지점이 명확하게 드러나는 경우에는 물리적 증거물이 없어도 화재의 원인을 판정할 수 있다.
② 발화 위치의 가능성을 배제할 때는 그 과정이 합리적이고 타당해야 하고 근거없이 무분별하게 배제해서는 안 된다.

(2) 과학적인 방법

① 과학적 방법

단계	조사내용
문제인식	해결해야 할 문제가 무엇인지 인식하는 단계에 해당한다.
문제정의	• 화재조사관이 규명해야 할 과제를 명확히 정의하는 과정으로 올바른 질문을 던져야 올바른 답을 찾을 수 있다. • 규명해야 할 문제는 발화원인, 화재확대 원인, 사망원인 등이 될 수 있으며, 이 모든 것을 포함할 수도 있다.
자료수집	현장에서 정보를 수집하는 단계에 해당하며, 수집할 자료는 다음과 같다. • 화재패턴, 가연물 하중, 환기, 건물구조 등 물리적 증거 • 연구소 분석을 위한 연소잔해 시료 • 연구소의 분석 결과 • 목격자의 진술 기록 • 사진, 스케치, 노트 등 현장기록 • 경찰서·소방서 등 관공서의 화재 관련 기록 및 보고서 • 선행 조사관의 조사결과 또는 기록

자료분석	• 수집된 자료의 법과학적 의미를 평가하고 객관적으로 검토하는 단계로 주관적이거나 추측성 자료는 배제하며, 관찰과 실험으로 입증된 사실만 포함한다. • 가설설정의 기초로 자료의 의미를 분석·분류하고 관련성 있는 것들을 배열한다. • 분석의 가치는 조사관의 지식, 경험, 교육·훈련 수준, 전문성에 의해 좌우되며, 전문성이 높은 조사관일수록 중요한 증거를 식별하고 의미 있는 법과학적 가치를 도출할 수 있다.
가설설정	문제의 답을 얻기 위해 자료분석 결과를 근거로 가설을 설정하고 사건 설명을 위해 하나 이상의 가설을 동시에 설정할 수 있다. 이러한 가설설정은 귀납적 추론에 따른다.
가설검증	귀납적 추론으로 설정한 가설들은 검증과정을 거쳐 최종결론을 도출하는데 설정한 가설의 검증은 주로 연역적 추론에 따른다.
최종가설 선택	• 과학적 화재조사의 마지막 단계는 최종가설의 선택이며, 이는 가설검증이 충분히 철저하고 신중하게 이루어진 뒤에 선택한다. • 검증과정에서 다른 가설이 배제되면 조사관은 남은 가설을 최종가설로 채택할 수 있다. 그러나 단순히 다른 가설이 배제되었다는 이유만으로 선택해서는 안 되며, 최종가설 역시 충분한 검증을 거쳐야 한다. • 최종가설은 독립적인 검증에서도 증거로 뒷받침되어야 하고 사실과 부합하고 다른 가설과 마찬가지로 엄격한 반박과정을 견뎌야 한다.

문제인식 → 문제정의 → 자료수집 → 자료분석 → 가설설정 → 가설검증 → 최종가설 선택

▲ 과학적 화재조사단계

(3) 우발적 원인에 인한 화재 판별

구분	내용
정신이상	정신이상, 신경증, 알코올 중독, 약물에 의한 환각
불만 발산	사회나 가정에 대한 불만을 해소하기 위해 방화
원한	순간적인 감정으로 우발적 방화 또는 은밀히 계획을 세워 방화하는 경우

3. 발화원의 원천 및 형태

(1) 발화원의 생성, 이동 및 가열

① 발화원은 화학적 반응, 물리적 현상, 전기적 요인, 자연적 요인 등 여러 원인에 의해 발생한다.
② 발화원의 열에너지는 전도, 대류, 복사, 접염, 비화 등의 방식으로 가연물에 전달된다.
③ 유력한 발화원은 가연물을 발화온도에 도달하게 할 만큼 충분한 에너지를 가진 것으로 추정할 수 있다.
④ 발화과정은 발화원의 생성, 이동, 가열로 구분된다.
⑤ 가연물은 각각 용융점과 발화점이 다르므로, 동일한 발화원에 의해 가열되더라도 일부는 낮은 온도에서 쉽게 발화되지만 다른 것은 발화되지 않을 수 있다.

(2) 발열장치, 기기, 설비 확인
① 발열장치는 열을 발생시키는 장치로, 난방기기, 주방기기, 산업용 기기 등이 이에 해당한다.
② 발열장치가 올바르게 설치되었는지, 주변에 가연성 물질은 없는지 점검한다.
③ 발열장치, 기기, 설비의 오작동이나 손상 여부를 확인하고, 발열기기의 제조정보도 파악한다.
④ 발열기기 사용자의 부주의 요인을 확인하며, 열이 과도하게 발생한 원인을 분석한다.

(3) 발화원인의 판정
① 복잡한 기기나 장치는 전문가에게 의뢰한다.
② 발화점 추정 부근의 소손상황은 과거 사례와 비교해 모순이 없어야 한다.
③ 가능성은 하나씩 검증하며, 배제를 원칙으로 한다.
④ 추정 발화원 인근 가연물의 연소경로는 무리 없이 설명되어야 한다.
⑤ 탄화된 증거물은 손상·망실되기 쉬우므로 먼저 사진 등으로 채증한다.
⑥ 발화가 의심되는 기기·장치는 이동이 가능하면 실험실로 옮겨 신중히 분해한다.
⑦ 화재 원인판정은 발화물질, 주변환경, 인적요인을 함께 확인해야 한다.
⑧ 발화지점을 특정하지 못하고 다른 가능성을 배제할 수 없으면 추정하지 않는다.
⑨ 발화원으로 추정되는 물질이 발견되면 과학적으로 설명할 수 있어야 한다.

4. 최초 발화물질

(1) 초기 가연물의 확인
① 초기 가연물을 확인하면 화재를 유발한 사건의 경위를 이해할 수 있다.
② 발화원의 연소범위 안에서 발화가 가능해야 하며, 현장에서 이를 확인하는 것이 중요하다.
③ 가연물의 물리적 형상은 발화 가능성에 큰 영향을 미치고 비표면적이 큰 가연물은 산소와의 접촉면적이 넓어 훨씬 쉽게 발화한다.

5. 의견

(1) 의견에 대한 기준 설정
① 기준설정
　㉠ 화재나 폭발에 관한 가설을 바탕으로 의견을 제시할 때 화재조사관은 그 의견의 확실성 수준에 대한 기준을 명확히 세워야 한다.
　㉡ 기준은 확실함(Definite), 상당함(Probable), 가능성 있음(Possible), 관련 없음(Unlikely)로 구분한다.

구분	진실 가능성
상당히 근거있음(Probable)	50% 이상
가능성 있음(Possible)	50% 이하

② 기준에 따른 처리
　㉠ 발화원인에 대한 의견이 가능성 있음(Possible) 또는 의심됨(Suspected) 수준이면 미확인 처리한다.
　㉡ 확실성이 상당히 근거있음(Probable)으로 판단되면 화재원인을 분류할 수 있다.

KEYWORD 10 전기화재 감식

1. 기초전기

(1) 정전기

① 정전기
  ㉠ 부도체인 물체나 물질이 마찰하거나 분리될 때 전하가 축적되는 현상을 말한다.
  ㉡ 대전된 전하가 낮은 전위로 이동할 때 방전이 일어나는데 이때 발생하는 불꽃을 정전 불꽃이라고 하며, 발생한 불꽃이 점화원으로 작용하여 가연성 혼합기를 착화시키는 경우를 정전기화재라고 한다.

② 정전기 종류

종류	내용
마찰대전	고체, 액체, 분체 등에서 나타나는 대표적인 현상으로 접촉한 뒤 마찰·분리에 의해 전하가 축적되며 정전기 발생
박리대전	서로 붙어 있던 두 물체가 떨어질 때 각각 다른 전하를 띠게 되면서 발생
유동대전	유체가 파이프 등의 수송관을 따라 흐를 때 관벽과의 마찰로 인해 정전기 발생
분출대전	분체, 액체, 기체가 단면적이 작은 개구부를 통과하며 분출될 때 마찰이 일어나 정전기 발생
유도대전	도체가 전기장에 노출되면 가까운 쪽에는 반대 극성의 전하가, 먼 쪽에는 같은 극성의 전하가 모여 발생
충돌대전	분체나 입자들이 서로 충돌하며 정전기 발생
기타대전	진동대전(교반대전), 충돌대전, 파괴대전, 비말대전 등

③ 정전기 발생에 영향을 주는 요인

요인	내용
물체의 특성	물체의 종류·조합에 따라 정전기 크기·극성 달라짐
물체의 표면상태	표면의 거칠음, 오염, 산화물이 존재할 때 정전기 발생 증가
물질의 이력	건조 환경 노출 등 사용 조건에 따라 발생 정도가 달라짐
접촉면적 및 압력	접촉면적이 넓고 압력이 클수록 정전기 발생 증가
분리속도	분리속도가 빠를수록 정전기 발생 증가
습도	습도가 낮을수록 정전기 발생 증가 (겨울철 빈번)

④ 정전기 방전의 종류

종류	내용
코로나 방전	방전 물체의 돌기 부분이나 끝부분에서 미약한 발광 발생
브러시 방전	절연물질 사이 또는 대전량 클 때 강한 파괴음과 발광 동반
불꽃 방전	대전 물체와 접지 도체간의 간격 좁을 때 갑작스러운 발광·파괴 발생
전파브러시 방전	대전 부도체에 접지체 접근 시 접촉 간 방전과 함께 표면을 따라 발생

| 고득점 POINT | 정전기 방지대책 |

- 접지시설을 설치한다.
- 실내공기를 이온화한다.(코로나 방전 방식의 이온발생기 사용)
- 전기저항이 큰 물질은 대전이 잘 일어나므로 전도성 물질을 사용한다.
- 정전기는 습도가 낮거나 압력이 높을 때 많이 발생하므로 상대습도를 70% 이상으로 유지한다.

(2) 전류 · 전압 · 저항

① 전류(A)

1A는 1초 동안 1쿨롱(C)의 전하가 흐를 때 전류의 크기를 말하며, 전위가 높은 곳에서 낮은 곳으로 이동한다.

$$I = \frac{Q}{t}$$

I: 전류(A), Q: 전하량(C, 쿨롱), t: 시간(sec)

② 전압(V)

두 점 사이의 전기적 위치에너지의 차이를 말하며 즉 전위 차라고 한다.

$$V = \frac{W}{Q}$$

V: 전압(V), W: 일(J), Q: 전하량(C, 쿨롱)

③ 저항(R)

㉠ 저항은 전류의 흐름을 방해하는 정도를 나타낸다.
㉡ 1Ω은 1V의 전압을 가했을 때 1A의 전류가 흐르는 도체의 저항을 의미한다.

$$R = \frac{V}{I}$$

R: 저항, V: 전압(V), I: 전류(A)

④ 전하

㉠ 전하가 일정하게 분포해 있어 전하량이 변하지 않을 때를 정전하라고 한다.
㉡ 전하는 음과 양으로 구별되며, 양전하, 정전하, 전자, 부전하로 분류된다.
㉢ 전하의 크기를 전기량이라고 하며 기본 전하량 $e = 1.6021 \times 10^{-19}$의 정수배가 된다.

(3) 직류와 교류

① 직류(Direct Current, DC)

전압과 전류의 방향이 항상 일정하게 유지되는 전류로 (+)극과 (−)극이 명확히 구분되어 있으며, 전자는 항상 (−)극에서 (+)극으로 이동한다.

② 교류(Alternating Current, AC)

전압과 전류의 방향과 크기가 주기적으로 변하는 전류로 파도처럼 (+)와 (−)를 반복하여 흐르며, 우리나라에서는 교류가 1초에 60번 방향을 바꾸기 때문에 이를 60Hz(헤르츠)라고 한다.

(4) 전기단위

① 줄(Joule)
㉠ 에너지 또는 일의 기본 단위로 1줄은 1N(뉴턴)의 힘으로 물체를 1m 이동시켰을 때의 일과 같다.(N=N·m) 전기 분야에서는 1V의 전압으로 1A의 전류가 1초 동안 흐를 때 소비되는 전력량을 의미한다.
㉡ 줄의 단위: J(Joule)

② 쿨롱(Coulomb)
㉠ 전하량, 즉 전기의 양을 나타내는 기본 단위로 1쿨롱은 1A의 전류가 1초 동안 흐를 때 이동한 전하의 양을 의미한다.

$$Q = It$$
Q: 쿨롱(C), I: 전류(A), t: 시간(sec)

㉡ 쿨롱의 단위: C(Coulomb)

③ 인덕턴스(Inductance)
㉠ 도체에 전류가 흐르면 주변에 자기장이 형성되고 그 전류의 변화를 방해하려는 성질이 나타나는데 전류가 갑자기 증가하면 이를 억제하고 감소하면 붙잡아 유지하려는 성질을 말한다. 이러한 특성을 활용하여 전류의 급격한 변화를 안정시키는 부품을 인덕터(Inductor)라고 한다.
㉡ 인덕턴스의 단위: H(Henry)

④ 리액턴스(Reactance)
㉠ 교류회로에서는 인덕터(코일)나 커패시터(콘덴서)가 전류의 흐름을 방해하는 성질을 가진다. 직류(DC)에서는 저항(R)만이 전류를 제한하지만 교류에서는 주파수가 변하기 때문에 인덕터와 커패시터도 저항처럼 작용한다.
㉡ 리액턴스의 단위: Ω(옴)

⑤ 임피던스(Impedance)
㉠ 교류(AC) 회로에서의 종합 저항을 임피던스라 하며 단순한 저항(R)뿐만 아니라 인덕터와 커패시터에서 발생하는 리액턴스까지 모두 포함하여 교류의 흐름을 얼마나 방해하는지를 나타내는 값을 말한다.
㉡ 임피던스의 단위: Ω(옴)

(5) 전기계산

① 옴의 법칙
전압, 전류, 저항의 관계를 설명하는 전기회로의 기본법칙으로 전류는 전압에 비례하고 저항에 반비례한다.

$$V = IR, \ I = \frac{V}{R}, \ R = \frac{V}{I}$$
V: 전압(V), I: 전류(A), R: 저항(Ω)

② 줄의 법칙
  ㉠ 도체에 전류가 흐를 때 생기는 열(줄열)의 양을 다루는 물리법칙으로 발생하는 열에너지는 전류의 제곱에 비례하고, 도체의 저항에 비례하며, 전류가 흐른 시간에 비례한다.

$$Q = I^2 Rt$$
Q: 열량(cal), I: 전류(A), R: 저항(Ω), t: 시간(sec)

  ㉡ 기본적인 줄의 법칙에서 단위변환상수를 곱하면 열량의 단위를 줄(J)에서 칼로리(cal)로 변환할 수 있다.

$$Q = 0.24 I^2 Rt$$
Q: 열량(cal), I: 전류(A), R: 저항(Ω), t: 시간(sec)

③ 전력

전기 에너지가 단위 시간(1초) 동안 사용되거나 공급되는 양을 의미하며 전기가 얼마나 빠르고 효율적으로 일을 수행하는지를 나타내는 값을 말한다.

$$P = VI = I^2 R = \frac{V^2}{R}$$
P: 전력(W), V: 전압(V), I: 전류(A), R: 저항(Ω)

④ 공진주파수

특정 시스템이 외부의 힘에 가장 크게 반응하는 고유 주파수로 이 주파수와 같은 진동이 가해지면 진폭이 급격히 커지는 공진현상이 발생한다.

$$f_0 = \frac{1}{2\pi \sqrt{LC}}$$
f_0: 공진주파수(Hz), L: 인덕턴스(H), C: 정전용량(F)

⑤ 리액턴스
  ㉠ 유도 리액턴스
    • 코일(인덕터)에 교류 전류가 흐르면 자기장이 생기고, 이 자기장의 변화가 다시 전류의 변화를 방해하는 성질 때문에 코일은 교류 회로에서 전류의 위상을 지연시키는 역할을 한다.

$$X_L = \omega L = 2\pi f L$$
X_L: 유도리액턴스(Ω), ω: 각주파수(rad/sec), f: 주파수(Hz), L: 인덕턴스(H)

    • 위상 관계: 전압의 위상이 전류보다 90° 앞선다.

ⓒ 용량 리액턴스
- 축전기(커패시터)는 전하를 저장하고 방전하는 성질을 가지며 교류에서는 전압의 방향이 바뀌기 때문에 충전과 방전이 반복되어 전류가 흐르는 것처럼 나타난다.

$$X_C = \frac{1}{\omega C} = \frac{1}{2\pi f C}$$

X_C: 용량리액턴스(Ω), ω: 각주파수(rad/sec), f: 주파수(Hz), C: 커패시턴스(F)

- 위상 관계: 전류의 위상이 전압보다 90° 앞선다.

고득점 POINT **줄(Joule)의 단위변환**

$1J = 1N \cdot m = 1(kg \cdot m/s^2) \cdot m = 1kg \cdot m^2/s^2$

(6) 전기의 사용 및 안전
① 누전차단기는 반드시 전원과 부하를 확인한 뒤 올바르게 연결해야 한다.
② 습기가 많은 장소에서는 감전의 위험이 커 전기 사용을 피해야 한다.
③ 기계나 장비를 점검하거나 보수할 때는 전원을 끊은 상태에서 진행해야 한다.
④ 콘센트는 정격 전압을 확인하고 허용 용량을 지켜 과부하를 예방해야 한다.
⑤ 전기회로는 외부에 노출되지 않도록 충분한 절연이나 방호장치를 마련해야 한다.
⑥ 전기기기는 KS 인증을 받은 제품을 사용하고 기술기준에 맞게 설치해야 한다.
⑦ 분전반에는 각 회로의 사용 여부를 표시하여 점검 중 전원이 켜지는 일을 막아야 한다.
⑧ 고주파 발생 장비는 전원 측에 콘덴서를 두어 전파장애를 차단해야 한다.

2. 전기화재 발생 현상

(1) **전기화재의 발생과정**

구분	내용
전기화재 발생원인	• 절연파괴에 의한 화재 • 사용자의 부적절한 사용으로 인한 화재 • 전기적 조건의 변화에 따라 발생한 줄열로 인한 화재 • 전기기기의 기능, 성능 저하, 이상 작동 등 고장에 의한 화재 • 코드의 접촉불량 시 접촉저항의 증가로 줄열에 의한 화재 • 고압 변압기의 충전부에서 누설 방전으로 인한 절연파괴 화재 • 코일의 층간 단락으로 인한 저항이 감소되어 과전류로 인한 화재 • 물 없는 전기온수기를 통전 방치하여 주변 가연물에서 화재
접속부 과열로 인한 전기화재	• 접점재료의 증발, 마모, 용융 • 허용량 이상의 전압, 전류의 사용 • 가동부의 부식, 고점성 물질의 부착 • 접점표면에 이물질 부착으로 인한 접촉면적 감소 • 줄열 또는 아크열에 의한 접점 표면의 일부용융 • 미세한 개폐동작 반복하는 채터링(Chattering)현상 계속

(2) 절연파괴

① 트래킹 현상(Tracking)

전기 콘센트나 차단기에 이물질이 쌓이면 전류가 새어나가면서 탄화와 국부 발열이 일어나고, 습기·결로나 분진이 많은 곳에서 전도성 경로가 생기는 현상이다.

② 흑연화 현상(Graphite)

㉠ 목재 등 유기 절연체가 탄화될 때 나타난다.
㉡ 처음에는 절연체이지만 스파크나 아크에 의해 흑연화되며 도전로가 형성된다.
㉢ 줄열로 도전로가 커지고 발열과 전류가 증가해 결국 화재로 이어진다.

③ 보이드 현상(Void)

㉠ 고전압이 걸린 절연물 내부에 보이드가 있으면 양극 부근에서 방전이 생긴다.
㉡ 시간이 지나면서 방전로가 전극 쪽으로 뻗어나가 절연파괴가 진행된다.
㉢ 질연물 내부에서 일어나며 트래킹처럼 절연 저항이 낮아진다.

④ 은 이동(Silver Migration)

㉠ 은 이온이 절연물 표면을 따라 이동하면서 단락을 일으킨다.
㉡ 장시간 직류 전압이 걸릴 때, 습기를 잘 흡수하는 절연물이 있을 때, 고온 다습한 환경에서 사용될 때 발생한다.

⑤ 아산화구리(동) 증식현상

㉠ 아산화구리(동) 증식현상
- 전선이나 케이블의 구리 도체가 스파크 등 고온을 받을 때 일부가 산화되어 아산화구리(CuO)로 변하고 발열이 점차 확대된다.
- 고온을 받은 구리가 산소와 결합하면 아산화구리가 형성되고, 반도체 성질로 정류작용을 하며 고체 저항이 커져 국부 발열이 일어난다.

㉡ 외관적 특징
- 표면에 산화구리 막이 생겨 육안으로 식별하기 어렵다.
- 송곳으로 찌르면 쉽게 부서지고, 분쇄면은 은회색 금속광택을 띠며 현미경 20배 관찰 시 진홍색 유리형 결정이 보인다.
- 적색 결정은 아산화구리의 특징으로 접촉부에서 발견되며 발화원인 규명에 중요한 단서가 된다.
- 교류에서는 양·음극 모두 발열하고 직류에서는 양극에서 발열한다.

㉢ 아산화구리는 약 1,000℃에서 10분간 0.1mm 정도 증식된다.

ⓔ 감식방법
- 전선 접속부, 배선기구 단자, 나사·볼트·너트 연결부, 전기 소자와 스위치 접점을 중점적 조사한다.
- 접속부의 검은 덩어리를 채취해 현미경으로 적색 결정 존재를 확인하고 발견되지 않으면 접촉저항의 발열이 원인이다.
- 회로시험기로 측정 시 값이 영(0)이나 무한대가 아니면 가열하여 온도 상승에 따라 저항이 감소하는지 확인한다.

(3) **통전입증**

① 통전입증

화재현장에서 발견된 전기기기나 전선에 화재 당시 전기가 흐르고 있었는지를 과학적으로 증명하는 감식 활동을 말한다.

② 통전입증 방법
ⓐ 부하측에서 전원측으로 진행한다.
ⓑ 통전확인에서 검증 순으로 진행한다.
ⓒ 전기계량계로부터 배선용차단기, 누전차단기, 콘센트와 플러그, 전열기구로 이어지는 부분에서 단락흔을 찾는다.

(4) **낙뢰**

① 낙뢰의 분류

분류	현상
직접뢰	번개가 전기설비나 구조물에 직접 떨어져 발생하는 현상으로 구조물이나 전기기기가 직접 피해를 입고 전기설비가 파괴된다.
간접뢰	번개가 땅이나 인근 물체에 떨어질 때 발생한 유도전압·전자기파가 전기설비에 영향을 주는 현상으로 직접 충격은 없으나 과전압이 유입되어 전기기기나 시스템이 손상된다.

② 낙뢰의 조건
ⓐ 높은 곳에 잘 떨어진다.
ⓑ 뇌전류는 물체의 표면을 따라 흐르기 쉽다.
ⓒ 금속체를 따라 흘러도 저항이 큰 부분에서는 대기 중으로 재방전되기도 한다.
ⓓ 물체의 저항이 낮아도 대전류로 발열하여 금속이 용융되며, 급격한 증발로 폭발할 수 있다.

3. 전기적 점화원

분류	현상
과전류	• 전선이나 기기가 허용전류를 초과한 전류가 흐르는 현상을 말하며 하나의 콘센트에 여러 전열기구를 동시에 연결할 때 발생한다. • 전선에 과도한 전류가 흐르면 줄의 법칙에 따라 전선에서 큰 열이 발생하고 이 열로 절연피복이 녹고, 과열된 전선이나 피복이 주변 가연물에 착화되어 화재로 이어진다.
접촉불량	• 전선과 기기 연결부, 플러그와 콘센트 접속부가 헐거워지거나 불완전하게 연결된 상태로 먼지나 부식으로 인한 이물질 등이 주요 원인에 해당한다. • 접촉 불량 부위는 접촉 저항이 높아 국부적으로 열이 집중되고, 이 열이 플라스틱을 녹이거나 불안정한 접속 사이에서 스파크가 반복적으로 발생해 주변 가연물에 착화된다.
합선(쇼트)	절연 피복이 손상되어 (+)극과 (−)극 전선이 직접 닿는 현상으로 전류가 정상 회로를 거치지 않고 가장 짧은 경로로 흐르게 된다.
국부적인 저항치 증가	• 전기회로의 특정 지점에서 접촉불량이나 전선 손상으로 저항이 비정상적으로 높아지는 현상이다. • 접촉불량, 반단선, 산화·부식 등은 전기화재의 주요 원인이 된다.
누전	• 전류가 정상회로를 벗어나 흐르는 현상으로 전선이나 기기의 절연 손상 시 발생하며 누전화재의 직접적인 원인이 된다. • 전선이나 기기 내부에서 발생하며, 대지로 전류가 흐를 경우 지락전류로 이어진다.
지락	전로와 대지 사이의 절연저하로 전류가 흐르는 현상으로 지락전류로 인해 기기 손상, 감전, 화재가 발생한다.
코드의 과부하 통전	하나의 비닐 피복 전선에 많은 부하를 연결하면 과부하가 발생하고 과전류로 인한 발열로 피복이 손상된다.
코일의 층간 단락	변압기·모터의 동선 절연 피복이 열화되고 절연 열화로 인해 코일 동선 사이에 접촉이 발생한다.

4. 전기화재 조사장비 활용법

(1) 검전기

▲ 검진기

① 용도

잔류전류 검지기로 100Hz 이하 교류를 확인하고 전류가 검지되면 경보신호로 흐르는 위치를 찾을 수 있다.

② 사용방법

㉠ 고압·특고압 검전 시 절연 고무장갑을 반드시 착용한다.

㉡ 고압용은 케이블이나 절연피복 위에서 비접촉 검지를 한다.

㉢ 손잡이 부분을 단단히 잡고 사용한다.

㉣ 옥내용·옥외용은 규정된 사용전압과 회로전압 범위에서만 사용한다.

㉤ 검진 전 충전 부분에서 동작시험을 하거나 성능을 사전에 확인한다.

③ 보관 및 관리

㉠ 건조한 장소에 보관하고 절연부 파손을 방지한다.

㉡ 분진이 적은 장소에 보관하고 사용 후 원상태로 보관한다.

㉢ 절연성능시험을 6개월 이내에 실시한다.

㉣ 사용 전 검전성능을 점검한다.

(2) 회로시험기

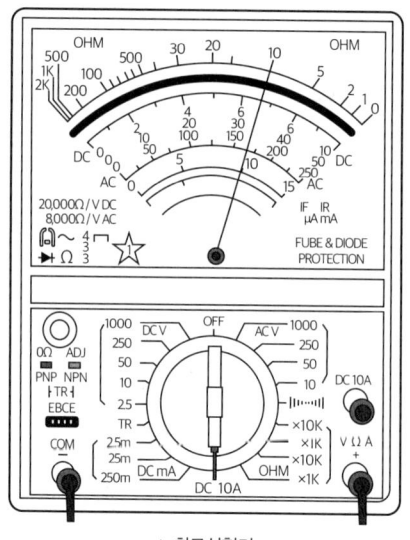

▲ 회로실험기

① 용도

 ㉠ 전압, 전류, 저항 값을 하나의 기기로 측정할 수 있는 기기로 멀티미터(Multimeter) 또는 멀티테스터(Multitester)라고 부른다.

 ㉡ 여러 콘센트나 복잡한 배선 중 합선 발생 지점을 특정할 때 사용한다.

 ㉢ 화재현장에서 수거한 차단기, 스위치, 안정기, 모터 코일 등의 정상 여부와 내부 전기적 고장 여부를 확인할 때 사용한다.

② 사용 시 유의사항

 ㉠ 고압 측정 시 계측기 안전 규칙을 반드시 준수한다.

 ㉡ 측정 전 계측기의 지침이 '0'점에 있는지 확인한다.

 ㉢ 측정 위치가 불확실할 경우 가장 높은 범위부터 선택한다.

 ㉣ 선택 스위치와 시험봉이 올바른 위치에 있는지 확인한다.

 ㉤ 측정 후 피측정체 전원을 끄고 레인지 선택 스위치를 OFF 한다.

(3) **절연저항계**

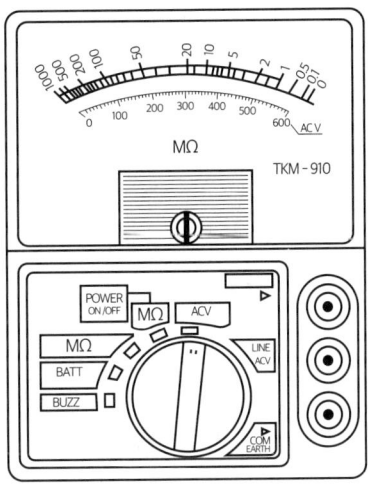

▲ 절연저항계

① **용도**

전기기기의 절연저항을 측정할 때 사용하는 기기로 메거(Megger)라고 하며, 절연열화로 인한 감전이나 누전 위험을 예방하기 위해 활용된다.

② **사용 시 유의사항**

절연저항계는 높은 시험 전압을 직접 인가하기 때문에 안전과 정확한 측정을 위해 반드시 전원을 차단(단전)한 상태에서 실시해야 한다.

(4) 클램프미터

▲ 클램프미터

① 용도

　㉠ 운전 중인 기기의 부하전류와 누설전류를 측정하는데 사용한다.

　㉡ 기기의 운전상태 확인과 설비 성능점검에 활용한다.

　㉢ 한 대로 누설전류부터 수백 A의 부하전류까지 측정이 가능하다.

　㉣ 클램프미터는 자기유도현상을 이용하여 전류 측정 외에 교류전압과 저항을 측정한다.

② 사용방법

　㉠ 전류·전압·저항 측정 시에는 손잡이를 누른 뒤 전선 한 가닥만 클램프 안에 넣는다.(2선 또는 3선 회로에서도 반드시 1선만 넣어야 한다.)

　㉡ 누설전류 측정 시 단상은 2선을, 3상은 3선을 동시에 넣어 측정한다. 영상전류가 '0'이면 정상이고 수치가 나오면 그만큼 누설전류가 발생하고 있다는 것이다.

　㉢ 누설전류 측정 시 근접한 대전류의 간섭이나 피더 측정 시 전선의 클램프 위치에 주의한다.

(5) **오실로스코프**

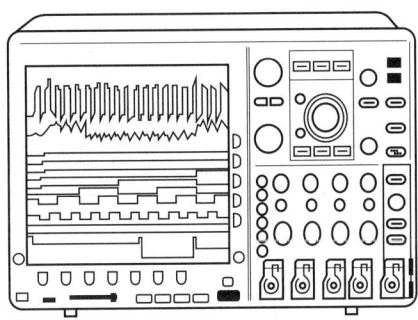

▲ 오실로스코프

① 용도
  ㉠ 시간에 따라 변하는 전기신호(전압)를 화면에 그래프로 표시해 눈으로 확인할 수 있게 하는 계측장비로 전기신호의 특성(전압, 전류, 전력, 주파수 등)을 분석하는 데 활용된다.
  ㉡ 전자회로·설계의 분석에 활용되어 신호를 검토하고 오류를 찾아 성능을 최적화한다.
  ㉢ 통신 장비의 신호 품질을 측정·분석해 문제를 해결한다.
  ㉣ 의료기기에서 심전도(ECG) 파형을 분석해 심장 전기 활동을 모니터링한다.
  ㉤ 자동차전자시스템 신호를 분석해 고장진단에 사용한다.

② 주요기능
  ㉠ 비례 축소(Scaling) 기능
  ㉡ 동기화(Synchronization)와 트리거(Trigger) 기능
  ㉢ 입력 결합(Input coupling; AC/DC, High impedance mode)

5. 전기화재 감식요령

(1) 감식체계의 흐름

① 통전입증

㉠ 전기기기가 발화원이 되려면 화재 당시 사용 상태였음을 증명해야 한다.

㉡ 통전입증 증거로는 전류 퓨즈 용단, 내부 배선 합선흔적, 단자 부분 용융흔적 등으로 증명할 수 있다.

㉢ 플러그·콘센트 접속기구와 배선상태를 확인하고 부하측에서 전원측으로 순차적으로 감식하며 분전반 차단기 상태를 확인한다.

> **고득점 POINT** 전기화재에서의 통전입증 감식방법
> - 부하측에서 전원측으로 진행한다.
> - 분전반의 차단기 상태를 확인한다.
> - 통전시험을 통해 기본적인 이상 유무를 확인한 후 검증을 진행한다.
> - 전력량계로부터 배선용차단기, 누전차단기, 콘센트와 플러그, 전열기구로 이어지는 부분에서 단락흔을 찾는다.

(2) 배선기구

① 배선용 차단기(Molded Case Circuit Breaker, MCCB)

과부하나 합선과 같은 이상 전류로부터 회로와 기기를 보호하는 안전장치로 과거의 퓨즈와 달리 스위치를 다시 올려 재사용할 수 있어 NFB(No Fuse Breaker)라고도 한다.

㉠ 주요기능 및 역할

- 허용전류를 초과한 전류가 일정 시간 흐르면 내부 바이메탈이 열에 의해 휘어져 회로를 차단하여 전선과 열과 화재를 예방한다.
- 순간적으로 큰 단락 전류가 흐르면 내부 전자석 코일이 즉시 작동해 회로를 빠르게 차단하여 기기 손상과 정전사고를 방지한다.
- 수동 조작으로 전기를 켜고 끄는 개폐기(스위치) 역할을 한다.

㉡ 작동원리

- 열동식 (Thermal Trip)
  정격전류를 초과한 전류가 일정 시간 지속되면 바이메탈이 열에 의해 휘어져 차단기를 동작시킨다.
- 전자식 (Magnetic Trip)
  합선과 같이 매우 큰 고장으로 전류가 순간적으로 흐르면 전자석이 작동해 차단기를 즉시 트립시켜 회로를 보호한다.

② 누전차단기(Earth Leakage Circuit Breaker, ELCB)

전기회로에서 누전을 감지해 자동으로 차단하는 인명 보호용 안전장치로 감전사고와 누전화재를 예방하기 위해 대지로 흐르는 전류를 감지해 회로를 차단한다.

㉠ 주요기능 및 역할
- 누전이 발생하면 0.03초 이내에 전기를 차단해 전류가 심장에 도달하기 전 인체를 보호하여 감전사고를 방지한다.
- 손상된 전선 피복에서 전류가 지속적으로 새어 나오면 열이 발생하고 절연성능이 저하되어 화재가 일어날 수 있어 이런 미세한 누설전류를 조기에 차단해 화재로 확대되는 것을 방지한다.

㉡ 작동원리

누전차단기 내부에는 영상변류기(ZCT, Zero Current Transformer)가 있어 전류의 불균형을 감지한다.
- 정상적인 상태일 때는 들어오는 전류와 나가는 전류가 같아 서로 상쇄되어 ZCT 내부 자기장은 0이 된다.
- 누전이 발생하면 사람의 감전이나 기기누설로 일부 전류가 대지로 흘러 불균형이 생긴다. 이때 영상변류기 내부 자기장이 0이 아니게 되고, 이를 감지한 누전차단기가 즉시 스위치를 작동시켜 회로를 차단한다.

고득점 POINT 배선용차단기와 누전차단기 비교

구분	배선용차단기(MCCB)	누전차단기(ELCB)
목적	기기 및 전선 보호	감전사고 방지
기능	과부하, 단락(합선) 전류차단	누설전류 감지 및 차단
설치위치	분전반의 메인 차단기	콘센트, 욕실, 전등 등 각 분기 회로

(3) 조명기구

① 백열전구(Incandescent lamp)

㉠ 작동원리
- 백열전구는 유리구 내부의 필라멘트에 전류를 흘려 고온으로 가열하면서 생기는 빛을 이용한 전구이다.
- 유리구 내부는 필라멘트가 산소와 접촉해 타는 것을 막기 위하여 진공상태로 만들거나 필라멘트 증발을 줄여 수명을 늘리기 위해 아르곤 또는 질소 등의 비활성 기체를 채운다.

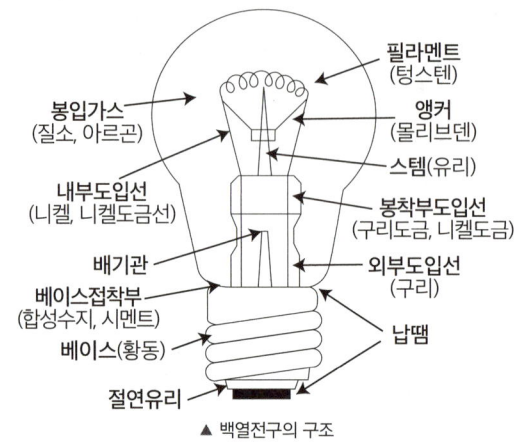

▲ 백열전구의 구조

㉡ 감식요령
- 수열을 받으면 연화된 부분이 부풀거나 외부로 터져 나온다.
- 전선에 매달린 전구는 화재 당시 방향 판정에 신뢰성이 떨어지므로 주의해야 한다.

② 형광등

화재의 주요원인은 절연 열화, 층간 단락, 이상 발열 등으로 주로 안정기에서 발생한다.

용어 CHECK 안정기

형광등이나 HID 램프에 안정적인 전류를 공급하는 장치로 점등 시 순간 고전압을 발생시키고 점등 후에는 전류를 일정하게 유지한다. 이 과정에서 열이 발생하고 내부 부품이 노후화되면서 화재원인이 될 수 있다.

(4) 주방 및 가전관련 기기

① 세탁기의 화재원인

　㉠ 배수모터의 이상으로 인한 발화

　㉡ 세탁기 배선 절연 손상으로 인한 단락으로 발생한 스파크로 화재 발생

　㉢ 결로에 의해 발생한 고정체 저항으로 인한 발열로 발화

　㉣ 배수밸브 마그네트 채터링 현상으로 인한 발화

> **용어 CHECK** 　체터링 현상(Chattering)
> 밸브 내부에 이물질이 끼거나 부품이 노후되면 전자석이 밸브를 확실하게 열어주지 못하고 떨면서 붙었다 떨어졌다를 반복하는 현상

② 전기밥솥의 화재원인

　㉠ 기판부의 트래킹에 의한 발화

　㉡ 유도 가열용(IH)코일의 발화

　㉢ 전기코드에서의 발화

　㉣ 과전압·과전류에 의한 취사 히터 손상으로 인한 발화

　㉤ 트렌지스터 내부 단락으로 인해 과전류가 흘러 트렌지스터 폭발 또는 과열로 주변부품 발화

③ 냉장고의 화재원인

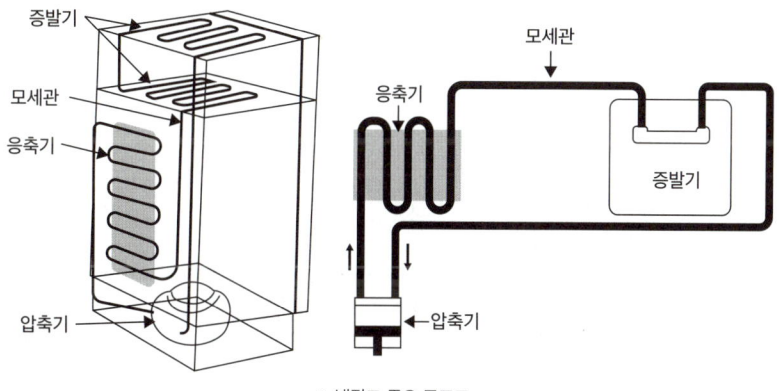

▲ 냉장고 주요 구조도

　㉠ 기동기의 트래킹현상으로 인한 발화

　㉡ 시미스디 기동릴레이의 접촉불량으로 인한 스파크로 발화

　㉢ 콤프레셔 코일의 층간단락으로 인한 발화

　㉣ 콘덴서의 절연파괴로 인한 발화

　㉤ 진동에 의한 내부배선의 절연손상으로 인한 발화

> **용어 CHECK** 　서미스터와 서모스텟
> • 서미스터(Thermistor)
>   바이메탈 원리를 이용해 온도변화에 따라 스위치로 조절하는 전기·기계식 온도 제어장치
> • 서모스텟(Thermostat)
>   반도체 재질로 만들어져 미세한 온도변화를 전기신호로 감지·제어하는 제어장치

④ 전자레인지의 화재원인

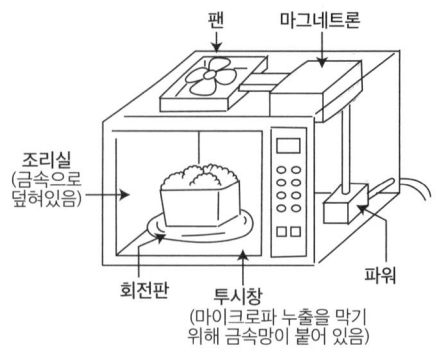

▲ 전자레인지의 주요 구조도

㉠ 부적절한 사용으로 인한 화재
- 기름때 축적 및 음식물이 탄화되어 과열·스파크로 인한 발화
- 플라스틱 포장재와 용기 등 부적합한 용기 사용 시 열, 아크로 녹으면서 발화
- 금속용기의 방전에 의한 발화

㉡ 제품 결함 및 노후화로 인한 화재
- 마그네트론 단자에 고전압이 인가되면 절연이 파괴되어 발화
- 고전압 부품이 결함을 일으킬 경우 절연파괴와 발열로 발화

⑤ 냉·온수기

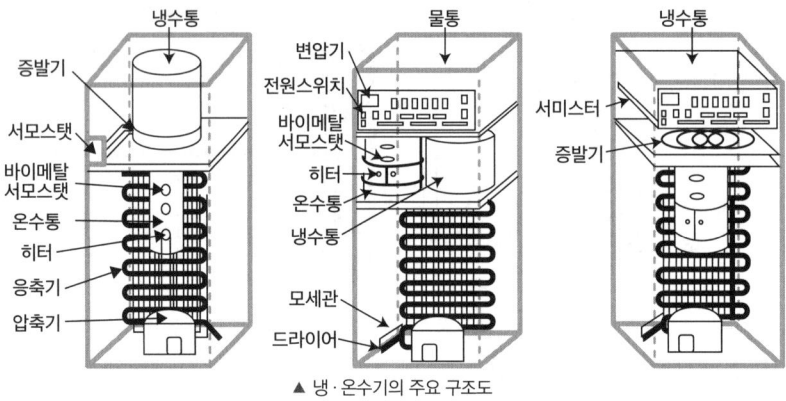

▲ 냉·온수기의 주요 구조도

㉠ 구성부품

구성요소		역할
냉각장치	압축기 (컴프레서)	저온·저압의 기체 냉매를 응축 액화할 수 있도록 응축온도에 해당하는 포화압력까지 압축하는 장치
	응축기	고온·고압의 기체 냉매를 외부 공기와 열교환시켜 열을 방출하고, 고압의 액체로 상태변화
	증발기	팽창밸브를 지나 저온·저압으로 된 액체 냉매가 들어와 주변과 열교환하며 증발과정에서 열을 흡수해 냉동
	모세관	냉매가 좁은 통로를 지나며 속도가 빨라지고 압력이 순간적으로 낮아지는 장치
제어장치	서모스탯 (온도조절기)	온수 탱크나 냉수 탱크에 설치되어 자동으로 온도를 조절하는 스위치로 주로 바이메탈방식 사용
	기동릴레이 (과부하계전기)	압축기(컴프레서)옆에 부착되며, 모터가 과열되거나 과전류가 흐를 경우 바이메탈이 작동되어 전류를 차단해 기기 보호

㉡ 화재원인
- 기기 진동으로 인한 배선 손상으로 인한 누전이나 합선으로 화재 및 감전사고 발생
- 온도 제어 과정에서 릴레이 접점에 아크(Arc) 발생
- 압축기(컴프레서)에서의 층간단락, 배선 피복 손상, 트래킹 현상으로 인한 화재발생

> **고득점 POINT** 서모스탯의 그래파이트화(탄화)
> - 원자 재배열
>   탄소질 재료를 고온에서 열처리하여 무질서한 무정형 탄소 구조를 안정적인 흑연 구조로 바꾸는 과정
> - 변화과정
>   부도체(Insulator) → 탄화물(Carbonized material) → 도체(Conductor)

(5) 냉·난방 관련 기기

① 에어컨의 화재원인

㉠ 모터의 층간단락으로 인해 모터과열 및 소손되어 직접적인 원인으로 화재발생

㉡ 전원선 단락으로 순간적인 과전류 및 스파크를 발생시켜 화재발생

㉢ 진동에 의한 전원선과 본체 프레임의 접촉 단락으로 인한 발화

② 선풍기의 화재원인

㉠ 배선 반단선으로 인한 발열 및 발화

㉡ 콘덴서 절연열화 및 모터 층간단락으로 인한 발화

㉢ 모터 구속에 의한 과열 및 발화

(6) 전기모터와 변압기

① 전기모터의 화재원인

화재원인	현상
과부하로 인한 화재	모터가 허용 범위 이상으로 작동하면 과전류가 흘러 코일이 과열되고, 절연체가 녹아 화재 발생
층간 단락으로 인한 발화	코일 절연이 노후·손상되면 합선이 일어나 전류가 집중되어 발생한 고열로 발화
먼지 및 환기 불량	모터 표면·냉각팬에 먼지가 쌓이면 냉각이 되지 않아 내부온도 상승, 절연성능 저하로 인해 과열·화재 발생

② 변압기의 화재원인

화재원인	현상
특고압 변압기 아크방전	절연불량으로 발생한 아크가 절연 커버에 착화되어 화재 발생
절연유·절연지 노후화	절연유와 절연지는 장기간 고온·습기에 노출되면 절연강도가 약해져 내부 방전이 일어나 화재 발생
충전부 누설방전	전기 충전부 표면의 오염물질을 따라 미세 전류가 흐르며 발열하고, 반복되어 절연파괴로 인해 화재 발생
인입구 부싱 노후화	옥외 노출 부싱이 노후·오염되어 누설방전 발생으로 절연파괴로 폭발·화재발생
접속부 접촉저항 증가	볼트 등 헐거워 접촉저항이 커져 과열로 인한 접속부 용융으로 화재 발생
냉각장치 고장	냉각팬 불량으로 절연유 온도가 상승하면 기포가 발생하여 절연내력 저하

(7) 용융흔의 판정방법

① 전선피복 특성
  ㉠ 전선은 염화비닐수지(PVC)로 절연된다.
  ㉡ 전선마다 최대 허용전류와 최고허용온도가 달라 규격 미달 전선 사용 시 과부하·과열이 발생한다.
  ㉢ 과전류가 흐르면 절연피복이 열화되어 연기·가스가 발생하고 전선이 용융·탄화된다.

② 용단흔적 특징
  ㉠ 통전전류가 클수록 짧은 시간에 용단된다.
  ㉡ 과전류 발생 시 전선이 용단되며 선단에 용융망울이 생성되는데 망울은 전선 표면을 국부적으로 감싸는 형태가 많다.
  ㉢ 과전류 용융흔적은 외부 화염에 의한 용융과 구별되고, 용융되지 않은 부분은 산화로 변색되고 구부리면 박리된다.

③ 외부 화염에 의한 피복 변화
  ㉠ 열화가 진행되면 수축·팽창 현상이 나타난다.
  ㉡ PVC 절연 전선은 자기소화성을 가지며, 230~280℃에서 분해·탄화되고 짙은 연기가 발생한다.
  ㉢ 절연 전선은 온도·태양광선에도 열화·변색되고 외부 화염 노출 시 절연 피복이 소실되고, 400~900℃에서 산화·박리 현상이 나타난다.

KEYWORD 11 가스화재감식

1. 가스의 이해

(1) 가스의 기초

① 취급·저장 상태에 따른 분류

구분	내용
압축가스	일정한 압력에 의해 압축되어있는 가스(산소, 수소, 질소, 메탄 등)
액화가스	상온에서 압력을 가했을 때 쉽게 액화되는 가스(LPG, 염소, 암모니아, 탄산가스 등)
용해가스	압축하거나 액화시키면 스스로 분해하여 폭발하는 가스(아세틸렌 등)

② 성질에 따른 분류

구분	내용
가연성가스	공기나 산소와 같은 산화제와 혼합하여 연소하거나 폭발하는 가스(프로판, 일산화탄소, 수소, 메탄 등)
조연성가스	그 자체는 연소하지 않고 다른 가연성 물질의 연소를 돕거나 촉진하는 가스(염소, 산소, 오존, 불소 등)
불연성가스	스스로 연소하지 않고 다른 물질의 연소도 돕지 않는 가스(질소, 아르곤, 헬륨, 이산화탄소 등)

③ 고압가스 기준

구분	범위
압축가스	상용의 온도에서 압력이 1Mpa 이상이 되는 압축가스로서 그 압력이 1Mpa이상이 되는 것 또는 35℃의 온도에서 압력이 1Mpa이상이 되는 압축가스
아세틸렌가스	15℃의 온도에서 압력이 0pa을 초과하는 아세틸렌가스
액화가스	• 상용의 온도에서 압력이 0.2Mpa 이상이 되는 액화가스로서 그 압력이 0.2Mpa 이상이 되는 것 또는 압력이 0.2Mpa이 되는 경우의 온도가 35℃ 이하인 액화가스 • 35℃의 온도에서 압력이 0pa을 초과하는 액화가스 중 액화시안화수소·액화브롬화메탄 및 액화산화에틸렌가스

④ 용기색상

가스종류	용기색상
LPG(액화석유가스)	회색
액화암모니아	백색
아세틸렌	황색
액화염소	갈색
액화탄산가스	청색(의료용: 회색)
산소	녹색(의료용: 백색)
수소	주황색

⑤ 가스비중
   ㉠ 가스의 무게와 공기(분자량 29)의 무게를 비교한 값으로 1보다 작으면 공기보다 가벼운 가스이다.
   ㉡ 공기의 기준 부피(22.4L, 1mol)의 질량은 29g이다.

$$\text{가스비중} = \frac{\text{분자량}}{\text{공기의분자량}(29g)}$$

⑥ 증기압
   ㉠ 증기압이 높다는 것은 액체 분자가 표면을 탈출하려는 힘이 크다는 뜻으로 휘발성이 크다는 의미이다.
   ㉡ 비등현상은 외부압력(대기압)과 증기압이 같아질 때, 액체 내부와 표면에서 동시에 기화되는 현상이다.
   ㉢ 같은 온도에서 증기압이 높은 액체는 낮은 액체보다 더 빨리 증발한다.
   ㉣ 온도가 높아지면 분자운동에너지가 커져 증발이 활발해지고 증기압이 상승한다.

(2) 가스별 특성
   ① LPG(액화석유가스)
      ㉠ 주성분은 프로판(C_3H_8)과 부탄(C_4H_{10})이다.
      ㉡ 영하 42℃에서 쉽게 액화되고, 액화 시 부피가 약 $\frac{1}{250}$로 줄어든다.
      ㉢ 공기보다 무겁고, 연소 시 다량의 공기가 필요하다.
      ㉣ 발열량은 높고 그을음의 발생은 적다.
      ㉤ 각각의 발화점은 프로판 450℃, 부탄 405℃이다.
      ㉥ 폭발범위는 프로판 2.1~9.5%, 부탄 1.8~8.4%이다.

   ② LNG(액화천연가스)
      ㉠ 주성분은 메탄(CH_4)이다.
      ㉡ 영하 162℃에서 액화되며, 액화 시 부피가 약 $\frac{1}{600}$로 줄어든다.
      ㉢ 공기보다 가볍고, 연소속도는 LPG보다 느리며, 연소 시 많은 공기를 필요로 하지 않는다.
      ㉣ 메탄의 발화점은 540℃이다.
      ㉤ 폭발범위는 5~15%로 LPG보다는 넓다.

   ③ 염소(Cl_2)
      ㉠ 강한 독성을 지닌 물질로 피부에 닿으면 염증을 일으키고, 흡입하면 생명을 위협할 수 있다.
      ㉡ 수돗물 살균에 사용되며, 공기보다 약 2.5배 무겁다.
      ㉢ 독성물질인 포스겐($COCl_2$)의 성분으로 포함되어 있고 빛에 의한 화학반응을 막기위해 갈색용기에 저장한다.
      ㉣ 아세틸렌과 접촉하면 자연발화 발생위험이 있다.

④ 암모니아(NH_3)
  ㉠ 물에 잘 용해되며, 0℃와 1기압에서 물 1에 대해 약 1,164배까지 용해된다.
  ㉡ 질소 비료와 황산암모늄 제조에 널리 사용되고 백식의 보관용기에 보관한다.
  ㉢ 독성이 있는 가스로서 8시간 노출 시 최대허용농도는 25ppm이다.
  ㉣ 폭발범위는 15~28%이다.

⑤ 수소(H_2)
  ㉠ 모든 기체 중 가장 가볍다.
  ㉡ 폭발범위는 4~75%이다.

⑥ 아세틸렌(C_2H_2)
  ㉠ 물 1몰에 아세틸렌은 1.1몰, 아세톤 1몰에 아세틸렌 25몰이 용해되는 특성을 가진다.
  ㉡ 탄산칼슘이 물과 접촉하면 아세틸렌이 발생한다.
  ㉢ 폭발범위는 2.5~81%로 넓어 폭발위험이 매우크다.

⑦ 산화에틸렌(C_2H_4O)
  ㉠ 공기보다 약 5배 무겁고, 기화하면 부피가 약 450배 팽창한다.
  ㉡ 인화점 -17.8℃, 발화점 429℃ 이다.
  ㉢ 폭발범위는 3~80%로 폭발성이 매우 강하다.

⑧ 시안화수소(HCN)
  ㉠ 매우 강한 독성을 가지며, 다량 흡입 시 즉시 사망에 이르게 된다.
  ㉡ 소량 흡입 시에도 호흡 마비와 졸도를 유발할 수 있다.
  ㉢ 물, 암모니아수, 수산화나트륨 용액에 잘 흡수된다.
  ㉣ 인화점 -17.8℃, 발화점 538℃ 이다.
  ㉤ 폭발범위는 6~41%이다.

⑨ 아황산가스(SO_2)
  ㉠ 물과 알코올, 에테르에 잘 녹는 특성을 가진다.
  ㉡ 눈, 코, 기도를 강하게 자극하여 호흡기 질환을 악화시킬 수 있다.
  ㉢ 녹는점 -101℃, 끓는점 -34℃ 이다.

⑩ 이황화탄소(CS_2)
  ㉠ 원진레이온 사고의 주요 원인이 된 물질이다.
  ㉡ 저온에서도 강한 인화성을 가지며, 가열 시 폭발이 발생한다.
  ㉢ 신경독성이 있어 흡입 시 현기증, 두통, 의식불명을 유발한다.
  ㉣ 인화점 -30℃(밀폐시), 발화점 90℃ 이다.
  ㉤ 폭발범위는 1.25~44%이다.

⑪ 일산화탄소(CO)
　㉠ 연소 시 청색 화염을 내며 이산화탄소로 변한다.
　㉡ 물에는 잘 녹지 않고 알코올에는 녹는다.
　㉢ 흡입 시 중추신경계에 영향을 주고, 고농도에서는 산소결핍을 유발한다.
　㉣ 녹는점 −205℃, 발화점 608.9℃이다.
　㉤ 폭발범위는 12.5~74%이다.

⑫ 포스겐($COCl_2$)
　㉠ 염소성분을 함유하고 있어 부식성이 있고, 강한 독성물질로 자극성이 강하여 폐수종을 일으켜 질식을 초래한다.
　㉡ 노출 후 5~6시간이 지나서야 심각한 증상이 나타난다.
　㉢ 녹는점 −128℃, 끓는점 8.2℃ 이다.

⑬ 황화수소(H_2S)
　㉠ 신경계에 심각한 장애를 일으킨다.
　㉡ 강질산이나 강산화성 물질과 격렬하게 반응한다.
　㉢ 녹는점 −82.9℃, 발화점 260℃ 이다.
　㉣ 폭발범위는 4.3~46%이다.

고득점 POINT 연소물질과 생성가스

연소물질	생성가스
탄소(C) 성분을 갖고 있는 가연물	일산화탄소(CO), 이산화탄소(CO_2)
고무류, 석유류, 석탄, 아스팔트 등	황화수소(H_2S), 이산화황(SO_2)
PVC, 방염수지, 불소수지 등	할로겐화수소 화합물(HCl 등), 포스겐($COCl_2$)
질소성분을 갖고 있는 모사, 피혁, 합성수지	시안화수소(HCN), 암모니아(NH_3)
나무류, 유지류, 석유류 등	아크롤레인(CH_2CHCHO)

2. 가스설비의 이해

(1) 가스공급시설

① 정압기
　㉠ 정압기의 기능 및 안전장치
　　가스공급 압력을 고압에서 저압으로 낮추는 장치로 실내 설치 시 방폭형으로 시공하고 가스누출 경보장치 등을 부착한다.
　㉡ 정압기의 구조
　　• 스프링은 사용 압력을 설정한다.
　　• 메인밸브는 가스의 흐름을 제어한다.
　　• 다이어프램은 사용 압력을 감지하여 유량에 따라 밸브를 작동한다.

ⓒ 정압기의 종류

종류	특징
직동식 정압기	사용측 압력을 다이어프램이 직접 감지하여 메인밸브를 바로 여닫는 방식으로 구조가 간단하고 응답이 빠르지만, 대용량 가스에는 정밀도가 다소 떨어진다.
파일럿식 정압기	작은 파일럿(Pilot) 정압기가 주 밸브를 제어하는 2단 제어 방식으로 구조는 복잡하나, 대용량 가스를 더 정밀하고 안정적으로 제어할 수 있다.

② 밸브박스

정압기실에 설치하며, 가스 인입관의 분기점에서 건물로 연결되는 차단밸브를 보호한다.

③ 가스계량기

㉠ 가스계량기의 기능

배관을 통해 단위 시간당 흐르는 가스 사용량을 측정한다.

㉡ 가스계량기의 종류

• 실측식

가스를 일정한 부피의 공간에 채웠다가 내보내는 것을 반복하며 직접 부피를 측정하는 방식이다.

종류	특징
회전식(루트식)	산업용 대용량 계량에 사용된다.
막식(다이어프램식)	가정용으로 가장 흔히 볼 수 있는 방식이다.
드럼식	정밀도가 높아 다른 계량기의 성능을 검사하는 기준기로 사용된다.

• 추측식

추측식 터빈형은 가스가 터빈을 돌리는 속도로 유량을 측정하며, 산업용으로 사용된다.

3. 가스용품과 특정설비

(1) 가스시설

① 용기의 종류

용기의 종류	특성
이음매 없는 용기 (Seamless cylinder)	• 이음매가 없어 높은 압력에 견딜 수 있다. • 산소, 수소, 질소, 아르곤, 이산화탄소, 천연가스 등 압축가스 저장에 사용된다.
용접용기 (Welding cylinder)	• 무게는 가볍지만 높은 압력에는 견디기 어렵다. • LP가스, 프레온, 암모니아 등 낮은 증기압의 가스 저장에 사용된다.
납붙임 또는 접합용기	• 살충제, 화장품, 의약품, 도료 분사제, 이동식 부탄가스 등 다양한 용도에 사용된다. • 대부분 1회용으로 재충전이 불가능하지만, 일부 스테인리스 제품은 재충전이 가능하다. • 충전 압력은 35℃에서 0.5MPa 이하로 제한되며, 독성가스는 사용할 수 없다.
초저온 용기	• 영하 50℃ 이하의 액화가스를 충전하기 위해 단열재로 피복된 용기이다. • 액화질소, 액화산소, 액화아르곤, 액화천연가스 저장에 사용된다. • 내조와 외조로 구성되며, 내조는 스테인리스강, 외조는 저탄소강 또는 스테인리스강으로 제작된다. • 내조와 외조 사이 공간은 고진공 단열로 시공된다.

② 용기의 저장량(충전량)

 ㉠ 액화가스 용기의 저장량

$$W = \frac{V}{C}$$

W: 저장능력(kg), V: 용기의 내용적(L), C: 충전정수

 ※ 가스 종류별 정수

  액화프로판: 2.35, 액화부탄: 2.05, 액화암모니아: 1.86, 액화탄산가스: 1.5, 액화염소: 0.8

 ㉡ 압축가스 용기의 저장량

$$Q = (10P + 1)V$$

Q: 저장능력(m^3), P: 35℃에서 최고충전압력(MPa) (단, 아세틸렌: 15℃), V: 내용적(m^3)

③ 안전밸브

 ㉠ 안전밸브

- 가스압력이 상승해 용기가 파열되는 것을 방지하고, 압력이 높아지면 자동으로 작동하여 가스를 외부로 방출한다.
- LPG 차량의 충전밸브에 부착된 안전밸브의 작동 압력은 최고충전압력의 1.8배 이하에서 작동하도록 한다.

종류	특성
스프링식 안전밸브	• 스프링의 압력을 초과하면 밸브가 열려 가스를 방출한다. • 주로 LPG 용기에 사용된다.
가용전식 안전밸브	• 융점이 200℃ 이하인 납·카드뮴·비스무트 합금으로 제작된 플러그가 녹아 가스를 방출한다. • 염소, 아세틸렌, 산화에틸렌 용기에 사용된다.
파열판식 안전밸브	• 금이 있는 얇은 금속판이 파괴되면서 압력을 방출한다. • 산소, 수소, 질소, 아르곤, 액화이산화탄소 용기에 사용된다.
스프링식+파열판식 안전밸브	• 스프링식과 파열판식을 직렬로 결합한 구조이다. • 초저온 용기에 사용된다.

(2) 가스의 이상연소

① 안정된 불꽃(완전연소)

 ㉠ 가스방출속도와 연소속도가 균형을 이루면 완전연소가 이루어져 안정된 불꽃이 유지된다.

 ㉡ 안정된 불꽃이라도 내염이 저온물체에 닿으면 불완전연소를 일으켜 일산화탄소나 알데히드류가 연소되지 않고 방출된다.

> **고득점 POINT**   안정된 불꽃(완전연소)의 조건
> - 가스방출속도 = 연소속도: 안정된 불꽃이 형성되며 완전연소가 일어난다.
> - 가스방출속도 < 연소속도: 불꽃이 가스 분출구 안으로 파고드는 역화(Flashback) 현상이 발생할 수 있다.
> - 가스방출속도 > 연소속도: 불꽃이 분출구에서 떨어져서 꺼지는 선화(Lifting) 현상이 발생할 수 있다.

② 리프팅(Lifting)
  ㉠ 정의
    불꽃이 버너의 염공(불꽃 구멍)에 안착하지 못하고 떨어져서 연소하는 현상이다.
  ㉡ 리프팅(Lifting)의 발생원인
    - 가스방출속도가 연소속도보다 느린 경우
    - 가스압력이 지나치게 높을 때
    - 공기조절기를 너무 많이 열어 1차 공기량이 과다할 때
    - 노즐 구경이 너무 클 때

③ 역화(Flash Back)
  버너에서 황적색 불꽃이 나타나는 현상으로 황염이 발생하면 불꽃이 길어지고, 저온 물체에 닿아 불완전연소가 일어나 일산화탄소와 그을음이 발생한다.

4. 가스누출, 화재, 폭발, 중독조사

(1) 가스사고의 원인조사

① 가스사고
  고압가스안전관리법, 도시가스사업법, 액화석유가스의 안전관리 및 사업법에서 규정한 모든 가스와 관련 시설·용기·용품 등에서 발생하는 누설, 폭발, 질식, 중독 등의 사고를 총칭한다.

② 가스사고의 원인조사

구분	조사내용
가스누출 원인조사	누출 부위를 판정하고, 해당 지점의 점화원을 규명하며, 누출에서 사고에 이르는 과정을 과학적으로 입증한다.
폭발연소 원인조사	누출과 확산경로를 추적하고, 건축 구조·지리적 조건 등 인적·물적·자연 조건을 종합해 원인을 규명한다.
사상자 발생 원인조사	사상 발생과 누출 원인, 폭발(연소) 원인의 상호관계를 분석하고, 인적·물적 환경과의 관련성을 고찰해 규명한다.

③ 가스사고 원인의 분류

구분	조사내용
가스사고 형태별 분류	• 사고에 직접 관련된 현상을 기준으로 분류한다. • 누출, 화재(착화), 폭발, 파열, 질식, 중독, 동상 등의 형태가 있다.
사고과정(원인) 분류	화학적·물리적·기계적·전기적 현상과 시설 미비, 기계·기구 불량, 천재지변 등의 상태, 사용 부적합·조작 미숙·고의·과실·불법 등의 행위를 포함해 분류한다.
가스종류의 분류	가스의 종류를 명확히 구분하고 사고원인과 관련된 가스의 특성에 따라 분류한다.
사고 지점 분류	사고가 발생한 정확한 지점을 기록하고, 구체적인 예시를 들어 기록한다.
기타의 사항	• 원인조사에 도움이 되는 모든 자료를 철저히 기록하고 추정에 의한 판정이 불가피하면 그 사실을 명확히 표시한다. • 가능한 증거를 상세히 남겨 반증 가능성에 대비한다.

KEYWORD 12　화학물질 화재감식

1. 기초화학

(1) 화학양론

① 화학반응은 에너지를 방출하거나 흡수하는 과정으로 반응 전후의 반응물과 생성물 사이의 질량·부피·몰수 관계를 연구하는 학문을 화학양론이라 한다.

② 화학반응에서는 원자가 새로 생기거나 없어지지 않으며, 질량보존의 법칙과 에너지보존의 법칙 등 다음 법칙들이 성립해야한다.

구분	내용
일정 성분비의 법칙	화합물을 구성하는 원소들은 항상 일정한 비율로 결합한다.
질량보존의 법칙	화학반응 전후의 질량은 변하지 않는다.
배수비례의 법칙	두 원소가 여러 화합물을 형성할 때, 일정량의 한 원소와 결합하는 다른 원소의 질량비는 간단한 정수비가 된다.
기체반응의 법칙	같은 온도와 압력에서 기체가 반응하면 반응물과 생성물의 부피는 간단한 정수비를 이룬다.
아보가드로의 법칙	• 동일한 온도와 압력에서 같은 부피의 기체에는 같은 수의 분자가 들어있다. • 0℃, 1기압에서 이상기체 22.4L에는 분자 1몰이 존재한다. • 몰수 = $\dfrac{\text{분자의 개수}}{\text{아보가드로수}}$ ※ 1몰 = 6.022×10^{23}개(아보가드로수)
보일의 법칙	온도가 일정할 때 기체의 부피는 압력에 반비례한다.($PV = C$)
샤를의 법칙	압력이 일정할 때 기체의 부피는 절대온도에 비례한다.($V \propto T$)
이상기체 상태방정식	$PV = nRT$ P: 절대압력(atm), V: 체적(m³), n: 몰수(kmol), R: 일반기체상수($R = 0.082\, l \cdot \text{atm/mol} \cdot K$), T: 절대온도 $n = \dfrac{W}{M}$ n: 몰수(kmol), W: 질량, M: 몰질량

(2) 화학반응

① 화학반응과 에너지

㉠ 열 화학반응

- 발열반응

화학반응이 일어날 때 주변으로 열을 방출하는 반응으로 반응하는 물질(반응물)이 가진 에너지가 생성되는 물질(생성물)이 가진 에너지보다 크다.

- 흡열반응

화학반응이 일어나기 위해 주변의 열을 흡수하는 반응으로 생성물이 반응물보다 더 높은 에너지를 가진다.

ⓒ 반응열의 종류

종류	반응내용
생성열	화합물 1몰이 원소로부터 생성될 때 발생 또는 흡수되는 열
분해열	화합물 1몰이 원소로 분해될 때의 열
연소열	물질 1몰이 완전연소할 때의 열
용해열	물질 1몰이 용매에 녹을 때의 열
중화열	산과 염기가 반응하여 물(H_2O) 1몰이 생성될 때 발생하는 열량

② 화학반응의 종류

종류	반응내용
화합반응 (결합반응)	두 개 이상의 물질이 결합하여 하나의 새로운 화합물을 만드는 반응
치환반응	화합물 속의 한 원소(B)를 다른 원소(A)가 밀어내고 그 자리를 차지하는 반응
분해반응	화합반응과 반대로 하나의 화합물이 두 개 이상의 간단한 물질로 나뉘는 반응
복분해반응	두 개의 화합물이 서로 성분을 교환하여 새로운 두 개의 화합물을 만드는 반응

(3) 산과 염기

구분	내용
산	• 산은 물에 녹아 수소 이온(H^+)을 방출한다. • 산은 신맛을 내고 금속과 반응해 수소 기체를 발생시키며, 산성 용액의 pH는 7보다 낮다.
염기	• 염기는 물에 녹아 수산화 이온(OH^-)을 방출한다. • 염기는 쓴맛이 나고 미끄러운 느낌이 있으며, 염기성 용액의 pH는 7보다 높다.
중화반응	산과 염기가 반응하여 서로의 성질을 중화하고 물과 염을 생성하는 반응이다.
pH	• pH는 용액 속 수소 이온 농도(H^+)에 따라 결정되며, 수소 이온 농도의 음의 로그값 pH $= -\log[H^+]$로 정의된다. • 수소 이온 농도가 $\frac{1}{10}$, $\frac{1}{100}$, $\frac{1}{1,000}$일 때 pH는 각각 1, 2, 3으로 나타난다.

(4) 산화와 환원반응

① 산화

㉠ 자신은 환원되면서 다른 물질을 산화시키는 산화제이다.(산소, 과산화수소, 플루오린, 질산칼륨 등)

㉡ 전자 또는 수소를 잃거나 산소를 얻는 산화반응을 한다.

② 환원

㉠ 자신은 산화되면서 다른 물질을 환원시키는 환원제이다.(수소, 일산화탄소, 아황산염 등)

㉡ 전자 또는 수소를 얻거나 산소를 잃는 환원반응을 한다.

(5) 유기화합물

탄소, 수소, 산소, 질소, 황, 인 등 공유결합으로 이루어진 화합물이다.

① 유기화합물의 특성
  ㉠ 연소 시 CO_2와 H_2O를 생성한다.
  ㉡ 물에는 잘 녹지 않으나 유기용매에는 잘 녹는다.
  ㉢ 전류가 거의 흐르지 않는 비전해질이다.
  ㉣ 공유결합으로 반응성이 낮고 반응속도가 느리다.

② 탄화수소의 분류
  ㉠ 포화 탄화수소
    탄소(C) 원자 사이의 모든 결합이 단일결합(-)으로만 이루어져 있고 더 이상 다른 원자와 결합할 자리없는 포화 상태이다.
  ㉡ 불포화 탄화수소
    탄소 원자 사이에 이중결합 이나 삼중결합이 하나 이상 포함되어 있고 이 결합이 끊어지면서 다른 원자와 추가로 결합할 수 있는 불포화 상태이다.
  ㉢ 방향족 탄화수소
    벤젠(Benzene, C_6H_6) 고리를 기본구조로 포함하는 화합물로 안정적인 고리 구조를 가지고 있다.

(6) 공유결합

비금속 원자들 사이에서 이루어지며, 두 개 이상의 원자가 전자를 얻거나 잃지 않고 서로 공유하여 중간에서 타협함으로써 안정된 균형을 이루는 결합이다.

① 공유결합의 종류
  ㉠ 극성 공유결합
    원자들 사이에 전기음성도 차이가 있을 때 형성되며 전기음성도가 더 큰 원자가 공유된 전자를 자기 쪽으로 더 강하게 끌어 당긴다.
  ㉡ 비극성 공유결합
    전기음성도 차이가 거의 없거나 같아 전자쌍이 대칭적으로 공유되는 결합으로 주로 같은 종류의 원자가 결합할 때 나타난다.
  ㉢ 이온결합
    전기음성도 차이가 큰 경우, 한쪽 원자가 전자를 잃고 다른 쪽이 빼앗아 형성되는 결합을 말한다.
  ㉣ 전기음성도
    원자가 결합 시 전자를 끌어당기는 성질을 뜻한다.

(7) 상태변화 및 열분해

① 상태변화
  물질은 온도와 압력이라는 외부 조건에 따라 분자들의 배열과 운동 상태가 달라지면서 고체, 액체, 기체 상태로 존재한다.

㉠ 상태변화의 종류

명칭	변화	열에너지	과정
융해	고체 → 액체	흡수	고체가 열을 흡수하여 액체가 되는 과정
응고	액체 → 고체	방출	액체가 열을 잃고 고체가 되는 과정
기화	액체 → 기체	흡수	액체가 열을 흡수하여 기체가 되는 과정
응축	기체 → 액체	방출	기체가 열을 잃고 액체가 되는 과정
승화	고체 ↔ 기체	—	고체와 기체 사이에서 열에너지를 주고받으며 상태가 변하는 과정

② 열분해

하나의 화합물에 열에너지를 가했을 때 분자 내 결합이 끊어지면서 두 가지 이상의 새로운 물질로 나뉘는 화학반응이다.

㉠ 열분해의 분류

구분	내용
무기화합물 열분해	탄산칼슘($CaCO_3$)을 가열하면 이산화탄소(CO_2)와 산화칼슘(CaO, 생석회)으로 분해
유기화합물 열분해	유기화합물(플라스틱 등)을 가열하면 더 작은 분자로 쪼개지거나 완전히 분해되어 다양한 가연성가스 방출

2. 화학물질의 개요

(1) 화학물질의 특성

① 화학물질

화학물질은 원자나 분자가 결합하여 이루어진 물질로 자연계에 존재하거나 인위적으로 합성될 수 있으며 조성과 구조에 따라 고유한 물리적·화학적 성질을 나타낸다.

② 위험물의 성질

㉠ 출화위험
- 외부 점화원이 없어도 공기·수분·다른 화학물질과 반응해 내부 열이 축적되면 발화점에 도달해 연소할 수 있다.
- 이연성·속연성이 강하여 저온에서도 쉽게 인화되며, 작은 자극에도 발화할 수 있다.

㉡ 연소확대 위험
- 가연성 위험물은 연소속도와 온도가 높아 쉽게 연쇄반응을 일으킨다.
- 산소농도가 낮아도 연소가 가능하며, 가연성가스나 미분상태에서는 연소가 더욱 활발하다.

㉢ 소화 관련 위험성
- 물과 반응하여 발화·폭발하거나 유독가스를 발생시킬 수 있다.
- 산소와 강하게 반응하여 고온을 발생시켜 화상 등 피해를 유발할 수 있다.
- 악조건에서도 연소가 지속·확대될 수 있다.
- 유독성 물질이 생성되므로 방호장비가 필요하다.
- 폭발 시 인명·시설피해가 크고 소화가 어렵다.

ㄹ 손상위험
- 피부·점막 자극, 생리 기능 장애, 화상·질식 등 대인피해 위험이 크다.
- 발열반응으로 물질 변형·부식·파손 등이 일어나며, 폭발을 동반할 수 있다.

용어 CHECK 이연성과 속연성

- 이연성은 불이 붙었을 때 화염이 연료와 함께 이동하면서 번져나가는 성질
- 속연성은 외부 점화원이 제거된 뒤에도 자체적으로 연소를 계속할 수 있는 성질

③ 위험물의 일반적인 성질
  ㉠ 제1류 위험물(산화성 고체)

구분	내용
성질	• 충격·마찰·열에 의해 쉽게 분해되어 산소를 다량 방출한다. • 무색결정 또는 백색 분말 형태의 무기화합물이 많으며 물에 잘 녹는다.
종류	• 아염소산염류, 염소산염류, 과염소산염류, 무기과산화물 • 요오드산염류, 브롬산 염류, 질산 염류 • 과망간산 염류, 중크롬산 염류
취급방법	• 취급 시 가연물과 접촉, 가열·충격·마찰을 피하고, 조해성 물질은 밀폐 보관한다. • 알칼리 금속의 과산화물(Na_2O_2, K_2O_2)은 물과 접촉을 피한다.

  ㉡ 제2류 위험물(인화성 고체)

구분	내용
성질	• 낮은 온도에서 착화하기 쉽고, 연소속도가 빠르며 유독가스를 발생한다. • 철분·마그네슘 등은 물과 반응해 수소가스를 발생한다.
종류	• 황화린, 적린, 유황 • 철분, 마그네슘, 금속분 • 인화성 고체
취급방법	• 취급 시 산화제·점화원과 접촉을 피하며 소화는 주수에 의한 냉각소화, 마그네슘 등은 건조사로 질식소화 • 철분, 마그네슘, 금속분은 물과 접촉을 피한다.

  ㉢ 제3류 위험물(자연발화성 및 금수성 물질)

구분	내용
성질	• 자연발화성이 있어 가연성이 크다. • 공기 중에 노출되거나 강산화제와 접촉하면 위험성이 높아진다. • 물과 반응하여 수소를 발생시킨다.(금수성) • 무기화합물과 유기화합물로 구성되며, 일부는 물과 접촉하면 발화한다.
종류	• 칼륨, 나트륨, 알킬알루미늄, 알킬리튬 • 황린 • 알칼리금속(칼륨, 나트륨 제외), 알칼리 토금속, 유기금속화합물(알킬알루미늄, 알킬리튬 제외) • 금속의 수소화물, 금속의 인화물, 칼슘 또는 알루미늄 탄화물
취급방법	• 공기 또는 수분 접촉을 피한다. • 마른 모래·분말 소화약제를 사용하며 주수소화는 금지한다.

㉣ 제4류 위험물(인화성 액체)

구분	내용
성질	• 대부분 유기화합물로 인화성이 크고, 공기보다 무거워 낮은 곳에 체류한다. • 착화온도가 낮으면 쉽게 발화하며, 정전기로도 점화될 수 있다.
종류	• 특수인화물(디에틸에테르, 이황화탄소) • 제1석유류(휘발유, 아세톤, 벤젠, 톨루엔, MEK) • 제2석유류(등유, 경유, 히드라진, 부틸알코올) • 제3석유류(중유, 크레오소트유, 글리세린, 아닐린, 니트로벤젠) • 제4석유류(기어유, 실린더유) • 동식물유류 • 알코올류
취급방법	• 취급 시 점화원과 접촉을 피하고, 공기 차단 질식소화를 사용한다. • 수용성 액체는 내알콜포 소화약제, 비수용성 액체는 할로겐·CO_2 소화약제를 사용한다.

고득점 POINT 디에틸에테르($C_2H_5OC_2H_5$)

• 인화점과 발화점이 낮아 화재 위험성이 크다.
• 무색 투명한 유동성 액체로 마취 작용이 있다.
• 저장 시 직사광선을 피하고, 소량은 갈색병에 보관한다.
• 공기 중 장기간 저장하면 산화되어 불안정한 폭발성 과산화물을 생성한다.

㉤ 제5류 위험물(자기반응성 물질)

구분	내용
성질	• 자체에 산소를 함유해 외부 산소 없이도 연소·폭발한다. • 발열·충격·마찰에 민감하고, 장기 저장 시 분해 위험이 크다.
종류	• 유기과산화물, 질산에스테르류 • 니트로화합물, 니트로소화합물, 아조화합물, 디아조화합물, 히드라진유도체 • 히드록실아민, 히드록실아민염류
취급방법	• 초기 화재는 다량의 주수소화가 가능하지만, 진행된 화재는 소화가 어렵다. • 자기 연소 특성이 있어 질식소화는 효과가 없다. • 화기를 멀리하고 충격에 주의한다.

㉥ 제6류 위험물(산화성 액체)

구분	내용
성질	• 물보다 무겁고, 물과 접촉 시 발열한다. • 다른 물질의 연소를 돕는 조연성 물질이다. • 강산성 물질과 접촉 시 폭발 위험이 있으며, 부식성과 독성이 강하다.
종류	과염소산, 과산화수소, 질산
취급방법	• 취급 시 물·가연물과 접촉을 피하고, 내산성 용기에 밀봉 보관한다. • 주수소화는 불가능하며 건조사·분말 소화약제를 사용한다.

④ 위험물 혼합발화 방지를 위한 혼재기준

구분	제1류	제2류	제3류	제4류	제5류	제6류
제1류		×	×	×	×	○
제2류	×		×	○	○	×
제3류	×	×		○	×	×
제4류	×	○	○		○	×
제5류	×	○	×	○		×
제6류	○	×	×	×	×	

(2) 화학물질의 분석방법

① 증거분석

  ㉠ 화재 시 온도에 따라 물질의 상태 변화, 분해, 화학적 변화가 발생한다.

  ㉡ 이러한 변화는 화재 원인을 밝히는 중요한 단서가 되므로, 물질 반응 특성을 이해해야 한다.

② 결과 분석기법

구분	분석방법
연역법	일반적인 원리를 특정 현장에 적용하여 결론을 내리는 방식
귀납법	개별 사례나 데이터를 근거로 일반 결론을 도출하는 방식
형태학적 접근법	시스템 구조와 형태를 분석해 문제를 해결하는 방식

3. 화학물질 화재조사감식 방법

(1) 화학화재

① 화학화재의 분류

구분	내용
자연발화	물·습기·공기 중에서 발화온도보다 낮은 온도에서도 화학적 변화로 발열하며, 이 열에 의해 물질 자체나 가연가스가 연소한다.
화합발화	두 종류 이상의 물질이 혼합되거나 접촉하여 연소한다.
인화	물질이 스스로 발화하지 않고 전기 스파크·불꽃 등 외부 화원에 의해 착화되어 연소한다.
폭발	정지 상태의 물질이 급격히 팽창하며 빛·소리·충격압을 동반하고, 순간적으로 연소가 완료된다.

② 화학화재의 원인 입증 절차

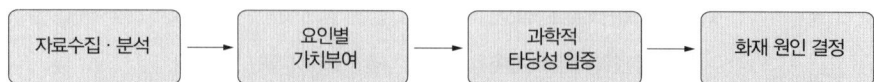

③ 화학물질의 화재조사 방법

구분	조사내용
자료수집	현장에 남은 화학물질의 종류·수량·보관·사용 상태 확인, 자연발화성 여부, 혼촉발화 여부, 발화·연소 확대 용이성 검토
발화부 확인	가연성 액체·증기의 체류 가능성, 발화 지점의 손상 정도와 탄화 상태의 상관관계 검토.
착화원 확인	발화물질과 착화 에너지의 관계 확인
원인판정	타당성 검토 후 관계자 진술과 증거 자료를 종합해 원인 확정

④ 화학화재의 종류

㉠ 동·식물류
- 식물성 기름은 일반적으로 요오드가가 높다.
- 유지의 주성분은 글리세린($C_3H_8O_3$)과 지방산 에스테르이다.
- 요오드가는 건성유(아마인유) > 반건성유(옥수수유) > 불건성유(야자유) 순으로 높다.
- 요오드가가 높을수록 산화되기 쉬워 자연발화 가능성이 커진다.
- 불포화 지방산 함량이 많을수록 요오드가가 높다.

㉡ 기름걸레
- 동·식물유를 취급한 걸레는 축열되어 발화할 수 있다.
- 화재 감식 시 발화물질로 의심되는 섬유류와 걸레에 스며든 기름의 종류를 확인한다.
- 자연발화한 기름걸레는 중심부 부터 연소 흔적이 남으므로 내부 탄화 여부를 판정한다.
- 기름걸레 수납장소의 상태, 온도, 습도, 환기 조건 등을 확인하고 기록한다.

㉢ 활성탄
- 탄소 성분이 많고 흡착성이 커서 기체·습기 흡수제나 탈색제로 사용된다.
- 탄화도는 무연탄 > 역청탄 > 아역청탄 > 갈탄 순으로 높다.
- 아역청탄 가루는 공기 중에서 자연발화 사례가 자주 발생한다.

㉣ 생석회
- 생석회(CaO)는 수분과 반응하면 발열 반응을 일으키며 수산화칼슘으로 변한다.
- 생석회 자체는 연소하지 않지만, 주변 가연물을 발화시킬 만큼의 열을 발생한다.

㉤ 화학물질의 혼촉에 의한 발화
- 혼합발화로 인한 화재는 혼합된 물질이 연소하면서 발화원이 소실되는 경우가 많으므로, 화재 감식 시 관계자의 진술을 근거로 객관적으로 판단하고 다른 발화원이 없음을 명확히 해야 한다.
- 물질의 용도, 저장·취급 상황, 환경조건을 조사하고 목격자로부터 화염과 연기의 색·냄새·강도·화재 진행 상황 등을 청취해 참고한다.
- 혼합발화 물질은 과학적으로 불안정한 경우가 많으므로, 단독 발화인지 혼합 발화인지를 재현 실험 등을 통해 확인해야 한다.

용어 CHECK 요오드가

요오드가는 유지 100g의 불포화기를 포화하는 데 필요한 요오드의 수를 의미하며 높을수록 재발화 위험이 높다.

(2) **자연발화**

외부 점화원 없이 물질이 스스로 열을 발생시켜 연소하는 현상으로 발화온도보다 낮은 온도에서 화학변화로 자연발열하고, 발생한 가연가스 또는 접촉 가연물을 연소시키는 현상이다.

① 자연발화에 영향을 주는 인자

구분	내용
수분	촉매작용을 한다.
발열량	물질이 산화되거나 분해될 때 열의 양 자체가 커야 온도가 발화점까지 쉽게 오를 수 있다.
열축적	발생한 열이 밖으로 빠져나가지 않고 계속 쌓여야 온도가 올라 자연발화가 쉽다.
공기유통	산화반응에 필요한 산소는 공급되면서 발생한 열은 뺏기지 않을 정도의 적당한 공기 흐름이 있을 때 자연발화가 쉽다.
열전도율	열이 주변으로 쉽게 전달되지 않는 성질(낮은 열전도율)을 가져야 발생한 열이 한곳에 집중적으로 쌓여 온도를 높여 자연발화가 쉽다.

② 자연발화의 형태

형태	물질
가연성가스 발생형	인화석회, 카바이드류
자체 발화형	금속 Na·K·Li, 금속가루, 황린, 알킬알루미늄, 실란, 수소화인
발열 접촉형	생석회, 표백분, 황산, 초산, 클로로술폰산
발효열	퇴비, 건초
흡착열	활성탄, 환원 니켈
중합열	액화시안화수소, 초산비닐, 아크릴로니트릴, 이소프렌
산화열	불포화유 함유 천, 석탄, 황화광석, 황화소다, 고무류
분해열	니트로셀룰로오스, 셀룰로이드, 니트로글리세린

③ 자연발화의 조건
 ㉠ 비표면적이 클 것   ㉡ 열전도율이 작을 것
 ㉢ 주변온도가 높을 것   ㉣ 열 축적이 양호할 것
 ㉤ 산소공급이 적당할 것   ㉥ 반응물질이 충분할 것
 ㉦ 기름이 다공성 물질에 흡착되어 있을 것

④ 자연발화 방지대책
 ㉠ 통풍이 원활할 것   ㉡ 주변 온도를 낮출 것
 ㉢ 열 축적을 방지할 것   ㉣ 습도가 높은 곳을 피할 것

⑤ 열의 종류

구분	내용
응고열	액체가 고체로 변할 때 방출하는 열
증발열	액체가 기체로 변할 때 흡수하는 열
잠열	상태변화 시 온도변화 없이 흡수·방출되는 열
현열	상태변화 없이 온도변화에 따라 흡수·방출되는 열

4. 화학물질 폭발조사감식 방법

(1) 화학물질 폭발조사 시 유의사항

① 폭발현장 조사

구분	조사내용
현장설정	사고 현장은 가장 먼 곳에서 발견된 파편 거리의 1.5배 범위로 설정
자료수집	관계자 진술, 정비 기록, 운전 일지, 매뉴얼, 기상 정보, 과거 사고 기록 등 관련 자료 확보
조사유형 결정	• 나선형·원형·격자형 조사 방식 중 하나를 선택해 외곽 경계선에서 충격 중심부까지 조사한다. • 절차에 따라 증거를 식별·기록·사진 촬영·위치 표시 후 안전하게 보관한다. • 증거 위치 표시는 분필, 페인트, 깃발, 말뚝 등을 사용하고, 증거물 태그를 부착해 이동시킨다. • 폭발 중심지는 수집된 증거와 피해 범위를 종합해 최종적으로 확정한다. • 휘발성 화학물질이나 위험물은 우선적으로 수집·보관한다.

(2) 물질에 따른 폭발조사 감식

① 가연성가스 폭발

㉠ 가스종류 파악

구분	조사내용
가스종류 파악	현장에서 사용·저장된 가연성가스의 종류 및 특성 확인
가스 누출 원인 조사	배관손상, 밸브결함, 작업 부주의 등 원인 규명 및 누출지점 특정
점화원 확인	전기 스파크, 열기구, 기계적 충격 등 점화원 식별 및 기록
폭발범위 및 피해 분석	충격파, 화염, 파편 이동 정도를 분석하여 피해 상황 평가
증거물 수집 및 분석	누출 지점, 배관 잔해, 밸브 조각, 점화 장치 등 확보, 실험실 분석을 통한 원인 규명
현장 재구성	가스누출 경로, 점화 시점, 폭발 진행 과정을 시각적으로 재현하여 사고원인 파악

② 분진폭발

㉠ 분진의 특성

- NFPA 기준 입경 420㎛ 이하를 말하며, 폭발 위험 대상은 80㎛ 이하이다.
- 분진폭발의 최소점화에너지는 100mJ 이상 필요하다.
- 불완전연소가 심하고 연소시간이 길다.
- 시멘트, 대리석, 탄산칼슘(석회석), 소석회, 산화칼슘(생석회), 탄화칼슘 등은 분진폭발을 일으키지 않는다.

ⓛ 분진폭발의 5요소

가연물, 점화원, 산소, 부유 분진, 한정된 공간

ⓒ 분진폭발의 조건
- 입경이 작고 비표면적이 클 것
- 휘발성·열분해성이 클 것
- 산소농도와 분진농도가 높을 것
- 수분은 적을 것

ⓔ 분진폭발에 영향을 주는 인자
- 입자의 화학조성
- 입자크기
- 수분
- 산소농도
- 온도
- 압력

고득점 POINT 탄화칼슘
- 탄화칼슘은 분진폭발은 일으키지 않지만, 물과 반응하여 가연성가스인 아세틸렌을 발생시킨다.
- 온도와 습도가 낮은 장소에 보관한다.
- 열축적이 일어나지 않는 곳에 저장한다.
- 밀폐 용기에 담아 불연성 가스로 봉입한다.
- 물과 화염의 접근을 금지하고 건조상태를 유지한다.
- 산소와 접촉해 발화 위험이 큰 장소에서는 불활성가스로 퍼지한다.

(3) 폭발원인 조사방법

① 폭발발생 지점

ⓐ 분화구 형성 여부로 폭발 강도 및 중심지 파악한다.

ⓑ 가스폭발·화학적폭발·분진폭발 등 폭발 종류를 식별한다.

② 연료원

ⓐ 폭발에 사용된 연료종류를 확인한다.

ⓑ 연료의 분포와 잔존량을 조사하여 폭발 유발 과정을 분석한다.

③ 발화원

ⓐ 폭발을 유발한 점화원을 현장에서 탐색하고, 발화 조건과 점화원 간의 연관성을 분석한다.

ⓑ 폭발 전후의 화재 손상 정도를 평가하고 초기부터 실시하여 폭발과 화재의 관계를 파악한다.

④ 종합분석

구분	분석내용
손상 패턴 분석	폭발로 인해 손상된 구조물과 물체의 형태 및 규모를 관찰·분석하여 폭발의 영향을 평가한다.
구조물 분석	손상된 구조물의 설계, 재료, 공정 등을 종합적으로 검토하여 폭발 발생원인과 구조적 요인을 파악한다.
열효과 상관분석	폭발로 인한 열 손상을 조사하여 화학적 폭발인지 물리적 폭발인지 원인을 명확히 한다.
시간대(Time Line) 분석	수집된 정보를 바탕으로 사고 전후의 경위를 시간대별로 정리하여 화재와 폭발의 선후관계 및 인과관계를 분석한다.

⑤ 화재 및 폭발 사고조사 시 고려사항

구분	고려사항
폭발 중심부 식별	가스폭발은 폭심부가 명확할 수 있으나, 분진폭발은 2차·3차 폭발이 발생할 수 있어 폭심부가 불명확할 가능성이 크다는 점을 고려한다.
화재 및 폭발 선후관계	폭발 파편에 그을음이 부착되어 있다면 이는 화재와 폭발의 선후관계를 분석하는 중요한 단서가 된다.
열변형 흔적 조사	비닐, 스티로폼 등 열에 쉽게 변형되는 물질의 흔적을 통해 폭발과 화재의 선후관계를 파악할 수 있다.
화학적 폭발과 물리적 폭발 구분	비닐, 스티로폼, 종이 등의 열변형 흔적만으로는 양자를 구분하기 어렵기 때문에, 정밀한 분석이 필요하다.

5. 석유화학 제품의 특성 및 화재감식

(1) 석유화학 제품의 종류

① 석유와 천연가스

㉠ 석유와 천연가스
- 석유화학 제품의 주원료는 석유와 천연가스이다.
- 석유는 여러 탄화수소가 혼합된 점성이 큰 검은색 액체로, 분별 증류법을 통해 다양한 유분을 얻는다.

㉡ 원유 정제
- 원유는 알칸, 시클로알칸, 방향족 탄화수소로 구성되어 있으며, 알칸은 파라핀, 시클로알칸은 나프텐이라 부른다.
- 원유를 정제하면 석유가스, 나프타, 등유, 경유, 중유, 아스팔트 등이 생산되며, 이들은 다시 여러 화학물질로 전환된다.

② 석유화학 제품의 종류

㉠ 액화석유가스(LPG, Liquefied Petroleum Gas)
- 프로판, 부탄, 부틸렌, 프로필렌 등을 액화한 것이다.
- 상온·상압에서는 기체지만 냉각과 가압으로 쉽게 액화된다.
- 가정용, 자동차용, 도시가스, 화학 원료로 사용된다.

㉡ 가솔린(Gasoline)
- 비중 0.63~0.76, 비점 30~225℃, 발열량 12,000 kcal/kg인 액상유분이다.
- 제조방법에 따라 직류가솔린, 분해가솔린, 개질가솔린, 중합가솔린, 합성가솔린으로 나눠진다.
- 자동차·항공기 연료, 용제, 석유화학 원료로 쓰인다. 증기 비중은 3~4로 공기보다 무겁다.

㉢ 등유(Kerosene)
- 비점 150~300℃, 비중 0.79~0.85 이다.
- 석유 스토브, 제트 연료, 용제로 사용된다.

㉣ 경유(Diesel fuel oil)
- 비점 200~350℃, 비중 0.81~0.88 이다.
- 디젤 기관 연료와 대형 스토브용으로 사용된다.

ⓜ 중유(Heavy oil)

비중 0.9~1.0이고 갈색 또는 흑갈색 액체로 A중유, B중유, C중유로 구분된다.

ⓑ 윤활유(Lubricating oil)

온도변화에 따른 점도변화가 작아 기계류, 디젤 엔진, 항공기에 사용된다.

ⓢ 그리스(Grease)

윤활유에 점도제를 섞어 만든 반고체 또는 고체 윤활제로 밀봉성과 윤활성이 뛰어나다.

ⓞ 파라핀 왁스(Paraffin wax)

C_{20} 이상의 n-Paraffin이 주성분으로 양초, 포장재, 화장품, 의약품 등에 쓰인다.

ⓩ 아스팔트(Asphalt)

석유 분별 증류 후 남는 찌꺼기로, 흑색 고체 또는 반고체 형태로 도로포장, 방수·방습제로 사용된다.

(2) **석유류의 연소특성**

구분	특성
인화성	증기가 점화원에 의해 불이 붙는 최저 온도를 인화점이라 하며, 석유류는 인화점이 낮아 화재 위험성이 크다.
발화성	직접적인 점화원 없이 가열로 발화하는 성질로 발화점은 가열 조건과 압력 등에 따라 달라진다.
증기비중	석유류 증기는 대부분 공기보다 무거워 저지대에 체류한다.
비점	• 낮을수록 기화가 쉬워 위험하다. • 휘발유(30~225℃)는 등유보다 위험하다
유기용매	• 비점이 낮고 휘발성이 높아 화재 위험성이 크다. • 섬유·전자·석유정제 산업 등에서 사용된다.

(3) **플라스틱 재료의 연소특성**

① 고분자 물질의 종류

구분	종류
천연고분자	자연계에서 생성되는 물질로 천연고무, 셀룰로오스, 폴리펩티드, 석면 등
합성고분자	합성수지, 합성고무, 합성섬유
열경화성수지	가열 시 경화되고 열·용제에 잘 녹지 않는다.
열가소성수지	가열하면 연화되어 가공이 가능하다.
열분해 특성	다수의 고분자는 가열 시 열분해되어 가연성 기체를 방출한다.

② 연소과정

㉠ 고분자 연소는 발염 연소, 무염 연소, 훈소로 구분된다.

㉡ 가열로 열분해되면 가연성 기체가 발생하고, 착화원이 있으면 발염 연소가 일어난다.

㉢ 탄화 잔사는 산화되면 무염 연소, 산소가 부족하면 훈소가 발생한다.

③ 발화과정

가연성 혼합 기체와 잔유물이 착화되며 유염·무염 발화가 일어난다.

④ 고체발화
- ㉠ 가연물과 산화제가 혼합되어 열 발생 속도가 확산 속도를 초과할 때 발생한다.
- ㉡ 분진폭발은 연소의 3요소 외에 부유 상태와 한정된 공간이 필요하다.

(4) **석유류 분석 기법**

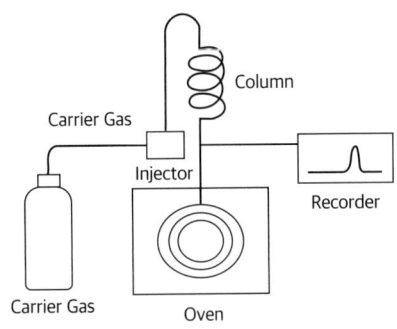

① 가스크로마토그래피(GC)
- ㉠ 전처리된 시료를 운반가스(Carrier gas)에 의해 분리관(Column) 내에서 전개·분리하여 각 성분을 정량적·정성적으로 분석하는 장비이다.
- ㉡ 일반적인 GC 분석에서는 분자량이 작고 끓는점이 낮은 물질이 컬럼을 더 빨리 통과하여 그래프의 앞쪽에서 먼저 검출 된다.
- ㉢ 분석 물질은 컬럼과 성질이 비슷할수록 컬럼 내부에 더 오래 머무르기 때문에 친수성 컬럼에서는 성질이 비슷한 친수성 물질이 더 늦게 나오고, 성질이 다른 소수성 물질이 먼저 검출된다.
- ㉣ 가스크로마토그래피(GC) 구성요소
  - 검출기
  - 항온 장치
  - 분리 칼럼
  - 시료 주입기
  - 전위계·기록기
  - 운반가스 실린더

② 적외선(IR) 분광분석법
- ㉠ 물질이 적외선 영역의 빛을 흡수하거나 투과하는 정도를 측정하여 성분을 분석하는 장비이다.
- ㉡ 각 물질은 특정 파장의 빛을 흡수하는 성질을 가지고 있어 이를 통해 시료를 분석할 수 있다.
- ㉢ 프리즘을 사용해 빛을 분리하고, 특정 파장에서의 흡수 현상을 관찰하여 시료의 성분을 확인한다.

③ 석유류화재 감식
- ㉠ 석유류 취급시설에 대한 화학적·물리적 지식과 위험물 취급 관련 자료가 필요하다.
- ㉡ GC와 IR로 석유류 화재 시료를 판별할 때는 시료의 정확한 채취와 보관이 가장 중요하다.
- ㉢ 석유류가 일반적으로 사용되지 않는 장소에서 발생한 화재는 현장에서 가연성 가스를 채취해 분석한다.

④ **석유류 분석 절차**(GC, IR 장비 사용)

감식물 습득 → 침지 → 여과 → 정제 → IR 분광분석 → GC 분석

KEYWORD 13 미소화원 화재감식

1. 미소화원과 유염화원 구분

(1) 미소화원과 유염화원

① 미소화원의 특징
   ㉠ 불꽃이 없는 작은 화원이다.
   ㉡ 무염화원은 유염화원보다 에너지량(열량)이 작다.
   ㉢ 무염화원은 깊게 타며 연소 범위가 좁다.
   ㉣ 무염연소는 가연물의 표면에서만 일어난다.

② 유염화원의 특징
   ㉠ 불꽃을 내며, 보통 소화되기 전까지 연소한다.
   ㉡ 유염화원은 가연물과 접촉 시 곧바로 착화한다.
   ㉢ 짧은 시간에 연소가 확대되며, 흔적은 깊지 않지만 표면적으로 넓게 번지는 경우가 많다.
   ㉣ 유염화염은 협의로 '나화'라 불리며, 미소화원과 구분된다.
   ㉤ 유염연소는 가연물의 표면과 내부에서 동시에 일어난다.

(2) 무염화원의 연소현상과 가연물 특성

① 무염화원의 연소현상
   ㉠ 화염을 동반하지 않으며 발열량이 작고 연소반응속도가 느리다.
   ㉡ 무염연소는 고체 가연물에서만 발생하며 가연물 내부로 천천히 전파된다.
   ㉢ 고체 가연물과 산소가 반응하는 속도가 느리며, 산소는 표면으로 확산되어 적열과 탄화를 일으킨다.
   ㉣ 발화 메커니즘은 접촉 → 훈소 → 축열 → 착염 → 출화 과정을 거친다.
   ㉤ 발화원이 장시간 훈소하면서 타기 쉬운 가연물로 옮겨붙는 과정에서 타는 냄새가 발생한다.
   ㉥ 발화지점은 소실되거나 진압과정에서 훼손되어 물증 추적이 어렵다.

② 가연물의 특성
   ㉠ 다공성 고체 가연물, 혼합연료, 불침윤성 고체에서 발생한다.
   ㉡ 기둥이나 벽은 일부가 타 떨어지거나 얇아지며, 두꺼운 판재에는 구멍이 생기고 이불 등은 내부까지 깊게 탄화되어 바닥(마루, 침대, 돗자리 등)을 태운다.

(3) 미소화원 화재입증의 기본요건

① 착화가능성
㉠ 발화지점 주변의 가연물이 작은 불씨로도 착화 가능한 물질인지 소손 상태를 확인해야 한다.
㉡ 필요할 경우 유사한 조건에서 실제로 발화가 일어나는지 재현실험을 실시한다.

② 발화 조건
바람이 불어 불씨가 꺼지지 않았는지, 주변에 솜·종이 등 열 축적이 쉬운 가연물이 있었는지 등 당시 환경 조건을 확인한다.

③ 다른 발화원의 부재
㉠ 관계자의 진술을 통해 방화나 전기적 요인 등 다른 확실한 발화원이 없었다는 점을 입증해야 한다.
㉡ 이러한 입증이 이루어지지 않으면 작은 불씨를 화재원인으로 단정하기 어렵다.

(4) 미소화원에 의한 출화 증명

① 출화증명
㉠ 화재의 원인이 미소화원임을 입증한다.
㉡ 극히 작은 불씨나 경미한 발화원으로 인해 화재가 발생했음을 증명한다.

② 입증조건
㉠ 유염화원과의 구분
㉡ 가연물의 종류 확인
㉢ 훈소의 지속과 발염 여부
㉣ 정확한 출화 지점의 판단
㉤ 다른 발화원 가능성의 배제

(5) 훈소와 표면연소

① 훈소
㉠ 가연성 기체가 발생하지만 온도나 산소가 부족하여 착화되지 못한 상태로 조건이 충족되면 화염연소로 전환될 수 있다.
㉡ 담배불은 대표적인 훈소의 형태이다.

② 표면연소
㉠ 가연물이 가열되어도 열분해·승화·증발이 일어나지 않아 가연성 기체를 발생시키지 않는다.
㉡ 온도가 올라가고 산소가 충분히 공급되어도 화염연소로 전환되지 않는다.
㉢ 숯과 코크스의 연소가 대표적이다.

2. 무염화원

(1) 담뱃불

① 담뱃불의 특징

　㉠ 이동 가능한 점화원으로 흡연자는 화인을 제공할 개연성이 있다.

　㉡ 담배 완제품은 가연성이 있으나 자연발화는 불가능하다.

　㉢ 담뱃불은 대표적인 무염화원으로, 담배의 연소는 잘 알려진 훈소 형태이다.

② 담뱃불의 온도

구분	온도(℃)
표면온도	200~300
연소 선단 온도	560~600
중심부 평균 온도	700~800
흡인 시 온도	840~850
적열상태에서 중심부 연소 최고 온도	850~900

③ 담뱃불의 연소성

　㉠ 산소 농도 16% 이하에서는 연소하지 않는다.

　㉡ 풍속이 1.5m/s일 때 가장 잘 연소하며, 3.0m/s 이상이면 꺼지기 쉽다.

　㉢ 연소시간은 레귤러 사이즈(84mm) 기준 수평 13~14분, 수직 11~12분 정도이다.

④ 담뱃불의 착화가능성(연소환경 조성)

구분	종류
착화 가능	가솔린, 도시가스, 고무 부스러기, 카펫, 스티로폼
착화 불가능	톱밥류, 마른 건초류, 구겨진 신문지, 방석, 이불, 의류 등 면제품

⑤ 담뱃불 화재현장의 주요 감식사항

　㉠ 발화 증거품 발굴에 집중한다.

　㉡ 흡연 행위 여부에 대한 선행 조사를 실시한다.

　㉢ 흡연 행위와 착화·발염까지의 경과 시간 및 착화물(가연성, 위치, 상태)의 타당성을 입증한다.

　㉣ 담뱃불로 착화될 수 있는 가연물을 명확히 규명한다.

　㉤ 정확히 판정된 발화지점에서 다른 발화원을 명확히 부정한다.

(2) 모기향 불씨 및 선향

① 모기향

구분	내용
성분	피레트로이드계 화합물질인 트랜스 알레트린 성분과 톱밥 분말을 점착제로 고결
중량	1,314.5g
중심부 온도	약 700℃
발화입증	설치 상태 확인, 접촉 가능성 확인, 기타 발화원 부정 등을 통해 입증
연소 지속시간	바람이 없을 때 약 7시간 30분 정도 타며, 바람이 불면 연소시간 단축

② 향불(선향)

구분	내용
길이 및 두께	길이: 140mm, 두께: 2.2mm
표면온도	300~500℃
연소 지속시간	• 둥근 모양: 약 25~30분 • 각진 모양: 약 30~35분
화재조사방법	• 출화 전에 사용된 위치를 파악한다. • 담배 등 다른 화원이 없는지 확인한다. • 착화물이 선향으로 점화 가능한 재질인지 확인한다. • 진술을 통해 사용 위치와 발굴된 용기의 위치를 비교하고, 동시에 주위 가연물 상황을 파악한다.

(3) 불꽃(전기용접기, 가스절단기, 그라인더, 제면기, 분쇄기)

① 전기용접기

㉠ 용접 불티의 특성
- 아크열, 가스열, 저항열을 이용하여 두 물질을 접합한다.
- 아크 용접 시 불티 온도는 약 6,000℃, 산소-아세틸렌 용접 시 약 3,000℃이다.
- 작업 중 수천 개의 불티가 비산한다.
- 불티 크기는 직경 0.2~3mm 정도이고 불티는 수평 방향으로 최대 11m까지 흩어진다.
- 축열로 인해 상당한 시간이 지난 후 불꽃이 발생해 화재를 일으킬 수 있다.
- 산소 압력, 절단 속도, 절단기 종류 및 방향, 풍속 등에 따라 불티의 양과 크기가 달라진다.

㉡ 전기용접 화재조사 요령
- 용접 입자는 작고 눈에 띄기 어려우므로 자석 등을 활용해 수집하고, 연소된 장소 주변 비산 범위를 확인한다.
- 용접 입자가 발견되어도 바로 용접 부주의로 인한 화재로 단정해서는 안되며 다른 요인을 배제해야 한다.
- 고무호스의 탄화 형태를 조사하여 가스 누출로 인한 화재인지, 불꽃 착화로 인한 화재인지를 구분한다.
- 출화 장소 부근에서 용접 작업이 있었다면 작업 위치와 출화 장소의 위치 관계를 파악하고, 불꽃 비산 가능성을 검토한다.

㉢ 용접 불티 입자 채취 유의사항
- 금속 입자는 파손되기 쉽고 녹이 빨리 발생하므로 조기에 채취해야 한다.
- 채취 시 잔류물을 여과하거나 자석을 사용하며, 채취 위치를 측정하고 사진 촬영 후 선별한다.
- 온도는 약 1,600~3,000℃로 모든 가연물을 착화시킬 수 있는 축열 조건을 갖는다.
- 불티 입자는 작은 구슬 모양으로 굴러가기 쉬우며, 틈새로 들어가 의외의 장소에서 발견되기도 한다.

② 그라인더
- ㉠ 회전 운동으로 가공물 표면을 연삭하거나 절단하는 기계이다.
- ㉡ 불티 입자는 직경 0.1~2mm 정도가 많으며, 온도는 약 1,200~1,700℃이다.
- ㉢ 가연성가스, 셀룰로이드 부스러기, 미세 톱밥, 면 먼지, 의류 등은 그라인더 불티에 쉽게 착화된다.
- ㉣ 상황에 따라 장시간 잠복이 가능하므로 출화 시간과 상관관계를 확인해야 한다.
- ㉤ 비산범위 내에서 출화가 발생했는지 확인하여 화재 여부를 판정한다.

③ 제면기 · 분쇄기
- ㉠ 제면기 · 분쇄기의 특성
  - 제면기 부품이 장시간 마찰되면 마찰열이 발생할 수 있으며 쇳조각, 못 등이 혼합된 경우 불티로 출화할 수 있다.
  - 제면기 불티는 기기 자체나 밀가루 분진에 착화될 수 있다.
  - 분쇄기 내부 고속 회전 칼날에 이물질(쇳조각, 못 등)이 혼합되면 불티로 출화할 수 있다.
- ㉡ 제면기 · 분쇄기의 감식요령
  - 기기 내부에 쇳조각, 못 등 이물질 혼입 여부를 확인한다.
  - 기계 부품을 분해하여 마모나 과열 흔적을 확인한다.
  - 밀가루 분진, 먼지 등으로 인한 분진폭발 가능성을 검토한다.
  - 기기의 전기적 요인, 윤활유 누유 등 타 발화 요인을 확인하고 배제한다.

3. 유염화원

(1) 유염화원 종류 및 성상

① 유염화원

불이 붙어 있는 상태에서 소화되기 전까지 화염을 발하며 연소를 계속하는 화원이다.

② 유염화원의 종류

라이터불, 성냥불, 촛불, 가스레인지 불꽃 등

③ 유염화원의 성상
- ㉠ 미소화원에 비해 훨씬 많은 에너지를 가지고 있어 가연물이 닿으면 바로 착화될 우려가 있다.
- ㉡ 단시간에 연소가 확대되며, 흔적은 깊게 타는 경우가 드물지만 표면적으로 넓게 확대되는 경우가 많다.
- ㉢ 발화지점에 증거를 남기기 어려우나 라이터와 성냥은 간혹 발굴될 수 있다.

(2) 라이터 불꽃

① 라이터 종류

구분	종류
기름 라이터	• 주로 나프타를 사용하고 사용 시 특유의 기름 냄새와 그을음이 발생한다. • 가스 라이터보다 화력이 강하고 내풍성이 우수하다.
가스 라이터	부탄을 주성분으로 하며 발화석 라이터, 전자 라이터, 배터리 라이터 등 다양한 종류가 있다.

② 라이터의 발화위험성

㉠ 잔염에 의한 발화 위험

㉡ 연료가스 돌출에 의한 발화 위험

㉢ 연료가스 누출에 의한 발화 위험

③ 라이터 불로 인한 화재감식

㉠ 관계자 질문 사항

발견 동기, 화염의 색·소리·냄새, 발견 당시 상황, 라이터 사용 여부

㉡ 라이터 상황 조사

발견 위치와 상태, 이물질 혼입 여부, 제조업체·기종·재질·형상 등

㉢ 발화 지점 부근의 가연물 상황, 위치, 종류, 재질, 형상 등을 조사

(3) 성냥불

성냥개비 두약의 염소산칼륨과 측약의 적린이 마찰하면서 발화한다. 현재 우리나라에서 제조되는 성냥은 모두 안전성냥이다.

① 성냥의 구조

구분	종류
두약부	• 산화제: 염소산칼륨 50% • 연소제: 유황 48% • 조절제: 발화를 안정시키기 위한 배합물 • 접착제: 아교 12~13%, 송진 2~3% • 착색제: 무기·유기 안료 및 염료 5%
측약부	• 발화제: 적린 40~50% • 조제: 황화안티몬 25% • 접착제: 초산비닐에멀젼 25~27%
손잡이	안풀제를 나무개비에 침투시켜 불꽃이 꺼진 후 남아있는 불씨(잔불)를 제거하여 안전을 확보한다.

② 성냥 발화 위험성
　　㉠ 마찰에 의한 발화
　　㉡ 가열에 의한 발화
　　㉢ 타다 남은 성냥개비에 의한 발화

③ 성냥 감식
　　㉠ 발화 당시 건물 내 체류자의 동향 파악
　　㉡ 발화 당시 건물 주변의 수상자나 어린이 상황 파악
　　㉢ 관계인에게 발견 당시 상황, 위치, 냄새 등에 대해 질문
　　㉣ 성냥의 보관·사용 장소 및 시간, 가연물 상황 조사
　　㉤ 발화지점 부근 가연물의 위치·종류·재질·형상 조사

(4) 양초

① 양초의 성분
　파라핀, 경화납, 스테아린산, 심지

② 양초의 성상과 연소 특징
　　㉠ 양초는 가솔린·벤젠 등에 잘 녹고 물과는 친화성이 없어 전기 절연성이 우수하다.
　　㉡ 성분인 파라핀은 휘발성이 강하지 않지만 착화가 비교적 쉽다.
　　㉢ 양초연소는 증발연소로, 심지 없이는 연소가 지속되지 않는다.
　　㉣ 연소과정에서 완전연소하여 CO_2와 H_2O를 생성하고 외부 고온 영역에서 소량의 탄소 매연이 발생한다.
　　㉤ 층류 불꽃으로 약 50W의 열을 내며 평균 불꽃 온도는 800~900℃, 외부 연소 영역은 1,200~1,400℃ 정도이다.

③ 양초 감식요령
　　㉠ 관계인 진술을 통해 양초를 이용한 발화장치 가능성을 확인한다.
　　㉡ 양초 하부에 착화가 용이한 가연물이 놓여 있을 경우, 양초가 짧아지면서 착화될 수 있다.
　　㉢ 두꺼운 양초는 지연착화될 수 있다.
　　㉣ 흘러내린 흔적이 있는 경우에는 그 성분을 분석하여 입증한다.

KEYWORD 14 방화화재감식

1. 방화의 이론적 배경

(1) 방화와 관련된 용어
① 일부러 불을 붙여 화재를 일으키는 것으로 즉 불을 지른 행위를 방화라고 한다.
② 형법에서는 고의로 화재를 발생시켜 가옥이나 기타 물건을 연소시키는 행위를 방화로 규정한다.
③ NFPA 921 CODE에 따르면 발화하지 않아야 할 상황에서 고의로 발생한 화재를 방화로 정의한다.

(2) 방화심리와 형태의 이론
① 방화의 심리
　㉠ 범죄학적 측면
　　• 동기는 복수, 질투, 분노, 경제적 이득 등에서 비롯될 수 있다.
　　• 범죄 유형에는 계획적 방화, 충동적 방화, 테러, 보험사기, 범죄은폐 등이 있다.
　　• 특정 시간대나 장소를 반복적으로 선택하는 패턴을 보이며, 이전 범죄와 연관된 경우도 있다.
　㉡ 정신의학적 연구
　　• 조현병, 반사회적 성격장애, 충동조절장애와 같은 정신적 장애가 방화와 연관될 수 있다.
　　• 유년기 애정결핍, 학대, 트라우마 같은 심리적 결핍이 방화 행동의 원인이 되기도 한다.

② 방화범의 정신분석학적 분류

구분	특징
구강기(출생~18개월)	모성애 결핍으로 인해 방화 충동을 느끼며, 불을 보고 안정감을 얻는다.
항문기(18개월~3세)	분노, 복수, 미움, 질투 등이 방화 동기가 되며, 충동적이고 격정적이다.
남근기(3~6세)	불을 지르며 쾌감이나 성적 충동을 느끼고, 여성의 소유물에 불을 붙이기도 한다.
잠복기(6~사춘기)	성적 욕구가 억압되는 시기로 방화와의 직접적인 연관성은 다른 시기보다 낮게 본다.
생식기(사춘기 이후)	성적인 만족이나 정체성과 관련된 갈등이 방화로 이어질 수 있다

③ 방화의 형태

구분	특징
단일방화	단 한 번 불을 지르는 행위
연속방화	동일인 또는 집단이 2건 이상의 방화를 저지르는 경우
연쇄방화	3회 이상 방화를 저지르며 각 방화 사이에 냉각기를 두는 형태

④ 방화의 분류
　㉠ 계획적 방화
　　사전에 계획을 세워 범행하는 유형으로 채무변제 목적, 정치적 목적, 원한에 의한 경우 등이 있다.
　㉡ 우발적 방화
　　계획 없이 발작적으로 실행하는 유형으로 정신 이상, 사회 불만 발산, 원한에 의한 경우가 해당한다.

⑤ 방화의 주요 동기
　㉠ 단순 우발적　　　　㉡ 불만해소　　　　㉢ 가정불화
　㉣ 정신이상　　　　　㉤ 싸움　　　　　　㉥ 비관자살
　㉦ 보험사기　　　　　㉧ 보복(손해목적)　㉨ 범죄은폐
　㉩ 사회적 반감　　　　㉪ 채권, 채무　　　㉫ 시위
　㉬ 기타　　　　　　　㉭ 이상

(3) 우발적 방화의 특징

① 우발적 방화
　㉠ 우발적 원인에 의한 화재는 의도하지 않은 사건이나 환경적 요인으로 발생한 화재로 계획적 방화와는 구분된다.
　㉡ 전기 기기 오작동, 자연발화, 과열, 태양광 반사, 정전기, 우발적 방화 등이 포함된다.
　㉢ 자료 수집이 제한적이므로 감식 과정에서 신중한 분석이 요구된다.

② 우발적 방화원인

구분	특징
정신이상	조현병, 알코올 중독, 약물 환각 등으로 인해 발생하는 경우
불만	사회나 가정에 불만을 품고 불을 지르는 경우
원한	충동적으로 불을 지르는 경우도 있지만, 계획적으로 방화하는 경우도 있어 판단 필요

2. 방화원인의 감식 실무

(1) 연쇄방화의 조사

① 연쇄방화

각 범행 사이에 심리적 안정기 또는 냉각기를 갖는다는 점이 가장 큰 특징으로 범행 후 일상으로 돌아갔다가 다시 범행을 저지르는 패턴을 보인다.

② 현장조사 사항
　㉠ 연고감 조사
　　• 방화범이 피해자 또는 대상 건물에 대한 친숙도가 있는지 확인한다.
　　• 조사대상은 친척, 전·현 고용인, 거래 관계자 등 주변 인물이다.
　　• 범인이 건물 구조·침입 경로·도주로에 익숙하다면 연고 기반 범행일 개연성이 크다.
　㉡ 지리감 조사
　　• 범인이 해당 지역과 교통 여건에 익숙한지 여부를 조사한다.
　　• 조사대상은 그 지역을 빈번히 방문한 기록이 있는 인물이다.
　　• 범인의 이동 경로, 이용 교통수단, 출입 빈도 기록 등을 확인한다.
　㉢ 행위자의 행적조사
　　• 방화 전후의 행적을 추적한다.
　　• 조사 포인트

구분	조사내용
발생시간	방화 발생 시각
목격자	사건 시점 인근을 지나간 사람들
음향조사	신발·차량 소리 등 음향 관련 증거 수집
수상한 행동	정거장·정류장 등에서의 의심스러운 행동을 보인사람

② 방화 행위자 조사
- 방화현장에서 목격된 범인을 식별·조사한다.
- 행위자의 성격, 알리바이, 직장 및 생활 관계를 조사한다.
- 방화 직후의 행동이 알리바이와 연관되므로 면밀히 조사한다.

⑩ 알리바이(현장 부재 증명)조사
- 방화 당시 행위자가 현장에 없었음을 입증한다.
- 조사포인트

구분	조사내용
범행시간	화재 발생의 정확한 시각
이동시간	방화 전후 이동에 소요된 시간
계획범행 여부	계획적 방화의 경우 알리바이 조작 가능성 유의

(2) 연쇄방화의 조사

① 일반적인 특징
  ㉠ 화재로 인해 증거가 대부분 소실되어 범인 검거가 매우 어렵다.
  ㉡ 단독범행이 많고 인적이 드문 야간에 발생해 발견이 어렵다.
  ㉢ 휘발유, 시너 등 인화성 물질을 사용하여 불을 빠르고 크게 확산시키는 경우가 많다.
  ㉣ 우발적으로 발생하는 빈도가 높으며, 특히 음주 상태나 약물 상태에서 범행하는 비율이 높다.
  ㉤ 남성의 비율이 높고 검거 시 극도로 흥분한 상태를 보이는 경우가 많다.
  ㉥ 주택이나 차량에서 가장 많이 발생하며, 사람들의 눈을 피할 수 있는 곳에서 발생한다.
  ㉦ 계절이나 주기와 상관없이 발생한다.

② 방화원인 감식의 특수성
  ㉠ 급격한 연소의 식별이 어려운 경우 인화성 물질 사용으로 연소 패턴을 확인하기 힘들 때가 많다.
  ㉡ 촉진제가 사용되면 휘발유, 시너, 석유 등 유류 냄새가 남고 용기나 물품이 발견될 수 있다.
  ㉢ 발화부가 여러 곳일 때는 연소 경로가 부자연스러워 방화 가능성을 의심할 수 있다.
  ㉣ 보험사기성 방화로 과도한 보험가입이나 피해를 과장한 진술로 드러나는 경우가 많다.
  ㉤ 위장실화로 발화시간을 조작하거나 완전연소를 유도해 증거를 은폐하려는 사례가 늘고 있다.

③ 방화원인 판정 시 확인사항
　㉠ 재차 재화
　㉡ 수선 중 발생
　㉢ 귀중품 반출 여부
　㉣ 실화원인의 부존재
　㉤ 복수 발화지점
　㉥ 연소 촉진물 존재
　㉦ 화재 이전 건물 손상
　㉧ 현장에서의 다른 범죄 증거
　㉨ 발화원 부재 장소에서 화재발생

④ 방화원인 판정 3대요인
　㉠ 발화부 다수와 이상 연소 흔적 확인
　㉡ 인위적 발화장치·유류 잔해 발견
　㉢ 다른 발화원 배제

⑤ 방화로 판정할 수 있는 6가지 사례
　㉠ 발화부가 여러 곳
　㉡ 인화물·라이터·신문지 등 매개체 발견
　㉢ 짧은 시간 내 급격한 연소 확대
　㉣ 촉진제로 사용된 유류 흔적 확인
　㉤ 사상자와 다툼 흔적 존재

⑥ 방화를 의심할 수 있는 경우
　㉠ 외부 침입 흔적 발견
　㉡ 액체 가연물 연소 흔적 관찰
　㉢ 다른 범죄 증거 존재
　㉣ 촉진제 용기 발견
　㉤ 다수의 발화부 확인
　㉥ 출입문·창문 강제 개방 흔적

(3) **방화의 유형별 감식 특징**
① 자살방화 현장 특징
　㉠ 유류 및 용기 존재
　㉡ 소주병 등 음주 흔적
　㉢ 흐트러진 옷가지·이불 식별
　㉣ 연소면적은 넓으나 탄화심도는 얕음
　㉤ 라이터·성냥 주변 발견 가능
　㉥ 우발적이기보다 계획적 실행이 많음
　㉦ 연소 확대가 급격하여 방향성 식별 곤란
　㉧ 사상자 발생, 피난 흔적 없음, 유서 발견
　㉨ 실행 전 주변인과 신세 한탄 통화 사례 다수
　㉩ 자살 실패 시 동기·방법을 구체적으로 진술

② 부부싸움으로 인한 방화특징
　㉠ 유서 없음
　㉡ 도난물품 확인 어려움
　㉢ 화재 후 탈출 시도 흔적
　㉣ 소주병 등 음주 흔적 존재
　㉤ 안면·팔·다리 화상 흔적 발견
　㉥ 조사 시 극도로 흥분, 진술 거부
　㉦ 용의자·상대방에게 방화 전 부상 흔적
　㉧ 침구류·가전제품·출입구 등 다수 파손 흔적

③ 차량 방화 감식
  ㉠ 특징
    - 인화물질은 차량 방화를 위해 촉진제나 주변의 가연물이 사용되는 경우가 많다.
    - 연소물은 화재 진압 과정에서 주변으로 이동할 수 있으므로 바닥에 남은 금속과 잔해 상태를 정밀히 조사해야 한다.
  ㉡ 창문·문짝 개폐 여부 감식
    - 연소상태는 화염의 확장 정도, 페인트의 연소범위, 잔해불의 위치를 통해 문이 열린 상태에서 연소가 이루어졌는지를 판단한다.
    - 문이 열린 상태에서 연소된 경우에는 인위적 개입 가능성이 높다.
    - 도어록의 잠금 상태는 잠겨 있었는지를 확인하며, 연소 정도에 따라 도어록 내부를 분해하여 정밀하게 감식한다.
    - 유리창의 상태는 연소 후 남은 잔해와 문짝 내부의 가이드 홈을 조사하여 창문이 열려 있었는지를 확인한다.
    - 창문이 닫힌 경우와 열린 경우는 내부 폭발이 발생했을 때 차량 변형에 서로 다른 영향을 준다.

(4) **방화행위의 입증 및 기구**
  ① 방화행위의 입증
    ㉠ 방화행위의 입증요소
      - 방화의 수단과 방법은 실제로 실행 가능한 것이어야 한다.
      - 방화에 사용된 재료의 입수 경위가 분명히 밝혀져야 한다.
      - 방화가 이루어진 장소와 그로 인한 소훼물이 존재해야 한다.
      - 사용된 방화 수단이 가능한 것인지 실증적으로 검토되어야 한다.
      - 전기적 요인, 부주의 등 다른 모든 화재 가능성이 없음을 증명해야 한다.
    ㉡ 방화판단 시 착안사항
      - 발화부가 평상시 화기가 없는 장소에서 여러 곳 발견되는 흔적은 방화를 시사한다.
      - 발화부 주변에서 유류 성분이 검출되거나 외부에서 반입한 유류통이 발견되기도 한다.
      - 강도나 절도와 연관된 방화 현장은 출입문이나 창문이 열린 상태로 확인되는 경우가 많다.
      - 화재보험금을 목적으로 한 방화는 고액의 보험이나 여러 종류의 보험에 중복가입한 사례에서 흔히 나타난다.
      - 불이 난 건물 관계자 주변에 원한을 가진 인물이 의심되거나, 발화상황에 대한 진술이 부자연스럽고 진술할 때마다 내용이 달라 일관성이 떨어지면 방화를 의심할 수 있다.
    ㉢ 방화행위자의 특징
      - 방화행위자는 사건 후 구경꾼 사이에 섞여 있거나 현장 주변에서 목격되는 경우가 있으며, 얼굴이나 손, 머리카락 등에서 화상이나 그을린 흔적이 나타날 수 있다.
      - 옷이 기름이나 불에 탄 흔적이 남아 있거나 소화활동에 과도한 관심을 보이는 등 이상한 행동을 보일 수 있다.

② 방화입증 기구(가스크로마토그래피)
  ㉠ 가스크로마토그래피 분석
    이 방법은 감정기관에서 사용하는 정밀 분석 기기로, 채집한 시료가 기체일 경우 수 밀리리터(mL), 액체일 경우 수 마이크로리터(μL) 정도의 극소량을 기화시켜 운반가스를 따라 분리관을 통과시킨다. 이 과정에서 성분마다 분리되는 시간 차이를 이용하여 정성 분석과 정량 분석을 수행한다.
  ㉡ 가스크로마토그래피의 특징
    • 화재 현장에서 유류의 존재를 확인하는 데 활용되는 분석 방법이다.
    • 성질이 비슷한 여러 성분이 섞여 있는 혼합계를 분리하는 데 효과적이다.
    • 시료를 가스상태로 전환해 다루므로 조작이 간단하고 분리가 빠르게 진행된다.
    • 각 성분은 전기신호로 변환되어 기록 장치에 저장되며, 이를 통해 분석 결과가 객관적으로 보존된다.

③ 방화입증 기구(석유류 검지관 분석)
  ㉠ 석유류 검지관 분석법
    • 현장에서 화재조사관이 주로 활용하는 방법으로, 가솔린이나 등유 같은 저비점 석유류를 대상으로 검지관 내부의 시약과 반응시켜 변색 여부를 확인한다.
    • 장비가 가볍고 소형이어서 휴대가 간편하며, 현장에서 바로 판별할 수 있어 출화 원인 판정에 중요한 근거가 된다.
    • 정밀한 성분 분석은 불가능하므로, 검지관에서 양성 반응이 나오면 현장 시료를 채취해 실험실의 가스크로마토그래피(GC)로 정밀 감정을 의뢰해야 한다.

3. 방화의 실행과 수단

(1) 방화의 실행
  ① 직접방화
    ㉠ 착화방법
      • 일반 가연물 사용은 신문, 의류, 이불 등에 라이터 등을 이용해 직접 불을 붙이는 방식이다.
      • 인화성 물질 사용은 석유류를 뿌리거나 헝겊에 휘발유를 묻혀 점화하거나 화염병을 투척하는 방식이다.
      • 원격착화는 출입문 밖에서 도화선을 이용해 불을 붙여 점화하는 방식이다.
    ㉡ 직접방화의 특징
      • 인화물질을 사용한 경우 그 용기가 화재 현장 인근에 은닉되어 있을 수 있다.
      • 한 곳이 아니라 여러 지점을 동시에 착화하는 경우가 많다.
      • 착화는 훈소나 불꽃 없는 연기 발생 현상은 식별되지 않는다.
      • 방화범의 체모가 그을리거나 의류에 촉진제가 묻어 있는 경우가 있다.
      • 인화물질을 점화할 때는 방화자 자신도 화상을 입을 위험이 있다.
      • 내부에서 불을 낼 때는 창문을 열거나 파손하고, 외부에서 불을 낼 때는 창문을 깨고 침입하는 경우가 많다.

ⓒ 감식요령
- 독립적으로 발화한 개소가 있는지를 확인한다.
- 화재 당시 출입 흔적을 조사하여 내부 소행인지 외부 소행인지를 구별한다.
- 경보장치의 작동 여부와 변형 여부를 확인해 화재 발생 시점과의 인과관계를 파악한다.
- 리플마크(Ripple marks)를 통해 파괴 기점을 확인하면 유리에 작용한 외력의 방향을 알 수 있다.
- 화재 이전에 존재하지 않았던 가연물이 연소한 흔적이나 물건의 위치가 변경된 사실이 있는지를 확인한다.

② 지연발화
ⓐ 착화방법
- 양초를 사용하여 일정 시간이 지나면 가연물에 불이 옮겨 붙도록 한다.
- 시계나 타이머 장치를 이용해 일정 시간이 흐른 뒤 점화가 이루어지도록 한다.
- 가연물을 전기 발열체 위에 놓아 시간을 지연시키고, 범행 후 도피하거나 전기 사고로 위장한다.

ⓑ 지연발화의 특징
- 실화로 가장하거나 범행 후 도피 시간을 벌기 위해 이용되는 경우가 있다.
- 건물주가 직접 방화를 저질렀을 때는 출입문이 잠겨 있는 경우가 있다.
- 절도와 같은 외부 침입이 개입된 사건에서는 출입문이 열려 있는 경우가 흔하다.

ⓒ 감식요령
- 전기기구의 플러그와 단락 흔적을 확인하여 실제로 전기가 통했는지를 조사한다.
- 스위치가 켜진 상태였는지를 살피고, 사용하지 않는 스위치가 변형되어 있다면 의심한다.
- 가스가 새어 나왔는지, 발열체 위에 가연물이 올려져 있는지를 점검한다.
- 연소 중심부에서 양초 잔해를 찾고, 그 주변에 가연물이나 인화성 물질이 남아 있는지도 확인한다.

③ 무인스위치 조작을 이용한 기구 착화
ⓐ 착화방법
- 원격으로 점화스위치를 작동시켜 불을 붙인다.
- 열감지 센서가 높은 온도에 반응하여 스위치를 작동시키도록 한다.

ⓑ 지연발화의 특징
- 스위치가 작동되면 전열기구가 가연물에 접촉되도록 설정한다.
- 스위치 단자나 배터리 전원을 연결해 발화회로를 만든다.

ⓒ 감식요령
- 스위치와 전열기구를 연결하는 전선회로를 추적한다.
- 발화원이 될 수 있는 전열기구와 그 출처를 조사한다.
- 별도의 배터리나 건전지가 사용되었는지를 확인하고 이를 확보한다.

④ 실화를 위장한 방화
　㉠ 착화방법
　　• 낡은 가전제품에 결함을 인위적으로 만들어 발화가 일어나게 한다.
　　• 전선 위에 인화물질이나 가연물을 올려 전기적 원인으로 불이 붙게 한다.
　㉡ 실화를 위장한 방화의 특징
　　• 연소된 물품만으로는 방화 여부를 판별하기 어렵다.
　　• 발화조건이나 연소 확대 요인을 인위적으로 조성했는지, 피해자에게 방화 의도가 있었는지가 중요한 판단 요소가 된다.
　㉢ 감식요령
　　• 증거인멸은 현장이 심하게 훼손되었거나 증거확보가 어려운 경우 주의 깊게 살펴야 한다.
　　• 관련자가 실화를 쉽게 인정하거나 필요 이상으로 설명하는 경우 의심할 필요가 있다.
　　• 알리바이 강조는 화재발생 시점에 명확한 알리바이를 과도하게 내세우는 경우 의심해야 한다.
　㉣ 위장실화 가능 유형
　　• 증거인멸형은 증거를 철저히 없애 방화사실을 입증하기 어렵게 한다.
　　• 실화인정형은 자신의 실수를 쉽게 인정하거나 그 가능성을 필요 이상으로 설명한다.
　　• 알리바이 주장형은 지연착화를 이용해 알리바이를 만들고 혐의를 피하려 한다.

(2) 방화의 수단

① 방화동기

구분	내용
방화달성 목표	• 방화가 발각되는 것보다 불이 완전히 타는 것을 목표로 한다. • 휘발유를 뿌리고 불을 붙이는 등 단순한 방화 방법을 선택한다.
증거인멸 목표	• 보험 사기와 증거 인멸을 주된 목적으로 한다. • 방화가 발각되는 것을 두려워하며, 치밀하게 실화나 타인의 방화로 꾸미려 한다.

② 방화수법
　㉠ 적발되지 않으려 최선을 다하지만, 개인의 습관으로 인해 범죄의 증거물이 남는다.
　㉡ 사람마다 사물을 인식하는 방식이 달라 현장 접근 방법이나 도주로 선택에서 차이가 나타난다.
　㉢ 지식과 경험은 범죄수법을 형성하는 중요한 요인이 된다.
　㉣ 전문적인 지식이나 직업적 경험은 방화수법에 직접적인 영향을 미친다.

③ 방화행동
　㉠ 낙서나 절도와 같은 일정한 행동 패턴이 습관으로 나타난다.
　㉡ 방화행위자의 시간적 습성을 분석할 수 있다.
　㉢ 장소적 선택은 방화대상이 되는 장소나 건물을 고르는 방식이다.
　㉣ 접근수법은 방화에 사용된 도구나 매개체를 활용해 실행에 이르는 방법이다.

4. 방화원인의 판정

(1) 방화의 판정을 위한 10대 요건

① 방화판정의 전제조건

㉠ 발화부가 여러 곳에서 확인된다.

㉡ 연소 경로가 자연스럽지 않다.

㉢ 다른 발화원을 전혀 찾을 수 없다.

㉣ 가연물을 모아놓은 연소 잔해와 흔적이 보인다.

㉤ 출입문이나 창문에 강제로 들어간 흔적이 나타난다.

㉥ 화재가 건물 구조나 가연물 특성에 비해 지나치게 빠르게 확산된다.

㉦ 최초 발화지점에서 인화성 물질 사용 흔적이 발견된다.

㉧ 이상 연소 잔해나 연소 흔적이 확인된다.

㉨ 다른 발화원이 완전히 배제된다.

② 방화판정을 위한 10대 요건

요건	주요내용
여러 곳에서 발화	발화점이 두 곳 이상일 경우 방화로 의심할 수 있다.
연소 촉진물질의 존재	화재 현장에서 휘발유 등 연소 촉진 물질이 발견되면 방화를 의심할 수 있다.
화재 현장에 타 범죄 발생 증거	화재 장소나 인근에서 다른 범죄 흔적이 발견되면 방화로 판단할 수 있다.
화재 발생 위치	화재가 일어날 가능성이 없는 곳에서 발생했다면 방화를 의심할 수 있다.
사고 화재 원인 부존재	실화나 자연 화재 원인을 찾을 수 없으면 방화로 추정할 수 있다.
귀중품 반출	화재 이전에 귀중품이 반출되었거나 주요 비품이 이동된 흔적이 있으면 방화를 의심할 수 있다.
수선 중의 화재	건물 수리 중 발생한 화재는 방화 가능성이 높으며, 특히 가연물을 이용한 화재 연장 도구 사용이 의심된다.
화재 이전 건물의 손상	화재 이전에 건물에 구멍이 뚫려 있거나 일부가 손상된 흔적이 있으면 방화를 의심할 수 있다.
동일 건물에서의 재차 화재	같은 건물에서 두 번 이상 화재가 발생하면 방화를 의심할 수 있다.
휴일 또는 주말 화재	휴일이나 주말에 발생한 화재는 방화를 의심할 수 있으며, 이 시기에는 사람들이 외출 중이거나 통행이 적어 화재 발견이 늦어질 수 있다.

KEYWORD 15 차량화재 감식

1. 차량화재 조사 기본

(1) 차량화재 조사

① 차량화재 조사장소의 선정

고려사항	주요내용
안전성 확보	• 조사 중에는 2차 사고가 절대 발생해서는 안 된다. • 고속도로 갓길은 피하고 더 안전한 장소로 이동하여 조사를 진행한다.
차량 접근성	차량의 진입과 이동이 용이한 지점을 선정한다.
조사환경	자동차 정비공장과 같이 조명, 전기, 환기 시설이 충분히 갖춰진 공간에서 조사를 실시하는 것이 적합하다.
외부 간섭 최소화	외부인 출입을 통제해 조사 집중도를 유지한다.
증거보존	현장 증거를 손상 없이 보호·보존할 수 있는 장소를 확보한다.

② 차량 화재 조사를 위해 확보해야 할 자료

㉠ 차량의 세부 제원과 관련 정보

㉡ 검사 이력, 정비 내역, 수리 기록

㉢ 화재를 처음 발견한 사람, 목격자, 주변 인물 등을 대상으로 한 인터뷰

③ 차량화재의 발화지점 판정

감식항목	주요내용
차체 변색 확인	강판은 온도에 따라 색이 변하며 회색이나 백색(400℃ 이상)이 가장 높은 온도를 나타내고 암청색(약 300℃)이 그보다 낮은 온도를 나타낸다.
연소 방향 및 확산	불은 아래에서 위로 타오르는 특성이 있다.
전기적 흔적 확인	전선의 단락흔(합선 자국), 용융흔 등을 확인한다.
화재현장 조사	화재현장의 전반적인 상황과 증거를 종합적으로 감식한다.
가연물 및 발화원 특정	발화지점 주변에서 최초 가연물과 점화원을 확인한다.

④ 차량화재의 특징

㉠ 차량은 구조가 복잡해 화재조사를 위해서 전문적인 지식이 요구된다.

㉡ 차량화재는 전소로 이어질 위험이 커서 발화지점과 원인을 규명하기 쉽지 않다.

㉢ 연료와 시트 등으로 인해 화재하중이 크며, 외기에 노출된 특성상 가연물에 의존하는 연료지배형 화재 양상을 띤다.

㉣ 차량은 개방된 공간에 놓이는 경우가 많아 방화는 대부분 주차된 상태에서 발생한다.

(2) 차량화재의 발화원인

① 기계적 스파크

⊙ 마찰로 인해 생성된 입자의 온도와 에너지에 따라 결정된다.

⊙ 구동 풀리, 구동축, 베어링 등에서도 금속 간 마찰이 발생할 수 있다.

⊙ 차량이 주행하거나 움직이는 동안 금속끼리 마찰하면서 불꽃이 생길 수 있다.

⊙ 차량이 움직이는 과정에서 금속이 도로 경계석과 접촉할 때도 불꽃이 발생할 수 있다.

② 차량조사 안전

주의사항	위험요소 및 안전조치
차량고정	언더바디를 조사할 때는 차량이 움직이지 않도록 유압 리프트나 잭을 이용해 반드시 안정적으로 고정해야 한다.
에어백 주의	미전개 에어백이 예기치 않게 폭발할 수 있으므로, 조사 전 반드시 시스템 전원 차단해야 한다.
기타 위험요소	연료가 새거나 배터리 전기가 노출될 경우 화재 위험이 높고, 깨진 유리로 인한 상해가 발생할 수 있어 각별한 주의가 필요하다.

2. 차량화재 가연물 및 발화원

(1) 차량화재의 가연물

상태	물질
발화성 액체	윤활유, 유압유, 브레이크액, 워셔액, 냉각수
기체 가연물	• LPG, CNG, 수소 등 자동차 연료 • 하이브리드차, 전기차(배터리)
고체 가연물	타이어, 시트(직물, 스펀지), 내장재(플라스틱), 고무벨트, 배선 피복, 알루미늄 부품

(2) 점화원

① 점화원의 특성

⊙ 점화원에는 전기·전자 부속품, 배선, 화염 노출, 발연물질 등이 포함된다.

⊙ 차량에서 특히 주의해야 할 점화원은 엔진 배기 시스템의 고온표면이다.

⊙ 자동차의 고온표면에는 배기 매니폴드, 배기 파이프, 머플러, 촉매 컨버터, 촉매 변환기, 테일파이프, 브레이크, 베어링, 터보차저 등이 해당된다.

② 금속의 수열온도에 따른 변색

수열온도(℃)	색상
230	황색
290	홍갈색
320	청색
480	연한 홍색
590	진한 홍색
760	아주 진한 홍색
870	분홍색
980	연한 황색
1,200	백색
1,320	아주 밝은 백색

3. 자동차의 구조 및 검사

(1) 자동차의 기본구조

① 차체(Body)

㉠ 차체의 기본요소
- 자동차의 외형 부분으로 운전자와 승객을 보호하며, 문·창문·트렁크·보닛 등이 여기에 속한다.
- 공기 저항을 줄이고 차량의 전반적인 디자인을 결정하는 요소로 작용한다.

② 샤시(Chassis)

㉠ 샤시의 기본요소

자동차의 뼈대를 이루는 구조로 엔진, 변속기, 서스펜션, 타이어 등 주요 기계 부품을 지지하고 서로 연결하는 기능을 한다.

㉡ 샤시의 구성

장치	주요기능	핵심 부품 및 특징
동력전달장치	엔진의 힘을 바퀴까지 전달	클러치, 변속기, 추진축, 차동기어 등
조향장치	주행 방향 조절	조향핸들, 파워 스티어링 (유압)
현가장치	승차감·주행 안정성 확보	서스펜션암, 쇼크 업소버, 스프링
제동장치	차량 감속 및 정지	드럼/디스크 브레이크, ABS
타이어와 바퀴	하중 지탱 및 동력 전달	구동력과 제동력을 노면에 전달
보조장치	주행 보조 및 정보 제공	등화류, 계기류, 와이퍼, 경음기 등

(2) **자동차의 분류**

① 엔진 및 에너지원에 의한 분류

연료	특징
가솔린	진동과 소음이 적지만 디젤에 비해 열효율과 경제성이 떨어진다.
디젤	점화 플러그 없이 작동하며 높은 열효율을 가진다.
LPG	연소 온도가 낮고 소음과 진동이 적다.
하이브리드	내연기관과 배터리를 함께 사용하는 방식이다.
전기	대용량 리튬이온 배터리를 사용하며, 배터리 화재 위험이 존재한다.

② 구동방식에 의한 분류

구동방식	
전륜구동(FF)	엔진이 차량 전면에 배치되고 앞바퀴가 구동되는 방식이다.
후륜구동(FR)	엔진은 차량 앞에 위치하며 뒷바퀴가 구동된다.
후륜구동(RR) (리어엔진)	엔진이 차량 후방에 설치되고 후륜이 동력을 전달받는다.
사륜구동(AW)	앞바퀴와 뒷바퀴가 모두 구동되는 방식이다.

(3) **엔진의 구조**

행정	주요 작용
흡입행정 (Intake Stroke)	피스톤이 상사점에서 하사점으로 이동하면 실린더 내부 압력이 낮아지고, 공기와 연료 혼합물이 흡입밸브를 통해 실린더 안으로 들어온다.
압축행정 (Compression Stroke)	피스톤이 다시 상승하면서 혼합물을 압축해 압력을 높이며, 이 압력이 적절해야 연소가 효율적으로 진행된다.
동력행정 (Power Stroke)	압축된 혼합물이 점화 플러그의 불꽃으로 폭발하여 피스톤을 밀어내리고, 크랭크축을 회전시켜 기계적 에너지를 만들어낸다.
배기행정 (Exhaust Stroke)	피스톤이 다시 위로 올라가면서 배기밸브가 열리고, 연소 후 발생한 가스가 실린더 밖으로 배출된다.

(4) 자동차 본체의 주요장치
① 연료장치
  ㉠ 연료를 공기와 혼합해 실린더로 공급하는 장치로 연료탱크, 연료펌프, 연료배관, 연료여과기, 인젝터 등으로 구성된다.
  ㉡ 공급과정은 연료탱크에서 여과기, 연료펌프, 기화기를 거쳐 이루어진다.

② 냉각장치
  ㉠ 엔진이 과열되지 않도록 하며, 적절한 작동 온도를 유지한다.
  ㉡ 엔진 온도를 약 80~90℃로 조절하여 부품의 강도를 유지한다.

③ 윤활장치
  ㉠ 엔진 내부 부품에 오일을 순환시켜 마찰을 줄이고 마모를 방지한다.
  ㉡ 오일 순환 방식에는 전류식, 분류식, 복합식이 있으며, 가솔린 엔진은 전류식 주로 사용하고 디젤 엔진은 복합식을 주로 사용한다.

④ 점화장치
  ㉠ 가솔린 엔진에서 혼합 기체를 점화하는 역할을 한다.
  ㉡ 전류 흐름 순서는 점화스위치 → 배터리 → 시동 모터 → 점화코일 → 배전기 → 고압 케이블 → 스파크 플러그 순이다.

⑤ 충전장치
  전기를 발생시켜 차량 전력 공급과 배터리 충전을 담당한다.

⑥ 흡배기장치
  ㉠ 엔진에서 배출되는 가스를 운반하고 제어한다.
  ㉡ 주요 구성 요소는 공기 청정기, 인젝터, 흡기 매니폴드, 배기 매니폴드, 배기 파이프, 삼원 촉매, 소음기가 있다.

(5) 자동차 엔진
① 엔진본체의 주요부품
  ㉠ 실린더 블록
    피스톤이 왕복운동을 하는 원통형 구조이며, 직경과 길이에 따라 엔진의 배기량이 달라진다.
  ㉡ 실린더 헤드
    • 실린더 블록 위에 위치하며 가스켓으로 블록과 기밀을 유지한다.
    • 연소실을 형성하고, 캠축·밸브 구동 장치·흡배기 매니폴드·점화 플러그 등이 장착된다.
  ㉢ 피스톤 및 크랭크 기구
    • 피스톤은 동력 행정에서 고온·고압 가스를 받아 왕복운동하고, 이를 크랭크축에 전달하여 회전력으로 변환한다.
    • 알루미늄 합금으로 제작되어 고온과 압력, 마찰을 견뎌낸다.
    • 커넥팅로드는 피스톤과 크랭크축을 이어주고 작은 끝은 피스톤 핀과 연결하고 큰 끝은 크랭크축과 연결된다.

② 엔진 부위 온도

부위	온도(℃)
피스톤 스커트부	90~200
연소실 벽	200~260
피스톤 헤드부	290~310
실린더 벽	150~370
배기밸브 헤드부	650~730
점화플러그 전극	450~875
연소실 가스	약 2,500

(6) LPG차량

① LPG차량의 구성품

㉠ 봄베(LPG 탱크)
- 차량 후면에 장착되어 LPG를 압축 저장한다.
- 충전밸브(녹색), 기체 송출밸브(황색), 액체 송출밸브(적색)로 이루어진다.

㉡ 연료 필터

LPG 연료에 포함된 불순물과 이물질을 걸러내어 엔진 효율을 높인다.

㉢ 액체-기체 솔레노이드 밸브

액체 상태의 LPG를 기체로 전환하며, 전자식 제어로 연료 흐름을 조절한다.

㉣ 기화기(Vaporizer)
- LPG를 기체로 바꾸어 엔진에 공급한다.
- 연료의 온도와 압력을 조절해 안정적인 기화를 유지한다.
- 1차 감압실은 LPG를 $0.3kg/cm^2$로 낮추어 기화 후 2차 감압실로 보낸다.
- 2차 감압실은 기화된 LPG를 다시 대기압까지 낮춘다.
- 1차 압력 조정 스크루는 $0.8kg/cm^2$로 압력을 유지한다.
- 고정 조정 스크루는 공회전 상태에서 CO나 HC 농도를 조절한다.
- 저속 차단 솔레노이드 밸브는 시동 시 필요한 연료를 추가로 공급한다.

㉤ 가스 차단 밸브

LPG 연료의 흐름을 차단하거나 제어하여 안전성을 확보한다.

4. 자동차화재 현장기록

(1) **차량 확인**

① 차량 소유자의 이름, 주소, 연락처를 기록한다.
② 차량의 모델, 제조사, 연식, 식별 번호(VIN) 등을 확인한다.
③ 화재 전후의 차량 상태, 외관 손상, 주요 부품의 소실 여부를 점검한다.
④ VIN은 제조사, 생산 국가, 차체 형태, 엔진 종류, 생산 연도, 조립 공장, 제작 일련번호 등의 정보를 담고 있다.

(2) 차량화재 현장이력
① 화재발생의 정확한 시간과 날짜를 기록한다.
② 도로, 주차장, 차고 등 화재발생 장소를 구체적으로 남긴다.
③ 최초 발견자와 운전자 진술을 확보해 정비 이력, 화재 직전 상황 등을 조사한다.
④ 주요 확인 사항은 마지막 주행 시점과 거리, 총 주행 거리, 정비 기록 및 리콜 여부, 차량 정상 운행 여부, 급유 시기와 연료량, 추가 장착 장비 여부 등이다.

(3) 차량 세부 사항
① 엔진과 구동계는 엔진 종류, 배기량, 연료 타입, 변속기 종류 등을 기록한다.
② 전기 시스템은 배터리, 배선, 퓨즈박스의 상태를 확인한다.
③ 내부와 외부 손상은 화재로 인한 영향을 중심으로 기록한다.

(4) 현장의 기록
① 도해는 차량의 위치와 기준점과의 거리를 표시하며, 이동 전 위치를 정확히 남긴다.
② 현장사진은 전체 모습을 담고, 주변 환경과 타이어 자국, 소손 흔적, 연료 방출 흔적 등을 촬영한다.
③ 차량상태는 외부와 내부, 상부와 하부를 모두 사진으로 남기며 손상된 부분뿐 아니라 손상되지 않은 부분도 함께 기록한다.
④ 실내는 전체가 보이도록 하고, 바닥은 점화 텀블러와 키 같은 물품 위치를 확인한다.
⑤ 화염 진행 경로는 불길이 시작된 지점과 번진 방향을 촬영하며, 전소된 차량은 확인이 어려울 수 있다.
⑥ 적재 공간은 적재물의 종류와 양, 화재와 관련된 사항을 꼼꼼히 기록한다.
⑦ 차량을 이동한 뒤에는 지면의 연소 흔적, 유리 파편, 잔해물을 추가로 촬영해 남긴다.

(5) 옮겨진 차량의 기록
① 차량이 이동된 경우 현장을 다시 방문해 추가 촬영과 조사를 실시한다. 화재 발생 시각과 장소, 손실된 날짜와 위치, 운전자와 승객 진술, 경찰과 소방 보고서, 차량 이동 경로 등 배경 정보를 최대한 확보한다.
② 차량 상태는 위치와 관계없이 동일한 절차로 기록하며, 이동 지연이나 원거리 이동으로 인한 부품 손실 가능성을 염두에 둔다.
③ 부품과 화재 형태를 조사하고 필요하면 전동 공구나 공압 공구를 사용해 해체하며, 지게차로 차량을 들어 올려 정밀 조사를 준비한다.

5. 기타사항

(1) 전소
① 차량의 소실이 70% 미만이라도 엔진 등 주요 구조물이 파괴되면 전소로 본다.
② 전소된 차량은 증거가 거의 남지 않아 원인 규명이 어렵기 때문에 잔해와 연소 패턴을 면밀히 분석해야 한다.
③ 초기 발화 지점은 사라졌을 가능성이 크므로 외부와 주변 환경에서 단서를 찾아야 한다.

(2) 차량 방화 특별 고려사항

① 다수 차량이 연쇄적으로 불탔다면 각 차량 발화 지점을 중심으로 연소 확산 양상을 분석한다.
② 특정 부위만 불탄 경우 차량 결함보다는 외부 요인에 의한 방화 가능성을 검토한다.
③ 차량 내부의 고가 장치가 도난당하고 방화로 은폐된 경우 절도 흔적과 연소 잔해를 함께 분석한다.
④ 인화성 액체나 가스를 사용한 방화는 폭발적 연소와 유리창 파손 흔적을 남긴다.
⑤ 밀폐된 차량 내부에서 산소가 소진되어 꺼진 경우 환기지배형 화재 패턴으로 분석한다.

(3) 중장비

① 중장비로 차량을 옮기거나 해체할 때는 안전을 최우선으로 한다.
② 장비 사용 전에는 충분한 사진과 기록을 남겨 증거 훼손을 방지한다.
③ 지게차, 크레인 등 장비 특성에 따라 작업 주의사항이 다르므로 숙지해야 한다.
④ 작업 중에는 현장접근을 제한해 안전사고를 예방한다.

(4) 견인 시 주의사항

① 견인 전에 차량의 상태를 자세히 기록하고 사진으로 남긴다.
② 견인 과정에서 추가 손상이 발생하지 않도록 주의하며, 특히 하부와 증거물이 있는 부분을 보호한다.
③ 견인 경로와 목적지를 명확히 기록해 이동 중 손실을 방지한다.
④ 차량이 도착한 뒤에는 추가 손상이 없는지 확인하고 필요하면 다시 기록한다.

KEYWORD 16 　임야화재 감식

1. 일반사항

(1) 임야화재 특성 및 분류

① 임야화재

㉠ 산림, 야산, 들판의 수목·잡초·경작물이 소실된 것을 말한다.

㉡ 산불진화활동은 극심한 고온, 높은 습도, 연기 흡입 등 열적 스트레스 요인이 존재하는 환경에서 이루어진다.

㉢ 열적 스트레스는 신체에 심각한 영향을 미칠 수 있으며, 열 경련·열 탈진·열사병을 초래할 수 있다.

② 계절별 산불 현황

㉠ 산불은 건조한 봄철(3~4월)에 가장 자주 발생한다.

㉡ 발생 시간은 주로 14~16시에 집중되며, 이때 기온이 높고 습도가 낮으며 바람이 강해진다.

③ 임야화재 연소에 따른 분류

구분	내용
지중화 (ground fire)	• 토탄·분탄·뿌리 등 지표와 지하 사이의 연료가 연소하는 현상이다. • 땅속 뿌리나 나무가 타들어가며 다른 지역의 지표면에 발화를 일으킬 수 있어 진화가 어렵다.
지표화 (surface fire)	• 낙엽·풀·쓰러진 통나무·침엽수 더미 등 2m 이하의 지표 식물이 불에 타는 현상이다. • 지표의 잔가지와 관목이 연소하면서 수관화와 수간화를 유발할 수 있다.
수관화 (crown fire)	나무의 잎이 불에 타는 것으로 화세가 강하고 확산속도가 빠르다.
수간화 (stem fire)	나무 줄기가 연소하는 현상으로, 고사목이 낙뢰에 의해 발화될 때 주로 발생한다.

▲ 임야화재

④ 산불의 연소 특징
  ㉠ 바람이 없는 상태에서는 불길이 원형으로 번진다.
  ㉡ 강풍이나 급경사지에서는 길게 늘어난 형태로 확산된다.
  ㉢ 소능선이 있는 경사면에서는 산 정상 방향으로 빠르게 번진다.
  ㉣ 풍량이 일정하지 않으면 연소방향이 불규칙하게 바뀐다.
  ㉤ 엘리게이터링은 불에 탄 흔적이 울퉁불퉁 갈라진 모습으로 울타리·판자·구조물·표지판 등에서 발견된다.
  ㉥ 흔적의 깊이는 화염의 진행 방향을 보여주는 지표가 된다.
  ㉦ 상자형 협곡은 굴뚝효과가 나타나는 지형으로, 불길이 집중되어 대규모 확산으로 이어지기 쉽다.

⑤ 화염 진행 방향에 따른 분류
  ㉠ 전진형은 불길이 경사면 위쪽으로 진행하며 속도·강도·화염 높이가 모두 크다.
  ㉡ 후진형은 경사면 아래 방향으로 번지며 전진형보다 속도·강도·화염 높이가 낮다.
  ㉢ 횡진형은 불길이 전진각에서 약 45~90° 방향으로 확산된다.

⑥ 화재 활동을 나타내는 깃발 색상
  ㉠ 흰색은 물리적 증거를 표시하는 데 사용된다.
  ㉡ 파랑은 횡진형을 의미하며 불길이 전진각에서 45~90°로 번진다.
  ㉢ 빨강은 전진형을 나타내며 경사면 위쪽으로 불길이 퍼지고, 화재의 속도·강도·화염 높이가 크다.
  ㉣ 노랑은 후진형을 의미하며 경사면 아래 방향으로 불길이 번지고, 속도·강도·화염 높이가 낮다.

(2) **임야화재 확산의 3요소**
  ① 연료
    ㉠ 침엽수림과 활엽수림으로 이루어진 단순림, 여러 수종이 섞인 혼효림이 있다.
    ㉡ 자연림이 대부분인 혼효림은 인공림 위주의 단순림보다 산불 위험이 낮다.
    ㉢ 침엽수림은 인화성 물질을 함유해 강도와 연소 시간이 길어 산불 위험이 높다.
    ㉣ 양수는 음수보다 건조한 환경을 만들기 쉬워 산불 발생 가능성이 크다.

  ② 기후
    ㉠ 바람·습도·온도·강수는 기후에 따른 임야 화재 확산의 주요 요인에 해당한다.
    ㉡ 바람은 산소를 공급하고 불씨를 옮겨 산불을 확산시키며, 낮에는 산 아래에서 위로, 밤에는 산 위에서 아래로 분다.
    ㉢ 강우량은 습도를 좌우하여 우리나라에서는 2~5월에 강우가 적어 산불 위험이 크다.
    ㉣ 푄 현상은 습한 공기가 산을 넘으며 뜨겁고 건조한 바람으로 바뀌는 현상으로 봄철 동해안 대형 산불의 원인으로 작용한다.

③ 지형
  ㉠ 고도, 경사, 경사향, 지세가 영향을 준다.
  ㉡ 경사가 급할수록 주변 연료가 빨리 마르고 화재확산속도가 빨라진다.
  ㉢ 불길은 상향 사면에서 하향 사면보다 더 빠르게 진행된다.
  ㉣ 남사면과 서사면은 건조하고 연료가 많아 산불에 취약하다.
  ㉤ 동사면은 아침에 빨리 따뜻해지고 오후에는 빨리 식는다.
  ㉥ 서사면은 늦게 따뜻해지며 연료가 가볍고 산불에 약하다.
  ㉦ 북사면은 기온이 낮고 연료 습도가 높아 불길이 약하다.
  ㉧ 고도가 높을수록 강우량이 줄어 나무가 적고 기온이 낮아 산불 강도가 약하다.
  ㉨ 협곡은 굴뚝 효과로 확산이 빨라지고, 바위 틈새(침니)는 건조한 연료와 강한 바람으로 위험성이 크다.

(3) **감식 지표의 종류**

종류	내용
보호 지표	불에 타지 않는 물체의 뒷면이 그대로 남아 산불 방향을 추정하는 데 활용된다.
초본 및 갈대 지표	산불의 형태에 따라 잔해 모양이 달라지며, 진행 방향과 강도를 알 수 있다.
잎 굳음 지표	잎의 수분이 빼앗겨 뻣뻣하게 굳는 현상으로 바람 방향을 유추하는 지표가 된다.
화른각 지표	불길이 연료를 태우거나 수분을 빼앗아 남긴 흔적이며 거시 지표로 활용된다.
깨짐 지표	강한 열에 의해 바위나 돌이 갈라져 떨어져 나오는 현상으로, 산불 방향과 강도를 파악하는 데 중요하다.
잎 말림 지표	열이 다가오는 방향으로 잎이 말리는 현상으로, 불길이 지나간 방향을 추정하는 데 쓰인다.
그을음 지표	불완전연소로 생긴 탄소 퇴적물이 쌓이는 현상으로, 산불 확산 방향을 비교적 정확히 보여준다.
얼룩 지표	휘발성 물질이 녹았다가 응축되어 남은 흔적으로, 금속 캔이나 바위에서 주로 발견된다.
흰재 지표	완전연소가 일어나 흰 재가 남거나 바람에 날려 다른 곳에 쌓이는 현상으로, 방향과 강도를 파악할 수 있다.
컵 지표	건조한 벌채목이나 고사목이 강한 불길을 받아 깊게 파이고 뾰족한 형태를 보인다.
V자·U자 지표	불길이 확산되며 단면이 V자나 U자 형태로 나타나는 것으로, 최초 발화 지점을 추정할 수 있다.

2. 임야화재 조사

(1) **발화위치 조사**

① 발화지점 추정
  ㉠ 화재가 번진 경로를 거슬러 올라가 최초 발화 지점을 파악하고, 현장에서 수거한 탄화 잔유물을 분석해 원인을 밝힌다.
  ㉡ 목격자가 지목한 장소와 실제 조사를 대조하여 발화 지점 오차를 줄이고 정확성을 확보한다.

② 발굴작업
  ㉠ 산불현장은 발화원 외에도 다량의 연소 잔해가 쌓여 있어 단순한 관찰만으로는 원인 파악이 어렵다.
  ㉡ 퇴적층을 발굴해 원래 상태로 복원하면서 발화원을 찾아내고, 회수한 잔유물을 분석하여 연소물과의 연관성을 확인한다.

③ 탄화 잔유물 확인
　㉠ 미세한 불씨는 형태가 사라져 퇴적층에 묻혀 있는 경우가 많으므로 주의 깊게 살펴야 한다.
　㉡ 목향·선향·촛불 등은 비교적 원형이 남아 있으며, 유류 발화원은 내화성 용기가 잔해로 남아 중요한 단서가 된다.

④ 유류품 발굴 조사
　발화지점이 도로나 등산로, 보행로 근처일 경우 주변에서 쓰레기·인화물·모닥불·초·향불의 흔적을 발굴해 조사하고 이를 통해 발화 원인을 보다 명확히 규명할 수 있다.

⑤ 흔적 조사
　㉠ 발화 지점에서 발견된 발자국이나 차량 흔적은 즉시 사진을 찍고 증거로 수거한다.
　㉡ 타다 남은 종이류나 그을린 유리는 사진 기록 후 지문 감식을 진행한다.

⑥ 무인 감시카메라 및 CCTV 활용
　㉠ 발화지점과 발화원, 방화범 추적에 중요한 자료로 활용하기 위해 무인 감시카메라를 적극적으로 활용한다.
　㉡ 대규모 산불이나 방화가 의심되는 경우 경찰과 협조해 CCTV 영상을 확보한다.

(2) 발화지점 보안
　① 유의사항
　　㉠ 조사 과정에서 확보한 모든 증거와 정보는 철저히 비밀로 유지해야 한다.
　　㉡ 조사 내용이 판결 전에 외부로 유출되면 법적 분쟁으로 이어질 수 있다.

　② 기밀유지 원칙
　　㉠ 조사관은 기밀 유지 권한과 그에 따른 책임을 함께 가진다.
　　㉡ 정보는 수사 권한이 있는 기관이나 직접 관련된 조사관에게만 제공된다.
　　㉢ 조사 보고서는 법적 절차를 염두에 두고 신중하게 작성하며, 사전 공개는 허용되지 않는다.
　　㉣ 개인정보는 관련 법을 위반하지 않도록 주의해야 한다.

(3) 증거확보
　① 발화지점을 확인한 뒤 성냥, 라이터, 향, 양초, 휘발유통 등 발화도구를 조사한다.
　② 출입자 명단, 오염된 길, 철로 위의 차량 흔적이나 발자국 등을 기록하고, 현장 참여자 모두에게 증거 보존의 중요성을 인식시킨다.
　③ 발화지점이 특정되면 증거 훼손을 막기 위해 출입을 철저히 제한한다.
　④ 발화물질은 이동시키지 않은 상태에서 사진을 찍은 뒤 훼손되지 않도록 수거해 전용 용기에 보관한다.
　⑤ 발화지점을 보존한 뒤 정밀조사를 실시하고 발견된 물품은 깃발로 표시한다. 훼손이 불가피할 경우 사진을 남기고 안전한 장소로 옮긴다.

KEYWORD 17 선박, 항공기화재 감식

1. 선박 화재감식

(1) 선박 전문용어

용어	내용
선체(Hull)	물에 잠기는 선박의 주요 구조물이다.
선수(Bow)	앞부분으로 물을 가르며 항해한다.
선미(Stern)	뒷부분을 가리킨다.
갑판(Deck)	사람들이 다닐 수 있는 평평한 상부 구조물이다.
화물창(Hold)	대형 선박에서 갑판 아래 구획된 화물 공간이다.
기관실(Engine room)	주기관, 보조기관, 발전기, 보일러 등 주요 기계가 모여 있는 공간이다.
돛대(Mast)	돛이나 깃발을 다는 기둥이다.
거주 공간(Accommodation space)	생활을 위한 구역이다.
고물보(Transom)	네모난 선미 단면이다.
도레이드 환기(Dorade vent)	물이 들어오지 않으면서 공기를 흡입하는 환기 장치이다.
방현재(Fender)	선박이 접안하거나 다른 선박과 접촉할 때 충격을 완화하는 장치이다.
해치(Hatch)	갑판에 있는 방수 덮개 출입구이다.
코퍼댐(Cofferdam)	화재, 침수 방지, 위험물 격리를 위해 설치되는 구역이다.
선박(Vessel)	수상이나 수중에서 항해용으로 쓰이는 모든 것과 부유식 해상 구조물을 포함한다.
만재흘수선	여객이나 화물을 싣고 안전하게 항해할 수 있는 최대 흘수선을 의미한다.
추진기(Propeller)	회전을 통해 선박을 전진시키는 장치이다.
키(Rudder)	선미에 위치하며 방향을 조종한다.
방화댐퍼	• 덕트 내부 공기 흐름을 막아 화재 확산을 차단한다. • 자동 방화댐퍼는 화재 시 자동으로 닫힌다. • 수동 방화댐퍼는 선원이 직접 조작한다. • 원격조작 방화댐퍼는 멀리 떨어진 제어 장치에서 닫을 수 있다.

(2) 선박화재 조사 시 안전사항

① 선박에 진입하기 전, 조사관은 해당 구역이 안전한지 반드시 확인한다.
② 자동소화설비가 설치된 구역은 작동 상태를 점검한 후 들어가야 한다.
③ 선박에서 화재가 발생했을 경우 위험도에 맞는 보호장비를 착용해야 한다.
④ 조사과정에서는 선박연료나 LPG가 누출될 수 있으므로 철저히 점검하고 대비한다.
⑤ 선박 내부 화재는 갑판 약화나 구조물 붕괴로 이어질 수 있으므로 구조적 안전성을 반드시 확인한다.

(3) **선박화재의 특징**
① 화재는 위쪽으로 확산되는 속도가 매우 빠르다.
② 불길이 짧은 시간 안에 선박 전체로 퍼질 수 있다.
③ 외부 지원이 제한되고 피난이 어려워 인명과 재산 피해가 크게 발생한다.
④ 강재 구조물이 많은 선박은 벽과 바닥이 화염에 전도될 경우 진압이 어렵고 위험하다.

(4) **선박의 발화원**

종류	세부요인
노출화염	• 기화기를 통한 역화 • 배 안에서는 작동하는 버너 및 오븐이 노출 화염
전력원	• 배터리, 인버터, 발전기, 교류발전기, 점화스위치, 직류 전원 시스템 • 전기과열, 단락, 아크, 정전기
과부하 배선	• 전기회로 과전류, 부식으로 인한 저항열 • 라디오, GPS 시스템, 레이더의 배선류
고온표면	• 고온 다기관과 접촉하는 엔진오일과 미션오일 • 고온의 엔진표면, 냉각수의 이상으로 인한 과열
기계부품	• 풀리, 모터, 교류발전기 또는 펌프의 베어링 고장 • 엔진구동벨트의 마찰구동, 난방 시스템

(5) **선박 외관 및 내부**
① 외관
㉠ 외관은 선수부, 화물창, 기관실, 선미부로 나뉜다. 갑판은 선체와 같은 자재로 제작되지만 나무가 덧대어지는 경우 가연물 하중이 늘어난다. 선체는 나무, 강철, 알루미늄, 페로시멘트, FRP 등 자재로 건조된다.
㉡ 외관 부속품에는 통신 설비, 안테나, 내비게이션 장치, 탐색등, 항해등, 방현재, 구명 장비, 마스트, 돛 등이 있으며, 이들 중 일부는 가연성 재질로 되어 있다.

② 내부
내부는 FRP, 원목, 합판 등의 자재로 구성되며, 인테리어는 주거용이나 레저용 차량과 유사한 마감재를 사용한다. 내부 공간에는 저장소, 화물창, 저장탱크 외에도 엔진룸, 발전기실, 변압기실 등이 포함된다.

(6) **선박화재 조사**
① 선박화재 현장의 기록 요건은 건물이나 차량의 조사 방식과 크게 다르지 않다.
② 선박화재 조사는 가능하다면 선박이 원래 위치에 있을 때 진행하는 것이 원칙이다.
③ 화재로 인해 선박이 손상되었는지, 또는 화재 이후 위치가 변경되었는지를 반드시 확인해야 한다.
④ 필요에 따라 선박 수리소나 정박지에서 현장 기록의 일부를 수행하기도 한다.

2. 항공기 화재감식

(1) 항공기 전문용어

용어	내용
기체(Airframe)	날개, 동체, 꼬리날개, 착륙장치 등 기본 구조
동체(Fuselage)	승객·화물 탑재, 날개와 꼬리를 연결
조종석(Cockpit)	조종사가 비행을 통제하는 공간
주익(Main wing)	양력 발생, 항공기를 띄우는 주날개
꼬리날개(Tail wing)	비행 안정성 유지
수직꼬리날개(Vertical stabilizer)	항공기의 방향 안정
랜딩기어(Landing gear)	착륙·지상 이동용 바퀴와 지지대
엔진(Engine)	추진력 제공 장치
항법장치(Navigation system)	목적지까지 정확한 비행 보조
계기 패널(Instrument panel)	항공기 상태·비행 정보 표시
플랩(Flap)	양력·항력 조절, 이착륙 속도 제어
엘리베이터(Elevator)	기수 상하 조절, 고도 제어
러더(Rudder)	좌우 방향 조종
슬랫(Slat)	저속 비행 시 양력 증가
에일러론(Aileron)	좌우 회전(롤링) 제어
트림(Trim)	항공기 균형 유지, 조종사 부담 경감

(2) 항공기 조사 시 안전사항

① 화재조사를 시작하기 전 항공기 잔해, 연료, 화학물질 등 잠재적인 위험요소를 먼저 평가해야 한다.
② 조사관은 개인보호구를 착용하고, 화학물질 노출에 대비할 수 있는 장비를 반드시 확보해야 한다.
③ 조사과정에서는 잔해물이 이동하거나 추가 붕괴가 발생하지 않도록 안전조치를 취해야 한다.
④ 항공기의 전원 공급을 차단하고, 연료를 안전하게 처리하는 방법을 숙지해야 한다.

(3) 항공기 화재의 특징

① 항공기 화재를 조사할 때는 공간이 협소하고 구조가 고밀집되어 있다는 점 등 특수한 조건을 반드시 고려해야 한다.
② 항공기는 단시간에 화염에 휩싸이며, 주변의 가연성 물질로 불길이 급격히 확산될 수 있다.
③ 비행 중 화재가 발생하면 추락과 함께 지상까지 화재가 번질 가능성이 크다.
④ 항공기는 인화성이 높은 연료를 대량으로 싣고 있기 때문에 추락 시 폭발적으로 연소할 위험이 있다.
⑤ 항공기 화재의 소실 정도는 건물과 같은 기준으로 판단하며, 전체의 70% 이상이 소실되었거나, 그 미만이라도 남은 부분을 보수하여 사용할 수 없을 경우 전소로 본다.

(4) 항공기 발화원

종류	세부요인
연료누출	항공기 엔진에서 연료가 새거나, 연료시스템이 손상되거나 연결이 불량할 경우 연료가 외부로 유출
전기 시스템	• 전선의 손상, 단락, 전기 아크, 과부하 등으로 인해 화재 • 배터리나 전기 부품에서 과부하로 인한 열발생 • 배선 손상으로 인한 단락으로 인한 아크 발생
엔진 과열	• 엔진 과열, 배기 시스템 문제 • 배기 파이프나 터보차지 등 고온 부품
정전기 또는 번개	항공기가 비행 중 정전기 발생 및 낙뢰
기계적 마찰	항공기 기계 부품에서 발생하는 과도한 마찰로 인한 발화

(5) 항공기 외관 및 내부

① 외관
  ㉠ 항공기는 동체, 날개, 꼬리, 엔진으로 크게 구분된다. 외부 구조는 알루미늄, 탄소섬유 복합재, 티타늄과 같은 고강도 경량 자재로 제작된다.
  ㉡ 통신 장비, 레이더, 안테나, 항법 조명, 비행 기록 장치, 기체 보호 장비, 탈출 슬라이드, 비상 구명 장비 등이 장착되어 있다.

② 내부
  ㉠ 항공기는 경량 합금, 복합재료, 원목, 플라스틱, 카펫 및 직물 등으로 구성되어 있다.
  ㉡ 항공기 내부의 마감재는 고급 소재를 사용하여 주거 공간과 유사한 느낌을 주며, 승객의 편안함을 고려해 설계된다.
  ㉢ 항공기 내부는 비행 제어 시스템, 엔진, 연료 탱크, 배터리, 전기 변환기, 공조 시스템과 같은 주요 장비와 다양한 전기·전자 장치가 포함된다.

(6) 항공기 소화장치

① 소화장치 일상 정비 항목
  ㉠ 방출튜브 누출 시험
  ㉡ 소화용기 점검·충전
  ㉢ 전기도선 도통 시험
  ㉣ 카트리지 및 방출밸브 장탈·재장착

② 화재감지장치 특징
  ㉠ 화재 지속 시 계속 지시
  ㉡ 재발화 시 정확히 재 지시
  ㉢ 조종실 시험 시 전력 소모 최소
  ㉣ 외부 노출에 견딜 만큼 견고

③ 열전대 화재경고장치 배선 구성
  ㉠ 감지회로(Detector circuit)
  ㉡ 경보회로(Alarm circuit)
  ㉢ 시험회로(Test circuit)

④ 객실 내 연기감지기
  ㉠ 이온밀도의 변화를 감지하는 이온화 방식   ㉡ 특정 방사선을 감지하는 광전 방식

⑤ 터빈엔진 화재 감지 방법
  ㉠ 조종사에 의한 관찰로 화재감지   ㉡ 승객(Passenger)에 의한 관찰로 화재감지
  ㉢ 연기감지기 (Smoke detector)에 의한 화재감지

⑥ 화재 발생 시 기능 차단
  ㉠ 오일 차단   ㉡ 연류 차단
  ㉢ 유압 차단

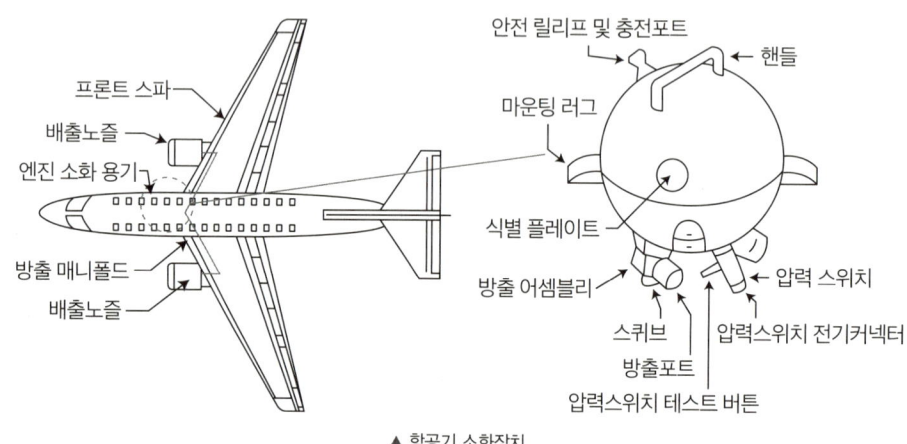

▲ 항공기 소화장치

고득점 POINT   HRD(high rate of discharge)

화재발생 시 1~2 초 내에 다량의 소화액을 분사하여 화재를 진압하는 대용량 소화장치

---

(7) 항공기의 부위별 화재 위험

기체 부위	화재위험 요인	주요특징
동체	활주로와의 마찰열 및 스파크	착륙기어 이상 시 발생가능, 실제 화재 위험은 비교적 낮음
날개	연료통 및 엔진 탑재	양력발생 기능과 함께 항공기의 핵심 화재위험요소
엔진	고온의 연소 계통 및 연료 직접 사용	항공기에서 화재 발생 가능성이 가장 높은 부위 중 하나
연료통	날개 내부에 다량의 연료 저장	비상 착륙 전 폭발 및 화재 위험을 줄이기 위해 연료를 소모하거나 방출

에듀윌이 너를 지지할게

ENERGY

인생은 끊임없는 반복.
반복에 지치지 않는 자가 성취한다.

– 윤태호 「미생」 중

CHAPTER 03 증거물관리 및 법과학

KEYWORD 18 증거의 종류

1. 물적 증거의 형태

(1) 물적 증거의 정의
① 특정 사실의 입증 여부를 가능하게 하는 사건 관련 물건의 존재나 상태를 말한다.
② 물건 자체뿐 아니라 사진, 비디오, 녹음파일 등이 포함되며, 반드시 적법한 절차에 따라 확보해야 한다.

(2) 가연성 액체, 액체용기
① 증거물 수집 시 고려사항
  ㉠ 액체시료는 증기 팽창 공간을 확보하기 위해 용기의 $\frac{2}{3}$ 만 채워야 한다.
  ㉡ 탄화수소계 액체는 물에 섞이지 않고 위에 뜨므로 유실·이동에 주의해야 한다.
  ㉢ 아세톤은 물과 섞여 보이지 않으므로 물 자체와 젖은 잔해를 함께 확보해야 한다.
  ㉣ 비극성 용매는 낮은 곳이나 물 위에 기름띠를 형성하므로 물이 고인 바닥, 틈새, 배수로 등을 확인하여 유류층과 함께 채취해야 한다.
② 인화성액체 증거물의 조사
  ㉠ 인화성 액체 성분은 대조 시료·비교 시료와 함께 채취해 촉진제 여부를 판단한다.
  ㉡ 탐지견은 희석되거나 소량의 인화성 액체도 탐지할 수 있다.
  ㉢ 가솔린, 등유, 경유, 시너 등이 흔히 사용되는 촉진제다.
  ㉣ 현장 발견만으로 방화로 단정하지 말고 자연적·우발적 요인을 먼저 배제해야 한다.

(3) 깨진 유리, 강제 개방 흔적
① 충격에 의한 파괴
   충격 부위를 중심으로 방사형 파손형태를 횡으로 잇는 동심원 파손이 생기며, 파손면에는 물결모양의 리플마크가 관찰되는데 리플마크는 방향성을 가져 파괴 시작 지점과 충격방향을 알 수 있는 단서가 된다.
② 열에 의한 파괴
  • 완만한 곡선형태의 불규칙하고 구불구불한 균열이 발생하며, 파단면은 충격에 의한 파괴와 달리 리플마크가 없는 매끄러운 형태를 보인다.
  • 유리창은 복사열을 받은 중앙부와 창틀에 의해 보호된 부분의 온도 차가 약 70℃ 이상일 때 금이 가기 시작한다.

③ 압력에 의한 파괴
- 화재 압력은 약 0.014~0.028kPa으로 보통 창유리 파괴에는 2.07~6.90kPa가 필요하기 때문에 일반적인 화재 시 발생하는 압력만으로 유리창이 파괴되기는 어렵다.
- 폭발에 의한 압력은 구획실 내의 외벽이나 창문, 출입문의 유리에 압력에 의한 파괴를 초래할 수 있다.
- 압력에 의한 파괴는 방사형보다 평행선에 가까운 균열로 파괴되며 충격에 의한 파괴와 달리 동심원 형태는 나타나지 않고 각 파편이 단독적으로 파괴된다.

고득점 POINT 유리의 균열 특성
- 유리는 화재 시 수열면과 비수열면의 온도 차로 내부 응력이 발생해 파손된다.
- 깨진 유리 파편은 대체로 열을 받은 방향, 즉 화재가 난 쪽으로 떨어진다.
- 파편에 그을음이 없으면 화재 전 파손, 그을음이 있으면 화재 중 파손으로 보며, 멀리 날아간 파편에 그을음이 있으면 화재 후 폭발 가능성을 의미한다.
- 파단면 분석을 통해 외부 충격에 의한 파손인지, 열에 의한 파손인지 구별할 수 있다.

④ 강화유리의 파손
㉠ 특성
강화유리는 내부에 압축응력, 표면에 인장응력을 형성해 강도를 높인 안전유리로 파손 시 응력균형이 한 번에 무너지며 잘게 부서진다.
㉡ 파손형태
모서리가 둥근 작은 입방체 모양(Dicing)으로 전체가 산산이 부서져 2차 상해 위험은 낮다.
㉢ 화재감식
- 강화유리는 파손 원인(열·충격·과압)에 상관없이 항상 동일한 입방체 형태로 부서지므로, 일반 유리처럼 균열 패턴을 근거로 원인을 추정하기는 어렵다.
- 바닥 파편 더미 아래에 그을음이 있으면 화재가 상당 시간 지난 뒤 깨진 것으로 본다.
- 현장에서 작은 입방체 조각이 무더기로 발견되면, 그 자체가 강화유리였음을 입증하는 단서가 된다.

(4) 방화나 폭발장치 조각
방화는 의도적으로 화재를 일으키고 은폐하려는 시도가 동반되기 때문에 초기대응 및 지속적 대응이 어렵고 증거수집이 쉽지 않다.

① 방화회재의 연소패턴 특징
㉠ 인화성 액체(촉진제)로 인해 불이 급격히 번져 연소 방향을 식별하기 어렵다.
㉡ 짧은 연소 시간에 비해 피해 면적이 비정상적으로 넓다.
㉢ 뿌려진 촉진제 영향으로 수직 가연물에는 역삼각형(▽) 대신 사각형(ㅁ) 형태의 연소흔이 나타난다.
㉣ 급속한 연소로 인해 면적은 넓지만 기둥·목재의 탄화 깊이는 얕다.
㉤ 현장 주변에서 유류 용기, 라이터, 성냥 등 방화도구가 발견되는 경우가 많다.

② 방화 증거물 및 감식 포인트
　㉠ 발화지점 및 확산경로
　　• 발화점은 주로 바닥이므로 도괴물을 발굴해 최초 지점을 확인한다.
　　• 연결되지 않은 여러 곳에서 독립 발화 흔적이 발견되면 방화 증거가 된다.
　　• 출입구·복도 등에 비정상적으로 쌓인 가연물에서 심한 연소흔이 있으면 방화를 의심한다.
　㉡ 인위적 행위의 흔적
　　• 잠금장치의 파손·잠김 상태로 외부 침입 여부를 추정한다.
　　• 화재경보기의 고의 소손 여부를 확인한다.
　　• 양초·담배·타이머·전기히터 등 지연장치 잔해를 찾는다.
　㉢ 촉진제 및 행위자 특정 증거
　　• 기름띠·냄새를 확인하고 유증기 성분을 분석한다.
　　• 유리 파단면의 리플마크를 통해 외부 충격 여부를 판단한다.
　　• 의류·신발·모발 등에서 탄화흔이나 촉진제 성분을 확인한다.

(5) 전기 구성요소의 역할

구분	역할 및 기능
전기기기	전기 회로에서 부하(Load)라 하며, 전기에너지를 빛·열·운동 등 필요한 형태로 변환해 소비하는 모든 기기
스위치	전등이나 콘센트로 가는 전기의 흐름을 연결하거나 차단하는 개폐장치
전선접속기구	벽 속 배선과 가전제품의 코드를 연결·분리하는 역할(플러그, 콘센트 등)로, 전기를 편리하게 사용할 수 있도록 해주는 인터페이스
개폐기, 차단기	평상시에는 전기를 흐르게 하고 회로에 이상이 생기면 자동으로 차단하여 화재나 감전을 예방하는 안전장치

(6) 탄화된 나무, 종이나 서류, 금속물질, 섬유와 직물의 특징

① 탄화된 나무
　㉠ 목재는 탈수 → 열분해가스 발생 → 화염연소 및 표면연소 → 탄화 → 회화 순으로 연소된다.
　㉡ 최초 발화부(저온)는 천천히 타들어가 타르 발생이 적어 표면이 광택 없는 상태가 되지만 최성기(고온)에서는 급격한 열분해로 발생한 타르 성분이 숯 표면에서 굳으며 광택을 띤다.
　㉢ 최성기 연소 목재는 고온·산소 부족으로 급격한 열분해가 일어나 굵고 큰 균열의 숯이 형성되며 회화되지 않고 원형을 유지한다.

② 종이류
　㉠ 무염연소에서 발생한 가연가스가 발화점 이상이 되면 종이 등이 발염하여 화재로 확산된다.
　㉡ 벽지나 도배지 같은 가연물은 확산연소의 매개체가 되기 쉽다.
　㉢ 최초 발화지점의 종이는 일부만 타고 미연소된 채 남는 경우가 많아 발화 추정에 단서가 된다.
　㉣ 개방화재에서도 최초 발화부의 종이나 옷가지가 원형에 가까운 형태로 남는 경우가 있다.
　㉤ 연소되지 않고 탄화만 된 경우 잔해에 방향성이 나타나 발화 방향을 추정할 수 있지만, 백드래프트 및 플래시오버, 가스폭발 같은 급격한 연소 시에는 방향성 없는 탄화 잔해가 남는다.

③ 플라스틱
　㉠ 플라스틱은 석유·천연가스에서 얻은 원료를 가공한 고분자 화합물이다.
　㉡ 플라스틱은 열과 압력으로 원하는 형태를 쉽게 만들 수 있는데 종류에 따라 열가소성 수지와 열경화성 수지로 분류할 수 있다.

구분	열가소성 수지	열경화성 수지
가열 시 변화	열에 의해 쉽게 녹고, 다시 냉각시키면 단단해지는 수지	열에 의해 형태가 고정되면 다시 열을 가해도 형태가 변하지 않는 수지
내열성 및 내구성	상대적으로 약하다.	강하고 단단하다.
종류	폴리에틸렌, 폴리염화비닐, 폴리프로필렌, 폴리스티렌 등	아미노수지, 페놀수지, 에폭시수지, 요소수지 등

2. 정보

(1) 관계자 진술과 증거확보

① 관계자 진술과 증거의 원칙
　㉠ 증거자료는 수집·보관·관리 전 과정에서 연속성 원칙을 지켜 법적 가치를 유지해야 한다.
　㉡ 관계자 진술은 참고 자료가 될 수 있으나, 물적 증거와 교차 검증이 필요하다.
　㉢ 관계자의 진술이나 증언은 인적 증거로 법정 밖에서 전해 들은 말을 증언하는 경우에는 전문(傳聞)증거에 해당하여 원칙적으로 증거 능력이 제한된다.
　㉣ 관계자 인터뷰는 화재 직후 신속히 진행해 기억 왜곡과 오염을 방지해야 한다.

② 관계자들로부터의 정보수집
　㉠ 화재 당시 자신의 위치, 행동 등 직접적인 경험에 대한 정보를 수집해야 한다.
　㉡ 목격자로부터 화재를 처음 인지한 상황과 외부에서 관찰한 화재 진행에 대한 정보를 수집해야 한다.
　㉢ 소방관계자로부터 출동 당시의 화재 강도, 연기 색, 확산 방향 등 전문가적 관점의 정보를 수집해야 한다.
　㉣ 관리자로부터 화재 발생 장소의 내부 구조, 위험물 위치, 전기·가스 시설 등 평상시 상태에 대한 정보를 수집해야 한다.

③ 관계자 질문의 원칙
　㉠ 진술은 진술자의 자발적 의사에 따른 임의진술이어야 하며 임의성이 없는 진술은 증거로 사용할 수 없다.
　㉡ 진술 신체의 자유를 침해해 임의성을 의심받을 방법을 사용하지 않는다.
　㉢ 소문에 근거한 진술일 경우, 해당 사실을 직접 경험한 관계인의 진술을 확보한다.
　㉣ 유도질문이나 상대방의 감정을 도발하는 질문을 하지 않는다.
　㉤ 질문사항은 질문기록서에 작성하여 증거를 확보한다.

④ 관계자 질문 시 유의사항
  ㉠ 질문자는 먼저 신분을 명확히 밝히고 피질문자에 대한 선입견을 배제한다.
  ㉡ 인터뷰가 진행되는동안 수집한 정보의 질을 평가한다.
  ㉢ 초기 소화자, 피난자 및 소방관도 관계자에 포함된다.
  ㉣ 인터뷰의 목적은 유용하고 정확한 정보를 수집하기 위함이다.
  ㉤ 유도질문이나 상대방의 감정을 도발하는 질문을 하지 않는다.
  ㉥ 증인은 사고에 대한 직접적인 목격자가 아니라도 화재에 대한 유용한 정보를 제공할 수 있다.

(2) 법정 증언
  ① 화재와 관련된 증언은 조사자뿐 아니라 발화자, 초기 소화자, 신고자 등 관계된 모든 사람이 할 수 있다.
  ② 증언은 법정에서 선서를 한 뒤 구두로 진행되며, 증인은 소송 당사자의 변호인이 제시하는 질문에 답변한다.
  ③ 증언의 주요 목적은 증인이 알고 있는 사실, 의견, 그리고 제시 가능한 증거를 드러내는 것이다.
  ④ 증언은 재판에서 활용되거나 향후 법적 절차에 대비해 보존될 수 있으며, 법원 서기에 의해 기록되거나 영상으로 촬영되기도 한다.
  ⑤ 화재와 관련된 증언은 사건의 진위를 판단하는 데 큰 영향을 미치므로, 화재조사자는 개인적 해석을 배제하고 사실 그대로 진술해야 한다.

(3) 사진 및 비디오의 증거인정
  ① 사진 및 비디오의 증거인정 범위
    ㉠ 화재조사관, 관계자, 목격자가 직접 촬영한 사진·비디오가 증거로 인정된다.
    ㉡ 자료는 현장을 왜곡·과장하지 않은 객관적 기록이어야 하며, 원본성을 보장하기 위해 발굴 전·후를 모두 촬영해야 한다.
  ② 증거물의 종류

종류	정의	구체적 형태
서증	문서로 사실을 증명하는 서면 증거	계약서, 진술서, 보고서, 감정서 등
인적증거	사람의 진술로 사실을 증명하는 진술 증거	증인의 증언, 감정인의 의견 등
물적증거	물건의 상태로 사실을 증명하는 물건 증거	범행 도구, 지문, 현장 사진 등
전문증거	전해 들은 사실로 증명하려는 간접 증거	목격자에게 들은 내용 전달하는 증언

(4) 증거 보고서
화재조사 관련 법령에 따라 작성된 보고서와 수집·분석된 증거물 문서는 법정에서 증거로 제출될 수 있으므로, 화재조사관은 객관적이고 전문적으로 보고서를 작성해야 한다.

KEYWORD 19 증거물 수집·운송·저장·보관·검사

1. 화재현장 및 물적증거의 보존

(1) 물리적 증거로서의 화재패턴

① 화재패턴의 증거적 가치
  ㉠ 화재패턴은 방화 도구나 실화원인 등 잠재적 발화원을 규명하는 데 중요한 물리적 증기로 활용될 수 있다.
  ㉡ 가연물의 탄화·산화·소모, 연기와 그을음의 부착, 금속의 찌그러짐·용융·변색, 구조물 붕괴 등 열에 의한 변화는 육안으로 확인 가능하며, 화재 후 남은 물리적 흔적을 측정하여 분석할 수 있다.

(2) 인공증거물(Artifact Evidence)

① 인공증거물
  ㉠ 화재현장에 존재했던 모든 인위적 물체와 그 잔해를 말하며, 화재원인과 전개과정을 규명하는 핵심적인 증거물이다.
  ㉡ 연소 촉진제 용기, 인화성 물질, 고장난 기계장치 등이 인공증거물에 해당하며, 이를 분석하면 발화원, 최초 착화물, 주요 확산 매개체 등을 밝혀내는 데 중요한 단서를 얻을 수 있다.
  ㉢ 인공증거물의 보존 목적은 물품 자체가 아니라 그 위에 남은 화재패턴을 분석하고 증거를 확보하기 위함이다.

② 인공증거물의 종류
  ㉠ 발화원 증거물
    화재의 시작점이 되는 최초의 에너지원으로 결함 있는 냉장고·TV, 단락흔 전선, 담배꽁초, 과열된 석유난로 등 직접적인 발화원인이 된 물품을 말한다.
  ㉡ 최초 착화물 증거물
    발화원의 에너지를 받아 가장 먼저 불이 붙는 물질로 화재발생의 직접적인 시작점으로 의류, 커튼, 책, 신문, 가구, 인테리어 마감재, 플라스틱 쓰레기통, 스티로폼 등 발화원에 의해 가장 먼저 불이 붙은 가연물을 말한다.
  ㉢ 화재확산 증거물
    화재의 확산을 촉진하거나 가속시키는 물질로 휘발유·시너·알코올 등이 담긴 용기, LPG·부탄가스 같은 가연성 가스 용기, 용융된 물질, 그리고 화재 확산경로를 추적할 수 있는 구조물 잔해 등을 말한다.

(3) 증거보호

① 화재현장보존
  ㉠ 폴리스라인이나 로프를 이용해 현장을 구획하고, 허가받지 않은 인원의 출입은 철저히 통제한다.
  ㉡ 정밀조사를 위해 방수포로 덮어 보호하며, 조사 전까지 현상 유지하여야 한다.
  ㉢ 현장의 물건과 설비(스위치 등) 물건은 임의로 조작하거나 이동해서는 안된다.
  ㉣ 필요한 경우 증거 위치에 번호표나 경고 표지를 설치한다.

(4) 화재현장 보존을 위한 조치
① 소방관서장은 화재조사를 위하여 필요한 범위에서 화재현장 보존조치를 하거나 화재현장과 그 인근 지역을 통제구역으로 설정할 수 있다. 다만, 방화 또는 실화의 혐의로 수사의 대상이 된 경우에는 관할 경찰·해양경찰서장이 통제구역을 설정한다.
② 누구든지 소방관서장 또는 경찰서장의 허가 없이 통제구역에 출입하여서는 아니 된다.
③ 화재현장 보존조치를 하거나 통제구역을 설정한 경우 누구든지 소방관서장 또는 경찰서장의 허가 없이 화재현장에 있는 물건 등을 이동시키거나 변경·훼손하여서는 아니 된다. 다만, 공공의 이익에 중대한 영향을 미친다고 판단되거나 인명구조 등 긴급한 사유가 있는 경우에는 그러하지 아니하다.
④ 화재현장 보존조치, 통제구역의 설정 및 출입 등에 필요한 사항은 대통령령으로 정한다.

(5) 소화활동 인력의 역할 및 책임
① 화재현장지휘관의 역할과 책임
㉠ 현장지휘관은 화재현장에서 진압과 인명구조를 총괄하며, 동시에 화재 원인 규명을 위한 현장보존의 책임자로서 역할을 담당한다.
㉡ 법적 권한에 근거하여 현장을 철저히 통제·관리해야 한다.
㉢ 확보된 증거가 안전하게 보존될 수 있도록 관리하며, 화재조사자가 원활히 조사·수집 활동을 할 수 있도록 지원해야 한다.
② 화재현장 보존을 위한 소방대원의 역할 및 주의사항
㉠ 잔불을 정리하는 동안 남아있는 증거물이 훼손되지 않게 주의 한다.
㉡ 화재현장에 있는 설비, 기구 또는 시설의 손잡이를 돌리거나 작동스위치를 켜는 것을 자제 한다.
㉢ 화재현장에서 석유류 연료를 사용하는 장비를 사용하는 것, 재급유하는 것을 자제한다.
㉣ 사망이 확인된 사체는 현장보존을 위해 그 위치를 변경하여서는 안된다.
㉤ 잔불정리 시에 필요 이상으로 물건을 옮기거나 쓰러뜨리지 않도록 한다.
㉥ 화재진압과정에서 높은 수압은 증거물을 훼손할 수 있음을 인지해야 한다.
㉦ 부득이하게 파괴되거나 변경되었을 때는 그 내용을 기록해 추후에라도 화재조사관에게 전달하여야 한다.

2. 물적증거의 오염

(1) 증거물 보관 용기의 오염
① 증거물은 미세 잔류물이 남아 다른 증거를 오염시킬 수 있으므로 수집용기는 절대 재사용해서는 안된다.
② 운송·보관 중 수분, 먼지, 화학물질이 유입되거나 휘발성 물질이 날아가 증거가 변질될 수 있으므로 채취 즉시 현장에서 완벽히 밀봉해야 한다.
③ 발화지점의 핵심 증거물에 다른 장소의 일반 탄화물을 함께 넣으면 교차오염이 발생해 성분 분석이 불가능해진다.

(2) 증거물수집과정에서의 오염
① 증거물의 오염은 대부분 수집 과정에서 발생한다.
② 수집 시에는 반드시 새 장갑을 착용해야 한다.
③ 오염 방지를 위해 수집용기는 제조업체에서 공급받은 직후 미리 밀봉해 두기도 한다.
④ 보관 용기의 뚜껑 등을 활용해 직접 접촉을 최소화한다.
⑤ 새 보관 용기는 기존에 사용된 용기와 분리해 오염되지 않은 곳에 보관한다.
⑥ 용기는 현장에서 증거물을 담을 때만 개봉하고, 이후에는 실험실 조사 전까지 봉인 상태를 유지해야 한다.
⑦ 상호 교차 오염을 막기 위해 화재조사관은 액체나 고체 촉진제 증거물을 수집할 때 수집도구가 오염되지 않도록 철저히 조치한 후 사용해야 한다.

3. 증거물 수집 방법

(1) 물리적 증거 수집과 보전
① 물리적 증거물 수집

고려사항	수집방법
휘발성	액체나 기체 증거물은 공기 중에서 쉽게 사라지므로 현장에서 가장 먼저 채취해야 하며 증발속도를 고려하여 수집방법을 결정한다.
파손성	물리적 증거물이 쉽게 부서지거나 손상될 수 있으므로 파손 가능성을 고려하여 수집방법을 결정한다.
물리적 상태	물리적 증거물이 고체, 액체, 기체 중 어떤 상태인지에 따라 각각 적합한 수집방법을 결정한다.
물리적 특성	물리적 증거물이 놓인 위치, 탄화·용융 정도, 상변화, 열에 의한 구조물 영향 등을 종합적으로 고려하여 수집방법을 결정한다.

② 증거물의 수집 원칙
  ㉠ 증거는 발견 당시의 상태가 가장 많은 정보를 담고 있으므로, 일부만 채취하거나 이물질을 제거하지 말고 원형 그대로 보존·수집해야 한다.
  ㉡ 화재현장의 증거물은 시간이 지남에 따라 부패·증발·오염으로 변질될 수 있으므로 신속히 채취한다.
  ㉢ 교차오염을 막기 위해 증거는 발견 위치별로 반드시 개별 포장해야 하며, 여러 증거를 한 용기에 담으면 분석이 불가능해진다.
  ㉣ 오염을 방지하기 위해 증거물 수집할 때 반드시 새 장갑을 사용해야 한다.
  ㉤ 언제, 어디서, 누가, 어떻게 수집했는지 등 수집 및 채취한 경과와 사건개요를 기술한다.

(2) 법의학적 물리적 증거물의 수집
지문과 장문, 피, 타액, 머리카락, 신발 자국, 유리, 필적 등 일반적인 증거로 추적할 수 있는 것을 말한다.

(3) 촉진제 테스트를 위한 증거수집
  ① 액체 촉진제
    액체 촉진제는 휘발유·시너 등과 같은 인화성 액체로 방화의 목적으로 사용되어 화재를 쉽고 빠르게 일으키고 급격하게 확산시키는 역할을 한다.
    ㉠ 일반적인 특징
      - 발열량이 커 소량으로도 강한 화력을 내어 화재를 급격히 확대시킨다.
      - 물보다 비중이 낮아 물 위에 뜨며, 알코올류를 제외하면 대부분 물에 섞이지 않는 비수용성이다.
      - 현장에서는 액체뿐만 아니라 증기 상태로도 발견될 수 있다.
      - 카펫, 목재 등 다공성 물질에 쉽게 스며들어 증발이 억제되며, 화재 후에도 오랫동안 잔류한다.
      - 증발이 빠르며 공기 중에 가연성 증기를 형성해 발화원과 만나면 격렬하게 연소한다.
    ㉡ 수집방법
      - 밀가루 등 흡수성 물질은 실험실로 옮겨 추출한다.
      - 액체 표본은 살균한 거즈패드로 채취할 수 있다.
      - 액체 촉진제가 다공성 물질에 스며들면 고체 상태로 잔존하기도 한다.
      - 촉진제는 내부 마감재나 화재 잔해에 쉽게 흡수된다.
      - 대부분 물보다 가벼워 물 위에 뜨지만, 알코올처럼 물과 섞이는 경우도 있다.
      - 휘발성 유류 증거물은 수집 즉시 밀폐 용기에 담아 밀봉하고, 증발을 줄이기 위해 가능한 한 서늘한 곳에 보관해야 한다.

> **고득점 POINT** 화학 흡착제법
> - 흡착력이 매우 강한 분말(흡착제)을 오염된 표면에 뿌려, 깊숙이 스며든 휘발성 연소촉진제 성분을 빨아들여 채취하는 원리를 이용하여 눈에 보이지 않는 미량의 액체나 기체 증거를 수집한다.
> - 사용되는 흡착제로는 탄산칼슘(석회), 규조토, 활성탄, 무첨가 밀가루 등이 있다.

  ② 고체에 흡수된 액체 촉진제
    ㉠ 고체에 흡수된 액체 촉진제
      액체 촉진제는 카펫, 흙, 콘크리트 등과 같은 다공성 고체에 흡수된 상태로 발견되는 경우가 많으며, 이때는 액체를 머금은 고체 자체가 곧 증거물이 된다.
    ㉡ 수집방법
      - 증거물은 떠내기, 절단, 톱질, 긁어내기 등으로 원형 그대로 채취한다.
      - 목재·플라스틱·콘크리트의 균열이나 절단면은 촉진제가 깊게 스며들 수 있어 주요 채취 지점이 된다.
      - 흙·모래처럼 액체가 깊이 스며든 경우는 표면뿐 아니라 내부까지 시료를 채취한다.
      - 콘크리트 바닥 등 직접 채취가 어려울 때는 규조토·석회·무첨가 밀가루 등 흡착제를 도포해 20~30분간 흡수시킨 뒤, 흡착제 자체를 증거물로 수집한다.
      - 정확한 분석을 위해 오염되지 않은 흡착제를 비교표본으로 함께 제출한다.

③ 고체 촉진제 시험용 시료 수집
　㉠ 고체 촉진제는 가정용 화학제품, 공업용 약품, 위험 화학물질일 수 있다.
　㉡ 수집 시에는 발견 당시의 물리적 상태를 그대로 보존하며, 가능하면 물질 전체를 채취해야 한다.
　㉢ 일부 방화 물질은 부식성·반응성이 있어 포장 용기를 손상시킬 수 있으므로 포장에 주의해야 하며, 조사자의 안전을 위해서도 신중히 취급해야 한다.

④ 비교표본의 수집
　㉠ 촉진제가 흡수된 카펫 등을 수집할 경우 반드시 비교표본을 함께 채취해야 감정과정을 거쳐 촉진제가 묻은 증거물과 대조·비교가 가능해진다.
　㉡ 비교표본은 동일한 재질의 시료 중 화재나 촉진제에 오염되지 않은 부분을 피해가 없는 지역에서 확보해야 한다.

(4) 전기설비 구성부품의 수집
① 증거물은 반드시 현장 기록과 사진 촬영 후 이동한다.
② 전선의 양 끝에는 태그를 붙여 회로나 장치 정보를 명확히 표시한다.
③ 제품 내 전기적 이상이 확인되면 상태를 그대로 보존해 수거한다.
④ 수집 전 반드시 전원이 차단되었는지 확인한다.
⑤ 전기제품은 중요 부품뿐 아니라 전원 케이블, 연료 공급 배관 등 구성품도 포함해 수집한다.
⑥ 화재 원인과 경위 규명을 위해 주요 부품뿐 아니라 주변 부품도 함께 수거한다.
⑦ 전선은 단락, 과부하, 절연파손 흔적 확인을 위해 남은 피복까지 검사할 수 있도록 가급적 길게 채취한다.
⑧ 분해·이송 시에는 발견 당시 상태를 그대로 유지해야 한다.

(5) 전기기기 또는 소형 전기 제품의 수집
① 서모스탯은 냉각수의 온도 변화에 따라 자동으로 개폐하여 냉각장치로 보내는 유량을 조절하는 장치로 이 장치가 고장 나면 과열로 이어져 화재의 직접적인 원인이 될 수 있다.
② 냉온수기 자동 온도조절장치에서는 바이메탈 서모스탯의 가동접점과 고정접점 단자 사이에서 먼지나 수분 등 이물질이 쌓이면 전기가 미세하게 흐르는 트래킹 현상이 발생해 전기적 발열·용융으로 인한 발화가 발생할 수 있다.

4. 증거보관 용기

(1) 액체 및 고체 촉진제 증거물 보관 용기

① 증거물 보관 용기

증거의 무결성을 유지하는 데 필수적이며, 부적절한 용기 사용 시 증거가 증발·변질·오염되어 법적 증거 능력을 잃을 수 있다.

② 액체 및 고체 촉진제 증거물 보관 용기 종류 및 특성

㉠ 비닐 백(증거물 상태: 고체)
- 장점
  - 모양과 크기가 다양하고 저렴하다.
  - 보관이 편리하고 용기를 열지 않아도 내용물을 볼 수 있다.
- 단점
  - 손상과 오염에 취약하다.
  - 탄화수소·알코올 등 액체 증거물 담기가 어렵다.
  - 액체 시료는 용기 손상 시 표본 손실이나 교차오염을 일으킬 수 있다.

㉡ 종이상자(증거물 상태: 고체)
- 장점
  - 전선류 등 부피 큰 시료를 담을 수 있으며, 대·중·소로 구분해 사용 가능하다.
  - 금속캔, 유리병 등의 포장 보조 용도로 활용할 수 있다.
- 단점
  - 기밀성과 내습성이 약해 쉽게 찢어지거나 파손되어 증거물이 오염될 수 있다.

㉢ 유리병(증거물 상태: 고체, 액체)
- 장점
  - 구하기 쉽고 저렴하며, 열지 않아도 내용물을 확인할 수 있다.
  - 휘발성 액체의 증발을 막아 장기 보관 시 증거물의 악화를 줄일 수 있다.
- 단점
  - 깨지기 쉽고, 크기 제한으로 대량 저장이 어렵다.

㉣ 금속캔(증거물 상태: 고체, 액체)
- 장점
  - 구하기 쉽고 저렴하며, 내구성이 좋아 사용이 편리하다.
  - 휘발성 액체의 증발을 막을 수 있다.
- 단점
  - 내용물을 직접 볼 수 없고, 산화로 인한 녹이 생길 수 있다.
  - 증기압으로 마개가 열릴 수 있어 $\frac{2}{3}$ 이상 채우지 말아야 한다.

ⓜ 특수증거물 가방(증거물 상태: 고체, 액체)
  • 장점
    - 액체와 고체 증거물을 구분해 수집할 수 있는 특수가방으로 보관·이동이 편리하다.
    - 액체 촉진제의 증발과 오염을 효과적으로 막을 수 있다.
  • 단점
    - 파손되기 쉽고 봉인이 어려워 증거물 오염을 유발할 수 있다.
ⓗ 일반 플라스틱 용기(증서물 상내: 고체, 액체)
  • 장점
    - 모양과 크기가 다양하며 가격이 저렴하다.
    - 열지 않아도 내용물을 확인할 수 있어 보관이 편리하다.
  • 단점
    - 탄화수소·아세톤 등 액체 증거물은 담기가 곤란하다.
    - 구멍이 생기면 시료 손실이나 교차오염이 발생할 수 있다

(2) **증거물 시료용기**
  ① 공통사항
    ㉠ 장비와 용기를 포함한 모든 장치는 원래의 목적과 채취할 시료에 적합하여야 한다
    ㉡ 시료의 저장과 이동에 사용되는 용기로 적당한 마개를 가지고 있어야 한다.
    ㉢ 취급할 제품에 의한 용매의 작용에 투과성이 없고 내성을 갖는 재질로 되어 있어야 하며, 정상적인 내부압력에 견딜 수 있고 시료채취에 필요한 충분한 강도를 가져야 한다.

  ② 유리병
    ㉠ 유리병은 유리 또는 폴리테트라플루오로에틸렌(PTFE)로 된 마개나 내유성의 내부판이 부착된 플라스틱이나 금속의 스크루 마개를 가지고 있어야 한다
    ㉡ 코르크 마개는 휘발성 액체에 사용하여서는 안되며 만일 제품이 빛에 민감하다면 짙은 색깔의 시료병을 사용한다.
    ㉢ 병의 상태나 이전의 내용물, 시료의 특성 및 시험하고자 하는 방법에 따라 세척 방법은 달라진다.

  ③ 주석 도금 캔(CAN)
    ㉠ 캔은 사용직전에 검사하여야 하고 새거나 녹슨 경우 폐기한다.
    ㉡ 주석 도금캔(CAN)은 1회 사용 후 반드시 폐기한다.

  ④ 양철캔(CAN)
    ㉠ 양철 캔은 적합한 양철판으로 만들어야 하며, 프레스를 한 이음매 또는 외부 표면에 용매로 송진 용제를 사용하여 납땜을 한 이음매가 있어야 한다.
    ㉡ 양철 캔은 기름에 견딜 수 있는 디스크를 가진 스크루 마개 또는 누르는 금속마개로 밀폐될 수 있으며, 이러한 마개는 한번 사용한 후에는 폐기되어야 한다.
    ㉢ 양철 캔과 그 마개는 청결하고 건조해야 한다.
    ㉣ 사용하기 전에 캔의 상태를 조사해야 하며 누설이나 녹이 발견될 때에는 사용할 수 없다.

⑤ 시료용기의 마개
　㉠ 코르크마개, 고무(클로로프렌 고무는 제외), 마분지, 합성 코르크마개 또는 플라스틱 물질(PTFE는 제외)은 시료와 직접 접촉되어서는 안된다. 만일 이런 물질들을 시료용기의 밀폐에 사용할 때에는 알루미늄이나 주석 호일로 감싸야 한다.
　㉡ 양철 용기는 돌려 막는 스크루 뚜껑만 아니라 밀어 막는 금속 마개를 갖추어야 한다.
　㉢ 유리 마개는 병의 목 부분에 공기가 새지 않도록 단단히 막아야 한다.

5. 물적 증거의 수송 및 보관

(1) 직접운반
① 화재현장의 증거물은 연구소나 감정기관으로 보낼 때 화재조사관이 인편 송부나 탁송 절차를 따른다. 단, 우편 취급이 부적절한 물품은 직접 운반해야 한다.
② 원칙적으로 우편 발송도 가능하지만, 가장 안전한 방법은 직접 운반이다.

> **고득점 POINT** 　우편금지물품
> - 폭발성물질
> - 가연성물질
> - 유독성물질
> - 발화성물질
> - 인화성물질
> - 강산류 및 강산화성 물질

(2) 발송
① 증거물은 원형을 보존하고, 신뢰성 있는 우편서비스를 이용해야 한다.
② 다수일 경우 반드시 개별 포장해야 하고 특히 인화성 물질은 철저히 분리해야 한다.
③ 화재조사관의 이름과 증거물 상세목록을 기재한 문서를 동봉하여 실험실 검사에 활용한다.

(3) 증거물의 보관
① 휘발성 증거물을 보관할 때에는 냉장보관 한다.
② 휘발성 증거물을 다룰 때 극한 온도의 영향으로부터 보호되어야 한다.
③ 증거물 보관실은 서늘하고 통풍이 원활하며 햇빛에 증거물이 변형되지 않는 곳이 좋다.

(4) 증거물의 포장
입수한 증거물을 이송할 때에는 포장을 하고 상세 정보를 기록하여 부착한다. 이 경우 증거물의 포장은 보호상자를 사용하여 개별 포장함을 원칙으로 한다.

(5) 증거물 보관 및 이동

① 증거물은 수집단계부터 검사 및 감정이 완료되어 반환 또는 폐기되는 전 과정에 있어서 화재조사관 또는 이와 동일한 자격 및 권한을 가진 자의 책임하에 행해져야 한다.
② 증거물의 보관 및 이동은 장소 및 방법, 책임자 등이 지정된 상태에서 행해져야 되며, 책임자는 전 과정에 대하여 이를 입증할 수 있도록 다음 사항을 작성하여야 한다.
　㉠ 증거물 최초상태, 개봉일자, 개봉자
　㉡ 증거물 발신일자, 발신자
　㉢ 증거물 수신일자, 수신자
　㉣ 증거 관리가 변경되었을 때 기타사항 기재
③ 증거물의 보관은 전용실 또는 전용함 등 변형이나 파손될 우려가 없는 장소에 보관해야 하고, 화재조사와 관계없는 자의 접근은 엄격히 통제되어야 하며, 보관관리 이력은 서식에 따라 작성하여야 한다.
④ 증거물 이동과정에서 증거물의 파손·분실·도난 또는 기타 안전사고에 대비하여야 한다.
⑤ 파손이 우려되는 증거물, 특별 관리가 필요한 증거물 등은 이송상자 및 무진동 차량 등을 이용하여 안전에 만전을 기하여야 한다.
⑥ 증거물은 화재증거 수집의 목적달성 후에는 관계인에게 반환하여야 한다. 다만 관계인의 승낙이 있을때에는 폐기할 수 있다.

6. 기타사항

(1) 물적증거 인식표지
① 수집한 증거물에는 반드시 표시나 라벨을 부착해야 한다.
② 라벨에는 수거 날짜, 수집자, 증거물 이름, 사건번호, 항목 명칭, 증거물 설명, 발견 장소 등을 기록한다.
③ 화재조사자는 증거물이 손상·분실·이동되지 않도록 주의해야 한다.

(2) 물리적 증거물에 대한 전달체계
증거물을 인수인계할 때는 보관 이력 서식에 따라 인수자의 서명을 받아야 한다.

(3) 증거물 처리
① 증거물은 공식적인 허가 없이는 임의로 처리해서는 안된다.
② 방화 등 형사사건에 해당하는 경우 법원의 최종 판결 확정 시까지 안전하게 보존해야 한다.
③ 법정에 제출될 증거물은 반드시 현장에서 수집된 원본 그대로여야 하며 위·변조되지 않았음이 보장되어야 한다.
④ 조사 목적과 법적 절차가 모두 끝나면 원칙적으로 소유자 등 정당한 권리자에게 반환해야 하며, 반환이 불가하거나 원치 않을 경우 관계인의 승낙을 받아 폐기할 수 있다.
⑤ 반환이나 폐기 시에는 반드시 날짜, 대상, 방법 등을 기록으로 남겨 증거물 관리 절차를 명확히 마무리해야 한다.

7. 물적 증거의 검사 및 테스트

(1) 테스트 방법

① 가스 크로마토그래피법(Gas Chromatography)

㉠ 용도

혼합물을 각각의 성분으로 분리하여 정성 및 정량분석 방법이다.

㉡ 구성요소

구분	내용
운반기체(Carrier Gas)의 고압실린더 (압력조정기와 유량조정기 부착)	시료를 분석칼럼까지 운반하는 비활성 기체
검출기(Detector)	분리된 성분을 순서대로 감지하는 장치(질량분석기(MS)가 대표적)
항온 장치(Oven)	분석칼럼의 온도를 정밀하게 제어하여 분리 효율을 높이는 장치
시료주입장치(Injector)	액체 시료를 고온으로 기화시켜 주입하는 부분
분석칼럼(Column)	성분의 속도 차이에 따라 분리되는 길고 가느다란 관

㉢ 분석 불가능 물질

구분	내용
분자량은 작지만 휘발되지 않는 물질	무기금속, 금속, 소금 등
재반응성이 크거나 불안정한 물질	불산, 오존, 질소산화물(NOx) 등
흡착력이 큰 물질	카르복실기, 히드록실기, 아미노기, 유황 등을 함유한 물질

② 질량 분광계(MS, Mass Spectrometry)

㉠ 용도
- 가스크로마토그래피(GC)로 분리된 성분을 정밀 분석하여 기체·액체·고체 및 화합물의 정성분석 방법이다.
- 시료 물질의 원소 조성과 분자구조에 대한 정보를 제공한다.
- 시료에 존재하는 동위원소 비율에 대한 정보를 제공한다.
- 고체 표면의 특성에 대한 정보를 제공한다.

㉡ 구성요소

시료 도입부, 이온화부, 분석부(질량분리기), 검출부(컴퓨터기록), 전원부 등으로 구성되어 있다.

③ 원자흡광분석(AA, Atomic Absorption)
  ㉠ 용도
    시료를 원자화한 뒤 흡광분석법으로 금속·반금속 및 일부 비금속원소의 함량을 정량적으로 측정하는 방법이다.
  ㉡ 특징
    시료가 극미량이어도 측정이 가능하고 전처리가 간단하며 공존물질의 간섭이 적다.
  ㉢ 주요분석물질
    • 임상검사실에서는 혈청 중 마그네슘, 칼슘, 철, 동, 아연 등을 측정한다.
    • 알칼리금속, 알칼리토금속, 아연, 카드뮴, 구리, 망가니즈, 납, 은 등 미량분석에 적합하다.

④ 적외선 분광광도계(IR, Infrared Spectrophotometer)
  ㉠ 용도
    • 물질이 특정 파장의 적외선을 흡수하는 성질을 이용하여 화학종 확인하는 장치이다.
    • 무기화학과 유기화학 전 영역에서 활용 가능하며 적외선흡수스펙트럼을 해석해 주로 유기물의 구조분석에 사용된다.
  ㉡ 주요분석물질
    • 시료는 기체·액체·고체 모두 가능하지만 액체 상태가 가장 취급이 쉽다.
    • $O-H$ 등 극성이 강한 작용기를 가진 물질 분석에 특히 유용하다.

⑤ 엑스레이 형광분석(XRF, X-Ray Fluorescence Spectrometer)
  ㉠ 용도
    화재열로 용융되어 엉겨 붙은 플라스틱 등 어떤 물체 내부의 실체를 전혀 알 수 없거나 감정물건의 내부를 확인할 목적으로 사용한다.
  ㉡ 특징
    화재증거물 자체를 파괴시키지 않고 정성분석과 정량 분석이 가능하다.
  ㉢ 주요분석물질
    용융된 콘센트, 용융된 플러그, 용융된 배선용 차단기 등 분석에 적합하다.

⑥ 주사전자현미경(SEM, Scanning Electron Microscope)
  고체시료의 미세한 조직과 표면을 관찰할 때 사용하는 현미경이다.

⑦ 인화점 시험방법의 종류 및 적용기준
  ㉠ 인화점 시험방법
    • 태그 밀폐식(Tag close cup)
      － 적용기준
        시료를 담은 밀폐컵을 액체에 잠기게 하여 가열하고 점화원에 노출되었을때 증기가 발화하는 온도를 측정하는 방법으로 인화점 93℃ 이하인 물질의 시료를 측정하는데 사용하는 방법이다.
      － 시료
        휘발유, 등유, 항공유 등

- 펜스키-마텐스 밀폐식(Pensky-Martens Closed Tester)
  - 적용기준
    인화성 액체, 부유물을 가진 액체, 시험 조건에서 표면막을 형성하기 쉬운 액체를 시험하며 인화점 40~370℃까지인 시료를 측정할 수 있다.
  - 시료
    경유, 중유, 절연유, 절삭유
- 태그 개방식(Tag Open Cup Apparatus)
  시료를 담은 개방식 컵을 액체에 잠기게 하여 가열하는 방식으로 인화점이 −18~290℃인 시료를 측정한다.
- 클리브랜드 개방식(Cleveland Open Cup)
  - 적용기준
    개방식 황동제 컵에 시료를 담아 직접 가열하는 방식으로 인화점 80℃ 이하인 시료를 측정한다.
  - 시료
    석유 아스팔트, 유동 파라핀, 방청유, 잘연유, 열처리유, 각종 윤활유 등

8. 화재현장의 증거물 분석 및 재구성

(1) 증거와 자료의 재검토
① 화재현장에서 확보한 증거물과 분석 결과는 시간 순서대로 재구성해 합리성을 검토해야 한다.
② 발화점 추정 과정에서 연소 패턴, 연소 확대 경로, 관계자 진술 간에 모순이 발견되면, 모든 가설을 증거 중심으로 다시 점검해야 한다.

(2) 증거물 역할의 분류
① 증거의 분류

구분	내용
시간적 증거	화재가 발생한 시점을 알려주는 증거
방향적 증거	불길의 진행 방향이나 행위자의 이동 경로를 추정할 수 있는 증거
지역·위치 증거	발화 지점이나 물건이 있던 장소적 정보에 대한 증거
소유 증거	물건의 소유 관계를 통해 현장 존재 여부나 방화 용의자를 입증할 수 있는 증거
접촉 증거	물체 간 접촉 흔적이나 사람의 손길로 인한 교환 흔적으로 확인되는 증거
행위 증거	방화범, 초기 소화자 등의 행동 결과로 남은 흔적을 통해 확보되는 증거

② 증거의 역할

분류	증거의 역할
시간적 증거	• 책상 위 등 넓은 면에 일부만 그을음이 없을 경우 화재 당시 물건이 있었으나 이후 옮겨졌음을 의미한다. • 바닥에 떨어진 깨진 유리의 바닥면에 그을음이 없을 경우 화재 전에 창문이 깨졌음을 의미한다. • 폭발로 튄 유리에 그을음이 없을 경우 폭발이 화재보다 먼저 발생했음을 의미한다. • 폭발로 튄 유리에 그을음이 있을 경우 화재가 먼저 발생했음을 의미한다. • 소사체에서 생활반응이 없을 경우 화재 이전에 사망했음을 의미한다. • 생활반응이 있을 경우 화재 당시 생존 상태였음을 의미한다. • 발굴 시 가장 아래 부분이 타지 않은 상태로 남아 있을 경우 화재 초기부터 불길이 닿지 않았음을 의미한다.
방향적 증거	• 사망자가 발견된 위치는 화재 시 위험을 피하려는 행동 특성이 반영되므로, 이를 통해 화염의 진행 방향을 추정할 수 있다. • 유리창이 외력으로 파괴된 경우, 파단면에 나타나는 리플마크를 분석하면 충격이 실내에서 가해졌는지, 실외에서 가해졌는지를 알 수 있다. • 화재·폭발현장에서 비산된 파편은 폭심을 중심으로 주변으로 흩어지므로, 파편의 이동 경로를 연결해 폭심 위치를 추정할 수 있다.
지역·위치 증거	• 화재로 인한 폭발 시, 주변에서 발견된 그을음이 묻은 파편은 현장 비산물임을 의미하며, 파편의 위치를 통해 폭발력의 크기를 추정할 수 있다. • 화재조사관은 그림자 패턴, 눌린 흔적, 미연소 흔적 등을 근거로 화재 이전의 배치 상태를 추정하여 현장을 복원할 수 있다. • 방화 용의자의 의복에서 현장에서 비산된 것과 동일한 유리가 발견된다면, 화재현장에 있었음을 추정할 수 있다.
소유 증거	• 방화 현장에서 도난품이 발견되면, 물건의 소유자를 통해 사건과의 관련성을 확인할 수 있다. • 방화범이 사용한 가방에서 신용카드 영수증이 발견되면, 가방의 소유 여부로 범인과의 연관성을 입증할 수 있다. • 화재 차량에서 신원이 불명확한 사망자가 발견되면 차량 번호를 통해 소유 정보를 확인하고 신상을 파악할 수 있다. • 소사체가 유골만 남았을 경우, 주머니에서 발견된 신분증으로 사망자의 신상이나 생전 행위를 확인할 수 있다.
접촉 증거	• 방화 용의자의 신발에 화재 현장 페인트가 묻어 있는 경우 • 용의자의 의복에서 유류 냄새가 나는 경우 • 방화에 사용된 인화성 액체 용기에서 지문이 발견된 경우 • 배전반 스위치나 출입문 손잡이 등 접촉 흔적에 따라 닫힘·열림 여부를 알 수 있는 경우 • 화재 현장에서 발견된 담배에서 용의자의 DNA가 검출된 경우 • 출입문 경첩 안쪽에 그을음이 없다면, 닫힌 상태에서 화재가 진행된 것으로 추정할 수 있다.
행위 증거	• 화재 현장 주변에서 머리나 손에 화상을 입은 사람은 초기 소화자일 가능성이 높다. • 방화범은 인화성 액체 사용으로 손·얼굴 화상, 의복의 탄 흔적, 유류 냄새 등을 남길 수 있다. • 현장에서 발견된 깨진 유리의 Waller Line은 화재 이전 외부 침입 여부를 알 수 있는 단서가 된다. • 유리 파편이 창문 안쪽에 집중되어 있으면 외부인의 침입 가능성을 추정할 수 있다.

(3) 마인드 매핑(Mind Mapping)

① 개요
- ㉠ 증거와 정보를 조합해 관련 있는 것들끼리 서로 연결한다.
- ㉡ 개별 화재 증거물을 연관된 정보로 묶어 분석·재구성하여 화재원인을 추론한다.
- ㉢ 단편적인 생각이나 단어를 나열하고 연결해 체계화하는 과정을 그림으로 정리해 표시한다.

② 마인드 매핑의 장점
- ㉠ 수집된 정보를 분석하여 전체상황을 파악할 수 있다.
- ㉡ 규정된 서식이 없어 그림이나 지도로 그려 형식이 다양하고 작성이 쉽고 사건의 분류가 용이하다.

(4) 타임라인(Time Line)

① 개요
- ㉠ 사건을 시간의 흐름에 따라 순서대로 배열하여 증거를 재구성하는 방법이다.
- ㉡ 화재 전·후의 인적 행동이나 기계 작동 상황을 시간 순으로 정리해 사건을 분석한다.

② 타임라인의 장점
- ㉠ 화재 전후의 관계를 파악할 수 있는 핵심 정보를 제공한다.
- ㉡ 화재 발생 시점과 진행 상황을 시간대 별로 정리해 한눈에 파악할 수 있다.
- ㉢ 시간 정보는 범죄 사실 규명에 중요한 단서를 제공한다.
- ㉣ 다양한 시간 정보를 바탕으로 타임라인을 구성하면 화재 현황, 활동 내용, 문제점을 체계적으로 분석할 수 있다.

③ 타임라인(Time Line) 구성요소
- ㉠ 실제시간(Hard Time), 절대적 시간: 신고가 접수된 시간, 알람의 설정과 작동시간, 완전진화시간
- ㉡ 상대적시간(Relative Time): 목격된 지속시간
- ㉢ 소프트시간(Soft Time): 추정시간

(5) PERT (Program Evaluation and Review Technique)차트의 구성
증거들을 종합해 형성된 사건들을 시간의 흐름에 따라 타임라인에 배열한 것이다.

(6) 검증
화재현장 증거분석과 정보만으로 결론을 내리기 어려울 때는 실제적이고 과학적인 검증방법을 이용해야 하는데 대표적인 방법으로 축소모델 화재실험, 화재 시뮬레이션(FDS), 피난 시뮬레이션(Pathfinder) 등을 활용할 수 있다.

KEYWORD 20 촬영 · 녹화 · 녹음

1. 사진촬영

(1) 촬영의 필요성

① 사진은 당시 현장의 상황을 생생하게 전달할 수 있다.
② 조사과정에서 놓쳤던 정보나 사실을 다시 확인할 수 있다.
③ 화재현장의 소손 상태와 관련 물건을 정확히 기록하는 수단이 된다.
④ 사진 · 영상 기록을 남기면 장기간 현장보존의 필요성이 줄어든다.

(2) 촬영의 한계 등

① 사진촬영의 중요성

구분	내용
진술 · 증거의 신뢰성	사진은 진술을 보강하여 증거의 신뢰성을 높인다.
사실의 객관적 기록	현장상황을 있는 그대로 묘사한다.
기억 환기성	시간이 지나 희미해진 기억을 생생하게 되살린다.

② 사진촬영의 한계

㉠ 화재 초기 현장은 접근이 쉽지 않아 증거물이 보존되기 이전에 촬영 기회를 놓치는 경우가 많이 발생한다.
㉡ 연기에 의한 시야 장애, 건조물의 도괴로 인한 구조적 제약, 물적 감정물의 분해 난이도 등은 현장의 촬영을 어렵게 만드는 주요요인에 해당한다.
㉢ 야간이나 어두운 실내에서는 조명이 충분치 않아 플래시를 사용하지 않으면 선명한 사진확보가 힘들다.
㉣ 차량화재의 경우에는 소방활동 중 구조물이 파괴 · 훼손될 수 있어 진화 중 연소 상황 이외의 사진은 확보하기 어렵다.
㉤ 역광이나 과도한 빛이 존재하는 경우 촬영한 피사체의 윤곽이 흐려져 현장의 상태가 명확히 기록되지 않을 수 있다.

③ 서류 작성 시 현장 감정사진 작성방법

㉠ 사진을 촬영한 방위를 반드시 표기한다.
㉡ 촬영 일시를 정확히 기재한다.
㉢ 화재현장 증거물 및 감정사진을 첨부하고, 하단에 제목과 설명을 기록한다.
㉣ 형사사건 및 재판에서 증거자료로 활용될 수 있으므로 각 촬영은 신중히 진행한다.

> **고득점 POINT** 사진촬영 및 녹화 시 요령
> - 높은 지점에서 화재현장 전체를 내려다보듯 촬영하여 전체적인 연소 양상을 기록
> - 건물은 4방향에서 각각 촬영하여 외부 형태와 피해 범위를 객관적으로 기록
> - 발화부 주변은 화염 확산경로를 추정할 수 있도록 구조물의 외부에서 내부 방향으로 촬영
> - 한 장의 사진으로 현장 전체를 담기 어려울 경우 여러 장을 이어 파노라마 형식으로 촬영
> - 의심이 가는 지점이나 중요한 증거물은 다양한 각도에서 반복 촬영하여 세밀한 정보 확보

2. 촬영 시 주의사항

(1) 촬영의 기본

① 촬영의 기본방법
- ㉠ 어두운 장소에서는 스트로보(Strobo)를 사용한다.
- ㉡ 작은 물건은 인식이 어려우므로 표식을 활용한다.
- ㉢ 감식 대상은 정확하고 선명한 사진을 위해 오물을 제거한 뒤 촬영한다.
- ㉣ 현장 최초 도착 시 원상태를 그대로 기록하고, 화재조사 진행 순서에 맞추어 촬영한다.
- ㉤ 화재와 관련성이 큰 증거물이나 피해물품은 면밀히 관찰 후 상세히 촬영한다.
- ㉥ 연소확대 경로나 증거물 기록을 위해 번호표와 화살표를 표시하고 촬영한다.

② 화재현장의 사진촬영 방법
- ㉠ 접사 촬영 시에는 배경막을 설치한 후 촬영한다.
- ㉡ 현장사진은 충분히 촬영하되, 불필요한 인물이나 관련 없는 피사체는 촬영하지 않는다.
- ㉢ 발화지점을 중심으로 연소가 확산된 상황을 촬영하고 발화건물과 인접 도로, 주변 건물의 경계선을 파악해 함께 촬영한다.
- ㉣ 소실된 국소 부위만 촬영하지 말고 현장 전체를 함께 기록한다.
- ㉤ 증거물이 발견되면 현장 기록 및 사진 촬영을 마친 후 이동시킨다.
- ㉥ 외부 촬영 시에는 먼 거리에서 대상 건물 전면이 담기도록 촬영한다.
- ㉦ 연소 및 탄화된 형태는 조사자의 시각을 배제하고 객관적으로 촬영한다.
- ㉧ 각 방위별로 출화 방향에 유의하여 구조물의 형태를 확인하며 촬영한다.

③ 카메라 기능
- ㉠ ISO 감도
  - 디지털 카메라에서 빛에 반응하는 민감도를 국제 표준화한 수치로, ISO 조절 기능을 통해 감도를 높이거나 낮출 수 있다.
  - 조리개와 셔터 속도만으로 충분한 빛 확보가 어려울 때 ISO 감도로 보정한다.
  - ISO 감도가 높을수록 적은 빛으로도 촬영이 가능하지만, 화질이 거칠어지고 노이즈(noise)가 발생할 수 있다.
- ㉡ 노출값(Exposure value)
  - 셔터속도와 조리개 값을 조합하여 촬영 시 들어오는 빛의 양을 나타내는 수치이다.
  - 조리개 값을 높이거나 셔터 속도를 빠르게 하면 노출값이 감소하여 사진이 어두워지고, 조리개 값을 낮추거나 셔터 속도를 느리게 하면 노출값이 증가하여 사진이 밝아진다.
- ㉢ 화이트 밸런스(White Balance)
  촬영환경의 조명 색에 따른 영향을 보정하여, 흰색 물체가 실제처럼 하얗게 보이도록 맞추는 기능이다.

(2) 초점과 빛

① 피사계 심도(Depth of field)
- ㉠ 사진에서 선명하게 보이는 구간의 앞에서 뒤까지의 거리를 말한다.
- ㉡ 선명한 범위가 넓으면 심도가 깊고, 좁으면 심도는 얕다.
- ㉢ 피사계 심도에 미치는 3요소는 조리개 크기, 렌즈 초점거리, 피사체와의 거리이다.

② 조리개
　㉠ 조리개를 개방하면 빛이 많이 들어와 초점이 맞는 영역이 좁아져 피사계 심도가 얕아진다.
　㉡ 조리개를 조이면 빛이 적게 들어와 초점이 맞는 영역이 넓어져 피사계 심도가 깊어진다.

③ 초점거리
　㉠ 초점거리는 이미지 센서부터 렌즈의 초점이 맞는 부분까지의 거리이다.
　㉡ 초점거리가 이미지 센서 대각선 길이보다 짧으면 광각렌즈, 길면 망원렌즈이다.
　㉢ 광각렌즈는 초점거리가 짧아 피사계 심도가 깊고, 망원렌즈는 초점거리가 길어 피사계 심도가 얕다.

④ 측광의 종류
　㉠ 평가측광
　　• 전체 화면을 약 36개 영역으로 나누어 평균치를 기준으로 노출을 결정한다.
　　• 측거점에 따라 같은 구도에서도 서로 다른 노출 결과가 나타날 수 있다.
　㉡ 부분측광
　　• 화면 중앙 약 8% 영역을 기준으로 측광한다.
　　• 암부와 명부 차이가 커서 평가측광이 정확하지 않을 때 활용된다.
　㉢ 스팟측광
　　• 중앙 약 3.5%의 작은 영역만을 기준으로 측광한다.
　　• 역광 인물사진이나 정밀한 노출이 필요한 경우 유용하다.
　㉣ 중앙부 중점측광
　　• 전체 화면을 고려하되 중앙부 영역에 더 큰 비중을 두고 노출을 결정한다.
　　• 피사체가 중앙에 위치할 때 주로 사용된다.

(3) 촬영대상의 처리

① 피사체 촬영
　㉠ 피사체 확대 촬영 시 주변 가구나 기둥 등을 함께 넣어 촬영한다.
　㉡ 원거리·중거리·근거리에서 각각 촬영하며, 배경은 무배경으로 한다.
　㉢ 크기를 명확히 하기 위해 눈금자를 옆에 두고 촬영한다.
　㉣ 피사체의 상태가 분명히 드러나도록 하며, 구분을 쉽게 하기 위해 번호표 등을 함께 넣어 촬영한다.
　㉤ 촬영거리가 멀수록 피사계 심도는 깊어지고, 촬영거리가 가까울수록 피사계 심도는 얕아진다.

(4) 렌즈의 선택

① 렌즈의 분류

구분	렌즈의 종류
특수목적에 따른 분류	마이크로(Micro)렌즈, 매크로렌즈(Macro)
초점거리에 따른 분류	어안렌즈, 광각렌즈, 표준렌즈, 망원렌즈, 초망원렌즈

② 렌즈의 종류
　㉠ 표준렌즈(Normal lens)
　　• 인간의 시야와 가장 비슷한 거리감과 화각을 제공하는 렌즈로 망원렌즈와 광각렌즈의 기준이 된다.
　　• 표준렌즈보다 화각이 좁으면 망원렌즈, 넓으면 광각렌즈로 분류된다.
　㉡ 망원렌즈(Telephoto lens)
　　• 초점거리보다 렌즈의 실제 길이가 짧은 장초점 렌즈로, 멀리 있는 피사체를 촬영할 때 유용하다.
　　• 망원렌즈는 초점거리가 길수록 피사계 심도가 얕아지는 특징을 가진다.
　㉢ 광각렌즈(Wide angle lens)
　　• 초광각렌즈는 초점거리가 짧을수록 피사계 심도가 깊어지는 특징이 있다.
　　• 표준렌즈보다 초점거리가 짧고 화각이 넓어, 같은 거리에서도 더 넓은 범위를 담을 수 있다.
　　• 초광각렌즈의 한 종류인 어안렌즈(Fish-eye)는 촬영각이 180도 이상으로 매우 넓고, 초점거리가 짧아 사물을 둥글게 왜곡시키는 효과를 낸다.
　㉣ 줌렌즈(Zoom lens)
　　• 광각에서 망원까지 초점거리를 자유롭게 조절하여 배율을 변경할 수 있는 렌즈이다.
　　• 여러 개의 렌즈가 움직이는 복잡한 구조 때문에, 초점거리가 고정된 단렌즈(Prime lens)에 비해 일반적으로 더 크고 무겁다.
　　• 구조적 한계로 인해 단 렌즈보다 선명도가 다소 떨어지거나 줌을 할수록 렌즈의 밝기(최대 조리개 값)가 어두워지는 경우가 많다.

3. 주요촬영대상

(1) 촬영 위치

① 소손현장의 전경
　㉠ 높은 위치에서 화재 현장을 전체적으로 관찰하고 촬영하여 연소확산의 방향성을 확인한다.
　㉡ 주변에 건물이 없어 관측이 어려울 경우 사다리차 등을 이용해 촬영한다.
　㉢ 현장이 넓어 한 장의 사진에 담기지 않을 때는 파노라마 방식으로 중첩 촬영한다.

② 소손건물의 전경
　소손 잔존 상황과 불에 의해 소실된 부분을 함께 담아, 연소의 진행 방향과 특성을 확인할 수 있도록 건물의 사면 외부를 촬영한다.

③ 복원 후의 상황
　복원된 상태에서는 발화지점을 중심으 연소가 확대된 증거물과 주변 상황을 촬영한다.

④ 발화원
　담배, 난방기구 등 발화원이 될 수 있는 물품은 발굴 전·후의 상태가 비교 가능하도록 촬영한다.

(2) **촬영 대상물**
① 화재 건물과 인접 도로의 관계가 보이도록 높은 곳에서 전경을 촬영하여 장소적 연관성을 객관적으로 표현한다.
② 동일 대상물을 여러 각도에서 겹치도록 촬영하여, 제3자도 현장상황을 이해할 수 있도록 건물과 실내를 촬영한다.
③ 각 건물·방·개체의 소손, 전도·도괴·낙하 진행과정을 기록한다.
④ 발화원 가능성이 있는 기기와 물건의 감식·감정 사실을 촬영한다.
⑤ 출화 영역 부근과 복원 후의 소실 장면을 촬영한다.
⑥ 연소 확대 경로가 드러나는 화재부위와 장소를 촬영한다.
⑦ 소화설비의 제어반, 스프링클러 헤드 개방 등 소방·방화시설의 작동상황을 촬영한다.
⑧ 사망자가 있는 경우 외상과 혈흔 등 사체의 상태를 기록한다.
⑨ 단락 등 정밀한 확대촬영이 필요한 대상물은 클로즈업으로 촬영한다.
⑩ 기타 증거물, 피해 물품, 유류 등을 촬영한다.

(3) **유의사항**
① 현장사진 및 비디오 촬영 및 현장기록물 확보 시 유의사항
  ㉠ 최초 도착 당시의 원상태를 우선 기록하고, 이후 화재조사의 진행순서에 맞추어 촬영한다.
  ㉡ 증거물은 소재와 상태가 분명히 드러나도록 촬영하고 필요 시 번호표로 구분을 명확히 한다.
  ㉢ 특정 증거물의 길이·폭 등을 확인하기 위해 측정용 자나 대조 도구를 함께 넣어 촬영한다.
  ㉣ 연소흔적, 혈흔, 유류 등 화재 원인과 관련성이 큰 증거물은 면밀히 관찰 후 세밀하게 촬영한다.
  ㉤ 촬영 및 기록 시 연소 확대 경로나 증거물 위치를 명확히 하기 위해 번호표와 화살표를 활용한다.

② 기타사진 촬영 시 유의사항
  ㉠ 촬영 대상물에는 반드시 번호 표시를 명확히 한다.
  ㉡ 인물이나 발굴용기 등 불필요한 요소가 사진에 포함되지 않도록 한다.
  ㉢ 화재대상물과 주변 환경의 위치 관계가 드러나도록 촬영한다.
  ㉣ 증거물은 발견 당시의 상태를 우선 촬영하고, 수거 후에는 깨끗한 장소에서 크기 비교가 가능하도록 격자 등을 활용해 다시 촬영한다.

(4) **질문의 녹음**
① 질문 녹음 방법
  ㉠ 관계인에 대한 질문은 반드시 질문기록서에 작성해 증거로 확보한다.
  ㉡ 기록 방법으로는 서면 외에도 비디오 촬영을 활용할 수 있다.
  ㉢ 피질문자의 이해관계에 따라 허위진술이 나올 수 있음을 고려해야 한다.
  ㉣ 녹취가 필요한 경우 피질문자의 동의가 반드시 필요하며, 모든 녹음은 관련 법령을 준수해야 한다.
  ㉤ 녹음된 진술은 진술조서에 첨부해 입증자료로 활용할 수 있다.
  ㉥ 피질문자가 미성년자(18세 미만)나 정신장애인일 경우 친권자를 입회시켜야 한다.
  ㉦ 경험 많은 조사자의 직감보다는 과학적이고 논리적인 방법으로 접근해야 한다.
  ㉧ 서명·날인된 질문기록지만 법적 효력이 있으며, 진술자와 입회자 모두 서명해야 한다.

② 질문기록서
  ㉠ 작성목적
    화재 관계자가 아니면 알 수 없는 정보를 파악하기 위함이다.
  ㉡ 작성자
    법적으로는 소방관서장이 주체지만 실제로는 화재현장을 조사 중인 화재조사관이 작성한다.
  ㉢ 질문의 시기 · 장소
    - 진술은 화재 직후 실시하는 것이 가장 좋다.
    - 피질문자가 심리적으로 안정된 상태에서 말할 수 있는 장소를 선택해야 한다.
    - 소문에 의한 내용일 경우 직접 경험한 사람의 진술을 다시 확보해야 한다.
  ㉣ 유도 질문 금지
    - 원하는 답변을 얻기 위해 암시나 유도를 해서는 안된다.
    - 반드시 동의를 구한 후 직접 보고 들은 사실에 대한 진술만 받아야 하며 필요 시 녹취할 수 있다.
  ㉤ 임의진술 확보
    - 질문은 시기 · 장소를 고려하여 피질문자가 자발적으로 대답할 수 있게 해야 한다.
    - 진술의 자유나 신체의 자유를 침해하는 방식은 금지된다.
    - 이해관계자가 여러명일 경우, 임의성을 보장하기 위해 서로 분리해 질문한다.

③ 관계자에게 질문할 경우 유의해야 하는 사항
  ㉠ 질문자는 먼저 자신의 신분을 명확히 밝혀야 한다.
  ㉡ 피질문자에 대한 선입견을 배제하고 객관적인 태도를 유지한다.
  ㉢ 초기 소화자, 피난자, 출동 소방관 등도 질문 대상에 포함된다.
  ㉣ 유도성 질문이나 감정을 자극하는 질문은 피해야 한다.

KEYWORD 21 화재와 법과학

1. 생활반응

(1) 국소적 생활반응, 전신적 생활반응

① 생활반응
  ㉠ 생존 시 신체의 내·외부 자극에 대한 반응을 말하며, 생활반응은 손상이 사망 전인지 후인지를 구분하는 중요한 지표가 된다.
  ㉡ 소사체에서 생활반응이 확인되면 피해자가 화재 당시 생존해 있었다는 증거가 된다.

② 국소적 생활반응

종류	특징
출혈 및 융혈	• 혈액은 압력을 가지고 순환하므로 출혈은 대표적인 생활반응이다. • 생체가 둔기에 맞으면 모세혈관이 손상되어 피부조직 안에서 줄혈이 일어나고, 굳으면서 융혈현상이 나타난다.
창구의 개대 및 창연의 외번	칼에 찔린 부위가 크게 열리거나 상처 가장자리가 벌어지는 현상은 생전에만 나타나는 생활반응이다.
치유기전	상처가 발생했을 때 신체가 이를 회복하려는 과정은 대표적인 생활반응이다.
화상	화상으로 인한 수포와 홍반은 세포가 살아있을 때만 나타나는 생활반응이다.
국소적 빈혈	특정부위에 나타나는 국소 빈혈 현상 역시 생전 반응에 해당한다.
압박성 빈혈	교사 시 발생하는 압박성 울혈은 당시 혈액순환이 있었다는 생활반응이다.
흡인과 연하	그을음이나 매연을 기도로 흡입하거나 삼켜서 소화기관으로 내려보내는 과정은 생존 상태에서만 나타나는 생활반응이다.

③ 전신적 생활반응

종류	특징
전신적 빈혈	심장이 뛰고 혈액이 순환해야만 발생하므로, 사후에는 나타나기 어려운 전형적인 생활반응이다.
속발성(2차적) 염증	일정 시간이 지난 뒤 발생하는 전신적 감염 반응은 생존 상태에서만 가능한 생활반응이다.
색전증 (Embolism)	혈액순환이 이루어지는 과정에서 혈관이 피덩어리(혈전)로 막히는 현상으로, 생전에만 발생하는 생활반응이다.
외래물질의 분포 및 배설	외래물질이 체내에 들어와 분포하거나 배설되는 것은 사후에는 불가능하므로, 생존 당시를 입증하는 생활반응이다.

④ 화재사의 생활반응(시반)
  ㉠ 시반은 사망 후 혈액이 중력에 의해 아래쪽으로 몰리면서 나타나는 현상으로, 사망시간을 추정할 수 있는 중요한 지표이다.
  ㉡ 모세혈관 내 혈액이 침강하여 외표에 착색되며, 일산화탄소 중독 시에는 혈액 내 COHb 형성으로 선홍색 시반이 나타난다.

⑤ 사체의 생활반응 사체소견

㉠ 흡연자는 평소에도 비흡연자보다 높은 일산화탄소 농도를 보이고, 분신자살자의 경우 혈중 일산화탄소 농도가 전혀 검출되지 않을 수 있다.

㉡ 선홍색 시반은 화재 당시 생존해 있었음을 보여준다.

㉢ 혈중 일산화탄소 농도는 개인차가 크며, 10~80% 범위에서 사망에 이를 수 있다.

㉣ 기도나 폐 등 호흡기에서 그을음이 발견되면 화재 당시 살아 있었음을 의미한다.

㉤ 원발성 쇼크로 급사한 경우에는 일반적인 화재 사망 소견이 나타나지 않을 수 있다.

㉥ 손바닥이나 발바닥에 심한 그을음이 있으면 피해자가 화재 당시 움직였음을 알 수 있다.

㉦ 눈가 주름 사이에 그을음이 부착되지 않은 경우는 화재 당시 눈을 꼭 감고 고통을 겪었다는 것을 의미하며 화재 이후에 사망했음을 보여주는 증거가 된다.

㉧ 사망자 부검에는 X선 촬영기, CT, MRI 등이 활용된다.

⑥ 생체의 생활반응과 비교한 사체의 반응

㉠ 생체는 둔기에 맞으면 응혈이 발생하지만 사체는 나타나지 않는다.

㉡ 생체는 출혈이 일어나지만 사체는 단순히 혈액이 흘러나오는 정도에 그친다.

㉢ 생체는 열에 노출되면 수포·홍반이 생기지만 사체는 이러한 반응이 없다.

㉣ 생체가 화재로 사망한 경우 입에서 점액성 거품이 나오지만, 사체는 이런 증상이 없다.

2. 화상사

(1) 위험도 및 사망기전

① 위험도

㉠ 위험도

- 화상의 중증도는 깊이와 범위에 따라 달라지며, 그중 범위가 더 중요한 영향을 미친다.
- 동일한 범위라도 어린이는 성인보다 위험도가 높고, 전신의 약 $\frac{1}{3}$에 3도 화상을 입으면 사망 확률이 50%를 초과한다.
- 환자의 기존 질환이나 외상이력은 회복속도와 합병증 발생에 큰 영향을 주고 특히 노인은 회복이 지연되고 합병증 위험이 크다.

ⓒ 9의 법칙

화상 면적을 간단히 추정하기 위해 인체를 구역별로 9% 또는 그 배수로 나누어 계산하는 방법이다.

구분	머리	팔 한쪽	몸통 앞쪽	몸통 뒤쪽	외음부	다리 한쪽
성인	9%	9%	18%	18%	1%	18%
소아·영아	18%	9%	18%	18%	1%	14%

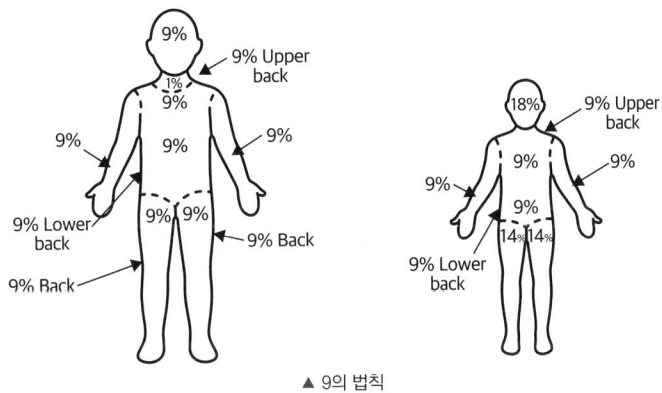

▲ 9의 법칙

ⓒ 성인의 중증도 분류

구분	분류방법
경증	• 체표면적 15% 미만의 2도 화상인 10세 이상, 50세 이하의 환자 • 체표면적 10% 미만의 2도 화상인 10세 미만, 50세 이후의 환자
중증도	• 체표면적 15% 이상, 25% 미만의 2도 화상인 10세 이상 50세 이하의 환자 • 체표면적 10% 이상, 20% 미만의 2도 화상인 10세 미만, 50세 이후의 환자 • 체표면적 2% 미만의 3도 화상인 모든 환자
중증	• 흡인화상이나 골절을 동반한 화상 • 손, 발, 회음부, 얼굴화상 • 체표면적 10% 이상의 3도 화상인 모든 환자 • 체표면적 25% 이상의 2도 화상인 10세 이상 50세 이하의 환자 • 체표면적 20% 이상의 2도 화상인 10세 미만 50세 이후의 환자 • 영아, 노인, 기왕력이 있는 화상환자 • 원통형 화상, 전기화상

ⓔ 화상의 깊이

화상 단계	증상
1도(홍반)	• 열로 인해 피부가 붉어지는 가장 경미한 화상이다. • 국소적인 피부 충혈과 부종으로 발적 현상이 나타나며, 모세혈관 충혈로 인해 홍반만 보인다.
2도(수포)	• 피부에 물집이 생기며 표피와 진피까지 손상되는 화상이다. • 수포 주위에 홍반이 동반되며, 혈액 침하 후에도 홍반이 남는다.
3도(괴사)	• 피부 전층과 피하지방까지 손상되는 심각한 화상이다. • 신경과 조직이 파괴되어 자연적인 회복이 불가능하고 피부 이식이 필요하다. • 외관상 건조하고 회백색을 띠며 수포는 나타나지 않고, 응고성 괴사 상태에 빠진다.
4도(탄화)	3도 화상을 넘어 피부와 조직이 탄화되는 단계로 가장 치명적인 화상이다.

ⓜ 화상심도의 결정요인

열의 강도, 열 노출시간, 피부의 예민도, 체표면의 열배출 능력

> **용어 CHECK** **화상의 구분**
>
> - 열탕화상: 뜨거운 물과 접촉해 발생하는 화상
> - 건열화상: 화재나 폭발 시 발생한 화염에 의해 생기는 화상
> - 접촉화상: 뜨거운 물체에 피부가 직접 닿아 발생하는 화상
> - 화학화상: 강산이나 강알칼리성 물질에 의해 조직이 손상되는 화상
> - 화염화상: 물체 연소 시 발생하는 불꽃에 의해 생기는 화상
> - 전기화상: 전기에 감전되어 발생하는 화상
> - 저온화상: 40~50℃ 정도의 비교적 낮은 온도에 장시간 노출되어 생기는 화상

② 사망기전(사람이 죽음에 이르게 되는 과정)

구분	특징
원발성 쇼크	화재의 고열로 즉시 발생하는 쇼크로 화재현장에서 곧바로 사망에 이르게 된다.
속발성 쇼크	화상 이후 일정 시간이 지나 발생하는 쇼크(화상성 쇼크)로 부상이 진행되며 사망으로 이어진다.
합병증	2도 이상의 광범위 화상으로 체액 손실, 저혈압, 간·신장 기능 이상, 쇼크 등 다양한 합병증이 발생하여 사망에 이르게 된다.

③ 화재로 인한 사체소견 및 진단

㉠ 내부 장기에서는 특별한 이상은 없으나 각 장기에서 빈혈상이 관찰된다.

㉡ 피부에서는 1도부터 4도까지 다양한 정도의 화상이 나타난다.

㉢ 사망이 지연된 경우, 점막하 일혈점, 장기 혼탁·종창, 부신 출혈, 유지체 감소 등 2차적 변화가 함께 나타난다.

3. 화재사(火災死)

(1) 화재사의 구분

구분	특징
탕상(湯傷)	뜨거운 기체나 액체에 접촉하여 발생하는 손상
질식사	화재 시 발생한 유독가스가 혈액의 산소 공급을 차단해 조직이 산소 결핍 상태에 빠져 사망하는 경우
화상사	고열이 피부에 작용해 치명적 손상을 일으켜 사망하는 경우로, 화염에 의한 직접 화상과 2차적 조건이 함께 작용
쇼크사 (혈액공급 부족)	화재 과정에서 극도의 열기, 공포, 신경 자극 등으로 인해 신체적·정신적 충격을 받아 사망하는 경우
소사(燒死)	화재로 인한 화상, 유독가스 중독, 산소 결핍에 의한 질식사 등을 통칭하는 사망 형태
화재사체	화재로 인한 화상이나 질식으로 사망한 시신
탄화사체	• 화재로 인해 탄화된 시신을 의미하며, 외부에서 사망한 뒤 화재 현장에 유기된 경우도 포함 • 화재로 인해 사망하였더라도 타지않은 경우 해당되지 않음

(2) 화재로 인한 사망 특징

① 화재 희생자의 주요사인은 일산화탄소(CO) 중독이다.

② 폐부종이나 염증은 자극성가스에 노출되었음을 보여준다.

③ CO 등 유독가스가 혈액의 산소공급을 차단하여 조직이 저산소 상태에 빠져 사망한다.

(3) 화재와 관련된 사망자 분석
① 열의 영향으로 피가 귀·코·입에서 스며나올 수 있다.
② 필요 시 화재 희생자의 사망시간을 추정할 수 있다.
③ 희생자는 모두 혈중 일산화탄소 포화도를 측정해야 한다.
④ 사체 외부에서 발견된 출혈은 사망 전 신체적 외상이 있었음을 의미한다.

(4) 신체소실
① 소실시간 및 소실온도
  ㉠ 신생아는 500℃에서 2시간이면 소실된다.
  ㉡ 성인은 약 1,000℃에서 1.5~2.5시간이면 소실된다.
② 인체지방은 체중의 약 20%를 차지하며, 약 30kJ/kg의 연소열을 가진다.
③ 고온 노출 시 두개골 내부에서 발생한 수증기 압력으로 인해 두개골 골절이 발생한다.

(5) 사후강직
① 사망 후 근육 수축으로 ATP가 소모되어 고정되는 현상이다.
② 사후 약 12시간 전후로 최고조에 달하며, 42~72시간 후 소실된다.
③ 고온일수록 빠르게, 저온일수록 느리게 진행된다.
④ 사망 직전 격렬한 근육 사용이 있었거나 근육이 발달한 경우 더 뚜렷하게 나타난다.

(6) 화재사 사후의 변화
① 장갑상 및 양말상 탈락
  심한화상을 입은 시체에서는 손과 발의 피부가 손톱·발톱과 함께 벗겨져 장갑이나 양말처럼 보이는데, 이는 화상으로 인한 생활반응성 수포와 혼동될 수 있다.

② 피부 균열 및 파열
  열이 지속적으로 가해지면 피부와 피하조직이 갈라지거나 파열되어 베인 상처·찢긴 상처와 유사한 형태를 보이고, 심하면 근육이나 장기가 드러난다.

③ 투사형 자세(Fighting position)
  사후 열이 가해지면 근육이 경직되며 수축한다. 특히 굴근에서 열경직이 강하게 일어나 사지가 반쯤 굽은 상태로 고정되는데 권투 자세와 비슷하여 투사형 자세라 부른다.

④ 탄화 및 동시체
  화염이 장시간 작용하면 인체는 탄화되는데 이 과정에서 사지가 동체로부터 분리되어 조각난 사체가 되고 이를 동시체(torso cadaver)라 한다.

⑤ 안구의 점상출혈
  사후 혈류가 멈추어 혈압변화가 발생하면 눈과 같이 압력에 민감한 부위에서 점상출혈이 나타난다.

4. 연소가스에 의한 중독

(1) 연소가스 생성물

① 일반가연물 연소생성물

수증기, 일산화탄소, 이산화탄소, 아황산가스

② 완전연소 시 생성물

이산화탄소, 수증기, 아황산가스, 이산화질소, 오산화인, 할로젠화합물

③ 불완전연소 시 생성물

일산화탄소, 시안화수소, 암모니아

(2) 연소생성물의 허용농도

연소생성물	허용농도(ppm)	연소생성물	허용농도(ppm)
아크롤레인	0.1	황화수소	10
포스겐	0.1	시안화수소	10
이산화질소	2	암모니아	25
불화수소	3	일산화탄소	50
염화수소	5	이산화탄소	5,000
이산화황	5	질소화합물	성분별로 다름

(3) 일산화탄소 중독

① 일산화탄소 중독사

㉠ 산소 운반 단백질인 헤모글로빈은 산소보다 일산화탄소(CO)와 약 250배 이상의 결합력을 가지고 있어 이로 인해 산소 대신 CO와 결합하여 세포에 필요한 산소 공급을 차단한다.

㉡ 체내 산소 공급이 중단되면 뇌, 심장 등 산소 의존 장기가 손상되며 결국 사망에 이른다.

㉢ CO 중독으로 사망한 시체에서는 선홍색 시반과 조직 울혈이 특징적으로 관찰된다.

㉣ 중독정도는 혈중 일산화탄소-헤모글로빈(COHb) 농도에 따라 구분되며, 농도에 비례하여 증상과 치명성이 심해진다.

② 일산화탄소 농도별 인체에 미치는 영향

COHb 농도(%)	증상
10~20	가벼운 두통
20~30	정서불안, 중증 두통
30~40	극심한 두통, 구토, 산소부족으로 인한 실신유발
40~50	의식장애, 호흡곤란
50~60	혼수상태, 경련
60~70	의식혼탁, 호흡중추마비
80	사망

CHAPTER 04 화재조사보고 및 피해평가

KEYWORD 22 화재조사 서류작성(화재조사 및 보고규정)

1. 일반사항

(1) 화재조사서류의 구성 및 양식

① 화재조사서류의 의의
- ㉠ 화재조사 결과를 사진, 도면 등과 함께 정확히 기록하고, 소방기관의 최종 의사결정을 문서화한 것이다.
- ㉡ 화재조사서류는 화재 현장을 영구 보존하는 기록으로 화재 1건마다 반드시 작성된다.
- ㉢ 조사결과는 통계자료로 활용되어 시민 예방지도, 소방관계법령 제·개정, 소방행정의 기초자료가 되며, 소방활동 전반에 활용된다.
- ㉣ 공문서의 성격을 가지며 정보공개 대상이 될 수 있고, 소방기관이 전문적·공정한 입장에서 작성하는 문서로서 사법기관의 유효한 증거자료로 활용될 수 있다.

② 화재조사서류의 구성

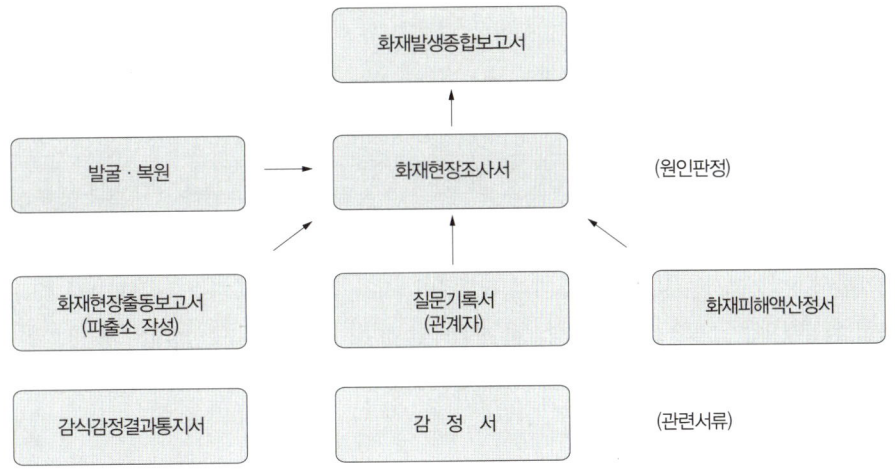

(2) 화재조사서류 작성 시 유의사항

① 간결하고 명료한 문장 사용
- ㉠ 주어와 서술어가 불분명하거나, 불필요하게 장황하여 요점을 파악하기 어려운 문장은 피해야 한다.
- ㉡ 전문용어를 제외하고는 가급적 알기 쉽고 평이한 용어를 사용하여 누구나 이해할 수 있도록 한다.

② 오·탈자 방지

오·탈자가 많은 문서는 의미 전달이 불명확해지고, 문서 전체의 신뢰성을 떨어뜨리기 때문에 철저한 교정 과정을 거쳐야 한다.

③ 필수 서류의 첨부

소방청에서 정한 자료나 기재항목이 빠져 있으면 기본요건을 충족하지 못하기 때문에 반드시 관련서류와 증빙자료를 빠짐없이 첨부해야 한다.

④ 양식의 목적 준수

화재조사서류는 종류별로 작성목적이 다르므로, 각 양식의 취지와 요구사항에 맞게 작성해야 한다.

(3) 화재조사서류 기재사항
① 모든 기재항목이 누락되지 않도록 꼼꼼히 작성해야 한다.
② 재산피해 중 부동산은 천원 단위로 기재하며, 피해는 부동산과 동산으로 구분한다.
③ 인명구조는 구조와 유도대피로 나누어 기록한다.
④ 건축물의 소실 정도는 전소, 반소, 부분소의 3종류로 명확히 구분하여 표시한다.
⑤ 관계자 진술은 조사자의 주관적 판단이 개입되지 않도록 사실 그대로 기재한다.

(4) 화재발생종합보고서
① 작성목적

화재발생종합보고서는 화재현장조사서, 질문기록서 등 개별 자료를 종합·정리한 문서로 화재대상물의 전반적인 상황과 더불어 소방활동 자료까지 포함한다. 이를 통해 화재조사 결과와 소방활동 내역을 한눈에 파악할 수 있도록 하는 데 목적이 있다.

② 작성자

보고서는 화재조사에 참여한 여러 인원이 분담하여 작성할 수 있으며, 특정 작성자에 대한 제한은 없다.

③ 기재사항

화재발생종합보고서는 표준 양식에 따라 작성하며, 시간·장소·활동대수 등 불필요한 항목은 생략할 수 있다. 특히 원인개요는 기재요령에 따라 상세히 작성해야 하며, 정보 공개 시 일반인에게 제공될 수 있으므로 의미가 모호하거나 주관적인 판단이 담기지 않도록 주의해야 한다.

2. 화재발생 종합보고서(체크리스트)

(1) 화재현황조사서

화재현황조사서

화재번호 [년] [월] [연번]   □ 수 정

1 소방관서
① _____ 소방서 _____ 119안전센터 _____ 119지역대

2 화재발생 및 출동
발생일시 [년] [월] [일] [시] [분] [요일]
① 접수 [년] [월] [일] [시] [분] ② 출동 [년] [월] [일] [시] [분]
③ 도착 [년] [월] [일] [시] [분] ④ 초진 [년] [월] [일] [시] [분]
⑤ 잔불정리 [년] [월] [일] [시] [분] ⑥ 완진 [년] [월] [일] [시] [분]
⑦ 철수 [년] [월] [일] [시] [분] ⑧ 재발화감시 [년] [월] [일] [시] [분]

3 화재발생장소 및 유형
① 주소 _____ _____ _____ _____ _____
      시·도 시·군 구   읍·면·동·리(로) 번지 마을
② 대상 _____ / _____ _____ _____
      대상(도로)명 건물층수(지하/지상) 발화층 발화지점
③ 유형 □ 건축·구조물 □ 자동차·철도차량 □ 위험물·가스제조소 등
       □ 선박·항공기 □ 임야 □ 기타
④ 거리 소방서 ___.__km 119안전센터 ___.__km 119지역대 ___.__km

4 화재원인

① 발화열원

☐ 작동기기 ☐ 담뱃불, 라이터불 ☐ 마찰, 전도, 복사 ☐ 불꽃, 불티 ☐ 폭발물, 폭죽
☐ 화학적 발화열 ☐ 자연적 발화열 ☐ 기타 ☐ 미상

↳ 소분류 ☐☐☐☐ ☐☐☐☐☐

② 발화요인 (○ 판단 ○ 추정)

☐ 전기적요인 ☐ 기계적요인 ☐ 제품결함 ☐ 가스누출(폭발) ☐ 화학적요인 ☐ 교통사고
☐ 부주의 ☐ 자연적요인 ☐ 방화(○ 방화 ○ 방화의심) ☐ 기타 ☐ 미상

↳ 소분류 ☐☐☐☐ ☐☐☐☐☐

③ 최초착화물

☐ 가구 ☐ 침구, 직물류 ☐ 종이, 목재, 건초 등 ☐ 합성수지 ☐ 간판, 차양막 등
☐ 식품 ☐ 전기, 전자 ☐ 위험물 등 ☐ 가연성 가스 ☐ 자동차,철도차량,선박,항공기
☐ 쓰레기류 ☐ 기타 ☐ 미상

↳ 소분류 ☐☐☐☐ ☐☐☐☐☐

④ 발화개요

5 발화관련 기기 ☐ 해당없음

① 발화관련 기기

☐ 계절용기기 ☐ 생활기기 ☐ 주방기기 ☐ 영상·음향기기 ☐ 사무기기 ☐ 조명,간판
☐ 배선,배선기구 ☐ 전기설비 ☐ 산업장비 ☐ 농업용 장비 ☐ 의료장비 ☐ 상업장비
☐ 차량·선박부품 ☐ 드론 ☐ 기타 ☐ 미상

↳ 소분류 ☐☐☐☐ ☐☐☐☐☐

② 제품 및 동력원

• 제 품 회사명 ☐☐☐ 제품명 ☐☐☐ 제품번호 ☐☐☐ 제조일 ☐ 년 ☐ 월 ☐ 일
  ☐ 확인불가능
• 동력원 ☐ 전기 ☐ 가스 ☐ 유류 ☐ 고체 ☐ 기타 → 소분류 ☐☐☐☐ ☐☐☐☐☐

6 연소확대

① 연소확대물 ☐ 해당없음

☐ 가구 ☐ 침구,직물류 ☐ 종이,목재,건초 등 ☐ 합성수지 ☐ 간판,차양막 등 ☐ 식품 ☐ 전기,전자
☐ 위험물 등 ☐ 가연성 가스 ☐ 자동차,철도차량,선박,항공기 ☐ 쓰레기류 ☐ 기타 미상

↳ 소분류 ☐☐☐☐ ☐☐☐☐☐

② 연소확대 사유(★ 복수선택 가능) ☐ 해당없음

☐ 화재인지·신고 지연 ☐ 가연성물질의 급격한 연소 ☐ 현장진입 지연(불법주차)
☐ 현장도착 지연(교통혼잡) ☐ 원거리 소방서 ☐ 방화구획 기능 불충분
☐ 덕트·샤프트의 연통 역할 ☐ 인접건물과의 이격거리 협소 ☐ 목조건물의 밀집 등
☐ 기상(건조, 강풍 등) ☐ 기타 ☐ 미상

7 피해 및 인명구조
　(인명피해) 총계 ☐☐ 명
　① 인명피해　사망 ☐☐ 명　부상 ☐☐ 명　② 이재민 ☐☐ 세대 ☐☐ 명

　(재산피해) 총계 ☐☐☐,☐☐☐,☐☐☐ 천원(예상피해액 ☐☐☐,☐☐☐,☐☐☐ 천원)
　① 부　동　산 ☐☐☐,☐☐☐,☐☐☐ 천원　② 동산 ☐☐☐,☐☐☐,☐☐☐ 천원
　③ 소실면적 ☐☐☐,☐☐☐,☐☐☐ m³
　④ 소실동(대)수 · 건축 · 구조물 ☐☐ 동 · 차량 등 ☐☐ 대
　⑤ 소실정도 · 건축물 ☐☐ 동, ☐☐ 동, ☐☐ 동 · 차량 등 ☐☐ 대, ☐☐ 대, ☐☐ 대
　　　　　　　　　　　전소　반소　부분소　　　　　　전소　반소　부분소

　(인명구조) ① 구조 ☐☐ 명　② 유도대피 ☐☐ 명

8 관계자
　① 소유자　성명 ☐☐☐☐　연령 ☐☐ 세 ☐남 ☐여　전화 ☐☐☐☐
　② 점유(운전)자 성명 ☐☐☐☐　연령 ☐☐ 세 ☐남 ☐여　전화 ☐☐☐☐
　③ 소방안전관리자 성명 ☐☐☐☐　연령 ☐☐ 세 ☐남 ☐여　전화 ☐☐☐☐
　　(위험물안전관리자)

9 동원인력　☐ 긴급구조통제단 가동된 화재　☐ 대응1단계　☐ 대응2단계　☐ 대응3단계
　① 인원 ☐☐ 명　☐☐　☐☐　☐☐　☐☐　☐☐　☐☐　☐☐
　　　　　　총계　소방　의소대　경찰　일반직　군인　유관기관　기타
　• 전문위원 ☐ 화재합동조사단 운영
　　☐☐ 명　☐☐　☐☐　☐☐　☐☐　☐☐　☐☐　☐☐　☐☐
　　총계　소방　전기(전자)　기계　건축　가스　화학　자동차　기타
　② 장비 ☐☐ 대　☐☐　☐☐　☐☐　☐☐　☐☐　☐☐　☐☐　☐☐
　　　　　총계　펌프,물탱크　고가(굴절)　화학　구조　구급　헬기　선박　기타
　③ 사용 소방용수　소화전 ☐☐☐☐　　급수탑 ☐☐☐☐
　　　　　　　　　저수조 ☐☐☐☐　　기　타 ☐☐☐☐
　④ 재발화감시 ☐☐ 명 ☐ 해당없음

10 보험가입　☐ 해당없음　☐ 화재보험의무가입대상(특수건물)
　① 가입회사 ☐☐☐☐
　② 보험금액 ☐☐☐,☐☐☐,☐☐☐ 천원
　　• 부동산 ☐☐☐,☐☐☐,☐☐☐ 천원　• 동 산 ☐☐☐,☐☐☐,☐☐☐ 천원
　③ 계약기간 ☐☐☐☐,☐☐ ~ ☐☐☐☐,☐☐
　　　　　　　년　　월　　　년　　월

11 기상상황			
① 날 씨		② 온 도	℃
③ 습 도	%	⑤ 풍 속	m/s
④ 풍 향		⑥ 기상특보	

12 첨부서류
① 화재유형별조사서
　　☐ 1.1 건축·구조물 화재　　☐ 1.2 자동차·철도차량 화재　　☐ 1.3 위험물·가스제조소등 화재
　　☐ 1.4 선박·항공기 화재　　☐ 1.5 임야화재　　☐ 1.6 기타화재(첨부없음)
② 화재조사서
　　☐ 2.1 인명피해　　☐ 2.2 재산피해
③ ☐ 방화·방화의심 조사서　　④ ☐ 소방방화시설 활용 조사서　　⑤ ☐ 화재현장 조사서

13 작성자

소 속	계 급	성 명	비 고

① 화재현황조사서 첨부서류

　㉠ 화재유형별조사서

　㉡ 화재조사서(인명피해, 재산피해)

　㉢ 방화·방화의심 조사서

　㉣ 소방시설등 활용조사서

　㉤ 화재현장조사서

(2) **화재유형별조사서**

① 화재유형별조사서(건축·구조물화재)

화재유형별조사서(건축·구조물화재)

1 건축·구조물 현황
　① 건물구조
　　　□□□□□식　□□□조　□□즙 / □□동
　② 층　수　　지상 □□층　지하 □□층
　③ 면　적　　연면적 □□□,□□□,□□□m²　바닥면적 □□□,□□□,□□□m²

2 건물상태
　□ 사용중　□ 철거중　□ 공 가
　□ 공사중 ──→ □ 신축　□ 증축　□ 개축　□ 기타

3 장소
　① 시설용도
　　□ 소방안전관리대상　□ 다중이용업　□ 중요화재　　■ 특정소방대상물
　　□ 화재예방강화지구　□ 화재안전 중점관리대상

□ 주거시설 →	○ 단독주택 ○ 공동주택 ○ 기타주택	□ 공동주택
□ 교육시설 →	○ 학교 ○ 연구, 학원	□ 근린생활시설
□ 판매,업무시설 →	○ 판매 ○ 공공기관 ○ 일반업무 ○ 숙박시설	□ 문화 및 집회시설
	○ 청소년시설판매 ○ 군사시설 ○ 교정시설	□ 종교시설　□ 판매시설
□ 집합시설 →	○ 관람장 ○ 공연장 ○ 종교 ○ 전시장	□ 운수시설　□ 의료시설
	○ 운동시설	□ 교육연구시설
□ 의료,복지시설 →	○ 건강 ○ 의료 ○ 노유자	□ 노유자시설　□ 수련시설
□ 산업시설 →	○ 공장시설 ○ 창고 ○ 작업장 ○ 발전시설	□ 운동시설　□ 업무시설
	○ 지중시설 ○ 동식물시설 ○ 위생시설	□ 숙박시설　□ 위락시설
□ 운수자동차시설 →	○ 자동차시설 ○ 항공시설 ○ 항만시설	□ 공장　□ 창고시설
	○ 역사,터미널	□ 위험물 저장 및 처리 시설
□ 문화재시설 →	○ 문화재	□ 항공기 및 자동차 관련 시설
□ 생활서비스 →	○ 위락 ○ 오락 ○ 음식점 ○ 일반서비스	□ 동물 및 식물 관련 시설
□ 기타 건축물 →	○ 기타 건축물	□ 자원순환 관련 시설
		□ 교정 및 군사시설
		□ 방송통신시설　□ 발전시설
		□ 묘지 관련 시설
		□ 관광휴게시설　□ 장례시설
		□ 지하가　□ 지하구
		□ 문화재　□ 복합건축물

　└ 소분류 □□□□□
　■ 부속용도　□ 해당없음
　　□ 후생복리　□ 교육복지　□ 업무　□ 일반생활　□ 기타
　└ 소분류 □□□□□

② 발화지점　　　　　　　　　　　　　□ 미상
　　　□ 구조　　□ 기능　　□ 설비, 저장　　□ 생활공간　　□ 출구　　□ 공정시설　　□ 기타
　　↳ 소분류 ☐☐☐ ☐☐☐☐

③ 발화층수　□ 지상 ☐☐ 층 / 지 하 ☐☐ 층　　④ 소실면적 ☐☐☐,☐☐☐,☐☐ m²

⑤ 연소확대 범위
　　　□ 발화지점만 연소　　　　□ 발화층만 연소　　　　□ 다수층 연소
　　　□ 발화건물 전체 연소　　　□ 인근 건물 등으로 연소

② 화재유형별조사서(자동차·철도화재)

화재유형별조사서(자동차·철도차량화재)

1 구 분
① 자동차
  ☐ 승용자동차
    ○ 5인승이하   ○ 6인승   ○ 7인승~10인승이하
  ☐ 승합자동차   ☐ 화물자동차
    ○ 버스   ○ 소형 승합차
    ○ 캠핑용 자동차 또는 캠핑용 트레일러
    ○ 친환경자동차   ○ 기타
      ↳ ○ EV(Electric Vehicle)   ○ HEV(Hybrid Vehicle)
        ○ PHEV(Plug-in HEV)   ○ FCEV(Full Cell EV)
  ☐ 특수자동차   ☐ 오토바이
  ■ 장소 ☐ 고속도로   ☐ 일반도로   ☐ 주차장
         ☐ 공지   ☐ 터널   ☐ 기타

② 농업기계
  ☐ 트랙터   ☐ 경운기   ☐ 기타
③ 건설기계
  ☐ 굴삭기   ☐ 덤프트럭   ☐ 기타
④ 군용차량
  ☐ 군용차량   ☐ 기타
⑤ 철도차량
  ☐ 전동차   ☐ 기관차   ☐ 기타
  ■ 철도구분 ☐ 국철 ☐ 지하철 ☐ KTX ☐ 기타

2 형 식
① 제조회사 [   ]
② 차량번호 [   ]
③ 연 식 [   ]년
④ 차량명 [   ]

3 발화지점
① 자동차·농업·건설·군용차량
  ☐ 앞 좌 석   ☐ 뒷 자 석
  ☐ 엔 진 룸   ☐ 트 렁 크
  ☐ 바   퀴   ☐ 적 재 함
  ☐ 연료탱크   ☐ 기   타

☐ 미상
② 철도차량
  ☐ 객 실(좌석)   ☐ 기 관 실
  ☐ 바   퀴   ☐ 연료탱크
  ☐ 화 물 실   ☐ 화 장 실
  ☐ 객차연결통로   ☐ 기   타

4 참고사항

③ 화재유형별조사서(위험물·가스제조소 등 화재)

화재유형별조사서(위험물·가스제조소등 화재)

1 대 상
☐ 건축물   ☐ 시설물(탱크)   ☐ 차 량
↓

① 구 조
☐☐☐ ☐☐☐식 ☐☐ ☐☐조 ☐☐ ☐☐즙/☐☐ 동

② 층 수   지상 ☐☐ 층   지하 ☐☐ 층

③ 면 적   연면적 ☐☐☐,☐☐☐,☐☐ m²   바닥면적 ☐☐☐,☐☐☐,☐☐ m²

2 제조소 등의 구분

① 위험물 제조소 등
- ☐ 제 조 소
- ☐ 옥내저장소
- ☐ 옥외탱크저장소
- ☐ 옥내탱크저장소
- ☐ 지하탱크저장소
- ☐ 간이탱크저장소
- ☐ 이동탱크저장소
- ☐ 옥외저장소
- ☐ 암반탱크저장소
- ☐ 주유취급소
- ☐ 판매취급소
- ☐ 이송취급소
- ☐ 일반취급소
- ☐ 기 타

② 가스 제조소 등
- ☐ 고압가스제조시설
- ☐ 고압가스저장시설
- ☐ 액화산소를 소비하는 시설
- ☐ 액화석유가스제조시설
- ☐ 액화석유가스저장시설
- ☐ 가스공급시설
- ☐ 기 타

③ 완공 년·월·일 ☐☐☐☐,☐☐,☐☐   ④ 차량번호 ☐☐☐☐☐☐☐☐☐☐☐

⑤ 허가품명 ☐☐☐☐☐ 류, ☐☐☐☐☐   ⑥ 허가량 ☐☐☐☐☐

3 발화지점   ☐ 미상

① 위험물 취급시설
- ☐ 주 입 구
- ☐ 펌 프
- ☐ 탱크 본체
- ☐ 작 업 실
- ☐ 보 관 실
- ☐ 반 응 기
- ☐ 고정주유설비
- ☐ 토 출 구
- ☐ 차 량
- ☐ 기 타

② 부속시설
- ☐ 사 무 실
- ☐ 점 포
- ☐ 식당·휴게소
- ☐ 전 시 장
- ☐ 정 비 소
- ☐ 세 차 기
- ☐ 대기실/주거시설
- ☐ 외 부
- ☐ 기 타

4 화재경위
- ☐ 제조소등 내부에서 (☐ 발화, ☐ 폭발)하여 당해 제조소등 내부에서 그친 경우
- ☐ 제조소등 내부에서 (☐ 발화, ☐ 폭발)하여 당해 제조소등 외부로 확대된 경우
- ☐ 제조소등 외부에서 (☐ 발화, ☐ 폭발)하여 당해 제조소등으로 전이된 경우
- ☐ 제조소등의 위험물이 누출되어 제조소등 외부에서 (☐ 발화, ☐ 폭발)한 경우

5 참고사항

④ 화재유형별조사서(선박·항공기 화재)

화재유형별조사서(선박·항공기 화재)

1 구 분

① 선 박
- ☐ 유람선
- ☐ 화물선
- ☐ 바지선
- ☐ 수상 레저기구(보트 등)
- ☐ 함정(군함 등)
- ☐ 특수작업선(해양관측선 등)
- ☐ 기 타
- ☐ 여객선
- ☐ 유조선
- ☐ 어 선

② 항공기
- ☐ 비행기
- ☐ 비행선
- ☐ 경비행기
- ☐ 회전익항공기(헬리콥터)
- ☐ 활공기(글라이더)
- ☐ 기 타

2 형 식

① 제조회사 ☐☐☐☐
② 연 식 ☐☐☐☐ 년
③ 톤 수 ☐☐☐.☐☐☐ 톤
④ 기종/명칭 ☐☐☐☐
⑤ 수용인원 ☐☐ 명

3 발화지점

① 기기 작동실
- ☐ 기관실
- ☐ 갑판
- ☐ 취사실
- ☐ 기계실
- ☐ 전기실
- ☐ 조타실(조정실)
- ☐ 엔진
- ☐ 기타

② 부속시설
- ☐ 미상
- ☐ 계단
- ☐ 사무실
- ☐ 화물실
- ☐ 객실
- ☐ 식당
- ☐ 화장실
- ☐ 무대부
- ☐ 기타

4 참고사항

⑤ 화재유형별조사서(임야화재)

화재유형별조사서(임야화재)

1 구 분
① 산 불 □ 제조소　　　　　　　□ 공유림　　　　　　　□ 사유림
　　　　　(□ 국립공원　□ 도립공원　□ 시·군립공원　□ 자연휴양림　□ 해당없음)
② 들 불 □ 숲 □ 들판 □ 논밭두렁 □ 과수원 □ 목초지 □ 묘지 □ 군·경사격장 □ 기타

2 방·실화자　　　　　　　　　　　　　　　　　　　　　　　　　　　□ 미상
① 성 명 [　　　　　　　]　　　　③ 성 별 □ 남 □ 여
② 연 령 [　　]세

3 발화지점　　　　　　　　　　　　　　　　　　　　　　　　　　　□ 미상
□ 산 정 상　　　□ 산 중 턱　　　□ 산 아 래　　　□ 평 지

4 화재경위
① 구 분
　　□ 입산자 실화 ──→ □ 담뱃불 □ 모닥불 □ 취사행위 □ 기타
　　□ 논·밭두렁으로부터 확대　　□ 쓰레기 소각장에서 확대　　□ 성표객으로부터 화재
　　□ 건물로부터 확대　　　　　□ 자동차로부터 확대　　　　□ 축사, 비닐하우스로부터 확대
　　□ 군·경사격장으로부터 확대　□ 기 타　　　　　　　　　□ 미 상

② 발생개요

5 피해사항
① 산림피해면적 [　　].[　　] m² ② 건 물 [　　]동 ③ 기 타 [　　]

6 발견(신고) 사항　　　　　　　　　　　　　　　　　　　　　　　□ 미상
① 일 시 [　　].[　　].[　　].[　　].[　　]
　　　　　　년　　월　　일　　시　　분
② 인적사항 성명 [　　　] 연령 [　　]세 성별 □ 남 □ 여

7 참고사항

(3) 화재피해조사서

① 화재피해조사서(인명피해)

화재피해조사서(인명피해)

1 사상자 ☐ 소방공무원 ☐ 외국인(국가 [   ])
  ① 인적사항 성명 [   ] 연령 [   ]세 성별 ☐ 남 ☐ 여
  ② 주 소 [시도] [시군구] [읍면동] [번지] [대상명(APT 0동000호)]

2 사상정도 ☐ 사망   ☐ 중상   ☐ 경상

3 사상시 위치·행동
  ① 발 화 층
    (건축구조물, 위험물·가스제조소 등 화재시 ☐ 지상 ☐ 지하 [ ]층)
  ② 사상위치
    (건축구조물, 위험물·가스제조소 등 화재시 ☐ 지상 ☐ 지하 [ ]층)
  ③ 사상시 행동 ☐ 피난중   ☐ 구조요청중   ☐ 화재진압중   ☐ 화재현장 재진입
                ☐ 행동불가능 ☐ 비이성적 행동 ☐ 기타   ☐ 미상

4 사상원인
  ☐ 연기·유독가스 흡입 ☐ 연기, 유독가스 흡입 및 화상 ☐ 화상 ☐ 넘어지거나 미끄러짐
  ☐ 건물붕괴   ☐ 피난중 뛰어내림   ☐ 갇힘 ☐ 복합원인   ☐ 기타   ☐ 미상

5 사상전 상태(★ 복수선택 가능)
  ① 인적
    ☐ 수면중   ☐ 음주상태   ② 물적
    ☐ 약물복용 상태   ☐ 정신장애   ☐ 출구잠김   ☐ 출구 장애물
    ☐ 지체장애   ☐ 관리자부재   ☐ 출구위치 미인지 ☐ 연기(화염)로 피난불가
    ☐ 해당없음   ☐ 출구 혼잡   ☐ 방범창(문)
                                       ☐ 차량충돌, 전복   ☐ 기타   ☐ 미상

6 사상부위 및 외상
  ① 인적   ② 외상   ③ 화상정도
    ☐ 머리   ☐ 목과 어깨   ☐ 찰과상   ☐ 열상   ☐ 1도화상
    ☐ 가슴   ☐ 복부   ☐ 타박상   ☐ 염좌   ☐ 2도화상
    ☐ 척추   ☐ 팔   ☐ 탈구   ☐ 골절   ☐ 3도화상
    ☐ 다리   ☐ 다수 부위   ☐ 기타   ☐ 미상   ☐ 기도화상
    ☐ 내과계 ☐ 얼굴
    ☐ 기타   ☐ 미상

⑦ 사상자(취약) 정보	① 연령별 □ 유아 □ 어린이 □ 노인(○독거노인)		
② 장애여부	③ 사상자 조치사항		④ 사상자 발견위치
□ 신장 □ 지적 □ 자폐성	□ 기도개방	□ 기도삽관 □ 호흡조절	□ 침대 □ 방안 □ 방문앞
□ 정신 □ 치매 □ 뇌병변	□ 출혈조절	□ 화상치료 □ 심폐소생술	□ 현관앞 □ 복도 □ 옥상
□ 지체 □ 청각 □ 시각	□ 충격방지	□ 제세동기(AED) 사용	□ 옥외 □ 비상계단
□ 호흡기 □ 기타	□ 약물치료	□ 산소공급 □ 척추고정	□ 추락 □ 기타
	□ 흡입조치	□ 기타	

② 화재피해조사서(재산피해)

화재피해조사서(재산피해)

대상명 :

1 건물 피해산정(신축단가×소실면적×[1－(0.8×경과연수/내용연수)]×손해율   □ 수 정

구분	용도	구조	소실면적 (m²)	신축단가 (m²당, 원)	경과연수	내용연수	잔가율(%)	손해율(%)	피해액 (천 원)
건물	용도1								
	용도2								
	※ 산출과정을 서술									

2 부대설비 피해산정(단위당 표준단가×피해단위×[1－(0.8×경과연수/내용연수)]×손해율 또는
(신축단가×소실면적×설비종류별 재설비 비율×[1－(0.8×경과연수/내용연수)]×손해율

구분	설비종류	소실면적 또는 소실단위	단가 (단위당, 원)	재설비비	경과연수	내용연수	잔가율(%)	손해율(%)	피해액 (천 원)
부대 설비	설비1								
	설비2								
	※ 산출과정을 서술								

3 영업시설 피해산정(㎡당 표준단가×소실면적×[1－(0.9×경과연수/내용연수)]×손해율

구분	업종	소실면적 (m²)	단가 (m²당, 원)	재시설비	경과연수	내용연수	잔가율(%)	손해율(%)	피해액 (천 원)
영업 시설									
	※ 산출과정을 서술								

4 가재도구 피해산정(재구입비×[1－(0.8×경과연수/내용연수)]×손해율

구분	품명	규격·형식	재구입비	수량	경과연수	내용연수	잔가율(%)	손해율(%)	피해액 (천 원)
가재 도구	품명1								
	품명2								
	※ 산출과정을 서술								

5 집기비품 피해산정(m²당 표준단가×소실면적×[1-(0.9×경과연수/내용연수)]×손해율, 또는
(재구입비×[1-(0.9×경과연수/내용연수)]× 손해율

구분	품명	규격·형식	재구입비	수량	경과연수	내용연수	잔가율(%)	손해율(%)	피해액 (천 원)
집기 비품	품명1								
	품명2								
	※ 산출과정을 서술									

6 가재도구 간이평가 피해산정

[(주택종류별·상태별 기준액×가중치)+(주택면적별 기준액×가중치)+(거주인원별 기준액×가중치)+
(주택가격(㎡당)별 기준액×가중치)]×손해율

구 분	주택종류		주택면적		거주인원		주택가격(㎡당)		손해율(%)	피해액 (천 원)
	기준액 (천 원)	가중치	기준액 (천 원)	가중치	기준액 (천 원)	가중치	기준액 (천 원)	가중치		
가재 도구		10%		30%		20%		40%		
	※ 산출과정을 서술									

7 기타 피해산정(기타 물품별 피해산정방식을 적용)

구분	품명	규격·형식	단가 (단위당, 원)	재구입비	수량	경과연수	내용연수	잔가율(%)	손해율(%)	피해액 (천 원)
기타	품명1									
	품명2									
	※ 산출과정을 서술										

8 잔존물 제거비

잔존물제거	산정대상 피해액	(항목별 대상피해액 합산과정 서술)	원	잔존물 제거비용 (산정대상피해액×10%)	원

9 총 피해액

구분	부동산		원	총 피해액	원
	동산		원		

별첨 : 산정근거로 활용한 회계장부 등 관계서류

(4) 방화·방화의심조사서

방화·방화의심조사서

1 구 분　　☐ 방화　　☐ 방화의심(추정)

2 방화동기
- ☐ 단순 우발적　　☐ 물반해소　　☐ 가정불화　　☐ 징신이싱　　☐ 싸움
- ☐ 비관자살　　☐ 보험사기　　☐ 보복(손해목적)　　☐ 범죄은폐　　☐ 사회적 반감
- ☐ 채권, 채무　　☐ 시위　　☐ 기타　　☐ 미상

3 방화도구
- ① 연 료　　☐ 인화성액체　　☐ 가연성 가스　　☐ 점화가능 고체　　☐ 일반가연물
　　　　　　☐ 폭약　　☐ 기타　　☐ 미상
- ② 용 기　　☐ 유리병　　☐ 플라스틱병　　☐ 컵　　☐ 압력용기　　☐ 캔
　　　　　　☐ 유류통　　☐ 박스　　☐ 기타　　☐ 미상
- ③ 점화장치　☐ 심지　　☐ 촛불　　☐ 담배　　☐ 전기부품
　　　　　　☐ 기계장치　☐ 리모콘　☐ 화학약품　☐ 성냥, 라이터
　　　　　　☐ 시한·지연장치　☐ 기타　☐ 미상

4 방화의심 사유
- ☐ 외부침입 흔적 존재　　☐ 유류사용 흔적　　☐ 범죄은폐
- ☐ 거액의 보험가입　　☐ 2지점 이상의 발화점　　☐ 연소현상 특이(급격 연소)
- ☐ 기타

5 도착 시 초기상황
- ① 화재상황　☐ 화재초기　☐ 성장기　☐ 최성기　☐ 말기
- ② 초기정보　☐ 창문이 열려있음　☐ 창문이 잠겨있음　☐ 현관문이 열려있음
　　　　　　☐ 현관문이 잠겨있음　☐ 소방서 강제 진입　☐ 소방서 도착전 강제진입 흔적
　　　　　　☐ 보안시스템 작동　　☐ 보안시스템 미작동　☐ 기타

6 방화연료 및 용기　☐ 현장주변에서 획득　☐ 현장에서 획득　☐ 미확인

7 방회지　　　　　　　　　　　　　　　　　　　　　　　　　　　　☐ 미상
- ① 인적사항　성명 [　　] 연령 [　　] 세　성별 ☐ 남 ☐ 여
- ② 주 소　[　　] [　　] [　　] [　　] [　　]
　　　　　　시도　시군구　읍면동　번지　대상명(APT 0동000호)

8 참고사항

(5) 소방방화시설 활용조사서

소방방화시설 활용조사서

① 소화시설

① □ 소화기구
- □ 사용 □ 미사용 → □ 소화약제 미충전 □ 소화약제 부족 □ 고장
- □ 미상   □ 사용법 미숙지   □ 노후   □ 기타
- 종 류 [ ][ ][ ][ ] [   ]

② □ 옥내소화전
- □ 사용 □ 미사용 → □ 전원차단   □ 방수압력 미달 □ 기구 미비치
- □ 미상   □ 설비불량   □ 사용법 미숙지 □ 기타

③ □ 스프링클러 설비, 간이스프링클러, 물분무등 소화설비
- 작동 및 효과성 □ 효과적 작동   □ 소규모 화재로 미작동
-                □ 미작동 또는 효과없음 □ 미상
- 종 류 [ ][ ][ ][ ] [   ]

④ □ 옥외소화전
- □ 사용 □ 미사용/효과미비 → □ 전원차단 □ 방수압력 미달 □ 기구 미비치
- □ 미상   □ 설비불량 □ 사용법 미숙지 □ 기타

② 경보설비

① □ 비상경보설비소화기구
- □ 경보 □ 미사용 → □ 수신기 전원차단   □ 음향장치 고장
- □ 미상   □ 발신기 누름 버튼 고장 □ 사용법 미숙지 □ 기타

② □ 비상방송설비
- □ 방송 □ 미방송 → □ 전원차단 □ 음향장치 고장
- □ 미상   □ 기타

③ □ 누전경보기
- □ 작동 □ 미작동 □ 미상

[   ]

④ □ 자동화재탐지설비
- □ 작동 → □ 거주자 대응   □ 거주자 대응 실패
-          □ 거주자 없음   □ 미상
- □ 미작동 → □ 수신기 고장 □ 전원차단
-            □ 설비불량   □ 회로불량
- □ 소규모화재로 미작동 □ 감지기불량 □ 기타 □ 미상
- 감지기 종류 [ ][ ][ ][ ] [   ]

⑤ □ 단독경보형감지기
- □ 작동 □ 미작동 → □ 건전지 방전 □ 건전지 없음
-                  □ 전원차단   □ 기타

⑥ □ 가스누설경보기
- □ 경보 □ 미경보 → □ 전원차단 □ 기기불량 □ 기타
- □ 미상

③ 피난설비
  ① □ 피난기구
    • □ 사용 □ 미상 □ 미사용 → □ 거치대 미비   □ 사용법 미숙지
      □ 사용 필요없음   □ 탈출공간 미확보 □ 기타
    • 종 류 □ 피난사다리 □ 완강기(간이완강기 포함) □ 구조대, 공기안전매트 □ 피난밧줄

  ② □ 유도등
    • □ 작동 □ 미작동 → □ 전원차단   □ 전구불량
      □ 미상   □ 충전지불량   □ 기타
    • 종류 [   ] [   ]

  ③ □ 비상조명등
    • □ 작동 □ 미작동 → □ 전원차단 □ 전구불량
      □ 미상   □ 기타

④ 소화용수설비
  ① □ 사용 □ 미사용 □ 미상   ② 종류 □ 소화전 □ 소화수조 / 저수조 □ 급수탑

⑤ 소화활동설비
  ① □ 제연설비
    • 작동 및 효과성 □ 작동 □ 작동하였으나 효과 없음 [ ] [   ]
                     □ 소규모 화재로 미작동 □ 미작동 [ ] [   ] □ 미상

  ② □ 연결송수관설비
    • □ 사용   □ 미사용 → □ 송수구불량   □ 배관불량
      □ 사용필요없음 □ 미상   □ 시설노후   □ 기타

  ③ □ 연결살수설비
    • □ 사용   □ 미사용 → □ 송수구불량 □ 헤드불량 □ 배관불량
      □ 사용필요없음 □ 미상   □ 시설노후   □ 기타

  ④ □ 비상콘센트설비
    • □ 사용   □ 미사용 → □ 송수구불량   □ 배관불량
      □ 사용필요없음 □ 미상   □ 시설노후   □ 기타

  ⑤ □ 무선통신보조설비
  ⑥ □ 연소방지설비

⑥ 초기소화활동 □ 해당없음
  □ 소화기사용   □ 옥내·옥외소화전사용   □ 피난방송 및 대피유도   □ 양동이, 모래사용
  □ 기타   □ 미상

⑦ 방화설비
  ① □ 방화셔터   □ 작동(닫힘)   □ 미작동(열림) [   ] [   ]   □ 미상
  ② □ 방화문   □ 정상   □ 비정상   [   ] [   ]   □ 미상
  ③ □ 방화구획

⑧ 참고사항

(6) 화재현장조사서

화재현장조사서
(임야화재, 기타화재, 피해액이 없는 화재)

☐ 화재발생 개요
  ○ 일   시 : 20 . 00. 00. 00:00분경(완진 00:00)
  ○ 장   소 :
  ○ 대상물구조 :
  ○ 인 명 피 해 :   명(사망   , 부상   ), ※ 인명구조   명
  ○ 재 산 피 해 :   천원(부동산   , 동산   )
☐ 화재조사 개요
  ○ 조사일시 :   ~   (회)
  ○ 조 사 자 :   외 o명
  ○ 화재원인 :
  <개 요>
☐ 동원인력
  ○ 인   원 :   명(소방 , 경찰 , 전기 , 가스 , 보험 , 기타)
  ○ 장   비 :   대(펌프 , 탱크 , 화학 , 고가 , 구조 , 구급 , 기타)
☐ 발화지점 판정
  ○
☐ 결   론
  ○ 현장조사결과 : 발화요인, 발화열원, 최초착화물, 발화관련기기, 연소확대물, 연소확대사유 등 작성
  ○ 문제점 및 대책
☐ 예상되는 사항 및 조치
  ○ 예상되는 사항 및 관련 조치사항 등 작성
☐ 현장관찰
  ○ 건물 위치도
  ○ 화재현장사진

3. 화재현장조사서 작성(서술식)

(1) 보고서 작성요령

① 화재현장조사서 작성 시 유의사항

㉠ 발화지점 및 화재원인 판정은 반드시 사진이나 관련 서류 등 객관적인 증거를 근거로 첨부해야 한다.

㉡ 관계자 진술은 조사자의 주관적 판단을 배제하고, 있는 그대로 빠짐없이 기록한다.

㉢ 보완자료 첨부가 필요할 경우 감식·감정 결과 통지서, 전기배선도, 연구자료, 재현실험 결과, 참고문헌 등을 활용할 수 있다.

㉣ 기록의 확장성을 위해 상황에 따라 예상되는 전개나 관련 조치사항도 서류에 포함할 수 있다.

② 화재현장조사서 작성 방법

㉠ 화재 원인·피해·연소 확산경로를 파악해 재발 방지와 정책 수립에 활용하는 문서다.

㉡ 현장조사는 상대방의 승낙과 입회 하에 이루어지는 임의의 법률행위적 행정조사다.

㉢ 대형화재로 조사구역을 분담한 경우, 각 분담자가 자신이 조사한 구역의 조사서를 개별 작성한다.

㉣ 현장상황·소손물건 등은 결론 유도를 배제하고 객관적 사실로 기록하며, 입회인 진술과 조사자의 관찰·확인 사실은 반드시 구분해 기재한다.

㉤ 작성자는 직접 현장조사를 수행한 자로 한정하며, 대필·대신 작성은 인정되지 않는다.

(2) 도면작성요령

① 화재현장조사서 도면작성항목

㉠ 현장의 위치
㉡ 발화건물을 중심으로 한 건물 배치도
㉢ 소손건물 각 층 평면도(실 배치 중심)
㉣ 발화실 평면도(수용물 개요 중심)
㉤ 발화지점 평면도(증거물 위치·실측거리 포함)
㉥ 발화지점 입면도
㉦ 사진촬영 위치도(필요 시 다른 도면과 병기)

② 현장조사서 도면작성 방법

㉠ 누구나 이해할 수 있게 명료하게 작성한다.

㉡ 표제는 특정·객관적으로 표기해야 한다.

㉢ 지도와 같이 방위는 북(↑)을 위로 통일해야 한다.

㉣ 표준화된 제도기호를 사용하고 필요 시 문자 주석을 병기하여 가독성을 확보해야 한다.

㉤ 현장 실측 값을 기준으로 정확한 축척에 맞춰 그려야 한다.

㉥ 방 배치, 출입구·개구부 상황을 중심으로 표현한다.

㉦ 거리측정은 기둥의 중심에서 다른 기둥의 중심까지로 기준점을 통일해야 한다.

(3) 화재원인 판정의 방법

① 재현실험 결과와 각종 문헌을 적절히 인용한다.

② 제조물 관련 화재는 물리적 증거를 근거로 객관적 입증이 가능하도록 구성한다.

③ 난해한 전문용어의 나열은 피하고, 명료한 논리 전개로 기술한다.

④ 질문조사서 등에서 확인된 사실 인용을 바탕으로 합리적·과학적 추론으로 결론에 이른다.

4. 기타 서류 작성

(1) 화재현장출동보고서

화재현장출동보고서

	년	월	연번	발생일시 :	년 월 일 시 분 초 요일
화재번호	2025	05	0157	출동시간 : 시 분 초	도착시간 : 시 분 초

---

1 출동대원 및 응답자 (○○ 안전센터)
 ① 출동대원 : (부)센터장 ○○○외 ○○명 … 선착대 지휘관 및 출동대원 기재
 ② 응 답 자 : (부)센터장 ○○○, 대원2 ○○○ … 상황에 대해서 진술한 대원 기재
 ③ 확 인 자 : 직위   계급   성명   (서명)

---

2 현장도착 시 발견사항
 【연기와 화염을 본 위치와 발생장소 등 전체적인 현장상황을 서술 식으로 기재】

① 화염및연기	□ 화염만 발견	□ 연기만 발견	■ 화염과 연기 발견	□ 없음	
② 화염색	□ 붉은색	■ 주황색	□ 노란색	□ 파란색	□ 기타( )
③ 연기색	□ 검정색	□ 짙은 회색	■ 회색	□ 흰색	□ 기타( )
④ 화염의 크기	□ 작음	□ 보통임	■ 큼	□ 매우 큼	
	(키높이이하)	(키높이이상)	(건물1층정도)	(건물1층이상)	
⑤ 연기분출량	□ 적음	■ 보통임	□ 많음	□ 매우 많음	
	(발화지점주변)	(발화지점시야방해)	(발화지점식별곤란)	(대상물식별곤란)	
⑥ 특이한 냄새	■ 있음	□ 없음			

 【만약 있다면 냄새가 난 장소 또는 지점과 냄새를 비교하여 유사한 냄새를 자세히 기술】

---

3 도착하여 처음 실행한 일의 지점 및 유형
  □ 화재진압 □ 환기 □ 구조 □ 구급 □ 안전장비의 설치 □ 기타(   )
 【작업 실행내용을 자세히 기재】
 개 요 ⇒ 해당항목에 대하여 건물의 어느 곳으로 진입하여 어느 부분에서 어떤 방법으로 어떠한
 장비를 사용하고 어떤 식으로 작업을 하였으며, 그 밖의 상황을 자세히 기술
  ① 도착시 가장 연소가 심했던 지점 :
  ② 화재의 연소확대 상황【외부와 내부 구분】 / 외부연소상황 □ 있음 □ 없음
  예시) 외부 : 아파트 5층 거실 창문을 통하여 6층 베란다로 연소 확대 중이었음
     내부 : 작은방에서 열려진 방문으로 불길이 천장을 통하여 거실로 연소 확대 되던 상황임

---

4 출입문 상태 및 소방대 건물 진입방법
  ■ 개방됨 □ 강제개방 □ 기타 다른 요소(출입문 없음, 파괴됨 등)
 【진입지점, 출입문의 상태 및 개방여부, 출입문과 창문 등 개방지점 및 방법·도구 등을 상세히 기술】
  ① 소방대의 건물 진입방법 예시) 출동당시 아파트 현관문(방화문)이 잠긴 채 틈사이로 검은
 연기가 나오고 있었으며, 도끼를 이용하여 손잡이를 절단 후 문을 개방함
 (예시) 출입문은 알루미늄 틀에 창문이 있는 구조로서 유리가 중간에 깨져있었고, 손잡이에 설치된
 열쇠는 잠겨지지 않은 상태로 손으로 당겨서 개방하였고 연기의 배출을 위해 작은방 창문을 파괴함

⑤ 소방대 이외의 강제적인 진입흔적

　　□ 발견됨　　■ 발견되지 않음　　□ 기타 요소(　　　　　)

(예시) 출입문은 셔터와 강화유리로 된 구조로서, 열쇠가 잘린 채 셔터가 반쯤 열려있고, 강화유리

문이 누군가에 의해 파괴된 상태임

(예시) 출입문이 잠겨있어 손잡이 열쇠를 파괴하고 내부로 진입한바 거실 창문이 반쯤 열려있었고

방범창이 하단이 잘려져 있던 상태임.

⑥ 화재 장소에서 사용된 장비

　　■ 자체설비사용　□ 소방장비사용　□ 모두사용 ‖ 소방 설비　□ 작동됨 □ 작동 안됨 □ 확인 못함

　① 사용된 자체설비 :

　② 사용된 소방장비 :

　③ 도착시 작동 중이던 소방 설비 :

⑦ 출동로상의 발견사항

　【진입도로, 교통상황, 정체사유 등 기재】

⑧ 기타 화재와 관련된 사항

⑨ 화재사진 및 동영상

　예시) 최초도착시 화재발생 사진. 1부. 최초도착시 화재발생 동영상. 1부.

※ 필요시 진압작전도 및 발견사항 상세도 기입

① 작성목적
　㉠ 화재현장출동보고서는 소방대가 현장에서 직접 관찰·확인한 사실을 체계적으로 기록해 화재원인 판정 및 사후 분석의 기초자료로 활용하기 위함이다.
　㉡ 최초 도착 소방대원이 확인한 연소건물의 상태나 연소범위 등은 가장 객관적이고 신뢰할 수 있는 초기 정보로 화재조사에서 귀중한 자료가 된다.

② 작성자
　㉠ 작성자는 화재현장에 출동한 소방공무원으로 제한된다.
　㉡ 직위·직종과 관계없이 누구나 작성할 수 있으나, 일반적으로 현장을 지휘하고 전체 상황을 종합적으로 판단하는 선착대장이 담당한다.
　㉢ 선착대장보다 다른 소방공무원이 현장을 더 정확히 관찰·파악한 경우라면 구조대원·구급대원 등 직무와 무관하게 보고서를 작성할 수 있다.

③ 기재사항
　㉠ 출동대원 및 응답자(○○안전센터 등)
　㉡ 현장 도착 시 최초로 관찰된 상황
　㉢ 도착 직후 소방대가 실행한 초기 활동의 지점 및 유형
　㉣ 출입문 상태와 소방대의 건물 진입 방식
　㉤ 소방대 외 다른 요인에 의한 강제 진입 흔적 여부
　㉥ 화재장소에서 사용된 장비 내역
　㉦ 출동 경로상에서 발견된 특이사항
　㉧ 화재와 직접적·간접적으로 관련된 기타사항
　㉨ 화재현장 사진 및 동영상 기록

(2) **질문기록서**

질문기록서

화재번호(20 － 00)	20 ． ． ． 소　　　속 : ○○소방서(소방본부) 계급 · 성명 :　　　○○○(서명)
① 화재발생 일시 및 장소	년　　　월　　　일　　　시 00시　　00구　　00동　　번지　　○○건물
② 질문일시	20 ． ． ． ： 부터 ～ 20 ． ． ． ：　　까지
③ 질문장소	
④ 답변자	○ 주소 :　　　　　　　Tel : ○ 직업 :　　　　　．성명 : 0 0 0 (인)
⑤ 화재대상과의관계	○ 최초신고사, 초기소화자, 발견자, 건물관계자 등
⑥ 언　　　제	○ 시간은(시계로, 컴퓨터, TV로)
⑦ 어 디 서	○ 위치(몇층, 방안에서…)
⑧ 무엇을 하고 있을 때	○ 누구와, 무엇을 하고 있다가
⑨ 어떻게 해서 알게 되었는가?	○ 소리(어떤), 냄새, 연기, 말(누구)
⑩ 그때 현상은 어떠 했는가?	○ 어디에서 보고, 어디의(부근의), 무엇이, 어떻게(불꽃의 높이, 범위, 연기색), 누구였던가, 또한 불타고 있지 않았다
⑪ 그래서 어떻게 했는가?	○ 사람에게 알렸다(어디의 누구에게), 통보하였다(어디로, 전화로), 피난하였다(누구와, 무엇을 이용하여, 어떻게, 도중에 상황은), 소화하였다(어디의, 무엇을, 어떻게 하여, 어디로, 누가 있었는가, 연소는 어떠했는가), 그후 어떻게 하였다.
⑫ 기타 참고사항	○ 이웃주민 000씨가 창문에서 연기가 분출하는 것을 발견하고 창문쪽에서 실내를 보니 장식장에서 불꽃이 발생하고 있었음.

※ 기타화재 중 쓰레기, 모닥불, 가로등, 전봇대화재 및 임야화재의 경우 질문기록서 작성을 생략할 수 있음.

① **작성목적**
　㉠ 질문기록서는 화재원인조사 과정에서 소손물건을 확인·관찰하고 물적 증거를 근거로 발화원인을 규명하기 위해 작성한다.
　㉡ 화재현장에서 발화로 이어진 물건을 쉽게 특정하기 어려운 경우가 많고 때로는 상식적으로 예상하기 힘든 사소한 원인이 발화로 이어지기도 한다.
　㉢ 관계자만이 알 수 있는 기기의 결함이나 평소 사용 습관 등을 파악할 필요가 있으므로, 객관적 자료 확보와 더불어 관계자의 진술을 기록하는 것이 반드시 필요하다.

② 작성자

질문의 주체는 원칙적으로 소방관서장이며, 화재상황을 이해하고 있는 화재조사관도 작성할 수 있다.

③ 작성 시 유의사항
  ㉠ 질문기록서는 반드시 관계자의 참여하에 작성해야 하며, 유의사항을 준수해야 한다.
  ㉡ 질문은 화재 직후, 안정된 장소에서 실시한다.
  ㉢ 원하는 답변을 유도하기 위한 암시나 유도 질문은 금지한다.
  ㉣ 관계자의 자발적이고 임의적인 진술을 확보해야 한다.
  ㉤ 진술 내용은 조사자의 판단을 개입하지 않고 사실 그대로 기록한다.

④ 작성대상자
  ㉠ 발화행위자
  ㉡ 화원관계자
  ㉢ 발견·신고자 및 초기소화자
  ㉣ 기타관계자

⑤ 질문기록서의 답변자 기재항목
  ㉠ 성명
  ㉡ 전화번호
  ㉢ 주소
  ㉣ 직업

> **고득점 POINT** 생략 가능한 화재
> 쓰레기, 모닥불, 가로등, 전봇대, 임야화재 등 단순화재의 경우 질문기록서를 생략할 수 있다.

(3) **재산피해신고서**

화재가 발생한 대상의 관계인이 작성하여 소방서장에게 제출해야 한다.

재산피해신고서

년 월 일

○○소방서장 귀하

주　소 :
소유자 :
신고자 :　　　　　　　　　연락처 :

☐ 부동산

1	피해년월일	년　　　　월　　　　일			
	피해 장소				
2	피해건물과 신고자와의 관계 (소유자, 점유자, 관리자)				
3	건축매입년월일		재건축 또는 재매입 금액		
	추정, 기록, 기억		추정, 기록, 기억, 불명		
	년　　　　월		3.3㎡(평)당 금액		총 금액
4	취득후의 경과				
	수선 개축	년　월	수선·개축한 부분	수선·개축에 필요한 금액	
		년　월			
	증축	년　월	증축의 개요	증축 면적(㎡)	필요한 금액
		년　월			
5	피해전의 피해내역				
	건물의 용도	지붕	외벽	층수	연면적(㎡)
	주거 세대수	세대	거주인원		명
6	건물·수용물 이외의 피해상황				
	피해 물건명	피해의 종류	수량 또는 면적	경과년수	
		소실·수손·기타		년	
		소실·수손·기타		년	
7	화재보험 계약				
	계약회사명	계약년월	보험금액(천원)		

☐ 동산

피해년월일		피해물건과 신고자와의 관계	(소유자·점유자·관리자)
피해 장소	시(군)　　구(읍·면)　　동(리)　　번지　　호		

품명 수량	피해액	피해의 종별	품명	수량	피해액	피해의 종별
		(소실·수손·기타)				(소실·수손·기타)

KEYWORD 23 화재피해액 산정

1. 화재피해액 산정 규정

(1) 피해액 산정대상

① **건물**

토지에 정착된 공작물 가운데 지붕과 기둥 또는 지붕과 벽을 갖춘 구조물로 주거·작업·집회·영업·오락·저장 등 특정 목적을 위해 인공적으로 축조된 건조물을 말한다.

구분	내용
목조 및 방화구조 건물	지붕을 기와 등으로 마감한 시점 이후부터 건물로 인정한다.
준 내화 및 내화 건물	슬라브 콘크리트를 부어 넣은 시점 이후를 건물로 인정한다.
해체 중인 건물	벽이나 바닥 등 주요구조부의 해체가 시작되면 건물로 보지 않는다.

② **부대설비**

전기·통신·가스·소화·공조·주방 등 건축물에 부가적으로 설치된 설비를 말하며, 제어설비 등은 건물과 구분해 별도로 피해액을 산정한다.

③ **구축물**

이동식 화장실, 버스정류장, 다리, 철도·궤도, 발전·송배전용 건조물, 방송·통신용 건조물, 경기장, 유원지 시설, 도로(고가도로 포함), 선전탑 등 건물로 분류되지 않는 인공 건조물을 말한다.

④ **영업시설**

재설치가 가능한 내·외부 마감재, 조명시설, 부대영업시설 등 건물의 주 사용 목적이나 영업활동에 적합하도록 설치된 시설로 건물의 구조체에는 영향을 주지 않는다.

⑤ **기계장치**

연소장치, 냉동장치, 전기장치처럼 기계의 효용을 통해 전기적·화학적 효과를 발생시키는 구조물로 물리적 작용을 변형·전달하여 유용한 기능을 수행하는 장치이다.

⑥ **공구·기구**

공구는 주된 기계의 보조도구로 사용되는 것을 말하며, 기구는 기계 중 구조나 조작이 간단한 기계를 말한다.

⑦ **집기비품**

점포·사무실·작업장에서 업무상 필요로 사용하는 각종 비품을 말한다.

⑧ **가재도구**

가구, 의류, 장신구, 침구류, 식료품, 연료 등 가정생활에 필요한 일상 물품을 말한다.

⑨ **차량 및 운반구**

철도차량, 특수자동차, 운송사업용·자가용 차량(이륜·삼륜 포함), 자전거, 리어카, 견인차, 작업차, 피견인차 등을 말한다. 단, 완구·놀이기구용은 제외된다.

⑩ 재고자산

원·부재료, 재공품, 반제품, 제품, 부산물, 상품과 저장품 및 이와 비슷한 것을 말한다.

구분	내용
상품	판매를 목적으로 한 경제적 가치를 지닌 동산으로서 포장용품, 경품, 견본, 전시품, 진열품 등을 포함한다.
저장품	구입 후 사용하지 않고 보관 중인 소모품 등을 말한다.
제품	판매할 목적으로 제조한 생산품을 말한다.
반제품	자가제조한 중간제품을 말한다.

⑪ 예술품 및 귀중품

회화·골동품·보석류 등 예술적·역사적·금전적 가치가 있는 물품으로 희소성과 주관적 가치에 따라 평가되므로 피해액을 별도로 산정해야 한다.

⑫ 동물 및 식물

가축, 관상수, 분재, 산림수목, 과수목 등 재산적 가치가 있는 것을 말하며 단, 화분은 가재도구·집기비품, 정원은 구축물로 분류된다.

⑬ 임야의 입목

산림·야산·들판의 수목과 잡초 등 자연에서 자라는 모든 것을 포함하며, 경작물 피해까지 함께 포함한다.

(2) **피해액 산정방법**

화재로 인한 물건의 직접 손실은 사고 당시의 경제적 가치(현재 시가)에서 화재 후 남은 잔존가치를 뺀 금액으로 산정한다. 즉, 피해액 산정은 피해물의 현재 시가와 화재 후 잔존가치를 평가하는 과정이다.

① 대상별 현재시가 산정방법

산정방법	산정대상
구입 시 가격	재고자산(원재료, 부재료, 제품, 반제품, 저장품, 부산물 등)
구입 시 가격 − 사용기간 감가액	항공기 및 선박 등
재구입 가격	상품 등
재구입 가격 − 사용기간 감가액	건물, 구축물, 영업시설, 기계장치, 공구·기구, 차량 및 운반구, 집기비품, 가재도구 등

② 손해액 또는 피해액을 산정방법

구분	산정방법
복성식평가법	• 사고로 인한 피해액을 산정하는 방법 • 재건축 또는 재취득하는 데 소요되는 비용에서 사용기간의 감가수정액을 공제하는 방법으로 부분의 물적 피해액 산정에 널리 사용
매매사례비교법	• 당해 피해물의 시중매매사례가 충분하여 유사매매 사례를 비교하여 산정하는 방법으로서 차량, 예술품, 귀중품, 귀금속 등의 피해액 산정에 사용
수익환원법	• 피해물로 인해 장래에 얻을 수익액에서 당해 수익을 얻기 위해 지출되는 제반비용을 공제하는 방법에 의하는 방법 • 유실수 등에 있어 수확기간에 있는 경우에 사용(단, 유실수의 육성기간에 있는 경우에는 복성식평가법을 사용)

③ 화재피해액 산정 방식
  ㉠ 화재피해액 산정은 복성식평가법을 원칙으로 하여 재건축·재취득 가액에서 사용기간에 따른 감가를 공제하는 방식을 따른다. 다만, 예외적으로 매매사례비교법이나 수익환원법을 적용할 수 있으며, 이 경우에는 해당 방법에 맞는 현재 시가를 사용한다.
  ㉡ 일반적인 피해물의 피해액 산정은 재건축비 또는 재취득 가격에서 감가를 반영하는 복성식평가법을 기준으로 한다.

> 화재피해액＝재건축비 또는 재취득 가격−사용기간 감가수정액

(3) 피해액 산정 관련 용어

① 현재가(시가)

피해물과 동일하거나 유사한 물품을 동일한 용도·구조·형식·성능으로 재구입하는 데 필요한 금액에서 사용기간과 경과에 따른 감가를 공제한 금액, 또는 동일·유사 물품의 시중거래가격을 말한다.

> 현재가(시가)＝재구입비−감가수정액

② 재구입비

화재 당시 피해물과 동일하거나 유사한 것을 재건축(설계·감리비 포함) 또는 재취득하는 데 소요되는 금액을 말한다.

③ 소실면적

건물의 소실면적 산정은 소실 바닥면적으로 산정한다.

④ 잔가율

화재 당시 피해물의 재구입비에 대한 현재가치의 비율을 의미하며, 이는 피해물에 남아 있는 경제적 가치를 나타낸다. 즉, 현재가치는 재구입비에서 사용기간과 경과기간에 따른 감가액을 공제한 금액이다.

$$현재가(시가) = 재구입비 \times 잔가율$$

$$잔가율 = \frac{재구입비 - 감가수정액}{재구입비}$$

$$잔가율 = 100\% - 감가수정율$$

$$잔가율 = 1 - (1 - 최종잔가율) \times \frac{경과연수}{내용연수}$$

⑤ 내용연수

고정자산을 경제적으로 사용할 수 있는 연수를 말한다.

⑥ 경과연수

피해물의 사고일 현재까지 경과한 기간을 말하며, 건물은 신축일로부터, 기타 재산은 구입일로부터 계산한다. 화재피해액 산정 시 경과연수는 원칙적으로 연 단위까지만 반영하되, 연 단위 반영이 불합리한 경우에는 월 단위까지 반영할 수 있다.

⑦ 최종잔가율

피해물의 내용연수가 다한 경우 잔존하는 가치의 재구입비에 대한 비율을 말한다.

$$건물, 부대설비, 구축물, 가재도구 = 20\%$$

$$그 외의 자산 = 10\%$$

⑧ 손해율

피해물의 종류, 손상 상태 및 정도에 따라 피해금액을 적정화시키는 일정한 비율을 말한다.

⑨ 신축단가

화재피해 건물과 동일하거나 유사한 규모, 구조, 용도, 재료, 시공방법 및 시공상태로 새로 신축했을 때의 ㎡당 단가를 의미하는데 이는 한국화재보험협회에서 발간한 특수건물 보험가액 평가기준표를 재구성하여 마련된 건물신축 단가표의 금액을 기준으로 한다.

(4) 피해액 산정 시 유의사항

① 실질적·구체적 방식

화재 당시 피해물과 동일한 구조·용도·규모의 물건을 재건축·재구입하는 데 소요되는 금액에서 사용손모와 경과연수에 따른 감가를 공제하여 현재 가액을 산정하는 방식이다.

② 간이평가방식

원칙적으로 실질적·구체적 방식을 따르나, 피해물 확인이 곤란하거나 불가피한 사유가 있을 때 적용하는 방법으로 실제 피해액과 큰 차이가 발생할 경우 사용해서는 안 되며, 반드시 실질적·구체적 방식과 결과를 비교해야 한다.

③ 회계장부 방식

일정 규모 이상의 사업체에서 회계장부로 현재가액 확인이 가능한 경우, 그 현재가액에 손해율을 곱해 집기·비품 등의 피해액을 산정하는 방식이다.

> 물품의 피해액 = 회계장부상의 현재가액 × 손해율

④ 수리비 방식

물품의 수리가 가능하고 수리비가 확인되는 경우에는 수리비에서 사용손모 및 경과연수에 따른 감가액을 공제하여 피해액을 산정하며, 평균적으로 수리비용을 피해액으로 본다.

(5) 특수한 경우의 피해액 산정 우선 적용사항

① 건물 중 문화재의 경우, 현재가는 감정가를 기준으로 한다.
② 철거건물 및 모델하우스의 최종잔가율은 20%로 적용한다.
③ 재고자산 중 견본품, 전시품, 진열품은 구입가의 50~80%를 피해액으로 산정한다.
④ 중고 기계장치 및 집기비품의 제작연도를 알 수 없는 경우 신품가액의 30~50%를 재구입비로 피해액을 산정한다.
⑤ 중고 기계장치 및 집기비품의 시장가격이 신품가격보다 높은 경우 신품가액을 재구입비로 하여 피해액을 산정한다.
⑥ 중고 기계장치 및 집기비품의 시장가격이 신품가액에서 감가수정한 금액보다 낮은 경우 해당 시장가격을 재구입비로 하여 피해액을 산정한다.
⑦ 공구, 기구, 집기비품, 가재도구를 일괄하여 피해액을 산정할 경우, 재구입비의 50%를 피해액으로 한다.

2. 대상별 피해액 산정기준

(1) 피해액 산정기준

산정대상	산정기준
건물	신축단가(m^2당)×소실면적×$[1-0.8 \times \frac{경과연수}{내용연수}]$×손해율
부대설비	• 기본방식 건물신축단가×소실면적×설비종류별 재설비비율×$[1-0.8 \times \frac{경과연수}{내용연수}]$×손해율 • 부대설비 피해금액을 실질적·구체적 방식에 의할 경우 단위(면적 개수 등)당 표준단가×피해단위×$[1-0.8 \times \frac{경과연수}{내용연수}]$×손해율
구축물	• 회계장부에 의한 방식 소실단위의 회계장부상 구축물가액×손해율 • 원시건축비에 의한 방식 소실단위의 원시건축비×물가상승율×$[1-0.8 \times \frac{경과연수}{내용연수}]$×손해율 • 회계장부상 구축물가액 또는 원시건축비의 가액이 확인되지 않는 경우 단위(m, m^2, m^3)당 표준단가×소실단위×$[1-0.8 \times \frac{경과연수}{내용연수}]$×손해율
영업시설	m^2당 표준단가×소실면적×$[1-0.9 \times \frac{경과연수}{내용연수}]$×손해율

구분	산정기준
잔존물 제거	화재피해금액×10%
기계장치 및 선박·항공기	• 기본방식 　감정평가서 또는 회계장부상 현재가액×손해율 • 감정평가서 또는 회계장부상 현재가액이 확인되지 않는 경우 　재구입비×$[1-0.9\times\dfrac{경과연수}{내용연수}]$×손해율
공구 및 기구	• 기본방식 　회계장부상 현재가액×손해율 • 감정평가서 또는 회계장부상 현재가액이 확인되지 않는 경우 　재구입비×$[1-0.9\times\dfrac{경과연수}{내용연수}]$×손해율
차량, 동물, 식물	• 전부손해의 경우는 시중매매가격 • 전부손해가 아닌 경우는 수리비 및 치료비
임야의 입목	• 소실전의 입목가격-소실한 입목의 잔존가격을 뺀 가격 • 피해산정이 곤란할 경우 소실면적 등 피해 규모만 산정
집기비품	• 기본방식 　회계장부상 현재가액×손해율 • 회계장부상 현재가액이 확인되지 않는 경우 　㎡당 표준단가×소실면적×$[1-0.9\times\dfrac{경과연수}{내용연수}]$×손해율 • 실질적·구체적 방법에 의해 피해금액을 산정하는 경우 　재구입비×$[1-0.9\times\dfrac{경과연수}{내용연수}]$×손해율
가재도구	• 기본방식 　(주택종류별·상태별 기준액×가중치)+(주택면적별 기준액×가중치)+ 　(거주인원별 기준액× 가중치)+(주택가격(㎡당)별 기준액× 가중치) • 실질적·구체적 방법에 의해 피해금액을 개별품목별로 산정하는 경우 　재구입비×$[1-0.8\times\dfrac{경과연수}{내용연수}]$×손해율
재고자산	• 기본방식 　회계장부상 현재가액×손해율 • 회계장부상 현재가액이 확인되지 않는 경우 　연간매출액÷재고자산회전율×손해율
회화(그림), 골동품, 미술공예품, 귀금속 및 보석류	• 전부손해의 경우 감정가격 • 전부손해가 아닌 경우 원상복구에 소요되는 비용
기타	피해당시의 현재가를 재구입비로 하여 피해금액을 산정

[적용요령]
1. 피해물의 경과연수가 불분명한 경우에 그 자산의 구조, 재질 또는 관계인등의 진술 기타 관계자료 등을 토대로 객관적인 판단을 하여 경과연수를 정한다.
2. 공구 및 기구·집기비품·가재도구를 일괄하여 재구입비를 산정하는 경우 개별 품목의 경과연수에 의한 잔가율이 50%를 초과하더라도 50%로 수정할 수 있으며, 중고구입기계장치 및 집기비품으로서 그 제작연도를 알 수 없는 경우에는 그 상태에 따라 신품가액의 30% 내지 50%를 잔가율로 정할 수 있다.
3. 화재피해금액 산정매뉴얼은 본 규정에 저촉되지 아니하는 범위에서 적용하여 화재피해금액을 산정한다.

(2) 소손에 따른 손해율

① 부대설비의 소손 정도에 따른 손해율

화재로 인한 피해정도	손해율(%)
주요구조체의 재사용이 거의 불가능하게 된 경우	100
손해 정도가 상당히 심한 경우	60
손해 정도가 다소 심한 경우	40
손해 정도가 보통적인 경우	20
손해 정도가 경미한 경우	10

② 영업시설의 소손 정도에 따른 손해율

화재로 인한 피해정도	손해율(%)
불에 타거나 변형되고 그을음과 수침 정도가 심한 경우	100
손상 정도가 다소 심하여 상당부분 교체 내지 수리가 필요한 경우	60
영업시설의 일부를 교체 또는 수리하거나 도장 내지 도배가 필요한 경우	40
부분적인 소손 및 오염의 경우	20
세척 내지 청소만 필요한 경우	10

③ 기계장치의 소손 정도에 따른 손해율

화재로 인한 피해정도	손해율(%)
Frame 및 주요부품이 소손되고 굴곡·변형되어 수리가 불가능한 경우	100
Frame 및 주요부품을 수리하여 재사용 가능하나 소손 정도가 심한 경우	50~60
화염의 영향을 받아 주요부품이 아닌 일반 부품 교체와 그을음 및 수침오염 정도가 심하여 전반적으로 overhaul이 필요한 경우	30~40
화염의 영향을 다소 적게 받았으나 그을음 및 수침오염 정도가 심하여 일부 부품교체와 분해조립이 필요한 경우	10~20
그을음 및 수침오염 정도가 경미한 경우	5

④ 공구·기구의 소손 정도에 따른 손해율

화재로 인한 피해정도	손해율(%)
50%이상 소손되고 그을음 및 수침오염 정도가 심한 경우	100
손해 정도가 다소 심한 경우	50
손해 정도가 보통인 경우	30
오염·수침손의 경우	10

⑤ 집기비품의 소손 정도에 따른 손해율

화재로 인한 피해정도	손해율(%)
50%이상 소손되거나, 수침오염 정도가 심한 경우	100
손해 정도가 다소 심한 경우	50
손해 정도가 보통인 경우	30
오염 · 수침손의 경우	10

⑥ 가재도구의 소손 정도에 따른 손해율

화재로 인한 피해정도	손해율(%)
50%이상 소손 되고 수침오염 정도가 심한 경우	100
손해 정도가 다소 심한 경우	50
손해 정도가 보통인 경우	30
오염 · 수침손의 경우	10

CHAPTER 05 화재조사관계법규

KEYWORD 24 관계법령

1. 소방관계법령

(1) **소방기본법령**

① 소방기본법

㉠ 목적(제1조)

화재를 예방·경계하거나 진압하고 화재, 재난·재해, 그 밖의 위급한 상황에서의 구조·구급 활동 등을 통하여 국민의 생명·신체 및 재산을 보호함으로써 공공의 안녕 및 질서 유지와 복리증진에 이바지함을 목적으로 한다.

㉡ 정의(제2조)

구분	내용
관계인	소방대상물의 소유자·관리자 또는 점유자
소방본부장	특별시·광역시·특별자치시·도 또는 특별자치도에서 화재의 예방·경계·진압·조사 및 구조·구급 등의 업무를 담당하는 부서의 장
소방대 (消防隊)	화재를 진압하고 화재, 재난·재해, 그 밖의 위급한 상황에서 구조·구급 활동 등을 하기 위하여 다음 각 목의 사람으로 구성된 조직체 • 「소방공무원법」에 따른 소방공무원 • 「의무소방대설치법」에 따라 임용된 의무소방원(義務消防員) • 「의용소방대 설치 및 운영에 관한 법률」에 따른 의용소방대원(義勇消防隊員)
소방대장 (消防隊長)	소방본부장 또는 소방서장 등 화재, 재난·재해, 그 밖의 위급한 상황이 발생한 현장에서 소방대를 지휘하는 사람

㉢ 소방용수시설의 설치 및 관리 등(제10조)

시·도지사는 소방활동에 필요한 소화전(消火栓)·급수탑(給水塔)·저수조(貯水槽)를 설치하고 유지·관리하여야 한다. 다만, 소화전을 설치하는 일반수도사업자는 관할 소방서장과 사전협의를 거친 후 소화전을 설치하여야 하며, 설치 사실을 관할 소방서장에게 통지하고, 그 소화전을 유지·관리하여야 한다.

㉣ 소방자동차 전용구역 등(제21조의2)

• 공동주택 중 대통령령으로 정하는 공동주택의 건축주는 소방활동의 원활한 수행을 위하여 공동주택에 소방자동차 전용구역을 설치하여야 한다.

• 누구든지 전용구역에 차를 주차하거나 전용구역에의 진입을 가로막는 등의 방해행위를 하여서는 아니 된다.

ⓜ 소방활동구역의 설정(제23조)
- 소방대장은 화재, 재난·재해, 그 밖의 위급한 상황이 발생한 현장에 소방활동구역을 정하여 소방활동에 필요한 사람으로서 대통령령으로 정하는 사람 외 그 구역에 출입하는 것을 제한할 수 있다.
- 경찰공무원은 소방대가 소방활동구역에 있지 아니하거나 소방대장의 요청이 있을 때에는 조치를 할 수 있다.

ⓑ 소방활동 종사명령(제24조)
- 소방본부장, 소방서장 또는 소방대장은 화재, 재난·재해, 그 밖의 위급한 상황이 발생한 현장에서 소방활동을 위하여 필요할 때에는 그 관할구역에 사는 사람 또는 그 현장에 있는 사람으로 하여금 사람을 구출하는 일 또는 불을 끄거나 불이 번지지 아니하도록 하는 일을 하게 할 수 있다. 이 경우 소방본부장, 소방서장 또는 소방대장은 소방활동에 필요한 보호장구를 지급하는 등 안전을 위한 조치를 하여야 한다.
- 소방활동에 종사한 사람은 시·도지사로부터 소방활동의 비용을 지급받을 수 있다. 다만, 다음 어느 하나에 해당하는 사람의 경우에는 그러하지 아니하다.
  - 소방대상물에 화재, 재난·재해, 그 밖의 위급한 상황이 발생한 경우 그 관계인
  - 고의 또는 과실로 화재 또는 구조·구급 활동이 필요한 상황을 발생시킨 사람
  - 화재 또는 구조·구급 현장에서 물건을 가져간 사람

ⓢ 소방용수시설 또는 비상소화장치의 사용금지 등(제28조)
누구든지 다음 어느 하나에 해당하는 행위를 하여서는 아니 된다.
- 정당한 사유 없이 소방용수시설 또는 비상소화장치를 사용하는 행위
- 정당한 사유 없이 손상·파괴, 철거 또는 그 밖의 방법으로 소방용수시설 또는 비상소화장치의 효용(效用)을 해치는 행위
- 소방용수시설 또는 비상소화장치의 정당한 사용을 방해하는 행위

ⓞ 손실보상(제49조의2)
- 소방청장 또는 시·도지사는 다음 어느 하나에 해당하는 자에게 손실보상심의위원회의 심사·의결에 따라 정당한 보상을 하여야 한다.
  - 생활안전활동에 따른 조치로 인하여 손실을 입은 자
  - 소방활동 종사로 인하여 사망하거나 부상을 입은 자
  - 처분으로 인하여 손실을 입은 자. 다만, 법령을 위반하여 소방자동차의 통행과 소방활동에 방해가 된 경우는 제외한다.
  - 위험시설 등에 대한 긴급조치로 인하여 손실을 입은 자
  - 그 밖에 소방기관 또는 소방대의 적법한 소방업무 또는 소방활동으로 인하여 손실을 입은 자
- 손실보상을 청구할 수 있는 권리는 손실이 있음을 안 날부터 3년, 손실이 발생한 날부터 5년간 행사하지 아니하면 시효의 완성으로 소멸한다.
- 소방청장 또는 시·도지사는 손실보상청구사건을 심사·의결하기 위하여 필요한 경우 손실보상심의위원회를 구성·운영할 수 있다.

ⓒ 벌칙

벌칙	위반사항
5년 이하의 징역 또는 5천만원 이하의 벌금	• 다음 어느 하나에 해당하는 행위를 한 사람 　- 위력(威力)을 사용하여 출동한 소방대의 화재진압·인명구조 또는 구급활동을 방해하는 행위 　- 소방대가 화재진압·인명구조 또는 구급활동을 위하여 현장에 출동하거나 현장에 출입하는 것을 고의로 방해하는 행위 　- 출동한 소방대원에게 폭행 또는 협박을 행사하여 화재진압·인명구조 또는 구급활동을 방해하는 행위 　- 출동한 소방대의 소방장비를 파손하거나 그 효용을 해하여 화재진압·인명구조 또는 구급활동을 방해하는 행위 • 소방자동차의 출동을 방해한 사람 • 사람을 구출하는 일 또는 불을 끄거나 불이 번지지 아니하도록 하는 일을 방해한 사람 • 정당한 사유 없이 소방용수시설 또는 비상소화장치를 사용하거나 소방용수시설 또는 비상소화장치의 효용을 해치거나 그 정당한 사용을 방해한 사람
3년 이하의 징역 또는 3천만원 이하의 벌금	제25조(강제처분 등) 제1항에 따른 처분을 방해한 자 또는 정당한 사유 없이 그 처분에 따르지 아니한 자
300만원 이하의 벌금	제25조(강제처분 등) 제2항 및 제3항에 따른 처분을 방해한 자 또는 정당한 사유 없이 그 처분에 따르지 아니한 자는 300만원 이하의 벌금에 처한다.
100만원 이하의 벌금	• 정당한 사유 없이 소방대의 생활안전활동을 방해한 자 • 정당한 사유 없이 소방대가 현장에 도착할 때까지 사람을 구출하는 조치 또는 불을 끄거나 불이 번지지 아니하도록 하는 조치를 하지 아니한 사람 • 피난 명령을 위반한 사람 • 정당한 사유 없이 물의 사용이나 수도의 개폐장치의 사용 또는 조작을 하지 못하게 하거나 방해한 자 • 제27조(위험시설 등에 대한 긴급조치) 제2항에 따른 조치를 정당한 사유 없이 방해한 자

ⓒ 과태료

벌칙	내용
500만원 이하의 과태료	• 화재 또는 구조·구급이 필요한 상황을 거짓으로 알린 사람 • 정당한 사유 없이 제20조(관계인의 소방활동 등) 제2항을 위반하여 화재, 재난·재해, 그 밖의 위급한 상황을 소방본부, 소방서 또는 관계 행정기관에 알리지 아니한 관계인
200만원 이하의 과태료	• 한국119청소년단 또는 이와 유사한 명칭을 사용한 자 • 소방자동차의 출동에 지장을 준 자 • 소방활동구역을 출입한 사람 • 한국소방안전원 또는 이와 유사한 명칭을 사용한 자
100만원 이하의 과태료	전용구역에 차를 주차하거나 전용구역에의 진입을 가로막는 등의 방해행위를 한 자
20만원 이하의 과태료	제19조(화재 등의 통지) 제2항에 따른 신고를 하지 아니하여 소방자동차를 출동하게 한 자

② 소방기본법 시행령
　㉠ 소방자동차 전용구역 설치 대상(제7조의12)
　　　대통령령으로 정하는 공동주택이란 다음의 주택을 말한다. 다만, 하나의 대지에 하나의 동(棟)으로 구성되고 정차 또는 주차가 금지된 편도 2차선 이상의 도로에 직접 접하여 소방자동차가 도로에서 직접 소방활동이 가능한 공동주택은 제외한다.
　　　• 아파트 중 세대수가 100세대 이상인 아파트
　　　• 기숙사 중 3층 이상의 기숙사
　㉡ 소방자동차 전용구역의 설치기준·방법(제7조의13)
　　　• 공동주택의 건축주는 소방자동차가 접근하기 쉽고 소방활동이 원활하게 수행될 수 있도록 각 동별 전면 또는 후면에 소방자동차 전용구역을 1개소 이상 설치해야 한다. 다만, 하나의 전용구역에서 여러 동에 접근하여 소방활동이 가능한 경우로서 소방청장이 정하는 경우에는 각 동별로 설치하지 않을 수 있다.
　　　• 전용구역의 설치방법
　　　　－ 전용구역 노면표지의 외곽선은 빗금무늬로 표시하되, 빗금은 두께를 30센티미터로 하여 50센티미터 간격으로 표시한다.
　　　　－ 전용구역 노면표지 도료 색채는 황색을 기본으로 하되, 문자(P, 소방차 전용)는 백색으로 표시한다.
　㉢ 전용구역 방해행위의 기준(제4조의14)
　　　• 전용구역에 물건 등을 쌓거나 주차하는 행위
　　　• 전용구역의 앞면, 뒷면 또는 양 측면에 물건 등을 쌓거나 주차하는 행위. 다만, 「주차장법」 제19조에 따른 부설주차장의 주차구획 내에 주차하는 경우는 제외한다.
　　　• 전용구역 진입로에 물건 등을 쌓거나 주차하여 전용구역으로의 진입을 가로막는 행위
　　　• 전용구역 노면표지를 지우거나 훼손하는 행위
　　　• 그 밖의 방법으로 소방자동차가 전용구역에 주차하는 것을 방해하거나 전용구역으로 진입하는 것을 방해하는 행위
　㉣ 소방활동구역의 출입자(제8조)
　　　• 소방활동구역 안에 있는 소방대상물의 소유자·관리자 또는 점유자
　　　• 전기·가스·수도·통신·교통의 업무에 종사하는 사람으로서 원활한 소방활동을 위하여 필요한 사람
　　　• 의사·간호사 그 밖의 구조·구급 업무에 종사하는 사람
　　　• 취재인력 등 보도업무에 종사하는 사람
　　　• 수사업무에 종사하는 사람
　　　• 그 밖에 소방대장이 소방활동을 위하여 출입을 허가한 사람

ⓛ 손실보상심의위원회의 설치 및 구성(제13조)
- 소방청장등은 손실보상청구 사건을 심사·의결하기 위하여 필요한 경우 각각 손실보상심의위원회를 구성·운영할 수 있다.
- 보상위원회는 위원장 1명을 포함하여 5명 이상 7명 이하의 위원으로 구성한다. 다만, 청구금액이 100만원 이하인 사건에 대해서는 해당하는 위원 3명으로만 구성할 수 있다.
- 보상위원회의 위원은 다음 어느 하나에 해당하는 사람 중에서 소방청장등이 위촉하거나 임명한다. 이 경우 보상위원회를 구성할 때에는 위원의 과반수는 성별을 고려하여 소방공무원이 아닌 사람으로 하여야 한다.
  - 소속 소방공무원
  - 판사·검사 또는 변호사로 5년 이상 근무한 사람
  - 학교에서 법학 또는 행정학을 가르치는 부교수 이상으로 5년 이상 재직한 사람
  - 손해사정사
  - 소방안전 또는 의학 분야에 관한 학식과 경험이 풍부한 사람
- 위촉되는 위원의 임기는 2년으로 한다. 다만, 보상위원회가 해산되는 경우에는 그 해산되는 때에 임기가 만료되는 것으로 한다.
- 보상위원회의 사무를 처리하기 위하여 보상위원회에 간사 1명을 두되, 간사는 소속 소방공무원 중에서 소방청장등이 지명한다.

③ 소방기본법 시행규칙
  ㉠ 종합상황실의 실장의 업무 등(제3조)
  종합상황실의 실장은 다음 어느 하나에 해당하는 상황이 발생하는 때에는 그 사실을 지체없이 서면·팩스 또는 컴퓨터통신 등으로 소방서의 종합상황실의 경우는 소방본부의 종합상황실에, 소방본부의 종합상황실의 경우는 소방청의 종합상황실에 각각 보고해야 한다.
  - 사망자가 5인 이상 발생하거나 사상자가 10인 이상 발생한 화재
  - 이재민이 100인 이상 발생한 화재
  - 재산피해액이 50억원 이상 발생한 화재
  - 관공서·학교·정부미도정공장·문화재·지하철 또는 지하구의 화재
  - 관광호텔, 층수가 11층 이상인 건축물, 지하상가, 시장, 백화점, 지정수량의 3천배 이상의 위험물의 제조소·저장소·취급소, 층수가 5층 이상이거나 객실이 30실 이상인 숙박시설, 층수가 5층 이상이거나 병상이 30개 이상인 종합병원·정신병원·한방병원·요양소, 연면적 1만5천제곱미터 이상인 공장 또는 화재경계지구에서 발생한 화재
  - 철도차량, 항구에 매어둔 총 톤수가 1천톤 이상인 선박, 항공기, 발전소 또는 변전소에서 발생한 화재
  - 가스 및 화약류의 폭발에 의한 화재
  - 다중이용업소의 화재
  - 통제단장의 현장지휘가 필요한 재난상황
  - 언론에 보도된 재난상황

(2) 화재조사법령
   ① 소방의 화재조사에 관한 법률
      ㉠ 목적(제1조)
         이 법은 화재예방 및 소방정책에 활용하기 위하여 화재원인, 화재성장 및 확산, 피해현황 등에 관한 과학적·전문적인 조사에 필요한 사항을 규정함을 목적으로 한다.
      ㉡ 정의(제2조)

구분	내용
화재	사람의 의도에 반하거나 고의 또는 과실에 의하여 발생하는 연소 현상으로서 소화할 필요가 있는 현상 또는 사람의 의도에 반하여 발생하거나 확대된 화학적 폭발현상
화재조사	소방청장, 소방본부장 또는 소방서장이 화재원인, 피해상황, 대응활동 등을 파악하기 위하여 자료의 수집, 관계인등에 대한 질문, 현장 확인, 감식, 감정 및 실험 등을 하는 행위
화재조사관	화재조사에 전문성을 인정받아 화재조사를 수행하는 소방공무원
관계인 등	화재가 발생한 소방대상물의 소유자·관리자 또는 점유자 및 다음 각 목의 사람을 말한다. • 화재현장을 발견하고 신고한 사람 • 화재현장을 목격한 사람 • 소화활동을 행하거나 인명구조활동(유도대피 포함)에 관계된 사람 • 화재를 발생시키거나 화재발생과 관계된 사람

   ㉢ 화재조사의 실시(제5조)
      • 소방청장, 소방본부장 또는 소방서장은 화재발생 사실을 알게 된 때에는 지체없이 화재조사를 하여야 한다. 이 경우 수사기관의 범죄수사에 지장을 주어서는 아니 된다.
      • 소방관서장은 화재조사를 하는 경우 다음 사항에 대하여 조사하여야 한다.
         − 화재원인에 관한 사항
         − 화재로 인한 인명·재산피해상황
         − 대응활동에 관한 사항
         − 소방시설 등의 설치·관리 및 작동 여부에 관한 사항
         − 화재발생건축물과 구조물, 화재유형별 화재위험성 등에 관한 사항
         − 그 밖에 대통령령으로 정하는 사항
   ㉣ 화재조사전담부서의 설치·운영 등(제6조)
      • 소방관서장은 전문성에 기반하는 화재조사를 위하여 화재조사전담부서를 설치·운영하여야 한다.
      • 전담부서는 다음 각 업무를 수행한다.
         − 화재조사의 실시 및 조사결과 분석·관리
         − 화재조사 관련 기술개발과 화재조사관의 역량증진
         − 화재조사에 필요한 시설·장비의 관리·운영
         − 그 밖의 화재조사에 관하여 필요한 업무
      • 소방관서장은 화재조사관으로 하여금 화재조사 업무를 수행하게 하여야 한다.
      • 화재조사관은 소방청장이 실시하는 화재조사에 관한 시험에 합격한 소방공무원 등 화재조사에 관한 전문적인 자격을 가진 소방공무원으로 한다.
      • 전담부서의 구성·운영, 화재조사관의 구체적인 자격기준 및 교육훈련 등에 필요한 사항은 대통령령으로 정한다.

ⓜ 화재합동조사단의 구성·운영(제7조)
- 소방관서장은 사상자가 많거나 사회적 이목을 끄는 화재 등 대통령령으로 정하는 대형화재 등 발생한 경우 종합적이고 정밀한 화재조사를 위해 유관기관 및 관계 전문가를 포함한 화재합동조사단을 구성·운영할 수 있다.
- 화재합동조사단의 구성과 운영 등에 필요한 사항은 대통령령으로 정한다.

ⓑ 화재현장 보존 등(제8조)
- 소방관서장은 화재조사를 위하여 필요한 범위에서 화재현장 보존조치를 하거나 화재현장과 그 인근 지역을 통제구역으로 설정할 수 있다. 다만, 방화(放火) 또는 실화(失火)의 혐의로 수사의 대상이 된 경우에는 관할 경찰서장 또는 해양경찰서장이 통제구역을 설정한다.
- 누구든지 소방관서장 또는 경찰서장의 허가 없이 설정된 통제구역에 출입하여서는 아니 된다.
- 화재현장 보존조치를 하거나 통제구역을 설정한 경우 누구든지 소방관서장 또는 경찰서장의 허가 없이 화재현장에 있는 물건 등을 이동시키거나 변경·훼손하여서는 아니 된다. 단, 공공의 이익에 중대한 영향을 미친다고 판단되거나 인명구조 등 긴급한 사유가 있는 경우 그러하지 아니하다.
- 화재현장 보존조치, 통제구역의 설정 및 출입 등에 필요한 사항은 대통령령으로 정한다.

ⓢ 출입·조사 등(제9조)
- 소방관서장은 화재조사를 위하여 필요한 경우에 관계인에게 보고 또는 자료 제출을 명하거나 화재조사관으로 하여금 장소에 출입하여 화재조사를 하게 하거나 관계인등에게 질문하게 할 수 있다.
- 화재조사를 하는 화재조사관은 그 권한을 표시하는 증표를 지니고 관계인등에게 보여주어야 한다.
- 화재조사를 하는 화재조사관은 관계인의 정당한 업무를 방해하거나 화재조사를 수행하면서 알게 된 비밀을 다른 용도로 사용하거나 다른 사람에게 누설하여서는 아니 된다.

> **고득점 POINT** 제10조 관계인등의 출석 등
> - 소방관서장은 화재조사가 필요한 경우 관계인등을 소방관서에 출석하게 하여 질문할 수 있다.
> - 관계인등의 출석 및 질문 등에 필요한 사항은 대통령령으로 정한다.

ⓞ 화재조사 증거물 수집 등(제11조)
- 소방관서장은 화재조사를 위하여 필요한 경우 증거물을 수집하여 검사·시험·분석 등을 할 수 있다. 다만, 범죄수사와 관련된 증거물인 경우에는 수사기관의 장과 협의하여 수집할 수 있다.
- 소방관서장은 수사기관의 장이 방화 또는 실화의 혐의가 있어서 이미 피의자를 체포하였거나 증거물을 압수하였을 때에 화재조사를 위하여 필요한 경우에는 범죄수사에 지장을 주지 아니하는 범위에서 그 피의자 또는 압수된 증거물에 대한 조사를 할 수 있다. 이 경우 수사기관의 장은 소방관서장의 신속한 화재조사를 위하여 특별한 사유가 없으면 조사에 협조하여야 한다.
- 증거물 수집의 범위, 방법 및 절차 등에 필요한 사항은 대통령령으로 정한다.

ⓩ 소방공무원과 경찰공무원의 협력 등(제12조)
- 소방공무원과 경찰공무원은 다음 사항에 대하여 서로 협력하여야 한다.
  - 화재현장의 출입·보존 및 통제에 관한 사항
  - 화재조사에 필요한 증거물의 수집 및 보존에 관한 사항
  - 관계인등에 대한 진술 확보에 관한 사항
  - 그 밖에 화재조사에 필요한 사항
  - 소방관서장은 방화 또는 실화의 혐의가 있다고 인정되면 지체없이 경찰서장에게 그 사실을 알리고 필요한 증거를 수집·보존하는 등 그 범죄수사에 협력하여야 한다.

㊂ 관계기관 등의 협조(제13조)
- 소방관서장, 중앙행정기관의 장, 지방자치단체의 장, 보험회사, 그 밖의 관련 기관·단체의 장은 화재조사에 필요한 사항에 대하여 서로 협력하여야 한다.
- 소방관서장은 화재원인 규명 및 피해액 산출 등을 위하여 필요한 경우에는 금융감독원, 관계 보험회사 등에 개인정보를 포함한 보험가입 정보 등을 요청할 수 있다. 이 경우 정보 제공을 요청받은 기관은 정당한 사유가 없으면 이를 거부할 수 없다.

㉠ 벌칙

벌칙	위반사항
300만원 이하의 벌금	• 제8조(화재현장 보존 등) 제3항을 위반하여 허가 없이 화재현장에 있는 물건 등을 이동시키거나 변경·훼손한 사람 • 정당한 사유 없이 제9조(출입·조사 등) 제1항에 따른 화재조사관의 출입 또는 조사를 거부·방해 또는 기피한 사람 • 제9조(출입·조사 등) 제3항을 위반하여 관계인의 정당한 업무를 방해하거나 화재조사를 수행하면서 알게 된 비밀을 다른 용도로 사용하거나 다른 사람에게 누설한 사람 • 정당한 사유 없이 제11조(화재조사 증거물 수집 등) 제1항에 따른 증거물 수집을 거부·방해 또는 기피한 사람

㉡ 과태료

벌칙	내용
200만원 이하 과태료	• 제8조(화재현장 보존 등) 제2항을 위반하여 허가 없이 통제구역에 출입한 사람 • 제9조(출입·조사 등) 제1항에 따른 명령을 위반하여 보고 또는 자료 제출을 하지 아니하거나 거짓으로 보고 또는 자료를 제출한 사람 • 정당한 사유 없이 제10조(관계인등의 출석 등) 제1항에 따른 출석을 거부하거나 질문에 대하여 거짓으로 진술한 사람

② 소방의 화재조사에 관한 법률 시행령

㉠ 화재조사의 대상(제2조)

소방청장, 소방본부장 또는 소방서장이 화재조사를 실시해야 할 대상은 다음과 같다.
- 「소방기본법」에 따른 소방대상물에서 발생한 화재
- 그 밖에 소방관서장이 화재조사가 필요하다고 인정하는 화재

용어 CHECK 소방대상물

소방대상물이란 건축물, 차량, 선박(항구에 매어둔 선박만 해당), 선박 건조 구조물, 산림, 그 밖의 인공 구조물 또는 물건을 말한다.

㉡ 화재조사의 내용·절차(제3조)
- 화재조사는 다음 절차에 따라 실시한다.
  - 현장출동 중 조사: 화재발생 접수, 출동 중 화재상황 파악 등
  - 화재현장 조사: 화재의 발화(發火)원인, 연소상황 및 피해상황 조사 등
  - 정밀조사: 감식·감정, 화재원인 판정 등
  - 화재조사 결과 보고
- 소방관서장은 화재조사를 하는 경우 「산림보호법」 제42조에 따른 산불 조사 등 다른 법률에 따른 화재 관련 조사가 원활히 수행될 수 있도록 협조해야 한다.

ⓒ 화재조사전담부서의 구성·운영(제4조)
- 소방관서장은 화재조사전담부서에 화재조사관을 2명 이상 배치해야 한다.
- 전담부서에는 화재조사를 위한 감식·감정 장비 등 행정안전부령으로 정하는 장비와 시설을 갖추어 두어야 한다.
- 규정한 사항 외에 전담부서의 구성·운영에 필요한 사항은 행정안전부령으로 정한다.

㉣ 화재조사관의 자격기준 등(제5조)
- 화재조사 업무를 수행하는 화재조사관은 다음 어느 하나에 해당하는 소방공무원으로 한다.
  - 소방청장이 실시하는 화재조사에 관한 시험에 합격한 소방공무원
  - 「국가기술자격법」에 따른 국가기술자격의 직무분야 중 화재감식평가 분야의 기사 또는 산업기사 자격을 취득한 소방공무원

㉤ 화재조사에 관한 교육훈련(제6조)
- 소방관서장은 다음 구분에 따라 화재조사관에 대한 교육훈련을 실시한다.
  - 화재조사관 양성을 위한 전문교육
  - 화재조사관의 전문능력 향상을 위한 전문교육
  - 전담부서에 배치된 화재조사관을 위한 의무 보수교육
- 소방관서장은 필요한 경우 교육훈련을 다른 소방관서나 화재조사 관련 전문기관에 위탁하여 실시할 수 있다.

㉥ 화재합동조사단의 구성·운영(제7조)
- 사상자가 많거나 사회적 이목을 끄는 화재 등 대통령령으로 정하는 대형화재란 다음 화재를 말한다.
  - 사망자가 5명 이상 발생한 화재
  - 화재로 인한 사회적·경제적 영향이 광범위하다고 소방관서장이 인정하는 화재
- 화재합동조사단의 단원은 다음 어느 하나에 해당하는 사람 중 소방관서장이 임명하거나 위촉한다.
  - 화재조사관
  - 화재조사 업무에 관한 경력이 3년 이상인 소방공무원
  - 학교 또는 이에 준하는 교육기관에서 화재조사, 소방 또는 안전관리 등 관련 분야 조교수 이상의 직에 3년 이상 재직한 사람
  - 「국가기술자격법」에 따른 국가기술자격의 직무분야 중 안전관리 분야 산업기사 이상의 자격을 취득한 사람
  - 그 밖에 건축·안전 분야 또는 화재조사에 관한 학식과 경험이 풍부한 사람
- 화재합동조사단의 단장은 단원 중에서 소방관서장이 지명하거나 위촉하는 사람이 된다.
- 소방관서장은 화재합동조사단 운영을 위하여 관계 행정기관 또는 기관·단체의 장에게 소속 공무원 또는 소속 임직원의 파견을 요청할 수 있다.

- 화재합동조사단은 화재조사를 완료하면 소방관서장에게 다음사항이 포함된 화재조사 결과를 보고해야 한다.
  - 화재합동조사단 운영 개요
  - 화재조사 개요
  - 화재조사에 관한 법 제5조제2항 각 호의 사항
  - 다수의 인명피해가 발생한 경우 그 원인
  - 현행 제도의 문제점 및 개선 방안
  - 그밖에 소방관서장이 필요하다고 인정하는사항
- 소방관서장은 화재합동조사단의 단장 또는 단원에게 예산의 범위에서 수당·여비와 그 밖에 필요한 경비를 지급할 수 있다. 다만, 공무원이 소관 업무와 직접적으로 관련되어 참여하는 경우에는 지급하지 않는다.
- 규정한 사항 외에 화재합동조사단의 구성·운영에 필요한 사항은 소방청장이 정한다.

◈ 화재조사 증거물 수집 등(제11조)
- 소방관서장은 화재조사를 위하여 필요한 최소한의 범위에서 화재조사관에게 증거물을 수집하여 검사·시험·분석 등을 하게 할 수 있다.
- 소방관서장은 증거물을 수집한 경우 이를 관계인에게 알려야 한다.
- 소방관서장은 수집한 증거물이 다음 어느 하나에 해당하는 경우 증거물을 지체없이 반환해야 한다.
  - 화재와 관련이 없다고 인정되는 경우
  - 화재조사가 완료되는 등 증거물을 보관할 필요가 없게 된 경우
  - 규정한 사항 외에 증거물의 수집·관리에 필요한 사항은 행정안전부령으로 정한다.

◎ 국가화재정보시스템의 운영(제14조)
- 소방청장은 국가화재정보시스템을 활용하여 다음 화재정보를 수집·관리해야 한다.
  - 화재원인
  - 화재피해상황
  - 대응활동에 관한 사항
  - 소방시설 등의 설치·관리 및 작동 여부에 관한 사항
  - 화재발생건축물과 구조물, 화재유형별 화재위험성 등에 관한 사항
  - 화재예방 관계 법령 등의 이행 및 위반 등에 관한 사항
  - 관계인의 보험가입 정보 등에 관한 사항
  - 그 밖에 화재예방과 소방활동에 활용할 수 있는 정보
- 소방관서장은 국가화재정보시스템을 활용하여 화재정보를 기록·유지 및 보관해야 한다.

③ 소방의 화재조사에 관한 법률 시행규칙
  ㉠ 화재조사 결과의 보고(제2조)
  - 「소방의 화재조사에 관한 법률」에 따른 화재조사전담부서가 화재조사를 완료한 경우에는 화재조사 결과를 소방관서장에게 보고해야 한다.
  - 보고는 소방청장이 정하는 화재발생종합보고서에 따른다.

ⓒ 전담부서의 장비 · 시설(제3조)

구분	기자재명 및 시설규모
발굴용구 (8종)	공구세트, 전동 드릴, 전동 그라인더(절삭 · 연마기), 전동 드라이버, 이동용 진공청소기, 휴대용 열풍기, 에어컴프레서(공기압축기), 전동 절단기
기록용 기기 (13종)	디지털카메라(DSLR)세트, 비디오카메라세트, TV, 적외선거리측정기, 디지털온도 · 습도측정시스템, 디지털풍향풍속기록계, 정밀저울, 버니어캘리퍼스(아들자가 달려 두께나 지름을 재는 기구), 웨어러블캠, 3D 스캐너, 3D카메라(AR), 3D캐드시스템, 드론
감식기기 (16종)	절연저항계, 멀티테스터기, 클램프미터, 정전기측정장치, 누설전류계, 검전기, 복합가스측정기, 가스(유증) 검지기, 확대경, 산업용실체현미경, 적외선열상카메라, 접지저항계, 휴대용디지털현미경, 디지털탄화심도계, 슈미트해머(콘크리트 반발 경도 측정기구), 내시경현미경
감정용 기기(21종)	가스크로마토그래피, 고속카메라세트, 화재시뮬레이션시스템, X선 촬영기, 금속현미경, 시편(試片)절단기, 시편성형기, 시편연마기, 접점저항계, 직류전압전류계, 교류전압전류계, 오실로스코프(변화가 심한 전기 현상의 파형을 눈으로 관찰하는 장치), 주사전자현미경, 인화점측정기, 발화점측정기, 미량융점측정기, 온도기록계, 폭발압력측정기세트, 전압조정기(직류, 교류), 적외선 분광광도계, 전기단락흔실험장치[1차 용융흔(鎔融痕), 2차 용융흔(鎔融痕), 3차 용융흔(鎔融痕) 측정 가능]
조명기기 (5종)	이동용 발전기, 이동용 조명기, 휴대용 랜턴, 헤드랜턴, 전원공급장치(500A 이상)
안전장비 (8종)	보호용 작업복, 보호용 장갑, 안전화, 안전모(무전송수신기 내장), 마스크(방진마스크, 방독마스크), 보안경, 안전고리, 화재조사 조끼
증거 수집 장비 (6종)	증거물수집기구세트(핀셋류, 가위류 등), 증거물보관세트(상자, 봉투, 밀폐용기, 증거수집용 캔 등), 증거물 표지세트(번호, 스티커, 삼각형 표지 등), 증거물 태그 세트(대, 중, 소), 증거물보관장치, 디지털증거물저장장치
화재조사 차량 (2종)	화재조사 전용차량, 화재조사 첨단 분석차량(비파괴 검사기, 산업용 실체현미경 등 탑재)
보조장비 (6종)	노트북컴퓨터, 전선 릴, 이동용 에어컴프레서, 접이식 사다리, 화재조사 전용 의복(활동복, 방한복), 화재조사용 가방
화재조사 분석실	화재조사 분석실의 구성장비를 유효하게 보존 · 사용할 수 있고, 환기 시설 및 수도 · 배관시설이 있는 30 제곱미터(㎡) 이상의 실(室)
화재조사 분석실 구성장비(10종)	증거물보관함, 시료보관함, 실험작업대, 바이스(가공물 고정을 위한 기구), 개수대, 초음파세척기, 실험용 기구류(비커, 피펫, 유리병 등), 건조기, 항온항습기, 오토 데시케이터(물질 건조, 흡습성 시료 보존을 위한 유리 보존기)

[비고]
① 위표에서 화재조사 차량은 탑승공간과 장비 적재공간이 구분되어 주요 장비의 적재 · 활용이 가능하고, 차량 내부에 기초 조사사무용 테이블을 설치할 수 있는 차량을 말한다.
② 위 표에서 화재조사 전용 의복은 화재진압대원, 구조대원 및 구급대원의 의복과 구별이 가능하고, 화재조사 활동에 적합한 기능을 가진 것을 말한다.
③ 위 표에서 화재조사용 가방은 일상적인 외부 충격으로부터 가방 내부의 장비 및 물품이 손상되지 않을 정도의 강도를 갖춘 재질로 제작되고, 휴대가 간편한 가방을 말한다.
④ 위 표에서 화재조사 분석실의 면적은 청사 공간의 효율적 활용을 위하여 불가피한 경우 최소 기준 면적의 절반 이상에 해당하는 면적으로 조정할 수 있다.

ⓒ 화재조사에 관한 시험(제4조)
- 소방청장이 화재조사에 관한 시험을 실시하는 경우에는 시험의 과목·일시·장소 및 응시자격·절차 등을 시험 실시 30일 전까지 소방청의 인터넷 홈페이지에 공고해야 한다.
- 자격시험에 응시할 수 있는 사람은 소방공무원 중 다음 어느 하나에 해당하는 사람으로 한다.
    - 화재조사관 양성을 위한 전문교육을 이수한 사람
    - 국립과학수사연구원 또는 소방청장이 인정하는 외국의 화재조사 관련 기관에서 8주 이상 화재조사에 관한 전문교육을 이수한 사람
- 자격시험은 1차 시험과 2차 시험으로 구분하여 실시하며, 1차 시험에 합격한 사람만이 2차 시험에 응시할 수 있다.
- 소방청장은 소방공무원에게 화재조사관 자격증을 발급해야 한다.
- 소방청장은 자격시험에서 부정한 행위를 한 사람에 대해서는 그 시험을 정지 또는 무효로 하거나 합격을 취소한다.

ⓓ 화재증명원의 신청 및 발급(제9조)
- 화재증명원의 발급을 신청하려는 자는 화재증명원 발급신청서를 소방관서장에게 제출해야 한다. 이 경우 신청인은 본인의 신분이 확인될 수 있는 신분증명서 또는 법인 등기사항증명서(법인인 경우만 해당)를 제시해야 한다.
- 신청을 받은 소방관서장은 신청인이 화재와 관련된 이해관계인 또는 화재발생 내용 입증이 필요한 사람인 경우에는 화재증명원을 신청인에게 발급해야 한다. 이 경우 화재증명원 발급대장에 그 사실을 기록하고 이를 보관·관리해야 한다.

KEYWORD 25 관련규정

1. 소방관련규정

(1) 화재조사 및 보고규정

① 목적(제1조)

이 규정은 「소방의 화재조사에 관한 법률」및 같은 법 시행령, 시행규칙에 따라 화재조사의 집행과 보고 및 사무처리에 필요한 사항을 정하는 것을 목적으로 한다.

② 정의(제2조)

용어	내용
감식	화재원인의 판정을 위하여 전문적인 지식, 기술 및 경험을 활용하여 주로 시각에 의한 종합적인 판단으로 구체적인 사실관계를 명확하게 규명하는 것
감정	화재와 관계되는 물건의 형상, 구조, 재질, 성분, 성질 등 이와 관련된 모든 현상에 대하여 과학적 방법에 의한 필요한 실험을 행하고 그 결과를 근거로 화재원인을 밝히는 자료를 얻는 것
발화	열원에 의하여 가연물질에 지속적으로 불이 붙는 현상
발화열원	발화의 최초 원인이 된 불꽃 또는 열
발화지점	열원과 가연물이 상호작용하여 화재가 시작된 지점
발화장소	화재가 발생한 장소
최초착화물	발화열원에 의해 불이 붙은 최초의 가연물
발화요인	발화열원에 의하여 발화로 이어진 연소현상에 영향을 준 인적·물적·자연적인 요인
발화관련 기기	발화에 관련된 불꽃 또는 열을 발생시킨 기기 또는 장치나 제품
동력원	발화관련 기기나 제품을 작동 또는 연소시킬 때 사용되어진 연료 또는 에너지
연소확대물	연소가 확대되는데 있어 결정적 영향을 미친 가연물
재구입비	화재 당시의 피해물과 같거나 비슷한 것을 재건축(설계 감리비 포함) 또는 재취득하는데 필요한 금액
내용연수	고정자산을 경제적으로 사용할 수 있는 연수
손해율	피해물의 종류, 손상 상태 및 정도에 따라 피해금액을 적정화시키는 일정한 비율
잔가율	화재 당시에 피해물의 재구입비에 대한 현재가의 비율
최종잔가율	피해물의 내용연수가 다한 경우 잔존하는 가치의 재구입비에 대한 비율
접수	119종합상황실에서 유·무선 전화 또는 다매체를 통하여 화재 등의 신고를 받는 것
출동	화재를 접수하고 상황실로부터 출동지령을 받아 소방대가 차고 등에서 출발하는 것
선착대	화재현장에 가장 먼저 도착한 소방대
초진	소방대의 소화활동으로 화재확대의 위험이 현저하게 줄어들거나 없어진 상태
잔불정리	화재 초진 후 잔불을 점검하고 처리하는 것을 말한다. 이 단계에서는 열에 의한 수증기나 화염 없이 연기만 발생하는 연소현상이 포함될 수 있음
완진	소방대에 의한 소화활동의 필요성이 사라진 것
재발화 감시	화재진화 후 화재가 재발되지 않도록 감시조를 편성하여 일정 시간 동안 감시하는 것

③ 화재조사의 개시 및 원칙(제3조)
  ㉠ 화재조사관은 화재발생 사실을 인지하는 즉시 화재조사를 시작해야 한다.
  ㉡ 소방관서장은 조사관을 근무 교대조별로 2인 이상 배치하고, 장비·시설을 기준 이상으로 확보하여 조사업무를 수행하도록 하여야 한다.
  ㉢ 조사는 물적 증거를 바탕으로 과학적인 방법을 통해 합리적인 사실의 규명을 원칙으로 한다.

④ 화재조사관의 책무(제4조)
  ㉠ 조사관은 조사에 필요한 전문적 지식과 기술의 습득에 노력하여 조사업무를 능률적이고 효율적으로 수행해야 한다.
  ㉡ 조사관은 그 직무를 이용하여 관계인등의 민사분쟁에 개입해서는 아니 된다.

⑤ 화재출동대원 협조(제5조)
  ㉠ 화재현장에 출동하는 소방대원은 조사에 도움이 되는 사항을 확인하고, 화재현장에서도 소방활동 중에 파악한 정보를 조사관에게 알려주어야 한다.
  ㉡ 화재현장의 선착대 선임자는 철수 후 지체없이 국가화재정보시스템에 화재현장출동보고서를 작성·입력해야 한다.

⑥ 관계인등 협조(제6조)
  ㉠ 화재현장과 기타 관계있는 장소에 출입할 때에는 관계인등의 입회 하에 실시하는 것을 원칙으로 한다.
  ㉡ 조사관은 조사에 필요한 자료 등을 관계인등에게 요구할 수 있으며, 관계인등이 반환을 요구할 때는 조사의 목적을 달성한 후 관계인등에게 반환해야 한다.

⑦ 관계인등 진술(제7조)
  ㉠ 관계인등에게 질문을 할 때 시기, 장소 등을 고려하여 진술하는 사람으로부터 임의진술을 얻도록 해야 하며 진술의 자유 또는 신체의 자유를 침해하여 임의성을 의심할 만한 방법을 취해서는 아니 된다.
  ㉡ 관계인등에게 질문을 할 때에는 희망하는 진술내용을 얻기 위하여 상대방에게 암시하는 등의 방법으로 유도해서는 아니 된다.
  ㉢ 획득한 진술이 소문 등에 의한 사항인 경우 그 사실을 직접 경험한 관계인등의 진술을 얻도록 해야 한다.
  ㉣ 관계인등에 대한 질문 사항은 질문기록서에 작성하여 그 증거를 확보한다.

⑧ 감식 및 감정(제8조)
  ㉠ 소방관서장은 조사 시 전문지식과 기술이 필요하다고 인정되는 경우 국립소방연구원 또는 화재감정기관 등에 감정을 의뢰할 수 있다.
  ㉡ 소방관서장은 과학적이고 합리적인 화재원인 규명을 위하여 화재현장에서 수거한 물품에 대하여 감정을 실시하고 화재원인 입증을 위한 재현실험 등을 할 수 있다.

⑨ 화재 유형(제9조)

㉠ 화재는 다음과 같이 그 유형을 구분한다.

화재유형	소손내용
건축·구조물화재	건축물, 구조물 또는 그 수용물이 소손된 것
자동차·철도차량화재	자동차, 철도차량 및 피견인 차량 또는 그 적재물이 소손된 것
위험물·가스제조소등 화재	위험물제조소 등, 가스제조·저장·취급시설 등이 소손된 것
선박·항공기화재	선박, 항공기 또는 그 적재물이 소손된 것
임야화재	림, 야산, 들판의 수목, 잡초, 경작물 등이 소손된 것
기타화재	각 호에 해당되지 않는 화재

㉡ 화재가 복합되어 발생한 경우에는 화재의 구분을 화재피해금액이 큰 것으로 한다. 다만, 화재피해금액으로 구분하는 것이 사회관념상 적당하지 않을 경우에는 발화장소로 화재를 구분한다.

⑩ 화재건수 결정(제10조)

1건의 화재란 1개의 발화지점에서 확대된 것으로 발화부터 진화까지를 말한다. 다음 경우는 각 호에 따른다.

㉠ 동일범이 아닌 다른 사람에 의한 방화, 불장난은 동일 대상물에서 발화해도 각 별건의 화재로 한다.

㉡ 동일 소방대상물의 발화점이 2개소 이상 있는 다음의 화재는 1건의 화재로 한다.
- 누전점이 동일한 누전에 의한 화재
- 지진, 낙뢰 등 자연현상에 의한 다발화재

㉢ 발화지점이 한 곳인 화재현장이 둘 이상의 관할구역에 걸친 화재는 발화지점이 속한 소방서에서 1건의 화재로 산정한다. 다만, 발화지점 확인이 어려운 경우에는 화재피해금액이 큰 관할구역 소방서의 화재건수로 산정한다.

⑪ 발화일시 결정(제11조)

관계인등의 화재발견 상황통보(인지)시간 및 화재발생 건물의 구조, 재질 상태와 화기취급 등의 상황을 종합적으로 검토하여 결정한다. 다만, 자체진화 등 사후인지 화재로 그 결정이 곤란한 경우에는 발화시간을 추정할 수 있다.

⑫ 화재의 분류(제12조)

화재원인 및 장소 등 화재의 분류는 소방청장이 정하는 국가화재분류체계에 의한 분류표에 의하여 분류한다.

⑬ 사상자(제13조)

화재현장에서 사망한 사람과 부상당한 사람을 말한다. 다만, 화재현장에서 부상을 당한 후 72시간 이내에 사망한 경우에는 당해 화재로 인한 사망으로 본다.

⑭ 부상의 분류(제14조)

부상의 정도는 의사의 진단을 기초로 하여 다음과 같이 분류한다.

구분	내용
중상	3주 이상의 입원치료를 필요로 하는 부상
경상	중상 이외의 부상(입원치료를 필요로 하지 않는 것도 포함)을 말한다. 다만, 병원치료를 필요로 하지 않고 단순하게 연기를 흡입한 사람은 제외한다.

⑮ 건물의 동수 산정(제15조)
   ㉠ 주요구조부가 하나로 연결되어 있는 것은 1동으로 한다. 다만 건널 복도 등으로 2이상의 동에 연결되어 있는 것은 그 부분을 절반으로 분리하여 각 동으로 본다.
   ㉡ 건물의 외벽을 이용하여 실을 만들어 헛간, 목욕탕, 작업실, 사무실 및 기타 건물 용도로 사용하고 있는 것은 주건물과 같은 동으로 본다.

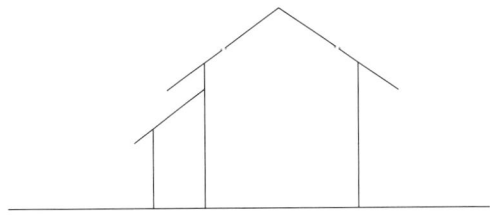

   ㉢ 구조에 관계없이 지붕 및 실이 하나로 연결되어 있는 것은 같은 동으로 본다.

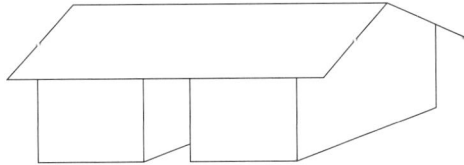

   ㉣ 목조 또는 내화조 건물의 경우 격벽으로 방화구획이 되어 있는 경우도 같은 동으로 한다.

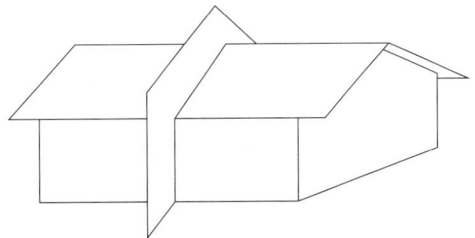

   ㉤ 독립된 건물과 건물 사이에 차광막, 비막이 등의 덮개를 설치하고 그 밑을 통로 등으로 사용하는 경우는 다른 동으로 한다.

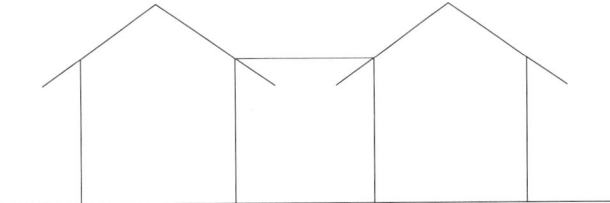

   ㉥ 내화조 건물의 옥상에 목조 또는 방화구조 건물이 별도 설치되어 있는 경우는 다른 동으로 한다. 다만, 이들 건물의 기능상 하나인 경우(옥내 계단이 있는 경우)는 같은 동으로 한다.
   ㉦ 내화조 건물의 외벽을 이용하여 목조 또는 방화구조건물이 별도 설치되어 있고 건물 내부와 구획되어 있는 경우 다른 동으로 한다. 다만, 주된 건물에 부착된 건물이 옥내로 출입구가 연결되어 있는 경우와 기계설비 등이 쌍방에 연결되어 있는 경우 등 건물 기능상 하나인 경우는 같은 동으로 한다.

⑯ 소실정도(제16조)

㉠ 건축·구조물의 소실정도는 다음의 각 호에 따른다.

구분	소실정도
전소	건물의 70% 이상(입체면적에 대한 비율)이 소실되었거나 또는 그 미만이라도 잔존부분을 보수하여도 재사용이 불가능한 것
반소	건물의 30% 이상 70% 미만이 소실된 것
부분소	전소, 반소 이외의 화재

㉡ 자동차·철도차량, 선박·항공기 등의 소실정도는 제1항의 규정을 준용한다.

⑰ 소실면적 산정(제17조)

㉠ 건물의 소실면적 산정은 소실 바닥면적으로 산정한다.

㉡ 수손 및 기타 파손의 경우에도 제1항의 규정을 준용한다.

⑱ 화재피해금액 산정(제18조)

㉠ 화재피해금액은 화재 당시의 피해물과 동일한 구조, 용도, 질, 규모를 재건축 또는 재구입하는데 소요되는 가액에서 경과연수 등에 따른 감가공제를 하고 현재가액을 산정하는 실질적·구체적 방식에 따른다. 다만, 회계장부상 현재가액이 입증된 경우에는 그에 따른다.

㉡ 정확한 피해물품을 확인하기 곤란한 경우에는 소방청장이 정하는 「화재피해금액 산정매뉴얼」의 간이평가방식으로 산정할 수 있다.

㉢ 건물 등 자산에 대한 최종잔가율은 건물·부대설비·구축물·가재도구는 20%로 하며, 그 이외의 자산은 10%로 정한다.

㉣ 건물 등 자산에 대한 내용연수는 매뉴얼에서 정한 바에 따른다.

㉤ 관계인은 화재피해금액 산정에 이의가 있는 경우 관할 소방관서장에게 재산피해신고를 할 수 있다.

㉥ 신고서를 접수한 관할 소방관서장은 화재피해금액을 재산정해야 한다.

⑲ 세대수 산정(제19조)

세대수는 거주와 생계를 함께 하고 있는 사람들의 집단 또는 하나의 가구를 구성하여 살고 있는 독신자로서 자신의 주거에 사용되는 건물에 대하여 재산권을 행사할 수 있는 사람을 1세대로 산정한다.

⑳ 조사보고(제22조)
　㉠ 조사관이 조사를 시작한 때에는 소방관서장에게 지체없이 화재·구조·구급상황보고서를 작성·보고해야 한다.
　㉡ 조사의 최종 결과보고는 다음 각 호에 따른다.

화재규모	보고기한
• 사망자가 5인 이상 발생하거나 사상자가 10인 이상 발생한 화재 • 이재민이 100인 이상 발생한 화재 • 재산피해액이 50억원 이상 발생한 화재 • 관공서·학교·정부미도정공장·문화재·지하철 또는 지하구의 화재 • 관광호텔, 층수가 11층 이상인 건축물, 지하상가, 시장, 백화점, 지정수량의 3천배 이상의 위험물의 제조소·저장소·취급소, 층수가 5층 이상이거나 객실이 30실 이상인 숙박시설, 층수가 5층 이상이거나 병상이 30개 이상인 종합병원·정신병원·한방병원·요양소, 연면적 1만5천제곱미터 이상인 공장 또는 화재경계지구에서 발생한 화재 • 철도차량, 항구에 매어둔 총 톤수가 1천톤 이상인 선박, 항공기, 발전소 또는 변전소에서 발생한 화재 • 가스 및 화약류의 폭발에 의한 화재 • 다중이용업소의 화재 • 통제단장의 현장지휘가 필요한 재난상황	30일 이내
이외 화재	15일 이내

　㉢ 정당한 사유가 있는 경우에는 소방관서장에게 사전 보고를 한 후 필요한 기간만큼 조사 보고일을 연장할 수 있다.
　　• 수사기관의 범죄수사가 진행 중인 경우
　　• 화재감정기관 등에 감정을 의뢰한 경우
　　• 추가 화재현장조사 등이 필요한 경우
　㉣ 조사 보고일을 연장한 경우 그 사유가 해소된 날부터 10일 이내에 소방관서장에게 조사결과를 보고해야 한다.
　㉤ 치외법권지역 등 조사권을 행사할 수 없는 경우는 조사 가능한 내용만 조사하여 조사 서식 중 해당 서류를 작성·보고한다.
　㉥ 소방본부장 및 소방서장은 조사결과 서류를 국가화재정보시스템에 입력·관리해야 하며 영구보존방법에 따라 보존해야 한다.
　　• 화재증명원의 발급(제23조)
　　　㉠ 소방관서장은 화재증명원을 발급받으려는 자가 발급신청을 하면 화재증명원을 발급해야 한다. 이 경우 통합전자민원창구로 신청하면 전자민원문서로 발급해야 한다.
　　　㉡ 소방관서장은 화재피해자로부터 소방대가 출동하지 아니한 화재장소의 화재증명원 발급신청이 있는 경우 조사관으로 하여금 사후 조사를 실시하게 할 수 있다. 이 경우 민원인이 제출한 사후조사 의뢰서의 내용에 따라 발화장소 및 발화지점의 현장이 보존되어 있는 경우에만 조사를 하며, 화재현장출동보고서 작성은 생략할 수 있다.
　　　㉢ 화재증명원 발급 시 인명피해 및 재산피해 내역을 기재한다. 다만, 조사가 진행 중인 경우에는 "조사중"으로 기재한다.
　　　㉣ 재산피해내역 중 피해금액은 기재하지 아니하며 피해물건만 종류별로 구분하여 기재한다. 다만, 민원인의 요구가 있는 경우에는 피해금액을 기재하여 발급할 수 있다.
　　　㉤ 화재증명원 발급신청을 받은 소방관서장은 발화장소 관할 지역과 관계없이 발화장소 관할 소방서로부터 화재사실을 확인받아 화재증명원을 발급할 수 있다.

- 조사관의 교육훈련(제25조)
    ㉠ 조사에 관한 교육훈련에 필요한 과목은 별표 3으로 한다.

구분		교육훈련 과목
양성 전문교육	소양	국정시책, 기초소양, 심리상담기법 등
	전문	기초화학, 기초전기, 구조물과 화재, 화재조사 관계법령, 화재학, 화재패턴, 화재조사방법론, 보고서 작성법, 화재피해금액 산정, 발화지점 판정, 전기화재감식, 화학화재감식, 가스화재감식, 폭발화재감식, 차량화재감식, 미소화원감식, 방화화재감식, 증거물수집보존, 화재모델링, 범죄심리학, 법과학(의학), 방·실화수사, 조사와 법적문제, 소방시설조사, 촬영기법, 법적 증언기법, 형사소송의 기본절차
	실습	화재조사실습, 현장실습, 사례연구 및 발표
	행정	입교식, 과정소개, 평가, 교육효과측정, 수료식 등
전문교육		• 화재조사방법 및 감식(발화지점 판정, 전기화재, 화학화재, 가스화재, 폭발화재, 차량화재,방화, 미소화원 등) • 증거물 수집절차·방법, 보존 • 소방시설조사, 화재피해금액 산정 절차·방법 • 화재조사와 법적 문제, 민·형사소송 절차 • 화재학, 범죄심리학, 화재조사 관계 법령 등 • 첨단 화재조사장비 운용 • 그 밖에 화재조사 관련 교육 필요 사항
의무 보수교육		• 화재조사방법 및 감식(발화지점 판정, 전기화재, 화학화재, 가스화재, 폭발화재, 차량화재, 방화, 미소화원 등) • 증거물 수집절차·방법, 보존 • 소방시설조사, 화재피해금액 산정 절차·방법 • 화재조사와 법적 문제, 민·형사소송 절차 • 화재학, 범죄심리학, 화재조사 관계 법령 등 • 그 밖에 화재감식 및 감정 분야 동향 • 첨단 화재조사장비 운용 • 주요 화재 감식 사례 • 화재감식 및 감정 분야 동향 • 그 밖에 화재조사 관련 교육 필요 사항

    ㉡ 교육과목별 시간과 방법은 소방본부장, 소방서장 또는 교육과정을 운영하는 교육훈련기관의 장이 정한다. 다만, 의무 보수교육 시간은 4시간 이상으로 한다.
    ㉢ 소방관서장은 조사관에 대하여 연구과제 부여, 학술대회 개최, 조사 관련 전문기관에 위탁훈련·교육을 실시하는 등 조사능력 향상에 노력하여야 한다.

(2) 화재증거물수집관리규칙

① 목적(제1조)

이 규칙은 「소방의 화재조사에 관한 법률 시행규칙」에 따라 화재현장에서의 증거물 수집과 사진, 비디오 촬영에 대한 기준 및 이에 따른 자료관리를 위하여 필요한 사항을 규정함을 목적으로 한다.

② 정의(제2조)

용어	정의
증거물	화재와 관련 있는 물건 및 개연성이 있는 모든 개체
증거물 수집	화재증거물을 획득하고 해당 물건을 분석하여 사건과 관련된 화재증거를 추출하는 과정
현장기록	재조사현장과 관련된 사람, 물건, 기타 주변상황, 증거물 등을 촬영한 사진, 영상물 및 녹음자료, 현장에서 작성된 정보
현장사진	화재조사현장과 관련된 사람, 물건, 기타 상황, 증거물 등을 촬영한 사진
현장비디오	화재현장에서 화재조사현장과 관련된 사람, 물건, 그 밖의 주변 상황, 증거물을 촬영하거나 조사의 과정을 촬영한 것

③ 증거물의 상황기록(제3조)

㉠ 화재조사관은 증거물의 채취, 채집 행위 등을 하기 전에는 증거물 및 증거물 주위의 상황 등에 대한 도면 또는 사진 기록을 남겨야 하며, 증거물을 수집한 후에도 기록을 남겨야 한다.

㉡ 발화원인의 판정에 관계가 있는 개체 또는 부분에 대해서는 증거물과 이격되어 있거나 연소되지 않은 상황이라도 기록을 남겨야 한다.

④ 증거물의 수집(제4조)

㉠ 증거서류를 수집함에 있어서 원본 영치를 원칙으로 하고, 사본을 수집할 경우 원본과 대조한 다음 원본대조필을 하여야 한다. 다만, 원본대조를 할 수 없을 경우 제출자에게 원본과 같음을 확인 후 서명 날인을 받아서 영치하여야 한다.

㉡ 물리적 증거물 수집은 증거물의 증거능력을 유지·보존할 수 있도록 행하며, 이를 위하여 전용 증거물 수집 장비를 이용하고, 증거를 수집함에 있어서는 다음 각 호에 따른다.

- 현장 수거(채취)물은 별지 서식에 그 목록을 작성하여야 한다.
- 증거물의 수집 장비는 증거물의 종류 및 형태에 따라, 적절한 구조의 것이어야 하며, 증거물 수집 시료용기는 별표 1에 따른다.

[별표1] 증거물 시료용기

구분	용기 내용
공통사항	• 장비와 용기를 포함한 모든 장치는 원래의 목적과 채취할 시료에 적합하여야 한다. • 시료용기는 시료의 저장과 이동에 사용되는 용기로 적당한 마개를 가지고 있어야 한다. • 시료 용기는 취급할 제품에 의한 용매의 작용에 투과성이 없고 내성을 갖는 재질로 되어 있어야 하며, 정상적인 내부 압력에 견딜 수 있고 시료채취에 필요한 충분한 강도를 가져야 한다.
유리병	• 유리병은 유리 또는 폴리테트라플루오로에틸렌(PTFE)로 된 마개나 내유성의 내부판이 부착된 플라스틱이나 금속의 스크루 마개를 가지고 있어야 한다 • 코르크 마개는 휘발성 액체에 사용하여서는 안 된다. 만일 제품이 빛에 민감하다면 짙은 색깔의 시료병을 사용한다. • 세척방법은 병의 상태나 이전 내용물, 시료의 특성 및 시험하고자 하는 방법에 따라 달라진다.
주석 도금 캔 (CAN)	• 캔은 사용직전에 검사하여야 하고 새거나 녹슨 경우 폐기한다 • 주석 도금캔(CAN)은 1회 사용 후 반드시 폐기한다
양철 캔 (CAN)	• 양철 캔은 적합한 양철판으로 만들어야 하며, 프레스를 한 이음매 또는 외부 표면에 용매로 송진 용제를 사용하여 납땜을 한 이음매가 있어야 한다. • 양철 캔은 기름에 견딜 수 있는 디스크를 가진 스크루 마개 또는 누르는 금속마개로 밀폐될 수 있으며, 이러한 마개는 한번 사용한 후에는 폐기되어야 한다. • 양철 캔과 그 마개는 청결하고 건조해야 한다. • 사용 전 상태를 조사해야 하며 누설이나 녹이 발견될 때에는 사용할 수 없다.
시료용기의 마개	• 코르크마개, 고무(클로로프렌 고무는 제외), 마분지, 합성 코르크마개 또는 플라스틱 물질(PTFE는 제외)은 시료와 직접 접촉되어서는 안 된다. • 만일 이런 물질들을 시료용기의 밀폐에 사용할 때는 알루미늄이나 주석 호일로 감싸야 한다. • 양철용기는 돌려 막는 스크루 뚜껑만 아니라 밀어 막는 금속 마개를 갖추어야 한다. • 유리 마개는 병의 목 부분에 공기가 새지 않도록 단단히 막아야 한다.

• 증거물을 수집할 때는 휘발성이 높은 것에서 낮은 순서로 진행해야 한다.
• 증거물의 소손 또는 소실 정도가 심하여 증거물의 일부분 또는 전체가 유실될 우려가 있는 경우는 증거물을 밀봉하여야 한다.
• 증거물이 파손될 우려가 있는 경우 충격금지 및 취급방법에 대한 주의사항을 증거물의 포장 외측에 적절하게 표기하여야 한다.
• 증거물 수집 목적이 인화성 액체 성분분석인 경우 인화성 액체 성분의 증발을 막기 위한 조치를 하여야 한다.
• 증거물 수집 과정에서는 증거물의 수집자, 수집 일자, 상황 등에 대하여 기록을 남겨야 하며, 기록은 가능한 법과학자용 표지 또는 태그를 사용하는 것을 원칙으로 한다.
• 화재조사에 필요한 증거물 수집을 위하여 「소방의 화재조사에 관한 법률 시행령」에 따른 조치를 할 수 있다.

⑤ 증거물의 포장(제5조)

입수한 증거물을 이송할 때에는 포장을 하고 상세 정보를 기록하여 부착한다. 이 경우 증거물의 포장은 보호상자를 사용하여 개별 포장함을 원칙으로 한다.

⑥ 증거물 보관·이동(제6조)
  ㉠ 증거물은 수집 단계부터 검사 및 감정이 완료되어 반환 또는 폐기되는 전 과정에 있어서 화재조사관 또는 이와 동일한 자격 및 권한을 가진 자의 책임하에 행해져야 한다.
  ㉡ 증거물의 보관 및 이동은 장소 및 방법, 책임자 등이 지정된 상태에서 행해져야 되며, 책임자는 전 과정에 대하여 이를 입증할 수 있도록 다음 각 호의 사항을 작성하여야 한다.
    • 증거물 최초상태, 개봉일자, 개봉자
    • 증거물 발신일자, 발신자
    • 증거물 수신일자, 수신자
    • 증거 관리가 변경되었을 때 기타사항 기재
  ㉢ 증거물의 보관은 전용실 또는 전용함 등 변형이나 파손될 우려가 없는 장소에 보관해야 하고, 화재조사와 관계없는 자의 접근은 엄격히 통제되어야 하며, 보관관리 이력은 별지 서식에 따라 작성하여야 한다.
  ㉣ 증거물 이동과정에서 증거물의 파손·분실·도난 또는 기타 안전사고에 대비하여야 한다.
  ㉤ 파손이 우려되는 증거물, 특별 관리가 필요한 증거물 등은 이송상자 및 무진동 차량 등을 이용하여 안전에 만전을 기하여야 한다.
  ㉥ 증거물은 화재증거 수집의 목적달성 후에는 관계인에게 반환하여야 한다. 다만 관계인의 승낙이 있을때에는 폐기할 수 있다.

⑦ 증거물에 대한 유의사항(제7조)

증거물의 수집, 보관 및 이동 등에 대한 취급방법은 증거물이 법정에 제출되는 경우에 증거로서의 가치를 상실하지 않도록 적법한 절차와 수단에 의해 획득할 수 있도록 다음 사항을 준수하여야 한다.
  ㉠ 관련 법규 및 지침에 규정된 일반적인 원칙과 절차를 준수한다.
  ㉡ 화재조사에 필요한 증거 수집은 화재피해자의 피해를 최소화하도록 하여야 한다.
  ㉢ 화재증거물은 기술적, 절차적인 수단을 통해 진정성, 무결성이 보존되어야 한다.
  ㉣ 화재증거물을 획득할 때에는 증거물의 오염, 훼손, 변형되지 않도록 적절한 장비를 사용하여야 하며, 방법의 신뢰성이 유지되어야 한다.
  ㉤ 최종적으로 법정에 제출되는 화재 증거물의 원본성이 보장되어야 한다.

⑧ 현장사진 및 비디오촬영(제8조)

화재조사관 등은 화재발생 시 현장에 가서 화재조사에 필요한 현장사진 및 비디오 촬영을 반드시 하여야 하며, CCTV, 블랙박스, 드론, 3D시뮬레이션, 3D스캐너 영상 등의 현장기록물 확보를 위해 노력하여야 한다.

⑨ 촬영 시 유의사항(제9조)

현장사진 및 비디오 촬영 및 현장기록물 확보 시 다음 각 호에 유의하여야 한다.
- ㉠ 최초 도착하였을 때의 원상태를 그대로 촬영하고, 화재조사의 진행순서에 따라 촬영
- ㉡ 증거물을 촬영할 때는 그 소재와 상태가 명백히 나타나도록 하며, 필요에 따라 구분이 용이하게 번호표 등을 넣어 촬영
- ㉢ 화재현장의 특정한 증거물 등을 촬영함에 있어서는 그 길이, 폭 등을 명백히 하기 위하여 측정용 자 또는 대조도구를 사용하여 촬영
- ㉣ 화재상황을 추정할 수 있는 다음 각목의 대상물의 형상은 면밀히 관찰 후 자세히 촬영
    - 사람, 물건, 장소에 부착되어 있는 연소흔적 및 혈흔
    - 화재와 연관성이 크다고 판단되는 증거물, 피해물품, 유류
- ㉤ 현장사진 및 비디오 촬영과 현장기록물 확보 시에는 연소확대 경로 및 증거물 기록에 대한 번호표와 화살표 등을 활용하여 작성한다.

⑩ 현장사진 및 비디오 촬영물 기록 등(제10조)
- ㉠ 촬영한 사진으로 증거물과 관련 서류를 작성할 때는 서식에 따라 작성하여야 한다.
- ㉡ 현장사진 및 비디오, 현장기록의 작성, 정리, 보관과 그 사본의 송부상황 등 기록처리는 서식에 따라 작성하여야 한다.

⑪ 기록의 정리·보관(제11조)
- ㉠ 현장사진과 현장비디오를 촬영하였을 때는 화재발생 연월일 또는 화재접수 연월일 순으로 정리보관하며, 보안 디지털 저장 매체에 정리하여 보관하여야 한다. 다만, 디지털 증거는 법정에서 원본과의 동일성을 재현하거나 검증하는데 지장이 초래되지 않도록 수집·분석 및 관리되어야 한다.
- ㉡ 현장사진, 동영상파일 등은 국가화재정보시스템에 등록하여야 하며 조회, 분석, 활용 가능하여야 한다.

⑫ 기록 사본의 송부(제12조)

소방본부장 또는 소방서장은 현장사진 및 현장비디오 촬영물 중 소방청장 또는 소방본부장의 제출요구가 있는 때에는 지체없이 촬영물과 관련 조사 자료를 디지털 저장 매체에 기록하여 송부하여야 한다.

⑬ 개인정보 보호(제13조)

화재조사자료, 사진 및 비디오 촬영물 관련 업무를 수행하는 자는 증거물 수집 과정에서 처리한 개인정보를 화재조사 이외의 다른 목적으로 이용하여서는 아니된다.

KEYWORD 26 기타법률

1. 형법

(1) 방화와 실화관련 사항

① 현주건조물 등 방화(제164조)
  ㉠ 불을 놓아 사람이 주거로 사용하거나 사람이 현존하는 건조물, 기차, 전차, 자동차, 선박, 항공기 또는 지하채굴시설을 불태운 자는 무기 또는 3년 이상의 징역에 처한다.
  ㉡ 현주건조물 등 방화로 사람을 상해에 이르게 한 경우에는 무기 또는 5년 이상의 징역에 처한다. 사망에 이르게 한 경우에는 사형, 무기 또는 7년 이상의 징역에 처한다.

② 공용건조물 등 방화(제165조)
  불을 놓아 공용(公用)으로 사용하거나 공익을 위해 사용하는 건조물, 기차, 전차, 자동차, 선박, 항공기 또는 지하채굴시설을 불태운 자는 무기 또는 3년 이상의 징역에 처한다.

③ 일반건조물 등 방화(제166조)
  ㉠ 불을 놓아 건조물, 기차, 전차, 자동차, 선박, 항공기 또는 지하채굴시설을 불태운 자는 2년 이상의 유기징역에 처한다.
  ㉡ 자기 소유인 물건을 불태워 공공의 위험을 발생하게 한 자는 7년 이하의 징역 또는 1천만원 이하의 벌금에 처한다.

④ 일반물건 방화(제167조)
  ㉠ 불을 놓아 일반물건을 불태워 공공의 위험을 발생하게 한 자는 1년 이상 10년 이하의 징역에 처한다.
  ㉡ 물건이 자기 소유인 경우에는 3년 이하의 징역 또는 700만원 이하의 벌금에 처한다.

⑤ 연소(제168조)
  ㉠ 제166조 제2항 또는 전조 제2항의 죄를 범하여 제164조, 제165조 또는 제166조 제1항에 기재한 물건에 연소한 때에는 1년 이상 10년 이하의 징역에 처한다.
  ㉡ 전조 제2항의 죄를 범하여 전조 제1항에 기재한 물건에 연소한 때에는 5년 이하의 징역에 처한다.

⑥ 진화방해(제169조)
  화재에 있어서 진화용의 시설 또는 물건을 은닉 또는 손괴하거나 기타 방법으로 진화를 방해한 자는 10년 이하의 징역에 처한다.

⑦ 실화(제170조)
  ㉠ 과실로 현주건조물 또는 공용건조물 또는 타인 소유인 일반건조물을 불태운 자는 1천500만원 이하의 벌금에 처한다.
  ㉡ 과실로 자기 소유인 일반건조물 또는 일반건조물 불태워 공공의 위험을 발생하게 한 자도 1천500만원 이하의 벌금에 처한다.

⑧ 업무상실화, 중실화(제171조)

업무상과실 또는 중대한 과실로 인하여 실화의 죄를 범한 자는 3년 이하의 금고 또는 2천만원 이하의 벌금에 처한다.

⑨ 폭발성물건파열(제172조)

㉠ 보일러, 고압가스 기타 폭발성있는 물건을 파열시켜 사람의 생명, 신체 또는 재산에 대하여 위험을 발생시킨 자는 1년 이상의 유기징역에 처한다.

㉡ 폭발성물건파열의 죄를 범하여 사람을 상해에 이르게 한 때에는 무기 또는 3년 이상의 징역에 처한다. 사망에 이르게 한 때에는 무기 또는 5년 이상의 징역에 처한다.

> **용어 CHECK** 건조물
> - 현주건조물
> 사람이 실제 거주하거나 사람이 현존하는 건조물을 말한다. 이와 같은 건조물에 대한 방화가 무겁게 처벌되는 이유는 직접적인 인명피해가 발생할 가능성이 크기 때문이다.
> - 공용건조물
> 사람들이 공동으로 사용하거나 공익적 목적을 위해 사용되는 건조물이다.
> - 일반건조물
> 건조물뿐만 아니라 기차, 전차, 자동차, 선박, 항공기, 지하 채굴시설 등을 포함한다.

2. 형사소송법

(1) 신문 및 진술

① 진술거부권 등의 고지(제244조의 3)

㉠ 검사 또는 사법경찰관은 피의자를 신문하기 전에 다음 사항을 알려주어야 한다.
- 일체의 진술을 하지 아니하거나 개개의 질문에 대하여 진술을 하지 아니할 수 있다는 것
- 진술을 하지 아니하더라도 불이익을 받지 아니한다는 것
- 진술을 거부할 권리를 포기하고 행한 진술은 법정에서 유죄의 증거로 사용될 수 있다는 것
- 신문을 받을 때에는 변호인을 참여하게 하는 등 변호인의 조력을 받을 수 있다는 것

㉡ 검사 또는 사법경찰관은 제1항에 따라 알려 준 때에는 피의자가 진술을 거부할 권리와 변호인의 조력을 받을 권리를 행사할 것인지의 여부를 질문하고, 이에 대한 피의자의 답변을 조서에 기재하여야 한다. 이 경우 피의자의 답변은 피의자로 하여금 자필로 기재하게 하거나 검사 또는 사법경찰관이 피의자의 답변을 기재한 부분에 기명날인 또는 서명하게 하여야 한다.

② 진술의 임의성(317조)

㉠ 피고인 또는 피고인 아닌 자의 진술이 임의로 된 것이 아닌 것은 증거로 할 수 없다.

㉡ 전항의 서류는 그 작성 또는 내용인 진술이 임의로 되었다는 것이 증명된 것이 아니면 증거로 할 수 없다.

㉢ 검증조서의 일부가 피고인 또는 피고인 아닌 자의 진술을 기재한 것인 때에는 그 부분에 한하여 전2항의 예에 의한다.

3. (경찰청)범죄수사규칙

(1) 압수 · 수색 · 검증

① 임의 제출물의 압수 등(제142조)

㉠ 경찰관은 소유자, 소지자 또는 보관자에게 임의제출을 요구할 필요가 있을 때에는 물건제출요청서를 발부할 수 있다.

㉡ 경찰관은 소유자등이 임의 제출한 물건을 압수할 때에는 제출자에게 임의제출의 취지 및 이유를 적은 임의제출서를 받아야 하고,「경찰수사규칙」의 압수조서와 압수목록교부서를 작성하여야 한다. 이 경우 제출자에게 압수목록교부서를 교부하여야 한다.

㉢ 경찰관은 임의 제출한 물건을 압수한 경우에 소유자등이 그 물건의 소유권을 포기한다는 의사표시를 하였을 때에는 임의제출서에 그 취지를 작성하게 하거나 소유권포기서를 제출하게 하여야 한다.

② 유류물의 압수(제143조)

㉠ 경찰관은 유류물을 압수할 때에는 거주자, 관리자 또는 이에 준하는 사람의 참여를 얻어서 행하여야 한다. 다만, 대상자가 참여하지 아니한다는 의사를 명시하는 등 참여할 사람이 없는 경우에는 예외로 한다.

㉡ 압수에 관하여는 압수조서 등에 그 물건이 발견된 상황 등을 명확히 기록하고 압수목록을 작성하여야 한다.

(2) 증거

① 현장보존(제168조)

㉠ 경찰관은 범죄가 실행된 지점뿐만 아니라 현장보존의 범위를 충분히 정하여 수사자료를 발견하기 위해 노력하여야 한다.

㉡ 경찰관은 보존하여야 할 현장의 범위를 정하였을 때에는 지체 없이 출입금지 표시 등 적절한 조치를 하여 함부로 출입하는 자가 없도록 하여야 한다. 이때 현장에 출입한 사람이 있을 경우 그들의 성명, 주거 등 인적사항을 기록하여야 하며, 현장 또는 그 근처에서 배회하는 등 수상한 사람이 있을 때에는 그들의 성명, 주거 등을 파악하여 기록하도록 노력한다.

㉢ 경찰관은 현장을 보존할 때에는 되도록 현장을 범행 당시의 상황 그대로 보존하여야 한다.

㉣ 경찰관은 부상자의 구호, 증거물의 변질·분산·분실 방지 등을 위해 특히 부득이한 사정이 있는 경우를 제외하고는 함부로 현장에 들어가서는 아니된다.

㉤ 경찰관은 현장에서 발견된 수사자료 중 햇빛, 열, 비, 바람 등에 의하여 변질, 변형 또는 멸실할 우려가 있는 것에 대하여는 덮개로 가리는 등 적당한 방법으로 그 원상을 보존하도록 노력하여야 한다.

㉥ 경찰관은 부상자의 구호 그 밖의 부득이한 이유로 현장을 변경할 필요가 있는 경우 등 수사자료를 원상태로 보존할 수 없을 때에는 사진, 도면, 기록 그 밖의 적당한 방법으로 그 원상을 보존하도록 노력하여야 한다.

② 감식자료 송부(제170조)

㉠ 경찰관은 감식을 하기 위하여 수사자료를 송부할 때에는 변형, 변질, 오손, 침습, 멸실, 산일, 혼합 등의 사례가 없도록 주의하여야 한다.

㉡ 감식자료를 송부할 때에는 그 포장, 용기 등에 세심한 주의를 기울여야 한다.

㉢ 중요하거나 긴급한 증거물 등은 경찰관이 직접 지참하여 송부하여야 한다.

㉣ 감식자료를 인수·인계할 때에는 그 연월일과 인수·인계인의 성명을 명확히 해두어야 한다.

③ 재감식을 위한 고려(제171조)

경찰관은 혈액, 정액, 타액, 대소변, 장기, 모발, 약품, 음식물, 폭발물 그 밖에 분말, 액체 등을 감식할 때에는 되도록 필요 최소한의 양만을 사용하고 잔량을 보존하여 재감식에 대비하여야 한다.

④ 증거물의 보존(제172조)
  ㉠ 경찰관은 지문, 족적, 혈흔 그 밖에 멸실할 염려가 있는 증거물은 특히 그 보존에 유의하고 검증조서 또는 다른 조서에 그 성질 형상을 상세히 적거나 사진을 촬영하여야 한다.
  ㉡ 경찰관은 시체해부 또는 증거물의 파괴 그 밖의 원상의 변경을 요하는 검증을 하거나 감정을 위촉할 때에는 변경 전의 형상을 알 수 있도록 유의하여야 한다.
  ㉢ 경찰관은 제1항 및 제2항의 경우 또는 유류물 그 밖의 자료를 발견하였을 때에는 증거물의 위치를 알 수 있도록 원근법으로 사진을 촬영하되 가까이 촬영할 때에는 되도록 증거물 옆에 자를 놓고 촬영하여야 한다.
  ㉣ 경찰관은 증명력의 보전을 위하여 필요하다고 인정되는 참여인을 함께 촬영하거나 자료 발견 연월일시와 장소를 기재한 서면에 참여인의 서명을 요구하여 이를 함께 촬영하고, 참여인이 없는 경우에는 비디오 촬영 등으로 현장상황과 자료수집과정을 녹화하여야 한다.

⑤ 감정의 위촉 등(제173조)
  ㉠ 경찰관은 「형사소송법」에 따라 수사에 필요하여 국립과학수사연구원 등에게 감정을 의뢰하는 경우에는 감정의뢰서에 따른다.
  ㉡ 경찰관은 국립과학수사연구원 이외의 감정기관이나 적당한 학식·경험이 있는 사람에게 감정을 위촉하는 경우에는「경찰수사규칙」의 감정위촉서에 따르며, 이 경우 감정인에게 예단이나 편견을 생기게 할 만한 사항을 적어서는 아니 된다.
  ㉢ 경찰관은 감정을 위촉하는 경우에는 감정인에게 감정의 일시, 장소, 경과와 결과를 관계자가 용이하게 이해할 수 있도록 간단명료하게 기재한 감정서를 제출하도록 요구하여야 한다.
  ㉣ 경찰관은 감정인이 여러 사람인 때에는 공동의 감정서를 제출하도록 요구할 수 있다.
  ㉤ 경찰관은 감정서의 내용이 불명확하거나 누락된 부분이 있을 때에는 이를 보충하는 서면의 제출을 요구하여 감정서에 첨부하여야 한다.

4. 민법

(1) 불법행위 및 배상책임

① 불법행위의 내용(제750조)

고의 또는 과실로 인한 위법행위로 타인에게 손해를 가한 자는 그 손해를 배상할 책임이 있다.

② 재산 이외의 손해의 배상(제751조)
  ㉠ 타인의 신체, 자유 또는 명예를 해하거나 기타 정신상고통을 가한 자는 재산 이외의 손해에 대하여도 배상할 책임이 있다.
  ㉡ 법원은 전항의 손해배상을 정기금채무로 지급할 것을 명할 수 있고 그 이행을 확보하기 위하여 상당한 담보의 제공을 명할 수 있다.

③ 미성년자의 책임능력(제753조)

미성년자가 타인에게 손해를 가한 경우에 그 행위의 책임을 변식할 지능이 없는 때에는 배상의 책임이 없다.

④ 심신상실자의 책임(제754조)

심신상실 중에 타인에게 손해를 가한 자는 배상의 책임이 없다. 그러나 고의 또는 과실로 인하여 심신상실을 초래한 때에는 그러하지 아니하다.

⑤ 감독자의 책임(제755조)
　㉠ 다른 자에게 손해를 가한 사람이 미성년자 또는 심신상실자로 책임이 없는 경우에는 그를 감독할 법정의무가 있는 자가 그 손해를 배상할 책임이 있다. 다만, 감독의무를 게을리하지 아니한 경우에는 그러하지 아니하다.
　㉡ 감독의무자를 갈음하여 미성년자 또는 심신상실자로 책임이 없는 사람을 감독하는 자도 그 손해를 배상할 책임이 있다.

⑥ 공동불법행위자의 책임(제760조)
　㉠ 수인이 공동의 불법행위로 타인에게 손해를 가한 때에는 연대하여 그 손해를 배상할 책임이 있다.
　㉡ 공동 아닌 수인의 행위중 어느 자의 행위가 그 손해를 가한 것인지를 알 수 없는 때에도 전항과 같다.
　㉢ 교사자나 방조자는 공동행위자로 본다.

⑦ 배상액의 경감청구(제765조)
　㉠ 배상의무자는 그 손해가 고의 또는 중대한 과실에 의한 것이 아니고 그 배상으로 인하여 배상자의 생계에 중대한 영향을 미치게 될 경우에는 법원에 그 배상액의 경감을 청구할 수 있다.
　㉡ 법원은 전항의 청구가 있는 때에는 채권자 및 채무자의 경제상태와 손해의 원인 등을 참작하여 배상액을 경감할 수 있다.

⑧ 손해배상청구권의 소멸시효(제766조)
　㉠ 불법행위로 인한 손해배상의 청구권은 피해자나 그 법정대리인이 그 손해 및 가해자를 안 날로부터 3년간 이를 행사하지 아니하면 시효로 인하여 소멸한다.
　㉡ 불법행위를 한 날로부터 10년을 경과한 때에도 전항과 같다.
　㉢ 미성년자가 성폭력, 성추행, 성희롱, 그 밖의 성적(性的) 침해를 당한 경우에 이로 인한 손해배상청구권의 소멸시효는 그가 성년이 될 때까지는 진행되지 아니한다.

(2) 하자담보 책임

① 공작물들의 점유자, 소유자의 책임(제758조)
　㉠ 공작물의 설치 또는 보존의 하자로 인하여 타인에게 손해를 가한 때에는 공작물점유자가 손해를 배상할 책임이 있다. 그러나 점유자가 손해의 방지에 필요한 주의를 해태하지 아니한 때에는 그 소유자가 손해를 배상할 책임이 있다.
　㉡ 규정은 수목의 재식 또는 보존에 하자있는 경우에 준용한다.
　㉢ 수목의 재식 또는 보존에 하자있는 경우 점유자 또는 소유자는 그 손해의 원인에 대한 책임있는 자에 대하여 구상권을 행사할 수 있다.

5. 제조물 책임법

(1) 제조물 책임법 상 조사관련 사항

① 목적(제1조)

이 법은 제조물의 결함으로 발생한 손해에 대한 제조업자 등의 손해배상책임을 규정함으로써 피해자 보호를 도모하고 국민생활의 안전 향상과 국민경제의 건전한 발전에 이바지함을 목적으로 한다.

② 정의(제2조)

용어	내용
제조물	제조되거나 가공된 동산(다른 동산이나 부동산의 일부를 구성하는 경우포함)
결함	해당 제조물에 다음 어느 하나에 해당하는 제조상·설계상 또는 표시상의 결함이 있거나 그 밖에 통상적으로 기대할 수 있는 안전성이 결여되어 있는 것 • 제조상의 결함 　제조업자가 제조물에 대하여 제조상·가공상의 주의의무를 이행하였는지에 관계없이 제조물이 원래 의도한 설계와 다르게 제조·가공됨으로써 안전하지 못하게 된 경우 • 설계상의 결함 　제조업자가 합리적인 대체설계(代替設計)를 채용하였더라면 피해나 위험을 줄이거나 피할 수 있었음에도 대체설계를 채용하지 아니하여 해당 제조물이 안전하지 못하게 된 경우 • 표시상의 결함 　제조업자가 합리적인 설명·지시·경고 또는 그 밖의 표시를 하였더라면 해당 제조물에 의하여 발생할 수 있는 피해나 위험을 줄이거나 피할 수 있었음에도 이를 하지 아니한 경우
제조업자	다음 각 목의 자를 말한다. • 제조물의 제조·가공 또는 수입을 업(業)으로 하는 자 • 제조물에 성명·상호·상표 또는 그 밖에 식별(識別) 가능한 기호 등을 사용하여 자신을 가목의 자로 표시한 자 또는 가목의 자로 오인(誤認)하게 할 수 있는 표시를 한 자

③ 제조물 책임(제3조)

㉠ 제조업자는 제조물의 결함으로 생명·신체 또는 재산에 손해(그 제조물에 대하여만 발생한 손해는 제외한다)를 입은 자에게 그 손해를 배상하여야 한다.

㉡ 제조업자가 제조물의 결함을 알면서도 그 결함에 대하여 필요한 조치를 취하지 아니한 결과로 생명 또는 신체에 중대한 손해를 입은 자가 있는 경우에는 그 자에게 발생한 손해의 3배를 넘지 아니하는 범위에서 배상책임을 진다. 이 경우 법원은 배상액을 정할 때 다음 사항을 고려하여야 한다.

• 고의성의 정도
• 해당 제조물의 결함으로 인하여 발생한 손해의 정도
• 해당 제조물의 공급으로 인하여 제조업자가 취득한 경제적 이익
• 해당 제조물의 결함으로 인하여 제조업자가 형사처벌 또는 행정처분을 받은 경우 그 형사처벌 또는 행정처분의 정도
• 해당 제조물의 공급이 지속된 기간 및 공급 규모
• 제조업자의 재산상태
• 제조업자가 피해구제를 위하여 노력한 정도

ⓒ 피해자가 제조물의 제조업자를 알 수 없는 경우에 그 제조물을 영리 목적으로 판매·대여 등의 방법으로 공급한 자는 손해를 배상하여야 한다. 다만, 피해자 또는 법정대리인의 요청을 받고 상당한 기간 내에 그 제조업자 또는 공급한 자를 그 피해자 또는 법정대리인에게 고지(告知)한 때에는 그러하지 아니하다.

④ 결함 등의 추정(제3조의2)

피해자가 다음 각 호의 사실을 증명한 경우에는 제조물을 공급할 당시 해당 제조물에 결함이 있었고 그 제조물의 결함으로 인하여 손해가 발생한 것으로 추정한다. 다만, 제조업자가 제조물의 결함이 아닌 다른 원인으로 인하여 그 손해가 발생한 사실을 증명한 경우에는 그러하지 아니하다.

ⓐ 해당 제조물이 정상적으로 사용되는 상태에서 피해자의 손해가 발생하였다는 사실
ⓑ 손해가 제조업자의 실질적인 지배영역에 속한 원인으로부터 초래되었다는 사실
ⓒ 손해가 해당 제조물의 결함 없이는 통상적으로 발생하지 아니한다는 사실

⑤ 면책사유(제4조)

손해배상책임을 지는 자가 다음 각 호의 어느 하나에 해당하는 사실을 입증한 경우에는 이 법에 따른 손해배상책임을 면(免)한다.

ⓐ 제조업자가 해당 제조물을 공급하지 아니하였다는 사실
ⓑ 제조업자가 해당 제조물을 공급한 당시의 과학·기술 수준으로는 결함의 존재를 발견할 수 없었다는 사실
ⓒ 제조물의 결함이 제조업자가 해당 제조물을 공급한 당시의 법령에서 정하는 기준을 준수함으로써 발생하였다는 사실
ⓓ 원재료나 부품의 경우에는 그 원재료나 부품을 사용한 제조물 제조업자의 설계 또는 제작에 관한 지시로 인하여 결함이 발생하였다는 사실
ⓔ 손해배상책임을 지는 자가 제조물을 공급한 후에 그 제조물에 결함이 존재한다는 사실을 알거나 알 수 있었음에도 그 결함으로 인한 손해의 발생을 방지하기 위한 적절한 조치를 하지 아니한 경우에는 면책을 주장할 수 없다.

⑥ 소멸시효 등(제7조)

ⓐ 이 법에 따른 손해배상의 청구권은 피해자 또는 그 법정대리인이 다음 각 호의 사항을 모두 알게 된 날부터 3년간 행사하지 아니하면 시효의 완성으로 소멸한다.
- 손해
- 손해배상책임을 지는 자

ⓑ 이 법에 따른 손해배상의 청구권은 제조업자가 손해를 발생시킨 제조물을 공급한 날부터 10년 이내에 행사하여야 한다. 다만, 신체에 누적되어 사람의 건강을 해치는 물질에 의하여 발생한 손해 또는 일정한 잠복기간(潛伏期間)이 지난 후에 증상이 나타나는 손해에 대하여는 그 손해가 발생한 날부터 기산(起算)한다.

⑦ 민법의 적용(제8조)

제조물의 결함으로 인한 손해배상책임에 관하여 이 법에 규정된 것을 제외하고는 「민법」에 따른다.

6. 실화책임에 관한 법률

(1) 실화책임에 관한 법률상 조사관련 사항

① **목적(제1조)**

  이 법은 실화(失火)의 특수성을 고려하여 실화자에게 중대한 과실이 없는 경우 그 손해배상액의 경감(輕減)에 관한 「민법」제765조의 특례를 정함을 목적으로 한다.

② **적용범위(제2조)**

  이 법은 실화로 인하여 화재가 발생한 경우 연소(延燒)로 인한 부분에 대한 손해배상청구에 한해 적용한다.

③ **손해배상액의 경감(제3조)**

  ㉠ 실화가 중대한 과실로 인한 것이 아닌 경우 그로 인한 손해의 배상의무자는 법원에 손해배상액의 경감을 청구할 수 있다.

  ㉡ 법원은 청구가 있을 경우에는 다음 각 호의 사정을 고려하여 그 손해배상액을 경감할 수 있다.
  - 화재의 원인과 규모
  - 피해의 대상과 정도
  - 연소(延燒) 및 피해 확대의 원인
  - 피해 확대를 방지하기 위한 실화자의 노력
  - 배상의무자 및 피해자의 경제상태
  - 그 밖에 손해배상액을 결정할 때 고려할 사정

> **용어 CHECK** 민법 제765조(배상액의 경감청구)
> - 본장의 규정에 의한 배상의무자는 그 손해가 고의 또는 중대한 과실에 의한 것이 아니고 그 배상으로 인하여 배상자의 생계에 중대한 영향을 미치게 될 경우에는 법원에 그 배상액의 경감을 청구할 수 있다.
> - 법원은 전항의 청구가 있는 때에는 채권자 및 채무자의 경제상태와 손해의 원인 등을 참작하여 배상액을 경감할 수 있다.

KEYWORD 27   화재수사 실무관련 규정

1. 화재범죄

(1) 방화로 인한 경우
고의로 불을 놓아 사람이 주거로 사용하거나 현존하는 건조물 등을 태워 공공의 위험을 발생시키는 범죄를 말하며, 중요한 핵심은 고의성과 공공의 위험으로, 실수로 불을 내는 실화와는 법적으로 엄격히 구분된다.

(2) 실화로 인한 경우
① 과실로 불을 내어 건조물 등을 태워 공공의 위험을 발생시키는 화재범죄를 말하며, 고의성이 있는 방화와는 달리 부주의로 인한 화재이다.
② 부주의라 할지라도 그 결과로 타인의 생명과 재산에 심각한 피해를 줄 수 있기 때문에 형법상 범죄로 규정하고 있다.

구분	방화	실화
핵심의도	고의성(불을 지르려는 명확한 의도)	과실(부주의, 실수)
범죄심리	계획적, 의도적	비의도적, 예견하지 못함
처벌	매우 무거움(살인죄에 준하기도 함)	가벼움(과실정도에 따라 차등)

(3) 경범죄처벌법상 책임

① **남용금지(제2조)**
이 법을 적용할 때에는 국민의 권리를 부당하게 침해하지 아니하도록 세심한 주의를 기울여야 하며, 본래의 목적에서 벗어나 다른 목적을 위하여 이 법을 적용하여서는 아니 된다.

② **경범죄의 종류(제3조)**
위험한 불씨의 사용
충분한 주의를 하지 아니하고 건조물, 수풀, 그 밖에 불붙기 쉬운 물건 가까이에서 불을 피우거나 휘발유 또는 그 밖에 불이 옮아붙기 쉬운 물건 가까이에서 불씨를 사용한 사람은 10만원 이하의 벌금, 구류 또는 과료(科料)의 형으로 처벌한다.

③ **정의(제6조)**
㉠ 범칙행위란 어느 하나에 해당하는 위반행위를 말하며, 그 구체적인 범위는 대통령령으로 정한다.
㉡ 범칙자란 범칙행위를 한 사람으로서 다음 어느 하나에 해당하지 아니하는 사람을 말한다.
- 범칙행위를 상습적으로 하는 사람
- 죄를 지은 동기나 수단 및 결과를 헤아려볼 때 구류처분을 하는 것이 적절하다고 인정되는 사람
- 피해자가 있는 행위를 한 사람
- 18세 미만인 사람

㉢ 범칙금은 범칙자가 통고처분에 따라 국고 또는 제주특별자치도의 금고에 납부해야 할 금전을 말한다.

2. 범죄수사 절차

(1) 범죄수사
수사란 범죄 혐의가 있다고 판단될 때 범인을 발견하고 증거를 수집하기 위한 수사기관의 활동으로 수사의 목적은 진실을 규명하고, 기소 여부를 결정하며, 공소를 제기·유지하고, 최종적으로 확정판결을 받는 데에 있다.

(2) 범죄 수사기관

수사기관	수사기관의 업무
검찰	범죄 수사와 함께 공소 제기 및 유지 담당
경찰	일반 범죄 수사와 사회 질서 유지
특별사법경찰관리	특정 분야의 범죄를 전문적 수사

(3) 범죄수사의 기본원칙

원칙	내용
임의수사의 원칙	• 원칙적으로 수사는 임의수사이며, 수사기관의 필요에 따라 강제수사를 할 수 있다. • 조사 시 고문, 폭행, 협박, 부당한 장기 구속 등 진술의 임의성을 침해하는 행위는 금지된다.
강제수사 법정주의	임의수사를 원칙으로 하고, 범죄 혐의가 중대하거나 증거 확보가 어려운 경우 등 법률이 정한 때에 한하여 강제수사가 허용된다.
영장주의	구속, 압수, 수색 등 신체나 재산의 기본권을 제한하는 강제수사는 반드시 법관이 발부한 영장에 의해 이루어져야 한다.
수사 비례의 원칙	수사 목적달성을 위해 최소한의 범위에서만 수단과 방법을 선택해야 한다.
수사 비공개 원칙	수사과정은 원칙적으로 비공개이며, 필요한 경우 제한적으로 공개된다.
자기부죄 강요금지의 원칙	피의자는 자신에게 불리한 진술을 거부할 권리가 있으며, 조사자는 스스로 유죄를 인정하도록 강요할 수 없다.
제출인 환부의 원칙	압수된 물건은 원칙적으로 제출인에게 반환되어야 한다.

(4) 범죄수사의 3S 원칙

원칙	내용
신속착수의 원칙 (Speedy Initiation)	증거가 인멸되기 전에 신속하게 수사를 착수해야 한다.
현장보존의 원칙 (Scene Preservation)	범죄 현장은 증거의 보고이므로 철저히 보존하고 세밀하게 관찰해야 한다.
공공 협력의 원칙 (Support by the Public)	사회는 목격자가 제공하는 증거의 보고이므로, 수사는 공공의 협력과 지원 속에서 이루어져야 한다.

KEYWORD 28 화재 민사분쟁 관련 법규

1. 일반 불법행위 책임

(1) 일반 불법행위

고의 또는 과실로 다른 사람에게 위법하게 손해를 입혔을 때 그 손해를 배상해야 할 책임을 지는 것을 말한다.

① 일반 불법행위의 성립요건
  ㉠ 손해가 발생해야 한다.
  ㉡ 가해행위에 위법성이 있어야 한다.
  ㉢ 가해자에게 책임능력이 있어야 한다.
  ㉣ 가해자의 고의 또는 과실이 있어야 한다.

② 고의·과실
  ㉠ 고의는 자신의 행위가 타인의 권리를 침해한다는 것을 알면서도 의도적으로 행하는 심리상태를 말한다.
  ㉡ 과실은 어떤 사실의 발생을 예견할 수 있었음에도 불구하고 부주의로 인식하지 못한 상태를 말하며, 사회통념상 요구되는 추상적 과실과 개별당사자의 능력·상황을 고려해 판단하는 구체적 과실이 있고, 민법상 과실은 추상적 경과실, 추상적 중과실, 구체적 경과실, 구체적 중과실로 세분된다.

2. 특수 불법행위 책임

(1) 특수 불법행위

특수 불법행위란 특별법에 의해 별도로 규정된 불법행위로 일반 불법행위와 달리 책임 성립요건이 완화되거나 타인의 가해행위에 대해서도 책임을 지게 되는 불법행위를 말한다.

① 특수 불법행위의 종류

조문	조문내용
감독자의 책임 (민법 제755조)	미성년자와 심신상실자를 감독하는 책임
사용자의 배상책임 (민법 제756조)	피사용자가 제3자에게 가한 손해에 대해 배상할 책임
공작물등의 점유자, 소유자의 책임 (민법 제758조)	공작물점유자가 손해를 배상할 책임
공동불법행위자의 책임 (민법 제760조)	수인이 공동의 불법행위로 타인에게 손해를 가한 때에는 연대하여 그 손해를 배상할 책임

② 민법 외의 특수 불법행위

조문	조문내용
실화책임에 관한 법률	실화의 특수성을 고려하여 실화자에게 중대한 과실이 없는 경우 그 손해배상액의 경감하는 법률
자동차손해배상보장법	자동차 운행으로 인해 발생한 손해에 관한 법률
원자력손해배상법	원자력 사고로 인한 손해에 관한 법률
국가배상법	공무원의 직무상 타인에게 입힌 손해에 관한 법률

(2) 국가배상법

① 목적(제1조)

이 법은 국가나 지방자치단체의 손해배상(損害賠償)의 책임과 배상절차를 규정함을 목적으로 한다.

② 배상책임(제2조)

㉠ 국가나 지방자치단체는 공무원 또는 공무를 위탁받은 사인이 직무를 집행하면서 고의 또는 과실로 법령을 위반하여 타인에게 손해를 입히거나, 「자동차손해배상 보장법」에 따라 손해배상의 책임이 있을 때에는 이 법에 따라 그 손해를 배상하여야 한다. 다만, 군인·군무원·경찰공무원 또는 예비군대원이 전투·훈련 등 직무집행과 관련하여 전사(戰死)·순직(殉職)하거나 공상(公傷)을 입은 경우에 본인이나 그 유족이 다른 법령에 따라 재해보상금·유족연금·상이연금 등의 보상을 지급받을 수 있을 때에는 이 법 및 「민법」에 따른 손해배상을 청구할 수 없다.

㉡ 공무원에게 고의 또는 중대한 과실이 있으면 국가나 지방자치단체는 그 공무원에게 구상(求償)할 수 있다.

㉢ 전사하거나 순직한 군인·군무원·경찰공무원 또는 예비군대원의 유족은 자신의 정신적 고통에 대한 위자료를 청구할 수 있다.

③ 양도 등 금지(제4조)

생명·신체의 침해로 인한 국가배상을 받을 권리는 양도하거나 압류하지 못한다.

④ 외국인에 대한 책임(제7조)

이 법은 외국인이 피해자인 경우에는 해당 국가와 상호 보증이 있을 때에만 적용한다.

⑤ 소송과 배상신청의 관계(제9조)

이 법에 따른 손해배상의 소송은 배상심의회에 배상신청을 하지 아니하고도 제기할 수 있다.

KEYWORD 29 　화재분쟁의 소송 외적 해결관련법규

1. 화재로 인한 재해 보상과 보험가입에 관한 법률

(1) 화재로 인한 재해 보상과 보험가입에 관한 법률

① 목적(제1조)

이 법은 화재로 인한 인명 및 재산상의 손실을 예방하고 화재 발생 시 신속한 재해복구와 인명 및 재산 피해에 대한 적정한 보상을 하게 함으로써 국민생활의 안정에 이바지함을 목적으로 한다.

② 정의(제2조)

용어	내용
손해보험회사	「보험업법」에 따른 화재보험업의 허가를 받은 자
특약부화재보험	화재로 인한 건물의 손해와 특수건물 소유자의 손해배상책임을 담보하는 보험
특수건물	국유건물·공유건물·교육시설·백화점·시장·의료시설·홍행장·숙박업소·다중이용업소·운수시설·공장·공동주택과 그 밖에 여러 사람이 출입 또는 근무하거나 거주하는 건물로서 화재의 위험이나 건물의 면적 등을 고려하여 대통령령으로 정하는 건물
소방시설	「소방시설 설치 및 관리에 관한 법률」에 따른 소방시설등, 「건축법」따른 피난시설, 그 밖에 소방 관련 시설로서 대통령령으로 정하는 것

③ 특수건물 소유자의 손해배상책임(제4조)

㉠ 특수건물의 소유자는 그 특수건물의 화재로 인하여 다른 사람이 사망하거나 부상을 입었을 때 또는 다른 사람의 재물에 손해가 발생한 때에는 과실이 없는 경우에도 제8조제1항제2호에 따른 보험금액의 범위에서 그 손해를 배상할 책임이 있다. 이 경우 「실화책임에 관한 법률」에도 불구하고 특수건물의 소유자에게 경과실(輕過失)이 있는 경우에도 또한 같다.

㉡ 특수건물 소유자의 손해배상책임에 관하여는 이 법에서 규정하는 것 외에는 「민법」에 따른다.

④ 보험 가입의 의무(제5조)

㉠ 특수건물의 소유자는 그 특수건물의 화재로 인한 해당 건물의 손해를 보상받고 특수건물 소유자의 손해배상책임에 따른 손해배상책임을 이행하기 위하여 그 특수건물에 대하여 손해보험회사가 운영하는 특약부화재보험에 가입하여야 한다. 다만, 종업원에 대하여 「산업재해보상보험법」에 따른 산업재해보상보험에 가입하고 있는 경우에는 그 종업원에 대한 특수건물 소유자의 손해배상책임에 따른 손해배상책임 중 사망이나 부상에 따른 손해배상책임을 담보하는 보험에 가입하지 아니할 수 있다.

㉡ 특수건물의 소유자는 특약부화재보험에 부가하여 풍재(風災), 수재(水災) 또는 건물의 무너짐 등으로 인한 손해를 담보하는 보험에 가입할 수 있다.

㉢ 손해보험회사는 ㉠과 ㉡에 따른 보험계약의 체결을 거절하지 못한다.

② 특수건물의 소유자는 다음 각 호에서 정하는 날부터 30일 이내에 특약부화재보험에 가입하여야 한다.

구분	내용
특수건물을 건축한 경우	「건축법」에 따른 건축물의 사용승인, 「주택법」에 따른 사용검사 또는 관계 법령에 따른 준공인가·준공확인 등을 받은 날
특수건물의 소유권이 변경된 경우	그 건물의 소유권을 취득한 날
그 밖의 경우	특수건물의 소유자가 그 건물이 특수건물에 해당하게 된 사실을 알았거나 알 수 있었던 시점 등을 고려하여 대통령령으로 정하는 날

⑩ 특수건물의 소유자는 제4항의 특약부화재보험에 관한 계약을 매년 갱신하여야 한다.

⑤ 보험금액(제8조)

㉠ 가입하는 보험의 보험금액은 다음 구분에 따른다.

구분	보험금액
화재보험	특수건물의 시가(時價)에 해당하는 금액
손해배상책임을 담보하는 보험	• 사망의 경우: 피해자 1명마다 5천만원 이상으로서 대통령령으로 정하는 금액 • 부상의 경우: 피해자 1명마다 사망자에 대한 보험금액의 범위에서 대통령령으로 정하는 금액 • 재물에 대한 손해가 발생한 경우: 화재 1건마다 1억원 이상으로서 국민의 안전 및 특수건물의 화재위험성 등을 고려하여 대통령령으로 정하는 금액

㉡ 시가의 결정에 관한 기준은 총리령으로 정한다.

⑥ 벌금(제23조)

보험가입의 의무를 위반하여 특약부화재보험에 가입하지 아니한 자는 500만원 이하의 벌금에 처한다.

⑦ 과태료(제24조)

명칭 사용의 제한을 위반하여 한국화재보험협회 또는 이와 유사한 명칭을 사용한 자에게는 300만원 이하의 과태료를 부과한다.

(2) 화재로 인한 재해 보상과 보험가입에 관한 법률 시행령
① 특수건물(제2조)
  ㉠ 국유건물·공유건물·교육시설·백화점·시장·의료시설·흥행장·숙박업소·다중이용업소·운수시설·공장·공동주택과 그 밖에 여러 사람이 출입 또는 근무하거나 거주하는 건물로서 화재의 위험이나 건물의 면적 등을 고려하여 대통령령으로 정하는 건물로 다음 어느 하나에 해당하는 건물을 말한다.

면적별 분류	특수건물	
연면적 합계 1천㎡ 이상	국유재산법에 따른 부동산, 공유재산 및 물품 관리법에 따른 부동산	
연면적 합계 3천㎡ 이상	• 학교, 공장 • 병원급 의료기관으로 사용하는 건물 • 공연장으로 사용하는 건물 • 관광숙박업으로 사용하는 건물	• 방송사업을 목적으로 사용하는 건물 • 공동주택으로서 16층 이상의 아파트 및 부속건물 • 농수산물도매시장 및 민영농수산물도매시장으로 사용하는 건물
바닥면적 합계 2천㎡이상	• 학원, 목욕장 • 인터넷컴퓨터게임시설제공업 • 휴게음식점영업 • 단란주점영업 • 공유주방 운영업	• 게임제공업 • 노래연습장업 • 일반음식점영업 • 유흥주점영업
바닥면적 합계 3천㎡이상	• 숙박업 건물 • 영화상영관	• 대규모점포 • 도시철도의 역사 및 역 시설
면적기준 없음	• 16층 이상의 아파트 및 부속건물(관리주체가 동일한 아파트단지 안의 15층 이하의 아파트를 포함) • 층수가 11층 이상인 건물 • 실내사격장	

  ㉡ 건물의 층수 계산방법은 건축물의 옥상부분으로서 그 용도가 명백한 계단실 또는 물탱크실인 경우에는 층수로 산입하지 아니하며, 지하층은 이를 층으로 보지 않는다.

② 설립허가 신청(제9조)
  손해보험회사가 협회의 설립허가를 받으려는 경우에는 그 허가신청서에 다음 서류를 첨부하여 금융위원회에 제출하여야 한다.
  ㉠ 정관
  ㉡ 사업방법서
  ㉢ 창립총회 의사록

PART 02

출제예상 200제

기사&산업기사 동시대비

에듀윌 화재감식평가기사 필기 한권끝장의 출제예상 200제는 화재감식평가기사의 출제기준과 주요 시험범위가 유사한 산업기사를 동시에 대비할 수 있도록 기출문제를 분석하여 시험에 출제될 수 있는 문제를 선별하여 기사와 산업기사를 동시에 대비할 수 있도록 하였습니다.

SUBJECT 01 화재조사론

01
증거물 수집 용기와 시료의 적응성을 연결한 것으로 틀린 것은?

① 비닐 백: 액체
② 종이상자: 고체
③ 금속캔: 고체, 액체
④ 유리병: 고체, 액체

해설
비닐 백은 액체시료를 보관하기에 충분한 강도를 갖고 있지 않다.

정답 ①

02
습기가 있는 상태에서 과산화나트륨과 혼촉 시 발화가 일어나지 않는 것은?

① 톱밥
② 산화칼슘
③ 유황
④ 알루미늄 분말

해설
과산화나트륨은 강력한 산화제로 물과 반응하면 산소와 함께 열을 방출한다. 이때 주변에 톱밥, 유황, 알루미늄 분말 등의 가연물이 있으면 쉽게 발화할 수 있다.

정답 ②

03
화재조사 측면에서의 화재진압 및 구조대원의 역할이라고 볼 수 없는 것은?

① 구조대원은 피해자들의 화상부위와 정도를 확인하고 이를 화재조사자에게 통보한다.
② 진압을 위해 출입문을 강제로 개발할 때 다른 강제적인 흔적이 발견된다면 이 흔적이 겹치지 않도록 다른 곳을 파괴한다.
③ 잔불정리 과정에서 과도하게 변형시키지 않으며, 변경되었을 경우에는 화재조사자에게 통보한다.
④ 진압 시 자가발전설비가 부착된 기구를 재급유 할 때에는 화재현장에서 신속하게 진행한다.

해설
현장에서 석유류 연료를 사용하는 장비는 재급유를 반드시 현장 밖에서 실시해야 한다. 이는 연료 유출 시 허위증거로 오인될 가능성이 있기 때문이다.

관련이론 현장보존을 위한 소방대원의 역할 및 주의사항
- 잔불을 정리하는 동안 남아있는 증거물이 훼손되지 않게 주의한다.
- 화재현장에 있는 설비, 기구 또는 시설의 손잡이를 돌리거나 작동 스위치를 켜는 것을 자제한다.
- 화재현장에서 석유류 연료를 사용하는 장비를 사용하는 것, 재급유 하는 것을 자제한다.
- 사망이 확인된 사체는 현장보존을 위해 그 위치를 변경하여서는 안 된다.
- 잔불정리 시에 필요 이상으로 물건을 옮기거나 쓰러뜨리지 않도록 한다.
- 화재진압과정에서 높은 수압은 증거물을 훼손할 수 있음을 인지해야 한다.
- 부득이하게 파괴되거나 변경되었을 때는 그 내용을 기록해 추후에라도 화재조사관에게 전달하여야 한다.

정답 ④

04

그림과 같이 시간에 따른 전하의 이동에 있어서 구간별 전류는 얼마인가?

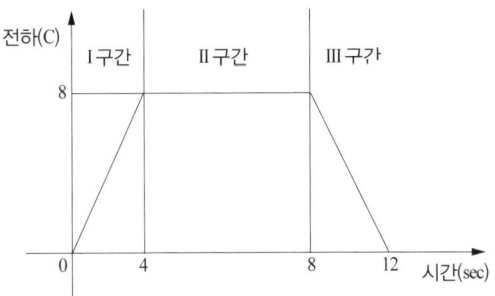

① Ⅰ구간: 8A, Ⅱ구간: 0A, Ⅲ구간: -1A
② Ⅰ구간: 8A, Ⅱ구간: 8A, Ⅲ구간: -2A
③ Ⅰ구간: 2A, Ⅱ구간: 0A, Ⅲ구간: -2A
④ Ⅰ구간: 2A, Ⅱ구간: 8A, Ⅲ구간: -1A

해설
전류란 시간 당 전하의 변화율을 말하며 공식은 다음과 같다.
$$I = \frac{dQ}{dt}$$
I: 전류, t: 시간(sec), Q: 전하량

- Ⅰ구간: 4초간 전하가 8이 흘렀다.
  $I = \frac{8-0}{4-0} = 2A$
- Ⅱ구간: 4초간 전하의 흐름이 없다.
  $I = 0A$
- Ⅲ구간: 4초간 전하의 흐름이 8에서 0으로 감소했다.
  $I = \frac{0-8}{12-8} = -2A$

정답 ③

05

자연발화의 방지대책으로 옳지 않은 것은?

① 통풍구조를 양호하게 하여 공기유통을 잘 시킬 것
② 저장실 주위의 온도를 높일 것
③ 습도 상승을 피할 것
④ 열이 축적되지 않는 구조로 적재할 것

해설
주위온도가 높아지면 물질이 발화점에 더 빨리 도달하므로 자연발화가 용이해진다.

관련이론 자연발화의 조건
- 비표면적이 클 것
- 열전도율이 작을 것
- 주변의 온도가 높을 것
- 열의 축적이 양호할 것
- 산소의 공급이 적당할 것
- 충분한 반응물질이 있을 것
- 기름이 다공성 물질에 흡착되어 있을 것

정답 ②

06

물과 접촉 시 가연성 기체를 발생하지 않고 발열반응으로 인하여 주변의 가연물을 발화시키는 물질은?

① 칼륨
② 산화칼슘
③ 인화알루미늄
④ 탄화칼슘

해설
산화칼슘은 물과 접촉했을 때 가연성 기체를 발생시키지는 않지만, 발열반응으로 주변 가연물을 발화시킨다.

정답 ②

07

소방의 화재조사에 관한 법령상 화재의 조사에 관한 설명으로 틀린 것은?

① 소방관서장(소방청장, 소방본부장, 소방서장)은 화재조사를 하기 위하여 필요 시 관계인에게 보고 또는 자료제출을 명할 수 있다.
② 소방관서장은 관계 공무원으로 하여금 관계 장소에 출입하여 화재의 원인과 피해의 상황을 조사하거나 관계인에게 질문하게 할 수 있다.
③ 화재조사를 하는 화재조사관은 관계인의 정당한 업무를 방해하거나 화재조사를 수행하면서 알게 된 비밀은 다른 사람에게 누설하여서는 아니 된다.
④ 소방관서장은 수사기관이 방화(放火)의 혐의가 있어서 이미 피의자를 체포하였을 때 피의자에 대한 조사 권한이 없으므로 수사기관에 수사 의뢰한다.

해설
소방관서장은 방화, 실화의 혐의가 있어 피의자를 체포하였거나 증거물을 압수했을 때 범죄수사에 지장을 주지 않는 범위에서 피의자 또는 압수된 증거물에 대한 조사를 할 수 있다.

정답 ④

08

프로판(C_3H_8) 1몰(mol)의 완전연소반응식에 대한 설명으로 옳은 것은?

① 이산화탄소 4몰(mol)이 생성되었다.
② 산소 6몰(mol)이 소모되었다.
③ 일산화탄소 3몰(mol)이 생성되었다.
④ 물 4몰(mol)이 생성되었다.

해설
프로판(C_3H_8)의 완전연소반응식
$C_3H_8 + 5O_2 \rightarrow 3CO_2 + 4H_2O$이므로
프로판 1몰을 연소시키면 CO_2 3몰, H_2O 4몰이 생성된다.

정답 ④

09

탄화심도 측정방법으로 옳은 것은?

① 뾰족한 기구보다 끝이 뭉툭한 것이 좋다.
② 탄화심도 측정 시 갈라진 틈 안을 측정한다.
③ 비교 측정 시 다른 측정 기구를 사용하는 것이 좋다.
④ 각각의 측정 도구를 집어넣을 때 압력을 조금씩 다르게 하는 것이 중요하다.

해설
송곳과 같은 날카로운 측정기구를 사용하면 탄화되지 않은 곳까지 삽입되어 실제 탄화심도보다 더 깊은 깊이를 측정될 수 있어 끝이 뭉툭한 도구로 탄화층의 깊이만 재는 것이 정확하다.

관련이론 탄화심도 측정
- 목재의 표면이 탄화된 깊이를 말하며 수열이 심할수록 탄화심도가 깊어진다.
- 계침은 목재와 직각으로 삽입하여 측정하며 탄화된 요철부위 중 철(凸:볼록한 부분)부위를 측정한다.
- 게이지로 측정된 깊이 외에 소실된 부분의 깊이를 더하여 비교하여야 한다.
- 송곳과 같은 날카로운 측정기구를 사용하면 탄화되지 않은 곳까지 삽입되어 실제 탄화심도보다 더 깊은 깊이를 측정될 수 있어 끝이 뭉툭한 도구로 탄화층의 깊이만 재는 것이 정확하다.

정답 ①

10

연소반응에 있어서 산소공급원의 역할을 하는 물질은?

① 황린   ② 칼륨
③ 과산화나트륨   ④ 디에틸에테르

해설
과산화나트륨은 강력한 산화제로 물과 반응하면 산소와 함께 열을 방출하여 산소공급원 역할을 한다.

관련이론 산화제
- 산소
- 염소
- 황산
- 질산
- 브롬
- 요오드
- 염화철
- 염화주석
- 플루오린
- 과산화수소
- 과산화나트륨
- 과망간산칼륨

정답 ③

11

다음 중 화재조사자가 유의해야 할 사항으로 옳은 것은?

① 관계자 또는 목격자의 진술에 근거하여 주관적 방법으로 접근한다.
② 정확한 화재조사를 위해서는 개인의 권리를 침해힐 수도 있다.
③ 조사결과에 대한 보안유지와 언론보도에 신중해야 한다.
④ 타 조사기관 상호 간에는 비밀을 유지하여야 한다.

해설
- 화재조사자는 개인의 권리를 침해하면 안 된다.
- 화재조사자는 과학적이고 객관적인 조사를 해야 한다.
- 화재조사자는 법이 부여한 권리와 의무를 초과해서는 안 된다.
- 화재조사관 직무를 이용하여 관계인 등의 민사분쟁에 개입해서는 안 된다.
- 화재조사를 수행하면서 알게 된 비밀을 다른 용도로 사용하거나 누설해서는 안 된다.
- 진술의 자유 또는 신체의 자유를 침해하여 임의성을 의심할 만한 방법을 취해서는 안 된다.

정답 ③

12

소방의 화재조사에 관한 법률상 화재조사전담부서에서 갖추어야 할 장비 및 시설 중 감식기기에 해당되지 않는 것은?

① 절연저항계
② 실체현미경
③ 멀티테스터기
④ 디지털 온도·습도계

해설
디지털 온도·습도계는 기록용기기에 해당한다.

관련이론 화재조사전담부서에 갖추어야 할 감식기기(16종)
절연저항계, 멀티테스터기, 클램프미터, 정전기측정장치, 누설전류계, 검전기, 복합가스측정기, 가스(유증)검지기, 확대경, 실체현미경, 적외선열상카메라, 접지저항계, 휴대용디지털현미경, 탄화심도계, 슈미트해머, 내시경카메라

정답 ④

13

화재현장조사 시 조기발견자로부터 획득할 수 있는 정보와 관계가 가장 적은 것은?

① 발견시각
② 발화원인
③ 발견위치
④ 불의 위치

해설
조기발견자로 부터 획득할 수 있는 정보는 발견시간, 발견위치, 불의 위치 등이며 조기발견자가 진술하는 발화원인은 신뢰할 수 없는 경우가 많다.

정답 ②

14

다음의 화재 시 발생하는 연소가스 중 독성이 가장 큰 것은?

① 일산화탄소
② 포스겐
③ 이산화탄소
④ 염화수소

해설

연소가스	허용농도(ppm)	연소가스	허용농도(ppm)
포스겐	0.1	시안화수소	10
이산화질소	2	황화수소	10
불화수소	3	암모니아	25
염화수소	5	일산화탄소	50
이산화황	5	이산화탄소	5,000

※ 연소가스 중 특정 물질의 허용농도가 낮다는 것은 그 물질이 매우 적은 양으로도 인체에 유해하거나 치명적인 영향을 미칠 수 있다는 것을 의미한다.

정답 ②

15

감광계수(m^{-1})에 따른 가시거리가 틀린 것은?

① 감광계수 0.1-가시거리 20~30m
② 감광계수 0.3-가시거리 5m
③ 감광계수 0.4-가시거리 1~2m
④ 감광계수 10-가시거리 0.2~0.5m

해설

감광계수는 연기농도의 단위를 나타내며 값이 클수록 가시거리가 짧아진다. 감광계수 10일 때 가시거리는 약 0.2~0.5m로 화재의 최성기 농도에 해당한다.

관련이론 감광계수(m^{-1})

감광계수 (m^{-1})	가시거리 (m)	상황
0.1	20~30	연기감지기가 작동하기 시작하는 농도
0.3	5	건물내부에 익숙한 사람이 피난에 지장을 느낄 정도의 농도
0.5	3	어두운 것을 느낄 정도의 농도
1	1~2	앞이 거의 보이지 않을 정도의 농도
10	0.2~0.5	최성기 때의 농도
30	—	출화실에서 연기가 분출할 때의 농도

정답 ③

16

화재조사 및 보고규정에서 소실정도를 구분할 때 전소에 대한 설명으로 틀린 것은?

① 반소보다 소실비율이 높다.
② 일반적으로 건물의 경우 70% 이상 소실된 것을 의미한다.
③ 소실비율은 소실된 건물의 바닥면적을 기준으로 한다.
④ 소실정도가 70% 미만인 경우에 잔존부분을 보수하여도 재사용이 불가능한 것은 전소에 해당한다.

해설

구분	소실정도
전소	건물의 70% 이상(입체면적에 대한 비율)이 소실되었거나 또는 그 미만이라도 잔존부분을 보수하여도 재사용이 불가능한 것
반소	건물의 30% 이상 70% 미만이 소실된 것
부분소	전소, 반소에 해당하지 않는 것

정답 ③

17

다음 중 가연성 액체의 일반적인 연소형태와 거리가 먼 것은?

① 포어 패턴(Pour pattern)
② 스플래시 패턴(Splash pattern)
③ 트레일러 패턴(Trailer pattern)
④ 도넛 패턴(Doughnut pattern)

해설

트레일러 패턴(Trailer pattern)은 의도적으로 불을 지르기 위해 발화성 액체뿐만 아니라 두루마리 화장지, 신문지, 옷 등을 트레일러처럼 길게 이어 붙여 한 장소에서 다른 장소로 연소를 확산시키기 위한 연소형태이다.

관련이론 가연성 액체의 화재패턴

- 포어 패턴(Pour pattern)
- 스플래시 패턴(Splash pattern)
- 고스트 마크(Ghost mark)
- 틈새연소 패턴(Seam burn pattern)
- 도넛 패턴(Doughnut pattern)
- 레인보우 이펙트(Rainbow effect)

정답 ③

18

다음 중 용융점이 가장 높은 것은?

① 알루미늄　　② 철
③ 구리　　　　④ 납

해설

명칭	용융점(℃)
텅스텐	3,410
철	1,540
스테인리스	1,455
구리(동)	1,085
알루미늄	660
마그네슘	650
아연	419
납	327

정답 ②

19

다음 표에 있는 가스를 위험도가 큰 것부터 순서대로 나열한 것으로 옳은 것은?

종류	폭발하한계(vol%)	폭발상한계(vol%)
수소	4.0	75.0
산화에틸렌	3.0	80.0
이황화탄소	1.25	44.0
아세틸렌	2.5	81.0

① 아세틸렌 > 산화에틸렌 > 이황화탄소 > 수소
② 아세틸렌 > 산화에틸렌 > 수소 > 이황화탄소
③ 이황화탄소 > 아세틸렌 > 수소 > 산화에틸렌
④ 이황화탄소 > 아세틸렌 > 산화에틸렌 > 수소

해설

가스의 위험도(H)를 구하는 공식은 다음과 같다.

$$H = \frac{U-L}{L}$$

H : 위험도, L : 연소하한계(vol%), U : 연소상한계(vol%)

① 수소의 위험도 $= \frac{75.0-4.0}{4.0} = 17.75$

② 산화에틸렌의 위험도 $= \frac{80.0-3.0}{3.0} = 25.67$

③ 이황화탄소의 위험도 $= \frac{44.0-1.25}{1.25} = 34.2$

④ 아세틸렌의 위험도 $= \frac{81.0-2.5}{2.5} = 31.4$

이므로, 이황화탄소 > 아세틸렌 > 산화에틸렌 > 수소 순이다.

정답 ④

20

가솔린이 연소범위(vol%)가 1.4~7.6일 때 위험도로 옳은 것은? (단, 소수 둘째자리에서 반올림할 것)

① 0.8   ② 1.2
③ 4.4   ④ 6.4

해설

위험도(H)를 구하는 공식은 다음과 같다.

$$H = \frac{U-L}{L}$$

H : 위험도, L : 연소하한계(vol%), U : 연소상한계(vol%)

가솔린의 위험도 $= \frac{7.6-1.4}{1.4} = 4.42$

정답 ③

21

다음 중 폭발 위력의 지표로 사용될 수 있는 자료로 옳지 않은 것은?

① 파편의 비행거리   ② 무너진 벽의 종류와 구조
③ 폭발 시점   ④ 폭심부의 크기 및 깊이

해설

폭발시점은 폭발위력 자체를 직접적으로 나타내는 지표에 해당하지 않는다.

관련이론 폭발위력의 지표
- 폭심부의 깊이
- 파편의 비행거리
- 무너지는 벽의 종류와 구조

정답 ③

22

다음 중 화재플럼(Fire Plume)에 의해 수직벽면에 생성되는 패턴으로 옳지 않은 것은?

① V 패턴   ② 모래시계 패턴
③ 도넛형태 패턴   ④ U 패턴

해설

도넛 패턴은 가연성 액체가 웅덩이처럼 고여있는 경우 발생하는 연소패턴이다.

관련이론 도넛 패턴(Doughnut Pattern)
- 가연성 액체가 웅덩이처럼 고여 있는 경우 발생하는 액체의 연소패턴이다.
- 연소된 부분이 덜 연소된 부분을 둘러싸고 있는 도넛 모양 형태로 나타난다.
- 유류가 쏟아진 곳의 가장자리 부분이 내측에 비하여 강한 연소 흔적을 보이는 것이 특징이다.

정답 ③

23

목재 표면의 균열흔 중 홈이 반월형의 모양으로 높아지며, 특히 대규모 건물화재에서 볼 수 있는 것은?

① 강소흔　　② 약소흔
③ 열소흔　　④ 완소흔

선지분석
① 강소흔은 900℃ 정도 온도에서 발생하며 나무가 갈라져 파인 골의 깊이가 깊고, 만두 모양의 요철형(계란판)모양이다.
② 약소흔이라는 목재 표면의 균열 흔적은 존재하지 않는다.
④ 완소흔은 800℃ 정도의 온도에서 발생하며 삼각, 사각의 거북이 등껍질 모양이다.

정답 ③

24

V 패턴의 각도에 영향을 미치지 않는 것은?

① 열방출률　　② 가연물의 형태
③ 환기의 효과　　④ 벽면의 열전도성

해설
V 패턴의 각도는 열방출률과 가연물의 양·형태, 환기 효과 등에 의해 결정된다.

관련이론 패턴의 각도에 영향을 미치는 인자
• 열방출률　　• 재료의 가연성
• 가연물의 형상　　• 수평표면의 존재
• 환기효과

정답 ④

25

화재조사의 책임과 권한에 대한 설명으로 옳은 것은?

① 소방서장은 관계보험사가 그 화재원인과 피해상황을 조사하고자 할 때에는 이를 허용해서는 안 된다.
② 소방서장은 화재의 원인 및 피해 등에 대한 조사를 소화활동 후에 실시하여야 한다.
③ 과실로 인한 위법행위로 타인에게 손해를 가한 자는 그 손해를 배상할 책임이 없다.
④ 소방서장은 화재조사를 위하여 필요한 경우에는 수사에 지장을 주지 아니하는 범위에서 그 피의자 또는 압수된 증거물에 대한 조사를 할 수 있다.

선지분석
① 소방관서장은 관계보험사가 그 화재원인과 피해상황을 조사하고자 할 때에는 서로 협력해야 한다.
② 소방서장은 화재의 원인 및 피해 등에 대한 조사를 화재발생 사실을 알게된 때에 지체없이 실시하여야 한다.
③ 화재조사 시 과실로 인한 위법행위로 타인에게 손해를 가한 자는 그 손해를 배상할 책임이 있다.

정답 ④

26

화재조사전담부서에 갖추어야 할 장비 및 시설 기준 중 화재조사분석실은 몇 m² 이상의 실을 보유해야 하는가?

구분	기자재명 및 시설규모
화재조사분석실	화재조사분석실 구성장비를 유효하게 보존·사용할 수 있는 (　)m² 이상의 실

① 20　　② 30
③ 40　　④ 50

해설
「소방의 화재조사에 관한 법률 시행규칙 별표」
화재조사분석실의 구성장비를 유효하게 보존·사용할 수 있고, 환기 및 수도·배관시설이 있는 30m² 이상의 실을 보유하여야 한다.

정답 ②

27

화재현장의 파괴된 유리 분석에 대한 설명으로 옳은 것은?

① 열에 의해 깨진 유리의 단면에는 리플마크가 관찰된다.
② 열에 의해 깨진 유리의 표면을 관찰하면 월러라인을 식별할 수 있다.
③ 열에 의해 깨진 유리는 방사형 파손흔적이 관찰된다.
④ 유리 단면을 관찰하면 열 또는 충격에 의한 원인을 구분할 수 있다.

해설

유리는 충격지점을 중심으로 방사형과 동심원형 파손이 발생하며 이 리플마크는 파괴 지점과 충격 방향을 판단하는 단서가 된다.

관련이론 유리의 파괴

- 충격에 의한 파괴
  충격부위를 중심으로 방사형 파손형태를 횡으로 잇는 동심원 파손이 생기며, 파손면에는 물결모양의 리플마크가 관찰되는데 리플마크는 방향성을 가져 파괴 시작 지점과 충격방향을 알 수 있는 단서가 된다.
- 열에 의한 파괴
  - 완만한 곡선 형태의 불규칙하고 구불구불한 균열이 발생하며, 파단면은 충격에 의한 파괴와 달리 리플마크가 없는 매끄러운 형태를 보인다.
  - 유리창은 복사열을 받은 중앙부와 창틀에 의해 보호된 부분의 온도 차가 약 70℃ 이상일 때 금이 가기 시작한다.
- 압력에 의한 파괴
  - 화재 압력은 약 0.014~0.028kPa으로 보통 창유리 파괴에는 2.07~6.90kPa가 필요하기 때문에 일반적인 화재 시 발생하는 압력만으로 유리창이 파괴되기는 어렵다.
  - 폭발에 의한 압력은 구획실 내의 외벽이나 창문, 출입문의 유리에 압력에 의한 파괴를 초래할 수 있다.
  - 압력에 의한 파괴는 방사형보다 평행선에 가까운 균열로 파괴되며 충격에 의한 파괴와 달리 동심원 형태는 나타나지 않고 가 파편이 단독적으로 파괴된다.

정답 ④

28

목재의 탄화모양과 형상에 대한 설명 중 틀린 것은?

① 탄화된 골은 폭이 좁고 얕다.
② 표면은 요철부가 많고 거칠어진다.
③ 표면이 박리와 회화(恢化)를 반복한다.
④ 연소가 계속되면 타서 가늘게 되고 박리되어 소실된다.

해설

목재의 탄화특징은 폭이 넓고 골은 깊다.

관련이론 목재의 연소강도에 따른 탄화흔 식별방법

- 목재화재에서 탄화는 표면에서 중심을 향해 진행된다.
- 연소가 계속되면 목재는 가늘게 된 후에 떨어져 나가 소실된다.
- 연소강도가 높을수록 탄화면은 거칠고 폭이 넓고 골은 깊다.
- 발화부와 가까울수록 탄화심도가 깊고 탄화면의 폭이 넓고 골은 깊다.
- 발화부는 비교적 밝은 색을 띠며 발화부와 멀어질수록 어두운 빛을 나타낸다.

정답 ①

29

가연물의 최소착화에너지에 영향을 미치는 요인에 대한 설명으로 옳은 것은?

① 압력이 높을수록 최소착화에너지는 높아진다.
② 온도가 높을수록 최소착화에너지는 낮아진다.
③ 가연물의 종류에 관계없이 최소착화에너지는 일정하다.
④ 혼합된 공기의 산소농도에 관계없이 최소착화에너지는 일정하다.

선지분석
① 압력이 높을수록 최소착화에너지는 낮아진다.
③ 가연물의 종류에 따라 최소착화에너지는 달라진다.
④ 혼합된 공기의 산소농도가 높을수록 최소착화에너지는 낮아진다.

관련이론 최소착화에너지(MIE, Minimum Ignition Energy)
- 최소착화에너지는 매우 작아 mJ 단위를 사용한다.
- 산소농도가 높을수록 연소반응이 더 쉽게 일어날 수 있는 조건이 되어 최소착화에너지가 작아진다.
- 압력이 높으면 분자 간 거리가 좁아지고, 온도가 높으면 분자운동이 활발해져 최소착화에너지가 작아진다.
- 가연성 혼합기체가 발화하는 데 필요한 최소에너지로 가연물 종류에 따라 다르다.
- 혼합기체의 농도가 양론농도(Cst) 부근일 때 최소착화에너지는 최소이고, 상한계·하한계로 갈수록 최소착화에너지는 증가한다.

정답 ②

30

다음 중 분진폭발의 위험이 가장 낮은 것은?

① 강철 분말
② 티타늄 분말
③ 생석회 분말
④ 알루미늄 분말

해설
분진폭발을 일으키지 않는 물질
- 탄화칼슘(생석회)
- 가성소다
- 시멘트
- 산화알루미늄
- 수산화칼슘(소석회)
- 대리석
- 석회석

정답 ③

31

소방의 화재조사에 관한 법률상 화재조사전담부서에서 갖추어야 할 발굴용구로 옳지 않은 것은?

① 전동그라인더
② 슈미트해머
③ 다용도 칼
④ 빗자루

해설
슈미트해머는 발굴용구가 아니라 감식기기에 해당한다.

관련이론 전담부서에 갖추어야 할 발굴용구(8종)
공구세트, 전동 드릴, 전동 그라인더(절삭·연마기), 전동 드라이버, 이동용 진공청소기, 휴대용 열풍기, 에어컴프레서(공기압축기), 전동 절단기

정답 ②

32

폭발의 종류 중 화학적 폭발이 아닌 것은?

① 산화폭발
② 비등액체팽창증기폭발
③ 분해폭발
④ 중합 폭발

해설

블레비(BLEVE) 현상이란 외부 화재로 인해 액화가스가 끓어올라 급격한 체적 팽창이 일어나고 가열된 액화가스 용기의 내압이 약해져 파열이 발생해 과열된 액체가 순간적으로 기화하며 충격파와 화구, 파편이 광범위한 피해를 일으키는 폭발현상이다.

관련이론 비등액체팽창증기폭발(BLEVE) 발생조건
- 가연물이 비점 이상 가열될 것
- 가연성 가스가 밀폐계 내에 존재할 것
- 기계적 강도를 초과하는 압력이 형성될 것
- 내용물이 대기 중으로 방출될 것
- 온도상승으로 인해 탱크가 파열될 것

정답 ②

33

연소에 따른 금속의 산화작용으로 옳지 않은 것은?

① 온도가 높을수록, 노출 시간이 짧을수록 산화의 효과가 많이 나타난다.
② 철이나 강철이 화재에서 산화되었을 때, 처음에는 푸르스름하고 흐린 회색이 된다.
③ 스테인리스 스틸이 심하게 산화되면 흐린 회색을 띠게 된다.
④ 구리는 열에 노출되면 어두운 적색이나 흑색 산화물을 만든다.

해설

금속은 온도가 높고 노출시간이 길수록 산화효과가 많이 나타난다.

정답 ①

34

다음 폭발 중 기상폭발에 해당하는 것이 아닌 것은?

① 가스폭발
② 분진폭발
③ 분무폭발
④ 수증기폭발

해설

수증기폭발은 응상폭발에 해당한다.

관련이론 기상폭발의 종류
- 가스폭발
- 분무폭발
- 분해폭발
- 증기운폭발
- 분진폭발

정답 ④

35

화재가 나타내는 V 패턴의 설명으로 옳지 않은 것은?

① 불꽃과 대류 또는 복사열에 의해서 생성된다.
② 연소가 진행될 때 수직으로 된 벽면에 나타난다.
③ 패턴이 나타내는 각도가 넓으면 연소의 속도가 느리다.
④ 발화지점이 아닌 곳에서도 생성될 수 있다.

해설

V 패턴의 각도는 연소속도와 직접적인 관련이 없다.

관련이론 V 패턴(V pattern)
- 물질 연소 시 가장 흔히 형성되는 패턴이다.
- 불꽃, 대류, 복사열에 의해 발생한다.
- 연소가 진행될 때 수직 벽면에 나타난다.
- 발화지점이 아닌 곳에서도 형성될 수 있다.
- 화재효과의 가장자리를 보여주는 경계선이다.
- 각도는 열방출률, 가연물의 양과 형태, 환기 조건 등에 의해 결정된다.

정답 ③

36

얇은 고체 가연물에서 정방향 화염확산에 관한 설명 중 틀린 것은?

① 얇은 고체 가연물에서의 정방향 화염확산은 위로 퍼지는 화염확산에서 발생한다.
② 커튼 위로 화염이 퍼지거나 종이 위로 화염이 퍼지는 것이 대표적인 예이다.
③ 화염확산속도가 역방향 화염확산보다 느리기 때문에 가연물이 활발하게 타는 지역이 매우 짧다.
④ 얇은 고체 가연물은 빨리 발화되지만 빨리 연소되기 때문에 가연물 두께에 따른 화염확산속도의 변화 추이를 만드는 것이 불가능하다.

해설
정방향 화염확산이 역방향 화염확산보다 확산속도가 빠르다.

관련이론 정방향 화염확산
- 순풍 화염확산이라고도 하며 가스와 산소의 농도 차에 의해 위로 퍼지는 확산이다.
- 정방향 화염확산은 화염확산 방향이 가스흐름이나 바람의 방향과 동일할 때 발생한다.
- 커튼 위로 화염이 퍼지거나 종이 위로 화염이 퍼지는 일정한 방향으로의 화염확산이 대표적이다.
- 화염이 벽에서 위로 향하는 경우로 가연물에 화염이 직접 면하기 때문에 연소는 매우 빠르게 진행이 된다.
- 얇은 고체가연물에서는 화염이 가연물 내부로 확산하는데 필요한 시간이 짧아 화염속도의 변화추이를 만들어내기 어렵다.

정답 ③

37

플래시오버 현상과 백드래프트 현상을 비교한 설명으로 옳은 것은?

① 연소속도를 살펴보면 플래시오버에 비하여 백드래프트의 연소속도가 더욱 빠르다.
② 현상 발생 전 가연성 기체의 온도는 플래시오버의 경우 인화점 이상, 백드래프트의 경우 인화점 이하이다.
③ 구획실 내에서 산소가 충분할 때 플래시오버와 백드래프트가 발생한다.
④ 현상의 발생단계를 비교하면 플래시오버는 자연연소단계에서 성화기로 전환되는 사이에서 발생하며 백드래프트는 자유연소단계와 성화기 이후에 발생한다.

해설
백드래프트의 연소속도는 음속에 가까울 정도로 빨라 충격파를 생성한다.

관련이론 백드래프트(Back draft)
- 백드래프트는 주로 성장기와 감쇠기에서 발생한다.
- 백드래프트는 구획실 내 산소가 불충분한 상태에서 발생한다.
- 플래시오버가 성장기에 발생하는 반면 백드래프트는 최성기 이후에 발생한다.
- 구획실 내부는 고온 상태이며 축적된 가연성가스의 온도는 스스로 불이 붙을 수 있는 온도인 발화점 이상으로 인화점보다 훨씬 높은 온도이다.
- 불완전연소된 가연성가스와 열이 집적된 상태에서 다량의 공기가 순간적으로 공급될 때 발생하는 발화현상이다.
- 백드래프트는 연소속도가 음속에 가까울 정도로 빨라 충격파를 생성하므로 소방관들에게 매우 위험하다.

정답 ①

38

가연물별 분류에 따른 화재와 색상이 옳은 것은?

① 금속화재 – 무색
② 유류화재 – 백색
③ 일반화재 – 황색
④ 전기화재 – 빨간색

해설

분류	일반화재	유류화재	전기화재	금속화재
등급	A	B	C	D
색상	백색	황색	청색	무색

정답 ①

39

다음은 화재조사의 과학적인 방법론이다. 순서에 맞게 배열한 것은?

① 문제인식 → 문제정의 → 가설설정 → 자료수집 → 자료분석 → 가설검증 → 최종 가설선택
② 문제정의 → 문제인식 → 자료수집 → 자료분석 → 가설설정 → 가설검증 → 최종 가설선택
③ 문제정의 → 문제인식 → 자료수집 → 자료분석 → 가설검증 → 가설설정 → 최종 가설선택
④ 문제인식 → 문제정의 → 자료수집 → 자료분석 → 가설설정 → 가설검증 → 최종 가설선택

해설
화재조사의 과학적 방법론의 절차는 다음과 같다.
문제인식 → 문제정의 → 자료수집 → 자료분석 → 가설설정 → 가설검증 → 최종가설선택

정답 ④

40

화염의 색이 백적색일 때 불꽃의 온도는?

① 350℃ ② 800℃
③ 1,300℃ ④ 1,500℃

해설
화염의 색이 백적색일 때 불꽃의 온도는 1,300℃이다.

관련이론 온도별 화염의 색

불꽃색	담암적색	암적색	적색	휘적색	황적색	백적색	휘백색
온도(℃)	520	700	850	950	1,100	1,300	1,500

정답 ③

SUBJECT 02 화재감식론

41
고압가스 안전관리법령상 가스 종류에 따른 용기 외면 도색이 바르게 연결된 것은?

① 수소 – 백색
② 아세틸렌 – 갈색
③ 액화석유가스 – 회색
④ 액화암모니아 – 주황색

해설

가스종류	용기색상
LPG(액화석유가스)	회색
액화암모니아	백색
아세틸렌	황색
액화염소	갈색
액화탄산가스	청색(의료용: 회색)
산소	녹색(의료용: 백색)
수소	주황색

정답 ③

42
항공기 객실 내에서의 연기로 인한 이온밀도의 변화를 감지하는 연기감지기(Smoke detector)는?

① 열감지기
② 불꽃감지기
③ 이온화감지기
④ 광전식감지기

해설
이온화감지기는 화재발생 시 연기에 의해 이온전류가 변화하는 것을 감지한다.

정답 ③

43
방화의 주요 동기가 아닌 것은?

① 실수
② 보복
③ 보험사기
④ 범죄은폐

해설
실수는 방화의 주요 동기에 해당하지 않는다.

관련이론 방화동기
- 단순 우발적
- 불만해소
- 가정불화
- 정신이상
- 싸움
- 비관자살
- 보험사기
- 보복(손해목적)
- 범죄은폐
- 사회적 반감
- 채권, 채무
- 시위
- 기타
- 미상

정답 ①

44

담뱃불의 착화가능성에 대한 설명으로 옳은 것은?

① 가솔린의 착화점은 430~550℃로서 담뱃불의 표면에서 발생되는 열로 착화가 용이하다.
② 도시가스는 탄화수소의 혼합물로 조성되어 있으며, 주성분인 수소의 착화점이 585℃로서 담뱃불의 표면에서 발생되는 열로 인해 착화가 용이하다.
③ 면제품(방석, 이불, 의류 등)은 무염착화 후 무염연소를 계속하며 가연물이나, 조연성 물질, 공기 유입 등의 연소조건이 갖추어지면 유염연소로 이어진다.
④ 발포 스티로폼은 담뱃불이 접촉되면 쉽게 용융되어 착화가 용이하다.

선지분석
① 가솔린의 착화점은 430~550℃으로 담뱃불 표면온도인 200~300℃로는 착화되지 않는다.
② 도시가스는 탄화수소의 혼합물로 조성되어 있으며, 주성분인 메탄수소의 착화점이 585℃로서 담뱃불로 착화되지 않는다.
④ 발포 스티로폼은 담뱃불이 접촉되면 쉽게 용융되지만 훈소하는 에너지는 미약하기 때문에 착화되지 않는다.

정답 ③

45

산불의 강도를 가중시키는 지형으로 틀린 것은?

① 평지
② 굴뚝지형
③ 가파른 경사
④ 연료온도를 증가시키는 사면

해설
평지는 다른 지형에 비해 산불의 강도를 가중시키지 않는다.

정답 ①

46

발화요인 분류 중 화학적 요인에 해당되지 않는 것은?

① 역화
② 혼촉발화
③ 자연발화
④ 금수성 물질이 물과 접촉

해설
화학적 요인에는 화학적 폭발, 금수성 물질의 물과 접촉, 화학적 발화(유증기 확산), 자연발화, 혼촉발화, 기타 등이 해당한다.

정답 ①

47

플라스틱의 일반적인 연소특성으로 틀린 것은?

① 폴리염화비닐은 연소되면 염화수소 가스가 발생한다.
② 열가소성 플라스틱에는 아미노수지, 페놀수지, 에폭시수지 등이 있다.
③ 플라스틱은 일반적으로 저분자 물질과 달리 온도에 따른 상변화가 명확하지 않다.
④ 열경화성 플라스틱은 화염에 노출되면 표면이 고체 숯과 같이 되는 경향 때문에 내부로의 연소확대가 지연된다.

해설
열경화성 수지에는 에폭시수지, 폴리에스터, 폴리우레탄, 페놀수지, 멜라민수지, 우레아수지 등이 있다.

관련이론 플라스틱의 연소특성

구분	종류
열경화성 수지	에폭시수지, 폴리에스터, 폴리우레탄, 페놀수지, 멜라민수지, 우레아수지 등
열가소성 수지	폴리에틸렌, 폴리프로필렌, 폴리스티렌, 폴리염화비닐, 아크릴 등

정답 ②

48

전선의 소선 일부가 끊어져 발생하는 국부적인 저항치 증가 현상으로 나타나는 전기화재 현상에 해당하는 것은?

① 트래킹 ② 아산화동
③ 반단선 ④ 그래파이트

해설
- 전선의 절연 피복 내에서 일부만 단선되어 끊임없이 단선과 이어짐을 반복하는 상태를 말한다.
- 반단선이 일어나면 단면적이 감소되어 전류가 흐를 때 저항이 증가하고 발열된다.
- 반단선 지점의 저항 증가와 접촉 불량으로 인해 발생한 열로 소선이 녹아 끊어지거나, 과열된 전선 피복이 녹아 불이 붙을 수 있다.

정답 ③

49

방화에 사용되는 촉진제로 거리가 먼 것은?

① 아세톤 ② 시너
③ 톨루엔 ④ 수산화나트륨

해설
수산화나트륨은 금속과 접촉 시 수소가 발생하지만 촉진제와는 거리가 멀다.

관련이론 방화에 사용되는 촉진제
- 휘발유(가솔린) · 경유 · 등유
- 시너 · 톨루엔
- 알코올 · 아세톤

정답 ④

50

방화를 의심할 수 있는 경우와 가장 거리가 먼 것은?

① 외부침입흔적이 발견되는 경우
② 다른 범죄의 증거가 발견되는 경우
③ 1개의 발화부만 존재하는 경우
④ 액체 가연물의 연소흔적이 관찰되는 경우

해설
방화로 의심할 수 있는 경우는 한 개의 발화부만 존재하는 경우가 아니라 여러 개의 발화부가 존재하는 경우이다.

관련이론 방화를 의심할 수 있는 경우
- 외부침입흔적이 발견되는 경우
- 다른 범죄의 증거가 발견되는 경우
- 여러 개의 발화부가 존재하는 경우
- 액체 가연물의 연소흔적이 관찰되는 경우
- 촉진제의 용기가 발견된 경우

정답 ③

51

임야화재에 영향을 주는 3대 중요 요소가 아닌 것은?

① 기후 ② 지형
③ 가연물 ④ 점화원

해설
임야화재의 3요소는 기후, 지형, 가연물(연료)이다.

관련이론 임야화재 확산의 3요소

구분	종류
연료(가연물)	탈 수 있는 물질의 공급
기상	바람, 습도, 온도, 강수 등
지형	고도, 경사, 경사향, 지세 등

정답 ④

52

일반적으로 사용되고 있는 안전밸브의 종류가 옳게 연결된 것은?

① LPG 용기: 가용전(가용합금식) 안전밸브
② 산화에틸렌 용기: 파열식 안전밸브
③ 아르곤 압축가스 용기: 스프링식 안전밸브
④ 초저온 용기: 스프링식과 파열식의 2중 안전밸브

해설

구분	용기의 종류
스프링식	LPG 용기
가용전식	염소, 아세틸렌, 산화에틸렌 용기
파열판식	산소, 수소, 질소, 아르곤, 액체 이산화탄소 용기
2중식 (스프링식+파열판식)	초저온 용기

정답 ④

53

하나의 전제에서 결론이 도출되는 직접추리와 2개 이상의 전제에서 결론이 나타나는 간접추리로 나누는 추론 방법은?

① 귀납적 추론
② 연역적 추론
③ 실용적 추론
④ 형식적 추론

해설

구분	직접추리	간접추리
정의	하나의 전제에서 바로 결론 도출	두 개 이상의 전제를 결합하여 결론 도출
전제 수	1개	2개 이상

정답 ②

54

유염연소와 무염연소를 비교하였을 때 특징으로 틀린 것은?

① 목재의 무염연소 시 가연물의 내부보다는 표면으로 전파되는 속도가 빠르다.
② 무염연소는 고체가연물에서만 가능하며 유염연소는 고체, 액체, 기체에서 모두 가능하다.
③ 무염연소는 연소반응속도가 느리다.
④ 무염연소는 발열량이 적고, 유염연소는 발열량이 크다.

해설
무염연소는 가연물의 표면에서만 일어나는 연소로 가연물 내부로 연소가 전파되지 않아 연소반응속도가 매우 느리다.

관련이론 무염연소와 유염연소
• 유염연소: 가연물의 표면과 내부에서 동시에 일어나는 연소
• 무염연소: 가연물의 표면에서만 일어나는 연소

정답 ①

55

운송용 항공기에 고정된(Fixed) 소화기장치(Fire extinguishing system)를 갖추는 장소가 아닌 곳은?

① 조리실(Galley)
② 보조동력장치실(APU compartment)
③ 화물칸(Cargo compartment)
④ 화장실(Lavatories)

해설
조리실에는 고정식 소화기가 아닌 사용이 간편하고 신속한 대응이 가능한 휴대용 소화기가 설치되어 있다.

정답 ①

56

LPG 차량의 구성 부품 중 LPG 봄베의 밸브 색상에 대한 설명으로 옳은 것은?

① 충전밸브: 적색
② 액체 송출밸브: 적색
③ 기체 송출밸브: 청색
④ 충전, 액체 송출, 기체 송출 밸브: 청색

해설

구분	충전밸브	액체송출밸브	기체송출밸브
색상	녹색	적색	황색

정답 ②

57

연소가 확대된 연소경로의 방향성을 알기 위한 주요 판단 요소가 아닌 것은?

① 연소흔의 형태
② 점화원의 형태
③ 백열전구의 변형
④ 동물 사체의 탄화정도

해설

점화원의 형태는 화재 발생 원인을 파악하는 데에는 도움이 될 수 있으나, 연소 경로를 파악하는 데 직접적인 관련성이 없다.

정답 ②

58

정전기를 방지하기 위한 대책으로 틀린 것은?

① 땅속으로 정전기를 흘려보내는 접지 조치
② 공기 중의 습도를 70% 이상으로 유지
③ 비전도성 물질에 탄소, 금속분 등의 대전방지제를 첨가
④ 위험물 등이 배관 내를 흐를 때 빠른 유속 유지

해설

정전기는 주로 분말이 배관과 충돌할 때 발생하므로, 유속을 제한하고 배관의 굴곡을 최소화하는 등 레이아웃을 적절히 설계하면 전하 발생을 어느 정도 억제할 수 있다.

관련이론 정전기 방지대책
- 접지시설을 한다.
- 공기를 이온화 시킨다.
- 공기 중의 상대습도를 70% 이상으로 한다.
- 대전을 방지하기 위해 전도성물질을 사용해야 한다.

정답 ④

59

선박외관의 구성요소가 아닌 것은?

① 선체 건조
② 갑판
③ 저장소 및 화물창
④ 외관부속품

해설

저장소 및 화물창은 선박 외관이 아니라 선박 내부의 구성요소에 해당한다.

정답 ③

60

방화 범죄 특징에 대한 설명 중 틀린 것은?

① 방화는 정신이상, 원한, 보복 등 비정상적인 사고에 의해 발생한다.
② 방화에 사용된 증거물이 전소되고 은닉되는 것이 대부분이기 때문에 방화원인을 규명하는데 많은 어려움이 있다.
③ 방화는 일반적으로 은폐된 공간에서 이루어지고 순간 화재 확산이 빠른 인화성 물질을 사용하는 경우가 많아 피해범위가 크다.
④ 방화는 일반적으로 계절적인 측면에 좌우되고 주기적으로 발생한다.

해설
방화는 계절이나 주기와 상관없이 발생한다.

관련이론 방화의 특징
- 화재로 인해 증거가 대부분 소실되어 범인 검거가 매우 어렵다.
- 계절이나 주기와 상관없이 연중 꾸준히 발생한다.
- 단독범행이 많고 인적이 드문 야간에 발생해 발견이 어렵다.
- 휘발유, 시너 등 인화성 물질을 사용하여 불을 빠르고 크게 확산시키는 경우가 많다.
- 우발적으로 발생하는 빈도가 높으며, 특히 음주 상태나 약물 상태에서 범행하는 비율이 높다.
- 남성의 비율이 높고 검거 시 극도로 흥분한 상태를 보이는 경우가 많다.
- 주택이나 차량에서 가장 많이 발생하며, 사람들의 눈을 피할 수 있는 곳에서 발생한다.

정답 ④

61

담뱃불 발화 메커니즘에 대한 설명으로 옳은 것은?

① 훈소가 지속될 수 있는 가연물과의 접촉 → 훈소 → 착염 → 출화 의 과정을 겪는다.
② 담뱃불의 연소 선단에서의 온도는 100~200℃ 정도이다.
③ 담뱃불의 연소성은 풍속 0.5m/s 에서 최적조건이고 1m/s 이상이면 꺼지기 쉬우며, 산소농도 16% 이하에서는 연소하지 않는다.
④ 담뱃불의 연소시간은 레귤러 사이즈(60mm)의 경우 1개비는 수평 18~19분, 수직 16~17분 정도가 소요된다.

선지분석
② 담뱃불의 연소 선난에서의 온도는 550~650℃ 정도이다.
③ 담뱃불의 연소성은 풍속 1.5m/s 에서 최적조건이고 3m/s 이상이면 꺼지기 쉬우며, 산소농도 16% 이하에서는 연소하지 않는다.
④ 담뱃불의 연소시간은 레귤러 사이즈(60mm)의 경우 1개비는 수평 13~14분, 수직 11~12분 정도가 소요된다.

정답 ①

62

일반화재와 구별되어야 하는 차량화재의 특수성에 대한 설명 중 틀린 것은?

① 차량은 동력기계 계통, 전기전자 계통, 연료공급 계통, 배기계통 등 기구의 복잡성이 있다.
② 연료, 시트 등 화재 하중이 낮고, 외기에 개방된 상태인 환기 지배형 화재의 특성을 보인다.
③ 다양한 부착물 및 이의 변·개조가 용이하므로, 이러한 구조적 특서성에 의한 화재위험성에 노출되어 있다고 볼 수 있다.
④ 차량은 개방된 공간에 존치되는 특수성에 의해 사회적 불만이나 주차불만을 가진 자가 불특정한방법으로 방화할 개연성이 높다고 볼 수 있다.

해설
차량화재는 연료, 시트 등 화재하중이 높고, 외기와 노출된 상태로 가연물에 의존하는 연료 지배형의 화재특성을 보인다.

정답 ②

63

측정원리에 의한 분류 중 산업용으로 사용되는 추측식 가스 계량기에 해당하는 것은?

① 터빈형
② 드럼(Drum)식
③ 회전식(루트식)
④ 막식(다이어프램식)

해설

추측식 가스 계량기는 가스가 흐를 때 발생되는 운동에너지를 이용하여 가스 사용량을 측정하는 방식으로 주로 터빈식 가스 계량기가 이에 속한다.

관련이론 가스 계량기의 종류

구분	유형	용도
실측식	회전식(루트식)	산업용
	막식(다이어프램식)	가정용
	드럼식(Drum)	기준기 검사용
추측식	터빈형	산업용

정답 ①

64

다음 중 성심리학적 방화범의 분류에 해당하지 않는 것은?

① 구강기 방화범
② 항문기 방화범
③ 비강기 방화범
④ 남근기 방화범

해설

성심리학적 방화범의 분류 중 비강기는 없다.

정답 ③

65

차량화재 발화지점 판정의 유의사항으로 틀린 것은?

① 차체 강판의 소손에 의한 변색의 차이를 자세히 관찰하여 출화개소를 판정하되 회색이 암청색보다 높은 온도에서 소손된 경우이다.
② 타이어로 출화개소를 추정하는 경우 앞, 뒷 바퀴 타이어 4개의 소손상태를 비교하여 타이어 중 가장 소손이 심한 개소가 출화개소에 가까운 경우가 많다.
③ 연료, 오일 등에 대한 연소 확대를 고려하여 판정했을 때 차량 하부에서 상부로 소손이 연결되어 연소 확대된 부분이 출화개소에 가까운 경우가 많다.
④ 차량 하부의 소손이 여러 곳에서 국부적으로 일어나 있을 경우, 각각 소손부에서 상부로 타 올라감을 조사할 필요가 있다.

해설

차체 강판의 소손에서 암청색이 회색보다 높은 온도에서 만들어진다.

관련이론 차량화재의 발화지점 판정

- 차체 변색 확인: 차체 강판은 온도에 따라 색깔이 변해 표면도료가 열화되어 회색 및 백색이 먼저 나타나며 암청색은 이후 더 높은 온도에서 나타난다.
- 연소 방향 및 확산: 연소 방향과 확산은 발화 지점을 추정하는 데 중요한 단서로 차체 하부에서 상부로 연소 확대되는 경우, 하부가 발화 지점과 가깝다.
- 전기적 흔적 확인: 차량 화재 시 전기 단락, 용융 흔적이 발생하는데 이러한 전기적 흔적을 통해 발화지점을 찾을 수 있다.
- 화재 현장 조사: 화재 발생 시 현장 조사 및 감식을 통해 발화 지점 및 화재 원인 등을 파악할 수 있다.
- 가연물 및 발화원 특정: 발화 지점 주변의 구성품과 부품 등을 관찰하여 가연물과 발화원의 특성을 파악할 수 있다.

정답 ①

66
항공기에서 이상적인 화재감지장치(Fire Detection System)의 특징이 아닌 것은?

① 화재가 계속되는 동안 계속 지시해야 한다.
② 화재가 다시 발생하는 경우 다시 정확히 지시해야 한다.
③ 조종실에서 감지기 장치를 시험 시 소요되는 전력은 많아야 한다.
④ 취급에서 노출에 견딜 수 있도록 견고해야 한다.

해설
항공기 시스템은 전력 효율이 매우 중요하기 때문에 이상적인 화재감지장치는 시험 시 정상적으로 작동되는지만 확인하면 되므로 최소한의 전력을 소모하는 것이 효율적이다.

정답 ③

67
산불진화 시 열 스트레스 손상으로 가장 거리가 먼 것은?

① 열 경련
② 탈수 피로
③ 열 발작
④ 혼수상태

해설
산불진화활동은 극심한 고온, 높은 습도, 연기 흡입 등 열적 스트레스 요인이 많은 환경에서 이루어진다. 이러한 열적 스트레스는 신체에 심각한 영향을 미쳐 열 경련, 열 탈진, 열사병 등을 유발할 수 있다.

정답 ④

68
석유류의 연소특성에 대한 설명 중 틀린 것은?

① 휘발성이 낮은 중질유는 미세한 크기로 미립화하여 분무 연소한다.
② 휘발유, 등유는 증기비중이 공기보다 크기 때문에 증발한 증기는 낮은 곳에 체류한다.
③ 원유탱크의 화재가 장시간 지속되면 고온층이 형성되어 유류화재의 위험한 현상들이 나타날 수 있다.
④ 대부분의 석유류가 포함되어 있는 제4류 위험물은 인화점이 높고, 연소하한계가 높아서 화재위험성이 크다.

해설
대부분의 석유류가 포함되어있는 제4류 위험물은 인화점 및 연소하한계가 낮아서 화재위험성이 크다.

정답 ④

69
석유류를 사용한 방화현장에서 수거한 증거물로부터 화재원인 물질을 밝혀내기 위해 사용하는 가장 일반적인 분석기기로 옳은 것은?

① 원소분석기
② 질량분석기
③ 이온교환수지
④ 가스크로마토그래피

해설
가스크로마토그래피는 복잡한 혼합물에서 개별 화학성분을 분리하여 정량화할 수 있는 장치이다.

정답 ④

70
다음 중 층류화염에 해당하는 것은?

① 모닥불의 불꽃
② 양초의 불꽃
③ 화재현장 개구부로 솟는 불꽃
④ 20kg의 LPG 용기에서 분출되고 있는 가스의 불꽃

해설
층류화염은 흐름이 층을 이루며 난류화염과 같이 섞이지 않고 순서대로 연소하는 화염으로 양초의 불꽃은 분자확산에 의해 지배되는 대표적인 층류화염이다.

정답 ②

71
차량 배터리의 내부에서 화원이 될 가능성이 있는 원인에 속하지 않는 것은?

① 외부 단자의 이완
② 과충전에 의한 과열
③ 과충전에 의한 용단 스파크불꽃
④ 배터리 전해액 부족에 의한 내부 쇼트

해설
외부 단자의 이완은 전류의 흐름이 없어 화원이 될 수 없다.

정답 ①

72
차량이 충돌 또는 추돌하는 경우, 누출된 연료 및 오일의 점화로 인해 화재로 이어져 인명사고가 발생하는 경우가 있다. 동 경우, 발화원인으로 작용할 수 없는 것은?

① 차량 파손에 동반된 전선의 단락에 의한 전기적 발열
② 차량 파손에 동반된 고온의 충격 마찰열
③ 차량 파손에 동반된 엔진 표면 및 배기계통의 고온 열면
④ 차량의 파손에 동반된 냉각수의 분출

해설
냉각수 분출은 발화원인이 되지 않는다.

정답 ④

73
세탁기 화재 시 확인해야 할 조사요점으로 가장 거리가 먼 것은?

① 배수모터의 이상 유무
② 마그네트론의 발열 여부
③ 세탁기 내부 배선의 단락 여부
④ 기동용 콘덴서의 절연열화 상태

해설
마그네트론은 세탁기가 아닌 전자레인지의 부품이다.

정답 ②

74
직접착화에 의한 방화원인 감식에 관한 사항으로 틀린 것은?

① 독립적 발화 개소 여부를 확인한다.
② 화재 당시 사람의 출입 여부를 확인하고 내부 또는 외부 소행인지 확인한다.
③ 화재 전에 없던 가연물이 연소한 흔적이 있거나 물건의 위치가 변경되었는지 확인한다.
④ 스위치로부터 전열기구로 가는 회로를 찾아 스위치와 전열기구와의 관계를 규명한다.

해설
스위치와 전열기구의 관계는 전기적 요인에 의해 발생하는 화재이다.

관련이론 직접착화에 의한 방화원인 감식
- 독립적 발화 개소 여부
- 화재 당시 사람의 출입 여부
- 화재 전에 없던 가연물이 연소한 흔적이 있거나 물건의 위치가 변경되었는지 여부

정답 ④

75

반단선에 의한 화재에 대한 설명으로 틀린 것은?

① 소선의 10% 이상 단선된 것을 반단선이라 한다.
② 단선된 소선의 접촉에 의해 열이 발생하고 피복이 탄화한다.
③ 반단선에 의한 전선 용융흔은 전원측에서만 생성된다.
④ 반단선은 눌리거나 꺾이는 등 강한 외력이 걸리기 쉬운 부분에서 발생하기 쉽다.

해설
반단선이 발생한 경우 전선의 용융흔적은 전원 측과 부하 측, 양쪽 모두에서 나타날 수 있다.

정답 ③

76

다음 중 우발적 원인에 의한 방화에 속하지 않는 것은?

① 부부싸움 중 시너를 뿌리고 방화
② 우울증에 시달리던 자가 자살방화
③ 약물 중독에 의한 환각 등에 의한 방화
④ 보험금 편취 목적으로 방화

해설
보험금 편취목적의 방화는 우발적이기 보다는 계획적 범죄에 해당한다.

정답 ④

77

다음 중 산화와 환원에 관한 설명으로 옳은 것은?

① 전자를 얻는 현상을 산화라 한다.
② 산화수가 감소되는 현상을 환원이라 한다.
③ 산화제는 다른 물질을 환원시키고 자신은 산화되는 물질이다.
④ 수소를 잃는 현상을 환원이라 한다.

선지분석
① 전자를 얻는 현상은 환원이다.
③ 산화제는 다른 물질을 산화시키고 자신은 환원되는 물질이다.
④ 수소를 잃는 현상은 산화이다.

정답 ②

78

다음 중 액화석유가스 용기의 충전량 계산식으로 옳은 것은? (단, W: 저장능력(kg), V: 용기의 내용적(L), C: 가스 종류별 충전 정수)

① $W = \dfrac{V}{C}$ ② $W = V \times C$

③ $W = \dfrac{C}{V}$ ④ $W = \dfrac{C \times V}{C}$

해설
액화가스 용기의 저장량을 구하는 공식은 다음과 같다.
$$W = \dfrac{V}{C}$$
W: 저장능력(kg), V: 용기의 내용적(l),
C: 충전정수(액화프로판: 2.35, 액화암모니아: 1.86)

정답 ①

79

다음 중 성냥의 두약 부위에 사용되는 산화제로 옳은 것은?

① 염소산칼륨 ② 유리분
③ 아교 ④ 송진

해설
성냥 머리부분에 사용되는 산화제는 황과 염소산칼륨이다.

정답 ①

80

자동차에서 발생하는 현상 중, 역화의 원인이 아닌 것은?

① 윤활계통을 구성하는 오일펌프, 오일필터 등의 결함
② 연료 분배성이 좋지 않을 경우
③ 점화 플러그의 성능 저하
④ 혼합가스의 혼합비가 희박한 경우

해설
역화는 점화가 흡기 행정 중 일어나면서 폭발 화염이 흡기 다기관으로 거슬러 올라가는 현상을 말하며 주로 연료공급의 이상이나 점화 계통의 문제로 인해 발생한다.

정답 ①

SUBJECT 03 증거물 관리 및 법과학

81

액체증거물 수집에 대한 설명으로 틀린 것은?

① 액체 탄화수소물의 밀봉을 위해서 고무로 만들어진 링이나 혹은 고무마개를 지니고 있는 병을 사용하여야 한다.
② 적은 양의 액체는 피펫 혹은 깨끗한 흡수섬유, 거즈 혹은 탈지면에 흡수시키고 적절한 밀폐용기에 그것을 밀봉할 수 있다.
③ 의심스러운 가연성 액체가 콘크리트에서 발견된다면 습식 브러시로 쓸어 담거나 흡수성 재질을 펼쳐 흡수시킨다.
④ 흡수제는 별도의 캔에 밀봉되어 보관되어야 한다.

해설
고무마개는 파손의 위험이 있어 마개는 유리, PTFE(폴리테트라플루오로에틸렌), 내유성의 내부판이 부착된 플라스틱, 금속의 스크루 마개를 사용해야한다.

관련이론 유리병 용기의 특징
- 가격이 저렴하고 구하기 쉽다.
- 용기를 열지 않고도 내용물을 확인할 수 있다.
- 휘발성 액체의 증발을 막을 수 있다.
- 액체·고체 촉진제 증거물을 장기간 저장할 수 있다.
- 대량 저장이 어렵고 장기간 보관 시 파손 위험이 있다.
- 고무 밀봉 시 파손 위험이 크다.
- 코르크 마개는 휘발성 액체 보관에 부적합하며, 빛에 민감한 시료는 짙은 색 용기를 사용해야 한다.
- 마개는 유리, PTFE(폴리테트라플루오로에틸렌), 내유성 플라스틱, 금속 스크루 마개 등을 사용한다.

정답 ①

82

화재사의 사인과 그 내용이 올바르게 연결된 것은?

① 화상사: 화재에 따른 현상에 의해 신경을 자극해서 정신 또는 신체가 충격을 받아 사망한 것
② 질식사: 화재 시 발생한 일산화탄소 등 유독가스가 혈액의 산소공급을 막아 조직의 산소결핍으로 사망한 것
③ 소사: 화재로 인하여 화염 등 고열이 피부에 작용하여 화상을 입은 후 그 상황에서 2차적인 조건에 의해 사망한 것
④ 쇼크사: 화재로 인한 화상과 더불어 화염에 의해 불에 타서 사망하거나 일산화탄소에 의한 유독가스 중독과 산소결핍에 의한 질식 등이 합병되어 사망한 것

선지분석
① 화상사는 고열이 피부에 작용하여 발생하는 장애로 뜨거운 기체나 액체에 의한 손상으로 사망하는 것을 말한다.
③ 소사는 화재로 인한 화상과 더불어 CO나 유독가스로 인한 중독과 산소결핍으로 질식 등이 합병되어 사망하는 것을 말하며 화상사와는 구분된다.
④ 쇼크사는 원인과 상관없이 쇼크증세로 사망하는 것을 말한다.

정답 ②

83

화재조사 및 보고규정에 따르면 관할구역 내에서 발생한 화재에 대하여 작성해야 하는 서류가 아닌 것은?

① 화재발생종합보고서
② 질문기록서
③ 화재현장출동보고서
④ 범죄사실보고서

해설
범죄사실보고서는 수사와 관련된 서류이다.

정답 ④

84

증거물의 수집에 관한 고려사항으로 가장 옳은 것은?

① 고체 표본을 수집할 때 용기에 가득 채운다.
② 등유와 같은 탄화수소계 액체 위험물은 물과 쉽게 혼합된다.
③ 경유와 같이 흔히 사용되는 화재 촉진제 증기는 공기보다 더 가볍다.
④ 화재 촉진제로 사용되는 휘발유와 같은 인화성 액체는 상온에서 자연발화하지 않는다.

해설
화재 촉진제로 사용되는 휘발유와 같은 인화성 액체는 상온에서 자연발화 하지 않는다.

관련이론 증거물 수집 시 고려사항
- 등유와 같은 탄화수소계 액체 위험물은 물과 혼합되지 않는다.
- 화재 촉진제로 사용되는 휘발유와 같은 인화성 액체는 상온에서 자연발화 하지 않는다.
- 고체, 액체 표본을 수집할 때 $\frac{2}{3}$ 이상 채우지 않는다.
- 경유와 같이 흔히 사용되는 화재 촉진제 증기는 공기보다 더 무겁다.

정답 ④

85

다음 중 화재증거물수집관리규칙상 증거물의 정의로 옳은 것은?

① 화재와 관련 있는 가연물 및 개연성이 있는 모든 개체를 말한다.
② 화재와 관련 있는 물건 및 필연성이 있는 모든 개체를 말한다.
③ 화재와 관련 있는 가연물 및 필연성이 있는 모든 개체를 말한다.
④ 화재와 관련 있는 물건 및 개연성이 있는 모든 개체를 말한다.

해설
증거물이란 화재와 관련 있는 물건 및 개연성이 있는 모든 개체를 말한다.

정답 ④

86

화재증거물수집관리규칙상 현장사진 및 비디오 촬영 시 유의사항으로 틀린 것은?

① 최초 도착하였을 때의 현장을 정리정돈 후 촬영한다.
② 화재상황을 추정할 수 있는 증거물, 피해물품, 유류의 형상은 면밀히 관찰 후 자세히 촬영한다.
③ 증거물을 촬영할 때는 그 소재와 상태가 명백히 나타나도록 하며, 필요에 따라 구분이 용이하게 번호표 등을 넣어 촬영한다.
④ 화재현장의 특정한 증거물 등을 촬영함에 있어서는 그 길이, 폭 등을 명백히 하기 위하여 측정용 자 또는 대조도구를 사용하여 촬영한다.

해설
최초 도착하였을 때의 원상태를 그대로 촬영하고, 화재조사의 진행순서에 따라 촬영한다.

관련이론 현장사진 및 비디오 촬영 시 유의사항
- 최초 도착하였을 때의 원상태를 그대로 촬영하고, 화재조사의 진행순서에 따라 촬영한다.
- 증거물을 촬영할 때는 그 소재와 상태가 명백히 나타나도록 하며, 필요에 따라 구분이 용이하게 번호표 등을 넣어 촬영한다.
- 화재현장의 특정한 증거물 등을 촬영함에 있어서는 그 길이, 폭 등을 명백히 하기 위하여 측정용 자 또는 대조도구를 사용하여 촬영한다.
- 화재상황을 추정할 수 있는 다음 대상물의 형상은 면밀히 관찰 후 자세히 촬영한다.
  - 사람, 물건, 장소에 부착되어 있는 연소흔적 및 혈흔
  - 화재와 연관성이 크다고 판단되는 증거물, 피해물품, 유류
- 현장사진 및 비디오 촬영과 현장기록물 확보 시에는 연소확대 경로 및 증거물 기록에 대한 번호표와 화살표 등을 활용하여 작성한다.

정답 ①

87

외부에서 열이 가해지면 열에 의한 손상의 범위를 결정하는 사항으로 가장 거리가 먼 것은?

① 가연물의 양
② 가해진 온도
③ 열이 가해진 시간
④ 과다한 열을 배출하는 체표면의 능력

해설
가연물의 양이 많을수록, 가해진 온도가 높을수록, 열이 가해진 시간이 길수록 열에 의한 손상범위는 넓어진다.

관련이론 화상심도의 결정요인
- 열의 강도
- 열 노출시간
- 피부의 예민도
- 체표면의 열배출 능력

정답 ④

88

화재현장의 증거물 시료 채취 시 유의사항으로 아닌 것은?

① 가급적 증거물 전체를 수집 또는 채취
② 동일한 물질이 있었을 때는 채취하지 않고 내용만 기술
③ 감정의뢰서에 증거물을 수집, 채취한 경과와 사건개요를 기술
④ 채취된 증거물의 물질이 상이할 때에는 서로 섞이지 않도록 분리하여 채취, 보관

해설
동일한 물질이 있었을 때에는 오염되지 않은 동일한 시료를 채취하여 비교표본으로 활용한다.

관련이론 증거물의 수집 기본원칙
- 증거물 수집은 가능한 빨리 수거하도록 한다.
- 가급적으로 증거물 전체를 수집 또는 채취한다.
- 다른 곳에서 발견된 동일한 물질은 별도의 용기에 넣어 수거한다.
- 맨손으로 만지지 말고 일회용 장갑을 착용하여 오염을 최소화한다.
- 증거물에 부착된 오염물질을 강제로 털어 내거나 떼어 내려고 하지 않도록 한다.
- 채취된 증거물의 물질이 상이한 때에는 서로 섞이지 않도록 분리하여 채취, 보관한다.
- 감정의뢰서에 증거물을 수집, 채취한 경과와 사건개요를 기술한다.

정답 ②

89

화재현장에서 진압대원의 역할과 책임에 관한 설명으로 옳지 않은 것은?

① 소화활동 시 화재조사를 고려하여 불필요한 파괴작업을 지양한다.
② 증거물을 발견하였을 경우 현장지휘자에게 보고하여야 한다.
③ 직사직수로 방수할 경우 최대한 발화지점을 훼손하지 않도록 주의하여야 한다.
④ 화재진압대원은 신속 정확한 진압이 우선이므로 현장보존은 생각할 필요가 없다.

해설
화재진압대원은 현장보존을 위해 화재진압과정에서 높은 수압은 증거물을 훼손할 수 있음을 인지해야 한다.

관련이론 현장보존을 위한 진압대원의 역할 및 주의사항
- 잔불을 정리하는 동안 남아있는 증거물이 훼손되지 않게 주의한다.
- 화재현장에 있는 설비, 기구 또는 시설의 손잡이를 돌리거나 작동스위치를 켜는 것을 자제한다.
- 화재현장에서 석유류 연료를 사용하는 장비를 사용하거나 재급유하는 것을 자제한다.
- 사망이 확인된 사체는 현장보존을 위해 그 위치를 변경하여서는 안 된다.
- 잔불정리 시에 필요 이상으로 물건을 옮기거나 쓰러뜨리지 않도록 한다.
- 화재진압과정에서 높은 수압은 증거물을 훼손할 수 있음을 인지해야 한다.
- 부득이하게 파괴되거나 변경되었을 때는 그 내용을 기록해 추후에라도 화재조사관에게 전달하여야 한다.

정답 ④

90
화재현장 및 물리적 증거물의 보존에 대한 책임이 있는 자가 아닌 것은?

① 소방관
② 화재조사관
③ 경찰관
④ 제조사 직원

해설
제조사 직원은 증거물 보존에 대한 책임이 없다.

정답 ④

91
화재증거물수집관리규칙상 수집한 증거물을 이송할 때 포장하고 기록·부착하여야 하는 상세정보가 아닌 것은?

① 수집장소 및 수집자
② 소유자 및 관리자 성명
③ 증거물 내용 및 봉인자
④ 수집일시 및 증거물 번호

해설
소유자 및 관리자 성명은 증거물 이송을 위해 포장한 후 부착하여야 할 상세정보에 해당하지 않는다.

관련이론 화재증거물 상세정보
- 수집일시, 수집장소, 수집자
- 증거물 번호, 증거물 내용
- 봉인자, 봉인일시

정답 ②

92
일산화탄소 중독으로 사망한 시체 소견으로 가장 거리가 먼 것은?

① 선홍색 시반이 나타난다.
② 손톱의 경우 청자색을 띤다.
③ 손톱의 경우 선홍색을 띤다.
④ 유동성 혈액, 조직의 울혈이 나타난다.

해설
일산화탄소 중독으로 사망한 경우에는 선홍색 시반이 나타난다.

관련이론 질식사
- 호흡에 의한 생리적 가스교환이 중단되는 상태를 말하며 이로인해 생명의 영구적 중단을 질식사라 한다.
- 호흡이 원활하게 이루어지지 않아 세포가 이용할 수 있는 산소량이 현저히 감소되면 세포 내 산소분압이 매우 낮아져 이를 저산소증 또는 산소결핍증이라 하며 산소분압이 극도로 저하된 경우는 무산소증이라고도 한다.
- 저(무)산소증에 빠지면 세포 내에 이산화탄소가 축적되며 이를 탄산과잉증이라 한다.

정답 ②

93
피사계 심도를 깊게 하기 위한 방법으로 옳은 것은?

① 조리개를 넓힌다.
② 조리개를 좁힌다.
③ 셔터 스피드를 길게 한다.
④ 셔터 스피드를 짧게 한다.

해설
조리개를 좁히면 들어오는 빛의 양이 적어져 피사계 심도가 깊어진다.

관련이론 피사계 심도(Depth of field)
- 피사계 심도는 어느 정해진 시간 동안에 초점이 맞는 가장 멀리 있는 사물과 가장 가까이 있는 사물의 거리이다.
- f-stop은 빛의 양을 조절하며 초점거리가 주어진 렌즈에서는 f-stop이 증가할수록 빛의 양은 줄어들고 심도는 깊어진다.
- 피사계 심도는 촬영하는 사물까지의 거리, 렌즈 구경 및 사용하는 렌즈의 초점거리에 따라 달라진다.

정답 ②

94
증거물의 역할에 따른 분류 중 다음 증거물의 역할로 옳은 것은?

> 바닥에 깨진 유리창 바닥면에 그을음 부착이 없다.

① 시간적 증거
② 접촉 증거
③ 방향적 증거
④ 행위적 증거

해설
바닥에 깨진 유리창 바닥면에 그을음 부착이 없다는 것은 화재 전에 깨졌다는 증거로 시간적 증거에 해당한다.

정답 ①

95
인화점 측정을 위한 장비가 아닌 것은?

① Pensky-Martens
② Tag Closed Cup
③ Cleveland Open Cup
④ Scanning Electron Microscope

해설
주사전자현미경(Scanning Electron Microscope)은 시료의 표면 관찰에 사용된다.

관련이론 인화점 시험방법
- 태그 밀폐식(Tag closed cup)
  시료를 담은 밀폐컵을 액체에 잠기게 하여 가열하고 점화원에 노출되었을때 증기가 발화하는 온도를 측정하는 방법으로 인화점 93℃ 이하인 물질의 시료를 측정하는데 사용하는 방법이다.
- 펜스키-마텐스 밀폐식(Pensky-Martens Closed Tester)
  인화성 액체, 부유물을 가진 액체, 시험 조건에서 표면막을 형성하기 쉬운 액체를 시험하며 인화점 40~370℃까지인 시료를 측정할 수 있다.
- 태그 개방식(Tag Open Cup Apparatus)
  시료를 담은 개방식 컵을 액체에 잠기게 하여 가열하는 방식으로 인화점이 -18~290℃인 시료를 측정한다.
- 클리브랜드 개방식(Cleveland Open Cup)
  개방식 황동제 컵에 시료를 담아 직접 가열하는 방식으로 인화점이 80~400℃ 이하인 시료를 측정한다.

정답 ④

96
다음 〈보기〉에서 화재진압 및 구조 과정에서 현장보존을 위한 주의사항을 모두 고른 것은?

> 〈보기〉
> ㉠ 사망이 확인 된 사체는 화재진압을 위해 위치를 옮긴다.
> ㉡ 잔불정리 시에 필요 이상으로 물건을 옮기거나 쓰러뜨리지 않도록 한다.
> ㉢ 조기진화를 위해 수압을 최고로 높여 진화한다.
> ㉣ 부득이하게 파괴되거나 변경되었을 때는 그 내용을 기록해 추후라도 화재조사관에게 전달 하여야 한다.

① ㉠, ㉢
② ㉡, ㉢
③ ㉠, ㉣
④ ㉡, ㉣

해설
㉠, ㉢은 증거물을 훼손하는 조치이다.

관련이론 현장보존을 위한 소방대원의 역할 및 주의사항
- 잔불을 정리하는 동안 남아있는 증거물이 훼손되지 않게 주의한다.
- 화재현장에 있는 설비, 기구 또는 시설의 손잡이를 돌리거나 작동 스위치를 켜는 것을 자제한다.
- 화재현장에서 석유류 연료를 사용하는 장비를 사용, 재급유하는 것을 자제한다.
- 사망이 확인된 사체는 현장보존을 위해 그 위치를 변경하여서는 안 된다.
- 잔불정리 시에 필요 이상으로 물건을 옮기거나 쓰러뜨리지 않도록 한다.
- 화재진압과정에서 높은 수압은 증거물을 훼손할 수 있음을 인지해야 한다.
- 부득이하게 파괴되거나 변경되었을 때는 그 내용을 기록해 추후에라도 화재조사관에게 전달하여야 한다.

정답 ①

97
외부에서 열이 가해지면 열에 의한 손상의 범위를 결정하는 사항이 아닌 것은?

① 가연물의 양
② 가해진 온도
③ 열이 가해진 시간
④ 과다한 열을 배출하는 체표면의 능력

해설
가연물의 양이 많을수록, 가해진 온도가 높을수록, 열이 가해진 시간이 길수록 열에 의한 손상범위는 넓어진다.

관련이론 화상심도의 결정요인
- 열의 강도
- 열 노출시간
- 피부의 예민도
- 체표면의 열배출 능력

정답 ④

98
증거물 수집에 관한 사항 중 ( )에 알맞은 내용은?

> 액체 또는 고체 증거물의 수집을 위해 300mL 용량의 금속 캔 사용 시 증거물은 최대 ( )mL이상 채워져서는 안된다.

① 100
② 150
③ 200
④ 300

해설
액체 또는 고체의 표본을 수집할 때는 $\frac{2}{3}$ 이상 채우지 않는다.

정답 ③

99
전신적 생활반응이 아닌 것은?

① 색전증
② 피하출혈
③ 속발성 염증
④ 전신적 빈혈

해설
전신적 생활반응에는 전신적 빈혈, 속발성 염증, 색전증, 외래물질의 분포 및 배설 등이 있으며, 피하출혈은 국소적 생활반응에 해당한다.

정답 ②

100
용융점이 높은 것에서 낮은 순서로 옳게 나열된 것은?

① 스테인리스 → 텅스텐 → 동 → 아연 → 마그네슘
② 스테인리스 → 텅스텐 → 아연 → 마그네슘 → 동
③ 텅스텐 → 스테인리스 → 마그네슘 → 동 → 아연
④ 텅스텐 → 스테인리스 → 동 → 마그네슘 → 아연

해설
용융점이 높은 것에서 낮은 순서는 다음과 같다.
텅스텐 → 스테인리스 → 동 → 알루미늄 → 마그네슘 → 아연

관련이론 용융점

명칭	용융점(°C)
텅스텐	3,410
철	1,540
스테인리스	1,455
구리(동)	1,085
알루미늄	660
마그네슘	650
아연	419
납	327

정답 ④

101
훈소가 가능한 물질에 해당하는 것은?

① 종이
② 스티로폼
③ 나일론섬유
④ 플라스틱

해설
훈소는 목재, 종이, 면직류 등 셀룰로오스 물질에서 주로 발생한다.

정답 ①

102

가스크로마토그래피(GC) 분석을 위한 용매추출법 중 잔류물을 추출하기 위한 용액으로 틀린 것은?

① 크실렌
② n-펜탄
③ 이황화탄소
④ n-헥산

해설
크실렌(자일렌)은 다른 용매에 비해 탄소수가 많아 잔류물 추출효율이 낮아 사용하지 않는다.

정답 ①

103

연소가스 중 고농도의 이것은 눈에 접촉되면 점막을 심하게 자극하여 결막부종 및 각막혼탁을 초래하고 시력장애의 후유증을 남기는 경우가 있으며, 흡입하면 폐수종을 일으키거나 호흡정지를 일으키는 경우도 있다. 주로 냉동시설의 냉매로 많이 쓰이고 있으므로 냉동창고 화재 시 누출가능성이 큰 가스는?

① 아황산가스(SO_2)
② 시안화수소(HCN)
③ 암모니아(NH_3)
④ 포스겐($COCl_2$)

해설
암모니아는 질소함유 물질(나일론, 멜라민수지 등)로 연소 시 나오는 무색 유독성 기체로 냉동시설의 냉매로 많이 쓰이며 점액질과 기도조직에 강한 자극과 손상 유발하고, 화재 시 누출 가능성이 크다.

정답 ③

104

형사소송법 체계상 사진이나 비디오 등 영상물에 대한 법적 증명력을 부여하는 권한을 가진 자로 옳은 것은?

① 검사
② 법관
③ 변호사
④ 피해자

해설
법적 증명력을 부여하는 권한을 가진 자는 법관이다.

정답 ②

105

물적증거의 종류에 해당하는 것은?

① 관계자 진술
② 감정인 소견
③ 유류 용기
④ 증언

해설
증거물의 종류

구분	내용
인적증거	사람의 진술내용, 증인의 증언, 감정인의 감정
물적증거	물건의 존재나 상태, 사진과 비디오 등 영상물
서증	증거서류와 증거물인 서면
전문증거	자신이 꼭 직접 인지한 사실이 아니라 다른 사람이 말한 것에 대한 증거로서 다른 사람의 신뢰성에 의존하는 증거

정답 ③

106

카메라에서 얇은 금속날개를 이용하여 원하는 크기의 렌즈 구경을 만들고 빛의 양을 조절하는 것은?

① 플레어
② 감도
③ 셔터
④ 조리개

해설
조리개는 렌즈를 통해 들어오는 빛의 양을 조절한다.

관련이론 조리개
- 렌즈를 통해 들어오는 빛의 양을 조절한다.
- 조리개 값이 커져 빛의 양이 적어지면 피사계의 심도는 깊어진다.
- 조리개의 값이 작아져 빛의 양이 많아지면 피사계의 심도는 얕아진다.

정답 ④

107

화재조사와 관련한 질문의 원칙으로 옳지 않은 것은?

① 질문을 할 때에는 시기, 장소 등을 고려하여 피 질문자의 임의진술을 얻도록 하여야 한다.
② 질문을 할 때에는 기대나 희망하는 진술내용을 얻기 위하여 상대방에게 암시하는 등의 방법으로 임의진술을 하여야 한다.
③ 소문 등에 의한 사항은 그 사실을 직접 경험한 사람의 진술을 얻도록 하여야 한다.
④ 관계자 등에 대한 질문사항은 질문기록서에 작성하여 그 증거를 확보한다.

해설
희망하는 진술내용을 얻기 위하여 상대방에게 암시하는 등의 방법으로 유도해서는 안된다.

관련이론 관계자 등에 대한 질문사항
- 관계인 질문은 시기·장소를 고려해 임의진술을 얻어야 하며, 자유를 침해하는 방법을 사용해서는 안 된다.
- 원하는 진술을 얻기 위해 암시 등의 방법으로 유도해서는 안 된다.
- 소문에 의한 진술일 경우 직접 경험한 관계자의 진술을 확보해야 한다.
- 질문 내용은 반드시 질문기록서에 작성하여 그 증거를 확보해야 한다.

정답 ②

108

사진촬영을 위해 현장 전체를 파악할 수 있는 선정 위치로 옳은 것은?

① 발화가 개시된 건물 정면
② 발화지점 내부
③ 발화지역 주변의 높은 곳
④ 화염이 강하게 출화한 곳

해설
화재현장 전체를 한눈에 파악할 수 있는 발화지역 주변의 높은 곳에서 촬영해야 한다.

정답 ③

109

화재조사와 관련하여 관계자에게 질문 시 유의사항으로 틀린 것은?

① 질문내용을 사전에 준비한다.
② 희망하는 진술내용을 얻기 위하여 먼저 신분을 밝히지 않는 것이 좋다.
③ 희망하는 진술내용을 얻기 위하여 상대방에게 암시하는 등의 방법으로 유도하여서는 안 된다.
④ 소문 등에 의한 사항은 그 사실을 직접 경험한 사람의 진술을 얻도록 하여야 한다.

해설
질문자는 먼저 자기신분을 밝혀야 한다.

관련이론 관계자에게 질문 시 유의사항
- 질문자는 자기신분을 밝힌다.
- 피질문자에 대한 선입견을 배제한다.
- 관계자에는 초기소화자, 피난자, 출동한 소방관도 포함된다.
- 유도질문이나 상대방의 감정을 도발하는 질문을 하지 않는다.

정답 ②

110

증거물 수집용기 중 모양과 크기가 다양하고 보관이 편리하며 휘발성 액체의 오염 방지의 장점을 가진 것은?

① 금속 캔
② 유리병
③ 특수증거물 봉투
④ 일반 플라스틱 용기

해설
특수증거물 봉투는 증거물 수집용기 중 모양과 크기가 다양하고 보관이 편리하여 휘발성 액체의 오염을 방지할 수 있다.

정답 ③

111

화재 당시 살아있었음을 나타내는 생활반응으로 맞는 것은?

① 시반이 없다.
② 머리가 그을렸다.
③ 기도에 매연이 부착되었다.
④ 피부가 진피까지 탄화되었다.

해설
기도에 매연이 있다면 사망 전 호흡이 있었다는 것으로 화재 당시 살아있었음을 나타내는 생활반응에 해당한다.

정답 ③

112

화재사 또는 흡연과 관련된 CO-Hb의 농도에 관한 설명으로 맞는 것은?

① 일반적으로 비흡연자의 CO-Hb 농도는 0.01%이다.
② 40% 이상의 CO-Hb 농도는 CO자체만으로 사망할 수 있는 수치이다.
③ 일반적으로 하루 두갑 이상 흡연하는 사람의 CO-Hb 농도는 3~8%이다.
④ 40% 이하의 CO-Hb 농도는 산소부족, 심정지 또는 열화상으로 사망할 수 있다.

선지분석
① 일반적으로 비흡연자의 CO-Hb 농도는 0.5~1%이다.
③ 하루에 두갑 이상 흡연하는 사람의 CO-Hb 농도는 5~10%이다.
④ 40% 이하의 CO-Hb 농도는 극심한 두통, 구토, 산소부족으로 인한 실신을 유발할 수 있다.

정답 ②

113

건강한 성인이 극심한 두통, 어지럼, 의식장애, 멀미, 구토 및 산소부족으로 인한 실신을 유발하는 혈중 일산화탄소 농도는?

① 10~20%   ② 20~30%
③ 30~40%   ④ 40~50%

해설
혈중 일산화탄소 농도가 30~40% 일 때 극심한 두통, 어지럼증, 의식장애, 멀미, 구토 및 산소부족으로 인한 실신을 유발할 수 있다.

관련이론 일산화탄소-헤모글로빈(CO-Hb)농도

농도(%)	증상
10~20	가벼운 두통
20~30	정서불안, 중증 두통
30~40	극심한 두통, 구토, 산소부족으로 인한 실신유발
40~50	의식장애, 호흡곤란
50~60	혼수상태, 경련
60~70	의식혼탁, 호흡중추마비
80	사망

정답 ③

114

화재사에서는 화재에 대한 생활반응과 사후계속적인 열의 작용에 의한 사후변화가 섞여 있다. 다음 중 외부소견의 생활반응으로 옳은 것은?

① 시반은 일산화탄소헤모글로빈(COHb)의 형성으로 선홍색을 띤다.
② 장갑상 및 양말상 탈락으로 벗겨질 때가 있다.
③ 피부균열 및 파열되어 절창 또는 열창과 유사한 소견을 보인다.
④ 투사형자세로 근육이 응고되어 수축되는 소위 열경직 현상을 보인다.

해설
선홍색 시반은 일산화탄소 헤모글로빈(COHb)에 의해 신체 전반이 선홍색으로 혈액침하가 발생할 경우 나타나는 현상이다.

정답 ①

115

화상의 깊이에 다른 대표증상의 연결이 옳은 것은?

① 1도 화상 – 탄화
② 2도 화상 – 수포
③ 3도 화상 – 홍반
④ 4도 화상 – 괴사

해설
2도 화상은 피부에 물집이 생기고 수포 주위에 홍반을 보이며, 혈액침하가 일어나더라도 홍반만 남는다.

관련이론 화상단계에 따른 증상

화상단계	증상
1도 (홍반)	• 열에 의하여 피부가 붉어지고 국부적인 피부충혈과 피부가 부어오르는 화상이다. • 모세혈관의 충혈로 인하여 종창과 더불어 홍반만 보이기 때문에 홍반성 화상이라고 한다.
2도 (수포)	• 국부적인 화상으로 표피와 함께 진피까지 손상되는 화상이다. • 피부에 물집이 생기고 수포주위에 홍반을 보이며, 혈액침하가 일어나더라도 홍반만 남는다.
3도 (괴사)	• 피하지방을 포함한 피부 전층이 침범되는 화상이다. • 화상의 정도가 매우 심해 신경 및 조직이 파괴되고 자연적 재생이 불가능하여 피부이식을 해야한다. • 외견상 건조하고 회백색을 띠며 수포가 발생하지 않는다. • 부스럼 딱지 또는 생체 내의 피부조직이나 세포가 죽는 응고성 괴사에 빠지므로 괴사성 화상이라고도 한다.
4도 (탄화)	3도 증상을 넘어 피부가 탄화되는 정도까지의 화상이다.

정답 ②

116

"9의 법칙"에 따른 신체 주요부위의 면적(성인 기준) 비율에 대한 설명으로 맞는 것은?

① 각 팔: 9%
② 머리: 18%
③ 생식기: 3%
④ 각 다리 뒷면: 18%

해설
9의 법칙(성인 기준)
• 머리와 목: 9%
• 몸통 앞면: 18%
• 몸통 뒷면: 18%
• 팔 한 쪽: 9%
• 다리 한 쪽: 18%
• 회음부: 1%

정답 ①

117

다음은 아연도금 철판에 관한 설명으로 ㉠~㉢에 해당하는 용어가 맞는 것은?

> 아연도금 철판은 열을 받으면 코팅부분과 페인트가 먼저 떨어져 나가고 철판은 하얗게 변하는 (㉠)을 거쳐 철의 산화반응에 따라 산화철로 변화하면서 (㉡)이 되고 이후 더 많은 열과 산화반응에 의해 (㉢)으로 변하게 된다.

① ㉠: 백화현상, ㉡: 적자색, ㉢: 음청색
② ㉠: 나화현상, ㉡: 음청색, ㉢: 파란색
③ ㉠: 백화현상, ㉡: 검정색, ㉢: 적자색
④ ㉠: 변색반응, ㉡: 검정색, ㉢: 적자색

해설
아연도금 철판은 열을 받으면 코팅부분과 페인트가 먼저 떨어져 나가고 철판은 하얗게 변하는 백화현상을 거쳐 철의 산화반응에 따라 산화철로 변화하면서 적자색이 되고 이후 더 많은 열과 산화반응에 의해 음청색으로 변하게 된다.

정답 ①

118
화재현장 촬영 시 주요 촬영대상에 대한 설명으로 틀린 것은?

① 화재로 인한 사망자의 위치
② 소방용 설비들의 사용 및 작동상황
③ 발화원으로 추정된 감식 및 감정대상물
④ 화재현장에 도착한 소방차들의 배치상황

해설
화재현장에 도착한 소방차들의 배치상황은 화재현장 주요촬영대상에 해당하지 않는다.

정답 ④

119
전기설비 및 구성 부품의 수집에 관한 설명으로 틀린 것은?

① 화재조사관은 전기설비 등을 수집할 때에는 전원이 차단되었는지 꼭 확인하여야 한다.
② 화재현장에서 전기설비 및 구성부품을 증거물로 수집하기 전 상황이 기록되어야 한다.
③ 전선 및 피복은 화재원인과 큰 연관성이 없고 수집에 장애가 많아 수집하지 않는 경우가 많다.
④ 전기설비의 경우 스위치, 콘센트, 배전반 등은 화재원인의 중요한 단서가 될 수 있으므로 꼭 확인하고 특이사항 발견 시 반드시 수집하도록 한다.

해설
전기설비 화재조사에서 전선과 피복은 중요한 증거물이 되며 전선은 가능한 한 피복이 남아 있는 부분까지 포함해 길게 채취하여 검사할 수 있도록 수집해야 한다.

정답 ③

120
다음 중 화재폭발 사고를 시간의 순서에 따라 그래픽 또는 서술식으로 묘사하는 조사방법으로 적합한 것은?

① PERT
② 타임라인
③ 시스템분석
④ 컴퓨터모델링

해설
화재폭발 사고를 시간의 순서에 따라 그래픽 또는 서술식으로 묘사하는 조사방법으로 적합한 것은 타임라인이다.

정답 ②

SUBJECT 04 화재조사보고 및 피해평가

121
화재조사서류 작성상의 유의사항으로 틀린 것은?
① 필요한 서류가 첨부되어야 한다.
② 원칙적으로 평이하고 알기 쉬운 문장으로 작성토록 노력한다.
③ 오자, 탈자 등이 없도록 글자 하나라도 가볍게 보아서는 안 된다.
④ 화재유형별 조사서는 화재의 유형에 관계없이 동일 양식에 기재하여야 한다.

해설
화재유형별조사서는 화재의 유형에 따라 다른 양식에 기재하여야 한다.

관련이론 화재유형별조사서의 종류
- 화재유형별조사서(건축·구조물화재)
- 화재유형별조사서(자동차·철도차량화재)
- 화재유형별조사서(위험물·가스제조소등 화재)
- 화재유형별조사서(선박·항공기화재)
- 화재유형별조사서(임야화재)

정답 ④

122
모든 화재에 공통적으로 작성하여야 하는 서식으로 옳은 것은?
① 화재현장조사서, 질문기록서
② 화재현황조사서, 재산피해신고서
③ 화재현황조사서, 인명피해신고서
④ 화재현장조사서, 화재현황조사서

해설
모든 화재에 공통적으로 작성해야 하는 서식은 화재현장조사서, 화재현황조사서이다.

정답 ④

123
화재현장조사서 도면 작성 방법 중 옳지 않은 것은?
① 제도기호 등의 표준화된 기호로 작성하는 것이 기본이며 필요에 따라 문자도 삽입한다.
② 도면은 원칙적으로 지도와 같은 형태로 북쪽을 위로 작성한다.
③ 정확한 축척으로 작성해야 할 필요는 없다.
④ 도면은 이해하기 쉽도록 작성하여야 한다.

해설
도면은 측정치를 기준으로 하여 축척에 맞춰서 작성한다.

관련이론 화재현장조사서 도면 작성 방법
- 도면은 이해하기 쉽도록 작성한다.
- 도면의 표제는 객관적으로 표현한다.
- 도면상에서 방위상 북을 위쪽으로 작성한다.
- 도면작성 시 표준화된 기호를 사용한다.
- 도면은 측정치를 기준으로 하여 축척에 맞춰서 작성한다.
- 도면작성 시 방의 배치와 출입구, 개구부 상황을 위주로 한다.
- 거리측정은 기둥의 중심에서 다른 기둥의 중심까지로 기준점을 통일한다.

정답 ③

124
화재현장 출동보고서의 기재항목에 해당되지 않는 것은? (단, 화재조사 및 보고규정을 적용한다.)
① 화재건물 현황
② 현장도착 시 발견사항
③ 소방대 이외의 강제적인 진입흔적
④ 출입문 상태 및 소방대 건물 진입방법

해설
화재건물현황은 화재현장조사서의 기재항목이다.

정답 ①

125

가재도구 개별품목별로 화재피해액을 산정하는 공식으로 옳은 것은?

① 「재구입비 × [1-(0.8 × 경과연수/내용연수)] × 손해율」
② 「m² 당 표준단가 × 소실면적 × [1-(0.9 × 경과연수/내용연수)] × 손해율」
③ 「소실단위의 원시건축비 × 물가상승률 × [1-(0.9 × 경과연수/내용연수)] × 손해율」
④ 「건물신축단가 × 소실면적 × 설비종류별 재설비 비율 × [1-(0.8 × 경과연수/내용연수)] × 손해율」

해설

가재도구의 피해액을 구하는 공식은 다음과 같다.
= 재구입비 × 잔가율 × 손해율
= 재구입비 × [1 − (0.8 × $\frac{경과연수}{내용연수}$)] × 손해율

정답 ①

126

화재조사서류(사진 포함)를 문서로 기록하고 전자기록 등의 보존방법에 따라 보존해야 할 기간은?

① 영구보존　② 10년
③ 5년　　　④ 2년

해설

화재조사서류는 영구보존 해야한다.

정답 ①

127

화재 피해물의 경제적 내용연수가 다한 경우 잔존하는 가치의 재구입비에 대한 비율은?

① 최종잔가율　② 손해율
③ 잔가율　　　④ 보정률

해설

최종잔가율이란 피해물의 경제적 내용연수가 다한 경우 잔존하는 가치의 재구입비에 대한 비율을 말한다.

정답 ①

128

화재합동조사단이 화재조사를 완료하면 결과를 보고해야 할 사항 중 틀린 것은?

① 화재합동조사단의 수행 경비 및 수당 등 예산 사항
② 화재합동조사단의 운영 개요
③ 화재조사 개요
④ 현행 제도의 문제점 및 개선 방안

해설

화재합동조사단은 화재조사를 완료하면 소방관서장에게 다음 사항이 포함된 화재조사 결과를 보고해야 한다.
• 화재합동조사단 운영 개요
• 화재조사 개요
• 화재조사에 관한 법 제5조제2항 각 호의 사항
　− 화재원인에 관한 사항
　− 화재로 인한 인명·재산피해상황
　− 대응활동에 관한 사항
　− 소방시설 등의 설치·관리 및 작동 여부에 관한 사항
　− 화재발생건축물과 구조물, 화재유형별 화재위험성 등에 관한 사항
　− 그 밖에 대통령령으로 정하는 사항
• 다수의 인명피해가 발생한 경우 그 원인
• 현행 제도의 문제점 및 개선 방안
• 그 밖에 소방관서장이 필요하다고 인정하는 사항

정답 ①

129

화재범위가 2 이상의 관할구역에 걸친 화재에 대한 설명으로 맞는 것은?

① 출동하여 진압한 소방서에서 1건의 화재로 한다.
② 관할 소방서장과 출동한 소방서장이 협의하여 정한다.
③ 발화 소방대상물의 소재지를 관할하는 소방서에서 1건의 화재로 한다.
④ 발화 소방대상물의 소재지를 관할하는 소방서와 출동한 소방서에서 각각 1건의 화재로 한다.

해설

화재범위가 2 이상의 관할구역에 걸친 화재에 대해서는 발화 소방대상물의 소재지를 관할하는 소방서에서 1건의 화재로 한다.

정답 ③

130

화재조사 및 보고규정상 화재증명원의 발급에 대한 설명으로 옳은 것은?

① 소방대가 출동하지 아니한 화재장소의 화재증명원 발급요청이 있는 경우 즉시 발급하여야 한다.
② 화재증명원 발급 시 재산피해 및 인명피해에 대하여 조사중인 경우 "조사중"으로 기재한다.
③ 화재증명원 발급 시 재산피해내역은 피해금액과 종류를 기재한다.
④ 보험사에서 화재증명원을 공문으로 발급요청을 하더라도 공용 발급할 수는 없다.

해설
화재증명원 발급 시 인명피해 및 재산피해내역을 기재한다. 다만, 조사가 진행 중인 경우에는 "조사중"으로 기재한다.

관련이론 화재증명원 발급
- 소방관서장은 화재증명원을 발급받으려는 자가 발급신청을 하면 화재증명원을 발급해야 한다. 이 경우 통합전자민원창구로 신청하면 전자민원문서로 발급해야 한다.
- 소방관서장은 화재피해자로부터 소방대가 출동하지 아니한 화재장소의 화재증명원 발급신청이 있는 경우 조사관으로 하여금 사후조사를 실시하게 할 수 있다. 이 경우 민원인이 제출한 사후조사 의뢰서의 내용에 따라 발화장소 및 발화지점의 현장이 보존되어있는 경우에만 조사를 하며, 화재현장출동 보고서 작성은 생략할 수 있다.
- 화재증명원 발급 시 인명피해 및 재산피해 내역을 기재한다. 다만, 조사가 진행 중인 경우에는 "조사 중"으로 기재한다.
- 재산피해내역 중 피해금액은 기재하지 아니하며 피해물건만 종류별로 구분하여 기재한다. 다만, 민원인의 요구가 있는 경우에는 피해금액을 기재하여 발급할 수 있다.
- 화재증명원 발급신청을 받은 소방관서장은 발화장소 관할 지역과 관계없이 발화장소 관할 소방서로부터 화재사실을 확인받아 화재증명원을 발급할 수 있다.

정답 ②

131

화재발생종합보고서 작성 시 질문기록서의 작성을 생략할 수 있는 화재는?

① 건축물·구조물화재
② 임야화재
③ 자동차화재
④ 선박화재

해설
기타화재 중 쓰레기, 모닥불, 가로등, 전봇대화재 및 임야화재의 경우 질문기록서 작성을 생략할 수 있다.

정답 ②

132

화재유형별조사서(임야화재)의 작성에 대한 설명으로 틀린 것은?

① 논밭두렁의 화재는 들불에 속한다.
② 묘지에서 발생한 화재는 들불에 속한다.
③ 피해사항 중 산림피해면적은 헥타르(ha)로 기재한다.
④ 산불화재 시 소유주체에 따라 국유림, 공유림, 사유림으로 구분한다.

해설
피해사항 중 산림피해면적은 평방미터(m^2)로 기재한다.

정답 ③

133

건물의 일부를 개수 또는 보수한 경우에 있어서의 경과연수의 산정 기준 적용에 관한 설명으로 틀린 것은?

① 재설치비의 50%미만 개·보수한 경우: 최초 건축연도 기준
② 재설치비의 50%이상 개·보수한 경우: 최초 건축연도 기준
③ 재설치비의 80%이상 개·보수한 경우: 개·보수한 때를 기준으로 하여 경과연수를 산정
④ 재설치비의 50~80%를 개·보수한 경우: 최초 건축연도를 기준으로 한 경과연수와 개·보수한 때를 기준으로 한 경과연수를 합산 평균하여 경과연수를 산정

해설
재설치비의 50~80%를 개보수한 경우 최초 건축연도를 기준으로 한 경과연수와 개보수한 때를 기준으로 한 경과연수를 합산 평균하여 경과연수를 산정한다.

정답 ②

134

지은지 10년된 아파트에서 화재가 발생하여 100m²가 소실되었다. 화재피해액은 약 얼마인가? (단, 내용연수 50년, 신축단가 670천원/m², 손해율 40%이다.)

① 21,862천원
② 22,512천원
③ 26,661천원
④ 28,891천원

해설
건물의 화재로 인한 피해액을 구하면 다음과 같다.
= 소실면적의 재건축비 × 잔가율 × 손해율
= 신축단가 × 소실면적 × [1 − (0.8 × $\frac{경과연수}{내용연수}$)] × 손해율
= 670천원/m² × [1 − (0.8 × $\frac{10}{50}$)] × 40 = 22,512천원

정답 ②

135

난로의 과열로 인해 화재가 발생하여 바닥 5m²와 한쪽 벽 3m²만 소실되었다. 이 경우에 화재피해조사서(재산피해) 작성 시 소실면적은 몇 m²인가?

① 8
② 1.6
③ 2
④ 5

해설
건물의 소실면적 산정은 소실 바닥면적으로 산정하므로 소실면적은 5m²이다.

정답 ④

136

화재현장출동보고서의 작성자에 대한 설명으로 틀린 것은?

① 원칙적으로 일반대원보다 선착대의 대장을 작성자로 한다.
② 화재현장에 출동한 소방대원이 실제로 관찰·확인한 연소상황이나 정보를 직접 기재한다.
③ 구조대원 또는 구급대원은 작성자가 될 수 없다.
④ 보고서의 작성자는 화재현장에 출동한 소방공무원으로 한정된다.

해설
구조대원, 구급대원에 상관없이 화재현장 선착대 선임자는 철수 후 지체없이 국가화재정보시스템에 화재현장출동보고서를 작성·입력해야 한다.

정답 ③

137
가재도구 화재피해액 산정기준의 간이평가방식 중 주택종류별 가중치는?

① 10%   ② 20%
③ 30%   ④ 40%

해설

항목	주택종류	주택면적	거주인원	주택가격 (m²당)
가중치(%)	10	30	20	40

정답 ①

138
재고자산의 상품 중 견본품, 전시품, 진열품에 대한 화재피해액 산정 시 우선 적용사항으로 맞는 것은?

① 시장거래가격으로 산정한다.
② 구입가의 50%로 일괄 산정한다.
③ 구입가의 50~80%를 피해액으로 한다.
④ 구입가에 감가수정한 가격으로 산정한다.

해설
견본품, 전시품, 진열품의 경우 재고자산 종류에 따라 구입가격의 50~80%를 피해액으로 한다.

관련이론 재고자산의 피해액 산정기준
재고자산의 피해액＝회계장부상의 구입가액×손해율

정답 ③

139
화재피해조사서(인명) 작성 시 기재사항이 아닌 것은?

① 사상부위   ② 사상 시 위치·행동
③ 사상 전 상태   ④ 사상자 가족 인적사항

해설
사상자 가족 인적사항은 화재피해조사서(인명피해)의 기재사항에 해당하지 않는다.

관련이론 화재피해조사서(인명피해) 기재사항
• 사상자   • 사상정도   • 사상 시 위치·행동
• 사상 시 위치·행동 • 사상원인   • 사상 전 상태
• 사상부위 및 외상   • 사상자 정보

정답 ④

140
동·식물의 피해액 산정기준으로 옳은 것은?

① 전문가의 감정가격
② 공인 감정가격
③ 시중매매가격
④ 감정서의 감정가액

해설
차량, 동물, 식물은 전부손해의 경우 시중매매가격으로 하며, 전부손해가 아닌 경우에는 수리비 및 치료비로 한다.

정답 ③

141

화재현황조사서에 기입해야 할 항목이 아닌 것은?

① 연소확대 사유 ② 방화동기
③ 발화관련기기 ④ 보험가입 사항

해설
방화동기는 방화의심조사서의 기재사항에 해당한다.

관련이론 방화·방화의심조사서 기재항목

구분	기재항목	
방화도구 항목	• 연료 • 점화장치	• 용기
방화의심 항목	• 외부침입 흔적 존재 • 유류사용 흔적 • 범죄은폐 • 기타	• 거액의 보험가입 • 2지점 이상의 발화점 • 연소현상특이(급격 연소)

정답 ②

142

화재조사 및 보고규정상 소방서장이 관할 구역 내에서 발생한 화재에 대하여 작성하여야 할 화재조사서류가 아닌 것은?

① 질문기록서 ② 재산회계보고서
③ 화재현장출동보고서 ④ 화재발생종합보고서

해설
재산회계보고서는 화재조사서류에 해당하지 않는다.

정답 ②

143

화재조사 및 보고규정상 화재현장조사서의 화재원인 검토와 관련된 내용 중 필수 검토항목이 아닌 것은?

① 방화 가능성 ② 전기적 요인
③ 인적 부주의 ④ 관련조치사항

해설
관련조치사항은 화재원인 검토항목에 해당하지 않는다.

관련이론 화재원인 검토항목
• 방화 가능성(연소상황, 원인추적 등에 관한 사진, 설명)
• 전기적 요인
• 기계적 요인
• 가스누출
• 인적 부주의 등
• 연소확대 사유

정답 ④

144

소방기본법령상 종합상황실의 실장이 행하는 업무가 아닌 것은?

① 재난상황의 전파 및 보고
② 소방활동장비 및 설비의 점검
③ 재난상황의 발생의 신고접수
④ 재난상황의 수습에 필요한 정보수집 및 제공

해설
종합상황실의 실장의 업무
• 화재, 재난·재해 그 밖에 구조·구급이 필요한 상황 발생의 신고접수
• 접수된 재난상황을 검토하여 가까운 소방서에 인력 및 장비의 동원을 요청하는 등의 사고수습
• 하급소방기관에 대한 출동지령 또는 동급 이상의 소방기관 및 유관기관에 대한 지원요청
• 재난상황의 전파 및 보고
• 재난상황이 발생한 현장에 대한 지휘 및 피해현황의 파악
• 재난상황의 수습에 필요한 정보수집 및 제공
• 재난상황이 발생한 현장에 대한 지휘 및 피해현황의 파악
• 재난상황의 수습에 필요한 정보수집 및 제공

정답 ②

145

화재조사 및 보고규정상 나이트클럽의 조명시설에서 화재 발생 시 다음의 조건을 참고하여 영업시설의 피해액을 계산한 것으로 옳은 것은?

- m^2당 표준단가: 100천원
- 경과연수: 3년
- 내용연수: 6년
- 피해정도: 전체 500m^2 중 40m^2 소실(손해율 40%)
- 잔존물제거비용은 무시한다.

① 880천원 ② 920천원
③ 960천원 ④ 1,020천원

해설

영업시설 피해액을 구하는 공식은 다음과 같다.

영업시설 피해액 = 표준단가 × 소실면적 × $[1 - (0.9 \times \frac{경과연수}{내용연수})]$ × 손해율

= $100 \times 40 \times [1 - (0.9 \times \frac{3}{6})] \times 0.4$

= 880천원

정답 ①

146

공구 및 기구의 소손정도에 따른 손해율로 틀린 것은?

① 오염·수침손의 경우: 10%
② 손해정도가 보통인 경우: 20%
③ 손해정도가 다소 심한 경우: 50%
④ 50% 이상 소손되고 그을음 및 수침오염 정도가 심한 경우: 100%

해설

화재로 인한 피해정도	손해율(%)
50% 이상 소손되고 그을음 및 수침오염 정도가 심한 경우	100
손해정도가 다소 심한 경우	50
손해정도가 보통인 경우	30
오염·수침손의 경우	10

정답 ②

147

화재조사 및 보고규정상 화재피해 조사 및 피해액 산정순서로 옳은 것은?

① 화재현장 조사 → 피해정도 조사 → 기본현황 조사 → 재구입비 산정 → 피해액 산정
② 화재현장 조사 → 기본현황 조사 → 피해정도 조사 → 재구입비 산정 → 피해액 산정
③ 기본현황 조사 → 피해정도 조사 → 화재현장조사 → 재구입비 산정 → 피해액 산정
④ 기본현황 조사 → 피해정도 조사 → 재구입비 산정 → 피해액 산정 → 화재현장조사

해설

화재피해 조사 및 피해액 산정순서는 다음과 같다.
화재현장 조사 → 기본현황 조사 → 피해정도 조사 → 재구입비 산정 → 피해액 산정

정답 ②

148

항공기, 선박, 철도차량, 특수작업용차량, 시중매매가격이 확인되지 아니하는 자동차에 대한 피해의 산정기준 중 틀린 것은?

① 수리가 가능한 경우에는 수리비를 피해액으로 한다.
② 감정평가서가 없는 경우 회계장부상의 현재가액에 손해율을 곱한 금액을 화재로 인한 피해액으로 한다.
③ 감정평가서가 있는 경우 감정평가서상의 현재가액에 손해율을 곱한 금액을 화재로 인한 피해액으로 한다.
④ 감정평가서와 회계장부 모두 없는 경우에는 제조회사, 판매회사, 조합 또는 협회 등에 조회하여 구입가격 또는 시중거래가격을 확인하여 피해액을 산정한다.

해설

자료 유무	피해액 산정기준
감정평가서가 있는경우	감정평가서상의 현재가액에 손해율을 곱한 금액을 화재로 인한 피해액
감정평가서가 없는경우	회계장부상의 현재가액에 손해율을 곱한 금액을 화재로 인한 피해액
감정평가서와 회계장부 모두 없는경우	• 제조회사, 판매회사, 조합 또는 협회 등에 조회하여 구입가격 또는 시중 거래가격 확인 후 피해액으로 산정 • 수리가 가능한 경우 수리비에 감가공제 한 금액을 피해액으로 산정

정답 ①

149

내용연수가 40년인 일반 공장에서 준공 후 15년이 지나서 화재가 발생하였을 때 잔가율(%)은?

① 20 ② 30
③ 50 ④ 70

해설

잔가율을 구하는 공식은 다음과 같다.

잔가율 $= 1 - (0.8 \times \frac{경과연수}{내용연수})$

$= 1 - (0.8 \times \frac{15}{40}) = 0.7 = 70\%$

※ 최종잔가율은 건물, 부대설비, 구축물, 가재도구는 20%로 하며, 그 이외의 자산은 10%로 정한다.

정답 ④

150

예술품 및 귀중품의 화재피해액 산정기준에 관한 내용으로 틀린 것은?

① 복수의 전문가의 감정을 받거나 감정서 등의 금액을 피해액으로 인정한다.
② 감가공제를 하지 아니한다.
③ 예술품 및 귀중품에 대한 그 가치를 손상하지 아니하고 원상태의 복원이 가능한 경우에는 피해액을 인정하지 아니한다.
④ 공인감정기관에서 인정하는 금액을 화재로 인한 피해액으로 산정한다.

해설

회화(그림), 골동품, 미술공예품, 귀금속 및 보석류는 전부손해의 경우 감정가격으로 하며 전부손해가 아닌 경우 원상복구에 소요되는 비용으로 한다.

정답 ③

151

화재조사 및 보고규정상 화재증명원의 발급에 관한 사항으로 ( )에 알맞은 내용은?

> 소방관서장은 화재피해자로부터 소방대가 출동하지 아니한 화재장소의 화재증명원 발급신청이 있는 경우 조사관으로 하여금 사후조사를 실시하게 할 수 있다. 이 경우 민원인이 제출한 사후조사 의뢰서의 내용에 따라 발화장소 및 발화지점의 현장이 보존되어 있는 경우에만 조사를 하며, ( ) 작성은 생략할 수 있다.

① 화재현황조사서 ② 화재피해조사서
③ 화재현장조사서 ④ 화재현장출동보고서

해설

소방대가 출동하지 않은 화재현장에 대한 화재현장출동보고서는 생략할 수 있다.

정답 ④

152
특수한 경우의 화재 피해액 산정 시 우선 적용사항으로 옳은 것은?

① 공구·기구, 집기비품, 가재도구를 일괄하여 피해액을 산정할 경우 재구입비의 30%를 피해액으로 한다.
② 중고집기비품의 시장거래가격이 신품가격보다 높을 경우 신품가격을 재구입비로 하여 피해액을 산정한다.
③ 중고구입기계장치의 제작년도를 알 수 없는 경우 신품가액의 60%를 재구입비로 하여 피해액을 산정한다.
④ 중고집기비품의 시장거래가격이 신품가액에서 감가수정을 한 금액보다 높을경우 중고기계장치의 시장거래가격을 재구입비로 하여 피해액을 산정한다.

해설
중고집기비품의 시장거래가격이 신품가격보다 높을경우 신품가격을 재구입비로 하여 피해액을 산정한다.

관련이론 특수한 경우의 피해액 산정 우선 적용사항
- 건물에 있어 문화재의 경우 별도 피해액 산정기준에 의한다.
- 철거건물 및 모델하우스의 경우 별도 피해액 산정기준에 의한다.
- 중고구입기계장치 및 집기비품의 제작 연도를 알 수 없는 경우 신품가액의 30~50%를 재구입비로 하여 피해액을 산정한다.
- 중고기계장치 및 중고집기비품의 시장거래가격이 신품가격보다 높을 경우 신품가액을 재구입비로 하여 피해액을 산정한다.
- 중고기계장치 및 중고집기비품의 시장거래가격이 신품가액에서 감가수정을 한 금액보다 낮을경우 중고기계장치의 시장거래가격을 재구입비로 하여 피해액을 산정한다.
- 공구·기구, 집기비품, 가재도구를 일괄하여 피해액을 산정할 경우 재구입비의 50%를 피해액으로 한다.
- 재고자산의 상품 중 견본품, 전시품, 진열품에 대해서는 구입가의 50~80%를 피해액으로 한다.

정답 ②

153
화재현장출동보고서의 작성자에 대한 설명으로 틀린 것은?

① 보고서의 작성자는 화재현장에 출동한 소방공무원으로 한정한다.
② 원칙적으로 일반대원보다 선착대의 대장을 작성자로한다.
③ 구조대원 또는 구급대원은 작성자가 될 수 없다.
④ 화재현장에 출동한 소방대원이 실제로 관찰·확인한 연소상황이나 정보를 직접 기재한다.

해설
구조대원, 구급대원에 상관없이 화재현장 선착대 선임자는 철수 후 지체없이 국가화재정보시스템에 화재현장출동보고서를 작성·입력해야 한다

정답 ③

154
주택화재로 사용 중이던 냉장고가 수침손을 입었으나 성능에 별다른 지상이 없는 경우 적용하는 손해율(%)은?

① 5
② 10
③ 15
④ 20

해설

화재로 인한 피해정도	손해율(%)
50%이상 소손되고 그을음 및 수침오염 정도가 심한 경우	100
손해정도가 다소 심한 경우	50
손해정도가 보통인 경우	30
오염·수침손의 경우	10

정답 ②

155
화재피해액 산정 시 중고로 구입한 기계장치 및 집기비품으로서 그 제작연도를 알 수 없을 경우 그 상태에 따라 신품가액 대비 잔가율로 정할 수 있는 비율은?

① 30% 내지 50%
② 30% 내지 60%
③ 20% 내지 50%
④ 20% 내지 60%

해설
중고구입기계장치 및 집기비품으로서 그 제작연도를 알 수 없는 경우에는 그 상태에 따라 신품가액의 30% 내지 50%를 잔가율로 정할 수 있다.

정답 ①

156
화재조사 및 보고규정 상 화재건수를 결정할 때 1건의 화재 결정으로 틀린 것은?

① 동일 대상물에서 발화점이 2개소이며, 누전점이 동일한 화재
② 동일 대상물에서 발화점이 3개소로서 낙뢰에 의한 다발화재
③ 동일 대상물에서 발화점이 4개소로서 지진에 의한 다발화재
④ 각기 다른 사람에 의한 방화나 불장난으로 동일 대상물에서 발화한 화재

해설
각기 다른 사람에 의한 방화나 불장난으로 동일 대상물에서 발화한 화재는 각각 별건으로 처리한다.

관련이론 화재건수 결정
1건의 화재란 1개의 발화지점에서 확대된 것으로 발화부터 진화까지를 말한다. 다만, 다음 경우는 각 호에 따른다.
- 동일범이 아닌 각기 다른 사람에 의한 방화, 불장난은 동일 대상물에서 발화했더라도 각각 별건의 화재로 한다.
- 동일 소방대상물의 발화점이 2개소 이상 있는 다음의 화재는 1건의 화재로 한다.
  - 누전점이 동일한 누전에 의한 화재
  - 지진, 낙뢰 등 자연현상에 의한 다발화재
- 발화지점이 한 곳인 화재현장이 둘 이상의 관할구역에 걸친 화재는 발화지점이 속한 소방서에서 1건의 화재로 산정한다. 다만, 발화지점 확인이 어려운 경우에는 화재피해금액이 큰 관할구역 소방서의 화재 건수로 산정한다.

정답 ④

157
철거건물에 대한 화재피해액을 산정하는 계산식은?

① 재건축비×[0.1+(0.8×잔여내용연수/내용연수)]
② 재건축비×[0.1+(0.9×잔여내용연수/내용연수)]
③ 재건축비×[0.2+(0.8×잔여내용연수/내용연수)]
④ 재건축비×[0.2+(0.9×잔여내용연수/내용연수)]×손해율

해설
철거건물의 피해액을 구하는 공식은 다음과 같다.
철거건물의 피해액 = 재건축비 × [0.2 + (0.8 × $\frac{잔여내용연수}{내용연수}$)]

정답 ③

158
질문기록서의 작성 등에 대한 설명으로 틀린 것은?

① 질문기록서가 증거로서 가치를 가지기 위해서는 진술이 임의로 행해진 것이어야 한다.
② 미성년자에 대한 질문은 객관성 유지를 위하여 친권자 등의 입회를 배제하여야 한다.
③ 녹취를 종료하는 경우, 녹취내용에 오류가 없는지 확인시키 후 서명을 받는다.
④ 질문의 권한은 소방법상 소방서장에게 있다.

해설
미성년자에게 질문할 때는 친권자 등의 입회를 배제하는 것이 아니라 입회시켜야 한다.

정답 ②

159

화재조사 및 보고규정상 조사의 최종 결과보고를 화재 발생일로 부터 30일 이내에 보고해야 하는 화재가 아닌 것은? (단, 소방관서장에게 사전 보고를 한 후 필요한 기간만큼 조사 보고일을 연장한 경우는 제외한다.)

① 정부미 도정공장의 화재
② 발전소 및 변전소의 화재
③ 이재민이 100명 이상 발생한 화재
④ 재산피해가 30억원으로 추정되는 화재

해설

종합상황실의 실장은 다음 어느 하나에 해당하는 상황이 발생하는 때에는 그 사실을 지체없이 서면·팩스 또는 컴퓨터통신 등으로 소방서의 종합상황실의 경우는 소방본부의 종합상황실에, 소방본부의 종합상황실의 경우는 소방청의 종합상황실에 각각 보고해야 한다.

- 사망자가 5인 이상 발생하거나 사상자가 10인 이상 발생한 화재
- 이재민이 100인 이상 발생한 화재
- 재산피해액이 50억원 이상 발생한 화재
- 관공서·학교·정부미도정공장·문화재·지하철 또는 지하구의 화재
- 관광호텔, 층수가 11층 이상인 건축물, 지하상가, 시장, 백화점, 지정수량의 3천배 이상의 위험물의 제조소·저장소·취급소, 층수가 5층 이상이거나 객실이 30실 이상인 숙박시설
- 층수가 5층 이상이거나 병상이 30개 이상인 종합병원·정신병원·한방병원·요양소, 연면적 1만5천제곱미터 이상인 공장 또는 화재경계지구에서 발생한 화재
- 철도차량, 항구에 매어둔 총 톤수가 1천톤 이상인 선박, 항공기, 발전소 또는 변전소에서 발생한 화재
- 가스 및 화약류의 폭발에 의한 화재
- 다중이용업소의 화재
- 통제단장의 현장지휘가 필요한 재난상황
- 언론에 보도된 재난상황
- 그 밖에 소방청장이 정하는 재난상황

정답 ④

160

화재피해액 산정에 있어서 재고자산의 현재시가를 정하는 방법으로 옳은 것은?

① 구입 시 가격
② 재구입 가격
③ 구입 시 가격에서 사용기간 감가액을 뺀 가격
④ 재구입 가격에서 사용기간 감가액을 뺀 가격

해설

재고자산, 원재료, 부재료 등은 구입 시 가격을 현재시가로 정한다.

정답 ①

SUBJECT 05 화재조사관계법규

161
화재로 인한 재해보상과 보험가입에 관한 법령상 특약부화재보험을 가입하여야 하는 특수건물 중 아파트는 기본적으로 몇 층 이상이어야 하는가?

① 7층
② 11층
③ 16층
④ 층수에 관계없이 모든 아파트

해설
「화재로 인한 재해보상과 보험가입에 관한 법률 시행령 제2조」
공동주택으로서 16층 이상의 아파트 및 부속건물이 경우 관리주체에 의하여 관리되는 동일한 아파트단지 안에 있는 15층 이하의 아파트를 포함한다.

정답 ③

162
신체손해배상 특약부 화재보험의 설명으로 틀린 것은?

① 발가락을 잃은 것이란 발가락 말단의 2분의 1 이상을 잃은 경우를 말한다.
② 흉터가 남은 것이란 성형수술을 하였어도 육안으로 식별이 가능한 흔적이 있는 상태를 말한다.
③ 항상 보호를 받아야 하는 것은 일상생활에서 기본적인 음식섭취, 배뇨 등을 타인에게 의존해야 하는 것을 말한다.
④ 수시로 보호를 받아야 하는 것은 일상생활에서 기본적인 음식섭취, 배뇨 등은 가능하나 그 외의 일은 타인에게 의존해야 하는 것을 말한다.

해설
「화재로 인한 재해보상과 보험가입에 관한 법률 시행령 별표2」
발가락을 잃은 것이란 발가락 전부를 잃은 경우를 말한다.

정답 ①

163
화재조사 및 보고규정에서 정하는 건물의 동수산정에 대한 설명으로 옳지 않은 것은?

① 주요구조부가 하나로 연결되어 있는 것은 1동으로 한다.
② 건물의 외벽을 이용하여 실을 만들어 작업실로 사용하고 있는 것은 주건물과 1동으로 본다.
③ 구조에 관계없이 지붕 및 실이 하나로 연결되어 있는 것은 별동으로 본다.
④ 목조건물의 경우 격벽으로 방화구획이 되어 있는 경우 동일동으로 한다.

해설
구조에 관계없이 지붕 및 실이 하나로 연결되어 있는 것은 같은 동으로 본다.

관련이론 건물의 동수 산정
- 주요구조부가 하나로 연결되어 있는 것은 1동으로 한다. 다만 건널복도 등으로 2이상의 동에 연결되어 있는 것은 그 부분을 절반으로 분리하여 각 동으로 본다.
- 건물의 외벽을 이용하여 실을 만들어 헛간, 목욕탕, 작업실, 사무실 및 기타 건물 용도로 사용하고 있는 것은 주건물과 같은 동으로 본다.
- 구조에 관계없이 지붕 및 실이 하나로 연결되어 있는 것은 같은 동으로 본다.
- 목조 또는 내화조 건물의 경우 격벽으로 방화구획이 되어 있는 경우도 같은 동으로 한다.
- 독립된 건물과 건물 사이에 차광막, 비막이 등의 덮개를 설치하고 그 밑을 통로 등으로 사용하는 경우는 다른 동으로 한다.
- 내화조 건물의 옥상에 목조 또는 방화구조 건물이 별도 설치되어 있는 경우는 다른 동으로 한다. 다만, 이들 건물의 기능상 하나인 경우(옥내 계단이 있는 경우)는 같은 동으로 한다.
- 내화조 건물의 외벽을 이용하여 목조 또는 방화구조건물이 별도 설치되어 있고 건물 내부와 구획되어 있는 경우 다른 동으로 한다. 다만, 주된 건물에 부착된 건물이 옥내로 출입구가 연결되어 있는 경우와 기계설비 등이 쌍방에 연결되어 있는 경우 등 건물 기능상 하나인 경우는 같은 동으로 한다.

정답 ③

164

제조물 책임법상 손해배상을 지는 자가 손해배상책임을 면하는 기준 중 틀린 것은?

① 제조업자가 해당 제조물을 공급하지 아니하였다는 사실을 입증한 경우
② 제조업자가 해당 제조물을 공급한 당시의 과학·기술 수준으로는 결함의 존재를 발견할 수 없었다는 사실을 입증한 경우
③ 제조물의 결함이 제조업자가 해당 제조물의 결함이 발생할 당시의 법령이 정하는 기준을 준수함으로써 발생한 사실을 입증한 경우
④ 원재료나 부품의 경우에는 그 원재료나 부품을 사용한 제조물 제조업자의 설계 또는 제작에 관한 지시로 인하여 결함이 발생하였다는 사실을 입증한 경우

해설

「제조물 책임법 제4조」
손해배상책임을 지는 자가 다음 어느 하나에 해당하는 사실을 입증한 경우에는 이 법에 따른 손해배상책임을 면(免)한다.
• 제조업자가 해당 제조물을 공급하지 아니하였다는 사실
• 제조업자가 해당 제조물을 공급한 당시의 과학·기술 수준으로는 결함의 존재를 발견할 수 없었다는 사실
• 제조물의 결함이 제조업자가 해당 제조물을 공급한 당시의 법령에서 정하는 기준을 준수함으로써 발생하였다는 사실
• 원재료나 부품의 경우에는 그 원재료나 부품을 사용한 제조물 제조업자의 설계 또는 제작에 관한 지시로 인하여 결함이 발생하였다는 사실

정답 ③

165

화재로 인한 재해보상과 보험가입에 관한 법령상 특약부화재보험에 가입하지 아니한 특수건물의 소유자에게 주어지는 벌칙은?

① 500만원 이하의 벌금
② 1,000만원 이하의 벌금
③ 1,500만원 이하의 벌금
④ 1년 이하의 징역 또는 1천만원 이하의 벌금

해설

「화재로 인한 재해보상과 보험가입에 관한 법률 제23조」
특약부화재보험에 가입하지 아니한 자는 500만원 이하의 벌금에 처한다.

정답 ①

166

화재로 인한 재해보상과 보험가입에 관한 법령상 한국화재보험협회의 업무를 모두 고른 것은?

ㄱ. 화재예방 및 소화시설에 대한 안전점검
ㄴ. 화재보험에 있어서의 소화설비에 따른 보험요율의 할인등급에 대한 사정
ㄷ. 화재예방과 소방시설에 관한 자료의 조사·연구 및 계몽
ㄹ. 행정기관이나 그 밖의 관계 기관에 화재예방에 관한 건의

① ㄱ, ㄴ
② ㄴ, ㄷ, ㄹ
③ ㄱ, ㄷ, ㄹ
④ ㄱ, ㄴ, ㄷ, ㄹ

해설

「화재로 인한 재해보상과 보험가입에 관한 법률 제15조」
• 화재예방 및 소방시설에 대한 안전점검
• 화재보험에 있어서의 소화설비(消火設備)에 따른 보험요율의 할인등급에 대한 사정(査定)
• 화재예방과 소방시설에 관한 자료의 조사·연구 및 계몽
• 행정기관이나 그 밖의 관계 기관에 화재예방에 관한 건의
• 그 밖에 금융위원회의 인가를 받은 업무

정답 ④

167

화재로 인한 재해보상과 보험가입에 관한 법령상 손해보험회사가 운영하는 특약부화재보험에 가입 하여야 하는 특수건물의 기준으로 옳은 것은?

① 노래연습장업으로 사용하는 부분의 바닥면적의 합계가 1,000m²이상인 건물
② 학원으로 사용하는 부분의 바닥면적의 합계가 1,000m²이상인 건물
③ 병원급 의료기관으로 사용하는 건물로서 연면적의 합계가 2,000m²이상인 건물
④ 관광숙박업으로 사용하는 건물로서 연면적의 합계가 3,000m²이상인 건물

해설

관광숙박업으로 사용하는 건물로서 연면적의 합계가 3,000m² 이상인 건물은 특약부화재보험에 가입하여야 한다.

관련이론 면적별 특수건물의 범위

면적기준	대상물
바닥면적 2천제곱미터 이상	학원, 게임제공업, 인터넷컴퓨터게임시설제공업, 노래연습장업, 휴게음식점영업, 단란주점영업, 유흥주점영업, 공유주방 운영업, 목욕장업, 영화상영관
바닥면적 3천제곱미터 이상	숙박업, 대규모점포, 도시철도의 역사(驛舍) 및 역 시설
연면적 3천제곱미터 이상	병원급 의료기관, 관광숙박업, 공연장, 방송사업을 목적으로 사용하는 건물, 농수산물도매시장 및 민영농수산물도매시장, 학교, 공장

정답 ④

168

공용건물 등 방화죄 대상물이 아닌 것은?

① 전차
② 항공기
③ 건조물
④ 임야

해설

임야는 형법에서 다루는 공용건물 등 방화에 해당되지 않는다.

관련이론 「형법 제165조」

불을 놓아 공용(公用)으로 사용하거나 공익을 위해 사용하는 건조물, 기차, 전차, 자동차, 선박, 항공기 또는 지하채굴시설을 불태운 자는 무기 또는 3년 이상의 징역에 처한다.

정답 ④

169

소방의 화재조사에 관한 법률상 화재조사를 하는 화재조사관은 화재조사를 수행하면서 알게 된 비밀을 다른 사람에게 누설한 경우 벌금 기준은?

① 100만원 이하의 벌금
② 200만원 이하의 벌금
③ 300만원 이하의 벌금
④ 500만원 이하의 벌금

해설

「소방의 화재조사에 관한 법률 제21조」
화재조사관은 관계인의 정당한 업무를 방해하거나 화재조사를 수행하면서 알게 된 비밀을 다른 용도로 사용하거나 다른 사람에게 누설한 자에게는 300만원 이하의 벌금에 처한다.

정답 ③

170

소방의 화재조사에 관한 법률상 소방관서의 화재조사전담부서에 갖추어야 할 감식용기기를 모두 고른 것은? (단, 거점소방서는 제외한다.)

| ㄱ. 절연저항계 | ㄴ. 탄화심도계 |
| ㄷ. 복합가스측정기 | ㄹ. 적외선열상카메라 |

① ㄱ, ㄴ, ㄷ
② ㄱ, ㄴ, ㄹ
③ ㄱ, ㄷ, ㄹ
④ ㄴ, ㄷ, ㄹ

해설
절연저항계, 탄화심도계, 복합가스측정기, 적외선열상카메라 모두 감식기기에 해당한다.

관련이론 화재조사전담부서에서 갖추어야 할 감식기기(16종)
절연저항계, 멀티테스터기, 클램프미터, 정전기측정장치, 누설전류계, 검전기, 복합가스측정기, 가스(유증)검지기, 확대경, 산업용실체현미경, 적외선열상카메라, 접지저항계, 휴대용디지털현미경, 디지털탄화심도계, 슈미트해머(콘크리트 반발 경도 측정기구), 내시경현미경

정답 ①

171

화재조사 및 보고규정상 다음의 설명에 해당하는 용어는?

화재와 관계되는 물건의 형상, 구조, 재질, 성분, 성질 등 이와 관련된 모든 현상에 대하여 과학적 방법에 의한 필요한 실험을 행하고 그 결과를 근거로 화재원인을 밝히는 자료를 얻는 것

① 조사
② 감식
③ 감정
④ 수사

해설
「화재조사 및 보고규정 제2조」
감정이란 화재와 관계되는 물건의 형상, 구조, 재질, 성분, 성질 등 이와 관련된 모든 현상에 대하여 과학적 방법에 의한 필요한 실험을 행하고 그 결과를 근거로 화재원인을 밝히는 자료를 얻는 것을 말한다.

정답 ③

172

제조물 책임법에 따르면 손해배상의 청구권은 제조업자가 손해를 발생시킨 제조물을 공급한 날부터 몇 년 이내에 행사하여야 하는가? (단, 원칙적인 경우에 한한다.)

① 3년
② 5년
③ 10년
④ 15년

해설
「제조물 책임법 제7조」
이 법에 따른 손해배상의 청구권은 제조업자가 손해를 발생시킨 제조물을 공급한 날부터 10년 이내에 행사하여야 한다. 다만, 신체에 누적되어 사람의 건강을 해치는 물질에 의하여 발생한 손해 또는 일정한 잠복기간(潛伏期間)이 지난 후에 증상이 나타나는 손해에 대하여는 그 손해가 발생한 날부터 기산(起算)한다.

정답 ③

173

민법상 다음의 경우 사용자 책임배상에 관한 사항 중 틀린 것은?

용접업체에서 용접공을 고용하여 작업을 하다가 용접공의 실수로 화재가 발생하여 제삼자에게 피해를 가한 경우

① 용접공 사용자에게 손해배상의 책임이 있다.
② 용접공 사용자에 갈음하여 용접공을 감독하는 자도 손해를 배상할 책임이 있다.
③ 용접공 사용자가 피용자(용접공)에게 상당한 주의를 하였음에도 손해가 있는 경우에는 면책된다.
④ 용접공 사용자 또는 감독자는 피용자(용접공)에 대하여 구상권을 행사할 수 없다.

해설
「민법 제756조」
타인을 사용하여 어느 사무에 종사하게 한 자는 피용자가 그 사무집행에 관하여 제삼자에게 가한 손해를 배상할 책임이 있다. 그러나 사용자가 피용자의 선임 및 그 사무감독에 상당한 주의를 한 때 또는 상당한 주의를 하여도 손해가 있을 경우에는 그러하지 아니하다.

정답 ④

174
제조물 책임법의 제정목적이 아닌 것은?

① 제조업자의 이익증진
② 피해자의 보호를 도모
③ 국민생활의 안전 향상
④ 국민경제의 건전한 발전

해설
「제조물 책임법 제1조」
제조물의 결함으로 발생한 손해에 대한 제조업자 등의 손해배상책임을 규정함으로써 피해자 보호를 도모하고 국민생활의 안전 향상과 국민경제의 건전한 발전에 이바지함을 목적으로 한다.

정답 ①

175
소방기본법령상 소방자동차 전용구역에 관한 설명으로 틀린 것은?

① 전용구역 방해행위를 한 자는 300만원 이하의 과태료에 처한다.
② 소방자동차 전용구역 노면표지 도료의 색채는 황색을 기본으로 한다.
③ 소방자동차 전용구역에 물건 등을 쌓는 등의 방해행위를 하여서는 아니 된다.
④ 세대수가 100세대 이상인 아파트의 건축주는 소방자동차 전용구역을 설치하여야 한다.

해설
「소방기본법 제56조」
전용구역에 차를 주차하거나 전용구역에의 진입을 가로막는 등의 방해행위를 한 자에게는 100만원 이하의 과태료를 부과한다.

정답 ①

176
형법상 실화에 관한 처벌로 ( )에 알맞은 내용은?

> 과실로 인하여 현주건조물등 방화에 기재된 물건을 불태운 자는 ( )이하의 벌금에 처한다.

① 300만원
② 500만원
③ 1,000만원
④ 1,500만원

해설
「형법 제170조」
과실로 현주건조물 또는 공용건조물 또는 타인 소유인 일반건조물 등에 기재한 물건을 불태운 자는 1천500만원 이하의 벌금에 처한다.

정답 ④

177
미성년자가 타인에게 손해를 가한 경우에 그 행위의 책임을 변식할 지능이 없는 때에는 배상의 책임이 없다. 이 경우 민법상 미성년자임을 판단하는 연령과 그 산정방법으로 옳은 것은?

① 14세 미만, 출생일 산입
② 18세 미만, 출생일 불산입
③ 19세 미만, 출생일 산입
④ 20세 미만, 출생일 불산입

해설
미성년자는 출생일을 산입(출생일을 기준으로)하여 19세 미만인 자를 말한다.

정답 ③

178

국가배상법상 국가공무원의 위법행위로 인하여 제3자에게 발생한 손해를 국가가 배상한 후 해당 공무원에게 행사하는 구상권에 관한 설명으로 옳은 것은?

① 해당 공무원에게 고의 또는 중대한 과실이 있는 경우에 구상권을 행사할 수 있다.
② 해당 공무원에게 고의 또는 중대한 과실이 있는 경우라도 인적피해가 없으면 구상권을 행사할 수 없다.
③ 해당 공무원에게 고의 또는 중대한 과실이 없어도 금전적 손실이 발생하면 구상권을 행사할 수 있다.
④ 해당 공무원에게 고의 또는 중대한 과실이 있으면 피해자 및 그 대리인은 그 공무원에게 구상권을 행사할 수 있다.

해설
「국가배상법 제2조」
국가나 지방자치단체는 공무원 또는 공무를 위탁받은 사인이 직무를 집행하면서 고의 또는 과실로 법령을 위반하여 타인에게 손해를 입히거나, 손해배상의 책임이 있을 때에는 이 법에 따라 그 손해를 배상하여야 한다.

정답 ①

179

형법에서 규정하고 있는 진화방해죄에 대한 벌칙 기준 중 다음 (   )안에 알맞은 것은?

> 화재에 있어서 진화용의 시설 또는 물건을 은닉 또는 손괴하거나 기타 방법으로 진화를 방해한 자는 (   )년 이하의 징역에 처한다.

① 10 ② 7
③ 5   ④ 1

해설
「형법 제169조」
화재에 있어서 진화용의 시설 또는 물건을 은닉 또는 손괴하거나 기타 방법으로 진화를 방해한 자는 10년 이하의 징역에 처한다.

정답 ①

180

화재조사 및 보고규정상 다음 표에서 사망자 수와 중상자의 수를 합한 값으로 옳은 것은?

> - 화재현장 사망 2명 이상
> - 화재현장에서 부상을 당한 후 52시간 이내에 사망 1명
> - 2주 이상의 입원을 필요로 하는 부상 2명
> - 3주 이상의 입원을 필요로 하는 부상 3명
> - 입원치료를 필요로 하지 않는 부상 5명

① 4   ② 5
③ 6   ④ 7

해설
중상이란 3주 이상의 입원치료를 필요로 하는 부상을 말한다.
사망자 3명 + 중상자 3명 = 6명

관련이론 부상자의 분류

분류	부상 정도
사상자	화재현장에서 사망한 사람과 부상당한 사람을 말한다. 다만, 화재현장에서 부상을 당한 후 72시간 이내에 사망한 경우에는 당해 화재로 인한 사망으로 본다.
중상	3주 이상의 입원치료를 필요로 하는 부상
경상	중상 이외의 부상(입원치료를 필요로 하지 않는 것도 포함)을 말한다. 단, 병원치료를 필요로 하지 않고 단순하게 연기를 흡입한 사람은 제외

정답 ③

181

화재로 인한 재해보상과 보험가입에 관한 법률상 손해보험회사가 한국화재보험협회의 설립허가를 받으려는 경우 금융위원회에 제출하여야 하는 서류로 틀린 것은?

① 정관   ② 사업방법서
③ 사업자등록증   ④ 창립총회 의사록

해설
「화재로 인한 재해보상과 보험가입에 관한 법률 시행령 제9조」
손해보험회사가 협회의 설립허가를 받으려는 경우에는 그 허가신청서에 다음 서류를 첨부하여 금융위원회에 제출하여야 한다.
- 정관
- 사업방법서
- 창립총회 의사록

정답 ③

182

화재로 인한 재해보상과 보험가입에 관한 법률의 설명으로 틀린 것은?

① 보험금 청구권 중 손해배상책임을 담보하는 보험의 청구권은 압류할 수 없다.
② "손해보험회사"란 손해배상법에 따른 화재보험업의 허가를 받은 자를 말한다.
③ 대한민국에 주둔하는 외국군대가 소유하는 건물은 특수건물소유자의 손해배상책임에 적용되지 않는다.
④ 손해보험회사는 대통령령으로 정하는 바에 따라 협회의 설립과 운영에 필요한 비용을 출연하여야 한다.

해설
손해보험회사란 화재로 인한 재해보상과 보험가입에 관한 법률에 따른 화재보험업의 허가를 받은 자를 말한다.

정답 ②

183

화재로 인한 재해보상과 보험가입에 관한 법률상 다음의 경우 특수건물의 소유자가 가입하여야 하는 보험의 보험금액 기준 중 ( )에 알맞은 내용은?

> 두눈이 실명된 사람으로 후유장애 1급의 피해자 발생시 ( )범위에서 피해자에게 발생한 손해액

① 9,000만원 ② 1억 2,000만원
③ 1억 3,500만원 ④ 1억 5,000만원

해설
「화재로 인한 재해보상과 보험가입에 관한 법률 시행령 별표2」
두눈이 실명된 사람은 후유장애 1급으로 보험금액은 1억 5천만원이다.

정답 ④

184

화재의 예방 및 안전관리에 관한 법령상 용접 또는 용단 작업장에서 불꽃을 사용하는 용접·용단기구 사용에 있어서 지켜야 하는 사항 중 다음 ( ) 안에 알맞은 것은? (단, 산업안전보건법에 따른 안전조치의 적용을 받는 사업장의 경우는 제외한다.)

> • 용접 또는 용단 작업장 주변 반경 (㉠)m 이내에는 가연물을 쌓아두거나 놓아두지 말 것. 다만, 가연물의 제거가 곤란하며 방지포 등으로 방호조치를 한 경우는 제외한다.
> • 용접 또는 용단 작업장 주변 반경 (㉡)m 이내에 소화기를 갖추어 둘 것

① ㉠ 10, ㉡ 5 ② ㉠ 5, ㉡ 10
③ ㉠ 7, ㉡ 5 ④ ㉠ 5, ㉡ 7

해설
「화재의 예방 및 안전관리에 관한 법률 시행령 별표1」
불꽃을 사용하는 용접·용단 기구용접 또는 용단 작업장에서는 다음 각 목의 사항을 지켜야 한다. 다만, 산업안전보건법 제38조의 적용을 받는 사업장에는 적용하지 않는다.
• 용접 또는 용단 작업장 주변 반경 5미터 이내에 소화기를 갖추어 둘 것
• 용접 또는 용단 작업장 주변 반경 10미터 이내에는 가연물을 쌓아두거나놓아두지 말 것. 다만, 가연물의 제거가 곤란하여 방화포 등으로 방호조치를 한 경우는 제외한다.

정답 ①

185

화재로 인한 재해보상과 보험가입에 관한 법령에 따른 특수건물의 기준 중 다음 ( )안에 알맞은 것은?

> - 의료법에 따른 병원급 의료기관으로 사용하는 건물로서 연면적의 합계가 (㉠)제곱미터 이상인 건물
> - 공중위생관리법에 따른 숙박업으로 사용하는 부분의 바닥면적의 합계가 (㉡)제곱미터 이상인 건물

① ㉠ : 1,000, ㉡ : 3,000
② ㉠ : 2,000, ㉡ : 2,000
③ ㉠ : 2,000, ㉡ : 3,000
④ ㉠ : 3,000, ㉡ : 3,000

해설

면적기준	대상물
바닥면적 2천제곱미터 이상	학원, 게임제공업, 인터넷컴퓨터게임시설제공업, 노래연습장업, 휴게음식점영업, 단란주점영업, 유흥주점영업, 공유주방 운영업, 목욕장업, 영화상영관
바닥면적 3천제곱미터 이상	숙박업, 대규모점포, 도시철도의 역사(驛舍) 및 역 시설
연면적 3천제곱미터 이상	병원급 의료기관, 관광숙박업, 공연장, 방송사업을 목적으로 사용하는 건물, 농수산물도매시장 및 민영농수산물도매시장, 학교, 공장

정답 ④

186

제조물 책임법에 따른 손해배상 청구권 소멸시효는 몇 년인가?

① 3년
② 5년
③ 7년
④ 15년

해설

「제조물 책임법 제7조」
손해배상의 청구권은 피해자 또는 그 법정대리인이 다음 사항을 모두 알게 된 날부터 3년간 행사하지 아니하면 시효의 완성으로 소멸한다.
- 손해
- 손해배상책임을 지는 자

정답 ①

187

실화책임에 관한 법률상 실화가 중대한 과실로 인한 것이 아닌 경우 그로 인한 손해배상의무자가 법원에 손해배상액 경감 청구 시 고려사항으로 명시되지 않은 것은? (단, 그 밖에 손해배상액을 결정할 때 고려사항은 제외한다.)

① 화재의 규모
② 피해 확대의 원인
③ 실화자의 전과사실
④ 배상의무자의 경제상태

해설

「실화책임에 관한 법률 제3조」
법원은 청구가 있을 경우에는 다음 사정을 고려하여 그 손해배상액을 경감할 수 있다.
- 화재의 원인과 규모
- 피해의 대상과 정도
- 연소(延燒) 및 피해 확대의 원인
- 피해 확대를 방지하기 위한 실화자의 노력
- 배상의무자 및 피해자의 경제상태
- 그 밖에 손해배상액을 결정할 때 고려할 사정

정답 ③

188

민법상 다음 ( )안에 알맞은 용어는?

> 공작물의 설치 또는 보존의 하자로 인하여 타인에게 손해를 가한 때에는 공작물(㉠)가 손해를 배상할 책임이 있다. 그러나 (㉠)가 손해의 방지에 필요한 주의를 해태하지 아니할 때에는 그(㉡)가 손해를 배상할 책임이 있다.

① ㉠ 소유자, ㉡ 중개자
② ㉠ 점유자, ㉡ 소유자
③ ㉠ 소유자, ㉡ 설계자
④ ㉠ 점유자, ㉡ 건축자

해설

「민법 제758조」
공작물의 설치 또는 보존의 하자로 인하여 타인에게 손해를 가한 때에는 공작물점유자가 손해를 배상할 책임이 있다. 그러나 점유자가 손해의 방지에 필요한 주의를 해태하지 아니한 때에는 그 소유자가 손해를 배상할 책임이 있다.

정답 ②

189

화재로 인한 재해보상과 보험가입에 관한 법률에 따르면 특수건물의 소유권이 변경된 경우 소유권을 취득한 날부터 며칠 이내에 특약부화재보험에 가입하여야 하는가?

① 즉시 ② 10일
③ 20일 ④ 30일

해설

「화재로 인한 재해보상과 보험가입에 관한 법률 제5조」
- 손해보험회사는 특약부화재보험 계약의 체결을 거절하지 못한다.
- 특수건물의 소유자는 다음 각 호에서 정하는 날부터 30일 이내에 특약부화재보험에 가입하여야 한다.
  - 특수건물을 건축한 경우: 건축법에 따른 건축물의 사용승인, 주택법에 따른 사용검사 또는 관계 법령에 따른 준공인가·준공확인 등을 받은 날
  - 특수건물의 소유권이 변경된 경우: 그 건물의 소유권을 취득한 날
  - 그 밖의 경우: 특수건물의 소유자가 그 건물이 특수건물에 해당하게 된 사실을 알았거나 알 수 있었던 시점 등을 고려하여 대통령령으로 정하는 날
- 특수건물의 소유자는 특약부화재보험에 관한 계약을 매년 갱신하여야 한다.

정답 ④

190

형법상 업무상과실 또는 중대한 과실로 인하여 실화의 죄를 범한 자에 대한 벌칙 기준으로 옳은 것은?

① 2년 이하의 금고 또는 700만원 이하의 벌금
② 3년 이하의 금고 또는 2,000만원 이하의 벌금
③ 5년 이하의 금고 또는 1,500만원 이하의 벌금
④ 7년 이하의 금고 또는 2,000만원 이하의 벌금

해설

「형법 제171조」
업무상과실 또는 중대한 과실로 인하여 죄를 범한 자는 3년 이하의 금고 또는 2천만원 이하의 벌금에 처한다.

정답 ②

191

소방의 화재조사에 관한 법령상 화재의 조사에 관한 사항으로 틀린 것은?

① 소방공무원과 경찰공무원은 화재조사를 할 때에 서로 협력하여야 한다.
② 화재조사 결과 실화 혐의가 있다고 인정하면 소방청장에게 보고하여 경찰부서에 통보할지 여부를 결정한다.
③ 수사기관에서 실화의 혐의로 압수한 증거물이 화재조사를 위하여 필요한 경우, 수사에 지장을 주지 않는 범위에서 압수된 증거물에 대한 조사를 할 수 있다.
④ 수사기관에 방화혐의로 체포된 피의자가 화재조사를 위하여 필요한 경우, 수사에 지장을 주지 않는 범위에서 피의자를 조사할 수 있다.

해설

「소방의 화재조사에 관한 법률 제11조」
- 소방관서장은 화재조사를 위하여 필요한 경우 증거물을 수집하여 검사·시험·분석 등을 할 수 있다. 다만, 범죄수사와 관련된 증거물인 경우에는 수사기관의 장과 협의하여 수집할 수 있다.
- 소방관서장은 수사기관의 장이 방화 또는 실화의 혐의가 있어서 이미 피의자를 체포하였거나 증거물을 압수하였을 때에 화재조사를 위하여 필요한 경우에는 범죄수사에 지장을 주지 아니하는 범위에서 그 피의자 또는 압수된 증거물에 대한 조사를 할 수 있다. 이 경우 수사기관의 장은 소방관서장의 신속한 화재조사를 위하여 특별한 사유가 없으면 조사에 협조하여야 한다.
- 증거물 수집의 범위, 방법 및 절차 등에 필요한 사항은 대통령령으로 정한다.

「소방의 화재조사에 관한 법률 제12조」
- 소방공무원과 경찰공무원은 다음 각 호의 사항에 대하여 서로 협력하여야 한다.
  - 화재현장의 출입·보존 및 통제에 관한 사항
  - 화재조사에 필요한 증거물의 수집 및 보존에 관한 사항
  - 관계인등에 대한 진술 확보에 관한 사항
  - 그 밖에 화재조사에 필요한 사항
- 소방관서장은 방화 또는 실화의 혐의가 있다고 인정되면 지체 없이 경찰서장에게 그 사실을 알리고 필요한 증거를 수집·보존하는 등 그 범죄수사에 협력하여야 한다.

정답 ②

192

사법경찰관이 피의자를 신문하기 전에 알려주어야 하는 사항과 가장 거리가 먼 것은?

① 일체의 진술을 하지 아니할 수 있다는 것
② 신문을 받을 때 변호인의 조력을 받을 수 있다는 것
③ 진술을 하지 않은 경우에 불이익을 받을 수 있다는 것
④ 진술을 거부할 권리를 포기하고 행한 진술은 법정에서 유죄의 증거로 사용될 수 있다는 것

해설
「형사소송법 제244조의 3」
검사 또는 사법경찰관은 피의자를 신문하기 전에 다음 각 호의 사항을 알려주어야 한다.
- 일체의 진술을 하지 아니하거나 개개의 질문에 대하여 진술을 하지 아니할 수 있다는 것
- 진술을 하지 아니하더라도 불이익을 받지 아니한다는 것
- 진술을 거부할 권리를 포기하고 행한 진술은 법정에서 유죄의 증거로 사용될 수 있다는 것
- 신문을 받을 때에는 변호인을 참여하게 하는 등 변호인의 조력을 받을 수 있다는 것

정답 ③

193

화재증거물수집관리규칙상 화재현장 증거물은 화재증거 수집의 목적달성 후에는 어떻게 하여야 하는가?

① 3년까지 보존하여야 하다.
② 10년까지 보존하여야 한다.
③ 관계인에게 반환하여야 한다.
④ 즉시 폐기하여야 한다.

해설
「화재증거물수집관리규칙 제6조」
- 화재증거물은 관계인의 승낙이 있을 때에야 폐기할 수 있다.
- 증거물은 화재증거 수집 목적 달성 후 관계인에게 반환해야 한다.
- 증거물의 반환 또는 폐기까지 화재조사자 또는 이와 동일한 자격 및 권한을 가진 자의 책임 하에 행해져야 한다.

정답 ③

194

제조물 책임법상 명시된 결함의 분류가 아닌 것은?

① 유통상의 결함
② 제조상의 결함
③ 설계상의 결함
④ 표시상의 결함

해설
「제조물 책임법 제2조」
결함이란 해당 제조물에 다음 각 목의 어느 하나에 해당하는 제조상·설계상 또는 표시상의 결함이 있거나 그 밖에 통상적으로 기대할 수 있는 안전성이 결여되어 있는 것을 말한다.
- 제조상의 결함
  제조업자가 제조물에 대하여 제조상·가공상의 주의의무를 이행하였는지에 관계없이 제조물이 원래 의도한 설계와 다르게 제조·가공됨으로써 안전하지 못하게 된 경우를 말한다.
- 설계상의 결함
  제조업자가 합리적인 대체설계(代替設計)를 채용하였더라면 피해나 위험을 줄이거나 피할 수 있었음에도 대체설계를 채용하지 아니하여 해당 제조물이 안전하지 못하게 된 경우를 말한다.
- 표시상의 결함
  제조업자가 합리적인 설명·지시·경고 또는 그 밖의 표시를 하였더라면 해당 제조물에 의하여 발생할 수 있는 피해나 위험을 줄이거나 피할 수 있었음에도 이를 하지 아니한 경우를 말한다.

정답 ①

195

형법상 시청을 방화한 경우, 방화 시 민원인들이 시청 내에 있었다면 어떤 범죄가 성립하는가?

① 일반물건의 방화죄
② 공용건조물 등 방화죄
③ 현주건조물 등 방화죄
④ 일반건조물 등 방화죄

해설
사람이 현존하는 건조물에 대한 방화이므로 현주건조물 등 방화에 해당한다.

정답 ③

196

실화책임에 관한 법률에 관한 내용으로 틀린 것은?

① 손해배상액의 경감 청구가 있을 경우 화재의 원인을 고려하여 손해배상액을 경감할 수 있다.
② 실화가 중대한 과실로 인한 것이 아닌 경우 그로 인한 손해의 배상의무자는 법원에 손해배상액의 경감을 청구할 수 없다.
③ 실화로 인하여 화재가 발생한 경우 연소(延燒)로 인한 부분에 대한 손해배상청구에 한하여 적용한다.
④ 실화(失火)의 특수성을 고려하여 실화자에게 중대한 과실이 없는 경우 그 손해배상액의 경감(輕減)에 관한 「민법 제765조」의 특례를 정함을 목적으로 한다.

해설

실화가 중대한 과실로 인한 것이 아닌 경우 손해의 배상의무자는 법원에 손해배상액의 경감을 청구할 수 있다.

관련이론 「실화책임에 관한 법률 제3조」

법원은 청구가 있을 경우 다음 사정을 고려하여 그 손해배상액을 경감할 수 있다.
- 화재의 원인과 규모
- 피해의 대상과 정도
- 연소(延燒) 및 피해 확대의 원인
- 피해 확대를 방지하기 위한 실화자의 노력
- 배상의무자 및 피해자의 경제상태
- 그 밖에 손해배상액을 결정할 때 고려할 사정

정답 ②

197

소방기본법상 화재, 재난·재해, 그 밖의 위급한 상황이 발생한 현장에 소방활동구역을 정하여 소방활동에 필요한 사람으로서 대통령령으로 정하는 사람 외에는 그 구역에 출입하는 것을 제한할 수 있는 자는?

① 시·도지사
② 행정안전부장관
③ 시장·군수
④ 소방대장

해설

「소방기본법 제23조」
- 소방대장은 화재, 재난·재해, 그 밖의 위급한 상황이 발생한 현장에 소방활동구역을 정하여 소방활동에 필요한 사람으로서 대통령령으로 정하는 사람 외에는 그 구역에 출입하는 것을 제한할 수 있다.
- 경찰공무원은 소방대가 소방활동구역에 있지 아니하거나 소방대장의 요청이 있을 때에는 조치를 할 수 있다.

정답 ④

198

화재로 인한 재해보상과 보험가입에 관한 법률 시행령상 특수건물의 소유자가 가입하여야 하는 보험의 보험금액 충족 기준으로 (   )에 알맞은 내용은?

> 재물에 대한 손해가 발생한 경우: 사고 1건마다 (   ) 원의 범위에서 피해자에게 발생한 손해액

① 2천만
② 5천만
③ 1억
④ 10억

해설

- 사망의 경우: 피해자 1명마다 1억5천만원의 범위에서 피해자에게 발생한 손해액. 다만, 손해액이 2천만원 미만인 경우에는 2천만원으로 한다.
- 부상의 경우: 피해자 1명마다 별표 1에 따른 금액의 범위에서 피해자에게 발생한 손해액
- 부상에 대한 치료를 마친 후 더 이상의 치료효과를 기대할 수 없고 그 증상이 고정된 상태에서 그 부상이 원인이 되어 신체에 생긴 장애의 경우: 피해자 1명마다 별표 2에 따른 금액의 범위에서 피해자에게 발생한 손해액
- 재물에 대한 손해가 발생한 경우: 사고 1건마다 10억원의 범위에서 피해자에게 발생한 손해액

정답 ④

199

화재증거물수집관리규칙상 증거물 수집에 관한 설명 중 틀린 것은?

① 증거물을 수집할 때는 휘발성이 낮은 것에서 높은 순서로 진행해야 한다.
② 증거물의 소손 또는 소실 정도가 심하여 증거물의 일부분 또는 전체가 유실될 우려가 있는 경우는 증거물을 밀봉하여야 한다.
③ 증거물이 파손된 우려가 있는 경우에 충격금지 및 취급방법에 대한 주의사항을 증거물의 포장 외측에 적절하게 표기하여야 한다.
④ 증거물 수집 과정에서는 증거물의 수집자, 수집 일자, 상황 등에 대하여 기록을 남겨야 하며, 기록은 가능한 법과학자용 표지 또는 태그를 사용하는 것을 원칙으로 한다.

해설
증거물을 수집할 때는 휘발성이 높은 것에서 낮은 순서로 진행해야 한다.

관련이론 물리적 증거물 수집원칙
- 현장 수거(채취)물은 서식에 그 목록을 작성하여야 한다.
- 증거물의 수집 장비는 증거물의 종류 및 형태에 따라, 적절한 구조의 것이어야 한다.
- 증거물을 수집할 때는 휘발성이 높은 것에서 낮은 순서로 진행해야 한다.
- 증거물의 소손 또는 소실 정도가 심하여 증거물의 일부분 또는 전체가 유실될 우려가 있는 경우는 증거물을 밀봉하여야 한다.
- 증거물이 파손될 우려가 있는 경우 충격금지 및 취급방법에 대한 주의사항을 증거물의 포장 외측에 적절하게 표기하여야 한다.
- 증거물 수집 목적이 인화성 액체 성분 분석인 경우에는 인화성 액체 성분의 증발을 막기 위한 조치를 하여야 한다.
- 증거물 수집 과정에서는 증거물이 수집자, 수집 일자, 상황 등에 대하여 기록을 남겨야 하며, 기록은 가능한 법과학자용 표지 또는 태그를 사용하는 것을 원칙으로 한다.

정답 ①

200

화재로 인한 재해보상과 보험가입에 관한 법령상 보험가입의 의무에 관한 설명으로 틀린 것은?

① 특수건물의 소유자는 특약부화재보험에 관한 계약을 매년 갱신하여야 한다.
② 특수건물의 소유자는 특약부화재보험에 부가하여 건물의 무너짐 등으로 인한 손해를 담보하는 보험에 가입할 수 있다.
③ 특수건물의 소유자는 특수건물의 소유권이 변경된 경우 그 소유권을 취득한 날부터 10일 이내에 특약부화재보험에 가입하여야 한다.
④ 금융위원회는 보험가입 의무자가 그 보험에 가입하지 아니한 경우에는 관계 행정기관에 가입 의무자에 대한 인·허가의 취소 등 필요한 조치를 할 것을 요청할 수 있다.

해설
「화재로 인한 재해보상과 보험가입에 관한 법률 제5조」
- 특수건물의 소유자는 다음 각 호에서 정하는 날부터 30일 이내에 특약부화재보험에 가입하여야 한다.
  - 특수건물을 건축한 경우: 건축법에 따른 건축물의 사용승인, 주택법에 따른 사용검사 또는 관계 법령에 따른 준공인가·준공확인 등을 받은 날
  - 특수건물의 소유권이 변경된 경우: 그 건물의 소유권을 취득한 날
  - 그 밖의 경우: 특수건물의 소유자가 그 건물이 특수건물에 해당하게 된 사실을 알았거나 알 수 있었던 시점 등을 고려하여 대통령령으로 정하는 날
- 특수건물의 소유자는 특약부화재보험에 관한 계약을 매년 갱신하여야 한다.

정답 ③

에듀윌이
너를
지지할게

ENERGY

끝이 좋아야 시작이 빛난다.

– 마리아노 리베라(Mariano Rivera)

꿈을 현실로 만드는
에듀윌

DREAM

공무원 교육
- 선호도 1위, 신뢰도 1위! 브랜드만족도 1위!
- 합격자 수 2,100% 폭등시킨 독한 커리큘럼

자격증 교육
- 9년간 아무도 깨지 못한 기록 합격자 수 1위
- 가장 많은 합격자를 배출한 최고의 합격 시스템

직영학원
- 검증된 합격 프로그램과 강의
- 1:1 밀착 관리 및 컨설팅
- 호텔 수준의 학습 환경

종합출판
- 온라인서점 베스트셀러 1위!
- 출제위원급 전문 교수진이 직접 집필한 합격 교재

어학 교육
- 토익 베스트셀러 1위
- 토익 동영상 강의 무료 제공

콘텐츠 제휴 · B2B 교육
- 고객 맞춤형 위탁 교육 서비스 제공
- 기업, 기관, 대학 등 각 단체에 최적화된 고객 맞춤형 교육 및 제휴 서비스

부동산 아카데미
- 부동산 실무 교육 1위!
- 상위 1% 고소득 창업/취업 비법
- 부동산 실전 재테크 성공 비법

학점은행제
- 99%의 과목이수율
- 17년 연속 교육부 평가 인정 기관 선정

대학 편입
- 편입 교육 1위!
- 최대 200% 환급 상품 서비스

국비무료 교육
- '5년우수훈련기관' 선정
- K-디지털, 산대특 등 특화 훈련과정
- 원격국비교육원 오픈

에듀윌 교육서비스 **AI 교육** AI 프롬프트 연구사/AI CLASS(ChatGPT/AICE/노션 AI/중개업 AI 등) **공무원 교육** 9급공무원/소방공무원/계리직공무원 **자격증 교육** 공인중개사/주택관리사/손해평가사/감정평가사/노무사/전기기사/경비지도사/검정고시/소방설비기사/소방시설관리사/사회복지사1급/대기환경기사/수질환경기사/건축기사/토목기사/직업상담사/청소년상담사/전기기능사/산업안전기사/산업위생관리기사/건설안전기사/위험물산업기사/위험물기능사/설비보전기사/에너지관리기사/유통관리사/물류관리사/행정사/한국사능력검정/한경TESAT/매경TEST/KBS한국어능력시험·실용글쓰기/국제무역사/무역영어 **어학 교육** 토익 교재/토익 동영상 강의 **금융/IT/비즈니스** 전산세무회계/ERP정보관리사/재경관리사/정보처리기사/컴퓨터활용능력/SQLD/ADsP **대학 편입** 편입영어·수학/연고대/의약대/경찰대/논술/면접 **직영학원** 공무원학원/소방학원/공인중개사 학원/주택관리사 학원/전기기사 학원/편입학원 **종합출판** 공무원·자격증 수험교재 및 단행본 **학점은행제** 교육부평가인정기관 원격평생교육원(사회복지사2급/경영학/CPA) **콘텐츠 제휴·B2B 교육** 교육 콘텐츠 제휴/기업 맞춤 자격증 교육/대학취업역량 강화 교육 **부동산 아카데미** 부동산 창업CEO/부동산 경매 마스터/부동산 컨설팅 **주택취업센터** 실무 특강/실무 아카데미 **국비무료 교육(국비교육원)** 전기기능사/전기(산업)기사/소방설비(산업)기사/IT(빅데이터/자바프로그램/파이썬)/게임그래픽/3D프린터/실내건축디자인/웹퍼블리셔/그래픽디자인/영상편집(유튜브) 디자인/온라인 쇼핑몰광고 및 제작(쿠팡, 스마트스토어)/전산세무회계/컴퓨터활용능력/ITQ/GTQ/직업상담사

교육문의 1600-6700 www.eduwill.net

- 2022 소비자가 선택한 최고의 브랜드 공무원·자격증 교육 1위 (조선일보) • 2023 대한민국 브랜드만족도 공무원·자격증·취업·학원·편입·부동산 실무 교육 1위 (한경비즈니스)
- 2017/2022 에듀윌 공무원 과정 최종 환급자 수 기준 • 2023년 성인 자격증, 공무원 직영학원 기준 • YES24 공인중개사 부문, 2025 에듀윌 공인중개사 오시훈 필살키 부동산공법 (2025년 8월 월별 베스트) 그 외 다수 • YES24 한국산업인력공단 부문, 2025 에듀윌 산업안전기사 필기 환권끝장 (2025년 7월 월별 베스트) 그 외 다수 • 교보문고 취업/수험서부문, 2025 에듀윌 공기업 코레일 한국철도공사 실전모의고사 9+2+4회(2025년 2월 1일~2월 28일, 인터넷 월간 베스트) 그 외 다수 • 알라딘 시사/상식 부문, 2025 최신판 에듀윌 취업 공기업기출 일반상식 (2025년 6월 5주 주별 베스트) 그 외 다수 • YES24 컴퓨터활용능력 부문, 2024 컴퓨터활용능력 1급 필기 초단기끝장(2023년 10월 3~4주 주별 베스트) 그 외 다수 • YES24 신규자격증 부문, 2025 에듀윌 SQL 개발자 SQLD 2주끝장+무료특강(2025년 7월 월별 베스트) 그 외 다수 • 인타파크 자격서/수험서 부문, 에듀윌 한국사능력검정시험 2주끝장 심화(1, 2, 3급) (2020년 6~8월 월간 베스트) 그 외 다수 • YES24 국어 외국어사전영어 토익/TOEIC 기출문제/모의고사 분야 베스트셀러 1위 (에듀윌 토익 READING RC 4주끝장 리딩 종합서, 2022년 9월 4주 주별 베스트) • 에듀윌 토익 교재 입문~실전 인강 무료 제공 (2022년 최신 강좌 기준/109강) • 2024년 종강반 중 모든 평가항목 정상 참여자 기준, 99% (평생교육원기준) • 2008년~2024년까지 234만 누적수강학점으로 과목 운영 (평생교육원 기준) • 에듀윌 국비교육원 구로센터 고용노동부 지정 "5년우수훈련기관" 선정 (2023~2027)
- KRI 한국기록원 2016, 2017, 2019년 공인중개사 최다 합격자 배출 공식 인증 (2025년 현재까지 업계 최고 기록)

2023 대한민국 브랜드만족도 기술자격증 교육 1위(한경비즈니스)

2026 에듀윌 화재감식평가기사 필기 한권끝장(산업기사 동시대비)

기출 기반 핵심이론과 기출문제 학습으로 합격직행 코스!

새로운 출제기준을 반영한 핵심이론으로 필승전략 완성!
최신 출제 경향 완벽 반영, 합격에 꼭 필요한 핵심만 압축!

2025~2020년 6개년 기출로 합격준비 완료!
실전 감각 극대화! 단 한 회차도 빠짐없이, 6개년 모든 기출 완벽 수록!

출제예상 200제+해설특강으로 산업기사까지 동시 완벽 대비!

수강경로 | 에듀윌 도서몰(book.eduwill.net) ▶ 동영상강의실 ▶ '화재감식평가' 검색

고객의 꿈, 직원의 꿈, 지역사회의 꿈을 실현한다

펴낸곳 (주)에듀윌 **펴낸이** 양형남 **출판총괄** 김기철 **에듀윌 대표번호** 1600-6700
주소 서울시 구로구 디지털로 34길 55 코오롱싸이언스밸리 2차 3층
© 2025 eduwill. Created with AI assistance.
협의 없는 무단 복제는 법으로 금지되어 있습니다.

에듀윌 도서몰
book.eduwill.net

• 부가학습자료 및 정오표: 에듀윌 도서몰 > 도서자료실
• 교재 문의: 에듀윌 도서몰 > 문의하기 > 교재(내용, 출간) / 주문 및 배송

2026 최신판

에듀윌 화재감식평가기사
필기 한권끝장(산업기사 동시대비)
핵심이론+출제예상 200제+6개년 기출+무료특강

❷권 | 6개년 기출

최신 출제기준 반영, 실전 대비 최적화!
한권으로 기사&산업기사 동시대비 화재감식 완벽정복!

에듀윌이
너를
지지할게

ENERGY

시작하는 방법은
말을 멈추고
즉시 행동하는 것이다.

– 월트 디즈니(Walt Disney)

에듀윌
화재감식평가기사

필기 한권끝장(산업기사 동시대비)

6개년 기출

CONTENTS
차례

03

6개년 기출

2025년 CBT 복원문제

2025년 1회 CBT 복원문제	8
2025년 2회 CBT 복원문제	37
2025년 3회 CBT 복원문제	65

2024년 CBT 복원문제

2024년 1회 CBT 복원문제	92
2024년 2회 CBT 복원문제	124

2023년 CBT 기출문제

2023년 1회 CBT 복원문제	151
2023년 2회 CBT 복원문제	180

2022년 기출문제

2022년 1회 기출문제 210

2022년 2회 기출문제 241

2021년 기출문제

2021년 1회 기출문제 271

2021년 2회 기출문제 302

2021년 4회 기출문제 332

2020년 기출문제

2020년 1, 2회 기출문제 361

2020년 4회 기출문제 389

PART 03

6개년 기출

출제경향 분석

화재감식평가기사 필기시험은 2023년 1회부터 CBT 방식으로 시행되고 있습니다.

에듀윌 화재감식평가기사 필기 한권끝장 교재는 시험문제를 직접 복원하여 수록하였습니다.

필기시험은 문제은행식 출제방식으로 기존의 기출문제가 그대로 출제되거나 숫자만 약간 변형되어 출제되는 경우가 많아 기출문제 위주로 학습하는 전략이 필요합니다.

특히, 자주 출제되는 기출문제와 기본공식만 암기하면 풀 수 있는 문제는 반드시 맞혀야 하는 문제라고 생각하고 학습하는 것을 추천드립니다.

빈출문항 표기

에듀윌 화재감식평가기사 필기 한권끝장 교재에는 모든 기출문제의 빈출도를 분석하여 별표로 표기하였습니다.

★★★	빈출문제로 반드시 맞혀야 하는 문제
★★☆	내용을 이해하고, 해설까지 꼼꼼히 공부해야 하는 문제
★☆☆	간단하게 답만 확인하는 정도로 공부할 문제

2025년 1회 CBT 복원문제

자동채점

화재조사론

01 ★★★
자연발화가 발생하기 용이한 조건으로 옳지 않은 것은?
① 주변 온도가 높을수록 자연발화가 용이하다.
② 충분한 산소 공급을 위해 더미를 바닥에 넓게 깔아 놓은 형태일 때 자연발화가 용이하다.
③ 지속적인 온도 상승이 발화에 이를 때까지 충분한 반응물질이 있어야 한다.
④ 식물성 기름은 다공성 물질에 흡착되었을 경우 자연발화가 용이하다.

[해설]
열축적이 되지 않아 자연발화가 일어나기 어렵다.

[관련이론] **자연발화의 조건**
- 비표면적이 클 것
- 열전도율이 작을 것
- 주변의 온도가 높을 것
- 열의 축적이 양호할 것
- 산소의 공급이 적당할 것
- 충분한 반응물질이 있을 것
- 기름이 다공성물질에 흡착되어 있을 것

[정답] ②

02 ★★★
다음 중 가연성 액체의 일반적인 연소형태와 거리가 먼 것은?
① 포어 패턴(Pour pattern)
② 스플래시 패턴(Splash pattern)
③ 트레일러 패턴(Trailer pattern)
④ 도넛 패턴(Doughnut pattern)

[해설]
트레일러 패턴(Trailer pattern)은 의도적으로 불을 지르기 위해 발화성 액체뿐만 아니라 두루마리 화장지, 신문지, 옷 등을 트레일러처럼 길게 이어 붙여 한 장소에서 다른 장소로 연소를 확산시키기 위한 연소형태이다.

[관련이론] **가연성 액체의 화재패턴**
- 포어 패턴(Pour pattern)
- 스플래시 패턴(Splash pattern)
- 고스트 마크(Ghost mark)
- 틈새연소 패턴(Seam burn pattern)
- 도넛 패턴(Doughnut pattern)
- 레인보우 이펙트(Rainbow effect)

[정답] ③

03 ★★☆
철의 열적 변형에 대한 설명으로 옳지 않은 것은?
① 녹는점은 660℃이다.
② 산화반응이 일어나 변색된다.
③ 적열상태가 되면 연성이 증가한다.
④ 수열이 있는 반대방향으로 휜다.

[해설]
철의 녹는점(용융점)은 약 1,540℃ 이다.

[관련이론] **철의 열적변형**
- 철의 용융점은 약 1,540℃ 이다.
- 적열상태가 되면 연성이 증가한다.
- 수열이 있는 반대방향으로 휜다.
- 산화반응이 일어나 변색된다.

[정답] ①

04 ★★★

메탄 75vol%, 에탄 15vol%, 프로판 10vol%가 섞여있는 혼합가스의 공기 중 연소 하한계는? (단, 메탄, 에탄, 프로판의 연소 하한계는 각각 5.0vol%, 3.0vol%, 2.0vol% 이다.)

① 2vol% ② 4vol%
③ 6vol% ④ 8vol%

해설

르샤틀리에법칙은 다음과 같다.

$$\frac{100}{LEL} = \frac{V_1}{L_1} + \frac{V_2}{L_2} + \cdots$$

LEL: 혼합가스 폭발하한계(vol%), V_1, V_2: 가연성가스의 체적(vol%), L_1, L_2: 가연성가스의 폭발하한계(vol%)

$$\frac{100}{LEL} = \frac{75}{2} + \frac{15}{3} + \frac{10}{2} = 4\text{vol}\%$$

정답 ②

05 ★★☆

다음 중 가연물질로 옳은 것은?

① He(헬륨)
② CO_2(이산화탄소)
③ CO(일산화탄소)
④ SO_3(삼산화황)

해설

일산화탄소는 가연성 물질이다.

관련이론 가연물이 될 수 없는 물질

구분	물질
흡열반응을 하는 물질	질소(N), 질소산화물(NO_x), 수산화알루미늄($Al(OH)_3$), 탄산칼슘($CaCO_3$) 등
자체가 연소하지 않는 물질	콘크리트, 흙 등
불활성 기체	헬륨(He), 네온(Ne), 아르곤(Ar), 크립톤(Kr), 크세논(Xe), 라돈(Rn) 등(주기율표 0족 원소)
산화반응이 완료된 물질	물(H_2O), 이산화탄소(CO_2), 산화알루미늄(Al_2O_3), 산화규소(SiO_2), 오산화인(P_2O_5), 삼산화황(SO_3) 등

정답 ③

06 ★★☆

물질의 상태에 의한 분류 중 기상폭발에 해당되는 것이 아닌 것은?

① 분진폭발 ② 수증기폭발
③ 가스폭발 ④ 분진폭발

해설

수증기폭발은 응상폭발에 해당한다.

관련이론 기상폭발의 종류

- 가스폭발
- 분무폭발
- 분해폭발
- 증기운폭발
- 분진폭발

정답 ②

07 ★★☆

연소에 따른 금속의 산화작용으로 옳지 않은 것은?

① 온도가 높을수록, 노출 시간이 짧을수록 산화의 효과가 많이 나타난다.
② 철이나 강철이 화재에서 산화되었을 때, 처음에는 푸르스름하고 흐린 회색이 된다.
③ 스테인리스 스틸이 심하게 산화되면 흐린 회색을 띠게 된다.
④ 구리는 열에 노출되면 어두운 적색이나 흑색 산화물을 만든다.

해설

금속은 온도가 높고 노출시간이 길수록 산화효과가 많이 나타난다.

정답 ①

08 ★☆☆

다음의 구획실 화재에 대한 설명 중 옳은 것은?

① 대부분 노출된 가연물 표면에 착화되어 가연물이 소진될 때까지 최고의 열방출을 보이는 것은 최성기이다.
② 유염착화에 이르기에는 온도가 낮거나 산소가 부족한 상황에서 연소가 소극적으로 지속되는 것을 롤오버(Rollover)라고 한다.
③ 최성기에는 실내에 있는 산소를 거의 소비시키고 외부로부터 유입된 공기의 영향을 받는 가연물지배형 화재의 양상이 나타난다.
④ 일반적으로 화염전파속도는 수평방향이 수직방향에 비해 20배 정도 빠르다.

선지분석
② 유염착화에 이르기에는 온도가 낮거나 산소가 부족한 상황에서 연소가 소극적으로 지속되는 것은 훈소라고 한다.
③ 최성기에는 실내에 있는 산소를 거의 소비시키고 외부로부터 유입된 공기의 영향을 받는 환기지배형 화재의 양상이 나타난다.
④ 일반적으로 화염전파속도는 수직방향이 수평방향에 비해 20배 정도 빠르다.

정답 ①

09 ★★☆

물질의 연소와 관련이 있는 열관성(Thermal inertia)의 식으로 옳은 것은? (단, k는 열전도도, ρ는 밀도, c는 열용량이다.)

① $\dfrac{c}{k\rho}$
② $\dfrac{\rho}{kc}$
③ $\dfrac{\rho c}{k}$
④ $k\rho c$

해설
열관성은 물체가 열을 전달받을 때 온도가 변화하는 속도를 의미한다. 이는 물체가 자신의 열적 상태를 유지하려는 성질을 나타내며 $k\rho c$로 표현한다.

관련이론 열관성(Thermal inertia)
k(열전도도): 물체가 열을 얼마나 잘 전달하는지를 나타내는 값이다.
ρ(밀도): 물체의 질량 밀도를 나타내는 값이다.
c(비열): 물체가 ℃ 변화에 필요한 열의 양을 나타내는 값이다.

정답 ④

10 ★★☆

정전기의 발생을 예방하기 위한 방법으로 틀린 것은?

① 접지시설을 한다.
② 공기를 이온화 시킨다.
③ 공기 중의 상대습도를 70% 이상으로 한다.
④ 대전을 방지하기 위하여 비전도성물질을 사용한다.

해설
대전을 방지하기 위해서는 전도성물질을 사용해야 한다.

관련이론 정전기 방지대책
• 접지를 한다.
• 공기를 이온화시킨다.
• 상대습도를 70% 이상으로 한다.
• 전도성물질을 사용한다.

정답 ④

11 ★★★

화염의 색이 백적색일 때 불꽃의 온도는?

① 350℃
② 800℃
③ 1,300℃
④ 1,500℃

해설
화염의 색이 백적색일 때 불꽃의 온도는 1,300℃이다.

관련이론 온도별 화염의 색

불꽃색	담암적색	암적색	적색	휘적색	황적색	백적색	휘백색
온도(℃)	520	700	850	950	1,100	1,300	1,500

정답 ③

12 ★★☆

화재가 나타내는 V 패턴의 설명으로 옳지 않은 것은?

① 불꽃과 대류 또는 복사열에 의해서 생성된다.
② 연소가 진행될 때 수직으로 된 벽면에 나타난다.
③ 패턴이 나타내는 각도가 넓으면 연소의 속도가 느리다.
④ 발화지점이 아닌 곳에서도 생성될 수 있다.

해설
V 패턴의 각도는 연소속도와 직접적인 관련이 없다.

관련이론 V 패턴(V pattern)
- 물질 연소 시 가장 흔히 형성되는 패턴이다.
- 불꽃, 대류, 복사열에 의해 발생한다.
- 연소가 진행될 때 수직 벽면에 나타난다.
- 발화지점이 아닌 곳에서도 형성될 수 있다.
- 화재효과의 가장자리를 보여주는 경계선이다.
- 각도는 열방출률, 가연물의 양과 형태, 환기 조건 등에 의해 결정된다.

정답 ③

13 ★☆☆

나트륨, 칼륨 등 금속화재의 분류로 적합한 것은?

① A급 화재
② B급 화재
③ C급 화재
④ D급 화재

해설
나트륨, 칼륨 등 금속화재는 D급화재에 해당한다.

관련이론 금속화재
나트륨, 칼륨, 마그네슘과 같은 가연성 금속의 화재를 말하며 금속화재에 대한 소화기의 적응화재별 표시는 D로 표시하고 있으나 현재 국내의 규정에는 없다.

정답 ④

14 ★★★

목재의 탄화심도를 측정 시 유의사항으로 적합하지 않은 것은?

① 게이지로 측정된 깊이 외에 소실된 부분의 깊이를 더하여 비교하여야 한다.
② 탄화되지 않은 곳까지 삽입될 수 있으므로 송곳과 같은 날카로운 측정기구를 사용한다.
③ 측정기구는 목재와 직각으로 삽입하여 측정한다.
④ 탄화된 요철 부위 중 철(凸)부위를 택하여 측정한다.

해설
송곳과 같은 날카로운 측정기구를 사용하면 탄화되지 않은 곳까지 삽입되어 실제 탄화심도보다 더 깊은 깊이를 측정하게 된다.

관련이론 탄화심도 측정
- 탄화심도란 목재의 표면이 탄화된 깊이를 말하며 수열이 심할수록 탄화심도가 깊어진다.
- 계침은 목재와 직각으로 삽입하여 측정하며 탄화된 요철 부위 중 철(凸:볼록한 부분)부위를 측정한다.
- 게이지로 측정된 깊이 외에 소실된 부분의 깊이를 더하여 비교하여야 한다.

정답 ②

15 ★★★

다음 ( ) 안에 알맞은 숫자는?

> 복사체로부터의 절대온도의 차이가 2배가 되면, 해당 물질의 복사열은 (   )배가 된다.

① 2
② 4
③ 16
④ 32

해설
복사열은 절대온도 4제곱에 비례하므로 온도가 2배 높아지면 복사열은 16배가 된다.

관련이론 스테판-볼츠만 법칙
$$Q = \varepsilon \sigma A T^4$$
Q: 방출되는 복사열에너지(W), ε: 방사율(0~1),
σ: 스테판-볼츠만상수(5.67×10^{-8}W/m² · K⁴), A: 표면적(m²),
T: 표면온도(K)

정답 ③

16 ★★★

V 패턴의 각도에 영향을 미치지 않는 것은?

① 열방출률
② 가연물의 형태
③ 환기의 효과
④ 벽면의 열전도성

해설

V 패턴의 각도는 열방출률과 가연물의 양·형태, 환기효과 등에 의해 결정된다.

관련이론 V 패턴(V pattern)
- 물질 연소 시 가장 흔히 형성되는 패턴이다.
- 불꽃, 대류, 복사열에 의해 발생한다.
- 연소가 진행될 때 수직 벽면에 나타난다.
- 발화지점이 아닌 곳에서도 형성될 수 있다.
- 화재효과의 가장자리를 보여주는 경계선이다.
- 각도는 열방출률, 가연물의 양과 형태, 환기 조건 등에 의해 결정된다.

정답 ④

17 ★★☆

다음 중 화재조사자가 유의해야 할 사항으로 옳은 것은?

① 관계자 또는 목격자의 진술에 근거하여 주관적 방법으로 접근한다.
② 정확한 화재조사를 위해서는 개인의 권리를 침해할 수도 있다.
③ 조사결과에 대한 보안유지와 언론보도에 신중해야 한다.
④ 타 조사기관 상호 간에는 비밀을 유지하여야 한다.

해설

- 화재조사자는 개인의 권리를 침해하면 안 된다.
- 화재조사자는 과학적이고 객관적인 조사를 해야 한다.
- 화재조사자는 법이 부여한 권리와 의무를 초과해서는 안 된다.
- 화재조사관 직무를 이용하여 관계인 등의 민사분쟁에 개입해서는 안 된다.
- 화재조사를 수행하면서 알게 된 비밀을 다른 용도로 사용하거나 누설해서는 안 된다.
- 진술의 자유 또는 신체의 자유를 침해하여 임의성을 의심할 만한 방법을 취해서는 안 된다.

정답 ③

18 ★★★

소방의 화재조사에 관한 법률상 소방본부의 화재조사전담부서에서 갖추어야 할 장비 및 시설 중 화재조사분석실은 몇 m^2 이상의 실을 보유하여야 하는가?

① $10m^2$ 이상
② $20m^2$ 이상
③ $30m^2$ 이상
④ $40m^2$ 이상

해설

화재조사분석실의 구성장비를 유효하게 보존·사용할 수 있고, 환기 및 수도·배관시설이 있는 30㎡ 이상의 실을 보유하여야 한다.

정답 ③

19 ★★☆

얇은 고체 가연물에서 정방향 화염확산에 관한 설명 중 틀린 것은?

① 얇은 고체 가연물에서의 정방향 화염확산은 위로 퍼지는 화염확산에서 발생한다.
② 커튼 위로 화염이 퍼지거나 종이 위로 화염이 퍼지는 것이 대표적인 예이다.
③ 화염확산속도가 역방향 화염확산보다 느리기 때문에 가연물이 활발하게 타는 지역이 매우 짧다.
④ 얇은 고체 가연물은 빨리 발화되지만 빨리 연소되기 때문에 가연물 두께에 따른 화염확산속도의 변화 추이를 만드는 것이 불가능하다.

해설

정방향 화염확산이 역방향 화염확산보다 확산속도가 빠르다.

관련이론 정방향 화염확산
- 순풍 화염확산이라고도 하며 가스와 산소의 농도 차에 의해 위로 퍼지는 확산이다.
- 정방향 화염확산은 화염확산 방향이 가스흐름이나 바람의 방향과 동일할 때 발생한다.
- 커튼 위로 화염이 퍼지거나 종이 위로 화염이 퍼지는 일정한 방향으로의 화염확산이 대표적이다.
- 화염이 벽에서 위로 향하는 경우로 가연물에 화염이 직접 면하기 때문에 연소는 매우 빠르게 진행이 된다.
- 얇은 고체가연물에서는 화염이 가연물 내부로 확산하는데 필요한 시간이 짧아 화염속도의 변화추이를 만들어내기 어렵다.

정답 ③

20 ★★☆

플래시오버 현상과 백드래프트 현상을 비교한 설명으로 옳은 것은?

① 연소속도를 살펴보면 플래시오버에 비하여 백드래프트의 연소속도가 더욱 빠르다.
② 현상 발생 전 가연성 기체의 온도는 플래시오버의 경우 인화점 이상, 백드래프트의 경우 인화점 이하이다.
③ 구획실 내에서 산소가 충분할 때 플래시오버와 백드래프트가 발생한다.
④ 현상의 발생단계를 비교하면 플래시오버는 자연연소단계에서 성화기로 전환되는 사이에서 발생하며 백드래프트는 자유연소단계와 성화기 이후에 발생한다.

해설

백드래프트의 연소속도는 음속에 가까울 정도로 빨라 충격파를 생성한다.

관련이론 백드래프트(Back draft)

- 백드래프트는 주로 성장기와 감쇠기에서 발생한다.
- 백드래프트는 구획실 내 산소가 불충분한 상태에서 발생한다.
- 플래시오버가 성장기에 발생하는 반면 백드래프트는 최성기 이후에 발생한다.
- 구획실 내부는 고온 상태이며 축적된 가연성가스의 온도는 스스로 불이 붙을 수 있는 온도인 발화점 이상으로 인화점보다 훨씬 높은 온도이다.
- 불완전연소된 가연성가스와 열이 집적된 상태에서 다량의 공기가 순간적으로 공급될 때 발생하는 발화현상이다.
- 백드래프트는 연소속도가 음속에 가까울 정도로 빨라 충격파를 생성하므로 소방관들에게 매우 위험하다.

정답 ①

화재감식론

21 ★☆☆

방화를 의심할 수 있는 경우와 가장 거리가 먼 것은?

① 외부침입흔적이 발견되는 경우
② 다른 범죄의 증거가 발견되는 경우
③ 1개의 발화부만 존재하는 경우
④ 액체 가연물의 연소흔적이 관찰되는 경우

해설

방화로 의심할 수 있는 경우는 한 개의 발화부만 존재하는 경우가 아니라 여러 개의 발화부가 존재하는 경우이다.

관련이론 방화를 의심할 수 있는 경우

- 외부침입흔적이 발견되는 경우
- 다른 범죄의 증거가 발견되는 경우
- 여러 개의 발화부가 존재하는 경우
- 액체 가연물의 연소흔적이 관찰되는 경우
- 촉진제의 용기가 발견된 경우

정답 ③

22 ★★☆

산불진화 시 열 스트레스 손상으로 가장 거리가 먼 것은?

① 열 경련
② 탈수 피로
③ 열 발작
④ 혼수상태

해설

산불진화활동은 극심한 고온, 높은 습도, 연기 흡입 등 열적 스트레스 요인이 많은 환경에서 이루어진다. 이러한 열적 스트레스는 신체에 심각한 영향을 미쳐 열 경련, 열 탈진, 열사병 등을 유발할 수 있다.

정답 ④

23

★★☆

플라스틱의 일반적인 연소특성으로 틀린 것은?

① 폴리염화비닐은 연소되면 염화수소 가스가 발생한다.
② 열가소성 플라스틱에는 아미노수지, 페놀수지, 에폭시수지 등이 있다.
③ 플라스틱은 일반적으로 저분자 물질과 달리 온도에 따른 상변화가 명확하지 않다.
④ 열경화성 플라스틱은 화염에 노출되면 표면이 고체 숯과 같이 되는 경향 때문에 내부로의 연소확대가 지연된다.

해설
열경화성 수지에는 에폭시수지, 폴리에스터, 폴리우레탄, 페놀수지, 멜라민수지, 우레아수지 등이 있다.

관련이론 플라스틱의 연소특성

구분	종류
열경화성 수지	에폭시수지, 폴리에스터, 폴리우레탄, 페놀수지, 멜라민수지, 우레아수지 등
열가소성 수지	폴리에틸렌, 폴리프로필렌, 폴리스티렌, 폴리염화비닐, 아크릴 등

정답 ②

24

★★☆

차량화재 발화지점 판정의 유의사항으로 틀린 것은?

① 차체 강판의 소손에 의한 변색의 차이를 자세히 관찰하여 출화개소를 판정하되 회색이 암청색보다 높은 온도에서 소손된 경우이다.
② 타이어로 출화개소를 추정하는 경우 앞, 뒷 바퀴 타이어 4개의 소손상태를 비교하여 타이어 중 가장 소손이 심한 개소가 출화개소에 가까운 경우가 많다.
③ 연료, 오일 등에 대한 연소 확대를 고려하여 판정했을 때 차량 하부에서 상부로 소손이 연결되어 연소 확대된 부분이 출화개소에 가까운 경우가 많다.
④ 차량 하부의 소손이 여러 곳에서 국부적으로 일어나 있을 경우, 각각 소손부에서 상부로 타 올라감을 조사할 필요가 있다.

해설
차체 강판의 소손에서 암청색이 회색보다 높은 온도에서 만들어진다.

관련이론 차량화재의 발화지점 판정

- 차체 변색 확인
  차체 강판은 온도에 따라 색깔이 변해 표면도료가 열화되어 회색 및 백색이 먼저 나타나며 암청색은 이후 더 높은 온도에서 나타난다.
- 연소 방향 및 확산
  연소 방향과 확산은 발화지점을 추정하는 데 중요한 단서로 차체 하부에서 상부로 연소 확대되는 경우, 하부가 발화지점과 가깝다.
- 전기적 흔적 확인
  차량 화재 시 전기 단락, 용융흔적이 발생하는데 이러한 전기적 흔적을 통해 발화지점을 찾을 수 있다.
- 화재현장 조사
  화재 발생 시 현장 조사 및 감식을 통해 발화지점 및 화재원인 등을 파악할 수 있다.
- 가연물 및 발화원 특정
  발화지점 주변의 구성품과 부품 등을 관찰하여 가연물과 발화원의 특성을 파악할 수 있다.

정답 ①

25 ★★★
방화의 주요 동기가 아닌 것은?

① 실수
② 보복
③ 보험사기
④ 범죄은폐

해설
실수는 방화의 주요 동기에 해당하지 않는다.

관련이론 방화동기
- 단순 우발적
- 정신이상
- 보험사기
- 사회적 반감
- 기타
- 불만해소
- 싸움
- 보복(손해목적)
- 채권, 채무
- 미상
- 가정불화
- 비관자살
- 범죄은폐
- 시위

정답 ①

26 ★★☆
전기다리미에 200V의 전압을 가했더니 3A의 전류가 흘렀다. 이때 전기다리미가 소비하는 전력(W)은?

① 150
② 300
③ 400
④ 600

해설
소비전력을 구하는 공식은 다음과 같다.
$$P = VI$$
P: 소비전력(W), V: 전압(V), I: 전력(A)
$P = 200 \times 3 = 600W$

정답 ④

27 ★☆☆
항공기에서 화재감지장치(Fire detection system)가 설치되지 않는 곳은?

① 화장실(Lavatory)
② 연료탱크(Fuel tank)
③ 바퀴실(Wheel well)
④ 블리드에어 덕트(Bleed air duct)

해설
항공기에서 연료탱크에는 화재감지장치를 설치하지 않는다.

관련이론 항공기의 화재감지장치 장소
- 화장실
- 화물칸
- 바퀴실
- 블리드 에어 덕트

정답 ②

28 ★☆☆
항공기화재에서 가연성 금속화재의 분류(Class)로 옳은 것은?

① Class A
② Class B
③ Class C
④ Class D

해설

분류	가연물 종류
Class A	일반가연물(나무, 종이, 천 등)
Class B	인화성액체(휘발유, 오일 등)
Class C	전기화재(누전, 과부하, 스파크 등)
Class D	가연성 금속화재(리튬, 나트륨, 마그네슘)

정답 ④

29 ★☆☆

다음 폭발 중 기상폭발에 해당하는 것이 아닌 것은?

① 가스폭발
② 분진폭발
③ 분무폭발
④ 금수성 물질이 물과 접촉

해설
금수성물질이 물과 접촉하는 폭발은 응상폭발에 해당한다.

관련이론 기상폭발의 종류
- 가스폭발
- 분해폭발
- 분진폭발
- 분무폭발
- 증기운폭발

정답 ④

30 ★☆☆

어떤 도체의 단면을 0.5초간에 0.032C의 전하가 이동했을 때, 흐르는 전류(I)의 크기는?

① 16mA
② 32mA
③ 64mA
④ 128mA

해설
전류(I)의 크기를 구하는 공식은 다음과 같다.
$$I = \frac{Q}{t}$$
I: 전류(A), t: 시간(초), Q: 전하량

$I = \dfrac{0.032}{0.5} = 0.064A = 64mA$

※1C은 전류 1A가 1초 동안 흘렀을 때 이동한 전하의 양이다.

정답 ③

31 ★★★

인화성 기체(고압가스)의 폭발사고 조사 시 용기의 색은 기체 종류 파악에 중요하다. 기체의 종류에 따른 용기의 색이 옳게 연결된 것은?

① 수소 – 주황색
② 아세틸렌 – 녹색
③ 액화암모니아 – 회색
④ LPG – 백색

해설

가스종류	용기색상
LPG(액화석유가스)	회색
액화암모니아	백색
아세틸렌	황색
액화염소	갈색
액화탄산가스	청색(의료용: 회색)
산소	녹색(의료용: 백색)
수소	주황색

정답 ①

32 ★★★

석유류의 연소특성에 대한 설명 중 틀린 것은?

① 휘발성이 낮은 중질유는 미세한 크기로 미립화하여 분무 연소한다.
② 휘발유, 등유는 증기비중이 공기보다 크기 때문에 증발한 증기는 낮은 곳에 체류한다.
③ 원유탱크의 화재가 장시간 지속되면 고온층이 형성되어 유류화재의 위험한 현상들이 나타날 수 있다.
④ 대부분의 석유류가 포함되어 있는 제4류 위험물은 인화점이 높고, 연소하한계가 높아서 화재위험성이 크다.

해설
대부분의 석유류가 포함되어있는 제4류 위험물은 인화점 및 연소하한계가 낮아서 화재위험성이 크다.

정답 ④

33 ★★☆

석유류를 사용한 방화현장에서 수거한 증거물로부터 화재원인 물질을 밝혀내기 위해 사용하는 가장 일반적인 분석기기로 옳은 것은?

① 원소분석기
② 질량분석기
③ 이온교환수지
④ 가스크로마토그래피

해설

가스크로마토그래피는 복잡한 혼합물에서 개별 화학성분을 분리하여 정량화할 수 있는 장치이다.

정답 ④

34 ★★☆

측정원리에 의한 분류 중 산업용으로 사용되는 추측식 가스 계량기에 해당하는 것은?

① 터빈형
② 드럼(Drum)식
③ 회전식(루트식)
④ 막식(다이어프램식)

해설

추측식 가스 계량기는 가스가 흐를 때 발생되는 운동에너지를 이용하여 가스 사용량을 측정하는 방식으로 주로 터빈식 가스 계량기가 이에 속한다.

관련이론 가스 계량기의 종류

구분	유형	용도
실측식	회전식(루트식)	산업용
	막식(다이어프램식)	가정용
	드럼식(Drum)	기준기 검사용
추측식	터빈형	산업용

정답 ①

35 ★★★

다음 표에 있는 가스를 위험도가 큰 것부터 순서대로 나열한 것으로 옳은 것은?

종류	폭발하한계(vol%)	폭발상한계(vol%)
수소	4.0	75.0
산화에틸렌	3.0	80.0
이황화탄소	1.25	44.0
아세틸렌	2.5	81.0

① 아세틸렌 > 산화에틸렌 > 이황화탄소 > 수소
② 아세틸렌 > 산화에틸렌 > 수소 > 이황화탄소
③ 이황화탄소 > 아세틸렌 > 수소 > 산화에틸렌
④ 이황화탄소 > 아세틸렌 > 산화에틸렌 > 수소

해설

가스의 위험도(H)를 구하는 공식은 다음과 같다.

$$H = \frac{U-L}{L}$$

H: 위험도, L: 연소하한계(vol%), U: 연소상한계(vol%)

① 수소의 위험도 $= \frac{75.0-4.0}{4.0} = 17.75$

② 산화에틸렌의 위험도 $= \frac{80.0-3.0}{3.0} = 25.67$

③ 이황화탄소의 위험도 $= \frac{44.0-1.25}{1.25} = 34.2$

④ 아세틸렌의 위험도 $= \frac{81.0-2.5}{2.5} = 31.4$

이므로, 이황화탄소 > 아세틸렌 > 산화에틸렌 > 수소 순이다.

정답 ④

36 ★☆☆

메탄 4g을 완전연소시키면 이산화탄소 몇 mol이 생성되는가?

① 2
② 1
③ 0.5
④ 0.25

해설

$CH_4 + 2CO_2 \rightarrow CO_2 + 2H_2O$

① 1mol의 H_2O의 질량: 2 + 16 = 18g
② 1mol의 CO_2의 질량: 12 + 32 = 44g
③ 1mol의 CH_4의 질량: 12 + 4 = 16g

메탄 16g을 완전연소시키면 1몰의 이산화탄소가 생성되므로 메탄 4g을 완전연소시키면 0.25몰의 이산화탄소가 생성된다.

정답 ④

37

다음 수종 중 내화력이 가장 강한 수종은?

① 소나무 ② 아까시나무
③ 벚나무 ④ 동백나무

해설
소나무, 아까시나무, 벚나무는 내화력이 약한 수종이다.

관련이론 내화력에 따른 수종

구분	수종
내화력이 강한 수종	사시나무, 사철나무, 가문비나무, 가중나무, 가시나무, 참나무, 느티나무, 마가목, 음나무, 협죽도, 수수꽃다리, 고로쇠나무, 네군도단풍, 대왕송, 개비자나무, 황벽나무, 후피향나무, 빗죽이나무, 동백나무, 굴거리나무, 고광나무, 향나무, 분비나무, 잎갈나무, 은행나무, 아왜나무, 회양목, 피나무, 버드나무, 전나무
내화력이 약한 수종	소나무, 해송, 삼나무, 편백, 녹나무, 구실잣밤나무, 유칼리나무, 아까시나무, 참죽나무, 능수버들, 벽오동나무, 벚나무, 조릿대

정답 ④

38

화재조사 시 나타날 수 있는 나트륨의 연소 특징으로 옳은 것은?

① 화재초기의 불꽃색은 보라색이다.
② 출화 부근에 남아 있는 물을 리트머스 시험지로 조사하면 산성을 나타낼 가능성이 크다.
③ 나트륨이 연소되고 남은 표면에는 끈적끈적한 흰색의 수산화나트륨이 남아있을 수 있다.
④ 물을 강하게 분해하여 다량의 아세틸렌을 발생시켜 공기와 접촉하여 폭발적으로 연소한다.

해설
나트륨의 불꽃색은 노란색이다.

관련이론 나트륨의 연소특징
- 나트륨의 불꽃색은 노란색이며 강한 알카리성을 띤다.
- 나트륨은 물과의 반응성이 높아 격렬하게 반응하며 수소기체를 생성한다.
- 나트륨은 물과 반응하였을 때 수산화나트륨이 생성된다.

정답 ③

39

다음 중 파라핀계 탄화수소에 대한 설명으로 옳지 않은 것은?

① 상온, 상압에서 메탄, 에탄, 프로판, 부탄은 기상(기체)으로 존재한다.
② 펜탄은 이성질체가 3개이다.
③ 탄소-탄소간의 결합은 단일공유결합이다.
④ 탄소수가 증가함에 따라 비점이 낮아진다.

해설
파라핀계 탄화수소는 탄소수가 많아질수록 비점, 인화점, 발열량이 증가하고 발화점, 증기압, 연소하한계, 연소범위, 연소속도는 낮아진다.

정답 ④

40

다음 중 층류화염에 해당하는 것은?

① 모닥불의 불꽃
② 양초의 불꽃
③ 화재현장 개구부로 솟는 불꽃
④ 20kg의 LPG 용기에서 분출되고 있는 가스의 불꽃

해설
층류화염은 흐름이 층을 이루며 난류화염과 같이 섞이지 않고 순서대로 연소하는 화염으로 양초의 불꽃은 분자확산에 의해 지배되는 대표적인 층류화염이다.

정답 ②

증거물관리 및 법과학

41 ★★★
액체증거물 수집에 대한 설명으로 틀린 것은?

① 액체 탄화수소물의 밀봉을 위해서 고무로 만들어진 링이나 혹은 고무마개를 지니고 있는 병을 사용하여야 한다.
② 적은 양의 액체는 피펫 혹은 깨끗한 흡수섬유, 거즈 혹은 탈지면에 흡수시키고 적절한 밀폐용기에 그것을 밀봉할 수 있다.
③ 의심스러운 가연성 액체가 콘크리트에서 발견된다면 습식 브러시로 쓸어 담거나 흡수성 재질을 펼쳐 흡수시킨다.
④ 흡수제는 별도의 캔에 밀봉되어 보관되어야 한다.

해설
고무마개는 파손의 위험이 있어 마개는 유리, PTFE(폴리테트라플루오로에틸렌), 내유성의 내부판이 부착된 플라스틱, 금속의 스크루 마개를 사용해야한다.

관련이론 유리병 용기의 특징
- 가격이 저렴하고 구하기 쉽다.
- 용기를 열지 않고도 내용물을 확인할 수 있다.
- 휘발성 액체의 증발을 막을 수 있다.
- 액체·고체 촉진제 증거물을 장기간 저장할 수 있다.
- 대량 저장이 어렵고 장기간 보관 시 파손 위험이 있다.
- 고무 밀봉 시 파손 위험이 크다.
- 코르크 마개는 휘발성 액체 보관에 부적합하며, 빛에 민감한 시료는 짙은 색 용기를 사용해야 한다.
- 마개는 유리, PTFE(폴리테트라플루오로에틸렌), 내유성 플라스틱, 금속 스크루 마개 등을 사용한다.

정답 ①

42 ★★☆
화재열로 파손된 유리의 특징으로 옳은 것은?

① 열분해가 일어나면 리플마크가 형성된다.
② 열분해가 일어나면 월러라인이 형성된다.
③ 열에 의해 깨진 유리는 방사형 파손흔적이 관찰된다.
④ 유리의 단면을 관찰하면 열 또는 충격에 의한 원인을 구분할 수 있다.

해설
열에 의해 깨진 유리의 형태는 불규칙하고 충격에 의해 깨진 유리는 리플마크, 월러라인, 방사형, 동심원 등의 형태를 보인다.

관련이론 유리의 파괴
- 충격에 의한 파괴
  충격부위를 중심으로 방사형 파손형태를 횡으로 잇는 동심원 파손이 생기며, 파손면에는 물결모양의 리플마크가 관찰되는데 리플마크는 방향성을 가져 파괴 시작 지점과 충격방향을 알 수 있는 단서가 된다.
- 열에 의한 파괴
  - 완만한 곡선 형태의 불규칙하고 구불구불한 균열이 발생하며, 파단면은 충격에 의한 파괴와 달리 리플마크가 없는 매끄러운 형태를 보인다.
  - 유리창은 복사열을 받은 중앙부와 창틀에 의해 보호된 부분의 온도 차가 약 70℃ 이상일 때 금이 가기 시작한다.
- 압력에 의한 파괴
  - 화재 압력은 약 $0.014 \sim 0.028 kPa$으로 보통 창유리 파괴에는 $2.07 \sim 6.90 kPa$가 필요하기 때문에 일반적인 화재 시 발생하는 압력만으로 유리창이 파괴되기는 어렵다.
  - 폭발에 의한 압력은 구획실 내의 외벽이나 창문, 출입문의 유리에 압력에 의한 파괴를 초래할 수 있다.
  - 압력에 의한 파괴는 방사형보다 평행선에 가까운 균열로 파괴되며 충격에 의한 파괴와 달리 동심원 형태는 나타나지 않고 각 파편이 단독적으로 파괴된다.

정답 ④

43 ★★☆

전선 중 연선이 절연피복 내에서 일부 단선되어 그 부분에서 단선과 이어짐을 되풀이하는 상태는?

① 반단선　　② 트래킹
③ 흑연화　　④ 누전

해설

반단선은 전선 중 연선이 절연피복 내부에서 일부 단선되어 그 단선된 부분이 접촉과 분리를 반복하는 상태를 말한다.

관련이론 반단선

- 전선의 절연 피복 내에서 일부만 단선되어 끊임없이 단선과 이어짐을 반복하는 상태를 말한다.
- 반단선이 일어나면 단면적이 감소되어 전류가 흐를 때 저항이 증가하고 발열된다.
- 반단선 지점의 저항 증가와 접촉 불량으로 인해 발생한 열로 소선이 녹아 끊어지거나, 과열된 전선 피복이 녹아 불이 붙을 수 있다.

정답 ①

44 ★★☆

증거물의 수집에 관한 고려사항으로 가장 옳은 것은?

① 등유와 같은 탄화수소계 액체 위험물은 물과 쉽게 혼합된다.
② 화재 촉진제로 사용되는 휘발유와 같은 인화성 액체는 상온에서 자연발화 하지 않는다.
③ 고체 표본을 수집할 때 용기에 가득 채운다.
④ 경유와 같이 흔히 사용되는 화재 촉진제 증기는 공기보다 더 가볍다.

해설

화재 촉진제로 사용되는 휘발유와 같은 인화성 액체는 상온에서 자연발화 하지 않는다.

관련이론 증거물 수집 시 고려사항

- 등유와 같은 탄화수소계 액체 위험물은 물과 혼합되지 않는다.
- 화재 촉진제로 사용되는 휘발유와 같은 인화성 액체는 상온에서 자연발화 하지 않는다.
- 고체, 액체 표본을 수집할 때 $\frac{2}{3}$ 이상 채우지 않는다.
- 경유와 같이 흔히 사용되는 화재 촉진제 증기는 공기보다 더 무겁다.

정답 ②

45 ★☆☆

화재조사와 관련한 질문의 원칙으로 옳지 않은 것은?

① 질문을 할 때에는 시기, 장소 등을 고려하여 피 질문자의 임의진술을 얻도록 하여야 한다.
② 질문을 할 때에는 기대나 희망하는 진술내용을 얻기 위하여 상대방에게 암시하는 등의 방법으로 임의진술을 하여야 한다.
③ 소문 등에 의한 사항은 그 사실을 직접 경험한 사람의 진술을 얻도록 하여야 한다.
④ 관계자 등에 대한 질문사항은 질문기록서에 작성하여 그 증거를 확보한다.

해설

희망하는 진술내용을 얻기 위하여 상대방에게 암시하는 등의 방법으로 유도해서는 안 된다.

관련이론 관계자 등에 대한 질문사항

- 관계인 질문은 시기·장소를 고려해 임의진술을 얻어야 하며, 자유를 침해하는 방법을 사용해서는 안 된다.
- 원하는 진술을 얻기 위해 암시 등의 방법으로 유도해서는 안 된다.
- 소문에 의한 진술일 경우 직접 경험한 관계자의 진술을 확보해야 한다.
- 질문 내용은 반드시 질문기록서에 작성하여 그 증거를 확보해야 한다.

정답 ②

46 ★★☆
화재조사와 관련하여 관계자에게 질문 시 유의사항으로 틀린 것은?

① 질문내용을 사전에 준비한다.
② 희망하는 진술내용을 얻기 위하여 먼저 신분을 밝히지 않는 것이 좋다.
③ 희망하는 진술내용을 얻기 위하여 상대방에게 암시하는 등의 방법으로 유도하여서는 안 된다.
④ 소문 등에 의한 사항은 그 사실을 직접 경험한 사람의 진술을 얻도록 하여야 한다.

해설
질문자는 먼저 자기신분을 밝혀야 한다.

관련이론 관계자에게 질문 시 유의사항
- 질문자는 자기신분을 밝힌다.
- 피질문자에 대한 선입견을 배제한다.
- 관계자에는 초기소화자, 피난자, 출동한 소방관도 포함된다.
- 유도질문이나 상대방의 감정을 도발하는 질문을 하지 않는다.

정답 ②

47 ★☆☆
증거물 수집용기 중 모양과 크기가 다양하고 보관이 편리하며 휘발성 액체의 오염 방지의 장점을 가진 것은?

① 금속 캔
② 유리병
③ 특수증거물 봉투
④ 일반 플라스틱 용기

해설
특수증거물 봉투는 증거물 수집용기 중 모양과 크기가 다양하고 보관이 편리하여 휘발성 액체의 오염을 방지할 수 있다.

정답 ③

48 ★★☆
화재현장 증거물의 수집 기본원칙에 대한 설명으로 틀린 것은?

① 맨손으로 만지지 말고 일회용 장갑을 착용하여 오염을 최소화한다.
② 증거물에 부착된 오염물질을 강제로 털어 내거나 떼어 내려고 하지 않도록 한다.
③ 증거물 수집은 가능한 한 빨리 수거하도록 한다.
④ 다른 곳에서 발견된 동일한 물질은 같은 용기에 넣어 수거한다.

해설
다른 곳에서 발견된 동일한 물질은 별도의 용기에 넣어 수거한다.

관련이론 증거물의 수집 기본원칙
- 증거물 수집은 가능한 빨리 수거하도록 한다.
- 가급적으로 증거물 전체를 수집 또는 채취한다.
- 다른 곳에서 발견된 동일한 물질은 별도의 용기에 넣어 수거한다.
- 맨손으로 만지지 말고 일회용 장갑을 착용하여 오염을 최소화한다.
- 증거물에 부착된 오염물질을 강제로 털어 내거나 떼어 내려고 하지 않도록 한다.
- 채취된 증거물의 물질이 상이한 때에는 서로 섞이지 않도록 분리하여 채취, 보관한다.
- 감정의뢰서에 증거물을 수집, 채취한 경과와 사건개요를 기술한다.

정답 ④

49 ★★☆
외부에서 열이 가해지면 열에 의한 손상의 범위를 결정하는 사항으로 가장 거리가 먼 것은?

① 가연물의 양
② 가해진 온도
③ 열이 가해진 시간
④ 과다한 열을 배출하는 체표면의 능력

해설
가연물의 양이 많을수록, 가해진 온도가 높을수록, 가해진 시간이 길수록 열에 의한 손상범위는 넓어진다.

관련이론 화상심도의 결정요인
- 열의 강도
- 열 노출시간
- 피부의 예민도
- 체표면의 열배출 능력

정답 ④

50 ★★★

화재증거물수집관리규칙상 현장사진 및 비디오 촬영 시 유의사항에 대한 설명으로 틀린 것은?

① 최초 도착하였을 때의 원상태를 그대로 촬영하고 진압 순서에 따라 촬영
② 현장사진 및 비디오 촬영할 때에는 연소확대 경로 및 증거물 기록에 대한 번호표와 화살표를 표시 후에 촬영
③ 증거물을 촬영할 때에는 그 소재와 상태가 명백히 나타나도록 하며, 필요에 따라 구분이 용이하게 번호표 등을 넣어 촬영
④ 화재현장의 특정한 증거물 등을 촬영함에 있어서는 그 길이, 폭 등을 명백히 하기 위하여 측정용 자 또는 대조도구를 사용하여 촬영

해설

최초 도착하였을 때의 원상태를 그대로 촬영하고, 화재조사의 진행순서에 따라 촬영한다.

관련이론 현장사진 및 비디오 촬영 시 유의사항

- 최초 도착하였을 때의 원상태를 그대로 촬영하고, 화재조사의 진행순서에 따라 촬영한다.
- 증거물을 촬영할 때는 그 소재와 상태가 명백히 나타나도록 하며, 필요에 따라 구분이 용이하게 번호표 등을 넣어 촬영한다.
- 화재현장의 특정한 증거물 등을 촬영함에 있어서는 그 길이, 폭 등을 명백히 하기 위하여 측정용 자 또는 대조도구를 사용하여 촬영한다.
- 화재상황을 추정할 수 있는 다음 대상물의 형상은 면밀히 관찰 후 자세히 촬영한다.
  - 사람, 물건, 장소에 부착되어 있는 연소흔적 및 혈흔
  - 화재와 연관성이 크다고 판단되는 증거물, 피해물품, 유류
- 현장사진 및 비디오 촬영과 현장기록물 확보 시에는 연소확대 경로 및 증거물 기록에 대한 번호표와 화살표 등을 활용하여 작성한다.

정답 ①

51 ★☆☆

화재 당시 살아있었음을 나타내는 생활반응으로 맞는 것은?

① 시반이 없다.
② 머리가 그을렸다.
③ 기도에 매연이 부착되었다.
④ 피부가 진피까지 탄화되었다.

해설

기도에 매연이 있다면 사망 전 호흡이 있었다는 것으로 화재 당시 살아있었음을 나타내는 생활반응에 해당한다.

정답 ③

52 ★★★

피하지방을 포함한 피부 전층이 침범되는 화상으로, 외견상 건조하고 회백색을 띠며 수포가 발생하지 않는 화상은 몇 도 화상인가?

① 1도
② 2도
③ 3도
④ 4도

해설

3도 화상은 피하지방을 포함한 피부 전층이 침범되는 화상이다.

관련이론 화상단계에 따른 증상

화상단계	증상
1도 (홍반)	• 열에 의하여 피부가 붉어지고 국부적인 피부충혈과 피부가 부어오르는 화상이다. • 모세혈관의 충혈로 인하여 종창과 더불어 홍반만 보이기 때문에 홍반성 화상이라고 한다.
2도 (수포)	• 국부적인 화상으로 표피와 함께 진피까지 손상되는 화상이다. • 피부에 물집이 생기고 수포주위에 홍반을 보이며, 혈액 침하가 일어나더라도 홍반만 남는다.
3도 (괴사)	• 피하지방을 포함한 피부 전층이 침범되는 화상이다. • 화상의 정도가 매우 심해 신경 및 조직이 파괴되고 자연적 재생이 불가능하여 피부이식을 해야한다. • 외견상 건조하고 회백색을 띠며 수포가 발생하지 않는다. • 부스럼 딱지 또는 생체 내의 피부조직이나 세포가 죽는 응고성 괴사에 빠지므로 괴사성 화상이라고도 한다.
4도 (탄화)	3도 증상을 넘어 피부가 탄화되는 정도까지의 화상이다.

정답 ③

53

화재사 또는 흡연과 관련된 CO-Hb의 농도에 관한 설명으로 맞는 것은?

① 일반적으로 비흡연자의 CO-Hb 농도는 0.01%이다.
② 40% 이상의 CO-Hb 농도는 CO자체만으로 사망할 수 있는 수치이다.
③ 일반적으로 하루 두갑 이상 흡연하는 사람의 CO-Hb 농도는 3~8%이다.
④ 40% 이하의 CO-Hb 농도는 산소부족, 심정지 또는 열화상으로 사망할 수 있다.

선지분석
① 일반적으로 비흡연자의 CO-Hb 농도는 0.5~1%이다.
③ 하루에 두갑 이상 흡연하는 사람의 CO-Hb 농도는 5~10%이다.
④ 40% 이하의 CO-Hb 농도는 극심한 두통, 구토, 산소부족으로 인한 실신을 유발할 수 있다.

정답 ②

54

건강한 성인이 극심한 두통, 어지럼, 의식장애, 멀미, 구토 및 산소부족으로 인한 실신을 유발하는 혈중 일산화탄소 농도는?

① 10~20% ② 20~30%
③ 30~40% ④ 40~50%

해설
혈중 일산화탄소 농도가 30~40% 일 때 극심한 두통, 어지럼증, 의식장애, 멀미, 구토 및 산소부속으로 인한 실신을 유발할 수 있다.

관련이론 일산화탄소-헤모글로빈(CO-Hb)농도

농도(%)	증상
10~20	가벼운 두통
20~30	정서불안, 중증 두통
30~40	극심한 두통, 구토, 산소부족으로 인한 실신유발
40~50	의식장애, 호흡곤란
50~60	혼수상태, 경련
60~70	의식혼탁, 호흡중추마비
80	사망

정답 ③

55

화재로 인하여 사망에 이른 사체에 관한 설명으로 가장 거리가 먼 것은?

① 일산화탄소가 헤모글로빈과 결합함으로써 체내 산소의 공급이 차단되어 사망한다.
② 일산화탄소 흡입으로 인하여 사망하면 암선색의 시반이 나타난다.
③ 기도, 폐 등의 호흡기에서 발견되는 그을음은 화재 당시 생존해 있었음을 나타내는 증거가 될 수 있다.
④ 일산화탄소를 흡입한 것으로 화재 당시 생존해 있었음에 대한 증거가 될 수 있다.

해설
일산화탄소 흡입으로 인하여 사망하면 선홍색 시반이 나타난다.

정답 ②

56

화재현장의 증거물 시료 채취 시 유의사항이 아닌 것은?

① 가급적 증거물 전체를 수집 또는 채취
② 동일한 물질이 있었을 때는 채취하지 않고 내용만 기술
③ 감정의뢰서에 증거물을 수집, 채취한 경과와 사건개요를 기술
④ 채취된 증거물의 물질이 상이할 때에는 서로 섞이지 않도록 분리하여 채취, 보관

해설
다른 곳에서 발견된 동일한 물질은 별도의 용기에 넣어 수거한다.

관련이론 증거물의 수집 기본원칙
- 맨손으로 만지지 말고 일회용 장갑을 착용하여 오염을 최소화한다.
- 증거물에 부착된 오염물질을 강제로 털어 내거나 떼어 내려고 하지 않도록 한다.
- 증거물 수집은 가능한 빨리 수거하도록 한다.
- 다른 곳에서 발견된 동일한 물질은 별도의 용기에 넣어 수거한다.
- 가급적으로 증거물 전체를 수집 또는 채취한다.
- 채취된 증거물의 물질이 상이한 때에는 서로 섞이지 않도록 분리하여 채취, 보관한다.
- 감정의뢰서에 증거물을 수집, 채취한 경과와 사건 개요를 기술한다.

정답 ②

57 ★☆☆

0.3%의 농도에서 즉시 사망할 수 있으며 질소성분을 가지고 있는 합성수지, 동물의 털, 인조견 등의 섬유가 불완전연소 시 발생하는 맹독성 가스로 옳은 것은?

① 암모니아
② 포스겐
③ 염화수소
④ 시안화수소

해설

시안화수소는 0.3%의 농도에서 즉시 사망할 수 있으며 질소성분을 가지고 있는 합성수지, 동물의 털, 인조견 등의 섬유가 불완전연소 시 발생하는 맹독성 가스에 해당한다.

정답 ④

58 ★★☆

화재현장 촬영 시 유의사항이 아닌 것은?

① 각 방위별로 출화의 방향성에 착안하여 구조물의 형태를 확인하여 촬영한다.
② 발화건물과 인접 도로 및 주변 건물과 경계선을 파악하여 촬영한다.
③ 높은 곳에서 전체를 관찰하고 연소확대 상황을 관찰하여 촬영한다.
④ 너무 많은 사진 자료는 혼란을 야기하므로 사진촬영은 발화대상물에만 초점을 맞추어 촬영한다.

해설

현장사진은 자료 확보를 위해 충분히 촬영한다.

관련이론 화재현장 촬영 시 유의사항
- 발화지점을 중심으로 연소확산 상황을 촬영한다.
- 화재대상물과 주변 위치관계가 드러나도록 촬영한다.
- 소실 부위만 국소적으로 촬영하기 보다 전체를 함께 담는다.
- 증거물이 발견되면 기록 · 촬영 후 이동한다.
- 외부 촬영은 먼 거리에서 대상물 전면이 보이도록 한다.
- 현장사진은 자료 확보를 위해 충분히 촬영한다.
- 연소 · 탄화 형태를 조사자의 시각이 아닌 객관적으로 촬영한다.
- 불필요한 피사체(인물 등)는 배제한다.
- 접사 촬영 시 배경막을 설치한다.
- 각 방위별로 출화 방향성과 구조물 형태를 확인하며 촬영한다.
- 발화건물과 인접 도로 · 주변 건물 · 경계선을 포함해 촬영한다.
- 높은 곳에서 전체와 연소 확대 상황을 관찰하며 촬영한다.

정답 ④

59 ★★☆

전기기기 또는 구성품에 대한 증거물 수집 방법으로 틀린 것은?

① 전기적 증거물이 발견된 상태를 가능한 한 그대로 보존해야한다.
② 제품 내 전기적 특이점이 발견된다면 해당 부분만 수거하는 것이 효과적이다.
③ 일부 남은 전선 피복을 검사할 수 있도록 가능한 전선을 길게 수집해야 한다.
④ 전기기기를 전체적으로 제거하는 것이 불가능한 경우 제자리에 안전하게 놓는 것이 좋다.

해설

제품 내 전기적 특이점이 발견된다면 해당 부분만 수거하는 것이 아니라 중요 부품이나 전원 케이블 및 연료 공급 배관 등 구성품들을 포함해야한다.

관련이론 전기설비 구성부품의 수집
- 제품 내 전기적 특이점이 발견된다면 상태 그대로 보존해 수거한다.
- 전기설비나 구성부품의 수집 전에 전원의 차단 여부를 확인해야 한다.
- 전선은 가급적 남아있는 피복까지 검사할 수 있도록 길게 수집하도록 한다.
- 전기 제품의 경우 중요 부품, 전원 케이블 및 연료 공급 배관 등 구성품들을 포함한다.
- 전기기기를 전체적으로 제거하는 것이 불가능한 경우 제자리에 안전하게 놓는 것이 좋다.
- 전기 제품에 대한 분해조사 또는 수집과 이송은 증거물의 발견 당시 상태를 유지하도록 최선을 다해야 한다.

정답 ②

60 ★★★

화재현장에서 진압대원의 역할과 책임에 관한 설명으로 옳지 않은 것은?

① 소화활동 시 화재조사를 고려하여 불필요한 파괴작업을 지양한다.
② 증거물을 발견하였을 경우 현장지휘자에게 보고하여야 한다.
③ 직사직수로 방수할 경우 최대한 발화지점을 훼손하지 않도록 주의하여야 한다.
④ 화재진압대원은 신속 정확한 진압이 우선이므로 현장보존은 생각할 필요가 없다.

해설
화재진압대원은 현장보존을 위해 화재진압과정에서 높은 수압은 증거물을 훼손할 수 있음을 인지해야 한다.

관련이론 현장보존을 위한 진압대원의 역할 및 주의사항
- 잔불을 정리하는 동안 남아있는 증거물이 훼손되지 않게 주의한다.
- 화재현장에 있는 설비, 기구 또는 시설의 손잡이를 돌리거나 작동 스위치를 켜는 것을 자제한다.
- 화재현장에서 석유류 연료를 사용하는 장비를 사용하거나 재급유하는 것을 자제한다.
- 사망이 확인된 사체는 현장보존을 위해 그 위치를 변경하여서는 안 된다.
- 잔불정리 시에 필요 이상으로 물건을 옮기거나 쓰러뜨리지 않도록 한다.
- 화재진압과정에서 높은 수압은 증거물을 훼손할 수 있음을 인지해야 한다.
- 부득이하게 파괴되거나 변경되었을 때는 그 내용을 기록해 추후에라도 화재조사관에게 전달하여야 한다.

정답 ④

화재조사보고 및 피해평가

61 ★★★

화재로 인한 공구 및 기구의 소손 정도에 따른 손해율 중 틀린 것은?

① 50% 이상 소손되고 그을음 및 수침오염 정도가 심한 경우: 100%
② 손해 정도가 다소 심한 경우: 70%
③ 손해 정도가 보통인 경우: 30%
④ 오염·수침손의 경우: 10%

해설
손해정도가 다소 심한 경우의 손해율은 50%이다.

관련이론 공구·기구의 소손 정도에 따른 손해율

화재로 인한 피해정도	손해율(%)
50%이상 소손되고 그을음 및 수침오염 정도가 심한 경우	100
손해 정도가 다소 심한 경우	50
손해 정도가 보통인 경우	30
오염·수침손의 경우	10

정답 ②

62 ★☆☆

가재도구 개별품목별로 화재피해액을 산정하는 공식으로 옳은 것은?

① 「재구입비 × [1-(0.8 × 경과연수/내용연수)] × 손해율」
② 「m² 당 표준단가 × 소실면적 × [1-(0.9 x 경과연수/내용연수)] × 손해율」
③ 「소실단위의 원시건축비 × 물가상승율 × [1-(0.9 × 경과연수/내용연수)] × 손해율」
④ 「건물신축단가 × 소실면적 × 설비종류별 재설비 비율 × [1-(0.8 × 경과연수/내용연수)] × 손해율」

해설
가재도구의 피해액을 구하는 공식은 다음과 같다.
= 재구입비 × 잔가율 × 손해율
= 재구입비 × $[1 - (0.8 \times \frac{경과연수}{내용연수})]$ × 손해율

정답 ①

63 ★★★

화재조사서류 작성상의 유의사항으로 틀린 것은?

① 필요한 서류가 첨부되어야 한다.
② 원칙적으로 평이하고 알기 쉬운 문장으로 작성토록 노력한다.
③ 오자, 탈자 등이 없도록 글자 하나라도 가볍게 보아서는 안 된다.
④ 화재유형별조사서는 화재의 유형에 관계없이 동일 양식에 기재하여야 한다.

해설
화재유형별조사서는 화재의 유형에 따라 다른 양식에 기재하여야 한다.

관련이론 화재유형별조사서의 종류
- 화재유형별조사서(건축 · 구조물화재)
- 화재유형별조사서(자동차 · 철도차량화재)
- 화재유형별조사서(위험물 · 가스제조소등 화재)
- 화재유형별조사서(선박 · 항공기화재)
- 화재유형별조사서(임야화재)

정답 ④

64 ★☆☆

화재조사 및 보고규정 상 화재피해조사서(재산피해)에 작성하지 않아도 되는 내용은?

① 건물 피해산정
② 부대설비 피해산정
③ 영업시설 피해산정
④ 사상 시 위치 · 행동

해설
사상 시 위치 · 행동에 관한 사항은 화재피해조사서(인명피해)에 해당한다.

관련이론 화재피해조사서(재산피해) 작성
- 건물 피해산정
- 부대설비 피해산정
- 영업시설 피해산정
- 가재도구 피해산정
- 집기비품 피해산정
- 가재도구 간이평가 피해산정
- 기타 피해산정
- 잔존물 제거비
- 총 피해액

정답 ④

65 ★★★

화재현장조사서 도면 작성 방법 중 옳지 않은 것은?

① 제도기호 등의 표준화된 기호로 작성하는 것이 기본이며 필요에 따라 문자도 삽입한다.
② 도면은 원칙적으로 지도와 같은 형태로 북쪽을 위로 작성한다.
③ 정확한 축척으로 작성해야 할 필요는 없다.
④ 도면은 이해하기 쉽도록 작성하여야 한다.

해설
도면은 측정치를 기준으로 하여 축척에 맞춰서 작성한다.

관련이론 화재현장조사서 도면 작성 방법
- 도면은 이해하기 쉽도록 작성한다.
- 도면의 표제는 객관적으로 표현한다.
- 도면상에서 방위상 북을 위쪽으로 작성한다.
- 도면작성 시 표준화된 기호를 사용한다.
- 도면은 측정치를 기준으로 하여 축척에 맞춰서 작성한다.
- 도면작성 시 방의 배치와 출입구, 개구부 상황을 위주로 한다.
- 거리측정은 기둥의 중심에서 다른 기둥의 중심까지로 기준점을 통일한다.

정답 ③

66 ★☆☆

화재조사서류(사진 포함)를 문서로 기록하고 전자기록 등의 보존방법에 따라 보존해야 할 기간은?

① 영구보존
② 10년
③ 5년
④ 2년

해설
화재조사서류는 영구보존 해야한다.

정답 ①

67 ★★★

화재 피해물의 경제적 내용연수가 다한 경우 잔존하는 가치의 재구입비에 대한 비율은?

① 최종잔가율 ② 손해율
③ 잔가율 ④ 보정률

해설

최종잔가율이란 피해물의 내용연수가 다한 경우 잔존하는 가치의 재구입비에 대한 비율을 말한다.

정답 ①

68 ★★★

화재범위가 2 이상의 관할구역에 걸친 화재에 대한 설명으로 옳은 것은?

① 발화 소방대상물의 소재지를 관할하는 소방서와 출동한 소방서에서 각각 1건의 화재로 한다.
② 동일 소방대상물에서 누전점이 동일한 누전에 의한 발화점이 2개소 이상인 화재는 2건의 화재로 한다.
③ 화재피해범위가 가장 넓은 소방서에서 1건의 화재로 한다.
④ 발화 소방대상물의 소재지를 관할하는 소방서에서 1건의 화재로 한다.

해설

화재범위가 2 이상의 관할구역에 걸친 화재에 대해서는 발화 소방대상물의 소재지를 관할하는 소방서에서 1건의 화재로 한다.

관련이론 화재건수 결정

1건의 화재란 1개의 발화지점에서 확대된 것으로 발화부터 진화까지를 말한다. 다만, 다음 경우는 각 호에 따른다.
- 동일범이 아닌 각기 다른 사람에 의한 방화, 불장난은 동일 대상물에서 발화했더라도 각각 별건의 화재로 한다.
- 동일 소방대상물의 발화점이 2개소 이상 있는 다음의 화재는 1건의 화재로 한다.
  - 누전점이 동일한 누전에 의한 화재
  - 지진, 낙뢰 등 자연현상에 의한 다발화재
- 발화지점이 한 곳인 화재현장이 둘 이상의 관할구역에 걸친 화재는 발화지점이 속한 소방서에서 1건의 화재로 산정한다. 다만, 발화지점 확인이 어려운 경우에는 화재피해금액이 큰 관할구역 소방서의 화재건수로 산정한다.

정답 ④

69 ★★☆

화재조사 및 보고규정상 화재증명원의 발급에 대한 설명으로 옳은 것은?

① 소방대가 출동하지 아니한 화재장소의 화재증명원 발급요청이 있는 경우 즉시 발급하여야 한다.
② 화재증명원 발급 시 재산피해 및 인명피해에 대하여 조사중인 경우 "조사중"으로 기재한다.
③ 화재증명원 발급 시 재산피해내역은 피해금액과 종류를 기재한다.
④ 보험사에서 화재증명원을 공문으로 발급요청을 하더라도 공용 발급할 수는 없다.

해설

화재증명원 발급 시 인명피해 및 재산피해내역을 기재한다. 다만, 조사가 진행 중인 경우에는 "조사중"으로 기재한다.

관련이론 화재증명원 발급

- 소방관서장은 화재증명원을 발급받으려는 자가 발급신청을 하면 화재증명원을 발급해야 한다. 이 경우 통합전자민원창구로 신청하면 전자민원문서로 발급해야 한다.
- 소방관서장은 화재피해자로부터 소방대가 출동하지 아니한 화재장소의 화재증명원 발급신청이 있는 경우 조사관으로 하여금 사후조사를 실시하게 할 수 있다. 이 경우 민원인이 제출한 사후조사 의뢰서의 내용에 따라 발화장소 및 발화지점의 현장이 보존되어있는 경우에만 조사를 하며, 화재현장출동 보고서 작성은 생략할 수 있다.
- 화재증명원 발급 시 인명피해 및 재산피해 내역을 기재한다. 다만, 조사가 진행 중인 경우에는 "조사 중"으로 기재한다.
- 재산피해내역 중 피해금액은 기재하지 아니하며 피해물건만 종류별로 구분하여 기재한다. 다만, 민원인의 요구가 있는 경우에는 피해금액을 기재하여 발급할 수 있다.
- 화재증명원 발급신청을 받은 소방관서장은 발화장소 관할 지역과 관계없이 발화장소 관할 소방서로부터 화재사실을 확인받아 화재증명원을 발급할 수 있다.

정답 ②

70 ★★★
화재발생종합보고서 작성 시 질문기록서의 작성을 생략할 수 있는 화재는?

① 건축물·구조물화재
② 임야화재
③ 자동차화재
④ 선박화재

해설
기타화재 중 쓰레기, 모닥불, 가로등, 전봇대화재 및 임야화재의 경우 질문기록서 작성을 생략할 수 있다.

정답 ②

71 ★★★
화재조사 및 보고규정상 화재현황조사서의 발화요인 분류에 해당하지 않는 것은?

① 전기적 요인
② 기계적 요인
③ 부주의
④ 담뱃불

해설
담뱃불은 화재현장조사서의 화재원인에 해당한다.

관련이론 화재현황조사서의 발화요인
- 전기적 요인
- 기계적 요인
- 자연적 요인
- 제품결함
- 가스누출(폭발)
- 부주의
- 화학적 요인
- 교통사고
- 방화

정답 ④

72 ★☆☆
특수한 경우의 피해액 산정 우선 적용사항 기준 중 틀린 것은?

① 중고구입기계장치 및 집기비품의 제작년도를 알 수 없는 경우 신품가액의 30~50%를 재구입비로 하여 피해액을 산정한다.
② 중고기계장치 및 중고집기비품의 시장거래가격이 신품가격보다 높을 경우 신품가액을 재구입비로 하여 피해액을 산정한다.
③ 공구 및 기구, 집기비품, 가재도구를 일괄하여 피해액을 산정할 경우 재구입비의 50%를 피해액으로 한다.
④ 재고자산의 상품 중 견본품, 전시품, 진열품에 대해서는 구입가의 30~50%를 피해액으로 한다.

해설
재고자산의 상품 중 견본품, 전시품, 진열품에 대해서는 구입가의 50~80%를 피해액으로 한다.

관련이론 특수한 경우의 피해액 산정 우선 적용사항
- 건물에 있어 문화재의 경우 별도 피해액 산정기준에 의한다.
- 철거건물 및 모델하우스의 경우 별도 피해액 산정기준에 의한다.
- 중고구입기계장치 및 집기비품의 제작 연도를 알 수 없는 경우 신품가액의 30~50%를 재구입비로 하여 피해액을 산정한다.
- 중고기계장치 및 중고집기비품의 시장거래가격이 신품가액보다 높을 경우 신품가액을 재구입비로 하여 피해액을 산정한다.
- 중고기계장치 및 중고집기비품의 시장거래가격이 신품가액에서 감가수정을 한 금액 보다 낮을 경우 중고기계장치의 시장거래가격을 재구입비로 하여 피해액을 산정한다.
- 공구·기구, 집기비품, 가재도구를 일괄하여 피해액을 산정할 경우 재구입비의 50%를 피해액으로 한다.
- 재고자산의 상품 중 견본품, 전시품, 진열품에 대해서는 구입가의 50~80%를 피해액으로 한다.

정답 ④

73 ★★☆

화재유형별조사서(임야화재)의 작성에 대한 설명으로 틀린 것은?

① 논밭두렁의 화재는 들불에 속한다.
② 묘지에서 발생한 화재는 들불에 속한다.
③ 피해사항 중 산림피해면적은 헥타르(ha)로 기재한다.
④ 산불화재 시 소유주체에 따라 국유림, 공유림, 사유림으로 구분한다.

해설
피해사항 중 산림피해면적은 평방미터(m^2)로 기재한다.

정답 ③

74 ★★★

건물의 일부를 개수 또는 보수한 경우에 있어서의 경과연수의 산정 기준 적용에 관한 설명으로 틀린 것은?

① 재설치비의 50%미만 개·보수한 경우: 최초 건축연도 기준
② 재설치비의 50%이상 개·보수한 경우: 최초 건축연도 기준
③ 재설치비의 80%이상 개·보수한 경우: 개·보수한 때를 기준으로 하여 경과연수를 산정
④ 재설치비의 50~80%를 개·보수한 경우: 최초 건축연도를 기준으로 한 경과연수와 개·보수한 때를 기준으로 한 경과연수를 합산 평균하여 경과연수를 산정

해설
재설치비의 50~80%를 개보수한 경우 최초 건축 연도를 기준으로 한 경과연수와 개보수한 때를 기준으로 한 경과연수를 합산 평균하여 경과연수를 산정한다.

정답 ②

75 ★★★

지은 지 10년된 아파트에서 화재가 발생하여 $100m^2$가 소실 되었다. 화재피해액은 약 얼마인가? (단, 내용연수 50년, 신축단가 670천원/m^2, 손해율 40%이다.)

① 21,862천원
② 22,512천원
③ 26,661천원
④ 28,891천원

해설
건물의 화재로 인한 피해액을 구하면 다음과 같다.
= 소실면적의 재건축비 × 잔가율 × 손해율
= 신축단가 × 소실면적 × [1 − (0.8 × $\frac{경과연수}{내용연수}$)] × 손해율
= 670천원/m^2 × [1 − (0.8 × $\frac{10}{50}$)] × 40 = 22,512천원

정답 ②

76 ★★★

난로의 과열로 인해 화재가 발생하여 바닥 $5m^2$와 한쪽 벽 $3m^2$만 소실되었다. 화재피해 범위가 건물의 6면 중 2면 이하인 경우에 화재피해조사서(재산피해) 작성 시 소실면적은 몇 m^2인가?

① 8   ② 4
③ 2   ④ 5

해설
건물의 소실면적 산정은 소실 바닥면적으로 산정하므로 소실면적은 $5m^2$이다.

정답 ④

77 ★★★

다음의 피해산정 대상들 중 최종잔가율이 10%인 것은?

① 절삭공구 ② 전기설비
③ 옥내소화전 ④ 침대

해설
최종잔가율이란 피해물의 내용연수가 다한 경우 잔존 가치를 재구입비에 대한 비율로 나타낸 것으로 피해액 산정 시 현실을 반영하여 건물·부대설비·구축물·가재도구 등에 대한 최종잔가율은 20%, 그 외 자산에 대해서는 10%로 정한다.

정답 ①

78 ★☆☆

화재피해액 산정과 관련된 용어 정의 중 옳지 않은 것은?

① 재구입비는 화재 당시의 피해물과 똑같은 것을 구입하는 데 필요한 금액에 감가상각을 반영한 것을 말한다.
② 잔가율은 화재 당시에 피해물의 재구입비에 대한 현재가의 비율을 말한다.
③ 내용연수란 고정자산을 경제적으로 사용할 수 있는 연소를 말한다.
④ 연소확대물은 연소가 확대되는 데 있어 결정적 영향을 미친 가연물을 말한다.

해설
재구입비란 화재 당시의 피해물과 같거나 비슷한 것을 재건축(설계 감리비를 포함한다) 또는 재취득하는 데 필요한 금액을 말한다.

관련이론 화재피해액 산정 용어
- 재구입비란 화재 당시의 피해물과 같거나 비슷한 것을 재건축(설계 감리비를 포함한다) 또는 재취득하는데 필요한 금액을 말한다.
- 잔가율이란 화재 당시에 피해물의 재구입비에 대한 현재가의 비율을 말한다.
- 내용연수란 고정자산을 경제적으로 사용할 수 있는 연수를 말한다.
- 연소확대물이란 연소가 확대되는 데 있어 결정적 영향을 미친 가연물을 말한다.

정답 ①

79 ★★★

화재현황조사서에서 발화열원의 분류 항목인 것은?

① 부주의 ② 전기적 요인
③ 폭발물, 폭죽 ④ 가스누출(폭발)

해설
화재현황조사서의 발화열원
- 작동기기
- 불꽃, 불티
- 미상
- 담뱃불, 라이터불
- 폭발물, 폭죽
- 기타
- 마찰, 전도, 복사
- 화학적 발화열
- 자연적 발화열

정답 ③

80 ★★★

화재조사 및 보고규정에 따르면 관할구역 내에서 발생한 화재에 대하여 작성해야 하는 서류가 아닌 것은?

① 화재발생종합보고서
② 질문기록서
③ 화재현장출동보고서
④ 범죄사실보고서

해설
범죄사실보고서는 수사와 관련된 서류이다.

정답 ④

화재조사관계법규

81 ★★★
제조물 책임법상 제조상의 결함에 해당되는 것은?

① 제조업자가 합리적인 대체설계를 채용하였더라면 피해나 위험을 줄이거나 피할 수 있었음에도 대체설계를 채용하지 아니하여 해당 제조물이 안전하지 못하게 된 경우를 말한다.
② 제조업자의 제조물에 대한 제조·가공상의 주의의무의 이행여부와 관계없이 제조물이 원래 의도한 설계와 다르게 제조·가공됨으로써 안전하지 못한 경우
③ 제조업자가 합리적인 설명·지시·경고 또는 그 밖의 표시를 하였더라면 해당 제조물에 의하여 발생할 수 있는 피해나 위험을 줄이거나 피할 수 있었음에도 이를 하지 아니한 경우를 말한다.
④ 제조업자가 물류·유통과정에서 발생할 수 있는 위험을 인지하지 못하여 제조물의 파손을 초래한 경우를 말한다.

해설
「제조물 책임법 제2조」
결함이란 해당 제조물에 다음 각 목의 어느 하나에 해당하는 제조상·설계상 또는 표시상의 결함이 있거나 그 밖에 통상적으로 기대할 수 있는 안전성이 결여되어 있는 것을 말한다.
- 제조상의 결함
  제조업자가 제조물에 대하여 제조상·가공상의 주의의무를 이행하였는지에 관계없이 제조물이 원래 의도한 설계와 다르게 제조·가공됨으로써 안전하지 못하게 된 경우를 말한다.
- 설계상의 결함
  제조업자가 합리적인 대체설계(代替設計)를 채용하였더라면 피해나 위험을 줄이거나 피할 수 있었음에도 대체설계를 채용하지 아니하여 해당 제조물이 안전하지 못하게 된 경우를 말한다.
- 표시상의 결함
  제조업자가 합리적인 설명·지시·경고 또는 그 밖의 표시를 하였더라면 해당 제조물에 의하여 발생할 수 있는 피해나 위험을 줄이거나 피할 수 있었음에도 이를 하지 아니한 경우를 말한다.

정답 ②

82 ★★★
화재조사 및 보고규정에서 정하는 건물의 동수산정에 대한 설명으로 옳지 않은 것은?

① 주요구조부가 하나로 연결되어 있는 것은 1동으로 한다.
② 건물의 외벽을 이용하여 실을 만들어 작업실로 사용하고 있는 것은 주건물과 1동으로 본다.
③ 구조에 관계없이 지붕 및 실이 하나로 연결되어 있는 것은 별동으로 본다.
④ 목조건물의 경우 격벽으로 방화구획이 되어 있는 경우 동일동으로 한다.

해설
구조에 관계없이 지붕 및 실이 하나로 연결되어 있는 것은 같은 동으로 본다.

관련이론 건물의 동수 산정
- 주요구조부가 하나로 연결되어 있는 것은 1동으로 한다. 다만 건널복도 등으로 2이상의 동에 연결되어 있는 것은 그 부분을 절반으로 분리하여 각 동으로 본다.
- 건물의 외벽을 이용하여 실을 만들어 헛간, 목욕탕, 작업실, 사무실 및 기타 건물 용도로 사용하고 있는 것은 주건물과 같은 동으로 본다.
- 구조에 관계없이 지붕 및 실이 하나로 연결되어 있는 것은 같은 동으로 본다.
- 목조 또는 내화조 건물의 경우 격벽으로 방화구획이 되어 있는 경우도 같은 동으로 한다.
- 독립된 건물과 건물 사이에 차광막, 비막이 등의 덮개를 설치하고 그 밑을 통로 등으로 사용하는 경우는 다른 동으로 한다.
- 내화조 건물의 옥상에 목조 또는 방화구조 건물이 별도 설치되어 있는 경우는 다른 동으로 한다. 다만, 이들 건물의 기능상 하나인 경우(옥내 계단이 있는 경우)는 같은 동으로 한다.
- 내화조 건물의 외벽을 이용하여 목조 또는 방화구조건물이 별도 설치되어 있고 건물 내부와 구획되어 있는 경우 다른 동으로 한다. 다만, 주된 건물에 부착된 건물이 옥내로 출입구가 연결되어 있는 경우와 기계설비 등이 쌍방에 연결되어 있는 경우 등 건물 기능상 하나인 경우는 같은 동으로 한다.

정답 ③

83 ★★☆

제조물 책임법상 손해배상을 지는 자가 손해배상책임을 면하는 기준 중 틀린 것은?

① 제조업자가 해당 제조물을 공급하지 아니하였다는 사실을 입증한 경우
② 제조업자가 해당 제조물을 공급한 당시의 과학·기술 수준으로는 결함의 존재를 발견할 수 없었다는 사실을 입증한 경우
③ 제조물의 결함이 제조업자가 해당 제조물의 결함이 발생할 당시의 법령이 정하는 기준을 준수함으로써 발생한 사실을 입증한 경우
④ 원재료나 부품의 경우에는 그 원재료나 부품을 사용한 제조물 제조업자의 설계 또는 제작에 관한 지시로 인하여 결함이 발생하였다는 사실을 입증한 경우

해설

「제조물책임법 제4조」
손해배상책임을 지는 자가 다음 어느 하나에 해당하는 사실을 입증한 경우에는 이 법에 따른 손해배상책임을 면(免)한다.
- 제조업자가 해당 제조물을 공급하지 아니하였다는 사실
- 제조업자가 해당 제조물을 공급한 당시의 과학·기술 수준으로는 결함의 존재를 발견할 수 없었다는 사실
- 제조물의 결함이 제조업자가 해당 제조물을 공급한 당시의 법령에서 정하는 기준을 준수함으로써 발생하였다는 사실
- 원재료나 부품의 경우에는 그 원재료나 부품을 사용한 제조물 제조업자의 설계 또는 제작에 관한 지시로 인하여 결함이 발생하였다는 사실

정답 ③

84 ★★☆

화재로 인한 재해보상과 보험가입에 관한 법률상 특약부화재보험에 가입하여야 하는 특수건물의 기준으로 옳은 것은?

① 노래연습장업으로 사용하는 부분의 바닥면적의 합계가 1,000m^2 이상인 건물
② 학원으로 사용하는 부분의 바닥면적의 합계가 1,000m^2 이상인 건물
③ 병원으로 사용하는 건물로서 연면적의 합계가 2,000m^2 이상인 건물
④ 관광숙박업으로 사용하는 건물로서 연면적의 합계가 3,000m^2 이상인 건물

해설

관광숙박업으로 사용하는 건물로서 연면적의 합계가 3,000m^2 이상인 건물은 특약부화재보험에 가입하여야 한다.

관련이론 면적별 특수건물의 범위

면적기준	대상물
바닥면적 2천제곱미터 이상	학원, 게임제공업, 인터넷컴퓨터게임시설제공업, 노래연습장업, 휴게음식점영업, 단란주점영업, 유흥주점영업, 공유주방 운영업, 목욕장업, 영화상영관
바닥면적 3천제곱미터 이상	숙박업, 대규모점포, 도시철도의 역사(驛舍) 및 역 시설
연면적 3천제곱미터 이상	병원급 의료기관, 관광숙박업, 공연장, 방송사업을 목적으로 사용하는 건물, 농수산물도매시장 및 민영농수산물도매시장, 학교, 공장

정답 ④

85 ★☆☆

화재로 인한 재해보상과 보험가입에 관한 법률상 부상등급 3급에 해당하는 부상으로 옳은 것은?

① 위팔뼈 분쇄성 골절
② 화상·좌창·괴사상처 등으로 연부조직의 손상이 심한 부상(몸 표면의 9퍼센트 이상의 부상을 말한다.)
③ 상박골 경부 골절
④ 척추체 분쇄성 골절

선지분석
① 위팔뼈 분쇄성 골절은 2급 부상에 해당한다.
② 화상·좌창·괴사상처 등으로 연부조직의 손상이 심한 부상(몸 표면의 9퍼센트 이상의 부상을 말한다.)은 1급 부상에 해당한다.
④ 척추체 분쇄성 골절은 1급 부상에 해당한다.

정답 ③

86 ★☆☆

실화책임에 관한 법률의 적용범위에 대하여 올바르게 기술한 것은?

① 실화로 인하여 화재가 발생한 경우 화재건물 부분에 대한 손해배상 청구에 한하여 적용한다.
② 실화로 인하여 화재가 발생한 경우 간접적 피해를 제외한 직접적 피해 부분에 대한 손해배상 청구에 한하여 적용한다.
③ 실화로 인하여 화재가 발생한 경우 연소로 인한 부분에 대한 손해배상청구에 한하여 적용한다.
④ 실화로 인하여 화재가 발생한 경우 화재피해 부분에 대한 손해배상청구에 한하여 적용한다.

해설
실화로 인하여 화재가 발생한 경우 연소로 인한 부분에 대한 손해배상청구에 한하여 적용한다.

정답 ③

87 ★★★

소방의 화재조사에 관한 법률상 화재조사를 하는 화재조사관은 화재조사를 수행하면서 알게 된 비밀을 다른 사람에게 누설할 경우 벌금 기준은?

① 100만원 이하의 벌금
② 200만원 이하의 벌금
③ 300만원 이하의 벌금
④ 500만원 이하의 벌금

해설
「소방의 화재조사에 관한 법률 제21조」
화재조사관은 관계인의 정당한 업무를 방해하거나 화재조사를 수행하면서 알게 된 비밀을 다른 용도로 사용하거나 다른 사람에게 누설한 자에게는 300만원 이하의 벌금에 처한다.

정답 ③

88 ★★★

소방의 화재조사에 관한 법률상 소방관서의 화재조사전담부서에 갖추어야 할 감식용기기를 모두 고른 것은? (단, 거점소방서는 제외한다.)

| ㄱ. 절연저항계 | ㄴ. 탄화심도계 |
| ㄷ. 복합가스측정기 | ㄹ. 적외선열상카메라 |

① ㄱ, ㄴ, ㄷ
② ㄱ, ㄴ, ㄹ
③ ㄱ, ㄷ, ㄹ
④ ㄴ, ㄷ, ㄹ

해설
소방관서의 화재조사전담부서에서 갖추어야 할 감식용기기는 절연저항계, 탄화심도계, 복합가스측정기 등이다.

관련이론 전담부서에 갖추어야 할 감식기기(16종)
절연저항계, 멀티테스터기, 클램프미터, 정전기측정장치, 누설전류계, 검전기, 복합가스측정기, 가스(유증)검지기, 확대경, 산업용실체현미경, 적외선열상카메라, 접지저항계, 휴대용디지털현미경, 디지털탄화심도계, 슈미트해머(콘크리트 반발 경도 측정기구), 내시경현미경

정답 ①

89
공용건조물 등 방화죄 대상물이 아닌 것은?

① 전차 ② 항공기
③ 건조물 ④ 임야

해설
임야는 형법에서 다루는 공용건조물 등 방화에 해당되지 않는다.

관련이론 「형법 제165조」
불을 놓아 공용(公用)으로 사용하거나 공익을 위해 사용하는 건조물, 기차, 전차, 자동차, 선박, 항공기 또는 지하채굴시설을 불태운 자는 무기 또는 3년 이상의 징역에 처한다.

정답 ④

90
화재조사 및 보고규정상 다음의 설명에 해당하는 용어는?

> 화재와 관계되는 물건의 형상, 구조, 재질, 성분, 성질 등 이와 관련된 모든 현상에 대하여 과학적 방법에 의한 필요한 실험을 행하고 그 결과를 근거로 화재원인을 밝히는 자료를 얻는 것

① 조사 ② 감식
③ 감정 ④ 수사

해설
「화재조사 및 보고규정 제2조」
감정이란 화재와 관계되는 물건의 형상, 구조, 재질, 성분, 성질 등 이와 관련된 모든 현상에 대하여 과학적 방법에 의한 필요한 실험을 행하고 그 결과를 근거로 화재원인을 밝히는 자료를 얻는 것을 말한다.

정답 ③

91
제조물 책임법에 따르면 손해배상의 청구권은 제조업자가 손해를 발생시킨 제조물을 공급한 날부터 몇 년 이내에 행사하여야 하는가? (단, 원칙적인 경우에 한한다.)

① 3년 ② 5년
③ 10년 ④ 15년

해설
「제조물 책임법 제7조」
이 법에 따른 손해배상의 청구권은 제조업자가 손해를 발생시킨 제조물을 공급한 날부터 10년 이내에 행사하여야 한다. 다만, 신체에 누적되어 사람의 건강을 해치는 물질에 의하여 발생한 손해 또는 일정한 잠복기간(潛伏期間)이 지난 후에 증상이 나타나는 손해에 대하여는 그 손해가 발생한 날부터 기산(起算)한다.

정답 ③

92
화재조사 및 보고규정상 다음에서 설명하는 용어는?

> 피해물의 종류, 손상 상태 및 정도에 따라 피해액을 적정화시키는 일정한 비율을 말한다.

① 최초잔가율 ② 최종잔가율
③ 잔가율 ④ 손해율

해설
「화재조사 및 보고규정 제2조」
손해율이란 피해물의 종류, 손상 상태 및 정도에 따라 피해액을 적정화시키는 일정한 비율을 말한다.

정답 ④

93

소방의 화재조사에 관한 법률상 화재의 조사에 관한 사항 중 틀린 것은?

① 소방청장, 소방본부장 또는 소방서장은 화재발생 사실을 알게 된 때에는 화재조사를 하여야 한다.
② 화재조사를 하는 화재조사관은 그 권한을 표시하는 증표를 지니고 이를 관계인에게 보여 주어야 한다.
③ 화재조사를 하는 화재조사관은 관계인의 정당한 업무를 방해하거나 화재조사를 수행하면서 알게 된 비밀을 다른 사람에게 누설하여서는 아니 된다.
④ 소방청장, 소방본부장 또는 소방서장은 수사기관이 방화 또는 실화의 혐의가 있어서 이미 피의자를 체포하였거나 증거물을 압수하였을 때에 화재조사를 위하여 필요한 경우에는 수사에 지장을 주지 아니하는 범위에서 그 피의자 또는 압수된 증거물에 대한 조사를 할 수 있다.

해설
「소방의 화재조사에 관한 법률 제11조」
소방관서장은 수사기관의 장이 방화 또는 실화의 혐의가 있어서 이미 피의자를 체포하였거나 증거물을 압수하였을 때에 화재조사를 위하여 필요한 경우에는 범죄수사에 지장을 주지 아니하는 범위에서 그 피의자 또는 압수된 증거물에 대한 조사를 할 수 있다.

정답 ④

94

소방기본법상 화재, 재난·재해, 그 밖의 위급한 상황이 발생한 현장에 소방활동구역을 정하여 소방활동에 필요한 사람으로서 대통령령으로 정하는 사람 외에는 그 구역에 출입하는 것을 제한할 수 있는 자는?

① 시·도지사
② 행정안전부장관
③ 시장·군수
④ 소방대장

해설
「소방기본법 제23조」
- 소방대장은 화재, 재난·재해, 그 밖의 위급한 상황이 발생한 현장에 소방활동구역을 정하여 소방활동에 필요한 사람으로서 대통령령으로 정하는 사람 외에는 그 구역에 출입하는 것을 제한할 수 있다.
- 경찰공무원은 소방대가 소방활동구역에 있지 아니하거나 소방대장의 요청이 있을 때에는 조치를 할 수 있다.

정답 ④

95

민법상 다음의 경우 사용자 책임배상에 관한 사항 중 틀린 것은?

> 용접업체에서 용접공을 고용하여 작업을 하다가 용접공의 실수로 화재가 발생하여 제삼자에게 피해를 가하는 경우

① 용접공 사용자에게 손해배상의 책임이 있다.
② 용접공 사용자에 갈음하여 용접공을 감독하는 자도 손해를 배상할 책임이 있다.
③ 용접공 사용자가 피용자(용접공)에게 상당한 주의를 하였음에도 손해가 있는 경우에는 면책된다.
④ 용접공 사용자 또는 감독자는 피용자(용접공)에 대하여 구상권을 행사할 수 없다.

해설
「민법 제756조」
타인을 사용하여 어느 사무에 종사하게 한 자는 피용자가 그 사무집행에 관하여 제삼자에게 가한 손해를 배상할 책임이 있다. 그러나 사용자가 피용자의 선임 및 그 사무감독에 상당한 주의를 한 때 또는 상당한 주의를 하여도 손해가 있을 경우에는 그러하지 아니하다.

정답 ④

96

형법상 실화에 관한 처벌로 ( )에 알맞은 내용은?

> 과실로 인하여 현주건조물등 방화에 기재된 물건을 불태운 자는 ( ) 이하의 벌금에 처한다.

① 300만원
② 500만원
③ 1,000만원
④ 1,500만원

해설
「형법 제170조」
과실로 현주건조물 또는 공용건조물 또는 타인 소유인 일반건조물 등에 기재한 물건을 불태운 자는 1천500만원 이하의 벌금에 처한다.

정답 ④

97 ★★★
소방의 화재조사에 관한 법령상 화재조사를 하는 경우 조사사항으로 옳지 않은 것은?

① 화재원인에 관한 사항
② 화재로 인한 재산피해 상황
③ 소방시설 등의 설치·관리 및 작동 여부에 관한 사항
④ 자위소방대의 대응 및 조직 구성에 관한 사항

해설

「소방의 화재조사에 관한 법률 제5조」
- 소방청장, 소방본부장 또는 소방서장은 화재발생 사실을 알게 된 때에는 지체없이 화재조사를 하여야 한다. 이 경우 수사기관의 범죄수사에 지장을 주어서는 아니 된다.
- 소방관서장은 화재조사를 하는 경우 다음 사항에 대하여 조사하여야 한다.
  - 화재원인에 관한 사항
  - 화재로 인한 인명·재산피해상황
  - 대응활동에 관한 사항
  - 소방시설 등의 설치·관리 및 작동 여부에 관한 사항
  - 화재발생건축물과 구조물, 화재유형별 화재위험성 등에 관한 사항
  - 그 밖에 대통령령으로 정하는 사항

정답 ④

98 ★★★
화재로 인한 재해보상과 보험가입에 관한 법령상 특약부화재보험에 가입하지 아니한 특수건물의 소유자에게 주어지는 벌칙은?

① 500만원 이하의 벌금
② 1,000만원 이하의 벌금
③ 1,500만원 이하의 벌금
④ 1년 이하의 징역 또는 1천만원 이하의 벌금

해설

「화재로 인한 재해보상과 보험가입에 관한 법률 제23조」
특약부화재보험에 가입하지 아니한 자는 500만원 이하의 벌금에 처한다.

정답 ①

99 ★★☆
제조물 책임법의 제정목적이 아닌 것은?

① 제조업자의 이익증진
② 피해자의 보호를 도모
③ 국민생활의 안전 향상
④ 국민경제의 건전한 발전

해설

「제조물 책임법 제1조」
제조물의 결함으로 발생한 손해에 대한 제조업자 등의 손해배상책임을 규정함으로써 피해자 보호를 도모하고 국민생활의 안전 향상과 국민경제의 건전한 발전에 이바지함을 목적으로 한다.

정답 ①

100 ★★☆
소방기본법령상 소방자동차 전용구역에 관한 설명으로 틀린 것은?

① 전용구역 방해행위를 한 자는 300만원 이하의 과태료에 처한다.
② 소방자동차 전용구역 노면표지 도료의 색채는 황색을 기본으로 한다.
③ 소방자동차 전용구역에 물건 등을 쌓는 등의 방해행위를 하여서는 아니된다.
④ 세대수가 100세대 이상인 아파트의 건축주는 소방자동차 전용구역을 설치하여야 한다.

해설

전용구역에 차를 주차하거나 전용구역에의 진입을 가로막는 등의 방해행위를 한 자에게는 100만원 이하의 과태료를 부과한다.

정답 ①

2025년 2회 CBT 복원문제

자동채점

화재조사론

01 ★★★

연소범위가 25~81vol%인 아세틸렌의 위험도로 옳은 것은?

① 0.27 ② 12.7
③ 31.4 ④ 38.8

해설
위험도(H)를 구하는 공식은 다음과 같다.
$$H = \frac{U - L}{L}$$
H: 위험도, L: 연소하한계(vol%), U: 연소상한계(vol%)
$H = \dfrac{81 - 2.5}{2.5} = 31.4\text{vol}\%$

정답 ③

02 ★★★

복사체에서 절대온도의 차이가 두 배 높아지면 해당물질로부터 복사에 의한 열전달율은 몇 배가 되는가?

① 2   ② 4
③ 16 ④ 32

해설
복사열은 절대온도 4제곱에 비례한다. 따라서 온도가 2배 높아지면 열전달율은 16배가 된다.

관련이론 스테판-볼츠만 법칙
$$Q = \varepsilon \sigma A T^4$$
Q: 방출되는 복사열에너지(W), ε: 방사율(0~1),
σ: 스테판-볼츠만상수(5.67×10^{-8}W/m²·K⁴), A: 표면적(m²),
T: 표면온도(K)

정답 ③

03 ★☆☆

조사인원 중 전문인력에 관한 설명으로 틀린 것은?

① 기계공학자는 전문인력으로 부적합하다.
② 특이화재의 경우 전문인력의 도움을 받을 수 있다.
③ 전문인력을 데려오면 이해관계의 충돌을 피해야 한다.
④ 어떤 부분에 대한 훈련을 받았거나 받지 않았다는 사실이 특정 전문가의 자격에 영향을 끼친다는 뜻은 아니다.

해설
화재조사에 필요한 전문인력에는 기계공학, 전기공학, 화학공학, 자동차공학 등 다양한 분야의 전문가가 필요하다.

정답 ①

04 ★★★

증거물 수집 용기와 시료의 적응성을 연결한 것으로 틀린 것은?

① 비닐 백: 액체   ② 종이상자: 고체
③ 금속캔: 고체, 액체   ④ 유리병: 고체, 액체

해설
비닐 백은 액체시료를 보관하기에 충분한 강도를 갖고 있지 않다.

정답 ①

05 ★☆☆

화재조사관의 현장안전관리에 관한 내용으로 틀린 것은?

① 조사관은 활동 시에 화재 진압인력과 협력해야 한다.
② 조사관은 화재현장 지휘관에게 알리지 않고 건물 내 다른 곳으로 이동해서는 안 된다.
③ 화재가 진압된 건물에서 조사를 수행할 때 불이 다시 날 수 있다는 것을 염두에 두어야 한다.
④ 화재가 완전히 진압되기 전에 조사관은 지휘관의 허가를 받지 않아도 건물에 들어가 조사를 할 수 있다.

해설
화재가 완전히 진압되기 전에 조사관은 단독행동을 해서는 안 되며 지휘관의 지휘를 받아 조사한다.

관련이론 화재조사관의 현장안전관리
- 조사관은 활동 시에 화재 진압인력과 협력해야 한다.
- 조사관은 화재현장 지휘관에게 알리지 않고 건물 내 다른 곳으로 이동해서는 안 된다.
- 화재가 진압된 건물에서 조사를 수행할 때 불이 다시 날 수 있다는 것을 염두에 두어야 한다.
- 화재가 완전히 진압되기 전에 조사관은 단독행동을 해서는 안 되며 지휘관의 지휘를 받아 조사한다.

정답 ④

06 ★☆☆

목재의 타는 속도(연소속도)에 영향을 미치는 인자가 아닌 것은?

① 목재의 수령
② 목재의 밀도
③ 목재의 종류
④ 표면적 대 질량의 비율

해설
목재의 연소속도는 밀도, 비표면적, 수종, 함수율, 온도, 크기, 구조물의 종류에 따라 달라진다.

정답 ①

07 ★★★

BLEVE 현상에 대한 설명으로 옳은 것은?

① 압력유, 윤활유 등 유기물이 공기 중에 분무된 상태에서 폭발하는 현상
② 저장탱크에서 유출된 대량의 가연성 가스가 대기중에 떠다니다가 점화원과 접촉 시 폭발하는 현상
③ 혼합가스가 폭발범위에서 점화될 때 음속보다 빠른 연소속도로 이동하며 충격파를 수반하는 현상
④ 가스저장탱크 주변화재 시 저장탱크가 가열되어 탱크 내의 액화가스가 급격히 증발 팽창하여 탱크가 폭발하는 현상

해설
블레비(BLEVE) 현상이란 외부 화재로 인해 액화가스가 끓어올라 급격한 체적 팽창이 일어나고 가열된 액화가스 용기의 내압이 약해져 파열이 발생해 과열된 액체가 순간적으로 기화하며 충격파와 화구, 파편이 광범위한 피해를 일으키는 폭발현상이다.

관련이론 블레비(BLEVE) 발생조건
- 가연물이 비점 이상 가열될 것
- 가연성 가스가 밀폐계 내에 존재할 것
- 기계적 강도를 초과하는 압력이 형성될 것
- 내용물이 대기 중으로 방출될 것
- 온도상승으로 인해 탱크가 파열될 것

정답 ④

08 ★★★

화재조사 및 보고규정상 건물의 소실정도를 나타내는 것으로 옳은 것은?

① 전소: 건물의 입체면적 70% 이상 소실
② 반소: 건물의 입체면적 50% 이상 소실
③ 즉소: 건물의 입체면적 30% 이상 소실
④ 부분소: 건물의 입체면적 50% 미만 30% 이상 소실

해설

구분	소실정도
전소	건물의 70% 이상(입체면적에 대한 비율)이 소실되었거나 또는 그 미만이라도 잔존부분을 보수하여도 재사용이 불가능한 것
반소	건물의 30% 이상 70% 미만이 소실된 것
부분소	전소, 반소에 해당하지 않는 것

정답 ①

09 ★★★

다음 화재현장의 특징 중 건축물 방화현장의 특징으로 가장 거리가 먼 것은?

① 화재가 건물의 구조, 가연물 등에 비해 급격히 확산된 경우
② 최초 발화지점에서 유류 등 연료물질을 사용한 흔적이 있는 경우
③ 연소기구를 중심으로 연소 확대가 진행된 흔적이 있는 경우
④ 출입문, 창 등에 강제로 진입한 흔적이 있는 경우

해설
연소기구를 중심으로 연소 확대가 진행된 흔적이 있는 경우에는 방화의 가능성보다 실화의 가능성에 더 가깝다.

관련이론 방화의 가능성
- 화재가 건물의 구조, 가연물 등에 비해 급격히 확산된 경우
- 최초 발화지점에서 유류 등 연료물질을 사용한 흔적이 있는 경우
- 출입문, 창 등에 강제로 진입한 흔적이 있는 경우

정답 ③

10 ★★☆

다음 중 A급 화재에서만 발생할 수 있는 위험현상으로 옳은 것은?

① 보일 오버(Boil over)
② 슬롭 오버(Slop over)
③ 플레임 오버(Flame over)
④ 프로스 오버(Froth over)

해설
보일 오버, 슬롭 오버, 프로스 오버는 유류화재(B급)에서 발생하는 현상이다.

정답 ③

11 ★★☆

감광계수(m^{-1})가 10인 경우의 상황설명으로 옳은 것은?

① 최성기 때의 농도이다.
② 연기감지기가 작동하기 시작하는 농도이다.
③ 어두운 것을 느낄 정도의 농도이다.
④ 건물내부에 익숙한 사람이 피난에 지장을 느낄 정도의 농도이다.

해설
감광계수는 연기농도의 단위를 나타내며, 값이 클수록 가시거리는 짧아진다. 감광계수 10은 가시거리가 0.2~0.5m 수준으로 화재의 최성기 농도에 해당한다.

관련이론 감광계수(m^{-1})

감광계수 (m^{-1})	가시거리 (m)	상황
0.1	20~30	연기감지기가 작동하기 시작하는 농도
0.3	5	건물내부에 익숙한 사람이 피난에 지장을 느낄 정도의 농도
0.5	3	어두운 것을 느낄 정도의 농도
1	1~2	앞이 거의 보이지 않을 정도의 농도
10	0.2~0.5	최성기 때의 농도
30	–	출화실에서 연기가 분출할 때의 농도

정답 ①

12 ★★☆

다음 중 화재현장 출입금지구역의 범위를 확대하여야 할 이유로 옳지 않은 것은?

① 진화 후에 행방불명자를 확인한 경우
② 구조물 등이 광범위하게 소손되어 바닥에 연소 낙하물이나 퇴적물이 많이 쌓인 경우
③ 건물 전체가 소손된 상황으로 연소 진행방향이 확인되지 않을 때
④ 발화지점 부근의 목격상황에 대한 진술이 제각기 달라 발화지점이 불명확할 때

해설
행방불명자가 확인되지 않을 때에는 출입금지구역의 범위를 확대하여야 한다.

정답 ①

13 ★☆☆

소방의 화재조사에 관한 법령상 화재전담부서에서 갖추어야 할 장비 중 조명기기로 옳지 않은 것은?

① 이동용 발전기
② 이동용 조명기
③ 에어컴프레셔
④ 전원공급장치

해설
에어컴프레셔는 발굴용구에 해당한다.

관련이론 화재전담부서에 갖추어야 할 조명기기(5종)
이동용 발전기, 이동용 조명기, 휴대용 랜턴, 헤드랜턴, 전원공급장치(500A 이상)

정답 ③

14 ★★☆

분진폭발을 가스폭발과 비교할 때 분진폭발의 특징으로 옳은 것은?

① 최소발화에너지가 크다.
② 연소속도가 빠르다.
③ 불완전연소가 적다.
④ 연소시간이 짧다.

해설
분진폭발은 가스폭발에 비해 최소점화(발화)에너지가 더 크고, 연소시간이 길며, 연소속도는 느리다. 또한 불완전연소가 발생하는 특징이 있다.

관련이론 분진폭발의 특성
- 연소속도나 폭발압력은 가스폭발에 비해 작다.
- 가스폭발에 비해 최소점화(발화)에너지가 크다.
- 연소시간이 길고 에너지가 크기 때문에 파괴력과 타는 정도가 크다.
- 연소되면서 비산하여 접촉되는 가연물은 국부적으로 심한 탄화를 일으켜 인체에 닿으면 심한 화상을 입는다.
- 최초의 폭발이 주위의 축적되어 있던 분진을 날려 2차, 3차 폭발로 이어지면서 피해가 커진다.
- 가스에 비해 불완전연소가 발생하기 쉬워 탄소가 타서 없어지지 않는다.
- 연소 후의 가스 상에 일산화탄소가 다량 존재하여 일산화탄소 중독 위험성이 크다.

정답 ①

15 ★★☆

다음 중 방화의 특징으로 옳지 않은 것은?

① 방화의 발생은 계절과 상관관계가 높다.
② 방화의 원인이 다양하다.
③ 계획적이기보다는 우발적으로 발생하는 경우가 높다.
④ 착화가 용이한 인화성 물질(휘발유, 석유류, 시너 등)을 방화수단 촉진제로 사용한다.

해설
방화는 계절이나 주기와 상관없이 발생한다.

관련이론 방화의 특징
- 화재로 인해 증거가 대부분 소실되어 범인 검거가 매우 어렵다.
- 단독범행이 많고 인적이 드문 야간에 발생해 발견이 어렵다.
- 휘발유, 시너 등 인화성 물질을 사용하여 불을 빠르고 크게 확산시키는 경우가 많다.
- 우발적으로 발생하는 빈도가 높으며, 특히 음주 상태나 약물 상태에서 범행하는 비율이 높다.
- 남성의 비율이 높고 검거 시 극도로 흥분한 상태를 보이는 경우가 많다.
- 주택이나 차량에서 가장 많이 발생하며, 사람들의 눈을 피할 수 있는 곳에서 발생한다.
- 계절이나 주기와 상관없이 발생한다.

정답 ①

16

화재 진화 후 화재조사활동 순서를 바르게 나열한 것은?

> ㄱ. 발화원인 검토
> ㄴ. 발화원인 판정
> ㄷ. 관계자에 대한 질의
> ㄹ. 현장의 발굴과 복원
> ㅁ. 화재현장의 연소상황과 특이한 흔적 관찰
> ㅂ. 화재조사 핵심장소와 주변의 탐색 범위검토

① ㅁ → ㄷ → ㅂ → ㄹ → ㄱ → ㄴ
② ㅁ → ㅂ → ㄷ → ㄱ → ㄹ → ㄴ
③ ㅂ → ㄷ → ㅁ → ㄹ → ㄱ → ㄴ
④ ㅂ → ㅁ → ㄷ → ㄱ → ㄹ → ㄴ

해설

화재조사활동의 순서
현장관찰 → 관계자 질문 → 발화범위 결정 → 발굴과 복원 → 발화장소 판정 → 감식, 감정 → 발화원인 판정

정답 ①

17

액체 가연물이 연소되면서 발생되는 열에 의해 가열되어 주변으로 튀거나 액체를 뿌릴 때 바닥면에 액체 방울이 튄 것처럼 연소하는 패턴은?

① 고스트 마크(Ghost mark)
② 스플래시 패턴(Splash pattern)
③ 푸어 패턴(Pour pattern)
④ 도넛 패턴(Doughnut pattern)

해설

스플래시 패턴(Splash pattern)은 액체 가연물이 연소되면서 발생하는 열에 의해 스스로 가열되어 액면에서 끓으며 주변으로 튄 액체가 미연소되어 국부적으로 점처럼 흔적을 나타내는 현상이다.

관련이론 스플래시 패턴(Splash pattern)
- 액체 가연물이 연소되면서 발생하는 열에 의해 스스로 가열되어 나타난다.
- 액면에서 끓으며 주변으로 튄 액체가 미연소되어 국부적으로 점처럼 흔적을 나타낸다.
- 주변으로 튀어 나간 가연성 방울에 의해 생성되므로 약한 풍향에도 영향을 받는다.
- 바람이 부는 방향으로는 잘 생기지 않으며 반대 방향으로 비교적 멀리까지 생긴다.

정답 ②

18

대표적으로 숯, 코크스 등이 연소되는 현상으로 산소와 접하게 되는 물질의 연소로 화염이 없이 표면에서 나타나는 연소의 형태는?

① 분해연소
② 표면연소
③ 확산연소
④ 혼합연소

해설

표면연소는 가연성 기체를 발생시키지 않는 연소로 숯, 코크스 연소가 대표적이다.

관련이론 표면연소

가열되더라도 열분해나 증발없이 가연성 기체를 발생시키지 않는 연소 방식으로 온도 상승이나 산소 공급이 있어도 화염연소로 전환되지 않으며 숯, 코크스의 연소가 대표적이다.

정답 ②

19 ★★★
탄화심도 측정방법으로 옳은 것은?

① 뾰족한 기구보다 끝이 뭉툭한 것이 좋다.
② 탄화심도 측정 시 갈라진 틈 안을 측정한다.
③ 비교 측정 시 다른 측정기구를 사용하는 것이 좋다.
④ 각각의 측정도구를 집어넣을 때 압력을 조금씩 다르게 하는 것이 중요하다.

해설
송곳과 같은 날카로운 측정기구를 사용하면 탄화되지 않은 곳까지 삽입되어 실제 탄화심도보다 더 깊은 깊이를 측정될 수 있어 끝이 뭉툭한 도구로 탄화층의 깊이만 재는 것이 정확하다.

관련이론 탄화심도 측정
- 목재의 표면이 탄화된 깊이를 말하며 수열이 심할수록 탄화심도가 깊어진다.
- 계침은 목재와 직각으로 삽입하여 측정하며 탄화된 요철부위 중 철(凸:볼록한 부분)부위를 측정한다.
- 게이지로 측정된 깊이 외에 소실된 부분의 깊이를 더하여 비교하여야 한다.
- 송곳과 같은 날카로운 측정기구를 사용하면 탄화되지 않은 곳까지 삽입되어 실제 탄화심도보다 더 깊은 깊이를 측정될 수 있어 끝이 뭉툭한 도구로 탄화층의 깊이만 재는 것이 정확하다.

정답 ①

20 ★☆☆
전도 열전달 형태와 관계되는 법칙으로 적합한 것은?

① 푸리에(Fourier)의 법칙
② 플랭크(Planck)의 법칙
③ 뉴튼(Newton)의 법칙
④ 피크(Fick)의 법칙

해설
푸리에(Fourier)의 법칙은 열전달 형태와 관계되는 법칙으로 열전달량은 열전도계수, 면적, 온도차에 비례한다.

정답 ①

화재감식론

21 ★☆☆
차량 배터리의 내부에서 화원이 될 가능성이 있는 원인에 속하지 않는 것은?

① 외부 단자의 이완
② 과충전에 의한 과열
③ 과충전에 의한 용단 스파크불꽃
④ 배터리 전해액 부족에 의한 내부 쇼트

해설
외부 단자의 이완은 전류의 흐름이 없어 화원이 될 수 없다.

정답 ①

22 ★☆☆
차량이 충돌 또는 추돌하는 경우, 누출된 연료 및 오일의 점화로 인해 화재로 이어져 인명사고가 발생하는 경우가 있다. 동 경우, 발화원인으로 작용할 수 없는 것은?

① 차량 파손에 동반된 전선의 단락에 의한 전기적 발열
② 차량 파손에 동반된 고온의 충격 마찰열
③ 차량 파손에 동반된 엔진 표면 및 배기계통의 고온 열면
④ 차량의 파손에 동반된 냉각수의 분출

해설
냉각수 분출은 발화원인이 되지 않는다.

정답 ④

23 ★★★
임야화재에 영향을 주는 3대 중요 요소가 아닌 것은?

① 기후
② 지형
③ 가연물
④ 점화원

해설
임야화재의 3요소는 기후, 지형, 가연물(연료)이다.

관련이론 임야화재 확산의 3요소

구분	종류
연료(가연물)	탈 수 있는 물질의 공급
기상	바람, 습도, 온도, 강수 등
지형	고도, 경사, 경사향, 지세 등

정답 ④

24 ★☆☆
산불의 강도를 가중시키는 지형으로 틀린 것은?

① 평지
② 굴뚝지형
③ 가파른 경사
④ 연료온도를 증가시키는 사면

해설
평지는 다른 지형에 비해 산불의 강도를 가중 시키지 않는다.

정답 ①

25 ★★☆
세탁기 화재 시 확인해야 할 조사요점으로 가장 거리가 먼 것은?

① 배수모터의 이상 유무
② 마그네트론의 발열 여부
③ 세탁기 내부 배선의 단락 여부
④ 기동용 콘덴서의 절연열화 상태

해설
마그네트론은 세탁기가 아닌 전자레인지의 부품이다.

정답 ②

26 ★★☆
직접착화에 의한 방화원인 감식에 관한 사항으로 틀린 것은?

① 독립적 발화 개소 여부를 확인한다.
② 화재 당시 사람의 출입 여부를 확인하고 내부 또는 외부 수행인지 확인한다.
③ 화재 전에 없던 가연물이 연소한 흔적이 있거나 물건의 위치가 변경되었는지 확인한다.
④ 스위치로부터 전열기구로 가는 회로를 찾아 스위치와 전열기구와의 관계를 규명한다.

해설
스위치와 전열기구의 관계는 전기적 요인에 의해 발생하는 화재이다.

관련이론 직접착화에 의한 방화원인 감식
- 독립적 발화 개소 여부
- 화재 당시 사람의 출입 여부
- 화재 전에 없던 가연물이 연소한 흔적이 있거나 물건의 위치가 변경되었는지 여부

정답 ④

27 ★★★
액체 가연물에 의한 화재패턴으로 틀린 것은?

① 포어 패턴(Pour pattern)
② 스플래시 패턴(Splash pattern)
③ 틈새연소 패턴(Seam burn Pattern)
④ 크레이즈드 글라스(Crazed glass)

해설
크래이즈드 글라스(Crazed glass)는 화재열을 받은 고온의 유리가 물과의 접촉에 의해 급격히 냉각 수축되어 잔금이 발생하는 현상이다.

관련이론 가연성 액체의 화재패턴
- 포어 패턴(Pour pattern)
- 스플래시 패턴(Splash pattern)
- 고스트 마크(Ghost mark)
- 틈새연소 패턴(Seam burn pattern)
- 도넛 패턴(Doughnut pattern)
- 레인보우 이펙트(Rainbow effect)

정답 ④

28 ★★★

방화의 동기별 유형에서 방화로 분류되지 않는 것은?

① 피로로 인한 과실
② 범죄 전·후 증거인멸
③ 보험사기 등 경제적 이득
④ 정신질환

해설
방화의 동기에는 범죄은폐, 보험사기, 정신질환 등이 있으며 피로나 부주의로 인한 과실은 방화가 아니라 실화에 해당한다.

관련이론 방화동기
- 단순 우발적
- 정신이상
- 보험사기
- 사회적 반감
- 기타
- 불만해소
- 싸움
- 보복(손해목적)
- 채권, 채무
- 미상
- 가정불화
- 비관자살
- 범죄은폐
- 시위

정답 ①

29 ★☆☆

항공기에서 화재감지장치(Fire detection system)가 설치되지 않는 곳은?

① 화장실(Lavatory)
② 연료탱크(Fuel tank)
③ 바퀴실(Wheel well)
④ 블리드에어 덕트(Bleed air duct)

해설
항공기에서 연료탱크에는 화재감지장치를 설치하지 않는다.

관련이론 항공기의 화재감지장치 설치장소
- 화장실
- 화물칸
- 바퀴실
- 블리드 에어 덕트

정답 ②

30 ★★☆

유류성분 감정기구인 가스크로마토그래피 분석의 장점으로 틀린 것은?

① 물질이 유사한 여러 성분의 혼합계 분리에 매우 유효하다.
② 현장조사 시 휴대 및 가스 포집이 간편하며 성분판별이 가능하다.
③ 가스 상태로 분석하기 때문에 조작도 간단하고 분석 시간도 빠르다.
④ 각 성분을 검출하여 그 양을 전기적인 신호로 기록계에 저장하고 도형적으로 기록함으로써 분석결과가 객관적이다.

해설
가스크로마토그래피는 휴대 및 가스 포집이 불가능하다.

관련이론 가스크로마토그래피(GC)
- 물질이 유사한 여러 성분의 혼합계 분리에 매우 유효하다.
- 화재현장에서 유류의 존재를 입증하기 위해 사용되는 분석방식으로 가스상태로 분석하기 때문에 조작이 쉽고 분리가 빠르게 이루어진다.
- 각 성분을 검출하여 그 양을 전기적인 신호로 기록계에 저장하여 분석 결과가 객관적으로 보존된다.

정답 ②

31 ★★☆

방화의 특징으로 옳지 않은 것은?

① 2개 이상의 독립된 발화개소가 식별된 경우
② 덕트나 배관용 파이프홀을 통해 다른 층이나 다른 방실로 화재가 확산되는 경우
③ 용도별로는 주택 및 차량에 대한 방화가 많음
④ 휘발유, 시너 등을 사용하는 경우가 많아 화재확산이 매우 빠름

해설
덕트나 배관용 파이프홀을 통해 다른 층이나 다른 방실로 화재가 확산되는 경우는 실화와 연관성이 높다.

정답 ②

32 ★★☆

석유류를 사용한 방화현장에서 수거한 증거물로부터 화재 원인 물질을 밝혀내기 위해 사용하는 가장 일반적인 분석 기기로 옳은 것은?

① 원소분석기
② 질량분석기
③ 이온교환수지
④ 가스크로마토그래피

해설

가스크로마토그래피는 복잡한 혼합물에서 개별 화학성분을 분리하여 정량화 할 수 있는 장치이다.

정답 ④

33 ★☆☆

다음 중 염소(Cl)성분을 포함하고 있는 가스는?

① 암모니아
② 아세틸렌
③ 포스겐
④ 시안화수소

해설

염소(Cl)성분을 포함하고 있는 가스는 포스겐이다.

정답 ③

34 ★★★

산화에틸렌 90%와 메탄 10%가 혼합되어 있는 경우 폭발하한계로 옳은 것은? (단, 메탄의 연소범위는 5~15 vol%, 산화에틸렌의 연소범위는 3~80 vol%이다.)

① 1.79 vol%
② 3.13 vol%
③ 32 vol%
④ 55.81 vol%

해설

르샤틀리에법칙은 다음과 같다.

$$\frac{100}{LEL} = \frac{V_1}{L_1} + \frac{V_2}{L_2} + \cdots$$

LEL: 혼합가스 폭발하한계(vol%), V_1, V_2: 가연성가스의 체적(vol%), L_1, L_2: 가연성가스의 폭발하한계(vol%)

$$\frac{100}{LEL} = \frac{90}{3} + \frac{10}{5} = 3.125 vol\%$$

정답 ②

35 ★★★

석유류의 연소특성에 대한 설명으로 옳지 않은 것은?

① 휘발성이 낮은 중질유는 미세한 크기로 미립화하여 분무연소한다.
② 원유탱크의 화재가 장시간 지속되면 고온층이 형성되어 유류화재의 위험한 현상들이 나타날 수 있다.
③ 대부분의 석유류가 포함되어 있는 제4류 위험물은 인화점이 높고, 연소하한계가 높아서 화재위험성이 크다.
④ 휘발유, 등유는 증기비중이 공기보다 크기 때문에 증발한 증기는 낮은 곳에 체류한다.

해설

대부분의 석유류가 포함되어 있는 제4류 위험물은 인화점 및 연소하한계가 낮아서 화재위험성이 크다.

정답 ③

36 ★★☆

일반화재와 구별되어야 하는 차량화재의 특수성에 대한 설명으로 옳지 않은 것은?

① 차량은 동력기계계통, 전기전자계통, 연료공급계통, 배기계통 등 기구의 복잡성이 있다.
② 연료, 시트 등 화재 하중이 낮고, 외기에 개방된 상태인 환기지배형 화재의 특성을 보인다.
③ 다양한 부착물 및 이의 변·개조가 용이하므로, 이러한 구조적 특수성에 의한 화재위험성에 노출되어 있다고 볼 수 있다.
④ 차량은 개방된 공간에 존치되는 특수성에 의해 사회적 불만이나 주차불만을 가진 자가 불특정한 방법으로 방화할 개연성이 높다고 볼 수 있다.

해설

차량화재는 연료, 시트 등 화재하중이 높고, 외기와 노출된 상태로 가연물에 의존하는 연료지배형의 화재특성을 보인다.

정답 ②

37 ★★★

일반적으로 사용되고 있는 안전밸브의 종류가 옳게 연결된 것은?

① LPG 용기: 가용전(가용합금식) 안전밸브
② 산화에틸렌 용기: 파열식 안전밸브
③ 아르곤 압축가스 용기: 스프링식 안전밸브
④ 초저온 용기: 스프링식과 파열식의 2중 안전밸브

해설

구분	용기의 종류
스프링식	LPG 용기
가용전식	염소, 아세틸렌, 산화에틸렌 용기
파열판식	산소, 수소, 질소, 아르곤, 액체 이산화탄소 용기
2중식 (스프링식+파열판식)	초저온 용기

정답 ④

38 ★☆☆

담뱃불 발화 메커니즘에 대한 설명으로 옳은 것은?

① 훈소가 지속될 수 있는 가연물과의 접촉 → 훈소 → 착염 → 출화의 과정을 겪는다.
② 담뱃불의 연소 선단에서의 온도는 100~200℃ 정도이다.
③ 담뱃불의 연소성은 풍속 0.5m/s 에서 최적조건이고 1m/s 이상이면 꺼지기 쉬우며, 산소농도 16% 이하에서는 연소하지 않는다.
④ 담뱃불의 연소시간은 레귤러 사이즈(60mm)의 경우 1개비는 수평 18~19분, 수직 16~17분 정도가 소요된다.

선지분석

② 담뱃불의 연소 선단에서의 온도는 550~650℃ 정도이다.
③ 담뱃불의 연소성은 풍속 1.5m/s 에서 최적조건이고 3m/s 이상이면 꺼지기 쉬우며, 산소농도 16% 이하에서는 연소하지 않는다.
④ 담뱃불의 연소시간은 레귤러 사이즈(60mm)의 경우 1개비는 수평 13~14분, 수직 11~12분 정도가 소요된다.

정답 ①

39 ★☆☆

아이오딘가에 대한 설명으로 틀린 것은?

① 아이오딘가가 클수록 자연발화성이 증가한다.
② 아이오딘가란 유지 100g당 첨가되는 아이오딘의 g수를 의미한다.
③ 식물성 기름이 광물유(가솔린 등)에 비하여 일반적으로 아이오딘가가 낮다.
④ 아이오딘가가 130 이상인 것을 건성유라 한다.

해설

식물성 기름은 일반적으로 아이오딘가가 높다.

관련이론 아이오딘가의 특징

- 유지 100g당 흡수되는 아이오딘의 양을 나타내는 지표로, 아이오딘가가 100 이하인 유지는 불건성유, 100~130은 반건성유, 130 이상은 건성유로 분류된다.
- 유지는 일반적으로 불포화지방산기의 이중결합 정도에 따라 산소를 흡수하며, 산화·건조되면서 건조성을 나타낸다. 아이오딘가가 클수록 불포화도가 높아 산화되기 쉬우며, 그만큼 화재 등의 위험성도 커진다.
- 유지류는 담체로서 섬유류와 톱날, 금속분, 활성백토 등의 분체 이외에 다공성 물질의 표면에 부착하여서 공기와의 단위체적당 표면적을 증가시켜서 산화가 촉진된다.
- 잠열이 존재하고 대량퇴적된 조건하에서는 산화에 의하여 생긴 열이 축적되기 쉬운 상태에 있으므로 한층 산화가 촉진되어 발화되기 좋은 조건이 된다.

정답 ③

40 ★★☆

방화의 일반적인 판단요소로 가장 거리가 먼 것은?

① 화상피해자의 유무
② 무단침입과 출입흔적
③ 범죄흔적
④ 이상(異常)연소현상

해설

방화의 일반적인 판단요소에는 무단침입과 출입흔적, 범죄흔적, 그리고 이상 연소현상이 포함된다.

정답 ①

증거물관리 및 법과학

41 ★☆☆
증거물 오염이 가중되는 시기로 맞는 것은?

① 보관할 때
② 이송할 때
③ 수집할 때
④ 발견했을 때

해설
증거물 오염은 주로 증거물을 수집할 때 발생한다.

정답 ③

42 ★★★
고압가스안전관리법령상 가연성가스 종류에 따른 용기의 도색구분으로 옳은 것은?

① LPG – 백색
② 수소 – 주황색
③ 아세틸렌 – 녹색
④ 액화암모니아 – 회색

해설

가스종류	용기색상
LPG(액화석유가스)	회색
액화암모니아	백색
아세틸렌	황색
액화염소	갈색
액화탄산가스	청색(의료용: 회색)
산소	녹색(의료용: 백색)
수소	주황색

정답 ②

43 ★☆☆
액화천연가스(LNG)와 액화석유가스(LPG)를 비교한 것으로 틀린 것은?

① LNG의 주성분은 메탄(CH_4)이고, LPG의 주성분은 프로판(C_3H_8)과 부탄(C_4H_{10})이다.
② LNG의 연소속도는 빠르고 LPG의 연소속도는 느리다.
③ LNG는 공기보다 가볍고, LPG는 공기보다 무겁다.
④ 액체에서 기체로의 체적변화는 LNG가 LPG보다 크게 팽창한다.

해설

구분	LPG	LNG
주성분	프로판(C_3H_8), 부탄(C_4H_{10})	메탄(CH_4)
연소속도	빠르다.	느리다.
비중	공기보다 무겁다.	공기보다 가볍다.
액체에서 기체로의 체적변화	1/250 배	1/600 배

정답 ②

44 ★★★
화재조사 및 보고규정에 따르면 관할구역 내에서 발생한 화재에 대하여 작성해야 하는 서류가 아닌 것은?

① 화재발생종합보고서
② 질문기록서
③ 화재현장출동보고서
④ 범죄사실보고서

해설
범죄사실보고서는 수사와 관련된 서류이다.

정답 ④

45 ★★☆
화재현장 및 물리적 증거물의 보존에 대한 책임이 있는 자가 아닌 것은?

① 소방관
② 화재조사관
③ 경찰관
④ 제조사 직원

해설
제조사 직원은 증거물 보존에 대한 책임이 없다.

정답 ④

46

화재현장 보존을 위한 소방대원의 역할 및 주의사항에 대한 설명으로 옳지 않은 것은?

① 잔화 정리하는 동안 남아있는 증거물이 훼손될 수 있으므로 주의하여야 한다.
② 화재현장에 있는 설비, 기구 또는 시설의 손잡이를 돌리거나 작동 스위치를 켜는 것을 자제하여야 한다.
③ 화재현장에서 휘발유나 경유로 작동되는 도구 및 설비를 사용하는 것은 자제하는 것이 좋다.
④ 화재현장에 대한 접근은 화재조사관만으로 한정한다.

해설

화재현장에 대한 접근은 화재조사관뿐만 아니라 소방대원에게도 중요한 역할을 하며, 소방대원은 구급 활동, 위험물 처리, 구조 작업 등을 수행하면서 동시에 현장보존을 위해 노력해야 한다.

관련이론 현장보존을 위한 소방대원의 역할 및 주의사항

- 잔불을 정리하는 동안 남아있는 증거물이 훼손되지 않게 주의한다.
- 화재현장에 있는 설비, 기구 또는 시설의 손잡이를 돌리거나 작동 스위치를 켜는 것을 자제한다.
- 화재현장에서 석유류 연료를 사용하는 장비를 사용하는 것, 재급유 하는 것을 자제한다.
- 사망이 확인된 사체는 현장보존을 위해 그 위치를 변경하여서는 안 된다.
- 잔불정리 시에 필요 이상으로 물건을 옮기거나 쓰러뜨리지 않도록 한다.
- 화재진압과정에서 높은 수압은 증거물을 훼손할 수 있음을 인지해야 한다.
- 부득이하게 파괴되거나 변경되었을 때는 그 내용을 기록해 추후에라도 화재조사관에게 전달하여야 한다.

정답 ④

47

화재열로 파손된 유리의 특징으로 옳은 것은?

① 열분해가 일어나면 리플마크가 형성된다.
② 열분해가 일어나면 월러라인이 형성된다.
③ 열에 의해 깨진 유리는 방사형 파손흔적이 관찰된다.
④ 유리의 단면을 관찰하면 열 또는 충격에 의한 원인을 구분할 수 있다.

해설

열에 의해 깨진 유리의 형태는 불규칙하고 충격에 의해 깨진 유리는 리플마크, 월러라인, 방사형, 동심원 등의 형태를 보인다.

관련이론 유리의 파괴

- 충격에 의한 파괴
  충격부위를 중심으로 방사형 파손형태를 횡으로 잇는 동심원 파손이 생기며, 파손면에는 물결모양의 리플마크가 관찰되는데 리플마크는 방향성을 가져 파괴 시작 지점과 충격방향을 알 수 있는 단서가 된다.
- 열에 의한 파괴
  - 완만한 곡선 형태의 불규칙하고 구불구불한 균열이 발생하며, 파단면은 충격에 의한 파괴와 달리 리플마크가 없는 매끄러운 형태를 보인다.
  - 유리창은 복사열을 받은 중앙부와 창틀에 의해 보호된 부분의 온도 차가 약 70℃ 이상일 때 금이 가기 시작한다.
- 압력에 의한 파괴
  - 화재 압력은 약 0.014~0.028kPa으로 보통 창유리 파괴에는 2.07~6.90kPa가 필요하기 때문에 일반적인 화재 시 발생하는 압력만으로 유리창이 파괴되기는 어렵다.
  - 폭발에 의한 압력은 구획실 내의 외벽이나 창문, 출입문의 유리에 압력에 의한 파괴를 초래할 수 있다.
  - 압력에 의한 파괴는 방사형보다 평행선에 가까운 균열로 파괴되며 충격에 의한 파괴와 달리 동심원 형태는 나타나지 않고 각 파편이 단독적으로 파괴된다.

정답 ④

48 ★★☆

카메라에서 얇은 금속날개를 이용하여 원하는 크기의 렌즈 구경을 만들고 빛의 양을 조절하는 것은?

① 플레어
② 감도
③ 셔터
④ 조리개

해설

조리개는 렌즈를 통해 들어오는 빛의 양을 조절한다.

관련이론 조리개

- 렌즈를 통해 들어오는 빛의 양을 조절한다.
- 조리개 값이 커져 빛의 양이 적어지면 피사계의 심도는 깊어진다.
- 조리개의 값이 작아져 빛의 양이 많아지면 피사계의 심도는 얕아진다.

정답 ④

49 ★★★

화재증거물수집관리규칙상 수집한 증거물을 이송할 때 포장하고 기록·부착 하여야 하는 상세정보가 아닌 것은?

① 수집장소 및 수집자
② 소유자 및 관리자 성명
③ 증거물 내용 및 봉인자
④ 수집일시 및 증거물 번호

해설

소유자 및 관리자 성명은 증거물 이송을 위해 포장한 후 부착하여야 할 상세정보에 해당하지 않는다.

관련이론 화재증거물 상세정보

- 수집일시, 수집장소, 수집자
- 증거물 번호, 증거물 내용
- 봉인자, 봉인일시

정답 ②

50 ★★★

일산화탄소 중독으로 사망한 시체 소견으로 가장 거리가 먼 것은?

① 선홍색 시반이 나타난다.
② 손톱의 경우 청자색을 띤다.
③ 손톱의 경우 선홍색을 띤다.
④ 유동성 혈액, 조직의 울혈이 나타난다.

해설

일산화탄소 중독으로 사망한 경우에는 선홍색 시반이 나타난다.

관련이론 질식사

- 호흡에 의한 생리적 가스교환이 중단되는 상태를 말하며 이로 인해 생명의 영구적 중단을 질식사라 한다.
- 호흡이 원활하게 이루어지지 않아 세포가 이용할 수 있는 산소량이 현저히 감소되면 세포 내 산소분압이 매우 낮아져 이를 저산소증 또는 산소결핍증이라 하며 산소분압이 극도로 저하된 경우는 무산소증이라고도 한다.
- 저(무)산소증에 빠지면 세포 내에 이산화탄소가 축적되며 이를 탄산과잉증이라 한다.

정답 ②

51 ★★☆

피사계 심도를 깊게 하기 위한 방법으로 옳은 것은?

① 조리개를 넓힌다.
② 조리개를 좁힌다.
③ 셔터 스피드를 길게 한다.
④ 셔터 스피드를 짧게 한다.

해설

조리개를 좁히면 들어오는 빛의 양이 적어져 피사계 심도가 깊어진다.

관련이론 피사계 심도(Depth of field)

- 피사계 심도는 어느 정해진 시간 동안에 초점이 맞는 가장 멀리 있는 사물과 가장 가까이 있는 사물의 거리이다.
- f-stop은 빛의 양을 조절하며 초점거리가 주어진 렌즈에서는 f-stop이 증가할수록 빛의 양은 줄어들고 심도는 깊어진다.
- 피사계 심도는 촬영하는 사물까지의 거리, 렌즈 구경 및 사용하는 렌즈의 초점거리에 따라 달라진다.

정답 ②

52 ★☆☆
화재현장에서 사람의 생활반응으로 틀린 것은?

① 화상을 입었다.
② 시반이 형성되었다.
③ 기도 내에서 매가 발견되었다.
④ 두개골 외판에 탄화가 일어났다.

선지분석
① 화상은 생전 열에 노출되어 조직에 반응이 나타난 것이므로, 사망 전까지 살아 있었음을 의미한다.
② 선홍색 시반은 일반적으로 일산화탄소 중독을 나타내는 소견이다.
③ 기도 내 매(그을음, 그을림)가 발견되었다면, 이는 사망 전까지 호흡을 했다는 강한 증거로 간주된다.

정답 ④

53 ★★★
화재 증거물 수집 용기 중 유리병에 대한 설명 중 틀린 것은?

① 가격이 저렴하고 쉽게 구할 수 있는 장점이 있다.
② 액체와 고체 촉진제를 장기간 보관할 수 없는 단점이 있다.
③ 유리병은 액체와 고체 촉진제 증거물을 수집하는데 이용된다.
④ 많은 양의 촉진제 증거물을 수집할 때는 고무로 봉인하지 않는 것이 중요하다.

해설
유리병은 액체와 고체 촉진제 증거물을 장기간 저장할 수 있다.

관련이론 유리병 용기의 특징
- 가격이 저렴하고 구하기 쉽다.
- 용기를 열지 않고도 내용물을 확인할 수 있다.
- 휘발성 액체의 증발을 막을 수 있다.
- 액체·고체 촉진제 증거물을 장기간 저장할 수 있다.
- 대량 저장이 어렵고 장기간 보관 시 파손 위험이 있다.
- 고무 밀봉 시 파손 위험이 크다.
- 코르크 마개는 휘발성 액체 보관에 부적합하며, 빛에 민감한 시료는 짙은 색 용기를 사용해야 한다.
- 마개는 유리, PTFE(폴리테트라플루오로에틸렌), 내유성 플라스틱, 금속 스크루 마개 등을 사용한다.

정답 ②

54 ★★☆
화재관련자들로부터의 정보수집에 대한 방법으로 틀린 것은?

① 목격자로부터 목격경위, 목격위치, 목격상황에 대하여 청취하여야 한다.
② 소방관계자로부터 출동당시의 화세 및 확산경로에 대한 정보를 수집하여야 한다.
③ 부상을 입은 피해자에게는 정보를 수집하지 않는다.
④ 관라자로부터 건물의 구조, 발화범위 내의 물건, 화기시설 등에 대하여 질문하여야 한다.

해설
부상을 입은 피해자에게도 정보를 수집해야 한다.

정답 ③

55 ★★★
화재조사 및 보고규정상 질문기록서에 기입할 내용으로 틀린 것은?

① 화재발생 일시 및 장소
② 질문일시 및 질문장소
③ 답변자의 주민등록번호(외국인의 경우, 외국인등록번호)
④ 화재번호

해설
답변자의 주민등록번호는 질문기록서 기재사항에 해당되지 않는다.

관련이론 질문기록서 기재내용
- 화재번호, 화재발생 일시 및 장소
- 질문일시
- 질문장소
- 답변자
- 화재대상과의관계
- 화재사실을 알게된 경위

정답 ③

56

증거물의 역할에 따른 분류 중 다음 증거물의 역할로 옳은 것은?

> 바닥에 깨진 유리창 바닥면에 그을음 부착이 없다.

① 시간적 증거
② 접촉 증거
③ 방향적 증거
④ 행위적 증거

해설
바닥에 깨진 유리창 바닥면에 그을음 부착이 없다는 것은 화재 전에 깨졌다는 증거로 시간적 증거에 해당한다.

정답 ①

57

화재증거물 보관에 대한 설명으로 옳은 것은?

① 증거물은 밝은 곳에 보관한다.
② 휘발성 물질은 냉장 보관한다.
③ 냉동 보관된 물질은 물리적 테스트에 도움을 준다.
④ 수분이 포함된 금속물질은 견고하게 밀폐시켜 산화를 방지한다.

해설
휘발성 물질은 상온에서 쉽게 증발하기 때문에 냉장 보관해야 한다.

정답 ②

58

화재피해자의 CO-Hb 농도로 추정할 수 있는 것은?

① 화재 피해자의 화재 시 생존 여부
② 화재 피해자의 음주여부
③ 화재 피해자의 연령대
④ 화재 피해자의 사망시간

해설
CO-Hb(일산화탄소-헤모글로빈)농도를 측정해 보면 화재피해자가 화재 당시 생존하였는지 이미 사망하였는지를 알 수 있다. 이것을 생활반응이라 한다.

관련이론 혈중 일산화탄소 농도

농도(%)	증상
10~20	가벼운 두통
20~30	정서불안, 중증 두통
30~40	극심한 두통, 구토, 산소부족으로 인한 실신유발
40~50	의식장애, 호흡곤란
50~60	혼수상태, 경련
60~70	의식혼탁, 호흡중추마비
80	사망

정답 ①

59

화재로 사망한 사람의 생활반응으로 틀린 것은?

① 일산화탄소의 중독으로 사망한 경우 암적색 시반이 나타난다.
② 분신자살자는 혈중 일산화탄소 농도가 전혀 나오지 않는 경우도 있다.
③ 흡연자의 경우, 평소에도 비흡연자보다 높은 수준의 일산화탄소 농도가 나타난다.
④ 사망에 이르는 혈중 일산화탄소의 농도는 10~80%까지 개개인마다 차이가 있다.

해설
일산화탄소의 중독으로 사망한 경우에는 선홍색 시반이 나타난다.

정답 ①

60 ★★☆
인화점 측정을 위한 장비가 아닌 것은?

① Pensky-Martens
② Tag Closed Cup
③ Cleveland Open Cup
④ Scanning Electron Microscope

해설

주사전자현미경(Scanning Electron Microscope)은 시료의 표면 관찰에 사용된다.

관련이론 인화점 시험방법

- 태그 밀폐식(Tag closed cup)
  시료를 담은 밀폐컵을 액체에 잠기게 하여 가열하고 점화원에 노출되었을때 증기가 발화하는 온도를 측정하는 방법으로 인화점 93℃ 이하인 물질의 시료를 측정하는데 사용하는 방법이다.
- 펜스키-마텐스 밀폐식(Pensky-Martens Closed Tester)
  인화성 액체, 부유물을 가진 액체, 시험 조건에서 표면막을 형성하기 쉬운 액체를 시험하며 인화점 40~370℃까지인 시료를 측정할 수 있다.
- 태그 개방식(Tag Open Cup Apparatus)
  시료를 담은 개방식 컵을 액체에 잠기게 하여 가열하는 방식으로 인화점이 -18~290℃인 시료를 측정한다.
- 클리브랜드 개방식(Cleveland Open Cup)
  개방식 황동제 컵에 시료를 담아 직접 가열하는 방식으로 인화점이 80~400℃ 이하인 시료를 측정한다.

정답 ④

화재조사보고 및 피해평가

61 ★★★
화재조사 및 보고규정상 구분하는 화재의 유형이 아닌 것은?

① 건축·구조물화재
② 임야화재
③ 위험물·가스제조소등 화재
④ 공장화재

해설

화재유형별조사서 종류
- 화재유형별조사서(건축·구조물화재)
- 화재유형별조사서(자동차·철도차량화재)
- 화재유형별조사서(위험물·가스제조소등 화재)
- 화재유형별조사서(선박·항공기화재)
- 화재유형별조사서(임야화재)

정답 ④

62 ★☆☆
화재가 발생한 일반음식점의 화재피해액은?

- 손해율: 80%
- 소실면적: 100㎡
- 신축단가: 100만원/㎡
- 내용연수: 40년
- 경과연수: 20년

① 1,000만원　② 3,000만원
③ 5,000만원　④ 4,800만원

해설

건물의 화재피해액을 구하는 공식은 다음과 같다.
= 소실면적의 재건축비 × 잔가율 × 손해율
= 신축단가 × 소실면적 × [1 − (0.8 × $\frac{경과연수}{내용연수}$)] × 손해율
= 100만원/㎡ × 100㎡ × [1 − (0.8 × $\frac{20}{40}$)] × 0.8 = 4,800만원

정답 ④

63 ★★★

화재범위가 2 이상의 관할구역에 걸친 화재에 대한 설명으로 맞는 것은?

① 출동하여 진압한 소방서에서 1건의 화재로 한다.
② 관할 소방서장과 출동한 소방서장과 협의하여 정한다.
③ 발화 소방대상물의 소재지를 관할하는 소방서에서 1건의 화재로 한다.
④ 발화 소방대상물의 소재지를 관할하는 소방서와 출동한 소방서에서 각각 1건의 화재로 한다.

해설
화재범위가 2 이상의 관할구역에 걸친 화재에 대해서는 발화 소방대상물의 소재지를 관할하는 소방서에서 1건의 화재로 한다.

관련이론 화재건수 결정
1건의 화재란 1개의 발화지점에서 확대된 것으로 발화부터 진화까지를 말한다. 다만, 다음 경우는 각 호에 따른다.
- 동일범이 아닌 각기 다른 사람에 의한 방화, 불장난은 동일 대상물에서 발화했더라도 각각 별건의 화재로 한다.
- 동일 소방대상물의 발화점이 2개소 이상 있는 다음의 화재는 1건의 화재로 한다.
  - 누전점이 동일한 누전에 의한 화재
  - 지진, 낙뢰 등 자연현상에 의한 다발화재
- 발화지점이 한 곳인 화재현장이 둘 이상의 관할구역에 걸친 화재는 발화지점이 속한 소방서에서 1건의 화재로 산정한다. 다만, 발화지점 확인이 어려운 경우에는 화재피해금액이 큰 관할구역 소방서의 화재 건수로 산정한다.

정답 ③

64 ★★☆

화재조사 및 보고규정상 화재증명원의 발급에 대한 설명으로 옳은 것은?

① 소방대가 출동하지 아니한 화재장소의 화재증명원 발급요청이 있는 경우 즉시 발급하여야 한다.
② 화재증명원 발급 시 재산피해 및 인명피해에 대하여 소사중인 경우 "조사중"으로 기재한다.
③ 화재증명원 발급 시 재산피해내역은 피해금액과 종류를 기재한다.
④ 보험사에서 화재증명원을 공문으로 발급요청을 하더라도 공용 발급할 수는 없다.

해설
화재증명원 발급 시 인명피해 및 재산피해내역을 기재한다. 다만, 조사가 진행 중인 경우에는 "조사 중"으로 기재한다.

관련이론 화재증명원 발급
- 소방관서장은 화재증명원을 발급받으려는 자가 발급신청을 하면 화재증명원을 발급해야 한다. 이 경우 통합전자민원창구로 신청하면 전자민원문서로 발급해야 한다.
- 소방관서장은 화재피해자로부터 소방대가 출동하지 아니한 화재장소의 화재증명원 발급신청이 있는 경우 조사관으로 하여금 사후조사를 실시하게 할 수 있다. 이 경우 민원인이 제출한 사후조사 의뢰서의 내용에 따라 발화장소 및 발화지점의 현장이 보존되어있는 경우에만 조사를 하며, 화재현장출동 보고서 작성은 생략할 수 있다.
- 화재증명원 발급 시 인명피해 및 재산피해내역을 기재한다. 다만, 조사가 진행 중인 경우에는 "조사 중"으로 기재한다.
- 재산피해내역 중 피해금액은 기재하지 아니하며 피해물건만 종류별로 구분하여 기재한다. 다만, 민원인의 요구가 있는 경우에는 피해금액을 기재하여 발급할 수 있다.
- 화재증명원 발급신청을 받은 소방관서장은 발화장소 관할 지역과 관계없이 발화장소 관할 소방서로부터 화재사실을 확인받아 화재증명원을 발급할 수 있다.

정답 ②

65

소방시설 등 활용조사서 소화시설의 기재사항이 아닌 것은? ★☆☆

① 소화기구 ② 옥외소화전
③ 연결송수관설비 ④ 물분무등소화설비

해설
연결송수관설비는 소화활동설비에 해당한다.

관련이론 소방시설 등 활용조사서의 소화시설
소화기구, 옥내소화전, 스프링클러설비, 간이스프링클러설비, 물분무등 소화설비, 옥외소화전

정답 ③

66

건물의 일부를 개수 또는 보수한 경우에 있어서의 경과연수의 산정 기준 적용에 관한 설명으로 틀린 것은? ★★★

① 재설치비의 50%미만 개·보수한 경우: 최초 건축연도 기준
② 재설치비의 50%이상 개·보수한 경우: 최초 건축연도 기준
③ 재설치비의 80%이상 개·보수한 경우: 개·보수한 때를 기준으로 하여 경과연수를 산정
④ 재설치비의 50~80%를 개·보수한 경우: 최초 건축연도를 기준으로 한 경과연수와 개·보수한 때를 기준으로 한 경과연수를 합산 평균하여 경과연수를 산정

해설
재설치비의 50~80%를 개보수한 경우 최초 건축연도를 기준으로 한 경과연수와 개보수한 때를 기준으로 한 경과연수를 합산 평균하여 경과연수를 산정한다.

정답 ②

67

재고자산의 상품 중 견본품, 전시품, 진열품에 대한 화재피해액 산정 시 우선 적용사항으로 맞는 것은? ★☆☆

① 시장거래가격으로 산정한다.
② 구입가의 50%로 일괄 산정한다.
③ 구입가의 50~80%를 피해액으로 한다.
④ 구입가에 감가수정한 가격으로 산정한다.

해설
견본품, 전시품, 진열품의 경우 재고자산 종류에 따라 구입가격의 50~80%를 피해액으로 한다.

관련이론 재고자산의 피해액 산정기준
재고자산의 피해액 = 회계장부상의 구입가액 × 손해율

정답 ③

68 ★★☆

화재조사 및 보고규정 상 화재건수를 결정할 때 1건의 화재 결정으로 틀린 것은?

① 동일 대상물에서 발화점이 2개소이며, 누전점이 동일한 화재
② 동일 대상물에서 발화점이 3개소로서 낙뢰에 의한 다발화재
③ 동일 대상물에서 발화점이 4개소로서 지진에 의한 다발화재
④ 각기 다른 사람에 의한 방화나 불장난으로 동일 대상물에서 발화한 화재

해설
각기 다른 사람에 의한 방화나 불장난으로 동일 대상물에서 발화한 화재는 각각 별건으로 처리한다.

관련이론 화재건수 결정
1건의 화재란 1개의 발화지점에서 확대된 것으로 발화부터 진화까지를 말한다. 다만, 다음 경우는 각 호에 따른다.
- 동일범이 아닌 각기 다른 사람에 의한 방화, 불장난은 동일 대상물에서 발화했더라도 각각 별건의 화재로 한다.
- 동일 소방대상물의 발화점이 2개소 이상 있는 다음의 화재는 1건의 화재로 한다.
  - 누전점이 동일한 누전에 의한 화재
  - 지진, 낙뢰 등 자연현상에 의한 다발화재
- 발화지점이 한 곳인 화재현장이 둘 이상의 관할구역에 걸친 화재는 발화지점이 속한 소방서에서 1건의 화재로 산정한다. 다만, 발화지점 확인이 어려운 경우에는 화재피해금액이 큰 관할구역 소방서의 화재 건수로 산정한다.

정답 ④

69 ★★★

지은지 10년된 아파트에서 화재가 발생하여 100m²가 소실되었다. 화재피해액은 약 얼마인가? (단, 내용연수 50년, 신축단가 670천원/m², 손해율 40%이다.)

① 21,862천원　② 22,512천원
③ 26,661천원　④ 28,891천원

해설
건물의 화재로 인한 피해액을 구하면 다음과 같다.
= 소실면적의 재건축비 × 잔가율 × 손해율
= 신축단가 × 소실면적 × [1 − (0.8 × $\dfrac{경과연수}{내용연수}$)] × 손해율
= 670천원/m² × 100 × [1 − (0.8 × $\dfrac{10}{50}$)] × 40 = 22,512천원

정답 ②

70 ★☆☆

화재피해액 산정 시 중고로 구입한 기계장치 및 집기비품으로서 그 제작연도를 알 수 없을 경우 그 상태에 따라 신품가액 대비 잔가율로 정할 수 있는 비율은?

① 30% 내지 50%　② 30% 내지 60%
③ 20% 내지 50%　④ 20% 내지 60%

해설
중고구입기계장치 및 집기비품으로서 그 제작연도를 알 수 없는 경우에는 그 상태에 따라 신품가액의 30% 내지 50%를 잔가율로 정할 수 있다.

정답 ①

71 ★★★

화재 피해물의 경제적 내용연수가 다한 경우 잔존하는 가치의 재구입비에 대한 비율은?

① 최종잔가율　② 손해율
③ 잔가율　④ 보정률

해설
최종잔가율이란 피해물의 내용연수가 다한 경우 잔존하는 가치의 재구입비에 대한 비율을 말한다.

정답 ①

72 ★★☆

화재조사 및 보고규정상 치외법권지역 화재조사 보고서 작성에 대한 설명으로 옳은 것은?

① 조사 가능한 내용만 조사하여 화재현황조사서만 작성한다.
② 치외법권지역은 조사권을 행사할 수 없으므로 보고서를 작성하지 않아도 된다.
③ 화재현장출동보고서, 질문기록서, 화재발생종합보고서를 반드시 작성하여야 한다.
④ 치외법권지역은 조사권을 행사할 수 없는 경우는 조사 가능한 내용만 조사하여 해당 보고서를 작성한다.

해설
치외법권지역 등 조사권을 행사할 수 없는 경우에는 조사 가능한 내용만 조사하여 해당 서류를 작성·보고한다.

정답 ④

73 ★★★

철거건물에 대한 화재피해액을 산정하는 계산식은?

① 재건축비×[0.1+(0.8×잔여내용연수/내용연수)]
② 재건축비×[0.1+(0.9×잔여내용연수/내용연수)]
③ 재건축비×[0.2+(0.8×잔여내용연수/내용연수)]
④ 재건축비×[0.2+(0.9×잔여내용연수/내용연수)]×손해율

해설
철거건물의 피해액을 구하는 공식은 다음과 같다.
철거건물의 피해액 = 재건축비 × [0.2 + (0.8 × $\frac{잔여내용연수}{내용연수}$)]

정답 ③

74 ★☆☆

화재현장조사서 작성 시 화재건물 현황의 기재사항이 아닌 것은?

① 건축물 현황
② 보험가입 현황
③ 소방시설 및 위험물 현황
④ 화재발생 후 상황

해설
화재현장조사서에는 화재발생 전 상황에 대한 화재건물 현황을 기재해야한다.

관련이론 화재현장조사서의 화재건물 현황 기재사항
• 건축물 현황
• 보험가입 현황
• 소방시설 및 위험물 현황
• 화재발생 전 상황

정답 ③

75 ★☆☆

화재피해조사서(인명피해) 작성 시 기재사항이 아닌 것은?

① 사상부위 및 외상
② 사상시 위치·행동
③ 사상전 상태
④ 사상자 가족 인적사항

해설
사상자 가족 인적사항은 화재피해조사서(인명피해)의 기재사항에 해당하지 않는다.

관련이론 화재피해조사서 기재사항
• 사상자
• 사상정도
• 사상 시 위치·행동
• 사상원인
• 사상 전 상태
• 사상부위 및 외상
• 사상자 정보

정답 ④

76 ★☆☆
잔존물제거비의 계산 방법으로 옳은 것은?

① 산정대상 피해액×10%
② 산정대상 피해액×20%
③ 화재 재구입비×10%
④ 화재 재구입비×20%

해설
잔존물제거비 = 산정대상피해액 × 10%

정답 ①

77 ★★★
영업시설의 화재로 인한 소손 정도에 따른 손해율이 40%인 경우는?

① 영업시설의 일부를 교체 또는 수리하거나 도장 내지 도배가 필요한 경우
② 손상 정도가 다소 심하여 상당부분 교체 내지 수리가 필요한 경우
③ 불에 타거나 변형되고 그을음과 수침 정도가 심한 경우
④ 부분적인 소손 및 오염의 경우

해설
시설의 일부를 교체 또는 수리하거나 도장 내지 도배가 필요한 경우에는 40%이다.

관련이론 영업시설의 소손 정도에 따른 손해율

화재로 인한 피해정도	손해율(%)
불에 타거나 변형되고 그을음과 수침 정도가 심한 경우	100
손상정도가 다소 심하여 상당부분 교체 내지 수리가 필요한 경우	60
영업시설의 일부를 교체 또는 수리하거나 도장 내지 도배가 필요한 경우	40
부분적인 소손 및 오염의 경우	20
세척 내지 청소만 필요한 경우	10

정답 ①

78 ★★☆
화재유형별조사서(위험물·가스제조소등 화재)의 위험물 제조소 등의 항목이 아닌 것은?

① 액화석유가스 저장시설
② 옥외탱크 저장소
③ 판매 취급소
④ 주유 취급소

해설
액화석유가스 저장시설은 위험물제조소가 아니라 가스제조소이다.

관련이론 위험물 제조소 등
- 제조소
- 옥내저장소
- 옥외저장소
- 옥외탱크저장소
- 옥내탱크저장소
- 지하탱크저장소
- 간이탱크저장소
- 이동탱크저장소
- 암반탱크저장소
- 주유취급소
- 판매취급소
- 이송취급소
- 일반취급소

정답 ①

79 ★★★
동·식물의 피해액 산정기준으로 옳은 것은?

① 전문가의 감정가격
② 공인 감정가격
③ 시중매매가격
④ 감정서의 감정가액

해설
차량, 동물, 식물은 전부손해의 경우 시중매매가격으로 하며, 전부손해가 아닌 경우에는 수리비 및 치료비로 한다.

정답 ③

80 ★★★
화재현황조사서에 기입해야 할 항목이 아닌 것은?

① 연소확대 사유
② 발화관련 기기
③ 방화동기
④ 보험가입 사항

해설
방화동기는 방화·방화의심 조사서의 기재사항이다.

정답 ③

화재조사관계법규

81 ★☆☆
현주건조물 등 방화한 사람에게 가하는 벌칙으로 옳지 않은 것은?

① 사람을 상해에 이르게 한 때에는 무기 또는 5년 이상의 징역
② 사람을 사망에 이르게 한 때에는 사형, 무기 또는 7년 이상의 징역
③ 사람이 주거로 사용하거나 사람이 현존하는 건조물, 기차, 전차, 자동차, 선박, 항공기 또는 지하채굴시설을 불태운 자는 무기 또는 3년 이상의 징역
④ 과실로 자기 소유인 물건을 불태워 공공의 위험을 발생하게 한 자는 5년 이하의 징역

해설
「형법 제164조」
- 불을 놓아 사람이 주거로 사용하거나 사람이 현존하는 건조물, 기차, 전차, 자동차, 선박, 항공기 또는 지하채굴시설을 불태운 자는 무기 또는 3년 이상의 징역에 처한다.
- 죄를 지어 사람을 상해에 이르게 한 경우에는 무기 또는 5년 이상의 징역에 처한다. 사망에 이르게 한 경우에는 사형, 무기 또는 7년 이상의 징역에 처한다.

정답 ④

82 ★★★
소방의 화재조사에 관한 법령상 화재조사를 하기 위한 화재조사관의 출입 또는 조사를 거부·방해 또는 기피하는 자에 대한 벌칙 기준으로 옳은 것은?

① 100만원 이하의 벌금
② 200만원 이하의 벌금
③ 300만원 이하의 벌금
④ 500만원 이하의 벌금

해설
「소방의 화재조사에 관한 법률 제21조」
정당한 사유 없이 화재조사관의 출입 또는 조사를 거부·방해 또는 기피한 사람은 300만원 이하의 벌금에 처한다.

정답 ③

83 ★☆☆
다음 중 소방기본법령상 소방용수시설이 아닌 것은?

① 저수조
② 급수탑
③ 소화전
④ 고가수조

해설
「소방기본법 제10조」
시·도지사는 소방활동에 필요한 소화전(消火栓)·급수탑(給水塔)·저수조(貯水槽)를 설치하고 유지·관리하여야 한다.

정답 ④

84 ★★☆
국가배상법상 국가공무원의 위법행위로 인하여 제3자에게 발생한 손해를 국가가 배상한 후 해당 공무원에게 행사하는 구상권에 관한 설명으로 옳은 것은?

① 해당 공무원에게 고의 또는 중대한 과실이 있는 경우에 구상권을 행사할 수 있다.
② 해당 공무원에게 고의 또는 중대한 과실이 있는 경우라도 인적피해가 없으면 구상권을 행사할 수 없다.
③ 해당 공무원에게 고의 또는 중대한 과실이 없어도 금전적 손실이 발생하면 구상권을 행사할 수 있다.
④ 해당 공무원에게 고의 또는 중대한 과실이 있으면 피해자 및 그 대리인은 그 공무원에게 구상권을 행사할 수 있다.

해설
「국가배상법 제2조」
국가나 지방자치단체는 공무원 또는 공무를 위탁받은 사인이 직무를 집행하면서 고의 또는 과실로 법령을 위반하여 타인에게 손해를 입히거나, 손해배상의 책임이 있을 때에는 이 법에 따라 그 손해를 배상하여야 한다.

정답 ①

85 ★★★

화재조사 및 보고규정에 따른 사상자의 기준 중 다음 ( )안에 알맞은 것은?

> 사상자는 화재현장에서 사망한 사람과 부상당한 사람을 말한다. 단, 화재현장에서 부상을 당한 후 ( )시간 이내에 사망한 경우에는 당해 화재로 인한 사망으로 본다.

① 72
② 48
③ 36
④ 24

해설

분류	부상 정도
사상자	화재현장에서 사망한 사람과 부상당한 사람을 말한다. 다만, 화재현장에서 부상을 당한 후 72시간 이내에 사망한 경우에는 당해 화재로 인한 사망으로 본다.
중상	3주 이상의 입원치료를 필요로 하는 부상
경상	중상 이외의 부상(입원치료를 필요로 하지 않는 것도 포함)을 말한다. 단, 병원치료를 필요로 하지 않고 단순하게 연기를 흡입한 사람은 제외

정답 ①

86 ★★★

형법에서 규정하고 있는 진화방해죄에 대한 벌칙 기준 중 다음 ( )안에 알맞은 것은?

> 화재에 있어서 진화용이 시설 또는 물건을 은닉 또는 손괴하거나 기타 방법으로 진화를 방해한 자는 ( )년 이하의 징역에 처한다.

① 10
② 7
③ 5
④ 1

해설

「형법 제169조」
화재에 있어서 진화용의 시설 또는 물건을 은닉 또는 손괴하거나 기타 방법으로 진화를 방해한 자는 10년 이하의 징역에 처한다.

정답 ①

87 ★★★

화재조사 및 보고규정에서 정하는 건물의 동수 산정에 대한 설명으로 옳지 않은 것은?

① 주요구조부가 하나로 연결되어 있는 것은 1동으로 한다.
② 건물의 외벽을 이용하여 실을 만들어 작업실로 사용하고 있는 것은 주건물과 1동으로 본다.
③ 구조에 관계없이 지붕 및 실이 하나로 연결되어 있는 것은 별동으로 본다.
④ 목조건물의 경우 격벽으로 방화구획이 되어 있는 구조에 관계없이 지붕 및 실이 하나로 연결되어 있는 것은 같은 동으로 본다.

해설

구조에 관계없이 지붕 및 실이 하나로 연결되어 있는 것은 같은 동으로 본다.

관련이론 건물의 동수 산정

- 주요구조부가 하나로 연결되어 있는 것은 1동으로 한다. 다만 건널 복도 등으로 2이상의 동에 연결되어 있는 것은 그 부분을 절반으로 분리하여 각 동으로 본다.
- 건물의 외벽을 이용하여 실을 만들어 헛간, 목욕탕, 작업실, 사무실 및 기타 건물 용도로 사용하고 있는 것은 주건물과 같은 동으로 본다.
- 구조에 관계없이 지붕 및 실이 하나로 연결되어 있는 것은 같은 동으로 본다.
- 목조 또는 내화조 건물의 경우 격벽으로 방화구획이 되어 있는 경우도 같은 동으로 한다.
- 독립된 건물과 건물 사이에 차광막, 비막이 등의 덮개를 설치하고 그 밑을 통로 등으로 사용하는 경우는 다른 동으로 한다.
- 내화조 건물의 옥상에 목조 또는 방화구조 건물이 별도 설치되어 있는 경우는 다른 동으로 한다. 다만, 이들 건물의 기능상 하나인 경우(옥내 계단이 있는 경우)는 같은 동으로 한다.
- 내화조 건물의 외벽을 이용하여 목조 또는 방화구조건물이 별도 설치되어 있고 건물 내부와 구획되어 있는 경우 다른 동으로 한다. 다만, 주된 건물에 부착된 건물이 옥외로 출입구가 연결되어 있는 경우와 기계설비 등이 쌍방에 연결되어 있는 경우 등 건물 기능상 하나인 경우는 같은동으로 한다.

정답 ③

88 ★☆☆

제조물 책임법상 제조업자의 손해배상 면책 규정으로 옳지 않은 것은?

① 제조업자가 해당 제조물을 공급하지 아니하였다는 사실을 입증한 경우
② 제조물의 결함이 제조업자의 제조물 공급 당시 법령기준을 준수함에 따라 발생하였다는 사실을 입증한 경우
③ 제조물을 공급한 당시의 과학·기술 수준으로는 결함의 존재를 발견할 수 없었다는 사실을 입증한 경우
④ 제조업자가 결함 있는 제조물을 공급한 후 3년이 경과한 경우

해설

「제조물 책임법 제7조」
손해배상의 청구권은 제조업자가 손해를 발생시킨 제조물을 공급한 날부터 10년 이내에 행사하여야 한다.

관련이론 「제조물 책임법 제4조」

손해배상책임을 지는 자가 어느 하나에 해당하는 사실을 입증한 경우에는 이 법에 따른 손해배상책임을 면(免)한다.
- 제조업자가 해당 제조물을 공급하지 아니하였다는 사실
- 제조업자가 해당 제조물을 공급한 당시의 과학·기술 수준으로는 결함의 존재를 발견할 수 없었다는 사실
- 제조물의 결함이 제조업자가 해당 제조물을 공급한 당시의 법령에서 정하는 기준을 준수함으로써 발생하였다는 사실
- 원재료나 부품의 경우에는 그 원재료나 부품을 사용한 제조물 제조업자의 설계 또는 제작에 관한 지시로 인하여 결함이 발생하였다는 사실

정답 ④

89 ★★★

제조물 책임법상 제조상의 결함에 해당되는 것은?

① 제조업자가 합리적인 대체설계를 채용하였더라면 피해나 위험을 줄이거나 피할 수 있었음에도 대체설계를 채용하지 아니하여 해당 제조물이 안전하지 못하게 된 경우를 말한다.
② 제조업자의 제조물에 대한 제조·가공상의 주의의무의 이행여부와 관계없이 제조물이 원래 의도한 설계와 다르게 제조·가공됨으로써 안전하지 못한 경우
③ 제조업자가 합리적인 설명·지시·경고 또는 그 밖의 표시를 하였더라면 해당 제조물에 의하여 발생할 수 있는 피해나 위험을 줄이거나 피할 수 있었음에도 이를 하지 아니한 경우를 말한다.
④ 제조업자가 물류·유통과정에서 발생할 수 있는 위험을 인지하지 못하여 제조물의 파손을 초래한 경우를 말한다.

해설

「제조물 책임법 제2조」
결함이란 해당 제조물에 다음 각 목의 어느 하나에 해당하는 제조상·설계상 또는 표시상의 결함이 있거나 그 밖에 통상적으로 기대할 수 있는 안전성이 결여되어 있는 것을 말한다.
- 제조상의 결함
  제조업자가 제조물에 대하여 제조상·가공상의 주의의무를 이행하였는지에 관계없이 제조물이 원래 의도한 설계와 다르게 제조·가공됨으로써 안전하지 못하게 된 경우를 말한다.
- 설계상의 결함
  제조업자가 합리적인 대체설계(代替設計)를 채용하였더라면 피해나 위험을 줄이거나 피할 수 있었음에도 대체설계를 채용하지 아니하여 해당 제조물이 안전하지 못하게 된 경우를 말한다.
- 표시상의 결함
  제조업자가 합리적인 설명·지시·경고 또는 그 밖의 표시를 하였더라면 해당 제조물에 의하여 발생할 수 있는 피해나 위험을 줄이거나 피할 수 있었음에도 이를 하지 아니한 경우를 말한다.

정답 ②

90 ★★★

화재조사 및 보고규정상 다음 표에서 사망자 수와 중상자의 수를 합한 값으로 옳은 것은?

- 화재현장 사망 2명 이상
- 화재현장에서 부상을 당한 후 52시간 이내에 사망 1명
- 2주 이상의 입원을 필요로 하는 부상 2명
- 3주 이상의 입원을 필요로 하는 부상 3명
- 입원치료를 필요로 하지 않는 부상 5명

① 4 ② 5
③ 6 ④ 7

해설

중상이란 3주 이상의 입원치료를 필요로 하는 부상을 말한다.
사망자 3명 + 중상자 3명 = 6명

관련이론 부상자의 분류

분류	부상 정도
사상자	화재현장에서 사망한 사람과 부상당한 사람을 말한다. 다만, 화재현장에서 부상을 당한 후 72시간 이내에 사망한 경우에는 당해 화재로 인한 사망으로 본다.
중상	3주 이상의 입원치료를 필요로 하는 부상
경상	중상 이외의 부상(입원치료를 필요로 하지 않는 것도 포함)을 말한다. 단, 병원치료를 필요로 하지 않고 단순하게 연기를 흡입한 사람은 제외

정답 ③

91 ★☆☆

화재조사 및 보고규정에서 정의하는 발화열원에 의하여 불이 붙고 이 물질을 통해 제어하기 힘든 화세로 발전한 가연물을 무엇이라 하는가?

① 발화지점 ② 최초착화물
③ 발화요인 ④ 연소확대물

해설

「화재조사 및 보고규정 제2조」
최초착화물이란 발화열원에 의해 불이 붙고 이 물질을 통해 제어하기 힘든 화세로 발전한 가연물을 말한다.

정답 ②

92 ★☆☆

민법에 따른 불법행위 및 배상책임에 관한 기준 중 틀린 것은?

① 고의 또는 과실로 인한 위법행위로 타인에게 손해를 가한 자는 그 손해를 배상할 책임이 있다.
② 배상의무자는 그 손해가 고의 또는 중대한 과실에 의한 것이고, 그 배상으로 인하여 배상자의 생계에 중대한 영향을 미치게 될 경우에는 법원에 그 배상액의 경감을 청구할 수 있다.
③ 불법행위로 인한 손해배상의 청구권은 피해자나 그 법정 대리인이 그 손해 및 가해자를 안 날로부터 3년간 이를 행사하지 아니하면 시효로 인하여 소멸한다.
④ 도급인은 수급인이 그 일에 관하여 제삼자에게 가한 손해를 배상할 책임이 없다. 그러나 도급 또는 지시에 관하여 도급인에게 중대한 과실이 있는 때에는 그러하지 아니하다.

해설

「민법 제765조」
- 본장의 규정에 의한 배상의무자는 그 손해가 고의 또는 중대한 과실에 의한 것이 아니고 그 배상으로 인하여 배상자의 생계에 중대한 영향을 미치게 될 경우에는 법원에 그 배상액의 경감을 청구할 수 있다.
- 법원은 전항의 청구가 있는 때에는 채권자 및 채무자의 경제상태와 손해의 원인 등을 참작하여 배상액을 경감할 수 있다.

정답 ②

93 ★★☆

화재로 인한 재해보상과 보험가입에 관한 법률상 특수건물의 범위에 해당하지 않는 것은?

① 사격 및 사격장 안전관리에 관한 법률에 따른 실내사격장으로 사용하는 건물
② 관광진흥법에 따른 관광숙박업으로 사용하는 건물로서 연면적의 합계가 2천제곱미터 이상인 건물
③ 식품위생법 시행령에 따른 일반음식점영업으로 사용하는 부분의 바닥면적의 합계가 2천제곱미터 이상인 건물
④ 영화 및 비디오물의 진흥에 관한 법률에 따른 영화상영관으로 사용하는 부분의 바닥면적의 합계가 2천제곱미터 이상인 건물

해설
관광숙박업으로 사용하는 건물로서 연면적의 합계가 3천제곱미터 이상인 건물을 말한다.

관련이론 면적별 특수건물의 범위

면적기준	대상물
바닥면적 2천제곱미터 이상	학원, 게임제공업, 인터넷컴퓨터게임시설제공업, 노래연습장업, 휴게음식점영업, 단란주점영업, 유흥주점영업, 공유주방 운영업, 목욕장업, 영화상영관
바닥면적 3천제곱미터 이상	숙박업, 대규모점포, 도시철도의 역사(驛舍) 및 역 시설
연면적 3천제곱미터 이상	병원급 의료기관, 관광숙박업, 공연장, 방송사업을 목적으로 사용하는 건물, 농수산물도매시장 및 민영농수산물도매시장, 학교, 공장

정답 ②

94 ★★★

화재증거물수집관리규칙상 화재 현장에서의 증거물 수집, 보관 등에 관한 기준 중 틀린 것은?

① 증거물을 수집할 때는 휘발성이 높은 것에서 낮은 순서로 진행하여야 한다.
② 증거물이 파손될 우려가 있는 경우에 충격금지 및 취급방법에 대한 주의사항을 증거물의 포장 내측에 적절하게 표기하여야 한다.
③ 증거서류로 사본을 수집할 경우 원본과 대조한 다음 원본대조필을 하여야 하며, 원본대조를 할 수 없을 경우 제출자에게 원본과 같음을 확인 후 서명 날인을 받아서 영치하여야 한다.
④ 증거물은 화재증거 수집의 목적달성 후에는 관계인에게 반환하여야 한다. 다만, 관계인의 승낙이 있을 때에는 폐기할 수 있다.

해설
증거물이 파손될 우려가 있는 경우 충격금지 및 취급방법에 대한 주의사항을 증거물의 포장 외측에 적절하게 표기하여야 한다.

관련이론 물리적 증거물 수집원칙
- 현장 수거(채취)물은 서식에 그 목록을 작성하여야 한다.
- 증거물의 수집 장비는 증거물의 종류 및 형태에 따라, 적절한 구조의 것이어야 한다.
- 증거물을 수집할 때는 휘발성이 높은 것에서 낮은 순서로 진행해야 한다.
- 증거물의 소손 또는 소실 정도가 심하여 증거물의 일부분 또는 전체가 유실될 우려가 있는 경우는 증거물을 밀봉하여야 한다.
- 증거물이 파손될 우려가 있는 경우 충격금지 및 취급방법에 대한 주의사항을 증거물의 포장 외측에 적절하게 표기하여야 한다.
- 증거물 수집 목적이 인화성 액체 성분 분석인 경우에는 인화성 액체 성분의 증발을 막기 위한 조치를 하여야 한다.
- 증거물 수집 과정에서는 증거물의 수집자, 수집 일자, 상황 등에 대하여 기록을 남겨야 하며, 기록은 가능한 법과학자용 표지 또는 태그를 사용하는 것을 원칙으로 한다.

정답 ②

95 ★★★

화재조사 및 보고규정 상 다음에서 설명하는 용어는?

> 피해물의 종류, 손상 상태 및 정도에 따라 피해액을 적정화시키는 일정한 비율을 말한다.

① 최초잔가율
② 최종잔가율
③ 잔가율
④ 손해율

해설

「화재조사 및 보고규정 제2조」
손해율이란 피해물의 종류, 손상 상태 및 정도에 따라 피해금액을 적정화시키는 일정한 비율을 말한다.

정답 ④

96 ★★★

소방기본법상 화재, 재난·재해, 그 밖의 위급한 상황이 발생한 현장에 소방활동구역을 정하여 소방활동에 필요한 사람으로서 대통령령으로 정하는 사람 외에는 그 구역에 출입하는 것을 제한할 수 있는 자는?

① 시·도지사
② 행정안전부장관
③ 시장·군수
④ 소방대장

해설

「소방기본법 제23조」
- 소방대장은 화재, 재난·재해, 그 밖의 위급한 상황이 발생한 현장에 소방활동구역을 정하여 소방활동에 필요한 사람으로서 대통령령으로 정하는 사람 외에는 그 구역에 출입하는 것을 제한할 수 있다.
- 경찰공무원은 소방대가 소방활동구역에 있지 아니하거나 소방대장의 요청이 있을 때에는 조치를 할 수 있다.

정답 ④

97 ★★☆

승객이 있는 기차에 불을 놓은 경우에 해당되는 죄는 무엇인가?

① 현주건조물등 방화
② 공용건조물등 방화
③ 일반건조물등 방화
④ 일반물건 방화

해설

「형법 제164조」
불을 놓아 사람이 주거로 사용하거나 사람이 현존하는 건조물, 기차, 전차, 자동차, 선박, 항공기 또는 지하채굴시설을 불태운 자는 무기 또는 3년 이상의 징역에 처한다.

정답 ①

98 ★☆☆

화재조사관이 화재조사활동을 개시하는 시점으로 옳은 것은?

① 화재사실을 인지하는 즉시
② 현장에 소방차량이 도착함과 동시
③ 화재가 진압되고 즉시
④ 관할 경찰서의 조사허가 즉시

해설

「화재조사 및 보고규정 제3조」
화재조사관은 화재발생사실을 인지한 즉시 화재조사를 시작해야 한다.

정답 ①

99 ★★★

화재조사 및 보고규정상 조사보고에 관한 내용으로 ( ) 알맞은 내용은?

> - 종합상황실장이 상급 종합상황실에 지체없이 보고해야 하는 화재는 화재·구조·구급상황 보고서 내지 제11호서식까지 작성하여 화재 발생일로부터 (㉠) 이내에 보고해야 한다.
> - 제1호에 해당하지 않는 화재: 별지 제1호서식 내지 제11호서식까지 작성하여 화재 발생일로부터 (㉡) 이내에 보고해야 한다.
> - 제2항에도 불구하고 다음 각 호의 정당한 사유가 있는 경우에는 소방관서장에게 사전 보고를 한 후 필요한 기간만큼 조사 보고일을 연장할 수 있다.

① ㉠ 30, ㉡ 30
② ㉠ 15, ㉡ 30
③ ㉠ 30, ㉡ 15
④ ㉠ 20, ㉡ 50

해설

「화재조사 및 보고규정 제22조」
긴급상황보고에 해당하는 화재는 조사서를 작성하여 화재 발생일로부터 30일 이내에 보고해야 하고 그렇지 않은 화재는 15일 이내에 보고해야 한다. 추가화재조사가 필요하여 조사보고일을 연장한 경우 그 사유가 해소된 날부터 10일 이내에 소방관서장에게 조사결과를 보고해야 한다.

정답 ③

100 ★★☆

화재유형별조사서(임야화재)의 작성에 대한 설명으로 틀린 것은?

① 논밭두렁의 화재는 들불에 속한다.
② 묘지에서 발생한 화재는 들불에 속한다.
③ 피해사항 중 산림피해면적은 헥타르(ha)로 기재한다.
④ 산불화재 시 소유주체에 따라 국유림, 공유림, 사유림으로 구분한다.

해설

피해사항 중 산림피해면적은 평방미터(m^2)로 기재한다.

정답 ③

2025년 3회 CBT 복원문제

화재조사론

01 ★★☆
화재가 나타내는 V 패턴의 설명으로 옳지 않은것은?

① 불꽃과 대류 또는 복사열에 의해서 생성된다.
② 연소가 진행될 때 수직으로 된 벽면에 나타난다.
③ 패턴이 나타내는 각도가 넓으면 연소의 속도가 느리다.
④ 발화지점이 아닌 곳에서도 생성될 수 있다.

해설
V 패턴의 각도는 연소속도와 직접적인 관련이 적다.

관련이론 V패턴(V pattern)
- 물질 연소 시 가장 흔히 형성되는 패턴이다.
- 불꽃, 대류, 복사열에 의해 발생한다.
- 연소가 진행될 때 수직 벽면에 나타난다.
- 발화지점이 아닌 곳에서도 형성될 수 있다.
- 화재효과의 가장자리를 보여주는 경계선이다.
- 각도는 열방출률, 가연물의 양과 형태, 환기 조건 등에 의해 결정된다.

정답 ④

02 ★★★
다음 중 산소공급원의 역할을 하는 물질은?

① 과산화나트륨   ② 황린
③ 칼륨   ④ 디에틸에테르

해설
과산화나트륨은 강력한 산화제로 물과 반응하면 산소와 함께 열을 방출하여 산소공급원 역할을 한다.

관련이론 산화제
- 산소   · 염소   · 황산
- 질산   · 브롬   · 요오드
- 염화철   · 염화주석   · 플루오린
- 과산화수소 · 과산화나트륨 · 과망간산칼륨

정답 ①

03 ★★☆
감광계수(m^{-1})에 따른 가시거리기 틀린 것은?

① 감광계수 0.1 - 가시거리 20~30m
② 감광계수 0.3 - 가시거리 5m
③ 감광계수 0.4 - 가시거리 1~2m
④ 감광계수 10 - 가시거리 0.2~0.5m

해설
감광계수는 연기농도의 단위를 나타내며 값이 클수록 가시거리가 짧아진다. 감광계수 10일 때 가시거리는 약 0.2~0.5m로 화재의 최성기 농도에 해당한다.

관련이론 감광계수(m^{-1})

감광계수 (m^{-1})	가시거리 (m)	상황
0.1	20~30	연기감지기가 작동하기 시작하는 농도
0.3	5	건물내부에 익숙한 사람이 피난에 지장을 느낄 정도의 농도
0.5	3	어두운 것을 느낄 정도의 농도
1	1~2	앞이 거의 보이지 않을 정도의 농도
10	0.2~0.5	최성기 때의 농도
30	–	출화실에서 연기가 분출할 때의 농도

정답 ③

04 ★★☆
목재 표면의 균열흔 중 홈이 반월형이 모양으로 높아지며, 특히 대규모 건물화재에서 볼 수 있는 것은?

① 강소흔   ② 약소흔
③ 열소흔   ④ 완소흔

선지분석
① 강소흔은 900℃ 정도 온도에서 발생하며 나무가 갈라져 파인 골의 깊이가 깊고, 만두 모양의 요철형(계란판)모양이다.
② 약소흔이라는 목재 표면의 균열 흔적은 존재하지 않는다.
④ 완소흔은 800℃ 정도의 온도에서 발생하며 삼각, 사각의 거북이 등껍질 모양이다.

정답 ③

05 ★★★

V 패턴의 각도에 영향을 미치지 않는 것은?

① 열방출률 ② 가연물의 형태
③ 환기의 효과 ④ 벽면의 열전도성

해설
V패턴의 각도는 열방출률과 가연물의 양·형태, 환기효과 등에 의해 결정된다.

관련이론 패턴의 각도에 영향을 미치는 인자
- 열방출률
- 가연물의 형상
- 환기효과
- 재료의 가연성
- 수평표면의 존재

정답 ④

06 ★★★

가솔린의 연소범위(vol%)가 1.4~7.6일 때 위험도로 옳은 것은? (단, 소수 둘째자리에서 반올림할 것)

① 0.8 ② 1.2
③ 4.4 ④ 6.4

해설
위험도(H)를 구하는 공식은 다음과 같다.
$$H = \frac{U-L}{L}$$
H : 위험도, L : 연소하한계(vol%), U : 연소상한계(vol%)

가솔린의 위험도 $= \frac{7.6-1.4}{1.4} = 4.42$

정답 ③

07 ★☆☆

다음에서 설명하는 용어로 적합한 것은?

> 화재가 진행되고 있는 동안 석고벽 표면에서 발생하는 물리·화학적 변화

① 박리(Spalling) ② 중합(Polymerization)
③ 탄화(Carbonization) ④ 하소(Calcination)

해설
하소(Calcination)는 석고가 열을 받아 약 800℃에서 무수석고로 변하는 현상을 말하며, 하소심도가 깊다는 것은 열에 장시간 노출되었음을 의미한다.

관련이론 하소(Calcination)
- 물질이 고온에 노출되면 화학적·물리적 변화가 일어나며, 이 과정에서 분해나 상전이가 발생하고 가스가 방출되거나 재와 같은 고체 잔여물로 변한다.
- 하소가 심하다는 것은 고온에 장시간 노출된 것을 의미하며, 하소 흔적은 열의 위치와 강도를 밝히는 자료가 되고 화재 당시의 온도와 연소 시간을 추정하는 근거가 된다.

정답 ④

08 ★★★

화재조사를 실시할 수 있는 자격으로 옳지 않은 것은?

① 소방청장이 실시하는 화재조사에 관한 시험에 합격한 소방공무원
② 「국가기술자격법」에 따른 국가기술자격의 직무분야 중 화재감식평가 분야의 기사 또는 산업기사 자격을 취득한 소방공무원
③ 국립과학수사연구원에서 6주 이상 화재조사에 관한 전문교육을 이수하고 자격시험에 합격한 소방공무원
④ 소방청장이 인정하는 외국의 화재조사 관련 기관에서 8주 이상 화재조사에 관한 전문교육을 이수하고 자격시험에 합격한 소방공무원

해설
국립과학수사연구원 또는 소방청장이 인정하는 외국의 화재조사 관련 기관에서 8주 이상 화재조사에 관한 전문교육을 이수한 사람이다.

관련이론 화재조사관의 자격기준 등
화재조사 업무를 수행하는 화재조사관은 다음 어느 하나에 해당하는 소방공무원으로 한다.
- 소방청장이 실시하는 화재조사에 관한 시험에 합격한 소방공무원
- 화재조사관 양성을 위한 전문교육을 이수한 사람
- 국립과학수사연구원 또는 소방청장이 인정하는 외국의 화재조사 관련 기관에서 8주 이상 화재조사에 관한 전문교육을 이수한 사람
- 「국가기술자격법」에 따른 국가기술자격의 직무분야 중 화재감식평가 분야의 기사 또는 산업기사 자격을 취득한 소방공무원

정답 ③

09 ★☆☆

연소를 용이하게 하는 가연물의 조건으로 적합하지 않은 것은?

① 산소와의 접촉 가능한 면적이 클 것
② 발열량이 클 것
③ 활성화에너지가 클 것
④ 열전도율이 작을 것

해설
연소를 용이하게 하기 위해서는 활성화에너지가 작아야 한다.

관련이론 가연물 구비조건
- 연쇄반응이 용이해야 한다.
- 활성화에너지(점화 에너지)가 작아야 한다.
- 조연성(지연성) 가스와 친화력이 커야 한다.
- 산소와 반응하기 쉽고, 발열량이 커야 한다.
- 질량 대비 표면적(비표면적)이 커야 한다. (기체>액체>고체)
- 열전도율이 낮아 열 축적이 용이해야 한다. (고체>액체>기체)

정답 ③

10 ★☆☆

다음은 화재조사의 과학적인 방법론이다. 순서에 맞게 배열한 것은?

① 문제인식 → 문제정의 → 가설설정 → 자료수집 → 자료분석 → 가설검증 → 최종 가설선택
② 문제정의 → 문제인식 → 자료수집 → 자료분석 → 가설설정 → 가설검증 → 최종 가설선택
③ 문제정의 → 문제인식 → 자료수집 → 자료분석 → 가설검증 → 가설설정 → 최종 가설선택
④ 문제인식 → 문제정의 → 자료수집 → 자료분석 → 가설설정 → 가설검증 → 최종 가설선택

해설
화재조사의 과학적 방법론의 절차는 다음과 같다.
문제인식 → 문제정의 → 자료수집 → 자료분석 → 가설설정 → 가설검증 → 최종가설선택

정답 ④

11 ★★☆

다음 중 화재현장 출입금지구역의 범위를 확대하여야 할 이유로 옳지 않은 것은?

① 진화 후에 행방불명자를 확인한 경우
② 구조물 등이 광범위하게 소손되어 바닥에 연소 낙하물이나 퇴적물이 많이 쌓인 경우
③ 건물 전체가 소손된 상황으로 연소 진행방향이 확인되지 않을 때
④ 발화지점 부근의 목격상황에 대한 진술이 제각기 달라 발화지점이 불명확할 때

해설
행방불명자가 확인되지 않을 때에는 출입금지구역의 범위를 확대하여야 한다.

정답 ①

12 ★★☆

화재조사의 책임과 권한으로 옳은 것은?

① 소방서장은 관계보험사가 그 화재원인과 피해상황을 조사하고자 할 때에는 이를 허용해서는 안된다.
② 소방서장은 화재의 원인 및 피해 등에 대한 조사를 소화활동 후에 실시하여야 한다.
③ 과실로 인한 위법행위로 타인에게 손해를 가한 자는 그 손해를 배상할 책임이 없다.
④ 소방서장은 화재조사를 위하여 필요한 경우에는 수사에 지장을 주지 아니하는 범위에서 그 피의자 또는 압수된 증거물에 대한 조사를 할 수 있다.

선지분석
① 소방관서장은 관계보험사가 그 화재원인과 피해상황을 조사하고자 할 때에는 서로 협력해야 한다.
② 화재조사는 화재발생 직후부터 소방활동과 동시에 실시해야 한다.
③ 화재조사 시 과실로 인한 위법행위로 타인에게 손해를 가한 자는 그 손해를 배상할 책임이 있다.

정답 ④

13 ★☆☆

백드래프트(Back Draft) 현상에 관한 설명으로 옳은 것은?

① 성장기(Growth Stage)에 주로 발생하며 산소가 충분한 상태에서 시작된다.
② 연소속도가 매우 빠르며 폭발적인 연소로 인해 충격파를 동반한다.
③ 발생 전 구획실 내 가연성가스의 온도는 인화점보다 낮은 상태이다.
④ 압력파만 생성할 뿐 폭발력이 크지 않아 소방관에게 큰 위협이 되지 않는다.

선지분석
① 주로 성장기와 감쇠기에 발생하며 산소가 매우 부족한 상태에서 발생한다.
③ 발생 전 구획실 내부는 고온 상태이며 축적된 가연성가스의 온도는 스스로 불이 붙을 수 있는 온도인 발화점 이상으로 인화점보다 훨씬 높은 온도이다.
④ 백드래프트는 연소속도가 음속에 가까울 정도로 빨라 충격파를 생성하므로 소방관들에게 매우 위험하다.

관련이론 백드래프트(Back draft)
- 백드래프트는 주로 성장기와 감쇠기에서 발생한다.
- 백드래프트는 구획실 내 산소가 불충분한 상태에서 발생한다.
- 플래시오버가 성장기에 발생하는 반면 백드래프트는 최성기 이후에 발생한다.
- 구획실 내부는 고온 상태이며 축적된 가연성가스의 온도는 스스로 불이 붙을 수 있는 온도인 발화점 이상으로 인화점보다 훨씬 높은 온도이다.
- 불완전연소된 가연성가스와 열이 집적된 상태에서 다량의 공기가 순간적으로 공급될 때 발생하는 발화현상이다.

정답 ②

14 ★★★

다음 중 폭발 위력의 지표로 사용될 수 있는 자료로 옳지 않은 것은?

① 파편의 비행거리
② 무너진 벽의 종류와 구조
③ 폭발 시점
④ 폭심부의 크기 및 깊이

해설
폭발시점은 폭발위력 자체를 직접적으로 나타내는 지표에 해당하지 않는다.

관련이론 폭발위력의 지표
- 폭심부의 깊이
- 파편의 비행거리
- 무너지는 벽의 종류와 구조

정답 ③

15 ★★★

화재조사 시 발화지점의 가설에 대해 사고실험을 통해 분석적으로 검증하는 방법은?

① 연역적 추론
② 귀납적 추론
③ 주관적 추론
④ 객관적 추론

해설
가설설정은 귀납적 추론으로 설정하고, 연역적 추론으로 가설을 검증하여 결론을 도출한다.

관련이론 가설설정
- 정의를 내린 문제의 답을 얻기 위해 시도하는 과정으로 자료분석을 통해 문제해결에 필요한 실제 자료를 바탕으로 가설을 설정한다.
- 조사관은 자료 분석 결과에 따라 사건을 설명하기 위해 하나 또는 여러 개의 가설을 세울 수 있다.
- 가설설정은 귀납적 추론에 의하며 본질을 알 수 없을 때 현상을 관찰하여 본질을 파악하는 방법이다.

정답 ③

16 ★☆☆

건물의 개구부가 2개일 때 중성대의 개수는?

① 1
② 2
③ 3
④ 4

해설
개구부의 개수와 관계없이 중성대는 하나만 형성된다.

관련이론 다중 환기구 흐름
- 화재 구획실에 여러 개의 서로 다른 높이의 개구부가 있더라도 중성대는 하나의 높이에만 형성되며, 연소 중 환기구가 추가로 열리면 중성대의 높이는 상승한다.
- 중성대가 상승할수록 화재기류도 위쪽으로 이동하며, 연소는 상부 공간으로 확산된다. 이때 중성대 위쪽은 고온과 연기로 인해 생존이 불가능한 영역이 된다.

정답 ①

17 ★☆☆

분해폭발(Decomposition Explosion)에 대한 설명으로 옳지 않은 것은?

① 연소와 같이 반응을 위해 반드시 외부의 산소 공급이 필요하다.
② 대표적인 원인 물질로는 아세틸렌, 산화에틸렌 등이 있다.
③ 외부로부터 산소 공급 없이 물질 자체의 분해반응으로 폭발한다.
④ 가열, 충격, 마찰 등의 외부 에너지에 의해 폭발이 개시될 수 있다.

해설
아세틸렌과 같은 자기 반응성 물질은 외부 산소가 없이도 열이나 충격에 의해 분자 구조가 급격히 분해되면서 폭발을 일으키며, 이 과정에서 짧은 시간 안에 막대한 열과 가스가 발생해 강력한 충격파를 생성한다.

정답 ①

18 ★☆☆

인화성 액체 가연물의 연소에 의한 화재패턴이 아닌 것은?

① 제트 패턴(Z Pattern)
② 포어 패턴(Pour Pattern)
③ 도넛 패턴(Doughnut Pattern)
④ 고스트마크 패턴(Ghost Mark Pattern)

해설
가연성 액체의 화재 패턴에는 제트 패턴이 존재하지 않는다.

관련이론 가연성 액체의 화재패턴
- 포어 패턴(Pour pattern)
- 스플래시 패턴(Splash pattern)
- 고스트 마크(Ghost mark)
- 틈새연소 패턴(Seam burn pattern)
- 도넛 패턴(Doughnut pattern)
- 레인보우 이펙트(Rainbow effect)

정답 ①

19 ★★☆

물과 접촉 시 가연성 기체를 발생하지 않고 발열반응으로 인하여 주변의 가연물을 발화시키는 물질은?

① 칼륨
② 산화칼슘
③ 인화알루미늄
④ 탄화칼슘

해설
산화칼슘은 물과 접촉했을 때 가연성 기체를 발생시키지는 않지만, 발열반응으로 주변 가연물을 발화시킨다.

정답 ②

20 ★★☆

화재현장에서 수집된 각 증거물이 주는 정보를 연관되는 것끼리 연결해 놓은 것으로 전체적인 그림을 그리는 과정은?

① PERT 차트
② 타임라인(Time ilne)
③ Hopkinson의 상승근법
④ 마인드맵핑(Mind mapping)

선지분석
① PERT 차트는 복잡한 화재조사 과정을 체계적으로 관리하기 위한 도구로 단순한 순서 나열이 아니라 단계의 관계와 소요 시간을 함께 분석한다.
② 타임라인은 화재조사나 역사 기록처럼 발생한 사건들을 순서대로 재구성하고 분석하는 데 사용한다.
③ Hopkinson의 상승근법은 폭발에 관한 법칙으로 동일한 폭발물의 경우 폭발물의 양이 달라져도 폭발 효과가 미치는 거리가 폭발물 무게의 세제곱근에 비례한다는 것이다.

관련이론 마인드맵(Mindmap)
생각의 지도를 그리는 것처럼 단편의 생각들에 대한 단어나 내용을 나열하고, 연결하며 체계화하는 과정을 그림으로 정리하여 표시하는 방법이다.

정답 ④

화재감식론

21 ★☆☆

나무에서 공통적으로 나타나는 탄화와 균열의 특성으로 틀린 것은?

① 유염연소가 무염연소보다 타 들어가는 것이 깊다.
② 불에 오래도록 강하게 탈수록 탄화의 깊이는 깊다.
③ 탄화모양을 형성하고 있는 패인 골이 깊을수록 소손이 강하다.
④ 탄화모양을 형성하고 있는 패인 골의 폭이 넓을수록 소손이 강하다.

해설
무염연소는 가연물의 표면에서만 일어나며 내부로는 전파되지 않으며, 연소반응속도가 매우 느리다.

관련이론 무염연소와 유염연소

구분	내용
유염연소	가연물의 표면과 내부에서 동시에 일어나는 연소
무염연소	가연물의 표면에서만 일어나는 연소

정답 ①

22 ★☆☆

누전에 의한 화재를 입증하기 위한 조건에 해당하지 않는 것은?

① 누전점 ② 접지점
③ 출화점 ④ 인화점

해설
누전에 의한 화재를 입증하려면 누전점과 출화점, 그리고 접지점을 명확히 규명해야 한다.

관련이론 누전점, 출화점, 접지점

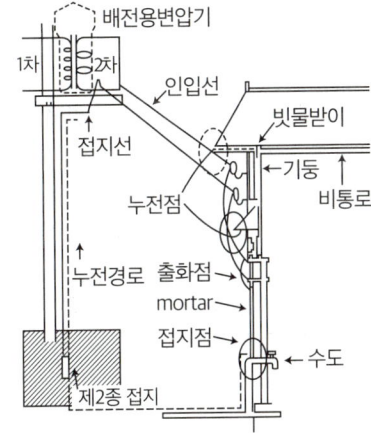

정답 ④

23 ★★☆

구획실에서 유염(불꽃)화재 연소과정으로 바르게 나열한 것은?

① 점화 → 성장기 → 플래시오버 → 최성기 → 감쇠기 → 소화
② 점화 → 성장기 → 최성기 → 플래시오버 → 감쇠기 → 소화
③ 점화 → 최성기 → 성장기 → 플래시오버 → 감쇠기 → 소화
④ 점화 → 성장기 → 최성기 → 감쇠기 → 플래시오버 → 소화

해설
구획실에서의 유염(불꽃)화재 연소과정
점화 → 성장기 → 플래시오버 → 최성기 → 감쇠기 → 소화

정답 ①

24 ★★☆
선박화재의 직접적인 발화(發火)원으로 보기 어려운 것은?
① 전기과열   ② 정전기
③ 아크   ④ 접지

해설
접지는 정전기를 제거하여 발화를 방지하기 위한 조치로 전류를 대지로 흘려보내 사람과 장비를 안전하게 보호하기 위한 조치에 해당한다.

정답 ④

25 ★★☆
방화의 일반적인 판단요소로 가장 거리가 먼 것은?
① 화상피해자의 유무   ② 무단침입과 출입흔적
③ 범죄흔적   ④ 이상(異常)연소현상

해설
방화의 일반적인 판단요소에는 무단침입과 출입흔적, 범죄흔적, 그리고 이상 연소현상이 포함된다.

정답 ①

26 ★★★
인화성 기체(고압가스)이 폭발사고 조사 시 용기의 색은 기체 종류 파악에 중요하다. 기체의 종류에 따른 용기의 색이 옳게 연결된 것은?
① 수소 – 주황색   ② 아세틸렌 – 녹색
③ 액화암모니아 – 회색 ④ LPG – 백색

해설

가스종류	용기색상
LPG(액화석유가스)	회색
액화암모니아	백색
아세틸렌	황색
액화염소	갈색
액화탄산가스	청색(의료용: 회색)
산소	녹색(의료용: 백색)
수소	주황색

정답 ①

27 ★☆☆
LPG 차량의 충전밸브에 부착된 안전밸브의 작동 압력은?
① 14 kgf/cm²   ② 16kgf/cm²
③ 24kgf/cm²   ④ 26kgf/cm²

해설
LPG자동차는 연료탱크의 내부압력이 상승하여 24kgf/cm² 이상이 되면 연료탱크 외부로 LPG를 배출시킨다.

정답 ③

28 ★☆☆
다음 중 화재조사에 있어 화재현장에 대한 관찰사항으로 옳지 않은 것은?
① 현장의 보험가입 여부
② 현장의 위치 및 주변상황
③ 현장의 연소 진행형태
④ 현장의 소손상황

해설
보험가입 여부는 서류 확인이나 관계자 질문을 통해 파악할 수 있는 간접 정보로 화재현장 관찰만으로는 알 수 없다.

정답 ①

29 ★☆☆
선박용 기자재의 특성으로 옳지 않은 것은?
① 내진성, 내식성
② 유지보수 용이성
③ 가연성
④ 선체운동에 대한 충분한 적응성

해설
선박용 기자재는 가연성이 있어서는 안 된다.

관련이론 선박용 기자재의 특성
• 내진성
• 내식성
• 유지보수의 용이성
• 선체 운동에 대한 적응성

정답 ③

30

방화에 사용되는 촉진제로 거리가 먼 것은?

① 아세톤
② 시너
③ 톨루엔
④ 수산화나트륨

해설
수산화나트륨은 금속과 접촉 시 수소가 발생하지만 촉진제와는 거리가 멀다.

관련이론 방화에 사용되는 촉진제
- 휘발유(가솔린)
- 경유 · 등유
- 시너
- 톨루엔
- 알코올
- 아세톤

정답 ④

31

미소화원과 유염화원의 특징으로 옳은 것은?

① 유염화원이 무염화원보다 에너지량(열량)이 적다.
② 유염화원은 무염화원보다 연소확대에 필요한 시간이 짧다.
③ 유염화원은 가연물과 접촉 시 바로 착화할 가능성이 무염화원보다 적다.
④ 무염화원의 연소흔적은 깊이 탄 것은 보이지 않으며 연소범위가 넓은 경향을 보인다.

선지분석
① 유염화원이 무염화원보다 에너지량(열량)이 높다.
③ 유염화원은 가연물과 접촉 시 바로 착화할 가능성이 무염화원보다 높다.
④ 유염화원의 연소흔적은 깊고 연소범위는 넓은 경향을 보인다.

정답 ②

32

다음 중 자연발화성 물질의 자연발화를 촉진시키는 데 영향을 주지 않는 것은?

① 표면적이 넓고 발열량이 클 것
② 열전도율이 클 것
③ 주위온도가 높을 것
④ 반응성이 클 것

해설
열전도율이 작을 때 자연발화는 촉진된다.

관련이론 자연발화의 조건
- 주변의 온도가 높을 것
- 열의 축적이 양호할 것
- 비표면적이 클 것
- 산소의 공급이 적당할 것
- 반응물질과 수분이 적당할 것
- 열전도율이 작을 것

정답 ②

33

표준상태 0℃, 1기압에서 메탄(CH_4) 3.2kg을 이상기체 상태방정식으로 계산하면 부피는? (단, 기체상수(R): 0.082 L·atm/mol·K, 탄소 원자량: 12, 수소 원자량: 1로 계산한다.)

① 223.8 L
② 447.7 L
③ 2,238.6 L
④ 4,477.2 L

해설
이상기체상태방정식을 구하는 공식은 다음과 같다.
$$PV = nRT$$
$$PV = \frac{W}{M}RT$$
P: 압력, V: 부피, n: 몰수, R: 기체상수, T: 온도(K), M: 몰질량, W: 질량(g)

메탄의 몰질량 = 12 + (1×4) = 16g/mol
$$PV = \frac{3,200}{16} \times 0.082 \times (0 + 273)$$
$$V = 4,477.2 L$$

정답 ④

34 ★☆☆

그림과 같이 시간에 따른 전하의 이동에 있어서 구간별 전류는 얼마인가?

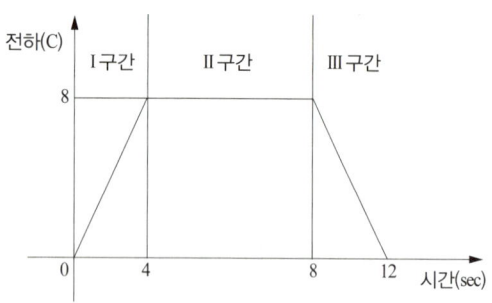

① Ⅰ구간: 8A, Ⅱ구간: 0A, Ⅲ구간: −1A
② Ⅰ구간: 8A, Ⅱ구간: 8A, Ⅲ구간: −2A
③ Ⅰ구간: 2A, Ⅱ구간: 0A, Ⅲ구간: −2A
④ Ⅰ구간: 2A, Ⅱ구간: 8A, Ⅲ구간: −1A

해설

전류란 시간 당 전하의 변화율을 말하며 공식은 다음과 같다.

$$I = \frac{dQ}{dt}$$

I: 전류, t: 시간(sec), Q: 전하량

- Ⅰ구간: 4초간 전하가 8이 흘렀다.
$$I = \frac{8-0}{4-0} = 2A$$
- Ⅱ구간: 4초간 전하의 흐름이 없다.
$$I = 0A$$
- Ⅲ구간: 4초간 전하의 흐름이 8에서 0으로 감소했다.
$$I = \frac{0-8}{12-8} = -2A$$

정답 ③

35 ★★☆

항공기 보조동력장치(APU)의 소화용기(Container) 내용물이 과도한 열로 인하여 외부로 배출 시 나타나는 지시는?

① 배출밸브(Discharge valve)가 열린다.
② 조종실에 경고등이 들어온다.
③ 온도방출지시기(Thermal discharge indicator)의 Yellow Disk가 없다.
④ 온도방출지시기(Thermal discharge indicator)의 Red Disk가 없다.

해설

항공기 화재진압장치(HRD, High rate od discharge)는 화재발생 시 1~2초 내에 다량의 소화액을 분사하여 화재를 진압하는 대용량 소화장치를 말하며, 온도방출지시기의 Red Disk가 없다면 과열로 인해 항공기 화재진압장치가 자동 분사 되었다는 것을 의미한다.

관련이론 온도방출지시기

종류	작동원리
적색 디스크 (Red Disk) 없음	과열로 인한 자동 방출
황색 디스크 (Yellow Disk) 없음	조종사가 화재를 인지하고 직접 수동으로 화재 핸들(Fire Handle)을 작동시켜 소화액 방출

정답 ④

36 ★★★

산화에틸렌 90vol%와 메탄 10vol%가 혼합되어 있는 경우 폭발하한계 값(vol%)은?

① 3.13   ② 15.79
③ 32.50   ④ 55.81

해설

르샤틀리에법칙은 다음과 같다.

$$\frac{100}{LFL} = \frac{V_1}{L_1} + \frac{V_2}{L_2} + \cdots$$

LEL: 혼합가스 폭발하한계(vol%), V_1, V_2: 가연성가스의 체적(vol%), L_1, L_2: 가연성가스의 폭발하한계(vol%)

$$\frac{100}{LFL} = \frac{90}{3} + \frac{10}{5} = 3.125 vol\%$$

정답 ①

37 ★☆☆

탄화된 목재에서 공통적으로 나타나는 탄화흔과 균열흔의 특성으로 틀린 것은?

① 무염연소는 목재의 표면에 따라 광범위하게 전파된다.
② 불에 오래도록 강하게 탈수록 탄화의 깊이는 깊다.
③ 탄화모양을 형성하고 있는 패인 골이 깊을수록 소손이 강하다.
④ 탄화모양을 형성하고 있는 패인 골의 폭이 넓을수록 소손이 강하다.

해설
발염연소는 목재 표면을 따라 광범위하게 전파된다.

정답 ①

38 ★☆☆

다음 흔적 중 전기기기 내부의 통전입증이 가능한 증거가 아닌 것은?

① 전류 퓨즈의 용단
② 기판의 전체적인 탄화
③ 내부 배선의 합선흔적
④ 내부 단자의 부분적 용융흔적

해설
기판 전체가 탄화된 경우 통전입증이 불가능하다.

정답 ②

39 ★★☆

측정원리에 의한 분류 중 산업용으로 사용되는 추측식 가스 계량기에 해당하는 것은?

① 터빈형
② 드럼(Drum)형
③ 회전식(루트식)
④ 막식(다이어프램식)

해설
추측식 가스 계량기는 가스가 흐를 때 발생되는 운동에너지를 이용하여 가스 사용량을 측정하는 방식으로 주로 터빈식 가스 계량기가 이에 속한다.

관련이론 가스 계량기의 종류

구분	유형	용도
실측식	회전식(루트식)	산업용
	막식(다이어프램식)	가정용
	드럼식(Drum)	기준기 검사용
추측식	터빈형	산업용

정답 ①

40 ★★★

임야화재에 큰 영향을 미치는 주요 3요소가 아닌 것은?

① 지형
② 연료
③ 기후
④ 점화원

해설
임야화재의 3요소는 기후, 지형, 가연물(연료)이다.

관련이론 임야화재 확산의 3요소

구분	종류
연료(가연물)	탈 수 있는 물질의 공급
기상	바람, 습도, 온도, 강수 등
지형	고도, 경사, 경사향, 지세 등

정답 ④

증거물관리 및 법과학

41 ★★☆

화재조사와 관련하여 관계자에게 질문 시 유의사항으로 틀린 것은?

① 질문내용을 사전에 준비한다.
② 희망하는 진술내용을 얻기 위하여 먼저 신분을 밝히지 않는 것이 좋다.
③ 희망하는 진술내용을 얻기 위하여 상대방에게 암시하는 등의 방법으로 유도하여서는 안 된다.
④ 소문 등에 의한 사항은 그 사실을 직접 경험한 사람의 진술을 얻도록 하여야 한다.

해설
질문자는 먼저 자기신분을 밝혀야 한다.

관련이론 관계자에게 질문 시 유의사항
- 질문자는 자기신분을 밝힌다.
- 피질문자에 대한 선입견을 배제한다.
- 관계자에는 초기소화자, 피난자, 출동한 소방관도 포함된다.
- 유도질문이나 상대방의 감정을 도발하는 질문을 하지 않는다.

정답 ②

42 ★☆☆

다음 중 자·타살 및 사고사의 감별법에 대한 설명으로 옳지 않은 것은?

① 진짜 손상의 가능성에 대해서는 항상 염두에 두어야 하는데 다수의 타살 현장이 화재에 의해서 숨겨지기 때문이다.
② 가짜 손상의 경우 깊은 조직에서 출혈을 관찰할 수 없으며, 위치는 대개의 경우 암시적이다.
③ 열에 의해 고도로 손상된 부위에서도 심부조직을 검사하여 판독이 가능하다.
④ 열이 가해진 피부는 고도로 수축되고 균열되는 경우를 종종 보게 된다.

해설
사체가 심하게 손상된 경우에는 사망의 종류를 명확히 구분하기 어렵다.

정답 ③

43 ★☆☆

화상의 위험도에 큰 영향을 미치는 인자는?

① 심도(沈度) ② 온도(溫度)
③ 질병(疾病) ④ 범위(範圍)

해설
화상의 위험도는 범위와 심도에 의해 결정되며 심도가 더 큰 영향을 미친다.

정답 ①

44 ★★☆

열에 의한 재성형이 불가능한 합성 고분자 화합물의 종류로 맞는 것은?

① 테프론 ② 폴리에틸렌
③ 멜라민수지 ④ 폴리아크릴로니트릴

해설
열에 의한 재성형이 불가능한 합성 고분자 화합물은 열경화성 수지로 멜라민수지이다.

관련이론 플라스틱의 연소특성

구분	종류
열경화성 수지	에폭시수지, 폴리에스터, 폴리우레탄, 페놀수지, 멜라민수지, 우레아수지 등
열가소성 수지	폴리에틸렌, 폴리프로필렌, 폴리스티렌, 폴리염화비닐, 아크릴 등

정답 ③

45 ★☆☆

아파트의 주방에서 가스폭발로 20대 여성이 둔상을 입었다. 둔상은 폭발효과에 의한 부상의 4가지 유형 중 어느 것인가?

① 열효과에 의한 부상
② 지진효과에 의한 부상
③ 파편효과에 의한 부상
④ 압력파효과에 의한 부상

해설
둔상은 폭발로 인한 파편으로 인해 발생한 것으로 몽둥이나 벽돌 등과 같이 둔한 외부의 힘에 의해서 생긴 손상을 말한다.

정답 ③

46 ★★★

증거물의 역할에 따른 분류 중 다음 증거물의 역할로 옳은 것은?

> 바닥에 깨진 유리창 바닥면에 그을음 부착이 없다.

① 시간적 증거
② 접촉 증거
③ 방향적 증거
④ 행위적 증거

해설
바닥에 깨진 유리창 바닥면에 그을음 부착이 없다는 것은 화재 전에 깨졌다는 증거로 시간적 증거에 해당한다.

정답 ①

47 ★★★

화재로 인해 사망한 시체에서 볼 수 있는 특징과 거리가 가장 먼 것은?

① 구강 개방
② 피부의 파열
③ 권투선수자세
④ 손과 발의 피부 장갑상 탈락

해설
구강개방은 화재사 사후에 발생하는 현상에 해당하지 않는다.

관련이론 화재사 사후의 변화

- 장갑상 및 양말상 탈락
  심한 화상을 입은 시신에서 손과 발의 피부가 손톱과 발톱을 포함한 채 장갑이나 양말처럼 벗겨지는 현상이 발생할 수 있으며, 이는 화상에 의한 생활반응인 수포로 오인될 수도 있다.
- 피부균열 및 파열
  외표에 열이 계속 가해지면 피부와 피하조직이 균열 또는 파열되어 베인 상처, 찢긴 상처와 비슷한 모습이 되기도 하며 하방의 근육이나 장기가 노출된다.
- 투사형자세
  - 사망 후 열이 지속적으로 가해지면 근육이 경직되고 수축되는 열경직 현상이 나타난다.
  - 골격근은 굴근이 신근보다 양이 많아 굴근에서 열경직이 더 강하게 발생하며, 이로 인해 사지 관절이 반쯤 굴곡된 상태로 고정된다.
  - 이러한 자세는 권투를 준비하는 모습과 유사해 투사형 자세(Fighting position)라고 불린다.
- 탄화
  - 화염이 지속적으로 작용하면 인체는 점차 탄화된다.
  - 사망 후에도 탄화가 계속 진행되면 주로 상완부와 대퇴부 하단 부위에서 사지가 몸통과 분리되어 조각난 형태의 시신이 되며 이를 동시체(Torso cadaver)라고 한다.
  - 가열이 계속되면 결국 시신은 재로 변하게 되며, 성인의 경우 약 1,000°C에서 1.5~2.5시간이 소요되고, 신생아는 약 500°C에서 약 2시간 정도가 걸린다.

정답 ①

48 ★☆☆
물리적 증거의 오염위험이 가장 높은 단계는?

① 증거물의 수집 ② 증거물의 운송
③ 증거물의 보존 ④ 증거물의 감정

해설
증거물 수집 시에는 오염 위험이 가장 높기 때문에 화재증거물을 확보할 때에는 오염, 훼손, 변형이 발생하지 않도록 주의해야 하며, 적절한 장비를 사용하고 수집방법의 신뢰성을 유지해야 한다.

관련이론 증거물 수집
- 대부분 증거물의 오염은 수집하는 과정에서 일어난다.
- 증거물 수집 시 새로운 장갑을 항상 사용하여야 한다.
- 수집 중 오염을 줄이기 위해 증거물 보관 용기의 뚜껑 등을 수집기구로 사용한다.

정답 ①

49 ★★☆
타임라인에서 상대적 시간에 포함되는 것은?

① 완전소화시간 ② 목격된 지속시간
③ 신고가 접수된 시간 ④ 알람의 설정과 작동시간

해설
완전소화시간, 신고가 접수된 시간, 알람의 설정과 작동시간 등은 절대적 시간에 해당한다.

관련이론 화재현황조사서의 발화요인

구분	내용
실제시간, 절대적 시간 (Hard Time)	신고가 접수된 시간, 알람의 설정과 작동시간, 완전진화시간
상대적 시간	목격된 지속시간

정답 ②

50 ★★★
화재현장 보존 방법으로 옳지 않은 것은?

① 소방관서장은 화재조사를 위하여 필요한 범위에서 화재현장 보존조치를 하거나 화재현장과 그 인근 지역을 통제구역으로 설정할 수 있다.
② 방화(放火) 또는 실화(失火)의 혐의로 수사의 대상이 된 경우에는 관할 경찰서장 또는 해양경찰서장이 통제구역을 설정한다.
③ 누구든지 소방관서장 또는 경찰서장의 허가 없이 설정된 통제구역에 출입하여서는 아니 된다.
④ 화재현장 보존조치를 하거나 통제구역을 설정한 경우 화재현장의 관계인은 소방관서장 또는 경찰서장의 허가 없이 화재현장에 있는 물건 등을 이동시킬 수 있다.

해설
화재현장 보존조치를 하거나 통제구역을 설정한 경우 누구든지 소방관서장 또는 경찰서장의 허가 없이 화재현장에 있는 물건 등을 이동시키거나 변경·훼손하여서는 아니 된다.

정답 ④

51 ★★☆
전선 중 연선이 절연피복 내에서 일부 단선되어 그 부분에서 단선과 이어짐을 되풀이하는 상태는?

① 반단선 ② 트래킹
③ 흑연화 ④ 누전

해설
반단선은 전선 중 연선이 절연피복 내부에서 일부 단선되어 그 단선된 부분이 접촉과 분리를 반복하는 상태를 말한다.

관련이론 반단선
- 전선의 절연 피복 내에서 일부만 단선되어 끊임없이 단선과 이어짐을 반복하는 상태를 말한다.
- 반단선이 일어나면 단면적이 감소되어 전류가 흐를 때 저항이 증가하고 발열된다.
- 반단선 지점의 저항 증가와 접촉 불량으로 인해 발생한 열로 소선이 녹아 끊어지거나, 과열된 전선 피복이 녹아 불이 붙을 수 있다.

정답 ①

52 ★★☆

전기기기 또는 구성품에 대한 증거물 수집 방법으로 틀린 것은?

① 전기적 증거물이 발견된 상태를 가능한 한 그대로 보존해야한다.
② 제품 내 전기적 특이점이 발견된다면 해당 부분만 수거하는 것이 효과적이다.
③ 일부 남은 전선 피복을 검사할 수 있도록 가능한 전선을 길게 수집해야 한다.
④ 전기기기를 전체적으로 제거하는 것이 불가능한 경우 제자리에 안전하게 놓는 것이 좋다.

해설
제품 내 전기적 특이점이 발견된다면 해당 부분만 수거하는 것이 아니라 중요 부품이나 전원 케이블 및 연료 공급 배관 등 구성품들을 포함해야한다.

관련이론 전기설비 구성부품의 수집
- 제품 내 전기적 특이점이 발견된다면 상태 그대로 보존해 수거한다.
- 전기설비나 구성부품의 수집 전에 전원의 차단 여부를 확인해야 한다.
- 전선은 가급적 남아있는 피복까지 검사할 수 있도록 길게 수집하도록 한다.
- 전기 제품의 경우 중요 부품, 전원 케이블 및 연료 공급 배관 등 구성품 들을 포함한다.
- 전기기기를 전체적으로 제거하는 것이 불가능한 경우 제자리에 안전하게 놓는 것이 좋다.
- 전기 제품에 대한 분해조사 또는 수집과 이송은 증거물의 발견 당시 상태를 유지하도록 최선을 다해야 한다.

정답 ②

53 ★☆☆

다음 그림은 화재 시 천장 제트 기류의 특성을 나타낸다. 화재 중심으로부터의 수평 거리에 따른 기류의 온도변화를 가장 잘 나타내는 그래프는?

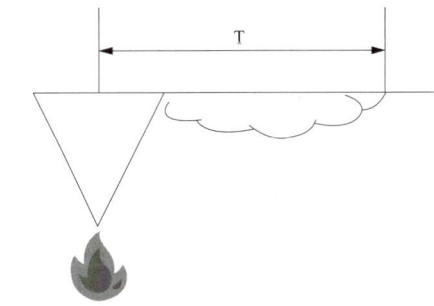

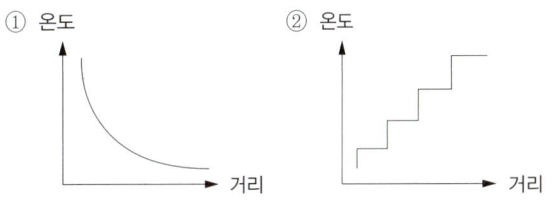

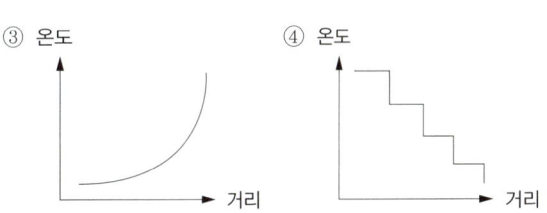

해설
화재 시 천장 제트 기류의 온도는 화재 중심에서 멀어질수록 지수 함수 형태로 감소한다.

정답 ①

54 ★★★

인화성 액체를 유리병 용기에 수집하는 경우 주의사항으로 옳은 것은?

① 인화성액체를 깨끗이 정제한 후 수집할 것
② 유리병 뚜껑은 접착제나 고무봉인이 없을 것
③ 유리병 내용적의 1/3 이상을 채우지 않을 것
④ 장기간 보관 용기로 사용하지 말 것

해설

고무마개는 파손의 위험이 있어 마개는 유리, 폴리테트라플루오로에틸렌(PTFE), 내유성의 내부판이 부착된 플라스틱, 금속의 스크루 마개를 사용해야한다.

관련이론 유리병 용기의 특징

- 가격이 저렴하고 구하기 쉽다.
- 용기를 열지 않고도 내용물을 확인할 수 있다.
- 휘발성 액체의 증발을 막을 수 있다.
- 액체·고체 촉진제 증거물을 장기간 저장할 수 있다.
- 대량 저장이 어렵고 장기간 보관 시 파손 위험이 있다.
- 고무 밀봉 시 파손 위험이 크다.
- 코르크 마개는 휘발성 액체 보관에 부적합하며, 빛에 민감한 시료는 짙은 색 용기를 사용해야 한다.
- 마개는 유리, PTFE(폴리테트라플루오로에틸렌), 내유성 플라스틱, 금속 스크루 마개 등을 사용한다.

정답 ②

55 ★★☆

카메라에서 얇은 금속날개를 이용하여 원하는 크기의 렌즈 구경을 만들고 빛의 양을 조절하는 것은?

① 플레어   ② 감도
③ 셔터   ④ 조리개

해설

조리개는 렌즈를 통해 들어오는 빛의 양을 조절한다.

관련이론 조리개

- 렌즈를 통해 들어오는 빛의 양을 조절한다.
- 조리개 값이 커져 빛의 양이 적어지면 피사계의 심도는 깊어진다.
- 조리개의 값이 작아져 빛의 양이 많아지면 피사계의 심도는 얕아진다.

정답 ④

56 ★☆☆

화재 열로 파손된 유리의 특징으로 옳은 것은?

① 리플마크가 형성된다.
② 거미줄 형태로 파손된다.
③ 방사형 형태로 깨진다.
④ 구불구불한 불규칙한 형태로 깨진다.

해설

열에 의해 깨진 유리의 형태는 불규칙하고 충격에 의해 깨진 유리의 형태는 리플마크, 월러라인, 방사형, 동심원 등의 형태를 보인다.

관련이론 유리의 파괴

- 충격에 의한 파괴
  충격부위를 중심으로 방사형 파손형태를 횡으로 잇는 동심원 파손이 생기며, 파손면에는 물결모양의 리플마크가 관찰되는데 리플마크는 방향성을 가져 파괴 시작 지점과 충격방향을 알 수 있는 단서가 된다.
- 열에 의한 파괴
  - 완만한 곡선 형태의 불규칙하고 구불구불한 균열이 발생하며, 파단면은 충격에 의한 파괴와 달리 리플마크가 없는 매끄러운 형태를 보인다.
  - 유리창은 복사열을 받은 중앙부와 창틀에 의해 보호된 부분의 온도 차가 약 70℃ 이상일 때 금이 가기 시작한다.
- 압력에 의한 파괴
  - 화재 압력은 약 0.014~0.028kPa으로 보통 창유리 파괴에는 2.07~6.90kPa가 필요하기 때문에 일반적인 화재 시 발생하는 압력만으로 유리창이 파괴되기는 어렵다.
  - 폭발에 의한 압력은 구획실 내의 외벽이나 창문, 출입문의 유리에 압력에 의한 파괴를 초래할 수 있다.
  - 압력에 의한 파괴는 방사형보다 평행선에 가까운 균열로 파괴되며 충격에 의한 파괴와 달리 동심원 형태는 나타나지 않고 각 파편이 단독적으로 파괴된다.

정답 ④

57 ★★★

밀도가 낮고 인화점이 93℃ 미만인 액체의 인화점을 테스트하는 방법은?

① Tag Closed Tester
② Cleveland Open Cup
③ Tag Open Cup Apparatus
④ Pensky-Martens Closed Tester

해설
태그 밀폐식(Tag closed cup)은 시료를 담은 밀폐컵을 액체에 잠기게 하여 가열하고 점화원에 노출되었을 때 증기가 발화하는 온도를 측정하는 방법으로 인화점 93℃ 이하인 물질의 시료를 측정하는데 사용하는 방법이다.

관련이론 인화점 시험방법

- 태그 밀폐식(Tag closed cup)
  시료를 담은 밀폐컵을 액체에 잠기게 하여 가열하고 점화원에 노출되었을때 증기가 발화하는 온도를 측정하는 방법으로 인화점 93℃ 이하인 물질의 시료를 측정하는데 사용하는 방법이다.
- 펜스키-마텐스 밀폐식(Pensky-Martens Closed Tester)
  인화성 액체, 부유물을 가진 액체, 시험 조건에서 표면막을 형성하기 쉬운 액체를 시험하며 인화점 40~370℃까지인 시료를 측정할 수 있다.
- 태그 개방식(Tag Open Cup Apparatus)
  시료를 담은 개방식 컵을 액체에 잠기게 하여 가열하는 방식으로 인화점이 -18~290℃인 시료를 측정한다.
- 클리브랜드 개방식(Cleveland Open Cup)
  개방식 황동제 컵에 시료를 담아 직접 가열하는 방식으로 인화점이 80~400℃ 이하인 시료를 측정한다.

정답 ①

58 ★★☆

연소범위에 영향을 미치는 요인에 대한 설명으로 틀린 것은?

① 온도가 높아질수록 연소범위는 좁아진다.
② 고온·고압의 경우 연소범위는 더욱 넓어진다.
③ 압력이 높아지면 하한값은 크게 변하지 않으나 상한값은 높아진다.
④ 혼합기를 이루는 공기의 산소농도가 높을수록 연소범위는 넓어진다.

해설
온도가 높아질수록 연소범위는 넓어진다.

관련이론 연소범위에 영향을 미치는 인자

- 온도가 높아질수록 분자의 운동에너지가 증가하여 가연성 혼합물이 더 쉽게 연소하게 되므로 연소범위는 넓어진다.
- 산소농도가 높을수록 연소반응이 촉진되어 연소범위가 넓어진다.
- 압력이 높아지면 하한계에는 큰 변화가 없지만 상한계가 증가하여 전체적인 연소범위가 확대된다.
- 공기 중에 불활성가스(질소, 이산화탄소)가 존재하면 산소의 농도가 상대적으로 낮아져 연소범위는 좁아진다.
- 최소점화에너지(MIE)는 가연성 가스 혼합물이 완전연소 조성에 가까울 때 가장 낮아지며, 혼합비가 하한계나 상한계에 가까워질수록 MIE는 증가하게 된다.

정답 ①

59 ★☆☆

화상사의 사체소견이 아닌 것은?

① 각 장기에서 빈혈상을 보인다.
② 피부 표면에 1도에서 4도의 화상이 보인다.
③ 내부 장기는 열로 인해 부풀어 오른다.
④ 사망이 지연되면 실질 장기의 혼탁종창이 나타난다.

해설
내부 장기에서는 특별한 소견이 나타나지 않는다.

관련이론 화상사의 사체소견

- 각 장기에서 빈혈상을 보인다.
- 피부 표면에 1도에서 4도의 화상이 보인다.
- 내부 장기에서는 특별한 소견이 없다.
- 사망이 지연되면 실질 장기의 혼탁종창이 나타난다.

정답 ③

60 ★★★

화재현장에서 진압대원의 역할과 책임에 관한 설명으로 옳지 않은 것은?

① 소화활동 시 화재조사를 고려하여 불필요한 파괴작업을 지양한다.
② 증거물을 발견하였을 경우 현장지휘자에게 보고하여야 한다.
③ 직사직수로 방수할 경우 최대한 발화지점을 훼손하지 않도록 주의하여야 한다.
④ 화재진압대원은 신속 정확한 진압이 우선이므로 현장보존은 생각할 필요가 없다.

해설

화재진압대원은 현장보존을 위해 화재진압과정에서 높은 수압은 증거물을 훼손할 수 있음을 인지해야 한다.

관련이론 현장보존을 위한 진압대원의 역할 및 주의사항

- 잔불을 정리하는 동안 남아있는 증거물이 훼손되지 않게 주의한다.
- 화재현장에 있는 설비, 기구 또는 시설의 손잡이를 돌리거나 작동 스위치를 켜는 것을 자제한다.
- 화재현장에서 석유류 연료를 사용하는 장비를 사용하거나 재급유하는 것을 자제한다.
- 사망이 확인된 사체는 현장보존을 위해 그 위치를 변경하여서는 안 된다.
- 잔불정리 시에 필요 이상으로 물건을 옮기거나 쓰러뜨리지 않도록 한다.
- 화재진압과정에서 높은 수압은 증거물을 훼손할 수 있음을 인지해야 한다.
- 부득이하게 파괴되거나 변경되었을 때는 그 내용을 기록해 추후에라도 화재조사관에게 전달하여야 한다.

정답 ④

화재조사보고 및 피해평가

61 ★★★

화재조사 및 보고규정상 건축·구조물 화재 중 반소의 소실 범위는?

① 건물의 20% 이상 50% 미만
② 건물의 20% 이상 70% 미만
③ 건물의 30% 이상 50% 미만
④ 건물의 30% 이상 70% 미만

해설

구분	소실정도
전소	건물의 70% 이상(입체면적에 대한 비율)이 소실되었거나 또는 그 미만이라도 잔존부분을 보수하여도 재사용이 불가능한 것
반소	건물의 30% 이상 70% 미만이 소실된 것
부분소	전소, 반소에 해당하지 않는 것

정답 ④

62 ★★★

화재 피해물의 경제적 내용연수가 다한 경우 잔존하는 가치의 재구입비에 대한 비율은?

① 최종잔가율
② 손해율
③ 잔가율
④ 보정률

해설

최종잔가율이란 피해물의 내용연수가 다한 경우 잔존하는 가치의 재구입비에 대한 비율을 말한다.

정답 ①

63

재고자산 화재피해액의 산정방법 중 가장 처음으로 산정해야 하는 방식은?

① 간이평가 방식
② 회계장부상 현재가액 산정방식
③ 물가정보지 현재가액 산정방식
④ 재구입비, 감가공제 등을 통한 실질적 · 구체적 방식

해설

재고자산의 피해액 산정기준은 다음과 같다.

재고자산의 피해액 = 회계장부상의 구입가액 × 손해율

관련이론 재고자산의 피해액 산정

회계장부에 의해 재고자산의 구입가액이 확인되는 경우에는 그 가액에 손해율을 곱하여 재고자산의 피해액을 산정하고 회계장부 등으로 구입가액을 확인할 수 없는 경우에는 화재피해 업체의 매출액 등을 기준으로 화재 당시의 재고자산을 추정하여 피해액을 산정한다.

정답 ②

64

화재 등으로 인한 피해액 산정에 있어 최종잔가율 20% 적용이 아닌 것은?

① 건물
② 부대설비
③ 비품
④ 가재도구

해설

최종잔가율이란 피해물의 내용연수가 다한 경우 잔존 가치를 재구입비에 대한 비율로 나타낸 것으로 피해액 산정 시 현실을 반영하여 건물 · 부대설비 · 구축물 · 가재도구 등에 대한 최종잔가율은 20%, 그 외 자산에 대해서는 10%로 정한다.

정답 ③

65

화재현황조사서에 기입해야 할 항목이 아닌 것은?

① 화재발생 일시 및 장소
② 기상상황
③ 인명피해 및 재산피해
④ 소방시설 현황

해설

소방시설 현황은 화재현황조사서의 기재항목에 해당하지 않는다.

관련이론 화재현황조사서 기재항목

- 소방관서
- 관계자
- 화재발생 및 출동
- 동원인력
- 화재발생장소 및 유형
- 보험가입
- 화재원인
- 기상상황
- 발화관련 기기
- 첨부서류
- 연소확대
- 작성자
- 피해 및 인명구조

정답 ④

66

화재조사 및 보고규정 상 다음 ( )안에 알맞은 것은?

> 사상자는 화재현장에서 사망 또는 부상당한 사람을 말한다. 단, 화재현장에서 부상을 당한 후 (㉠)시간 이내에 사망한 경우에는 당해 화재로 인한 사망으로 보며, 부상의 정도는 의사의 진단을 기초로 중상의 경우 (㉡)주 이상의 입원치료를 필요로 하는 부상을 말한다.

① ㉠ 48, ㉡ 3
② ㉠ 72, ㉡ 3
③ ㉠ 48, ㉡ 4
④ ㉠ 72, ㉡ 4

해설

분류	부상 정도
사상자	화재현장에서 사망한 사람과 부상당한 사람을 말한다. 다만, 화재현장에서 부상을 당한 후 72시간 이내에 사망한 경우에는 당해 화재로 인한 사망으로 본다.
중상	3주 이상의 입원치료를 필요로 하는 부상
경상	중상 이외의 부상(입원치료를 필요로 하지 않는 것도 포함)을 말한다. 단, 병원치료를 필요로 하지 않고 단순하게 연기를 흡입한 사람은 제외

정답 ②

67

화재현장조사서 작성 시 연소확대물에 대한 설명으로 틀린 것은?

① 연소확대물은 최초착화물에 불이 붙어 화재가 발생한 후 연소가 확대되는데 있어 결정적 영향을 미친 가연물을 말한다.
② 연소확대물의 분류항목은 최초착화물의 분류항목과 동일하다.
③ 최초착화물과 연소확대물이 동일한 경우에도 연소확대물을 표시한다.
④ 연소확대물은 필수 입력사항이므로 반드시 코드를 기재해야 한다.

해설
연소확대물은 연소의 확대에 결정적인 영향을 미친 가연물을 의미하며, 필수 입력사항에 해당하지 않는다. 따라서 해당되는 가연물이 없을 경우에는 해당없음으로 표기한다.

정답 ④

68

동·식물의 피해액 산정 기준으로 옳은 것은?

① 전문가의 감정가격
② 공인 감정가격
③ 시중매매가격
④ 감정서의 감정가액

해설
차량, 동물, 식물은 전부손해의 경우 시중매매가격으로 하며, 전부손해가 아닌 경우에는 수리비 및 치료비로 한다.

정답 ③

69

화재현장조사서 중 화재현장 활동상황의 기재항목으로 틀린 것은?

① 신고 및 초기조치
② 화재진압 활동
③ 화재조사 활동
④ 인명구조 활동

해설
화재현장조사서의 화재현장 활동상황 기재항목
- 신고 및 초기조치
- 화재진압활동
- 인명구조활동

정답 ③

70

화재현장조사서 작성 시 화재건물 현황의 기재사항이 아닌 것은?

① 건축물 현황
② 보험가입 현황
③ 소방시설 및 위험물 현황
④ 화재발생 후 상황

해설
화재현장조사서에는 화재발생 전 상황에 대한 화재건물 현황을 기재해야한다.

관련이론 화재현장조사서의 화재건물 현황 기재사항
- 건축물 현황
- 보험가입 현황
- 소방시설 및 위험물 현황
- 화재발생 전 상황

정답 ③

71

화재조사 및 보고규정에 따르면 관할구역 내에서 발생한 화재에 대하여 작성해야 하는 서류가 아닌 것은?

① 화재발생종합보고서
② 질문기록서
③ 화재현장출동보고서
④ 범죄사실보고서

해설
범죄사실보고서는 수사와 관련된 서류이다.

정답 ④

72 ★☆☆

화재로 인한 기계장치의 피해액 산정기준에 해당하지 않는 것은?

① 감정평가서에 의한 피해액 산정
② 간이평가방식
③ 실질적·구체적 방식
④ 수리비에 의한 방식

해설

기계장치의 피해액 산정기준
- 실질적·구체적 방식
- 감정평가서에 의한 피해액 산정
- 회계장부에 의한 피해액 산정 방식
- 수리비에 의한 방식

정답 ②

73 ★★★

화재로 발생한 소실면적은?

> 전기장판 과열로 화재가 발생하여 소화기로 즉시 진화하였으나 바닥 10m², 1면의 벽 5m²가 소실되었다.

① 3 ② 5
③ 10 ④ 15

해설

건물의 소실면적 산정은 소실 바닥면적으로 산정하므로 소실면적은 10m²이다.

정답 ③

74 ★★★

건물의 일부를 개수 또는 보수한 경우에 있어서의 경과연수의 산정 기준 적용애 관한 설명으로 틀린 것은?

① 재설치비의 50%미만 개·보수한 경우: 최초 건축연도 기준
② 재설치비의 50%이상 개·보수한 경우: 최초 건축연도 기준
③ 재설치비의 80%이상 개·보수한 경우: 개·보수한 때를 기준으로 하여 경과연수를 산정
④ 재설치비의 50~80%를 개·보수한 경우: 최초 건축연도를 기준으로 한 경과연수와 개·보수한 때를 기준으로 한 경과연수를 합산 평균하여 경과연수를 산정

해설

재설치비의 50~80%를 개보수한 경우 최초 건축연도를 기준으로 한 경과연수와 개보수한 때를 기준으로 한 경과연수를 합산하고 평균하여 경과연수를 산정한다.

정답 ②

75 ★★☆

화재유형별조사서(위험물·가스제조소등 화재)의 위험물제조소 등의 항목이 아닌 것은?

① 액화석유가스 저장시설
② 옥외탱크 저장소
③ 판매 취급소
④ 주유 취급소

해설

액화석유가스 저장시설은 위험물제조소가 아니라 가스제조소이다.

관련이론 위험물 제조소 등

- 제조소
- 옥내저장소
- 옥외저장소
- 옥외탱크저장소
- 옥내탱크저장소
- 지하탱크저장소
- 간이탱크저장소
- 이동탱크저장소
- 암반탱크저장소
- 주유취급소
- 판매취급소
- 이송취급소
- 일반취급소

정답 ①

76 ★★★

화재조사 및 보고규정상 화재현장조사서 발화요인 분류에 해당하지 않는 것은?

① 전기적 요인 ② 기계적 요인
③ 부주의 ④ 담뱃불

해설
담뱃불은 화재현장조사서의 화재원인에 해당한다.

관련이론 화재현황조사서의 발화요인
- 전기적 요인
- 기계적 요인
- 제품결함
- 가스누출(폭발)
- 화학적 요인
- 교통사고
- 부주의
- 자연적 요인
- 방화

정답 ④

77 ★★★

다음의 피해산정 대상들 중 최종잔가율이 10%인 것은?

① 절삭공구 ② 전기설비
③ 옥내소화전 ④ 침대

해설
최종잔가율이란 피해물의 내용연수가 다한 경우 잔존 가치를 재구입비에 대한 비율로 나타낸 것으로 피해액 산정 시 현실을 반영하여 건물·부대설비·구축물·가재도구 등에 대한 최종잔가율은 20%, 그 외 자산에 대해서는 10%로 정한다.

정답 ①

78 ★★★

5년 후 철거예정인 노숙자 쉼터에서 화재가 발생하여 150m²가 소실된 경우, 이 철거건물의 피해액은? (철골조 건물이며, m²당 재건축비는 730,000원이고 내용연수는 50년이다.)

① 30,660,000원 ② 33,726,000원
③ 31,660,000원 ④ 34,726,000원

해설
철거건물의 피해액을 구하는 공식은 다음과 같다.
철거건물의 피해액 = 재건축비 × [0.2 + (0.8 × $\frac{잔여내용연수}{내용연수}$)]
= 730,000 × [0.2 + (0.8 × $\frac{5}{50}$)] = 30,660,000원

정답 ①

79 ★☆☆

소방시설등 활용조사서 소화시설의 기재사항이 아닌 것은?

① 소화기구 ② 옥외소화전
③ 연결송수관설비 ④ 물분무등소화설비

해설
연결송수관설비는 소화활동설비에 해당한다.

관련이론 소방시설등 활용조사서의 소화시설
소화기구, 옥내소화전, 스프링클러설비, 간이스프링클러설비, 물분무등 소화설비, 옥외소화전

정답 ③

80 ★★☆

화재피해 산정의 대상이 되지 않는 것은?

① 건축물, 구축물의 피해
② 화재로 인한 영업손실 피해
③ 기계설비, 공·기구류, 부품의 피해
④ 정원수목, 과수목 및 입목의 피해

해설
화재피해 중 재산피해는 수손피해, 소실피해, 기타피해 등과 같은 직접손실을 의미하며 영업손실은 간접손실로 분류되어 재산피해에 포함되지 않는다.

정답 ②

화재조사관계법규

81 ★★★
제조물 책임법에 따른 손해배상 청구권 소멸시효는 몇 년인가?

① 3년 ② 5년
③ 7년 ④ 15년

해설
「제조물 책임법 제7조」
손해배상의 청구권은 피해자 또는 그 법정대리인이 다음 사항을 모두 알게 된 날부터 3년간 행사하지 아니하면 시효의 완성으로 소멸한다.
- 손해
- 손해배상책임을 지는 자

정답 ①

82 ★☆☆
보일러, 고압가스 기타 폭발성 있는 물건을 파열시켜 사람의 생명, 신체 또는 재산에 대하여 위험을 발생시키는 범죄명은?

① 폭발성물건파열죄
② 현주건조물방화죄
③ 가스방류죄
④ 폭발물사용죄

해설
「형법 제172조」
폭발성물건파열죄는 보일러, 고압가스 기타 폭발성있는 물건을 파열시켜 사람의 생명, 신체 또는 재산에 대하여 위험을 발생시킨 자로서 1년 이상의 유기징역에 처한다.

정답 ①

83 ★★★
형법상 공용건조물 등 방화죄에 대한 벌칙은?

① 무기 또는 3년 이상의 징역
② 무기 또는 3년 이하의 징역
③ 10년 이상의 징역
④ 1년 이상의 징역

해설
「형법 제165조」
불을 놓아 공용(公用)으로 사용하거나 공익을 위해 사용하는 건조물, 기차, 전차, 자동차, 선박, 항공기 또는 지하채굴시설을 불태운 자는 무기 또는 3년 이상의 징역에 처한다.

정답 ①

84 ★★★
화재조사 및 보고규정에서 정하는 건물의 동수산정에 대한 설명으로 옳지 않은 것은?

① 주요구조부가 하나로 연결되어 있는 것은 1동으로 한다.
② 건물의 외벽을 이용하여 실을 만들어 작업실로 사용하고 있는 것은 주건물과 1동으로 본다.
③ 구조에 관계없이 지붕 및 실이 하나로 연결되어 있는 것은 별동으로 본다.
④ 목조건물의 경우 격벽으로 방화구획이 되어 있는 경우 동일동으로 한다.

선지분석
① 주요구조부가 하나로 연결되어 있는 것은 1동으로 한다. 다만 건널복도 등으로 2 이상의 동에 연결되어 있는 것은 그 부분을 절반으로 분리하여 각 동으로 본다.
② 건물의 외벽을 이용하여 실을 만들어 헛간, 목욕탕, 작업실, 사무실 및 기타 건물 용도로 사용하고 있는 것은 주건물과 같은 동으로 본다.
④ 목조 또는 내화조 건물의 경우 격벽으로 방화구획이 되어 있는 경우도 같은 동으로 한다.

정답 ③

85 ★★★

형법상 업무상과실 또는 중대한 과실로 인하여 실화의 죄를 범한 자에 대한 벌칙 기준으로 옳은 것은?

① 2년 이하의 금고 또는 700만원 이하의 벌금
② 3년 이하의 금고 또는 2,000만원 이하의 벌금
③ 5년 이하의 금고 또는 1,500만원 이하의 벌금
④ 7년 이하의 금고 또는 2,000만원 이하의 벌금

해설
「형법 제171조」
업무상과실 또는 중대한 과실로 인하여 죄를 범한 자는 3년이하의 금고 또는 2천만원이하의 벌금에 처한다.

정답 ②

86 ★★☆

화재조사 및 보고규정상 화재건수의 결정 기준 중 틀린 것은?

① 동일 소방대상물의 발화점이 2개소 이상 있는 누전점이 동일한 누전에 의한 화재는 각각 별건의 화재로 본다.
② 1건의 화재란 1개 발화점으로부터 확대된 것을 말한다.
③ 동일범이 아닌 각기 다른 사람에 의한 방화, 불장난은 동일 대상물에서 발화했더라도 각각 별건의 화재로 한다.
④ 동일 소방대상물의 발화점이 2개소 이상 있는 지진, 낙뢰 등 자연현상에 의한 화재는 1건의 화재로 본다.

해설
「화재조사 및 보고규정 제26조」
1건의 화재란 1개의 발화지점에서 확대된 것으로 발화부터 진화까지를 말한다. 다만, 다음 경우는 각 호에 따른다.
• 동일범이 아닌 각기 다른 사람에 의한 방화, 불장난은 동일 대상물에서 발화했더라도 각각 별건의 화재로 한다.
• 동일 소방대상물의 발화점이 2개소 이상 있는 다음의 화재는 1건의 화재로 한다.
  ─ 누전점이 동일한 누전에 의한 화재
  ─ 지진, 낙뢰 등 자연현상에 의한 다발화재
• 발화지점이 한 곳인 화재현장이 둘 이상의 관할구역에 걸친 화재는 발화지점이 속한 소방서에서 1건의 화재로 산정한다. 다만, 발화지점 확인이 어려운 경우에는 화재피해금액이 큰 관할구역 소방서의 화재건수로 산정한다.

정답 ①

87 ★★★

소방의 화재조사에 관한 법령상 화재조사전담부서에서 갖추어야 할 장비 및 시설 중 화재조사 분석실은 몇 m^2 이상의 실을 보유하여야 하는가?

① 10   ② 20
③ 30   ④ 40

해설
「소방의 화재조사에 관한 법률 시행규칙 별표」
화재조사분석실의 구성장비를 유효하게 보존·사용할 수 있고, 환기 및 수도·배관시설이 있는 $30m^2$ 이상의 실을 보유하여야 한다.

정답 ③

88 ★★★

화재조사 및 보고규정에 따른 용어의 정리 중 다음 (   ) 안에 알맞은 것은?

• (㉠)이란 피해물의 경제적 내용연수가 다한 경우 잔존하는 가치의 재구입비에 대한 비율을 말한다.
• (㉡)이란 화재와 관계되는 물건의 형상, 구조, 재질, 성분, 성질 등 이와 관련된 모든 현상에 대하여 과학적 방법으로 필요한 실험을 하고 그 결과를 근거로 화재원인을 밝히는 자료를 얻는 것을 말한다.

① ㉠ 잔가율   ㉡ 감식
② ㉠ 잔가율   ㉡ 감정
③ ㉠ 최종잔가율   ㉡ 감식
④ ㉠ 최종잔가율   ㉡ 감정

해설
• 최종잔가율이란 피해물의 경제적 내용연수가 다한 경우 잔존하는 가치의 재구입비에 대한 비율을 말한다.
• 감정이란 화재와 관계되는 물건의 형상, 구조, 재질, 성분, 성질 등 이와 관련된 모든 현상에 대하여 과학적 방법에 의한 필요한 실험을 행하고 그 결과를 근거로 화재원인을 밝히는 자료를 얻는 것을 말한다.

정답 ④

89

화재로 인한 재해보상과 보험가입에 관한 법령에 따른 특수건물의 기준 중 다음 (　)안에 알맞은 것은?

- 의료법에 따른 병원급 의료기관으로 사용하는 건물로서 연면적의 합계가 (　㉠　)제곱미터 이상인 건물
- 공중위생관리법에 따른 숙박업으로 사용하는 부분의 바닥면적의 합계가 (　㉡　)제곱미터 이상인 건물

① ㉠: 1,000, ㉡: 3,000
② ㉠: 2,000, ㉡: 2,000
③ ㉠: 2,000, ㉡: 3,000
④ ㉠: 3,000, ㉡: 3,000

해설

면적기준	대상물
바닥면적 2천제곱미터 이상	학원, 게임제공업, 인터넷컴퓨터게임시설제공업, 노래연습장업, 휴게음식점영업, 단란주점영업, 유흥주점영업, 공유주방 운영업, 목욕장업, 영화상영관
바닥면적 3천제곱미터 이상	숙박업, 대규모점포, 도시철도의 역사(驛舍) 및 역 시설
연면적 3천제곱미터 이상	병원급 의료기관, 관광숙박업, 공연장, 방송사업을 목적으로 사용하는 건물, 농수산물도매시장 및 민영농수산물도매시장, 학교, 공장

정답 ④

90

소방의 화재조사에 관한 법률상에서 정하는 화재의 정의에 포함되지 않는 내용은?

① 사람의 의도에 반하여 발생한 화재로 소화할 필요가 있는 연소현상
② 사람의 고의에 의하여 발생한 화재로 소화할 필요가 있는 연소현상
③ 소화시설 등을 사용하여 소화할 필요가 있는 연소현상
④ 압력을 동반한 물리적 폭발현상

해설

「소방의 화재조사 관한 법률 제2조」
화재란 사람의 의도에 반하거나 고의 또는 과실에 의하여 발생하는 연소 현상으로서 소화할 필요가 있는 현상 또는 사람의 의도에 반하여 발생하거나 확대된 화학적 폭발현상을 말한다.

정답 ④

91

민법에 따른 불법행위 및 배상책임에 관한 기준 중 틀린 것은?

① 고의 또는 과실로 인한 위법행위로 타인에게 손해를 가한 자는 그 손해를 배상할 책임이 있다.
② 배상의무자는 그 손해가 고의 또는 중대한 과실에 의한 것이고, 그 배상으로 인하여 배상자의 생계에 중대한 영향을 미치게 될 경우에는 법원에 그 배상액의 경감을 청구할 수 있다.
③ 불법행위로 인한 손해배상의 청구권은 피해자나 그 법정 대리인이 그 손해 및 가해자를 안 날로부터 3년간 이를 행사하지 아니하면 시효로 인하여 소멸한다.
④ 도급인은 수급인이 그 일에 관하여 제삼자에게 가한 손해를 배상할 책임이 없다. 그러나 도급 또는 지시에 관하여 도급인에게 중대한 과실이 있는 때에는 그러하지 아니하다.

해설

「민법 제765조」
- 배상의무자는 그 손해가 고의 또는 중대한 과실에 의한 것이 아니고 그 배상으로 인하여 배상자의 생계에 중대한 영향을 미치게 될 경우에는 법원에 그 배상액의 경감을 청구할 수 있다.
- 법원은 전항의 청구가 있는 때에는 채권자 및 채무자의 경제상태와 손해의 원인 등을 참작하여 배상액을 경감할 수 있다.

정답 ②

92

화재가 발생하였을 때 화재원인, 피해상황, 대응활동 등을 파악하기 위하여 자료의 수집, 관계인 등에 대한 질문, 현장 확인, 감식, 감정 및 실험 등을 하는 일련의 행위를 무엇이라 하는가?

① 화재감식
② 화재조사
③ 화재감정
④ 화재수사

해설

「소방의 화재조사에 관한 법률 제2조」
화재조사란 소방청장, 소방본부장 또는 소방서장이 화재원인, 피해상황, 대응활동 등을 파악하기 위하여 자료의 수집, 관계인등에 대한 질문, 현장 확인, 감식, 감정 및 실험 등을 하는 일련의 행위를 말한다.

정답 ②

93 ★★☆

국가배상법상 국가공무원의 위법행위로 인하여 제3자에게 발생한 손해를 국가가 배상한 후 해당 공무원에게 행사하는 구상권에 관한 설명으로 옳은 것은?

① 해당 공무원에게 고의 또는 중대한 과실이 있는 경우에 구상권을 행사할 수 있다.
② 해당 공무원에게 고의 또는 중대한 과실이 있는 경우라도 인적피해가 없으면 구상권을 행사할 수 없다.
③ 해당 공무원에게 고의 또는 중대한 과실이 없어도 금전적 손실이 발생하면 구상권을 행사할 수 있다.
④ 해당 공무원에게 고의 또는 중대한 과실이 있으면 피해

해설
「국가배상법 제2조」
국가나 지방자치단체는 공무원 또는 공무를 위탁받은 사인이 직무를 집행하면서 고의 또는 과실로 법령을 위반하여 타인에게 손해를 입히거나, 손해배상의 책임이 있을 때에는 이 법에 따라 그 손해를 배상하여야 한다.

정답 ①

94 ★☆☆

실화책임에 관한 법률의 적용범위에 대하여 올바르게 기술한 것은?

① 실화로 인하여 화재가 발생한 경우 화재건물 부분에 대한 손해배상 청구에 한하여 적용한다.
② 실화로 인하여 화재가 발생한 경우 간접적 피해를 제외한 직접적 피해 부분에 대한 손해배상 청구에 한하여 적용한다.
③ 실화로 인하여 화재가 발생한 경우 연소로 인한 부분에 대한 손해배상청구에 한하여 적용한다.
④ 실화로 인하여 화재가 발생한 경우 화재피해 부분에 대한 손해배상청구에 한하여 적용한다.

해설
실화로 인하여 화재가 발생한 경우 연소로 인한 부분에 대한 손해배상 청구에 한하여 적용한다.

정답 ③

95 ★★★

화재증거물수집관리규칙에 따른 증거물 시료용기의 기준 중 옳은 것은?

① 주석 도금캔(CAN)은 2회 사용 후 반드시 폐기한다.
② 양철 용기는 돌려 막는 스크루 뚜껑만 아니라 밀어 막는 금속 마개를 갖추어야 한다.
③ 코르크마개, 클로로프렌 고무, 마분지, 합성 코르크마개 또는 플라스틱 물질(PTFE포함)은 시료와 직접 접촉되어서는 안 된다.
④ 유리병의 코르크 마개는 휘발성 액체에 사용하여야 한다. 만일 제품이 빛에 민감하다면 짙은 색깔의 시료병을 사용한다.

선지분석
① 주석 도금캔(CAN)은 1회 사용 후 반드시 폐기한다.
③ 코르크마개, 고무(클로로프렌 고무는 제외), 마분지, 합성 코르크마개 또는 플라스틱 물질(PTFE는 제외)은 시료와 직접 접촉되어서는 안 된다.
④ 유리병의 코르크 마개는 휘발성 액체에 사용하여서는 안 된다. 만일 제품이 빛에 민감하다면 짙은 색깔의 시료병을 사용한다.

정답 ②

96 ★★★

소방의 화재조사에 관한 법률상 정당한 사유없이 화재 조사를 실시하는 화재조사관의 출입 또는 조사를 거부·방해 또는 기피한 자에 대한 벌칙기준으로 옳은 것은?

① 100만원 이하의 벌금
② 200만원 이하의 벌금
③ 300만원 이하의 벌금
④ 500만원 이하의 벌금

해설
「소방의 화재조사에 관한 법률 제21조」
정당한 사유 없이 화재조사관의 출입 또는 조사를 거부·방해 또는 기피한 사람은 300만원 이하의 벌금에 처한다.

정답 ③

97 ★★☆
제조물 책임법에 대한 내용으로 틀린 것은?

① 동일한 손해에 대하여 배상할 책임이 있는 자가 2인 이상인 경우에는 연대하여 그 손해를 배상할 책임이 있다.
② 제조물책임법에 따른 손해배상책임을 배제하거나 제한하는 특약은 유효한 것이 원칙이다.
③ 제조물의 결함으로 인한 손해배상책임에 관하여 제조물책임법에 규정된 것을 제외하고는 민법에 따른다.
④ 일반적으로 손해배상의 청구권은 제조업자가 손해를 발생시킨 제조물을 공급한 날부터 10년 이내에 행사하여야 한다.

해설
「제조물 책임법 제6조」
손해배상책임을 배제하거나 제한하는 특약(特約)은 무효로 한다. 다만, 자신의 영업에 이용하기 위하여 제조물을 공급받은 자가 자신의 영업용 재산에 발생한 손해에 관하여 그와 같은 특약을 체결한 경우에는 그러하지 아니하다.

정답 ②

98 ★☆☆
소방기본법상 소방대(消防隊)에 해당하는 사람을 모두 고른 것은?

> ㄱ. 소방공무원법에 따른 소방공무원
> ㄴ. 의용소방대 설치 및 운영에 관한 법률에 따른 의용소방대원
> ㄷ. 위험물안전관리법에 따른 자체소방대

① ㄱ
② ㄱ, ㄷ
③ ㄱ, ㄴ, ㄷ
④ ㄱ, ㄴ

해설
「소방기본법 제2조」
소방대(消防隊)란 화재를 진압하고 화재, 재난·재해, 그 밖의 위급한 상황에서 구조·구급 활동 등을 하기 위하여 다음 사람으로 구성된 조직체를 말한다.
- 「소방공무원법」에 따른 소방공무원
- 「의무소방대설치법」 제3조에 따라 임용된 의무소방원(義務消防員)
- 「의용소방대 설치 및 운영에 관한 법률」에 따른 의용소방대원(義勇消防隊員)

정답 ④

99 ★★★
실화책임에 관한 법률에서 정하고 있는 손해배상액의 경감 사유와 거리가 먼 것은?

① 피해의 정도
② 화재의 원인
③ 배상의무자의 정신상태
④ 피해 확대를 방지하기 위한 피해자의 노력

해설
「실화책임에 관한 법률 제3조」
법원은 청구가 있을 경우에는 다음의 사정을 고려하여 그 손해배상액을 경감할 수 있다.
- 화재의 원인과 규모
- 피해의 대상과 정도
- 연소(延燒) 및 피해 확대의 원인
- 피해 확대를 방지하기 위한 실화자의 노력
- 배상의무자 및 피해자의 경제상태
- 그 밖에 손해배상액을 결정할 때 고려할 사정

정답 ③

100 ★☆☆
화재증거물수집관리규칙상 화재현장 증거물은 화재증거 수집의 목적달성 후에는 어떻게 하여야 하는가?

① 3년까지 보존하여야 한다.
② 10년까지 보존하여야 한다.
③ 관계인에게 반환하여야 한다.
④ 즉시 폐기하여야 한다.

해설
「화재증거물수집관리규칙 제6조」
- 화재증거물은 관계인의 승낙이 있을 때에야 폐기할 수 있다.
- 증거물은 화재증거 수집 목적 달성 후 관계인에게 반환해야 한다.
- 증거물의 반환 또는 폐기까지 화재조사자 또는 이와 동일한 자격 및 권한을 가진 자의 책임 하에 행해져야한다.

정답 ③

2024년 1회 CBT 복원문제

화재조사론

01 ★★☆

감광계수(m^{-1})에 따른 가시거리가 틀린 것은?

① 감광계수 0.1 - 가시거리 20~30m
② 감광계수 0.3 - 가시거리 5m
③ 감광계수 0.5 - 가시거리 1~2m
④ 감광계수 10 - 가시거리 0.2~0.5m

해설

감광계수 (m^{-1})	가시거리 (m)	상황
0.1	20~30	연기감지기가 작동하기 시작하는 농도
0.3	5	건물내부에 익숙한 사람이 피난에 지장을 느낄 정도의 농도
0.5	3	어두운 것을 느낄 정도의 농도
1	1~2	앞이 거의 보이지 않을 정도의 농도
10	0.2~0.5	최성기 때의 농도
30	-	출화실에서 연기가 분출할 때의 농도

정답 ③

02 ★☆☆

삼각형(△) 패턴에 대한 설명으로 틀린 것은?

① 삼각형 패턴은 유류가 사용된 곳에서 연소가 끝난 바닥면에 나타난다.
② 삼각형 패턴은 연소가 짧은 시간에 이루어질 때 수직벽면에 나타난다.
③ 삼각형 패턴은 바닥에서 천장까지 완전히 전개되지 않는 화재에 나타난다.
④ 삼각형 패턴은 불기둥을 수직적으로 차단하지 않을 경우에 나타난다.

해설

삼각형 패턴은 수직벽면에 나타나며 밑바닥이 넓은 삼각형 형태이다.

정답 ①

03 ★☆☆

고체 가연물 중 표면연소의 형태를 갖는 물질은?

① 금속분
② 목재
③ 양초
④ 니트로셀룰로오스

해설

표면연소는 가연성 기체를 발생시키지 않는 연소로 숯, 코크스, 금속분 연소가 대표적이다.

관련이론 **표면연소**

- 숯, 코크스, 금속분의 연소가 고체 가연물 중 표면연소가 나타나는 대표적인 물질이다.
- 가연물이 가열되어도 열분해, 승화, 증발 등의 과정 없이 가연성 기체를 발생시키지 않는다.
- 온도가 상승하거나 산소가 충분히 공급되더라도 화염연소로 전환되지 않는다.

정답 ①

04 ★★★

점화원에 대한 설명으로 옳은 것은?

① 온도가 높을수록 최소착화에너지는 높아진다.
② 혼합된 공기의 산소농도에 관계없이 최소착화에너지는 변하지 않는다.
③ 압력이 높을수록 최소착화에너지는 높아진다.
④ 연소범위 내에 있는 가연성가스는 정전기 등의 약한 에너지로도 점화될 수 있다.

선지분석
① 온도가 높을수록 최소착화에너지는 낮아진다.
② 가연물의 종류에 따라 최소착화에너지는 달라진다.
③ 압력이 높을수록 최소착화에너지는 낮아진다.

관련이론 최소착화에너지(MIE, Minimum Ignition Energy)
- 최소착화에너지는 매우 작아 mJ 단위를 사용한다.
- 산소농도가 높을수록 연소반응이 더 쉽게 일어날 수 있는 조건이 되어 최소착화에너지가 작아진다.
- 압력이 높으면 분자 간 거리가 좁아지고, 온도가 높으면 분자운동이 활발해져 최소착화에너지가 작아진다.
- 가연성 혼합기체가 발화하는 데 필요한 최소 에너지로 가연물 종류에 따라 다르다.
- 혼합기체의 농도가 양론농도(Cst) 부근일 때 최소착화에너지는 최소이고, 상한계·하한계로 갈수록 최소착화에너지는 증가한다.

정답 ④

05 ★★★

소방의 화재조사에 관한 법령상 화재조사를 하는 경우 조사사항으로 옳지 않은 것은?

① 화재원인에 관한 사항
② 화재로 인한 재산피해 상황
③ 소방시설 등의 설치·관리 및 작동 여부에 관한 사항
④ 자위소방대의 대응 및 조직 구성에 관한 사항

해설
「소방의 화재조사에 관한 법률 제5조」
- 소방청장, 소방본부장 또는 소방서장은 화재발생 사실을 알게 된 때에는 지체없이 화재조사를 하여야 한다. 이 경우 수사기관의 범죄수사에 지장을 주어서는 아니 된다.
- 소방관서장은 화재조사를 하는 경우 다음 사항에 대하여 조사하여야 한다.
  - 화재원인에 관한 사항
  - 화재로 인한 인명·재산피해상황
  - 대응활동에 관한 사항
  - 소방시설 등의 설치·관리 및 작동 여부에 관한 사항
  - 화재발생건축물과 구조물, 화재유형별 화재위험성 등에 관한 사항
  - 그 밖에 대통령령으로 정하는 사항

정답 ④

06 ★★★

다음 중 용융점이 가장 높은 것은?

① 알루미늄   ② 철
③ 구리   ④ 납

해설

명칭	용융점(°C)
텅스텐	3,410
철	1,540
스테인리스	1,455
구리(동)	1,085
알루미늄	660
마그네슘	650
아연	419
납	327

정답 ②

07 ★☆☆

증기운 형성물질 중 비점 이상의 온도지만 가압하여 액화된 물질로 열전달 및 확산이 증발을 제한하는 특징을 갖는 물질은?

① 벤젠
② 액화암모니아
③ 액화천연가스
④ 액화석유가스

해설

벤젠은 고온메탄류로 임계압력과 비점이 주위압력과 온도보다 높아 열전달 및 증발을 제한한다.

정답 ①

08 ★☆☆

가연물별 분류에 따른 화재와 색상이 옳은 것은?

① 금속화재 – 무색
② 유류화재 – 백색
③ 일반화재 – 황색
④ 전기화재 – 빨간색

해설

분류	일반화재	유류화재	전기화재	금속화재
등급	A	B	C	D
색상	백색	황색	청색	무색

정답 ①

09 ★★☆

목재 표면의 균열흔 중 홈이 반월형의 모양으로 높아지며, 특히 대규모 건물화재에서 볼 수 있는 것은?

① 강소흔
② 약소흔
③ 열소흔
④ 완소흔

선지분석

① 강소흔은 900℃ 정도 온도에서 발생하며 나무가 갈라져 파인 골의 깊이가 깊고, 만두 모양의 요철형(계란판)모양이다.
③ 열소흔은 1,000℃이상의 온도에서 발생하며 홈의 깊이가 가장 깊고, 홈이 반월형으로 높아지며 대규모 건물화재에서 관찰된다.
④ 완소흔은 800℃ 정도의 온도에서 발생하며 삼각, 사각의 거북이 등껍질 모양이다.

정답 ③

10 ★★★

화염의 색이 백적색일 때 불꽃의 온도는?

① 350℃
② 800℃
③ 1,300℃
④ 1,500℃

해설

화염의 색이 백적색일 때 불꽃의 온도는 1,300℃이다.

관련이론 온도별 화염의 색

불꽃색	담암적색	암적색	적색	휘적색	황적색	백적색	휘백색
온도(℃)	520	700	850	950	1,100	1,300	1,500

정답 ③

11 ★★★

소방의 화재조사에 관한 법령상 화재조사전담부서에서 갖추어야 할 발굴용구로 옳지 않은 것은?

① 전동그라인더
② 슈미트해머
③ 다용도 칼
④ 빗자루

해설

슈미트해머는 발굴용구가 아니라 감식기기에 해당한다.

관련이론 전담부서에 갖추어야 할 감식기기(16종)

절연저항계, 멀티테스터기, 클램프미터, 정전기측정장치, 누설전류계, 검전기, 복합가스측정기, 가스(유증)검지기, 확대경, 산업용실체현미경, 적외선열상카메라, 접지저항계, 휴대용디지털현미경, 디지털탄화심도계, 슈미트해머(콘크리트 반발 경도 측정기구), 내시경현미경

정답 ②

12 ★☆☆

화학화재 발생 시 조사자가 행하여 할 절차 중 옳은 것은?

① 가치부여 → 자료의 수집 → 체계부여 → 타당성을 밝힘 → 화재원인의 결정
② 자료의 수집 → 가치부여 → 체계부여 → 타당성을 밝힘 → 화재원인의 결정
③ 자료의 수집 → 체계부여 → 가치부여 → 타당서을 밝힘 → 화재원인의 결정
④ 자료의 수집 → 가치부여 → 타당성을 밝힘 → 체계부여 → 화재원인의 결정

해설

화재원인조사 단계
자료의 수집 → 가치부여 → 체계부여 → 타당성을 밝힘 → 화재원인의 결정

정답 ②

13 ★☆☆

다음 중 발화점이 가장 낮은 대표적인 물질은?

① 황린
② 수소
③ 부탄
④ 아세틸렌

해설

물질	발화점(°C)
황린	34
수소	500
부탄	405
아세틸렌	305

정답 ①

14 ★☆☆

끓는점 이상의 온도이지만 압력에 의해 액체 상태를 유지하고 있는 물질이 탱크의 균열이나 파열에 의해 외부로 누출되면서 급격히 기화되어 압력을 발생시키는 폭발현상은?

① 보일오버(Boil Over)
② 비등액체팽창증기폭발(BLEVE)
③ 증기운폭발(UVCE)
④ 급격한 상변화에 의한 폭발(ERPT)

해설

비등액체팽창증기폭발(BLEVE)은 저장탱크 내에 보관 중이던 액화가스가 주변 화재로 인해 가열되면서 내부 액체가 끓어 급격한 체적팽창이 발생하고, 이로 인해 탱크의 강판이 열에 의해 약해져 파열되며 내부 물질이 외부로 분출되어 점화되어 폭발하는 현상이다.

관련이론 비등액체팽창증기폭발(BLEVE) 발생조건
- 가연물이 비점 이상 가열될 것
- 가연성 가스가 밀폐계 내에 존재할 것
- 기계적 강도를 초과하는 압력이 형성될 것
- 내용물이 대기 중으로 방출될 것
- 온도상승으로 인해 탱크가 파열될 것

정답 ②

15 ★☆☆

여러 동의 인접한 건물이 소손되어 있는 화재현장에서 발화건물 판정을 위한 일반적인 조사요령에 관한 설명으로 옳지 않은 것은?

① 화재현장 전체의 연소방향은 가급적 낮은 쪽에서 높은 쪽을 바라보며 파악한다.
② 각 건물의 연소방향은 타다 멈춘 부분 또는 연속강약이 명확한 부분부터 파악한다.
③ 타서 허물어진 부분을 보고 연소방향을 추정할 수 있다.
④ 복수의 건물이 소손되어 있으면 인접동간격, 외벽구조, 개구부상황 등으로부터 연소상황을 파악한다.

해설
화재현장 전체의 연소방향은 가급적으로 높은 곳에서 낮은 곳을 바라보며 파악하는 것이 바람직하다.

관련이론 현장관찰
- 높은 위치에서 현장 전체를 관찰
- 발화원인이 될 수 있는 가연물에 유의하며 조사
- 소실되어 붕괴된 부분에서는 복원적 관점에서 관찰
- 건물의 구조재 및 수용품의 소실 상태를 통해 연소방향을 고찰
- 낙하물과 붕괴물이 많은 장소에서는 도괴방향과 연소방향을 함께 관찰
- 소손 및 탄화정도가 약한 부위에서 강한 부위로 이동하며 관찰
- 다수의 건물이 소실된 경우 연소확대가 정지된 경계부근의 소손상황을 관찰하여 연소경로를 파악

정답 ①

17 ★★★

방화의 식별에서 일반적인 방화의 가능성이 있는 경우로 가장 거리가 먼 것은?

① 화재가 건물의 구조, 가연물 등에 비해 급격히 확산된 경우
② 최초 발화지점에서 유류 등 연료물질을 사용한 흔적이 있는 경우
③ 연소기구를 중심으로 연소 확대가 진행된 흔적이 있는 경우
④ 출입문, 창 등에 강제로 진입한 흔적이 있는 경우

해설
연소기구를 중심으로 연소 확대가 진행된 흔적이 있는 경우에는 방화의 가능성보다 실화의 가능성에 더 가깝다.

관련이론 방화의 가능성
- 화재가 건물의 구조, 가연물 등에 비해 급격히 확산된 경우
- 최초 발화지점에서 유류 등 연료물질을 사용한 흔적이 있는 경우
- 출입문, 창 등에 강제로 진입한 흔적이 있는 경우

정답 ③

16 ★★☆

물과 접촉 시 가연성 기체를 발생하지 않고 발열반응으로 인하여 주변의 가연물을 발화시키는 물질은?

① 칼륨
② 산화칼슘
③ 인화알루미늄
④ 탄화칼슘

해설
산화칼슘은 물과 접촉해 가연성 기체를 발생시키지는 않지만, 발열반응으로 주변 가연물을 발화시킨다.

정답 ②

18 ★☆☆

유리의 파단면 분석에 관한 설명으로 옳은 것은?

① 강화유리의 자발파괴(Spontaneous Breakage)형태는 쌍을 이루는 8각형의 파편이 발견된다.
② 충격에 의한 파괴유리의 충격방향을 확인하기 위해서는 동심원파단면의 월러라인(Waller Line)을 확인하는 것이 효과적이다.
③ 재료가 여러 번의 외력에 의하여 순차적으로 분리되었을 때는 동반하여 발생하는 분리선을 관찰하며 외력의 작용순서를 알 수 있다.
④ 폭발로 인한 압력에 의해 많은 파편들이 폭발의 중심부로부터 멀리 비산되는데, 화재 이후 폭발이 발생하였다면, 멀리 비산된 파편에 그을음이 부착될 수 없다.

선지분석
① 강화유리의 자발파괴(Spontaneous Breakage)형태는 쌍을 이루는 6각형의 파편이 발견된다.
② 충격에 의한 파괴유리의 충격방향을 확인하기 위해서는 동심원 파단면의 리플마크(Ripple mark)를 확인하는 것이 효과적이다.
④ 폭발로 인한 압력에 의해 많은 파편들이 폭발의 중심부로부터 멀리 비산되는데, 화재이후 폭발이 발생하였다면, 멀리 비산된 파편에 그을음이 부착될 수 있다.

정답 ③

19 ★★★

연소반응에 있어서 산소공급원의 역할을 하는 물질은?

① 황린
② 칼륨
③ 과산화나트륨
④ 디에틸에테르

해설
과산화나트륨은 강력한 산화제로 물과 반응하면 산소와 함께 열을 방출하여 산소공급원 역할을 한다.

관련이론 산화제
- 산소
- 염소
- 황산
- 질산
- 브롬
- 요오드
- 염화철
- 염화주석
- 플루오린
- 과산화수소
- 과산화나트륨
- 과망간산칼륨

정답 ③

20 ★☆☆

동일한 거리에서 복사열에 노출되었을 때 물질의 열전도성이 가장 좋은 물질은?

① 참나무판자
② 구리
③ 폴리스티렌
④ 석고보드

해설
구리는 열전도성이 매우 뛰어난 대표적인 열전도체이다.

정답 ②

화재감식론

21 ★☆☆

방화로 의심할 수 있는 경우가 아닌 것은?

① 출입문이 잠겨 있는 경우
② 촉진제의 용기가 발견된 경우
③ 외부침입 흔적이 발견된 경우
④ 다른 범죄의 증거가 발견된 경우

해설

출입문이 잠겨 있고 외부 침입흔적이 없다고 해서 곧바로 방화로 단정할 수는 없다. 이는 단지 외부인의 소행이 아님을 보여줄 뿐이며 오히려 내부자의 부주의로 인한 실화일 가능성이 있다.

관련이론 방화의심
- 촉진제 용기가 발견된 경우
- 외부침입 흔적이 발견된 경우
- 다른 범죄의 증거가 발견된 경우

정답 ①

22 ★☆☆

분진폭발을 일으킬 가능성이 없는 것은?

① 목분
② 산화규소 분말
③ 마그네슘 분말
④ 폴리에틸렌 분말

해설

산화규소는 산화반응이 완료된 물질로 분진폭발위험이 낮다.

정답 ②

23 ★★☆

세탁기 화재 시 확인해야 할 조사요점으로 가장 거리가 먼 것은?

① 배수모터의 이상 유무
② 마그네트론의 발열 여부
③ 세탁기 내부 배선의 단락 여부
④ 기동용 콘덴서의 절연열화 상태

해설

마그네트론은 세탁기가 아닌 전자레인지의 부품이다.

정답 ②

24 ★★★

하나의 전제에서 결론이 도출되는 직접추리와 2개 이상의 전제에서 결론이 나타나는 간접추리로 나누는 추론 방법은?

① 귀납적 추론
② 연역적 추론
③ 실용적 추론
④ 형식적 추론

해설

구분	직접추리	간접추리
정의	하나의 전제에서 바로 결론 도출	두 개 이상의 전제를 결합하여 결론 도출
전제 수	1개	2개 이상

정답 ②

25 ★★★

화재조사 및 보고규정상 발화원인 판정에서 서술되는 용어의 정의 중 틀린 것은?

① 발화란 열원에 의하여 가연물질에 지속적으로 불이 붙는 현상을 말한다.
② 발화열원이란 발화의 최초원인이 된 불꽃 또는 열을 말한다.
③ 발화요인이란 발화열원에 의하여 발화로 이어진 연소현상에 영향을 준 물적요인만을 말한다.
④ 최초착화물이란 발화열원에 의해 불이 붙고 이 물질을 통해 제어하기 힘든 화세로 발전한 가연물을 말한다.

해설

발화요인이란 발화열원에 의하여 발화로 이어진 연소현상에 영향을 준 인적·물적·자연적인 요인을 말한다.

정답 ③

26

연소한계에 대한 설명 중 옳은 것은?

① 연소하한계는 저온에서는 약간 증가하나 고온에서는 일정하다.
② 연소한계는 온도와 관계없이 일정하다.
③ 연소상한계는 온도의 증가와 함께 증가한다.
④ 연소하한계는 온도의 증가와 함께 증가한다.

해설
연소한계는 온도가 상승할수록 하한계는 낮아지고 상한계는 높아져 전체적인 연소범위가 넓어지게 된다.

관련이론 연소의 특성
- 연소속도는 재료의 질량유속으로 정의되며, g/m^2s으로 나타낸다.
- 일반적으로 표면에서의 질량유속은 5~50 g/m^2s 범위에 있으며, 그 값이 5 이하인 것은 소화된다.
- 화염속도는 물적조건과 에너지조건인 농도, 압력, 온도보다 난류의 영향으로 가속된다.
- 연소속도는 화학양론비 부근에서 최대가 되고 연소상한계, 연소하한계로 갈수록 연소속도는 감소한다.

정답 ③

27

자동차화재의 특성에 대한 설명으로 옳은 것은?

① 차량화재는 연료, 시트 등 화재하중이 낮고, 외기와 밀폐된 상태인 환기지배형의 화재특성을 보인다.
② 차량화재의 조사는 특별한 전문지식이 없어도 화재조사가 가능하다.
③ 차량화재는 대체로 전소가 되지 않기 때문에 발화지점 및 발화원인의 조사가 용이하다.
④ 개방된 공간에 존치되는 환경적인 특수성으로 인해 사회적인 불만을 가진자 등이 불특정한 방법으로 방화를 할 수 있다.

선지분석
① 차량화재는 연료, 시트 등 화재하중이 높고, 외기와 노출된 상태로 가연물에 의존하는 연료지배형의 화재특성을 보인다.
② 차량은 구조적 복잡성으로 인해 화재조사에 특별한 전문지식이 필요하다.
③ 차량화재는 대체로 전소위험이 높아 발화지점 및 발화원인이 조사가 용이하지 않다.

정답 ④

28

가연성 액체의 인화점에 관한 설명으로 옳은 것은?

① 가연성 액체가 발화하는 최저온도
② 가연성 액체의 증기가 공기와 접촉하여 점화원 없이 연소되는 최고온도
③ 가연성 액체에 착화되기 충분한 증기를 발생하는 최저온도
④ 가연성 액체의 증기가 포화상태에 달하는 최저온도

해설
인화점은 액체상태의 가연물의 증발로 인한 가연성 증기가 연소가능한 상태에 도달하는 최저온도이다.

정답 ③

29 ★☆☆

그림과 같은 회로에서 저항 R_1과 저항 R_2에 흐르는 전류를 I_1과 I_2로 표시할 때, $\dfrac{I_1}{I_2}$는 얼마인가? (단, E[V]는 회로에 가해지는 인가전압이다.)

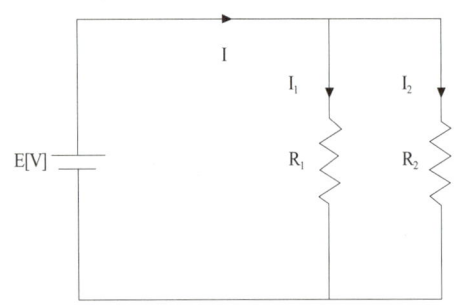

① $\dfrac{R_1}{R_2}$
② $\dfrac{R_2}{R_1}$
③ $\dfrac{R_1}{R_2}$
④ $\dfrac{R_2}{R_1}$

해설
병렬회로에서 전압은 일정하고 전류와 저항은 반비례하므로 $\dfrac{I_1}{I_2} = \dfrac{R_2}{R_1}$ 이다.

정답 ②

30 ★★☆

임야화재 시 수관화의 특징으로 옳은 것은?

① 중심부의 화염온도는 2,000℃이다.
② 주변의 연기온도는 1,000℃이다.
③ 바람이 강할 때 연소속도는 10 km/h이다.
④ 임야화재 연소 중에 수십 m의 상승기류가 발생한다.

선지분석
① 중심부의 화염의 온도는 1,175℃ 이다.
② 주변의 연기온도는 600℃ 이다.
③ 바람이 강할 때 연소속도는 15km/h 까지 상승한다.

관련이론 임야화재의 연소에 따른 분류

분류	내용
지중화(Ground fire)	낙엽층 밑에 있는 유기물 층이 연소하는 것
지표화(Surface fire)	지표에 쌓인 낙엽, 잔가지, 관목 등이 연소하는 것
수간화(Stem fire)	나무의 줄기가 연소하는 것
수관화(Crown fire)	나무의 잎사귀 부위가 연소하는 것

정답 ④

31 ★☆☆

유염연소와 무염연소를 비교하였을 때 특징으로 틀린 것은?

① 목재의 무염연소 시 가연물의 내부보다는 표면으로 전파되는 속도가 빠르다.
② 무염연소는 고체가연물에서만 가능하며 유염연소는 고체, 액체, 기체에서 모두 가능하다.
③ 무염연소는 연소반응속도가 느리다.
④ 무염연소는 발열량이 적고, 유염연소는 발열량이 크다.

해설
무염연소는 가연물의 표면에서만 일어나는 연소로 가연물 내부로 연소가 전파되지 않아 연소반응속도가 매우 느리다.

관련이론 무염연소와 유염연소
- 유염연소: 가연물의 표면과 내부에서 동시에 일어나는 연소
- 무염연소: 가연물의 표면에서만 일어나는 연소

정답 ①

32 ★★☆

항공기 보조동력장치(APU)의 소화용기(Container) 내용물이 과도한 열로 인하여 외부로 배출 시 나타나는 지시는?

① 배출밸브(Discharge valve)가 열린다.
② 조종실에 경고등이 들어온다.
③ 온도방출지시기(Thermal discharge indicator)의 Yellow Disk가 없다.
④ 온도방출지시기(Thermal discharge indicator)의 Red Disk가 없다.

해설
항공기 화재진압장치(HRD, High rate od discharge)는 화재발생 시 1~2초 내에 다량의 소화액을 분사하여 화재를 진압하는 대용량 소화장치를 말하며, 온도방출지시기의 적색 디스크가 없다면 과열로 인해 항공기 화재진압장치가 자동 분사 되었다는 것을 의미한다.

관련이론 온도방출지시기

종류	작동원리
적색 디스크 (Red Disk) 없음	과열로 인한 자동 방출
황색 디스크 (Yellow Disk) 없음	조종사가 화재를 인지하고 직접 수동으로 화재 핸들(Fire Handle)을 작동시켜 소화액 방출

정답 ④

33 ★★★

산화에틸렌 90vol%와 메탄 10vol%가 혼합되어 있는 경우 폭발하한계 값(vol%)은?

① 3.13
② 15.79
③ 32.50
④ 55.81

해설

르샤틀리에법칙은 다음과 같다.

$$\frac{100}{LEL} = \frac{V_1}{L_1} + \frac{V_2}{L_2} + \cdots$$

LEL: 혼합가스 폭발하한계(vol%), V_1, V_2: 가연성가스의 체적(vol%), L_1, L_2: 가연성가스의 폭발하한계(vol%)

$$\frac{100}{LEL} = \frac{90}{3} + \frac{10}{5} = 3.125 \text{vol}\%$$

정답 ①

34 ★☆☆

물과 습기 혹은 공기 중에서 물질이 발화온도보다 낮은 온도에서 화학변화에 의해 자연발열 하고, 그 물질 자신 또는 발생한 가연성 가스가 연소하는 현상은?

① 자연발화
② 화합발화
③ 인화
④ 폭발

선지분석

② 화합발화는 두 가지 이상 물질이 서로 혼합되거나 접촉함으로써 화학반응을 일으켜 스스로 연소하는 현상을 말한다.
③ 인화는 물질 자체에서 발화하는 것이 아니라 전기적 스파크나 불꽃 등 외부의 화원에 의해 착화되어 연소가 시작되는 현상을 말한다.
④ 폭발은 정지상태에 있던 물질이 급격히 팽창하면서 빛, 소리, 충격적 압력 등을 동반하고, 순간적으로 연소를 완료하는 현상을 말한다.

정답 ①

35 ★☆☆

산불의 강도를 가중시키는 지형으로 틀린 것은?

① 평지
② 굴뚝지형
③ 가파른 경사
④ 연료온도를 증가시키는 사면

해설

평지는 다른 지형에 비해 산불의 강도를 가중 시키지 않는다.

정답 ①

36 ★☆☆

건물 구획실 화재에 대한 설명 중 옳은 것은?

① 일반적으로 최성기의 구획실 화재온도는 500~600℃까지 도달한다.
② 연기의 이동은 소화작용에서 발생하는 부력에 의존한다.
③ 환기지배형 화재에서는 CO와 연기의 발생량이 많아진다.
④ 대부분의 구획실과 건물은 최성기에서 연료지배형이 된다.

선지분석

① 일반적으로 최성기의 구획실 화재온도는 1,000℃ 이상이다.
② 연기의 이동은 초기에는 열에 의한 부력에 의존하지만 화재진압활동에 영향을 받는다.
④ 대부분의 구획실과 건물의 최성기는 연료지배형에서 환기지배형으로 전환되는 시점이다.

정답 ③

37 ★☆☆

서로 밀착된 물체가 떨어지거나 벗겨질 때 전하분리가 일어나 정전기가 발생하는 현상은?

① 박리대전 ② 유동대전
③ 마찰대전 ④ 분출대전

선지분석
② 유동대전은 액체류가 배관 내부를 이송할 때 유속, 마찰 등으로 인해 발생하는 대전현상을 말한다.
③ 마찰대전은 물체가 서로 마찰하면서 전하가 이동해 대전되는 현상을 말한다.
④ 분출대전은 분체, 액체, 기체 등이 단면적이 작은 개구부를 통해 빠르게 분출될 때 발생하는 대전현상을 말한다.

정답 ①

38 ★☆☆

화학물질의 혼합발화와 관련하여 감식요령으로 틀린 것은?

① 물질의 성질, 취급의 상황, 장소의 환경조건에 대하여 조사한다.
② 혼합물질의 재현실험은 실시하지만 단독 물질의 발화여부 실험은 하지 않는다.
③ 혼합발화에 의한 화재는 혼합한 물질 자체가 연소하므로 증거가 소실되는 경우가 있다.
④ 화재가 난 곳에서 존재하는 물질에 대하여 성분, 성질, 형상, 양을 관계자의 진술과 문헌·자료 등을 기초로 조사한다.

해설
혼합물질의 재현실험은 단독물질의 발화여부와 무관하게 일어날 수 있기 때문에 혼합발화를 규명하기 위해서는 단독물질의 발화실험도 실시해야 한다.

관련이론 화학물질의 혼촉에 의한 발화
- 혼합발화로 인한 화재는 혼합된 물질이 연소하며 발화원이 소실되는 경우가 많아 관계자의 진술을 바탕으로 객관적으로 판단하고, 다른 화원이 없음을 명확히 해야 한다.
- 화재현장에서 존재하는 물질의 성분, 성질, 형상, 양 등을 관계자의 진술과 문헌 자료를 토대로 조사한다.
- 혼합발화 물질은 과학적으로 불안정한 경우가 많아 단독 발화인지 혼합에 의한 발화인지를 재현실험 등을 통해 검사한다.
- 물질의 용도, 저장 및 취급 상황, 화재발생 장소의 환경조건을 조사한다.
- 화재 초기 목격자로부터 화염과 연기의 색, 냄새, 강도, 화재 진행 상황 등을 청취하여 참고한다.

정답 ②

39 ★☆☆

다음 중 층류화염에 해당하는 것은?

① 모닥불의 불꽃
② 양초의 불꽃
③ 화재현장 개구부로 솟는 불꽃
④ 20kg의 LPG 용기에서 분출되고 있는 가스의 불꽃

해설

층류화염은 흐름이 층을 이루며 난류화염과 같이 섞이지 않고 순서대로 연소하는 화염으로 양초의 불꽃은 분자확산에 의해 지배되는 대표적인 층류화염이다.

정답 ②

40 ★★★

화재조사 및 보고규정 상 화재건수를 결정할 때 1건의 화재 결정으로 틀린 것은?

① 동일 대상물에서 발화점이 2개소이며, 누전점이 동일한 화재
② 동일 대상물에서 발화점이 3개소로서 낙뢰에 의한 다발화재
③ 동일 대상물에서 발화점이 4개소로서 지진에 의한 다발화재
④ 각기 다른 사람에 의한 방화나 불장난으로 동일 대상물에서 발화한 화재

해설

각기 다른 사람에 의한 방화나 불장난으로 동일 대상물에서 발화한 화재는 각각 별건으로 처리한다.

관련이론 화재건수 결정

1건의 화재란 1개의 발화지점에서 확대된 것으로 발화부터 진화까지를 말한다. 다만, 다음 경우는 각 호에 따른다.

- 동일범이 아닌 각기 다른 사람에 의한 방화, 불장난은 동일 대상물에서 발화했더라도 각각 별건의 화재로 한다.
- 동일 소방대상물의 발화점이 2개소 이상 있는 다음의 화재는 1건의 화재로 한다.
  - 누전점이 동일한 누전에 의한 화재
  - 지진, 낙뢰 등 자연현상에 의한 다발화재
- 발화지점이 한 곳인 화재현장이 둘 이상의 관할구역에 걸친 화재는 발화지점이 속한 소방서에서 1건의 화재로 산정한다. 다만, 발화지점 확인이 어려운 경우에는 화재피해금액이 큰 관할구역 소방서의 화재건수로 산정한다.

정답 ④

증거물관리 및 법과학

41 ★☆☆
뜨거운 물에 접촉하여 생기는 화상을 무엇이라 하는가?
① 접촉화상
② 열탕화상
③ 화학화상
④ 화염화상

해설
뜨거운 물에 접촉하여 생기는 화상은 열탕화상이다.

정답 ②

42 ★★★
물적증거를 오염으로부터 방지할 수 있는 방법으로 틀린 것은?
① 평소 증거용기를 오염되지 않도록 관리한다.
② 증거수집용기는 현장에서 증거를 수집한 후 즉시 밀폐한다.
③ 수집용기의 오염원을 제한하기 위해 제조업자로부터 공급받은 즉시 용기를 밀봉하는 방법도 있다.
④ 증거물 보관용기를 수집기구로 쓰는 것은 오염을 증가시킬수 있으므로 되도록 하지 않는다.

해설
수집 중 증거물의 오염을 최소화하기 위해 증거물 보관용기의 뚜껑 등을 수집기구로 활용할 수 있다.

관련이론 증거물 수집
- 증거물 보관용기는 평소 오염되지 않도록 철저히 관리해야 한다.
- 증거 수집 후에는 수집용기를 즉시 밀폐하여 외부오염을 차단한다.
- 오염방지를 위해 제조업체로부터 공급받은 직후 수집용기를 미리 밀봉해 두는 방법도 있다.
- 대부분의 증거물 오염은 수집과정 중에 발생하므로 수집 시 주의하여야 한다.
- 증거물을 수집할 때는 항상 새로운 장갑을 착용해야 한다.
- 액체 및 고체 형태의 화재 촉진제를 수집할 때는 오염 가능성이 더욱 높다.
- 오염을 줄이기 위한 방법으로 증거물 보관 용기의 뚜껑 등을 수집 도구로 활용할 수 있다.

정답 ④

43 ★☆☆
다음 〈보기〉에서 화재진압 및 구조 과정에서 현장보존을 위한 주의사항을 모두 고른 것은?

〈보기〉
㉠ 사망이 확인 된 사체는 화재진압을 위해 위치를 옮긴다.
㉡ 잔불정리 시에 필요 이상으로 물건을 옮기거나 쓰러뜨리지 않도록 한다.
㉢ 조기진화를 위해 수압을 최고로 높여 진화한다.
㉣ 부득이하게 파괴되거나 변경되었을 때는 그 내용을 기록해 추후에라도 화재조사관에게 전달 하여야 한다.

① ㉠, ㉢
② ㉡, ㉢
③ ㉠, ㉣
④ ㉡, ㉣

해설
㉠, ㉢은 증거물을 훼손하는 조치이다.

관련이론 현장보존을 위한 소방대원의 역할 및 주의사항
- 잔불을 정리하는 동안 남아있는 증거물이 훼손되지 않게 주의한다.
- 화재현장에 있는 설비, 기구 또는 시설의 손잡이를 돌리거나 작동 스위치를 켜는 것을 자제한다.
- 화재현장에서 석유류 연료를 사용하는 장비를 사용, 재급유하는 것을 자제한다.
- 사망이 확인된 사체는 현장보존을 위해 그 위치를 변경하여서는 안 된다.
- 잔불정리 시에 필요 이상으로 물건을 옮기거나 쓰러뜨리지 않도록 한다.
- 화재진압과정에서 높은 수압은 증거물을 훼손할 수 있음을 인지해야 한다.
- 부득이하게 파괴되거나 변경되었을 때는 그 내용을 기록해 추후에라도 화재조사관에게 전달하여야 한다.

정답 ①

44 ★★☆

화재조사와 관련하여 관계자에게 질문 시 유의사항으로 틀린 것은?

① 질문내용을 사전에 준비한다.
② 희망하는 진술내용을 얻기 위하여 먼저 신분을 밝히지 않는 것이 좋다.
③ 희망하는 진술내용을 얻기 위하여 상대방에게 암시하는 등의 방법으로 유도하여서는 안 된다.
④ 소문 등에 의한 사항은 그 사실을 직접 경험한 사람의 진술을 얻도록 하여야 한다.

해설
질문자는 먼저 자기신분을 밝혀야 한다.

관련이론 관계자에게 질문 시 유의사항
- 질문자는 자기신분을 밝힌다.
- 피질문자에 대한 선입견을 배제한다.
- 관계자에는 초기소화자, 피난자, 출동한 소방관도 포함된다.
- 유도질문이나 상대방의 감정을 도발하는 질문을 하지 않는다.

정답 ②

45 ★★★

화재피해자의 CO-Hb 농도로 추정할 수 있는 것은?

① 화재 피해자의 화재 시 생존 여부
② 화재 피해자의 음주여부
③ 화재 피해자의 연령대
④ 화재 피해자의 사망시간

해설
CO-Hb(일산화탄소-헤모글로빈)농도를 측정해 보면 화재피해자가 화재 당시 생존하였는지 이미 사망하였는지를 알 수 있다. 이것을 생활반응이라 한다.

관련이론 혈중 일산화탄소 농도

농도(%)	증상
10~20	가벼운 두통
20~30	정서불안, 중증 두통
30~40	극심한 두통, 구토, 산소부족으로 인한 실신유발
40~50	의식장애, 호흡곤란
50~60	혼수상태, 경련
60~70	의식혼탁, 호흡중추마비
80	사망

정답 ①

46 ★★☆

외부에서 열이 가해지면 열에 의한 손상의 범위를 결정하는 사항이 아닌 것은?

① 가연물의 양
② 가해진 온도
③ 열이 가해진 시간
④ 과다한 열을 배출하는 체표면의 능력

해설
가연물의 양이 많을수록, 가해진 온도가 높을수록, 열이 가해진 시간이 길수록 열에 의한 손상범위는 넓어진다.

관련이론 화상심도의 결정요인
- 열의 강도
- 열 노출시간
- 피부의 예민도
- 체표면의 열배출 능력

정답 ④

47 ★☆☆

화재현장에서 증거물 채취의 일반적인 절차로 옳은 것은?

① 채취과정의 입증조치는 입회인만 있으면 된다.
② 화재현장은 어둡고 확인이 되지 않으므로 무조건 많은 증거물을 채취한다.
③ 증거물의 발견장소는 중요하지 않으므로 관계자 진술로 대처한다.
④ 수집증거의 발견 장소 및 그 상태를 명확하게 해놓아야 한다.

해설

증거물 채취의 절차
- 증거물 채취는 과정의 신뢰성을 확보하기 위해 화재조사관 또는 그에 상응하는 자격과 권한을 가진 자의 책임 하에 이루어져야 한다.
- 화재현장이 어두울 경우에는 조명기기를 활용하여 물적 증거를 정확하게 채취해야 한다.
- 증거물이 발견된 장소는 매우 중요하므로, 반드시 사진을 촬영하여 기록으로 남겨야 한다.
- 수집한 증거물의 발견 위치와 상태는 명확하게 표시하고 문서화하여야 한다.

정답 ④

48 ★★☆

플라스틱 증거물에 관한 설명으로 맞는 것은?

① 열가소성 물질은 용해되고 흘러서 화재 확대의 원인이 된다.
② 폴리우레탄 같은 열가소성 물질은 탄화물질을 형성하지 않는다.
③ 탄화수소계의 기본적인 고체 가연물인 플라스틱의 약 90%는 열경화성이다.
④ PVC와 같은 열경화성 물질은 가열되면 용융, 변형, 그리고 드롭다운 패턴이 형성된다.

선지분석

② 폴리우레탄 같은 열가소성 물질은 탄화물질을 형성한다.
③ 탄화수소계의 기본적인 고체 가연물인 플라스틱의 대부분은 열가소성이다.
④ PVC와 같은 열가소성 물질은 가열되면 용융, 변형, 그리고 드롭다운 패턴이 형성된다.

관련이론 플라스틱의 연소특성

구분	종류
열경화성 수지	에폭시수지, 폴리에스터, 폴리우레탄, 페놀수지, 멜라민수지, 우레아수지 등
열가소성 수지	폴리에틸렌, 폴리프로필렌, 폴리스티렌, 폴리염화비닐, 아크릴 등

정답 ①

49 ★☆☆

증거물 수집용기 중 모양과 크기가 다양하고 보관이 편리하며 휘발성 액체의 오염 방지의 장점을 가진 것은?

① 금속 캔
② 유리병
③ 특수증거물 봉투
④ 일반 플라스틱 용기

해설

특수증거물 봉투는 증거물 수집용기 중 모양과 크기가 다양하고 보관이 편리하며 휘발성 액체의 오염을 방지할 수 있다.

정답 ③

50 ★☆☆

화재현장에 있는 벽면이나 철판 등에 발생하는 백화현상에 대한 설명으로 옳은 것은?

① 한번 부착된 그을음은 없어지지 않는다.
② 그을음이 부착되었다가 열에 의해 연소한 흔적이다.
③ 열에 의해 가열되었다가 급속히 냉각된 흔적이다.
④ 훈소로 발생한 가연성 증기가 응축하면서 부착된 흔적이다.

해설

백화현상(Perfect Combustion Phenomenon)은 완전연소(Clean burn)을 의미한다.

관련이론 백화현상(Perfect Combustion Phenomenon)

- 화재현장에 있는 벽면이나 철판에 하얗게 탄화된 부분으로 완전연소(Clean burn)을 의미한다.
- 어떤 물질이 물체 표면에 부착되어 고온의 고열과 강력한 복사열에 노출되면 그을음마저 연소된다.

정답 ②

51 ★☆☆

화재 증거물의 수송으로 권장할 만한 가장 적절한 방법은?

① 직접운반
② 제3자 전달
③ 우편배송
④ 화물로의 배송

해설

화재 증거물의 수송으로 권장하는 증거물의 운송은 직접운반이 가장 좋다.

정답 ①

52 ★☆☆

시반에 관한 설명으로 옳은 것은?

① 시반은 사망시간을 나타내는 지표로 사용된다.
② 시반은 시신의 사망 전 이동 여부를 나타낸다.
③ 시반은 3~4시간 후에 더 이상 진행되지 않는다.
④ 시반은 우리 몸의 가장 높은 신체부위에 발생한다.

해설

시반은 사망 후 혈액이 중력에 따라 아래쪽으로 몰리면서 피부에 나타나는 자줏빛 또는 검붉은 반점으로 사망시간을 추정하는 데 중요한 지표로 활용된다.

관련이론 시반의 특징

- 시반은 사망 이후 나타나는 현상으로 사망시간을 나타내는 지표이다.
- 시반은 사후에 혈액이 중력의 작용으로 몸의 가장 낮은 신체 부위에 발생한다.
- 시반은 몸의 가장 아랫부분에 모세혈관 내로 침강하여 외표피층에 착색이 되어 나타나는 현상이다.
- 시반은 사후 1~2시간에 옅은 자줏빛 반점으로 시작한다.
- 시반은 15~24시간이 경과하면서 짙은 자주빛으로 나타난다.

정답 ①

53 ★★★

가연성 액체가 살포된 수평재에서 발견되는 화재패턴이 아닌 것은?

① V 패턴
② 포어 패턴
③ 스플래시 패턴
④ 도넛 패턴

해설

V 패턴은 일반적으로 가연성 액체에 의한 화재 패턴에 해당하지 않는다.

관련이론 가연성 액체의 화재패턴

- 포어 패턴(Pour pattern)
- 스플래시 패턴(Splash pattern)
- 고스트 마크(Ghost mark)
- 틈새연소 패턴(Seam burn pattern)
- 도넛 패턴(Doughnut pattern)
- 레인보우 이펙트(Rainbow effect)

정답 ①

54 ★★★

인화성 액체를 유리병 용기에 수집하는 경우 주의사항으로 옳은 것은?

① 인화성액체를 깨끗이 정제한 후 수집할 것
② 유리병 뚜껑은 접착제나 고무봉인이 없을 것
③ 유리병 내용적의 $\frac{1}{3}$ 이상을 채우지 않을 것
④ 장기간 보관 용기로 사용하지 말 것

해설
고무마개는 파손의 위험이 있어 마개는 유리, PTFE(폴리테트라플루오로에틸렌), 내유성의 내부판이 부착된 플라스틱, 금속의 스크루 마개를 사용해야한다.

관련이론 유리병 용기의 특징
- 가격이 저렴하고 구하기 쉽다.
- 용기를 열지 않고도 내용물을 확인할 수 있다.
- 휘발성 액체의 증발을 막을 수 있다.
- 액체·고체 촉진제 증거물을 장기간 저장할 수 있다.
- 대량 저장이 어렵고 장기간 보관 시 파손 위험이 있다.
- 고무 밀봉 시 파손 위험이 크다.
- 코르크 마개는 휘발성 액체 보관에 부적합하며, 빛에 민감한 시료는 짙은 색 용기를 사용해야 한다.
- 마개는 유리, PTFE(폴리테트라플루오로에틸렌), 내유성 플라스틱, 금속 스크루 마개 등을 사용한다.

정답 ②

55 ★★☆

피사계 심도를 깊게 하기 위한 방법으로 옳은 것은?

① 조리개를 넓힌다.
② 조리개를 좁힌다.
③ 셔터 스피드를 길게 한다.
④ 셔터 스피드를 짧게 한다.

해설
조리개를 좁히면 들어오는 빛의 양이 적어져 피사계 심도가 깊어진다.

관련이론 피사계 심도(Depth of field)
- 피사계 심도는 어느 정해진 시간 동안에 초점이 맞는 가장 멀리 있는 사물과 가장 가까이 있는 사물의 거리이다.
- f-stop은 빛의 양을 조절하며 초점거리가 주어진 렌즈에서는 f-stop이 증가할수록 빛의 양은 줄어들고 심도는 깊어진다.
- 피사계 심도는 촬영하는 사물까지의 거리, 렌즈 구경 및 사용하는 렌즈의 초점거리에 따라 달라진다.

정답 ②

56

★★☆

화재현장 촬영기법에 대한 설명으로 틀린 것은?

① 인근의 높은 건물에 올라가서 화재현장 전체를 촬영한다.
② 원거리, 중거리, 근거리의 순으로 화재현장을 촬영한다.
③ 한 장에 다 들어가지 않으면 연결(파노라마)사진으로 촬영한다.
④ 발화지점 위주로만 촬영한다.

해설

발화지점뿐만 아니라 전체 화재현장을 촬영한다.

관련이론 화재현장 촬영시 유의사항

- 발화지점을 중심으로 연소확산 상황을 촬영한다.
- 화재대상물과 주변 위치관계가 드러나도록 촬영한다.
- 소실 부위만 국소적으로 촬영하기 보다 전체를 함께 담는다.
- 증거물이 발견되면 기록·촬영 후 이동한다.
- 외부 촬영은 먼 거리에서 대상물 전면이 보이도록 한다.
- 현장사진은 자료 확보를 위해 충분히 촬영한다.
- 연소·탄화 형태를 조사자의 시각이 아닌 객관적으로 촬영한다.
- 불필요한 피사체(인물 등)는 배제한다.
- 접사 촬영 시 배경막을 설치한다.
- 각 방위별로 출화 방향성과 구조물 형태를 확인하며 촬영한다.
- 발화건물과 인접 도로·주변 건물·경계선을 포함해 촬영한다.
- 높은 곳에서 전체와 연소 확대 상황을 관찰하며 촬영한다.

정답 ④

57

★★★

밀도가 낮고 인화점이 93℃ 미만인 액체의 인화점을 테스트하는 방법은?

① Tag Closed Tester
② Cleveland Open Cup
③ Tag Open Cup Apparatus
④ Pensky-Martens Closed Tester

해설

태그 밀폐식(Tag closed cup)은 시료를 담은 밀폐컵을 액체에 잠기게 하여 가열하고 점화원에 노출되었을 때 증기가 발화하는 온도를 측정하는 방법으로 인화점 93℃ 이하인 물질의 시료를 측정하는데 사용하는 방법이다.

관련이론 인화점 시험방법

- 태그 밀폐식(Tag closed cup)
  시료를 담은 밀폐컵을 액체에 잠기게 하여 가열하고 점화원에 노출되었을때 증기가 발화하는 온도를 측정하는 방법으로 인화점 93℃ 이하인 물질의 시료를 측정하는데 사용하는 방법이다.
- 펜스키-마텐스 밀폐식(Pensky-Martens Closed Tester)
  인화성 액체, 부유물을 가진 액체, 시험 조건에서 표면막을 형성하기 쉬운 액체를 시험하며 인화점 40~370℃까지인 시료를 측정할수 있다.
- 태그 개방식(Tag Open Cup Apparatus)
  시료를 담은 개방식 컵을 액체에 잠기게 하여 가열하는 방식으로 인화점이 -18~290℃인 시료를 측정한다.
- 클리브랜드 개방식(Cleveland Open Cup)
  개방식 황동제 컵에 시료를 담아 직접 가열하는 방식으로 인화점이 80~400℃ 이상인 시료를 측정한다.

정답 ①

58 ★★☆

연소범위에 영향을 미치는 요인에 대한 설명으로 틀린 것은?

① 온도가 높아질수록 연소범위는 좁아진다.
② 고온·고압의 경우 연소범위는 더욱 넓어진다.
③ 압력이 높아지면 하한값은 크게 변하지 않으나 상한값은 높아진다.
④ 혼합기를 이루는 공기의 산소농도가 높을수록 연소범위는 넓어진다.

해설
온도가 높아질수록 연소범위는 넓어진다.

관련이론 연소범위에 영향을 주는 인자
- 온도가 높아질수록 분자의 운동에너지가 증가하여 가연성 혼합물이 더 쉽게 연소하므로 연소범위가 넓어진다.
- 산소농도가 높을수록 연소반응이 촉진되어 연소범위가 확대된다.
- 압력이 증가하면 하한계에는 큰 변화가 없지만 상한계가 상승하여 전체적인 연소범위가 넓어진다.
- 공기 중에 질소, 이산화탄소 등 불활성가스가 존재하면 산소 농도가 상대적으로 낮아져 연소범위가 좁아진다.
- 최소점화에너지(MIE)는 가연성 가스 혼합물이 완전연소조성비에 가까울 때 가장 낮으며, 혼합비가 하한계나 상한계에 가까워질수록 점화에너지는 증가한다.

정답 ①

59 ★★★

화재사의 생활반응으로 틀린 것은?

① 화상
② 권투 선수 자세
③ 선홍색 시반 출현
④ 그을음의 흡입 흔적

해설
화재의 고열로 인해 시신의 근육이 사후에 수축하면서 나타나는 사후 변화로 이는 화재 당시 살아있었는지 여부와는 관계없이 나타나므로 생활반응에 해당하지 않는다.

관련이론 화재사 사후의 변화
- 장갑상 및 양말상 탈락
  심한 화상을 입은 시신에서 손과 발의 피부가 손톱과 발톱을 포함한 채 장갑이나 양말처럼 벗겨지는 현상이 발생할 수 있으며, 이는 화상에 의한 생활반응인 수포로 오인될 수도 있다.
- 피부균열 및 파열
  외표에 열이 계속 가해지면 피부와 피하조직이 균열 또는 파열되어 베인 상처, 찢긴 상처와 비슷한 모습이 되기도 하며 하방의 근육이나 장기가 노출된다.
- 투사형자세
  - 사망 후 열이 지속적으로 가해지면 근육이 경직되고 수축되는 열경직 현상이 나타난다.
  - 골격근은 굴근이 신근보다 양이 많아 굴근에서 열경직이 더 강하게 발생하며, 이로 인해 사지 관절이 반쯤 굴곡된 상태로 고정된다.
  - 이러한 자세는 권투를 준비하는 모습과 유사해 투사형 자세(Fighting position)라고 불린다.
- 탄화
  - 화염이 지속적으로 작용하면 인체는 점차 탄화된다.
  - 사망 후에도 탄화가 계속 진행되면 주로 상완부와 대퇴부 하단 부위에서 사지가 몸통과 분리되어 조각난 형태의 시신이 되며 이를 동시체(Torso cadaver)라고 한다.
  - 가열이 계속되면 결국 시신은 재로 변하게 되며, 성인의 경우 약 1,000℃에서 1.5~2.5시간이 소요되고, 신생아는 약 500℃에서 약 2시간 정도가 걸린다.

정답 ②

60 ★☆☆

화상사의 사체소견이 아닌 것은?

① 각 장기에서 빈혈상을 보인다.
② 피부 표면에 1도에서 4도의 화상이 보인다.
③ 내부 장기는 열로 인해 부풀어 오른다.
④ 사망이 지연되면 실질 장기의 혼탁종창이 나타난다.

해설
내부 장기에서는 특별한 소견이 나타나지 않는다.

관련이론 화상사의 사체소견
- 각 장기에서 빈혈상을 보인다.
- 피부 표면에 1도에서 4도의 화상이 보인다.
- 내부 장기에서는 특별한 소견이 없다.
- 사망이 지연되면 실질 장기의 혼탁종창이 나타난다.

정답 ③

화재조사보고 및 피해평가

61 ★☆☆

화재조사 및 보고규정상 소방서장이 관할 구역 내에서 발생한 화재에 대하여 작성하여야 할 화재조사서류가 아닌 것은?

① 질문기록서
② 재산회계보고서
③ 화재현장출동보고서
④ 화재발생종합보고서

해설
재산회계보고서는 화재조사서류에 해당하지 않는다.

정답 ②

62 ★★★

지은지 10년된 아파트에서 화재가 발생하여 100m²가 소실되었다. 화재피해액은 약 얼마인가? (단, 내용연수 50년, 신축단가 670천원/m², 손해율 40%이다.)

① 21,862천원
② 22,512천원
③ 26,661천원
④ 28,891천원

해설
건물의 화재로 인한 피해액을 구하면 다음과 같다.
= 소실면적의 재건축비 × 잔가율 × 손해율
= 신축단가 × 소실면적 × $[1 - (0.8 \times \frac{경과연수}{내용연수})]$ × 손해율
= 670천원/m² × $[1 - (0.8 \times \frac{10}{50})]$ × 40 = 22,512천원

정답 ②

63

가재도구 화재피해액 산정기준의 간이평가방식 중 주택종류별 가중치는 몇 % 인가?

① 10% ② 20%
③ 30% ④ 40%

해설

항목	주택종류	주택면적	거주인원	주택가격 (m²당)
가중치(%)	10	30	20	40

정답 ①

64

화재피해액 산정기준에서의 화재피해액 산정대상으로 옳은 것은?

- 사상자는 화재현장에서 사망한 사람과 부상당한 사람을 말한다. 단, 화재현장에서 부상을 당한 후 (㉠)시간 이내에 사망한 경우에는 당해 화재로 인한 사망으로 본다.
- 중상의 경우 (㉡)주 이상의 입원치료를 필요로 하는 부상을 말한다.

① ㉠ 48, ㉡ 3 ② ㉠ 48, ㉡ 4
③ ㉠ 72, ㉡ 3 ④ ㉠ 72, ㉡ 4

해설

사상자는 화재현장에서 사망한 사람과 부상당한 사람을 말한다. 다만, 화재현장에서 부상을 당한 후 72시간 이내에 사망한 경우에는 당해 화재로 인한 사망자로 본다.

관련이론 부상자의 분류

분류	부상 정도
사상자	화재현장에서 사망한 사람과 부상당한 사람을 말한다. 다만, 화재현장에서 부상을 당한 후 72시간 이내에 사망한 경우에는 당해 화재로 인한 사망으로 본다.
중상	3주 이상의 입원치료를 필요로 하는 부상
경상	중상 이외의 부상(입원치료를 필요로 하지 않는 것도 포함)을 말한다. 단, 병원치료를 필요로 하지 않고 단순하게 연기를 흡입한 사람은 제외

정답 ③

65

화재조사 및 보고규정상 화재현장조사서의 화재원인 검토와 관련된 내용 중 필수 검토항목이 아닌 것은?

① 방화 가능성 ② 전기적 요인
③ 인적 부주의 ④ 관련조치사항

해설

관련조치사항은 화재원인 검토항목에 해당하지 않는다.

관련이론 화재원인 검토항목
- 방화 가능성(연소상황, 원인추적 등에 관한 사진, 설명)
- 전기적 요인
- 기계적 요인
- 가스누출
- 인적 부주의 등
- 연소확대 사유

정답 ④

66 ★★☆

화재조사 및 보고규정상 사후조사에 대한 설명으로 옳은 것은?

① 소방대가 출동하지 아니한 화재장소의 화재증명원 발급요청이 있는 경우, 즉시 발급하여야 한다.
② 화재증명원 발급시 재산피해 및 인명피해에 대하여 조사 중인 경우 조사 중으로 기재한다.
③ 화재증명원 발급 시 재산피해내역은 금액과 종류를 기재한다
④ 보험사에서 화재증명원을 공문으로 발급요청을 하더라도 공용 발급할 수는 없다.

해설
화재증명원 발급 시 인명피해 및 재산피해내역을 기재한다. 다만, 조사가 진행 중인 경우에는 "조사 중"으로 기재한다.

관련이론 사후조사
- 소방관서장은 화재증명원을 발급받으려는 자가 발급신청을 하면 화재증명원을 발급해야 한다. 이 경우 통합전자민원창구로 신청하면 전자민원문서로 발급해야 한다.
- 소방관서장은 화재피해자로부터 소방대가 출동하지 아니한 화재장소의 화재증명원 발급신청이 있는 경우 조사관으로 하여금 사후조사를 실시하게 할 수 있다. 이 경우 민원인이 제출한 사후조사 의뢰서의 내용에 따라 발화장소 및 발화지점의 현장이 보존되어있는 경우에만 조사를 하며, 화재현장출동 보고서 작성은 생략할 수 있다.
- 화재증명원 발급 시 인명피해 및 재산피해 내역을 기재한다. 다만, 조사가 진행 중인 경우에는 "조사 중"으로 기재한다.
- 재산피해내역 중 피해금액은 기재하지 아니하며 피해물건만 종류별로 구분하여 기재한다. 다만, 민원인의 요구가 있는 경우에는 피해금액을 기재하여 발급할 수 있다.
- 화재증명원 발급신청을 받은 소방관서장은 발화장소 관할 지역과 관계없이 발화장소 관할 소방서로부터 화재사실을 확인받아 화재증명원을 발급할 수 있다.

정답 ②

67 ★★★

화재범위가 2 이상의 관할구역에 걸친 화재에 대한 설명으로 옳은 것은?

① 발화 소방대상물의 소재지를 관할하는 소방서와 출동한 소방서에서 각각 1건의 화재로 한다.
② 농일 소방대상물에서 누전점이 동일한 누전에 의한 발화점이 2개소 이상인 화재는 2건의 화재로 한다.
③ 화재피해범위가 가장 넓은 소방서에서 1건의 화재로 한다.
④ 발화 소방대상물의 소재지를 관할하는 소방서에서 1건의 화재로 한다.

해설
화재범위가 2 이상의 관할구역에 걸친 화재에 대해서는 발화 소방대상물의 소재지를 관할하는 소방서에서 1건의 화재로 한다.

관련이론 화재건수 결정
1건의 화재란 1개의 발화지점에서 확대된 것으로 발화부터 진화까지를 말한다. 다만, 다음 경우는 각 호에 따른다.
- 동일범이 아닌 각기 다른 사람에 의한 방화, 불장난은 동일 대상물에서 발화했더라도 각각 별건의 화재로 한다.
- 동일 소방대상물의 발화점이 2개소 이상 있는 다음의 화재는 1건의 화재로 한다.
  - 누전점이 동일한 누전에 의한 화재
  - 지진, 낙뢰 등 자연현상에 의한 다발화재
- 발화지점이 한 곳인 화재현장이 둘 이상의 관할구역에 걸친 화재는 발화지점이 속한 소방서에서 1건의 화재로 산정한다. 다만, 발화지점 확인이 어려운 경우에는 화재피해금액이 큰 관할구역 소방서의 화재 건수로 산정한다.

정답 ④

68 ★☆☆

화재현황조사서 작성 시 연소확대물에 대한 설명으로 틀린 것은?

① 연소확대물은 최초착화물에 불이 붙어 화재가 발생한 후 연소가 확대되는데 있어 결정적 영향을 미친 가연물을 말한다.
② 연소확대물의 분류항목은 최초착화물의 분류항목과 동일하다.
③ 최초착화물과 연소확대물이 동일한 경우에도 연소확대물을 표시한다.
④ 연소확대물은 필수 입력사항이므로 반드시 코드를 기재해야 한다.

해설
연소확대물은 연소의 확대에 결정적인 영향을 미친 가연물을 의미하며, 필수 입력사항에 해당하지 않는다. 따라서 해당되는 가연물이 없을 경우에는 해당없음으로 표기한다.

정답 ④

69 ★★★

난로의 과열로 인해 화재가 발생하여 바닥 $5m^2$와 한쪽 벽 $3m^2$만 소실되었다. 이 경우에 화재피해조사서(재산피해) 작성 시 소실면적은 몇 m^2인가?

① 8
② 1.6
③ 2
④ 5

해설
건물의 소실면적 산정은 소실 바닥면적으로 산정하므로 소실면적은 $5m^2$이다.

정답 ④

70 ★★☆

화재유형별 조사서의 위험물제조소 등의 항목이 아닌 것은?

① 옥외저장소
② 주유취급소
③ 이동탱크저장소
④ 액화석유가스제조시설

해설
액화석유가스제조시설은 위험물제조소가 아니라 가스제조소이다.

관련이론 위험물 제조소 등
- 제조소
- 옥내저장소
- 옥외저장소
- 옥외탱크저장소
- 옥내탱크저장소
- 지하탱크저장소
- 간이탱크저장소
- 이동탱크저장소
- 암반탱크저장소
- 주유취급소
- 판매취급소
- 이송취급소
- 일반취급소

정답 ④

71 ★★★

화재조사 및 보고규정에서 정하는 건물의 동수 산정에 대한 설명으로 옳지 않은 것은?

① 주요구조부가 하나로 연결되어 있는 것은 1동으로 한다.
② 건물의 외벽을 이용하여 실을 만들어 작업실로 사용하고 있는 것은 주건물과 1동으로 본다.
③ 구조에 관계없이 지붕 및 실이 하나로 연결되어 있는 것은 별동으로 본다.
④ 목조건물의 경우 격벽으로 방화구획이 되어 있는 구조에 관계없이 지붕 및 실이 하나로 연결되어 있는 것은 같은 동으로 본다.

해설

구조에 관계없이 지붕 및 실이 하나로 연결되어 있는 것은 같은 동으로 본다.

관련이론 건물의 동수 산정

- 주요구조부가 하나로 연결되어 있는 것은 1동으로 한다. 다만 건널복도 등으로 2이상의 동에 연결되어 있는 것은 그 부분을 절반으로 분리하여 각 동으로 본다.
- 건물의 외벽을 이용하여 실을 만들어 헛간, 목욕탕, 작업실, 사무실 및 기타 건물 용도로 사용하고 있는 것은 주건물과 같은 동으로 본다.
- 구조에 관계없이 지붕 및 실이 하나로 연결되어 있는 것은 같은 동으로 본다.
- 목조 또는 내화조 건물의 경우 격벽으로 방화구획이 되어 있는 경우도 같은 동으로 한다.
- 독립된 건물과 건물 사이에 차광막, 비막이 등의 덮개를 설치하고 그 밑을 통로 등으로 사용하는 경우는 다른 동으로 한다.
- 내화조 건물의 옥상에 목조 또는 방화구조 건물이 별도 설치되어 있는 경우는 다른 동으로 한다. 다만, 이들 건물의 기능상 하나인 경우(옥내 계단이 있는 경우)는 같은 동으로 한다.
- 내화조 건물의 외벽을 이용하여 목조 또는 방화구조건물이 별도 설치되어 있고 건물 내부와 구획되어 있는 경우 다른 동으로 한다. 다만, 주된 건물에 부착된 건물이 옥내로 출입구가 연결되어 있는 경우와 기계설비 등이 쌍방에 연결되어 있는 경우 등 건물 기능상 하나인 경우는 같은 동으로 한다.

정답 ③

72 ★★☆

화재현장출동보고서의 작성자에 대한 설명으로 틀린 것은?

① 원칙적으로 일반대원보다 선착대의 대장을 작성자로 한다.
② 화재현장에 출동한 소방대원이 실제로 관찰·확인한 연소상황이나 정보를 직접 기재한다.
③ 구조대원 또는 구급대원은 작성자가 될 수 없다.
④ 보고서의 작성자는 화재현장에 출동한 소방공무원으로 한정된다.

해설

구조대원, 구급대원에 상관없이 화재현장 선착대 선임자는 철수 후 지체없이 국가화재정보시스템에 화재현장출동보고서를 작성·입력해야 한다.

정답 ③

73 ★★☆

화재피해 산정의 대상이 되지 않는 것은?

① 건축물, 구축물의 피해
② 화재로 인한 영업손실 피해
③ 기계설비, 공·기구류, 부품의 피해
④ 정원수목, 과수목 및 입목의 피해

해설

화재피해 중 재산피해는 수손피해, 소실피해, 기타피해 등과 같은 직접손실을 의미하며 영업손실은 간접손실로 분류되어 재산피해에 포함되지 않는다.

정답 ②

74

화재조사 및 보고규정상 부대설비의 화재피해액 산정기준으로 옳은 것은?

① 건물신축단가×소실면적×설비종류별 재설비 비율× [1−(0.8×경과연수/내용연수)]
② 건물신축단가×소실면적×설비종류별 재설비 비율× [1−(0.8×경과연수/내용연수)]×손해율
③ 건물신축단가×소실면적×설비종류별 재설비 비율× [1−(0.9×경과연수/내용연수)]
④ 건물신축단가×소실면적×설비종류별 재설비 비율× [1−(0.9×경과연수/내용연수)]×손해율

해설

부대설비피해액 산정기준은 다음과 같다.
부대설비피해액 = 건물신축단가 × 소실면적 × 설비종류별 × 재설비 비율 × [1 − (0.8 × $\frac{경과연수}{내용연수}$)] × 손해율

관련이론 설비 종류별 재설비 비율

재설비 비율	설비의 종류
5%	전기설비 + 위생설비
10%	전기설비 + 위생설비 + 난방설비
15%	전기설비 + 위생설비 + 난방설비 + 승강기설비
20%	전기설비 + 위생설비 + 난방설비 + 승강기설비 + 수변전설비

정답 ②

75

화재조사 및 보고규정상 전부 손해의 경우 동물, 식물의 피해액 산정 기준은?

① 시중매매가격
② 수리비 및 치료비
③ 전문가의 감정가격
④ 감정서의 감정가액

해설

차량, 동물, 식물은 전부손해의 경우 시중매매가격으로 하며, 전부손해가 아닌 경우에는 수리비 및 치료비로 한다.

정답 ①

76

공구 및 기구의 소손정도에 따른 손해율로 틀린 것은?

① 오염·수침손의 경우: 10%
② 손해정도가 보통인 경우: 20%
③ 손해정도가 다소 심한 경우: 50%
④ 50% 이상 소손되고 그을음 및 수침오염 정도가 심한 경우: 100%

해설

화재로 인한 피해정도	손해율(%)
50% 이상 소손되고 그을음 및 수침오염 정도가 심한 경우	100
손해정도가 다소 심한 경우	50
손해정도가 보통인 경우	30
오염·수침손의 경우	10

정답 ②

77

화재조사 및 보고규정상 화재현황조사서에 관한 사항 중 틀린 것은?

① 연소확대물, 연소확대 사유를 기록한다.
② 온도, 습도와 같은 기상상황은 기록하지 않는다.
③ 발화열원, 발화요인, 최초착화물 등 화재원인을 기록한다.
④ 동원인력 사항을 기록할 때 잔불감시 인력에 대한 사항을 기록한다.

해설

화재현황조사서에서 기상상황 정보는 중요한 기재항목이다.

관련이론 화재현황조사서의 기재해야 하는 기상상황
- 날씨
- 습도(%)
- 풍속(m/s)
- 온도(℃)
- 풍향
- 기상특보

정답 ②

78 ★★★
다음의 피해산정 대상들 중 최종잔가율이 10%인 것은?

① 절삭공구
② 전기설비
③ 옥내소화전
④ 침대

해설

최종잔가율이란 피해물의 내용연수가 다한 경우 잔존 가치를 재구입비에 대한 비율로 나타낸 것으로 피해액 산정 시 현실을 반영하여 건물·부대설비·구축물·가재도구 등에 대한 최종잔가율은 20%, 그 외 자산에 대해서는 10%로 정한다.

정답 ①

79 ★★★
화재현황조사서에 기입해야 할 항목이 아닌 것은?

① 연소확대 사유
② 방화동기
③ 발화관련기기
④ 보험가입 사항

해설

방화동기는 방화의심조사서의 기재사항에 해당한다.

관련이론 방화·방화의심조사서 기재항목

구분	기재항목	
방화도구 항목	• 연료 • 점화장치	• 용기
방화의심 항목	• 외부침입 흔적 존재 • 유류사용 흔적 • 범죄은폐 • 기타	• 거액의 보험가입 • 2지점 이상의 발화점 • 연소현상특이(급격 연소)

정답 ②

80 ★★★
화재현황조사서에 명시된 발화요인으로 맞는 것은?

① 불꽃, 불티
② 작동기기
③ 담뱃불, 라이터불
④ 교통사고

해설

불꽃, 불티, 작동기기, 담뱃불, 라이터불은 화재현황조사서의 발화열원에 해당한다.

관련이론 화재현황조사서의 발화요인

• 전기적 요인
• 기계적 요인
• 제품결함
• 가스누출(폭발)
• 화학적 요인
• 교통사고
• 부주의
• 자연적 요인
• 방화

정답 ④

화재조사관계법규

81 ★★☆

화재로 인한 재해보상과 보험가입에 관한 법령상 특수건물의 기준으로 옳은 것은?

① 음악산업진흥에 관한 법률에 따른 노래연습장업으로 사용하는 부분의 바닥면적의 합계가 1천m^2 이상인 건물
② 관광진흥법에 따른 관광숙박업으로 사용하는 건물로서 연면적의 합계가 3천m^2 이상인 건물
③ 학원의 설립·운영 및 과외교습에 관한 법률에 따른 학원으로 사용하는 부분의 바닥면적의 합계가 1천m^2 이상인 건물
④ 의료법에 따른 병원급 의료기관으로 사용하는 건물로서 연면적의 합계가 2천m^2 이상인 건물

해설
관광숙박업으로 사용하는 건물로서 연면적의 합계가 3천제곱미터 이상인 건물을 말한다.

관련이론 면적별 특수건물의 범위

면적기준	대상물
바닥면적 2천제곱미터 이상	학원, 게임제공업, 인터넷컴퓨터게임시설제공업, 노래연습장업, 휴게음식점영업, 단란주점영업, 유흥주점영업, 공유주방 운영업, 목욕장업, 영화상영관
바닥면적 3천제곱미터 이상	숙박업, 대규모점포, 도시철도의 역사(驛舍) 및 역 시설
연면적 3천제곱미터 이상	병원급 의료기관, 관광숙박업, 공연장, 방송사업을 목적으로 사용하는 건물, 농수산물도매시장 및 민영농수산물도매시장, 학교, 공장

정답 ②

82 ★☆☆

화재조사 및 보고규정상 용어의 정의 중 옳은 것은?

① 발화열원이란 화재가 발생한 부위를 말한다.
② 화재조사관이란 화재조사업무를 위탁한 보험회사 직원을 말한다.
③ 발화요인이란 발화에 관련된 불꽃 또는 열을 발생시킨 기기 또는 장치나 제품을 말한다.
④ 연소확대물이란 연소가 확대되는데 있어 결정적 영향을 미친 가연물을 말한다.

선지분석
① 발화열원이란 발화의 최초원인이 된 불꽃 또는 열을 말한다.
② 화재조사관이란 화재조사업무를 수행하는 소방공무원을 말한다.
③ 발화열원에 의하여 발화로 이어진 연소현상에 영향을 준 인적·물적·자연적인 요인을 말한다.

정답 ④

83 ★★☆

화재합동조사단이 화재조사를 완료하면 결과 보고를 해야 할 사항으로 틀린 것은?

① 화재합동조사단의 운영 개요
② 다수의 인명피해가 발생한 경우 그 원인
③ 현행 제도의 문제점 및 개선 방안
④ 화재합동조사단의 해산사유

해설
화재합동조사단은 화재조사를 완료하면 소방관서장에게 다음 사항이 포함된 화재조사 결과를 보고해야 한다.
- 화재합동조사단 운영 개요
- 화재조사 개요
- 화재조사에 관한 법 제5조제2항 각 호의 사항
  - 화재원인에 관한 사항
  - 화재로 인한 인명·재산피해상황
  - 대응활동에 관한 사항
  - 소방시설 등의 설치·관리 및 작동 여부에 관한 사항
  - 화재발생건축물과 구조물, 화재유형별 화재위험성 등에 관한 사항
  - 그 밖에 대통령령으로 정하는 사항
- 다수의 인명피해가 발생한 경우 그 원인
- 현행 제도의 문제점 및 개선 방안
- 그 밖에 소방관서장이 필요하다고 인정하는 사항

정답 ④

84 ★★★

화재조사전담부서에 갖추어야 할 장비 및 시설 기준 중 화재조사분석실은 몇 m² 이상의 실을 보유해야 하는가?

구분	기자재명 및 시설규모
화재조사분석실	화재조사분석실 구성장비를 유효하게 보존·사용할 수 있는 (　)m² 이상의 실

① 20　　② 30
③ 40　　④ 50

해설
「소방의 화재조사에 관한 법률 시행규칙 별표」
화재조사분석실의 구성장비를 유효하게 보존·사용할 수 있고, 환기 및 수도·배관시설이 있는 30m² 이상의 실을 보유하여야 한다.

정답 ②

85 ★★★

제조물 책임법에 따르면 손해배상의 청구권은 제조업자가 손해를 발생시킨 제조물을 공급한 날부터 몇 년 이내에 행사하여야 하는가? (단, 원칙적인 경우에 한한다.)

① 3년　　② 5년
③ 10년　　④ 15년

해설
손해배상의 청구권은 제조업자가 손해를 발생시킨 제조물을 공급한 날부터 10년 이내에 행사하여야 한다.

관련이론 「제조물 책임법 제7조」
이 법에 따른 손해배상의 청구권은 제조업자가 손해를 발생시킨 제조물을 공급한 날부터 10년 이내에 행사하여야 한다. 다만, 신체에 누적되어 사람의 건강을 해치는 물질에 의하여 발생한 손해 또는 일정한 잠복기간(潛伏期間)이 지난 후에 증상이 나타나는 손해에 대하여는 그 손해가 발생한 날부터 기산(起算)한다.

정답 ③

86 ★★☆

제조물 책임법상 손해배상을 지는 자가 손해배상책임을 면하는 기준 중 틀린 것은?

① 제조업자가 해당 제조물을 공급하지 아니하였다는 사실
② 제조업자가 해당 제조물을 공급한 당시의 과학·기술 수준으로는 결함의 존재를 발견할 수 없다는 사실
③ 제조물의 결함이 제조업자가 해당 제조물을 제조한 당시의 법령에서 정하는 기준을 준수함으로써 발생하였다는 사실
④ 원재료나 부품의 경우에는 그 원재료나 부품을 사용한 제조물 제조업자의 설계 또는 제작에 관한 지시로 인하여 결함이 발생하였다는 사실

해설
「제조물 책임법 제4조」
손해배상책임을 지는 자가 다음 어느 하나에 해당하는 사실을 입증한 경우에는 이 법에 따른 손해배상책임을 면(免)한다.
- 제조업자가 해당 제조물을 공급하지 아니하였다는 사실
- 제조업자가 해당 제조물을 공급한 당시의 과학·기술 수준으로는 결함의 존재를 발견할 수 없었다는 사실
- 제조물의 결함이 제조업자가 해당 제조물을 공급한 당시의 법령에서 정하는 기준을 준수함으로써 발생하였다는 사실
- 원재료나 부품의 경우에는 그 원재료나 부품을 사용한 제조물 제조업자의 설계 또는 제작에 관한 지시로 인하여 결함이 발생하였다는 사실

정답 ③

87 ★★★

화재증거물수집관리규칙상 증거물 수집에 관한 설명 중 틀린 것은?

① 증거물을 수집할 때는 휘발성이 낮은 것에서 높은 순서로 진행해야 한다.
② 증거물의 소손 또는 소실 정도가 심하여 증거물의 일부분 또는 전체가 유실될 우려가 있는 경우는 증거물을 밀봉하여야 한다.
③ 증거물이 파손된 우려가 있는 경우에 충격금지 및 취급방법에 대한 주의사항을 증거물의 포장 외측에 적절하게 표기하여야 한다.
④ 증거물 수집과정에서는 증거물의 수집자, 수집 일자, 상황 등에 대하여 기록을 남겨야 하며, 기록은 가능한 법과학자용 표지 또는 태그를 사용하는 것을 원칙으로 한다.

해설
증거물을 수집할 때는 휘발성이 높은 것에서 낮은 순서로 진행해야 한다.

관련이론 물리적 증거물 수집원칙
- 현장 수거(채취)물은 서식에 그 목록을 작성하여야 한다.
- 증거물의 수집 장비는 증거물의 종류 및 형태에 따라, 적절한 구조의 것이어야 한다.
- 증거물을 수집할 때는 휘발성이 높은 것에서 낮은 순서로 진행해야 한다.
- 증거물의 소손 또는 소실 정도가 심하여 증거물의 일부분 또는 전체가 유실될 우려가 있는 경우는 증거물을 밀봉하여야 한다.
- 증거물이 파손될 우려가 있는 경우 충격금지 및 취급방법에 대한 주의사항을 증거물의 포장 외측에 적절하게 표기하여야 한다.
- 증거물 수집 목적이 인화성 액체 성분 분석인 경우에는 인화성 액체 성분의 증발을 막기 위한 조치를 하여야 한다.
- 증거물 수집 과정에서는 증거물의 수집자, 수집 일자, 상황 등에 대하여 기록을 남겨야 하며, 기록은 가능한 법과학자용 표지 또는 태그를 사용하는 것을 원칙으로 한다.

정답 ①

88 ★☆☆

경범죄 처벌법상 충분한 주의를 하지 아니하고 건조물, 수풀, 그 밖에 불붙기 쉬운 물건 가까이에서 불을 피웠을 경우 부과될 수 있는 범칙금은?

① 2만원
② 3만원
③ 5만원
④ 10만원

해설
「경범죄 처벌법 제3조」
충분한 주의를 하지 아니하고 건조물, 수풀, 그 밖에 불붙기 쉬운 물건 가까이에서 불을 피우거나 휘발유 또는 그 밖에 불이 옮아 붙기 쉬운 물건 가까이에서 불씨를 사용한 사람은 10만원 이하의 벌금, 구류 또는 과료(科料)의 형으로 처벌한다.

정답 ④

89 ★★★

화재조사 및 보고규정상 화재조사관의 책무로 옳지 않은 것은?

① 조사에 필요한 전문적 지식과 기술의 습득에 노력한다.
② 조사업무를 능률적이고 효율적으로 수행한다.
③ 직무를 이용하여 관계인 등의 민사분쟁에 개입하지 않는다.
④ 대형화재에 대하여 화재합동조사단을 구성하여 운영한다.

해설
「화재조사 및 보고규정 제4조」
- 조사관은 조사에 필요한 전문적 지식과 기술의 습득에 노력하여 조사업무를 능률적이고 효율적으로 수행해야 한다.
- 조사관은 그 직무를 이용하여 관계인등의 민사분쟁에 개입해서는 아니 된다.

정답 ④

90 ★★★

형법상 업무상과실 또는 중대한 과실로 인하여 실화의 죄를 범한 자에 대한 벌칙 기준으로 옳은 것은?

① 2년 이하의 금고 또는 700만원 이하의 벌금
② 3년 이하의 금고 또는 2,000만원 이하의 벌금
③ 5년 이하의 금고 또는 1,500만원 이하의 벌금
④ 7년 이하의 금고 또는 2,000만원 이하의 벌금

해설

「형법 제171조」
업무상과실 또는 중대한 과실로 인하여 죄를 범한 자는 3년 이하의 금고 또는 2천만원 이하의 벌금에 처한다.

정답 ②

91 ★☆☆

화재조사 및 보고규정상 화재증명원 발급에 대한 설명 중 옳은 것은?

① 보험사에서 공문으로 발급을 요청 시 공용 발급할 수 없다.
② 화재증명원 발급 시 재산피해 및 인명피해에 대해 조사 중인 경우에는 발급할 수 없다.
③ 화재증명원 발급 시 재산피해내역은 금액과 피해물건을 함께 기재한다.
④ 화재피해자로부터 소방대가 출동하지 아니한 화재장소의 화재증명원 발급요청이 있는 경우 조사관으로 하여금 사후 조사를 실시하게 할 수 있다.

해설

「화재조사 및 보고규정 제23조」
- 소방관서장은 화재증명원을 발급받으려는 자가 발급신청을 하면 규칙에 따라 화재증명원을 발급해야 한다. 이 경우 통합전자민원창구로 신청하면 전자민원문서로 발급해야 한다.
- 소방관서장은 화재피해자로부터 소방대가 출동하지 아니한 화재장소의 화재증명원 발급신청이 있는 경우 조사관으로 하여금 사후 조사를 실시하게 할 수 있다.

정답 ④

92 ★★★

형법상 화재에 있어서 진화용의 시설 또는 물건을 은닉 또는 손괴하거나 기타 방법으로 진화를 방해한 자는 몇 년 이하의 징역에 처하는가?

① 3
② 5
③ 7
④ 10

해설

「형법 제169조」
화재에 있어서 진화용의 시설 또는 물건을 은닉 또는 손괴하거나 기타 방법으로 진화를 방해한 자는 10년 이하의 징역에 처한다.

정답 ④

93 ★★★

실화책임에 관한 법률상 손해배상액 경감청구가 있을 경우 고려사항으로 명시되지 않은 것은? (단, 그 밖에 손해배상액을 결정할 때 고려할 사항은 제외한다.)

① 화재의 원인과 규모
② 소화수에 의한 수손 피해의 정도
③ 배상의무자 및 피해자의 경제상태
④ 피해 확대를 방지하기 위한 실화자의 노력

해설

「실화책임에 관한 법률 제3조」
법원은 청구가 있을 경우에는 다음 사정을 고려하여 그 손해배상액을 경감할 수 있다.
- 화재의 원인과 규모
- 피해의 대상과 정도
- 연소(延燒) 및 피해 확대의 원인
- 피해 확대를 방지하기 위한 실화자의 노력
- 배상의무자 및 피해자의 경제상태
- 그 밖에 손해배상액을 결정할 때 고려할 사정

정답 ②

94 ★★★

화재로 인한 재해보상과 보험가입에 관한 법령상 특수건물의 소유자가 손해보험회사가 운영하는 특약부화재보험에 가입하지 않았을 때 벌칙기준은?

① 200만원 이하의 벌금
② 300만원 이하의 벌금
③ 500만원 이하의 벌금
④ 1,000만원 이하의 벌금

해설
「화재로 인한 재해보상과 보험가입에 관한 법률 제23조」
특약부화재보험에 가입하지 아니한 자는 500만원 이하의 벌금에 처한다.

정답 ③

95 ★☆☆

화재로 인한 재해보상과 보험가입에 관한 법률상 특수건물 중 소유자의 손해배상책임, 보험가입의 의무를 적용하지 아니하는 기준으로 틀린 것은?

① 대한민국에 주둔하는 외국 군대가 소요하는 건물
② 대한민국에 파견된 외국의 대사·공사 또는 그 밖에 이에 준하는 사절이 소유하는 건물
③ 군사용 건물과 외국인 소유 건물로서 총리령으로 정하는 건물
④ 대한민국에 파견된 국제연합의 기관 및 그 직원(외국인만 해당)이 소유하는 건물

해설
「화재로 인한 재해보상과 보험가입에 관한 법률 제6조」
특수건물 중 다음 어느 하나에 해당하는 건물에 대하여는 특수건물소유자의 손해배상책임과 보험 가입의 의무를 적용하지 아니한다.
- 대한민국에 파견된 외국의 대사·공사(公使) 또는 그 밖에 이에 준하는 사절(使節)이 소유하는 건물
- 대한민국에 파견된 국제연합의 기관 및 그 직원(외국인만 해당한다)이 소유하는 건물
- 대한민국에 주둔하는 외국 군대가 소유하는 건물
- 군사용 건물과 외국인 소유 건물로서 대통령령으로 정하는 건물

정답 ③

96 ★☆☆

제조물 책임법상 제조업자에 해당하는 자로 옳지 않은 것은?

① 제조물의 제조·가공을 업으로 하는 자
② 제조물의 유통을 업으로 하는 자
③ 제조물의 수입을 업으로 하는 자
④ 제조물에 성명·상호·상표 등을 사용하여 자신을 제조업자로 오인하게 할 수 있는 표시를 한 자

해설
「제조물 책임법 제2조」
제조업자란 다음과 같다.
- 제조물의 제조·가공 또는 수입을 업(業)으로 하는 자
- 제조물에 성명·상호·상표 또는 그 밖에 식별(識別) 가능한 기호 등을 사용하여 자신을 제조물의 제조·가공 또는 수입을 업으로 하는자로 표시한 자 또는 오인(誤認)하게 할 수 있는 표시를 한 자

정답 ②

97 ★★☆

특수건물 소유자가 손해배상특약부 화재보험에 가입하는 보험의 보험금액 기준에 대한 설명이다. 다음 빈칸에 알맞은 것은?

> 손해배상책임보험 중 사망자의 경우 피해자 1명마다 ( )천만원 이상으로서 대통령령으로 정하는 금액

① 3
② 1
③ 10
④ 5

해설
「화재로 인한 재해보상과 보험가입에 관한 법률 제8조」
- 화재보험: 특수건물의 시가(時價)에 해당하는 금액
- 손해배상책임을 담보하는 보험에 해당하는 부분 중 다음 구분에 따른 금액
  - 사망의 경우: 피해자 1명마다 5천만원 이상으로서 대통령령으로 정하는 금액
  - 부상의 경우: 피해자 1명마다 사망자에 대한 보험금액의 범위에서 대통령령으로 정하는 금액
  - 재물에 대한 손해가 발생한 경우: 화재 1건마다 1억원 이상으로서 국민의 안전 및 특수건물의 화재위험성 등을 고려하여 대통령령으로 정하는 금액

정답 ④

98

화재조사 및 보고규정상 화재건수의 결정 기준 중 틀린 것은?

① 동일 소방대상물의 발화점이 2개소 이상 있는 누전점이 동일한 누전에 의한 화재는 각각 별건의 화재로 본다.
② 1건의 화재란 1개의 발화점으로부터 확대된 것을 말한다.
③ 동일범이 아닌 각기 다른 사람에 의한 방화, 불장난은 동일 대상물에서 발화했더라도 각각 별건의 화재로 한다.
④ 동일 소방대상물의 발화점이 2개소 이상 있는 지진, 낙뢰 등 자연현상에 의한 화재는 1건의 화재로 본다.

해설

「화재조사 및 보고규정 제26조」
1건의 화재란 1개의 발화지점에서 확대된 것으로 발화부터 진화까지를 말한다. 다만, 다음 경우는 각 호에 따른다.
- 동일범이 아닌 각기 다른 사람에 의한 방화, 불장난은 동일 대상물에서 발화했더라도 각각 별건의 화재로 한다.
- 동일 소방대상물의 발화점이 2개소 이상 있는 다음의 화재는 1건의 화재로 한다.
  - 누전점이 동일한 누전에 의한 화재
  - 지진, 낙뢰 등 자연현상에 의한 다발화재
- 발화지점이 한 곳인 화재현장이 둘 이상의 관할구역에 걸친 화재는 발화지점이 속한 소방서에서 1건의 화재로 산정한다. 다만, 발화지점 확인이 어려운 경우에는 화재피해금액이 큰 관할구역 소방서의 화재건수로 산정한다.

정답 ①

99

소방의 화재조사에 관한 법률상 화재조사를 하기 위한 화재조사관의 출입 또는 조사를 거부·방해 또는 기피하는 자에 대한 벌칙 기준으로 옳은 것은?

① 100만원 이하의 벌금
② 200만원 이하의 벌금
③ 300만원 이하의 벌금
④ 500만원 이하의 벌금

해설

「소방의 화재조사에 관한 법률 제21조」
정당한 사유 없이 화재조사관의 출입 또는 조사를 거부·방해 또는 기피한 사람은 300만원 이하의 벌금에 처한다.

정답 ③

100

화재의 예방 및 안전관리에 관한 법령상 따른 용접 또는 용단 작업장에서 불꽃을 사용하는 용접·용단기구 사용에 있어서 지켜야 하는 사항 중 다음 ( ) 안에 알맞은 것은? (단, 산업안전보건법에 따른 안전조치의 적용을 받는 사업장의 경우는 제외한다.)

- 용접 또는 용단 작업장 주변 반경 (㉠)m 이내에는 가연물을 쌓아두거나 놓아두지 말 것. 다만, 가연물의 제거가 곤란하며 방지포 등으로 방호조치를 한 경우는 제외한다.
- 용접 또는 용단 작업자로부터 반경 (㉡)m 이내에 소화기를 갖추어 둘 것

① ㉠ 10, ㉡ 5
② ㉠ 5, ㉡ 10
③ ㉠ 7, ㉡ 5
④ ㉠ 5, ㉡ 7

해설

「화재의 예방 및 안전관리에 관한 법률 시행령 별표1」
불꽃을 사용하는 용접·용단 기구용접 또는 용단 작업장에서는 다음 각 목의 사항을 지켜야 한다. 다만, 산업안전보건법 제38조의 적용을 받는 사업장에는 적용하지 않는다.
- 용접 또는 용단 작업장 주변 반경 5미터 이내에 소화기를 갖추어 둘 것
- 용접 또는 용단 작업장 주변 반경 10미터 이내에는 가연물을 쌓아두거나 놓아두지 말 것. 다만, 가연물의 제거가 곤란하여 방화포 등으로 방호조치를 한 경우는 제외한다.

정답 ①

2024년 2회 CBT 복원문제

자동채점

화재조사론

01 ★☆☆
목재의 타는 속도(연소속도)에 영향을 미치는 인자가 아닌 것은?

① 목재의 수령
② 목재의 밀도
③ 목재의 종류
④ 표면적 대 질량의 비율

해설
목재의 연소속도는 밀도, 비표면적, 수종, 함수율, 온도, 크기, 구조물의 종류에 따라 달라진다.

정답 ①

02 ★☆☆
자연발화의 방지대책으로 옳지 않은 것은?

① 통풍구조를 양호하게 하여 공기유통을 잘 시킬 것
② 저장실 주위의 온도를 높일 것
③ 습도 상승을 피할 것
④ 열이 축적되지 않는 구조로 적재할 것

해설
주위온도가 높아지면 물질이 발화점에 더 빨리 도달하므로 자연발화가 용이해진다.

관련이론 자연발화의 조건
- 비표면적이 클 것
- 열전도율이 작을 것
- 주변의 온도가 높을 것
- 열의 축적이 양호할 것
- 산소의 공급이 적당할 것
- 충분한 반응물질이 있을 것
- 기름이 다공성 물질에 흡착되어 있을 것

정답 ②

03 ★☆☆
폭발의 종류 중 화학적 폭발이 아닌 것은?

① 산화폭발
② 비등액체팽창증기폭발
③ 분해폭발
④ 중합 폭발

해설
비등액체팽창증기폭발(BLEVE)은 저장탱크 내에 보관 중이던 액화가스가 주변 화재로 인해 가열되면서 내부 액체가 끓어 급격한 체적 팽창이 발생하고, 이로 인해 탱크의 강판이 열에 의해 약해져 파열되며 내부 물질이 외부로 분출되어 점화되어 폭발하는 현상이다.

관련이론 비등액체팽창증기폭발(BLEVE) 발생조건
- 가연물이 비점 이상 가열될 것
- 가연성 가스가 밀폐계 내에 존재할 것
- 기계적 강도를 초과하는 압력이 형성될 것
- 내용물이 대기 중으로 방출될 것
- 온도상승으로 인해 탱크가 파열될 것

정답 ②

04 ★★★
다음 중 화재플럼(Fire Plume)에 의해 수직벽면에 생성되는 패턴으로 옳지 않은 것은?

① V 패턴
② 모래시계 패턴
③ 도넛형태 패턴
④ U 패턴

해설
도넛 패턴은 가연성 액체가 웅덩이처럼 고여있는 경우 발생하는 연소패턴이다.

관련이론 도넛 패턴(Doughnut Pattern)
- 가연성 액체가 웅덩이처럼 고여 있는 경우 발생하는 액체의 연소패턴이다.
- 연소된 부분이 덜 연소된 부분을 둘러싸고 있는 도넛 모양 형태로 나타난다.
- 유류가 쏟아진 곳의 가장자리 부분이 내측에 비하여 강한 연소 흔적을 보이는 것이 특징이다.

정답 ③

05 ★☆☆

다음은 어떤 화재현상에 대한 설명인가?

> 화재가 발생한 구획실의 천장에 형성된 가연성 가스층이 천장 면을 따라 파도와 같이 빠른 속도로 연소하면서 화염이 확산되는 현상이다.

① 플래시오버
② 롤오버
③ 백드래프트
④ 플로스오버

해설
화재가 발생한 구획실의 천장에 형성된 가연성 가스층이 천장면을 따라 파도처럼 빠르게 연소하면서 화염이 확산되는 현상을 롤오버(Roll over)라고 하며, 가연성가스가 착화되어 천장면을 따라 번지는 초기 연소 확대 현상이다.

관련이론 롤오버(Roll over)
- 실내 상층부에 집적된 뜨거운 가연성가스가 화재가 발생하지 않은 다른 구역으로 이동하면서, 화재가 매우 빠르게 확산되는 특성을 나타낸다.
- 화재가 완전히 성장하기 전 단계에서 나타나며, 주로 공간의 상층부에서 발생하여 화재의 급격한 확대를 유발한다.
- 가연성가스가 화재구역을 빠져나갈 때 불꽃이 굽이쳐 흐르는 모습에서 롤오버라는 명칭이 유래되었으며, 이를 막기 위해서는 출입구 차단이 매우 중요하다.
- 화재는 일반적으로 플래임오버 → 롤오버 → 플래시오버의 순서로 진행되지만, 플래임오버나 롤오버가 발생했다고 해서 반드시 플래시오버로 이어지는 것은 아니다.

정답 ②

06 ★☆☆

철재 구조물 용접 시 발생한 화재현장의 용접불티를 발견 및 수집하기 위한 장비로 옳은 것은?

① 빗자루
② 삽
③ 집게
④ 자석

해설
자석은 용접불티 등 자성을 띠고 있는 증거물을 수집할 수 있다.

정답 ④

07 ★★★

다음 중 폭발위력의 지표로 사용될 수 있는 자료로 옳지 않은 것은?

① 파편의 비행거리
② 무너진 벽의 종류와 구조
③ 폭발 시점
④ 폭심부의 크기 및 깊이

해설
폭발시점은 폭발위력 자체를 직접적으로 나타내는 지표에 해당하지 않는다.

관련이론 폭발위력의 지표
- 폭심부의 깊이
- 파편의 비행거리
- 무너지는 벽의 종류와 구조

정답 ③

08 ★★☆

다음 중 가연물질로 옳은 것은?

① He(헬륨)
② CO_2(이산화탄소)
③ CO(일산화탄소)
④ SO_3(삼산화황)

해설
일산화탄소는 가연성 물질이다.

관련이론 가연물이 될 수 없는 물질

구분	물질
흡열반응을 하는 물질	질소(N), 질소산화물(NO_x), 수산화알루미늄($Al(OH)_3$), 탄산칼슘($CaCO_3$) 등
자체가 연소하지 않는 물질	콘크리트, 흙 등
불활성 기체	헬륨(He), 네온(Ne), 아르곤(Ar), 크립톤(Kr), 크세논(Xe), 라돈(Rn) 등(주기율표 0족 원소)
산화반응이 완료된 물질	물(H_2O), 이산화탄소(CO_2), 산화알루미늄(Al_2O_3), 산화규소(SiO_2), 오산화인(P_2O_5), 삼산화황(SO_3) 등

정답 ③

09 ★☆☆

화염확산에 대한 설명으로 틀린 것은?

① 일반적으로 중력과 바람은 화염확산에 영향을 미친다.
② 훈소는 확산화염에 의한 연소과정이다.
③ 벽면에서 화염확산속도는 수평방향보다 수직방향이 빠르다.
④ 인화성액체의 표면 화염확산속도는 부력의 영향으로 고체의 확산속도보다 빠르다.

해설
훈소와 표면연소의 외관적 형태는 불꽃없이 작열하는 형태로 화염이 없다.

관련이론 표면연소와 훈소

구분	표면연소	훈소
발생원인	가연성 기체 부족	온도가 낮거나, 산소부족
가연성 기체 발생	발생하지 않는다.	발생한다.
화염연소 전환	발생하지 않는다.	조건에 따라 발생할 수 있다.
연기 발생	발생하지 않는다.	많이 발생한다.
가연물	숯, 코크스, 목탄 등	종이, 셀룰로오스, 담배 등

정답 ②

10 ★☆☆

220V, 2A가 전선에 1분간 전기가 인가되었을 때 저항에 발생하는 열량(cal)은?

① 105.6
② 440
③ 6,336
④ 26,400

해설
발생열량을 구하는 공식은 다음과 같다.

$$H = 0.24 I^2 R T$$

$$R = \frac{V}{I}$$

H: 발생열량, I: 전류, R: 저항, T: 시간(초)

$$H = 0.24 \times 2^2 \times \frac{220}{2} \times 60 = 6,336$$

정답 ③

11 ★★★

V 패턴의 각도에 영향을 미치지 않는 것은?

① 열방출률
② 가연물의 형태
③ 환기의 효과
④ 벽면의 열전도성

해설
V패턴의 각도는 열방출률과 가연물의 양·형태, 환기효과 등에 의해 결정된다.

관련이론 V 패턴(V pattern)
① 물질 연소 시 가장 흔히 형성되는 패턴이다.
② 불꽃, 대류, 복사열에 의해 발생한다.
③ 연소가 진행될 때 수직 벽면에 나타난다.
④ 발화지점이 아닌 곳에서도 형성될 수 있다.
⑤ 화재효과의 가장자리를 보여주는 경계선이다.
⑦ 각도는 열방출률, 가연물의 양과 형태, 환기 조건 등에 의해 결정된다.

정답 ④

12 ★☆☆

물리적 작용에 의한 소화방법이 아닌 것은?

① 냉각소화
② 부촉매소화
③ 제거소화
④ 질식소화

해설
부촉매소화는 화학적 작용을 통해 연소 반응을 억제하고 자유 라디칼을 제거하거나 반응을 차단하여 불꽃을 끄는 소화 방법으로 할론계 소화약제가 대표적이다.

정답 ②

13
화염에 대한 설명으로 틀린 것은?

① 토치의 화염은 산소를 공급하면 짧아진다.
② 화염이 벽과 접하면 길어진다.
③ 확산화염의 색은 푸른색이다.
④ 동일양의 가연물이 공급될 때 화염이 짧게 연소하면 온도가 높다.

해설
확산화염은 연료와 공기가 서서히 혼합되면서 연소되는 형태로, 적황색의 불꽃을 띤다.

관련이론 화염
- 완전연소 시 화염은 짧아지고 색은 푸른색을 띠며, 불완전연소 시에는 화염은 길어지며 노란색 또는 주황색을 나타낸다.
- 확산화염은 길게 늘어진 형태로 적황색을 띠고 화염온도는 약 900°C로 가스연소 중 가장 낮다.
- 산소공급이 증가하면 혼합이 활발해져 연소가 촉진되므로 화염길이는 증가할 수 있다.

정답 ③

14
다음 중 분진폭발의 위험이 가장 낮은 것은?

① 강철 분말
② 티타늄 분말
③ 생석회 분말
④ 알루미늄 분말

해설
분진폭발을 일으키지 않는 물질
- 탄화칼슘(생석회)
- 가성소다
- 시멘트
- 산화알루미늄
- 수산화칼슘(소석회)
- 대리석
- 석회석

정답 ③

15
양초의 주요 성분이 아닌 것은?

① 파라핀
② 경화납
③ 피레드린
④ 스테아린산

해설
양초의 주성분은 파라핀, 경화납, 스테아린산 등이며 피레드린은 살충작용을 하는 유기화합물의 일종이다.

정답 ③

16
연소의 특성에 대한 설명으로 틀린 것은?

① 연소속도는 재료의 질량유속으로 정의되며, g/m^2s으로 나타낸다.
② 일반적으로 표면에서의 질량유속은 5~50 g/m^2s 범위에 있으며, 그 값이 5 이하인 것은 소화된다.
③ 화염속도는 물적조건과 에너지조건인 농도, 압력, 온도보다 난류의 영향으로 가속된다.
④ 연소속도는 화학양론비 부근에서 최소가 되고 연소상한계, 연소하한계로 갈수록 연소속도는 증가한다.

해설
연소속도는 화학양론비 부근에서 최대가 되고 연소상한계, 연소하한계로 갈수록 연소속도는 감소한다.

관련이론 연소의 특성
- 연소속도는 재료의 질량유속으로 정의되며, g/m^2s으로 나타낸다.
- 일반적으로 표면에서의 질량유속은 5~50g/m^2s 범위에 있으며, 그 값이 5 이하인 것은 소화된다.
- 화염속도는 물적조건과 에너지조건인 농도, 압력, 온도보다 난류의 영향으로 가속된다.
- 연소속도는 화학양론비 부근에서 최대가 되고 연소상한계, 연소하한계로 갈수록 연소속도는 감소한다.

정답 ④

17 ★★★

가솔린의 연소범위(vol%)가 1.4~7.6일 때 위험도로 옳은 것은? (단, 소수 둘째자리에서 반올림할 것)

① 0.8
② 1.2
③ 4.4
④ 6.4

해설

위험도(H)를 구하는 공식은 다음과 같다.

$$H = \frac{U - L}{L}$$

H: 위험도, L: 연소하한계(vol%), U: 연소상한계(vol%)

가솔린의 위험도 $= \dfrac{7.6 - 1.4}{1.4} = 4.42$

정답 ③

18 ★★★

소방기본법상 화재, 재난·재해, 그 밖의 위급한 상황이 발생한 현장에 소방활동구역을 정하여 소방활동에 필요한 사람으로서 대통령령으로 정하는 사람 외에는 그 구역에 출입하는 것을 제한할 수 있는 자는?

① 시·도지사
② 행정안전부장관
③ 시장·군수
④ 소방대장

해설

- 소방대장은 화재, 재난·재해, 그 밖의 위급한 상황이 발생한 현장에 소방활동구역을 정하여 소방활동에 필요한 사람으로서 대통령령으로 정하는 사람 외에는 그 구역에 출입하는 것을 제한할 수 있다.
- 경찰공무원은 소방대가 소방활동구역에 있지 아니하거나 소방대장의 요청이 있을 때에는 조치를 할 수 있다.

정답 ④

19 ★☆☆

다음 중 가연성 고체에서만 나타나는 연소형태는?

① 분무연소
② 작열연소
③ 확산연소
④ 증발연소

해설

연소형태	연소물질
분무연소	액체
확산연소	기체
증발연소	고체, 액체
작열연소	고체

정답 ②

20 ★★★

다음 중 용융점이 가장 높은 것은?

① 알루미늄
② 철
③ 구리
④ 납

해설

명칭	용융점(°C)
텅스텐	3,410
철	1,540
스테인리스	1,455
구리(동)	1,085
알루미늄	660
마그네슘	650
아연	419
납	327

정답 ②

화재감식론

21 ★☆☆
금속 나트륨화재 조사 시 가장 간단한 방법으로 리트머스 시험지를 사용한다. 사용한 리트머스 시험지가 어떤 색으로 변색할 경우 금속 나트륨화재라 추론할 수 있는가?

① 노랑
② 빨강
③ 녹색
④ 파랑

해설
나트륨은 물과 반응하여 수산화나트륨($NaOH$)을 생성하고 강한 알칼리성을 띤다. 따라서 이 용액에 리트머스 시험지를 넣으면 리트머스지가 파란색으로 변색된다.

정답 ④

22 ★★★
가연물이 연소하기 위해서는 산소를 필요로 하는데 이 중 산소공급원이 아닌 것은?

① 탄화칼슘
② 과산화수소
③ 과염소산나트륨
④ 질산

해설
탄화칼슘은 자체 화학 구조에 산소 원자(O)를 포함하고 있지 않고 일반적인 화학반응에서 산소를 방출하지 않기 때문에 산소 공급원이 될 수 없다.

정답 ①

23 ★☆☆
자연발화의 위험도가 가장 낮은 것은?

① 함유절삭가루와 걸레를 혼재한 상태에서 공기 중에 방치했다.
② 함유백토를 오랫동안 방치했다.
③ 대두유로 튀김요리를 한 다음 찌꺼기를 방치했다.
④ 가솔린 침적된 천을 공기중에 방치했다.

해설
가솔린의 발화점은 430~550℃로 자연상태에서 자연발화 위험도는 매우 낮다.

정답 ④

24 ★☆☆
차량 화재조사 중 화재조사자의 안전 및 조사가 용이한 장소가 아닌 것은?

① 화재가 발생한 고속도로의 갓길
② 소유자의 주차장 및 조사 가능한 주차장
③ 화재차량의 소유자가 최근 차량검사 및 수리를 맡긴 자동차정비공장
④ 화재차량의 소유자가 신차(중고차)로 구입한 자동차판매영업소

해설
고속도로 갓길에서의 조사는 교통에 지장을 줄 뿐만 아니라 매우 위험하다. 따라서 기본적인 조사만 신속히 마친 후 차량을 안전한 장소로 이동시켜 본격적인 조사를 실시해야 한다.

정답 ①

25 ★★★
고압가스 안전관리법령상 가스 종류에 따른 용기외면 도색이 바르게 연결된 것은?

① 수소 - 백색
② 아세틸렌 - 갈색
③ 액화석유가스 - 회색
④ 액화암모니아 - 주황색

해설

가스종류	용기색상
LPG(액화석유가스)	회색
액화암모니아	백색
아세틸렌	황색
액화염소	갈색
액화탄산가스	청색(의료용: 회색)
산소	녹색(의료용: 백색)
수소	주황색

정답 ③

26
바람이 불 때 수관화의 연소형태로 옳은 것은? ★☆☆

① D형 ② U형
③ V형 ④ W형

해설
V형은 바람의 영향으로 불꽃이 위쪽으로 솟아오르는 형태를 말한다.

관련이론 수관화의 연소형태

형태	특성
D형	• 바람이 약하거나 없는 경우 발생하는 연소의 형태이다. • 바람이 강한 경우 다른 형태로 변형 가능성 높다.
U형	• 바람의 영향으로 불꽃이 한쪽으로 치우쳐 발생하는 형태이다. • 화재진압에 어려움을 초래할 수 있다.
V형	• 바람의 영향으로 불꽃이 위쪽으로 솟아오르는 형태이다. • 수관화 특징과 바람 영향 고려해야 한다.
W형	• V형과 유사하지만, 불꽃의 움직임이 더욱 복잡하고 불규칙적인 형태이다. • 바람의 변화에 따라 형태 변형 가능성 높다.

정답 ③

27
임야화재에 큰 영향을 미치는 주요 3요소가 아닌 것은? ★★★

① 지형 ② 연료
③ 기후 ④ 점화원

해설
임야화재의 3요소는 기후, 지형, 가연물(연료)이다.

관련이론 임야화재 확산의 3요소

구분	종류
연료(가연물)	탈 수 있는 물질의 공급
기상	바람, 습도, 온도, 강수 등
지형	고도, 경사, 경사향, 지세 등

정답 ④

28
전기설비의 사고 예방법으로 틀린 것은? ★☆☆

① 전기설비를 과부하 상태로 운전을 금함
② 물기가 생기지 않도록 설비의 방수
③ 무자격자에 의한 전기설비의 보수를 금함
④ 급격한 온도변화가 있는 곳에 전기설비의 설치

해설
급격한 온도변화가 발생하는 환경에서는 열로 인한 팽창과 수축이 반복되어 전기설비에 열적 스트레스가 가해지고, 이로 인해 전기설비의 손상이 발생할 수 있어 사고 위험성이 증가한다.

정답 ④

29
전기화재에서 통전 입증방법으로 가장 적합한 것은? ★☆☆

① 전원 측에서 부하 측으로 입증
② 부하 측에서 전원 측으로 입증
③ 전원 측과 부하 측을 동시에 입증
④ 임의로 선정하여 입증

해설
전기화재에서 통전 여부를 입증할 때는 부하 측에서 전원 측으로 조사하여야 하며, 이를 통해 회로의 사용 흔적을 확인하고 정확한 통전상태를 파악할 수 있다.

관련이론 전기화재에서의 통전 입증방법
• 부하 측에서 전원 측으로 진행한다.
• 통전확인에서 검증 순으로 진행한다.
• 전력량계로부터 배선용차단기, 누전차단기, 콘센트와 플러그, 전열기구로 이어지는 부분에서 단락흔을 찾는다.

정답 ②

30 ★☆☆
연소의 수직 방향성의 상승속도는 수평 방향 속도보다 몇 배 정도인가?

① 10
② 20
③ 30
④ 40

해설
연기의 수직 방향 이동속도는 최대 약 5m/s, 수평 방향 이동속도는 약 0.25m/s로 수직 이동속도가 수평 이동속도보다 약 20배 빠르다.

정답 ②

31 ★★☆
자동차화재의 특성에 대한 설명으로 옳은 것은?

① 차량화재는 연료, 시트 등 화재하중이 낮고, 외기와 밀폐된 상태인 환기지배형의 화재특성을 보인다.
② 차량화재의 조사는 특별한 전문지식이 없어도 화재조사가 가능하다.
③ 차량화재는 대체로 전소가 되지 않기 때문에 발화지점 및 발화원인의 조사가 용이하다.
④ 개방된 공간에 존치되는 환경적인 특수성으로 인해 사회적인 불만을 가진자 등이 불특정한 방법으로 방화를 할 수 있다.

선지분석
① 차량화재는 연료, 시트 등 화재하중이 높고, 외기와 노출된 상태로 가연물에 의존하는 연료지배형의 화재특성을 보인다.
② 차량은 구조적 복잡성으로 인해 화재조사에 특별한 전문지식이 필요하다.
③ 차량화재는 대체로 전소위험이 높아 발화지점 및 발화원인이 조사가 용이하지 않다.

정답 ④

32 ★☆☆
방화판정을 위한 10대 요건에 포함되지 않는 것은?

① 귀중품 반출 등
② 수선 중의 화재
③ 휴일 또는 주말 화재
④ 화재로 인한 건물의 손상

해설
화재로 인한 건물의 손상은 방화뿐만 아니라 모든 화재에서 나타난다.

관련이론 방화판정을 위한 10대 요건
- 여러 곳에서 발화
- 출화점의 부재
- 발화지점의 의문점
- 점화원의 의문점
- 화재 확대의 의문점
- 피해물의 의문점
- 화재 피해자의 의문점
- 목격자진술의 의문점
- 화재 전후의 정황의 의문점
- 화재 발생의 의문점

정답 ④

33 ★☆☆
운송용 항공기에 고정된(Fixed) 소화기장치(Fire extinguishing system)를 갖추는 장소가 아닌 곳은?

① 조리실(Galley)
② 보조동력장치실(APU compartment)
③ 화물칸(Cargo compartment)
④ 화장실(Lavatories)

해설
조리실에는 고정식 소화기가 아닌 사용이 간편하고 신속한 대응이 가능한 휴대용 소화기가 설치되어 있다.

정답 ①

34 ★★☆

LPG 차량의 구성 부품 중 LPG 봄베의 밸브 색상에 대한 설명으로 옳은 것은?

① 충전밸브: 적색
② 액체 송출밸브: 적색
③ 기체 송출밸브: 청색
④ 충전, 액체 송출, 기체 송출 밸브: 청색

해설

구분	충전밸브	액체송출밸브	기체송출밸브
색상	녹색	적색	황색

정답 ②

35 ★☆☆

항공기 객실 내에서의 연기로 인한 이온밀도의 변화를 감지하는 연기감지기(Smoke detector)는?

① 열감지기
② 불꽃감지기
③ 이온화감지기
④ 광전식감지기

해설
이온화감지기는 화재발생 시 연기에 의해 이온전류가 변화하는 것을 감지한다.

정답 ③

36 ★☆☆

무염화원의 한 종류인 점화원으로 담뱃불에 대한 설명으로 틀린 것은?

① 대표적인 무염화원이다.
② 이동이 가능한 점화원이다.
③ 담배 완제품은 자연발화가 가능하다.
④ 흡연자는 화인을 제공할 수 있는 개연성이 있다.

해설
자연발화는 물질 자체의 화학적 반응이나 열 축적으로 인해 외부 발화원 없이 스스로 불이 붙는 것을 말하며, 담배는 자연발화의 조건과는 거리가 멀어 자연발화하기 어렵다.

정답 ③

37 ★☆☆

연기의 특성에 대한 설명으로 옳지 않은 것은?

① 연기에는 액체 미립자계의 연기와 고체미립자계의 연기로 구분된다.
② 액체계의 연기는 연료의 종류에 따라서 특성이 변하며 독성이 없다.
③ 담배연기나 훈소연기가 액체미립자계의 연기에 해당한다.
④ 탄소수가 많은 연료에 있어서 심한 흑연을 발생시킨다.

해설
액체계 연기는 연료의 종류에 따라 특성이 달라지며, 사용하는 물질에 따라 독성을 포함될 수 있다.

관련이론 연기의 특성
- 연기는 화재 시 발생하는 연소 생성물로, 구획실 화재에서는 가연성 물질로 작용한다.
- 공기 중에 부유하고 있는 고체, 액체, 기체의 미립자다.
- 연기 입자의 크기는 무염연소의 경우에는 약 $0.5 \sim 10 \mu m$, 유염연소의 경우에는 약 $0.01 \sim 10 \mu m$이다.
- 실내화재에서 플래시오버 후에 산소가 부족한 환기지배형 화재가 되면 연기는 검은색을 띤다.
- 연소과정에서 발생된 개별 그을음(Soot)은 성분이 대부분 탄소 덩어리의 형태를 띠고 있다.

정답 ②

38 ★☆☆

선박용 기관의 연속최대출력에 대한 설명으로 옳은 것은?

① 주기관의 설계조건 상 24시간 이상 연속운전에서 낼 수 있는 안전 최대 출력
② 항해속력을 얻기 위하여 상용(商用)하는 출력
③ 24시간 연속운전 중 2시간 동안 연속으로 운전 가능한 출력
④ 항해속력을 확보하기 위해 해상여유(Sea margin)를 포함한 출력

해설
연속최대출력은 주기관의 설계조건 상 24시간 이상 연속운전에서 낼 수 있는 안전 최대 출력을 말한다.

관련이론 선박용 기관의 출력

구분	내용
상용출력	항해속력을 얻기 위하여 상용(商用)하는 출력이다.
비상출력	24시간 연속운전 중 2시간 동안 연속으로 운전 가능한 출력이다.
해상여유	항해속력을 확보하기 위해 해상여유(Sea margin)를 포함한 출력이다.

정답 ①

39 ★★★

액체 가연물에 의한 화재패턴으로 틀린 것은?

① 포어 패턴(Pour pattern)
② 스플래시 패턴(Splash pattern)
③ 틈새연소 패턴(Seam burn pattern)
④ 크레이즈드 글라스(Crazed glass)

해설
크레이즈드 글라스(Crazed glass)는 화재열을 받은 고온의 유리가 물과의 접촉에 의해 급격히 냉각 수축되어 잔금이 발생하는 현상이다.

관련이론 가연성 액체의 화재패턴
- 포어 패턴(Pour pattern)
- 스플래시 패턴(Splash pattern)
- 고스트 마크(Ghost mark)
- 틈새연소 패턴(Seam burn pattern)
- 도넛 패턴(Doughnut pattern)
- 레인보우 이펙트(Rainbow effect)

정답 ④

40 ★★★

자연발화성 물질에 대한 특징으로 틀린 것은?

① 다른 어떠한 화원을 주지 않아도 물질이 상온의 공기 속에서 자기 스스로 열을 낸다.
② 산화열은 공기가 고온이면서, 습도가 낮은 경우에 발열과 축적효과가 크다.
③ 자연발열을 일으키는 원인은 분해열, 산화열, 흡착열, 중합열, 발효열로 구분한다.
④ 물질의 자연발열속도와 열이 달아나는 일주 속도와의 사이가 평행이 깨지며 열이 쌓여가기 때문에 발생한다.

해설
자연발화에서 산화열은 습도가 높은 경우 재료 내부에서의 발열과 열의 축적 효과가 커질 수 있으며, 수분이 산화반응을 촉진하거나 열의 방출을 지연시켜 자연발화의 가능성을 높이는 요인이 되기도 한다.

관련이론 자연발화의 조건
- 주변의 온도가 높을 것
- 열의 축적이 양호할 것
- 비표면적이 클 것
- 산소의 공급이 적당할 것
- 반응물질과 수분이 적당할 것
- 열전도율이 작을 것

정답 ②

증거물관리 및 법과학

41 ★☆☆
물적증거의 종류에 해당하는 것은?
① 관계자 진술
② 감정인 소견
③ 유류 용기
④ 증언

해설
증거물의 종류

구분	내용
인적증거	사람의 진술내용, 증인의 증언, 감정인의 감정
물적증거	물건의 존재나 상태, 사진과 비디오 등 영상물
서증	증거서류와 증거물인 서면
전문증거	자신이 꼭 직접 인지한 사실이 아니라 다른 사람이 말한 것에 대한 증거로서 다른 사람의 신뢰성에 의존하는 증거

정답 ③

42 ★☆☆
화재증거물수집관리규칙상 화재증거물 수집에 관한 내용으로 명시되지 않은 것은?
① 증거서류를 수집함에 있어서 보조적으로 원본을 영치한다.
② 증거물 수집 목적이 인화성 액체 성분 분석인 경우에는 인화성 액체 성분의 증발을 막기 위한 조치를 행하여야 한다.
③ 증거물의 소손 또는 소실 정도가 심하여 증거물의 일부분 또는 전체가 유실될 우려가 있는 경우는 증거물을 밀봉하여야 한다.
④ 증거물이 파손될 우려가 있는 경우에 충격금지 및 취급방법에 대한 주의사항을 증거물의 포장 외측에 적절하게 표기하여야 한다.

해설
증거서류를 수집함에 있어서 원본 영치를 원칙으로 하고, 사본을 수집할 경우 원본과 대조한 다음 원본대조필을 하여야 한다. 다만, 원본대조를 할 수 없을 경우 제출자에게 원본과 같음을 확인 후 서명 날인을 받아서 영치하여야 한다.

정답 ①

43 ★★★
촉진제를 확인하기 위한 테스트 방법으로 적합한 것은?
① GC(Gas Chromatography)
② SEM(Scanning Electron Microscope)
③ GFT(Gas Flammable Test)
④ TEM(Transmission Electron Microscope)

해설
촉진제를 확인하기 위한 테스트 방법은 가스 크로마토그래피(GC)가 가장 적합하다.

관련이론 가스크로마토그래피(GC)
- 물질이 유사한 여러 성분의 혼합계 분리에 매우 유효하다.
- 화재현장에서 유류의 존재를 입증하기 위해 사용되는 분석방식으로 가스상태로 분석하기 때문에 조작이 쉽고 분리가 빠르게 이루어진다.
- 각 성분을 검출하여 그 양을 전기적인 신호로 기록계에 저장하여 분석 결과가 객관적으로 보존된다.

정답 ①

44 ★★☆
화재조사현장 사진촬영의 필요성과 가장 거리가 먼 것은?
① 현장조사 시 실수로 빠트린 정보와 사실들을 얻을 수 있다.
② 사진을 보는 사람이 실제적인 감각으로 느끼게 할 수 있다.
③ 촬영한 사진은 글로 자세한 설명을 해야만 알 수 있다.
④ 사진을 통해 화재현장의 소손상황, 감식·감정 대상의 물건 등을 정확하게 기록할 수 있다.

해설
사진은 글보다 더 많은 정보를 담고 있다.

관련이론 화재현장 사진촬영의 필요성
- 사진을 보는 사람이 실제적인 감각으로 느끼게 함으로써 그때의 상황을 충분히 전달할 수 있는 것이 중요하다.
- 현장조사 시 실수로 빠트렸거나 수집이 불가능했던 많은 정보와 사실들을 사진을 통해 얻을 수 있다.
- 화재현장의 소손상황, 감식·감정의 대상이 되는 관계물건 등의 상황을 정확하게 기록하는 수단으로서 사진과 영상이 중요하다.

정답 ③

45

증거물 수집에 관한 사항 중 ( )에 알맞은 내용은?

> 액체 또는 고체 증거물의 수집을 위해 300mL 용량의 금속 캔 사용 시 증거물은 최대 ( )mL이상 채워져서는 안된다.

① 100
② 150
③ 200
④ 300

해설
액체 또는 고체의 표본을 수집할 때는 $\frac{2}{3}$ 이상 채우지 않는다.

정답 ③

46

표준렌즈에 대한 설명으로 옳은 것은?

① 과장이 거의 없다.
② 객관적 표현이 우수하고 일그러짐이 있다.
③ 피사체가 작게 찍히고 피사계 심도가 깊다.
④ 사람의 눈에 가장 가깝고 180도 이상 화각을 촬영할 수 있다.

해설
표준렌즈는 인간의 눈에 가장 가까운 시각적 특성을 가진 렌즈로, 거리감과 화각(포괄각도)이 자연스럽고 왜곡이나 과장이 거의 없다.

관련이론 렌즈
- 표준렌즈는 포괄각도가 약 50도 정도이며, 인간의 시야와 유사한 자연스러운 화각을 제공한다.
- 촬영화면의 대각선 길이와 비슷한 초점거리를 가지며, 일반적으로 50mm(35mm 필름 기준)렌즈가 이에 해당한다.
- 표준렌즈는 망원렌즈와 광각렌즈의 기준점으로 사용된다.
- 포괄각도가 좁으면 망원렌즈, 포괄각도가 넓으면 광각렌즈로 분류된다.

정답 ①

47

증거물 관리에 대한 설명으로 옳은 것은?

① 어떠한 종류의 증거물이 발견되거나 조심스럽게 보존되었다면 완벽하게 관리되거나 문서로 기록되지 않더라도 증거로서 가치가 있다.
② 증거목록의 전달에 있어서 인수사의 서명과 진달일자와 시간만 기록되면 된다.
③ 증거물의 파손을 최소화하기 위해서는 증거물을 취급하는 사람의 수를 최소화해야 한다.
④ 여러 사람이 같은 범죄현장에서 증거를 찾고 있다면 각각 증거기록을 유지하는 것이 바람직하다.

선지분석
① 증거물이 발견되거나 조심스럽게 보존되어 있더라도 문서로 기록되지 않으면 증거로서 가치가 없다.
② 증거목록의 전달에 있어서 인수자의 서명, 전달일자와 시간 이외에도 증거물의 상태 등 관련된 모든 정보가 상세히 기록해야 한다.
④ 한 현장에서 여러 명이 증거를 찾더라도 증거 기록은 하나의 공식적인 기록으로 통합 관리하여 혼선을 막아야 한다.

정답 ③

48

화재로 사망한 사람의 생활반응으로 틀린 것은?

① 종창
② 피하출혈
③ 피분탄화
④ 염증성 발적

해설
피분탄화는 화상으로 인해 피부조직이 탄화되어 검게 변한 상태를 의미하며 일반적으로 사후반응에 해당된다.

정답 ③

49 ★☆☆

유류성분을 수집할 때 주변에 있는 바닥재나 플라스틱 등 비교샘플을 함께 수집하는 이유로 옳은 것은?

① 바닥재나 플라스틱 등 다른 가연물의 연소성을 입증하기 위함
② 유류가 기화하기 전에 많은 양의 유류를 수집하기 위함
③ 유류와 혼합된 물체의 질량 변화를 입증하기 위함
④ 유류 성분이 주변 가연물로부터 추출된 것이 아니라는 것을 입증하기 위함

해설
인화성 액체의 확인을 위해 대조시료를 채취하고 주변 가연물로부터 명확하게 구분하기 위함이다.

관련이론 인화성 액체(촉진제) 조사방법
- 탐지견은 인화성 액체를 감지하는 데 도움을 줄 수 있다.
- 인화성 액체의 정확한 확인을 위해 대조시료를 함께 채취한다.
- 화재 촉진제로는 일반적으로 가솔린, 등유, 경유, 시너 등이 사용된다.
- 화재현장에서 인화성 액체가 발견되더라도 방화 외의 다른 발화 요인 가능성을 배제하지 말아야 한다.
- 유류성분이 주변 가연물에서 유래된 것이 아님을 입증하기 위해서는 바닥재·플라스틱 등 비교 시료도 함께 수집해야 한다.

정답 ④

50 ★★★

증거물의 역할에 따른 분류 중 다음 증거물의 역할로 옳은 것은?

> 바닥에 깨진 유리창 바닥면에 그을음 부착이 없다.

① 시간적 증거   ② 접촉 증거
③ 방향적 증거   ④ 행위적 증거

해설
바닥에 깨진 유리창 바닥면에 그을음 부착이 없다는 것은 화재 전에 깨졌다는 증거로 시간적 증거에 해당한다.

정답 ①

51 ★☆☆

화재현장에서 화면의 일부만을 측광하는 방식으로 주 피사체의 정확한 노출을 측광할 수 있으며 역광 촬영 시 사용되는 방식은?

① 스팟측광   ② 평균측광
③ 다분할 측광   ④ 중앙부 중점 측광

해설
스팟측광은 피사체가 역광 상황이거나, 너무 밝거나 어두울 경우 사용하는 촬영방법이다.

정답 ①

52 ★★★

화상의 깊이에 다른 대표증상의 연결이 옳은 것은?

① 1도 화상 - 탄화   ② 2도 화상 - 수포
③ 3도 화상 - 홍반   ④ 4도 화상 - 괴사

해설
2도 화상은 피부에 물집이 생기고 수포 주위에 홍반을 보이며, 혈액침하가 일어나더라도 홍반만 남는다.

관련이론 화상단계에 따른 증상

화상단계	증상
1도 (홍반)	• 열에 의하여 피부가 붉어지고 국부적인 피부충혈과 피부가 부어오르는 화상이다. • 모세혈관의 충혈로 인하여 종창과 더불어 홍반만 보이기 때문에 홍반성 화상이라고 한다.
2도 (수포)	• 국부적인 화상으로 표피와 함께 진피까지 손상되는 화상이다. • 피부에 물집이 생기고 수포주위에 홍반을 보이며, 혈액침하가 일어나더라도 홍반만 남는다.
3도 (괴사)	• 피하지방을 포함한 피부 전층이 침범되는 화상이다. • 화상의 정도가 매우 심해 신경 및 조직이 파괴되고 자연적 재생이 불가능하여 피부이식을 해야한다. • 외견상 건조하고 회백색을 띠며 수포가 발생하지 않는다. • 부스럼 딱지 또는 생체 내의 피부조직이나 세포가 죽는 응고성 괴사에 빠지므로 괴사성 화상이라고도 한다.
4도 (탄화)	3도 증상을 넘어 피부가 탄화되는 정도까지의 화상이다.

정답 ②

53 ★☆☆

살아있는 사람이 익사하거나 소사할 경우에 입에서 하얗고 빽빽한 점액성 거품이 부풀어 오르는 생활반응은?

① 창상개구　　② 미세포말
③ 발적 종창　　④ 화상포

해설
미세포말은 생존 중 소사한 경우 입에서 빽빽한 점액성 거품이 형성되는 국소적 생활반응이다.

정답 ②

54 ★★☆

전신적 생활반응에 해당하는 것은?

① 피하출혈　　② 속발성 염증
③ 압박성 울혈　　④ 흡인 및 연하

해설
전신적 생활반응에는 전신적 빈혈, 속발성 염증, 색전증, 외래물질의 분포 및 배설 등이 있으며, 피하출혈은 국소적 생활반응에 해당한다.

정답 ②

55 ★★★

건강한 성인이 극심한 두통, 어지럼, 의식장애, 멀미, 구토 및 산소부족으로 인한 실신을 유발하는 혈중 일산화탄소 농도는?

① 10~20%　　② 20~30%
③ 30~40%　　④ 40~50%

해설
혈중 일산화탄소 농도가 30~40% 일 때 극심한 두통, 어지럼증, 의식장애, 멀미, 구토 및 산소부족으로 인한 실신을 유발할 수 있다.

관련이론 혈중 일산화탄소 농도

농도(%)	증상
10~20	가벼운 두통
20~30	정서불안, 중증 두통
30~40	극심한 두통, 구토, 산소부족으로 인한 실신유발
40~50	의식장애, 호흡곤란
50~60	혼수상태, 경련
60~70	의식혼탁, 호흡중추마비
80	사망

정답 ③

56 ★★★

화재현장에서 사람의 생활반응으로 틀린 것은?

① 화상을 입었다.
② 시반이 형성되었다.
③ 기도 내에서 매가 발견되었다.
④ 두개골 외판에 탄화가 일어났다.

선지분석
① 화상은 생전 열에 노출되어 조직에 반응이 나타난 것이므로, 사망 전까지 살아 있었음을 의미한다.
② 선홍색 시반은 일반적으로 일산화탄소 중독을 나타내는 소견이다.
③ 기도 내 매(그을음, 그슬림)가 발견되었다면, 이는 사망 전까지 호흡을 했다는 강한 증거로 간주된다.

정답 ④

57 ★☆☆

카메라 셔터속도와 렌즈구경의 관계에 대한 설명 중 옳은 것은?

① 같은 빛의 세기에서 셔터시간을 늘려주면 렌즈구경은 커져야 한다.
② 같은 빛의 세기에서 셔터시간을 줄여주면 렌즈구경은 커져야 한다.
③ 같은 빛의 세기에서 렌즈구경을 크게 하면 셔터속도는 느리게 해 주어야 한다.
④ 같은 빛의 세기에서 렌즈구경을 작게 하면 셔터속도는 빠르게 해 주어야 한다.

해설
같은 빛의 세기에서 셔터속도를 느리게 하면 빛이 더 많이 들어오기 때문에 조리개를 조여 노출을 맞춰주어야 한다.

정답 ②

58 ★★★

용융점이 높은 것에서 낮은 순서로 옳게 나열된 것은?

① 스테인리스 → 텅스텐 → 동 → 아연 → 마그네슘
② 스테인리스 → 텅스텐 → 아연 → 마그네슘 → 동
③ 텅스텐 → 스테인리스 → 마그네슘 → 동 → 아연
④ 텅스텐 → 스테인리스 → 동 → 마그네슘 → 아연

해설
용융점이 높은 것에서 낮은 순서는 다음과 같다.
텅스텐 → 스테인리스 → 동 → 마그네슘 → 아연

관련이론 용융점

명칭	용융점(°C)
텅스텐	3,410
철	1,540
스테인리스	1,455
구리(동)	1,085
알루미늄	660
마그네슘	650
아연	419
납	327

정답 ④

59 ★☆☆

화상사의 사망기전으로 틀린 것은?

① 원발성 쇼크
② 속발성 쇼크
③ 합병증
④ 기도 폐색

선지분석
① 원발성 쇼크는 강한 열 자극이나 대량 출혈로 인한 반사성 심정지로 드물게 발생한다.
② 속발성 쇼크는 화상 후 2~3일 내 발생하며, 순환혈액량 감소되어 발생한다.
③ 합병증은 쇼크기를 넘긴 뒤, 용혈, 폐렴, 폐혈증, 궤양출혈 등으로 사망하는 것을 말한다.

정답 ④

60 ★★★

유류 증거물의 인화점 시험방법으로서 주로 인화점이 93℃ 이하인 시료를 측정하는 데 사용되는 것으로 옳은 것은?

① 태그 밀폐식
② 원자흡광분석
③ 클리브랜드 개방식
④ 펜스키-마텐스 밀폐식

해설

태그 밀폐식(Tag closed cup)은 시료를 담은 밀폐컵을 액체에 잠기게 하여 가열하고 점화원에 노출되었을 때 증기가 발화하는 온도를 측정하는 방법으로 인화점 93℃ 이하인 물질의 시료를 측정하는 데 사용하는 방법이다.

관련이론 인화점 시험방법

- 태그 밀폐식(Tag closed cup)
  시료를 담은 밀폐컵을 액체에 잠기게 하여 가열하고 점화원에 노출되었을때 증기가 발화하는 온도를 측정하는 방법으로 인화점 93℃ 이하인 물질의 시료를 측정하는데 사용하는 방법이다.
- 펜스키-마텐스 밀폐식(Pensky-Martens Closed Tester)
  인화성 액체, 부유물을 가진 액체, 시험 조건에서 표면막을 형성하기 쉬운 액체를 시험하며 인화점 40~370℃까지인 시료를 측정할수 있다.
- 태그 개방식(Tag Open Cup Apparatus)
  시료를 담은 개방식 컵을 액체에 잠기게 하여 가열하는 방식으로 인화점이 -18~290℃인 시료를 측정한다.
- 클리브랜드 개방식(Cleveland Open Cup)
  개방식 황동제 컵에 시료를 담아 직접 가열하는 방식으로 인화점 80~400℃ 이상인 시료를 측정한다.

정답 ①

화재조사보고 및 피해평가

61 ★☆☆

화재현장조사서 작성 시 유의사항 중 틀린 것은?

① 관계자 신술은 주관적인 것이므로 기재하지 않는다.
② 필요한 경우 예상되는 사항 및 관련 조치사항 등도 기록할 수 있다.
③ 발화지점 및 화재원인 판정은 객관적인 증거자료(사진, 기타서류 등)를 첨부할 수 있다.
④ 필요한 경우 감식·감정 결과통지서, 전기배선도, 연구자료, 재현실험 결과, 참고문헌 등 참고자료를 첨부할 수 있다.

해설

관계자 진술은 조사자의 판단이 개입되지 않도록 그대로 표현해야 한다.

정답 ①

62 ★☆☆

화재조사 및 보고규정상 화재피해 조사 및 피해액 산정순서로 옳은 것은?

① 화재현장 조사 → 피해정도 조사 → 기본현황 조사 → 재구입비 산정 → 피해액 산정
② 화재현장 조사 → 기본현황 조사 → 피해정도 조사 → 재구입비 산정 → 피해액 산정
③ 기본현황 조사 → 피해정도 조사 → 화재현장조사 → 재구입비 산정 → 피해액 산정
④ 기본현황 조사 → 피해정도 조사 → 재구입비 산정 → 피해액 산정 → 화재현장조사

해설

화재피해 조사 및 피해액 산정순서는 다음과 같다.
화재현장 조사 → 기본현황 조사 → 피해정도 조사 → 재구입비 산정 → 피해액 산정

정답 ②

63 ★★★

화재조사 및 보고규정상 건축·구조물 화재 중 반소의 소실 범위는?

① 건물의 20% 이상 50% 미만
② 건물의 20% 이상 70% 미만
③ 건물의 30% 이상 50% 미만
④ 건물의 30% 이상 70% 미만

해설

구분	소실정도
전소	건물의 70% 이상(입체면적에 대한 비율)이 소실되었거나 또는 그 미만이라도 잔존부분을 보수하여 재사용이 불가능한 것
반소	건물의 30% 이상 70% 미만이 소실된 것
부분소	전소, 반소에 해당하지 않는 것

정답 ④

64 ★★★

건물의 화재피해액 산정기준 공식으로 옳은 것은?

① 신축단가(m^2당) × 소실면적 × [1−(0.6 × 경과연수/내용연수)] × 손해율
② 신축단가(m^2당) × 소실면적 × [1−(0.7 × 경과연수/내용연수)] × 손해율
③ 신축단가(m^2당) × 소실면적 [1−(0.8 × 경과연수/내용연수)] × 손해율
④ 신축단가(m^2당) × 소실면적 × [1−(0.9 × 경과연수/내용연수)] × 손해율

해설

건물의 피해액 산정기준은 다음과 같다.

신축단가(m^2당) × 소실면적 × [1 − (0.8 × $\frac{경과연수}{내용연수}$)] × 손해율

정답 ③

65 ★★☆

화재조사 및 보고규정상 변전소에서 발생한 화재의 조사 결과 보고 기한으로 ( )에 알맞은 기준은?

- 화재 인지로부터 (㉠)일 이내
- 정당한 사유가 있는 경우에는 소방관서장에게 사전 보고를 한 후 (㉡)일 만큼 조사 보고일을 연장할 수 있다.

① ㉠: 15, ㉡: 50
② ㉠: 15, ㉡: 60
③ ㉠: 30, ㉡: 필요한 기간
④ ㉠: 30, ㉡: 60

해설

변전소에서 발생한 화재의 경우에는 화재 발생일로부터 30일 이내에 보고해야 하지만 정당한 사유가 있는 경우에는 소방관서장에게 사전 보고를 한 후 필요한 기간만큼 조사 보고일을 연장할 수 있다.

정답 ③

66 ★☆☆

화재조사 및 보고규정에 따른 화재현장조사서 작성 시 화재건물 현황의 기재사항이 아닌 것은?

① 건축물 현황
② 보험가입 현황
③ 소방시설 및 위험물 현황
④ 화재발생 후 상황

해설

화재현장조사서에는 화재발생 전 상황에 대한 화재건물 현황을 기재해야한다.

관련이론 화재현장조사서의 화재건물 현황 기재사항
- 건축물 현황
- 보험가입 현황
- 소방시설 및 위험물 현황
- 화재발생 전 상황

정답 ④

67 ★☆☆

항공기, 선박, 철도차량, 특수작업용차량, 시중매매가격이 확인되지 아니하는 자동차에 대한 피해의 산정기준 중 틀린 것은?

① 수리기 가능한 경우에는 수리비를 피해액으로 한다.
② 감정평가서가 없는 경우 회계장부상의 현재가액에 손해율을 곱한 금액을 화재로 인한 피해액으로 한다.
③ 감정평가서가 있는 경우 감정평가서상의 현재가액에 손해율을 곱한 금액을 화재로 인한 피해액으로 한다.
④ 감정평가서와 회계장부 모두 없는 경우에는 제조회사, 판매회사, 조합 또는 협회 등에 조회하여 구입가격 또는 시중거래가격을 확인하여 피해액을 산정한다.

해설

자료 유무	피해액 산정기준
감정평가서가 있는경우	감정평가서상의 현재가액에 손해율을 곱한 금액을 화재로 인한 피해액
감정평가서가 없는경우	회계장부상의 현재가액에 손해율을 곱한 금액을 화재로 인한 피해액
감정평가서와 회계장부 모두 없는경우	• 제조회사, 판매회사, 조합 또는 협회 등에 조회하여 구입가격 또는 시중 거래가격 확인 후 피해액으로 산정 • 수리가 가능한 경우 수리비에 감가공제 한 금액을 피해액으로 산정

정답 ①

68 ★★★

화재조사 및 보고규정상 구분하는 화재의 유형이 아닌 것은?

① 건축·구조물화재
② 임야화재
③ 위험물·가스제조소등 화재
④ 공장화재

해설

화재유형별조사서 종류
• 건축·구조물 화재   • 자동차·철도차량화재
• 위험물·가스제조소등 화재   • 선박·항공기화재
• 임야화재

정답 ④

69 ★★★

화재현장조사서(임야화재, 기타화재, 피해액이 없는 화재 이외의 화재)의 화재원인 검토 항목이 아닌 것은?

① 방화 가능성
② 인적 부주의 등
③ 기름누출
④ 기계적 요인

해설

기름누출은 화재현장조사서의 화재원인 검토 항목에 해당하지 않는다.

관련이론 화재원인 검토
• 방화 가능성(연소상황, 원인추적 등에 관한 사진, 설명)
• 전기적 요인
• 기계적 요인
• 가스누출
• 인적 부주의 등
• 연소확대 사유

정답 ③

70 ★★★

예술품 및 귀중품의 화재피해액 산정기준에 관한 내용으로 틀린 것은?

① 복수의 전문가의 감정을 받거나 감정서 등의 금액을 피해액으로 인정한다.
② 감가공제를 하지 아니한다.
③ 예술품 및 귀중품에 대한 그 가치를 손상하지 아니하고 원상태의 복원이 가능한 경우에는 피해액을 인정하지 아니한다.
④ 공인감정기관에서 인정하는 금액을 화재로 인한 피해액으로 산정한다.

해설

회화(그림), 골동품, 미술공예품, 귀금속 및 보석류는 전부손해의 경우 감정가격으로 하며 전부손해가 아닌 경우 원상복구에 소요되는 비용으로 한다.

정답 ③

71 ★★☆

화재현장에 출동한 119안전센터 등의 선임자에 의해 화재현장 상황에 대하여 기술한 것으로 초기 화재상황 파악에 귀중한 자료가 되는 보고서로 옳은 것은?

① 질문기록서
② 화재피해조사서
③ 화재현장조사서
④ 화재현장출동보고서

해설

화재현장에 출동한 소방대원 중 119안전센터 등의 선임자가 작성·입력하는 보고서는 화재현장출동보고서이다.

관련이론 화재현장출동보고서 기재사항

- 출동대원 및 응답자
- 현장도착 시 발견사항
- 도착하여 처음 실행한 일의 지점 및 유형
- 출입문 상태 및 소방대 건물 진입방법
- 소방대 이외의 강제적인 진입흔적
- 화재 장소에서 사용된 장비
- 출동로상의 발견사항
- 기타 화재와 관련된 사항
- 화재사진 및 동영상

정답 ④

72 ★☆☆

화재조사 및 보고규정상 화재증명원의 발급에 관한 사항으로 ( )에 알맞은 내용은?

> 소방관서장은 화재피해자로부터 소방대가 출동하지 아니한 화재장소의 화재증명원 발급신청이 있는 경우 조사관으로 하여금 사후조사를 실시하게 할 수 있다. 이 경우 민원인이 제출한 사후조사 의뢰서의 내용에 따라 발화장소 및 발화지점의 현장이 보존되어 있는 경우에만 조사를 하며, ( ) 작성은 생략할 수 있다.

① 화재현황조사서
② 화재피해조사서
③ 화재현장조사서
④ 화재현장출동보고서

해설

소방대가 출동하지 않은 화재현장에 대한 화재현장출동보고서는 생략할 수 있다.

정답 ④

73 ★★☆

특수한 경우의 화재 피해액 산정 시 우선 적용사항 으로 옳은 것은?

① 공구·기구, 집기비품, 가재도구를 일괄하여 피해액을 산정할 경우 재구입비의 30%를 피해액으로 한다.
② 중고집기비품의 시장거래가격이 신품가격보다 높을 경우 신품가격을 재구입비로 하여 피해액을 산정한다.
③ 중고구입기계장치의 제작년도를 알 수 없는 경우 신품가액의 60%를 재구입비로 하여 피해액을 산정한다.
④ 중고집기비품의 시장거래가격이 신품가액에서 감가수정을 한 금액보다 높을경우 중고기계장치의 시장거래가격을 재구입비로 하여 피해액을 산정한다.

해설

중고집기비품의 시장거래가격이 신품가격보다 높을경우 신품가격을 재구입비로 하여 피해액을 산정한다.

관련이론 특수한 경우의 피해액 산정 우선 적용사항

- 건물에 있어 문화재의 경우 별도 피해액 산정기준에 의한다.
- 철거건물 및 모델하우스의 경우 별도 피해액 산정기준에 의한다.
- 중고구입기계장치 및 집기비품의 제작 연도를 알 수 없는 경우 신품가액의 30~50%를 재구입비로 하여 피해액을 산정한다.
- 중고기계장치 및 중고집기비품의 시장거래가격이 신품가격보다 높을 경우 신품가액을 재구입비로 하여 피해액을 산정한다.
- 중고기계장치 및 중고집기비품의 시장거래가격이 신품가액에서 감가수정을 한 금액보다 낮을경우 중고기계장치의 시장거래가격을 재구입비로 하여 피해액을 산정한다.
- 공구·기구, 집기비품, 가재도구를 일괄하여 피해액을 산정할 경우 재구입비의 50%를 피해액으로 한다.
- 재고자산의 상품 중 견본품, 전시품, 진열품에 대해서는 구입가의 50~80%를 피해액으로 한다.

정답 ②

74 ★☆☆

잔존물제거비의 계산 방법으로 옳은 것은?

① 산정대상 피해액 × 10%
② 산정대상 피해액 × 20%
③ 화재 재구입비 × 10%
④ 화재 재구입비 × 20%

해설

잔존물제거비 = 산정대상 피해액 × 10%

정답 ①

75 ★☆☆

화재유형별조사서(건축·구조물 화재)의 특정소방대상물의 분류항목이 아닌 것은?

① 지하구
② 초고층시설
③ 근린생활시설
④ 문화집회 및 운동시설

해설
초고층시설은 특정소방대상물에 해당하지 않는다.

관련이론 화재유형별조사서(건축·구조물)의 특정소방대상물

구분	특정소방대상물
건축·구조물 화재	공동주택, 근린생활시설, 문화 및 집회시설, 종교시설, 판매시설, 운수시설, 의료시설, 교육연구시설, 노유자시설, 수련시설, 운동시설, 업무시설, 숙박시설, 위락시설, 공장, 창고시설, 위험물 저장 및 처리 시설, 항공기 및 자동차 관련 시설, 동물 및 식물 관련 시설, 자원순환 관련 시설, 교정 및 군사시설, 방송통신시설, 발전시설, 묘지 관련 시설, 관광휴게시설, 장례시설, 지하가, 지하구, 문화재, 복합건축물

정답 ②

76 ★☆☆

재고자산의 화재피해액 산정 시 회계장부에 현재가액이 확인된 경우의 산정기준으로 옳은 것은?

① 회계장부상 현재가액 × 손해율
② 재고자산의 출고가액 × 손해율
③ 재고자산의 회전율 × 손해율
④ 연간매출액 ÷ 손해율

해설
재고자산의 피해액 = 회계장부상 현재가액 × 손해율

정답 ①

77 ★★★

화재발생종합보고서 작성 시 질문기록서의 작성을 생략할 수 있는 화재는?

① 건축물·구조물화재
② 임야화재
③ 자동차화재
④ 선박화재

해설
기타화재 중 쓰레기, 모닥불, 가로등, 전봇대화재 및 임야화재의 경우 질문기록서 작성을 생략할 수 있다.

정답 ②

78 ★★★

영업시설의 화재로 인한 소손 정도에 따른 손해율이 40%인 경우는?

① 영업시설의 일부를 교체 또는 수리하거나 도장 내지 도배가 필요한 경우
② 손상정도가 다소 심하여 상당부분 교체 내지 수리가 필요한 경우
③ 불에 타거나 변형되고 그을음과 수침 정도가 심한 경우
④ 부분적인 소손 및 오염의 경우

해설
시설의 일부를 교체 또는 수리하거나 도장 내지 도배가 필요한 경우에는 40%이다.

관련이론 영업시설의 소손 정도에 따른 손해율

화재로 인한 피해정도	손해율(%)
불에 타거나 변형되고 그을음과 수침 정도가 심한 경우	100
손상정도가 다소 심하여 상당부분 교체 내지 수리가 필요한 경우	60
영업시설의 일부를 교체 또는 수리하거나 도장 내지 도배가 필요한 경우	40
부분적인 소손 및 오염의 경우	20
세척 내지 청소만 필요한 경우	10

정답 ①

79 ★☆☆

5년 후 철거예정인 노숙자 쉼터에서 화재가 발생하여 150m²가 소실된 경우, 이 철거건물의 피해액은? (철골조 건물이며, m²당 재건축비는 730,000원이고 내용연수는 50년이다.)

① 30,660,000원
② 33,726,000원
③ 31,660,000원
④ 34,726,000원

해설

철거건물의 피해액을 구하는 공식은 다음과 같다.

철거건물의 피해액 = 재건축비 × $[0.2 + (0.8 × \frac{잔여내용연수}{내용연수})]$

= $730,000 × [0.2 - (0.8 × \frac{5}{50})] = 30,660,000$원

정답 ①

80 ★☆☆

소방시설등 활용조사서 소화시설의 기재사항이 아닌 것은?

① 소화기구
② 옥외소화전
③ 연결송수관설비
④ 물분무등소화설비

해설

연결송수관설비는 소화활동설비에 해당한다.

관련이론 소방시설등 활용조사서의 소화시설

소화기구, 옥내소화전, 스프링클러설비, 간이스프링클러설비, 물분무등소화설비, 옥외소화전

정답 ③

화재조사관계법규

81 ★★★

화재조사 및 보고규정에서 정하는 건물의 동수 산정에 대한 설명으로 옳지 않은 것은?

① 주요구조부가 하나로 연결되어 있는 것은 1동으로 한다.
② 건물의 외벽을 이용하여 실을 만들어 작업실로 사용하고 있는 것은 주건물과 1동으로 본다.
③ 구조에 관계없이 지붕 및 실이 하나로 연결되어 있는 것은 별동으로 본다.
④ 목조건물의 경우 격벽으로 방화구획이 되어 있는 구조에 관계없이 지붕 및 실이 하나로 연결되어 있는 것은 같은 동으로 본다.

해설

구조에 관계없이 지붕 및 실이 하나로 연결되어 있는 것은 같은 동으로 본다.

관련이론 건물의 동수 산정

- 주요구조부가 하나로 연결되어 있는 것은 1동으로 한다. 다만 건널복도 등으로 2이상의 동에 연결되어 있는 것은 그 부분을 절반으로 분리하여 각 동으로 본다.
- 건물의 외벽을 이용하여 실을 만들어 헛간, 목욕탕, 작업실, 사무실 및 기타 건물 용도로 사용하고 있는 것은 주건물과 같은 동으로 본다.
- 구조에 관계없이 지붕 및 실이 하나로 연결되어 있는 것은 같은 동으로 본다.
- 목조 또는 내화조 건물의 경우 격벽으로 방화구획이 되어 있는 경우도 같은 동으로 한다.
- 독립된 건물과 건물 사이에 차광막, 비막이 등의 덮개를 설치하고 그 밑을 통로 등으로 사용하는 경우는 다른 동으로 한다.
- 내화조 건물의 옥상에 목조 또는 방화구조 건물이 별도 설치되어 있는 경우는 다른 동으로 한다. 다만, 이들 건물의 기능상 하나인 경우(옥내 계단이 있는 경우)는 같은 동으로 한다.
- 내화조 건물의 외벽을 이용하여 목조 또는 방화구조건물이 별도 설치되어 있고 건물 내부와 구획되어 있는 경우 다른 동으로 한다. 다만, 주된 건물에 부착된 건물이 옥내로 출입구가 연결되어 있는 경우와 기계설비 등이 쌍방에 연결되어 있는 경우 등 건물 기능상 하나인 경우는 같은 동으로 한다.

정답 ③

82 ★☆☆

형법상 시청을 방화한 경우, 방화 시 민원인들이 시청 내에 있었다면 어떤 범죄가 성립하는가?

① 일반물건 방화죄
② 공용건조물 등 방화죄
③ 현주건조물 등 방화죄
④ 일반건조물 등 방화죄

해설
사람이 현존하는 건조물에 대한 방화이므로 현주건조물 등 방화에 해당한다.

정답 ③

83 ★★☆

화재로 인한 재해보상과 보험가입에 관한 법률상 손해보험회사가 한국화재보험협회의 설립허가를 받으려는 경우 금융위원회에 제출하여야 하는 서류로 틀린 것은?

① 정관
② 사업방법서
③ 사업자등록증
④ 창립총회 의사록

해설
「화재로 인한 재해보상과 보험가입에 관한 법률 시행령 제9조」
손해보험회사가 협회의 설립허가를 받으려는 경우에는 그 허가신청서에 다음 서류를 첨부하여 금융위원회에 제출하여야 한다.
• 정관
• 사업방법서
• 창립총회 의사록

정답 ③

84 ★★★

소방의 화재조사에 관한 법령상 화재조사전담부서에서 갖추어야 할 장비 및 시설 중 화재조사 분석실은 몇 m² 이상의 실을 보유하여야 하는가?

① 10
② 20
③ 30
④ 40

해설
「소방의 화재조사에 관한 법률 시행규칙 별표」
화재조사분석실의 구성장비를 유효하게 보존·사용할 수 있고, 환기 및 수도·배관시설이 있는 30m² 이상의 실을 보유하여야 한다.

정답 ③

85 ★★★

형법상 공용건조물 등 방화에 관한 사항으로 ( )에 알맞은 기준은?

> 불을 놓아 공용(公用)으로 사용하거나 공익을 위해 사용하는 건조물, 기차, 전차, 자동차, 선박, 항공기 또는 지하채굴시설을 불태운 자는 무기 또는 ( )년 이상의 징역에 처한다.

① 1
② 3
③ 5
④ 7

해설
「형법 제165조」
불을 놓아 공용(公用)으로 사용하거나 공익을 위해 사용하는 건조물, 기차, 전차, 자동차, 선박, 항공기 또는 지하채굴시설을 불태운 자는 무기 또는 3년 이상의 징역에 처한다.

정답 ②

86 ★★★

화재로 인한 재해보상과 보험가입에 관한 법률상 다음의 경우 특수건물의 소유자가 가입하여야 하는 보험의 보험금액 기준 중 ( )에 알맞은 내용은?

> 두눈이 실명된 사람으로 후유장애 1급의 피해자 발생 시 ( )범위에서 피해자에게 발생한 손해액

① 9,000만원 ② 1억 2,000만원
③ 1억 3,500만원 ④ 1억 5,000만원

해설
「화재로 인한 재해보상과 보험가입에 관한 법률 시행령 별표2」
두눈이 실명된 사람은 후유장애 1급으로 보험금액은 1억 5천만원이다.

정답 ④

87 ★☆☆

소방의 화재조사에 관한 법령상 소방서장이 화재조사를 하기 위하여 관계인에게 보고 또는 자료 제출을 명했을 때 이를 위반하여 보고 또는 제출을 하지 아니한 자에 대한 과태료 기준으로 옳은 것은?

① 200만원 이하의 과태료
② 300만원 이하의 과태료
③ 500만원 이하의 과태료
④ 1,000만원 이하의 과태료

해설
「소방의 화재조사에 관한 법률 제23조」
다음 어느 하나에 해당하는 사람에게는 200만원 이하의 과태료를 부과한다.
• 허가 없이 통제구역에 출입한 사람
• 명령을 위반하여 보고 또는 자료 제출을 하지 아니하거나 거짓으로 보고 또는 자료를 제출한 사람
• 정당한 사유 없이 출석을 거부하거나 질문에 대하여 거짓으로 진술한 사람

정답 ①

88 ★★☆

화재로 인한 재해보상과 보험가입에 관한 법령에 따른 특수건물의 기준 중 다음 ( )안에 알맞은 것은?

> • 의료법에 따른 병원급 의료기관으로 사용하는 건물로서 연면적의 합계가 (㉠)제곱미터 이상인 건물
> • 공중위생관리법에 따른 숙박업으로 사용하는 부분의 바닥면적의 합계가 (㉡)제곱미터 이상인 건물

① ㉠: 1,000, ㉡: 3,000
② ㉠: 2,000, ㉡: 2,000
③ ㉠: 2,000, ㉡: 3,000
④ ㉠: 3,000, ㉡: 3,000

해설

면적기준	대상물
바닥면적 2천제곱미터 이상	학원, 게임제공업, 인터넷컴퓨터게임시설제공업, 노래연습장업, 휴게음식점영업, 단란주점영업, 유흥주점영업, 공유주방 운영업, 목욕장업, 영화상영관
바닥면적 3천제곱미터 이상	숙박업, 대규모점포, 도시철도의 역사(驛舍) 및 역 시설
연면적 3천제곱미터 이상	병원급 의료기관, 관광숙박업, 공연장, 방송사업을 목적으로 사용하는 건물, 농수산물도매시장 및 민영농수산물도매시장, 학교, 공장

정답 ④

89

소방의 화재조사에 관한 법령상 화재조사를 위한 화재조사 전담부서 설치 운영 사항 중 다음 (   )안에 알맞은 것은?

- 화재조사관은 (㉠)이 실시하는 화재조사에 관한 시험에 합격한 소방공무원 등 화재조사에 관한 전문적인 자격을 가진 소방공무원으로 한다.
- 전담부서의 구성 운영, 화재조사관의 구체적인 자격 기준 및 교육훈련 등에 필요한 사항은 (㉡)으로 정한다.

① ㉠: 소방청장, ㉡: 행정안전부령
② ㉠: 시도지사, ㉡: 행정안전부령
③ ㉠: 소방청장, ㉡: 대통령령
④ ㉠: 시도지사, ㉡: 대통령령

해설

「소방의 화재조사에 관한 법률 시행령 제5조」
- 화재조사 업무를 수행하는 화재조사관은 다음 어느 하나에 해당하는 소방공무원으로 한다.
  - 소방청장이 실시하는 화재조사에 관한 시험에 합격한 소방공무원
  - 「국가기술자격법」에 따른 국가기술자격의 직무분야 중 화재감식평가 분야의 기사 또는 산업기사 자격을 취득한 소방공무원
- 화재조사에 관한 시험의 방법, 과목, 그 밖에 시험 시행에 필요한 사항은 행정안전부령으로 정한다.

정답 ①

90

형법에 따른 화재에 있어서 진화용의 시설 또는 물건을 은닉 또는 손괴하거나 기타 방법으로 진화를 방해한 자는 최대 몇 년 이하의 징역에 처하는가?

① 3
② 5
③ 7
④ 10

해설

「형법 제169조」
화재에 있어서 진화용의 시설 또는 물건을 은닉 또는 손괴하거나 기타 방법으로 진화를 방해한 자는 10년 이하의 징역에 처한다.

정답 ④

91

화재로 인한 재해보상과 보험가입에 관한 법률에 따른 한국화재보험협회가 보험계약을 체결할 때 또는 보험계약을 갱신할 때마다 해당 특수건물의 화재예방 및 소화시설의 안전점검을 대통령령으로 정하는 바에 따라 일정 기간 하지 않을 수 있는 대상기준 중 틀린 것은?

① 산업안전보건법에 따라 공정안전보고서를 작성하는 건물로서 총리령으로 정하는 위험도가 낮은 특수건물
② 고압가스 안전관리법에 따라 안전성향상계획을 작성하는 건물로서 총리령으로 정하는 위험도가 낮은 특수건물
③ 화재예방, 소방설치·유지 및 안전관리에 관한 법률에 따라 종합점검을 받은 건물로서 총리령으로 정하는 위험도가 낮은 특수건물
④ 안전점검 결과 총리령으로 정하는 화재위험도지수가 낮은 특수건물

해설

「화재로 인한 재해보상과 보험가입에 관한 법률 제16조」
협회는 보험계약을 체결할 때 또는 보험계약을 갱신할 때마다 해당 특수건물의 화재예방 및 소방시설의 안전점검을 하여야 한다. 다만, 다음 어느 하나에 해당하는 특수건물에 대하여는 대통령령으로 정하는 바에 따라 일정 기간 안전점검을 하지 아니할 수 있다.
- 안전점검 결과 총리령으로 정하는 화재위험도지수가 낮은 특수건물
- 고압가스 안전관리법에 따라 안전성향상계획을 작성하는 건물로서 총리령으로 정하는 위험도가 낮은 특수건물
- 산업안전보건법에 따라 공정안전보고서를 작성하는 건물로서 총리령으로 정하는 위험도가 낮은 특수건물

정답 ③

92 ★☆☆

화재의 예방 및 안전관리에 관한 법령상 용접 또는 용단 작업장에서 불꽃을 사용하는 용접·용단기구 사용에 있어서 지켜야 하는 사항 중 다음 ( ) 안에 알맞은 것은? (단, 산업안전보건법에 따른 안전조치의 적용을 받는 사업장의 경우는 제외한다.)

- 용접 또는 용단 작업장 주변 반경 (㉠)m 이내에는 가연물을 쌓아두거나 놓아두지 말 것. 다만, 가연물의 제거가 곤란하며 방지포 등으로 방호조치를 한 경우는 제외한다.
- 용접 또는 용단 작업장 주변 반경 (㉡)m 이내에 소화기를 갖추어 둘 것

① ㉠ 10, ㉡ 5 ② ㉠ 5, ㉡ 10
③ ㉠ 7, ㉡ 5 ④ ㉠ 5, ㉡ 7

해설

「화재의 예방 및 안전관리에 관한 법률 시행령 별표1」
불꽃을 사용하는 용접·용단 기구용접 또는 용단 작업장에서는 다음 각 목의 사항을 지켜야 한다. 다만, 산업안전보건법 제38조의 적용을 받는 사업장에는 적용하지 않는다.
- 용접 또는 용단 작업장 주변 반경 5미터 이내에 소화기를 갖추어 둘 것
- 용접 또는 용단 작업장 주변 반경 10미터 이내에는 가연물을 쌓아두거나놓아두지 말 것. 다만, 가연물의 제거가 곤란하여 방화포 등으로 방호조치를 한 경우는 제외한다.

정답 ①

93 ★★★

화재로 인한 재해보상과 보험가입에 관한 법률상 특약부화재보험을 가입하지 않은 특수건물 소유자의 벌칙으로 옳은 것은?

① 200만원 이하의 벌금 ② 300만원 이하의 벌금
③ 400만원 이하의 벌금 ④ 500만원 이하의 벌금

해설

「화재로 인한 재해보상과 보험가입에 관한 법률 제23조」
특약부화재보험에 가입하지 아니한 자는 500만원 이하의 벌금에 처한다.

정답 ④

94 ★★☆

화재로 인한 재해보상과 보험가입에 관한 법률에 따른 특약부화재보험의 보험금액 기준 중 틀린 것은?

① 화재보험: 특수건물의 시가(時價)에 해당하는 금액
② 손해배상책임을 담보하는 보험에 해당하는 부분 중 사망의 경우: 피해자 1명마다 1억원 이상으로서 대통령령으로 정하는 금액
③ 손해배상책임을 담보하는 보험에 해당하는 부분 중 부상의 경우: 피해자 1명마다 사망자에 대한 보험금액의 범위에서 대통령령으로 정하는 금액
④ 재물에 대한 손해가 발생한 경우: 화재 1건마다 1억원 이상으로서 국민의 안전 및 특수건물의 화재위험성 등을 고려하여 대통령령으로 정하는 금액

해설

「화재로 인한 재해보상과 보험가입에 관한 법률 제8조」
- 화재보험: 특수건물의 시가(時價)에 해당하는 금액
- 손해배상책임을 담보하는 보험에 해당하는 부분 중 다음 구분에 따른 금액
  - 사망의 경우: 피해자 1명마다 5천만원 이상으로서 대통령령으로 정하는 금액
  - 부상의 경우: 피해자 1명마다 사망자에 대한 보험금액의 범위에서 대통령령으로 정하는 금액
  - 재물에 대한 손해가 발생한 경우: 화재 1건마다 1억원 이상으로서 국민의 안전 및 특수건물의 화재위험성 등을 고려하여 대통령령으로 정하는 금액

정답 ②

95 ★★☆

화재조사 및 보고규정상 화재건수의 결정 기준 중 틀린 것은?

① 동일 소방대상물의 발화점이 2개소 이상 있는 누전점이 동일한 누전에 의한 화재는 각각 별건의 화재로 본다.
② 1건의 화재란 1개의 발화점으로부터 확대된 것을 말한다.
③ 동일범이 아닌 각기 다른 사람에 의한 방화, 불장난은 동일 대상물에서 발화했더라도 각각 별건의 화재로 한다.
④ 동일 소방대상물의 발화점이 2개소 이상 있는 지진, 낙뢰 등 자연현상에 의한 화재는 1건의 화재로 본다.

해설

「화재조사 및 보고규정 제26조」
1건의 화재란 1개의 발화지점에서 확대된 것으로 발화부터 진화까지를 말한다. 다만, 다음 경우는 각 호에 따른다.
- 동일범이 아닌 각기 다른 사람에 의한 방화, 불장난은 동일 대상물에서 발화했더라도 각각 별건의 화재로 한다.
- 동일 소방대상물의 발화점이 2개소 이상 있는 다음의 화재는 1건의 화재로 한다.
  - 누전점이 동일한 누전에 의한 화재
  - 지진, 낙뢰 등 자연현상에 의한 다발화재
- 발화지점이 한 곳인 화재현장이 둘 이상의 관할구역에 걸친 화재는 발화지점이 속한 소방서에서 1건의 화재로 산정한다. 다만, 발화지점 확인이 어려운 경우에는 화재피해금액이 큰 관할구역 소방서의 화재 건수로 산정한다.

정답 ①

96 ★★☆

국가배상법상 국가공무원의 위법행위로 인하여 제3자에게 발생한 손해를 국가가 배상한 후 해당 공무원에게 행사하는 구상권에 관한 설명으로 옳은 것은?

① 해당 공무원에게 고의 또는 중대한 과실이 있는 경우에 구상권을 행사할 수 있다.
② 해당 공무원에게 고의 또는 중대한 과실이 있는 경우라도 인적피해가 없으면 구상권을 행사할 수 없다.
③ 해당 공무원에게 고의 또는 중대한 과실이 없어도 금전적 손실이 발생하면 구상권을 행사할 수 있다.
④ 해당 공무원에게 고의 또는 중대한 과실이 있으면 피해

해설

「국가배상법 제2조」
국가나 지방자치단체는 공무원 또는 공무를 위탁받은 사인이 직무를 집행하면서 고의 또는 과실로 법령을 위반하여 타인에게 손해를 입히거나, 손해배상의 책임이 있을 때에는 이 법에 따라 그 손해를 배상하여야 한다.

정답 ①

97 ★★★

화재조사 및 보고규정에 따른 화재조사관의 책무가 아닌 것은?

① 조사관은 조사에 필요한 전문적 지식과 기술의 습득에 노력
② 조사업무를 능률적이고 효율적으로 수행
③ 조사관은 그 직무를 이용하여 관계인등의 민사분쟁에 개입금지
④ 화재합동조사단을 구성하여 운영

해설

「화재조사 및 보고규정 제4조」
- 조사관은 조사에 필요한 전문적 지식과 기술의 습득에 노력하여 조사업무를 능률적이고 효율적으로 수행해야 한다.
- 조사관은 그 직무를 이용하여 관계인등의 민사분쟁에 개입해서는 아니 된다.

정답 ④

98

실화책임에 관한 법률상 손해배상의무자의 손해배상액 경감청구가 있을 때 법원이 손해배상액을 경감할 수 있는 기준이 아닌 것은? (단, 실화가 중대한 과실로 인한 것이 아닌 경우이다.)

① 피해의 대상과 정도
② 화재의 원인과 규모
③ 배상의무자의 경제상태
④ 피해 확대를 방지하기 위한 피해자의 노력

해설

「실화책임에 관한 법률 제3조」
법원은 청구가 있을 경우 다음 사정을 고려하여 그 손해배상액을 경감할 수 있다.
- 화재의 원인과 규모
- 피해의 대상과 정도
- 연소(延燒) 및 피해 확대의 원인
- 피해 확대를 방지하기 위한 실화자의 노력
- 배상의무자 및 피해자의 경제상태
- 그 밖에 손해배상액을 결정할 때 고려할 사정

정답 ④

99

소방의 화재조사에 관한 법령상 화재조사를 하는 경우 조사사항으로 옳지 않은 것은?

① 화재원인에 관한 사항
② 화재로 인한 재산피해 상황
③ 소방시설 등의 설치·관리 및 작동 여부에 관한 사항
④ 자위소방대의 대응 및 조직 구성에 관한 사항

해설

「소방의 화재조사에 관한 법률 제5조」
- 소방청장, 소방본부장 또는 소방서장은 화재발생 사실을 알게 된 때에는 지체없이 화재조사를 하여야 한다. 이 경우 수사기관의 범죄수사에 지장을 주어서는 아니 된다.
- 소방관서장은 화재조사를 하는 경우 다음 사항에 대하여 조사하여야 한다.
  - 화재원인에 관한 사항
  - 화재로 인한 인명·재산피해상황
  - 대응활동에 관한 사항
  - 소방시설 등의 설치·관리 및 작동 여부에 관한 사항
  - 화재발생건축물과 구조물, 화재유형별 화재위험성 등에 관한 사항
  - 그 밖에 대통령령으로 정하는 사항

정답 ④

100

제조물 책임법에 따른 손해배상 청구권 소멸시효는 몇 년인가?

① 3년　　② 5년
③ 7년　　④ 15년

해설

「제조물 책임법 제7조」
손해배상의 청구권은 피해자 또는 그 법정대리인이 다음 사항을 모두 알게 된 날부터 3년간 행사하지 아니하면 시효의 완성으로 소멸한다.
- 손해
- 손해배상책임을 지는 자

정답 ①

2023년 1회 CBT 복원문제

화재조사론

01 ★☆☆

다음 중 박리흔(Spalling)이 발생할 수 있는 조건으로 가장 거리가 먼 것은?

① 습기가 적은 노후 건물의 콘크리트
② 철근, 철망과 콘크리트의 열팽창률
③ 콘크리트 혼합의 정도 차
④ 수열면과 이면부의 온도차

해설

습기와 염분이 철근에 침투하면 부식이 발생하고 철근이 팽창하면서 박리가 발생한다.

관련이론 박리흔이 발생하는 주요원인

원인	현상
철근 부식	습기와 염분이 철근에 침투하면 부식이 발생하고 철근이 팽창하면서 박리가 발생한다.
열팽창	철근과 콘크리트의 열팽창율의 차이로 박리가 발생한다.
혼합 불균일	콘크리트의 혼합정도가 고르지 않으면 강도와 내구성의 차이로 박리가 발생한다.
온도차	수열면과 이면부 간의 온도 차이로 인해 응력이 발생하여 박리가 발생한다.

정답 ①

02 ★★☆

소방의 화재조사에 관한 법령상 화재조사의 책임과 권한에 관한 사항으로 옳은 것은?

① 소방청장, 소방본부장 또는 소방서장은 화재조사를 위하여 관계인에게 자료 제출을 명할 수 없다.
② 소방청장, 소방본부장 또는 소방서장은 수사기관이 방화(放火)의 혐의가 있어서 이미 피의자를 체포하였을 때에 그 피의자에 대하여 조사할 수 없다.
③ 화재조사를 하는 화재조사관은 화재조사를 수행하면서 알게 된 비밀을 언론에 알려야 한다.
④ 소방본부장이나 소방서장은 화재조사 결과 방화 또는 실화의 혐의가 있다고 인정하면 지체 없이 관할 경찰서장에게 그 사실을 알려야 한다.

선지분석

① 소방청장, 소방본부장 또는 소방서장은 화재조사를 위하여 관계인에게 자료 제출을 명할 수 있다.
② 소방청장, 소방본부장 또는 소방서장은 수사기관이 방화혐의가 있어서 이미 피의자를 체포하였을 때에 그 피의자에 대하여 조사할 수 있다.
③ 화재조사를 하는 화재조사관은 화재조사를 수행하면서 알게 된 비밀을 다른 용도로 사용하거나 누설해서는 아니 된다.

정답 ④

03 ★☆☆

V자 화재패턴에 대한 설명으로 옳은 것은?

① V자 패턴의 각은 환기에 영향을 받는다.
② V자 패턴의 각은 열방출율에 영향을 받지 않는다.
③ V자 패턴의 각은 가연물의 형상에 영향을 받지 않는다.
④ V자 각이 큰 것은 화재의 성장속도가 느렸다는 증거이며 V자 각이 작은 경우는 화재의 성장속도가 빨랐다는 증거이다.

해설
V 패턴의 각도는 연소속도에 직접적인 영향을 미치지 않는다.

관련이론 V 패턴 각도에 영향을 미치는 인자
- 열방출률
- 가연물의 형상
- 환기효과
- 재료의 가연성
- 수평표면의 존재

정답 ①

04 ★★★

목재의 탄화심도 측정 시 유의사항 중 틀린 것은?

① 측정기구는 목재와 직각으로 삽입하여 측정한다.
② 게이지로 측정된 깊이 외에 소실된 부분의 깊이를 더하여 비교하여야 한다.
③ 탄화된 요철 부위 중 철(凸) 부위를 택하여 측정한다.
④ 탄화되지 않은 곳까지 삽입될 수 있으므로 송곳과 같은 날카로운 측정기구를 사용한다.

해설
송곳과 같은 날카로운 측정기구를 사용하면 탄화되지 않은 곳까지 삽입되어 실제 탄화심도보다 더 깊은 깊이를 측정하게 된다.

관련이론 탄화심도 측정
- 탄화심도란 목재의 표면이 탄화된 깊이를 말하며 수열이 심할수록 탄화심도가 깊어진다.
- 계침은 목재와 직각으로 삽입하여 측정하며 탄화된 요철부위 중 철(凸:볼록한 부분)부위를 측정한다.
- 게이지로 측정된 깊이 외에 소실된 부분의 깊이를 더하여 비교하여야 한다.

정답 ④

05 ★★☆

다음 중 분진폭발의 위험이 가장 낮은 것은?

① 강철 분말
② 티타늄 분말
③ 생석회 분말
④ 알루미늄 분말

해설
분진폭발을 일으키지 않는 물질
- 탄화칼슘(생석회)
- 가성소다
- 시멘트
- 산화알루미늄
- 수산화칼슘(소석회)
- 대리석
- 석회석

정답 ③

06 ★★★

연소반응에 있어서 산소공급원의 역할을 하는 물질은?

① 황린
② 칼륨
③ 과산화나트륨
④ 디에틸에테르

해설
과산화나트륨은 강력한 산화제로 물과 반응하면 산소와 함께 열을 방출하여 산소공급원 역할을 한다.

관련이론 산화제
- 산소
- 염소
- 황산
- 질산
- 브롬
- 요오드
- 염화철
- 염화주석
- 플루오린
- 과산화수소
- 과산화나트륨
- 과망간산칼륨

정답 ③

07 ★☆☆

MEK(메틸에틸케톤)으로 인한 화재 분류로 옳은 것은?

① A급화재
② B급화재
③ C급화재
④ D급화재

해설
MEK(메틸에틸케톤)는 휘발성 유기용제로 유류화재(B급화재)에 해당한다.

정답 ②

08 ★★★

소방기본법상 화재, 재난·재해, 그 밖의 위급한 상황이 발생한 현장에 소방활동구역을 정하여 소방활동에 필요한 사람으로서 대통령령으로 정하는 사람 외에는 그 구역에 출입하는 것을 제한할 수 있는 자는?

① 시·도지사
② 행정안전부장관
③ 시장·군수
④ 소방대장

해설
- 소방대장은 화재, 재난·재해, 그 밖의 위급한 상황이 발생한 현장에 소방활동구역을 정하여 소방활동에 필요한 사람으로서 대통령령으로 정하는 사람 외에는 그 구역에 출입하는 것을 제한할 수 있다.
- 경찰공무원은 소방대가 소방활동구역에 있지 아니하거나 소방대장의 요청이 있을 때에는 조치를 할 수 있다.

정답 ④

09 ★★★

점화원에 대한 설명으로 옳은 것은?

① 온도가 높을수록 최소착화에너지는 높아진다.
② 가스와 공기의 혼합비율이 연소하한계에 가까울수록 점화에너지는 작아진다.
③ 혼합된 공기의 산소농도에 관계없이 최소착화에너지는 일정하다.
④ 연소범위 내에 있는 가연성 가스는 정전기 등의 약한 에너지도 점화될 수 있다.

선지분석
① 온도가 높을수록 최소점화에너지는 낮아진다.
② 최소착화에너지는 혼합비율이 화학양론비율에 가까울수록 작아진다.
③ 가연물의 종류에 따라 최소착화에너지는 달라진다.

관련이론 최소착화에너지(MIE, Minimum Ignition Energy)
- 최소착화에너지는 매우 작아 mJ 단위를 사용한다.
- 산소농도가 높을수록 연소반응이 더 쉽게 일어날 수 있는 조건이 되어 최소착화에너지가 작아진다.
- 압력이 높으면 분자 간 거리가 좁아지고, 온도가 높으면 분자운동이 활발해져 최소착화에너지가 작아진다.
- 가연성 혼합기체가 발화하는 데 필요한 최소 에너지로 가연물 종류에 따라 다르다.
- 혼합기체의 농도가 양론농도(Cst) 부근일 때 최소착화에너지는 최소이고, 상한계·하한계로 갈수록 최소착화에너지는 증가한다.

정답 ④

10 ★★★

화염의 색이 백적색일 때 불꽃의 온도는?

① 약 350℃
② 약 800℃
③ 약 1,300℃
④ 약 1,500℃

해설
화염의 색이 백적색일 때 불꽃의 온도는 1,300℃이다.

관련이론 온도별 화염의 색

불꽃색	담암적색	암적색	적색	휘적색	황적색	백적색	휘백색
온도(℃)	520	700	850	950	1,100	1,300	1,500

정답 ③

11 ★☆☆

아마인유, 대두유, 오동유 등의 건성유를 90~100℃에서 5~10시간 공기를 불어 넣으면서 가열하여 색과 점도를 준 것으로 요오드가 145 이상인 보일유에 안료와 전색제 등을 혼합한 착색도료는?

① 락카
② 페인트
③ 시너
④ 알코올

해설
페인트는 아마인유, 대두유, 오동유와 같은 건성유를 90~100℃에서 5~10시간 동안 공기를 주입하며 가열하여 점도와 색상이 진한 보일유(Boiled Oil)에 안료와 전색제 등을 넣은 것이다.

정답 ②

12 ★☆☆

다음 중 발화온도가 가장 높은 것은?

① 메탄
② 프로판
③ 이소부탄
④ 노말헥산

해설

가스	발화온도(℃)
메탄	595
프로판	470
이소부탄	462
노말헥산	225

정답 ①

13 ★☆☆

화재조사 기자재 중 안전장비에 포함되지 않는 것은?

① 손전등
② 안전고리
③ 안전화
④ 보호용 장갑

해설
손전등은 안전장비에 해당되지 않는다.

관련이론 화재조사 기자재 중 안전장비(8종)
보호용 작업복, 보호용 장갑, 안전화, 안전모(무전송수신기 내장), 마스크(방진마스크, 방독마스크), 보안경, 안전고리, 화재조사 조끼

정답 ①

14 ★★★

화재조사 측면에서의 화재진압 및 구조대원의 역할이라고 볼 수 없는 것은?

① 구조대원은 피해자들의 화상부위와 정도를 확인하고 이를 화재조사자에게 통보한다.
② 진압을 위해 출입문을 강제로 개발할 때 다른 강제적인 흔적이 발견된다면 이 흔적이 겹치지 않도록 다른 곳을 파괴한다.
③ 잔불정리 과정에서 과도하게 변형시키지 않으며, 변경되었을 경우에는 화재조사자에게 통보한다.
④ 진압 시 자가발전설비가 부착된 기구를 재급유 할 때에는 화재현장에서 신속하게 진행한다.

해설
현장에서 석유류 연료를 사용하는 장비는 재급유를 반드시 현장 밖에서 실시해야 한다. 이는 연료 유출 시 허위증거로 오인될 가능성이 있기 때문이다.

관련이론 현장보존을 위한 소방대원의 역할 및 주의사항
- 잔불을 정리하는 동안 남아있는 증거물이 훼손되지 않게 주의한다.
- 화재현장에 있는 설비, 기구 또는 시설의 손잡이를 돌리거나 작동 스위치를 켜는 것을 자제한다.
- 화재현장에서 석유류 연료를 사용하는 장비를 사용하는 것, 재급유 하는 것을 자제한다.
- 사망이 확인된 사체는 현장보존을 위해 그 위치를 변경하여서는 안 된다.
- 잔불정리 시에 필요 이상으로 물건을 옮기거나 쓰러뜨리지 않도록 한다.
- 화재진압과정에서 높은 수압은 증거물을 훼손할 수 있음을 인지해야 한다.
- 부득이하게 파괴되거나 변경되었을 때는 그 내용을 기록해 추후에라도 화재조사관에게 전달하여야 한다.

정답 ④

15 ★★★

소방의 화재조사에 관한 법령상 화재조사를 하는 경우 조사사항으로 옳지 않은 것은?

① 화재원인에 관한 사항
② 화재로 인한 재산피해 상황
③ 소방시설 등의 설치·관리 및 작동 여부에 관한 사항
④ 자위소방대의 대응 및 조직 구성에 관한 사항

해설

「소방의 화재조사에 관한 법률 제5조」
- 소방청장, 소방본부장 또는 소방서장은 화재발생 사실을 알게 된 때에는 지체없이 화재조사를 하여야 한다. 이 경우 수사기관의 범죄수사에 지장을 주어서는 아니 된다.
- 소방관서장은 화재조사를 하는 경우 다음 사항에 대하여 조사하여야 한다.
  - 화재원인에 관한 사항
  - 화재로 인한 인명·재산피해상황
  - 대응활동에 관한 사항
  - 소방시설 등의 설치·관리 및 작동 여부에 관한 사항
  - 화재발생건축물과 구조물, 화재유형별 화재위험성 등에 관한 사항
  - 그 밖에 대통령령으로 정하는 사항

정답 ④

16 ★☆☆

유류화재와 관련된 용어의 설명으로 틀린 것은?

① 인화점은 외부로부터 에너지를 받아서 착화 가능한 최저온도
② 발화점은 외부로부터 점화에너지 공급 없이 주변의 열에 의해 물질 스스로 착화되는 최저온도
③ 증기밀도는 공기의 분자량을 가연성 물질의 분자량으로 나눈 값
④ 연소점은 화염이 꺼지지 않고 지속되는 최저온도

해설

증기밀도는 표준상태(0℃, 1기압)에서 그 기체의 1mol 당 분자량을 공기의 부피(22.4L)로 나눈 값이다.

정답 ③

17 ★★★

다음 중 화재플럼(Fire Plume)에 의해 수직벽면에 생성되는 패턴으로 옳지 않은 것은?

① V 패턴
② 모래시계 패턴
③ 도넛형태 패턴
④ U 패턴

해설

도넛 패턴은 화재플럼에 의한 패턴이 아니라 방화에 의한 화재패턴이다.

관련이론 도넛 패턴(Doughnut Pattern)
- 가연성액체가 웅덩이처럼 고여 있는 경우 발생하는 액체의 연소패턴이다.
- 연소된 부분이 덜 연소된 부분을 둘러싸고 있는 도넛 모양 형태로 나타난다.
- 유류가 쏟아진 곳의 가장자리 부분이 내측에 비하여 강한 연소 흔적을 보이는 것이 특징이다.

정답 ③

18 ★★★

방화의 식별에서 일반적인 방화의 가능성이 있는 경우로 가장 거리가 먼 것은?

① 화재가 건물의 구조, 가연물 등에 비해 급격히 확산된 경우
② 최초 발화지점에서 유류 등 연료물질을 사용한 흔적이 있는 경우
③ 연소기구를 중심으로 연소 확대가 진행된 흔적이 있는 경우
④ 출입문, 창 등에 강제로 진입한 흔적이 있는 경우

해설

연소기구를 중심으로 연소 확대가 진행된 흔적이 있는 경우에는 방화의 가능성보다 실화의 가능성에 더 가깝다.

관련이론 방화의 가능성
- 화재가 건물의 구조, 가연물 등에 비해 급격히 확산된 경우
- 최초 발화지점에서 유류 등 연료물질을 사용한 흔적이 있는 경우
- 출입문, 창 등에 강제로 진입한 흔적이 있는 경우

정답 ③

19 ★★★

메탄 75vol%, 에탄 15vol%, 프로판 10vol%가 섞여있는 혼합가스의 공기 중 연소 하한계는? (단, 메탄, 에탄, 프로판의 연소 하한계는 각각 5.0vol%, 3.0vol%, 2.0vol% 이다.)

① 2vol% ② 4vol%
③ 6vol% ④ 8vol%

해설

르샤틀리에법칙은 다음과 같다.

$$\frac{100}{LFL} = \frac{V_1}{L_1} + \frac{V_2}{L_2} + \cdots$$

LFL: 혼합가스 연소하한계(vol%), V_1, V_2: 가연성가스의 체적(vol%),
L_1, L_2: 가연성가스의 폭발한계(vol%)

$$\frac{100}{LFL} = \frac{75}{5} + \frac{15}{3} + \frac{10}{2} = 4\text{vol\%}$$

정답 ②

20 ★☆☆

화재현장에서 열, 연기 또는 화염 흐름의 방향을 표시하는 것으로써 화재현장도에 사용되는 화살표는 무엇인가?

① 열관성
② 타임라인
③ 열방출률
④ 열 및 화염벡터

해설

열 및 화염 벡터는 열과 연기 등에 의해 형성된 연소 강도를 파악하는 데 활용되며, 연소 강도가 강한 지점에서 약한 지점으로 벡터를 표시하면 발화지점 판정에 유용하다.

정답 ④

화재감식론

21 ★☆☆

발화원에 대한 설명으로 틀린 것은?

① 발화원은 가연물의 발화온도에 이르는 높은 에너지를 가지고 있다.
② 발화원은 대체로 발화지점이나 그 근처에 존재할 수 있다.
③ 발화원은 발화원인을 증명하기 위해 꼭 확인되어야 한다.
④ 발화원은 발견되거나 파괴되지 않는 상태로 존재한다.

해설

발화원은 현장에서 잔해로 남지 않았을 가능성이 높으며, 화재진압 과정에서 이동되었거나 완전히 소실되었을 수도 있다.

정답 ④

22 ★☆☆

우리나라 임야화재의 발생 건수가 가장 많은 계절은?

① 봄 ② 여름
③ 가을 ④ 겨울

선지분석

② 여름은 높은 강수량으로 인해 임야화재 발생 건수가 낮다.
③ 가을은 낙엽과 건조한 기후로 인해 화재발생 건수가 높다.
④ 겨울은 낮은 기온과 높은 습도로 인해 화재발생 건수가 낮다.

정답 ①

23 ★☆☆

위험물안전관리법령상 제1류 산화성 고체에 명시되지 않은 것은?

① 질산염류 ② 염소산염류
③ 과염소산염류 ④ 질산에스테르류

해설

성질	품명	지정수량(kg)
산화성 고체	아염소산염류, 염소산염류, 과염소산염류, 무기과산화물	50
	질산염류, 브롬산염류, 요오드산염류	300
	중크롬산염류, 과망간산염류	1,000

정답 ④

24 ★☆☆

pH = 3인 수용액의 [H⁺]는 pH = 5인 수용액의 [H⁺]의 몇 배인가?

① 0.01 ② 10
③ 100 ④ 1000

해설

pH는 용액 속에 들어있는 수소이온농도[H⁺]에 따라 결정되며 수소이온농도의 음의 로그값 pH = $-\log[H^+]$ 을 취한 것이다.
$3 = -\log[H^+]$에서 [H⁺]은 10^{-3}
$5 = -\log[H^+]$에서 [H⁺]은 10^{-5}
이므로 pH = 3인 수용액의 [H⁺]는 pH=5인 수용액의 [H⁺]의 100배이다.

정답 ③

25 ★☆☆

자동차 엔진이 회전할 때 기관 내부 주요부위 온도를 나타낸 것 중 옳은 것은?

① 연소실 가스:3,900℃
② 연소실 벽: 400℃
③ 피스톤 헤드 중심: 150~260℃
④ 배기밸브 헤드부: 290~310℃

해설

기관 내부 주요부위	온도(℃)
연소실 가스	3,900
점화플러그 전극	450~875
배기밸브 헤드부	650~730
실린더 벽	150~370
피스톤 헤드부	290~310
피스톤 헤드 중심	290~300
피스톤 스커트부	90~200
연소실 벽	200~260

정답 ①

26 ★★☆

직접착화에 의한 방화원인 감식에 관한 사항으로 틀린 것은?

① 독립적 발화 개소 여부를 확인한다.
② 화재당시 사람의 출입 여부를 확인하고 내부 또는 외부 소행인지 확인한다.
③ 화재 전에 없던 가연물이 연소한 흔적이 있거나 물건의 위치가 변경되었는지 확인한다.
④ 스위치로부터 전열기구로 가는 회로를 찾아 스위치와 전열기구와의 관계를 규명한다.

해설

스위치와 전열기구의 관계는 전기적 요인에 의해 발생하는 화재이다.

관련이론 직접착화에 의한 방화원인 감식
- 독립적 발화 개소 여부
- 화재당시 사람의 출입 여부
- 화재 전에 없던 가연물이 연소한 흔적이 있거나 물건의 위치가 변경되었는지 여부

정답 ④

27 ★★★

가스용기와 안전밸브 종류의 연결이 옳은 것은?

① 산화에틸렌 용기 - 파열판식 안전밸브
② 수소 압축가스용기 - 파열판식 안전밸브
③ 아르곤 압축가스용기 - 스프링식 안전밸브
④ LPG 용기 - 스프링식과 파열판식의 2중 안전밸브

해설
수소, 질소, 아르곤, 액체이산화탄소 용기 등에 설치하는 안전밸브는 파열판식이다.

관련이론 과압안전장치

구분	용기의 종류
스프링식	LPG 용기
가용전식	염소, 아세틸렌, 산화에틸렌 용기
파열판식	산소, 수소, 질소, 아르곤, 액체 이산화탄소 용기
2중식(스프링식+파열판식)	초저온 용기

정답 ②

28 ★☆☆

연소가 확대된 연소경로의 방향성을 알기 위한 주요 판단요소가 아닌 것은?

① 연소흔의 형태
② 점화원의 형태
③ 백열전구의 변형
④ 동물 사체의 탄화정도

해설
점화원의 형태는 화재 발생 원인을 파악하는 데에는 도움이 될 수 있으나, 연소 경로를 파악하는 데 직접적인 관련성이 없다.

정답 ②

29 ★★☆

정전기를 방지하기 위한 대책으로 틀린 것은?

① 땅속으로 정전기를 흘려보내는 접지 조치
② 공기 중의 습도를 70% 이상으로 유지
③ 비전도성 물질에 탄소, 금속분 등의 대전방지제를 첨가
④ 위험물 등이 배관 내를 흐를 때 빠른 유속 유지

해설
정전기는 주로 분말이 배관과 충돌할 때 발생하므로, 유속을 제한하고 배관의 굴곡을 최소화하는 등 레이아웃을 적절히 설계하면 전하 발생을 어느 정도 억제할 수 있다.

관련이론 정전기 방지대책
- 접지시설을 한다.
- 공기를 이온화 시킨다.
- 공기 중의 상대습도를 70% 이상으로 한다.
- 대전을 방지하기 위해 전도성물질을 사용해야 한다.

정답 ④

30 ★★★

고압가스 안전관리법령상 가연성가스 종류에 따른 용기의 도색구분으로 옳은 것은?

① LPG - 백색
② 수소 - 주황색
③ 아세틸렌 - 녹색
④ 액화암모니아 - 회색

해설

가스종류	용기색상
LPG(액화석유가스)	회색
액화암모니아	백색
아세틸렌	황색
액화염소	갈색
액화탄산가스	청색(의료용: 회색)
산소	녹색(의료용: 백색)
수소	주황색

정답 ②

31 ★★☆
방화의 일반적인 판단요소로 가장 거리가 먼 것은?

① 화상피해자의 유무   ② 무단침입과 출입흔적
③ 범죄흔적   ④ 이상(異常)연소현상

해설
방화의 일반적인 판단요소에는 무단침입과 출입흔적, 범죄흔적, 그리고 이상 연소현상이 포함된다.

정답 ①

32 ★★☆
방화 범죄 특징에 대한 설명 중 틀린 것은?

① 방화는 정신이상, 원한, 보복 등 비정상적인 사고에 의해 발생한다.
② 방화에 사용된 증거물이 전소되고 은닉되는 것이 대부분이기 때문에 방화원인을 규명하는데 많은 어려움이 있다.
③ 방화는 일반적으로 은폐된 공간에서 이루어지고 순간 화재 확산이 빠른 인화성 물질을 사용하는 경우가 많아 피해범위가 크다.
④ 방화는 일반적으로 계절적인 측면에 좌우되고 주기적으로 발생한다.

해설
방화는 계절이나 주기와 상관없이 발생한다.

관련이론 방화의 특징
- 화재로 인해 증거가 대부분 소실되어 범인 검거가 매우 어렵다.
- 계절이나 주기와 상관없이 연중 꾸준히 발생한다.
- 단독범행이 많고 인적이 드문 야간에 발생해 발견이 어렵다.
- 휘발유, 시너 등 인화성 물질을 사용하여 불을 빠르고 크게 확산시키는 경우가 많다.
- 우발적으로 발생하는 빈도가 높으며, 특히 음주 상태나 약물 상태에서 범행하는 비율이 높다.
- 남성의 비율이 높고 검거 시 극도로 흥분한 상태를 보이는 경우가 많다.
- 주택이나 차량에서 가장 많이 발생하며, 사람들의 눈을 피할 수 있는 곳에서 발생한다.

정답 ④

33 ★★☆
선박화재의 직접적인 발화(發火)원으로 보기 어려운 것은?

① 전기과열   ② 정전기
③ 아크   ④ 접지

해설
접지는 정전기를 제거하여 발화를 방지하기 위한 조치로 전류를 대지로 흘려보내 사람과 장비를 안전하게 보호하기 위한 조치이다.

정답 ④

34 ★☆☆
나무에서 공통적으로 나타나는 탄화와 균열의 특성으로 틀린 것은?

① 유염연소가 무염연소보다 타 들어가는 것이 깊다.
② 불에 오래도록 강하게 탈수록 탄화의 깊이는 깊다.
③ 탄화모양을 형성하고 있는 패인 골이 깊을수록 소손이 강하다.
④ 탄화모양을 형성하고 있는 패인 골의 폭이 넓을수록 소손이 강하다.

해설
무염연소는 가연물의 표면에서만 일어나며 내부로는 전파되지 않고, 연소 반응 속도가 매우 느리다.

관련이론 무염연소와 유염연소

구분	내용
유염연소	가연물의 표면과 내부에서 동시에 일어나는 연소
무염연소	가연물의 표면에서만 일어나는 연소

정답 ①

35 ★☆☆
차량의 점화장치의 전류 흐름 순서를 바르게 나열한 것은?

① 점화스위치 → 배터리 → 시동모터 → 점화코일 → 배전기 → 고압케이블 → 스파크 플러그
② 점화스위치 → 시동모터 → 배터리 → 점화코일 → 배전기 → 고압케이블 → 스파크 플러그
③ 점화스위치 → 배터리 → 시동모터 → 배전기 → 점화코일 → 고압케이블 → 스파크 플러그
④ 점화스위치 → 시동모터 → 점화코일 → 배터리 → 배전기 → 고압케이블 → 스파크 플러그

해설
점화장치가 있는 가솔린엔진의 전류흐름도는 다음과 같다.
점화스위치 → 배터리 → 시동모터 → 점화코일 → 배전기 → 고압케이블 → 스파크 플러그

정답 ①

36 ★☆☆
내연기관 자동차의 구동방식에 의한 분류에 속하지 않는 것은?

① AW CAR ② FR CAR
③ RR CAR ④ AR CAR

해설

구동방식	구동방법
전륜구동(FF)	엔진이 앞에 있고, 앞바퀴가 굴러가는 방식
후륜구동(FR)	엔진이 앞에 있고, 뒷바퀴가 굴러가는 방식
후륜구동(RR, 리어엔진)	엔진이 뒤에 있고, 뒷바퀴가 굴러가는 방식
사륜구동(AW)	모든 바퀴가 굴러가는 방식

정답 ④

37 ★☆☆
담뱃불 발화 메커니즘에 대한 설명으로 옳은 것은?

① 훈소가 지속될 수 있는 가연물과의 접촉 → 훈소 → 착염 → 출화 의 과정을 겪는다.
② 담뱃불의 연소 선단에서의 온도는 100~200℃ 정도이다.
③ 담뱃불의 연소성은 풍속 0.5m/s 에서 최적조건이고 1m/s 이상이면 꺼지기 쉬우며, 산소농도 16% 이하에서는 연소하지 않는다.
④ 담뱃불의 연소시간은 레귤러 사이즈(60mm)의 경우 1개비는 수평 18~19분, 수직 16~17분 정도가 소요된다.

선지분석
② 담뱃불의 연소 선단에서의 온도는 550~650℃ 정도이다.
③ 담뱃불의 연소성은 풍속 1.5m/s 에서 최적조건이고 3m/s 이상이면 꺼지기 쉬우며, 산소농도 16% 이하에서는 연소하지 않는다.
④ 담뱃불의 연소시간은 레귤러 사이즈(60mm)의 경우 1개비는 수평 13~14분, 수직 11~12분 정도가 소요된다.

정답 ①

38 ★★★
산불진화 시 열 스트레스 손상으로 가장 거리가 먼 것은?

① 열 경련 ② 탈수 피로
③ 열 발작 ④ 혼수상태

해설
산불진화활동은 극심한 고온, 높은 습도, 연기 흡입 등 열적 스트레스 요인이 많은 환경에서 이루어진다. 이러한 열적 스트레스는 신체에 심각한 영향을 미쳐 열 경련, 열 탈진, 열사병 등을 유발할 수 있다.

정답 ④

39 ★★☆

폭발 현장에서 수집한 배경 정보를 바탕으로 폭발 전 및 폭발 시 사고 경위를 표로 만든 후 인과관계이론과 일치하는지 아닌지를 추론한 후 "최적"이론을 설정하는 분석을 무엇이라 하는가?

① 손상패턴 분석　　② 구조물 분석
③ 열효과 상관분석　　④ 타임라인 분석

해설
타임라인은 시간의 흐름에 따라 순서에 맞게 배열하는 것으로 사고 경과를 시간 순으로 정리하여 인과관계를 파악하는 분석기법이다.

관련이론 타임라인(Time Line)
- 화재사건의 전후관계에 대한 중요한 정보를 제공한다.
- 화재발생 시간 정보, 화재진행 사항별 시간대별로 일목요연하게 볼 수 있다.
- 화재발생의 시간 정보는 범죄사실을 규명하기 위해 매우 중요한 정보를 제공한다.
- 화재정보 등 다양한 시간 정보를 이용, 타임라인을 구성함으로써 화재발생현황, 활동사항, 문제점을 분석할 수 있다.

정답 ④

40 ★☆☆

차량 화재조사 중 화재조사자의 안전 및 조사가 용이한 장소가 아닌 것은?

① 화재가 발생한 고속도로의 갓길
② 소유자의 주차장 및 조사 가능한 주차장
③ 화재차량의 소유자가 최근 차량검사 및 수리를 맡긴 자동차정비공장
④ 화재차량의 소유자가 신차(중고차)로 구입한 자동차판매영업소

해설
고속도로 갓길에서의 조사는 교통에 지장을 줄 뿐만 아니라 매우 위험하다. 따라서 기본적인 조사만 신속히 마친 후 차량을 안전한 장소로 이동시켜 본격적인 조사를 실시해야 한다.

정답 ①

증거물관리 및 법과학

41 ★☆☆

화재현장에서 채취한 증거물의 감정기관 이송 시 우편법상 금지물품이 아닌 것은?

① 흙과 모래 등이 섞인 물질
② 폭발성 물질
③ 발화성 물질
④ 인화성 물질

해설
화재현장에서 채취한 증거물을 감정기관으로 이송 시 흙과 모래 등이 섞인 물질은 우편금지물품에 해당하지 않는다.

관련이론 우편금지물품
- 폭발성물질
- 발화성물질
- 가연성물질
- 인화성물질
- 유독성물질
- 강산류 및 강산화성 물질

정답 ①

42 ★☆☆

화재현장에서 역광 촬영을 하고자 한다. 다음 중 카메라 측광방식으로 가장 옳은 것은?

① 스팟측광　　② 중앙부 중점측광
③ 평균측광　　④ 다분할 측광

해설
스팟측광은 피사체가 역광 상황이거나, 너무 밝거나 어두울 경우 사용하는 촬영방법이다.

정답 ①

43 ★☆☆

형사소송법 체계상 사진이나 비디오 등 영상물에 대한 법적 증명력을 부여하는 권한을 가진 자로 옳은 것은?

① 검사
② 법관
③ 변호사
④ 피해자

해설
법적 증명력을 부여하는 권한을 가진 자는 법관이다.

정답 ②

44 ★☆☆

다음 중 화재조사자가 작성해야 하는 서류가 아닌 것은?

① 화재발생종합보고서
② 방화·방화의심 조사서
③ 재산피해신고서
④ 소방시설등 활용조사서

해설
재산피해신고서는 화재로 인해 피해를 입은 화재관계인이 작성해야 한다.

정답 ①

45 ★☆☆

액체증거물 수집에 대한 설명으로 틀린 것은?

① 액체 탄화수소물의 밀봉을 위해서 고무로 만들어진 링이나 혹은 고무마개를 지니고 있는 병을 사용하여야 한다.
② 적은 양의 액체는 피펫 혹은 깨끗한 흡수섬유, 거즈 혹은 탈지면에 흡수시키고 적절한 밀폐용기에 그것을 밀봉할 수 있다.
③ 의심스러운 가연성 액체가 콘크리트에서 발견된다면 습식 브러시로 쓸어 담거나 흡수성 재질을 펼쳐 흡수시킨다.
④ 흡수제는 별도의 캔에 밀봉되어 보관되어야 한다.

해설
고무마개는 파손의 위험이 있어 마개는 유리, PTFE(폴리테트라플루오로에틸렌), 내유성의 내부판이 부착된 플라스틱, 금속의 스크루 마개를 사용해야 한다.

관련이론 유리병 용기의 특징
- 가격이 저렴하고 구하기 쉽다.
- 용기를 열지 않고도 내용물을 확인할 수 있다.
- 휘발성 액체의 증발을 막을 수 있다.
- 액체·고체 촉진제 증거물을 장기간 저장할 수 있다.
- 대량 저장이 어렵고 장기간 보관 시 파손 위험이 있다.
- 고무 밀봉 시 파손 위험이 크다.
- 코르크 마개는 휘발성 액체 보관에 부적합하며, 빛에 민감한 시료는 짙은 색 용기를 사용해야 한다.
- 마개는 유리, PTFE(폴리테트라플루오로에틸렌), 내유성 플라스틱, 금속 스크루 마개 등을 사용한다.

정답 ①

46

다음은 어떤 증거에 대한 설명인가?

> 자신이 직접 인지한 사실이나 다른 사람이 말한 것에 대한 증거로서 다른 사람의 신뢰성의 의존하는 증거이다.

① 기초증거 ② 유도증거
③ 전문증거 ④ 유죄증거

해설

전문증거(傳聞證據)는 타인이 한 진술을 전해 들은 것으로 원칙적으로 증거 능력이 없지만 예외적으로 인정될 수 있다.

관련이론 증거물의 종류

구분	내용
인적증거	사람의 진술내용, 증인의 증언, 감정인의 감정
물적증거	물건의 존재나 상태, 사진과 비디오 등 영상물
서증	증거서류와 증거물인 서면
전문증거	자신이 꼭 직접 인지한 사실이 아니라 다른 사람이 말한 것에 대한 증거로서 다른 사람의 신뢰성에 의존하는 증거

정답 ③

47

화재현장에서 진압대원의 역할과 책임에 관한 설명으로 옳지 않은 것은?

① 소화활동 시 화재조사를 고려하여 불필요한 파괴작업을 지양한다.
② 증거물을 발견하였을 경우 현장지휘자에게 보고하여야 한다.
③ 직사직수로 방수할 경우 최대한 발화지점을 훼손하지 않도록 주의하여야 한다.
④ 화재진압대원은 신속 정확한 진압이 우선이므로 현장보존은 생각할 필요가 없다.

해설

화재진압대원은 현장보존을 위해 화재진압과정에서 높은 수압은 증거물을 훼손할 수 있음을 인지해야 한다.

관련이론 현장보존을 위한 진압대원의 역할 및 주의사항

- 잔불을 정리하는 동안 남아있는 증거물이 훼손되지 않게 주의한다.
- 화재현장에 있는 설비, 기구 또는 시설의 손잡이를 돌리거나 작동 스위치를 켜는 것을 자제한다.
- 화재현장에서 석유류 연료를 사용하는 장비를 사용하거나 재급유하는 것을 자제한다.
- 사망이 확인된 사체는 현장보존을 위해 그 위치를 변경하여서는 안 된다.
- 잔불정리 시에 필요 이상으로 물건을 옮기거나 쓰러뜨리지 않도록 한다.
- 화재진압과정에서 높은 수압은 증거물을 훼손할 수 있음을 인지해야 한다.
- 부득이하게 파괴되거나 변경되었을 때는 그 내용을 기록해 추후에라도 화재조사관에게 전달하여야 한다.

정답 ④

48 ★★★

용융점이 높은 것에서 낮은 순서로 옳게 나열된 것은?

① 스테인리스 → 텅스텐 → 동 → 아연 → 마그네슘
② 스테인리스 → 텅스텐 → 아연 → 마그네슘 → 동
③ 텅스텐 → 스테인리스 → 마그네슘 → 동 → 아연
④ 텅스텐 → 스테인리스 → 동 → 마그네슘 → 아연

해설

용융점이 높은 것에서 낮은 순서는 다음과 같다.
텅스텐 → 스테인리스 → 동 → 알루미늄 → 마그네슘 → 아연

관련이론 용융점

명칭	용융점(°C)
텅스텐	3,410
스테인리스	1,455
동	1,085
알루미늄	660
마그네슘	650
아연	419

정답 ④

49 ★★★

화재현장을 촬영하는 위치에 관한 설명으로 옳은 것은?

① 카메라는 가능하면 수직으로만 촬영한다.
② 피사체가 냉장고일 경우 여러 방향으로 촬영한다.
③ 촬영방향은 발화부로 추정되는 곳의 앞면을 집중적으로 촬영한다.
④ 촬영된 사진은 화재조사자를 위한 자료이므로 촬영위치는 조사자의 재량에 달려 있다.

해설

화재현장이나 사물은 4개 방면에서 촬영한다.

관련이론 현장사진 및 비디오 촬영 시 유의사항

- 최초 도착하였을 때의 원상태를 그대로 촬영하고, 화재조사의 진행 순서에 따라 촬영
- 증거물을 촬영할 때는 그 소재와 상태가 명백히 나타나도록 하며, 필요에 따라 구분이 용이하게 번호표 등을 넣어 촬영
- 화재현장의 특정한 증거물 등을 촬영함에 있어서는 그 길이, 폭 등을 명백히 하기 위하여 측정용 자 또는 대조도구를 사용하여 촬영
- 화재상황을 추정할 수 있는 다음 각목의 대상물의 형상은 면밀히 관찰 후 자세히 촬영
  - 사람, 물건, 장소에 부착되어 있는 연소흔적 및 혈흔
  - 화재와 연관성이 크다고 판단되는 증거물, 피해물품, 유류
- 현장사진 및 비디오 촬영과 현장기록물 확보 시에는 연소확대 경로 및 증거물 기록에 대한 번호표와 화살표 등을 활용하여 작성한다.

정답 ②

50 ★☆☆

화재현장에서 화재조사자들이 증거물 관련 부분을 직접 인지해야 하는 부분이 아닌 것은?

① 화재현장에서 어떻게 다른 물질이 불과 반응했는지 여부
② 화재의 유형, 화재의 원인
③ 최초 발화지점의 특징, 구조물 내에서 불이 어떻게 진행했는지 여부
④ 화재진압 후 구조물의 안전 여부

해설
화재진압 후 구조물의 안전 여부는 화재조사관들이 증거물과 관련하여 직접 인지해야 하는 부분에 해당하지 않는다.

관련이론 화재조사관의 현장안전관리
- 조사관은 활동 시에 화재 진압 인력과 협력해야 한다.
- 조사관은 화재현장 지휘관에게 알리지 않고 건물 내 다른 곳으로 이동해서는 안 된다.
- 화재가 진압된 건물에서 조사를 수행할 때 불이 다시 날 수 있다는 것을 염두에 두어야 한다.
- 화재가 완전히 진압되기 전에 조사관은 단독행동을 해서는 안 되며 지휘관의 지휘를 받아 조사한다.

정답 ④

51 ★☆☆

사후강직이란 사망 후 몸이 경직되는 것을 말한다. 경직이 남아 있는 최대 시간은?

① 5~7일
② 2~3일
③ 12시간~1일
④ 2~6시간

해설
사후강직은 죽기 직전에 급격하게 근육을 사용한 경우 더 빨리 나타나며 근육이 잘 발달한 사람일수록 심하고 경직이 남아 있는 최대시간은 2~3일이다.

관련이론 사후강직
- 사후강직은 사망 후 근육의 수축으로 ATP가 소모되어 고정된 것이다.
- 사후강직은 12시간 전후로 최고에 달하고 42~72시간이 지나면 완전히 사라진다.
- 사후강직은 온도가 높을 경우 빠르게 진행되며, 온도가 낮을 경우 느리게 진행된다.
- 사후강직은 죽기 직전에 급격하게 근육을 사용한 경우 더 빨리 나타나며 근육이 잘 발달한 사람일수록 심하다.

정답 ②

52 ★★★

화재현장 사진 및 비디오 촬영에 대한 설명으로 가장 옳은 것은?

① 화재현장은 화재조사자의 경험과 노하우에 의존하여 촬영한다.
② 명백한 증거물에는 번호표 등의 표식을 생략하고 촬영한다.
③ 최초로 도착하였을 때의 원 상태를 그대로 촬영한다.
④ 현장이 어느 정도 정리된 후에 촬영한다.

해설
최초 도착하였을 때의 원상태를 그대로 촬영하고, 화재조사의 진행순서에 따라 촬영한다.

관련이론 현장사진 및 비디오 촬영 시 유의사항
- 최초 도착하였을 때의 원상태를 그대로 촬영하고, 화재조사의 진행 순서에 따라 촬영
- 증거물을 촬영할 때는 그 소재와 상태가 명백히 나타나도록 하며, 필요에 따라 구분이 용이하게 번호표 등을 넣어 촬영
- 화재현장의 특정한 증거물 등을 촬영함에 있어서는 그 길이, 폭 등을 명백히 하기 위하여 측정용 자 또는 대조도구를 사용하여 촬영
- 화재상황을 추정할 수 있는 다음 각목의 대상물의 형상은 면밀히 관찰 후 자세히 촬영
  - 사람, 물건, 장소에 부착되어 있는 연소흔적 및 혈흔
  - 화재와 연관성이 크다고 판단되는 증거물, 피해물품, 유류
- 현장사진 및 비디오 촬영과 현장기록물 확보 시에는 연소확대 경로 및 증거물 기록에 대한 번호표와 화살표 등 표식을 활용하여 작성한다.

정답 ③

53
화재현장 촬영 시 주요 촬영대상에 대한 설명으로 틀린 것은?

① 소방용 설비의 사용 및 작동상황
② 화재현장에 도착한 소방차 배치상황
③ 발화원으로 추정된 감식 및 감정대상물
④ 화재로 인한 사망자의 위치

해설
현장사진이란 화재조사현장과 관련된 사람, 물건, 기타 상황, 증거물 등을 촬영한 사진을 말한다. 출동 전 소방차 배치사진은 해당되지 않는다.

정답 ②

54
타임라인과 마인드매핑에 대한 설명으로 틀린 것은?

① 상대적 시간은 추정을 근거로 한다.
② 타임라인은 증거와 정보의 조합이고 마인드 매핑은 사건이 일어난 시간의 재구성이다.
③ 타임라인의 정확성은 가설의 신뢰도를 높인다.
④ 마인드매핑은 수집된 정보를 바탕으로 객관적 사실을 조합하는 과정이다.

해설
- 타임라인은 시간의 흐름에 따라 사건을 순서대로 배열하여 사고 경과를 정리하고, 이를 통해 인과관계를 파악하는 분석 기법이다.
- 마인드맵핑은 개별 화재 증거물들을 관련 있는 정보끼리 연결하고 분석·재구성하여 화재 원인을 추론하는 기법이다.

정답 ②

55
화재현장에서 관계인의 진술 및 증거확보에 관한 설명으로 옳지 않은 것은?

① 증거물 특성상 수집이나 보관이 어려워 중요한 단서가 유실되거나 변질 또는 파손되더라도 법적 증거로서의 가치로 인정받는 데는 문제가 없다.
② 일반 증거물도 수열된 상태로 부식, 파손, 변질되기 쉬우므로 가능한 한 수거 즉시 정밀 감정을 실시하는 것이 원칙인데 현실적으로 소화직후부터 사진 및 동영상으로 촬영한 자료를 통해 증거능력을 인정받는 추세이다.
③ 화재감식에서 수거된 물증이 증거능력을 가지기 위해서는 확보 수집단계부터 사건 종료까지 보관관리가 적절하여야 한다.
④ 증거자료의 수거 및 봉인은 공개적으로 관계인의 입회 하에 사진기록과 함께 실시하며, 보관 이송 등의 과정을 명확하게 한다.

해설
증거물이 유실되거나 변질 또는 파손되면 법적 증거로서의 효력을 상실한다.

정답 ①

56
훈소가 가능한 물질에 해당하는 것은?

① 종이
② 스티로폼
③ 나일론섬유
④ 플라스틱

해설
훈소는 목재, 종이, 면직류 등 셀룰로오스 물질에서 주로 발생한다.

정답 ①

57 ★★★

소방기본법상 화재, 재난·재해, 그 밖의 위급한 상황이 발생한 현장에 소방활동구역을 정하여 소방활동에 필요한 사람으로서 대통령령으로 정하는 사람 외에는 그 구역에 출입하는 것을 제한할 수 있는 자는?

① 시·도지사
② 행정안전부장관
③ 시장·군수
④ 소방대장

해설
- 소방대장은 화재, 재난·재해, 그 밖의 위급한 상황이 발생한 현장에 소방활동구역을 정하여 소방활동에 필요한 사람으로서 대통령령으로 정하는 사람 외에는 그 구역에 출입하는 것을 제한할 수 있다.
- 경찰공무원은 소방대가 소방활동구역에 있지 아니하거나 소방대장의 요청이 있을 때에는 조치를 할 수 있다.

정답 ④

58 ★★☆

화재현장 및 물리적 증거물의 보존에 대한 책임이 있는 자가 아닌 것은?

① 소방관
② 화재조사관
③ 경찰관
④ 제조사 직원

해설
제조사 직원은 증거물 보존에 대한 책임이 없다.

정답 ④

59 ★★☆

타임라인에서 상대적 시간에 포함되는 것은?

① 완전소화시간
② 목격된 지속시간
③ 신고가 접수된 시간
④ 알람의 설정과 작동시간

해설
완전소화시간, 신고가 접수된 시간, 알람의 설정과 작동시간 등은 절대적 시간에 해당한다.

관련이론 화재현황조사서의 발화요인

구분	내용
실제시간, 절대적 시간 (Hard Time)	신고가 접수된 시간, 알람의 설정과 작동시간, 완전진화시간
상대적 시간	목격된 지속시간

정답 ②

60 ★☆☆

어떤 물체 내부의 실체를 전혀 알 수 없거나 감정물건의 내부를 확인할 때 사용되는 기기는?

① 광학카메라
② 비파괴 촬영기
③ 디지털카메라
④ 비디오카메라

해설
비파괴 촬영기는 어떤 물체 내부의 실체를 전혀 알 수 없거나 감정물건의 내부를 확인할 때 사용되는 기기이다.

정답 ②

화재조사보고 및 피해평가

61 ★★☆
화재피해액 산정기준에서의 화재피해액 산정대상으로 옳은 것은?

① 특허권 ② 인적손해
③ 영업이익 ④ 애완동물

해설
화재피해액 산정 대상으로서 동물 및 식물은 가축(가금류 포함), 애완동물, 관상수, 조경수, 가로수 등이 된다.

정답 ④

62 ★★★
화재현장조사서 도면 작성 방법 중 옳지 않은 것은?

① 제도기호 등의 표준화된 기호로 작성하는 것이 기본이며 필요에 따라 문자도 삽입한다.
② 도면은 원칙적으로 지도와 같은 형태로 북쪽을 위로 작성한다.
③ 정확한 축척으로 작성해야 할 필요는 없다.
④ 도면은 이해하기 쉽도록 작성하여야 한다.

해설
도면은 측정치를 기준으로 하여 축척에 맞춰서 작성한다.

관련이론 화재현장조사서 도면 작성 방법
- 도면은 이해하기 쉽도록 작성한다.
- 도면의 표제는 객관적으로 표현한다.
- 도면상에서 방위상 북을 위쪽으로 작성한다.
- 도면작성 시 표준화된 기호를 사용한다.
- 도면은 측정치를 기준으로 하여 축척에 맞춰서 작성한다.
- 도면작성 시 방의 배치와 출입구, 개구부 상황을 위주로 한다.
- 거리측정은 기둥의 중심에서 다른 기둥의 중심까지로 기준점을 통일한다.

정답 ③

63 ★★★
화재조사 및 보고규정상 건축·구조물 화재 중 반소의 소실 범위는?

① 건물의 20% 이상 50% 미만
② 건물의 20% 이상 70% 미만
③ 건물의 30% 이상 50% 미만
④ 건물의 30% 이상 70% 미만

해설

구분	소실정도
전소	건물의 70% 이상(입체면적에 대한 비율)이 소실되었거나 또는 그 미만이라도 잔존부분을 보수하여도 재사용이 불가능한 것
반소	건물의 30% 이상 70% 미만이 소실된 것
부분소	전소, 반소에 해당하지 않는 것

정답 ④

64

화재조사 및 보고규정상 조사의 최종 결과보고를 화재 발생일로 부터 30일 이내에 보고해야 하는 화재가 아닌 것은? (단, 소방관서장에게 사전 보고를 한 후 필요한 기간만큼 조사 보고일을 연장한 경우는 제외한다.)

① 정부미 도정공장의 화재
② 발전소 및 변전소의 화재
③ 이재민이 100명 이상 발생한 화재
④ 재산피해가 30억원으로 추정되는 화재

해설

종합상황실의 실장은 다음 어느 하나에 해당하는 상황이 발생하는 때에는 그 사실을 지체없이 서면·팩스 또는 컴퓨터통신 등으로 소방서의 종합상황실의 경우는 소방본부의 종합상황실에, 소방본부의 종합상황실의 경우는 소방청의 종합상황실에 각각 보고해야 한다.

- 사망자가 5인 이상 발생하거나 사상자가 10인 이상 발생한 화재
- 이재민이 100인 이상 발생한 화재
- 재산피해액이 50억원 이상 발생한 화재
- 관공서·학교·정부미도정공장·문화재·지하철 또는 지하구의 화재
- 관광호텔, 층수가 11층 이상인 건축물, 지하상가, 시장, 백화점, 지정수량의 3천배 이상의 위험물의 제조소·저장소·취급소, 층수가 5층 이상이거나 객실이 30실 이상인 숙박시설
- 층수가 5층 이상이거나 병상이 30개 이상인 종합병원·정신병원·한방병원·요양소, 연면적 1만5천제곱미터 이상인 공장 또는 화재경계지구에서 발생한 화재
- 철도차량, 항구에 매어둔 총 톤수가 1천톤 이상인 선박, 항공기, 발전소 또는 변전소에서 발생한 화재
- 가스 및 화약류의 폭발에 의한 화재
- 다중이용업소의 화재
- 통제단장의 현장지휘가 필요한 재난상황
- 언론에 보도된 재난상황
- 그 밖에 소방청장이 정하는 재난상황

정답 ④

65

화재조사서류 작성상의 유의사항으로 틀린 것은?

① 필요한 서류가 첨부되어야 한다.
② 원칙적으로 평이하고 알기 쉬운 문장으로 작성토록 노력한다.
③ 오자, 탈자 등이 없도록 글자 하나라도 가볍게 보아서는 안 된다.
④ 화재유형별 조사서는 화재의 유형에 관계없이 동일 양식에 기재하여야 한다.

해설

화재유형별조사서는 화재의 유형에 따라 다른 양식에 기재하여야 한다.

관련이론 화재유형별조사서의 종류
- 화재유형별조사서(건축·구조물화재)
- 화재유형별조사서(자동차·철도차량화재)
- 화재유형별조사서(위험물·가스제조소등 화재)
- 화재유형별조사서(선박·항공기화재)
- 화재유형별조사서(임야화재)

정답 ④

66

가재도구 개별품목별로 화재피해액을 산정하는 공식으로 옳은 것은?

① 「재구입비 × [1−(0.8 × 경과연수/내용연수)] × 손해율」
② 「m^2 당 표준단가 × 소실면적 × [1−(0.9 × 경과연수/내용연수)] × 손해율」
③ 「소실단위의 원시건축비 × 물가상승률 × [1−(0.9 × 경과연수/내용연수)] × 손해율」
④ 「건물신축단가 × 소실면적 × 설비종류별 재설비 비율 × [1−(0.8 × 경과연수/내용연수)] × 손해율」

해설

가재도구의 피해액을 구하는 공식은 다음과 같다.

= 재구입비 × 잔가율 × 손해율
= 재구입비 × $[1 - (0.8 \times \frac{경과연수}{내용연수})]$ × 손해율

정답 ①

67 ★☆☆

화재조사서류(사진 포함)를 문서로 기록하고 전자기록 등의 보존방법에 따라 보존해야 할 기간은?

① 영구보존 ② 10년
③ 5년 ④ 2년

해설
화재조사서류는 영구보존 해야한다.

정답 ①

68 ★★★

소방기본법령상 소방서의 종합상황실에서 소방본부의 종합상황실에 보고해야 하는 화재로 틀린 것은?

① 정부미 도정공장 화재
② 발전소 및 변전소의 화재
③ 이재민이 150명 발생된 화재
④ 재산피해액이 30억원으로 추정되는 화재

해설
종합상황실의 실장은 다음 어느 하나에 해당하는 상황이 발생하는 때에는 그 사실을 지체없이 서면·팩스 또는 컴퓨터통신 등으로 소방서의 종합상황실의 경우는 소방본부의 종합상황실에, 소방본부의 종합상황실의 경우는 소방청의 종합상황실에 각각 보고해야 한다.
- 사망자가 5인 이상 발생하거나 사상자가 10인 이상 발생한 화재
- 이재민이 100인 이상 발생한 화재
- 재산피해액이 50억원 이상 발생한 화재
- 관공서·학교·정부미도정공장·문화재·지하철 또는 지하구의 화재
- 관광호텔, 층수가 11층 이상인 건축물, 지하상가, 시장, 백화점, 지정수량의 3천배 이상의 위험물의 제조소·저장소·취급소, 층수가 5층 이상이거나 객실이 30실 이상인 숙박시설
- 층수가 5층 이상이거나 병상이 30개 이상인 종합병원·정신병원·한방병원·요양소, 연면적 1만5천제곱미터 이상인 공장 또는 화재경계지구에서 발생한 화재
- 철도차량, 항구에 매어둔 총 톤수가 1천톤 이상인 선박, 항공기, 발전소 또는 변전소에서 발생한 화재
- 가스 및 화약류의 폭발에 의한 화재
- 다중이용업소의 화재
- 통제단장의 현장지휘가 필요한 재난상황
- 언론에 보도된 재난상황
- 그 밖에 소방청장이 정하는 재난상황

정답 ④

69 ★★★

화재현장에서 부상을 당한 후 몇 시간 이내에 사망한 경우에는 당해 화재로 인한 사망으로 보는가?

① 24시간 ② 48시간
③ 72시간 ④ 96시간

해설
사상자는 화재현장에서 사망한 사람과 부상당한 사람을 말한다. 다만, 화재현장에서 부상을 당한 후 72시간 이내에 사망한 경우에는 당해 화재로 인한 사망으로 본다.

관련이론 부상자의 분류

분류	부상 정도
사상자	화재현장에서 사망한 사람과 부상당한 사람을 말한다. 다만, 화재현장에서 부상을 당한 후 72시간 이내에 사망한 경우에는 당해 화재로 인한 사망으로 본다.
중상	3주 이상의 입원치료를 필요로 하는 부상
경상	중상 이외의 부상(입원치료를 필요로 하지 않는 것도 포함)을 말한다. 단, 병원치료를 필요로 하지 않고 단순하게 연기를 흡입한 사람은 제외

정답 ③

70 ★★★

화재현황조사서에 기입해야 할 항목이 아닌 것은?

① 연소확대 사유 ② 발화관련 기기
③ 방화동기 ④ 보험가입 사항

해설
방화동기는 방화의심조사서의 기재항목이다.

관련이론 방화·방화의심조사서 기재사항

구분	기재항목	
방화도구 항목	• 연료 • 점화장치	• 용기
방화의심 항목	• 외부침입 흔적 존재 • 유류사용 흔적 • 범죄은폐 • 기타	• 거액의 보험가입 • 2지점 이상의 발화점 • 연소현상특이(급격 연소

정답 ③

71 ★★☆

화재조사 및 보고규정상 화재증명원의 발급에 대한 설명으로 옳은 것은?

① 화재증명원 발급 시 재산피해내역은 피해금액과 종류를 기재한다.
② 이해당사자가 아닌 자가 화재증명원의 발급을 신청하면 화재증명원을 발급해서는 안 된다
③ 사후조사를 할 경우 발화장소 및 발화지점의 현장이 보존되어 있지 않아도 일단 조사를 한다.
④ 소방대가 출동하지 아니한 화재장소의 화재증명원 발급요청이 있는 경우 사후조사를 할 수 있다.

해설
소방관서장은 화재피해자로부터 소방대가 출동하지 아니한 화재장소의 화재증명원 발급신청이 있는 경우 조사관으로 하여금 사후조사를 실시하게 할 수 있다.

관련이론 화재증명원 발급
- 소방관서장은 화재증명원을 발급받으려는 자가 발급신청을 하면 화재증명원을 발급해야 한다. 이 경우 통합전자민원창구로 신청하면 전자민원문서로 발급해야 한다.
- 소방관서장은 화재피해자로부터 소방대가 출동하지 아니한 화재장소의 화재증명원 발급신청이 있는 경우 조사관으로 하여금 사후조사를 실시하게 할 수 있다. 이 경우 민원인이 제출한 사후조사 의뢰서의 내용에 따라 발화장소 및 발화지점의 현장이 보존되어있는 경우에만 조사를 하며, 화재현장출동 보고서 작성은 생략할 수 있다.
- 화재증명원 발급 시 인명피해 및 재산피해 내역을 기재한다. 다만, 조사가 진행 중인 경우에는 "조사 중"으로 기재한다.
- 재산피해내역 중 피해금액은 기재하지 아니하며 피해물건만 종류별로 구분하여 기재한다. 다만, 민원인의 요구가 있는 경우에는 피해금액을 기재하여 발급할 수 있다.
- 화재증명원 발급신청을 받은 소방관서장은 발화장소 관할 지역과 관계없이 빌화징소 관할 소방시로부디 회지시실을 확인받아 화재증명원을 발급할 수 있다.

정답 ④

72 ★★★

철거건물에 대한 화재피해액을 산정하는 계산식은?

① 재건축비×[0.1+(0.8×잔여내용연수/내용연수)]
② 재건축비×[0.1+(0.9×잔여내용연수/내용연수)]
③ 재건축비×[0.2+(0.8×잔여내용연수/내용연수)]
④ 재건축비×[0.2+(0.9×잔여내용연수/내용연수)]×손해율

해설
철거건물의 피해액을 구하는 공식은 다음과 같다.
철거건물의 피해액 = 재건축비 × $[0.2 + (0.8 \times \frac{잔여내용연수}{내용연수})]$

정답 ③

73 ★☆☆

화재발생종합보고서 작성요령으로 틀린 것은?

① 발화지점, 발화열원, 최초착화물 등 발화원인을 조사하여 기재한다.
② 화재의 연소경로 및 확대요인 등 연소현상을 조사하여 이를 기재한다.
③ 소방시설은 화재 발생층의 시설에 한하여 조사하고 이를 기재한다.
④ 피난경로, 피난상의 장애요인 등 피난상황을 조사하여 기재한다.

해설
소방시설은 화재발생뿐만 아니라 건물 전체의 설비를 조사하고 기재해야 한다.

관련이론 화재발생종합보고서 작성요령
- 화재발생종합보고서 보존기간은 영구적이다.
- 피난경로, 피난상의 장애요인 등 피난상황을 조사하여 기재한다.
- 화재 개요, 발화원인 개요, 발견·신고·초기소화의 상황을 기재해야 한다.
- 화재현장조사서, 질문기록서 등의 내용을 집약하여 화재발생 상황 등을 종합한다.
- 작성자는 화재조사에 참가한 여러 명이 분담하여 작성이 가능하며 특별히 작성자에 대한 제한이 없다.

정답 ③

74 ★★★

화재조사 및 보고규정상 화재현장조사서의 화재원인 검토와 관련된 내용 중 필수 검토항목이 아닌 것은?

① 방화 가능성
② 기계적 요인
③ 인적 부주의
④ 관련조치사항

해설

관련조치사항은 화재원인 검토항목에 해당하지 않는다.

관련이론 화재원인 검토항목
- 방화 가능성(연소상황, 원인추적 등에 관한 사진, 설명)
- 전기적 요인
- 기계적 요인
- 가스누출
- 인적 부주의 등
- 연소확대 사유

정답 ④

75 ★★★

화재조사 및 보고규정상 화재의 소실정도에 대한 설명으로 옳은 것은?

① 국소란 건물의 50% 이상 70% 미만이 소실된 것을 말한다.
② 부분소란 전소, 반소화재에 해당되지 아니하는 것을 말한다.
③ 건축·구조물화재의 소실정도는 전소, 반소, 부분소, 즉소 4종류로 구분한다.
④ 전소란 건물의 70% 이상(바닥면적에 대한 비율을 말한다.)이 소실되었거나 또는 그 미만이라도 잔존부분을 보수하여도 재사용이 불가능 한 것을 말한다.

해설

구분	소실정도
전소	건물의 70% 이상(입체면적에 대한 비율)이 소실되었거나 또는 그 미만이라도 잔존부분을 보수하여도 재사용이 불가능한 것
반소	건물의 30% 이상 70% 미만이 소실된 것
부분소	전소, 반소에 해당하지 않는 것

정답 ②

76 ★☆☆

화재조사 및 보고규정상 건축물에 대한 화재피해액 산정방법으로 옳은 것은?

① 복성식평가법
② 매매사례비교법
③ 수익환원법
④ 정액법

해설

손해액 또는 피해액을 산정하는 방법에는 복성식평가법, 매매사례비교법, 수익환원법 등이 있으며 이 중 건축물의 경우에는 복성식평가법이 사용된다.

관련이론 손해액 또는 피해액 산정법

구분	산정방법
복성식평가법	• 사고로 인한 피해액을 산정하는 방법 • 재건축 또는 재취득하는 데 소요되는 비용에서 사용기간의 감가수정액을 공제 하는 방법으로 부분의 물적 피해액 산정에 널리 사용
매매사례비교법	당해 피해물의 시중매매사례가 충분하여 유사매매 사례를 비교하여 산정하는 방법으로서 차량, 예술품, 귀중품, 귀금속 등의 피해액 산정에 사용
수익환원법	• 피해물로 인해 장래에 얻을 수익액에서당해 수익을 얻기 위해 지출되는 제반비용을 공제하는 방법에 의하는 방법 • 유실수 등에 있어 수확기간에 있는 경우에 사용 • 단, 유실수의 육성기간에 있는 경우에는 복성식평가법을 사용

정답 ①

77 ★★★

화재피해액 산정에 있어서 영업시설의 소손 정도에 따른 손해율 60%에 해당하는 것은?

① 불에 타거나 변형되고 그을음과 수침 정도가 심한 경우
② 손상정도가 다소 심하여 상당부분 교체 내지 수리가 필요한 경우
③ 영업시설의 일부를 교체 또는 수리하거나 도장 내지 도배가 필요한 경우
④ 부분적인 소손 및 오염의 경우

해설

화재로 인한 피해정도	손해율(%)
불에 타거나 변형되고 그을음과 수침 정도가 심한 경우	100
손상정도가 다소 심하여 상당부분 교체 내지 수리가 필요한 경우	60
영업시설의 일부를 교체 또는 수리하거나 도장 내지 도배가 필요한 경우	40
부분적인 소손 및 오염의 경우	20
세척 내지 청소만 필요한 경우	10

정답 ②

78 ★★☆

화재피해 산정의 대상이 되지 않는 것은?

① 건축물, 구축물의 피해
② 화재로 인한 영업손실 피해
③ 기계설비, 공·기구류, 부품의 피해
④ 정원수목, 과수목 및 입목의 피해

해설

화재피해 중 재산피해는 수손피해, 소실피해, 기타피해 등과 같은 직접손실을 의미하며 영업손실은 간접손실로 분류되어 재산피해에 포함되지 않는다.

정답 ②

79 ★★★

예술품 및 귀중품의 화재피해액 산정기준에 관한 내용으로 틀린 것은?

① 복수의 전문가의 감정을 받거나 감정서 등의 금액을 피해액으로 인정한다.
② 감가공제를 하지 아니한다.
③ 예술품 및 귀중품에 대한 그 가치를 손상하지 아니하고 원상태의 복원이 가능한 경우에는 피해액을 인정하지 아니한다.
④ 공인감정기관에서 인정하는 금액을 화재로 인한 피해액으로 산정한다.

해설

회화(그림), 골동품, 미술공예품, 귀금속 및 보석류는 전부손해의 경우 감정가격으로 하며 전부손해가 아닌 경우 원상복구에 소요되는 비용으로 한다.

정답 ③

80 ★★★

화재 피해물의 경제적 내용연수가 다한 경우 잔존하는 가치의 재구입비에 대한 비율은?

① 최종잔가율
② 손해율
③ 잔가율
④ 보정률

해설

최종잔가율이란 피해물의 경제적 내용연수가 다한 경우 잔존하는 가치의 재구입비에 대한 비율을 말한다.

정답 ①

화재조사관계법규

81 ★☆☆
소방의 화재조사에 관한 법률에 따른 화재조사권자가 아닌 자는?

① 소방청장
② 시·도지사
③ 소방본부장
④ 소방서장

해설
「소방의 화재조사에 관한 법률 제5조」
소방청장, 소방본부장, 소방서장은 화재발생 사실을 알게 된 때에는 지체 없이 화재조사를 하여야 한다. 이 경우 수사기관의 범죄수사에 지장을 주어서는 아니된다.

정답 ②

82 ★★★
화재조사 및 보고규정에서 정의한 사상자로 옳은 것은?

① 사상자는 화재현장에서 사망한 사람만을 말한다.
② 사상자는 화재현장에서 부상당한 사람만을 말한다.
③ 사상자는 화재현장에서 피해를 입은 사람을 말한다.
④ 사상자는 화재현장에서 사망 또는 부상당한 사람을 말한다.

해설
「화재조사 및 보고규정 제13조」
사상자는 화재현장에서 사망한 사람과 부상당한 사람을 말한다. 다만, 화재현장에서 부상을 당한 후 72시간 이내에 사망한 경우에는 당해 화재로 인한 사망으로 본다.

관련이론 부상자의 분류

분류	부상 정도
사상자	화재현장에서 사망한 사람과 부상당한 사람을 말한다. 다만, 화재현장에서 부상을 당한 후 72시간 이내에 사망한 경우에는 당해 화재로 인한 사망으로 본다.
중상	3주 이상의 입원치료를 필요로 하는 부상
경상	중상 이외의 부상(입원치료를 필요로 하지 않는 것도 포함)을 말한다. 단, 병원치료를 필요로 하지 않고 단순하게 연기를 흡입한 사람은 제외

정답 ④

83 ★★☆
화재조사서류 작성에 관한 내용으로 틀린 것은?

① 치외법권지역 등 조사권을 행사 할 수 없는 경우 화재현장출동보고서만 작성한다.
② 서장은 관할 구역 내에서 발생한 화재에 대하여 화재발생종합보고서를 작성한다.
③ 질문기록서를 작성한다.
④ 화재현장출동보고서를 작성한다.

해설
「화재조사 및 보고규정 제22조」
치외법권지역 등 조사권을 행사할 수 없는 경우는 조사 가능한 내용만 조사하여 조사서식 중 해당 서류를 작성·보고한다.

정답 ①

84 ★★★
제조물 책임법에 따른 손해배상 청구권 소멸시효는 몇 년인가?

① 3년
② 5년
③ 7년
④ 15년

해설
「제조물 책임법 제7조」
손해배상의 청구권은 피해자 또는 그 법정대리인이 다음 사항을 모두 알게 된 날부터 3년간 행사하지 아니하면 시효의 완성으로 소멸한다.
- 손해
- 손해배상책임을 지는 자

정답 ①

85 ★★★

화재조사 및 보고규정에 따른 건축·구조물화재 소실정도의 구분이 아닌 것은?

① 전소   ② 반소
③ 부분소   ④ 국소

해설

구분	소실정도
전소	건물의 70% 이상(입체면적에 대한 비율)이 소실되었거나 또는 그 미만이라도 잔존부분을 보수하여도 재사용이 불가능한 것
반소	건물의 30% 이상 70% 미만이 소실된 것
부분소	전소, 반소에 해당하지 않는 것

정답 ④

86 ★★★

실화책임에 관한 법률상 실화가 중대한 과실로 인한 것이 아닌 경우 그로 인한 손해배생의무자가 법원에 손해배상액 경감 청구 시 고려사항으로 명시되지 않은 것은? (단, 그 밖에 손해배상액을 결정할 때 고려사항은 제외한다.)

① 화재의 규모
② 피해확대의 원인
③ 실화자의 전과사실
④ 배상의무자의 경제상태

해설

「실화책임에 관한 법률 제3조」
법원은 청구가 있을 경우에는 다음 사정을 고려하여 그 손해배상액을 경감할 수 있다.
- 화재의 원인과 규모
- 피해의 대상과 정도
- 연소(延燒) 및 피해 확대의 원인
- 피해 확대를 방지하기 위한 실화자의 노력
- 배상의무자 및 피해자의 경제상태
- 그 밖에 손해배상액을 결정할 때 고려할 사정

정답 ③

87 ★★☆

특수건물 소유자가 의무적으로 가입하는 보험금액 등에 대한 설명으로 틀린 것은?

① 화재보험의 경우 특수건물의 시가에 해당하는 금액
② 손해배상책임을 담보하는 보험 중 재물에 대한 손해가 발생한 경우 화재 1건마다 5천만원 이상으로서 국민의 안전 및 특수건물의 호재위험성 등을 고려하여 대통령령으로 정하는 금액
③ 신체손해배상책임보험 중 사망의 경우 피해자 1명당 5천만원 이상으로서 대통령령이 정하는 금액
④ 신체손해배상책임보험 중 부상의 경우 피해자 1명당 사망자에 대한 보험금액의 범위에서 대통령령으로 정하는 금액

해설

「화재로 인한 재해보상과 보험가입에 관한 법률 제8조」
- 화재보험: 특수건물의 시가(時價)에 해당하는 금액
- 손해배상책임을 담보하는 보험에 해당하는 부분 중 다음 구분에 따른 금액
  - 사망의 경우: 피해자 1명마다 5천만원 이상으로서 대통령령으로 정하는 금액
  - 부상의 경우: 피해자 1명마다 사망자에 대한 보험금액의 범위에서 대통령령으로 정하는 금액
  - 재물에 대한 손해가 발생한 경우: 화재 1건마다 1억원 이상으로서 국민의 안전 및 특수건물의 화재위험성 등을 고려하여 대통령령으로 정하는 금액

정답 ②

88 ★★★

화재로 인한 재해보상과 보험가입에 관한 법률상 다음의 경우 특수건물의 소유자가 가입하여야 하는 보험의 보험금액 기준 중 ( )에 알맞은 내용은?

> 두 눈이 실명된 사람으로 후유장애 1급의 피해자 발생 시 ( ) 범위에서 피해자에게 발생한 손해액

① 9,000만원 ② 1억 2,000만원
③ 1억 3,500만원 ④ 1억 5,000만원

해설
「화재로 인한 재해보상과 보험가입에 관한 법률 시행령 별표2」
두 눈이 실명된 사람은 후유장애 1급으로 보험금액은 1억 5천만원이다.

정답 ④

89 ★★☆

제조물 책임법의 제정목적이 아닌 것은?

① 제조업자의 이익증진
② 피해자의 보호를 도모
③ 국민생활의 안전 향상
④ 국민경제의 건전한 발전

해설
「제조물 책임법 제1조」
제조물의 결함으로 발생한 손해에 대한 제조업자 등의 손해배상책임을 규정함으로써 피해자 보호를 도모하고 국민생활의 안전 향상과 국민경제의 건전한 발전에 이바지함을 목적으로 한다.

정답 ①

90 ★☆☆

소방의 화재조사에 관한 법령상 관계기관 등의 협조에 관한 사항으로 옳지 않은 것은?

① 소방관서장, 중앙행정기관의 장, 지방자치단체의 장은 화재조사에 필요한 사항에 대하여 서로 협력하여야 한다.
② 소방관서장, 보험회사, 그 밖의 관련 기관·단체의 장은 화재조사에 필요한 사항에 대하여 서로 협력하여야 한다.
③ 개인정보를 포함한 보험가입 정보 등을 요청받은 기관은 정당한 사유가 없어도 이를 거부할 수 없다.
④ 소방관서장은 화재원인 규명 및 피해액 산출 등을 위하여 필요한 경우에는 금융감독원, 관계 보험회사 등에 개인정보를 포함한 보험가입 정보 등을 요청할 수 있다.

해설
「소방의 화재조사에 관한 법률 제13조」
- 소방관서장, 중앙행정기관의 장, 지방자치단체의 장, 보험회사, 그 밖의 관련 기관·단체의 장은 화재조사에 필요한 사항에 대하여 서로 협력하여야 한다.
- 소방관서장은 화재원인 규명 및 피해액 산출 등을 위하여 필요한 경우에는 금융감독원, 관계 보험회사 등에 개인정보를 포함한 보험가입 정보 등을 요청할 수 있다. 이 경우 정보 제공을 요청받은 기관은 정당한 사유가 없으면 이를 거부할 수 없다.

정답 ③

91 ★★★

형법상 화재에 있어서 진화용의 시설 또는 물건을 은닉 또는 손괴하거나 기타 방법으로 진화를 방해한 자는 몇 년 이하의 징역에 처하는가?

① 3 ② 5
③ 7 ④ 10

해설
「형법 제169조」
화재에 있어서 진화용의 시설 또는 물건을 은닉 또는 손괴하거나 기타 방법으로 진화를 방해한 자는 10년 이하의 징역에 처한다.

정답 ④

92

민법상 다음 ( )안에 알맞은 용어는?

> 공작물의 설치 또는 보존의 하자로 인하여 타인에게 손해를 가한 때에는 공작물(㉠)가 손해를 배상할 책임이 있다. 그러나 (㉠)가 손해의 방지에 필요한 주의를 해태하지 아니한 때에는 그 (㉡)가 손해를 배상할 책임이 있다.

① ㉠ 소유자, ㉡ 중개자
② ㉠ 점유자, ㉡ 소유자
③ ㉠ 소유자, ㉡ 설계자
④ ㉠ 점유자, ㉡ 건축자

해설
「민법 제758조」
공작물의 설치 또는 보존의 하자로 인하여 타인에게 손해를 가한 때에는 공작물 점유자가 손해를 배상할 책임이 있다. 그러나 점유자가 손해의 방지에 필요한 주의를 해태하지 아니한 때에는 그 소유자가 손해를 배상할 책임이 있다.

정답 ②

93

화재로 인한 재해보상과 보험가입에 관한 법령상 특약부화재보험의 설명으로 옳은 것은?

① 장애가 남은 것이란 정상기능의 5분의 2 이상을 상실한 경우를 말한다.
② 제대로 못쓰게 된 것이란 정상기능의 5분의 4 이상을 상실한 경우를 말한다.
③ 뚜렷한 장애가 남은 것이란 정상기능의 5분의 3 이상을 상실한 경우를 말한다.
④ 항상 보호 또는 수시 보호를 받아야 하는 기간은 의사가 판정하는 노동능력 상실기간을 기준으로 하여 타당한 기간으로 정한다.

해설
제대로 못쓰게 된 것이란 정상기능의 4분의 3 이상을 상실한 경우를 말하고, 뚜렷한 장애가 남은 것이란 정상기능의 2분의 1 이상을 상실한 경우를 말하며, 장애가 남은 것이란 정상기능의 4분의 1 이상을 상실한 경우를 말한다.

정답 ④

94

공용건조물 등 방화죄 대상물이 아닌 것은?

① 건조물
② 자동차
③ 임야
④ 광갱

해설
「형법 제165조」
불을 놓아 공용(公用)으로 사용하거나 공익을 위해 사용하는 건조물, 기차, 전차, 자동차, 선박, 항공기 또는 지하채굴시설을 불태운 자는 무기 또는 3년 이상의 징역에 처한다.

정답 ③

95

승객이 있는 기차에 불을 놓은 경우에 해당되는 죄는 무엇인가?

① 현주건조물 등 방화
② 공용건조물 등 방화
③ 일반건조물 등 방화
④ 일반물건 방화

해설
「형법 제164조」
불을 놓아 사람이 주거로 사용하거나 사람이 현존하는 건조물, 기차, 전차, 자동차, 선박, 항공기 또는 지하채굴시설을 불태운 자는 무기 또는 3년 이상의 징역에 처한다.

정답 ①

96 ★☆☆

화재조사 및 보고규정 상 화재조사의 개시 및 원칙으로 옳지 않은 것은?

① 화재조사관은 화재발생 사실을 인지하는 즉시 화재조사를 시작해야 한다.
② 소방관서장은 방화 또는 실화의 혐의가 있다고 인정되면 경찰서장에게 수사자료를 이첩받아 조사해야 한다.
③ 소방관서장은 조사관을 근무 교대조별로 2인 이상 배치하고 장비시설을 기준 이상으로 확보하여 조사업무를 수행하도록 하여야 한다.
④ 조사는 물적 증거를 바탕으로 과학적인 방법을 통해 합리적인 사실의 규명을 원칙으로 한다.

해설

「화재조사 및 보고규정 제3조」
- 화재조사관은 화재발생 사실을 인지하는 즉시 화재조사를 시작해야 한다.
- 소방관서장은 조사관을 근무 교대조별로 2인 이상 배치하고, 장비·시설을 기준 이상으로 확보하여 조사업무를 수행하도록 하여야 한다.
- 조사는 물적 증거를 바탕으로 과학적인 방법을 통해 합리적인 사실의 규명을 원칙으로 한다.

정답 ②

97 ★☆☆

실화책임에 관한 법률의 내용 설명으로 옳은 것은?

① 실화자에게 중대한 과실이 없는 경우 법원에 손해배상액의 경감을 청구할 수 있다.
② 실화로 인해 화재가 발생한 경우 피해자에게 적용하는 법률이다.
③ 실화자에게 경과실이 있다면 손해배상을 면책할 수 있다.
④ 민법의 무과실책임의 원칙을 우선 적용하고 있다.

선지분석

② 실화로 인해 화재가 발생한 경우 실화자, 공동불법행위자 등 배상의무자에게 적용하는 법률이다.
③ 실화자에게 경과실이 있다면 손해배상의 경감을 청구할 수 있다.
④ 민법의 과실책임의 원칙을 우선 적용하고 있다.

정답 ①

98 ★★★

소방의 화재조사에 관한 법률상 명시된 화재조사를 하는 화재조사관이 관계인의 정당한 업무를 방해하거나 화재조사를 수행하면서 알게된 비밀을 다른 사람에게 누설한 자의 경우의 벌칙기준은?

① 300만원 이하의 벌금   ② 500만원 이하의 벌금
③ 700만원 이하의 벌금   ④ 1천만원 이하의 벌금

해설

「소방의 화재조사에 관한 법률 제21조」
다음 어느 하나에 해당하는 사람은 300만원 이하의 벌금에 처한다.
- 허가 없이 화재현장에 있는 물건 등을 이동시키거나 변경·훼손한 사람
- 정당한 사유 없이 화재조사관의 출입 또는 조사를 거부·방해 또는 기피한 사람
- 관계인의 정당한 업무를 방해하거나 화재조사를 수행하면서 알게 된 비밀을 다른 용도로 사용하거나 다른 사람에게 누설한 사람
- 정당한 사유 없이 증거물 수집을 거부·방해 또는 기피한 사람

정답 ①

99 ★★★

실화책임에 관한 법률에서 정하고 있는 손해배상액의 경감 사유와 거리가 먼 것은?

① 피해의 정도
② 화재의 원인
③ 배상의무자의 정신상태
④ 피해 확대를 방지하기 위한 실화자의 노력

해설

「실화책임에 관한 법률 제3조」
법원은 청구가 있을 경우에는 다음의 사정을 고려하여 그 손해배상액을 경감할 수 있다.
- 화재의 원인과 규모
- 피해의 대상과 정도
- 연소(延燒) 및 피해 확대의 원인
- 피해 확대를 방지하기 위한 실화자의 노력
- 배상의무자 및 피해자의 경제상태
- 그 밖에 손해배상액을 결정할 때 고려할 사정

정답 ③

100 ★☆☆

화재가 발생하였을 때 화재원인, 피해상황, 대응활동 등을 파악하기 위하여 자료의 수집, 관계인 등에 대한 질문, 현장 확인, 감식, 감정 및 실험 등을 하는 일련의 행위를 무엇이라 하는가?

① 화재감식
② 화재조사
③ 화재감정
④ 화재수사

해설

「소방의 화재조사에 관한 법률 제2조」
화재조사란 소방청장, 소방본부장 또는 소방서장이 화재원인, 피해상황, 대응활동 등을 파악하기 위하여 자료의 수집, 관계인등에 대한 질문, 현장 확인, 감식, 감정 및 실험 등을 하는 일련의 행위를 말한다.

정답 ②

2023년 | 2회 CBT 복원문제

화재조사론

01 ★☆☆
콘크리트 폭열(Spalling)에 관한 설명으로 틀린 것은?
① 콘크리트 등에 포함된 수분이 열에 의해 팽창하면서 시멘트를 부서지게 만든다.
② 콘크리트 내의 강철재의 팽창은 둘러싸고 있는 콘크리트를 파괴한다.
③ 콘크리트, 회벽, 벽돌 면이 깨지거나 부서진 것을 말한다.
④ 시멘트 내의 폴리프로필렌 섬유는 압력을 견디지 못하고 화재 폭발 시 녹아 박리를 크게 한다.

해설
폴리프로필렌 섬유는 콘크리트에 첨가되어 콘크리트의 내열성을 향상시키고, 고온에 노출될 때 발생하는 균열을 줄여 폭열을 방지하는 효과가 있다.

관련이론 콘크리트 박리(Spalling)
• 폭열이라고도 하며 화재 시 갑작스런 고온에 의해 콘크리트 구조체의 부재표면이 심한 폭음과 함께 박리·탈락하는 현상이다.
• 열현상은 콘크리트가 열을 받으면 내부에 있던 수분이 급격하게 팽창하면서 피복 콘크리트가 결손되는 현상이다.
• 폭열이 일어나면 구조체 내부까지 고온이 전달되고, 철근이 고온에 노출되어 치명적인 내력 저하를 초래한다.
• 콘크리트의 폭열은 고강도, 고내구적인 고성능 콘크리트일수록 내부 조직이 치밀하여 발생하기 쉽다.

정답 ④

02 ★★★
증거물 수집 용기와 시료의 적응성을 연결한 것으로 틀린 것은?
① 비닐 백: 액체
② 종이상자: 고체
③ 금속캔: 고체, 액체
④ 유리병: 고체, 액체

해설
비닐 백은 액체시료를 보관하기에 충분한 강도를 갖고 있지 않다.

정답 ①

03 ★☆☆
연기에 대한 설명으로 틀린 것은?
① 고층건물에서 연기를 이동시키는 주요 추진력은 굴뚝효과이다.
② 건물 내에서 연기의 수평방향 확산속도는 약 0.5m/s이다.
③ 알코올이 연소될 경우에 연기의 색은 진한 검정색을 띤다.
④ 연기는 공기 중에 부유하고 있는 고체 또는 액체의 미립자다.

해설
알코올은 대부분 완전연소하기 때문에 연기가 발생하지 않지만 불완전연소가 일어날 경우 흰색의 연기가 발생한다.

정답 ③

04 ★☆☆
발화부 주변의 일반적인 연소현상에 대한 설명 중 틀린 것은?
① 발화부를 향해 소락(燒落)되거나 도괴된다.
② 발화부와 가까울수록 탄화심도가 깊다.
③ 목재표면에 발생하는 균열은 발화부와 가까울수록 폭이 좁다.
④ 발화부는 비교적 밝은 색을 띠며 발화부와 멀어질수록 어두운 빛을 나타낸다.

해설
목재표면에 발생하는 균열은 발화부와 가까울수록 폭이 넓다.

관련이론 목재의 연소강도에 따른 탄화흔 식별방법
• 목재화재에서 탄화는 표면에서 중심을 향해 진행된다.
• 연소가 계속되면 목재는 가늘게 된 후에 떨어져 나가 소실된다.
• 연소강도가 높을수록 탄화면은 거칠고 폭이 넓고 골은 깊다.
• 발화부와 가까울수록 탄화심도가 깊고 탄화면의 폭이 넓고 골은 깊다.
• 발화부는 비교적 밝은 색을 띠며 발화부와 멀어질수록 어두운 빛을 나타낸다.

정답 ③

05 ★★★

프로판 50vol%, 메탄 30vol%, 수소 20vol%의 조성으로 혼합된 가연성연료가 공기 중에 존재한다고 할 때 이 연료가스의 연소하한계(LFL)는? (단, 프로판의 LFL은 2.1vol%, 메탄의 LFL은 5vol%, 수소의 LFL은 4vol% 이다.)

① 약 2.27vol% ② 약 2.87vol%
③ 약 3.97vol% ④ 약 4.07vol%

해설

르샤틀리에법칙은 다음과 같다.
$$\frac{100}{LFL} = \frac{V_1}{L_1} + \frac{V_2}{L_2} + \cdots$$

LFL: 혼합가스 연소하한계(vol%), V_1, V_2: 가연성가스의 체적(vol%), L_1, L_2: 가연성가스의 폭발하한계(vol%)

$$\frac{100}{LFL} = \frac{50}{2.1} + \frac{30}{5} + \frac{20}{4} = 2.87\text{vol}\%$$

정답 ②

06 ★☆☆

철의 열적 변형에 대한 설명으로 옳지 않은 것은?

① 녹는점은 660℃ 이다.
② 산화반응이 일어나 변색된다.
③ 적열상태가 되면 연성이 증가한다.
④ 수열이 있는 반대방향으로 휜다.

해설

철의 녹는점(용융점)은 약 1,540℃ 이다.

관련이론 철의 열적변형
- 철의 용융점은 약 1,540℃ 이다.
- 적열상태가 되면 연성이 증가한다.
- 수열이 있는 반대방향으로 휜다.
- 산화반응이 일어나 변색된다.

정답 ①

07 ★★★

복사체로부터의 열전달율은 해당물질의 절대온도의 몇 제곱에 비례하는가?

① 2
② 4
③ 16
④ 32

해설

복사체로부터의 열전달율은 해당물질의 절대온도의 4제곱에 비례한다.

관련이론 스테판-볼츠만 법칙
$$Q = \varepsilon \sigma AT^4$$

Q: 방출되는 복사열에너지(W), ε: 방사율(0~1), σ: 스테판-볼츠만상수(5.67×10^{-8} W/m²K⁴), A: 표면적(m²), T: 표면온도(K)

정답 ②

08 ★★★

화재현장에서 유리는 화재로 인해 받은 열의 정도에 따라 그 형태가 각기 다르게 나타난다. 이에 대한 설명으로 옳지 않은 것은?

① 열을 받은 유리는 수열방향으로 보다 많이 낙하한다.
② 유리는 열을 받으면 방사형 균열이 발생한다.
③ 열을 받은 유리의 조개껍질 모양의 박리는 고온일수록 많고 깊다.
④ 유리는 열을 받은 정도가 클수록 용융범위가 넓어진다.

해설
유리는 열과 충격을 받으면 방사형의 균열이 발생한다.

관련이론 유리의 파괴

- 충격에 의한 파괴
  충격부위를 중심으로 방사형 파손형태를 횡으로 잇는 동심원 파손이 생기며, 파손면에는 물결모양의 리플마크가 관찰되는데 리플마크는 방향성을 가져 파괴 시작 지점과 충격방향을 알 수 있는 단서가 된다.
- 열에 의한 파괴
  - 완만한 곡선 형태의 불규칙하고 구불구불한 균열이 발생하며, 파단면은 충격에 의한 파괴와 달리 리플마크가 없는 매끄러운 형태를 보인다.
  - 유리창은 복사열을 받은 중앙부와 창틀에 의해 보호된 부분의 온도 차가 약 70℃ 이상일 때 금이 가기 시작한다.
- 압력에 의한 파괴
  - 화재 압력은 약 0.014~0.028kPa으로 보통 창유리 파괴에는 2.07~6.90kPa가 필요하기 때문에 일반적인 화재 시 발생하는 압력만으로 유리창이 파괴되기는 어렵다.
  - 폭발에 의한 압력은 구획실 내의 외벽이나 창문, 출입문의 유리에 압력에 의한 파괴를 초래할 수 있다.
  - 압력에 의한 파괴는 방사형보다 평행선에 가까운 균열로 파괴되며 충격에 의한 파괴와 달리 동심원 형태는 나타나지 않고 각 파편이 단독적으로 파괴된다.

정답 ②

09 ★★★

혼합 가연물의 최소착화에너지에 영향을 미치는 요인에 대한 설명으로 옳은 것은?

① 압력이 높을수록 최소착화에너지는 높아진다.
② 온도가 높을수록 최소착화에너지는 낮아진다.
③ 가연물의 종류에 관계없이 최소착화에너지는 일정하다.
④ 혼합된 공기의 산소농도에 관계없이 최소착화에너지는 일정하다.

선지분석
① 압력이 높을수록 최소착화에너지는 낮아진다.
③ 가연물의 종류에 따라 최소착화에너지는 달라진다.
④ 혼합된 공기의 산소농도가 높을수록 최소착화에너지는 낮아진다.

관련이론 최소착화에너지(MIE, Minimum Ignition Energy)

- 최소착화에너지는 매우 작아 mJ 단위를 사용한다.
- 산소농도가 높을수록 연소반응이 더 쉽게 일어날 수 있는 조건이 되어 최소착화에너지가 작아진다.
- 압력이 높으면 분자 간 거리가 좁아지고, 온도가 높으면 분자운동이 활발해져 최소착화에너지가 작아진다.
- 가연성 혼합기체가 발화하는 데 필요한 최소 에너지로 가연물 종류에 따라 다르다.
- 혼합기체의 농도가 양론농도(Cst) 부근일 때 최소착화에너지는 최소이고, 상한계·하한계로 갈수록 최소착화에너지는 증가한다.

정답 ②

10 ★☆☆

연소현상 중 완전연소에 대한 설명으로 옳은 것은?

① 산소의 공급이 불충분한 상태에서의 연소현상이다.
② 연소 시 다량의 가연성 가스의 공급이 완전연소의 원인이 된다.
③ 탄화수소가 완전연소하면 이산화탄소의 수증기가 생성된다.
④ 환기가 제대로 되지 않은 상태에서의 실내에 가스기구를 사용하는 경우에 발생한다.

해설
완전연소란 탄화수소가 모두 연소하여 물과 이산화탄소만 남게 되는 연소를 말하며, 환기가 제대로 되지 않으면 배기가스에 가연성 물질이 남아 불완전연소가 된다.

정답 ③

11 ★★☆

인화성 및 발화성의 가연물이 연소할 때 중심부의 가연성 액체를 기화시키면서 나타나는 화재패턴은?

① 포어 패턴(Pour pattern)
② 도넛 패턴(doughnut pattern)
③ 스플래시 패턴(splash pattern)
④ 레인보우 이펙트(rainbow effect)

해설
도넛 패턴(Doughnut pattern)은 가연성 액체가 웅덩이처럼 고여 있는 경우 액체가 증발하면서 원 중심부위가 냉각되어 생기는 가연성 액체의 연소패턴이다.

관련이론 도넛 패턴(Doughnut pattern)
- 가연성액체가 웅덩이처럼 고여 있는 경우 발생하는 액체의 연소패턴이다.
- 연소된 부분이 덜 연소된 부분을 둘러싸고 있는 도넛 모양 형태로 나타난다.
- 유류가 쏟아진 곳의 가장자리 부분이 내측에 비하여 강한 연소 흔적을 보이는 것이 특징이다.

정답 ②

12 ★★☆

연소의 특성에 대한 설명으로 틀린 것은?

① 연소속도는 재료의 질량유속으로 정의되며, g/m^2s으로 나타낸다.
② 일반적으로 표면에서의 질량유속은 5~50 g/m^2s 범위에 있으며, 그 값이 5 이하인 것은 소화된다.
③ 화염속도는 물적조건과 에너지조건인 농도, 압력, 온도보다 난류의 영향으로 가속된다.
④ 연소속도는 화학양론비 부근에서 최소가 되고 연소상한계, 연소하한계로 갈수록 연소속도는 증가한다.

해설
연소속도는 화학양론비 부근에서 최대가 되고 연소상한계, 연소하한계로 갈수록 연소속도는 감소한다.

관련이론 연소의 특성
- 연소속도는 재료의 질량유속으로 정의되며, g/m^2s으로 나타낸다.
- 일반적으로 표면에서의 질량유속은 5~50 g/m^2s 범위에 있으며, 그 값이 5 이하인 것은 소화된다.
- 화염속도는 물적조건과 에너지조건인 농도, 압력, 온도보다 난류의 영향으로 가속된다.
- 연소속도는 화학양론비 부근에서 최대가 되고 연소상한계, 연소하한계로 갈수록 연소속도는 감소한다.

정답 ④

13 ★★★

화재조사 및 보고규정상 건물의 소실정도를 나타내는 것으로 옳은 것은?

① 전소: 건물의 입체면적 70% 이상 소실
② 반소: 건물의 입체면적 50% 이상 소실
③ 즉소: 건물의 입체면적 30% 이상 소실
④ 부분소: 건물의 입체면적 50% 미만 30% 이상 소실

해설

구분	소실정도
전소	건물의 70% 이상(입체면적에 대한 비율)이 소실되었거나 또는 그 미만이라도 잔존부분을 보수하여도 재사용이 불가능한 것
반소	건물의 30% 이상 70% 미만이 소실된 것
부분소	전소, 반소에 해당하지 않는 것

정답 ①

14 ★★☆

화재합동조사단이 화재조사를 완료하면 결과를 보고해야 할 사항 중 틀린 것은?

① 화재합동조사단의 수행 경비 및 수당 등 예산 사항
② 화재합동조사단의 운영 개요
③ 화재조사 개요
④ 현행 제도의 문제점 및 개선 방안

해설

화재합동조사단은 화재조사를 완료하면 소방관서장에게 다음 사항이 포함된 화재조사 결과를 보고해야 한다.
- 화재합동조사단 운영 개요
- 화재조사 개요
- 화재조사에 관한 법 제5조제2항 각 호의 사항
  - 화재원인에 관한 사항
  - 화재로 인한 인명·재산피해상황
  - 대응활동에 관한 사항
  - 소방시설 등의 설치·관리 및 작동 여부에 관한 사항
  - 화재발생건축물과 구조물, 화재유형별 화재위험성 등에 관한 사항
  - 그 밖에 대통령령으로 정하는 사항
- 다수의 인명피해가 발생한 경우 그 원인
- 현행 제도의 문제점 및 개선 방안
- 그 밖에 소방관서장이 필요하다고 인정하는 사항

정답 ①

15 ★★★

물질의 용융점으로 옳은 것은?

① 납: 327℃
② 구리: 1,540℃
③ 파라핀: 660℃
④ 알루미늄: 54℃

해설

명칭	용융점(℃)
텅스텐	3,410
철	1,540
스테인리스	1,455
구리(동)	1,085
알루미늄	660
마그네슘	650
아연	419
납	327

정답 ①

16 ★☆☆

열전달 방식 중 복사에 의한 열전달 사례인 것은?

① 화재현장에서 창문을 파괴하거나 뜨거운 열기가 급격히 분출되었다.
② 대규모 산불현장에서 너무 뜨거워 소방관이 멀리 떨어져 소화활동을 하였다.
③ 방바닥이 너무 뜨거워서 발에 화상을 입었다.
④ 가마솥에 밥을 다하고 나서 밥 위에 고구마를 넣었더니 20분 만에 익었다.

선지분석

① 화재현장에서 창문이 파괴되거나 뜨거운 열기가 급격히 분출될 때 발생하는 열전달은 대류에 의해 이루어진다.
③ 방바닥이 너무 뜨거워서 발에 화상을 입은 것은 전도에 의한 열전달 현상이다.
④ 가마솥에 밥을 다하고 나서 밥 위에 고구마를 넣었더니 20분 만에 익었다는 것은 대류에 의한 열전달이다.

관련이론 복사(Radiation)
- 열이 매질없이 전자기파의 형태로 전달되는 것이다.
- 모든 물체는 그 온도에 비례하는 전자기파를 방출하며 주로 적외선의 형태로 나타난다.
- 복사는 진공 상태에서도 열전달이 가능해서 태양의 복사열이 지구로 전달된다.
- 복사는 물체의 표면상태에 따라 반사, 흡수, 방출을 하고 흡수된 에너지는 다시 열로 방출된다.

정답 ②

17 ★☆☆

화재조사 진행순서로 가장 옳은 것은?

① 현장관찰 → 관계자질문 → 발굴 → 감정 → 발화원인 판정
② 관계자질문 → 발굴 → 현장관찰 → 감정 → 발화원인 판정
③ 관계자질문 → 발굴 → 현장관찰 → 발화원인 판정 → 감정
④ 현장관찰 → 발굴 → 관계자질문 → 발화원인 판정 → 감정

해설

화재조사의 진행순서
현장관찰 → 관계자 질문 → 발화범위결정 → 발굴과 복원 → 발화장소 판정 → 감식, 감정 → 발화원인 판정

정답 ①

18 ★☆☆

화재조사관의 현장 조사업무로 거리가 먼 것은?

① 현장 탐색
② 관계인 인터뷰
③ 증거물의 감정
④ 증거수집 및 보존

해설

증거물의 감정은 조사관의 업무가 아니라 국립소방연구원 또는 화재감정기관의 업무이다.

관련이론 화재조사관의 업무
- 현장 탐색
- 관계인 인터뷰
- 증거수집 및 보존

정답 ③

19 ★★☆

분진폭발을 가스폭발과 비교할 때 분진폭발의 특징으로 옳은 것은?

① 연소시간이 짧다.
② 불완전연소를 일으키기 어렵다.
③ 연소속도가 빠르다.
④ 최소발화에너지가 크다.

해설

분진폭발은 가스폭발에 비해 최소점화(발화)에너지가 더 크고, 연소시간이 길며, 연소속도는 느리다. 또한 불완전연소가 발생하는 특징이 있다.

관련이론 분진폭발의 특성
- 연소속도나 폭발압력은 가스폭발에 비해 작다.
- 가스폭발에 비해 최소점화(발화)에너지가 크다.
- 연소시간이 길고 에너지가 크기 때문에 파괴력과 타는 정도가 크다.
- 연소되면서 비산하여 접촉되는 가연물은 국부적으로 심한 탄화를 일으켜 인체에 닿으면 심한 화상을 입는다.
- 최초의 폭발이 주위의 축적되어 있던 분진을 날려 2차, 3차 폭발로 이어지면서 피해가 커진다.
- 가스에 비해 불완전연소가 발생하기 쉬워 탄소가 타서 없어지지 않다.
- 연소 후의 가스 상에 일산화탄소가 다량 존재하여 일산화탄소 중독 위험성이 크다.

정답 ④

20 ★★★

소방의 화재조사에 관한 법령상 소방본부(거점소방서 포함) 화재조사전담부서에서 갖추어야 할 화재조사 장비 및 시설 중 발굴용구가 아닌 것은?

① 내시경현미경
② 니퍼
③ 뜰채
④ 양동이

해설

내시경 현미경은 발굴용구가 아니라 감식기기에 해당한다.

관련이론 전담부서에 갖추어야 할 발굴용구(8종)
공구세트, 전동 드릴, 전동 그라인더(절삭·연마기), 전동 드라이버, 이동용 진공청소기, 휴대용 열풍기, 에어컴프레서(공기압축기), 전동 절단기

정답 ①

화재감식론

21 ★☆☆

표준상태 0°C, 1기압에서 메탄(CH_4) 3.2kg을 이상기체상태방정식으로 계산하면 부피는?(단, 기체상수(R): 0.082 L·atm/mol·K, 탄소 원자량: 12, 수소 원자량: 1로 계산한다.)

① 223.8 L
② 447.7 L
③ 2,238.6 L
④ 4,477.2 L

해설

이상기체상태방정식을 구하는 공식은 다음과 같다.

$$PV = nRT$$
$$PV = \frac{W}{M}RT$$

P: 압력, V: 부피, n: 몰수, R: 기체상수, T: 온도(K), M: 몰질량, W: 질량(g)

메탄의 몰질량 = 12 + (1×4) = 16g/mol

$PV = \frac{3,200}{16} \times 0.082 \times (0 + 273)$

$V = 4,477.2 L$

정답 ④

22 ★☆☆

다음의 화학반응식에서 ( )에 발생하는 기체로 옳은 것은?

$$CaC_2 + 2H_2O \rightarrow Ca(OH)_2 + (\quad)$$

① C_2H_2
② C_2H_4
③ C_3H_6
④ C_3H_8

해설

탄화칼슘과 물의 반응식
$CaC_2 + 2H_2O \rightarrow Ca(OH)_2 + 2C_2H_2$이므로
탄화칼슘이 물과 접촉하면, 아세틸렌(C_2H_2) 가스가 만들어진다.

정답 ①

23 ★★☆

구획실에서 유염(불꽃)화재 연소과정으로 바르게 나열한 것은?

① 점화 → 성장기 → 플래시오버 → 최성기 → 감쇠기 → 소화
② 점화 → 성장기 → 최성기 → 플래시오버 → 감쇠기 → 소화
③ 점화 → 최성기 → 성장기 → 플래시오버 → 감쇠기 → 소화
④ 점화 → 성장기 → 최성기 → 감쇠기 → 플래시오버 → 소화

해설

구획실에서의 유염(불꽃)화재 연소과정
점화 → 성장기 → 롤오버 → 플래시오버 → 최성기 → 감쇠기 → 소화

정답 ①

24 ★☆☆

미소화원에 대한 설명으로 옳은 것은?

① 유염화원에 비하여 에너지량이 훨씬 많다.
② 표면적으로 연소가 확대되는 경우가 많다.
③ 담뱃불, 향불, 불티 등과 같은 무염화원을 지칭한다.
④ 협의로 해석할 때는 나화라고도 하여 유염화원과 구분한다.

해설

미소화원은 에너지가 매우 작아 연소 반응 속도가 느리고 발열량도 적은 화원을 말하며, 대표적으로 담뱃불, 향불, 스파크, 불티 등이 있다. 이와 달리, 나화는 불꽃이 보이는 유염화원에 해당한다.

정답 ③

25

절연물이 소규모 방전 또는 고온의 불꽃에 의해 탄화되어 도전성 물질로 되는 것은?

① 접촉불량 ② 흑연화
③ 반단선 ④ 단락

해설

절연물이 소규모 방전이나 고온의 불꽃에 의해 탄화되어 도전성 물질로 변하는 현상을 흑연화(Graphite)라고 한다.

정답 ②

26

다수의 사실로부터 일반적인 사항을 도출해내는 추론방법은?

① 합리적 추론 ② 귀납적 추론
③ 연역적 추론 ④ 형식적 추론

해설

연역적 추론은 다수의 사실로부터 일반적인 사항을 도출해내는 추론방법이다.

관련이론 추론방법

구분	방법
귀납적 추론	다수의 사실을 바탕으로 일반적인 원칙이나 법칙을 유도하여 결론에 도달하는 추론방법
연역적 추론	다수의 사실로부터 일반적인 사항을 도출해내는 추론방법
형식적 추론	명확하게 정의된 논리적 구조와 규칙을 사용하는 추론방법

정답 ③

27

다음 중 방화의 특징으로 옳지 않은 것은?

① 방화의 발생은 계절과 상관관계가 높다.
② 방화의 원인이 다양하다.
③ 계획적이기보다는 우발적으로 발생하는 경우가 높다.
④ 착화가 용이한 인화성 물질(휘발유, 석유류, 시너 등)을 방화수단 촉진제로 사용한다.

해설

방화는 계절이나 주기와 상관없이 발생한다.

관련이론 방화의 특징

- 화재로 인해 증거가 대부분 소실되어 범인 검거가 매우 어렵다.
- 계절이나 주기와 상관없이 연중 꾸준히 발생한다.
- 단독범행이 많고 인적이 드문 야간에 발생해 발견이 어렵다.
- 휘발유, 시너 등 인화성 물질을 사용하여 불을 빠르고 크게 확산시키는 경우가 많다.
- 우발적으로 발생하는 빈도가 높으며, 특히 음주 상태나 약물 상태에서 범행하는 비율이 높다.
- 남성의 비율이 높고 검거 시 극도로 흥분한 상태를 보이는 경우가 많다.
- 주택이나 차량에서 가장 많이 발생하며, 사람들의 눈을 피할 수 있는 곳에서 발생한다.

정답 ①

28

방화의 직접적 단서가 될 수 없는 것은?

① 도화선 ② 색다른 촉진제
③ 비정상적인 연료하중 ④ 출입문의 잠김 상태

해설

출입문의 잠김 상태는 방화의 간접적 단서에 해당한다.

정답 ④

29

철제 선박화재의 진화가 어려운 이유가 아닌 것은?

① 선박 윗부분으로의 화재확산이 어렵기 때문
② 철판이 열을 다른 구획실로 쉽게 전달하기 때문
③ 전기, 유압 시스템 등의 수직 관통부를 통한 대류현상 때문
④ 발화부에 인접한 구획실에 존재하는 가연물이 발화온도에 쉽게 도달하기 때문

해설
선박은 전선, 배관, 통풍구 등 수많은 수직 통로가 있어 굴뚝효과로 인해 오히려 윗부분으로의 화재확산은 매우 빠르게 진행된다.

정답 ①

30

화재의 진행과정 중 독립된 발화로 오인할 수 있는 연소형태를 생성시킬 수 있는 불씨 이동의 요인으로 옳지 않은 것은?

① 소락물에 의한 경우
② 대류에 의한 불티의 이동
③ 독립된 장소에 착화하는 행위
④ 압력에 의한 경우

해설
독립된 장소에 착화하는 행위는 불씨 이동의 요인이 아니라 방화의 특징에 해당한다.

정답 ③

31

일반화재와 구별되어야 하는 차량화재의 특수성에 대한 설명 중 틀린 것은?

① 차량은 동력기계 계통, 전기전자 계통, 연료공급 계통, 배기계통 등 기구의 복잡성이 있다.
② 연료, 시트 등 화재 하중이 낮고, 외기에 개방된 상태인 환기 지배형 화재의 특성을 보인다.
③ 다양한 부착물 및 이의 변·개조가 용이하므로, 이러한 구조적 특성성에 의한 화재위험성에 노출되어 있다고 볼 수 있다.
④ 차량은 개방된 공간에 존치되는 특수성에 의해 사회적 불만이나 주차불만을 가진 자가 불특정한방법으로 방화할 개연성이 높다고 볼 수 있다.

해설
차량화재는 연료, 시트 등 화재하중이 높고, 외기와 노출된 상태로 가연물에 의존하는 연료 지배형의 화재특성을 보인다.

정답 ②

32

석유류의 연소특성에 대한 설명 중 틀린 것은?

① 휘발성이 낮은 중질유는 미세한 크기로 미립화하여 분무연소한다.
② 휘발유, 등유는 증기비중이 공기보다 크기 때문에 증발한 증기는 낮은 곳에 체류한다.
③ 원유탱크의 화재가 장시간 지속되면 고온층이 형성되어 유류화재의 위험한 현상들이 나타날 수 있다.
④ 대부분의 석유류가 포함되어 있는 제4류 위험물은 인화점이 높고, 연소하한계가 높아서 화재위험성이 크다.

해설
대부분의 석유류가 포함되어있는 제4류 위험물은 인화점 및 연소하한계가 낮아서 화재위험성이 크다.

정답 ④

33

LPG 차량의 충전밸브에 부착된 안전밸브의 작동 압력은?

① 14 kgf/cm^2 ② 16kgf/cm^2
③ 24kgf/cm^2 ④ 26kgf/cm^2

해설

LPG자동차는 연료탱크의 내부압력이 상승하여 24kgf/cm^2 이상이 되면 연료탱크 외부로 LPG를 배출시킨다.

정답 ③

34

다음에서 설명하는 산불 진행방향의 지표는?

> 불에 탄 흔적이 울퉁불퉁 갈라진 모양이며 보통 울타리, 판자, 구조물, 표지판에서 발견된다. 연소된 흔적의 깊이는 불의 진행방향을 나타내는 좋은 지표가 된다.

① 초본류 줄기 지표   ② 보호된 연료의 지표
③ 불탄 흔적의 각도 지표   ④ 엘리게이터링

해설

엘리게이터링(Alligatoring)은 불에 탄 흔적이 울퉁불퉁하고 갈라진 형태를 띠며, 주로 울타리, 판자, 구조물, 표지판 등에서 발견된다. 연소된 흔적의 깊이는 화재의 진행 방향을 판단하는 데 유용한 지표가 된다.

정답 ④

35

임야화재에 영향을 주는 3대 중요 요소가 아닌 것은?

① 기후   ② 지형
③ 가연물   ④ 점화원

해설

임야화재의 3요소는 기후, 지형, 가연물(연료)이다.

관련이론 임야화재 확산의 3요소

구분	종류
연료(가연물)	탈 수 있는 물질의 공급
기상	바람, 습도, 온도, 강수 등
지형	고도, 경사, 경사향, 지세 등

정답 ④

36

캡타이어코드(0.75mm^2/30본) 0.18mm 한 가닥의 용단전류는 약 몇 A인가? (단, 재료는 구리로 간주한다.)

① 5.11   ② 6.11
③ 7.11   ④ 8.11

해설

캡타이어코드(0.75mm^2/30본) 0.18mm 한 가닥의 용단전류는 약 7.11A이다.

정답 ③

37

유류성분 감정기구인 가스크로마토그래피 분석의 장점으로 틀린 것은?

① 물질이 유사한 여러 성분의 혼합계 분리에 매우 유효하다.
② 현장조사 시 휴대 및 가스 포집이 간편하며 성분판별이 가능하다.
③ 가스 상태로 분석하기 때문에 조작도 간단하고 분석시간도 빠르다.
④ 각 성분을 검출하여 그 양을 전기적인 신호로 기록계에 저장하고 도형적으로 기록함으로써 분석결과가 객관적이다.

해설

가스크로마토그래피는 휴대 및 가스 포집이 불가능하다.

관련이론 가스크로마토그래피(GC)
- 물질이 유사한 여러 성분의 혼합계 분리에 매우 유효하다.
- 화재현장에서 유류의 존재를 입증하기 위해 사용되는 분석방식으로 가스상태로 분석하기 때문에 조작이 쉽고 분리가 빠르게 이루어진다.
- 각 성분을 검출하여 그 양을 전기적인 신호로 기록계에 저장하여 분석 결과가 객관적으로 보존된다.

정답 ②

38
물질의 상태에 대한 설명으로 옳은 것은?

① 물의 증발잠열은 80cal/g이다.
② 분자는 액체 상태일 때 가장 자유롭게 운동할 수 있다.
③ 온도 변화없이 상태 변화를 위해 필요한 열을 잠열이라 한다.
④ 액체상태에서 열을 흡수하여 에너지가 증가하면 고체 상태가 된다.

선지분석
① 1기압 100℃에서 물 1kg의 증발잠열은 539kcal/kg이다.
② 분자는 기체 상태일 때 가장 자유롭게 운동할 수 있다.
④ 액체상태에서 열을 흡수하여 에너지가 증가하면 기체상태가 된다.

정답 ③

39
측정원리에 의한 분류 중 산업용으로 사용되는 추측식 가스 계량기에 해당하는 것은?

① 터빈형
② 드럼(Drum)식
③ 회전식(루트식)
④ 막식(다이어프램식)

해설
추측식 가스 계량기는 가스가 흐를 때 발생되는 운동에너지를 이용하여 가스 사용량을 측정하는 방식으로 주로 터빈식 가스 계량기가 이에 속한다.

관련이론 가스 계량기의 종류

구분	유형	용도
실측식	회전식(루트식)	산업용
	막식(다이어프램식)	가정용
	드럼식(Drum)	기준기 검사용
추측식	터빈형	산업용

정답 ①

40
유류를 이용한 자살 방화 현장의 특징 중 틀린 것은?

① 유류와 사용한 용기가 존재한다.
② 연소면적이 좁고 탄화심도가 깊다.
③ 우발적이기보다는 계획적으로 실행한다.
④ 급격한 연소 확대로 연소의 방향성 식별이 어렵다.

해설
유류를 이용한 자살 방화 현장은 연소면적이 넓고 탄화심도가 얕다.

정답 ②

증거물관리 및 법과학

41 ★★★
화재열로 파손된 유리의 특징으로 옳은 것은?

① 열분해가 일어나면 리플마크가 형성된다.
② 열분해가 일어나면 월러라인이 형성된다.
③ 열에 의해 깨진 유리는 방사형 파손흔적이 관찰된다.
④ 유리의 단면을 관찰하면 열 또는 충격에 의한 원인을 구분할 수 있다.

해설
열에 의해 깨진 유리의 형태는 불규칙하고 충격에 의해 깨진 유리는 리플마크, 월러라인, 방사형, 동심원 등의 형태를 보인다.

관련이론 유리의 파괴
- 충격에 의한 파괴
  충격부위를 중심으로 방사형 파손형태를 횡으로 잇는 동심원 파손이 생기며, 파손면에는 물결모양의 리플마크가 관찰되는데 리플마크는 방향성을 가져 파괴 시작 지점과 충격방향을 알 수 있는 단서가 된다.
- 열에 의한 파괴
  - 완만한 곡선 형태의 불규칙하고 구불구불한 균열이 발생하며, 파단면은 충격에 의한 파괴와 달리 리플마크가 없는 매끄러운 형태를 보인다.
  - 유리창은 복사열을 받은 중앙부와 창틀에 의해 보호된 부분의 온도 차가 약 70℃ 이상일 때 금이 가기 시작한다.
- 압력에 의한 파괴
  - 화재 압력은 약 0.014~0.028kPa으로 보통 창유리 파괴에는 2.07~6.90kPa가 필요하기 때문에 일반적인 화재 시 발생하는 압력만으로 유리창이 파괴되기는 어렵다.
  - 폭발에 의한 압력은 구획실 내의 외벽이나 창문, 출입문의 유리에 압력에 의한 파괴를 초래할 수 있다.
  - 압력에 의한 파괴는 방사형보다 평행선에 가까운 균열로 파괴되며 충격에 의한 파괴와 달리 동심원 형태는 나타나지 않고 각 파편이 단독적으로 파괴된다.

정답 ④

42 ★★★
화재현장 보존을 위한 소방대원의 역할 및 주의사항에 대한 설명으로 옳지 않은 것은?

① 잔화 정리하는 동안 남아있는 증거물이 훼손될 수 있으므로 주의하여야 한다.
② 화재현장에 있는 설비, 기구 또는 시설의 손잡이를 돌리거나 작동 스위치를 켜는 것을 자제하여야 한다.
③ 화재현장에서 휘발유나 경유로 작동되는 도구 및 설비를 사용하는 것은 자제하는 것이 좋다.
④ 화재현장에 대한 접근은 화재조사관만으로 한정한다.

해설
화재현장에 대한 접근은 화재조사관뿐만 아니라 소방대원에게도 중요한 역할을 하며, 소방대원은 구급 활동, 위험물 처리, 구조 작업 등을 수행하면서 동시에 현장보존을 위해 노력해야 한다.

관련이론 현장보존을 위한 소방대원의 역할 및 주의사항
- 잔불을 정리하는 동안 남아있는 증거물이 훼손되지 않게 주의한다.
- 화재현장에 있는 설비, 기구 또는 시설의 손잡이를 돌리거나 작동 스위치를 켜는 것을 자제한다.
- 화재현장에서 석유류 연료를 사용하는 장비를 사용하는 것, 재급유하는 것을 자제한다.
- 사망이 확인된 사체는 현장보존을 위해 그 위치를 변경하여서는 안 된다.
- 잔불정리 시에 필요 이상으로 물건을 옮기거나 쓰러뜨리지 않도록 한다.
- 화재진압과정에서 높은 수압은 증거물을 훼손할 수 있음을 인지해야 한다.
- 부득이하게 파괴되거나 변경되었을 때는 그 내용을 기록해 추후에라도 화재조사관에게 전달하여야 한다.

정답 ④

43

★★☆

현장사진 촬영의 필요성에 대한 설명 중 옳지 않은 것은?

① 기록과 사진, 영상 모두 한계가 있으므로 문제가 해결될 때까지 현장을 보존하는 것이 가장 중요하다.
② 사진을 보는 사람이 실제적인 감각으로 느끼게 함으로써 그 때의 상황을 충분히 전달할 수 있는 것이 중요하다.
③ 현장조사 시 실수로 빠트렸거나 수집이 불가능했던 많은 정보와 사실들을 사진을 통해 얻을 수 있다.
④ 화재현장의 소손상황, 감식·감정의 대상이 되는 관계물건 등의 상황을 정확하게 기록하는 수단으로서 사진과 영상이 중요하다.

해설
화재현장을 사진으로 촬영하면 장기간 현장을 보존할 필요가 없어진다.

관련이론 화재현장 사진촬영의 필요성
- 사진을 보는 사람이 실제적인 감각으로 느끼게 함으로써 그 때의 상황을 충분히 전달할 수 있는 것이 중요하다.
- 현장조사 시 실수로 빠트렸거나 수집이 불가능했던 많은 정보와 사실들을 사진을 통해 얻을 수 있다.
- 화재현장의 소손상황, 감식·감정의 대상이 되는 관계물건 등의 상황을 정확하게 기록하는 수단으로서 사진과 영상이 중요하다.

정답 ①

44

★☆☆

물적증거의 종류에 해당하는 것은?

① 관계자 진술 ② 감정인 소견
③ 유류 용기   ④ 증언

해설
증거물의 종류

구분	내용
인적증거	사람의 진술내용, 증인의 증언, 감정인의 감정
물적증거	물건의 존재나 상태, 사진과 비디오 등 영상물
서증	증거서류와 증거물인 서면
전문증거	자신이 꼭 직접 인지한 사실이 아니라 다른 사람이 말한 것에 대한 증거로서 다른 사람의 신뢰성에 의존하는 증거

정답 ③

45

★★★

인화점 측정을 위한 장비가 아닌 것은?

① Pensky-Martens
② Tag Closed Cup
③ Cleveland Open Cup
④ Scanning Electron Microscope

해설
주사전자현미경(Scanning Electron Microscope)은 시료의 표면 관찰에 사용된다.

관련이론 인화점 시험방법
- 태그 밀폐식(Tag closed cup)
  시료를 담은 밀폐컵을 액체에 잠기게 하여 가열하고 점화원에 노출되었을때 증기가 발화하는 온도를 측정하는 방법으로 인화점 93℃ 이하인 물질의 시료를 측정하는데 사용하는 방법이다.
- 펜스키-마텐스 밀폐식(Pensky-Martens Closed Tester)
  인화성 액체, 부유물을 가진 액체, 시험 조건에서 표면막을 형성하기 쉬운 액체를 시험하며 인화점 40~370℃까지인 시료를 측정할수 있다.
- 태그 개방식(Tag Open Cup Apparatus)
  시료를 담은 개방식 컵을 액체에 잠기게 하여 가열하는 방식으로 인화점이 -18~290℃인 시료를 측정한다.
- 클리브랜드 개방식(Cleveland Open Cup)
  개방식 황동제 컵에 시료를 담아 직접 가열하는 방식으로 인화점이 80~400℃ 이하인 시료를 측정한다.

정답 ④

46

★☆☆

화상의 중증도를 분류하는 가장 큰 요소는?

① 화상의 부위   ② 화열의 강도
③ 피부의 색   ④ 화상의 깊이 및 범위

해설
화상의 중증도를 분류하는 가장 중요한 요소는 화상의 깊이와 화상의 면적이다.

정답 ④

47
화재현장의 증거물 시료 채취 시 유의사항으로 아닌 것은?

① 가급적 증거물 전체를 수집 또는 채취
② 동일한 물질이 있었을 때는 채취하지 않고 내용만 기술
③ 감정의뢰서에 증거물을 수집, 채취한 경과와 사건개요를 기술
④ 채취된 증거물의 물질이 상이할 때에는 서로 섞이지 않도록 분리하여 채취, 보관

해설
다른 곳에서 발견된 동일한 물질은 별도의 용기에 넣어 수거한다.

관련이론 증거물의 수집 기본원칙
- 증거물 수집은 가능한 빨리 수거하도록 한다.
- 가급적으로 증거물 전체를 수집 또는 채취한다.
- 다른 곳에서 발견된 동일한 물질은 별도의 용기에 넣어 수거한다.
- 맨손으로 만지지 말고 일회용 장갑을 착용하여 오염을 최소화한다.
- 증거물에 부착된 오염물질을 강제로 털어 내거나 떼어 내려고 하지 않도록 한다.
- 채취된 증거물의 물질이 상이한 때에는 서로 섞이지 않도록 분리하여 채취, 보관한다.
- 감정의뢰서에 증거물을 수집, 채취한 경과와 사건개요를 기술한다.

정답 ②

48
물리적 증거의 오염위험이 가장 높은 단계는?

① 증거물의 수집　② 증거물의 운송
③ 증거물의 보존　④ 증거물의 감정

해설
증거물 수집 시에는 오염 위험이 가장 높기 때문에 화재증거물을 확보할 때에는 오염, 훼손, 변형이 발생하지 않도록 주의해야 하며, 적절한 장비를 사용하고 수집방법의 신뢰성을 유지해야 한다.

관련이론 증거물 수집
- 대부분 증거물의 오염은 수집하는 과정에서 일어난다.
- 증거물 수집 시 새로운 장갑을 항상 사용하여야 한다.
- 수집 중 오염을 줄이기 위해 증거물 보관 용기의 뚜껑 등을 수집기구로 사용한다.

정답 ①

49
1기압 25℃에서 연소하한계가 가장 높은 물질은?

① 프로판　② 부탄
③ 메탄　④ 일산화탄소

해설

종류	연소하한계(vol%)	연소상한계(vol%)
프로판	2.4	9.5
부탄	1.8	8.4
메탄	5	15
일산화탄소	12.5	74.0

정답 ④

50
화재증거물 수집 시 고려해야 할 사항에 대한 설명으로 옳지 않은 것은?

① 물리적 상태(고체, 액체, 기체)를 고려하여 수집
② 휘발성이 낮은 것에서 높은 순서로 수집
③ 물리적 특성(크기, 모양, 무게 등)을 고려하여 수집
④ 파손성을 감안하여 수집

해설
휘발성이 높은 물질은 공기 중으로 쉽게 날아가 사라지므로 휘발성이 높은 것에서 낮은 순서로 진행하여야 한다.

정답 ②

51

증거물의 수집에 관한 고려사항으로 가장 옳은 것은?

① 고체 표본을 수집할 때 용기에 가득 채운다.
② 등유와 같은 탄화수소계 액체 위험물은 물과 쉽게 혼합된다.
③ 경유와 같이 흔히 사용되는 화재 촉진제 증기는 공기보다 더 가볍다.
④ 화재 촉진제로 사용되는 휘발유와 같은 인화성 액체는 상온에서 자연발화하지 않는다.

해설
화재 촉진제로 사용되는 휘발유와 같은 인화성 액체는 상온에서 자연발화 하지 않는다.

관련이론 증거물 수집 시 고려사항
- 등유와 같은 탄화수소계 액체 위험물은 물과 혼합되지 않는다.
- 화재 촉진제로 사용되는 휘발유와 같은 인화성 액체는 상온에서 자연발화 하지 않는다.
- 고체, 액체 표본을 수집할 때 $\frac{2}{3}$ 이상 채우지 않는다.
- 경유와 같이 흔히 사용되는 화재 촉진제 증기는 공기보다 더 무겁다.

정답 ④

52

화재현장 촬영 시 유의사항이 아닌 것은?

① 각 방위별로 출화의 방향성에 착안하여 구조물의 형태를 확인하여 촬영한다.
② 발화건물과 인접 도로 및 주변 건물과 경계선을 파악하여 촬영한다.
③ 높은 곳에서 전체를 관찰하고 연소확대 상황을 관찰하여 촬영한다.
④ 너무 많은 사진 자료는 혼란을 야기하므로 사진 촬영은 발화대상물에만 초점을 맞추어 촬영한다.

해설
현장사진은 자료 확보를 위해 충분히 촬영한다.

관련이론 화재현장 촬영 시 유의사항
- 발화지점을 중심으로 연소확산 상황을 촬영한다.
- 화재대상물과 주변 위치관계가 드러나도록 촬영한다.
- 소실 부위만 국소적으로 촬영하기 보다 전체를 함께 담는다.
- 증거물이 발견되면 기록 · 촬영 후 이동한다.
- 외부 촬영은 먼 거리에서 대상물 전면이 보이도록 한다.
- 현장사진은 자료 확보를 위해 충분히 촬영한다.
- 연소 · 탄화 형태를 조사자의 시각이 아닌 객관적으로 촬영한다.
- 불필요한 피사체(인물 등)는 배제한다.
- 접사 촬영 시 배경막을 설치한다.
- 각 방위별로 출화 방향성과 구조물 형태를 확인하며 촬영한다.
- 발화건물과 인접 도로 · 주변 건물 · 경계선을 포함해 촬영한다.
- 높은 곳에서 전체와 연소 확대 상황을 관찰하며 촬영한다.

정답 ④

53 ★★☆

카메라에서 얇은 금속날개를 이용하여 원하는 크기의 렌즈 구경을 만들고 빛의 양을 조절하는 것은?

① 플레어 ② 감도
③ 셔터   ④ 조리개

해설
조리개는 렌즈를 통해 들어오는 빛의 양을 조절한다.

관련이론 조리개
- 렌즈를 통해 들어오는 빛의 양을 조절한다.
- 조리개 값이 커져 빛의 양이 적어지면 피사계의 심도는 깊어진다.
- 조리개의 값이 작아져 빛의 양이 많아지면 피사계의 심도는 얕아진다.

정답 ④

55 ★★★

일산화탄소 중독으로 사망한 시체 소견으로 가장 거리가 먼 것은?

① 선홍색 시반이 나타난다.
② 손톱의 경우 청자색을 띤다.
③ 손톱의 경우 선홍색을 띤다.
④ 유동성 혈액, 조직의 울혈이 나타난다.

해설
일산화탄소 중독으로 사망한 경우에는 선홍색 시반이 나타난다.

관련이론 질식사
- 호흡에 의한 생리적 가스교환이 중단되는 상태를 말하며 이로인해 생명의 영구적 중단을 질식사라 한다.
- 호흡이 원활하게 이루어지지 않아 세포가 이용할 수 있는 산소량이 현저히 감소되면 세포 내 산소분압이 매우 낮아져 이를 저산소증 또는 산소결핍증이라 하며 산소분압이 극도로 저하된 경우는 무산소증이라고도 한다.
- 저(무)산소증에 빠지면 세포 내에 이산화탄소가 축적되며 이를 탄산과잉증이라 한다.

정답 ②

54 ★★★

화재증거물수집관리규칙상 수집한 증거물을 이송할 때 포장하고 기록·부착하여야 하는 상세정보가 아닌 것은?

① 수집장소 및 수집자
② 소유자 및 관리자 성명
③ 증거물 내용 및 봉인자
④ 수집일시 및 증거물 번호

해설
소유자 및 관리자 성명은 증거물 이송을 위해 포장한 후 부착하여야 할 상세정보에 해당하지 않는다.

관련이론 화재증거물 상세정보
- 수집일시, 수집장소, 수집자
- 증거물 번호, 증거물 내용
- 봉인자, 봉인일시

정답 ②

56 ★★☆

전선 중 연선이 절연피복 내에서 일부 단선되어 그 부분에서 단선과 이어짐을 되풀이하는 상태는?

① 반단선 ② 트래킹
③ 흑연화 ④ 누전

해설
반단선은 전선 중 연선이 절연피복 내부에서 일부 단선되어 그 단선된 부분이 접촉과 분리를 반복하는 상태를 말한다.

관련이론 반단선
- 전선의 절연 피복 내에서 일부만 단선되어 끊임없이 단선과 이어짐을 반복하는 상태를 말한다.
- 반단선이 일어나면 단면적이 감소되어 전류가 흐를 때 저항이 증가하고 발열된다.
- 반단선 지점의 저항 증가와 접촉 불량으로 인해 발생한 열로 소선이 녹아 끊어지거나, 과열된 전선 피복이 녹아 불이 붙을 수 있다.

정답 ①

57

화재조사와 관련한 질문의 원칙으로 옳지 않은 것은?

① 질문을 할 때에는 시기, 장소 등을 고려하여 피 질문자의 임의진술을 얻도록 하여야 한다.
② 질문을 할 때에는 기대나 희망하는 진술내용을 얻기 위하여 상대방에게 암시하는 등의 방법으로 임의진술을 하여야 한다.
③ 소문 등에 의한 사항은 그 사실을 직접 경험한 사람의 진술을 얻도록 하여야 한다.
④ 관계자 등에 대한 질문사항은 질문기록서에 작성하여 그 증거를 확보한다.

해설
희망하는 진술내용을 얻기 위하여 상대방에게 암시하는 등의 방법으로 유도해서는 안된다.

관련이론 관계자 등에 대한 질문사항
- 관계인 질문은 시기·장소를 고려해 임의진술을 얻어야 하며, 자유를 침해하는 방법을 사용해서는 안 된다.
- 원하는 진술을 얻기 위해 암시 등의 방법으로 유도해서는 안 된다.
- 소문에 의한 진술일 경우 직접 경험한 관계자의 진술을 확보해야 한다.
- 질문 내용은 반드시 질문기록서에 작성하여 그 증거를 확보해야 한다.

정답 ②

58

증거물 관리에 대한 설명으로 옳은 것은?

① 어떠한 종류의 증거물이 발견되거나 조심스럽게 보존되었다면 완벽하게 관리되거나 문서로 기록되지 않더라도 증거로서 가치가 있다.
② 증거목록의 전달에 있어서 인수자의 서명과 전달일자와 시간만 기록되면 된다.
③ 증거물의 파손을 최소화하기 위해서는 증거물을 취급하는 사람의 수를 최소화해야 한다.
④ 여러 사람이 같은 범죄현장에서 증거를 찾고 있다면 각각 증거기록을 유지하는 것이 바람직하다.

선지분석
① 증거물이 발견되거나 조심스럽게 보존되어 있더라도 문서로 기록되지 않으면 증거로서 가치가 없다.
② 증거목록의 전달에 있어서 인수자의 서명, 전달일자와 시간 이외에도 증거물의 상태 등 관련된 모든 정보가 상세히 기록해야 한다.
④ 한 현장에서 여러 명이 증거를 찾더라도 증거 기록은 하나의 공식적인 기록으로 통합 관리하여 혼선을 막아야 한다.

정답 ③

59

화염과 접촉할 때 연소성이 가장 낮은 것은?

① 아크릴   ② 나일론
③ 양모   ④ 유리섬유

해설
유리섬유는 화염과 접촉하더라도 연소성이 매우 낮아 불에 잘 타지 않는 재료 중 하나이다.

정답 ④

60 ★☆☆

현장사진의 범주에 들지 않는 대상은?

① 증거물
② 출동 전 소방차 배치사진
③ 화재현장에서 발견된 물건
④ 화재조사현장과 관련된 사람

해설

현장사진이란 화재조사현장과 관련된 사람, 물건, 기타 상황, 증거물 등을 촬영한 사진을 말한다. 출동 전 소방차 배치사진은 해당되지 않는다.

정답 ②

화재조사보고 및 피해평가

61 ★★★

공기구와 집기비품의 경우 화재피해액산정 매뉴얼에 따른 손해율 30%에 해당하는 피해 정도는?

① 오염·수침손의 경우
② 손해정도가 보통인 경우
③ 손해정도가 다소 심한 경우
④ 50% 이상 소손되거나, 수침오염 정도가 심한 경우

해설

손해정도가 보통인 경우 손해율은 30%이다.

관련이론 공구와 집기비품의 손해율

- 공구·기구 손해율

화재로 인한 피해정도	손해율(%)
50%이상 소손되거나, 그을음 및 수침오염 정도가 심한 경우	100
손해정도가 다소 심한 경우	50
손해정도가 보통인 경우	30
오염·수침손의 경우	10

- 집기비품의 손해율

화재로 인한 피해정도	손해율(%)
50%이상 소손되거나, 그을음 및 수침오염 정도가 심한 경우	100
손해정도가 다소 심한 경우	50
손해정도가 보통인 경우	30
오염·수침손의 경우	10

정답 ②

62 ★★★

화재조사 및 보고규정상 구분하는 화재의 유형이 아닌 것은?

① 건축·구조물화재
② 임야화재
③ 위험물·가스제조소 화재
④ 공장화재

해설
화재유형별조사서 종류
- 화재유형별조사서(건축·구조물화재)
- 화재유형별조사서(자동차·철도차량화재)
- 화재유형별조사서(위험물·가스제조소등 화재)
- 화재유형별조사서(선박·항공기화재)
- 화재유형별조사서(임야화재)

정답 ④

63 ★☆☆

재고자산 화재피해액의 산정방법 중 가장 처음으로 산정해야 하는 방식은?

① 간이평가 방식
② 회계장부상 현재가액 산정방식
③ 물가정보지 현재가액 산정방식
④ 재구입비, 감가공제 등을 통한 실질적·구체적 방식

해설
재고자산의 피해액＝회계장부상의 구입가액×손해율

관련이론 재고자산의 피해액 산정
회계장부에 의해 재고자산의 구입가액이 확인되는 경우에는, 그 가액에 손해율을 곱하여 재고자산의 피해액을 산정하고 회계장부 등으로 구입가액을 확인할 수 없는 경우에는 화재 피해 업체의 매출액 등을 기준으로 화재 당시의 재고자산을 추정하여 피해액을 산정한다.

정답 ②

64 ★☆☆

화재피해액 산정과 관련된 용어 정의 중 옳지 않은 것은?

① 재구입비는 화재 당시의 피해물과 똑같은 것을 구입하는 데 필요한 금액에 감가상각을 반영한 것을 말한다.
② 잔가율은 화재 당시에 피해물의 재구입비에 대한 현재가의 비율을 말한다.
③ 내용연수란 고정자산을 경제적으로 사용할 수 있는 연수를 말한다.
④ 연소확대물은 연소가 확대되는 데 있어 결정적 영향을 미친 가연물을 말한다.

해설
재구입비란 화재 당시의 피해물과 같거나 비슷한 것을 재건축(설계 감리비를 포함한다) 또는 재취득하는 데 필요한 금액을 말한다.

관련이론 화재피해액 산정 용어
- 재구입비란 화재 당시의 피해물과 같거나 비슷한 것을 재건축(설계 감리비를 포함한다) 또는 재취득하는 데 필요한 금액을 말한다.
- 잔가율이란 화재 당시에 피해물의 재구입비에 대한 현재가의 비율을 말한다.
- 내용연수란 고정자산을 경제적으로 사용할 수 있는 연수를 말한다.
- 연소확대물이란 연소가 확대되는 데 있어 결정적 영향을 미친 가연물을 말한다.

정답 ①

65 ★☆☆

화재현황조사서에서 발화열원의 분류항목인 것은?

① 부주의
② 전기적 요인
③ 폭발물, 폭죽
④ 가스누출(폭발)

해설
화재현황조사서의 발화열원
- 작동기기
- 담뱃불, 라이터불
- 마찰, 전도, 복사
- 불꽃, 불티
- 폭발물, 폭죽
- 화학적 발화열
- 미상
- 기타
- 자연적 발화열

정답 ③

66 ★★☆

화재조사 및 보고규정상 사후조사에 대한 설명으로 맞는 것은?

① 사후조사는 발화장소 및 발화지점의 현장이 보존되어 있는 경우에만 조사를 한다.
② 사후조사의 경우에도 화재현장 출동보고서를 반드시 작성하여야 한다.
③ 사후조사의 경우 화재발생종합보고서는 화재조사 및 보고규정 별지 제3호 서식이 아닌 별도의 서식에 의해 작성한다.
④ 소방대가 출동하지 아니한 화재장소의 화재증명원 발급요청이 있는 경우, 조사관이 판단하여 사후조사를 실시한 후 보고서를 작성한다.

선지분석
② 사후조사의 경우 화재현장출동보고서는 생략할 수 있다.
③ 사후조사의 경우 화재발생종합보고서는 화재조사 및 보고규정 서식에 의해 작성한다.
④ 소방대가 출동하지 아니한 화재장소의 화재증명원 발급요청이 있는 경우, 조사관으로 하여금 사후조사를 실시하게 할 수 있다.

정답 ①

67 ★★☆

화재현장조사서 작성에 대한 설명으로 틀린 것은?

① 입회인의 설명내용과 조사원의 관찰·확인 사실은 구분하지 않고 작성한다.
② 현장조사서에는 주관적 판단이나 조사자가 의도하는 결론으로 유도하지 않는다.
③ 작성자는 현장조사를 직접 행한 자로 한정하고 다른 사람이 대신하여 작성하는 것은 인정되지 않는다.
④ 현장조사서의 기재는 조사자의 의사나 판단이 개입되지 않도록 현장상황이나 소손물건 등을 객관적으로 가능한 있는 그대로 표현하는 것이 좋다.

해설
입회인의 설명내용과 조사원의 관찰·확인 사실을 구분하여 작성해야 한다.

정답 ①

68 ★★★

아파트에서 부주의로 화재가 발생하여 바닥 $6m^2$와 천장 $14m^2$가 소실되었다. 이 경우 화재피해 조사서(재산) 작성 시 소실면적은?

① $1.6m^2$ ② $6m^2$
③ $8m^2$ ④ $20m^2$

해설
건물의 소실면적 산정은 소실 바닥면적으로 산정하므로 소실면적은 $6m^2$이다.

정답 ②

69 ★☆☆

건물에 포함하여 화재피해액을 산정하는 것은?

① 칸막이 ② 구축물
③ 영업시설 ④ 부대설비

해설
건물에 부속된 칸막이, 대문, 담장, 곳간 및 이와 유사한 시설물은 건물의 부속물로 간주되어 피해액 산정 시 건물에 포함하여 평가한다.

정답 ①

70 ★★★

화재조사 및 보고규정에 따르면 관할구역 내에서 발생한 화재에 대하여 작성해야 하는 서류가 아닌 것은?

① 화재발생종합보고서 ② 질문기록서
③ 화재현장 출동보고서 ④ 범죄사실보고서

해설
범죄사실보고서는 수사와 관련된 서류이다.

정답 ④

71 ★★★

시중매매가격에 의해 화재피해액을 산정하는 것이 아닌 것은?

① 차량의 전부손해
② 동물의 전부손해
③ 식물의 전부손해
④ 귀금속의 전부손해

해설
회화(그림), 골동품, 미술공예품, 귀금속 및 보석류는 전부손해의 경우 감정가격으로 하며 전부손해가 아닌 경우 원상복구에 소요되는 비용으로 한다.

정답 ④

72 ★☆☆

발화원인의 판정방법 중 소거법에 가장 가까운 것은?

① 분석·측정기기 등에 의한 데이터의 제시
② 재현실험에 의한 재현성의 확보
③ 유사화재 사례의 유무 확인
④ 화원 각각에 대하여 발화원으로서 가능성 검토

해설
화원 각각에 대하여 발화원으로서 가능성 검토는 현장에 존재할 수 있는 모든 잠재적 발화원을 목록으로 만들고, 각각의 가능성을 증거를 바탕으로 검토하여 불가능한 것들을 제거하는 과정으로 소거법과 가장 가까운 방법이다.

정답 ④

73 ★★★

건물의 피해액 산정 시 개·보수한 때를 기준으로 경과연수를 산정하는 것은 재설치비의 몇 % 이상 개·보수한 경우인가?

① 50
② 60
③ 70
④ 80

해설
재설치비의 80% 이상 개·보수한 경우에는 개·보수한 때를 기준으로 하여 경과연수를 산정한다.

관련이론 건물의 경과연수
- 재설치비가 50% 미만 개·보수한 경우: 최초 건축연도를 기준으로 경과연수를 산정한다.
- 재설치비의 50~80%를 개·보수한 경우: 최초 건축연도를 기준으로 한 경과연수와 개·보수한 때를 기준으로 한 경과연수를 합산 평균하여 경과연수를 산정한다.
- 재설치비의 80% 이상 개·보수한 경우: 개·보수한 때를 기준으로 하여 경과연수를 산정한다.

정답 ④

74 ★★★

화재조사 및 보고규정상 조사보고에 관한 내용으로 ( ) 알맞은 내용은?

- 종합상황실장이 상급 종합상황실에 지체없이 보고해야 하는 화재는 화재·구조·구급상황 보고서 내지 제11호서식까지 작성하여 화재 발생일로부터 (㉠) 이내에 보고해야 한다.
- 제1호에 해당하지 않는 화재: 별지 제1호서식 내지 제11호서식까지 작성하여 화재 발생일로부터 (㉡) 이내에 보고해야 한다.
- 제2항에도 불구하고 다음 각 호의 정당한 사유가 있는 경우에는 소방관서장에게 사전 보고를 한 후 필요한 기간만큼 조사 보고일을 연장할 수 있다.

① ㉠ 30, ㉡ 30
② ㉠ 15, ㉡ 30
③ ㉠ 30, ㉡ 15
④ ㉠ 20, ㉡ 50

해설

긴급상황보고에 해당하는 화재는 조사서를 작성하여 화재 발생일로부터 30일 이내에 보고해야 하고 그렇지 않은 화재는 15일 이내에 보고해야 한다. 추가 화재조사가 필요하여 조사보고일을 연장한 경우 그 사유가 해소된 날부터 10일 이내에 소방관서장에게 조사결과를 보고해야 한다.

정답 ③

75 ★★★

화재조사 및 보고규정상 화재현황조사서에 기입해야 할 항목 중 틀린 것은?

① 기상상황
② 소방시설 현황
③ 피해 및 인명구조
④ 화재발생 일시 및 장소

해설

소방시설 현황은 화재현황조사서의 기재항목에 해당하지 않는다.

관련이론 화재현황조사서 기재항목

- 소방관서
- 관계자
- 화재발생 및 출동
- 동원인력
- 화재발생장소 및 유형
- 보험가입
- 화재원인
- 기상상황
- 발화관련 기기
- 첨부서류
- 연소확대
- 작성자
- 피해 및 인명구조

정답 ②

76 ★★★

최종잔가율에 대한 설명으로 옳은 것은?

① 고정자산을 경제적으로 사용할 수 있는 비율을 말한다.
② 화재 당시 피해물의 재구입비에 대한 현재가의 비율을 말한다.
③ 피해물의 종류, 손상상태 및 정도에 따라 피해액을 적정화시키는 비율을 말한다.
④ 피해물의 경제적 내용연수가 다한 경우 잔존하는 가치의 재구입비에 대한 비율을 말한다.

해설

최종잔가율이란 피해물의 내용연수가 다한 경우 잔존 가치를 재구입비에 대한 비율로 나타낸 것으로 피해액 산정 시 현실을 반영하여 건물·부대설비·구축물·가재도구 등에 대한 최종잔가율은 20%, 그 외 자산에 대해서는 10%로 정한다.

정답 ④

77 ★☆☆

부대설비의 화재피해로 인한 소손정도에 따른 손해율 20%에 해당하는 피해정도는?

① 손해정도가 상당히 심한 경우
② 손해정도가 다소 심한 경우
③ 손해정도가 보통적인 경우
④ 손해정도가 경미한 경우

해설

손해정도가 보통적인 경우의 손해율은 20%이다.

관련이론 부대설비의 소손과 정도에 따른 손해율

화재로 인한 피해정도	손해율(%)
주요구조체의 재사용이 거의 불가능하게 된 경우	100
손해 정도가 상당히 심한 경우	60
손해 정도가 다소 심한 경우	40
손해 정도가 보통적인 경우	20
손해 정도가 경미한 경우	10

정답 ③

78 ★☆☆

화재조사 및 보고규정상 화재피해조사서(재산피해)에 작성하지 않아도 되는 내용은?

① 건물 피해산정
② 부대설비 피해산정
③ 영업시설 피해산정
④ 사상 시 위치 · 행동

해설

사상 시 위치 · 행동에 관한 사항은 화재피해조사서(인명피해)에 해당한다.

관련이론 화재피해조사서(재산피해) 작성

- 건물 피해산정
- 부대설비 피해산정
- 영업시설 피해산정
- 가재도구 피해산정
- 집기비품 피해산정
- 가재도구 간이평가 피해산정
- 기타 피해산정
- 잔존물 제거비
- 총 피해액

정답 ④

79 ★★★

건물의 화재피해액 산정기준 공식으로 옳은 것은?

① 신축단가(m^2당) × 소실면적 × [1 − (0.6 × 경과연수 / 내용연수)] × 손해율
② 신축단가(m^2당) × 소실면적 × [1 − (0.7 × 경과연수 / 내용연수)] × 손해율
③ 신축단가(m^2당) × 소실면적 × [1 − (0.8 × 경과연수 / 내용연수)] × 손해율
④ 신축단가(m^2당) × 소실면적 × [1 − (0.9 × 경과연수 / 내용연수)] × 손해율

해설

신축단가(m^2당) × 소실면적 × $[1 - (0.8 \times \frac{경과연수}{내용연수})]$ × 손해율

정답 ③

80 ★★☆

화재 등으로 인한 피해액 산정에 있어 최종잔가율 20%를 적용할 수 없는 것은?

① 건물
② 부대설비
③ 비품
④ 가재도구

해설

최종잔가율이란 피해물의 내용연수가 다한 경우 잔존 가치를 재구입비에 대한 비율로 나타낸 것으로 피해액 산정 시 현실을 반영하여 건물 · 부대설비 · 구축물 · 가재도구 등에 대한 최종잔가율은 20%, 그 외 자산에 대해서는 10%로 정한다.

정답 ③

화재조사관계법규

81 ★★★

화재조사 및 보고규정에서 정하는 건물의 동수산정에 대한 설명으로 옳지 않은 것은?

① 주요구조부가 하나로 연결되어 있는 것은 1동으로 한다.
② 건물의 외벽을 이용하여 실을 만들어 작업실로 사용하고 있는 것은 주건물과 1동으로 본다.
③ 구조에 관계없이 지붕 및 실이 하나로 연결되어 있는 것은 별동으로 본다.
④ 목조건물의 경우 격벽으로 방화구획이 되어 있는 구조에 관계없이 지붕 및 실이 하나로 연결되어 있는 것은 같은 동으로 본다.

해설
구조에 관계없이 지붕 및 실이 하나로 연결되어 있는 것은 같은 동으로 본다.

관련이론 건물의 동수 산정
- 주요구조부가 하나로 연결되어 있는 것은 1동으로 한다. 다만 건널복도 등으로 2이상의 동에 연결되어 있는 것은 그 부분을 절반으로 분리하여 각 동으로 본다.
- 건물의 외벽을 이용하여 실을 만들어 헛간, 목욕탕, 작업실, 사무실 및 기타 건물 용도로 사용하고 있는 것은 주건물과 같은 동으로 본다.
- 구조에 관계없이 지붕 및 실이 하나로 연결되어 있는 것은 같은 동으로 본다.
- 목조 또는 내화조 건물의 경우 격벽으로 방화구획이 되어 있는 경우도 같은 동으로 한다.
- 독립된 건물과 건물 사이에 차광막, 비막이 등의 덮개를 설치하고 그 밑을 통로 등으로 사용하는 경우는 다른 동으로 한다.
- 내화조 건물의 옥상에 목조 또는 방화구조 건물이 별도 설치되어 있는 경우는 다른 동으로 한다. 다만, 이들 건물의 기능상 하나인 경우(옥내 계단이 있는 경우)는 같은 동으로 한다.
- 내화조 건물의 외벽을 이용하여 목조 또는 방화구조건물이 별도 설치되어 있고 건물 내부와 구획되어 있는 경우 다른 동으로 한다. 다만, 주된 건물에 부착된 건물이 옥내로 출입구가 연결되어 있는 경우와 기계설비 등이 쌍방에 연결되어 있는 경우 등 건물 기능상 하나인 경우는 같은 동으로 한다.

정답 ③

82 ★☆☆

화재조사 및 보고규정에서 정하는 화재의 정의에 포함되지 않는 내용은?

① 사람의 의도에 반하여 발생한 화재로 소화할 필요가 있는 연소현상
② 사람의 고의에 의하여 발생한 화재로 소화할 필요가 있는 연소현상
③ 소화시설 등을 사용하여 소화할 필요가 있는 연소현상
④ 압력을 동반한 물리적 폭발현상

해설
「소방의 화재조사 관한 법률 제2조」
화재란 사람의 의도에 반하거나 고의 또는 과실에 의하여 발생하는 연소 현상으로서 소화할 필요가 있는 현상 또는 사람의 의도에 반하여 발생하거나 확대된 화학적 폭발현상을 말한다.

정답 ④

83 ★★★

제조물 책임법에 따른 손해배상 청구권 소멸시효는 몇 년인가?

① 3년
② 5년
③ 7년
④ 15년

해설
「제조물 책임법 제7조」
손해배상의 청구권은 피해자 또는 그 법정대리인이 다음 사항을 모두 알게 된 날부터 3년간 행사하지 아니하면 시효의 완성으로 소멸한다.
- 손해
- 손해배상책임을 지는 자

정답 ①

84 ★★☆

소방기본법상 소방자동차가 화재진압 및 구조·구급 활동을 위하여 출동하는 때에 이를 방해하는 자에 대한 벌칙은?

① 5년 이하의 징역 또는 5천만원 이하의 벌금
② 5년 이상의 징역 또는 5천만원 이하의 벌금
③ 3년 이하의 징역 또는 1천500만원 이하의 벌금
④ 2년 이하의 징역 또는 1천만원 이하의 벌금

해설

「소방기본법 제50조」
모든 차와 사람은 소방자동차(지휘를 위한 자동차와 구조·구급차를 포함한다. 이하 같다)가 화재진압 및 구조·구급 활동을 위하여 출동을 할 때에는 이를 방해한 사람은 5년 이하의 징역 또는 5천만원 이하의 벌금에 처한다.

정답 ①

85 ★★☆

화재로 인한 재해보상과 보험가입에 관한 법률상 손해보험회사가 한국화재보험협회의 설립허가를 받으려는 경우 금융위원회에 제출하여야 하는 서류로 틀린 것은?

① 정관
② 사업방법서
③ 임원의 명단
④ 창립총회 의사록

해설

「화재로 인한 재해보상과 보험가입에 관한 법률 시행령 제9조」
손해보험회사가 협회의 설립허가를 받으려는 경우에는 그 허가신청서에 다음 서류를 첨부하여 금융위원회에 제출하여야 한다.
• 정관
• 사업방법서
• 창립총회 의사록

정답 ③

86 ★☆☆

소방의 화재조사에 관한 법령상 화재의 조사에 관한 사항으로 틀린 것은?

① 소방공무원과 경찰공무원은 화재조사를 할 때에 서로 협력하여야 한다.
② 화재조사 결과 실화 혐의가 있다고 인정하면 소방청장에게 보고하여 경찰부서에 통보할지 여부를 결정한다.
③ 수사기관에서 실화의 혐의로 압수한 증거물이 화재조사를 위하여 필요한 경우, 수사에 지장을 주지 않는 범위에서 압수된 증거물에 대한 조사를 할 수 있다.
④ 수사기관에 방화혐의로 체포된 피의자가 화재조사를 위하여 필요한 경우, 수사에 지장을 주지 않는 범위에 서 피의자를 조사할 수 있다.

해설

「소방의 화재조사에 관한 법률 제11조」
• 소방관서장은 화재조사를 위하여 필요한 경우 증거물을 수집하여 검사·시험·분석 등을 할 수 있다. 다만, 범죄수사와 관련된 증거물인 경우에는 수사기관의 장과 협의하여 수집할 수 있다.
• 소방관서장은 수사기관의 장이 방화 또는 실화의 혐의가 있어서 이미 피의자를 체포하였거나 증거물을 압수하였을 때에 화재조사를 위하여 필요한 경우에는 범죄수사에 지장을 주지 아니하는 범위에서 그 피의자 또는 압수된 증거물에 대한 조사를 할 수 있다. 이 경우 수사기관의 장은 소방관서장의 신속한 화재조사를 위하여 특별한 사유가 없으면 조사에 협조하여야 한다.
• 증거물 수집의 범위, 방법 및 절차 등에 필요한 사항은 대통령령으로 정한다.

「소방의 화재조사에 관한 법률 제12조」
• 소방공무원과 경찰공무원은 다음 각 호의 사항에 대하여 서로 협력하여야 한다.
 − 화재현장의 출입·보존 및 통제에 관한 사항
 − 화재조사에 필요한 증거물의 수집 및 보존에 관한 사항
 − 관계인등에 대한 진술 확보에 관한 사항
 − 그 밖에 화재조사에 필요한 사항
• 소방관서장은 방화 또는 실화의 혐의가 있다고 인정되면 지체 없이 경찰서장에게 그 사실을 알리고 필요한 증거를 수집·보존하는 등 그 범죄수사에 협력하여야 한다.

정답 ②

87

한국화재보험협회에서 보험계약을 체결할 때 실시하는 특수건물의 안전점검 내용으로 옳은 것은?

① 안전점검이 필요하다고 인정될 때 관계인의 승낙 없이도 검사를 실시할 수 있다.
② 협회는 안전점검을 실시하고자 할 때에는 24시간 전에 관계인에게 통지하여야 한다.
③ 안전점검을 실시하는 자는 안전점검을 함에 있어서 관계인의 업무를 방해하거나 취득한 비밀을 누설하여서는 아니 된다.
④ 안전점검은 관계인의 업무를 방해하지 않도록 일출전 또는 일몰후에 실시하여야 한다.

해설

「화재로 인한 재해보상과 보험가입에 관한 법률 시행령 제12조」
- 협회는 안전점검을 하려는 경우 다음 각 호의 구분에 따른 사항을 특수건물 관계인 중 1명 이상에게 통지하여야 한다. 다만, 다음 각 호에도 불구하고 특수건물 관계인의 요청이 있는 경우에는 통지기간을 단축할 수 있다.
  - 특수건물에 해당하게 된 이후 처음으로 안전점검을 하는 경우: 안전점검 15일 전에 특수건물에 해당한다는 사실과 안전점검 일자 등
  - 제1호 외의 경우: 안전점검 48시간 전에 안전점검 일자 등
- 협회는 통지를 하는 경우 통지의 내용을 적은 서면을 특수건물 관계인에게 우편, 전자우편 또는 교부의 방법을 이용하여 송달하여야 한다. 이 경우 특수건물의 소유자가 아닌 특수건물 관계인은 통지서를 송달받은 경우 그 통지서를 지체 없이 특수건물의 소유자에게 전달하여야 한다.
- 전자우편의 방법을 이용한 송달은 통지서를 송달받아야 할 특수건물 관계인이 동의하거나 신청하는 경우에만 한다.
- 안전점검을 실시하는 자는 그 신분을 증명하는 증표를 지니고 이를 특수건물 관계인에게 보여주어야 한다.
- 안전점검을 실시하는 자는 안전점검을 함에 있어서 특수건물 관계인의 업무를 방해하거나 알게 된 비밀을 타인에게 누설하여서는 아니된다.
- 안전점검은 특수건물 관계인의 승낙 없이 해가 뜨기 전이나 해가 진 뒤에는 할 수 없다.
- 협회는 안전점검을 하였을 때에는 10일 내에 그 결과를 해당 특수건물이 소재하는 관할 시장·군수·구청장 또는 소방서장에게 알려야 한다.
- 협회는 안전점검을 하여야 하는 특수건물의 현황을 파악하기 위하여 필요한 경우 관계 행정기관의 장과 지방자치단체의 장에게 총리령으로 정하는 자료의 제공을 요청할 수 있다.

정답 ③

88

보일러, 고압가스 기타 폭발성 있는 물건을 파열시켜 사람의 생명, 신체 또는 재산에 대하여 위험을 발생시키는 범죄명은?

① 폭발성물건파열죄
② 현주건조물방화죄
③ 가스방류죄
④ 폭발물사용죄

해설

「형법 제172조」
폭발성물건파열죄는 보일러, 고압가스 기타 폭발성있는 물건을 파열시켜 사람의 생명, 신체 또는 재산에 대하여 위험을 발생시킨 자로서 1년 이상의 유기징역에 처한다.

정답 ①

89

화재 시 소화기를 사용 못 하도록 하거나 옥내소화전을 파괴하는 등의 행동을 했다면 형법에 의하여 어떤 처벌을 받을 수 있는가?

① 10년 이하의 징역
② 7년 이하의 징역
③ 3년 이하의 금고
④ 1천 5백만원 이하의 벌금

해설

「형법 제169조」
화재에 있어서 진화용의 시설 또는 물건을 은닉 또는 손괴하거나 기타 방법으로 진화를 방해한 자는 10년 이하의 징역에 처한다.

정답 ①

90 ★★☆

화재로 인한 재해보상과 보험가입에 관한 법령상 특수건물의 기준으로 옳은 것은?

① 음악산업진흥에 관한 법률에 따른 노래연습장업으로 사용하는 부분의 바닥면적의 합계가 1천m^2 이상인 건물
② 관광진흥법에 따른 관광숙박업으로 사용하는 건물로서 연면적의 합계가 3천m^2 이상인 건물
③ 학원의 설립·운영 및 과외교습에 관한 법률에 따른 학원으로 사용하는 부분의 바닥면적의 합계가 1천m^2 이상인 건물
④ 의료법에 따른 병원급 의료기관으로 사용하는 건물로서 연면적의 합계가 2천m^2 이상인 건물

해설

관광숙박업으로 사용하는 건물로서 연면적의 합계가 3천제곱미터 이상인 건물을 말한다.

관련이론 면적별 특수건물의 범위

면적기준	대상물
바닥면적 2천제곱미터 이상	학원, 게임제공업, 인터넷컴퓨터게임시설제공업, 노래연습장업, 휴게음식점영업, 단란주점영업, 유흥주점영업, 공유주방 운영업, 목욕장업, 영화상영관
바닥면적 3천제곱미터 이상	숙박업, 대규모점포, 도시철도의 역사(驛舍) 및 역 시설
연면적 3천제곱미터 이상	병원급 의료기관, 관광숙박업, 공연장, 방송사업을 목적으로 사용하는 건물, 농수산물도매시장 및 민영농수산물도매시장, 학교, 공장

정답 ②

91 ★★☆

사법경찰관이 피의자를 신문하기 전에 알려주어야 하는 사항과 가장 거리가 먼 것은?

① 일체의 진술을 하지 아니할 수 있다는 것
② 신문을 받을 때 변호인의 조력을 받을 수 있다는 것
③ 진술을 하지 않은 경우에 불이익을 받을 수 있다는 것
④ 진술을 거부할 권리를 포기하고 행한 진술은 법정에서 유죄의 증거로 사용될 수 있다는 것

해설

「형사소송법 제244조의 3」
검사 또는 사법경찰관은 피의자를 신문하기 전에 다음 각 호의 사항을 알려주어야 한다.
- 일체의 진술을 하지 아니하거나 개개의 질문에 대하여 진술을 하지 아니할 수 있다는 것
- 진술을 하지 아니하더라도 불이익을 받지 아니한다는 것
- 진술을 거부할 권리를 포기하고 행한 진술은 법정에서 유죄의 증거로 사용될 수 있다는 것
- 신문을 받을 때에는 변호인을 참여하게 하는 등 변호인의 조력을 받을 수 있다는 것

정답 ③

92 ★★★

화재로 인한 재해보상과 보험가입에 관한 법률 시행령상 특수건물의 소유자가 가입하여야 하는 보험의 보험금액 충족 기준으로 (   )에 알맞은 내용은?

> 재물에 대한 손해가 발생한 경우: 사고 1건마다 (   ) 원의 범위에서 피해자에게 발생한 손해액

① 2천만
② 5천만
③ 1억
④ 10억

해설
- 사망의 경우: 피해자 1명마다 1억5천만원의 범위에서 피해자에게 발생한 손해액. 다만, 손해액이 2천만원 미만인 경우에는 2천만원으로 한다.
- 부상의 경우: 피해자 1명마다 별표 1에 따른 금액의 범위에서 피해자에게 발생한 손해액
- 부상에 대한 치료를 마친 후 더 이상의 치료효과를 기대할 수 없고 그 증상이 고정된 상태에서 그 부상이 원인이 되어 신체에 생긴 장애의 경우: 피해자 1명마다 별표 2에 따른 금액의 범위에서 피해자에게 발생한 손해액
- 재물에 대한 손해가 발생한 경우: 사고 1건마다 10억원의 범위에서 피해자에게 발생한 손해액

정답 ④

93 ★★★

업무상과실 또는 중대한 과실로 인하여 실화의 죄를 범한 자에 대한 벌칙은?

① 3년 이하의 금고 또는 1천5백만원 이하의 벌금
② 3년 이하의 금고 또는 2천만원 이하의 벌금
③ 2년 이하의 징역 또는 1천5백만원 이하의 벌금
④ 2년 이하의 징역 또는 2천만원 이하의 벌금

해설
「형법 제171조」
업무상과실 또는 중대한 과실로 인하여 제170조의 죄를 범한 자는 3년 이하의 금고 또는 2천만원 이하의 벌금에 처한다.

정답 ②

94 ★☆☆

화재증거물수집관리규칙상 화재현장 증거물은 화재증거 수집의 목적달성 후에는 어떻게 하여야 하는가?

① 3년까지 보존하여야 한다.
② 10년까지 보존하여야 한다.
③ 관계인에게 반환하여야 한다.
④ 즉시 폐기하여야 한다.

해설
「화재증거물수집관리규칙 제6조」
- 화재증거물은 관계인의 승낙이 있을 때에야 폐기할 수 있다.
- 증거물은 화재증거 수집 목적 달성 후 관계인에게 반환해야 한다.
- 증거물의 반환 또는 폐기까지 화재조사자 또는 이와 동일한 자격 및 권한을 가진 자의 책임 하에 행해져야 한다.

정답 ③

95 ★★★

신체손해배상 특약부 화재보험의 설명으로 틀린 것은?

① 발가락을 잃은 것이란 발가락 말단의 2분의 1 이상을 잃은 경우를 말한다.
② 흉터가 남은 것이란 성형수술을 하였어도 육안으로 식별이 가능한 흔적이 있는 상태를 말한다.
③ 항상 보호를 받아야 하는 것은 일상생활에서 기본적인 음식섭취, 배뇨 등을 타인에게 의존해야 하는 것을 말한다.
④ 수시로 보호를 받아야 하는 것은 일상생활에서 기본적인 음식섭취, 배뇨 등은 가능하나 그 외의 일은 타인에게 의존해야 하는 것을 말한다.

해설
「화재로 인한 재해보상과 보험가입에 관한 법률 시행령 별표2」
발가락을 잃은 것이란 발가락 전부를 잃은 경우를 말한다.

정답 ①

96 ★☆☆

현주건조물 등 방화한 사람에게 가하는 벌칙으로 옳지 않은 것은?

① 사람을 상해에 이르게 한 때에는 무기 또는 5년 이상의 징역
② 사람을 사망에 이르게 한 때에는 사형, 무기 또는 7년 이상의 징역
③ 사람이 주거로 사용하거나 사람이 현존하는 건조물, 기차, 전차, 자동차, 선박, 항공기 또는 광갱을 소훼한 자는 무기 또는 3년 이상의 징역
④ 자기 소유에 속한 물건을 소훼한 때에는 5년 이하의 징역

해설

「형법 제164조」
- 불을 놓아 사람이 주거로 사용하거나 사람이 현존하는 건조물, 기차, 전차, 자동차, 선박, 항공기 또는 지하채굴시설을 불태운 자는 무기 또는 3년 이상의 징역에 처한다.
- 죄를 지어 사람을 상해에 이르게 한 경우에는 무기 또는 5년 이상의 징역에 처한다. 사망에 이르게 한 경우에는 사형, 무기 또는 7년 이상의 징역에 처한다.

정답 ④

97 ★★★

제조물 책임법상 제조상의 결함에 해당되는 것은?

① 제조사가 합리적인 대체설계를 채용하였더라면 피해나 위험을 줄이거나 피할 수 있었음에도 대체설계를 채용하지 아니하여 당해 제조물이 안전하지 못한 경우
② 제조업자의 제조물에 대한 제조·가공상의 주의의무의 이행여부와 관계없이 제조물이 원래 의도한 설계와 다르게 제조·가공됨으로써 안전하지 못한 경우
③ 제조업자가 합리적인 설명·지시·경고 기타의 표시를 하였더라면 당해 제조물에 의하여 발생될 수 있는 피해나 위험을 줄이거나 피할 수 있었음에도 이를 하지 않은 경우
④ 제조업자가 물류·유통과정에서 발생할 수 있는 위험을 인지하지 못하여 제조물의 파손을 초래한 경우

해설

「제조물 책임법 제2조」
결함이란 해당 제조물에 다음 각 목의 어느 하나에 해당하는 제조상·설계상 또는 표시상의 결함이 있거나 그 밖에 통상적으로 기대할 수 있는 안전성이 결여되어 있는 것을 말한다.
- 제조상의 결함
  제조업자가 제조물에 대하여 제조상·가공상의 주의의무를 이행하였는지에 관계없이 제조물이 원래 의도한 설계와 다르게 제조·가공됨으로써 안전하지 못하게 된 경우를 말한다.
- 설계상의 결함
  제조업자가 합리적인 대체설계(代替設計)를 채용하였더라면 피해나 위험을 줄이거나 피할 수 있었음에도 대체설계를 채용하지 아니하여 해당 제조물이 안전하지 못하게 된 경우를 말한다.
- 표시상의 결함
  제조업자가 합리적인 설명·지시·경고 또는 그 밖의 표시를 하였더라면 해당 제조물에 의하여 발생할 수 있는 피해나 위험을 줄이거나 피할 수 있었음에도 이를 하지 아니한 경우를 말한다.

정답 ②

98 ★★★
형법상 공용건조물 등 방화죄에 대한 벌칙은?

① 무기 또는 3년 이상의 징역
② 무기 또는 3년 이하의 징역
③ 10년 이상의 징역
④ 1년 이상의 징역

해설
「형법 제165조」
불을 놓아 공용(公用)으로 사용하거나 공익을 위해 사용하는 건조물, 기차, 전차, 자동차, 선박, 항공기 또는 지하채굴시설을 불태운 자는 무기 또는 3년 이상의 징역에 처한다.

정답 ①

99 ★☆☆
화재를 유형에 따라 구분한 것으로 잘못된 것은?

① 피견인차량이 소손된 경우, 자동차·철도차량화재에 해당된다.
② 구조물 안에 있는 물건이 소손된 경우, 건축·구조물화재에 해당된다.
③ 경작물이 소손된 경우, 기타화재에 해당된다.
④ 들판의 수목이 소손된 경우, 임야화재에 해당된다.

해설
「화재조사 및 보고규정 제9조」
화재는 다음과 같이 그 유형을 구분한다.
- 건축·구조물화재: 건축물, 구조물 또는 그 수용물이 소손된 것
- 자동차·철도차량화재: 자동차, 철도차량 및 피견인 차량 또는 그 적재물이 소손된 것
- 위험물·가스제조소 등 화재: 위험물제조소 등, 가스제조·저장·취급시설 등이 소손된 것
- 선박·항공기화재: 선박, 항공기 또는 그 적재물이 소손된 것
- 임야화재: 산림, 야산, 들판의 수목, 잡초, 경작물 등이 소손된 것
- 기타화재: 위에 해당되지 않는 화재

정답 ③

100 ★☆☆
화재로 인한 재해보상과 보험가입에 관한 법률에 따르면 화재보험협회가 보험계획을 체결할 때 또는 보험계약을 갱신할 때마다 해당특수건물의 화재예방 및 소화시설의 안전점검을 실시하고 그 결과를 며칠 이내에 소방관서의 장에게 통지하여야 하는가?

① 즉시
② 10일
③ 20일
④ 30일

해설
「화재로 인한 재해보상과 보험가입에 관한 법률 시행령 제12조」
협회는 안전점검을 하였을 때에는 10일 내에 그 결과를 해당 특수건물이 소재하는 관할 시장·군수·구청장 또는 소방서장에게 알려야 한다.

정답 ②

2022년 1회 기출문제

자동채점

화재조사론

01 ★★★
V 패턴의 각도에 영향을 미치지 않는 것은?
① 열방출률
② 가연물의 형태
③ 환기의 효과
④ 벽면의 열전도성

해설
각도는 열방출률, 가연물의 양과 형태, 환기조건 등에 의해 결정된다.

관련이론 V 패턴(V Pattern)
- 물질 연소 시 가장 흔히 형성되는 패턴이다.
- 불꽃, 대류, 복사열에 의해 발생한다.
- 연소가 진행될 때 수직 벽면에 나타난다.
- 발화지점이 아닌 곳에서도 형성될 수 있다.
- 화재효과의 가장자리를 보여주는 경계선이다.
- 각도는 열방출률, 가연물의 양과 형태, 환기 조건 등에 의해 결정된다.

정답 ④

02 ★☆☆
폴리우레탄폼 벽체를 관통하는 단위면적당 열유동률은 약 몇 W/m²인가? (단, 폴리우레탄폼의 열전도율은 0.034W/m·K이며, 벽의 두께는 0.05m, 벽 양면의 온도는 각각 50℃와 20℃이다.)
① 15.3
② 20.4
③ 24.5
④ 28.9

해설
전도에 의해 전달되는 열전도율 계산문제로 공식은 다음과 같다.
$$q = kA\frac{\Delta T}{L}$$
q: 열유동률(W/m²), k: 열전도율(W/m·K), A: 면적, ΔT: 온도차(K), L: 두께(m)

$$q = 0.034 \times \frac{(273+50)-(273+20)}{0.05} = 20.4 \text{W/m}^2$$

정답 ②

03 ★★★
화재조사 시 조사관이 분석한 데이터를 토대로 화재확산, 발화점의 규명, 화재 원인 등에 대한 가설을 만들어 내는 과정은?
① 주관적 추론
② 연역적 추론
③ 귀납적 추론
④ 객관적 추론

해설
가설의 설정은 귀납적 추론, 가설검증은 연역적 추론에 의해 결론을 도출한다.

관련이론 추론방법

구분	방법
귀납적 추론	다수의 사실을 바탕으로 일반적인 원칙이나 법칙을 유도하여 결론에 도달하는 추론방법
연역적 추론	다수의 사실로부터 일반적인 사항을 도출해내는 추론방법
형식적 추론	명확하게 정의된 논리적 구조와 규칙을 사용하는 추론방법

정답 ③

04 ★★★

화재플럼(Fire Plume)에 의해 수직벽면에 생성되는 패턴이 아닌 것은?

① V 패턴
② U 패턴
③ 모래시계 패턴
④ 레인보우 이펙트 패턴(Rainbow effect pattern)

해설
화재플럼은 화재발생 시 부력에 의해 형성된 화염 기둥으로 V 패턴, U 패턴, 모래시계 패턴 등의 흔적을 남기며, 레인보우 이펙트 패턴(Rainbow effect pattern)은 액체 가연물 화재에서 나타나는 특유의 화재 패턴이다.

관련이론 레인보우 이펙트 패턴(Rainbow effect pattern)
- 물위로 뜨는 기름띠의 모습이 광택을 내는 무지개처럼 보이기 때문에 붙여진 이름이다.
- 화재현장에서 촉진제 등이 사용되었다고 의심할 수 있는 근거가 되기도 한다.
- 석유화학제품, 플라스틱, 아스팔트, 식물성 기름이 추출될 수 있는 목재에서도 열분해가 되면서 레인보우 이펙트를 보일 수 있다.
- 레인보우 이펙트 현상만으로는 샘플을 분석한 연구소의 검증 없이 인화성 액체가연물이 사용되었다고 보아서는 안된다.

정답 ④

06 ★★☆

화재현장에서 조사자의 자세로 틀린 것은?

① 개인의 민사관계에 적극 관여하여야 한다.
② 부당하게 개인의 권리를 침해하고 자유를 제한하지 않도록 한다.
③ 기술적으로 타당성에 입각하여 조사하여야 한다.
④ 화재조사는 물적 증거를 객체로 하여 과학적 방법으로 합리적으로 사실을 규명하여야 한다.

해설
화재조사 시 화재조사자는 민사분쟁에 개입해서는 안 된다.

관련이론 화재조사자의 자세
- 화재조사자는 개인의 권리를 침해해서는 안 된다.
- 화재조사자는 과학적이고 객관적인 조사를 해야 한다.
- 화재조사자는 법이 부여한 권리와 의무를 초과해서는 안 된다.
- 화재조사관 직무를 이용하여 관계인 등의 민사분쟁에 개입해서는 안 된다.
- 화재조사를 수행하면서 알게 된 비밀을 다른 용도로 사용하거나 누설해서는 안 된다.
- 진술의 자유 또는 신체의 자유를 침해하여 임의성을 의심할 만한 방법을 취해서는 안 된다.

정답 ①

05 ★☆☆

물질의 환원반응에 관한 설명 중 틀린 것은?

① 산소를 잃는 반응이나.
② 전자를 얻는 반응이다.
③ 수소와 결합하는 반응이다.
④ 산화수가 증가하는 반응이다.

해설

구분	산화	환원
산소	얻음	잃음
전자	잃음	얻음
산화수	증가	감소

정답 ④

07 ★★☆

소방의 화재조사에 관한 법률상 화재조사의 책임과 권한에 관한 사항으로 옳은 것은?

① 소방청장, 소방본부장 또는 소방서장은 화재조사를 위하여 관계인에게 자료 제출을 명할 수 없다.
② 소방청장, 소방본부장 또는 소방서장은 수사기관이 방화(放火)의 혐의가 있어서 이미 피의자를 체포하였을 때에 그 피의자에 대하여 조사할 수 없다.
③ 화재조사를 하는 관계 공무원은 화재조사를 수행하면서 알게 된 비밀을 언론에 알려야 한다.
④ 소방본부장이나 소방서장은 화재조사 결과 방화 또는 실화의 혐의가 있다고 인정하면 지체 없이 관할 경찰서장에게 그 사실을 알려야 한다.

해설
소방공무원과 경찰공무원은 서로 협력하고 화재조사 결과 방화 또는 실화의 혐의가 있다고 인정되면 지체 없이 관할 경찰서장에게 그 사실을 알리고 필요한 증거를 수집·보존하는 등 그 범죄수사에 협력하여야 한다.

정답 ④

08 ★☆☆

가정용 LPG 보일러 배관에서 LPG가 누출되어 폭발이 발생하였다. 발화원인으로서 화재의 4요소 중 가장 집중해서 조사하여야 하는 것은?

① 점화원
② 가연물
③ 산소 농도
④ 자립연쇄반응

해설
산소와 점화원은 주변에 항상 존재하므로 가장 집중해서 조사하여야 하는 것은 가연물인 LPG의 누출원인을 규명하는 것이다.

정답 ②

09 ★☆☆

구획실 화재 현상에 관한 설명 중 틀린 것은?

① 플레임오버나 롤오버는 플래시오버에 선행하는 것이 일반적이다.
② 플레임오버나 롤오버 이후에는 반드시 플래시오버가 일어난다.
③ 화재가 성장하면서 복사열이 화재를 지배하게 한다.
④ 환기지배형화재의 경우에는 고온 가스층에 미연소 열분해물과 일산화탄소의 수치가 증가한다.

해설
플레임오버나 롤오버가 발생하면 화재는 급격히 진행되지만 반드시 플래시오버가 발생하지는 않는다.

정답 ②

10 ★☆☆

목재의 탄화모양과 형상에 대한 설명 중 틀린 것은?

① 탄화된 골은 폭이 좁고 얕다.
② 표면은 요철부가 많고 거칠어진다.
③ 표면이 박리와 회화(恢化)를 반복한다.
④ 연소가 계속되면 타서 가늘게 되고 박리되어 소실된다.

해설
목재의 탄화특징은 폭이 넓고 골은 깊다.

관련이론 목재의 연소강도에 따른 탄화흔 식별방법
• 목재화재에서 탄화는 표면에서 중심을 향해 진행된다.
• 연소가 계속되면 목재는 가늘게 된 후에 떨어져 나가 소실된다.
• 연소강도가 높을수록 탄화면은 거칠고 폭이 넓고 골은 깊다.
• 발화부와 가까울수록 탄화심도가 깊고 탄화면의 폭이 넓고 골은 깊다.
• 발화부는 비교적 밝은 색을 띠며 발화부와 멀어질수록 어두운 빛을 나타낸다.

정답 ①

11 ★☆☆

발화부 주변의 일반적인 연소현상에 대한 설명 중 틀린 것은?

① 발화부를 향해 소락(燒落)되거나 도괴된다.
② 발화부와 가까울수록 탄화심도가 깊다.
③ 목재표면에 발생하는 균열은 발화부와 가까울수록 폭이 좁다.
④ 발화부는 비교적 밝은 색을 띠며 발화부와 멀어질수록 어두운 빛을 나타낸다.

해설
목재표면에 발생하는 균열은 발화부와 가까울수록 폭이 넓다.

관련이론 목재의 연소강도에 따른 탄화흔 식별방법
- 목재화재에서 탄화는 표면에서 중심을 향해 진행된다.
- 연소가 계속되면 목재는 가늘게 된 후에 떨어져 나가 소실된다.
- 연소강도가 높을수록 탄화면은 거칠고 폭이 넓고 골은 깊다.
- 발화부와 가까울수록 탄화심도가 깊고 탄화면의 폭이 넓고 골은 깊다.
- 발화부는 비교적 밝은 색을 띠며 발화부와 멀어질수록 어두운 빛을 나타낸다.

정답 ③

12 ★★★

얇은 고체 가연물에서 정방향 화염확산에 관한 설명 중 틀린 것은?

① 얇은 고체가연물에서의 정방향 화염 확산은 위로 퍼지는 화염확산에서 발생한다.
② 커튼 위로 화염이 퍼지거나 종이 위로 화염이 퍼지는 것이 대표적인 예이다.
③ 화염확산속도가 역방향 화염 확산보다 느리기 때문에 가연물이 활발하게 타는 지역이 매우 짧다.
④ 얇은 고체가연물은 빨리 발화되지만 빨리 연소되기 때문에 가연물 두께에 따른 화염확산속도의 변화 추이를 만드는 것이 불가능하다.

해설
정방향 화염확산은 역방향 화염확산보다 확산속도가 빠르다.

관련이론 정방향 화염확산
- 순풍 화염확산이라고도 하며 가스와 산소의 농도차에 의해 위로 퍼지는 확산이다.
- 정방향 확염확산은 화염확산 방향이 가스흐름이나 바람의 방향과 동일할 때 발생한다.
- 커튼 위로 화염이 퍼지거나 종이 위로 화염이 퍼지는 일정한 방향으로의 화염확산이 대표적이다.
- 화염이 벽에서 위로 향하는 경우로 가연물에 화염이 직접 면하기 때문에 연소는 매우 빠르게 진행이 된다.
- 얇은 고체가연물에서는 화염이 가연물 내부로 확산하는 데 필요한 시간이 짧아 화염속도의 변화추이를 만들어내기 어렵다.

정답 ③

13 ★★★

소방의 화재조사에 관한 법률상 소방본부의 화재조사전담부서에서 갖추어야 할 감식기기를 모두 고른 것은? (단, 거점소방서를 포함한다.)

> ㄱ. 디지털탄화심도계
> ㄴ. 내시경카메라
> ㄷ. 비디오카메라세트
> ㄹ. 휴대용디지털현미경

① ㄱ, ㄴ, ㄷ
② ㄱ, ㄴ, ㄹ
③ ㄱ, ㄷ, ㄹ
④ ㄴ, ㄷ, ㄹ

해설

비디오카메라세트는 기록용기기에 해당한다.

관련이론 화재조사전담부서에서 갖추어야 할 감식기기(16종)

절연저항계, 멀티테스터기, 클램프미터, 정전기측정장치, 누설전류계, 검전기, 복합가스측정기, 가스(유증)검지기, 확대경, 산업용실체현미경, 적외선열상카메라, 접지저항계, 휴대용디지털현미경, 디지털탄화심도계, 슈미트해머(콘크리트 반발 경도 측정기구), 내시경현미경

정답 ②

14 ★★★

가연물의 최소착화에너지에 영향을 미치는 요인에 대한 설명으로 옳은 것은?

① 압력이 높을수록 최소착화에너지는 높아진다.
② 온도가 높을수록 최소착화에너지는 낮아진다.
③ 가연물의 종류에 관계없이 최소착화에너지는 일정하다.
④ 혼합된 공기의 산소농도에 관계없이 최소착화에너지는 일정하다.

선지분석

① 압력이 높을수록 최소착화에너지는 낮아진다.
③ 가연물의 종류에 따라 최소착화에너지는 달라진다.
④ 혼합된 공기의 산소농도가 높을수록 최소착화에너지는 낮아진다.

관련이론 최소착화에너지(MIE, Minimum Ignition Energy)

- 최소착화에너지는 매우 작아 mJ 단위를 사용한다.
- 산소농도가 높을수록 연소반응이 더 쉽게 일어날 수 있는 조건이 되어 최소착화에너지가 작아진다.
- 압력이 높으면 분자 간 거리가 좁아지고, 온도가 높으면 분자운동이 활발해져 최소착화에너지가 작아진다.
- 가연성 혼합기체가 발화하는 데 필요한 최소에너지로 가연물 종류에 따라 다르다.
- 혼합기체의 농도가 양론농도(Cst) 부근일 때 최소착화에너지는 최소이고, 상한계·하한계로 갈수록 최소착화에너지는 증가한다.

정답 ②

15 ★★★

금속의 용융점이 낮은 것에서 높은 것 순으로 옳게 나열된 것은?

> ㄱ 구리   ㄴ 납   ㄷ 알루미늄   ㄹ 철

① ㄴ → ㄷ → ㄱ → ㄹ
② ㄴ → ㄷ → ㄹ → ㄱ
③ ㄷ → ㄴ → ㄱ → ㄹ
④ ㄷ → ㄴ → ㄹ → ㄱ

해설

금속	용융점(℃)
구리	1,085
납	327
알루미늄	660
철	1,540

정답 ①

16
화재현장에서 발견된 유리의 파괴선에 관한 설명 중 틀린 것은?

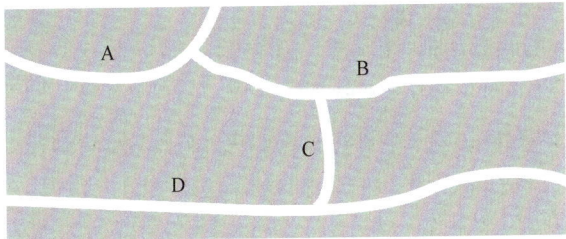

① A는 B보다 선행되었다.
② B는 C보다 선행되었다.
③ C는 D보다 선행되었다.
④ D와 B의 선후관계는 알 수 없다.

해설
유리의 파괴선은 나중에 생긴 균열이 먼저 생긴 균열과 만나면 그 균열이 멈추는 특징이 있다.
- B는 A를 만나 균열이 멈췄기 때문에 A가 선행되었다.
- C는 B를 만나 균열이 멈췄기 때문에 B가 선행되었다.
- C는 D를 만나 균열이 멈췄기 때문에 D가 선행되었다.
- D와 B는 서로 만나지 않아 선후관계를 알 수 없다.

정답 ③

17
메탄의 연소범위로 옳은 것은?

① 4.0~75 vol%
② 5.0~15 vol%
③ 2.1~9.5 vol%
④ 6.7~36 vol%

해설
메탄의 연소범위는 5~15 vol%이다.

정답 ②

18
인화성 액체 가연물의 연소에 의한 화재패턴이 아닌 것은?

① 제트 패턴(Z Pattern)
② 포어 패턴(Pour Pattern)
③ 도넛 패턴(Doughnut Pattern)
④ 고스트마크 패턴(Ghost Mark Pattern)

해설
가연성 액체의 화재패턴 중 제트 패턴이라는 것은 없다.

관련이론 가연성 액체의 화재패턴
- 포어 패턴(Pour pattern)
- 스플래시 패턴(Splash pattern)
- 고스트 마크(Ghost mark)
- 틈새연소 패턴(Seam burn pattern)
- 도넛 패턴(Doughnut pattern)
- 레인보우 이펙트(Rainbow effect)

정답 ①

19 ★☆☆

소방의 화재조사에 관한 법령상 화재조사의 절차로 옳은 것은?

① 현장출동 중 조사 → 정밀조사 → 화재현장 조사 → 화재조사 결과 보고
② 현장출동 중 조사 → 화재현장 조사 → 정밀조사 → 화재조사 결과 보고
③ 화재현장 조사 → 현장출동 중 조사 → 정밀조사 → 화재조사 결과 보고
④ 화재현장 조사 → 정밀조사 → 현장출동 중 조사 → 화재조사 결과 보고

해설

화재조사의 절차
현장출동 중 조사 → 화재현장 조사 → 정밀조사 → 화재조사 결과 보고

관련이론 화재조사의 절차

절차	조사내용
현장출동 중 조사	화재발생 접수, 출동 중 화재상황 파악 등
화재현장 조사	화재의 발화(發火)원인, 연소상황 및 피해상황 조사 등
정밀조사	감식·감정, 화재원인 판정 등
화재조사 결과 보고	결과 보고

정답 ②

20 ★★★

BLEVE 현상에 대한 설명으로 옳은 것은?

① 압력유, 윤활유 등 유기물이 공기 중에 분무된 상태에서 폭발하는 현상
② 저장탱크에서 유출된 대량의 가연성가스가 대기 중에 떠다니다가 점화원과 접촉 시 폭발하는 현상
③ 혼합가스가 폭발범위에서 점화될 때 음속보다 빠른 연소속도로 이동하며 충격파를 수반하는 현상
④ 가스저장탱크 주변화재시 저장탱크가 가열되어 탱크 내의 액화가스가 급격히 증발 팽창하여 탱크가 폭발하는 현상

해설

블레비(BLEVE) 현상이란 외부 화재로 인해 액화가스가 끓어올라 급격한 체적 팽창이 일어나고 가열된 액화가스 용기의 내압이 약해져 파열이 발생해 과열된 액체가 순간적으로 기화하며 충격파와 화구, 파편이 광범위한 피해를 일으키는 폭발현상이다.

관련이론 블레비(BLEVE) 발생조건
- 가연물이 비점 이상 가열될 것
- 가연성 가스가 밀폐계 내에 존재할 것
- 기계적 강도를 초과하는 압력이 형성될 것
- 내용물이 대기 중으로 방출될 것
- 온도상승으로 인해 탱크가 파열될 것

정답 ④

화재감식론

21 ★☆☆

차량의 점화장치의 전류 흐름 순서를 바르게 나열한 것은?

① 점화스위치 → 배터리 → 시동모터 → 점화코일 → 배전기 → 고압케이블 → 스파크 플러그
② 점화스위치 → 시동모터 → 배터리 → 점화코일 → 배전기 → 고압케이블 → 스파크 플러그
③ 점화스위치 → 배터리 → 시동모터 → 배전기 → 점화코일 → 고압케이블 → 스파크 플러그
④ 점화스위치 → 시동모터 → 점화코일 → 배터리 → 배전기 → 고압케이블 → 스파크 플러그

해설
점화장치가 있는 가솔린엔진의 전류흐름도는 다음과 같다.
점화스위치 → 배터리 → 시동모터 → 점화코일 → 배전기 → 고압케이블 → 스파크 플러그

정답 ①

22 ★☆☆

항공기 객실 내에서의 연기로 인한 이온밀도의 변화를 감지하는 연기감지기(Smoke detector)는?

① 열감지기
② 불꽃감지기
③ 이온화감지기
④ 광전식감지기

해설
이온화감지기는 화재발생 시 연기에 의해 이온전류가 변화하는 것을 감지한다.

정답 ③

23 ★★★

화재조사 및 보고규정상 발화원인 판정에서 서술되는 용어의 정의 중 틀린 것은?

① 발화란 열원에 의하여 가연물질에 지속적으로 불이 붙는 현상을 말한다.
② 발화열원이란 발화의 최초원인이 된 불꽃 또는 열을 말한다.
③ 발화요인이란 발화열원에 의하여 발화로 이어진 연소현상에 영향을 준 물적요인만을 말한다.
④ 최초착화물이란 발화열원에 의해 불이 붙고 이 물질을 통해 제어하기 힘든 화세로 발전한 가연물을 말한다.

해설
발화요인이란 발화열원에 의하여 발화로 이어진 연소현상에 영향을 준 인적·물적·자연적인 요인을 말한다.

정답 ③

24 ★☆☆

화재현장에 노출된 금속의 표면에 화재열에 의하여 나타나는 현상이 아닌 것은?

① 변색
② 분해
③ 만곡
④ 용융

해설
금속표면에 화재열에 의해 나타나는 현상의 종류는 변색, 만곡, 용융이다.

정답 ②

25 ★★☆

임야화재 중 수관화에 관한 설명으로 틀린 것은?

① 땅속에 있는 연료가 타는 것을 말한다.
② 중심부 화염의 온도가 1,175℃ 정도이다.
③ 바람을 타고 바람이 부는 방향으로 V자형으로 퍼진다.
④ 빨리 확산되고 짧은 기간에 심각한 피해를 발생시킨다.

해설

땅속에 있는 연료가 타는 것은 지중화에 해당한다.

관련이론 임야화재의 연소에 따른 분류

분류	내용
지중화(Ground fire)	낙엽층 밑에 있는 유기물 층이 연소하는 것
지표화(Surface fire)	지표에 쌓인 낙엽, 잔가지, 관목 등이 연소하는 것
수간화(Stem fire)	나무의 줄기가 연소하는 것
수관화(Crown fire)	나무의 잎사귀 부위가 연소하는 것

정답 ①

26 ★☆☆

담뱃불로 인하여 화재가 발생한 현장의 주요 감식요령 중 틀린 것은?

① 발화에 충분한 축열조건 입증
② 착화지점이 얕게 타들어간 흔적 입증
③ 착화, 발염에 이르기까지의 경과시간과 착화물과의 관계의 타당성 입증
④ 담뱃불에 의해 착화될 수 있는 가연물의 존재 여부 입증

해설

담뱃불로 인한 화재는 착화지점에서 깊게 타들어간 흔적을 보인다.

정답 ②

27 ★☆☆

용기 내용적이 5m³이고, 35℃에서 최고 충전압력이 4MPa인 압축가스 용기의 최대저장능력(m³)은?

① 10
② 20
③ 25
④ 30

해설

압축가스 용기의 최대저장능력을 구하는 공식은 다음과 같다.
$$Q = (P + 1)V$$
$Q =$ 저장능력(m³), P: 최고충전압(MPa), V: 내용적(m³)
$Q = (4 + 1) \times 5 = 25$m³

정답 ③

28 ★☆☆

화학적 폭발 이후에 화재로 진행되는 경우, 가연물과 공기의 혼합비율이 화재에 미치는 영향에 관한 설명으로 옳은 것은?

① 연소상한계에 가까울수록 폭발 후 화재로 발전될 가능성이 높다.
② 연소하한계에 가까울수록 폭발 후 화재로 발전될 가능성이 높다.
③ 연소 한계 범위 내에서는 혼합비율에 관계없이 화재로의 발전가능성은 모두 같다.
④ 연소범위 내에서 화학양론비에 가까울수록 화재로 발전될 가능성이 높다.

해설

화학적 폭발 이후 연소상한계에 가까울수록 가연물과 산소의 혼합이 더욱 완전해져 화재 발생 가능성이 높아진다.

정답 ①

29 ★☆☆

저항 1Ω과 유도리액턴스 1Ω의 직렬회로에 교류전압 U(t) = $100\sqrt{2}\sin(wt)V$를 인가하였을 때 이 회로에 흐르는 전류 $i(t)$는 몇 A인가?

① $i(t) = 100\sin(wt + \frac{\pi}{4})$
② $i(t) = 100\sin(wt - \frac{\pi}{4})$
③ $i(t) = 100\sqrt{2}\sin(wt + \frac{\pi}{4})$
④ $i(t) = 100\sqrt{2}\sin(wt - \frac{\pi}{4})$

해설

전류 $i(t)$를 구하는 공식은 다음과 같다.
$$i(t) = \frac{V}{Z}$$
$i(t)$: 전류, Z: 임피던스, V: 전압
$R-L$직렬회로에서 임피던스(Z) = $\sqrt{R^2 + X_L^2}$
$= \sqrt{1^2 + 1^2} = \sqrt{2}$
$i(t) = \frac{V}{Z} = \frac{100\sqrt{2}\sin(wt)}{\sqrt{2}} = 100\sin(wt)$
$R-L$직렬회로에서 전류와 교류전압은 $\frac{\pi}{4}$의 위상이 앞서므로
$i(t) = 100\sin(wt - \frac{\pi}{4})$

정답 ②

30 ★☆☆

화재현장에서 발생하는 소음으로서 목격자들이 폭발로 오인할 수 있는 경우가 아닌 것은?

① 화재 시 콘크리트 폭렬에 의한 소음
② 개방된 용기의 변형 시 발생하는 소음
③ 화재 열기에 의한 스프레이 캔, 방향제 캔 등의 파열 소음
④ 화재 시 전선피복이 손상되면서 발생하는 전기적 합선의 소음

해설

개방된 용기는 내부 압력이 축적되지 않으므로 열로 변형되더라도 찌그러지거나 휘는 소리만 날 뿐, 폭발음처럼 크고 갑작스러운 소음은 발생하지 않는다.

정답 ②

31 ★☆☆

전기적 발화원인 중 근본적인 원인이 국부적 저항증가인 것은?

① 누전
② 과전류
③ 합선
④ 불완전 접촉

해설

전기의 발화원인 중 국부적 저항증가에는 접촉불량, 반단선, 아산화동 증식 등이 있다.

정답 ②

32 ★★☆

유염화원에 관한 사항 중 틀린 것은?

① 미소화원에 비하여 훨씬 에너지량이 많다.
② 라이터불, 성냥불, 촛불과 같이 화염이 있는 화염이다.
③ 오랜 시간 동안 연소가 진행되고 깊게 탄 연소흔적을 보이며 표면적으로 연소가 확대되는 경우는 드물다.
④ 무염화원에 대한 소화되기 전까지 불이 붙어 있거나 보통 소화되기 전까지 화염을 발하여 연소를 계속하고 있는 화원의 총칭이다.

해설

오랜 시간 동안 연소가 진행되고 깊게 탄 연소흔적을 보이며 표면적으로 연소가 확대되는 경우는 무염화원에 해당한다.

정답 ③

33 ★☆☆

그림과 같은 초기 임야화재의 확산형태에 관한 설명으로 옳은 것은? (단, 그림 안의 X는 최초발화지점을 나타낸다.)

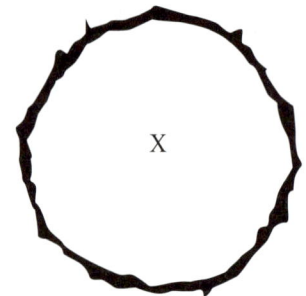

① 평지에서 무풍 상태일 때의 모습이다.
② 경사로에서 매우 강한 바람이 불 때의 모습이다.
③ 양쪽으로 경사가 있는 계곡에서 발생한 화재의 모습이다.
④ 다양한 방향과 풍속의 바람이 불어올 때의 모습이다.

해설
평지에서 무풍일 때는 원형의 모습을 보이며, 바람의 강도가 강해질수록 길쭉한 형태를 보인다.

정답 ①

34 ★★★

고압가스 안전관리법령상 가연성가스 종류에 따른 용기의 도색구분으로 옳은 것은?

① LPG - 백색
② 수소 - 주황색
③ 아세틸렌 - 녹색
④ 액화암모니아 - 회색

해설

가스종류	용기색상
LPG(액화석유가스)	회색
액화암모니아	백색
아세틸렌	황색
액화염소	갈색
액화탄산가스	청색(의료용: 회색)
산소	녹색(의료용: 백색)
수소	주황색

정답 ②

35 ★★★

산화에틸렌 90vol%와 메탄 10vol%가 혼합되어 있는 경우 폭발하한계 값(vol%)은?

① 3.13
② 15.79
③ 32.50
④ 55.81

해설
르샤틀리에법칙은 다음과 같다.

$$\frac{100}{LEL} = \frac{V_1}{L_1} + \frac{V_2}{L_2} + \cdots$$

LEL: 혼합가스 폭발하한계(vol%), V_1, V_2: 가연성가스의 체적(vol%), L_1, L_2: 가연성가스의 폭발하한계(vol%)

$$\frac{100}{LEL} = \frac{90}{3} + \frac{10}{5} = 3.125 \text{ vol}\%$$

정답 ①

36 ★★★

화재조사 및 보고규정상 항공기화재의 소실정도에 관한 내용 중 틀린 것은?

① 항공기의 50%가 소실된 경우 반소로 본다.
② 항공기의 70%이상 소실된 경우 전소로 본다.
③ 항공기의 소실정도는 전소와 반소로만 구분한다.
④ 항공기의 60%가 소실되었으나 잔존부분을 보수하여도 재사용이 불가능한 것은 전소로 본다.

해설

구분	소실정도
전소	건물의 70% 이상(입체면적에 대한 비율)이 소실되었거나 또는 그 미만이라도 잔존부분을 보수하여도 재사용이 불가능한 것
반소	건물의 30% 이상 70% 미만이 소실된 것
부분소	전소, 반소에 해당하지 않는 것

관련이론 항공기화재의 소실정도
자동차·철도차량, 선박 및 항공기 등의 소실정도는 건물의 규정을 준용한다.

정답 ③

37
다음 흔적 중 전기기기 내부의 통전 입증이 가능한 증거가 아닌 것은?

① 전류 퓨즈의 용단
② 기판의 전체적인 탄화
③ 내부 배선의 합선흔적
④ 내부 단자의 부분적 용융흔적

해설
기판전체가 탄화된 경우 통전 입증이 불가능하다.

정답 ②

38
차량화재 조사 시 유의사항으로 옳은 것은?

① 화재차량을 위주로만 세밀하게 조사한다.
② 차량 조사를 위해 차량을 함부로 이동시킨다.
③ 명확한 원인 조사를 위해 주변을 깨끗하게 정리 및 청소한다.
④ 차량 주변의 수거 가능한 모든 증거물을 모아두고, 작은 것도 소홀히 취급해서는 안 된다.

해설
차량화재 조사 시에는 화재차량뿐만 아니라 주변도 세밀하게 살피고 차량을 함부로 이동시켜서는 안되며, 조사가 끝날 때까지 현장을 훼손하면 안 된다.

정답 ④

39
방화범을 정신분석적 측면에서 분류할 때 다음 방화범의 유형은?

> 후회할 줄 모르고 경험이나 처벌로부터 배우지 못한 특징을 가지고 주의 집중의 시간이 짧고 과격하며, 파괴적인 행동으로 짜증이 나는 상황이나 자기 비하를 느낄 때 화풀이로 방화를 해서 관심을 끌거나 도움을 요청하는 심리가 숨어있다. 또한 무차별적으로 방화하고, 결과에 대해 아무런 생각을 하지 않기 때문에 방화범 중 가장 무서운 부류에 속한다.

① 잠복기 방화범
② 구강기 방화범
③ 항문기 방화범
④ 외음부기 방화범

해설
경험이나 처벌로부터 배우지 못해 후회할 줄 모르며, 짜증이나 자기 비하를 느낄 때 분풀이 차원에서 방화를 저질러 관심을 끌거나 도움을 요청하려는 심리를 보이는데 이를 잠복기 방화범이라 한다.

관련이론 방화범의 유형
- **잠복기 방화범**
  혼란, 흥분, 무질서 등을 추구하기 위한 수단으로 방화를 일으키며 후회하는 일이 없기 때문에 처벌을 통해 교화시키기 어려워 방화범 중 가장 무서운 부류이다.
- **구강기 방화범**
  생후 18개월 동안 모성애를 받지 못한 경험으로 인해 방화 충동을 느끼며, 불을 보며 희열을 느낀다. 이는 화염이 이들의 의식 속에서 따뜻함과 안정감을 상징하기 때문이다.
- **항문기 방화범**
  방화의 동기는 분노, 복수, 미움, 질투이며, 이들은 감정의 폭발이나 공격성, 충동성과 격정성을 가진다.
- **외음부기 방화범**
  불을 지른 후 직접 진화에 나서거나 소방관을 도우며 흥분감을 느끼기 위해 방화를 저지른다. 이들은 소방관이 되기를 희망했지만 능력의 한계로 인해 이루지 못한 경우가 많으며, 의용소방대 활동이나 소방 관련 교육을 받은 경험이 있는 경우가 많다.
- **남근기 방화범**
  불을 지르면 쾌감을 느끼고, 불을 보면서 성적충동을 느끼면서 여성의 소유물에 직접 불을 붙이기도 한다.

정답 ①

40 ★☆☆

방화형태의 이론에서 연쇄방화의 주요 조사 착안점 중 틀린 것은?

① 행적 조사
② 연고감(緣故感)조사
③ 피해액 조사
④ 지리감(地理感)조사

해설
방화조사 시 착안점에는 연고감 조사, 지리감 조사, 행적 조사, 알리바이 조사가 있다.

정답 ③

증거물관리 및 법과학

41 ★★★

화재증거물수집관리규칙상 화재현장 사진 및 비디오 촬영 시 유의사항 중 틀린 것은?

① 증거물을 촬영할 때는 그 소재와 상태가 명백히 나타나도록 하며 구분이 용이하도록 반드시 번호표 등을 넣어 촬영한다.
② 화재와 연관성이 크다고 판단되는 증거물, 피해물품, 유류 등의 대상물은 형상을 면밀히 관찰 후 자세히 촬영한다.
③ 현장사진 및 비디오 촬영과 현장기록물 확보 시에는 연소확대 경로 및 증거물 기록에 대한 번호표와 화살표 등을 활용하여 작성한다.
④ 화재현장의 특정한 증거물 등을 촬영할 때 그 길이, 폭 등을 명백히 하기 위하여 측정용 자 또는 대조도구를 사용하여 촬영한다.

해설
증거물을 촬영할 때는 그 소재와 상태가 명백히 나타나도록 하며 구분이 용이하도록 필요에 따라 번호표 등을 넣어 촬영한다.

관련이론 현장사진 및 비디오 촬영 시 유의사항
- 최초 도착하였을 때의 원상태를 그대로 촬영하고, 화재조사의 진행 순서에 따라 촬영
- 증거물을 촬영할 때는 그 소재와 상태가 명백히 나타나도록 하며, 필요에 따라 구분이 용이하게 번호표 등을 넣어 촬영
- 화재현장의 특정한 증거물 등을 촬영함에 있어서는 그 길이, 폭 등을 명백히 하기 위하여 측정용 자 또는 대조도구를 사용하여 촬영
- 화재상황을 추정할 수 있는 다음 각목의 대상물의 형상은 면밀히 관찰 후 자세히 촬영
  - 사람, 물건, 장소에 부착되어 있는 연소흔적 및 혈흔
  - 화재와 연관성이 크다고 판단되는 증거물, 피해물품, 유류
- 현장사진 및 비디오 촬영과 현장기록물 확보 시에는 연소확대 경로 및 증거물 기록에 대한 번호표와 화살표 등을 활용하여 작성한다.

정답 ①

42 ★★☆

냉온수기의 자동온도 조절장치에서 절연체의 오염에 의한 트래킹 화재가 발생한 경우 감정해야 할 증거물로 옳은 것은?

① 응축기　　　　② 압축기
③ 서모스탯　　　④ 과부하 계전기

해설
서모스탯은 온수통에 설치된 바이메탈식 자동온도조절기이다.

정답 ③

43 ★☆☆

화재조사를 위한 질문 및 녹음에 관한 설명으로 옳은 것은?

① 경험이 많은 화재조사자의 직감에 의존하여 질문을 한다.
② 허위진술과 같은 불가피한 상황은 어느정도 인정하고 받아들여야 한다.
③ 녹취가 필요한 경우 피질문자의 동의가 필요하다.
④ 청소년을 대상으로 하는 질문을 가급적이면 편안하고 조용한 장소에서 1대 1로 진행한다.

선지분석
① 경험이 많은 화재조사자의 직감에 의존하기 보다는 과학적이고 논리적인 방법이 필요하다.
② 피질문자의 이해관계에 의하여 허위진술을 하는 경우가 있음을 염두에 두어야 한다.
④ 청소년을 대상으로 하는 질문은 입회인을 입회시켜야 한다.

정답 ③

44 ★★★

화재증거물수집관리규칙상 입수한 증거물 이송을 위해 포장한 후 부착하여야 할 상세정보가 아닌 것은?

① 봉인자　　　　② 수집일시
③ 증거물 번호　　④ 증거물 포장용기 종류

해설
증거물 포장용기의 종류는 증거물 이송을 위해 포장한 후 부착하여야 할 상세정보에 해당하지 않는다.

관련이론 화재증거물 상세정보
- 수집일시, 수집장소, 수집자
- 증거물 번호, 증거물 내용
- 봉인자, 봉인일시

정답 ④

45 ★★★
화재사 사후의 변화로 볼 수 없는 것은 것은?

① 구강 개방
② 피부의 파열
③ 권투선수자세
④ 손과 발의 피부 장갑상 탈락

해설
구강개방은 화재사 사후에 발생하는 현상에 해당하지 않는다.

관련이론 화재사 사후의 변화
- 장갑상 및 양말상 탈락
  심한 화상을 입은 시신에서 손과 발의 피부가 손톱과 발톱을 포함한 채 장갑이나 양말처럼 벗겨지는 현상이 발생할 수 있으며, 이는 화상에 의한 생활반응인 수포로 오인될 수도 있다.
- 피부균열 및 파열
  외표에 열이 계속 가해지면 피부와 피하조직이 균열 또는 파열되어 베인 상처, 찢긴 상처와 비슷한 모습이 되기도 하며 하방의 근육이나 장기가 노출된다.
- 투사형자세
  - 사망 후 열이 지속적으로 가해지면 근육이 경직되고 수축되는 열경직 현상이 나타난다.
  - 골격근은 굴근이 신근보다 양이 많아 굴근에서 열경직이 더 강하게 발생하며, 이로 인해 사지 관절이 반쯤 굴곡된 상태로 고정된다.
  - 이러한 자세는 권투를 준비하는 모습과 유사해 투사형 자세(Fighting position)라고 불린다.
- 탄화
  - 화염이 지속적으로 작용하면 인체는 점차 탄화된다.
  - 사망 후에도 탄화가 계속 진행되면 주로 상완부와 대퇴부 하단 부위에서 사지가 몸통과 분리되어 조각난 형태의 시신이 되며 이를 동시체(Torso cadaver)라고 한다.
  - 가열이 계속되면 결국 시신은 재로 변하게 되며, 성인의 경우 약 1,000℃에서 1.5~2.5시간이 소요되고, 신생아는 약 500℃에서 약 2시간 정도가 걸린다.

정답 ①

46 ★☆☆
화재현장 촬영 시 사용되는 카메라의 기능 중 노출 측정이 어렵거나 측정치가 정확하지 않을 때 노출을 여러 단계로 두는 것은?

① 다징(Dodging)
② 마젠타(Magenta)
③ 비네팅(Vignetting)
④ 브라케팅(Bracketing)

해설
브라케팅은 일정 노출 간격으로 같은 장면을 다른 노출값으로 여러번 촬영하는 것이다.

정답 ④

47 ★★★
화재증거물수집관리규칙상 증거물의 보관·이동에 관한 사항 중 틀린 것은?

① 증거물은 화재증거 수집의 목적달성 후에는 5년간 소방서장이 보관하여야 한다.
② 증거물의 보관 및 이동은 장소 및 방법, 책임자 등이 지정된 상태에서 행해져야 한다.
③ 증거물의 보관은 전용실 또는 전용함 등 변형이나 파손될 우려가 없는 장소에 보관해야 한다.
④ 증거물은 수집 단계부터 검사 및 감정이 완료되어 반환 또는 폐기되는 전 과정에 있어서 화재조사자 또는 이와 동일한 자격 및 권한을 가진 자의 책임 하에 행해져야 한다.

해설
증거물은 화재증거 수집의 목적달성 후에는 관계인에게 반환하여야 한다. 다만 관계인의 승낙이 있을 때에는 폐기할 수 있다.

관련이론 증거물 보관·이동
- 증거물의 보관은 전용실 또는 전용함 등 변형이나 파손될 우려가 없는 장소에 보관해야 하고, 화재조사와 관계없는 자의 접근은 엄격히 통제되어야 하며, 보관관리 이력은 별지에 따라 작성하여야 한다.
- 증거물 이동과정에서 증거물의 파손·분실·도난 또는 기타 안전사고에 대비하여야 한다.
- 파손이 우려되는 증거물, 특별 관리가 필요한 증거물 등은 이송상자 및 무진동 차량 등을 이용하여 안전에 만전을 기하여야 한다.
- 증거물은 화재증거 수집의 목적달성 후에는 관계인에게 반환하여야 한다. 다만 관계인의 승낙이 있을때에는 폐기할 수 있다.

정답 ①

48

인공증거물(Artifact Evidence)에 해당하는 것을 모두 고른 것은?

> ㄱ. 발화원
> ㄴ. 화재의 발화에 관련된 물품
> ㄷ. 표면에 화재패턴이 남아 있는 물품
> ㄹ. 화재 확산에 관련된 부속물의 잔재

① ㄱ, ㄴ, ㄷ
② ㄱ, ㄷ, ㄹ
③ ㄴ, ㄷ, ㄹ
④ ㄱ, ㄴ, ㄷ, ㄹ

해설
인공증거물은 화재의 원인과 전개 과정을 규명하는 데 중요한 단서가 되는 물품으로 발화원과 발화에 관련된 물품, 화재패턴이 남아 있는 표면 물품, 화재 확산과 관련된 부속물의 잔재 등을 모두 포함한다.

정답 ④

49

액체나 고체 촉진제의 증거물을 수집할 때 잘못된 방법은?

① 일회용 비닐장갑을 끼고 수집한다.
② 보관용기 자체를 수집도구로 사용한다.
③ 각 증거물에 대해 항상 새 장갑이나 새 봉지를 사용한다.
④ 증거물을 수집할 때 증거물 수집 및 조사 기구를 휘발성 용매가 들어있는 클리너를 사용하여 수시로 닦아야 한다.

해설
휘발성 용매의 사용은 액체나 고체 촉진제의 증거물을 훼손시킨다.

관련이론 증거물 수집
- 대부분 증거물의 오염은 수집하는 과정에서 일어난다.
- 증거물 수집 시 새로운 장갑을 항상 사용하여야 한다.
- 증거물의 오염은 액체 및 고체 촉진제 수집 시 더욱 높아진다.
- 수집 중 오염을 줄이기 위해 증거물 보관 용기의 뚜껑 등을 수집기구로 사용한다.

정답 ④

50

전신적 생활반응이 아닌 것은?

① 색전증
② 피하출혈
③ 속발성 염증
④ 전신적 빈혈

해설
전신적 생활반응에는 전신적 빈혈, 속발성 염증, 색전증, 외래물질의 분포 및 배설 등이 있으며, 피하출혈은 국소적 생활반응에 해당한다.

정답 ②

51

화재현장의 촬영에 관한 설명 중 틀린 것은?

① 작은 물건을 촬영할 때에는 표식을 사용한다.
② 어두운 곳에서는 스트로보(Strobo)를 이용하여 촬영한다.
③ 좁은 방에서는 광각렌즈보다 표준렌즈를 사용한다.
④ 촬영의 목적을 분명하게 이해한 뒤 촬영에 임한다.

해설
좁은 공간에서 많은 물건을 한 장의 사진에 담고자 할 경우 일반적으로 광각렌즈가 사용된다.

정답 ③

52

화재현장에서 증거물 수집 시 증거물의 상태와 수집용기의 연결이 잘못된 것은?

① 비닐 백 - 액체
② 종이상자 - 고체
③ 유리병 - 고체, 액체
④ 금속캔 - 고체, 액체

해설
비닐 백은 액체시료를 보관하기에 충분한 강도를 갖고 있지 않다.

정답 ①

53 ★☆☆
방화가 의심되는 화재현장의 물적 증거로 거리가 가장 먼 것은?

① 촉진제 용기
② 반단선 코드
③ 타이머가 부착된 점화장치
④ 인위적인 가스밸브의 절단흔적

해설
반단선 코드는 실화와 관계되는 물적 증거로 볼 수 있다.

정답 ②

54 ★★★
화재증거물수집관리규칙상 증거물 시료용기에 관한 설명 중 틀린 것은?

① 주석 도금 캔은 재사용이 용이하다.
② 주석 도금 캔은 사용직전에 검사하여야 하고 새거나 녹슨 경우 폐기한다.
③ 양철 캔은 프레스를 한 이음매 또는 외부표면에 용매로 송진 용제를 사용하여 납땜을 한 이음매가 있어야 한다.
④ 양철 캔은 기름에 견딜 수 있는 디스크를 가진 스크루 마개 또는 누르는 금속마개로 밀폐될 수 있으며, 이러한 마개는 한번 사용한 후에는 폐기되어야 한다.

해설
주석 도금 캔(CAN)은 1회 사용 후 반드시 폐기한다.

관련이론 양철 캔(CAN) 시료용기
- 양철 캔은 적합한 양철판으로 만들어야 하며, 프레스를 한 이음매 또는 외부 표면에 용매로 송진용제를 사용하여 납땜을 한 이음매가 있어야 한다.
- 양철 캔은 기름에 견딜 수 있는 디스크를 가진 스크루 마개 또는 누르는 금속마개로 밀폐될 수 있으며, 이러한 마개는 한번 사용한 후에는 폐기되어야 한다.
- 양철 캔과 그 마개는 청결하고 건조해야 한다.
- 사용하기 전에 캔의 상태를 조사해야 하며 누설이나 녹이 발견될 때에는 사용할 수 없다.

정답 ①

55 ★★★
화재 진압 작업 시 증거물 보존을 위한 주의사항 중 틀린 것은?

① 소방 호스의 사용은 물리적 증거를 옮기거나 손상시킬 수 있으니 주의한다.
② 동력절단기 사용을 위한 연료주입은 화재현장 안에서 실시한다.
③ 잔불을 정리하거나 복원 작업을 할 때 증거를 불필요하게 훼손하지 않도록 한다.
④ 화재패턴이 남아 있을 가능성이 있어 화재조사관이 바닥을 살펴봐야 하는 경우 소화 시 화재패턴에 최소한의 영향만 주도록 한다.

해설
현장에서 석유류 연료를 사용하는 장비는 재급유를 반드시 현장 밖에서 실시해야 한다. 이는 연료 유출 시 허위증거로 오인될 가능성이 있기 때문이다.

관련이론 현장 보존을 위한 소방대원의 역할 및 주의사항
- 잔불을 정리하는 동안 남아있는 증거물이 훼손되지 않게 주의한다.
- 화재현장에 있는 설비, 기구 또는 시설의 손잡이를 돌리거나 작동 스위치를 켜는 것을 자제한다.
- 화재현장에서 석유류 연료를 사용하는 장비를 사용하는 것, 재급유 하는 것을 자제한다.
- 사망이 확인된 사체는 현장보존을 위해 그 위치를 변경하여서는 안 된다.
- 잔불정리 시에 필요 이상으로 물건을 옮기거나 쓰러뜨리지 않도록 한다.
- 화재진압과정에서 높은 수압은 증거물을 훼손할 수 있음을 인지해야 한다.
- 부득이하게 파괴되거나 변경되었을 때는 그 내용을 기록해 추후에라도 화재조사관에게 전달하여야 한다.

정답 ②

56

★☆☆

사후강직에 대한 설명으로 옳은 것은?

① 사후강직은 형성 이후 계속 변화가 없다.
② 사후강직은 주변 온도에 영향을 받지 않는다.
③ 사후강직은 사망 후 혈액이 침하되는 현상이다.
④ 사망 직전의 급격한 근육활동은 사후강직의 시작을 빠르게 한다.

해설

사후강직은 죽기 직전에 급격하게 근육을 사용한 경우 더 빨리 나타나며 근육이 잘 발달한 사람일수록 심하다.

관련이론 사후강직

- 사후강직은 사망 후 근육의 수축으로 ATP가 소모되어 고정된 것이다.
- 사후강직은 12시간 전후로 최고에 달하고 42~72시간이 지나면 완전히 사라진다.
- 사후강직은 온도가 높을 경우 빠르게 진행되며, 온도가 낮을 경우 느리게 진행된다.
- 사후강직은 죽기 직전에 급격하게 근육을 사용한 경우 더 빨리 나타나며 근육이 잘 발달한 사람일수록 심하다.

정답 ④

57

★☆☆

개별적인 화재증거물들을 연관성 있는 정보끼리 연결하고 분석 및 재구성하여 지도를 그리듯 화재원인을 추론하는 과정은?

① 타임라인
② 마인드 맵
③ 브레인스토밍
④ PERT 차트

해설

마인드 매핑(Mind mapping)은 생각의 지도를 그리는 것처럼 단편의 생각들에 대한 단어나 내용을 나열, 연결, 체계화하는 과정을 그림으로 정리한 것으로 개별적인 화재증거물들을 연관성 있는 정보끼리 연결하고 분석 및 재구성하여 화재원인을 추론할 수 있다.

정답 ②

58

★★★

화재증거물수집관리규칙상 증거물 수집에 관한 사항 중 틀린 것은?

① 현장 수거(채취)물은 그 목록을 작성하여야 한다.
② 증거물 수집 목적이 인화성 액체 성분 분석인 경우에는 인화성 액체 성분의 증발을 막기 위한 조치를 행하여야 한다.
③ 증거물이 파손될 우려가 있는 경우에 취급방법에 대한 주의사항을 증거물에 직접 표기하여야 한다.
④ 증거물 수집과정에서는 증거물의 수집자, 수집 일자, 상황 등에 대하여 기록을 남겨야 하며, 기록은 가능한 법과학자용 표지 또는 태그를 사용하는 것을 원칙으로 한다.

해설

증거물이 파손될 우려가 있는 경우 충격금지 및 취급방법에 대한 주의사항을 증거물의 포장 외측에 적절하게 표기하여야 한다.

관련이론 물리적 증거물 수집원칙

- 현장 수거(채취)물은 서식에 그 목록을 작성하여야 한다.
- 증거물의 수집 장비는 증거물의 종류 및 형태에 따라, 적절한 구조의 것이어야 한다.
- 증거물을 수집할 때는 휘발성이 높은 것에서 낮은 순서로 진행해야 한다.
- 증거물의 소손 또는 소실 정도가 심하여 증거물의 일부분 또는 전체가 유실될 우려가 있는 경우는 증거물을 밀봉하여야 한다.
- 증거물이 파손될 우려가 있는 경우 충격금지 및 취급방법에 대한 주의사항을 증거물의 포장 외측에 적절하게 표기하여야 한다.
- 증거물 수집 목적이 인화성 액체 성분 분석인 경우에는 인화성 액체 성분의 증발을 막기 위한 조치를 하여야 한다.
- 증거물 수집 과정에서는 증거물의 수집자, 수집 일자, 상황 등에 대하여 기록을 남겨야 하며, 기록은 가능한 법과학자용 표지 또는 태그를 사용하는 것을 원칙으로 한다.

정답 ③

59 ★★☆

화재현장에서 채취한 증거물 분석 시 사용하는 가스크로마토그래피(GC)에 관한 사항 중 틀린 것은?

① 물질이 유사한 여러 성분의 혼합계 분리에 매우 유효하다.
② 화재현장에서 유류의 존재를 입증하기 위해 사용되는 분석방식이다.
③ 가스 상태로 분석을 행하기 때문에 조작이 어렵고 많은 시간이 소요된다.
④ 각 성분을 검출하여 그 양을 전기적인 신호로 기록계에 저장하여 분석 결과가 객관적으로 보존된다.

해설

가스상태로 분석 하기 때문에 조작이 쉽고 분리가 빠르게 이루어진다.

관련이론 가스크로마토그래피(GC)

- 물질이 유사한 여러 성분의 혼합계 분리에 매우 유효하다.
- 화재현장에서 유류의 존재를 입증하기 위해 사용되는 분석방식으로 가스상태로 분석하기 때문에 조작이 쉽고 분리가 빠르게 이루어진다.
- 각 성분을 검출하여 그 양을 전기적인 신호로 기록계에 저장하여 분석 결과가 객관적으로 보존된다.

정답 ③

60 ★☆☆

화재현장에서 발견되는 증거물 중 유리에 대한 설명 중 틀린 것은?

① 파손형태에 따라 열에 의한 파손, 충격에 의한 파손, 폭발에 의한 파손 등을 구별할 수가 있다.
② 유리가 동심원 모양으로 파손된 경우 충격지점에 가까울수록 파편이 크고 멀수록 파편이 작다.
③ 방사형 파단면의 리플마크를 관찰하면 내측의 충격에 의해 깨진 것인지 외측 충격에 의해 깨진 것인지 구분할 수 있다.
④ 유리는 충격부위에서부터 주변으로 순차적인 동심원 형태의 파단이 되며 동심원 순서에 따라 안팎으로 번갈아 가며 장력을 받아 파손된다.

해설

유리가 동심원 모양으로 파손된 경우 충격지점에 가까울수록 파편의 크기는 작다.

정답 ②

화재조사보고 및 피해평가

61 ★★★

화재피해액 산정 시 가재도구의 소손정도에 따른 손해율로 ( )에 알맞은 기준은?

화재로 인한 피해정도	손해율(%)
손해정도가 보통인 경우	(㉠)
50% 이상 소손되고 수침오염 정도가 심한경우	(㉡)

① ㉠: 10, ㉡: 50
② ㉠: 10, ㉡: 100
③ ㉠: 30, ㉡: 50
④ ㉠: 30, ㉡: 100

해설

화재로 인한 피해정도	손해율(%)
50%이상 소손되고 그을음 및 수침오염 정도가 심한 경우	100
손해정도가 다소 심한 경우	50
손해정도가 보통인 경우	30
오염·수침손의 경우	10

정답 ④

62 ★★★

화재조사 및 보고규정상 변전소에서 발생한 화재의 조사결과 보고 기한으로 ( )에 알맞은 기준은?

- 화재 인지로부터 (㉠)일 이내
- 정당한 사유가 있는 경우에는 소방관서장에게 사전 보고를 한 후 (㉡)일 만큼 조사 보고일을 연장할 수 있다.

① ㉠: 15, ㉡: 50
② ㉠: 15, ㉡: 60
③ ㉠: 30, ㉡: 필요한 기간
④ ㉠: 30, ㉡: 60

해설
변전소에서 발생한 화재의 경우에는 화재 발생일로부터 30일 이내에 보고해야 하지만 정당한 사유가 있는 경우에는 소방관서장에게 사전 보고를 한 후 필요한 기간만큼 조사 보고일을 연장할 수 있다.

정답 ③

63 ★★★

화재조사 및 보고규정상 화재현장조사서 작성 시 화재원인 검토 항목이 아닌 것은? (단, 임야화재, 기타화재, 피해액이 없는 화재는 제외한다.)

① 조사결과
② 방화 가능성
③ 인적 부주의
④ 전기적 요인

해설
조사결과는 화재감식·감정결과 항목에 해당한다.

관련이론 화재원인 검토항목
- 방화 가능성(연소상황, 원인추적 등에 관한 사진, 설명)
- 전기적 요인
- 기계적 요인
- 가스누출
- 인적 부주의 등
- 연소확대 사유

정답 ①

64 ★☆☆

건물에 포함하여 화재피해액을 산정하는 것은?

① 칸막이
② 구축물
③ 영업시설
④ 부대설비

해설
건물에 부속된 칸막이, 대문, 담장, 곳간 및 이와 유사한 시설물은 건물의 부속물로 간주되어 피해액 산정 시 건물에 포함하여 평가한다.

정답 ①

65 ★★★

화재조사 및 보고규정상 회화(그림), 골동품의 화재피해산정기준으로 옳은 것은?

① 전부손해의 경우 감정가격으로 한다.
② 전부손해의 경우 시중 매매가격으로 한다.
③ 전부손해가 아닌 경우 감정가격으로 한다.
④ 전부손해가 아닌 경우 시중 매매가격으로 한다.

해설

회화(그림), 골동품, 미술공예품, 귀금속 및 보석류는 전부손해의 경우 감정가격으로 하며 전부손해가 아닌 경우 원상복구에 소요되는 비용으로 한다.

정답 ①

66 ★★★

화재조사 및 보고규정상 사상자에 관한 사항으로 ( )에 알맞은 기준은?

> 사상자는 화재현장에서 사망한 사람과 부상당한 사람을 말한다. 단 화재현장에서 부상을 당한 후 ( )시간 이내에 사망한 경우에는 당해 화재로 인한 사망으로 본다.

① 24시간　　② 48시간
③ 72시간　　④ 96시간

해설

분류	부상 정도
사상자	화재현장에서 사망한 사람과 부상당한 사람을 말한다. 다만, 화재현장에서 부상을 당한 후 72시간 이내에 사망한 경우에는 당해 화재로 인한 사망으로 본다.
중상	3주 이상의 입원치료를 필요로 하는 부상
경상	중상 이외의 부상(입원치료를 필요로 하지 않는 것도 포함)을 말한다. 단, 병원치료를 필요로 하지 않고 단순하게 연기를 흡입한 사람은 제외

정답 ③

67 ★★★

화재조사 및 보고규정상 질문기록서를 생략할 수 있는 화재를 모두 고른 것은?

> ㄱ. 선박화재
> ㄴ. 전봇대화재
> ㄷ. 가로등에서 발생한 화재
> ㄹ. 쓰레기에서 발생한 화재

① ㄱ, ㄴ, ㄷ　　② ㄱ, ㄴ, ㄹ
③ ㄱ, ㄷ, ㄹ　　④ ㄴ, ㄷ, ㄹ

해설

기타화재 중 쓰레기, 모닥불, 가로등, 전봇대화재 및 임야화재의 경우 질문기록서 작성을 생략할 수 있다.

정답 ④

68 ★★☆

화재조사 및 보고규정상 위험물·가스 제조소 등 화재의 화재유형별 조사서 작성 시 위험물제조소 항목이 아닌 것은?

① 주유 취급소
② 지하탱크 저장소
③ 이동탱크 저장소
④ 액화산소를 소비하는 시설

해설

액화산소를 소비하는 시설은 위험물제조소가 아니라 가스제조소에 해당한다.

관련이론 위험물 제조소 등

- 제조소
- 옥내저장소
- 옥외저장소
- 옥외탱크저장소
- 옥내탱크저장소
- 지하탱크저장소
- 간이탱크저장소
- 이동탱크저장소
- 암반탱크저장소
- 주유취급소
- 판매취급소
- 이송취급소
- 일반취급소

정답 ④

69

화재조사 및 보고규정상 화재현황조사서에 명시된 연소확대물이 아닌 것은? (단, 기타사항은 제외한다.)

① 가구
② 전기, 전자
③ 간판, 차양막
④ 목조건물의 밀집

해설
화재현황조사서의 연소확대물의 종류
- 가구
- 침구, 직물류
- 종이, 목재, 건초 등
- 간판, 차양막 등
- 식품
- 전기, 전자
- 가연성 가스
- 쓰레기류
- 자동차, 철도차량, 선박, 항공기
- 합성수지
- 위험물 등
- 기타
- 미상

정답 ④

70

화재조사 및 보고규정상 민원인이 화재증명원 발급 신청을 할 때 소방서장이 발급하는 화재증명원의 기재사항이 아닌 것은?

① 피해내역
② 화재발생개요
③ 화재피해대상
④ 화재현장출동기록

해설
화재증명원의 기재사항
- 신청인 성명 및 주소
- 화재발생 개요
- 화재피해 대상
- 피해내용
- 사용목적

정답 ④

71

화재조사 및 보고규정상 화재현황조사서의 발화열원의 분류 항목에 포함되는 것은?

① 부주의
② 전기적 요인
③ 폭발물, 폭죽
④ 가스누출(폭발)

해설
화재조사서의 발화열원
- 작동기기
- 담뱃불, 라이터불
- 마찰, 전도, 복사
- 불꽃, 불티
- 폭발물, 폭죽
- 화학적 발화열
- 미상
- 기타
- 자연적 발화열

정답 ③

72

화재현장조사서 작성에 관한 설명 중 옳은 것은?

① 작성자는 현장조사를 직접 행한 자에 한정하지 않고 능력있는 조사관이 작성하는 것이 인정된다.
② 현장조사는 법률행위적 행정조사로서 권한을 가진 상대방의 승낙을 득하고 입회하는 임의조사이다.
③ 대규모 건물화재 등에서 현장조사를 분담하여 실시한 경우 대표자가 취합하여 현장조사서를 작성한다.
④ 현장조사서에는 주관적 판단이나 조사자가 의도하는 결론으로 유도하여 기재할 수 있다.

선지분석
① 작성자는 현장조사를 직접 행한 자로 한정하고 다른 사람이 대신하여 작성하는 것은 인정되지 않는다.
③ 대규모 건물화재 등에서 현장조사를 분담하여 실시한 경우에는 분담자 각자가 분담한 장소의 현장조사서를 작성한다.
④ 현장조사서에는 주관적 판단을 기재하지 않고 직접 관찰하고 확인한 사실만을 기재한다.

정답 ②

73 ★☆☆

당해 피해물의 시중매매사례가 충분하여 유사매매 사례를 비교하여 산정하는 방법으로서 예술품, 귀금속의 피해액산정에 사용되는 방법은?

① 수익환원법
② 비교평가법
③ 복성식평가법
④ 매매사례비교법

해설
매매사례비교법은 당해 피해물의 시중매매사례가 충분할 경우 유사매매 사례를 비교하여 산정하는 방법으로서 차량, 예술품, 귀중품, 귀금속 등의 피해액 산정에 사용한다.

관련이론 손해액 또는 피해액 산정법

구분	산정방법
복성식평가법	• 사고로 인한 피해액을 산정하는 방법 • 재건축 또는 재취득하는 데 소요되는 비용에서 사용기간의 감가수정액을 공제 하는 방법으로 부분의 물적 피해액 산정에 널리 사용
매매사례비교법	당해 피해물의 시중매매사례가 충분하여 유사매매 사례를 비교하여 산정하는 방법으로서 차량, 예술품, 귀중품, 귀금속 등의 피해액 산정에 사용
수익환원법	• 피해물로 인해 장래에 얻을 수익액에서당해 수익을 얻기 위해 지출되는 제반비용을 공제하는 방법에 의하는 방법 • 유실수 등에 있어 수확기간에 있는 경우에 사용 • 단, 유실수의 육성기간에 있는 경우에는 복성식평가법을 사용

정답 ④

74 ★★★

특수한 경우의 화재피해액 산정 시 우선 적용사항으로 옳은 것은?

① 공구·기구, 집기비품, 가재도구를 일괄하여 피해액을 산정할 경우 재구입비의 30%를 피해액으로 한다.
② 중고집기비품의 시장거래가격이 신품가격보다 높을 경우 신품가격을 재구입비로 하여 피해액을 산정한다.
③ 중고구입기계장치의 제작년도를 알 수 없는 경우 신품가액의 60%를 재구입비로 하여 피해액을 산정한다.
④ 중고집기비품의 시장거래가격이 신품가액에서 감가수정을 한 금액보다 높을 경우 중고기계장치의 시장거래가격을 재구입비로 하여 피해액을 산정한다.

선지분석
① 공구·기구, 집기비품, 가재도구를 일괄하여 피해액을 산정할 경우 재구입비의 50%를 피해액으로 한다.
③ 중고구입기계장치의 제작년도를 알 수 없는 경우 신품가액의 30~50%를 재구입비로 하여 피해액을 산정한다.
④ 중고집기비품의 시장거래가격이 신품가액에서 감가수정을 한 금액보다 낮을 경우 중고기계장치의 시장거래가격을 재구입비로 하여 피해액을 산정한다.

정답 ②

75 ★☆☆

화재조사 및 보고규정상 화재현장출동보고서에 관한 내용 중 틀린 것은?

① 화재 장소에서 사용된 장비에 대해 작성한다.
② 출입문 상태 및 소방대 건물 진입방법에 대해 작성한다.
③ 반드시 진압작전도 및 발견사항 상세도를 기입한다.
④ 현장 도착 시 발견사항으로 연기와 화염을 본 위치와 발생장소 등 전체적인 현장사항을 서술식으로 기재한다.

해설
진압작전도와 발견사항 상세도는 반드시 기입해야 하는 사항은 아니다.

정답 ③

76

화재조사 및 보고규정상 명시된 용어의 정의 중 틀린 것은?

① 재구입비는 화재 당시의 피해물과 같거나 비슷한 것을 구입하는데 필요한 금액에 감가상각을 반영한 것을 말한다.
② 최초착화물이란 발화열원에 의해 불이 붙고 이 물질을 통해 제어하기 힘든 화세로 발전한 가연물을 말한다.
③ 감식이란 화재원인의 판정을 위하여 전문적인 지식, 기술 및 경험을 활용하여 주로 시각에 의한 종합적인 판단으로 구체적인 사실관계를 명확하게 규명하는 것을 말한다.
④ 감정이란 화재와 관계되는 물건의 형상, 구조, 재질, 성분, 성질 등 이와 관련된 모든 현상에 대하여 과학적 방법에 의한 필요한 실험을 행하고 그 결과를 근거로 화재원인을 밝히는 자료를 얻는 것을 말한다.

해설
재구입비란 화재 당시의 피해물과 같거나 비슷한 것을 재건축 또는 재취득하는 데 필요한 금액을 말한다.

정답 ①

77

화재가 발생한 일반음식점의 화재피해액은?

- 손해율: 80%
- 소실면적: 100m²
- 신축단가: 100만원/m²
- 내용연수: 40년
- 경과연수: 20년

① 1,000만원 ② 3,000만원
③ 5,000만원 ④ 4,800만원

해설
건물의 화재피해액을 구하는 공식은 다음과 같다.
= 소실면적의 재건축비 × 잔가율 × 손해율
= 신축단가 × 소실면적 × [1 − (0.8 × $\frac{경과연수}{내용연수}$)] × 손해율
= 100만원/m² × 100m² × [1 − (0.8 × $\frac{20}{40}$)] × 0.8 = 4,800만원

정답 ④

78

화재조사 및 보고규정상 전부 손해의 경우 동물, 식물의 피해액 산정 기준은?

① 시중매매가격 ② 수리비 및 치료비
③ 전문가의 감정가격 ④ 감정서의 감정가액

해설
차량, 동물, 식물은 전부손해의 경우 시중매매가격으로 하며, 전부손해가 아닌 경우에는 수리비 및 치료비로 한다.

정답 ①

79

화재조사 및 보고규정상 소방서장이 관할 구역 내에서 발생한 화재에 대하여 작성하여야 할 화재조사서류가 아닌 것은?

① 질문기록서 ② 재산회계보고서
③ 화재현장출동보고서 ④ 화재발생종합보고서

해설
재산회계보고서는 화재조사서류에 해당하지 않는다.

정답 ②

80

난로의 과열로 인해 화재가 발생하여 바닥 5m²와 한쪽 벽 3m²만 소실되었다. 화재피해 범위가 건물의 6면 중 2면 이하인 경우에 화재피해조사서(재산피해) 작성 시 소실면적은 몇 m²인가?

① 8 ② 4
③ 2 ④ 5

해설
건물의 소실면적 산정은 소실 바닥면적으로 산정하므로 소실면적은 5m²이다.

정답 ④

화재조사관계법규

81 ★★★

화재조사 및 보고규정상 조사보고에 관한 내용으로( ) 알맞은 내용은?

> - 종합상황실장이 상급 종합상황실에 지체없이 보고해야 하는 화재는 화재·구조·구급상황 보고서 내지 제11호서식까지 작성하여 화재 발생일로부터 (㉠) 이내에 보고해야 한다.
> - 제1호에 해당하지 않는 화재: 별지 제1호서식 내지 제11호서식까지 작성하여 화재 발생일로부터 (㉡) 이내에 보고해야 한다.
> - 제2항에도 불구하고 다음 각 호의 정당한 사유가 있는 경우에는 소방관서장에게 사전 보고를 한 후 필요한 기간만큼 조사 보고일을 연장할 수 있다.

① ㉠ 30, ㉡ 30
② ㉠ 15, ㉡ 30
③ ㉠ 30, ㉡ 15
④ ㉠ 20, ㉡ 50

해설
- 종합상황실장이 상급 종합상황실에 지체없이 보고해야 하는 화재는 화재·구조·구급상황 보고서 내지 제11호서식까지 작성하여 화재 발생일로부터 30일 이내에 보고해야 한다.
- 제1호에 해당하지 않는 화재: 별지 제1호서식 내지 제11호서식까지 작성하여 화재 발생일로부터 15일 이내에 보고해야 한다.
- 정당한 사유가 있는 경우에는 소방관서장에게 사전 보고를 한 후 필요한 기간만큼 조사 보고일을 연장할 수 있다.

정답 ③

82 ★★★

제조물 책임법령상 소멸시효에 관한 사항으로 ( )에 알맞은 기준은?

> 손해배상의 청구권은 피해자 또는 그 법정대리인이 손해 및 손해배상책임을 지는 자에 관한 사항을 모두 알게 된 날부터 ( )년간 행사하지 아니하면 시효의 완성으로 소멸한다.

① 3
② 5
③ 7
④ 15

해설
손해배상의 청구권은 피해자 또는 그 법정대리인이 다음 사항을 모두 알게 된 날부터 3년간 행사하지 아니하면 시효의 완성으로 소멸한다.
- 손해
- 손해배상책임을 지는 자

정답 ①

83 ★★☆

화재로 인한 재해보상과 보험가입에 관한 법률상 특수건물의 범위에 해당하지 않는 것은?

① 사격 및 사격장 안전관리에 관한 법률에 따른 실내사격장으로 사용하는 건물
② 관광진흥법에 따른 관광숙박업으로 사용하는 건물로서 연면적의 합계가 2천제곱미터 이상인 건물
③ 식품위생법 시행령에 따른 일반음식점영업으로 사용하는 부분의 바닥면적의 합계가 2천제곱미터 이상인 건물
④ 영화 및 비디오물의 진흥에 관한 법률에 따른 영화상영관으로 사용하는 부분의 바닥면적의 합계가 2천제곱미터 이상인 건물

해설
관광숙박업으로 사용하는 건물로서 연면적의 합계가 3천제곱미터 이상인 건물을 말한다.

관련이론 면적별 특수건물의 범위

면적기준	대상물
바닥면적 2천제곱미터 이상	학원, 게임제공업, 인터넷컴퓨터게임시설제공업, 노래연습장업, 휴게음식점영업, 단란주점영업, 유흥주점영업, 공유주방 운영업, 목욕장업, 영화상영관
바닥면적 3천제곱미터 이상	숙박업, 대규모점포, 도시철도의 역사(驛舍) 및 역 시설
연면적 3천제곱미터 이상	병원급 의료기관, 관광숙박업, 공연장, 방송사업을 목적으로 사용하는 건물, 농수산물도매시장 및 민영농수산물도매시장, 학교, 공장

정답 ②

84 ★★★

화재로 인한 재해보상과 보험가입에 관한 법률상 특수건물의 소유자가 손해보험회사가 운영하는 특약부화재보험에 가입하지 않았을 때 벌칙기준은?

① 200만원 이하의 벌금
② 300만원 이하의 벌금
③ 500만원 이하의 벌금
④ 1,000만원 이하의 벌금

해설
「화재로 인한 재해보상과 보험가입에 관한 법률 시행령 제23조」
특약부화재보험에 가입하지 아니한 자는 500만원 이하의 벌금에 처한다.

정답 ③

85 ★☆☆

형법상 방화와 실화의 죄 중 현주건조물 등 방화로 분류되지 않는 것은?

① 사람이 현존하는 자동차에 대한 방화
② 건조물 등 내부에 사람이 현존하는 대상물에 대한 방화
③ 우사 측면에 접해 있으며 사람이 주거로 사용하고 있는 가옥에 대한 방화
④ 사람이 일상생활의 장소로 사용하지 않고 내부에 사람이 없는 컨테이너박스에 대한 방화

해설
현주건조물이란 사람이 주거로 사용하거나 사람이 현존하는 건조물이다. 사람이 일상생활 장소로 사용하지 않고 내부에 사람이 없는 컨테이너박스는 현주건조물에 해당되지 않는다.

정답 ④

86 ★★★
소방기본법령상 소방활동에 필요한 사람 외의 사람이 소방활동구역을 출입하였을 때 부과되는 과태료 기준은?

① 100만원 이하의 과태료
② 300만원 이하의 과태료
③ 200만원 이하의 과태료
④ 500만원 이하의 과태료

해설
소방활동에 필요한 사람 외에 소방활동구역을 출입한사람은 200만원 이하의 과태료를 부과한다.

관련이론 200만원 이하의 과태료 부과대상
- 한국119청소년단 또는 이와 유사한 명칭을 사용한 자
- 소방자동차의 출동에 지장을 준 자
- 소방활동구역을 출입한 사람
- 한국소방안전원 또는 이와 유사한 명칭을 사용한 자

정답 ③

87 ★☆☆
공용건조물 등 방화죄 대상물이 아닌 것은?

① 전차
② 항공기
③ 건조물
④ 임야

해설
임야는 형법에서 다루는 공용건조물 등 방화에 해당되지 않는다.

관련이론 「형법 제165조」
불을 놓아 공용(公用)으로 사용하거나 공익을 위해 사용하는 건조물, 기차, 전차, 자동차, 선박, 항공기 또는 지하채굴시설을 불태운 자는 무기 또는 3년 이상의 징역에 처한다.

정답 ④

88 ★★★
소방의 화재조사에 관한 법률상 화재조사를 하는 화재조사관은 화재조사를 수행하면서 알게 된 비밀을 다른 사람에게 누설한 경우 벌금 기준은?

① 100만원 이하의 벌금
② 200만원 이하의 벌금
③ 300만원 이하의 벌금
④ 500만원 이하의 벌금

해설
「소방의 화재조사에 관한 법률 제21조」
화재조사관은 관계인의 정당한 업무를 방해하거나 화재조사를 수행하면서 알게 된 비밀을 다른 용도로 사용하거나 다른 사람에게 누설한 자에게는 300만원 이하의 벌금에 처한다.

정답 ③

89 ★★★
화재로 인한 재해보상과 보험가입에 관한 법률 시행령상 특수건물의 소유자가 가입하여야 하는 보험의 보험금액 충족 기준으로 (   )에 알맞은 내용은?

> 재물에 대한 손해가 발생한 경우: 사고 1건마다 (   ) 원의 범위에서 피해자에게 발생한 손해액

① 2천만
② 5천만
③ 1억
④ 10억

해설
- 사망의 경우: 피해자 1명마다 1억5천만원의 범위에서 피해자에게 발생한 손해액. 다만, 손해액이 2천만원 미만인 경우에는 2천만원으로 한다.
- 부상의 경우: 피해자 1명마다 별표 1에 따른 금액의 범위에서 피해자에게 발생한 손해액
- 부상에 대한 치료를 마친 후 더 이상의 치료효과를 기대할 수 없고 그 증상이 고정된 상태에서 그 부상이 원인이 되어 신체에 생긴 장애의 경우: 피해자 1명마다 별표 2에 따른 금액의 범위에서 피해자에게 발생한 손해액
- 재물에 대한 손해가 발생한 경우: 사고 1건마다 10억원의 범위에서 피해자에게 발생한 손해액

정답 ④

90 ★★★

소방기본법상 화재, 재난·재해, 그 밖의 위급한 상황이 발생한 현장에 소방활동구역을 정하여 소방활동에 필요한 사람으로서 대통령령으로 정하는 사람 외에는 그 구역에 출입하는 것을 제한할 수 있는 자는?

① 시·도지사
② 행정안전부장관
③ 시장·군수
④ 소방대장

해설

「소방기본법 제23조」
- 소방대장은 화재, 재난·재해, 그 밖의 위급한 상황이 발생한 현장에 소방활동구역을 정하여 소방활동에 필요한 사람으로서 대통령령으로 정하는 사람 외에는 그 구역에 출입하는 것을 제한할 수 있다.
- 경찰공무원은 소방대가 소방활동구역에 있지 아니하거나 소방대장의 요청이 있을 때에는 조치를 할 수 있다.

정답 ④

91 ★☆☆

민법상 다음의 경우 사용자 책임배상에 관한 사항 중 틀린 것은?

> 용접업체에서 용접공을 고용하여 작업을 하다가 용접공의 실수로 화재가 발생하여 제삼자에게 피해를 가한 경우

① 용접공 사용자에게 손해배상의 책임이 있다.
② 용접공 사용자에 갈음하여 용접공을 감독하는 자도 손해를 배상할 책임이 있다.
③ 용접공 사용자가 피용자(용접공)에게 상당한 주의를 하였음에도 손해가 있는 경우에는 면책된다.
④ 용접공 사용자 또는 감독자는 피용자(용접공)에 대하여 구상권을 행사할 수 없다.

해설

「민법 제756조」
타인을 사용하여 어느 사무에 종사하게 한 자는 피용자가 그 사무집행에 관하여 제삼자에게 가한 손해를 배상할 책임이 있다. 그러나 사용자가 피용자의 선임 및 그 사무감독에 상당한 주의를 한 때 또는 상당한 주의를 하여도 손해가 있을 경우에는 그러하지 아니하다.

정답 ④

92 ★☆☆

화재조사 및 보고규정상 화재유형에 관한 설명 중 틀린 것은?

① 선박·항공기화재는 선박, 항공기 또는 그 적재물이 소손된 것을 말한다.
② 건축·구조물화재는 건축물, 구조물 또는 그 수용물이 소손된 것을 말한다.
③ 임야화재는 산림, 야산, 들판의 수목, 경작물을 보관하는 창고가 소손된 것을 말한다.
④ 자동차·철도차량 화재는 자동차, 철도차량 및 피견인 차량 또는 그 적재물이 소손된 것을 말한다.

해설

「화재조사 및 보고규정 제9조」
화재는 다음과 같이 그 유형을 구분한다.
- 건축·구조물화재: 건축물, 구조물 또는 그 수용물이 소손된 것
- 자동차·철도차량화재: 자동차, 철도차량 및 피견인 차량 또는 그 적재물이 소손된 것
- 위험물·가스제조소 등 화재: 위험물제조소 등, 가스제조·저장·취급시설 등이 소손된 것
- 선박·항공기화재: 선박, 항공기 또는 그 적재물이 소손된 것
- 임야화재: 산림, 야산, 들판의 수목, 잡초, 경작물 등이 소손된 것
- 기타화재: 위에 해당되지 않는 화재

정답 ③

93
★☆☆

실화책임에 관한 법률의 내용 설명으로 옳은 것은?

① 실화자는 중대한 과실이 있는 경우에만 손해배상책임이 있다.
② 실화로 인한 연소(延燒) 부분 및 정신적 피해에 대한 손해배상청구를 포함한다.
③ 법원은 손해배상액의 경감청구가 있을 경우 피해자의 경제상태는 고려하지 아니한다.
④ 법원은 손해배상액의 경감청구가 있을 경우 피해 확대의 원인을 고려할 수 있다.

선지분석
① 실화가 중대한 과실로 인한 것이 아닌 경우 그로 인한 손해의 배상의무자는 법원에 손해배상액의 경감을 청구할 수 있다.
② 실화로 인하여 화재가 발생한 경우 연소(延燒)로 인한 부분에 대한 손해배상청구에 한하여 적용한다.
③ 법원은 청구가 있을 경우에는 배상의무자 및 피해자의 경제상태 사정을 고려하여 그 손해배상액을 경감할 수 있다.

정답 ④

94
★★★

실화책임에 관한 법률상 손해배상의무자의 손해배상액 경감청구가 있을 때 법원이 손해배상액을 경감할 수 있는 기준이 아닌 것은? (단, 실화가 중대한 과실로 인한 것이 아닌 경우이다.)

① 피해의 대상과 정도
② 화재의 원인과 규모
③ 배상의무자의 경제상태
④ 피해 확대를 방지하기 위한 피해자의 노력

해설
「실화책임에 관한 법률 제3조」
법원은 청구가 있을 경우 다음 사정을 고려하여 그 손해배상액을 경감할 수 있다.
• 화재의 원인과 규모
• 피해의 대상과 정도
• 연소(延燒) 및 피해 확대의 원인
• 피해 확대를 방지하기 위한 실화자의 노력
• 배상의무자 및 피해자의 경제상태
• 그 밖에 손해배상액을 결정할 때 고려할 사정

정답 ④

95
★☆☆

국가배상법상 화재조사관이 직무를 집행하면서 과실로 법령을 위반하여 타인에게 손해를 입힐 경우 손해배상의 책임자는?

① 소방서장
② 화재조사관
③ 소방재난본부장
④ 국가나 지방자치단체

해설
「국가배상법 제2조」
국가나 지방자치단체는 공무원 또는 공무를 위탁받은 사인이 직무를 집행하면서 고의 또는 과실로 법령을 위반하여 타인에게 손해를 입히거나, 손해배상의 책임이 있을 때에는 이 법에 따라 그 손해를 배상하여야 한다.

정답 ④

96 ★★☆

제조물 책임법상 손해배상을 지는 자가 손해배상책임을 면하는 기준 중 틀린 것은?

① 제조업자가 해당 제조물을 공급하지 아니하였다는 사실을 입증한 경우
② 제조업자가 해당 제조물을 공급한 당시의 과학·기술 수준으로는 결함의 존재를 발견할 수 없었다는 사실을 입증한 경우
③ 제조물의 결함이 제조업자가 해당 제조물의 결함이 발생한 당시의 법령이 정하는 기준을 준수함으로써 발생한 사실을 입증한 경우
④ 원재료나 부품의 경우에는 그 원재료나 부품을 사용한 제조물 제조업자의 설계 또는 제작에 관한 지시로 인하여 결함이 발생하였다는 사실을 입증한 경우

해설

「제조물 책임법 제4조」
손해배상책임을 지는 자가 다음어느 하나에 해당하는 사실을 입증한 경우에는 이 법에 따른 손해배상책임을 면(免)한다.
- 제조업자가 해당 제조물을 공급하지 아니하였다는 사실
- 제조업자가 해당 제조물을 공급한 당시의 과학·기술 수준으로는 결함의 존재를 발견할 수 없었다는 사실
- 제조물의 결함이 제조업자가 해당 제조물을 공급한 당시의 법령에서 정하는 기준을 준수함으로써 발생하였다는 사실
- 원재료나 부품의 경우에는 그 원재료나 부품을 사용한 제조물 제조업자의 설계 또는 제작에 관한 지시로 인하여 결함이 발생하였다는 사실
- 손해배상책임을 지는 자가 제조물을 공급한 후에 그 제조물에 결함이 존재한다는 사실을 알거나 알 수 있었음에도 그 결함으로 인한 손해의 발생을 방지하기 위한 적절한 조치를 하지 아니한 경우에는 규정에 따른 면책을 주장할 수 없다.

정답 ③

97 ★★★

소방의 화재조사에 관한 법령상 화재조사를 하는 경우 조사사항으로 옳지 않은 것은?

① 화재원인에 관한 사항
② 화재로 인한 재산피해 상황
③ 소방시설 등의 설치·관리 및 작동 여부에 관한 사항
④ 자위소방대의 대응 및 조직 구성에 관한 사항

해설

「소방의 화재조사에 관한 법률 제5조」
- 소방청장, 소방본부장 또는 소방서장은 화재발생 사실을 알게 된 때에는 지체없이 화재조사를 하여야 한다. 이 경우 수사기관의 범죄수사에 지장을 주어서는 아니 된다.
- 소방관서장은 화재조사를 하는 경우 다음 사항에 대하여 조사하여야 한다.
  - 화재원인에 관한 사항
  - 화재로 인한 인명·재산피해상황
  - 대응활동에 관한 사항
  - 소방시설 등의 설치·관리 및 작동 여부에 관한 사항
  - 화재발생건축물과 구조물, 화재유형별 화재위험성 등에 관한 사항
  - 그 밖에 대통령령으로 정하는 사항

정답 ④

98 ★★★

화재증거물수집관리규칙상 증거물 수집에 관한 설명 중 틀린 것은?

① 증거물을 수집할 때는 휘발성이 낮은 것에서 높은 순서로 진행해야 한다.
② 증거물의 소손 또는 소실 정도가 심하여 증거물의 일부분 또는 전체가 유실될 우려가 있는 경우는 증거물을 밀봉하여야 한다.
③ 증거물이 파손된 우려가 있는 경우에 충격금지 및 취급방법에 대한 주의사항을 증거물의 포장 외측에 적절하게 표기하여야 한다.
④ 증거물 수집 과정에서는 증거물의 수집자, 수집 일자, 상황 등에 대하여 기록을 남겨야 하며, 기록은 가능한 법과학자용 표지 또는 태그를 사용하는 것을 원칙으로 한다.

해설
증거물을 수집할 때는 휘발성이 높은 것에서 낮은 순서로 진행해야 한다.

관련이론 물리적 증거물 수집원칙
- 현장 수거(채취)물은 서식에 그 목록을 작성하여야 한다.
- 증거물의 수집 장비는 증거물의 종류 및 형태에 따라, 적절한 구조의 것이어야 한다.
- 증거물을 수집할 때는 휘발성이 높은 것에서 낮은 순서로 진행해야 한다.
- 증거물의 소손 또는 소실 정도가 심하여 증거물의 일부분 또는 전체가 유실될 우려가 있는 경우는 증거물을 밀봉하여야 한다.
- 증거물이 파손될 우려가 있는 경우 충격금지 및 취급방법에 대한 주의사항을 증거물의 포장 외측에 적절하게 표기하여야 한다.
- 증거물 수집 목적이 인화성 액체 성분 분석인 경우에는 인화성 액체 성분의 증발을 막기 위한 조치를 하여야 한다.
- 증거물 수집 과정에서는 증거물의 수집자, 수집 일자, 상황 등에 대하여 기록을 남겨야 하며, 기록은 가능한 법과학자용 표지 또는 태그를 사용하는 것을 원칙으로 한다.

정답 ①

99 ★★★

화재조사 및 보고규정상 자산에 대한 최종잔가율을 20%로 정하는 자산을 모두 고른 것은?

| ㄱ. 구축물 | ㄴ. 자동차 |
| ㄷ. 가재도구 | ㄹ. 부대설비 |

① ㄱ, ㄴ, ㄷ
② ㄱ, ㄴ, ㄹ
③ ㄱ, ㄷ, ㄹ
④ ㄴ, ㄷ, ㄹ

해설
「화재조사 및 보고규정 제18조」
건물 등 자산에 대한 최종잔가율은 건물·부대설비·구축물·가재도구는 20%로 하며, 그 이외의 자산은 10%로 정한다.

정답 ③

100 ★★★

형법상 공용건조물 등 방화에 관한 사항으로 (   )에 알맞은 기준은?

불을 놓아 공용(公用)으로 사용하거나 공익을 위해 사용하는 건조물, 기차, 전차, 자동차, 선박, 항공기 또는 지하채굴시설을 불태운 자는 무기 또는 (   )년 이상의 징역에 처한다.

① 1
② 3
③ 5
④ 7

해설
「형법 제165조」
불을 놓아 공용(公用)으로 사용하거나 공익을 위해 사용하는 건조물, 기차, 전차, 자동차, 선박, 항공기 또는 지하채굴시설을 불태운 자는 무기 또는 3년 이상의 징역에 처한다.

정답 ②

2022년 2회 기출문제

화재조사론

01 ★☆☆

소방의 화재조사에 관한 법령상 화재조사의 절차로 옳은 것은?

① 현장출동 중 조사 → 정밀조사 → 화재현장 조사 → 화재조사 결과 보고
② 현장출동 중 조사 → 화재현장 조사 → 정밀조사 → 화재조사 결과 보고
③ 화재현장 조사 → 현장출동 중 조사 → 정밀조사 → 화재조사 결과 보고
④ 화재현장 조사 → 정밀조사 → 현장출동 중 조사 → 화재조사 결과 보고

해설

화재조사의 절차
현장출동 중 조사 → 화재현장 조사 → 정밀조사 → 화재조사 결과 보고

관련이론 화재조사의 절차

절차	조사내용
현장출동 중 조사	화재발생 접수, 출동 중 화재상황 파악 등
화재현장 조사	화재의 발화(發火)원인, 연소상황 및 피해상황 조사 등
정밀조사	감식·감정, 화재원인 판정 등
화재조사 결과 보고	결과 보고

정답 ②

02 ★★★

메탄 40vol%, 에탄 30vol%, 프로판 30vol%으로 혼합되어 있는 기체의 공기 중 폭발하한계(vol%)는?

물질	폭발범위(vol%)
메탄	5~15
에탄	3~12.4
프로판	2.1~9.5

① 약 2.5 ② 약 3.1
③ 약 4.3 ④ 약 5.7

해설

르샤틀리에법칙은 다음과 같다.

$$\frac{100}{LEL} = \frac{V_1}{L_1} + \frac{V_2}{L_2} + \cdots$$

LEL: 혼합가스 폭발하한계(vol%), V_1, V_2: 가연성가스의 체적(vol%), L_1, L_2: 가연성가스의 폭발하한계(vol%)

$$\frac{100}{LEL} = \frac{40}{5} + \frac{30}{3} + \frac{30}{2.1} = 3.09 \text{ vol}\%$$

정답 ②

03 ★☆☆

콘크리트 박리(Spalling)에 관한 설명으로 틀린 것은?

① 콘크리트 등에 포함된 수분이 열에 의해 팽창하면서 시멘트를 부서지게 만든다.
② 콘크리트 내의 강철재의 팽창은 둘러싸고 있는 콘크리트를 파괴한다.
③ 콘크리트, 회벽, 벽돌 면이 깨지거나 부서진 것을 말한다.
④ 시멘트 내의 폴리프로필렌 섬유는 압력을 견디지 못하고 화재 폭발 시 녹아 박리를 크게 한다.

해설
- 강도·고내구성 콘크리트일수록 조직이 치밀해 수증기 배출로 폭열을 완화하기 위해 폴리프로필렌 섬유를 첨가하기도 한다.
- 콘크리트의 폭열은 고강도, 고내구적인 고성능 콘크리트일수록 내부 조직이 치밀하여 발생하기 쉽다.

관련이론 콘크리트 박리(Spalling)
- 폭열이라고도 하며 화재 시 갑작스런 고온에 의해 콘크리트 구조체의 부재표면이 심한 폭음과 함께 박리·탈락하는 현상이다.
- 열현상은 콘크리트가 열을 받으면 내부에 있던 수분이 급격하게 팽창하면서 피복 콘크리트가 결손되는 현상이다.
- 폭열이 일어나면 구조체 내부까지 고온이 전달되고, 철근이 고온에 노출되어 치명적인 내력 저하를 초래한다.

정답 ④

04 ★☆☆

가연성 물질에 관한 설명으로 옳은 것은?

① 주기율표의 0족 원소
② 산소와 충분히 화합한 물질
③ 산소와 흡열반응을 하는 물질
④ 산소와 반응 시 발열량이 큰 물질

해설
가연물에 부적합한 조건
- 흡열반응물질(NO, NO_2, NO_3)
- 불활성 기체(He, Ne, Ar, Kr, Xe, Rn 등)
- 산화반응이 완료된 물질(H_2O, CO_2, Al_2O_3, SiO_2 등)
- 자체가 연소하지 않는 물질(돌, 흙 등)

관련이론 가연물의 구비조건
- 열전도율이 낮아야 한다.
- 질량대비 표면적(비표면적)이 커야 한다.
- 활성화 에너지가 작아야 한다.
- 조연성(지연성)가스와 친화력이 커야 한다.
- 산소와 반응하기 쉽고, 발열량이 커야 한다.

정답 ④

05 ★☆☆

습기가 있는 상태에서 과산화나트륨과 혼촉 시 발화가 일어나지 않는 것은?

① 톱밥 ② 산화칼슘
③ 유황 ④ 알루미늄 분말

해설
과산화나트륨은 강력한 산화제로 물과 반응하면 산소와 함께 열을 방출한다. 이때 주변에 톱밥, 유황, 알루미늄 분말 등의 가연물이 있으면 쉽게 발화할 수 있다.

정답 ②

06 ★★★

화재조사 시 발화지점의 가설에 대해 사고실험을 통해 분석적으로 검증하는 방법은?

① 연역적 추론 ② 귀납적 추론
③ 주관적 추론 ④ 객관적 추론

해설

가설설정은 귀납적 추론으로 설정하고, 연역적 추론으로 가설을 검증하여 결론을 도출한다.

관련이론 가설설정

- 정의를 내린 문제의 답을 얻기 위해 시도하는 과정으로 자료분석을 통해 문제해결에 필요한 실제 자료를 바탕으로 가설을 설정한다.
- 조사관은 자료 분석 결과에 따라 사건을 설명하기 위해 하나 또는 여러 개의 가설을 세울 수 있다.
- 가설설정은 귀납적 추론에 의하며 본질을 알 수 없을 때 현상을 관찰하여 본질을 파악하는 방법이다.

정답 ①

07 ★☆☆

화재 진화 후 화재조사활동 순서를 바르게 나열한 것은?

ㄱ. 발화원인 검토
ㄴ. 발화원인 판정
ㄷ. 관계자에 대한 질의
ㄹ. 현장의 발굴과 복원
ㅁ. 화재현장의 연소상황과 특이한 흔적 관찰
ㅂ. 화재조사 핵심장소와 주변의 탐색 범위 검토

① ㅁ → ㄷ → ㅂ → ㄹ → ㄱ → ㄴ
② ㅁ → ㅂ → ㄷ → ㄱ → ㄹ → ㄴ
③ ㅂ → ㄷ → ㅁ → ㄹ → ㄱ → ㄴ
④ ㅂ → ㅁ → ㄷ → ㄱ → ㄹ → ㄴ

해설

화재조사활동의 순서
현장관찰 → 관계자 질문 → 발화범위 결정 → 발굴과 복원 → 발화장소 판정 → 감식, 감정 → 발화원인 판정

정답 ①

08 ★☆☆

220V, 2A가 전선에 1분간 전기가 인가되었을 때 저항에 발생하는 열량(cal)은?

① 105.6 ② 440
③ 6,336 ④ 26,400

해설

발생열량을 구하는 공식은 다음과 같다.

$$H = 0.24 I^2 R T$$

$$R = \frac{V}{I}$$

H: 발생열량, I: 전류, R: 저항, T: 시간(초)

$$H = 0.24 \times 2^2 \times \frac{220}{2} \times 60 = 6,336 \text{cal}$$

정답 ③

09 ★★☆

다음 중 분진폭발의 위험이 가장 낮은 것은?

① 강철 분말 ② 티타늄 분말
③ 생석회 분말 ④ 알루미늄 분말

해설

분진폭발을 일으키지 않는 물질
- 탄화칼슘(생석회)
- 가성소다
- 시멘트
- 산화알루미늄
- 수산화칼슘(소석회)
- 대리석
- 석회석

정답 ③

10
화염확산속도에 영향을 미치지 않는 것은?

① 연료의 밀도
② 연료의 비열
③ 연료의 하중
④ 연료의 온도(화염온도범위 외)

해설

화염확산에 영향을 미치는 인자
- 연료의 밀도
- 연료의 비열
- 연료의 온도
- 연료의 두께
- 연료의 형상
- 대기의 조성과 환경

정답 ③

11
연소반응에 있어서 산소공급원의 역할을 하는 물질은?

① 황린
② 칼륨
③ 과산화나트륨
④ 디에틸에테르

해설

과산화나트륨은 강력한 산화제로 물과 반응하면 산소와 함께 열을 방출하여 산소공급원 역할을 한다.

관련이론 산화제
- 산소
- 염소
- 황산
- 질산
- 브롬
- 요오드
- 염화철
- 염화주석
- 플루오린
- 과산화수소
- 과산화나트륨
- 과망간산칼륨

정답 ③

12
화재현장 조사계획 수립 단계에 해당하지 않는 것은?

① 경찰 등 관계기관 연락
② 조사의 방법, 책임자 선정 및 임무분담
③ 소훼된 부분에 대해 집중적으로 현장 감식
④ 화재현장의 상황 및 특성에 적합한 조사과정의 수립

해설

소훼된 부분에 대한 집중적 현장감식은 화재현장 조사계획 수립 이후에 수행되는 작업이다.

정답 ③

13
폭굉유도거리에 관한 설명으로 틀린 것은?

① 압력이 낮을수록 폭굉유도거리는 짧아진다.
② 정상연소속도가 큰 혼합가스일수록 폭굉유도거리는 짧아진다.
③ 관지름이 작을수록 폭굉유도거리는 짧아진다.
④ 점화원의 에너지가 클수록 폭굉유도거리는 짧아진다.

해설

최초의 완만한 연소가 격렬한 폭굉으로 전이되기까지의 거리를 폭굉유도거리라 하며, 이 거리는 압력이 높을수록 더 짧아진다.

관련이론 폭굉유도거리(DID)
- 정상 연소속도가 큰 혼합가스일수록 DID가 짧아진다.
- 관 속에 방해물이 있거나 관지름이 가늘수록 DID가 짧아진다.
- 압력이 높을수록 DID가 짧아진다.
- 점화원의 에너지가 클수록 DID가 짧아진다.

정답 ①

14 ★☆☆

고체의 연소현상 중 훈소와 표면연소에 관한 설명으로 옳은 것은?

① 담배의 연소는 표면연소의 대표적인 예이다.
② 훈소와 표면연소는 화염이 없이 타는 외관적 형태를 보인다.
③ 표면연소는 훈소에 비하여 많은 연기가 발생한다.
④ 숯은 산소와 온도 조건이 맞으면 화염으로 연소할 수 있다.

선지분석
① 담배의 연소는 훈소의 연소형태이다.
③ 표면연소는 가연성 기체를 발생시키지 않는 연소이며, 훈소는 가연성 기체를 발생시킨다.
④ 숯은 열분해가 완료된 것으로 가연성가스가 발생하지 않아 화염도 발생하지 않는다.

관련이론 표면연소와 훈소

구분	표면연소	훈소
발생원인	가연성 기체 부족	온도가 낮거나, 산소부족
가연성 기체 발생	발생하지 않는다.	발생한다.
화염연소 전환	발생하지 않는다.	조건에 따라 발생할 수 있다.
연기 발생	발생하지 않는다.	많이 발생한다.
가연물	숯, 코크스, 목탄 등	종이, 셀룰로오스, 담배 등

정답 ②

15 ★☆☆

소방의 화재조사에 관한 법령상 화재의 조사에 관한 설명으로 틀린 것은?

① 소방관서장(소방청장, 소방본부장, 소방서장)은 화재조사를 하기 위하여 필요 시 관계인에게 보고 또는 자료 제출을 명할 수 있다.
② 소방관서장은 관계 공무원으로 하여금 관계 장소에 출입하여 화재의 원인과 피해의 상황을 조사하거나 관계인에게 질문하게 할 수 있다.
③ 화재조사를 하는 화재조사관은 관계인의 정당한 업무를 방해하거나 화재조사를 수행하면서 알게 된 비밀은 다른 사람에게 누설하여서는 아니 된다.
④ 소방관서장은 수사기관이 방화(放火)의 혐의가 있어서 이미 피의자를 체포하였을 때 피의자에 대한 조사 권한이 없으므로 수사기관에 수사 의뢰한다.

해설
소방관서장은 방화, 실화의 혐의가 있어 피의자를 체포하였거나 증거물을 압수했을 때 범죄수사에 지장을 주지 않는 범위에서 피의자 또는 압수된 증거물에 대한 조사를 할 수 있다.

정답 ④

16 ★★★

소방의 화재조사에 관한 법령상 거점소방서를 포함한 소방본부의 화재조사전담부서에 갖추어야 할 화재조사 장비 및 시설 중 감식기기가 아닌 것은?

① 실체현미경
② 거리측정기
③ 절연저항계
④ 적외선열상카메라

해설
거리측정기는 기록용기기에 해당한다.

관련이론 화재조사전담부서에서 갖추어야 할 감식기기(16종)
절연저항계, 멀티테스터기, 클램프미터, 정전기측정장치, 누설전류계, 검전기, 복합가스측정기, 가스(유증)검지기, 확대경, 산업용실체현미경, 적외선열상카메라, 접지저항계, 휴대용디지털현미경, 디지털탄화심도계, 슈미트해머(콘크리트 반발 경도 측정기구), 내시경현미경

정답 ②

17 ★☆☆
개구부를 통한 화재확산 메커니즘이 아닌 것은?

① 복사열에 의한 점화
② 불씨가 이동하여 점화
③ 직접적인 화염에 의한 점화
④ 장애물을 통한 열전도에 의한 점화

해설
개구부를 통한 연소확산
- 개구부의 개방으로 인한 산소공급의 원활
- 개구부를 통해 들어오는 복사열에 의한 확산
- 개구부를 통해 이동한 불씨에 의한 확산
- 개구부를 통한 직접적인 화염에 의한 확산

정답 ④

18 ★☆☆
건축물의 구획된 공간에서 플래시오버가 발생하면 고온 연기층으로부터 바닥으로 방사되는 복사열 유속(kW/m^2)은?

① 약 $10kW/m^2$
② 약 $20kW/m^2$
③ 약 $30kW/m^2$
④ 약 $40kW/m^2$

해설
플래시오버가 발생하는 복사열 유속(kW/m^2)은 약 $20kW/m^2$이다.

정답 ②

19 ★★☆
플래시오버 현상과 백드래프트 현상을 비교한 설명으로 옳은 것은?

① 연소속도를 살펴보면 플래시오버에 비하여 백드래프트의 연소속도가 더욱 빠르다.
② 현상 발생 전 가연성 기체의 온도는 플래시오버의 경우 인화점 이상, 백드래프트의 경우 인화점 이하이다.
③ 구획실 내에서 산소가 충분할 때 플래시오버와 백드래프트가 발생한다.
④ 현상의 발생단계를 비교하면 플래시오버는 자연연소단계에서 성화기로 전환되는 사이에서 발생하며 백드래프트는 자유연소단계와 성화기 이후에 발생한다.

해설
백드래프트의 연소속도는 음속에 가까울 정도로 빨라 충격파를 생성한다.

관련이론 백드래프트(Back draft)
- 백드래프트는 주로 성장기와 감쇠기에서 발생한다.
- 백드래프트는 구획실 내 산소가 불충분한 상태에서 발생한다.
- 플래시오버가 성장기에 발생하는 반면 백드래프트는 최성기 이후에 발생한다.
- 구획실 내부는 고온 상태이며 축적된 가연성가스의 온도는 스스로 불이 붙을 수 있는 온도인 발화점 이상으로 인화점보다 훨씬 높은 온도이다.
- 불완전연소된 가연성가스와 열이 집적된 상태에서 다량의 공기가 순간적으로 공급될 때 발생하는 발화현상이다.

정답 ①

20 ★☆☆
화재현장 발굴 시 주의사항으로 틀린 것은?

① 발굴지역의 경계구역을 설정한다.
② 낙하물 등을 우선 제거하여 안전을 확보한다.
③ 가급적 삽과 같은 큰 장비를 사용하여 발굴시간을 단축한다.
④ 상층부에서 하층부로 발굴을 하며 수작업을 원칙으로 한다.

해설
발굴은 현장을 훼손하지 않는 것이 매우 중요하다. 시간이 걸리더라도 손으로 하거나 섬세한 장비를 사용해야 한다. 삽과 같은 큰 장비는 발화지점이 아닌 곳에서 부득이한 경우에만 사용해야 한다.

정답 ③

화재감식론

21 ★☆☆
프로판(C_3H_8)가스의 물성값으로 옳은 것은?

① 발화점은 약 150℃
② 기체 비중은 약 0.95
③ 임계온도는 약 -96.8℃
④ 연소범위는 약 2.1 ~ 9.5vol%

해설

프로판은 발화점은 450℃, 비중은 1.52, 임계온도는 96.8℃, 연소범위는 2.1 ~ 9.5vol%이다.

정답 ④

22 ★☆☆
0℃ 얼음 1kg을 100℃ 수증기로 변환할 경우 필요한 열량(kJ)은?

| 용융열: 333J/g |
| 기화열: 2,256J/g |
| 물의 비열: 4.184J/g·K |

① 418.4
② 751.4
③ 2,674.4
④ 3,007.4

해설

얼음이 수증기로 변환되는 과정은 다음과 같다.
- 0℃ 얼음에서 0℃ 물
  $Q = CM = 333J/g \times 1,000g = 333,000J$
- 0℃ 물에서 100℃ 물
  $Q = CMT = 4.184J/g·K \times 1,000g \times 100K = 418,400J$
- 100℃ 물에서 100℃ 수증기
  $Q = CM = 2,256J/g \times 1,000g = 2,256,000J$
  $= 333,000J + 418,400J + 2,256,000J = 3007.4kJ$

정답 ④

23 ★★★
유지류의 자연발화가 용이하게 발생할 수 있는 조건이 아닌 것은?

① 표면적이 작다.
② 주변의 온도가 높다.
③ 산소의 공급이 원활하다.
④ 다공성 물질에 흡습되었다.

해설

자연발화가 용이하기 위해서는 질량대비 면적인 비표면적이 커야 산소와 접촉이 쉬워 발화가 용이하다.

관련이론 자연발화의 조건
- 주변의 온도가 높을 것
- 열의 축적이 양호할 것
- 비표면적이 클 것
- 산소의 공급이 적당할 것
- 반응물질과 수분이 적당할 것
- 열전도율이 작을 것

정답 ①

24 ★★☆
산불방향지표 중 후진성 산불의 특징으로 틀린 것은?

① 확산속도가 빠르다.
② 화염의 길이가 짧다.
③ 거시적인 지표보다 미시적인 지표가 많이 발견된다.
④ 경사가 있는 지형에서 하향으로 내려오는 경우가 많다.

해설

후진성 산불은 경사면의 낮은 방향으로 진행하는 것으로 화재의 속도, 강도, 화염의 높이가 모두 낮다.

관련이론 산불화재의 화염진행방향

구분	진행방향
전진형	경사면의 높은 방향으로 진행하는 것으로 화재의 속도, 강도, 화염의 높이가 모두 높다.
후진형	경사면의 낮은 방향으로 진행하는 것으로 화재의 속도, 강도, 화염의 높이가 모두 낮다.
횡진형	화재의 전진 각으로 부터 45~90° 정도의 각도로 진행하는 것이다.

정답 ①

25

무염(훈소)화재에 관한 설명으로 틀린 것은?

① 발화 메커니즘은 '접촉 → 훈소 → 축열 → 착염 → 출화과정'을 거친다.
② 유독가스가 생성되며, 화염을 동반한다.
③ 다공성 고체가연물, 혼합연료, 불침윤성 고체에서 발생될 수 있다.
④ 고체가연물과 산소 사이에 반응이 상대적으로 느린 연소이며 반응이 산소가 고체표면으로 확산되면서 일어나고 표면은 적열 및 탄화가 진행된다.

해설
무염화재는 유염화재의 반대로 화염없이 연소하는 화재이다.

정답 ②

26

직접착화에 의한 방화원인 감식에 관한 사항으로 틀린 것은?

① 독립적 발화 개소 여부를 확인한다.
② 화재당시 사람의 출입 여부를 확인하고 내부 또는 외부 소행인지 확인한다.
③ 화재 전에 없던 가연물이 연소한 흔적이 있거나 물건의 위치가 변경되었는지 확인한다.
④ 스위치로부터 전열기구로 가는 회로를 찾아 스위치와 전열기구와의 관계를 규명한다.

해설
스위치와 전열기구의 관계는 전기적 요인에 의해 발생하는 화재이다.

관련이론 직접착화에 의한 방화원인 감식
- 독립적 발화 개소 여부
- 화재당시 사람의 출입 여부
- 화재 전에 없던 가연물이 연소한 흔적이 있거나 물건의 위치가 변경되었는지 여부

정답 ④

27

항공기화재의 특징으로 틀린 것은?

① 항공기화재 조사 시 공간협소성, 고밀집성 등 다양한 특성을 고려해야 한다.
② 항공기가 단시간에 화재에 둘러싸이고 주변 일대의 가연성 물질에 급격히 전파된다.
③ 상공에서 항공기 화재가 발생한 경우 지상까지 화재가 확산될 가능성은 전혀 없다.
④ 항공기는 인화성이 높은 연료를 대량으로 탑재하고 있어 추락사고가 발생하면 폭발적으로 연소할 수 있다.

해설
항공기화재는 상공에서 화재가 발생하면 지상까지 화재가 확산될 수 있다.

정답 ③

28

화재 및 폭발의 사고조사 시 고려해야 할 사항으로 틀린 것은?

① 구획된 실내공간에서 가스폭발이나 분진폭발이 일어난 경우에는 폭심부가 명확하다.
② 폭발로 인하여 비산된 파편에 그을음의 부착여부를 가지고 화재와 폭발의 선후 관계를 알 수 있다.
③ 비닐, 스티로폼 등 열에 쉽게 변형되는 물질의 열변형 흔적으로부터 폭발과 화재의 선후 관계를 알 수 있다.
④ 비닐, 스티로폼, 종이 등의 열변형 흔적으로부터 화학적폭발과 물리적폭발을 구분할 수 있다.

해설
구획된 실내공간에서 폭발이 발생하면 폭발로 인한 충격파가 벽면 등에 반사되어 폭심부가 분산되기 때문에 정확한 위치를 특정하기 어렵다.

정답 ①

29

가스용기와 안전밸브 종류의 연결이 옳은 것은?

① 산화에틸렌 용기 – 파열판식 안전밸브
② 수소 압축가스용기 – 파열판식 안전밸브
③ 아르곤 압축가스용기 – 스프링식 안전밸브
④ LPG 용기 – 스프링식과 파열판식의 2중 안전밸브

해설

수소, 질소, 아르곤, 액체 이산화탄소 용기 등에 설치하는 안전밸브는 파열판식이다.

관련이론 과압안전장치

구분	용기의 종류
스프링식	LPG 용기
가용전식	염소, 아세틸렌, 산화에틸렌 용기
파열판식	산소, 수소, 질소, 아르곤, 액체 이산화탄소 용기
2중식 (스프링식+파열판식)	초저온 용기

정답 ②

30

화재현장조사 시 조기발견자로부터 획득할 수 있는 정보와 관계가 가장 적은 것은?

① 발견시각
② 발화원인
③ 발견위치
④ 불의 위치

해설

조기발견자로 부터 획득할 수 있는 정보는 발견시간, 발견위치, 불의 위치 등이며 조기발견자가 진술하는 발화원인은 신뢰할 수 없는 경우가 많다.

정답 ②

31

전기다리미에 200V의 전압을 가했더니 3A의 전류가 흘렀다. 이때 전기다리미가 소비하는 전력(W)은?

① 150
② 300
③ 400
④ 600

해설

소비전력을 구하는 공식은 다음과 같다.
$$P = VI$$
P: 소비전력(W), V: 전압(V), I: 전력(A)
$P = 200 \times 3 = 600W$

정답 ④

32

선박 추진시스템에 관한 설명으로 옳은 것은?

① 인보드 엔진에는 기화기가 장착되어 있거나 연료분사 시스템이 있는 2사이클 또는 4사이클 가솔린 엔진이 포함된다.
② 인보드 가솔린엔진의 연료탱크에 대한 모든 부속품은 탱크의 윗부분에 있어야 하며, 연료 라인도 탱크보다 높게 있어야 한다.
③ 2사이클 엔진의 시스템 기본 원칙은 자동차 엔진과 유사하고 아웃보다 엔진에서 연료는 펌프가 있는 고압연료 전달시스템을 통해 전달된다.
④ 아웃보드 엔진의 4사이클 엔진은 연료와 오일 혼합물을 사용하며 오일이 가솔린과 미리 혼합되거나 별도의 저장소에 있다가 연료와 자동으로 혼합되는 방식으로 사용된다.

선지분석

① 인보드 엔진은 주로 4사이클 엔진이 포함한다.
③ 자동차엔진은 4사이클이며, 저압연료 전달시스템을 통해 전달된다.
④ 아웃보드 엔진의 2사이클 엔진은 연료와 오일의 혼합물을 사용하는데 오일이 가솔린에 미리 혼합되거나, 별도의 저장소에 보관되었다가 연료와 자동으로 혼합되는 방식으로 운용된다.

정답 ②

33 ★★☆
방화의 일반적인 특징에 관한 설명으로 틀린 것은?

① 음주를 한 후 실행하는 경우가 많다.
② 우발적인 경우는 없고 모든 방화는 계획적이다.
③ 방화범은 단독범행이 많고 인적이 드문 야간이나 심야에 많이 발생한다.
④ 가솔린, 신나 등 인화성물질을 매개체로 사용한다.

해설
대부분의 방화는 계획적이기보다 우발적인 경우가 많다.

관련이론 방화의 특징
- 화재로 인해 증거가 대부분 소실되어 범인 검거가 매우 어렵다.
- 계절이나 주기와 상관없이 연중 꾸준히 발생한다.
- 단독범행이 많고 인적이 드문 야간에 발생해 발견이 어렵다.
- 휘발유, 시너 등 인화성 물질을 사용하여 불을 빠르고 크게 확산시키는 경우가 많다.
- 우발적으로 발생하는 빈도가 높으며, 특히 음주 상태나 약물 상태에서 범행하는 비율이 높다.
- 남성의 비율이 높고 검거 시 극도로 흥분한 상태를 보이는 경우가 많다.
- 주택이나 차량에서 가장 많이 발생하며, 사람들의 눈을 피할 수 있는 곳에서 발생한다.

정답 ②

34 ★☆☆
차량화재 조사를 위해 수집해야 할 자료로 거리가 가장 먼 것은?

① 과거의 수리기록
② 화재 조기발견자의 진술
③ 차량 정비 기록부 및 리콜 정비 유무
④ 피해 차량 운전자의 운전 경력 증명서

해설
차량화재 조사를 위해 수집해야 할 자료
- 차량에 대한 상세정보
- 검사기록, 정비기록, 수리기록
- 차량화재 발견자, 목격자, 주변 인물들과의 인터뷰

정답 ④

35 ★☆☆
초기 가연물에 대한 설명으로 틀린 것은?

① 초기 가연물은 오작동하거나 고장난 장치의 일부일 수 있다.
② 초기 가연물은 열을 발생시키는 장치에 너무 가까이 있는 물체일 수 있다.
③ 화재를 유발한 사건을 이해하기 위해 초기 가연물을 확인하는 것이 중요하다.
④ 표면 대 질량 비율이 낮은 비-기체 가연물은 표면 대 질량 비율이 높은 가연물보다 훨씬 쉽게 발화한다.

해설
표면 대 질량 비율이 높은 비-기체 가연물은 표면 대 질량 비율이 낮은 가연물보다 훨씬 쉽게 발화한다.

정답 ④

36 ★☆☆
유염연소와 무염연소에 관한 설명으로 틀린 것은?

① 무염연소는 연소반응속도가 느리다.
② 무염연소는 발열량이 작고, 유염연소는 발열량이 크다.
③ 목재의 무염연소 시 가연물의 내부보다는 표면으로 전파되는 속도가 빠르다.
④ 무염연소는 고체가연물에서만 가능하다.

해설
무염연소는 가연물의 표면에서만 일어나는 연소로 가연물 내부로 연소가 전파되지 않아 연소반응속도가 매우 느리다.

관련이론 무염연소와 유염연소
- 유염연소: 가연물의 표면과 내부에서 동시에 일어나는 연소
- 무염연소: 가연물의 표면에서만 일어나는 연소

정답 ③

37 ★★☆

LPG 차량의 구성 부품 중 LPG 봄베의 밸브 색상에 대한 설명으로 옳은 것은?

① 충전밸브: 적색
② 액체 송출밸브: 적색
③ 기체 송출밸브: 정색
④ 충전, 액체 송출, 기체 송출 밸브: 청색

해설

구분	충전밸브	액체송출밸브	기체송출밸브
색상	녹색	적색	황색

정답 ②

38 ★☆☆

가연성 액체의 인화점에 관한 설명으로 옳은 것은?

① 기연성 액체기 발회히는 최저온도
② 가연성 액체의 증기가 공기와 접촉하여 점화원 없이 연소되는 최고온도
③ 가연성 액체에 착화되기 충분한 증기를 발생하는 최저온도
④ 가연성 액체의 증기가 포화상태에 달하는 최저온도

해설

인화점은 액체 상태의 가연물의 증발로 인한 가연성 증기가 연소가능한 상태에 도달하는 최저온도이다.

정답 ③

39 ★★☆

산불의 종류로 틀린 것은?

① 지표화   ② 수간화
③ 비산화   ④ 수관화

해설

산불의 종류에는 지중화, 지표화, 수간화, 수관화가 있으며, 비산화는 산불의 종류에 해당하지 않는다.

관련이론 임야화재의 연소에 따른 분류

구분	진행방향
전진형	경사면의 높은 방향으로 진행하는 것으로 화재의 속도, 강도, 화염의 높이가 모두 높다.
후진형	경사면의 낮은 방향으로 진행하는 것으로 화재의 속도, 강도, 화염의 높이가 모두 낮다.
황진형	화재의 전진 각으로 부터 45~90° 정도의 각도로 진행하는 것이다.

정답 ③

40 ★☆☆

화재현장에서 발견된 선풍기의 감식사항으로 추정할 수 없는 것은?

> 모터 권선에는 전기적 특이점이 없고, 화전 관절부위의 배선에서 단락 흔적이 관찰되었다.

① 통전 중이었음을 확인할 수 있다.
② 반단선에 의한 화재 가능성이 있다.
③ 전선 공극에 의한 아크를 추정할 수 있다.
④ 모터의 구속 운전에 의한 발화가능성이 있다.

해설

모터가 구속된 상태로 운전되면 과전류가 발생하고, 이로 인해 권선 온도가 상승하여 화재로 이어질 수 있다. 이러한 모터구속에 의한 화재는 단락흔적과는 직접적인 관련이 없다.

정답 ④

증거물관리 및 법과학

41 ★☆☆

잔류물이 있는 용기에 상부공간에 숯(Charcoal)을 매달아 촉진제를 추출하는 방법은?

① 흡착법　　② 상부공간법
③ 용매추출법　　④ 증기증류법

해설
흡착법은 잔류물이 있는 용기에 상부공간에 숯(Charcoal)을 매달아 촉진제를 추출하는 방법이다.

정답 ①

42 ★★★

액체 가연물의 연소에 의한 화재패턴이 아닌 것은?

① 포어 패턴　　② 도넛 패턴
③ 스플래시 패턴　　④ U자 모양 패턴

해설
U자 패턴은 가연성 액체에 의한 화재패턴이 아니다.

관련이론 가연성 액체의 화재패턴
- 포어 패턴(Pour pattern)
- 스플래시 패턴(Splash pattern)
- 고스트 마크(Ghost mark)
- 틈새연소 패턴(Seam burn pattern)
- 도넛 패턴(Doughnut pattern)
- 레인보우 이펙트(Rainbow effect)

정답 ④

43 ★☆☆

화재 증거물 검증에 관한 설명으로 옳은 것은?

① 검증하는 단계는 모든 가설을 검증하여, 모든 가설이 사실과 과학적 원리에 부합할 때까지 계속되어야 한다.
② 연역적 추론에 의한 검증 단계를 통과한 가설이 없는 경우에는 이 문제를 해결된 것으로 간주하여야 한다.
③ 화재원인 재현실험을 통해서 물리적으로 검증될 수도 있고, 사고실험에서 과학적 원리를 적용하여 분석적으로 검증될 수도 있다.
④ 증거가 증명될 수 있는 경우라도 다른 방법으로 반드시 검증하여야 하며, 여기에는 새로운 증거물 수집이나 기존 증거물에 대한 재분석이 필요할 수도 있다.

선지분석
① 모든 가설을 다 검증할 필요는 없다.
② 연역적 추론을 통과한 가설이 없는 경우 새로운 가설을 설정하고 검증해야 한다.
④ 설정한 가설이 검증된 경우 다른 방법으로 다시 검증할 필요는 없다.

정답 ③

44

화재현장 보존을 위한 조치사항으로 틀린 것은?

① 잔불 정리를 위해 현장 물건을 과도하게 변형하거나 이동되지 않도록 한다.
② 발화원 등의 연소잔해가 있는 방향에는 직수 소화에 의한 증거물 파괴를 피한다.
③ 현장진입을 위해 개방하고자 하는 출입문이나 창문에서 파괴흔적 발견 시 화재조사관에게 알려야 한다.
④ 현장에서 석유류의 연료를 사용하는 장비 사용 시 재급유는 현장 내에서 실시하도록 한다.

해설
현장에서 석유류 연료를 사용하는 장비는 재급유를 반드시 현장 밖에서 실시해야 한다. 이는 연료 유출 시 허위증거로 오인될 가능성이 있기 때문이다.

관련이론 현장보존을 위한 소방대원의 역할 및 주의사항
- 잔불을 정리하는 동안 남아있는 증거물이 훼손되지 않게 주의한다.
- 화재현장에 있는 설비, 기구 또는 시설의 손잡이를 돌리거나 작동 스위치를 켜는 것을 자제한다.
- 화재현장에서 석유류 연료를 사용하는 장비를 사용하는 것, 재급유하는 것을 자제한다.
- 사망이 확인된 사체는 현장보존을 위해 그 위치를 변경하여서는 안 된다.
- 잔불정리 시에 필요 이상으로 물건을 옮기거나 쓰러뜨리지 않도록 한다.
- 화재진압과정에서 높은 수압은 증거물을 훼손할 수 있음을 인지해야 한다.
- 부득이하게 파괴되거나 변경되었을 때는 그 내용을 기록해 추후에라도 화재조사관에게 전달하여야 한다.

정답 ④

45

물적 증거로서의 화재패턴에 관한 설명으로 옳은 것은?

① V패턴이나 포인터 및 화살패턴은 환기에 의해 형성되는 패턴이다.
② 엘리게이터(Alligator) 탄화는 발화 중에 액체 위험물 촉진제가 사용되었다는 증거이다.
③ 정상연소에서 화재패턴을 형성하는 화재플룸의 온도는 발화구획실 코너에서 가장 높다.
④ 발화원이 확인되지 않은 완전연소 패턴구역의 식별에서 화재확산 방향이나 연소시간 또는 강도의 차이 규명을 위해 활용할 수 있는 화재패턴은 보호구역 및 열그림자이다.

선지분석
① V패턴 이나 포인터 및 화살패턴은 환기가 아니라 플룸에 의해 생성된 패턴이다.
② 엘리게이터(Alligator) 탄화패턴은 목재에서 휘발성 물질이 분출될 때 발생하는 탄화 흔적이다.
④ 보호구역 및 열그림자 패턴은 장애물에 막혀 화염이 차단될 때 발생하는 미연소패턴이다.

정답 ③

46

화재현장 사진 및 비디오 촬영에 관한 사항으로 틀린 것은?

① 화재조사의 진행 순서에 따라 촬영한다.
② 화재현장의 증거 확보를 위하여 필요하다.
③ 화재조사관의 오랜 경험에 의존하여 촬영여부를 결정해야 한다.
④ 방화, 실화 수사의 기초자료로 사용하기 위하여 필요하다.

해설
화재조사관 등은 화재발생 시 신속히 현장에 가서 화재조사에 필요한 현장사진 및 비디오 촬영을 반드시 하여야 한다.

정답 ③

47 ★★★

화재현장을 촬영하는 위치에 관한 설명으로 옳은 것은?

① 카메라는 가능하면 수직으로만 촬영한다.
② 피사체가 냉장고일 경우 여러 방향으로 촬영한다.
③ 촬영방향은 발화부로 추정되는 곳의 앞면을 집중적으로 촬영한다.
④ 촬영된 사진은 화재조사자를 위한 자료이므로 촬영위치는 조사자의 재량에 달려 있다.

해설
화재현장이나 사물은 여러 방면에서 촬영한다.

관련이론 현장사진 및 비디오 촬영 시 유의사항
- 최초 도착하였을 때의 원상태를 그대로 촬영하고, 화재조사의 진행순서에 따라 촬영
- 증거물을 촬영할 때는 그 소재와 상태가 명백히 나타나도록 하며, 필요에 따라 구분이 용이하게 번호표 등을 넣어 촬영
- 화재현장의 특정한 증거물 등을 촬영함에 있어서는 그 길이, 폭 등을 명백히 하기 위하여 측정용 자 또는 대조도구를 사용하여 촬영
- 화재상황을 추정할 수 있는 다음 각목의 대상물의 형상은 면밀히 관찰 후 자세히 촬영
  - 사람, 물건, 장소에 부착되어 있는 연소흔적 및 혈흔
  - 화재와 연관성이 크다고 판단되는 증거물, 피해물품, 유류
- 현장사진 및 비디오 촬영과 현장기록물 확보 시에는 연소확대 경로 및 증거물 기록에 대한 번호표와 화살표 등을 활용하여 작성한다.

정답 ②

48 ★☆☆

화재 열로 파손된 유리의 특징으로 옳은 것은?

① 리플마크가 형성된다.
② 거미줄 형태로 파손된다.
③ 방사형 형태로 깨진다.
④ 구불구불한 불규칙한 형태로 깨진다.

해설
열에 의해 깨진 유리의 형태는 불규칙하고 충격에 의해 깨진 유리의 형태는 리플마크, 월러라인, 방사형, 동심원 등의 형태를 보인다.

관련이론 유리의 파괴
- 충격에 의한 파괴
  충격부위를 중심으로 방사형 파손형태를 횡으로 잇는 동심원 파손이 생기며, 파손면에는 물결모양의 리플마크가 관찰되는데 리플마크는 방향성을 가져 파괴 시작 지점과 충격방향을 알 수 있는 단서가 된다.
- 열에 의한 파괴
  - 완만한 곡선 형태의 불규칙하고 구불구불한 균열이 발생하며, 파단면은 충격에 의한 파괴와 달리 리플마크가 없는 매끄러운 형태를 보인다.
  - 유리창은 복사열을 받은 중앙부와 창틀에 의해 보호된 부분의 온도 차가 약 70℃ 이상일 때 금이 가기 시작한다.
- 압력에 의한 파괴
  - 화재 압력은 약 0.014~0.028kPa으로 보통 창유리 파괴에는 2.07~6.90kPa가 필요하기 때문에 일반적인 화재 시 발생하는 압력만으로 유리창이 파괴되기는 어렵다.
  - 폭발에 의한 압력은 구획실 내의 외벽이나 창문, 출입문의 유리에 압력에 의한 파괴를 초래할 수 있다.
  - 압력에 의한 파괴는 방사형보다 평행선에 가까운 균열로 파괴되며 충격에 의한 파괴와 달리 동심원 형태는 나타나지 않고 각 파편이 단독적으로 파괴된다.

정답 ④

49

액체 촉진제의 특성에 대한 설명으로 옳은 것은?

① 촉진제는 액체 상태로만 발견된다.
② 액체 촉진제는 대부분의 내부 마감재 및 기타 화재 잔해에 쉽게 흡수된다.
③ 모든 액체 촉진제는 물과 접촉했을 때 물 아래로 가라앉는다.
④ 액체 촉진제가 다공성 물질에 흡수되었을 때는 잔존 가능성이 매우 낮다.

선지분석
① 촉진제는 다공성 물질에 흡수되어 고체상태로 발견되기도 한다.
③ 액체 촉진제는 물과 접촉했을 때 물 위로 뜨기도 하며 섞이기도 한다.
④ 액체 촉진제가 다공성 물질에 흡수되었을 때는 잔존 가능성이 매우 높다.

관련이론 액체 촉진제의 특성
- 흡수성 물질(밀가루 등)은 실험실로 옮겨서 추출한다.
- 다공성 물질에 흡수되었을 때는 고체상태로 잔존하기도 한다.
- 대부분의 내부 마감재 및 기타 화재 잔해에 쉽게 흡수된다.
- 대부분 물보다 비중이 낮아 물에 뜨지만 알코올과 같이 물과 섞이기도 한다.
- 액체 표본 채취 시 살균한 거즈패드를 사용할 수 있다.
- 휘발성이 있는 유류 증거물 등은 수집과 동시에 밀폐된 용기에 담아 밀봉하여야 하며, 가능하면 증발을 줄이기 위해 차가운 곳에 보관해야 한다.

정답 ②

50

화재증거물수집관리규칙상 증거물 시료용기가 아닌 것은?

① 유리병
② 아크릴 병
③ 양철 캔(CAN)
④ 주석 도금 캔(CAN)

해설
시료용기는 유리병, 주석 도금 캔, 양철 캔 등으로 아크릴 병은 시료용기로 사용하지 않는다.

정답 ②

51

증거수집 과정에서 증거물의 오염 방지를 위한 조치사항으로 틀린 것은?

① 새 증거물 보관용기는 기존에 사용되었던 용기와 오염 지역에서 떨어진 곳에 보관하여야 한다.
② 증거물 보관 용기 자체를 수집 도구로 사용하는 것은 증거물 오염이 될 수 있으므로 사용을 금지한다.
③ 수집 장소에서 증거물을 담을 때에만 용기를 개봉하고 증거물을 담은 후에는 실험실에서 조사를 할 때까지 계속 봉인되어 있어야 한다.
④ 상호 교차 오염을 방지하기 위해 화재조사관은 액체나 고체 촉진제 등 증거물을 수집할 때 일회용 비닐장갑을 착용하고 작업하는 것이 효과적이다.

해설
증거물 보관 용기 자체를 수집 도구로 사용할 수 있다.

관련이론 증거물 수집
- 대부분 증거물의 오염은 수집하는 과정에서 일어난다.
- 증거물 수집 시 새로운 장갑을 항상 사용하여야 한다.
- 증거물의 오염은 액체 및 고체 촉진제 수집 시 더욱 높아진다.
- 수집 중 오염을 줄이기 위해 증거물 보관 용기의 뚜껑 등을 수집기구로 사용한다.

정답 ②

52

화재현장에서 화면의 일부만을 측광하는 방식으로 주 피사체의 정확한 노출을 측광할 수 있으며 역광 촬영 시 사용되는 방식은?

① 스팟측광
② 평균측광
③ 다분할 측광
④ 중앙부 중점 측광

해설
스팟측광은 피사체가 역광 상황이거나, 너무 밝거나 어두울 경우 사용하는 촬영방법이다.

정답 ①

53 ★★★

화재로 인한 3도 화상에 관한 설명으로 틀린 것은?

① 수포 주위에 홍반을 보이며, 혈액침하가 일어나더라도 홍반만 남는다.
② 신경섬유가 파괴되어 통증이 없거나 미약할 수 있다.
③ 피하지방을 포함한 피부의 전층이 손상된 경우로 심한 경우 근육, 뼈, 내부 장기도 포함되는 경우가 있다.
④ 부스럼 딱지 또는 생체 내의 피부조직이나 세포가 죽는 응고성 괴사에 빠지므로 괴사성 화상이라고도 한다.

해설
수포 주변에 홍반이 나타나고, 혈액이 침하된 후에도 홍반만 남아 있는 경우는 2도 화상에 해당한다.

관련이론 화상단계에 따른 증상

화상단계	증상
1도 (홍반)	• 열에 의하여 피부가 붉어지고 국부적인 피부충혈과 피부가 부어오르는 화상이다. • 모세혈관의 충혈로 인하여 종창과 더불어 홍반만 보이기 때문에 홍반성 화상이라고 한다.
2도 (수포)	• 국부적인 화상으로 표피와 함께 진피까지 손상되는 화상이다. • 피부에 물집이 생기고 수포주위에 홍반을 보이며, 혈액침하가 일어나더라도 홍반만 남는다.
3도 (괴사)	• 화상의 정도가 매우 심해 신경 및 조직이 파괴되고 자연적 재생이 불가능하여 피부이식을 해야 한다. • 외견상 건조하고 회백색을 띠며 수포가 발생하지 않는다. • 부스럼 딱지 또는 생체 내의 피부조직이나 세포가 죽는 응고성 괴사에 빠지므로 괴사성 화상이라고도 한다.
4도 (탄화)	3도 증상을 넘어 피부가 탄화되는 정도까지의 화상이다.

정답 ①

54 ★★★

질문기록서 작성을 위하여 관계자의 진술을 녹음하려고 할 때 유의사항으로 틀린 것은?

① 유도신문을 피한다.
② 관계자에게 녹취내용을 확인시키고 서명을 하게 한다.
③ 관계자의 진술은 화재발생 직후보다 화재 진압 후 시간이 경과한 뒤 실시하는 것이 좋다.
④ 18세 미만의 청소년에게 질문을 하는 경우는 친권자 등을 반드시 입회시켜야 하며 진술자는 물론 입회자에게도 서명을 받도록 한다.

해설
관계자의 진술은 화재발생 바로 직후에 실시하는 것이 좋다.

관련이론 화재현장에서 관계자에 대한 질문 및 녹음
• 질문은 질문기록서에 기록하고 녹음할 수 있어야 한다.
• 모든 녹음은 관련법령에 적합하게 수집하여야 한다.
• 질문을 기록하는 다른 방법으로 비디오촬영을 선택할 수 있다.
• 피질문자를 배려하여 충분히 안정된 상태에서 진술할 수 있는 장소를 선택한다.
• 임의진술 확보를 위해 이해관계자들을 서로 분리하여 질문을 진행한다.
• 피질문자의 이해관계에 의하여 허위진술을 하는 경우가 있음을 염두에 둔다.
• 녹음된 진술내용은 진술조서에 첨부하여 입증자료로 사용할 수 있다.
• 관계자의 진술은 화재발생 직후에 실시하는 것이 좋다.

정답 ③

55

인화성 액체, 부유물을 가진 액체, 시험 조건에서 표면 막을 형성하기 쉬운 액체, 40~370℃의 온도범위를 가지는 기타 액체의 인화점을 시험하는 방법은?

① 태그 개방컵 테스트
② 태그 밀폐컵 테스트
③ 클리브랜드 개방컵 테스트
④ 펜스키-마텐스식 밀폐컵 테스트

해설
펜스키-마텐스 밀폐식은 인화성 액체, 부유물을 가진 액체, 시험 조건에서 표면막을 형성하기 쉬운 액체를 시험하며 인화점 40~370℃까지인 시료를 측정할 수 있다.

관련이론 인화점 시험방법
- 태그 밀폐식(Tag closed cup)
  시료를 담은 밀폐컵을 액체에 잠기게 하여 가열하고 점화원에 노출되었을때 증기가 발화하는 온도를 측정하는 방법으로 인화점 93℃ 이하인 물질의 시료를 측정하는데 사용하는 방법이다.
- 펜스키-마텐스 밀폐식(Pensky-Martens Closed Tester)
  인화성 액체, 부유물을 가진 액체, 시험 조건에서 표면막을 형성하기 쉬운 액체를 시험하며 인화점 40~370℃까지인 시료를 측정할수 있다.
- 태그 개방식(Tag Open Cup Apparatus)
  시료를 담은 개방식 컵을 액체에 잠기게 하여 가열하는 방식으로 인화점이 -18~290℃인 시료를 측정한다.
- 클리브랜드 개방식(Cleveland Open Cup)
  개방식 황동제 컵에 시료를 담아 직접 가열하는 방식으로 인화점이 80~400℃ 이하인 시료를 측정한다.

정답 ④

56

일산화탄소 중독사의 대표적인 특징은?

① 선홍색 시반이 나타난다.
② 수포주위에 홍반이 생긴다.
③ 코에서 출혈이 심하게 나타난다.
④ 피부의 세포조직이 검게 타는 탄피층이 형성된다.

해설
일산화탄소 중독으로 사망한 경우에는 선홍색 시반이 나타난다.

정답 ①

57

법정 증언의 자세로 가장 적절하지 않은 것은?

① 차분한 마음상태를 유지한다.
② 사실적이고 객관적으로 답변한다.
③ 사투리, 속어 등의 단어를 피한다.
④ 질문에 관계없이 빠르게 답변한다.

해설
질문에 신중하고 사실대로 답변한다.

관련이론 법정 증언의 자세
- 차분한 마음상태를 유지한다.
- 사실적이고 객관적으로 답변한다.
- 사투리, 속어 등의 단어를 피한다.
- 질문의 의도를 파악하고 사실, 근거에 의거하여 답변한다.

정답 ④

58

화재현장에서 발견된 사망한 사체에 관한 설명으로 틀린 것은?

① 일산화탄소를 흡입한 것으로 화재 당시 생존해 있었음에 대한 증거가 될 수 있다.
② 눈가의 주름 사이에 그을음이 부착되지 않은 깃은 화재 당시 사망한 상태였다는 증거가 될 수 있다.
③ 일산화탄소가 헤모글로빈과 결합함으로써 체내 산소의 공급이 차단되어 사망했을 가능성이 있다.
④ 기도, 폐 등의 호흡기에서 발견되는 그을음은 화재 당시 생존해 있었음을 나타내는 증거가 될 수 있다.

해설
눈가의 주름 사이에 그을음이 부착되지 않은 것은 화재 이후에 사망했다는 증거이다.

정답 ②

59 ★★★

화재증거물수집관리규칙상 증거물 보관 및 이동에 관한 설명으로 틀린 것은?

① 증거물의 보관은 파손될 우려가 없는 장소에 보관해야 한다.
② 증거물의 보관 및 이송은 장소, 방법, 책임자 등이 지정된 상태에서 행해져야 한다.
③ 증거물은 어떠한 경우라도 폐기할 수 없으며, 화재증거 수집의 목적 달성 후에는 관계인에게 반환하여야 한다.
④ 증거물 보관 시 화재조사와 관계없는 자의 접근은 엄격히 통제되어야 하며, 보관관리 이력을 작성하여야 한다.

해설

증거물은 목적 달성 후에 관계인에게 반납하고, 관계인의 승낙이 있을 경우 폐기가 가능하다.

관련이론 증거물 보관·이동

- 증거물의 보관은 전용실 또는 전용함 등 변형이나 파손될 우려가 없는 장소에 보관해야 하고, 화재조사와 관계없는 자의 접근은 엄격히 통제되어야 하며, 보관관리 이력은 별지에 따라 작성하여야 한다.
- 증거물 이동과정에서 증거물의 파손·분실·도난 또는 기타 안전사고에 대비하여야 한다.
- 파손이 우려되는 증거물, 특별 관리가 필요한 증거물 등은 이송상자 및 무진동 차량 등을 이용하여 안전에 만전을 기하여야 한다.
- 증거물은 화재증거 수집의 목적달성 후에는 관계인에게 반환하여야 한다. 다만 관계인의 승낙이 있을때에는 폐기할 수 있다.

정답 ③

60 ★★★

화재증거물수집관리규칙상 현장사진 및 비디오 촬영 시 유의사항으로 틀린 것은?

① 최초 도착하였을 때의 현장을 정리정돈 후 촬영한다.
② 화재상황을 추정할 수 있는 증거물, 피해물품, 유류의 형상은 면밀히 관찰 후 자세히 촬영한다.
③ 증거물을 촬영할 때는 그 소재와 상태가 명백히 나타나도록 하며, 필요에 따라 구분이 용이하게 번호표 등을 넣어 촬영한다.
④ 화재현장의 특정한 증거물 등을 촬영함에 있어서는 그 길이, 폭 등을 명백히 하기 위하여 측정용 자 또는 대조도구를 사용하여 촬영한다.

해설

최초 도착하였을 때의 원상태를 그대로 촬영하고, 화재조사의 진행순서에 따라 촬영한다.

관련이론 현장사진 및 비디오 촬영 시 유의사항

- 최초 도착하였을 때의 원상태를 그대로 촬영하고, 화재조사의 진행순서에 따라 촬영한다.
- 증거물을 촬영할 때는 그 소재와 상태가 명백히 나타나도록 하며, 필요에 따라 구분이 용이하게 번호표 등을 넣어 촬영한다.
- 화재현장의 특정한 증거물 등을 촬영함에 있어서는 그 길이, 폭 등을 명백히 하기 위하여 측정용 자 또는 대조도구를 사용하여 촬영한다.
- 화재상황을 추정할 수 있는 다음 대상물의 형상은 면밀히 관찰 후 자세히 촬영한다.
  - 사람, 물건, 장소에 부착되어 있는 연소흔적 및 혈흔
  - 화재와 연관성이 크다고 판단되는 증거물, 피해물품, 유류
- 현장사진 및 비디오 촬영과 현장기록물 확보 시에는 연소확대 경로 및 증거물 기록에 대한 번호표와 화살표 등을 활용하여 작성한다.

정답 ①

화재조사보고 및 피해평가

61 ★★★

화재조사 및 보고규정상 화재증명원의 발급에 관한 사항으로 ( )에 알맞은 내용은?

> 소방관서장은 화재피해자로부터 소방대가 출동하지 아니한 화재장소의 화재증명원 발급신청이 있는 경우 조사관으로 하여금 사후조사를 실시하게 할 수 있다. 이 경우 민원인이 제출한 사후조사 의뢰서의 내용에 따라 발화장소 및 발화지점의 현장이 보존되어 있는 경우에만 조사를 하며, ( ) 작성은 생략할 수 있다.

① 화재현황조사서
② 화재피해조사서
③ 화재현장조사서
④ 화재현장출동보고서

해설
소방대가 출동하지 않은 화재현장에 대한 화재현장출동보고서는 생략할 수 있다.

정답 ④

62 ★★★

화재조사 및 보고규정상 다음 건물의 소실면적(m²)은?

> 단층건물 내 난방기 과열로 화재가 발생하여 소화기에 의해 즉시 진화하였으나 바닥 6m², 한쪽 벽면의 4m², 천장 2m² 가 소실되는 피해가 발생했다.

① 2
② 4
③ 6
④ 10

해설
건물의 소실면적 산정은 소실 바닥면적으로 산정하므로 소실면적은 6m²이다.

정답 ③

63 ★★★

화재조사 및 보고규정상 화재의 유형에 명시되지 않은 것은? (단, 기타화재는 제외한다.)

① 전기 · 화학화재
② 건축 · 구조물화재
③ 선박 · 항공기화재
④ 자동차 · 철도차량화재

해설
화재유형별조사서 종류
- 화재유형별조사서(건축 · 구조물화재)
- 화재유형별조사서(자동차 · 철도차량화재)
- 화재유형별조사서(위험물 · 가스제조소등 화재)
- 화재유형별조사서(선박 · 항공기화재)
- 화재유형별조사서(임야화재)

정답 ①

64 ★★★

화재조사 및 보고규정상 명시된 연소확대물의 정의로 옳은 것은?

① 발화열원에 의하여 발화로 이어진 연소현상에 영향을 준 인적 · 물적 · 자연적인 요인을 말한다.
② 연소가 확대되는데 있어 결정적 영향을 미친 가연물을 말한다.
③ 열원에 의하여 가연물질에 지속적으로 불이 붙는 현상을 말한다.
④ 발화관련 기기나 제품을 작동 또는 연소시킬 때 사용되어진 연료 또는 에너지를 말한다.

선지분석
① 발화요인이란 발화열원에 의하여 발화로 이어진 연소현상에 영향을 준 인적 · 물적 · 자연적인 요인을 말한다.
③ 발화란 열원에 의하여 가연물질에 지속적으로 불이 붙는 현상을 말한다.
④ 동력원이란 발화관련 기기나 제품을 작동 또는 연소시킬 때 사용되어진 연료 또는 에너지를 말한다.

정답 ②

65 ★★★

화재조사 및 보고규정상 명시된 조사결과 보고에 관한 사항으로 (   )에 알맞은 기준은?

> 추가 화재현장조사 등이 필요하여 조사 보고일을 연장한 경우 그 사유가 해소된 날부터 (   )일 이내에 소방관서장에게 조사결과를 보고해야 한다.

① 7
② 10
③ 15
④ 20

해설
추가 화재현장조사 등의 사유로 인해 조사 보고일을 연장한 경우 해당 사유가 해소된 날부터 10일 이내에 소방관서장에게 조사결과를 보고해야 한다.

정답 ②

66 ★☆☆

화재로 인한 자동차의 피해액 산정 기준으로 틀린 것은?

① 자동차의 수리비는 자동차 수리업소의 견적서를 참고하여 산정한다.
② 피해 대상 자동차와 동일하거나 유사한 자동차의 시중 매매가격을 피해액으로 한다.
③ 부분 소손되어 수리가 가능한 경우에는 수리에 소요되는 금액을 자동차의 피해액으로 한다.
④ 부분 소손되어 수리가 가능한 모든 경우에는 피해액에 대하여 감가공제 한다.

해설
부분 소손되어 수리가 가능한 경우에는 수리에 소요되는 금액을 자동차의 피해액으로 하고 특별한 경우를 제외하고는 감가공제하지 않는다.

정답 ④

67 ★★★

20년된 일반주택의 잔가율은?(단, 주택의 내용연수는 40년으로 한다.)

① 50%
② 60%
③ 70%
④ 80%

해설
잔가율을 구하는 공식은 다음과 같다.

$$잔가율 = 1 - (0.8 \times \frac{경과연수}{내용연수})$$
$$= 1 - (0.8 \times \frac{20}{40}) = 0.6 = 60\%$$

※ 최종잔가율은 건물, 부대설비, 구축물, 가재도구는 20%로 하며, 그 이외의 자산은 10%로 정한다.

정답 ②

68 ★★★

소방의 화재조사에 관한 법령상 화재조사를 하는 경우 조사사항으로 옳지 않은 것은?

① 화재원인에 관한 사항
② 화재로 인한 재산피해 상황
③ 소방시설 등의 설치·관리 및 작동 여부에 관한 사항
④ 자위소방대의 대응 및 조직 구성에 관한 사항

해설
「소방의 화재조사에 관한 법률 제5조」
- 소방청장, 소방본부장 또는 소방서장은 화재발생 사실을 알게 된 때에는 지체없이 화재조사를 하여야 한다. 이 경우 수사기관의 범죄수사에 지장을 주어서는 아니 된다.
- 소방관서장은 화재조사를 하는 경우 다음 사항에 대하여 조사하여야 한다.
  - 화재원인에 관한 사항
  - 화재로 인한 인명·재산피해상황
  - 대응활동에 관한 사항
  - 소방시설 등의 설치·관리 및 작동 여부에 관한 사항
  - 화재발생건축물과 구조물, 화재유형별 화재위험성 등에 관한 사항
  - 그 밖에 대통령령으로 정하는 사항

정답 ④

69 ★★★
화재조사 및 보고규정상 화재현장조사서의 화재원인 검토항목에 해당하지 않는 것은? (단, 임야화재, 기타화재, 피해액이 없는 화재 이외의 화재현장 조사서를 말한다.)

① 방화 가능성 ② 기계적 요인
③ 인적 부주의 ④ 현장조사결과

해설
현장조사결과는 화재감식 감정결과 항목에 해당한다.

관련이론 화재원인 검토항목
- 방화 가능성(연소상황, 원인추적 등에 관한 사진, 설명)
- 전기적 요인
- 기계적 요인
- 가스누출
- 인적 부주의 등
- 연소확대 사유

정답 ④

70 ★★★
화재조사 및 보고규정상 화재조사서류의 서식이 아닌 것은?

① 질문기록서 ② 화재현장조사서
③ 범죄사실확인서 ④ 소방시설등 활용조사서

해설
화재조사서류에 범죄사실확인서는 해당되지 않는다.

정답 ③

71 ★★★
가재도구의 화재피해액 산정에 관한 사항으로 옳은 것은?

① 피해액 산정 대상에서 의류 생산공장의 재봉틀은 가재도구로 분류된다.
② 수리비가 가재도구 재구입비의 50% 미만인 경우에는 감가공제를 하지 않는다.
③ 의류는 세탁에 의해 재사용이 가능한 경우에는 10%의 손해율을 적용한다.
④ 신혼가정 등 특별한 경우를 제외하고는 잔가율을 일괄적·포괄적 기준을 적용하여 70%로 한다.

선지분석
① 피해액 산정 대상에서 의류 생산공장의 재봉틀은 기계장치로 분류된다.
② 수리비가 가재도구 재구입비의 20% 미만인 경우에는 감가공제를 하지 않는다.
④ 신혼가정 등 특별한 경우를 제외하고는 잔가율을 일괄적·포괄적 기준을 적용하여 50%로 한다.

정답 ③

72 ★★☆
화재조사 및 보고규정상 화재유형별조사서(임야화재)의 작성에 대한 설명으로 틀린 것은?

① 논밭두렁의 화재는 들불에 속한다.
② 묘지에서 발생한 화재는 들불에 속한다.
③ 피해사항 중 산림피해면적은 기재하지 않는다.
④ 산불은 국유림, 공유림, 사유림으로 구분한다.

해설
화재유형별조사서(임야화재)에서 산림피해면적은 핵심 기재사항이다.

정답 ③

73 ★☆☆

새벽 4시 30분경 음식점에서 화재가 발생하여 현장에 출동한 화재조사관이 조사한 내용이다. 조사결과를 토대로 추정한 화재원인은?

- 음식점 분전반의 누전차단기가 트립된 점
- 발화지점의 다수의 테이블 및 바닥에는 전기장치가 설치되어 있지 않고 피해 입은 가전제품(에어컨, 냉장고 등)으로부터의 연소 진행 패턴이 식별되지 않은 점
- 독립적인 연소현상이 홀, 방, 세면장 등 10개의 지점에서 발견된 점
- 일반적인 목재의 연소 특성과는 달리 넓은 면적에 표면만 탄화된 패턴이 여러 곳에서 관찰된 점
- 인화성 액체를 담은 것으로 추정되는 용기가 화장실 앞에서 발견된 점
- CCTV 상에서 신원 미상인이 음식점에 침입하여 카운터에 있는 현금을 훔치고, 음식점 내부를 돌아다닌 지 몇 분 후 불길이 치솟는 모습이 확인된 점
- 신원 미상인은 화재발생 다음날(15일) ○○대교 인근 앞바다에서 주검으로 발견된 점(자살 추정) → 신원확인 결과 음식점 직원 A씨로 최종 확인됨
- 음식점 관계자 B씨에 따르면 A씨는 경제적 어려움으로 종종 월급을 가불하였고, 화재 전날부터 출근하지 않고 잠적한 상태이며 음식점 출입문 열쇠 위치를 알고 있기 때문에 음식점에 들어갈 수 있었을 거라고 진술한 점

① 부주의 ② 방화 의심
③ 가스폭발 ④ 전기적 요인

해설
다수의 발화지점과 인화성 액체의 사용흔적, 그리고 CCTV에 포착된 용의자의 행적을 통해 화재원인으로 방화를 의심할 수 있다.

정답 ②

74 ★☆☆

화재피해액 산정 대상에서 선박화재로 볼 수 없는 것은?

① 육상에 있는 미취항의 범선에서 발생한 화재
② 독행 기능을 가지지 않는 거룻배에서 발생한 화재
③ 수리 등을 위해 육상에 일시적으로 있는 선박에서 발생한 화재
④ 독행 기능을 가지는 선박에 의해 끌어진 물건에 발생한 화재

해설
육상에 있는 미취항 선박은 선박으로 분류되지 않는다.

관련이론 선박
- 독행기능을 가진 범선, 기선, 입선
- 독행기능을 가지지 않는 주거선, 창고선, 거룻배
- 수리 등을 위해 육상에 일시적으로 있는 선박

정답 ①

75 ★★★

화재조사 및 보고규정상 질문기록서를 생략할 수 있는 화재를 모두 고른 것은?

㉠ 임야화재
㉡ 선박화재
㉢ 모닥불에서 발생한 화재
㉣ 쓰레기에서 발생한 화재

① ㄱ, ㄴ, ㄷ ② ㄱ, ㄴ, ㄹ
③ ㄱ, ㄷ, ㄹ ④ ㄴ, ㄷ, ㄹ

해설
기타화재 중 쓰레기, 모닥불, 가로등, 전봇대화재 및 임야화재의 경우 질문기록서 작성을 생략할 수 있다.

정답 ③

76 ★★★

화재조사 및 보고규정상 부대설비의 화재피해액 산정기준으로 옳은 것은?

① 건물신축단가×소실면적×설비종류별 재설비 비율×[1−(0.8×경과연수/내용연수)]
② 건물신축단가×소실면적×설비종류별 재설비 비율×[1−(0.8×경과연수/내용연수)]×손해율
③ 건물신축단가×소실면적×설비종류별 재설비 비율×[1−(0.9×경과연수/내용연수)]
④ 건물신축단가×소실면적×설비종류별 재설비 비율×[1−(0.9×경과연수/내용연수)]×손해율

해설
부대설비피해액 산정기준은 다음과 같다.
부대설비피해액 = 건물신축단가 × 소실면적 × 재설비 비율 × $[1 - (0.8 \times \frac{경과연수}{내용연수})]$ ×손해율

관련이론 설비 종류별 재설비 비율

재설비 비율	설비의 종류
5%	전기설비 + 위생설비
10%	전기설비 + 위생설비 + 난방설비
15%	전기설비 + 위생설비 + 난방설비 + 승강기설비
20%	전기설비 + 위생설비 + 난방설비 + 승강기설비 + 수변전설비

정답 ②

77 ★★★

화재조사 및 보고규정상 화재피해액 산정기준으로 옳은 것은?

① 동물이 화재로 전부손해를 입은 경우 피해액은 시중매매가격으로 한다.
② 골동품이 전부손해를 입은 경우 피해액은 원상복구에 소요되는 비용으로 한다.
③ 전부손해가 아닌 식물의 경우 피해액은 시중매매가격으로 한다.
④ 임야의 입목은 최초 입목구입가격에서 소실한 입목의 잔존가격을 더한 가격으로 한다.

선지분석
② 골동품이 전부손해를 입은 경우 감정가격으로 하며 전손이 아닌 경우 원상복구에 소요되는 비용으로 한다.
③ 동물과 식물의 피해액은 전부손해는 시중매매가격으로, 전손이 아닌 경우 수리비, 치료비로 한다.
④ 임야의 입목은 소실 전 입목가격에서 소실한 입목의 잔존가격을 뺀 가격으로 한다.

정답 ①

78 ★★★

화재조사 및 보고규정상 용어에 대한 정의 중 틀린 것은?

① 잔가율이란 피해물의 취득 당시 가액에 대한 현재가의 비율을 말한다.
② 내용연수란 고정자산을 경제적으로 사용할 수 있는 연수를 말한다.
③ 최종잔가율이란 피해물의 경제적 내용연수가 다한 경우 잔존하는 가치의 재구입비에 대한 비율을 말한다.
④ 손해율이란 피해물의 종류, 손상 상태 및 정도에 따라 피해액을 적정화시키는 일정한 비율을 말한다.

해설
잔가율이란 화재 당시에 피해물의 재구입비에 대한 현재가의 비율을 말한다.

정답 ①

79 ★★☆

화재조사 및 보고규정상 방화·방화의심 조사서 작성 시 기재사항이 아닌 것은? (단, 기타 참고사항은 제외한다.)

① 방화도구
② 방화피해사항
③ 방화자 인적사항
④ 도착 시 초기상황

해설

방화·방화의심 조사서 기재사항
- 방화동기
- 도착 시 초기상황
- 방화도구
- 방화연료 및 용기
- 방화의심사유
- 방화자

정답 ②

80 ★★★

화재로 인하여 공장·창고를 제외한 건물의 천장·벽·바닥 등 내부 마감재 및 건물 내 영업시설 등이 소실된 경우 손해율은? (단, 건물의 용도, 건물구조, 손상상태 및 정도에 따른 가감은 제외한다.)

① 10%
② 20%
③ 40%
④ 60%

해설

화재로 인한 피해정도	손해율(%)
주요구조체의 재사용이 불가능한 경우	90, 100
주요구조체는 재사용 가능하나 기타 부분의 재사용이 불가능한 경우(공동주택, 호텔, 병원)	65
주요구조체는 재사용 가능하나 기타 부분의 재사용이 불가능한 경우(일반주택, 사무실, 점포)	60
주요구조체는 재사용 가능하나 기타 부분의 재사용이 불가능한 경우(공장, 창고)	55
천장, 벽, 바닥 등 내부마감재 등이 소실된 경우	40
천장, 벽, 바닥 등 내부마감재 등이 소실된 경우 (공장·창고)	35
지붕, 외벽 등 외부마감재 등이 소실된 경우 (나무구조 및 단열패널(판넬)조 건물의 공장 및 창고)	25, 30
지붕, 외벽 등 외부마감재 등이 소실된 경우	20
화재로 인한 수손 시 또는 그을음만 입은 경우	5, 10

정답 ③

화재조사관계법규

81 ★★★

다음은 형법상 어떤 범죄에 대한 설명인가?

> 불을 놓아 사람이 주거로 사용하거나 사람이 현존하는 건조물, 기차, 전차, 자동차, 선박, 항공기 또는 지하채굴시설을 불태운 자는 무기 또는 3년 이상의 징역에 처한다.

① 진화방해
② 일반물건 방화
③ 일반건조물 등 방화
④ 현주건조물 등 방화

해설

「형법 제164조」
불을 놓아 사람이 주거로 사용하거나 사람이 현존하는 건조물, 기차, 전차, 자동차, 선박, 항공기 또는 지하채굴시설을 불태운 자는 무기 또는 3년 이상의 징역에 처한다.

정답 ④

82 ★★★

제조물 책임법상 명시된 결함의 분류가 아닌 것은?

① 유통상의 결함
② 제조상의 결함
③ 설계상의 결함
④ 표시상의 결함

해설

「제조물 책임법 제2조」
결함이란 해당 제조물에 다음 각 목의 어느 하나에 해당하는 제조상·설계상 또는 표시상의 결함이 있거나 그 밖에 통상적으로 기대할 수 있는 안전성이 결여되어 있는 것을 말한다.

- 제조상의 결함
  제조업자가 제조물에 대하여 제조상·가공상의 주의의무를 이행하였는지에 관계없이 제조물이 원래 의도한 설계와 다르게 제조·가공됨으로써 안전하지 못하게 된 경우를 말한다.
- 설계상의 결함
  제조업자가 합리적인 대체설계(代替設計)를 채용하였더라면 피해나 위험을 줄이거나 피할 수 있었음에도 대체설계를 채용하지 아니하여 해당 제조물이 안전하지 못하게 된 경우를 말한다.
- 표시상의 결함
  제조업자가 합리적인 설명·지시·경고 또는 그 밖의 표시를 하였더라면 해당 제조물에 의하여 발생할 수 있는 피해나 위험을 줄이거나 피할 수 있었음에도 이를 하지 아니한 경우를 말한다.

정답 ①

83 ★★★

철거건물에 대한 화재피해액을 산정하는 계산식은?

① 재건축비×[0.1+(0.8×잔여내용연수/내용연수)]
② 재건축비×[0.1+(0.9×잔여내용연수/내용연수)]
③ 재건축비×[0.2+(0.8×잔여내용연수/내용연수)]
④ 재건축비×[0.2+(0.9×잔여내용연수/내용연수)]×손해율

해설
철거건물의 피해액을 구하는 공식은 다음과 같다.
철거건물의 피해액 = 재건축비 × [0.2 + (0.8 × $\frac{잔여내용연수}{내용연수}$)]

정답 ③

84 ★★★

소방의 화재조사에 관한 법령상 소방서의 화재조사전담부서에 갖추어야 할 감식기기를 모두 고른 것은? (단, 거점소방서는 제외한다.)

| ㄱ. 절연저항계 | ㄴ. 탄화심도계 |
| ㄷ. 복합가스측정기 | ㄹ. 적외선열상카메라 |

① ㄱ, ㄴ, ㄷ, ㄹ
② ㄱ, ㄴ, ㄹ
③ ㄱ, ㄷ, ㄹ
④ ㄴ, ㄷ, ㄹ

해설
절연저항계, 탄화심도계, 복합가스측정기, 적외선열상카메라 모두 감식기기에 해당한다.

관련이론 화재조사전담부서에서 갖추어야 할 감식기기(16종)
절연저항계, 멀티테스터기, 클램프미터, 정전기측정장치, 누설전류계, 검전기, 복합가스측정기, 가스(유증)검지기, 확대경, 산업용실체현미경, 적외선열상카메라, 접지저항계, 휴대용디지털현미경, 디지털탄화심도계, 슈미트해머(콘크리트 반발 경도 측정기구), 내시경현미경

정답 ①

85 ★★☆

제조물 책임법에 대한 설명으로 틀린 것은?

① 제조업자는 제조물의 수입을 업으로 하는 자도 포함된다.
② 제조물 책임법에 따른 손해배상책임을 배제하거나 제한하는 모든 특약은 유효하다.
③ 동일한 손해에 대하여 배상할 책임이 있는 자가 2인 이상인 경우에는 연대하여 그 손해를 배상할 책임이 있다.
④ 손해배상책임을 지는 자가 제조업자가 해당 제조물을 공급하지 아니하였다는 사실을 입증한 경우에는 손해배상책임을 면한다.

해설
「제조물 책임법 제6조」
손해배상책임을 배제하거나 제한하는 특약(特約)은 무효로 한다. 다만, 자신의 영업에 이용하기 위하여 제조물을 공급받은 자가 자신의 영업용 재산에 발생한 손해에 관하여 그와 같은 특약을 체결한 경우에는 그러하지 아니하다.

정답 ②

86 ★★☆

화재로 인한 재해보상과 보험가입에 관한 법률 시행령상 특수건물의 기준으로 틀린 것은?

① 영화상영관으로 사용하는 부분의 바닥면적의 합계가 1,000m² 이상인 건물
② 일반음식점영업으로 사용하는 부분의 바닥면적의 합계가 2,000m² 이상인 건물
③ 목욕장업으로 사용하는 부분의 바닥면적의 합계가 2,000m² 이상인 건물
④ 병원급 의료기관으로 사용하는 건물로서 연면적의 합계가 3,000m² 이상인 건물

해설

영화상영관으로 사용하는 부분의 바닥면적의 합계가 2,000m² 이상인 건물을 말한다.

관련이론 면적별 특수건물의 범위

면적기준	대상물
바닥면적 2천제곱미터 이상	학원, 게임제공업, 인터넷컴퓨터게임시설제공업, 노래연습장업, 휴게음식점영업, 단란주점영업, 유흥주점영업, 공유주방 운영업, 목욕장업, 영화상영관
바닥면적 3천제곱미터 이상	숙박업, 대규모점포, 도시철도의 역사(驛舍) 및 역 시설
연면적 3천제곱미터 이상	병원급 의료기관, 관광숙박업, 공연장, 방송사업을 목적으로 사용하는 건물, 농수산물도매시장 및 민영농수산물도매시장, 학교, 공장

정답 ①

87 ★★★

형법상 공용건조물 등 방화에 관한 사항으로 (   )에 알맞은 기준은?

> 불을 놓아 공용(公用)으로 사용하거나 공익을 위해 사용하는 건조물, 기차, 전차, 자동차, 선박, 항공기 또는 지하채굴시설을 불태운 자는 무기 또는 (   )년 이상의 징역을 처한다.

① 1
② 3
③ 5
④ 7

해설

「형법 제165조」
불을 놓아 공용(公用)으로 사용하거나 공익을 위해 사용하는 건조물, 기차, 전차, 자동차, 선박, 항공기 또는 지하채굴시설을 불태운 자는 무기 또는 3년 이상의 징역에 처한다.

정답 ②

88 ★★★

화재조사 및 보고규정상 건물의 동수 산정 기준으로 옳은 것은?

① 구조에 관계없이 지붕 및 실이 하나로 연결되어 있는 것은 같은 동으로 본다.
② 건널 복도 등으로 2 이상의 동에 연결되어 있는 것은 같은 동으로 본다.
③ 내화조 건물의 경우 격벽으로 방화구획이 되어 있는 경우는 각 동으로 한다.
④ 독립된 건물과 건물 사이에 차광막, 비막이 등의 덮개를 설치하고 그 밑을 통로로 사용하는 경우에는 같은 동으로 한다.

선지분석

② 주요구조부가 하나로 연결되어 있는 것은 1동으로 한다. 다만 건널 복도 등으로 2 이상의 동에 연결되어 있는 것은 그 부분을 절반으로 분리하여 각 동으로 본다.
③ 목조 또는 내화조 건물의 경우 격벽으로 방화구획이 되어 있는 경우도 같은 동으로 한다.
④ 독립된 건물과 건물 사이에 차광막, 비막이 등의 덮개를 설치하고 그 밑을 통로 등으로 사용하는 경우는 다른 동으로 한다.

정답 ①

89 ★★★

화재로 인한 재해보상과 보험가입에 관한 법률상 다음의 경우 벌금 기준은? (단, 산업재해보상보험법에 관한 사항은 제외한다.)

> 특수건물의 소유자는 그 특수건물이 화재로 인한 해당 건물의 손해를 보상받고 손해배상책임을 이행하기 위하여 그 특수건물에 대하여 손해보험회사가 운영하는 특약부화재보험에 가입하여야 하지만 가입하지 않는 경우

① 100만원 이하의 벌금
② 400만원 이하의 벌금
③ 500만원 이하의 벌금
④ 700만원 이하의 벌금

해설
「화재로 인한 재해보상과 보험가입에 관한 법률 제23조」
보험가입 의무를 위반하여 특약부화재보험에 가입하지 아니한 자는 500만원 이하의 벌금에 처한다.

정답 ③

90 ★★☆

민법상 불법행위에 관한 사항으로 틀린 것은?

① 고의 또는 과실로 인한 위법행위로 타인에게 손해를 가한 자는 그 손해를 배상할 책임이 있다.
② 타인에게 정신적 고통을 가한 자는 재산 이외의 손해에 대하여도 배상할 책임이 있다.
③ 미성년자가 타인에게 손해를 가한 경우에 그 행위의 책임을 변식할 지능이 없는 때에는 배상의 책임이 없다.
④ 타인의 생명을 해한 자는 피해자의 직계존속, 직계비속 및 배우자에 대하여는 재산상의 손해가 없는 경우에는 손해배상의 책임이 없다.

해설
「민법 제752조」
타인의 생명을 해한 자는 피해자의 직계존속, 직계비속 및 배우자에 대하여는 재산상의 손해가 없는 경우에도 손해배상의 책임이 있다.

정답 ④

91 ★☆☆

소방의 화재조사에 관한 법령상 화재가 발생하였을 때 화재조사에 대한 조사를 실시하는 시기로 옳은 것은?

① 화재진압 완료 후 실시
② 소방청장의 허가를 득한 후 실시
③ 화재조사자가 임의로 정하는 시기에 실시
④ 소방관서장이 화재사실을 인지하는 즉시 실시

해설
「소방의 화재조사에 관한 법률 제5조」
소방청장, 소방본부장 또는 소방서장은 화재발생 사실을 알게 된 때에는 지체 없이 화재조사를 하여야 한다. 이 경우 수사기관의 범죄수사에 지장을 주어서는 아니 된다.

정답 ④

92 ★★★

소방의 화재조사에 관한 법령상 화재조사에 관한 시험에 응시할 수 있는 자격이 없는 사람은?

① 화재조사관 양성을 위한 전문교육을 이수한 사람
② 국립과학수사연구원에서 8주 이상 화재조사에 관한 전문교육을 이수한 사람
③ 소방서장이 인정하는 외국의 화재조사 관련 기관에서 8주 이상 화재조사에 관한 전문교육을 이수한 사람
④ 화재조사관의 전문능력 향상을 위한 전문교육을 이수한 사람

해설
「소방의 화재조사에 관한 법률 시행규칙 제4조」
- 화재조사관 양성을 위한 전문교육을 이수한 사람
  - 화재조사관 양성을 위한 전문교육
  - 화재조사관의 전문능력 향상을 위한 전문교육
  - 전담부서에 배치된 화재조사관을 위한 의무 보수교육
- 국립과학수사연구원 또는 소방청장이 인정하는 외국의 화재조사 관련 기관에서 8주 이상 화재조사에 관한 전문교육을 이수한 사람

정답 ③

93 ★☆☆

화재로 인한 재해보상과 보험가입에 관한 법률에 따르면 특수건물의 소유권이 변경된 경우 소유권을 취득한 날부터 며칠 이내에 특약부화재보험에 가입하여야 하는가?

① 즉시
② 10일
③ 20일
④ 30일

해설
「화재로 인한 재해보상과 보험가입에 관한 법률 제5조」
특수건물의 소유자는 다음 정하는 날부터 30일 이내에 특약부화재보험에 가입하여야 한다.

정답 ④

94 ★☆☆

과도한 문어발식 콘센트 사용으로 발생한 전기화재로 인하여, 구입한 지 5년 된 세탁기가 소손되었다. 이 소손에 대하여 제조물 책임법령상 손해배상책임에 관한 설명으로 옳은 것은?

① 세탁기 제조상 결함으로 손해배상책임은 세탁기 제조사가 부담한다.
② 세탁기 소유자의 사용상 문제로 손해배상책임은 발생하지 않는다.
③ 세탁기 설계상 결함으로 손해배상책임은 세탁기 설계자가 부담한다.
④ 세탁기 유통상 결함으로 손해배상책임은 제품 유통 업체에서 부담한다.

해설
제조사는 제조상의 결함, 설계상의 결함, 표시(지시, 경고)상의 결함으로 인한 것에 대한 손해배상책임이 있다.

정답 ②

95 ★★★

실화책임에 관한 법률에 관한 내용으로 틀린 것은?

① 손해배상액의 경감 청구가 있을 경우 화재의 원인을 고려하여 손해배상액을 경감할 수 있다.
② 실화가 중대한 과실로 인한 것이 아닌 경우 그로 인한 손해의 배상의무자는 법원에 손해배상액의 경감을 청구할 수 없다.
③ 실화로 인하여 화재가 발생한 경우 연소(延燒)로 인한 부분에 대한 손해배상청구에 한하여 적용한다.
④ 실화(失火)의 특수성을 고려하여 실화자에게 중대한 과실이 없는 경우 그 손해배상액의 경감(輕減)에 관한 「민법 제765조」의 특례를 정함을 목적으로 한다.

해설
실화가 중대한 과실로 인한 것이 아닌 경우 손해의 배상의무자는 법원에 손해배상액의 경감을 청구할 수 있다.

관련이론 「실화책임에 관한 법률 제3조」
법원은 청구가 있을 경우 다음 사정을 고려하여 그 손해배상액을 경감할 수 있다.
- 화재의 원인과 규모
- 피해의 대상과 정도
- 연소(延燒) 및 피해 확대의 원인
- 피해 확대를 방지하기 위한 실화자의 노력
- 배상의무자 및 피해자의 경제상태
- 그 밖에 손해배상액을 결정할 때 고려할 사정

정답 ②

96 ★★★

소방의 화재조사에 관한 법령상 화재조사를 하는 화재조사관은 화재조사를 수행하면서 알게 된 비밀을 다른 사람에게 누설한 경우 벌금 기준은?

① 100만원 이하의 벌금
② 200만원 이하의 벌금
③ 300만원 이하의 벌금
④ 500만원 이하의 벌금

해설
「소방의 화재조사에 관한 법률 제21조」
화재조사관은 관계인의 정당한 업무를 방해하거나 화재조사를 수행하면서 알게 된 비밀을 다른 용도로 사용하거나 다른 사람에게 누설한 자에게는 300만원 이하의 벌금에 처한다.

정답 ③

97

민법상 손해배상청구권의 소멸시효에 관한 사항으로 ( )에 알맞은 기준은?

> 불법행위로 인한 손해배상의 청구권은 피해자나 그 법정대리인이 그 손해 및 가해자를 안 날로부터 ( )년간 이를 행사하지 아니하면 시효로 인하여 소멸한다.

① 1 ② 2
③ 3 ④ 4

해설
「민법 제766조」
손해배상의 청구권은 피해자나 그 법정대리인이 그 손해 및 가해자를 안 날로부터 3년간 이를 행사하지 아니하면 시효로 인하여 소멸한다.

정답 ③

98

소방의 화재조사의 관한 법령상 소방공무원과 경찰공무원의 협력에 관한 사항으로 ( )에 알맞은 내용은?

> 소방본부장이나 소방서장은 화재조사 결과 방화 또는 실화의 혐의가 있다고 인정하면 지체 없이 ( )에게 그 사실을 알리고 필요한 증거를 수집·보존하여 그 범죄수사에 협력하여야 한다.

① 시·도지사 ② 관할 구청장
③ 관할 검찰지청 ④ 관할 경찰서장

해설
「소방의 화재조사의 관한 법률 제12조」
소방관서장은 방화 또는 실화의 혐의가 있다고 인정되면 지체 없이 경찰서장에게 그 사실을 알리고 필요한 증거를 수집·보존하는 등 그 범죄수사에 협력하여야 한다.

정답 ④

99 ★★★

화재조사 및 보고규정상 다음에서 설명하는 용어는?

> 화재와 관계되는 물건의 형상, 구조, 재질, 성분, 성질 등 이와 관련된 모든 현상에 대하여 과학적 방법에 의한 필요한 실험을 행하고 그 결과를 근거로 화재원인을 밝히는 자료를 얻는 것을 말한다.

① 감식 ② 조사
③ 감정 ④ 동력원

해설
「화재조사 및 보고규정 제2조」
감정이란 화재와 관계되는 물건의 형상, 구조, 재질, 성분, 성질 등 이와 관련된 모든 현상에 대하여 과학적 방법에 의한 필요한 실험을 행하고 그 결과를 근거로 화재원인을 밝히는 자료를 얻는 것을 말한다.

정답 ③

100 ★★☆

화재로 인한 재해보상과 보험가입에 관한 법률상 보험가입에 관한 사항으로 틀린 것은?

① 특수건물의 소유자는 특약부화재보험에 관한 계약을 매년 갱신하여야 한다.
② 손해보험회사는 특약부화재보험 계약의 체결을 거절할 수 있다.
③ 특수건물의 소유자는 특약부화재보험에 부가하여 풍재(風災) 등으로 인한 손해를 담보하는 보험에 가입할 수 있다.
④ 특수건물의 소유권이 변경된 경우 특수건물의 소유자는 그 건물의 소유권을 취득한 날부터 30일 이내에 특약부화재보험에 가입하여야 한다.

해설
「화재로 인한 재해보상과 보험가입에 관한 법률 제5조」
- 특수건물의 소유자는 다음 각 호에서 정하는 날부터 30일 이내에 특약부화재보험에 가입하여야 한다.
  - 특수건물을 건축한 경우: 건축법 따른 건축물의 사용승인, 주택법에 따른 사용검사 또는 관계 법령에 따른 준공인가·준공확인 등을 받은 날
  - 특수건물의 소유권이 변경된 경우: 그 건물의 소유권을 취득한 날
  - 그 밖의 경우: 특수건물의 소유자가 그 건물이 특수건물에 해당하게 된 사실을 알았거나 알 수 있었던 시점 등을 고려하여 대통령령으로 정하는 날
- 특수건물의 소유자는 특약부화재보험에 관한 계약을 매년 갱신하여야 한다.

정답 ②

2021년 1회 기출문제

화재조사론

01 ★★☆
정전기의 발생을 예방하기 위한 방법으로 틀린 것은?

① 접지시설을 한다.
② 공기를 이온화시킨다.
③ 공기 중의 상대습도를 70% 이상으로 한다.
④ 대전을 방지하기 위하여 비전도성물질을 사용한다.

해설
대전을 방지하기 위해서는 전도성물질을 사용해야 한다.

관련이론 정전기 방지대책
- 접지시설을 한다.
- 공기를 이온화시킨다.
- 공기 중의 상대습도를 70% 이상으로 한다.
- 대전을 방지하기 위해 전도성물질을 사용해야 한다.

정답 ④

02 ★☆☆
증기운 형성물질 중 비점 이상의 온도지만 가압하여 액화된 물질로 열전달 및 확산이 증발을 제한하는 특징을 갖는 물질은?

① 벤젠
② 액화암모니아
③ 액화천연가스
④ 액화석유가스

해설
벤젠은 고온메탄류로 임계압력과 비점이 주위압력과 온도보다 높아 열전달 및 증발을 제한한다.

정답 ①

03 ★☆☆
플래시오버에 대한 설명으로 가장 거리가 먼 것은?

① 환기 지배 연소로 전환된다.
② 열방출률 곡선이 급격히 상승한다.
③ 주요 열전달 방식은 대류로 전환된다.
④ 플래시오버 단계는 해당 화재실의 화염이 최성기로 성장하게 되는 화재의 단계를 의미한다.

해설
플래시오버의 주요 열전달 방식은 복사이다.

정답 ③

04 ★★★
소방의 화재조사에 관한 법령상 화재조사를 하는 경우 조사사항으로 옳지 않은 것은?

① 화재원인에 관한 사항
② 화재로 인한 재산피해 상황
③ 소방시설 등의 설치·관리 및 작동 여부에 관한 사항
④ 자위소방대의 대응 및 조직 구성에 관한 사항

해설
「소방의 화재조사에 관한 법률 제5조」
- 소방청장, 소방본부장 또는 소방서장은 화재발생 사실을 알게 될 때에는 지체없이 화재조사를 하여야 한다. 이 경우 수사기관의 범죄수사에 지장을 주어서는 아니 된다.
- 소방관서장은 화재조사를 하는 경우 다음 사항에 대하여 조사하여야 한다.
  - 화재원인에 관한 사항
  - 화재로 인한 인명·재산피해상황
  - 대응활동에 관한 사항
  - 소방시설 등의 설치·관리 및 작동 여부에 관한 사항
  - 화재발생건축물과 구조물, 화재유형별 화재위험성 등에 관한 사항
  - 그 밖에 대통령령으로 정하는 사항

정답 ④

05 ★☆☆

연소박리와 소화수박리에 대한 설명 중 틀린 것은?

① 박리의 분포는 연소박리가 집중되어 있고, 소화수박리는 산재되어 있다.
② 표면의 거칠기는 연소박리가 크고, 소화수박리는 작다.
③ 박리면적은 연소박리가 작고, 소화수박리는 크다.
④ 박리면은 연소박리가 거칠고, 소화수박리는 평탄하며 윤기가 난다.

해설
박리의 분포는 연소박리가 집중되어 있고 소화수박리는 산재되어있다.

관련이론 연소박리와 소화수박리
- 연소박리는 화재로 인해 건축 구조물의 표면이 무너지는 현상이다.
- 소화수 박리는 소화수에 의해 표면이 냉각되면서 발생하는 현상이다.

정답 ①

06 ★★★

방화의 식별에서 일반적인 방화의 가능성이 있는 경우로 가장 거리가 먼 것은?

① 화재가 건물의 구조, 가연물 등에 비해 급격히 확산된 경우
② 최초 발화지점에서 유류 등 연료물질을 사용한 흔적이 있는 경우
③ 연소기구를 중심으로 연소 확대가 진행된 흔적이 있는 경우
④ 출입문, 창 등에 강제로 진입한 흔적이 있는 경우

해설
연소기구를 중심으로 연소 확대가 진행된 흔적이 있는 경우에는 방화의 가능성보다 실화의 가능성에 더 가깝다.

관련이론 방화의 가능성
- 화재가 건물의 구조, 가연물 등에 비해 급격히 확산된 경우
- 최초 발화지점에서 유류 등 연료물질을 사용한 흔적이 있는 경우
- 출입문, 창 등에 강제로 진입한 흔적이 있는 경우

정답 ③

07 ★★★

소방의 화재조사에 관한 법률상 소방본부의 화재조사전담부서에서 갖추어야 할 장비 및 시설 중 화재조사분석실은 몇 m^2 이상의 실을 보유하여야 하는가?

① $10m^2$ 이상
② $20m^2$ 이상
③ $30m^2$ 이상
④ $40m^2$ 이상

해설
화재조사분석실의 구성장비를 유효하게 보존·사용할 수 있고, 환기 및 수도·배관시설이 있는 $30m^2$ 이상의 실을 보유하여야 한다.

정답 ①

08 ★★☆

화재현장의 파괴된 유리 분석에 대한 설명으로 옳은 것은?

① 열에 의해 깨진 유리의 단면에는 리플마크가 관찰된다.
② 열에 의해 깨진 유리의 표면을 관찰하면 월러라인을 식별할 수 있다.
③ 열에 의해 깨진 유리는 방사형 파손흔적이 관찰된다.
④ 유리 단면을 관찰하면 열 또는 충격에 의한 원인을 구분할 수 있다.

해설
유리는 충격지점을 중심으로 방사형과 동심원형 파손이 발생하며 이 리플마크는 파괴 지점과 충격 방향을 판단하는 단서가 된다.

관련이론 유리의 파괴
- 충격에 의한 파괴
  충격부위를 중심으로 방사형 파손형태를 횡으로 잇는 동심원 파손이 생기며, 파손면에는 물결모양의 리플마크가 관찰되는데 리플마크는 방향성을 가져 파괴 시작 지점과 충격방향을 알 수 있는 단서가 된다.
- 열에 의한 파괴
  - 완만한 곡선 형태의 불규칙하고 구불구불한 균열이 발생하며, 파단면은 충격에 의한 파괴와 달리 리플마크가 없는 매끄러운 형태를 보인다.
  - 유리창은 복사열을 받은 중앙부와 창틀에 의해 보호된 부분의 온도 차가 약 70℃ 이상일 때 금이 가기 시작한다.
- 압력에 의한 파괴
  - 화재 압력은 약 0.014~0.028kPa으로 보통 창유리 파괴에는 2.07~6.90kPa가 필요하기 때문에 일반적인 화재 시 발생하는 압력만으로 유리창이 파괴되기는 어렵다.
  - 폭발에 의한 압력은 구획실 내의 외벽이나 창문, 출입문의 유리에 압력에 의한 파괴를 초래할 수 있다.
  - 압력에 의한 파괴는 방사형보다 평행선에 가까운 균열로 파괴되며 충격에 의한 파괴와 달리 동심원 형태는 나타나지 않고 각 파편이 단독적으로 파괴된다.

정답 ④

09 ★☆☆

수류탄 폭발에 대한 분류로 옳은 것은?

① 화학적 폭발–집중폭발 ② 화학적 폭발–확산폭발
③ 물리적 폭발–확산폭발 ④ 물리적 폭발–집중폭발

해설
수류탄 폭발은 짧은 시간에 내부에 집중되어 있던 화약이 화학적으로 폭발하는 집중폭발에 해당한다.

정답 ①

10 ★★★

화염의 색이 백적색일 때 불꽃의 온도는?

① 약 350℃   ② 약 800℃
③ 약 1,300℃ ④ 약 1,500℃

해설
화염의 색이 백적색일 때 불꽃의 온도는 1,300℃이다.

관련이론 온도별 화염의 색

불꽃색	담암적색	암적색	적색	휘적색	황적색	백적색	휘백색
온도(℃)	520	700	850	950	1,100	1,300	1,500

정답 ③

11 ★☆☆

공기 중에서 폭발범위가 가장 넓은 물질은?

① 수소   ② 메탄
③ 아세틸렌   ④ 암모니아

선지분석
① 수소의 폭발범위: 4~75 vol%
② 메탄의 폭발범위: 5~15 vol%
③ 아세틸렌의 폭발범위: 2.5~81 vol%
④ 암모니아의 폭발범위: 15~28 vol%

정답 ③

12 ★★☆

구획된 건축물 내 화재 발생 시 나타나는 화재패턴에 대한 설명으로 옳은 것은?

① 금속재의 만곡부는 지상을 향해 휘거나 뒤틀린 형태를 나타낸다.
② 열을 많이 받은 부분일수록 박리현상이 발생할 가능성이 낮다.
③ 벽지에 나타나는 연소형태를 통하여 화염의 이동경로를 추정하는 것은 불가능하다.
④ 천장 내부에서 착화된 경우 화재의 발견이 늦기 때문에 천장 바깥쪽보다 안쪽의 소실정도가 약하게 나타난다.

선지분석
② 열을 많이 받은 부분일수록 박리현상이 발생할 가능성이 높다.
③ 벽지에 나타나는 연소형태를 통하여 화염의 이동경로를 추정할 수 있다.
④ 천장 내부에서 착화된 경우에는 화재의 발견이 늦기 때문에 천장 바깥쪽보다 안쪽의 소실정도가 강하게 나타난다.

관련이론 만곡
- 철제 구조물에서 화염에 의한 열팽창 및 자중에 의한 변형으로 발생하는 휨 현상을 말한다.
- 열을 많이 받은 부분일수록 박리현상이 발생할 가능성이 높다.
- 벽지에 나타나는 연소형태를 통하여 화염의 이동경로를 추정하는 것이 가능하다.
- 천장 내부에서 착화된 경우 화재의 발견이 늦기 때문에 천장 바깥쪽보다 안쪽의 소실정도가 강하게 나타난다.

정답 ①

13 ★☆☆

연기에 대한 설명으로 틀린 것은?

① 고층건물에서 연기를 이동시키는 주요 추진력은 굴뚝효과이다.
② 건물 내에서 연기의 수평방향 확산속도는 약 0.5m/s이다.
③ 알코올이 연소될 경우에 연기의 색은 진한 검정색을 띤다.
④ 연기는 공기 중에 부유하고 있는 고체 또는 액체의 미립자다.

해설
알코올은 대부분 완전연소하기 때문에 연기가 발생하지 않지만 불완전연소가 일어날 경우 흰색의 연기가 발생한다.

정답 ③

14 ★★☆

물과 접촉 시 가연성 기체를 발생하지 않고 발열반응으로 인하여 주변의 가연물을 발화시키는 물질은?

① 칼륨
② 산화칼슘
③ 인화알루미늄
④ 탄화칼슘

해설
산화칼슘은 물과 접촉했을 때 가연성 기체를 발생시키지는 않지만, 발열반응으로 주변 가연물을 발화시킨다.

정답 ②

15 ★★★

연소흔적의 주요 생성원인 중 증발연소로 인하여 나타나는 액체가연물의 흔적으로 옳은 것은?

① 포어 패턴(Pour pattern)
② 도넛 패턴(Doughnut pattern)
③ 스플래시 패턴(Splash pattern)
④ 레인보우 이펙트(Rainbow effect)

해설
도넛 패턴(Doughnut pattern)은 가연성 액체가 웅덩이처럼 고여 있는 경우 액체가 증발하면서 원 중심부위가 냉각되어 생기는 가연성 액체의 연소패턴이다.

정답 ②

16

드래프트 효과를 저해하는 요인이 아닌 것은?

① 통 내에 그을음이 많이 쌓여 단면적이 감소되는 경우
② 균열이나 파손된 곳으로 외부의 찬 공기가 들어오는 경우
③ 연통의 수직거리가 수평거리의 1.5배 이상인 경우
④ 굴곡이 적거나 구부러지지 않아 통기저항이 적은 경우

해설
굴곡이 적을수록 통기저항이 줄어 드래프트가 증가한다.

관련이론 드래프트 효과(Draft-effect)
연소를 촉진하려면 적절한 공기 공급과 빠른 연소가스 배출이 필요하며, 이를 위한 장치가 연통이다. 연통은 통기효과를 통해 연소 효율을 높이는 역할을 한다.

정답 ④

17

소방의 화재조사에 관한 법률에 근거한 화재조사의 시작시점에 해당하는 것은?

① 화재진압 후 실시
② 화재발생과 동시에 실시
③ 화재발생 사실을 알게된 때
④ 화재발생 징후 포착과 동시에 실시

해설
소방청장, 소방본부장 또는 소방서장은 화재발생 사실을 알게 된 때에는 지체 없이 화재조사를 하여야 한다.

정답 ③

18

12mm의 합판이 25kW/m²의 열유속을 받고 있을 때 점화시간(초)은? (단, 표면 열손실이 없는 이상적인 경우라 가정하고, 실온:20℃, 합판의 물성치는 점화온도: 250℃, 열전도도: 0.15×10^{-3} kW/m·K, 밀도: 640kg/m³, 비열:2.9kJ/kg·K이다.)

① 약 15
② 약 19
③ 약 23
④ 약 30

해설
점화시간을 구하는 공식은 다음과 같다.
$$t = \frac{L^2 \times C_p \times \Delta T}{k \times q}$$

t: 점화시간(초), L:가연물의 두께(m),
C_p: 가연물의 비열(kJ/kg·K),
ΔT: 가연물의 점화온도와 실온의 차이(K),
k: 가연물의 열전도도(kW/m·K), q: 열유속(kW/m²)

$$t = \frac{0.012^2 \times 2.9 \times (250-20)}{0.15 \times 10^{-3} \times 25} = 1.994$$

정답 ②

19 ★★☆

화재현장에서 수집된 각 증거물이 주는 정보를 연관되는 것끼리 연결해 놓은 것으로 전체적인 그림을 그리는 과정은?

① PERT 차트
② 타임라인(Time line)
③ Hopkinson의 상승근법
④ 마인드맵핑(Mind mapping)

선지분석
① PERT 차트는 복잡한 화재조사 과정을 체계적으로 관리하기 위한 도구로 단순한 순서 나열이 아니라 단계의 관계와 소요 시간을 함께 분석한다.
② 타임라인은 화재조사나 역사 기록처럼 발생한 사건들을 순서대로 재구성하고 분석하는 데 사용한다.
③ Hopkinson의 상승근법은 폭발에 관한 법칙으로 동일한 폭발물의 경우 폭발물의 양이 달라져도 폭발 효과가 미치는 거리가 폭발물 무게의 세제곱근에 비례한다는 것이다.

관련이론 마인드맵(Mindmap)
생각의 지도를 그리는 것처럼 단편의 생각들에 대한 단어나 내용을 나열하고, 연결하며 체계화하는 과정을 그림으로 정리하여 표시하는 방법이다.

정답 ④

20 ★★★

소방의 화재조사에 관한 법률상 화재조사전담부서에서 갖추어야 할 장비 및 시설 중 감식기기에 해당되지 않는 것은?

① 절연저항계 ② 실체현미경
③ 멀티테스터기 ④ 디지털 온도·습도계

해설
디지털 온도·습도계는 기록용기기에 해당한다.

관련이론 화재조사전담부서에 갖추어야 할 감식기기(16종)
절연저항계, 멀티테스터기, 클램프미터, 정전기측정장치, 누설전류계, 검전기, 복합가스측정기, 가스(유증)검지기, 확대경, 실체현미경, 적외선열상카메라, 접지저항계, 휴대용디지털현미경, 탄화심도계, 슈미트해머, 내시경카메라

정답 ④

화재감식론

21 ★☆☆

차량 화재조사 중 화재조사자의 안전 및 조사가 용이한 장소가 아닌 것은?

① 화재가 발생한 고속도로의 갓길
② 소유자의 주차장 및 조사 가능한 주차장
③ 화재차량의 소유자가 최근 차량검사 및 수리를 맡긴 자동차정비공장
④ 화재차량의 소유자가 신차(중고차)로 구입한 자동차판매영업소

해설
고속도로 갓길에서의 조사는 교통에 지장을 줄 뿐만 아니라 매우 위험하다. 따라서 기본적인 조사만 신속히 마친 후 차량을 안전한 장소로 이동시켜 본격적인 조사를 실시해야 한다.

정답 ①

22 ★☆☆

항공기 소화기장치의 일상정비에 포함된 항목이 아닌 것은?

① 전선의 교체
② 배출관의 누출시험
③ 소화기 용기의 검사와 보급
④ 카트리지의 탈·장착과 재장착

해설
전선의 교체는 항공기 소화장치의 일상정비와 아무런 관련이 없다.

관련이론 항공기 소화장치의 일상정비
- 소화용기의 점검과 충전
- 카트리지와 방출밸브의 탈·장착과 재장착
- 방출튜브의 누출시험
- 전기도선의 도통시험

정답 ①

23 ★☆☆
무염화원의 한 종류인 점화원으로 담뱃불에 대한 설명으로 틀린 것은?

① 대표적인 무염화원이다.
② 이동이 가능한 점화원이다.
③ 담배 완제품은 자연발화가 가능하다.
④ 흡연자는 화인을 제공할 수 있는 개연성이 있다.

해설
자연발화는 물질 자체의 화학적 반응이나 열 축적으로 인해 외부 발화원이 없이 스스로 불이 붙는 것을 말하며, 담배는 자연발화의 조건과는 거리가 멀어 자연발화하기 어렵다.

정답 ③

24 ★★☆
선박화재의 직접적인 발화원으로 가장 거리가 먼 것은?

① 아크　　　② 접지
③ 정전기　　④ 전기화열

해설
접지는 정전기를 제거하여 발화를 방지하기 위한 조치로 전류를 대지로 흘려보내 사람과 장비를 안전하게 보호하기 위한 조치이다.

정답 ②

25 ★☆☆
콘센트에 물기, 기름때 등과 같은 오염물질이 유입되어 전기화재의 점화원으로서 발생할 수 있는 현상으로 옳은 것은?

① 트래킹　　② 과부하
③ 반단선　　④ 접촉불량

해설
트래킹이란 전압이 인가된 도선에 물기, 먼지 등의 오염물질이 유입되어 전류가 흐르는 현상이다.

관련이론 트래킹(Tracking) 현상
콘센트, 차단기 등 전기기기 표면에 먼지, 이물질 등이 쌓여 습기나 수분이 유입될 때, 전기적 불꽃 방전이 발생하면서 절연 성능이 저하되고 탄화 도전로가 형성되는 현상으로 화재의 주요 원인이 될 수 있다.

정답 ①

26 ★☆☆
LPG(액화석유가스)의 기본 성질로서 옳은 것은?

① 기화 및 액화가 어렵다.
② 액화하면 부피가 커진다.
③ 연소 시 다량의 공기가 필요하다.
④ 증기는 공기보나 가볍고 물보나 무겁다.

선지분석
① LPG는 끓는점이 낮고 작은 압력만으로도 액화되므로 기화와 액화가 매우 쉽다.
② 액화하면 부피는 $\frac{1}{250}$배 작아진다.
④ 증기는 공기보다 무겁고, 물보다 가볍다.

정답 ③

27 ★☆☆
저항 R = 30Ω, 커패시터 C = 400μF, 인덕터 L = 40mH인 값을 갖는 R-L-C 직렬 회로에서 공진주파수는?

① 39.8Hz　　② 50.8Hz
③ 60.8Hz　　④ 120.8Hz

해설
공진주파수를 구하는 공식은 다음과 같다.
$$f_0 = \frac{1}{2\pi\sqrt{LC}}$$
f_0: 공진주파수, L: 인덕턴스(H), C: 정전용량(F)
$$f_0 = \frac{1}{2\pi\sqrt{0.04 \times 400 \times 10^{-6}}} = 39.8\text{Hz}$$

정답 ①

28 ★★★

임야화재에 큰 영향을 미치는 주요 3요소가 아닌 것은?

① 지형 ② 연료
③ 기후 ④ 점화원

해설
임야화재의 3요소는 기후, 지형, 가연물(연료)이다.

관련이론 임야화재 확산의 3요소

구분	종류
연료(가연물)	탈 수 있는 물질의 공급
기상	바람, 습도, 온도, 강수 등
지형	고도, 경사, 경사향, 지세 등

정답 ④

29 ★☆☆

차량화재 발화지점 판정의 유의사항으로 틀린 것은?

① 차체 강판의 소손에 의한 변색의 차이를 자세히 관찰하여 출화개소를 판정하되 회색이 암청색보다 높은 온도에서 소손된 경우이다.
② 타이어로 출화개소를 추정하는 경우 앞, 뒷 바퀴 타이어 4개의 소손상태를 비교하여 타이어 중 가장 소손이 심한 개소가 출화개소에 가까운 경우가 많다.
③ 연료, 오일 등에 대한 연소 확대를 고려하여 판정했을 때 차량 하부에서 상부로 소손이 연결되어 연소 확대된 부분이 출화개소에 가까운 경우가 많다.
④ 차량 하부의 소손이 여러 곳에서 국부적으로 일어나 있을 경우, 각각 소손부에서 상부로 타 올라감을 조사할 필요가 있다.

해설
차체 강판의 소손에서 암청색이 회색보다 높은 온도에서 만들어진다.

관련이론 차량화재의 발화지점 판정
- 차체 변색 확인: 차체 강판은 온도에 따라 색깔이 변해 표면도료가 열화되어 회색 및 백색이 먼저 나타나며 암청색은 이후 더 높은 온도에서 나타난다.
- 연소 방향 및 확산: 연소 방향과 확산은 발화 지점을 추정하는 데 중요한 단서로 차체 하부에서 상부로 연소 확대되는 경우, 하부가 발화 지점과 가깝다.
- 전기적 흔적 확인: 차량 화재 시 전기 단락, 용융 흔적이 발생하는 데 이러한 전기적 흔적을 통해 발화지점을 찾을 수 있다.
- 화재 현장 조사: 화재 발생 시 현장 조사 및 감식을 통해 발화 지점 및 화재 원인 등을 파악할 수 있다.
- 가연물 및 발화원 특징: 발화 지점 주변의 구성품과 부품 등을 관찰하여 가연물과 발화원의 특성을 파악할 수 있다.

정답 ①

30 ★☆☆

프로판(C_3H_8)의 연소상한계는 9.5vol%이고, 하한계는 2.1vol%인 경우, 연소에 필요한 최소산소농도(MOC)의 값(vol%)은?

① 8.1
② 10.5
③ 15.1
④ 20.5

해설

최소산소농도(MOC)를 구하는 공식은 다음과 같다.

$$MOC = 연소하한계 \times \frac{산소몰수}{연료몰수}$$

프로판(C_3H_8)의 완전연소반응식
$C_3H_8 + 5O_2 \rightarrow 3CO_2 + 4H_2O$ 이므로
프로판 1몰이 완전연소되기 위해서는 5몰의 산소가 필요하다.

$MOC = 2.1 \times \frac{5}{1} = 10.5 vol\%$

정답 ②

31 ★☆☆

방화판정을 위한 10대 요건에 포함되지 않는 것은?

① 귀중품 반출 등
② 수선 중의 화재
③ 휴일 또는 주말 화재
④ 화재로 인한 건물의 손상

해설

화재로 인한 건물의 손상은 방화뿐만 아니라 모든 화재에서 나타난다.

관련이론 방화판정을 위한 10대 요건
- 여러 곳에서 발화
- 출화점의 부재
- 발화지점의 의문점
- 점화원의 의문점
- 화재 확대의 의문점
- 피해물의 의문점
- 화재 피해자의 의문점
- 목격자진술의 의문점
- 화재 전후의 정황의 의문점
- 화재 발생의 의문점

정답 ④

32 ★☆☆

발화부 판단 방법으로 옳은 것은?

① 아크매핑
② 비파괴검사
③ 감정물 분해검사
④ 가스크로마토그래피

해설

아크매핑은 발화부 판단을 위한 중요한 방법 중 하나이며, 나머지 보기는 모두 증거물 감정장비이다.

관련이론 아크매핑
화재현장의 잔류열을 이용하여 발화부를 추정하는 방법으로 아크매핑 장비를 이용하여 화재현장을 스캔하면 잔류열에 의해 발생한 전류의 흐름을 파악할 수 있다.

정답 ①

33 ★☆☆

생후 첫 성장기에 부모의 사랑을 받지 못해 무의식 속에서 모성이 주는 따뜻함과 안정감을 애타게 원하는 본능을 불을 통해 만족하는 방화범은?

① 남근기 방화범
② 구강기 방화범
③ 잠복기 방화범
④ 항문기 방화범

해설

구강기 방화범은 생후 첫 성장기에 부모의 사랑을 받지 못해 무의식 속에서 모성의 따뜻함과 안정감을 원하는 본능을 불을 통해 만족한다.

관련이론 방화범의 유형

- 잠복기 방화범
  혼란, 흥분, 무질서 등을 추구하기 위한 수단으로 방화를 일으키며 후회하는 일이 없기 때문에 처벌을 통해 교화시키기 어려워 방화범 중 가장 무서운 부류이다.
- 구강기 방화범
  생후 18개월 동안 모성애를 받지 못한 경험으로 인해 방화 충동을 느끼며, 불을 보며 희열을 느낀다. 이는 화염이 이들의 의식 속에서 따뜻함과 안정감을 상징하기 때문이다.
- 항문기 방화범
  방화의 동기는 분노, 복수, 미움, 질투이며, 이들은 감정의 폭발이나 공격성, 충동성과 격정성을 가진다.
- 외음부기 방화범
  불을 지른 후 직접 진화에 나서거나 소방관을 도우며 흥분감을 느끼기 위해 방화를 저지른다. 이들은 소방관이 되기를 희망했지만 능력의 한계로 인해 이루지 못한 경우가 많으며, 의용소방대 활동이나 소방 관련 교육을 받은 경험이 있는 경우가 많다.
- 남근기 방화범
  불을 지르면 쾌감을 느끼고, 불을 보면서 성적충동을 느끼면서 여성의 소유물에 직접 불을 붙이기도 한다.

정답 ②

34 ★☆☆

다음 〈보기〉가 설명하는 현상은?

〈보기〉
철제 구조물의 경우 발열량이 가장 많은 부분에서 화염에 의한 열적인 팽창 및 자중에 의한 변형으로 휨 현상이 발생하며, 동 현상은 초기의 화염방향이나 위치를 추적하기에 유용하다.

① 만곡
② 박리
③ 변색
④ 탄화심도

해설

만곡
- 철제 구조물에서 화염에 의한 열팽창 및 자중에 의한 변형으로 발생하는 휨 현상을 말한다.
- 열을 많이 받은 부분일수록 박리현상이 발생할 가능성이 높다.
- 벽지에 나타나는 연소형태를 통하여 화염의 이동경로를 추정하는 것이 가능하다.
- 천장 내부에서 착화된 경우 화재의 발견이 늦기 때문에 천장 바깥쪽보다 안쪽의 소실정도가 강하게 나타난다.

정답 ①

35 ★☆☆

최초 발화 물질에 대한 설명 중 틀린 것은?

① 표면적 대 질량 비율이 높은 가연물에는 먼지, 섬유 및 종이 등이 있다.
② 최초 발화 물질의 표면적 대 질량 비율이 높은 경우에는 열원의 강도와 지속성 특징이 덜 중요하다.
③ 동일한 발화 온도라도 가연물의 표면적 대 질량 비율이 높을수록 해당 열원은 가연물을 인화시키기 위해 생성 에너지가 작아진다.
④ 표면적 대 질량 비율이 극도로 높은 경우, 기체와 증기는 높은 열에너지원에 의해서만 발화될 수 있다.

해설

비표면적이 크면 산소와 접촉이 쉬워 작은 에너지원에서도 쉽게 발화한다.

정답 ④

36 ★★★

인화성 촉진제인 휘발유의 위험도로 옳은 것은? (단, 휘발유의 연소범위는 1.4vol%~7.6vol% 이다.)

① 0.82
② 4.43
③ 6.20
④ 6.43

해설

위험도(H)를 구하는 공식은 다음과 같다.

$$H = \frac{U - L}{L}$$

H: 위험도, L: 연소하한계(vol%), U: 연소상한계(vol%)

가솔린의 위험도 $= \dfrac{7.6 - 1.4}{1.4} = 4.43 \text{vol}\%$

정답 ②

37 ★☆☆

미소화원에 의한 출화 증명에 해당하지 않는 것은?

① 무염화원과 구분
② 가연물 종류의 확인
③ 훈소의 지속과 발염
④ 정확한 출화개소의 판단

해설

무염화원과의 구분이 아니라 유염화원과 구분해야 한다.

관련이론 미소화원에 의한 출화 증명
- 유염화원과 구분
- 가연물 종류의 확인
- 훈소의 지속과 발염
- 정확한 출화개소의 판단
- 기타 발화원의 가능성 배제

정답 ①

38 ★☆☆

화학물질의 혼합발화와 관련하여 감식요령으로 틀린 것은?

① 물질의 성질, 취급의 상황, 장소의 환경조건에 대하여 조사한다.
② 혼합물질의 재현실험은 실시하지만 단독물질의 발화 여부 실험은 하지 않는다.
③ 혼합발화에 의한 화재는 혼합한 물질 자체가 연소하므로 증거가 소실되는 경우가 있다.
④ 화재가 난 곳에서 존재하는 물질에 대하여 성분, 성질, 형상, 양을 관계자의 진술과 문헌·자료 등을 기초로 조사한다.

해설

혼합물질의 재현실험은 단독물질의 발화여부와 무관하게 일어날 수 있기 때문에 혼합발화를 규명하기 위해서는 단독물질의 발화실험도 실시해야 한다.

관련이론 화학물질의 혼촉에 의한 발화
- 혼합발화로 인한 화재는 혼합된 물질이 연소하며 발화원이 소실되는 경우가 많아 관계자의 진술을 바탕으로 객관적으로 판단하고, 다른 화원이 없음을 명확히 해야 한다.
- 화재현장에서 존재하는 물질의 성분, 성질, 형상, 양 등을 관계자의 진술과 문헌 자료를 토대로 조사한다.
- 혼합발화 물질은 과학적으로 불안정한 경우가 많아 단독 발화인지 혼합에 의한 발화인지를 재현실험 등을 통해 검사한다.
- 물질의 용도, 저장 및 취급 상황. 화재 발생 장소의 환경 조건을 조사한다.
- 화재 초기 목격자로부터 화염과 연기의 색, 냄새, 강도, 화재 진행 상황 등을 청취하여 참고한다.

정답 ②

39 ★★★

강한 강도의 산불이 예상되는 연료조건 중 가장 거리가 먼 것은?

① 다수의 사다리 연료가 존재할 때
② 비정상적으로 낮은 연료습도가 형성될 때
③ 고휘발성 기름을 포함한 연료상이 존재할 때
④ 많은 양의 가는 죽은 연료가 계곡부에 존재할 때

해설
계곡부에 있는 가는 죽은 연료는 습기를 흡수하여 불에 잘 타지 않는다.

관련이론 임야화재 확산의 3요소

구분	종류
연료(가연물)	탈 수 있는 물질의 공급
기상	바람, 습도, 온도, 강수 등
지형	고도, 경사, 경사향, 지세 등

정답 ④

40 ★☆☆

최소발화에너지와 압력과의 관계를 설명한 것으로 옳은 것은?

① 발화에너지는 압력과 관계없다.
② 압력이 클수록 최소발화에너지는 증가한다.
③ 압력이 클수록 최소발화에너지는 감소한다.
④ 압력과 관계없이 최소발화에너지는 일정하다.

해설
발화에너지는 압력이 높을수록 분자들간의 거리가 가까워지고 분자간의 충돌이 일어나고 최소발화에너지는 감소한다.

정답 ③

증거물관리 및 법과학

41 ★☆☆

물리적 증거물 수집방법 결정요인에 대한 설명으로 가장 거리가 먼 것은?

① 휘발성: 액체 및 기체 증거물은 쉽게 증발될 수 있으므로 물리적 증거물이 증발되는 정도를 고려하여 증거물 수집방법을 결정한다.
② 파손성: 물리적 증거물이 부서지거나, 손상되거나 변하는 정도 등 증거물의 파손성을 고려하여 증거물 수집방법을 결정한다.
③ 물리적 상태: 물리적 증거물의 상태가 고체, 액체, 또는 기체인지 물리적 상태를 반드시 확인하여 증거물 수집방법을 결정한다.
④ 물리적 특성: 물리적 증거물의 위치, 가격, 사용가능 여부 등 물리적 특성을 조사관이 파악하여 증거물 수집방법을 결정한다.

해설
물리적 특성은 물리적 증거물의 위치, 탄화 및 용융의 변형 정도, 상변화, 열에 의한 구조물의 영향 등 물리적 특성을 파악하여 증거물 수집방법을 결정한다.

관련이론 물리적 증거물 수집방법의 결정요인

구분	내용
휘발성	액체 및 기체 증거물은 쉽게 증발될 수 있어 물리적 증거물이 증발되는 정도를 고려하여 증거물 수집방법을 결정한다.
파손성	물리적 증거물이 손상되거나 변하는 정도 등 증거물의 파손성을 고려하여 증거물 수집방법을 결정한다.
물리적 상태	물리적 증거물의 상태가 고체, 액체, 또는 기체인지 물리적 상태를 확인하여 증거물 수집방법을 결정한다.
물리적 특성	물리적 증거물의 위치, 탄화 및 용융의 변형 정도, 상변화, 열에 의한 구조물의 영향 등 물리적 특성을 파악하여 증거물 수집방법을 결정한다.

정답 ④

42

타임라인(Time Line)의 설명으로 틀린 것은?

① 타임라인은 화재사건의 관계를 보여준다.
② 타임라인은 화재사건에 관련된 것을 시간적인 순서로 나타낸 것이다.
③ 타임라인은 실제시간이 없이 추정시간으로 구성되기 때문에 정확성이 결여된다.
④ 타임라인은 화재사건이 일어나기 이전, 동안, 이후로 구성될 수 있다.

해설
타임라인은 시간의 흐름에 따라 순서에 맞게 배열하는 것으로 사고의 경과를 시간 순으로 정리하여 인과관계를 파악하는 분석기법이다

관련이론 타임라인(Time Line)
- 화재사건의 전후관계에 대한 중요한 정보를 제공한다.
- 화재발생 시간 정보, 화재진행 사항별 시간대별로 일목요연하게 볼 수 있다.
- 화재발생의 시간 정보는 범죄사실을 규명하기 위해 매우 중요한 정보를 제공한다.
- 화재정보 등 다양한 시간 정보를 이용, 타임라인을 구성함으로써 화재발생현황, 활동사항, 문제점을 분석할 수 있다.

정답 ③

43

전기 과부하 증거물에서 나타나는 현상 또는 형태로 옳은 것은?

① 헤일로(Halo) ② 포인터 및 화살
③ 슬리빙(Sleeving) ④ 엘리게이터(Alligator)

해설
슬리빙(Sleeving)은 열가소성 도체 절연체가 도체의 열로 인해 연화되고 늘어나는 현상이다.

정답 ③

44

화재현장 증거물 형태에 따른 수집방법으로 옳은 것은?

① 알코올은 물과 접촉했을 때 물 위에 뜬다.
② 액체촉진제는 비다공성 물질에서 채집하기가 용이하다.
③ 액체 증거물은 살균한 솜이나 거즈패드로도 수집할 수 있다.
④ 액체촉진제는 내부 마감재 및 화재 잔해에 쉽게 흡수되지 않는다.

선지분석
① 알코올은 물과 섞인다.
② 액체촉진제는 다공성 물질에서 채집하기가 용이하다.
④ 액체촉진제는 내부 마감재 및 화재 잔해에 쉽게 흡수된다.

관련이론 액체 촉진제의 특성
- 흡수성 물질(밀가루 등)은 실험실로 옮겨서 추출한다.
- 다공성 물질에 흡수되었을 때는 고체상태로 잔존하기도 한다.
- 대부분의 내부 마감재 및 기타 화재 잔해에 쉽게 흡수된다.
- 대부분 물보다 비중이 낮아 물에 뜨지만 알코올과 같이 물과 섞이기도 한다.
- 액체 표본 채취 시 살균한 거즈패드를 사용할 수 있다.
- 휘발성이 있는 유류 증거물 등은 수집과 동시에 밀폐된 용기에 담아 밀봉하여야 하며, 가능하면 증발을 줄이기 위해 차가운 곳에 보관해야 한다.

정답 ③

45

형사소송법 체계상 사진이나 비디오 등 영상물에 대한 법적 증명력을 부여하는 권한을 가진 자로 옳은 것은?

① 검사 ② 법관
③ 변호사 ④ 피해자

해설
법적 증명력을 부여하는 권한을 가진 자는 법관이다.

정답 ②

46 ★★★

용융점이 높은 것에서 낮은 순서로 옳게 나열된 것은?

① 스테인리스 → 텅스텐 → 동 → 아연 → 마그네슘
② 스테인리스 → 텅스텐 → 아연 → 마그네슘 → 동
③ 텅스텐 → 스테인리스 → 마그네슘 → 동 → 아연
④ 텅스텐 → 스테인리스 → 동 → 마그네슘 → 아연

해설

용융점이 높은 것에서 낮은 순서는 다음과 같다.
텅스텐 → 스테인리스 → 동 → 알루미늄 → 마그네슘 → 아연

관련이론 용융점

명칭	용융점(℃)
텅스텐	3,410
철	1,540
스테인리스	1,455
구리(동)	1,085
알루미늄	660
마그네슘	650
아연	419
납	327

정답 ④

47 ★☆☆

화재현장 물적 증거물 보존에 대한 설명 중 틀린 것은?

① 화재현장 전체를 물적 증거로 생각해야 하고 보호·보존되어야 한다.
② 화재현장에서 물적 증거물의 보존책임은 전적으로 화재조사자에게 있다.
③ 보존상태를 게을리하면 물적 증거물은 파손, 오염, 분실되거나 불필요하게 되는 경우가 발생하기도 한다.
④ 현장지휘관 또는 화재조사자는 불필요하고 인가되지 않은 사람의 침입에 대한 보안을 철저히 하여 화재현장 출입을 제한할 필요가 있다.

해설

화재현장 물적 증거물의 보존책임은 화재조사자에게만 있는 것이 아니라 화재현장에 출동한 모든 소방관, 경찰관, 국과수 직원 등이 함께 책임을 진다.

정답 ②

48 ★★☆

피사계 심도를 깊게 하기 위한 방법으로 옳은 것은?

① 조리개를 넓힌다.
② 조리개를 좁힌다.
③ 셔터 스피드를 길게 한다.
④ 셔터 스피드를 짧게 한다.

해설

조리개를 좁히면 들어오는 빛의 양이 적어져 피사계 심도가 깊어진다.

관련이론 피사계 심도(Depth of field)

- 피사계 심도는 어느 정해진 시간 동안에 초점이 맞는 가장 멀리 있는 사물과 가장 가까이 있는 사물의 거리이다.
- f-stop은 빛의 양을 조절하며 초점거리가 주어진 렌즈에서는 f-stop이 증가할수록 빛의 양은 줄어들고 심도는 깊어진다.
- 피사계 심도는 촬영하는 사물까지의 거리, 렌즈 구경 및 사용하는 렌즈의 초점거리에 따라 달라진다.

정답 ②

49

화재현장에서 전기 관련 물적 증거물 수집방법에 대한 설명 중 틀린 것은?

① 전기제품의 경우, 중요 부품 위주로 수집한다.
② 전선은 가급적 남아있는 피복까지 검사할 수 있도록 길게 수집하도록 한다.
③ 전기제품에 대한 분해조사 또는 수집과 이송은 증거물의 발견 당시 상태를 유지하도록 최선을 다해야 한다.
④ 전기설비나 구성부품의 수집 전에 전원의 차단여부를 확인해야 하며 증거물이 발견된 상태 그대로 보존하여야 한다.

해설
중요 부품뿐만 아니라 그 주변의 부품까지 함께 수집해야 한다.

관련이론 전기 관련 물적 증거물 수집방법
- 전기설비나 구성부품의 수집 전에는 반드시 전원의 차단여부를 먼저 확인한다.
- 증거물을 수집할 때는 화재의 원인과 경위를 파악하기 위해 중요부품뿐만 아니라 그 주변의 부품까지 함께 수집한다.
- 전선의 단락, 과부하, 절연파손 등의 흔적을 찾을 수 있도록 전선은 가급적 남아있는 피복까지 검사할 수 있도록 길게 수집한다.
- 전기 제품에 대한 분해조사 또는 수집과 이송은 화재원인과 경위를 파악할 수 있도록 증거물의 발견 당시 상태를 유지하도록 한다.

정답 ①

50

화재증거물 수집 용기 중 유리병에 대한 설명 중 틀린 것은?

① 가격이 저렴하고 쉽게 구할 수 있는 장점이 있다.
② 액체와 고체 촉진제를 장기간 보관할 수 없는 단점이 있다.
③ 유리병은 액체와 고체 촉진제 증거물을 수집하는데 이용 된다.
④ 많은 양의 촉진제 증거물을 수집할 때는 고무로 봉인하지 않는 것이 중요하다.

해설
유리병은 액체와 고체 촉진제 증거물을 장기간 저장할 수 있다.

관련이론 유리병 용기의 특징
- 가격이 저렴하고 구하기 쉽다.
- 용기를 열지 않고도 내용물을 확인할 수 있다.
- 휘발성 액체의 증발을 막을 수 있다.
- 액체·고체 촉진제 증거물을 장기간 저장할 수 있다.
- 대량 저장이 어렵고 장기간 보관 시 파손 위험이 있다.
- 고무 밀봉 시 파손 위험이 크다.
- 코르크 마개는 휘발성 액체 보관에 부적합하며, 빛에 민감한 시료는 짙은 색 용기를 사용해야 한다.
- 마개는 유리, PTFE(폴리테트라플루오로에틸렌), 내유성 플라스틱, 금속 스크루 마개 등을 사용한다.

정답 ②

51 ★★★

3도 화상에 대한 설명으로 옳은 것은?

① 피하지방을 포함한 피부 전층이 침범되는 화상으로, 외견상 건조하고 회백색을 띠며 수포가 발생하지 않는다.
② 표피에만 국한되어 나타나고, 모세혈관의 충혈로 인해 종창과 더불어 홍반만 관찰된다.
③ 표피와 함께 진피까지 침범되는 화상으로, 수포가 발생하고 같이 발생하는 홍반은 사후 혈액침하가 일어나도 사라지지 않는다.
④ 피부 및 그 아래의 조직이 탄화되는 것으로 뜨거운 액체에 의한 탕상에서는 보지 못한다.

해설
3도 화상은 피하지방을 포함한 피부 전층이 침범되는 화상이다.

관련이론 화상단계에 따른 증상

화상단계	증상
1도 (홍반)	• 열에 의하여 피부가 붉어지고 국부적인 피부충혈과 피부가 부어오르는 화상이다. • 모세혈관의 충혈로 인하여 종창과 더불어 홍반만 보이기 때문에 홍반성 화상이라고 한다.
2도 (수포)	• 국부적인 화상으로 표피와 함께 진피까지 손상되는 화상이다. • 피부에 물집이 생기고 수포 주위에 홍반을 보이며, 혈액침하가 일어나더라도 홍반만 남는다.
3도 (괴사)	• 화상의 정도가 매우 심해 신경 및 조직이 파괴되고 자연적 재생이 불가능하여 피부이식을 해야한다. • 외견상 건조하고 회백색을 띠며 수포가 발생하지 않는다. • 부스럼 딱지 또는 생체 내의 피부조직이나 세포가 죽는 응고성 괴사에 빠지므로 괴사성 화상이라고도 한다.
4도 (탄화)	3도 증상을 넘어 피부가 탄화되는 정도까지의 화상이다.

정답 ①

52 ★★☆

현장사진 촬영의 필요성에 대한 설명 중 틀린 것은?

① 기록과 사진, 영상 모두 한계가 있으므로 문제가 해결될 때까지 현장을 보존하는 것이 가장 중요하다.
② 사진을 보는 사람이 실제적인 감각으로 느끼게 함으로써 그 때의 상황을 충분히 전달할 수 있는 것이 중요하다.
③ 현장조사 시 실수로 빠트렸거나 수집이 불가능했던 많은 정보와 사실들을 사진을 통해 얻을 수 있다.
④ 화재현장의 소손상황, 감식·감정의 대상이 되는 관계물건 등의 상황을 정확하게 기록하는 수단으로서 사진과 영상이 중요하다.

해설
화재현장을 사진으로 촬영하면 장기간 현장을 보존할 필요가 없어진다.

관련이론 화재현장 사진촬영의 필요성

• 사진을 보는 사람이 실제적인 감각으로 느끼게 함으로써 그 때의 상황을 충분히 전달할 수 있는 것이 중요하다.
• 현장조사 시 실수로 빠트렸거나 수집이 불가능했던 많은 정보와 사실들을 사진을 통해 얻을 수 있다.
• 화재현장의 소손상황, 감식·감정의 대상이 되는 관계물건 등의 상황을 정확하게 기록하는 수단으로서 사진과 영상이 중요하다.

정답 ①

53 ★★★

화재증거물수집관리규칙상 현장 사진 및 비디오 촬영 시 유의사항으로 틀린 것은?

① 화재상황을 추정할 수 있는 대상물의 형상은 면밀히 관찰 후 자세히 촬영할 필요가 없다.
② 현장사진 및 비디오 촬영할 때에는 연소확대 경로 및 증거물 기록에 대한 번호표와 화살표를 표시 후에 촬영한다.
③ 증거물을 촬영할 때는 그 소재와 상태가 명백히 나타나도록 하며, 필요에 따라 구분이 용이하게 번호표 등을 넣어 촬영한다.
④ 화재현장의 특정한 증거물 등을 촬영함에 있어서는 그 길이, 폭 등을 명백히 하기 위하여 측정용 자 또는 대조도구를 사용하여 촬영한다.

해설
화재상황을 추정할 수 있는 사람, 물건, 장소에 부착되어 있는 연소흔적 및 혈흔은 면밀히 관찰 후 자세히 촬영한다.

관련이론 현장사진 및 비디오 촬영 시 유의사항
- 최초 도착하였을 때의 원상태를 그대로 촬영하고, 화재조사의 진행 순서에 따라 촬영
- 증거물을 촬영할 때는 그 소재와 상태가 명백히 나타나도록 하며, 필요에 따라 구분이 용이하게 번호표 등을 넣어 촬영
- 화재현장의 특정한 증거물 등을 촬영함에 있어서는 그 길이, 폭 등을 명백히 하기 위하여 측정용 자 또는 대조도구를 사용하여 촬영
- 화재상황을 추정할 수 있는 다음 각목의 대상물의 형상은 면밀히 관찰 후 자세히 촬영
  - 사람, 물건, 장소에 부착되어 있는 연소흔적 및 혈흔
  - 화재와 연관성이 크다고 판단되는 증거물, 피해물품, 유류
- 현장사진 및 비디오 촬영과 현장기록물 확보 시에는 연소확대 경로 및 증거물 기록에 대한 번호표와 화살표 등을 활용하여 작성한다.

정답 ①

54 ★☆☆

물리적 증거물의 수송 및 보관에 관한 내용 중 틀린 것은?

① 휘발성 증거물을 다룰 때 극한 온도의 영향으로부터 보호되어야 한다.
② 휘발성 증거물을 보관할 때에는 냉장보관 하는 것이 좋다.
③ 증거물 보관실은 따뜻하고 햇빛이 잘 드는 곳이 좋다.
④ 물리적 증거물의 운반은 화재조사관이 직접 운반하는 것이 원칙이다.

해설
증거물의 변질을 유발할 수 있으므로 따뜻하고 햇빛이 잘 드는 곳은 피해야 한다.

관련이론 증거물의 보관
- 휘발성 증거물을 다룰 때 극한 온도의 영향으로부터 보호되어야 한다.
- 휘발성 증거물을 보관할 때에는 냉장보관하는 것이 좋다.
- 증거물 보관실은 서늘하고 통풍이 원활하며 햇빛에 증거물이 변형되지 않는 곳이 좋다.
- 물리적 증거물의 운반은 화재조사관이 직접 운반하는 것이 원칙이다.

정답 ③

55 ★★☆

외부에서 열이 가해지면 열에 의한 손상의 범위를 결정하는 사항으로 가장 거리가 먼 것은?

① 가연물의 양
② 가해진 온도
③ 열이 가해진 시간
④ 과다한 열을 배출하는 체표면의 능력

해설
가연물의 양이 많을수록, 가해진 온도가 높을수록, 열이 가해진 시간이 길수록 열에 의한 손상범위는 넓어진다.

관련이론 화상심도의 결정요인
- 열의 강도
- 열 노출시간
- 피부의 예민도
- 체표면의 열배출 능력

정답 ④

56 ★★★
유류 증거물의 인화점 시험방법으로서 주로 인화점이 93℃ 이하인 시료를 측정하는 데 사용되는 것으로 옳은 것은?

① 태그 밀폐식
② 원자흡광분석
③ 클리브랜드 개방식
④ 펜스키-마텐스 밀폐식

해설
태그 밀폐식(Tag closed cup)은 시료를 담은 밀폐컵을 액체에 잠기게 하여 가열하고 점화원에 노출되었을 때 증기가 발화하는 온도를 측정하는 방법으로 인화점 93℃ 이하인 물질의 시료를 측정하는데 사용하는 방법이다.

관련이론 인화점 시험방법
- 태그 밀폐식(Tag closed cup)
  시료를 담은 밀폐컵을 액체에 잠기게 하여 가열하고 점화원에 노출되었을때 증기가 발화하는 온도를 측정하는 방법으로 인화점 93℃ 이하인 물질의 시료를 측정하는데 사용하는 방법이다.
- 펜스키-마텐스 밀폐식(Pensky-Martens Closed Tester)
  인화성 액체, 부유물을 가진 액체, 시험 조건에서 표면막을 형성하기 쉬운 액체를 시험하며 인화점 40~370℃까지인 시료를 측정할수 있다.
- 태그 개방식(Tag Open Cup Apparatus)
  시료를 담은 개방식 컵을 액체에 잠기게 하여 가열하는 방식으로 인화점이 -18~290℃인 시료를 측정한다.
- 클리브랜드 개방식(Cleveland Open Cup)
  개방식 황동제 컵에 시료를 담아 직접 가열하는 방식으로 인화점이 80~400℃ 이하인 시료를 측정한다.

정답 ①

57 ★★★
일산화탄소 중독으로 사망한 시체 소견으로 가장 거리가 먼 것은?

① 선홍색 시반이 나타난다.
② 손톱의 경우 청자색을 띤다.
③ 손톱의 경우 선홍색을 띤다.
④ 유동성 혈액, 조직의 울혈이 나타난다.

해설
일산화탄소 중독으로 사망한 경우에는 선홍색 시반이 나타난다.

관련이론 질식사
- 호흡에 의한 생리적 가스교환이 중단되는 상태를 말하며 이로인한 생명의 영구적 중단을 질식사라 한다.
- 호흡이 원활하게 이루어지지 않아 세포가 이용할 수 있는 산소량이 현저히 감소되면 세포 내 산소분압이 매우 낮아지는데 이를 저산소증 또는 산소결핍증이라 하며 산소분압이 극도로 저하된 경우는 무산소증이라고도 한다.
- 저(무)산소증에 빠지면 세포 내에 이산화탄소가 축적되며 이를 탄산과잉증이라 한다.

정답 ②

58 ★★☆
증거수집 과정에서 오염이 발생할 수 있는 요인에 대한 설명 중 가장 거리가 먼 것은?

① 대부분 증거물의 오염은 수집 중에 야기된다.
② 증거물 수집 시 새로운 장갑을 항상 사용하여야 한다.
③ 증거물의 오염은 액체 및 고체 촉진제 수집 시 더욱 확실 시 된다.
④ 수집 중 오염을 줄이기 위해 증거물 보관 용기의 뚜껑 등을 수집기구로 사용하여서는 안 된다.

해설
증거물 보관 용기 자체를 수집도구로 사용할 수 있다.

관련이론 증거물 수집
- 대부분 증거물의 오염은 수집하는 과정에서 일어난다.
- 증거물 수집 시 새로운 장갑을 항상 사용하여야 한다.
- 증거물의 오염은 액체 및 고체 촉진제 수집 시 더욱 높아진다.
- 수집 중 오염을 줄이기 위해 증거물 보관 용기의 뚜껑 등을 수집기구로 사용한다.

정답 ④

59

화재감식을 위한 사진 촬영 시 유의사항 중 틀린 것은?

① 작은 물건을 촬영할 때에는 표식을 사용한다.
② 촬영하는 목적을 충분히 이해하고 나서 촬영한다.
③ 화재감식 현장에서 사용한 장비가 사진에 나오도록 촬영한다.
④ 좁은 방에서 많은 물건을 사진 1매로 찍고자 할 때에는 일반적으로 광각렌즈를 사용한다.

해설
사진 촬영 시에는 주변 인물, 발굴용 기구 등이 나오지 않게 촬영해야 한다.

관련이론 현장사진 및 비디오 촬영 시 유의사항
- 최초 도착하였을 때의 원상태를 그대로 촬영하고, 화재조사의 진행 순서에 따라 촬영
- 증거물을 촬영할 때는 그 소재와 상태가 명백히 나타나도록 하며, 필요에 따라 구분이 용이하게 번호표 등을 넣어 촬영
- 화재현장의 특정한 증거물 등을 촬영함에 있어서는 그 길이, 폭 등을 명백히 하기 위하여 측정용 자 또는 대조도구를 사용하여 촬영
- 화재상황을 추정할 수 있는 다음 각목의 대상물의 형상은 면밀히 관찰 후 자세히 촬영
  - 사람, 물건, 장소에 부착되어 있는 연소흔적 및 혈흔
  - 화재와 연관성이 크다고 판단되는 증거물, 피해물품, 유류
- 현장사진 및 비디오 촬영과 현장기록물 확보 시에는 연소확대 경로 및 증거물 기록에 대한 번호표와 화살표 등 표식을 활용하여 작성한다.

정답 ③

60

증거의 시간적 역할에 대한 설명으로 옳은 것은?

① 깨져 바닥에 쏟아진 유리창의 아랫면에 그을음이 부착되어 있지 않다면 화재 이후 창문이 깨졌다는 것을 의미한다.
② 화재현장에서 발견된 소사체에서 생활반응이 발견된다면 피해자는 화재 이전 사망한 상태였다는 것을 알 수 있다.
③ 화재와 폭발이 일어난 현장에서 멀리까지 비산된 유리창의 파편에 그을음이 부착되어 있다면 화재가 먼저 일어나 이로 인해 폭발이 발생한 것으로 볼 수 있다.
④ 타이어 흔적 위로 족적이 찍혀 있다면 이러한 증거는 차량이 지나가기 전에 누군가 걸어갔다는 것을 증명해 주는 역할을 한다.

선지분석
① 깨져 바닥에 쏟아진 유리창의 아랫면에 그을음이 부착되어 있지 않다면 화재 이전에 창문이 깨졌다는 것을 의미한다.
② 화재현장에서 발견된 소사체에서 생활반응이 발견된다면 피해자는 화재 이후 사망한 것을 알 수 있다.
④ 타이어 흔적 위로 족적이 찍혀 있다면 이러한 증거는 차량이 지나간 후에 누군가 걸어갔다는 것을 증명해 주는 역할을 한다.

정답 ③

화재조사보고 및 피해평가

61 ★★★
화재조사 및 보고규정상 화재현황조사서에 기입해야 할 항목 중 틀린 것은?

① 기상상황
② 소방시설 현황
③ 피해 및 인명구조
④ 화재발생 일시 및 장소

해설
소방시설 현황은 화재현황조사서의 기재항목에 해당하지 않는다.

관련이론 화재현황조사서 기재항목
- 소방관서
- 화재발생 및 출동
- 화재발생장소 및 유형
- 화재원인
- 발화관련 기기
- 연소확대
- 피해 및 인명구조
- 관계자
- 동원인력
- 보험가입
- 기상상황
- 첨부서류
- 작성자

정답 ②

62 ★★★
화재조사 및 보고규정상 피해산정 대상들 중 최종잔가율이 10%인 것은?

① 침대
② 전기설비
③ 절삭공구
④ 옥내소화전

해설
최종잔가율이란 피해물의 내용연수가 다한 경우 잔존 가치를 재구입비에 대한 비율로 나타낸 것으로 피해액 산정 시 현실을 반영하여 건물·부대설비·구축물·가재도구 등에 대한 최종잔가율은 20%, 그 외 자산에 대해서는 10%로 정한다.

정답 ③

63 ★★★
화재조사 및 보고규정상 화재피해 건물의 동수 산정 중 틀린 것은?

① 주요구조부가 하나로 연결되어 있는 것과 건널 복도 등으로 2 이상의 동에 연결되어 있는 것은 1동으로 한다.
② 독립된 건물과 건물 사이에 차광막, 비막이 등의 덮개를 설치하고 그 밑을 통로 등으로 사용하는 경우는 다른 동으로 한다.
③ 건물의 외벽을 이용하여 실을 만들어 헛간, 목욕탕, 작업실, 사무실 및 기타 건물 용도로 사용하고 있는 것은 주건물과 같은 동으로 본다.
④ 목조 또는 내화조 건물의 경우 격벽으로 방화구획이 되어 있는 경우 같은 동으로 한다.

해설
주요구조부가 하나로 연결되어 있는 것은 1동으로 한다. 다만 건널 복도 등으로 2 이상의 동에 연결되어 있는 것은 그 부분을 절반으로 분리하여 각 동으로 본다.

관련이론 건물의 동수 산정
- 주요구조부가 하나로 연결되어 있는 것은 1동으로 한다. 다만 건널 복도 등으로 2이상의 동에 연결되어 있는 것은 그 부분을 절반으로 분리하여 각 동으로 본다.
- 건물의 외벽을 이용하여 실을 만들어 헛간, 목욕탕, 작업실, 사무실 및 기타 건물 용도로 사용하고 있는 것은 주건물과 같은 동으로 본다.
- 구조에 관계없이 지붕 및 실이 하나로 연결되어 있는 것은 같은 동으로 본다.
- 목조 또는 내화조 건물의 경우 격벽으로 방화구획이 되어 있는 경우도 같은 동으로 한다.
- 독립된 건물과 건물 사이에 차광막, 비막이 등의 덮개를 설치하고 그 밑을 통로 등으로 사용하는 경우는 다른 동으로 한다.
- 내화조 건물의 옥상에 목조 또는 방화구조 건물이 별도 설치되어 있는 경우는 다른 동으로 한다. 다만, 이들 건물의 기능상 하나인 경우(옥내 계단이 있는 경우)는 같은 동으로 한다.
- 내화조 건물의 외벽을 이용하여 목조 또는 방화구조건물이 별도 설치되어 있고 건물 내부와 구획되어 있는 경우 다른 동으로 한다. 다만, 주된 건물에 부착된 건물이 옥내로 출입구가 연결되어 있는 경우와 기계설비 등이 쌍방에 연결되어 있는 경우 등 건물 기능상 하나인 경우는 같은 동으로 한다.

정답 ①

64 ★★★

화재조사 및 보고규정상 화재의 소실정도에 대한 설명으로 옳은 것은?

① 국소란 건물의 50% 이상 70% 미만이 소실된 것을 말한다.
② 부분소란 전소, 반소화재에 해당되지 아니하는 것을 말한다.
③ 건축·구조물화재의 소실정도는 전소, 반소, 부분소, 즉소 4종류로 구분한다.
④ 전소란 건물의 70% 이상(바닥면적에 대한 비율을 말한다.)이 소실되었거나 또는 그 미만이라도 잔존부분을 보수하여도 재사용이 불가능한 것을 말한다.

해설

구분	소실정도
전소	건물의 70% 이상(입체면적에 대한 비율)이 소실되었거나 또는 그 미만이라도 잔존부분을 보수하여도 재사용이 불가능한 것
반소	건물의 30% 이상 70% 미만이 소실된 것
부분소	전소, 반소에 해당하지 않는 것

정답 ②

65 ★★★

난로의 과열로 인해 화재가 발생하여 바닥 5m² 와 한쪽 벽 3m² 만 소실되었을 경우, 화재피해조사서(재산피해) 작성 시 소실면적은?

① 5   ② 2
③ 4   ④ 8

해설
건물의 소실면적 산정은 소실 바닥면적으로 산정하므로 소실면적은 5m²이다.

정답 ①

66 ★★★

화재 당시 피해물에 잔존하는 경제적 가치의 정도로서 비율로 표시되는 잔가율의 산정식으로 틀린 것은?

① 90%−감가수정율
② 현재가(시가)/재구입비
③ (재구입비−감가수정액)/재구입비
④ 1−(1−최종잔가율)×경과연수/내용연수

해설
잔가율의 산정식은 다음과 같다.
- 잔가율 = 100% − 감가수정율
- 현재가(시가) = 재구입비 × 잔가율
- 잔가율 = $\dfrac{재구입비 - 감가수정액}{재구입비}$
- 잔가율 = 1 − (1 − 최종잔가율) × $\dfrac{경과연수}{내용연수}$

정답 ①

67 ★☆☆

화재조사 및 보고규정상 화재현장조사서 작성항목 중 화재건물 현황 작성내용으로 명시되지 않은 것은?

① 보험가입 현황   ② 화재발생 전 상황
③ 화재진압 활동 현황 ④ 소방시설 및 위험물 현황

해설
화재진압활동은 화재건물 현황이 아니라 화재현장 활동상황에 해당한다.

관련이론 화재현장조사서의 화재건물 현황 작성
- 건축물 현황
- 보험가입 현황
- 소방시설 및 위험물 현황
- 화재발생 전 상황

정답 ③

68 ★★★

화재조사 및 보고규정상 사상자 및 부상 정도에 관한 설명으로 틀린 것은?

① 병원치료를 필요로 하지 않고 단순하게 연기를 흡입한 사람은 경상에서 제외한다.
② 3주 이상 입원치료를 필요로 하는 부상은 중상으로 기재한다.
③ 화재현장에서 부상을 당한 후 입원치료를 필요로 하지 않는 경우 부상으로 기재하지 않는다.
④ 화재현장에서 부상을 당한 후 정확히 72시간 이내에 사망하였다면 이는 사망으로 보고서에 기재하여야 한다.

해설

분류	부상 정도
사상자	화재현장에서 사망한 사람과 부상당한 사람을 말한다. 다만, 화재현장에서 부상을 당한 후 72시간 이내에 사망한 경우에는 당해 화재로 인한 사망으로 본다.
중상	3주 이상의 입원치료를 필요로 하는 부상
경상	중상 이외의 부상(입원치료를 필요로 하지 않는 것도 포함)을 말한다. 단, 병원치료를 필요로 하지 않고 단순하게 연기를 흡입한 사람은 제외

정답 ③

69 ★★★

동물 및 식물의 피해액 산정방법으로 틀린 것은?

① 정원은 구축물로 분류한다.
② 시중매매가격을 화재로 인한 피해액으로 한다.
③ 동물 및 식물의 종류에 따라 구입가격의 50~80%를 피해액으로 한다.
④ 화분은 가재도구 또는 영업용 집기비품으로 분류한다.

해설
차량, 동물, 식물은 전부손해의 경우 시중매매가격으로 하며, 전부손해가 아닌 경우 수리비 및 치료비로 한다.

정답 ③

70 ★☆☆

화재조사 및 보고규정상 화재피해 조사 및 피해액 산정순서로 옳은 것은?

① 화재현장 조사 → 피해정도 조사 → 기본현황 조사 → 재구입비 산정 → 피해액 산정
② 화재현장 조사 → 기본현황 조사 → 피해정도 조사 → 재구입비 산정 → 피해액 산정
③ 기본현황 조사 → 피해정도 조사 → 화재현장조사 → 재구입비 산정 → 피해액 산정
④ 기본현황 조사 → 피해정도 조사 → 재구입비 산정 → 피해액 산정 → 화재현장조사

해설
화재피해 조사 및 피해액 산정순서
화재현장 조사 → 기본현황 조사 → 피해정도 조사 → 재구입비 산정 → 피해액 산정

정답 ②

71 ★★☆

화재피해액 산정기준에서의 화재피해액 산정대상으로 옳은 것은?

① 특허권 ② 인적손해
③ 영업이익 ④ 애완동물

해설
화재피해액 산정 대상으로서 동물 및 식물은 가축(가금류 포함), 애완동물, 관상수, 조경수, 가로수 등이 된다.

정답 ④

72

소방의 화재조사에 관한 법령상 화재조사를 하는 경우 조사사항으로 옳지 않은 것은?

① 화재원인에 관한 사항
② 화재로 인한 재산피해 상황
③ 소방시설 등의 설치·관리 및 작동 여부에 관한 사항
④ 자위소방대의 대응 및 조직 구성에 관한 사항

해설
- 소방청장, 소방본부장 또는 소방서장은 화재발생 사실을 알게 된 때에는 지체없이 화재조사를 하여야 한다. 이 경우 수사기관의 범죄수사에 지장을 주어서는 아니 된다.
- 소방관서장은 화재조사를 하는 경우 다음 사항에 대하여 조사하여야 한다.
  - 화재원인에 관한 사항
  - 화재로 인한 인명·재산피해상황
  - 대응활동에 관한 사항
  - 소방시설 등의 설치·관리 및 작동 여부에 관한 사항
  - 화재발생건축물과 구조물, 화재유형별 화재위험성 등에 관한 사항
  - 그 밖에 대통령령으로 정하는 사항

정답 ①

73

화재조사 및 보고규정상 화재유형별조사서 작성 대상 화재가 아닌 것은?

① 임야화재
② 기타화재
③ 건축·구조물화재
④ 위험물·가스제조소 화재

해설
화재유형별조사서 종류
- 화재유형별조사서(건축·구조물화재)
- 화재유형별조사서(자동차·철도차량화재)
- 화재유형별조사서(위험물·가스제조소 등 화재)
- 화재유형별조사서(선박·항공기화재)
- 화재유형별조사서(임야화재)

정답 ②

74

화재현장에 출동한 119안전센터 등의 선임자에 의해 화재현장 상황에 대하여 기술한 것으로 초기 화재상황 파악에 귀중한 자료가 되는 보고서로 옳은 것은?

① 질문기록서
② 화재피해조사서
③ 화재현장조사서
④ 화재현장출동보고서

해설
화재현장에 출동한 소방대원 중 119안전센터 등의 선임자가 작성·입력하는 보고서는 화재출동보고서이다.

관련이론 화재현장출동보고서 기재사항
- 출동대원 및 응답자
- 현장도착 시 발견사항
- 도착하여 처음 실행한 일의 지점 및 유형
- 출입문 상태 및 소방대 건물 진입방법
- 소방대 이외의 강제적인 진입흔적
- 화재 장소에서 사용된 장비
- 출동로 상의 발견사항
- 기타 화재와 관련된 사항
- 화재사진 및 동영상

정답 ④

75

피해물로 인해 장래에 얻을 수익액에서 당해 수익을 얻기 위해 지출되는 제반 비용을 공제하는 방법에 의하는 손해액 산정방법으로 옳은 것은?

① 정액법
② 수익환원법
③ 복성식 평가법
④ 매매사례비교법

해설
수익환원법은 피해물로 인해 장래에 얻을 수 있는 수익에서 그 수익을 올리기 위해 필요한 제반 비용을 공제하여 가치를 산정하는 방식으로, 주로 수확기에 있는 유실수 등에 적용된다. 단, 유실수가 육성기간에 있는 경우에는 복성식평가법을 사용한다.

정답 ②

76 ★★★

화재조사 및 보고규정상 화재조사관의 책무로 옳지 않은 것은?

① 조사에 필요한 전문적 지식과 기술의 습득에 노력한다.
② 조사업무를 능률적이고 효율적으로 수행한다.
③ 직무를 이용하여 관계인 등의 민사분쟁에 개입하지 않는다.
④ 대형화재에 대하여 화재합동조사단을 구성하여 운영한다.

해설
- 조사관은 조사에 필요한 전문적 지식과 기술의 습득에 노력하여 조사업무를 능률적이고 효율적으로 수행해야 한다.
- 조사관은 그 직무를 이용하여 관계인등의 민사분쟁에 개입해서는 아니 된다.

정답 ④

77 ★☆☆

내용연수에 대한 설명으로 가장 거리가 먼 것은?

① 내용연수란 고정자산 등을 사용할 수 있는 기간을 말한다.
② 내용연수는 물리적 내용연수와 경제적 내용연수로 구분된다.
③ 화재피해액 산정에 있어서 보통 경제적 내용연수를 적용하게 된다.
④ 경제적 내용연수에 비해 물리적 내용연수가 더 짧은 것이 보통이다.

해설
내용연수는 고정자산을 경제적으로 사용할 수 있는 기간을 말하며 보통 경제적 내용연수가 물리적 내용연수보다 더 짧다.

관련이론 내용연수

구분	내용
경제적 내용연수	기술적 사용 가능 기간
물리적 내용연수	자산의 가치 등을 고려한 실질적 사용 기간

정답 ④

78 ★★★

화재조사 및 보고규정상 질문기록서 작성을 생략할 수 있는 화재로 옳은 것은?

① 임야화재
② 건축·구조물화재
③ 자동차·철도차량화재
④ 위험물·가스제조소등 화재

해설
기타화재 중 쓰레기, 모닥불, 가로등, 전봇대화재 및 임야화재의 경우 질문기록서 작성을 생략할 수 있다.

정답 ①

79 ★☆☆

항공기, 선박, 철도차량, 특수작업용차량, 시중매매가격이 확인되지 아니하는 자동차에 대한 피해액 산정기준 중 틀린 것은?

① 수리가 가능한 경우에는 수리비를 피해액으로 한다.
② 감정평가서가 없는 경우 회계장부상의 현재가액에 손해율을 곱한 금액을 화재로 인한 피해액으로 한다.
③ 감정평가서가 있는 경우 감정평가서상의 현재가액에 손해율을 곱한 금액을 화재로 인한 피해액으로 한다.
④ 감정평가서와 회계장부 모두 없는 경우에는 제조회사, 판매회사, 조합 또는 협회 등에 조회하여 구입가격 또는 시중 거래가격을 확인하여 피해액을 산정한다.

해설

자료 유무	피해액 산정기준
감정평가서가 있는경우	감정평가서상의 현재가액에 손해율을 곱한 금액을 화재로 인한 피해액
감정평가서가 없는경우	회계장부상의 현재가액에 손해율을 곱한 금액을 화재로 인한 피해액
감정평가서와 회계장부 모두 없는경우	• 제조회사, 판매회사, 조합 또는 협회 등에 조회하여 구입가격 또는 시중 거래가격 확인 후 피해액으로 산정 • 수리가 가능한 경우 수리비에 감가공제 한 금액을 피해액으로 산정

정답 ①

80 ★★★

화재조사 및 보고규정상 화재조사에 필요한 서류의 서식이 아닌 것은?

① 화재현황조사서
② 화재현장조사서
③ 화재유형별조사서
④ 건축용도별 조사서

해설
건축용도별 조사서는 화재조사 및 보고규정상의 화재조사에 필요한 서류에 해당하지 않는다.

정답 ④

화재조사관계법규

81 ★☆☆

경범죄 처벌법상의 처벌 대상이 아닌 경우는?

① 정당한 사유 없이 소방용수시설을 사용한 사람
② 있지 아니한 범죄나 재해사실을 공무원에게 거짓으로 신고한 사람
③ 충분한 주의를 하지 아니하고 휘발유 또는 그 밖의 불이 옮아 붙기 쉬운 물건 가까이에서 불씨를 사용한 사람
④ 지진 등으로 인한 화재가 발생하였을 때에 현장에 있으면서도 정당한 이유 없이 공무원이 도움을 요청하여도 도움을 주지 아니한 사람

해설
「소방기본법 제50조」
정당한 사유 없이 소방용수시설 또는 비상소화장치를 사용하거나 소방용수시설 또는 비상소화장치의 효용을 해치거나 그 정당한 사용을 방해한 사람은 5년 이하의 징역 또는 5천만원 이하의 벌금에 처한다.

정답 ①

82 ★★☆

소방기본법령상 소방자동차가 화재진압 및 구조·구급 활동을 위하여 출동하는 때 소방자동차의 출동을 방해한 사람에 대한 벌칙기준으로 옳은 것은?

① 5년 이하의 징역 또는 3,000만원 이하의 벌금
② 5년 이하의 징역 또는 5,000만원 이하의 벌금
③ 3년 이하의 징역 또는 1,500만원 이하의 벌금
④ 3년 이하의 징역 또는 1,000만원 이하의 벌금

해설
「소방기본법 제50조」
모든 차와 사람은 소방자동차(지휘를 위한 자동차와 구조·구급차를 포함한다. 이하 같다)가 화재진압 및 구조·구급 활동을 위하여 출동을 할 때에는 이를 방해한 사람은 5년 이하의 징역 또는 5천만원 이하의 벌금에 처한다.

정답 ②

83 ★★★

형법상 화재에 있어서 진화용의 시설 또는 물건을 은닉 또는 손괴하거나 기타 방법으로 진화를 방해한 자는 몇 년 이하의 징역에 처하는가?

① 3
② 5
③ 7
④ 10

해설

「형법 제169조」
화재에 있어서 진화용의 시설 또는 물건을 은닉 또는 손괴하거나 기타 방법으로 진화를 방해한 자는 10년 이하의 징역에 처한다.

정답 ④

84 ★★★

형법상 현주건조물 등 방화에 관한 설명이다. 다음 (   ) 안에 알맞은 것은?

> 불을 놓아 사람이 주거로 사용하거나 사람이 현존하는 건조물, 기차, 전차, 자동차, 선박, 항공기 또는 지하채굴시설을 불태운 죄를 범하여 사람을 상해에 이르게 한 때에는 무기 또는 (   )년 이상의 징역에 처한다.

① 2
② 3
③ 5
④ 7

해설

「형법 제164조」
불을 놓아 사람이 주거로 사용하거나 사람이 현존하는 건조물, 기차, 전차, 자동차, 선박, 항공기 또는 지하채굴시설을 불태운 죄를 범하여 사람을 상해에 이르게 한 때에는 무기 또는 5년 이상의 징역에 처한다.

정답 ③

85 ★☆☆

화재로 인한 재해보상과 보험가입에 관한 법령상 화재로 인한 부상 발생 시 보험금액과 상해부위의 연결이 틀린 것은?

① 1천만원 - 슬개 인대 파열
② 1,200만원 - 손목 손배뼈 골절
③ 1,500만원 - 위팔뼈목 골절
④ 3천만원 - 척추체 분쇄성 골절

해설

「화재로 인한 재해보상과 보험가입에 관한 법률 시행령 별표1」
위팔뼈목 골절은 부상등급 3급으로 보험금액은 1,200만원이다.

정답 ③

86 ★☆☆

화재조사 및 보고규정상 화재증명원 발급에 대한 설명 중 옳은 것은?

① 보험사에서 공문으로 발급을 요청 시 공용 발급할 수 없다.
② 화재증명원 발급 시 재산피해 및 인명피해에 대해 조사 중인 경우에는 발급할 수 없다.
③ 화재증명원 발급 시 재산피해내역은 금액과 피해물건을 함께 기재한다.
④ 화재피해자로부터 소방대가 출동하지 아니한 화재장소의 화재증명원 발급요청이 있는 경우 조사관으로 하여금 사후 조사를 실시하게 할 수 있다.

해설

「화재조사 및 보고규정 제23조」
- 소방관서장은 화재증명원을 발급받으려는 자가 발급신청을 하면 규칙에 따라 화재증명원을 발급해야 한다. 이 경우 통합전자민원창구로 신청하면 전자민원문서로 발급해야 한다.
- 소방관서장은 화재피해자로부터 소방대가 출동하지 아니한 화재장소의 화재증명원 발급신청이 있는 경우 조사관으로 하여금 사후 조사를 실시하게 할 수 있다.

정답 ④

87 ★☆☆

실화의 특수성을 고려하여 실화자에게 중대한 과실이 없는 경우 그 손해배상액의 경감에 관한 「민법 제765조」의 특례를 정함을 목적으로 하는 법률은?

① 소방기본법
② 실화책임에 관한 법률
③ 화재예방, 소방시설 설치·유지 및 안전관리에 관한 법률
④ 화재로 인한 재해 보상과 보험가입에 관한 법률

해설
「실화책임에 관한 법률 제1조」
실화(失火)의 특수성을 고려하여 실화자에게 중대한 과실이 없는 경우 그 손해배상액의 경감(輕減)에 관한 「민법 제765조」의 특례를 정함을 목적으로 한다.

정답 ②

88 ★★☆

민법상 불법행위에 관한 설명으로 틀린 것은?

① 타인의 생명을 해한 자는 피해자의 직계존속에 대하여는 재산상의 손해가 없는 경우에는 손해배상의 책임이 없다.
② 고의 또는 과실로 인한 위법행위로 타인에게 손해를 가한 자는 그 손해를 배상할 책임이 있다.
③ 미성년자가 타인에게 손해를 가한 경우에는 그 행위의 책임을 변식할 지능이 없는 때에는 배상의 책임이 없다.
④ 타인의 신체, 자유 또는 명예를 해하거나 기타 정신상 고통을 가한 자는 재산 이외의 손해에 대하여도 배상할 책임이 있다.

해설
「민법 제752조」
타인의 생명을 해한 자는 피해자의 직계존속, 직계비속 및 배우자에 대하여는 재산상의 손해가 없는 경우에도 손해배상의 책임이 있다.

정답 ①

89 ★★☆

화재로 인한 재해보상과 보험가입에 관한 법령상 보험가입의 의무에 관한 설명으로 틀린 것은?

① 특수건물의 소유자는 특약부화재보험에 관한 계약을 매년 갱신하여야 한다.
② 특수건물의 소유자는 특약부화재보험에 부가하여 건물의 무너짐 등으로 인한 손해를 담보하는 보험에 가입할 수 있다.
③ 특수건물의 소유자는 특수건물의 소유권이 변경된 경우 그 소유권을 취득한 날부터 10일 이내에 특약부화재보험에 가입하여야 한다.
④ 금융위원회는 보험가입 의무자가 그 보험에 가입하지 아니한 경우에는 관계 행정기관에 가입 의무자에 대한 인·허가의 취소 등 필요한 조치를 할 것을 요청할 수 있다.

해설
「화재로 인한 재해보상과 보험가입에 관한 법률 제5조」
- 특수건물의 소유자는 다음 각 호에서 정하는 날부터 30일 이내에 특약부화재보험에 가입하여야 한다.
  - 특수건물을 건축한 경우: 건축법에 따른 건축물의 사용승인, 주택법에 따른 사용검사 또는 관계 법령에 따른 준공인가·준공확인 등을 받은 날
  - 특수건물의 소유권이 변경된 경우: 그 건물의 소유권을 취득한 날
  - 그 밖의 경우: 특수건물의 소유자가 그 건물이 특수건물에 해당하게 된 사실을 알았거나 알 수 있었던 시점 등을 고려하여 대통령령으로 정하는 날
- 특수건물의 소유자는 특약부화재보험에 관한 계약을 매년 갱신하여야 한다.

정답 ③

90 ★☆☆

화재증거물수집관리규칙상 증거물 수집관리 등에 관한 설명으로 틀린 것은?

① 화재증거물의 포장은 보호상자를 사용하며 개별 포장은 지양한다.
② 화재증거물은 기술적, 절차적인 수단을 통해 진정성, 무결성이 보존되어야 한다.
③ 최종적으로 법정에 제출되는 화재증거물의 원본성이 보장되어야 한다.
④ 화재조사요원 등은 화재발생 시 신속히 현장에 가서 화재조사에 필요한 현장사진 및 비디오 촬영을 반드시 하여야 한다.

해설
「화재증거물수집관리규칙 제5조」
입수한 증거물을 이송할 때에는 포장을 하고 상세정보를 서식에 기록하여 부착한다. 이 경우 증거물의 포장은 보호상자를 사용하여 개별 포장함을 원칙으로 한다.

정답 ①

91 ★★★

화재로 인한 재해보상 보험가입에 관한 법령상 유통산업발전법에 의한 대규모점포는 사용하는 부분의 바닥면적의 합계가 몇 제곱미터이상인 경우 특수건물에 해당하는가?

① 1천
② 2천
③ 2천 5백
④ 3천

해설
「화재로 인한 재해보상과 보험가입에 관한 법률 시행령 제2조」
대규모점포로 사용하는 부분의 바닥면적의 합계가 3천제곱미터 이상인 건물을 말한다.

정답 ④

92 ★☆☆

화재로 인한 재해보상과 보험가입에 관한 법령상 한국화재보험협회의 업무를 모두 고른 것은?

> ㄱ. 화재예방 및 소화시설에 대한 안전점검
> ㄴ. 화재보험에 있어서의 소화설비에 따른 보험요율의 할인등급에 대한 사정
> ㄷ. 화재예방과 소방시설에 관한 자료의 조사·연구 및 계몽
> ㄹ. 행정기관이나 그 밖의 관계 기관에 화재예방에 관한 건의

① ㄱ, ㄴ
② ㄴ, ㄷ, ㄹ
③ ㄱ, ㄷ, ㄹ
④ ㄱ, ㄴ, ㄷ, ㄹ

해설
「화재로 인한 재해보상과 보험가입에 관한 법률 제15조」
- 화재예방 및 소방시설에 대한 안전점검
- 화재보험에 있어서의 소화설비(消火設備)에 따른 보험요율의 할인등급에 대한 사정(査定)
- 화재예방과 소방시설에 관한 자료의 조사·연구 및 계몽
- 행정기관이나 그 밖의 관계 기관에 화재예방에 관한 건의
- 그 밖에 금융위원회의 인가를 받은 업무

정답 ④

93 ★★★

화재조사 및 보고규정상 최종잔가율의 용어 정의로 옳은 것은?

① 고정자산을 경제적으로 사용할 수 있는 일정 비율
② 화재 당시에 피해물의 재구입비에 대한 현재가의 비율
③ 피해물의 경제적 내용연수가 다한 경우 잔존하는 가치의 재구입비에 대한 비율
④ 피해물의 손상상태 및 정도에 따라 피해액을 최종적으로 적정화시키는 비율

해설
최종잔가율이란 피해물의 내용연수가 다한 경우 잔존 가치를 재구입비에 대한 비율로 나타낸 것으로 피해액 산정 시 현실을 반영하여 건물·부대설비·구축물·가재도구 등에 대한 최종잔가율은 20%, 그 외 자산에 대해서는 10%로 정한다.

정답 ③

94 ★☆☆

소방기본법령상 다음 (　) 안에 들어갈 내용으로 옳은 것은?

> 화재 또는 구조·구급이 필요한 상황을 거짓으로 알린 사람에게는 (　) 만원 이하의 과태료를 부과한다.

① 100　② 200
③ 300　④ 500

해설
「소방기본법 제56조」
다음 각 호의 어느 하나에 해당하는 자에게는 500만원 이하의 과태료를 부과한다.
- 화재신고 위반하여 화재 또는 구조·구급이 필요한 상황을 거짓으로 알린 사람
- 정당한 사유 없이 화재신고를 위반하여 화재, 재난·재해, 그 밖의 위급한 상황을 소방본부, 소방서 또는 관계 행정기관에 알리지 아니한 관계인

정답 ④

95 ★★☆

형사소송법상 검사 또는 사법경찰관이 피의자를 신문하기 전 고지사항으로 틀린 것은?

① 일체의 진술을 하지 아니하거나 개개의 질문에 대하여 진술하지 아니할 수 있다는 것
② 진술을 하지 아니하더라도 불이익을 받지 아니한나는 것
③ 신문을 받을 때에는 변호인을 참여하게 하는 등 변호인의 조력을 받을 수 있다는 것
④ 진술을 거부할 권리를 포기하고 행한 진술을 법정에서 유죄의 증거로 사용될 수 없다는 것

해설
「형사소송법 제244조의 3」
검사 또는 사법경찰관은 피의자를 신문하기 전에 다음 각 호의 사항을 알려주어야 한다.
- 일체의 진술을 하지 아니하거나 개개의 질문에 대하여 진술을 하지 아니할 수 있다는 것
- 진술을 하지 아니하더라도 불이익을 받지 아니한다는 것
- 진술을 거부할 권리를 포기하고 행한 진술은 법정에서 유죄의 증거로 사용될 수 있다는 것
- 신문을 받을 때에는 변호인을 참여하게 하는 등 변호인의 조력을 받을 수 있다는 것

정답 ④

96 ★★★
제조물 책임법에 대한 설명으로 틀린 것은?

① 제조업자는 제조물의 수입을 업으로 하는 자도 포함된다.
② 제조물 책임법에 따른 손해배상책임을 배제하거나 제한하는 모든 특약은 유효하다.
③ 동일한 손해에 대하여 배상할 책임이 있는 자가 2인 이상인 경우에는 연대하여 그 손해를 배상할 책임이 있다.
④ 손해배상책임을 지는 자가 제조업자가 해당 제조물을 공급하지 아니하였다는 사실을 입증한 경우에는 손해배상책임을 면한다.

해설
「제조물 책임법 제6조」
손해배상책임을 배제하거나 제한하는 특약(特約)은 무효로 한다. 다만, 자신의 영업에 이용하기 위하여 제조물을 공급받은 자가 자신의 영업용 재산에 발생한 손해에 관하여 그와 같은 특약을 체결한 경우에는 그러하지 아니하다.

정답 ②

97 ★★★
소방기본법령상 소방서의 종합상황실에서 소방본부의 종합상황실에 보고해야 하는 화재로 틀린 것은?

① 정부미 도정공장 화재
② 발전소 및 변전소의 화재
③ 이재민이 150명 발생된 화재
④ 재산피해가 30억원으로 추정되는 화재

해설
「소방기본법 시행규칙 제3조」
종합상황실의 실장은 다음 어느 하나에 해당하는 상황이 발생하는 때에는 그 사실을 지체없이 서면·팩스 또는 컴퓨터통신 등으로 소방서의 종합상황실의 경우는 소방본부의 종합상황실에, 소방본부의 종합상황실의 경우는 소방청의 종합상황실에 각각 보고해야 한다.

- 사망자가 5인 이상 발생하거나 사상자가 10인 이상 발생한 화재
- 이재민이 100인 이상 발생한 화재
- 재산피해액이 50억원 이상 발생한 화재
- 관공서·학교·정부미도정공장·문화재·지하철 또는 지하구의 화재
- 관광호텔, 층수가 11층 이상인 건축물, 지하상가, 시장, 백화점, 지정수량의 3천배 이상의 위험물의 제조소·저장소·취급소, 층수가 5층 이상이거나 객실이 30실 이상인 숙박시설
- 층수가 5층 이상이거나 병상이 30개 이상인 종합병원·정신병원·한방병원·요양소, 연면적 1만5천제곱미터 이상인 공장 또는 화재경계지구에서 발생한 화재
- 철도차량, 항구에 매어둔 총 톤수가 1천톤 이상인 선박, 항공기, 발전소 또는 변전소에서 발생한 화재
- 가스 및 화약류의 폭발에 의한 화재
- 다중이용업소의 화재
- 통제단장의 현장지휘가 필요한 재난상황
- 언론에 보도된 재난상황
- 그 밖에 소방청장이 정하는 재난상황

정답 ④

98

소방기본법령상 화재의 원인 및 피해조사에 관한 설명이다. 다음 ( )에 들어갈 내용으로 옳은 것은?

- (㉠), 소방본부장 또는 소방서장은 화재가 발생하였을 때에는 화재의 원인 및 피해 등에 대한 조사를 하여야 한다.
- 화재조사의 방법 및 전담조사반의 운영과 화재조사자의 자격 등 화재조사에 필요한 사항은 (㉡)으로 정한다.

① ㉠: 소방청장, ㉡: 대통령령
② ㉠: 소방청장, ㉡: 행정안전부령
③ ㉠: 시·도지사, ㉡: 대통령령
④ ㉠: 시·도지사, ㉡: 행정안전부령

해설

「소방기본법 제4조」
- 소방청장, 소방본부장 및 소방서장은 화재, 재난·재해, 그 밖에 구조·구급이 필요한 상황이 발생하였을 때에 신속한 소방활동(소방업무를 위한 모든 활동을 말한다.)을 위한 정보의 수집·분석과 판단·전파, 상황관리, 현장 지휘 및 조정·통제 등의 업무를 수행하기 위하여 119종합상황실을 설치·운영하여야 한다.
- 119종합상황실의 설치·운영에 필요한 사항은 행정안전부령으로 정한다.

정답 ②

99

소방기본법령상 손실보상심의위원회(이하 '보상위원회'라 한다.)에 관한 설명으로 틀린 것은?

① 위촉되는 위원의 임기는 3년으로 하며, 연임할 수 없다.
② 보상위원회의 사무를 처리하기 위하여 보상위원회에 간사 1명을 둔다.
③ 보상위원회는 위원장 1명을 포함하여 5명 이상 7명 이하의 위원으로 구성한다.
④ 고등교육법에 따른 학교에서 행정학을 가르치는 부교수 이상으로 5년 이상 재직한 사람은 보상위원회 위원이 될 수 있다.

해설

위촉되는 위원의 임기는 2년으로 한다. 다만, 보상위원회가 해산되는 경우에는 그 해산되는 때에 임기가 만료되는 것으로 한다.

정답 ①

100

형법상 시청을 방화한 경우, 방화 시 민원인들이 시청 내에 있었다면 어떤 범죄가 성립하는가?

① 일반물건의 방화죄
② 공용건조물 등 방화죄
③ 현주건조물 등 방화죄
④ 일반건조물 등 방화죄

해설

사람이 현존하는 건조물에 대한 방화이므로 현주건조물 등 방화에 해당한다.

정답 ③

2021년 2회 기출문제

화재조사론

01 ★☆☆

화재가 발생한 후 현장에 놓여 있던 가정용 LPG 용기가 가열되어 폭발이 발생하였을 때, 이 폭발의 원인으로 옳은 것은?

① 확산 폭발
② 물리적 폭발
③ 응상 폭발
④ 화학적 폭발

해설

액화가스의 상태변화로 부피가 증가하면서 발생한 폭발이기 때문에 물리적 폭발에 속한다.

관련이론 | 폭발

• 물리적 폭발
  – 화염과 연소를 동반하지 않는 폭발로 화학적 반응을 수반하지 않고 단순한 물리적 변화인 상태에 의해 발생한다
  – 물리적 폭발에는 BLEVE폭발, 보일러폭발, 과열액체의 급격한 비등에 의한 증기폭발 등이 있다.
• 화학적 폭발
  – 보편적 폭발로 연소현상의 한 형태로 인한 폭발이다.
  – 화학적 폭발에는 가스폭발, 유증기폭발, 분진폭발, 화약류의 폭발 등과 산화, 중합, 분해 등의 급격한 발열반응에 의한 폭발 등이 있다.

정답 ②

02 ★★★

소방기본법령상 소방서의 종합상황실에서 소방본부의 종합상황실에 보고해야 하는 화재로 해당되지 않는 것은?

① 이재민 100명 이상 발생화재
② 외국공관 및 그 사택의 화재
③ 관공서, 학교, 문화재, 지하철 등 공공건물 및 시설의 화재
④ 관광호텔, 고층건물, 지하상가, 시장, 백화점 등의 화재

해설

종합상황실의 실장은 다음 어느 하나에 해당하는 상황이 발생하는 때에는 그 사실을 지체없이 서면 · 팩스 또는 컴퓨터통신 등으로 소방서의 종합상황실의 경우는 소방본부의 종합상황실에, 소방본부의 종합상황실의 경우는 소방청의 종합상황실에 각각 보고해야 한다.

• 사망자가 5인 이상 발생하거나 사상자가 10인 이상 발생한 화재
• 이재민이 100인 이상 발생한 화재
• 재산피해액이 50억원 이상 발생한 화재
• 관공서 · 학교 · 정부미도정공장 · 문화재 · 지하철 또는 지하구의 화재
• 관광호텔, 층수가 11층 이상인 건축물, 지하상가, 시장, 백화점, 지정수량의 3천배 이상의 위험물의 제조소 · 저장소 · 취급소, 층수가 5층 이상이거나 객실이 30실 이상인 숙박시설
• 층수가 5층 이상이거나 병상이 30개 이상인 종합병원 · 정신병원 · 한방병원 · 요양소, 연면적 1만5천제곱미터 이상인 공장 또는 화재경계지구에서 발생한 화재
• 철도차량, 항구에 매어둔 총 톤수가 1천톤 이상인 선박, 항공기, 발전소 또는 변전소에서 발생한 화재
• 가스 및 화약류의 폭발에 의한 화재
• 다중이용업소의 화재
• 통제단장의 현장지휘가 필요한 재난상황
• 언론에 보도된 재난상황
• 그 밖에 소방청장이 정하는 재난상황

정답 ②

03 ★☆☆

다음은 과학적인 조사방법론에서 어떤 단계에 대한 설명인가?

> 수집된 경험적 데이터의 전부가 조사자의 지식, 교육 및 경험에 비추어 세밀하게 조사하는 과정이며, 주관적이거나 추리적인 자료는 분석에 포함될 수 없고 단지 관찰과 실험에 의해 확실히 입증될 수 있는 사실만을 포함하는 단계

① 문제 정의
② 가설 검정
③ 가설 정립
④ 데이터 분석

해설
데이터 분석 단계는 조사관의 주관적인 의견이나 추측을 배제하고 오직 관찰과 실험을 통해 입증된 사실만 포함한다.

정답 ④

04 ★☆☆

고체 위의 화염확산에 대한 설명 중 틀린 것은?

① 고체에서의 화염 확산속도는 연료의 두께와 관련이 없다.
② 얇은 연료 위의 순방향 화염은 상향 화염확산으로 일어난다.
③ 같은 물질일수록 두께가 얇은 연료가 화염확산 속도가 빠르다.
④ 크기가 같은 목재와 폴리우레탄폼에 대한 화염확산 속도는 폴리우레탄폼이 빠르다.

해설
고체에서의 화염 확산 속도는 연료의 두께에 따라 달라진다.

관련이론 화염확산에 영향을 미치는 인자
- 연료의 밀도
- 연료의 비열
- 연료의 온도
- 연료의 두께
- 연료의 형상
- 대기의 조성과 환경

정답 ①

05 ★★☆

목재 표면의 균열흔 중 홈이 반월형의 모양으로 높아지며, 특히 대규모 건물화재에서 볼 수 있는 것은?

① 강소흔
② 약소흔
③ 열소흔
④ 완소흔

선지분석
① 강소흔은 900℃ 정도 온도에서 발생하며 나무가 갈라져 파인 골의 깊이가 깊고, 만두 모양의 요철형(계란판)모양이다.
② 약소흔이라는 목재 표면의 균열 흔적은 존재하지 않는다.
④ 완소흔은 800℃ 정도의 온도에서 발생하며 삼각, 사각의 거북이 등껍질 모양이다.

정답 ③

06 ★★★

소방의 화재조사에 관한법령상 화재현장 보존조치에 대한 사항으로 옳지 않은 것은?

① 소방관서장은 화재조사를 위하여 필요한 범위에서 화재현장 보존조치를 하거나 화재현장과 그 인근 지역을 통제구역으로 설정할 수 있다.
② 관계인은 소방관서장 또는 경찰서장의 허가 없이 설정된 통제구역에 출입할 수 있다.
③ 화재현장 보존조치를 하거나 통제구역을 설정한 경우 누구든지 소방관서장 또는 경찰서장의 허가 없이 화재현장에 있는 물건 등을 이동시키거나 변경·훼손하여서는 아니 된다.
④ 공공의 이익에 중대한 영향을 미친다고 판단되거나 인명구조 등 긴급한 사유가 있는 경우에는 화재현장에 있는 물건 등을 이동시키거나 변경 할 수 있다.

해설
화재현장 보존조치를 하거나 통제구역을 설정한 경우 누구든지 소방관서장 또는 경찰서장의 허가 없이 화재현장에 있는 물건 등을 이동시키거나 변경·훼손하여서는 아니 된다.

정답 ②

07 ★★★

소방의 화재조사에 관한 법률상 화재조사를 하는 화재조사관이 관계인의 정당한 업무를 방해하거나 화재조사를 수행하면서 알게 된 비밀을 다른 사람에게 누설하였을 때의 벌칙기준으로 옳은 것은?

① 100만원 이하의 벌금
② 150만원 이하의 벌금
③ 200만원 이하의 벌금
④ 300만원 이하의 벌금

해설

화재조사를 하는 화재조사관이 관계인의 정당한 업무를 방해하거나 화재조사를 수행하면서 알게 된 비밀을 다른 용도로 사용하거나 다른 사람에게 누설한 사람은 300만원 이하의 벌금에 처한다.

정답 ④

08 ★☆☆

자동화재탐지설비 및 시각경보장치의 화재안전기준상 감지기를 설치하지 아니하는 장소로 명시되지 않은 것은?

① 복도
② 헛간
③ 목욕실
④ 프레스공장

해설

감지기 설치 제외장소
- 천장 또는 반자의 높이가 20m 이상인 장소(단, 감지기로서 부착 높이에 따라 적응성이 있는 장소는 제외)
- 헛간 등 외부와 기류가 통하는 장소로서 감지기에 따라 화재발생을 유효하게 감지할 수 없는 장소
- 부식성 가스가 체류하고 있는 장소
- 고온도 및 저온도로서 감지기의 기능이 정지되기 쉽거나 감지기의 유지관리가 어려운 장소
- 목욕실·욕조나 샤워시설이 있는 화장실·기타 이와 유사한 장소
- 파이프덕트 등 그밖의 이와 비슷한 것으로서 2개 층마다 방화구획된 것이나 수평단면적이 5m2 이하인 것
- 먼지·가루 또는 수증기가 다량으로 체류하는 장소 또는 주방 등 평상시 연기가 발생하는 장소(연기감지기에 한함)
- 프레스공장·주조공장 등 화재 발생의 위험이 적은 장소로서 감지기의 유지관리가 어려운 장소

정답 ①

09 ★☆☆

V자 화재패턴에 대한 설명으로 옳은 것은?

① V자 패턴의 각은 환기에 영향을 받는다.
② V자 패턴의 각은 열방출률에 영향을 받지 않는다.
③ V자 패턴의 각은 가연물의 형상에 영향을 받지 않는다.
④ V자 각이 큰 것은 화재의 성장속도가 느렸다는 증거이며 V각이 작은 경우는 화재의 성장속도가 빨랐다는 증거이다.

해설

V 패턴의 각도는 연소속도에 직접적인 영향을 미치지 않는다.

관련이론 V 패턴 각도에 영향을 미치는 인자
- 열방출률
- 가연물의 형상
- 환기효과
- 재료의 가연성
- 수평표면의 존재

정답 ①

10 ★★☆

분진폭발을 가스폭발과 비교할 때 분진폭발의 특징으로 옳은 것은?

① 연소시간이 짧다.
② 불완전연소를 일으키기 어렵다.
③ 연소속도가 빠르다.
④ 최소발화에너지가 작다.

해설

분진폭발은 가스폭발에 비해 최소발화에너지가 더 크고, 연소 시간이 길며, 연소속도는 빠르다. 또한 불완전연소가 발생하는 특징이 있다.

관련이론 분진폭발의 특성
- 연소속도나 폭발압력은 가스폭발에 비해 작다.
- 가스폭발에 비해 최소점화(발화)에너지가 크다.
- 연소시간이 길고 에너지가 크기 때문에 파괴력과 타는 정도가 크다.
- 연소되면서 비산하여 접촉되는 가연물은 국부적으로 심한 탄화를 일으켜 인체에 닿으면 심한 화상을 입는다.
- 최초의 폭발이 주위의 축적되어 있던 분진을 날려 2차, 3차 폭발로 이어지면서 피해가 커진다.
- 가스에 비해 불완전연소가 발생하기 쉬워 탄소가 타서 없어지지 않는다.
- 연소 후의 가스 상에 일산화탄소가 다량 존재하여 일산화탄소 중독 위험성이 크다.

정답 ④

11

연소범위가 25~81vol%인 아세틸렌의 위험도로 옳은 것은?

① 0.27
② 12.7
③ 31.4
④ 38.8

해설

위험도(H)를 구하는 공식은 다음과 같다.
$$H = \frac{U-L}{L}$$
H: 위험도, L: 연소하한계(vol%), U: 연소상한계(vol%)
$$H = \frac{81-2.5}{2.5} = 31.4\text{vol}\%$$

정답 ③

12

목재의 탄화심도 측정 시 유의사항 중 틀린 것은?

① 측정기구는 목재와 직각으로 삽입하여 측정한다.
② 게이지로 측정된 깊이 외에 소실된 부분의 깊이를 더하여 비교하여야 한다.
③ 탄화된 요철 부위 중 철(凸) 부위를 택하여 측정한다.
④ 탄화되지 않은 곳까지 삽입될 수 있으므로 송곳과 같은 날카로운 측정 기구를 사용한다.

해설

송곳과 같은 날카로운 측정기구를 사용하면 탄화되지 않은 곳까지 삽입되어 실제 탄화심도보다 더 깊은 깊이를 측정될 수 있어 끝이 뭉툭한 도구로 탄화층의 깊이만 재는 것이 정확하다.

관련이론 탄화심도 측정

- 목재의 표면이 탄화된 깊이를 말하며 수열이 심할수록 탄화심도가 깊어진다.
- 계침은 목재와 직각으로 삽입하여 측정하며 탄화된 요철부위 중 철(凸:볼록한 부분)부위를 측정한다.
- 게이지로 측정된 깊이 외에 소실된 부분의 깊이를 더하여 비교하여야 한다.
- 송곳과 같은 날카로운 측정기구를 사용하면 탄화되지 않은 곳까지 삽입되어 실제 탄화심도보다 더 깊은 깊이를 측정될 수 있어 끝이 뭉툭한 도구로 탄화층의 깊이만 재는 것이 정확하다.

정답 ④

13

프로판 50vol%, 메탄 30vol%, 수소 20vol%의 조성으로 혼합된 가연성연료가 공기 중에 존재한다고 할 때 이 연료가스의 연소하한계(LFL)는? (단, 프로판의 LFL은 2.1vol%, 메탄의 LFL은 5vol%, 수소의 LFL은 4vol% 이다.)

① 약 2.27vol%
② 약 2.87vol%
③ 약 3.97vol%
④ 약 4.07vol%

해설

르샤틀리에법칙은 다음과 같다.
$$\frac{100}{LFL} = \frac{V_1}{L_1} + \frac{V_2}{L_2} + \cdots$$
LFL: 혼합가스 연소하한계(vol%), V_1, V_2: 가연성가스의 체적(vol%), L_1, L_2: 가연성가스의 폭발하한계(vol%)
$$\frac{100}{LFL} = \frac{50}{2.1} + \frac{30}{5} + \frac{20}{4} = 2.87\text{vol}\%$$

정답 ②

14

열전달에 대한 설명 중 틀린 것은?

① 열전달 방식 중 가장 빠른 것은 복사이다.
② 유체의 가장 높은 곳에 열원이 있다면 대류는 발생하지 않는다.
③ 유체인 원유를 보관하는 탱크에서 보일오버(Boil over) 현상의 주요 열전달 메커니즘은 대류에 의한 것이다.
④ 천정부 열기층을 살펴보면 구획실 화재에서 고온부와 저온부의 순환이 일어나지 않는다는 것을 알 수 있다.

해설

보일오버(Boil over)현상의 주요 열전달 매커니즘은 전도이다.

정답 ③

15 ★★☆

화재현장 조사를 할 때 유의해야 할 사항 중 틀린 것은?

① 보도기관 등 대외발표를 신중하게 할 것
② 화재현장 출입 시 신분을 명확히 밝힐 것
③ 화재조사 시 피해자 또는 관계자를 정중하게 대할 것
④ 화재관계자의 민사상 다툼에 대해 직무와 관련하여 적극적으로 개입할 것

해설
화재조사관은 화재조사 시 민사분쟁에 개입해서는 안 된다.

관련이론 화재조사자의 자세
- 화재조사자는 개인의 권리를 침해해서는 안 된다.
- 화재조사자는 과학적이고 객관적인 조사를 해야 한다.
- 화재조사자는 법이 부여한 권리와 의무를 초과해서는 안 된다.
- 화재조사관 직무를 이용하여 관계인 등의 민사분쟁에 개입해서는 안 된다.
- 화재조사를 수행하면서 알게 된 비밀을 다른 용도로 사용하거나 누설해서는 안 된다.
- 진술의 자유 또는 신체의 자유를 침해하여 임의성을 의심할 만한 방법을 취해서는 안 된다.

정답 ④

16 ★☆☆

화재현장에서 화재감식요원의 마음가짐과 가장 거리가 먼 것은?

① 선입견을 가지고 현장 사물을 관찰한다.
② 현장에 대해서는 항상 겸손하게 생각한다.
③ 불필요한 전문용어의 사용으로 자신의 의견을 과대포장하는 행위를 하지 말아야 한다.
④ 감식결과는 누구에게 유리하거나 불리함을 고려하지 않고, 과학적이고 논리적인 근거에 의해서 말해야 한다.

해설
화재조사 시 선입견을 버리고 상황증거에 입각한 사실 확인에 집중한다.

정답 ①

17 ★☆☆

비가연성 재료로 구획된 방의 각 위치에 동일한 방법으로 동일한 가연물에 착화하여 동일한 시간이 경과된 후의 모습을 관찰하였을 때의 설명으로 옳은 것은?

① 화염의 길이는 모두 동일하다.
② 한 개의 벽과 접한 화염의 길이가 가장 길다.
③ 벽과 접하지 않은 방 중앙 화염의 길이가 가장 길다.
④ 두 개의 벽이 만나는 코너와 접한 화염의 길이가 가장 길다.

해설
벽과 접한 코너 부분의 화염의 길이가 가장 길게 나타난다.

정답 ④

18 ★☆☆

연소현상 중 완전연소에 대한 설명으로 옳은 것은?

① 산소의 공급이 불충분한 상태에서의 연소현상이다.
② 연소 시 다량의 가연성 가스의 공급이 완전연소의 원인이 된다.
③ 탄화수소가 완전연소하면 이산화탄소의 수증기가 생성된다.
④ 환기가 제대로 되지 않은 상태에서의 실내에 가스기구를 사용하는 경우에 발생한다.

해설
완전연소란 산소의 공급이 충분하고 배기가스에 가연성 물질이 없고 물과 이산화탄소만 남게 되는 연소를 말하며, 환기가 제대로 되지 않으면 배기가스에 가연성 물질이 남아 불완전연소가 된다.

정답 ③

19

가연물별 분류에 따른 화재와 색상이 옳은 것은?

① 금속화재 – 무색
② 유류화재 – 백색
③ 일반화재 – 황색
④ 전기화재 – 빨간색

해설

분류	일반화재	유류화재	전기화재	금속화재
등급	A	B	C	D
색상	백색	황색	청색	무색

정답 ①

20

액체가연물이 연소되면서 발생되는 열에 의해 가열되어 주변으로 튀거나, 액체를 뿌릴 때 바닥 면에 액체 방울이 튄 것처럼 연소하는 패턴으로 옳은 것은?

① 포어 패턴(Pour pattern)
② 고스트 마크(Ghost mark)
③ 도넛 패턴(Doughnut pattern)
④ 스플래쉬 패턴(Splash pattern)

해설

스플래쉬 패턴(Splash pattern)은 액체 가연물이 연소되면서 발생하는 열에 의해 스스로 가열되어 액면에서 끓으며 주변으로 튄 액체가 미연소되어 국부적으로 점처럼 흔적을 나타내는 현상이다.

정답 ④

화재감식론

21

혼합해도 폭발 또는 발화위험이 가장 낮은 것은?

① 아세틸렌 + 아세톤
② 염소산칼륨 + 유황
③ 과산화나트륨 + 알루미늄분
④ 금속나트륨 + 에틸알코올

해설

아세틸렌은 산소와 접촉하면 폭발하기 쉬운 물질이지만 아세톤과 함께 있으면 안전하기 때문에 아세틸렌을 운반할 때 아세톤에 녹여 운반한다.

정답 ①

22

방화의 일반적인 특징으로 틀린 것은?

① 피해범위가 대체로 넓다.
② 동기로는 원한이나 보복 등 정신적인 요인에 기인하는 경우가 많다.
③ 우발적이기보다는 계획적으로 발생하는 경우가 많다.
④ 재산보다는 인명을 대상으로 하는 경우가 많다.

해설

방화는 계획적이기보다는 우발적으로 발생하는 경우가 많다.

정답 ③

23

화재나 폭발에 대한 가설로부터 의견을 개진할 때에 조사관이 세우는 확신 수준으로서 '상당히 근거 있음(Probable)'은 가설이 진실일 가능성이 얼마 이상인 경우에 해당하는가?

① 20% 이상
② 30% 이상
③ 40% 이상
④ 50% 이상

해설

상당히 근거 있음(Probable)은 가설이 진실일 가능성이 50% 이상을 뜻한다.

정답 ④

24 ★☆☆

표준상태 0°C, 1기압에서 메탄(CH_4) 3.2kg을 이상기체상태방정식으로 계산하면 부피는? (단, 기체상수(R): 0.082 L·atm/mol·K, 탄소 원자량: 12, 수소 원자량: 1로 계산한다.)

① 223.8 L
② 447.7 L
③ 2,238.6 L
④ 4,477.2 L

해설

이상기체상태방적식을 구하는 공식은 다음과 같다.
$$PV = nRT$$
$$PV = \frac{W}{M}RT$$

P: 압력, V: 부피, n: 몰수, R: 기체상수, T: 온도(K), M: 몰질량, W: 질량(g)

메탄의 몰질량 $= 12 + (1 \times 4) = 16$g/mol
$PV = \frac{3,200}{16} \times 0.082 \times (0 + 273)$
$V = 4,477.2$L

정답 ④

25 ★☆☆

방화로 의심할 수 있는 경우가 아닌 것은?

① 출입문이 잠겨 있는 경우
② 촉진제의 용기가 발견된 경우
③ 외부침입 흔적이 발견된 경우
④ 다른 범죄의 증거가 발견된 경우

해설

출입문이 잠겨 있고 외부 침입 흔적이 없다고 해서 곧바로 방화로 단정할 수는 없다. 이는 단지 외부인의 소행이 아님을 보여줄 뿐이며, 오히려 내부자의 부주의로 인한 실화일 가능성이 있다.

관련이론 방화의심

- 촉진제 용기가 발견된 경우
- 외부침입 흔적이 발견된 경우
- 다른 범죄의 증거가 발견된 경우

정답 ①

26 ★☆☆

산불의 강도를 가중시키는 지형으로 틀린 것은?

① 평지
② 굴뚝지형
③ 가파른 경사
④ 연료온도를 증가시키는 사면

해설

평지는 다른 지형에 비해 산불의 강도를 가중시키지 않는다.

정답 ①

27 ★☆☆

자동차 본체의 주요장치에 포함되지 않는 것은?

① 연료장치
② 점화장치
③ 윤활장치
④ 방향지시장치

해설

자동차 본체의 주요장치는 연료장치, 냉각장치, 윤활장치, 점화장치, 충전장치, 흡배기장치이다.

정답 ④

28
석유류의 연소특성에 대한 설명 중 틀린 것은?

① 휘발성이 낮은 중질유는 미세한 크기로 미립화하여 분무연소한다.
② 휘발유, 등유는 증기비중이 공기보다 크기 때문에 증발한 증기는 낮은 곳에 체류한다.
③ 원유탱크의 화재가 장시간 지속되면 고온층이 형성되어 유류화재의 위험한 현상들이 나타날 수 있다.
④ 대부분의 석유류가 포함되어 있는 제4류 위험물은 인화점이 높고, 연소하한계가 높아서 화재위험성이 크다.

해설
대부분의 석유류가 포함되어 있는 제4류 위험물은 인화점이 낮고, 연소하한계가 낮아서 화재위험성이 크다.

정답 ④

29
담뱃불의 착화가능성에 대한 설명으로 옳은 것은?

① 가솔린의 착화점은 430~550℃로서 담뱃불의 표면에서 발생되는 열로 착화가 용이하다.
② 도시가스는 탄화수소의 혼합물로 조성되어 있으며, 주성분인 수소의 착화점이 585℃로서 담뱃불의 표면에서 발생되는 열로 인해 착화가 용이하다.
③ 면제품(방석, 이불, 의류 등)은 무염착화 후 무염연소를 계속하며 가연물이나, 조연성 물질, 공기 유입 등의 연소조건이 갖추어지면 유염연소로 이어진다.
④ 발포 스티로폼은 담뱃불이 접촉되면 쉽게 용융되어 착화가 용이하다.

선지분석
① 가솔린의 착화점은 430~550℃으로 담뱃불 표면온도인 200~300℃로는 착화되지 않는다.
② 도시가스는 탄화수소의 혼합물로 조성되어 있으며, 주성분인 메탄수소의 착화점이 585℃로서 담뱃불로 착화되지 않는다.
④ 발포 스티로폼은 담뱃불이 접촉되면 쉽게 용융되지만 훈소하는 에너지는 미약하기 때문에 착화되지 않는다.

정답 ③

30
가스연소 현상에서 역화(Flash Back)의 원인으로 가장 거리가 먼 것은?

① 가스 압력이 낮은 경우
② 노즐구경이 너무 큰 경우
③ 코크가 충분히 열리시 않은 경우
④ 부식으로 인하여 염공이 커진 경우

해설
가스연소에서 역화는 노즐구경이 너무 적거나 구멍이 막힌 경우에 발생한다.

관련이론 역화(Flash Back)의 원인
- 염공이 부식으로 커진 경우
- 노즐구경이 너무 작은 경우
- 노즐구경이나 연소기 코크의 구멍에 먼지가 묻은 경우
- 코크이 충분히 열리지 않은 경우
- 가스 압력이 낮은 경우
- 큰 냄비 등을 장시간 사용한 경우

정답 ②

31
산불화재 확산에 영향을 미치는 요인으로 가장 거리가 먼 것은?

① 풍속
② 수종
③ 점화원
④ 경사도

해설
임야화재의 3요소는 기후, 지형, 가연물(연료)이다.

관련이론 임야화재 확산의 3요소

구분	종류
연료(가연물)	탈 수 있는 물질의 공급
기상	바람, 습도, 온도, 강수 등
지형	고도, 경사, 경사향, 지세 등

정답 ③

32

자동차화재의 특성에 대한 설명으로 옳은 것은?

① 차량화재의 조사는 특별한 전문지식이 없어도 화재조사가 가능하다.
② 차량화재는 대체로 전소가 되지 않기 때문에 발화지점 및 발화원인에 대한 조사가 용이하다.
③ 차량화재는 연료, 시트 등 화재하중이 낮고, 외기와 밀폐된 상태인 환기지배형의 화재특성을 보인다.
④ 개방된 공간에 존치되는 환경적인 특수성으로 인해 사회적인 불만을 가진 사람 등이 불특정한 방법으로 방화를 할 수 있다.

선지분석
① 차량은 구조적 복잡성으로 인해 화재조사에 특별한 전문지식이 필요하다.
② 차량화재는 대체로 전소위험이 높아 발화지점 및 발화원인이 조사가 용이하지 않다.
③ 차량화재는 연료, 시트 등 화재하중이 높고, 외기와 노출된 상태로 가연물에 의존하는 연료지배형의 화재특성을 보인다.

정답 ④

33

분진폭발을 일으킬 가능성이 없는 것은?

① 목분
② 산화규소 분말
③ 마그네슘 분말
④ 폴리에틸렌 분말

해설
산화규소는 산화반응이 완료된 물질로 분진폭발위험이 낮다.

정답 ②

34

세탁기 화재 시 확인해야 할 조사요점으로 가장 거리가 먼 것은?

① 배수모터의 이상 유무
② 마그네트론의 발열 여부
③ 세탁기 내부 배선의 단락 여부
④ 기동용 콘덴서의 절연열화 상태

해설
마그네트론은 세탁기가 아닌 전자레인지의 부품이다.

정답 ②

35

선박의 구획 및 일반배치에 대한 설명 중 틀린 것은?

① 선수부, 화물창, 기관실, 선미부로 크게 구분된다.
② 코퍼댐(Cofferdam)을 두어 기관실 및 선수구역을 안전구역에서 제외한다.
③ 원유 운반선, 액화가스 운반선에서는 화물창 전후방에 코퍼댐(Cofferdam)을 둔다.
④ 구획은 수밀격벽으로 막혀 물이 드나들 수 없는 하나의 독립된 공간을 뜻한다.

해설
코퍼댐(Cofferdam)은 기름이 누출되지 않도록 설치하는 이중격벽으로 기름탱크와 기관실, 기름탱크와 펌프실 사이에 설치한다.

정답 ②

36 ★☆☆

항공기 화재방지계통(Fire Protection System)에서 "Fixed"의 정의에 대한 설명 중 틀린 것은?

① 물 소화기를 계통 내에 영구적으로 장착하는 것을 말한다.
② 휴대용 소화기를 계통 내에 영구적으로 장착하는 것을 말한다.
③ 할론(Halon) 소화기를 계통 내에 영구적으로 장착하는 것을 말한다.
④ 외부 소방시설을 연결하는 장치를 계통 내에 영구적으로 장착하는 것을 말한다.

해설
Fixed는 외부 소방시설과 연결하는 것이 아니라 항공기 내부에 영구적으로 설치한 것으로 외부 소방시설과 연결하는 장치와는 거리가 멀다.

정답 ④

37 ★★☆

석유류를 사용한 방화현장에서 수거한 증거물로부터 화재원인 물질을 밝혀내기 위해 사용하는 가장 일반적인 분석기기로 옳은 것은?

① 원소분석기
② 질량분석기
③ 이온교환수지
④ 가스크로마토그래피

해설
가스크로마토그래피는 복잡한 혼합물에서 개별 화학성분을 분리하여 정량화 할 수 있는 장치이다.

정답 ④

38 ★☆☆

어떤 도체의 단면을 0.5초간에 0.032C의 전하가 이동했을 때, 흐르는 전류(I)의 크기는?

① 16mA
② 32mA
③ 64mA
④ 128mA

해설
전류(I)의 크기를 구하는 공식은 다음과 같다.
$$I = \frac{Q}{t}$$
I: 전류(A), t: 시간(초), Q: 전하량

$I = \frac{0.032}{0.5} = 0.064\text{A} = 64\text{mA}$

※ 1C은 전류 1A가 1초 동안 흘렀을 때 이동한 전하의 양이다.

정답 ③

39 ★☆☆

정전기 대전현상에 대한 설명 중 옳은 것은?

① 분출대전이란 분체, 액체, 기체가 단면적이 작은 개구부에서 분출 시 대전되는 현상
② 충돌대전이란 물체가 마찰을 일으킬 때 대전되는 현상
③ 마찰대전이란 상화 밀착된 물체가 분리될 때 대전되는 현상
④ 유도대전이란 액체류가 배관 내부로 이송할 때 대전되는 현상

선지분석
② 마찰대전이란 물체가 마찰을 일으킬 때 대전되는 현상
③ 박리대전이란 상화 밀착된 물체가 분리될 때 대전되는 현상
④ 유동대전이란 액체류가 배관 내부로 이송할 때 대전되는 현상

정답 ①

40 ★☆☆
발화원인 판정 시 발화가능성이 있는 시설이나 기구에 대한 주의사항 중 틀린 것은?

① 사전 지식이 없는 복잡한 기기나 장치에 대해서는 조사관이 직접 검사한다.
② 가능성에 대해서는 하나씩 짚어가며 검사를 해야 하고, 배제해 나가는 것을 원칙으로 한다.
③ 탄화된 증거물들은 쉽게 부서지며 잃어버리기 쉬우므로 손을 대기 전에 사진 등으로 채증을 먼저 해야 한다.
④ 발화하였다고 의심되는 기기나 장치가 이동이 가능한 경우에는 복잡한 현장에서 보다 안정적인 실험실로 옮겨 조심스럽게 분해하는 것을 권장한다.

해설
사전 지식이 없는 복잡한 기기나 장치는 전문가에게 의뢰하여야 한다.

정답 ①

증거물관리 및 법과학

41 ★★☆
피사계 심도(Depth of field)에 대한 설명으로 틀린 것은?

① 피사계 심도가 깊어지면 상세하게 보는데 걸리는 시간이 단축된다.
② 초점거리가 주어진 렌즈에서는 f-stop이 클수록 피사계 심도가 깊어질 것이다.
③ 피사계 심도는 촬영하는 사물까지의 거리, 렌즈 구경 및 사용하는 렌즈의 초점 거리에 따라 달라진다.
④ 피사계 심도는 어느 정해진 시간 동안에 초점이 맞는 가장 멀리 있는 사물과 가장 가까이 있는 사물의 거리이다.

해설
피사계 심도가 깊어지면 상세하게 보는 데 걸리는 시간이 증가한다.

관련이론 피사계 심도(Depth of field)
- 피사계 심도는 어느 정해진 시간 동안에 초점이 맞는 가장 멀리 있는 사물과 가장 가까이 있는 사물의 거리이다.
- f-stop은 빛의 양을 조절하며 초점거리가 주어진 렌즈에서는 f-stop이 증가할수록 빛의 양은 줄어들고 심도는 깊어진다.
- 피사계 심도는 촬영하는 사물까지의 거리, 렌즈 구경 및 사용하는 렌즈의 초점거리에 따라 달라진다.

정답 ①

42 ★☆☆
화재로 인한 사망에 대한 설명으로 옳은 것은?

① 폐부종과 염증은 자극적인 가스에 노출되었음을 나타내는 증거다.
② 시간이 지날수록 사후강직은 심해지고 관절과 근육은 뻣뻣해 진다.
③ 화재현장의 희생자는 주로 이산화탄소 때문에 사망한다.
④ 사망 후 근육조직의 화학적인 변화로 굳는 것을 시반이라고 한다.

선지분석
② 사후강직은 12시간 전후로 최고에 달하고 이후에는 완화된다.
③ 화재현장의 희생자는 주로 일산화탄소 때문에 사망한다.
④ 사망 후 혈액이 중력의 작용으로 몸의 저부에 있는 모세혈관 내로 침강하여 외 표피층에 착색이 되어 나타나는 현상을 시반이라고 한다.

정답 ①

43 ★☆☆

화재조사현장 사진촬영의 필요성과 가장 거리가 먼 것은?

① 현장조사 시 실수로 빠트린 정보와 사실들을 얻을 수 있다.
② 사진을 보는 사람이 실제적인 감각으로 느끼게 할 수 있다.
③ 촬영한 사진은 글로 자세한 설명을 해야만 알 수 있다.
④ 사진을 통해 화재현장의 소손상황, 감식·감정 대상의 물건 등을 정확하게 기록할 수 있다.

해설
사진은 글보다 더 많은 정보를 담고 있다.

관련이론 화재현장 사진 촬영의 필요성
- 사진을 보는 사람이 실제적인 감각으로 느끼게 함으로써 그때의 상황을 충분히 전달할 수 있는 것이 중요하다.
- 현장조사 시 실수로 빠트렸거나 수집이 불가능했던 많은 정보와 사실들을 사진을 통해 얻을 수 있다.
- 화재현장의 소손상황, 감식·감정의 대상이 되는 관계물건 등의 상황을 정확하게 기록하는 수단으로서 사진과 영상이 중요하다.

정답 ③

44 ★★★

화재현장 사진 촬영 시 유의사항으로 틀린 것은?

① 화재현장 사진은 화재조사자의 의도를 이해하여 촬영한다.
② 중요한 증거 물건은 표지, 번호표 등으로 명확하게 표시한다.
③ 주변 인물, 발굴용 기구 등을 중점적으로 촬영하여야 한다.
④ 화재현장 사진은 수정하기가 불가능하므로 촬영에 심혈을 기울인다.

해설
사진 촬영 시에는 주변 인물, 발굴용 기구 등이 나오지 않게 촬영해야 한다.

정답 ③

45 ★★★

열에 의해 생성된 유리의 파손 형태에 대한 설명으로 옳은 것은?

① 깨진 유리의 단면에 리플마크가 형성된다.
② 길고 구불구불한 불규칙 형태의 금을 형성한다.
③ 직선으로 구성된 거미줄 모양의 선을 형성한다.
④ 날카로운 예각으로 구성된 삼각형의 금을 형성한다.

선지분석
① 열로 인한 파괴에는 리플마크가 형성되지 않는다.
③ 충격에 의한 파괴는 거미줄 형태로 파손된다.
④ 충격에 의한 파괴는 방사형 형태로 파손된다.

관련이론 유리의 파괴
- 충격에 의한 파괴
  충격부위를 중심으로 방사형 파손형태를 횡으로 잇는 동심원 파손이 생기며, 파손면에는 물결모양의 리플마크가 관찰되는데 리플마크는 방향성을 가져 파괴 시작 지점과 충격방향을 알 수 있는 단서가 된다.
- 열에 의한 파괴
  - 완만한 곡선 형태의 불규칙하고 구불구불한 균열이 발생하며, 파단면은 충격에 의한 파괴와 달리 리플마크가 없는 매끄러운 형태를 보인다.
  - 유리창은 복사열을 받은 중앙부와 창틀에 의해 보호된 부분의 온도 차가 약 70℃ 이상일 때 금이 가기 시작한다.
- 압력에 의한 파괴
  - 화재 압력은 약 $0.014 \sim 0.028$kPa으로 보통 창유리 파괴에는 $2.07 \sim 6.90$kPa가 필요하기 때문에 일반적인 화재 시 발생하는 압력만으로 유리창이 파괴되기는 어렵다.
  - 폭발에 의한 압력은 구획실 내의 외벽이나 창문, 출입문의 유리에 압력에 의한 파괴를 초래할 수 있다.
  - 압력에 의한 파괴는 방사형보다 평행선에 가까운 균열로 파괴되며 충격에 의한 파괴와 달리 동심원 형태는 나타나지 않고 각 파편이 단독적으로 파괴된다.

정답 ②

46 ★☆☆
화재현장에서 사체가 완전 탄화된 채 발견되었을 경우 신원확인 조사방법 중 가장 신뢰할 수 있는 것은?

① DNA 검사
② 소지품 검사
③ 지문감식
④ X-ray 검사

해설
치아식별이 가능한 X-ray 검사가 가장 신뢰도가 높다.

정답 ④

47 ★★☆
증거물의 수집에 관한 고려사항으로 가장 옳은 것은?

① 고체 표본을 수집할 때 용기에 가득 채운다.
② 등유와 같은 탄화수소계 액체 위험물은 물과 쉽게 혼합된다.
③ 경유와 같이 흔히 사용되는 화재 촉진제 증기는 공기보다 더 가볍다.
④ 화재 촉진제로 사용되는 휘발유와 같은 인화성 액체는 상온에서 자연발화하지 않는다.

해설
화재 촉진제로 사용되는 휘발유와 같은 인화성 액체는 상온에서 자연발화 하지 않는다.

관련이론 증거물 수집 시 고려사항
- 등유와 같은 탄화수소계 액체 위험물은 물과 혼합되지 않는다.
- 화재 촉진제로 사용되는 휘발유와 같은 인화성 액체는 상온에서 자연발화 하지 않는다.
- 고체, 액체 표본을 수집할 때 $\frac{2}{3}$ 이상 채우지 않는다.
- 경유와 같이 흔히 사용되는 화재 촉진제 증기는 공기보다 더 무겁다.

정답 ④

48 ★☆☆
화재관련자들로부터의 정보수집에 대한 방법으로 틀린 것은?

① 목격자로부터 목격경위, 목격위치, 목격상황에 대하여 청취하여야 한다.
② 소방관계자로부터 출동당시의 화세 및 확산경로에 대한 정보를 수집하여야 한다.
③ 부상을 입은 피해자에게는 정보를 수집하지 않는다.
④ 관라자로부터 건물의 구조, 발화범위 내의 물건, 화기시설 등에 대하여 질문하여야 한다.

해설
부상을 입은 피해자에게도 정보를 수집해야 한다.

정답 ③

49 ★☆☆
열가소성 도체 절연체가 도체의 열로 인해 연화되고 늘어나는 현상으로 옳은 것은?

① 헤일로(Halo)
② 포인터 및 화살
③ 슬리빙(Sleeving)
④ 엘리게이터(Alligator)

해설
슬리빙(Sleeving)은 열가소성 도체 절연체가 도체의 열로 인해 연화되고 늘어나는 현상이다.

정답 ③

50 ★★★
증거물의 역할에 따른 분류 중 다음 증거물의 역할로 옳은 것은?

> 바닥에 깨진 유리창 바닥면에 그을음 부착이 없다.

① 시간적 증거
② 접촉 증거
③ 방향적 증거
④ 행위적 증거

해설
바닥에 깨진 유리창 바닥면에 그을음 부착이 없다는 것은 화재 전에 깨졌다는 증거로 시간적 증거에 해당한다.

정답 ①

51

화재조사 및 보고규정상 질문기록서에 기재되어야 하는 사항 중 틀린 것은?

① 화재대상과의 관계를 기재한다.
② 어떻게 해서 알게 되었는지를 기재한다.
③ 화재번호 및 화재발생 일시, 장소를 기재한다.
④ 출입문 상태 및 소방대 건물 진입방법을 기재한다.

해설
출입문 상태 및 소방대 건물 진입방법을 기재하는 것은 화재현장출동보고서이다.

관련이론 질문기록서 기재내용
- 화재번호, 화재발생 일시 및 장소
- 질문일시
- 질문장소
- 답변자
- 화재대상과의관계
- 화재사실을 알게된 경위

정답 ④

52

증거물 수집에 관한 사항 중 (　)에 알맞은 내용은?

> 액체 또는 고체 증거물의 수집을 위해 300mL 용량의 금속 캔 사용 시 증거물은 최대 (　)mL이상 채워져서는 안된다.

① 100
② 150
③ 200
④ 300

해설
고체, 액체 표본을 수집할 때 $\frac{2}{3}$ 이상 채우지 않는다.

정답 ③

53

액체촉진제의 특성 중 틀린 것은?

① 모든 액체촉진제는 물과 접촉 시 물 위에 뜬다.
② 액체 표본 채취 시 살균한 거즈패드를 사용할 수 있다.
③ 액체촉진제는 다공성 물질 안에 갇혔을 때 지속성이 매우 높다.
④ 액체촉진제는 구조부, 내부마감재, 기타 화재 잔해에 쉽게 흡수된다.

해설
액체 촉진제는 물보다 가벼워 물에 뜨지만 알코올과 같이 물과 섞이는 경우도 있다.

관련이론 액체 촉진제의 특성
- 흡수성 물질(밀가루 등)은 실험실로 옮겨서 추출한다.
- 다공성 물질에 흡수되었을 때는 고체상태로 잔존하기도 한다.
- 대부분의 내부 마감재 및 기타 화재 잔해에 쉽게 흡수된다.
- 대부분 물보다 비중이 낮아 물에 뜨지만 알코올과 같이 물과 섞이기도 한다.
- 액체 표본 채취 시 살균한 거즈패드를 사용할 수 있다.
- 휘발성이 있는 유류 증거물 등은 수집과 동시에 밀폐된 용기에 담아 밀봉하여야 하며, 가능하면 증발을 줄이기 위해 차가운 곳에 보관해야 한다.

정답 ①

54

화재진압 및 구조 과정에서 현장보존을 위한 주의사항을 모두 고른 것은?

> ㉠ 사망이 확인 된 사체는 회재진압을 위해 위치를 옮긴다.
> ㉡ 잔불정리 시에 필요 이상으로 물건을 옮기거나 쓰러뜨리지 않도록 한다.
> ㉢ 조기진화를 위해 수압을 최고로 높여 진화한다.
> ㉣ 부득이하게 파괴되거나 변경되었을 때는 그 내용을 기록해 추후에라도 화재조사관에게 전달 하여야 한다.

① ㉠, ㉢
② ㉡, ㉢
③ ㉠, ㉣
④ ㉡, ㉣

해설

㉠, ㉢은 증거물을 훼손하는 조치이다.

관련이론 현장보존을 위한 소방대원의 역할 및 주의사항
- 잔불을 정리하는 동안 남아있는 증거물이 훼손되지 않게 주의한다.
- 화재현장에 있는 설비, 기구 또는 시설의 손잡이를 돌리거나 작동 스위치를 켜는 것을 자제한다.
- 화재현장에서 석유류 연료를 사용하는 장비를 사용, 재급유하는 것을 자제한다.
- 사망이 확인된 사체는 현장보존을 위해 그 위치를 변경하여서는 안 된다.
- 잔불정리 시에 필요 이상으로 물건을 옮기거나 쓰러뜨리지 않도록 한다.
- 화재진압과정에서 높은 수압은 증거물을 훼손할 수 있음을 인지해야 한다.
- 부득이하게 파괴되거나 변경되었을 때는 그 내용을 기록해 추후에라도 화재조사관에게 전달하여야 한다.

정답 ④

55

화재증거물수집관리규칙상 증거물 시료용기 중 유리병으로 휘발성 액체를 수집할 경우 마개로 사용할 수 없는 것은?

① 유리 마개
② 코르크 마개
③ 금속 스크루 마개
④ 폴리테트라플루오로에틸렌(PTFE) 마개

해설

코르크 마개는 휘발성 액체에 사용하여서는 안 된다.

관련이론 유리병 용기의 특징
- 가격이 저렴하고 구하기 쉽다.
- 용기를 열지 않고도 내용물을 확인할 수 있다.
- 휘발성 액체의 증발을 막을 수 있다.
- 액체·고체 촉진제 증거물을 장기간 저장할 수 있다.
- 대량 저장이 어렵고 장기간 보관 시 파손 위험이 있다.
- 고무 밀봉 시 파손 위험이 크다.
- 코르크 마개는 휘발성 액체 보관에 부적합하며, 빛에 민감한 시료는 짙은 색 용기를 사용해야 한다.
- 마개는 유리, PTFE(폴리테트라플루오로에틸렌), 내유성 플라스틱, 금속 스크루 마개 등을 사용한다.

정답 ②

56

전신적 생활반응에 해당하는 것은?

① 피하출혈
② 속발성 염증
③ 압박성 울혈
④ 흡인 및 연하

해설

전신적 생활반응에는 전신적 빈혈, 속발성 염증, 색전증, 외래물질의 분포 및 배설 등이 있으며, 피하출혈은 국소적 생활반응에 해당한다.

정답 ②

57

증거 수집과정에서 오염에 대한 설명으로 틀린 것은?

① 액체 및 고체 촉진제는 화재조사관의 장갑에 흡수될 수도 있다.
② 물리적 증거물에 대한 대부분의 오염은 수집하는 과정에서 발생한다.
③ 액체나 고체 촉진제 증거물 수집 시 일회용 비닐장갑을 착용해야 한다.
④ 증거물의 오염을 막기 위해 증거 보관 용기 자체를 수집도구로 사용해서는 안 된다.

해설
증거물 보관 용기 자체를 수집 도구로 사용할 수 있다.

관련이론 증거물 수집
- 대부분 증거물의 오염은 수집하는 과정에서 일어난다.
- 증거물 수집 시 새로운 장갑을 항상 사용하여야 한다.
- 증거물의 오염은 액체 및 고체 촉진제 수집 시 더욱 높아진다.
- 수집 중 오염을 줄이기 위해 증거물 보관 용기의 뚜껑 등을 수집기구로 사용한다.

정답 ④

58

화재발생 전·후에 이루어진 사람의 행동이나 기계적인 작동 상황 등을 시간의 흐름 순으로 전개하여 사건을 분석하는 기법은?

① 검증
② 타임라인
③ PERT 차트
④ 마인드매핑(Mind mapping)

해설
타임라인은 시간의 흐름에 따라 순서에 맞게 배열하는 것으로 사고의 경과를 시간 순으로 정리하여 인과관계를 파악하는 분석기법이다.

관련이론 타임라인(Time Line)
- 화재사건의 전후관계에 대한 중요한 정보를 제공한다.
- 화재발생 시간 정보, 화재진행 사항별 시간대별로 일목요연하게 볼 수 있다.
- 화재발생의 시간 정보는 범죄사실을 규명하기 위해 매우 중요한 정보를 제공한다.
- 화재정보 등 다양한 시간 정보를 이용, 타임라인을 구성함으로써 화재발생현황, 활동사항, 문제점을 분석할 수 있다.

정답 ②

59 ★☆☆

화재현장의 증거를 보호하기 위한 방법으로 가장 거리가 먼 것은?

① 관계지역을 폴리스라인 테이프로 격리한다.
② 해당지역의 정밀조사를 위하여 방수포로 덮어 놓는다.
③ 직접 분사 기구의 사용은 증거 손상의 우려가 있으므로 금지해야 한다.
④ 추가 조사가 필요한 지역에 증거를 나타내는 숫자 표시나 경고표지를 사용할 수 있다.

해설
직접 분사 기구의 사용은 증거 손상을 최소화한다.

관련이론 증거보호
- 관계지역을 폴리스라인 테이프로 격리한다.
- 해당지역의 정밀조사를 위하여 방수포로 덮어 놓는다.
- 직접 분사 기구의 사용은 증거 손상을 최소화한다.
- 추가 조사가 필요한 지역에 증거를 나타내는 숫자 표시나 경고표지를 사용할 수 있다.

정답 ③

60 ★☆☆

화재증거물수집관리규칙상 화재증거물 수집에 관한 내용으로 명시되지 않은 것은?

① 증거서류를 수집함에 있어서 보조적으로 원본을 영치한다.
② 증거물 수집 목적이 인화성 액체 성분 분석인 경우에는 인화성 액체 성분의 증발을 막기 위한 조치를 행하여야 한다.
③ 증거물의 소손 또는 소실 정도가 심하여 증거물의 일부분 또는 전체가 유실될 우려가 있는 경우는 증거물을 밀봉하여야 한다.
④ 증거물이 파손될 우려가 있는 경우에 충격금지 및 취급방법에 대한 주의사항을 증거물의 포장 외측에 적절하게 표기하여야 한다.

해설
증거서류를 수집함에 있어서 원본 영치를 원칙으로 하고, 사본을 수집할 경우 원본과 대조한 다음 원본대조필을 하여야 한다. 다만, 원본대조를 할 수 없을 경우 제출자에게 원본과 같음을 확인 후 서명 날인을 받아서 영치하여야 한다.

정답 ①

화재조사보고 및 피해평가

61 ★☆☆

가재도구 화재피해액 산정기준의 간이평가방식 중 주택종류별 가중치는?

① 10% ② 20%
③ 30% ④ 40%

해설

항목	주택종류	주택면적	거주인원	주택가격 (m²당)
가중치(%)	10	30	20	40

정답 ①

62 ★★☆

화재조사 및 보고규정상 화재현황조사서의 첨부서류로 명시되지 않은 것은?

① 화재현장조사서
② 화재유형별조사서
③ 화재현장출동보고서
④ 소방시설 등 활용조사서

해설
화재현장출동보고서는 해당되지 않는다.

관련이론 화재현황조사서 첨부서류
- 화재유형별조사서
- 화재조사서
- 방화 · 방화의심조사서
- 소방시설 등 활용조사서
- 화재현장조사서

정답 ③

63 ★☆☆

화재피해액 산정에 있어서 건물화재 피해 설명으로 옳은 것은?

① 기와 등으로 지붕을 잇기 직전의 방화구조건물에서 발생한 화재
② 슬래브에 콘크리트를 부어넣은 시점 이후의 내화건물에서 발생한 화재
③ 오래된 차량을 개조해서 이동용 점포 등으로 이용하고 있는 것이 소손된 화재
④ 해체 중의 건물에서 벽, 바닥 등의 주체구조부의 해체가 시작된 시점에서 발생한 화재

선지분석
① 기와 등으로 지붕을 다 이은 시점 이후의 것에서 발생한 화재
③ 오래된 차량을 개조해서 일정한 장소에 고정하고 점포 등으로 이용하고 있는 것이 소손된 화재
④ 해체 중의 건물에서 벽, 바닥 등의 주체구조부의 해체가 시작된 시점 부터는 건물로 취급하지 않는다.

정답 ②

64 ★★★

화재조사 및 보고규정상 화재피해액 산정기준 중 틀린 것은?

① 건물: 신축단가×소실면적×[1−(0.8×경과연수/내용연수)]×손해율
② 철거건물: 재건축비×[1−(0.8×잔여내용연수/내용연수)]×손해율
③ 집기비품: 회계장부상 현재가액×손해율
④ 공구 · 기구: 회계장부상 현재가액×손해율

해설
철거건물의 화재피해액 산정기준은 다음과 같다.

철거건물의 피해액 = 재건축비×[0.2+(0.8×$\dfrac{잔여내용연수}{내용연수}$)]

정답 ②

65 ★☆☆

고층건물 37층 중 4층에서 화재가 최초 발생하여 상층부로 연소가 확대된 다음의 사례에서 건물 최초 발화층에서 옥상층으로의 연소확대 경로를 파악할 때 고려해야 할 사항으로 옳은 것은?

> • 해안가에 위치한 고층건물 37층 중 4층 피트층에서 화재가 최초 발생하여 외벽에 설치된 알루미늄 복합 패널로 된 외장재가 소실되면서 순식간에 37층까지 연소 확대되었다.
> • 4층과 37층 사이 중간층 내부에서는 스프링클러가 작동하여 피해가 크게 발생하지는 않았다. 그리고 화재 당시 바다로부터 건물방향으로 강풍이 불었다.

① 화재당시 건물 관계자 및 목격자의 진술과 4층 피트층에서 최초 화재가 발생한 지점만 발굴 및 복원한다.
② 외장재는 알루미늄 금속으로 이루어져 있고, 알루미늄은 녹는점이 상온에서 약 660℃ 이므로 외장재는 연소확대 대상으로 고려하지 않는다.
③ 4층 내부에서 건물 외벽으로의 연소 진행 경로를 추적하고, 건물 외장재를 통한 연소 확대 여부를 알아보기 위해 알루미늄 복합패널 외장재의 시공방법과 화재재현실험을 실시한다.
④ 피트층에서 옥상층으로 연소 확대될 정도로 발열량이 높은 가연물을 피트층에서 찾아보고, 해당 가연물이 발견되지 않으면 외장재는 금속이므로 건물 외벽의 연소패턴과 화재당시 건물에 분 강풍만을 고려하여 연소확대 경로를 추정한다.

선지분석
① 최초 화재가 발생한 지점만 발굴 및 복원해서는 안 된다.
② 외장재는 연소확대 대상으로 고려해야 한다.
④ 외장재는 알루미늄 복합패널이므로 연소확대위험이 존재하므로 연소확대 경로로 추정한다.

정답 ③

66 ★☆☆

화재조사 및 보고규정상 소방시설 등 활용조사서의 작성항목으로 명시되지 않은 것은?

① 경보설비   ② 전기설비
③ 소화시설   ④ 피난설비

해설
연결송수관설비는 소화활동설비에 해당한다.

관련이론 소방시설 등 활용조사서의 소화시설
소화기구, 옥내소화전, 스프링클러설비, 간이스프링클러설비, 물분무 등 소화설비, 옥외소화전

정답 ②

67 ★★★

화재조사 및 보고규정상 화재현장출동보고서의 보존기간으로 옳은 것은?

① 3년   ② 5년
③ 10년   ④ 영구보존

해설
화재조사서류는 영구보존 해야한다.

정답 ④

68 ★★★

소방의 화재조사에 관한 법령상 화재조사를 하는 경우 조사사항으로 옳지 않은 것은?

① 화재원인에 관한 사항
② 화재로 인한 재산피해 상황
③ 소방시설 등의 설치·관리 및 작동 여부에 관한 사항
④ 자위소방대의 대응 및 조직 구성에 관한 사항

해설
- 소방청장, 소방본부장 또는 소방서장은 화재발생 사실을 알게 된 때에는 지체없이 화재조사를 하여야 한다. 이 경우 수사기관의 범죄수사에 지장을 주어서는 아니 된다.
- 소방관서장은 화재조사를 하는 경우 다음 사항에 대하여 조사하여야 한다.
  - 화재원인에 관한 사항
  - 화재로 인한 인명·재산피해상황
  - 대응활동에 관한 사항
  - 소방시설 등의 설치·관리 및 작동 여부에 관한 사항
  - 화재발생건축물과 구조물, 화재유형별 화재위험성 등에 관한 사항
  - 그 밖에 대통령령으로 정하는 사항

정답 ④

69 ★☆☆

화재조사 및 보고규정상 화재피해조사서(인명피해)에서 사상정도를 사망, 중상, 경상으로 분류하여 작성할 때 중상의 정의로 옳은 것은?

① 입원치료를 필요로 하지 않은 부상
② 1주 이상의 입원치료를 필요로 하는 부상
③ 2주 이상의 입원치료를 필요로 하는 부상
④ 3주 이상의 입원치료를 필요로 하는 부상

해설

분류	부상 정도
사상자	화재현장에서 사망한 사람과 부상당한 사람을 말한다. 다만, 화재현장에서 부상을 당한 후 72시간 이내에 사망한 경우에는 당해 화재로 인한 사망으로 본다.
중상	3주 이상의 입원치료를 필요로 하는 부상
경상	중상 이외의 부상(입원치료를 필요로 하지 않는 것도 포함)을 말한다. 단, 병원치료를 필요로 하지 않고 단순하게 연기를 흡입한 사람은 제외

정답 ④

70 ★★★

화재조사 및 보고규정상 나이트클럽의 조명시설에서 화재발생 시 다음의 조건을 참고하여 영업시설의 피해액을 계산한 것으로 옳은 것은?

- m²당 표준단가: 100천원
- 경과연수: 3년
- 내용연수: 6년
- 피해정도: 전체 500m² 중 40m² 소실(손해율 40%)
- 잔존물제거비용은 무시한다.

① 880천원 ② 920천원
③ 960천원 ④ 1,020천원

해설
영업시설 피해액을 구하는 공식은 다음과 같다.

영업시설 피해액 = 표준단가 × 소실면적 × $[1 - (0.9 \times \frac{경과연수}{내용연수})]$ × 손해율

$= 100 \times 40 \times [1 - (0.9 \times \frac{3}{6})] \times 0.4$

$= 880$천원

정답 ①

71 ★★★

공기구와 집기비품의 경우 화재피해액산정 매뉴얼에 따른 손해율 30%에 해당하는 피해 정도는?

① 오염 · 수침손의 경우
② 손해정도가 보통인 경우
③ 손해정도가 다소 심한 경우
④ 50% 이상 소손되거나, 수침오염 정도가 심한 경우

해설
손해정도가 보통인 경우 손해율은 30%이다.

관련이론 공구와 집기비품의 손해율

- 공구 · 기구 손해율

화재로 인한 피해정도	손해율(%)
50%이상 소손되거나, 그을음 및 수침오염 정도가 심한 경우	100
손해정도가 다소 심한 경우	50
손해정도가 보통인 경우	30
오염 · 수침손의 경우	10

- 집기비품의 손해율

화재로 인한 피해정도	손해율(%)
50%이상 소손되거나, 수침오염 정도가 심한경우	100
손해정도가 다소 심한 경우	50
손해정도가 보통인 경우	30
오염 · 수침손의 경우	10

정답 ②

72 ★★★

다음의 현장에 출동한 화재조사관이 화재조사 및 화재증거물 분석 결과를 토대로 국가화재정보시스템에서 방화·방화의심 조사서를 작성하는 과정에서 보기의 항목 중 방화도구(연료), 방화의심 항목을 선택한 것으로 옳은 것은?

〈다음〉
- 단독주택 2층 중 2층에서 화재가 발생하였다. 이 화재로 2층 및 옥상으로 연결된 계단실의 내부 마감재 등이 전소되고, 1명이 사망 및 2명이 부상을 입었다.
- 화재조사결과 화재발생 전 주택 2층 거실에서 아들(사망자, 45세)과 어머니(부상자, 72세) 사이에 재산상속 문제로 싸움이 있었으며, 아들이 현관문 밖에 미리 준비해 놓은 시너를 가져와 거실에서 본인의 몸에 붓고 라이터로 불을 붙여 아들이 그 자리에서 사망하고, 어머니와 며느리(여, 43세)는 대피하는 과정에서 화상을 입고 2층에서 추락하여 심각한 부상을 입었다.

〈보기〉
- 방화도구(연료) ※ 1개만 선택
㉮ 인화성 액체
㉯ 일반가연물

- 방화의심 사유 ※ 해당 항목 모두 선택
ⓐ 유류사용 흔적
ⓑ 2지점 이상의 발화지점
ⓒ 연소현상 특이(급격연소)

① 방화도구(연료) : ㉮, 방화의심 : ⓐ, ⓒ
② 방화도구(연료) : ㉮, 방화의심 : ⓐ, ⓑ
③ 방화도구(연료) : ㉯, 방화의심 : ⓐ, ⓒ
④ 방화도구(연료) : ㉯, 방화의심 : ⓐ, ⓑ

해설
방화도구는 연료이고, 방화의심 사유는 유류사용흔적과 연소현상 특이이다.

관련이론 방화·방화의심조사서 기재항목

구분	기재항목	
방화도구 항목	• 연료 • 점화장치	• 용기
방화의심 항목	• 외부침입 흔적 존재 • 유류사용 흔적 • 범죄은폐 • 기타	• 거액의 보험가입 • 2지점 이상의 발화점 • 연소현상특이(급격 연소)

정답 ①

74 ★★★

화재조사 및 보고규정상 화재현황 조사서의 작성에 대한 설명으로 틀린 것은?

① 부동산은 재산피해 금액을 천원단위로 기재한다.
② 재산피해는 부동산과 동산으로 구분하여 기재한다.
③ 인명구조는 구조와 유도대피로 구분하여 기재한다.
④ 건축물의 소실정도는 전소, 반소 2종류로 구분한다.

해설

구분	소실정도
전소	건물의 70% 이상(입체면적에 대한 비율)이 소실되었거나 또는 그 미만이라도 잔존부분을 보수하여도 재사용이 불가능한 것
반소	건물의 30% 이상 70% 미만이 소실된 것
부분소	전소, 반소에 해당하지 않는 것

정답 ④

73 ★★☆

화재조사 및 보고규정상 치외법권지역 화재조사보고서 작성에 대한 설명으로 옳은 것은?

① 조사 가능한 내용만 조사하여 화재현황조사서만 작성한다.
② 치외법권지역은 조사권을 행사할 수 없으므로 보고서를 작성하지 않아도 된다.
③ 화재현장출동보고서, 질문기록서, 화재발생종합보고서를 반드시 작성하여야 한다.
④ 치외법권지역 등 조사권을 행사할 수 없는 경우는 조사 가능한 내용만 조사하여 해당 보고서를 작성한다.

해설
치외법권지역 등 조사권을 행사할 수 없는 경우에는 조사 가능한 내용만 조사하여 해당 서류를 작성·보고한다.

정답 ④

75 ★☆☆

화재피해액 산정에 있어서 피해액을 산정하는 방법에 관한 설명으로 옳은 것은?

① 유실수 등에 있어 수확기간에 있는 경우에는 매매사례비교법으로 산정한다.
② 차량, 예술품, 귀중품, 귀금속 등의 피해액산정에는 복성식평가법을 사용한다.
③ 유실수의 육성기간에 있는 경우에는 복성식평가법을 사용한다.
④ 사고로 인한 피해액을 산정하는 방법으로 수익환원법을 사용한다.

해설

구분	산정방법
복성식평가법	• 사고로 인한 피해액을 산정하는 방법 • 재건축 또는 재취득하는 데 소요되는 비용에서 사용기간의 감가수정액을 공제 하는 방법으로 부분의 물적 피해액 산정에 널리 사용
매매사례비교법	당해 피해물의 시중매매사례가 충분하여 유사매매 사례를 비교하여 산정하는 방법으로서 차량, 예술품, 귀중품, 귀금속 등의 피해액 산정에 사용
수익환원법	• 피해물로 인해 장래에 얻을 수익액에서 당해 수익을 얻기 위해 지출되는 제반비용을 공제하는 방법에 의하는 방법 • 유실수 등에 있어 수확기간에 있는 경우에 사용 • 단, 유실수의 육성기간에 있는 경우에는 복성식평가법을 사용

정답 ③

76 ★★★

화재 당시에 피해물의 재구입비에 대한 현재가의 비율을 구하는 식으로 틀린 것은?

① 100% − 감가수정율
② (현재시가 − 감가수정액)/경과연수
③ (재구입비 − 감가수정액)/재구입비
④ 1−(1−최종잔가율)×경과연수/내용연수

해설

잔가율의 산정식은 다음과 같다.
• 잔가율 = 100% − 감가수정율
• 현재가(시가) = 재구입비 × 잔가율
• 잔가율 = $\dfrac{재구입비 - 감가수정액}{재구입비}$
• 잔가율 = $1 - (1 - 최종잔가율) \times \dfrac{경과연수}{내용연수}$

정답 ②

77 ★★★

화재조사 및 보고규정상 화재 건수의 결정 및 관할구역에 관한 사항으로 명시되지 않은 것은?

① 화재범위가 2 이상의 관할구역에 걸친 화재에 대해서는 발화 소방대상물의 소재지를 관할하는 소방서에서 2건의 화재로 한다.
② 동일범이 아닌 각기 다른 사람에 의한 방화, 불장난은 동일 대상물에서 발화했더라도 각각 별건의 화재로 한다.
③ 동일 소방대상물의 발화점이 2개소 이상 있는 누전점이 동일한 누전에 의한 화재는 1건의 화재로 한다.
④ 동일 소방대상물의 발화점이 2개소 이상 있는 지진, 낙뢰 등 자연현상에 의한 다발화재는 1건의 화재로 한다.

해설

화재범위가 2 이상의 관할구역에 걸친 화재에 대해서는 발화 소방대상물의 소재지를 관할하는 소방서에서 1건의 화재로 한다.

정답 ①

78

화재조사 및 보고규정상 피해물의 종류, 손상 상태 및 정도에 따라 피해액을 적정화시키는 일정한 비율을 의미하는 용어로 옳은 것은?

① 손해율　　② 최종손해율
③ 잔가율　　④ 최종잔가율

해설
손해율이란 피해물의 종류, 손상 상태 및 정도에 따라 피해액을 적정화시키는 일정한 비율을 말한다.

정답 ①

79

부동산의 재산피해신고서에 포함되는 항목으로 명시되지 않은 것은?

① 피해연월일　　② 건축물의 용도
③ 수선·개축한 부분　　④ 선박의 소실부위

해설
선박의 소실부위는 부동산에 해당하지 않는다.

정답 ④

80

화재조사 및 보고규정상 화재로 인한 전부손해의 경우 시중매매가격으로 산정할 수 있는 대상이 아닌 것은?

① 동물　　② 식물
③ 자동차　　④ 골동품

해설
회화(그림), 골동품, 미술공예품, 귀금속 및 보석류는 전부손해의 경우 감정가격으로 하며 전부손해가 아닌 경우 원상복구에 소요되는 비용으로 한다.

정답 ④

화재조사관계법규

81

화재로 인한 재해보상과 보험가입에 관한 법률상 손해보험회사가 한국화재보험협회의 설립허가를 받으려는 경우 금융위원회에 제출하여야 하는 서류로 틀린 것은?

① 정관　　② 사업방법서
③ 임원의 명단　　④ 창립총회 의사록

해설
「화재로 인한 재해보상과 보험가입에 관한 법률 제9조」
손해보험회사가 협회의 설립허가를 받으려는 경우에는 그 허가신청서에 다음 서류를 첨부하여 금융위원회에 제출하여야 한다.
- 정관
- 사업방법서
- 창립총회 의사록

정답 ③

82

형법상 실화에 관한 처벌로 (　)에 알맞은 내용은?

> 과실로 인하여 현주건조물등 방화에 기재된 물건을 불태운 자는 (　)이하의 벌금에 처한다.

① 300만원　　② 500만원
③ 1,000만원　　④ 1,500만원

해설
「형법 제170조」
과실로 현주건조물 또는 공용건조물 또는 타인 소유인 일반건조물 등에 기재한 물건을 불태운 자는 1천500만원 이하의 벌금에 처한다.

정답 ④

83 ★☆☆

소방의 화재조사에 관한 법령상 소방관서장이 실시 해야하는 화재조사관에 대한 교육훈련에 해당하지 않는 것은?

① 화재조사관 양성을 위한 전문교육
② 화재조사관의 전문능력 향상을 위한 전문교육
③ 전담부서에 배치된 화재조사관을 위한 의무 보수교육
④ 현장지휘에 대한 전문교육

해설

「소방의 화재조사에 관한 법률 시행령 제6조」
- 소방관서장은 다음 각 호의 구분에 따라 화재조사관에 대한 교육훈련을 실시한다.
  - 화재조사관 양성을 위한 전문교육
  - 화재조사관의 전문능력 향상을 위한 전문교육
  - 전담부서에 배치된 화재조사관을 위한 의무 보수교육
- 소방관서장은 필요한 경우 제1항에 따른 교육훈련을 다른 소방관서나 화재조사 관련 전문기관에 위탁하여 실시할 수 있다.

정답 ③

84 ★★☆

민법상 타인의 생명을 해한 자의 손해배상 책임 대상으로 명시되지 않은 것은?

① 피해자의 형제
② 피해자의 배우자
③ 피해자의 직계존속
④ 피해자의 직계비속

해설

「민법 제752조」
타인의 생명을 해한 자는 피해자의 직계존속, 직계비속 및 배우자에 대하여는 재산상의 손해없는 경우에도 손해배상의 책임이 있다.

정답 ①

85 ★★★

화재로 인한 재해보상과 보험가입에 관한 법령상 다음의 경우 특수건물의 소유자가 가입하여야 하는 보험의 보험금액 기준 중 ( )에 알맞은 내용은?

> 두 눈이 실명된 사람으로 후유장애 1급의 피해자 발생시 ( ) 범위에서 피해자에게 발생한 손해액

① 9,000만원
② 1억 2,000만원
③ 1억 3,500만원
④ 1억 5,000만원

해설

「화재로 인한 재해보상과 보험가입에 관한 법률 시행령 별표2」
두 눈이 실명된 사람의 보험금액은 1억 5천만원이다.

정답 ④

86 ★★☆

화재조사 및 보고규정상 조사보고에 관한 내용으로 ( ) 알맞은 내용은?

> - 종합상황실장이 상급 종합상황실에 지체없이 보고해야 하는 화재는 화재·구조·구급상황 보고서 내지 제11호서식까지 작성하여 화재 발생일로부터 (㉠) 이내에 보고해야 한다.
> - 제1호에 해당하지 않는 화재: 별지 제1호서식 내지 제11호서식까지 작성하여 화재 발생일로부터 (㉡) 이내에 보고해야 한다.
> - 제2항에도 불구하고 다음 각 호의 정당한 사유가 있는 경우에는 소방관서장에게 사전 보고를 한 후 필요한 기간만큼 조사 보고일을 연장할 수 있다.

① ㉠ 30, ㉡ 30
② ㉠ 15, ㉡ 30
③ ㉠ 30, ㉡ 15
④ ㉠ 20, ㉡ 50

해설

「화재조사 및 보고규정 제22조」
긴급상황보고에 해당하는 화재는 조사서를 작성하여 화재 발생일로부터 30일 이내에 보고해야 하고 그렇지 않은 화재는 15일 이내에 보고해야 한다. 추가화재조사가 필요하여 조사보고일을 연장한 경우 그 사유가 해소된 날부터 10일 이내에 소방관서장에게 조사결과를 보고해야 한다.

정답 ③

87 ★★☆

제조물 책임법에 대한 내용으로 틀린 것은?

① 동일한 손해에 대하여 배상할 책임이 있는 자가 2인 이상인 경우에는 연대하여 그 손해를 배상할 책임이 있다.
② 제조물책임법에 따른 손해배상책임을 배제하거나 제한하는 특약은 유효한 것이 원칙이다.
③ 제조물의 결함으로 인한 손해배상책임에 관하여 제조물책임법에 규정된 것을 제외하고는 민법에 따른다.
④ 일반적으로 손해배상의 청구권은 제조업자가 손해를 발생시킨 제조물을 공급한 날부터 10년 이내에 행사하여야 한다.

해설

「제조물 책임법 제6조」
손해배상책임을 배제하거나 제한하는 특약(特約)은 무효로 한다. 다만, 자신의 영업에 이용하기 위하여 제조물을 공급받은 자가 자신의 영업용 재산에 발생한 손해에 관하여 그와 같은 특약을 체결한 경우에는 그러하지 아니하다.

정답 ②

88 ★★★

화재조사 및 보고규정상 다음 표에서 사망자 수와 중상자의 수를 합한 값으로 옳은 것은?

- 화재현장 사망 2명
- 화재현장에서 부상을 당한 후 52시간 이내에 사망 1명
- 2주 이상의 입원을 필요로 하는 부상 2명
- 3주 이상의 입원을 필요로 하는 부상 3명
- 입원치료를 필요로 하지 않는 부상 5명

① 4
② 5
③ 6
④ 7

해설

「화재조사 및 보고규정 제13조」
사상자는 화재현장에서 사망한 사람과 부상당한 사람을 말한다. 다만, 화재현장에서 부상을 당한 후 72시간 이내에 사망한 경우에는 당해 화재로 인한 사망으로 본다.

관련이론 부상자의 분류

분류	부상 정도
사상자	화재현장에서 사망한 사람과 부상당한 사람을 말한다. 다만, 화재현장에서 부상을 당한 후 72시간 이내에 사망한 경우에는 당해 화재로 인한 사망으로 본다.
중상	3주 이상의 입원치료를 필요로 하는 부상
경상	중상 이외의 부상(입원치료를 필요로 하지 않는 것도 포함)을 말한다. 단, 병원치료를 필요로 하지 않고 단순하게 연기를 흡입한 사람은 제외

정답 ③

89 ★★★

소방의 화재조사에 관한 법령상 화재조사에 관한 시험에 응시할 수 있는 자격이 없는 사람은?

① 화재조사관 양성을 위한 전문교육을 이수한 사람
② 국립과학수사연구원에서 8주 이상 화재조사에 관한 전문교육을 이수한 사람
③ 소방서장이 인정하는 외국의 화재조사 관련 기관에서 8주 이상 화재조사에 관한 전문교육을 이수한 사람
④ 화재조사관의 전문능력 향상을 위한 전문교육을 이수한 사람

해설

「소방의 화재조사에 관한 법률 시행규칙 제4조」
- 화재조사관 양성을 위한 전문교육을 이수한 사람
  - 화재조사관 양성을 위한 전문교육
  - 화재조사관의 전문능력 향상을 위한 전문교육
  - 전담부서에 배치된 화재조사관을 위한 의무 보수교육
- 국립과학수사연구원 또는 소방청장이 인정하는 외국의 화재조사 관련 기관에서 8주 이상 화재조사에 관한 전문교육을 이수한 사람

정답 ③

90 ★★★

실화책임에 관한 법률상 실화가 중대한 과실로 인한 것이 아닌 경우 그로 인한 손해배상의무자가 법원에 손해배상액 경감 청구 시 고려사항으로 명시되지 않은 것은? (단, 그 밖에 손해배상액을 결정할 때 고려사항은 제외한다.)

① 화재의 규모
② 피해 확대의 원인
③ 실화자의 전과사실
④ 배상의무자의 경제상태

해설

「실화책임에 관한 법률 제3조」
법원은 청구가 있을 경우에는 다음 사정을 고려하여 그 손해배상액을 경감할 수 있다.
- 화재의 원인과 규모
- 피해의 대상과 정도
- 연소(延燒) 및 피해 확대의 원인
- 피해 확대를 방지하기 위한 실화자의 노력
- 배상의무자 및 피해자의 경제상태
- 그 밖에 손해배상액을 결정할 때 고려할 사정

정답 ③

91 ★★★

화재조사 및 보고규정상 다음에서 설명하는 용어는?

> 화재원인의 판정을 위하여 전문적인 지식, 기술 및 경험을 활용하여 주로 시각에 의한 종합적인 판단으로 구체적인 사실관계를 명확하게 규명하는것

① 감식　　② 감정
③ 분석　　④ 조사

해설

감식이란 화재원인의 판정을 위하여 전문적인 지식, 기술 및 경험을 활용하여 주로 시각에 의한 종합적인 판단으로 구체적인 사실관계를 명확하게 규명하는 것을 말한다.

정답 ①

92 ★★☆

화재로 인한 재해보상과 보험가입에 관한 법률상 명시된 한국화재보험협회의 업무를 모두 고른 것은?

> ㉠ 소방안전관리자에 대한 교육
> ㉡ 화재예방과 소화시설에 관한 자료의 조사연구 및 계몽
> ㉢ 화재보험에 있어서의 소화설비(消火設備)에 따른 보험요율의 할인등급에 대한 사정(査定)
> ㉣ 화재예방 및 소화시설에 대한 안전점검

① ㉠, ㉡, ㉢
② ㉠, ㉡, ㉣
③ ㉠, ㉢, ㉣
④ ㉡, ㉢, ㉣

해설

「화재로 인한 재해보상과 보험가입에 관한 법률 제15조」
- 화재예방 및 소방시설에 대한 안전점검
- 화재보험에 있어서의 소화설비(消火設備)에 따른 보험요율의 할인등급에 대한 사정(査定)
- 화재예방과 소방시설에 관한 자료의 조사·연구 및 계몽
- 행정기관이나 그 밖의 관계 기관에 화재예방에 관한 건의
- 그 밖에 금융위원회의 인가를 받은 업무

정답 ④

93 ★☆☆

경범죄 처벌법상 충분한 주의를 하지 아니하고 건조물, 수풀, 그 밖에 불붙기 쉬운 물건 가까이에서 불을 피웠을 경우 부과될 수 있는 범칙금은?

① 2만원
② 3만원
③ 5만원
④ 10만원

해설

「경범죄 처벌법 제3조」
충분한 주의를 하지 아니하고 건조물, 수풀, 그 밖에 불붙기 쉬운 물건 가까이에서 불을 피우거나 휘발유 또는 그 밖에 불이 옮아 붙기 쉬운 물건 가까이에서 불씨를 사용한 사람은 10만원 이하의 벌금, 구류 또는 과료(科料)의 형으로 처벌한다.

정답 ④

94 ★☆☆

소방기본법령상 시·도지사로부터 소방활동의 비용을 지급받을 수 있는 경우로 옳은 것은?

① 화재 또는 구조·구급 현장에서 물건을 가져간 사람
② 소방대장을 도와서 화재현장에서 불을 끄는 일을 한 사람
③ 소방대상물에 화재, 재산·재해, 그 밖의 위급한 상황이 발생한 경우 그 관계인
④ 고의 또는 과실로 화재 또는 구조·구급 활동이 필요한 상황을 발생시킨 사람

해설

「소방기본법 제24조」
소방활동에 종사한 사람은 시·도지사로부터 소방활동의 비용을 지급받을 수 있다. 다만, 다음 어느 하나에 해당하는 사람의 경우에는 그러하지 아니하다.
- 소방대상물에 화재, 재난·재해, 그 밖의 위급한 상황이 발생한 경우 그 관계인
- 고의 또는 과실로 화재 또는 구조·구급 활동이 필요한 상황을 발생시킨 사람
- 화재 또는 구조·구급 현장에서 물건을 가져간 사람

정답 ②

95 ★★★

화재조사 및 보고규정상 화재조사관의 책무로 옳지 않은 것은?

① 조사에 필요한 전문적 지식과 기술의 습득에 노력한다.
② 조사업무를 능률적이고 효율적으로 수행한다.
③ 직무를 이용하여 관계인 등의 민사분쟁에 개입하지 않는다.
④ 대형화재에 대하여 화재합동조사단을 구성하여 운영한다.

해설

「화재조사 및 보고규정 제4조」
- 조사관은 조사에 필요한 전문적 지식과 기술의 습득에 노력하여 조사업무를 능률적이고 효율적으로 수행해야 한다.
- 조사관은 그 직무를 이용하여 관계인등의 민사분쟁에 개입해서는 아니 된다.

정답 ④

96 ★★★

화재조사 및 보고규정상 건물의 동수 산정 기준으로 틀린 것은?

① 건널 복도 등으로 2 이상의 동에 연결되어 있는 것은 그 부분을 절반으로 분리하여 각 동으로 본다.
② 건물의 외벽을 이용하여 실을 만들어 작업실 용도로 사용하고 있는 것은 주건물과 다른 동으로 본다.
③ 구조에 관계없이 지붕 및 실이 하나로 연결되어 있는 것은 같은 동으로 본다.
④ 목조 건물의 경우 격벽으로 방화구획이 되어 있는 경우 같은 동으로 한다.

해설
건물의 외벽을 이용하여 실을 만들어 헛간, 목욕탕, 작업실, 사무실 및 기타 건물 용도로 사용하고 있는 것은 주건물과 같은 동으로 본다.

관련이론 건물의 동수 산정
- 주요구조부가 하나로 연결되어 있는 것은 1동으로 한다. 다만 건널 복도 등으로 2이상의 동에 연결되어 있는 것은 그 부분을 절반으로 분리하여 각 동으로 본다.
- 구조에 관계없이 지붕 및 실이 하나로 연결되어 있는 것은 같은 동으로 본다.
- 목조 또는 내화조 건물의 경우 격벽으로 방화구획이 되어 있는 경우도 같은 동으로 한다.
- 독립된 건물과 건물 사이에 차광막, 비막이 등의 덮개를 설치하고 그 밑을 통로 등으로 사용하는 경우는 다른 동으로 한다.
- 내화조 건물의 옥상에 목조 또는 방화구조 건물이 별도 설치되어 있는 경우는 다른 동으로 한다. 다만, 이들 건물의 기능상 하나인 경우(옥내 계단이 있는 경우)는 같은 동으로 한다.
- 내화조 건물의 외벽을 이용하여 목조 또는 방화구조건물이 별도 설치되어 있고 건물 내부와 구획되어 있는 경우 다른 동으로 한다. 다만, 주된 건물에 부착된 건물이 옥내로 출입구가 연결되어 있는 경우와 기계설비 등이 쌍방에 연결되어 있는 경우 등 건물 기능상 하나인 경우는 같은 동으로 한다.

정답 ②

97 ★★☆

사법경찰관이 피의자를 신문하기 전에 알려주어야 하는 사항과 가장 거리가 먼 것은?

① 일체의 진술을 하지 아니할 수 있다는 것
② 신문을 받을 때 변호인의 조력을 받을 수 있다는 것
③ 진술을 하지 않은 경우에 불이익을 받을 수 있다는 것
④ 진술을 거부할 권리를 포기하고 행한 진술은 법정에서 유죄의 증거로 사용될 수 있다는 것

해설
「형사소송법 제244조의3」
검사 또는 사법경찰관은 피의자를 신문하기 전에 다음 사항을 알려주어야 한다.
- 일체의 진술을 하지 아니하거나 개개의 질문에 대하여 진술을 하지 아니할 수 있다는 것
- 진술을 하지 아니하더라도 불이익을 받지 아니한다는 것
- 진술을 거부할 권리를 포기하고 행한 진술은 법정에서 유죄의 증거로 사용될 수 있다는 것
- 신문을 받을 때에는 변호인을 참여하게 하는 등 변호인의 조력을 받을 수 있다는 것

정답 ③

98 ★★★

화재로 인한 재해보상과 보험가입에 관한 법률상 특수건물의 특약부화재보험에 가입하지 아니한 자의 벌칙 기준으로 옳은 것은? (단, 산업재해보상보험 가입 대상이 아님)

① 300만원 이하의 벌금
② 500만원 이하의 벌금
③ 700만원 이하의 벌금
④ 1,000만원 이하의 벌금

해설
「화재로 인한 재해보상과 보험가입에 관한 법률 제23조」
특약부화재보험에 가입하지 아니한 자는 500만원 이하의 벌금에 처한다.

정답 ②

99 ★★☆

소방의 화재조사에 관한 법률상 소방서장이 화재조사를 하기 위하여 관계인에게 보고 또는 자료 제출을 명했을 때 이를 위반하여 보고 또는 제출을 하지 아니한 자에 대한 과태료 기준으로 옳은 것은?

① 200만원 이하의 과태료
② 300만원 이하의 과태료
③ 500만원 이하의 과태료
④ 1,000만원 이하의 과태료

해설

「소방의 화재조사에 관한 법률 23조」
다음 어느 하나에 해당하는 사람에게는 200만원 이하의 과태료를 부과한다.
- 허가 없이 통제구역에 출입한 사람
- 명령을 위반하여 보고 또는 자료 제출을 하지 아니하거나 거짓으로 보고 또는 자료를 제출한 사람
- 정당한 사유 없이 출석을 거부하거나 질문에 대하여 거짓으로 진술한 사람
- 과태료는 대통령령으로 정하는 바에 따라 소방관서장 또는 경찰서장이 부과·징수한다.

정답 ①

100 ★★★

제조물 책임법령상 손해배상책임을 지는 자가 손해배상책임을 면하기 위하여 입증하여야 할 사항으로 명시되지 않은 것은?

① 제조업자가 해당 제조물을 공급하지 아니하였다는 사실
② 제조업자가 해당 제조물을 공급한 당시의 과학·기술 수준으로는 결함의 존재를 발견할 수 없었다는 사실
③ 제조물의 결함이 제조업자가 해당 제조물을 제조한 당시의 법령에서 정하는 기준을 준수함으로써 발생하였다는 사실
④ 원재료나 부품의 경우에는 그 원재료나 부품을 사용한 제조물 제조업자의 설계 또는 제작에 관한 지시로 인하여 결함이 발생하였다는 사실

해설

「제조물 책임법 제4조」
손해배상책임을 지는 자가 다음어느 하나에 해당하는 사실을 입증한 경우에는 이 법에 따른 손해배상책임을 면(免)한다.
- 제조업자가 해당 제조물을 공급하지 아니하였다는 사실
- 제조업자가 해당 제조물을 공급한 당시의 과학·기술 수준으로는 결함의 존재를 발견할 수 없었다는 사실
- 제조물의 결함이 제조업자가 해당 제조물을 공급한 당시의 법령에서 정하는 기준을 준수함으로써 발생하였다는 사실
- 원재료나 부품의 경우에는 그 원재료나 부품을 사용한 제조물 제조업자의 설계 또는 제작에 관한 지시로 인하여 결함이 발생하였다는 사실

정답 ③

2021년 4회 기출문제

화재조사론

01 ★★☆

화재합동조사단이 화재조사를 완료하면 결과를 보고해야 할 사항 중 틀린 것은?

① 화재합동조사단의 수행 경비 및 수당 등 예산 사항
② 화재합동조사단의 운영 개요
③ 화재조사 개요
④ 현행 제도의 문제점 및 개선 방안

해설

화재합동조사단은 화재조사를 완료하면 소방관서장에게 다음 사항이 포함된 화재조사 결과를 보고해야 한다.
- 화재합동조사단 운영 개요
- 화재조사 개요
- 화재조사에 관한 법 제5조제2항 각 호의 사항
  - 화재원인에 관한 사항
  - 화재로 인한 인명·재산피해상황
  - 대응활동에 관한 사항
  - 소방시설 등의 설치·관리 및 작동 여부에 관한 사항
  - 화재발생건축물과 구조물, 화재유형별 화재위험성 등에 관한 사항
  - 그 밖에 대통령령으로 정하는 사항
- 다수의 인명피해가 발생한 경우 그 원인
- 현행 제도의 문제점 및 개선 방안
- 그 밖에 소방관서장이 필요하다고 인정하는 사항

정답 ①

02 ★★☆

화재조사자의 자세로 틀린 것은?

① 과학적이고 주관적인 조사를 해야 한다.
② 특이한 화재현상에 대하여는 관계지식을 최대한 활용하여야 한다.
③ 소방기본법에 따라 부여된 권리와 의무를 초과해서는 안 된다.
④ 직무를 이용하여 개인의 민사관계에 관여해서는 안 된다.

해설

화재조사자는 과학적이고 객관적인 조사를 해야 한다.

관련이론 화재조사자의 자세
- 화재조사자는 개인의 권리를 침해해서는 안 된다.
- 화재조사자는 과학적이고 객관적인 조사를 해야 한다.
- 화재조사자는 법이 부여한 권리와 의무를 초과해서는 안된다.
- 화재조사관 직무를 이용하여 관계인 등의 민사분쟁에 개입해서는 안 된다.
- 화재조사를 수행하면서 알게 된 비밀을 다른 용도로 사용하거나 누설해서는 안 된다.
- 진술의 자유 또는 신체의 자유를 침해하여 임의성을 의심할 만한 방법을 취해서는 안 된다.

정답 ①

03 ★★★

복사체에서 절대온도의 차이가 두 배 높아지면 해당물질로부터 복사에 의한 열전달율은 몇 배가 되는가?

① 2　　　② 4
③ 16　　④ 32

해설
복사열은 절대온도 4제곱에 비례하므로 절대온도가 2배가 되면 열전달율은 16배가 된다.

관련이론 스테판–볼츠만 법칙
$$Q = \varepsilon \sigma A T^4$$
Q: 방출되는 복사열에너지(W), ε: 방사율(0~1),
σ: 스테판−볼츠만상수($5.67 \times 10^{-8} W/m^2 \cdot K^4$), A: 표면적(m^2),
T: 표면온도(K)

정답 ③

04 ★★☆

소방의 화재조사에 관한 법률상 화재조사에 관한 설명으로 틀린 것은?

① 소방서장은 화재가 발생하였을 때에는 화재조사를 하여야 한다.
② 소방공무원과 국가경찰공무원은 화재조사를 할 때에 서로 협력하여야 한다.
③ 화재조사를 하는 화재조사관은 권한을 표시하는 증표를 지니고 이를 관계인에게 보여주어야 한다.
④ 화재조사를 하는 화재조사관은 화재조사를 수행하면서 알게 된 비밀에 대해 인터뷰해도 된다.

해설
화재조사관은 화재조사를 수행하면서 알게 된 비밀을 다른 용도로 사용하거나 누설해서는 안 된다.

정답 ④

05 ★★★

비등액체팽창증거폭발(BLEVE)에 대한 설명으로 틀린 것은?

① 인화성 액체에서만 일어날 수 있는 현상이다.
② 저장용기의 크기와 관계없이 일어날 수 있는 현상이다.
③ 가압상태에서 비점이상 온도의 액체를 저장하는 용기와 관련된 폭발이다.
④ 저장용기 내에 존재하는 물질의 상호이상반응에 의해서도 발생이 가능한 현상이다.

해설
비등액체팽창증기폭발(BLEVE) 현상이란 외부 화재로 인해 액화가스가 끓어올라 급격한 체적 팽창이 일어나고 가열된 액화가스 용기의 내압이 약해져 파열이 발생해 과열된 액체가 순간적으로 기화하며 충격파와 화구, 파편이 광범위한 피해를 일으키는 폭발현상이다.

관련이론 블레비(BLEVE) 발생조건
• 가연물이 비점 이상 가열될 것
• 가연성 가스가 밀폐계 내에 존재할 것
• 기계적 강도를 초과하는 압력이 형성될 것
• 내용물이 대기 중으로 방출될 것
• 온도상승으로 인한 탱크가 파열될 것

정답 ①

06 ★☆☆

조사인원 중 전문 인력에 관한 설명으로 틀린 것은?

① 기계공학자는 전문인력으로 부적합하다.
② 특이화재의 경우 전문 인력의 도움을 받을 수 있다.
③ 전문 인력을 데려오면 이해관계의 충돌을 피해야 한다.
④ 어떤 부분에 대한 훈련을 받았거나 받지 않았다는 사실이 특정 전문가의 자격에 영향을 끼친다는 뜻은 아니다.

해설
화재조사에 필요한 전문 인력에는 기계공학, 전기공학, 화학공학, 자동차공학 등 다양한 분야의 전문가가 필요하다.

정답 ①

07 ★★★
폭발 위력의 지표로 사용될 수 있는 자료와 거리가 가장 먼 것은?
① 폭심부의 깊이
② 파편의 비행거리
③ 깨진 유리창의 단면
④ 무너진 벽의 종류와 구조

해설
깨진 유리창의 단면으로는 폭발위력을 평가하기 어렵다.

관련이론 폭발위력의 지표
- 폭심부의 깊이
- 파편의 비행거리
- 무너진 벽의 종류와 구조

정답 ③

07 ★☆☆
유류화재와 관련된 용어의 설명으로 틀린 것은?
① 인화점은 외부로부터 에너지를 받아서 착화 가능한 최저온도이다.
② 발화점은 외부로부터 점화에너지 공급 없이 주변의 열에 의해 물질 스스로 착화되는 최저온도이다.
③ 증기밀도는 공기의 분자량을 가연성 물질의 분자량으로 나눈 값이다.
④ 연소점은 화염이 꺼지지 않고 지속되는 최저온도이다.

해설
증기밀도는 표준상태(0℃, 1기압)에서 그 기체의 1mol 당 분자량을 공기의 부피(22.4L)로 나눈 값이다.

정답 ③

09 ★☆☆
MEK(메틸에틸케톤)으로 인한 화재 분류로 옳은 것은?
① A급화재
② B급화재
③ C급화재
④ D급화재

해설
MEK(메틸에틸케톤)는 휘발성 유기용제로 유류이며 유류화재(B급화재)에 해당한다.

정답 ②

10 ★☆☆
화재조사관의 현장안전관리에 관한 내용으로 틀린 것은?
① 조사관은 활동 시에 화재 진압인력과 협력해야 한다.
② 조사관은 화재현장 지휘관에게 알리지 않고 건물 내 다른 곳으로 이동해서는 안 된다.
③ 화재가 진압된 건물에서 조사를 수행할 때 불이 다시 날 수 있다는 것을 염두에 두어야 한다.
④ 화재가 완전히 진압되기 전에 조사관은 지휘관의 허가를 받지 않아도 건물에 들어가 조사를 할 수 있다.

해설
화재가 완전히 진압되기 전에 조사관은 단독행동을 해서는 안 되며 지휘관의 지휘를 받아 조사한다.

관련이론 화재조사관의 현장안전관리
- 조사관은 활동 시에 화재 진압인력과 협력해야 한다.
- 조사관은 화재현장 지휘관에게 알리지 않고 건물 내 다른 곳으로 이동해서는 안 된다.
- 화재가 진압된 건물에서 조사를 수행할 때 불이 다시 날 수 있다는 것을 염두에 두어야 한다.
- 화재가 완전히 진압되기 전에 조사관은 단독행동을 해서는 안 되며 지휘관의 지휘를 받아 조사한다.

정답 ④

11 ★☆☆
화재조사 및 보고규정상 화재현황조사서에 관한 사항 중 틀린 것은?
① 연소확대물, 연소확대 사유를 기록한다.
② 온도, 습도와 같은 기상상황은 기록하지 않는다.
③ 발화열원, 발화요인, 최초착화물 등 화재원인을 기록한다.
④ 동원인력 사항을 기록할 때 잔불감시 인력에 대한 사항을 기록한다.

해설
화재현황조사서에서 기상상황 정보는 중요한 기재항목이다.

관련이론 화재현황조사서의 기재해야 하는 기상상황
- 날씨
- 습도(%)
- 풍속(m/s)
- 온도(℃)
- 풍향
- 기상특보

정답 ②

12 ★★★

화재증거물수집관리규칙상 증거물의 포장·보관·이동에 관한 설명으로 옳은 것은?

① 증거물의 포장은 보호상자를 사용하여 일괄 포장함을 원칙으로 한다.
② 화재 증거물은 관계인의 승낙에 관계없이 폐기할 수 있다.
③ 증거물은 화재증거 수집 목적 달성 후 관계인에게 반환하지 않고 3년간 보관하여야 한다.
④ 증거물의 반환 또는 폐기까지 화재조사자 또는 이와 동일한 자격 및 권한을 가진 자의 책임 하에 행해져야 한다.

선지분석
① 증거물의 포장은 보호상자를 사용하여 개별 포장함을 원칙으로 한다.
② 관계인의 승낙이 있을 때에는 폐기할 수 있다.
③ 증거물은 화재증거 수집의 목적달성 후에는 관계인에게 반환하여야 한다.

관련이론 증거물 보관·이동
- 증거물의 보관은 전용실 또는 전용함 등 변형이나 파손될 우려가 없는 장소에 보관해야 하고, 화재조사와 관계없는 자의 접근은 엄격히 통제되어야 하며, 보관관리 이력은 별지에 따라 작성하여야 한다.
- 증거물 이동과정에서 증거물의 파손·분실·도난 또는 기타 안전사고에 대비하여야 한다.
- 파손이 우려되는 증거물, 특별 관리가 필요한 증거물 등은 이송상자 및 무진동 차량 등을 이용하여 안전에 만전을 기하여야 한다.
- 증거물은 화재증거 수집의 목적달성 후에는 관계인에게 반환하여야 한다. 다만 관계인의 승낙이 있을때에는 폐기할 수 있다.

정답 ④

13 ★★★

증거물 수집 용기와 시료의 적응성을 연결한 것으로 틀린 것은?

① 비닐 백: 액체
② 종이상자: 고체
③ 금속캔: 고체, 액체
④ 유리병: 고체, 액체

해설
비닐 백은 액체시료를 보관하기에 충분한 강도를 갖고 있지 않다.

정답 ①

14 ★★★

화재조사 및 보고규정상 변전소에서 발생한 화재의 조사 결과 보고 기한으로 (   )에 알맞은 기준은?

- 화재 인지로부터 (㉠)일 이내
- 정당한 사유가 있는 경우에는 소방관서장에게 사전 보고를 한 후 (㉡)일 만큼 조사 보고일을 연장할 수 있다.

① ㉠: 15, ㉡: 50
② ㉠: 15, ㉡: 60
③ ㉠: 30, ㉡: 필요한 기간
④ ㉠: 30, ㉡: 60

해설
변전소에서 발생한 화재의 경우 화재발생일로부터 30일 이내에 보고해야 하지만 정당한 사유가 있는 경우에는 소방관서장에게 사전 보고를 한 후 필요한 기간만큼 조사 보고일을 연장할 수 있다.

정답 ③

15 ★☆☆

대표적으로 숯, 코크스 등이 연소되는 현상으로 산소와 접하게 되는 물질의 연소로 화염이 없이 표면에서 나타나는 연소의 형태는?

① 분해연소
② 표면연소
③ 확산연소
④ 혼합연소

해설
표면연소는 가연성 기체를 발생시키지 않는 연소로 숯, 코크스 연소가 대표적이다.

관련이론 표면연소
가열되더라도 열분해나 증발없이 가연성 기체를 발생시키지 않는 연소 방식으로 온도 상승이나 산소 공급이 있어도 화염연소로 전환되지 않으며 숯, 코크스의 연소가 대표적이다.

정답 ②

16 ★☆☆

백드래프트(Back Draft) 현상에 관한 설명으로 옳은 것은?

① 주로 감쇠기 단계에서만 발생한다.
② 연소속도가 빠르기 때문에 압력파를 생성하지만 충격파는 생성하지 않는다.
③ 현상 발생 전 구획실 내 대기는 산소가 충분한 상태이다.
④ 발생 전 구획실 내 가연성 증기의 온도는 인화점 이상이다.

선지분석
① 주로 성장기와 감쇠기에서 발생한다.
② 연소속도가 음속에 가까울 정도로 빨라 충격파를 생성한다.
③ 백드래프트는 구획실 내 산소가 불충분한 상태에서 발생한다.

관련이론 백드래프트(Back draft)
- 백드래프트는 주로 성장기와 감쇠기에서 발생한다.
- 백드래프트는 구획실 내 산소가 불충분한 상태에서 발생한다.
- 플래시오버가 성장기에 발생하는 반면 백드래프트는 최성기 이후에 발생한다.
- 구획실 내부는 고온 상태이며 축적된 가연성가스의 온도는 스스로 불이 붙을 수 있는 온도인 발화점 이상으로 인화점보다 훨씬 높은 온도이다.
- 불완전연소된 가연성가스와 열이 집적된 상태에서 다량의 공기가 순간적으로 공급될 때 발생하는 발화현상이다.

정답 ④

17 ★★★

가연성기체 중 위험성의 척도인 위험도가 가장 큰 것은?

① 메탄   ② 에탄
③ 프로판 ④ 아세틸렌

해설
위험도(H)를 구하는 공식은 다음과 같다.
$$H = \frac{U-L}{L}$$
H: 위험도, L: 연소하한계(vol%), U: 연소상한계(vol%)

① 메탄의 위험도 = $\frac{15-5}{5}$ = 2vol%

② 에탄의 위험도 = $\frac{12.5-3}{3}$ = 3.17vol%

③ 프로판의 위험도 = $\frac{9.5-2.1}{2.1}$ = 3.52vol%

④ 아세틸렌의 위험도 = $\frac{81-2.5}{2.5}$ = 31.4vol%

이므로, 위험도가 가장 큰 것은 아세틸렌이다.

관련이론 연소(폭발)범위

종류	폭발하한계(vol%)	폭발상한계(vol%)
메탄	5	15
에탄	3	12.5
프로판	2.1	9.5
아세틸렌	2.5	81

정답 ④

18 ★☆☆

폭발현상에 관한 설명으로 틀린 것은?

① 기체나 액체의 팽창, 상변화 등의 물리적 현상이 압력 발생의 원인이 되어 발생하는 폭발을 물리적 폭발이라 한다.
② 물질의 분해, 연소 등으로 압력이 상승하는 것이 원인이 되어 발생하는 폭발을 화학적 폭발이라 한다.
③ 알루미늄 분진이 공기 중에 부유된 상태에서 일어나는 폭발은 화학적 폭발에 해당한다.
④ 폭연은 화염전파속도가 미반응 매질 속에서 음속보다 큰 속도로 이동하는 폭발현상이다.

해설
폭굉은 화연전파속도가 미반응 매질 속에서 음속보다 큰 속도로 이동하는 폭발현상이다.

관련이론 폭발현상

구분	폭연(Deflagration)	폭굉(Detonation)
정의	0.1~10m/s로 음속(340m/s)보다 느리다.	1,000~3,500m/s로 음속(340m/s)보다 빠르다.
압력상승	완만하게 상승한다.	급격하게 상승하고 충격파를 동반한다.
화재파급효과	크다.	작다.
충격파	발생하지 않는다.	발생한다.
특징	• 폭굉으로 전이될 수 있다. • 반응 전파와 화염면 전파는 분자량 및 난류확산의 영향을 받는다.	파면에서 온도, 압력, 밀도가 불연속적으로 나타난다.

정답 ④

19 ★★★

탄화심도 측정방법으로 옳은 것은?

① 뾰족한 기구보다 끝이 뭉툭한 것이 좋다.
② 탄화심도 측정 시 갈라진 틈 안을 측정한다.
③ 비교 측정 시 다른 측정 기구를 사용하는 것이 좋다.
④ 각각의 측정 도구를 집어넣을 때 압력을 조금씩 다르게 하는 것이 중요하다.

해설
송곳과 같은 날카로운 측정기구를 사용하면 탄화되지 않은 곳까지 삽입되어 실제 탄화심도보다 더 깊은 깊이를 측정될 수 있어 끝이 뭉툭한 도구로 탄화층의 깊이만 재는 것이 정확하다.

관련이론 탄화심도 측정
• 목재의 표면이 탄화된 깊이를 말하며 수열이 심할수록 탄화심도가 깊어진다.
• 계침은 목재와 직각으로 삽입하여 측정하며 탄화된 요철부위 중 철(凸:볼록한 부분)부위를 측정한다.
• 게이지로 측정된 깊이 외에 소실된 부분의 깊이를 더하여 비교하여야 한다.
• 송곳과 같은 날카로운 측정기구를 사용하면 탄화되지 않은 곳까지 삽입되어 실제 탄화심도보다 더 깊은 깊이를 측정될 수 있어 끝이 뭉툭한 도구로 탄화층의 깊이만 재는 것이 정확하다.

정답 ①

20 ★☆☆

유리의 파단면 분석에 관한 설명으로 옳은 것은?

① 강화유리의 자발파괴(Spontaneous Breakage)형태는 쌍을 이루는 8각형의 파편이 발견된다.
② 충격에 의한 파괴유리의 충격방향을 확인하기 위해서는 동심원파단면의 월러라인(Waller Line)을 확인하는 것이 효과적이다.
③ 재료가 여러 번의 외력에 의하여 순차적으로 분리되었을 때는 동반하여 발생하는 분리선을 관찰하며 외력의 작용순서를 알 수 있다.
④ 폭발로 인한 압력에 의해 많은 파편들이 폭발의 중심부로부터 멀리 비산되는데, 화재 이후 폭발이 발생하였다면, 멀리 비산된 파편에 그을음이 부착될 수 없다.

선지분석
① 강화유리의 자발파괴(Spontaneous Breakage)형태는 쌍을 이루는 6각형의 파편이 발견된다.
② 충격에 의한 파괴유리의 충격방향을 확인하기 위해서는 동심원 파단면의 리플마크(Ripple mark)를 확인하는 것이 효과적이다.
④ 폭발로 인한 압력에 의해 많은 파편들이 폭발의 중심부로부터 멀리 비산되는데, 화재이후 폭발이 발생하였다면, 멀리 비산된 파편에 그을음이 부착될 수 있다.

정답 ③

화재감식론

21 ★☆☆

선박방화구조기준상 용어의 설명으로 틀린 것은?

① 주수직구역격벽이란 선체, 선루 및 갑판실을 주수직구역으로 구분하는 격벽을 말한다.
② 주수평구역이란 선체, 선루 및 갑판실이 A급 구획의 갑판으로 구분된 구역으로서 해당 구역의 높이가 10미터를 초과하지 아니하는 구역을 말한다.
③ 방화댐퍼란 통풍용 덕트에 설치된 장치로서, 평상시에는 덕트 내에 공기가 흐를 수 있도록 열려 있다가 화재 시에는 연기 및 고온의 가스 전파를 차단하기 위하여 덕트 내의 공기의 흐름을 막을 수 있도록 폐쇄하는 장치이다.
④ 기관구역이란 특정기관구역과 추진기관, 보일러, 내연기관, 주요전기설비, 냉동기, 감요(減搖)장치, 송풍기 및 공기조화기기가 있는 장소, 급유장소 그 밖에 이와 유사한 장소와 이들 장소에 이르는 트렁크를 말한다.

해설
방화댐퍼란 통풍용 덕트에 설치된 장치로서 평상시에는 덕트 내에 공기가 흐를 수 있도록 열려 있다가 화재 시에는 화재의 확산을 차단하기 위하여 덕트 내의 공기의 흐름을 막을 수 있도록 폐쇄하는 장치이다.

관련이론 방화댐퍼의 종류
- 자동방화댐퍼란 화재에 노출되면 자동적으로 닫히는 방화댐퍼를 말한다.
- 수동방화댐퍼란 댐퍼의 열림 및 닫힘이 선원에 의해 수동으로 조작되는 방화댐퍼를 말한다.
- 원격조작방화댐퍼란 선원이 작동되는 댐퍼로부터 멀리 떨어진 곳에 위치한 제어장치를 사용하여 폐쇄할 수 있는 방화댐퍼를 말한다.

정답 ③

22

유류를 이용한 자살 방화 현장의 특징 중 틀린 것은?

① 유류와 사용한 용기가 존재한다.
② 연소면적이 좁고 탄화심도가 깊다.
③ 우발적이기보다는 계획적으로 실행한다.
④ 급격한 연소 확대로 연소의 방향성 식별이 어렵다.

해설
유류를 이용한 자살 방화 현장은 연소면적이 넓고 탄화심도가 얕다.

정답 ②

23

담뱃불화재 현장의 주요 감식사항이 아닌 것은?

① 발화에 충분한 축열조건
② 발화지점이 넓게 탄화된 흔적
③ 흡연행위가 있었다는 것을 증명
④ 담뱃불에 의해 착화될 수 있는 가연물

해설
담뱃불은 발화지점의 탄화흔적이 깊고 국부적으로 패어 있다.

정답 ②

24

다음 발화원인 중 미소화원이 아닌 것은?

① 담뱃불
② 용접불티
③ 절삭 불티
④ 가스레인지 불꽃

해설
미소화원은 에너지가 매우 작은 것으로 연소반응속도는 느리고, 발열량은 작은 것으로 담뱃불, 향불, 스파크, 불티가 대표적이다.

정답 ④

25

자동차 점화장치의 전류 흐름 순서로 옳은 것은?

① 점화스위치 → 점화코일 → 배터리 → 시동모터 → 배전기 → 고압케이블 → 스파크 플러그
② 점화스위치 → 배터리 → 시동모터 → 점화코일 → 배전기 → 고압케이블 → 스파크 플러그
③ 점화스위치 → 시동모터 → 점화코일 → 배터리 → 배전기 → 고압케이블 → 스파크 플러그
④ 점화스위치 → 고압케이블 → 배전기 → 시동모터 → 점화코일 → 배터리 → 스파크 플러그

해설
점화장치가 있는 가솔린 엔진의 전류흐름도는 다음과 같다.
점화스위치 → 배터리 → 시동모터 → 점화코일 → 배전기 → 고압케이블 → 스파크 플러그

정답 ②

26

일반적으로 산소, 수소, 질소, 아르곤 등의 압축가스 용기의 안전장치에 적합한 밸브는?

① 파열판식 안전밸브
② 스프링식 안전밸브
③ 가용전(가용합금식) 안전밸브
④ 스프링식과 파열판식의 2중 안전밸브

해설

구분	용기의 종류
스프링식	LPG 용기
가용전식	염소, 아세틸렌, 산화에틸렌 용기
파열판식	산소, 수소, 질소, 아르곤, 액체 이산화탄소 용기
2중식 (스프링식+파열판식)	초저온 용기

정답 ①

27 ★☆☆

사람이 버린 담배꽁초에 의해 화재가 발생하였을 때 추정되는 선행 발화원인은?

① 휴지
② 담배꽁초
③ 쓰레기통
④ 사람의 부주의 행위

해설

사람이 버린 담배꽁초에 화재가 발생하였으므로 선행 발화원인은 부주의다.

정답 ④

28 ★☆☆

절연저항계의 설명으로 옳은 것은?

① 발전기식 절연저항계는 전지식에 비해 소형 경량이고 조작도 간단하며 기계적 접점이 없으므로 고장이 적은 특징이 있다.
② 절연저항계에서 절연 측정은 활선 상태에서는 전로의 절연 저항을 측정할 수 없다.
③ 절연저항계의 측정 전압은 10V, 25V, 50V, 100V, 500V, 1,000V 등 다양한 범위를 가지며, 고저항의 측정 범위는 500㏁ ~ 2×1016 Ω 까지 직독할 수 있다.
④ 절연저항계는 전기기기나 배선공사의 안정성을 확보하기 위해서 이들의 교류절연저항을 측정하는 계측기로서, 보통 메거라고 한다.

선지분석

① 발전기식 절연저항계는 전지식에 비해 무겁고 기계적 접점의 고장 가능성이 높다.
② 절연저항계에서 활선상태에서 절연저항을 측정할 수 있는 것도 있다.
④ 절연저항계로 불리는 메거는 직류저항을 측정하는 계측기이다.

정답 ③

29 ★★☆

일반화재와 구별되어야 하는 차량화재의 특수성에 대한 설명 중 틀린 것은?

① 차량은 동력기계 계통, 전기전자 계통, 연료공급 계통, 배기계통 등 기구의 복잡성이 있다.
② 연료, 시트 등 화재 하중이 낮고, 외기에 개방된 상태인 환기 지배형 화재의 특성을 보인다.
③ 다양한 부착물 및 이의 변·개조가 용이하므로, 이러한 구조적 특수성에 의한 화재위험성에 노출되어 있다고 볼 수 있다.
④ 차량은 개방된 공간에 존치되는 특수성에 의해 사회적 불만이나 주차불만을 가진 자가 불특정한 방법으로 방화할 개연성이 높다고 볼 수 있다.

해설

차량화재는 연료, 시트 등 화재하중이 높고, 외기와 노출된 상태로 가연물에 의존하는 연료지배형의 화재특성을 보인다.

정답 ②

30 ★☆☆

그림과 같이 시간에 따른 전하의 이동에 있어서 구간별 전류는 얼마인가?

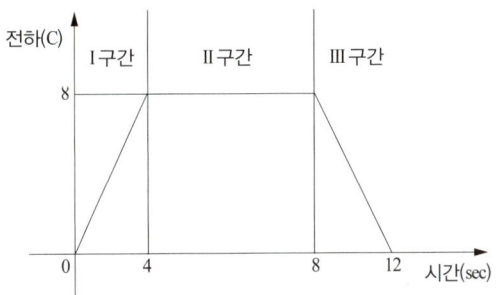

① Ⅰ구간: 8A, Ⅱ구간: 0A, Ⅲ구간: -1A
② Ⅰ구간: 8A, Ⅱ구간: 8A, Ⅲ구간: -2A
③ Ⅰ구간: 2A, Ⅱ구간: 0A, Ⅲ구간: -2A
④ Ⅰ구간: 2A, Ⅱ구간: 8A, Ⅲ구간: -1A

해설

전류란 시간 당 전하의 변화율을 말하며 공식은 다음과 같다.

$$I = \frac{dQ}{dt}$$

I: 전류, t: 시간(sec), Q: 전하량

• Ⅰ구간: 4초간 전하가 8이 흘렀다.
$$I = \frac{8-0}{4-0} = 2A$$

• Ⅱ구간: 4초간 전하의 흐름이 없다.
$$I = 0A$$

• Ⅲ구간: 4초간 전하의 흐름이 8에서 0으로 감소했다.
$$I = \frac{0-8}{12-8} = -2A$$

정답 ③

31 ★★★

고압가스 안전관리법령상 가스 종류에 따른 용기 외면 도색이 바르게 연결된 것은?

① 수소 - 백색
② 아세틸렌 - 갈색
③ 액화석유가스 - 회색
④ 액화암모니아 - 주황색

해설

가스종류	용기색상
LPG(액화석유가스)	회색
액화암모니아	백색
아세틸렌	황색
액화염소	갈색
액화탄산가스	청색(의료용: 회색)
산소	녹색(의료용: 백색)
수소	주황색

정답 ③

32 ★★☆

열전도성, 밀도 및 비열의 곱으로 정의되며 물질에 가해지는 에너지에 대한 물질의 반응을 설명하는 데 사용되는 용어는?

① 발화성
② 열관성
③ 유동성
④ 전열성

해설

열관성은 전도성, 밀도 및 비열의 곱으로 정의되며 물질에 가해지는 에너지에 대한 물질의 반응을 설명하는 데 사용되는 용어이다.

관련이론 열관성(Thermal Inertia)
• 주위 온도가 변하더라도 현재의 온도를 유지하려는 성질이다.
• 열축적이 잘 일어나지 않아 열관성이 높을수록 점화가 어렵다.
• 고밀도 물질(철, 구리 등 금속)은 밀도와 열전도율이 높아 열관성도 높다.
• 저밀도 물질(목재)은 밀도와 열전도율이 낮아 열관성이 낮다.

정답 ②

33 ★☆☆

화학결합에 대한 설명으로 틀린 것은?

① 전자쌍이 균등하게 공유되어 있지 않은 공유결합을 비극성 공유결합이라고 한다.
② 이온 결합은 두 이온 사이의 거리가 짧고, 두 이온의 전하량이 클수록 결합력이 강하다.
③ 수소 분자처럼 두 원자가 한 쌍 또는 그 이상의 전자쌍을 공유함으로써 형성되는 결합을 공유결합이라고 한다.
④ 이온화합물의 물리적 형태는 반대로 하전된 이온이 규칙적으로 배열된 결정성으로서 화합물의 양이온과 음이온의 전하량의 합은 0이다.

해설
비극성 공유결합이란 전기음성도의 차이가 없는 공유결합으로 공유전자쌍의 치우침 없이 균등하다.

관련이론 공유결합의 종류

구분	용기의 종류
극성공유결합	전기음성도의 차이가 있는 공유결합
비극성 공유결합	전기음성도의 차이가 없는 공유결합
이온결합	전기음성도의 차이가 있는 공유결합으로 차이가 크면 한 쪽이 전자를 빼앗기게 되는 결합

정답 ①

34 ★☆☆

탄화된 목재에서 공통적으로 나타나는 탄화흔과 균열흔의 특성으로 틀린 것은?

① 무염연소는 목재의 표면에 따라 광범위하게 전파된다.
② 불에 오래도록 강하게 탈수록 탄화의 깊이는 깊다.
③ 탄화모양을 형성하고 있는 패인 골이 깊을수록 소손이 강하다.
④ 탄화모양을 형성하고 있는 패인 골의 폭이 넓을수록 소손이 강하다.

해설
발염연소는 목재 표면을 따라 광범위하게 전파된다.

정답 ①

35 ★★☆

항공기 보조동력장치(APU)의 소화용기(Container) 내용물이 과도한 열로 인하여 외부로 배출 시 나타나는 지시는?

① 배출밸브(Discharge valve)가 열린다.
② 조종실에 경고등이 들어온다.
③ 온도방출지시기(Thermal discharge indicator)의 Yellow Disk가 없다.
④ 온도방출지시기(Thermal discharge indicator)의 Red Disk가 없다.

해설
항공기 화재진압장치(HRD, High rate od discharge)는 화재발생 시 1~2초 내에 다량의 소화액을 분사하여 화재를 진압하는 대용량 소화장치를 말하며, 온도방출지시기의 Red Disk가 없다면 과열로 인해 항공기 화재진압장치가 자동 분사 되었다는 것을 의미한다.

관련이론 온도방출지시기

종류	작동원리
적색 디스크 (Red Disk) 없음	과열로 인한 자동 방출
황색 디스크 (Yellow Disk) 없음	조종사가 화재를 인지하고 직접 수동으로 화재 핸들(Fire Handle)을 작동시켜 소화액 방출

정답 ④

36 ★★☆

임야화재에서 화염진행 방향에 따른 분류가 아닌 것은?

① 수직화재
② 전진화재
③ 후진화재
④ 횡진화재

해설
화염의 진행방향에 따른 화재는 전진화재, 후진화재, 횡진화재로 분류한다.

관련이론 산불화재의 화염진행 방향

구분	용기의 종류
전진형	경사면의 높은 방향으로 진행하는 것으로 화재의 속도, 강도, 화염의 높이가 모두 높다.
후진형	경사면의 낮은 방향으로 진행하는 것으로 화재의 속도, 강도, 화염의 높이가 모두 낮다.
횡진형	화재의 전진 각으로 부터 45~90° 정도의 각도로 진행하는 것이다.

정답 ①

37 ★☆☆

위험물안전관리법령상 제1류 산화성 고체에 명시되지 않은 것은?

① 질산염류
② 염소산염류
③ 과염소산염류
④ 질산에스테르류

해설

성질	품명	지정수량(kg)
산화성 고체	아염소산염류, 염소산염류, 과염소산염류, 무기과산화물	50
	질산염류, 브롬산염류, 요오드산염류	300
	중크롬산염류, 과망간산염류	1,000

정답 ④

38 ★☆☆

pH12인 수산화나트륨 수용액 50㎖를 중화시키기 위하여 농도를 알 수 없는 염산 10㎖를 사용하였다면 이 염산의 농도는?

① 0.01N
② 0.02N
③ 0.05N
④ 0.1N

해설

- 12pHNaOH에서 OH^-
  $pH = -\log_{10}[H^+]$으로 표현되므로
  $12 = -\log[H^+]$, $[H^+] = 10^{-12}$
  $[H^+] \times [OH^+] = 10^{-14}$이므로
  $OH^- = 10^{-2}$
- 수산화나트륨의 중화반응식
  $NaOH + HCl \rightarrow NaCl + H_2O$
- 염산의 농도
  $10^{-2} \times 50mL = HCl \times 10mL$
  $= HCl = \dfrac{10^{-2} \times 50mL}{10mL} = \dfrac{5}{100} = 0.05N$

정답 ③

39 ★★★

임야화재에 영향을 주는 3대 중요 요소가 아닌 것은?

① 기후
② 지형
③ 가연물
④ 점화원

해설

임야화재의 3요소는 기후, 지형, 가연물(연료)이다.

관련이론 임야화재 확산의 3요소

구분	종류
연료(가연물)	탈 수 있는 물질의 공급
기상	바람, 습도, 온도, 강수 등
지형	고도, 경사, 경사향, 지세 등

정답 ④

40 ★☆☆

방화의 행위방법 중 직접착화에 의해 발생한 화재의 특이점으로 옳은 것은?

① 인화물질을 이용한 경우 그 용기를 화재장소에서 먼 곳에 감춘다.
② 착화행위 직후 화염이 확대되고 대부분 한 곳에 집중적으로 착화시킨다.
③ 비교적 착화가 용이한 부분에 착화시키므로 훈소 또는 회화 현상이 많이 식별된다.
④ 방화범의 의류에 촉진제가 부착되는 경우가 있다.

선지분석

① 인화물질을 이용한 경우 그 용기를 화재장소에서 가까운 곳에 감춘다.
② 착화행위 직후 화염이 확대되고 대부분 한 곳에만 착화시키지 않고 여러 곳을 착화 시킨다.
③ 비교적 착화가 용이한 부분에 착화시키므로 훈소 또는 회화 현상이 식별되지 않는다.

정답 ④

증거물관리 및 법과학

41 ★★☆
화재증거물수집관리규칙상 증거물 시료용기 중 양철 캔(CAN)에 관한 설명으로 틀린 것은?

① 양철 캔과 그 마개는 청결하고 건조해야 한다.
② 사용하기 전에 캔의 상태를 조사해야 하며 누설이나 녹이 발견될 때에는 사용할 수 없다.
③ 양철 캔은 기름에 견딜 수 있는 디스크를 가진 스크루 마개 또는 누르는 금속마개로 밀폐될 수 있으며, 이러한 마개는 재사용이 가능하다.
④ 양철 캔은 적합한 양철판으로 만들어야 하며, 프레스를 한 이음매 또는 외부 표면에 용매로 송진 용제를 사용하여 납땜을 한 이음매가 있어야 한다.

해설
양철 캔은 기름에 견딜 수 있는 디스크를 가진 스크루 마개 또는 누르는 금속마개로 밀폐될 수 있으며, 이러한 마개는 한번 사용한 후에는 폐기되어야 한다.

관련이론 양철 캔(CAN) 시료용기
- 양철 캔은 적합한 양철판으로 만들어야 하며, 프레스를 한 이음매 또는 외부 표면에 용매로 송진용제를 사용하여 납땜을 한 이음매가 있어야 한다.
- 양철 캔은 기름에 견딜 수 있는 디스크를 가진 스크루 마개 또는 누르는 금속마개로 밀폐될 수 있으며, 이러한 마개는 한번 사용한 후에는 폐기되어야 한다.
- 양철 캔과 그 마개는 청결하고 건조해야 한다.
- 사용하기 전에 캔의 상태를 조사해야 하며 누설이나 녹이 발견될 때에는 사용할 수 없다.

정답 ③

42 ★☆☆
가솔린(Gasoline)을 GC-MS로 분석할 경우 검출되는 성분이 아닌 것은?

① 톨루엔 ② 크실렌
③ 알킨벤젠 ④ 멜라민

해설
가솔린을 GC-MS로 분석하였을 때 멜라민은 검출되지 않는다.

정답 ④

43 ★★☆
화재현장 및 물리적 증거물의 보존에 대한 책임이 있는 자가 아닌 것은?

① 소방관 ② 화재조사관
③ 경찰관 ④ 제조사 직원

해설
제조사 직원은 증거물 보존에 대한 책임이 없다.

정답 ④

44 ★★☆
화재조사관이 관계자 진술을 확보하고자 할 때 유의사항으로 틀린 것은?

① 인터뷰하는 동안 입수한 정보의 질을 평가해야 한다.
② 인터뷰의 목적은 유용하고 정확한 정보를 수집하기 위함이다.
③ 인터뷰는 화재가 완전히 진압된 뒤 천천히 진행한다.
④ 증인은 사고에 대한 직접적인 목격자가 아니라도 화재에 대한 정보를 제공할 수 있다.

해설
시간 경과 시 이해관계에 따라 거짓 진술을 할 수 있기 때문에 인터뷰는 화재직후 신속하게 진행해야 한다.

정답 ③

45 ★★★

피부화상을 조직손상 깊이에 따라 분류할 때, 2도 화상에 대한 설명으로 옳은 것은?

① 국부적인 화상으로 표피와 함께 진피까지 손상된 화상을 말하며 열에 의한 손상이 많다.
② 모세혈관의 충혈로 인하여 종창과 더불어 홍반만 보이기 때문에 홍반성 화상이라고 한다.
③ 부스럼 딱지 또는 생체 내의 피부조직이나 세포가 죽는 응고성 괴사에 빠지므로 괴사성 화상이라고도 한다.
④ 화열에 의한 국부적인 피부충혈과 부어오르는 발적 현상은 살아있는 사람에게 나타나고 사체에는 화열을 작용시켜도 이와 같은 현상은 나타나지 않는다.

해설

2도 화상은 피부에 물집이 생기고 수포 주위에 홍반을 보이며, 혈액침하가 일어나더라도 홍반만 남는다.

관련이론 화상단계에 따른 증상

화상단계	증상
1도 (홍반)	• 열에 의하여 피부가 붉어지고 국부적인 피부충혈과 피부가 부어오르는 화상이다. • 모세혈관의 충혈로 인하여 종창과 더불어 홍반만 보이기 때문에 홍반성 화상이라고 한다.
2도 (수포)	• 국부적인 화상으로 표피와 함께 진피까지 손상되는 화상이다. • 피부에 물집이 생기고 수포주위에 홍반을 보이며, 혈액침하가 일어나더라도 홍반만 남는다.
3도 (괴사)	• 피하지방을 포함한 피부 전층이 침범되는 화상이다. • 화상의 정도가 매우 심해 신경 및 조직이 파괴되고 자연적 재생이 불가능하여 피부이식을 해야한다. • 외견상 건조하고 회백색을 띠며 수포가 발생하지 않는다. • 부스럼 딱지 또는 생체 내의 피부조직이나 세포가 죽는 응고성 괴사에 빠지므로 괴사성 화상이라고도 한다.
4도 (탄화)	3도 증상을 넘어 피부가 탄화되는 정도까지의 화상이다.

정답 ①

46 ★★★

화재사의 생활반응으로 틀린 것은?

① 화상
② 권투선수 자세
③ 선홍색 시반 출현
④ 그을음의 흡입 흔적

해설

화재의 고열로 인해 시신의 근육이 사후에 수축하면서 나타나는 사후변화로 이는 화재 당시 살아있었는지 여부와는 관계없이 나타나므로 생활반응에 해당하지 않는다.

관련이론 화재사 사후의 변화

• 장갑상 및 양말상 탈락
  심한 화상을 입은 시신에서 손과 발의 피부가 손톱과 발톱을 포함한 채 장갑이나 양말처럼 벗겨지는 현상이 발생할 수 있으며, 이는 화상에 의한 생활반응인 수포로 오인될 수도 있다.

• 피부균열 및 파열
  외표에 열이 계속 가해지면 피부와 피하조직이 균열 또는 파열되어 베인 상처, 찢긴 상처와 비슷한 모습이 되기도 하며 하방의 근육이나 장기가 노출된다.

• 투사형 자세
  - 사망 후 열이 지속적으로 가해지면 근육이 경직되고 수축되는 열경직 현상이 나타난다.
  - 골격근은 굴근이 신근보다 양이 많아 굴근에서 열경직이 더 강하게 발생하며, 이로 인해 사지 관절이 반쯤 굴곡된 상태로 고정된다.
  - 이러한 자세는 권투를 준비하는 모습과 유사해 투사형 자세(Fighting position)라고 불린다.

• 탄화
  - 화염이 지속적으로 작용하면 인체는 점차 탄화된다.
  - 사망 후에도 탄화가 계속 진행되면 주로 상완부와 대퇴부 하단 부위에서 사지가 몸통과 분리되어 조각난 형태의 시신이 되며 이를 동시체(Torso cadaver)라고 한다.
  - 가열이 계속되면 결국 시신은 재로 변하게 되며, 성인의 경우 약 1,000℃에서 1.5~2.5시간이 소요되고, 신생아는 약 500℃에서 약 2시간 정도가 걸린다.

정답 ②

47 ★☆☆

콘크리트 바닥과 같은 다공성 물질에 흡수된 액체 촉진제 증거물을 수집할 때 흡수성 물질을 콘크리트 표면에 바르고 유지시키는 시간으로 옳은 것은?

① 1~2시간
② 3~5분
③ 5~10분
④ 20~30분

해설
콘크리트 바닥에 다공성 촉진제를 사용할 때 프라이머 도포 후 20~30분이 지나야 접착 및 실링작업을 할 수 있다.

정답 ④

48 ★☆☆

화재현장 사진 촬영에 대한 설명으로 틀린 것은?

① 가능하다면 진행되고 있는 화재를 촬영한다.
② 건물은 가능한 여러 각도와 외부 각도에서 많은 사진을 찍어야 한다.
③ 현재 현장의 위치를 확실히 하기 위해 외부 사진을 촬영해 두어야 한다.
④ 군중 속의 사람을 촬영하는 것은 인권침해의 우려가 있어 촬영해서는 안 된다.

해설
군중 속에 방화범이 있을 확률이 높기 때문에 촬영할 수 있다.

정답 ④

49 ★★★

가솔린과 같은 휘발성 액체를 장기간 보관하는 경우 가장 적절한 보관 용기는?

① 유리병
② 금속 캔
③ 특수 증거물 봉지
④ 일반 비닐 증거물 봉지

해설
휘발성 액체는 증발 방지를 위해 유리병에 보관한다.

관련이론 유리병 용기의 특징
- 가격이 저렴하고 구하기 쉽다.
- 용기를 열지 않고도 내용물을 확인할 수 있다.
- 휘발성 액체의 증발을 막을 수 있다.
- 액체·고체 촉진제 증거물을 장기간 저장할 수 있다.
- 대량 저장이 어렵고 장기간 보관 시 파손 위험이 있다.
- 고무 밀봉 시 파손 위험이 크다.
- 코르크 마개는 휘발성 액체 보관에 부적합하며, 빛에 민감한 시료는 짙은 색 용기를 사용해야 한다.
- 마개는 유리, PTFE(폴리테트라플루오로에틸렌), 내유성 플라스틱, 금속 스크루 마개 등을 사용한다.

정답 ①

50 ★☆☆

콘크리트와 같은 표면에 뿌려진 인화성 액체 잔류물수거 시 사용하는 물질과 거리가 가장 먼 것은?

① 석회
② 규조토
③ 밀가루
④ 베이킹파우더

해설
콘크리트와 같은 표면에 뿌려진 인화성 액체 잔류물수거 시 사용하는 물질은 석회, 규조토, 밀가루 등이다.

정답 ④

51

냉온수기의 자동온도 조절장치에서 절연체의 오염에 의한 트래킹 화재가 발생한 경우 수거해야 할 증거물로 옳은 것은?

① 응축기(Condenser)
② 압축기(Compressor)
③ 서모스탯(Thermostat)
④ 과부하 계전기(Overload relay)

해설
서모스탯은 온수통에 설치된 바이메탈식 자동 온도조절기이다.

정답 ③

52

가연성 액체가 살포된 수평재에서 발견되는 패턴이 아닌 것은?

① V 패턴
② 포어 패턴
③ 스플래시 패턴
④ 도넛 패턴

해설
V 패턴은 일반적으로 가연성 액체에 의한 화재패턴에 해당하지 않는다.

관련이론 가연성 액체의 화재패턴
- 포어 패턴(Pour pattern)
- 스플래시 패턴(Splash pattern)
- 고스트 마크(Ghost mark)
- 틈새연소 패턴(Seam burn pattern)
- 도넛 패턴(Doughnut pattern)
- 레인보우 이펙트(Rainbow effect)

정답 ①

53

화재증거물수집관리규칙상 명시된 현장사진 및 비디오촬영에 관한 내용으로 옳은 것은?

① 최초 도착하였을 때 원상태를 그대로 촬영한다.
② 화재조사 진행순서와 상관없이 신속히 촬영한다.
③ 증거물을 촬영할 때는 구분이 용이하도록 반드시 번호표 등을 넣어 촬영한다.
④ 연소확대 경로 기록 시 번호표와 화살표는 생략한다.

해설
최초 도착하였을 때의 원상태를 그대로 촬영하고, 화재조사의 진행순서에 따라 촬영한다.

관련이론 현장사진 및 비디오 촬영 시 유의사항
- 최초 도착하였을 때의 원상태를 그대로 촬영하고, 화재조사의 진행순서에 따라 촬영
- 증거물을 촬영할 때는 그 소재와 상태가 명백히 나타나도록 하며, 필요에 따라 구분이 용이하게 번호표 등을 넣어 촬영
- 화재현장의 특정한 증거물 등을 촬영함에 있어서는 그 길이, 폭 등을 명백히 하기 위하여 측정용 자 또는 대조도구를 사용하여 촬영
- 화재상황을 추정할 수 있는 다음 각목의 대상물의 형상은 면밀히 관찰 후 자세히 촬영
  - 사람, 물건, 장소에 부착되어 있는 연소흔적 및 혈흔
  - 화재와 연관성이 크다고 판단되는 증거물, 피해물품, 유류
- 현장사진 및 비디오 촬영과 현장기록물 확보 시에는 연소확대 경로 및 증거물 기록에 대한 번호표와 화살표 등을 활용하여 작성한다.

정답 ①

54

디지털카메라의 고유 기능으로 받아들인 빛을 증폭하여 감도를 높이거나 낮춰주는 기능은?

① 줌 기능
② EV 쉬프트
③ ISO 조절 기능
④ 화이트 밸런스

해설
ISO 조절 기능은 카메라의 빛에 반응하는 정도를 국제 표준화시킨 수치로 감도가 높을수록 빛에 민감하게 반응한다.

정답 ③

55 ★☆☆

화재증거물수집관리규칙상 촬영한 사진으로 증거물과 서류를 작성할 때 현장 및 감정사진 작성방법에 관한 설명으로 틀린 것은?

① 화재발생 일시를 기재한다.
② 사진 촬영한 방위를 표기한다.
③ 화재현장 증거물 및 감정사진을 첨부하고 하단에 제목과 설명을 기재한다.
④ 형사사건 및 재판상 증거자료로 활용될 수 있으므로 주의를 기울여 촬영한다.

해설
화재발생 시간과 사진촬영 시간은 차이가 있을 수 있어 사진촬영 일시를 기재해야 한다.

정답 ①

56 ★☆☆

0.3%의 농도에서 즉시 사망할 수 있으며 질소성분을 가지고 있는 합성수지, 동물의 털, 인조견 등의 섬유가 불완전연소 시 발생하는 맹독성 가스로 옳은 것은?

① 암모니아　　② 포스겐
③ 염화수소　　④ 시안화수소

해설
시안화수소는 0.3%의 농도에서 즉시 사망할 수 있으며 질소성분을 가지고 있는 합성수지, 동물의 털, 인조견 등의 섬유가 불완전연소 시 발생하는 맹독성 가스에 해당한다.

정답 ④

57 ★★★

화재증거물수집관리규칙상 수집한 증거물을 이송할 때 포장하고 기록·부착하여야 하는 상세정보가 아닌 것은?

① 수집장소 및 수집자
② 소유자 및 관리자 성명
③ 증거물 내용 및 봉인자
④ 수집일시 및 증거물 번호

해설
소유자 및 관리자 성명은 증거물 이송을 위해 포장한 후 부착하여야 할 상세정보에 해당하지 않는다.

관련이론 화재증거물 상세정보
- 수집일시, 수집장소, 수집자
- 증거물 번호, 증거물 내용
- 봉인자, 봉인일시

정답 ②

58 ★☆☆

화재현장에서 수집된 증거의 해석으로 틀린 것은?

① 화재현장에서 발견된 소사체에서 생활반응이 있을 경우 피해자는 화재 이전 사망한 상태였다는 것을 알 수 있다.
② 깨져 바닥에 쏟아진 유리창의 내측에 그을음이 부착되어 있지 않다면 화재 이전 창문이 먼저 깨졌다는 것을 의미한다.
③ 화재현장 내부의 전기배선 끝단이 합리적인 이유 없이 절단된 경우 현장조사를 방해하기 위한 행위로 추정해 볼 수 있다.
④ 타이어 흔적 위로 족적이 찍혀 있다면 이러한 증거는 차량이 지나간 후에 누군가 걸어갔다는 것을 증명해 주는 역할을 한다.

해설
화재현장에서 발견된 소사체에서 생활반응이 없을경우 피해자는 화재 이전 사망한 상태였다는 것을 알 수 있다.

정답 ①

59

화재현장에 있는 벽면이나 철판 등에 발생하는 백화현상에 대한 설명으로 옳은 것은?

① 한번 부착된 그을음은 없어지지 않는다.
② 그을음이 부착되었다가 열에 의해 연소한 흔적이다.
③ 열에 의해 가열되었다가 급속히 냉각된 흔적이다.
④ 훈소로 발생한 가연성 증기가 응축하면서 부착된흔적이다.

해설

백화현상(Perfect Combustion Phenomenon)은 완전연소(Clean burn)을 의미한다.

관련이론 백화현상(Perfect Combustion Phenomenon)
- 화재현장에 있는 벽면이나 철판에 하얗게 탄화된 부분으로 완전연소(Clean burn)을 의미한다.
- 어떤 물질이 물체 표면에 부착되어 고온의 고열과 강력한 복사열에 노출되면 그을음마저 연소된다.

정답 ②

60

화재증거물 보관에 대한 설명으로 옳은 것은?

① 증거물은 밝은 곳에 보관한다.
② 휘발성 물질은 냉장보관한다.
③ 냉동보관된 물질은 물리적 테스트에 도움을 준다.
④ 수분이 포함된 금속물질은 견고하게 밀폐시켜 산화를 방지한다.

해설

휘발성 물질은 상온에서 쉽게 증발하기 때문에 냉장보관해야 한다.

정답 ②

화재조사보고 및 피해평가

61

화재조사 및 보고규정상 화재피해액 산정대상이 전부손해인 경우 시중매매가격을 화재로 인한 피해액으로 산정하지 않는 것은?

① 차량
② 동물
③ 식물
④ 골동품

해설

회화(그림), 골동품, 미술공예품, 귀금속 및 보석류는 전부손해의 경우 감정가격으로 하며 전부손해가 아닌 경우 원상복구에 소요되는 비용으로 한다.

정답 ④

62

화재조사 및 보고규정상 질문기록서의 작성을 생략할 수 있는 화재는?

① 전봇대화재
② 건축·구조물화재
③ 선박·항공기화재
④ 자동차·철도차량화재

해설

기타화재 중 쓰레기, 모닥불, 가로등, 전봇대화재 및 임야화재의 경우 질문기록서 작성을 생략할 수 있다.

정답 ①

63 ★★★☆

소방기본법령상 소방서의 종합상황실에서 소방본부의 종합상황실에 보고해야 하는 화재로 해당되지 않는 것은?

① 정부미 도정공장의 화재
② 발전소 및 변전소의 화재
③ 이재민이 100명 이상 발생한 화재
④ 재산피해가 30억원으로 추정되는 화재

해설

종합상황실의 실장은 다음 어느 하나에 해당하는 상황이 발생하는 때에는 그 사실을 지체없이 서면·팩스 또는 컴퓨터통신 등으로 소방서의 종합상황실의 경우는 소방본부의 종합상황실에, 소방본부의 종합상황실의 경우는 소방청의 종합상황실에 각각 보고해야 한다.

- 사망자가 5인 이상 발생하거나 사상자가 10인 이상 발생한 화재
- 이재민이 100인 이상 발생한 화재
- 재산피해액이 50억원 이상 발생한 화재
- 관공서·학교·정부미도정공장·문화재·지하철 또는 지하구의 화재
- 관광호텔, 층수가 11층 이상인 건축물, 지하상가, 시장, 백화점, 지정수량의 3천배 이상의 위험물의 제조소·저장소·취급소, 층수가 5층 이상이거나 객실이 30실 이상인 숙박시설
- 층수가 5층 이상이거나 병상이 30개 이상인 종합병원·정신병원·한방병원·요양소, 연면적 1만5천제곱미터 이상인 공장 또는 화재경계지구에서 발생한 화재
- 철도차량, 항구에 매어둔 총 톤수가 1천톤 이상인 선박, 항공기, 발전소 또는 변전소에서 발생한 화재
- 가스 및 화약류의 폭발에 의한 화재
- 다중이용업소의 화재
- 통제단장의 현장지휘가 필요한 재난상황
- 언론에 보도된 재난상황

정답 ④

64 ★★★

화재피해액 산정 시 유의사항으로 틀린 것은?

① 모델하우스에 대한 최종잔가율은 20%이다.
② 문화재로 지정되었거나 보존가치가 높은 건물의 경우 전문가의 감정에 의한 가격을 현재가로 한다.
③ 집기비품, 가재도구를 일괄하여 피해액을 산정할 경우 재구입비의 60%를 피해액으로 한다.
④ 중고구입기계장치 및 집기비품의 제작연도를 알 수 없는 경우 신품가액의 30~50%를 재구입비로 하여 피해액을 산정한다.

해설

건물 등 자산에 대한 최종잔가율은 건물·부대설비·구축물·가재도구는 20%로 하며, 그 이외의 자산은 10%로 정한다.

정답 ③

65 ★★☆

화재현장출동보고서의 작성자에 대한 설명으로 틀린 것은?

① 보고서의 작성자는 화재현장에 출동한 소방공무원으로 한정한다.
② 원칙적으로 일반대원보다 선착대의 대장을 작성자로 한다.
③ 구조대원 또는 구급대원은 작성자가 될 수 없다.
④ 화재현장에 출동한 소방대원이 실제로 관찰·확인한 연소상황이나 정보를 직접 기재한다.

해설

구조대원, 구급대원에 상관없이 화재현장 선착대 선임자는 철수 후 지체없이 국가화재정보시스템에 화재현장출동보고서를 작성·입력해야 한다.

정답 ③

66

화재현장조사보고서 작성에 필요한 도면 작성방법으로 틀린 것은?

① 도면작성에 있어서 방의 배치와 출입구, 개구부의 상황을 위주로 한다.
② 거리측정은 기둥의 하단에서 다른 기둥의 상단까지로 기준점을 통일한다.
③ 도면(평면도, 입체도)은 측정치를 기준으로 하여 축척에 맞춰서 작성한다.
④ 방 배치가 복잡한 건물은 기준으로 한 점을 정하고 그 점을 기준으로 사방으로 넓히면서 측정하면 비교적 이해하기 쉽다.

해설
거리측정은 기둥의 중심에서 다른 기둥의 중심까지로 기준점을 통일한다.

관련이론 화재현장조사서 도면 작성 방법
- 도면은 이해하기 쉽도록 작성한다.
- 도면의 표제는 객관적으로 표현한다.
- 도면상에서 방위상 북을 위쪽으로 작성한다.
- 도면작성 시 표준화된 기호를 사용한다.
- 도면은 측정치를 기준으로 하여 축척에 맞춰서 작성한다.
- 도면작성 시 방의 배치와 출입구, 개구부 상황을 위주로 한다.
- 거리측정은 기둥의 중심에서 다른 기둥의 중심까지로 기준점을 통일한다.

정답 ②

67

주택화재로 사용 중이던 냉장고가 수침손을 입었으나 성능에 별다른 지장이 없는 경우 적용하는 손해율(%)은?

① 5 ② 10
③ 15 ④ 20

해설

화재로 인한 피해정도	손해율(%)
50%이상 소손되고 그을음 및 수침오염 정도가 심한 경우	100
손해정도가 다소 심한 경우	50
손해정도가 보통인 경우	30
오염·수침손의 경우	10

정답 ②

68

화재조사 및 보고규정상 관할구역 내에서 발생한 화재에 대하여 작성하여야 하는 서류가 아닌 것은?

① 질문기록서 ② 범죄사실보고서
③ 화재발생종합보고서 ④ 화재현장출동보고서

해설
범죄사실보고서는 수사와 관련된 서류이다.

정답 ②

69

다음의 화재로 발생한 소실면적은?

> 전기장판 과열로 화재가 발생하여 소화기로 즉시 진화하였으나 바닥 $10m^2$, 1면의 벽 $5m^2$가 소실되었다.

① 3 ② 5
③ 10 ④ 15

해설
건물의 소실면적 산정은 소실 바닥면적으로 산정하므로 소실면적은 $10m^2$이다.

정답 ③

70 ★★☆

화재조사 및 보고규정상 화재 당시에 피해물의 재구입비에 대한 현재가의 비율을 뜻하는 용어는?

① 잔가율
② 손해율
③ 감가상각
④ 경년감가율

해설
잔가율이란 화재 당시에 피해물의 재구입비에 대한 현재가의 비율을 말한다.

정답 ①

71 ★★☆

화재조사 및 보고규정상 위험물 가스·제조소 등 화재의 화재유형별 조사서 내용 중 위험물제조소 등에 포함되지않는 것은?

① 옥외저장소
② 주유취급소
③ 이동탱크저장소
④ 액화석유가스제조시설

해설
액화석유가스제조시설은 위험물제조소가 아니라 가스제조소이다.

관련이론 위험물 제조소 등
- 제조소
- 옥내저장소
- 옥외저장소
- 옥외탱크저장소
- 옥내탱크저장소
- 지하탱크저장소
- 간이탱크저장소
- 이동탱크저장소
- 암반탱크저장소
- 주유취급소
- 판매취급소
- 이송취급소
- 일반취급소

정답 ④

72 ★★★

화재피해액 산정기준에서의 화재피해액 산정대상으로 옳은 것은?

- 사상자는 화재현장에서 사망한 사람과 부상당한 사람을 말한다. 단, 화재현장에서 부상을 당한 후 (㉠) 시간 이내에 사망한 경우에는 당해 화재로 인한 사망으로 본다.
- 중상의 경우 (㉡)주 이상의 입원치료를 필요로 하는 부상을 말한다.

① ㉠ 48, ㉡ 3
② ㉠ 48, ㉡ 4
③ ㉠ 72, ㉡ 3
④ ㉠ 72, ㉡ 4

해설

분류	부상 정도
사상자	화재현장에서 사망한 사람과 부상당한 사람을 말한다. 다만, 화재현장에서 부상을 당한 후 72시간 이내에 사망한 경우에는 당해 화재로 인한 사망으로 본다.
중상	3주 이상의 입원치료를 필요로 하는 부상
경상	중상 이외의 부상(입원치료를 필요로 하지 않는 것도 포함)을 말한다. 단, 병원치료를 필요로 하지 않고 단순하게 연기를 흡입한 사람은 제외

정답 ③

73 ★★★

예술품 및 귀중품의 화재피해액 산정기준으로 틀린 것은?

① 감가공제를 하지 아니한다.
② 복수의 전문가 감정을 받거나 감정서 등의 금액을 피해액으로 인정한다.
③ 공인감정기관에서 인정하는 금액을 화재로 인한 피해액으로 산정한다.
④ 예술품 및 귀중품에 대한 그 가치를 손상하지 아니하고 원상태의 복원이 가능한 경우에는 피해액을 인정하지 아니한다.

해설
회화(그림), 골동품, 미술공예품, 귀금속 및 보석류는 전부손해의 경우 감정가격으로 하며 전부손해가 아닌 경우 원복복구에 소요되는 비용으로 한다.

정답 ④

74 ★★★

화재조사 및 보고규정상 방화·방화의심조사서 작성 시 기재항목이 아닌 것은? (단, 참고사항은 제외한다.)

① 방화동기   ② 방화도구
③ 처벌법규   ④ 도착 시 초기상황

해설
처벌법규는 방화의심조사서 기재항목에 해당하지 않는다.

관련이론 방화·방화의심조사서 기재항목

구분	기재항목	
방화도구 항목	• 연료 • 점화장치	• 용기
방화의심 항목	• 외부침입 흔적 존재 • 유류사용 흔적 • 범죄은폐 • 기타	• 거액의 보험가입 • 2지점 이상의 발화점 • 연소현상특이(급격 연소)

정답 ③

75 ★★★

화재조사 및 보고규정상 조사보고에 관한 내용으로 ( ) 알맞은 내용은?

> • 종합상황실장이 상급 종합상황실에 지체없이 보고해야 하는 화재는 화재·구조·구급상황 보고서 내지 제11호서식까지 작성하여 화재 발생일로부터 (㉠) 이내에 보고해야 한다.
> • 제1호에 해당하지 않는 화재: 별지 제1호서식 내지 제11호서식까지 작성하여 화재 발생일로부터 (㉡) 이내에 보고해야 한다.
> • 제2항에도 불구하고 다음 각 호의 정당한 사유가 있는 경우에는 소방관서장에게 사전 보고를 한 후 필요한 기간만큼 조사 보고일을 연장할 수 있다.

① ㉠ 30, ㉡ 30   ② ㉠ 15, ㉡ 30
③ ㉠ 30, ㉡ 15   ④ ㉠ 20, ㉡ 50

해설
긴급상황보고에 해당하는 화재는 조사서를 작성하여 화재 발생일로부터 30일 이내에 보고해야 하고 그렇지 않은 화재는 15일 이내에 보고해야 한다. 추가화재조사가 필요하여 조사보고일을 연장한 경우 그 사유가 해소된 날부터 10일 이내에 소방관서장에게 조사결과를 보고해야 한다.

정답 ③

76 ★★★

내용연수가 40년인 일반 공장에서 준공 후 15년이 지나서 화재가 발생하였을 때 잔가율(%)은?

① 20   ② 30
③ 50   ④ 70

해설
잔가율을 구하는 공식은 다음과 같다.

$$잔가율 = 1 - (0.8 \times \frac{경과연수}{내용연수})$$

$$잔가율 = 1 - (0.8 \times \frac{15}{40}) = 0.7 = 70\%$$

※ 최종잔가율은 건물, 부대설비, 구축물, 가재도구는 20%로 하며, 그 이외의 자산은 10%로 정한다.

정답 ④

77

철거건물에 대한 화재피해액을 산정하는 계산식은?

① 재건축비×[0.1+(0.8×잔여내용연수/내용연수)]
② 재건축비×[0.1+(0.9×잔여내용연수/내용연수)]
③ 재건축비×[0.2+(0.8×잔여내용연수/내용연수)]
④ 재건축비×[0.2+(0.9×잔여내용연수/내용연수)]×손해율

해설
철거건물의 피해액을 구하는 공식은 다음과 같다.
철거건물의 피해액 = 재건축비 × [0.2 + (0.8 × $\frac{잔여내용연수}{내용연수}$)]

정답 ③

78

화재현장조사서 작성에 대한 설명으로 틀린 것은?

① 입회인의 설명내용과 조사원의 관찰·확인 사실은 구분하지 않고 작성한다.
② 현장조사서에는 주관적 판단이나 조사자가 의도하는 결론으로 유도하지 않는다.
③ 작성자는 현장조사를 직접 행한 자로 한정하고 다른 사람이 대신하여 작성하는 것은 인정되지 않는다.
④ 현장조사서의 기재는 조사자의 의사나 판단이 개입되지 않도록 현장상황이나 소손물건 등을 객관적으로 가능한 있는 그대로 표현하는 것이 좋다.

해설
입회인의 설명내용과 조사원의 관찰·확인 사실을 구분하여 작성해야 한다.

정답 ①

79

화재조사 및 보고규정상 화재피해액 산정기준으로 틀린 것은?

① 재고자산의 산정기준은 「회계장부상 현재가액 × 손해율」의 공식에 의한다.
② 영업시설의 산정기준은 「화재피해액 × 10%」의 공식에 의한다.
③ 기계장치 및 선박·항공기 산정기준은 「감정평가서또는 회계장부상 현재가액 × 손해율」의 공식에 의한다.
④ 부대설비의 산정기준은 「건물신축단가 × 소실면적 × 설비종류별 재설비 비율×[1−(0.8×경과년수/내용연수)] × 손해율」의 공식에 의한다.

해설
화재피해액 × 10%은 잔존물 제거비에 대한 공식이다.

관련이론 영업시설 피해액
영업시설피해액 = 표준단가 × 소실면적 × 1 − (0.9 × $\frac{경과연수}{내용연수}$) × 손해율

정답 ②

80

화재조사 및 보고규정상 명시된 화재현황조사서의 기상상황에 해당하지 않는 것은?

① 온도　　　　　② 기상특보
③ 기압　　　　　④ 풍향 및 풍속

해설
기압은 화재현황조사서의 기상상황 기재항목에 해당하지 않는다.

관련이론 화재현황조사서의 기재해야 하는 기상상황
• 날씨　　• 습도(%)　　• 풍속(m/s)
• 온도(℃)　• 풍향　　　• 기상특보

정답 ③

화재조사관계법규

81 ★☆☆

화재로 인한 재해보상과 보험가입에 관한 법령상 한국화재보험협회의 업무에 명시되지 않은 것은? (단, 그 밖에 금융위원회의 인가를 받은 업무는 제외한다.)

① 화재예방 및 소화시설에 대한 안전점검
② 소방기술정보를 보급하여 화재예방 도모
③ 화재예방과 소화시설에 관한 자료의 조사·연구 및 계몽
④ 화재보험에 있어서의 소화설비(消火設備)에 따른 보험요율의 할인등급에 대한 사정(査定)

해설

「화재로 인한 재해보상과 보험가입에 관한 법률 제15조」
- 화재예방 및 소방시설에 대한 안전점검
- 화재보험에 있어서의 소화설비(消火設備)에 따른 보험요율의 할인등급에 대한 사정(査定)
- 화재예방과 소방시설에 관한 자료의 조사·연구 및 계몽
- 행정기관이나 그 밖의 관계 기관에 화재예방에 관한 건의
- 그 밖에 금융위원회의 인가를 받은 업무

정답 ②

82 ★★★

화재로 인한 재해보상과 보험가입에 관한 법령상 특약부화재보험에 가입하지 아니한 특수건물의 소유자에게 주어지는 벌칙은?

① 500만원 이하의 벌금
② 1,000만원 이하의 벌금
③ 1,500만원 이하의 벌금
④ 1년 이하의 징역 또는 1천만원 이하의 벌금

해설

「화재로 인한 재해보상과 보험가입에 관한 법률 제23조」
특약부화재보험에 가입하지 아니한 자는 500만원 이하의 벌금에 처한다.

정답 ①

83 ★★☆

화재로 인한 재해보상과 보험가입에 관한 법령상 특수건물의 기준으로 옳은 것은?

① 음악산업진흥에 관한 법률에 따른 노래연습장업으로 사용하는 부분의 바닥면적의 합계가 1천m^2 이상인 건물
② 관광진흥법에 따른 관광숙박업으로 사용하는 건물로서 연면적의 합계가 3천m^2 이상인 건물
③ 학원의 설립·운영 및 과외교습에 관한 법률에 따른 학원으로 사용하는 부분의 바닥면적의 합계가 1천m^2 이상인 건물
④ 의료법에 따른 병원급 의료기관으로 사용하는 건물로서 연면적의 합계가 2천m^2 이상인 건물

선지분석

면적기준	대상물
바닥면적 2천제곱미터 이상	학원, 게임제공업, 인터넷컴퓨터게임시설제공업, 노래연습장업, 휴게음식점영업, 단란주점영업, 유흥주점영업, 공유주방 운영업, 목욕장업, 영화상영관
바닥면적 3천제곱미터 이상	숙박업, 대규모점포, 도시철도의 역사(驛舍) 및 역 시설
연면적 3천제곱미터 이상	병원급 의료기관, 관광숙박업, 공연장, 방송사업을 목적으로 사용하는 건물, 농수산물도매시장 및 민영농수산물도매시장, 학교, 공장

정답 ②

84 ★★★

화재증거물수집관리규칙상 증거물에 대한 조치로 틀린 것은?

① 증거물 수집 목적이 인화성 액체 성분분석인 경우에는 인화성 액체 성분의 증발을 막기 위한 조치를 행하여야 한다.
② 증거물의 보관은 전용실 또는 전용함 등 변형이나 파손될 우려가 없는 장소에 보관한다.
③ 증거물은 화재증거 수집의 목적달성 후 관계인의 승낙이 있을 때에는 폐기할 수 있다.
④ 발화원인의 판정에 관계가 있는 개체에 대해서는 증거물과 이격되어 있거나 연소되지 않은 상황이라면 기록을 남기지 않을 수 있다.

해설

발화원인의 판정에 관계가 있는 개체 또는 부분에 대해서는 증거물과 이격되어 있거나 연소되지 않은 상황이라도 기록을 남겨야 한다.

관련이론 증거물 보관·이동

- 증거물의 보관은 전용실 또는 전용함 등 변형이나 파손될 우려가 없는 장소에 보관해야 하고, 화재조사와 관계없는 자의 접근은 엄격히 통제되어야 하며, 보관관리 이력은 별지에 따라 작성하여야 한다.
- 증거물 이동과정에서 증거물의 파손·분실·도난 또는 기타 안전사고에 대비하여야 한다.
- 파손이 우려되는 증거물, 특별 관리가 필요한 증거물 등은 이송상자 및 무진동 차량 등을 이용하여 안전에 만전을 기하여야 한다.
- 증거물은 화재증거 수집의 목적달성 후에는 관계인에게 반환하여야 한다. 다만 관계인의 승낙이 있을 때에는 폐기할 수 있다.

정답 ④

85 ★☆☆

국가배상법령상의 내용으로 틀린 것은?

① 외국인이 피해자인 경우에는 해당 국가와 상호 보증이 있을 때에만 적용한다.
② 생명·신체의 침해로 인한 국가배상을 받을 권리는 양도할 수 있다.
③ 손해배상의 소송은 배상심의회에 배상신청을 하지 아니하고도 제기할 수 있다.
④ 국가나 지방자치단체는 공무원이 직무를 집행하면서 고의 또는 과실로 법령을 위반하여 타인에게 손해를 입힌 경우에 그 손해를 배상하는 것이 원칙이다.

해설

생명·신체의 침해로 인한 국가배상을 받을 권리는 양도하거나 압류하지 못한다.

정답 ②

86 ★☆☆

화재증거물수집관리규칙상 증거물 보관·이동 시 책임자가 전 과정에 대하여 입증할 수 있도록 작성하여야 하는 사항으로 명시되지 않은 것은?

① 증거물 운반일자, 운반자
② 증거물 발신일자, 발신자
③ 증거물 수신일자, 수신자
④ 증거물 최초상태, 개봉일자, 개봉자

해설

「화재증거물수집관리규칙 제6조」
증거물의 보관 및 이동은 장소 및 방법, 책임자 등이 지정된 상태에서 행해져야 되며, 책임자는 전 과정에 대하여 이를 입증할 수 있도록 다음 각 호의 사항을 작성하여야 한다.
- 증거물 최초상태, 개봉일자, 개봉자
- 증거물 발신일자, 발신자
- 증거물 수신일자, 수신자
- 증거 관리가 변경되었을 때 기타사항 기재

정답 ①

87

화재조사 및 보고규정상 최종잔가율의 정의로 옳은 것은?

① 피해물의 내용연수에 대한 사용연수의 비율
② 화재 당시에 피해물의 재구입비에 대한 현재가의 비율
③ 피해물의 종류, 손상 상태 및 정도에 따라 피해액을 적정화시키는 일정한 비율
④ 피해물의 경제적 내용연수가 다한 경우 잔존하는 가치의 재구입비에 대한 비율

해설
최종잔가율이란 피해물의 내용연수가 다한 경우 잔존하는 가치의 재구입비에 대한 비율을 말한다.

정답 ④

88

경범죄 처벌법령상 범칙행위를 한 사람으로서 범칙자에 해당하는 사람은?

① 나이가 18세 이상인 사람
② 피해자가 있는 행위를 한 사람
③ 범칙행위를 상습적으로 하는 사람
④ 죄를 지은 동기나 수단 및 결과를 헤아려 볼 때 구류처분을 하는 것이 적절하다고 인정되는 사람

해설
「경범죄 처벌법 제6조」
범칙자란 범칙행위를 한 사람으로서 다음 어느 하나에 해당하지 아니하는 사람을 말한다.
- 범칙행위를 상습적으로 하는 사람
- 죄를 지은 동기나 수단 및 결과를 헤아려볼 때 구류처분을 하는 것이 적절하다고 인정되는 사람
- 피해자가 있는 행위를 한 사람
- 18세 미만인 사람

정답 ①

89

경범죄 처벌법령상 즉결심판 대상자에게 발부하는 즉결심판출석통지서에 기재하는 사항이 아닌 것은?

① 위반 내용 및 적용 법조문
② 즉결심판 대상자의 인적사항
③ 즉결심판을 위한 출석의 일시 및 장소
④ 지방법원, 지원 또는 시·군법원의 판사 이름

해설
「경범죄 처벌법 시행령 제6조」
경찰서장 등은 즉결심판 대상자에게 지체없이 다음 사항을 적은 즉결심판 출석통지서를 발부하여야 한다.
- 즉결심판 대상자의 인적사항
- 위반 내용 및 적용 법조문
- 즉결심판을 위한 출석의 일시 및 장소

정답 ④

90

제조물 책임법의 제정목적이 아닌 것은?

① 제조업자의 이익증진
② 피해자의 보호를 도모
③ 국민생활의 안전 향상
④ 국민경제의 건전한 발전

해설
「제조물 책임법 제1조」
제조물의 결함으로 발생한 손해에 대한 제조업자 등의 손해배상책임을 규정함으로써 피해자 보호를 도모하고 국민생활의 안전 향상과 국민경제의 건전한 발전에 이바지함을 목적으로 한다.

정답 ①

91

실화책임에 관한 법률상 손해배상액 경감청구가 있을 경우 고려사항으로 명시되지 않은 것은? (단, 그 밖에 손해배상액을 결정할 때 고려할 사항은 제외한다.)

① 화재의 원인과 규모
② 소화수에 의한 수손 피해의 정도
③ 배상의무자 및 피해자의 경제상태
④ 피해 확대를 방지하기 위한 실화자의 노력

해설

「실화책임에 관한 법률 제3조」
법원은 청구가 있을 경우에는 다음 각 호의 사정을 고려하여 그 손해배상액을 경감할 수 있다.
- 화재의 원인과 규모
- 피해의 대상과 정도
- 연소(延燒) 및 피해 확대의 원인
- 피해 확대를 방지하기 위한 실화자의 노력
- 배상의무자 및 피해자의 경제상태
- 그 밖에 손해배상액을 결정할 때 고려할 사정

정답 ②

92

제조물 책임법상 명시된 소멸시효에 관한 내용으로 ( )에 알맞은 내용은?

> 손해배상의 청구권은 피해자 또는 그 법정대리인이 손해와 손해배상책임을 지는 자를 모두 알게 된 날부터 ( )년간 행사하지 아니하면 시효의 완성으로 소멸한다.

① 1 ② 2
③ 3 ④ 5

해설

「제조물 책임법 제7조」
손해배상의 청구권은 피해자 또는 그 법정대리인이 다음 사항을 모두 알게 된 날부터 3년간 행사하지 아니하면 시효의 완성으로 소멸한다.
- 손해
- 손해배상책임을 지는 자

정답 ③

93

화재조사 및 보고규정상 다음의 설명에 해당하는 용어는?

> 화재와 관계되는 물건의 형상, 구조, 재질, 성분, 성질 등 이와 관련된 모든 현상에 대하여 과학적 방법에 의한 필요한 실험을 행하고 그 결과를 근거로 화재원인을 밝히는 자료를 얻는 것

① 조사 ② 감식
③ 감정 ④ 수사

해설

「화재조사 및 보고규정 제2조」
감정이란 화재와 관계되는 물건의 형상, 구조, 재질, 성분, 성질 등 이와 관련된 모든 현상에 대하여 과학적 방법에 의한 필요한 실험을 행하고 그 결과를 근거로 화재원인을 밝히는 자료를 얻는 것을 말한다.

정답 ③

94

민법상 불법행위로 인한 배상의 책임 기준으로 틀린 것은?

① 공동불법행위의 책임과 관련하여 교사자나 방조자는 공동행위자로 본다.
② 과실로 인한 심신상실을 초래한 경우 타인에게 손해를 가한 자는 배상의 책임이 없다.
③ 미성년자가 타인에게 손해를 가한 경우에 그 행위의 책임을 변식할 지능이 없는 때에는 배상의 책임이 없다.
④ 타인의 생명을 해한 자는 피해자의 직계존속, 직계비속 및 배우자에 대하여는 재산상의 손해가 없는 경우에도 손해배상의 책임이 있다.

해설

「민법 제754조」
심신상실 중에 타인에게 손해를 가한 자는 배상의 책임이 없다. 그러나 고의 또는 과실로 인하여 심신상실을 초래한 때에는 그러하지 아니하다.

정답 ②

95 ★★★
형법상 현주건조물 등 방화로 사람을 사망에 이르게 한 경우의 벌칙은?

① 2년 이상의 징역
② 3년 이상의 징역
③ 무기 또는 5년 이상의 징역
④ 사형, 무기 또는 7년 이상의 징역

해설
「형법 제164조」
형법 164조에 의하면 현주건조물 등 방화로 사람이 사망에 이르게 된 경우 사형, 무기 또는 7년 이상의 징역에 처한다.

정답 ④

96 ★☆☆
소방의 화재조사에 관한 법령상 화재조사를 하는 경우 조사사항으로 옳지 않은 것은?

① 화재원인에 관한 사항
② 화재로 인한 재산피해 상황
③ 소방시설 등의 설치·관리 및 작동 여부에 관한 사항
④ 자위소방대의 대응 및 조직 구성에 관한 사항

해설
- 소방청장, 소방본부장 또는 소방서장은 화재발생 사실을 알게 된 때에는 지체없이 화재조사를 하여야 한다. 이 경우 수사기관의 범죄수사에 지장을 주어서는 아니 된다.
- 소방관서장은 화재조사를 하는 경우 다음 사항에 대하여 조사하여야 한다.
  - 화재원인에 관한 사항
  - 화재로 인한 인명·재산피해상황
  - 대응활동에 관한 사항
  - 소방시설 등의 설치·관리 및 작동 여부에 관한 사항
  - 화재발생건축물과 구조물, 화재유형별 화재위험성 등에 관한 사항
  - 그 밖에 대통령령으로 정하는 사항

정답 ④

97 ★☆☆
소방의 화재조사에 관한 법률상 화재의 조사에 관한 사항으로 틀린 것은?

① 소방공무원과 경찰공무원은 화재조사를 할 때에 서로 협력하여야 한다.
② 화재소사 결과 실화 혐의가 있다고 인정하면 소방청장에게 보고하여 경찰부서에 통보할지 여부를 결정한다.
③ 수사기관에서 실화의 혐의로 압수한 증거물이 화재조사를 위하여 필요한 경우, 수사에 지장을 주지 않는 범위에서 압수된 증거물에 대한 조사를 할 수 있다.
④ 수사기관에 방화혐의로 체포된 피의자가 화재조사를 위하여 필요한 경우, 수사에 지장을 주지 않는 범위에서 피의자를 조사할 수 있다.

해설
「소방의 화재조사에 관한 법률 제11조」
- 소방관서장은 화재조사를 위하여 필요한 경우 증거물을 수집하여 검사·시험·분석 등을 할 수 있다. 다만, 범죄수사와 관련된 증거물인 경우에는 수사기관의 장과 협의하여 수집할 수 있다.
- 소방관서장은 수사기관의 장이 방화 또는 실화의 혐의가 있어서 이미 피의자를 체포하였거나 증거물을 압수하였을 때에 화재조사를 위하여 필요한 경우에는 범죄수사에 지장을 주지 아니하는 범위에서 그 피의자 또는 압수된 증거물에 대한 조사를 할 수 있다. 이 경우 수사기관의 장은 소방관서장의 신속한 화재조사를 위하여 특별한 사유가 없으면 조사에 협조하여야 한다.
- 증거물 수집의 범위, 방법 및 절차 등에 필요한 사항은 대통령령으로 정한다.

「소방의 화재조사에 관한 법률 제12조」
- 소방공무원과 경찰공무원은 다음 각 호의 사항에 대하여 서로 협력하여야 한다.
  - 화재현장의 출입·보존 및 통제에 관한 사항
  - 화재조사에 필요한 증거물의 수집 및 보존에 관한 사항
  - 관계인등에 대한 진술 확보에 관한 사항
  - 그 밖에 화재조사에 필요한 사항
- 소방관서장은 방화 또는 실화의 혐의가 있다고 인정되면 지체 없이 경찰서장에게 그 사실을 알리고 필요한 증거를 수집·보존하는 등 그 범죄수사에 협력하여야 한다.

정답 ②

98 ★★★

소방의 화재조사에 관한 법령상 화재조사를 하는 화재조사관이 관계인의 정당한 업무를 방해하거나 화재조사를 수행하면서 알게된 비밀을 다른 사람에게 누설한 자의 경우의 벌칙기준은?

① 300만원 이하의 벌금 ② 500만원 이하의 벌금
③ 700만원 이하의 벌금 ④ 1천만원 이하의 벌금

해설

「소방의 화재조사에 관한 법률 제21조」
다음 어느 하나에 해당하는 사람은 300만원 이하의 벌금에 처한다.
- 허가 없이 화재현장에 있는 물건 등을 이동시키거나 변경·훼손한 사람
- 정당한 사유 없이 화재조사관의 출입 또는 조사를 거부·방해 또는 기피한 사람
- 관계인의 정당한 업무를 방해하거나 화재조사를 수행하면서 알게 된 비밀을 다른 용도로 사용하거나 다른 사람에게 누설한 사람
- 정당한 사유 없이 증거물 수집을 거부·방해 또는 기피한 사람

정답 ①

99 ★★☆

소방기본법령상 소방자동차 전용구역에 관한 설명으로 틀린 것은?

① 전용구역 방해행위를 한 자는 300만원 이하의 과태료에 처한다.
② 소방자동차 전용구역 노면표지 도료의 색채는 황색을 기본으로 한다.
③ 소방자동차 전용구역에 물건 등을 쌓는 등의 방해행위를 하여서는 아니 된다.
④ 세대수가 100세대 이상인 아파트의 건축주는 소방자동차 전용구역을 설치하여야 한다.

해설

「소방기본법 제56조」
전용구역에 차를 주차하거나 전용구역에의 진입을 가로막는 등의 방해행위를 한 자에게는 100만원 이하의 과태료를 부과한다.

정답 ①

100 ★★★

제조물 책임법령상 손해배상책임을 지는 자가 손해배상책임을 면(免)할 수 있는 사항을 모두 고른 것은?

> ㄱ. 제조업자가 해당 제조물을 공급하지 아니하였다는 사실을 입증한 경우
> ㄴ. 제조업자가 해당 제조물을 공급한 당시의 과학·기술 수준으로는 결함의 존재를 발견할 수 있었던 사실을 입증한 경우
> ㄷ. 제조물의 결함이 제조업자가 해당 제조물을 공급한 당시의 법령에서 정하는 기준을 준수함으로써 발생하였다는 사실을 입증한 경우
> ㄹ. 원재료나 부품의 경우에는 그 원재료나 부품을 사용한 제조물 제조업자의 설계 또는 제작에 관한 지시로 인하여 결함이 발생하였다는 사실을 입증한 경우

① ㄱ, ㄴ, ㄷ   ② ㄱ, ㄴ, ㄹ
③ ㄱ, ㄷ, ㄹ   ④ ㄴ, ㄷ, ㄹ

해설

「제조물 책임법 제4조」
손해배상책임을 지는 자가 다음 어느 하나에 해당하는 사실을 입증한 경우에는 이 법에 따른 손해배상책임을 면(免)한다.
- 제조업자가 해당 제조물을 공급하지 아니하였다는 사실
- 제조업자가 해당 제조물을 공급한 당시의 과학·기술 수준으로는 결함의 존재를 발견할 수 없었다는 사실
- 제조물의 결함이 제조업자가 해당 제조물을 공급한 당시의 법령에서 정하는 기준을 준수함으로써 발생하였다는 사실
- 원재료나 부품의 경우에는 그 원재료나 부품을 사용한 제조물 제조업자의 설계 또는 제작에 관한 지시로 인하여 결함이 발생하였다는 사실

정답 ③

2020년 1, 2회 기출문제

자동채점

화재조사론

01 ★★☆
다음 중 A급 화재에서만 발생할 수 있는 위험현상으로 옳은 것은?

① 보일 오버(Boil over)
② 슬롭 오버(Slop over)
③ 플래임 오버(Flame over)
④ 프로스 오버(Froth over)

해설
보일 오버, 슬롭 오버, 프로스 오버는 유류화재(B급)에서 발생하는 현상이다.

정답 ③

02 ★☆☆
전도 열전달 형태와 관계되는 법칙으로 적합한 것은?

① 푸리에(Fourier)의 법칙
② 플랑크(Planck)의 법칙
③ 뉴턴(Newton)의 법칙
④ 피크(Fick)의 법칙

해설
푸리에(Fourier)의 법칙은 열전달 형태와 관계되는 법칙으로 열전달량은 열전도계수, 면적, 온도차에 비례한다.

정답 ①

03 ★☆☆
화재현장의 관찰 방법으로 틀린 것은?

① 소실 붕괴된 부분에서는 복원적인 관점에서 관찰한다.
② 발화원인이 될 수 있는 가연물에 유의하여 조사한다.
③ 건물 구조재 수용품 등의 소실 상황을 통하여 연소의 방향을 고려한다.
④ 소손 및 탄화 정도가 강한 부분에서 약한 부분으로 이동하며 관찰한다.

해설
화재현장을 관찰할 때는 소손 및 탄화정도가 약한 부분에서 강한 부분으로 이동하며 관찰한다.

관련이론 현장관찰
- 높은 위치에서 현장 전체를 관찰
- 발화원인이 될 수 있는 가연물에 유의하며 조사
- 소실되어 붕괴된 부분에서는 복원적 관점에서 관찰
- 건물의 구조재 및 수용품의 소실 상태를 통해 연소방향을 고찰
- 낙하물과 붕괴물이 많은 장소에서는 도괴 방향과 연소 방향을 함께 관찰
- 물 외부에서 내부로, 소손 및 탄화 정도가 약한 부위에서 강한 부위로 이동하며 관찰
- 다수의 건물이 소실된 경우 연소확대가 정지된 경계부근의 소손상황을 관찰하여 연소경로를 파악

정답 ④

04 ★★★

가솔린의 연소범위(vol%)가 1.4~7.6일 때 위험도로 옳은 것은? (단, 소수 둘째자리에서 반올림할 것)

① 0.8
② 1.2
③ 4.4
④ 6.4

해설

위험도(H)를 구하는 공식은 다음과 같다.

$$H = \frac{U - L}{L}$$

H: 위험도, L: 연소하한계(vol%), U: 연소상한계(vol%)

가솔린의 위험도 $= \dfrac{7.6 - 1.4}{1.4} = 4.42$

정답 ③

05 ★★☆

다음 중 화재현장 출입금지구역의 범위를 확대하여야 할 이유로 옳지 않은 것은?

① 진화 후에 행방불명자를 확인한 경우
② 구조물 등이 광범위하게 소손되어 바닥에 연소 낙하물이나 퇴적물이 많이 쌓인 경우
③ 건물 전체가 소손된 상황으로 연소 진행방향이 확인되지 않을 때
④ 발화지점 부근의 목격상황에 대한 진술이 제각기 달라 발화지점이 불명확할 때

해설

행방불명자가 확인되지 않을 때에는 출입금지구역의 범위를 확대하여야 한다.

정답 ①

06 ★★★

소방의 화재조사에 관한 법률상 화재조사전담부서에서 갖추어야 할 발굴용구로 옳지 않은 것은?

① 전동그라인더
② 슈미트해머
③ 다용도 칼
④ 빗자루

해설

슈미트해머는 발굴용구가 아니라 감식기기에 해당한다.

관련이론 전담부서에 갖추어야 할 발굴용구(8종)

공구세트, 전동 드릴, 전동 그라인더(절삭·연마기), 전동 드라이버, 이동용 진공청소기, 휴대용 열풍기, 에어컴프레서(공기압축기), 전동 절단기

정답 ②

07 ★☆☆

다음 중 가연성 물질에 해당하는 것은?

① 아르곤
② 산화알루미늄
③ 일산화탄소
④ 헬륨

해설

아르곤과 헬륨은 불활성가스이고 산화알루미늄은 이미 산화가 완료된 물질로 가연성 물질에 해당하지 않는다.

정답 ③

08 ★★★

화재조사 및 보고규정상 건물의 동수 산정방법에 관한 설명 중 옳은 것은?

① 목조 또는 내화조 건물이 격벽으로 방화구획되어 있는 경우 2개의 동으로 본다.
② 구조에 관계없이 지붕 및 실이 하나로 연결되어 있는 것은 2개의 동으로 본다.
③ 건물의 외벽을 이용하여 실을 만들어 헛간, 작업실 및 사무실 등의 용도로 사용하고 있는 것은 주건물과 1동으로 본다.
④ 독립된 건물과 건물 사이에 차광막, 비막이 등의 덮개를 설치하고 그 밑을 통로 등으로 사용하는 경우는 동일동으로 본다.

선지분석
① 목조 또는 내화조 건물의 경우 격벽으로 방화구획이 되어 있는 경우도 같은 동으로 한다.
② 구조에 관계없이 지붕 및 실이 하나로 연결되어 있는 것은 같은 동으로 본다.
④ 독립된 건물과 건물 사이에 차광막, 비막이 등의 덮개를 설치하고 그 밑을 통로 등으로 사용하는 경우는 다른 동으로 한다. 내화조 건물의 옥상에 목조 또는 방화구조 건물이 별도 설치되어 있는 경우는 다른 동으로 한다. 다만, 이들 건물의 기능상 하나인 경우(옥내 계단이 있는 경우)는 같은 동으로 한다.

정답 ③

09 ★★★

다음 중 폭발 위력의 지표로 사용될 수 있는 자료로 옳지 않은 것은?

① 파편의 비행거리
② 무너진 벽의 종류와 구조
③ 폭발 시점
④ 폭심부의 크기 및 깊이

해설
폭발시점은 폭발위력 자체를 직접적으로 나타내는 지표에 해당하지 않는다.

관련이론 폭발위력의 지표
- 폭심부의 깊이
- 파편의 비행거리
- 무너지는 벽의 종류와 구조

정답 ③

10 ★☆☆

이산화탄소 소화약제의 주된 소화효과로 옳은 것은?

① 냉각효과
② 질식효과
③ 부촉매효과
④ 억제효과

해설
이산화탄소 소화약제의 주된 소화효과는 질식효과이다.

정답 ②

11 ★☆☆

다음 중 화재현장에서 확보 해야하는 화재현장의 관계자의 특징으로 가장 거리가 먼 것은?

① 화상을 입었거나 의류가 타버린 자
② 의류가 물에 젖어 있거나 오손되어 있는 자
③ 현장부근에 말쑥한 정장차림의 구경하고 있는 자
④ 가재도구를 집어 들고 있거나 물건을 반출하고 있는 자

해설
현장부근에 말쑥한 정장차림의 구경하고 있는 자는 단순한 구경꾼일 확률이 높다.

정답 ③

12 ★☆☆

다음 중 발굴이 끝난 후에 화재 전 상황으로 복원하는 요령으로 옳지 않은 것은?

① 형체가 소실되어 배치가 불가능한 것은 대용품을 사용하되, 대용품이라는 것이 인식되도록 한다.
② 관계인을 입회시켜 복원상황을 확인시킨다.
③ 잔존물이 파손되지 않도록 잦은 위치이동은 하지 않는다.
④ 불명확한 것은 예측을 통하여 복원한다.

해설
화재현장 복원 시 불명확한 것은 원칙적으로 복원하지 않는다.

정답 ④

13 ★☆☆

소방의 화재조사에 관한 법령상 "화재조사전담부서의 설치, 운영 등"의 조항에 명시된 내용으로 옳지 않은 것은?

① 화재조사자의 포상
② 화재조사자의 자격
③ 화재조사전담부서장의 업무
④ 화재조사에 필요한 장비 및 시설

해설
- 소방관서장은 전문성에 기반하는 화재조사를 위하여 화재조사전담부서를 설치·운영하여야 한다.
- 전담부서는 다음 각 호의 업무를 수행한다.
  - 화재조사의 실시 및 조사결과 분석·관리
  - 화재조사 관련 기술개발과 화재조사관의 역량증진
  - 화재조사에 필요한 시설·장비의 관리·운영
  - 그 밖의 화재조사에 관하여 필요한 업무
- 소방관서장은 화재조사관으로 하여금 화재조사 업무를 수행하게 하여야 한다.
- 화재조사관은 소방청장이 실시하는 화재조사에 관한 시험에 합격한 소방공무원 등 화재조사에 관한 전문적인 자격을 가진 소방공무원으로 한다.
- 전담부서의 구성·운영, 화재조사관의 구체적인 자격기준 및 교육훈련 등에 필요한 사항은 대통령령으로 정한다.

정답 ①

14 ★★★

다음 중 화재플럼(Fire Plume)에 의해 수직벽면에 생성되는 패턴으로 옳지 않은 것은?

① V 패턴
② 모래시계 패턴
③ 도넛형태 패턴
④ U 패턴

해설
도넛 패턴은 화재플럼에 의한 패턴이 아니라 방화에 의한 화재패턴에 해당한다.

정답 ③

15 ★☆☆

건물 구획실 화재에 대한 설명 중 옳은 것은?

① 일반적으로 최성기의 구획실 화재 온도는 500~600℃까지 도달한다.
② 연기의 이동은 소화작용에서 발생하는 부력에 의존한다.
③ 환기지배형 화재에서는 CO와 연기의 발생량이 많아진다.
④ 대부분의 구획실과 건물은 최성기에서 연료지배형이 된다.

선지분석
① 일반적으로 최성기의 구획실 화재 온도는 1,000℃ 이상이다.
② 연기의 이동은 초기에는 열에 의한 부력에 의존하지만 화재진압활동에 영향을 받는다.
④ 대부분의 구획실과 건물의 최성기는 연료지배형에서 환기지배형으로 전환되는 시점이다.

정답 ③

16 ★☆☆

화재 시 발생하는 박리현상(Spalling)의 원인에 대한 설명으로 옳은 것은?

① 콘크리트에 포함된 수분의 증발 및 팽창
② 철근 또는 철망 및 주변 콘크리트 간의 불균일한 수축
③ 콘크리트 혼합물과 골재 간의 균일한 팽창
④ 화재에 노출된 표면과 슬래브 내장재 간의 균일한 팽창

해설
콘크리트의 온도가 급격히 상승하면 내부에 갇혀 있던 수분이 급격히 팽창하면서 부재표면이 박리된다.

관련이론 박리흔이 발생하는 주요원인

원인	현상
철근 부식	습기와 염분이 철근에 침투하면 부식이 발생하고 철근이 팽창하면서 박리가 발생한다.
열팽창	철근과 콘크리트의 열팽창율의 차이로 박리가 발생한다.
혼합 불균일	콘크리트의 혼합정도가 고르지 않으면 강도와 내구성의 차이로 박리가 발생한다.
온도차	수열면과 이면부 간의 온도 차이로 인해 응력이 발생하여 박리가 발생한다.

정답 ①

17 ★☆☆

다음의 구획실 화재 성장단계에 대한 설명 중 옳은 것은?

① 초기 → 플래시오버 → 쇠퇴기 → 최성기 → 자유연소 순으로 진행된다.
② 자유연소단계는 환기지배형 연소이며 복사열에 의해 확산된다.
③ 플래시오버 현상은 최성기 전에 주로 발생한다.
④ 최성기는 연료지배형 연소단계이며, 접염방식으로 확산된다.

선지분석
① 초기 → 자유연소단계 → 플래시오버 → 최성기 → 쇠퇴기 순으로 진행된다.
② 자유연소단계는 연료지배형 연소이다.
④ 최성기는 환기지배형 연소단계이며, 복사열에 의해 확산된다.

정답 ③

18 ★☆☆

다음 중 환기지배형 화재에 대한 설명으로 옳은 것은?

① 대부분 화재 초기에 발생한다.
② 연료공급에 좌우된다.
③ 환기량이 크다.
④ 불완전연소에 가깝다.

선지분석
① 환기지배형 화재는 최성기가 지나 발생한다.
② 환기지배형 화재는 산소공급의 지배를 받는다.
③ 산소의 공급이 원활하지 않아 불완전연소가 일어난다.

정답 ④

19 ★★★

목재 균열흔의 종류로 옳지 않은 것은?

① 고소흔　　② 열소흔
③ 완소흔　　④ 강소흔

해설

구분	특징
강소흔	900℃ 정도 온도에서 발생하며 나무가 갈라져 파인 골의 깊이가 깊고, 만두 모양의 요철형(계란판)모양이다.
열소흔	1,000℃ 이상의 온도에서 발생하며 홈의 깊이가 가장 깊고, 홈이 반월형으로 높아지며 대규모 건물화재에서 관찰된다.
완소흔	800℃ 정도의 온도에서 발생하며 삼각, 사각의 거북이 등 껍질 모양이다.
훈소	불꽃 없이 연기만 나며 탈 때(훈소) 생기는 좁고 깊은 균열 흔적이다.

정답 ①

20 ★★☆

다음 중 화재조사자가 유의해야 할 사항으로 옳은 것은?

① 관계자 또는 목격자의 진술에 근거하여 주관적 방법으로 접근한다.
② 정확한 화재조사를 위해서는 개인의 권리를 침해할 수도 있다.
③ 조사결과에 대한 보안유지와 언론보도에 신중해야 한다.
④ 타 조사기관 상호간에는 비밀을 유지하여야 한다.

해설
화재조사자의 자세
- 화재조사자는 개인의 권리를 침해하면 안 된다.
- 화재조사자는 과학적이고 객관적인 조사를 해야 한다.
- 화재조사자는 법이 부여한 권리와 의무를 초과해서는 안 된다.
- 화재조사관 직무를 이용하여 관계인 등의 민사분쟁에 개입해서는 안 된다.
- 화재조사를 수행하면서 알게 된 비밀을 다른 용도로 사용하거나 누설해서는 안 된다.
- 진술의 자유 또는 신체의 자유를 침해하여 임의성을 의심할 만한 방법을 취해서는 안 된다.

정답 ③

화재감식론

21 ★☆☆

가스사고 형태별 분류에 해당하지 않는 것은?

① 폭발
② 질식
③ 중독
④ 재질 불량

해설
가스사고 형태별 분류는 화재, 폭발, 누출, 중독, 질식이다.

정답 ④

22 ★☆☆

발화요인 분류 중 화학적 요인에 해당되지 않는 것은?

① 역화
② 혼촉발화
③ 자연발화
④ 금수성 물질이 물과 접촉

해설
화학적 요인에는 화학적 폭발, 금수성 물질의 물과 접촉, 화학적 발화(유증기 확산), 자연발화, 혼촉발화, 기타 등이 해당한다.

정답 ①

23 ★★☆

전선의 소선 일부가 끊어져 발생하는 국부적인 저항치 증가 현상으로 나타나는 전기화재 현상에 해당하는 것은?

① 트래킹
② 아산화동
③ 반단선
④ 그래파이트

해설
- 전선의 절연 피복 내에서 일부만 단선되어 끊임없이 단선과 이어짐을 반복하는 상태를 말한다.
- 반단선이 일어나면 단면적이 감소되어 전류가 흐를 때 저항이 증가하고 발열된다.
- 반단선 지점의 저항 증가와 접촉 불량으로 인해 발생한 열로 소선이 녹아 끊어지거나, 과열된 전선 피복이 녹아 불이 붙을 수 있다.

정답 ③

24 ★☆☆

방화에 사용되는 촉진제로 거리가 먼 것은?

① 아세톤
② 시너
③ 톨루엔
④ 수산화나트륨

해설
수산화나트륨은 금속과 접촉 시 수소가 발생하지만 촉진제와는 거리가 멀다.

관련이론 방화에 사용되는 촉진제
- 휘발유(가솔린)
- 시너
- 알코올
- 경유 · 등유
- 톨루엔
- 아세톤

정답 ④

25 ★☆☆

플라스틱의 일반적인 연소특성으로 틀린 것은?

① 폴리염화비닐은 연소되면 염화수소 가스가 발생한다.
② 열가소성 플라스틱에는 아미노수지, 페놀수지, 에폭시수지 등이 있다.
③ 플라스틱은 일반적으로 저분자 물질과 달리 온도에 따른 상변화가 명확하지 않다.
④ 열경화성 플라스틱은 화염에 노출되면 표면이 고체 숯과 같이 되는 경향 때문에 내부로의 연소확대가 지연된다.

해설
열경화성 수지에는 에폭시수지, 폴리에스터, 폴리우레탄, 페놀수지, 멜라민수지, 우레아수지 등이 있다.

관련이론 플라스틱의 연소특성

구분	종류
열경화성 수지	에폭시수지, 폴리에스터, 폴리우레탄, 페놀수지, 멜라민수지, 우레아수지 등
열가소성 수지	폴리에틸렌, 폴리프로필렌, 폴리스티렌, 폴리염화비닐, 아크릴 등

정답 ②

26 ★☆☆

상대습도별 산불발생위험도에 대한 설명으로 틀린 것은?

① 상대습도가 60% 이상이면 산불이 매우 발생하기 쉽다.
② 상대습도가 40~50%면 산불이 발생하기 쉽고 연소 진행이 빠르다.
③ 상대습도가 50~60%면 산불이 발생할 수 있으나 연소 진행이 느리다.
④ 상대습도가 40% 이하면 산불 발생 시 진화가 곤란할 정도로 연소 진행이 빠르다.

해설

상대습도	산불발생위험도
60% 이상	산불이 거의 발생하지 않는다.
50% 이상	산불이 발생하나 연소속도가 느리다.
40% 이상	산불이 쉽게 일어나고 연소속도가 빠르다.
40% 미만	산불이 매우 발생하기 쉽고 진화가 곤란하다.

정답 ①

27 ★☆☆

유연탄의 자연발화 위험성에 대한 설명으로 틀린 것은?

① 주변온도가 높을수록 산화반응이 촉진된다.
② 괴상은 분말상보다 자연발화를 일으키기 쉽다.
③ 채탄 직후의 석탄은 자연발화의 위험이 크다.
④ 자연발화는 저탄장 등에 대량으로 쌓아둔 곳에서 일어나기 쉽다.

해설
괴상은 덩어리로서 분말상보다 자연발화를 일으키기 쉽지 않다.

정답 ②

28 ★☆☆

나무, 천, 종이 및 가구와 같은 가연성 물질의 화재 분류(class)는?

① Class A ② Class B
③ Class C ④ Class D

해설

분류	가연물 종류
Class A	일반가연물(나무, 종이, 천 등)
Class B	인화성액체(휘발유, 오일 등)
Class C	전기화재(누전, 과부하, 스파크 등)
Class D	가연성 금속화재(리튬, 나트륨, 마그네슘)

정답 ①

29 ★☆☆

물질의 상태에 대한 설명으로 옳은 것은?

① 물의 증발잠열은 80cal/g이다.
② 분자는 액체 상태일 때 가장 자유롭게 운동할 수 있다.
③ 온도 변화없이 상태 변화를 위해 필요한 열을 잠열이라 한다.
④ 액체상태에서 열을 흡수하여 에너지가 증가하면 고체 상태가 된다.

선지분석
① 1기압 100℃에서 물 1kg의 증발잠열은 539kcal/kg이다.
② 분자는 기체 상태일 때 가장 자유롭게 운동할 수 있다.
④ 액체상태에서 열을 흡수하여 에너지가 증가하면 기체상태가 된다.

정답 ③

30 ★☆☆

항공기의 열전대 화재경고장치(Thermocouple Fire Warning System) 중 배선시스템의 구성요소가 아닌 것은?

① 감지 회로(Detector circuit)
② 알람 회로(Alarm circuit)
③ 단락 회로(Short circuit)
④ 시험 회로(Test circuit)

해설
항공기 열전대 배선시스템은 감지, 경보, 시험회로로 구성된다.

정답 ③

31 ★☆☆

차량 충전장치와 시동장치에 대한 설명으로 틀린 것은?

① 충전장치는 교류발전기(alternator), 레귤레이터(regulator)로 구성되며, 시동장치에는 스타터가 있다.
② 정류기 내에 있는 다이오드가 과전류 등으로 인해 그 기능을 잃은 경우, 다이오드가 소실되는 경우가 있다.
③ 차콜 캐니스터의 바디(body)는 금속재가 많은 점에서 2차적으로 착화하여도 연소되지 않으므로 관찰이 용이하다.
④ 배터리 단자는 납 또는 납 합금으로 되어 있어 화재열로 용이하게 녹아버리므로, 화재감식 시 배터리배선 터미널부의 용융 등도 확인한다.

해설
차콜 캐니스터는 연료의 증발가스를 포집하는 역할을 하며 숯(활성탄)으로 구성되어 있어 연소되기 쉬워 관찰이 어렵다.

정답 ③

32 ★☆☆

임황(林況)과 산불과의 관계에 대한 설명으로 옳은 것은?

① 활엽수는 침엽수보다 산불위험성이 높다.
② 동령림은 이령림보다 산불위험성이 높다.
③ 혼효림은 단순림보다 산불위험성이 높다.
④ 수종별로 비교하면 음수는 양수보다 산불위험성이 높다.

선지분석
① 침엽수는 수지와 기름 성분 등 가연성 물질을 함유하고 있어 활엽수에 비해 산불위험성이 높다.
③ 혼효림은 단순림보다 산불위험성이 낮다.
④ 양수는 건조한 환경을 선호해 음수보다 산불위험성이 높다.

관련이론 산림에 관한 용어
- 임황이란 산림의 상태나 상황을 의미한다.
- 동령림이란 수령이 유사한 나무들로 구성된 산림을 의미한다.
- 혼효림이란 여러 수종이 혼합된 산림을 의미한다.

정답 ②

33

다음 표의 가스들을 위험도가 높은 물질부터 순서대로 나열한 것은?

종류	폭발하한선[vol%]	폭발상한선[vol%]
수소	4.0	75.0
산화에틸렌	3.0	80.0
이황화탄소	1.25	44.0
아세틸렌	2.5	81.0

① 아세틸렌 > 산화에틸렌 > 이황화탄소 > 수소
② 아세틸렌 > 산화에틸렌 > 수소 > 이황화탄소
③ 이황화탄소 > 아세틸렌 > 수소 > 산화에틸렌
④ 이황화탄소 > 아세틸렌 > 산화에틸렌 > 수소

해설

위험도(H)를 구하는 공식은 다음과 같다.

$$H = \frac{U - L}{L}$$

H: 위험도, L: 연소하한계(vol%), U: 연소상한계(vol%)

① 수소의 위험도 $= \dfrac{75.0 - 4.0}{4.0} = 17.75$

② 산화에틸렌의 위험도 $= \dfrac{80.0 - 3.0}{3.0} = 25.67$

③ 이황화탄소의 위험도 $= \dfrac{44.0 - 1.25}{1.25} = 34.2$

④ 아세틸렌의 위험도 $= \dfrac{81.0 - 2.5}{2.5} = 31.4$

이므로, 이황화탄소 > 아세틸렌 > 산화에틸렌 > 수소 순이다.

정답 ④

34

유류성분 감정기구인 가스크로마토그래피 분석의 장점으로 틀린 것은?

① 물질이 유사한 여러 성분의 혼합계 분리에 매우 유효하다.
② 현장조사 시 휴대 및 가스 포집이 간편하며 성분판별이 가능하다.
③ 가스 상태로 분석하기 때문에 조작도 간단하고 분석 시간도 빠르다.
④ 각 성분을 검출하여 그 양을 전기적인 신호로 기록계에 저장하고 도형적으로 기록함으로써 분석결과가 객관적이다.

해설

가스크로마토그래피는 휴대 및 가스 포집이 불가능하다.

관련이론 가스크로마토그래피(GC)

- 물질이 유사한 여러 성분의 혼합계 분리에 매우 유효하다.
- 화재현장에서 유류의 존재를 입증하기 위해 사용되는 분석방식으로 가스상태로 분석하기 때문에 조작이 쉽고 분리가 빠르게 이루어진다.
- 각 성분을 검출하여 그 양을 전기적인 신호로 기록계에 저장하여 분석 결과가 객관적으로 보존된다.

정답 ②

35

미소화원과 유염화원의 특징으로 옳은 것은?

① 유염화원이 무염화원보다 에너지량(열량)이 적다.
② 유염화원은 무염화원보다 연소 확대에 필요한 시간이 짧다.
③ 유염화원은 가연물과 접촉 시 바로 착화할 가능성이 무염화원보다 적다.
④ 무염화원의 연소흔적은 깊이 탄 것은 보이지 않으며 연소범위가 넓은 경향을 보인다.

선지분석

① 유염화원이 무염화원보다 에너지량(열량)이 높다.
③ 유염화원은 가연물과 접촉 시 바로 착화할 가능성이 무염화원보다 높다.
④ 유염화원의 연소흔적은 깊고 연소범위는 넓은 경향을 보인다.

정답 ②

36

방화의 주요 동기가 아닌 것은?

① 실수 ② 복수심
③ 경제적 이익 ④ 범죄은폐

해설
실수는 방화의 주요 동기에 해당하지 않는다.

정답 ①

37

방화행위의 입증요소로 틀린 것은?

① 방화재료의 입수 경위가 밝혀져야 한다.
② 방화를 한 장소 및 소훼물이 있어야 한다.
③ 방화의 수단과 방법이 실현 가능하여야 한다.
④ 방화의 수단이 가능한지 추상적으로 검토되어야 한다.

해설
방화의 수단이 가능한지 실증적으로 검토되어야 한다.

관련이론 방화행위 입증요소
- 방화재료의 입수 경위가 밝혀져야 한다.
- 방화를 한 장소 및 소훼물이 있어야 한다.
- 방화의 수단과 방법이 실현 가능하여야 한다.
- 방화의 수단이 가능한지 실증적으로 검토되어야 한다.

정답 ④

38

다음 중 담뱃불 접촉에 의한 물질의 착화 가능성이 가장 낮은 것은?

① 톱밥류 ② 마른 건초류
③ 구겨진 신문지류 ④ 가솔린 증기

해설
가솔린 증기의 착화점은 430~550℃로 담뱃불에 표면온도인 200~300℃로는 착화되지 않는다.

정답 ④

39

그림과 같은 3상 부하회로에 있어서 부하전류가 20A일 때 부하의 선간전압 V_{LL}은 얼마인가?

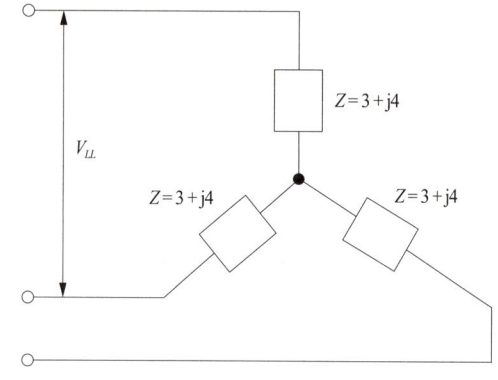

① 100 ② $100\sqrt{2}$
③ $100\sqrt{3}$ ④ 200

해설
Y결선 선간전압(V_{LL})을 구하는 공식은 다음과 같다.
$$V_{LL} = \sqrt{3} \times 상전압$$
상전압 구하는 공식은 다음과 같다.
상전압 = 부하전류 × 1상 임피던스
$= 20 \times \sqrt{3^2 + 4^2} = 100$이므로
Y결선 선간전압(V_{LL}) = $\sqrt{3} \times 100 = 100\sqrt{3}$

정답 ③

40

차량 배터리의 내부에서 화원이 될 가능성이 있는 원인에 속하지 않는 것은?

① 외부 단자의 이완
② 과충전에 의한 과열
③ 과충전에 의한 용단스파크불꽃
④ 배터리 전해액 부족에 의한 내부 쇼트

해설
외부 단자의 이완은 전류의 흐름이 없어 화원이 될 수 없다.

정답 ①

증거물관리 및 법과학

41 ★☆☆
관계자에게 질문할 경우 유의해야 하는 사항으로 틀린 것은?

① 질문자는 자기신분을 밝힌다.
② 피질문자에 대한 선입견을 배제한다.
③ 관계자에는 초기소화자, 피난자, 출동한 소방관도 포함된다.
④ 실체적 진실을 밝히기 위해서는 어느 정도의 유도질문이나 상대방의 감정을 도발하는 질문기법도 필요하다.

해설
희망하는 진술내용을 얻기 위하여 상대방에게 암시하는 등의 방법으로 유도해서는 안된다.

관련이론 관계자 등에 대한 질문사항
- 관계인 질문은 시기·장소를 고려해 임의진술을 얻어야 하며, 자유를 침해하는 방법을 사용해서는 안 된다.
- 원하는 진술을 얻기 위해 암시 등의 방법으로 유도해서는 안 된다.
- 소문에 의한 진술일 경우 직접 경험한 관계자의 진술을 확보해야 한다.
- 질문 내용은 반드시 질문기록서에 작성하여 그 증거를 확보해야 한다.

정답 ④

42 ★☆☆
비디오카메라에 대한 설명으로 틀린 것은?

① 목격자, 소유자 거주인, 혐의자와의 면담에서 사용할 수 있다.
② 비디오카메라의 장점은 보는 각도를 점차 이동하며 화재현장을 나타내는 것이다.
③ 주밍-인(Zooming-in)이나 과장확대기법을 적극적으로 사용한다.
④ 가장 큰 장점으로 점진적으로 시각의 움직임에 의해 화재현장을 보여주는 능력이 있다.

해설
줌-인(Zooming-in)은 광학카메라에 대한 설명에 해당한다.

정답 ③

43 ★★☆
연소범위에 영향을 미치는 요인에 대한 설명으로 틀린 것은?

① 온도가 높아질수록 연소범위는 좁아진다.
② 고온·고압의 경우 연소범위는 더욱 넓어진다.
③ 압력이 높아지면 하한값은 크게 변하지 않으나 상한값은 높아진다.
④ 혼합기를 이루는 공기의 산소농도가 높을수록 연소범위는 넓어진다.

해설
온도가 높아질수록 연소범위는 넓어진다.

관련이론 연소범위에 영향을 미치는 인자
- 온도가 높아질수록 분자의 운동에너지가 증가하여 가연성 혼합물이 더 쉽게 연소하게 되므로 연소범위는 넓어진다.
- 산소농도가 높을수록 연소반응이 촉진되어 연소범위가 넓어진다.
- 압력이 높아지면 하한계에는 큰 변화가 없지만 상한계가 증가하여 전체적인 연소범위가 확대된다.
- 공기 중에 불활성가스(질소, 이산화탄소)가 존재하면 산소 농도가 상대적으로 낮아져 연소범위는 좁아진다.
- 최소점화에너지(MIE)는 가연성 가스 혼합물이 완전연소 조성에 가까울 때 가장 낮아지며, 혼합비가 하한계나 상한계에 가까워질수록 MIE는 증가하게 된다.

정답 ①

44 ★☆☆
가스크로마토그래피(GC) 분석을 위한 용매추출법 중 잔류물을 추출하기 위한 용액으로 틀린 것은?

① 크실렌
② η-펜탄
③ 이황화탄소
④ η-헥산

해설
크실렌(자일렌)은 다른 용매에 비해 탄소수가 많아 잔류물 추출효율이 낮아 사용하지 않는다.

정답 ①

45 ★★★

화재사 또는 흡연과 관련된 CO-Hb의 농도에 관한 설명으로 맞는 것은?

① 일반적으로 비흡연자의 CO-Hb 농도는 0.01%이다.
② 40% 이상의 CO-Hb 농도는 CO 자체만으로 사망할 수 있는 수치이다.
③ 일반적으로 하루 두 갑 이상 흡연하는 사람의 CO-Hb 농도는 3~8%이다.
④ 40% 이하의 CO-Hb 농도는 산소 부족, 심정지 또는 열화상으로 사망할 수 있다.

해설

혈중 일산화탄소 농도

농도(%)	증상
10~20	가벼운 두통
20~30	정서불안, 중증 두통
30~40	극심한 두통, 구토, 산소부족으로 인한 실신유발
40~50	의식장애, 호흡곤란
50~60	혼수상태, 경련
60~70	의식혼탁, 호흡중추마비
80	사망

정답 ②

46 ★★☆

냉온수기 자동온도 조절장치에서 절연체의 오염에 의한 트래킹 화재가 발생한 경우 수거하여야 할 증거물로 맞는 것은?

① 응축기
② 시즈히터
③ 압축기
④ 서모스탯

해설

서모스탯은 온수통에 설치된 바이메탈식 자동 온도조절기이다.

정답 ④

47 ★★★

화재현장 사진촬영에 대한 설명으로 틀린 것은?

① 현장사진은 자료 확보를 위하여 충분하게 촬영한다.
② 연소 및 탄화된 형태를 조사자 시각에서 객관화하여 촬영한다.
③ 발화건물 내부 촬영 시 소실된 부분을 국부적으로 촬영한다.
④ 불필요한 피사체(인물 등) 촬영 금지, 접사 촬영 시 배경막 설치 후 촬영한다.

해설

발화건물 내부 촬영 시 전체를 촬영한다.

관련이론 현장사진 및 비디오 촬영 시 유의사항

- 최초 도착하였을 때의 원상태를 그대로 촬영하고, 화재조사의 진행 순서에 따라 촬영한다.
- 증거물을 촬영할 때는 그 소재와 상태가 명백히 나타나도록 하며, 필요에 따라 구분이 용이하게 번호표 등을 넣어 촬영한다.
- 화재현장의 특정한 증거물 등을 촬영함에 있어서는 그 길이, 폭 등을 명백히 하기 위하여 측정용 자 또는 대조도구를 사용하여 촬영한다.
- 화재상황을 추정할 수 있는 다음 대상물의 형상은 면밀히 관찰 후 자세히 촬영한다.
  - 사람, 물건, 장소에 부착되어 있는 연소흔적 및 혈흔
  - 화재와 연관성이 크다고 판단되는 증거물, 피해물품, 유류
- 현장사진 및 비디오 촬영과 현장기록물 확보 시에는 연소확대 경로 및 증거물 기록에 대한 번호표와 화살표 등을 활용하여 작성한다.

정답 ③

48 ★★☆
화재증거물 사진의 촬영 및 유의사항에 관한 설명으로 틀린 것은?

① 화재증거물은 오물을 제거하고 나서 찍는다.
② 접사로 촬영하는 경우 셔터 스피드를 이용해 피사계 심도를 조절한다.
③ 접사 촬영이 필요할 경우 매크로렌즈(접사용) 및 링스트로보 등을 활용한다.
④ 피사계 심도는 어느 정해진 시간 동안에 초점이 맞는 가장 멀리 있는 사물과 가장 가까이 있는 사물의 거리이다.

해설
피사계의 심도는 조리개값, 렌즈초점거리, 피사체와의 거리에 따라 결정된다.

정답 ②

49 ★☆☆
물리적 증거물의 감정 및 시험에 대한 설명으로 틀린 것은?

① 발화 지점, 화재 특정 원인, 화재 확산에 기여한 요인 판별
② 물리적 증거물의 화학 조성을 확인하기 위한 감정 및 시험
③ 물리적 증거물의 작동이나 오작동 또는 고장을 판단하기 위하여 설계가 충분한지 여부를 판별
④ 실험실이나 다른 시험기관이 수행할 수 있는 특정 실험 방법 및 제한사항에 관계없이 공정성을 위해 화재조사관 단독으로 감정 및 시험 실시

해설
공정성을 위해 화재조사관 단독으로 감정 및 시험해서는 안 되며 감정기관 등에 감정을 의뢰해야 한다.

정답 ④

50 ★☆☆
화상의 위험도에 큰 영향을 미치는 인자는?

① 심도(沈度) ② 온도(溫度)
③ 질병(疾病) ④ 범위(範圍)

해설
화상의 위험도는 범위와 심도에 의해 결정되며 심도가 더 큰 영향을 미친다.

정답 ①

51 ★☆☆
화재 증거물의 수송으로 권장할 만한 가장 적절한 방법은?

① 직접운반 ② 제3자 전달
③ 우편배송 ④ 화물로의 배송

해설
화재 증거물의 수송으로 권장하는 증거물의 운송은 직접운반이 가장 좋다.

정답 ①

52 ★☆☆
화재증거물수집관리규칙에 포함되는 내용이 아닌 것은?

① 증거물의 포장 ② 증거물 감정 절차
③ 증거물의 상황기록 ④ 초상권 및 개인정보 보호

해설
증거물 감정 절차는 화재증거물수집관리규칙에 포함되지 않는다.

관련이론 화재증거물수집관리규칙에 포함되는 내용
- 증거물의 상황기록
- 증거물의 수집
- 증거물의 포장
- 증거물 보관·이동
- 증거물에 대한 유의사항
- 개인정보 보호
- 촬영 시 유의사항
- 현장 사진 및 비디오촬영
- 기록의 정리·보관
- 기록 사본의 송부
- 현장사진 및 비디오 촬영물 기록 등

정답 ②

53 ★★☆

전기기기 또는 구성품에 대한 증거물 수집 방법으로 틀린 것은?

① 전기적 증거물이 발견된 상태를 가능한 한 그대로 보존해야 한다.
② 제품 내 전기적 특이점이 발견된다면 해당 부분만 수거하는 것이 효과적이다.
③ 일부 남은 전선 피복을 검사할 수 있도록 가능한 전선을 길게 수집해야 한다.
④ 전기기기를 전체적으로 제거하는 것이 불가능한 경우 제자리에 안전하게 놓는 것이 좋다.

해설

제품 내 전기적 특이점이 발견된다면 해당 부분만 수거하는 것이 아니라 중요 부품이나 전원 케이블 및 연료 공급 배관 등 구성품들을 포함해야한다.

관련이론 전기설비 구성부품의 수집

- 제품 내 전기적 특이점이 발견된다면 상태 그대로 보존해 수거한다.
- 전기설비나 구성부품의 수집 전에 전원의 차단 여부를 확인해야 한다.
- 전선은 가급적 남아있는 피복까지 검사할 수 있도록 길게 수집하도록 한다.
- 전기 제품의 경우 중요 부품, 전원 케이블 및 연료 공급 배관 등 구성품들을 포함한다.
- 전기기기를 전체적으로 제거하는 것이 불가능한 경우 제자리에 안전하게 놓는 것이 좋다.
- 전기 제품에 대한 분해조사 또는 수집과 이송은 증거물의 발견 당시 상태를 유지하도록 최선을 다해야 한다.

정답 ②

54 ★★★

화재증거물수집관리규칙상 현장사진 및 비디오 촬영 시 유의사항에 대한 설명으로 틀린 것은?

① 최초 도착하였을 때의 원상태를 그대로 촬영하고 진압 순서에 따라 촬영
② 현장사진 및 비디오 촬영할 때에는 연소확대 경로 및 증거물 기록에 대한 번호표와 화살표를 표시 후에 촬영
③ 증거물을 촬영할 때에는 그 소재와 상태가 명백히 나타나도록 하며, 필요에 따라 구분이 용이하게 번호표 등을 넣어 촬영
④ 화재현장의 특정한 증거물 등을 촬영함에 있어서는 그 길이, 폭 등을 명백히 하기 위하여 측정용 자 또는 대조 도구를 사용하여 촬영

해설

최초 도착하였을 때의 원상태를 그대로 촬영하고, 화재조사의 진행순서에 따라 촬영한다.

관련이론 현장사진 및 비디오 촬영 시 유의사항

- 최초 도착하였을 때의 원상태를 그대로 촬영하고, 화재조사의 진행순서에 따라 촬영한다.
- 증거물을 촬영할 때는 그 소재와 상태가 명백히 나타나도록 하며, 필요에 따라 구분이 용이하게 번호표 등을 넣어 촬영한다.
- 화재현장의 특정한 증거물 등을 촬영함에 있어서는 그 길이, 폭 등을 명백히 하기 위하여 측정용 자 또는 대조도구를 사용하여 촬영한다.
- 화재상황을 추정할 수 있는 다음 대상물의 형상은 면밀히 관찰 후 자세히 촬영한다.
  - 사람, 물건, 장소에 부착되어 있는 연소흔적 및 혈흔
  - 화재와 연관성이 크다고 판단되는 증거물, 피해물품, 유류
- 현장사진 및 비디오 촬영과 현장기록물 확보 시에는 연소확대 경로 및 증거물 기록에 대한 번호표와 화살표 등을 활용하여 작성한다.

정답 ①

55 ★★☆

열에 의한 재성형이 불가능한 합성 고분자 화합물의 종류로 맞는 것은?

① 테프론
② 폴리에틸렌
③ 멜라민수지
④ 폴리아크릴로니트릴

해설
열에 의한 재성형이 불가능한 합성 고분자 화합물은 열경화성 수지로 멜라민수지이다.

관련이론 플라스틱의 연소특성

구분	종류
열경화성 수지	에폭시수지, 폴리에스터, 폴리우레탄, 페놀수지, 멜라민수지, 우레아수지 등
열가소성 수지	폴리에틸렌, 폴리프로필렌, 폴리스티렌, 폴리염화비닐, 아크릴 등

정답 ③

56 ★★☆

화재현장에서 수집된 증거물의 오염에 관한 설명으로 맞는 것은?

① 물리적 증거물 대부분의 오염은 운반하는 과정에서 발생한다.
② 증거물 보관용기는 오염지역에서 떨어진 곳에 보관하여야 한다.
③ 증거물의 오염방지를 위하여 화재조사관의 맨손으로 직접 수집하는 것이 원칙이다.
④ 증거물 용기는 개봉상태로 유지하며, 실험실에서 조사를 마친 후 봉인되어야 한다.

선지분석
① 물리적 증거물 대부분의 오염은 수집하는 과정에서 발생한다.
③ 증거물의 오염방지를 위하여 화재조사관은 비닐장갑을 착용하거나 핀셋 등을 사용하는 것이 원칙이다.
④ 증거물 용기는 수집할 때만 개봉하고 즉시 봉인하여 밀폐해야 한다.

정답 ②

57 ★★☆

증거물 수집용기 중 유리병의 장점이 아닌 것은?

① 휘발성 액체의 증발을 방지한다.
② 내부의 증거물 확인이 용이하다.
③ 장기 저장 시 증거물의 악화를 줄여 준다.
④ 크기가 다양하여 많은 양을 저장할 수 있다.

해설
유리병은 대량저장이 불가능하다.

관련이론 유리병 용기의 특징
- 가격이 저렴하고 구하기 쉽다.
- 용기를 열지 않고도 내용물을 확인할 수 있다.
- 휘발성 액체의 증발을 막을 수 있다.
- 액체·고체 촉진제 증거물을 장기간 저장할 수 있다.
- 대량 저장이 어렵고 장기간 보관 시 파손 위험이 있다.
- 고무 밀봉 시 파손 위험이 크다.
- 코르크 마개는 휘발성 액체 보관에 부적합하며, 빛에 민감한 시료는 짙은 색 용기를 사용해야 한다.
- 마개는 유리, PTFE(폴리테트라플루오로에틸렌), 내유성 플라스틱, 금속 스크루 마개 등을 사용한다.

정답 ④

58 ★☆☆

일반적인 방화 현장에서 나타나는 패턴이 아닌 것은?

① U형 패턴
② 독립연소 패턴
③ 포어(pour) 패턴
④ 트레일러(trailer) 패턴

해설
U형 패턴은 화재플룸에 의해 벽면에 형성될 수 있으나, 방화 현장에서 나타나는 특징적인 패턴이라고 보기는 어렵다.

정답 ①

59 ★★☆

화재현장의 증거물 시료 채취 시 유의사항으로 아닌 것은?

① 가급적 증거물 전체를 수집 또는 채취
② 동일한 물질이 있었을 때는 채취하지 않고 내용만 기술
③ 감정의뢰서에 증거물을 수집, 채취한 경과와 사건개요를 기술
④ 채취된 증거물의 물질이 상이할 때에는 서로 섞이지 않도록 분리하여 채취, 보관

해설
동일한 물질이 있었을 때에는 오염되지 않은 동일한 시료를 채취하여 비교표본으로 활용한다.

관련이론 증거물의 수집 기본원칙
- 증거물 수집은 가능한 빨리 수거하도록 한다.
- 가급적으로 증거물 전체를 수집 또는 채취한다.
- 다른 곳에서 발견된 동일한 물질은 별도의 용기에 넣어 수거한다.
- 맨손으로 만지지 말고 일회용 장갑을 착용하여 오염을 최소화한다.
- 증거물에 부착된 오염물질을 강제로 털어 내거나 떼어 내려고 하지 않도록 한다.
- 채취된 증거물의 물질이 상이한 때에는 서로 섞이지 않도록 분리하여 채취, 보관한다.
- 감정의뢰서에 증거물을 수집, 채취한 경과와 사건개요를 기술한다.

정답 ②

60 ★☆☆

화재 당시 살아있었음을 나타내는 생활반응으로 맞는 것은?

① 시반이 없다.
② 머리가 그을렸다.
③ 기도에 매연이 부착되었다.
④ 피부가 진피까지 탄화되었다.

해설
기도에 매연이 있다면 사망 전 호흡이 있었다는 것으로 화재 당시 살아있었음을 나타내는 생활반응에 해당한다.

정답 ③

화재조사보고 및 피해평가

61 ★☆☆

다음은 주택화재 현장에 출동한 화재조사관이 조사한 내용이다. 해당 화재조사관이 국가화재정보시스템 유형별 조사서 중 시설용도 항목에 입력한 사항으로 맞는 것은?

> 1개 동의 주택으로 쓰이는 바닥면적의 합계가 680m², 건물 층수는 4층이며, 주택 내 여러 세대가 독립적인 주거생활이 가능한 주택에서 화재가 발생하였다. 화재조사결과 2층 201호 주방에서 음식조리 중 화재가 발생하였으며, 인명피해는 없으며, 주방 가스레인지 및 싱크대 등이 소실되었다.

① 시설용도: 주거시설-단독주택-다세대주택
② 시설용도: 주거시설-공동주택-연립주택
③ 시설용도: 주거시설-기타주택-다세대주택
④ 시설용도: 주거시설-도시형주택-연립주택

해설
연면적이 660m²를 초과하는 4층 이하의 주거건물은 연립주택에 해당한다.

정답 ②

62

건물의 일부를 개수 또는 보수한 경우에 있어서의 경과연수의 산정 기준 적용에 관한 설명으로 틀린 것은?

① 재설치비의 50% 미만 개·보수한 경우: 최초 건축연도 기준
② 재설치비의 50% 이상 개·보수한 경우: 최초 건축연도 기준
③ 재설치비의 80% 이상 개·보수한 경우: 개·보수한 때를 기준으로 하여 경과연수를 산정
④ 재설치비의 50~80% 미만을 각각 개·보수한 경우: 최초 건축연도를 기준으로 한 경과연수와 개·보수한 때를 기준으로 한 경과연수를 합산 평균하여 경과연수를 산정

해설
재설치비의 50~80%를 개보수한 경우 최초 건축연도를 기준으로 한 경과연수와 개보수한 때를 기준으로 한 경과연수를 합산 평균하여 경과연수를 산정한다.

관련이론 건물의 경과연수
- 재설치비가 50% 미만 개·보수한 경우: 최초 건축연도를 기준으로 경과연수를 산정한다.
- 재설치비의 50~80%를 개·보수한 경우: 최초 건축연도를 기준으로 한 경과연수와 개·보수한 때를 기준으로 한 경과연수를 합산 평균하여 경과연수를 산정한다.
- 재설치비의 80% 이상 개·보수한 경우: 개·보수한 때를 기준으로 하여 경과연수를 산정한다.

정답 ②

63

재고자산의 상품 중 견본품, 전시품, 진열품에 대한 화재피해액 산정 시 우선 적용사항으로 맞는 것은?

① 시장거래가격으로 산정한다.
② 구입가의 50%로 일괄 산정한다.
③ 구입가의 50~80%를 피해액으로 한다.
④ 구입가에 감가수정한 가격으로 산정한다.

해설
견본품, 전시품, 진열품의 경우 재고자산 종류에 따라 구입가격의 50~80%를 피해액으로 한다.

관련이론 재고자산의 피해액 산정기준
재고자산의 피해액 = 회계장부상의 구입가액 × 손해율

정답 ③

64 ★★★

화재조사 및 보고규정 상 화재건수를 결정할 때 1건의 화재 결정으로 틀린 것은?

① 동일 대상물에서 발화점이 2개소이며, 누전점이 동일한 화재
② 동일 대상물에서 발화점이 3개소로서 낙뢰에 의한 다발화재
③ 동일 대상물에서 발화점이 4개소로서 지진에 의한 다발화재
④ 각기 다른 사람에 의한 방화나 불장난으로 동일 대상물에서 발화한 화재

해설
각기 다른 사람에 의한 방화나 불장난으로 동일 대상물에서 발화한 화재는 각각 별건으로 처리한다.

관련이론 화재건수 결정
1건의 화재란 1개의 발화지점에서 확대된 것으로 발화부터 진화까지를 말한다. 다만, 다음 경우는 각 호에 따른다.
- 동일범이 아닌 각기 다른 사람에 의한 방화, 불장난은 동일 대상물에서 발화했더라도 각각 별건의 화재로 한다.
- 동일 소방대상물의 발화점이 2개소 이상 있는 다음의 화재는 1건의 화재로 한다.
  − 누전점이 동일한 누전에 의한 화재
  − 지진, 낙뢰 등 자연현상에 의한 다발화재
- 발화지점이 한 곳인 화재현장이 둘 이상의 관할구역에 걸친 화재는 발화지점이 속한 소방서에서 1건의 화재로 산정한다. 다만, 발화지점 확인이 어려운 경우에는 화재피해금액이 큰 관할구역 소방서의 화재건수로 산정한다.

정답 ④

65 ★☆☆

재고자산의 화재 피해액 산정에 관한 사항으로 맞는 것은?

① 판매 및 일반관리비의 미실현 이익 내지 미실현 비용을 포함한다.
② 재고자산 중 반제품은 구입 후 사용하지 않고 보관 중인 소모품을 의미한다.
③ 재고자산은 구입비용 자체가 피해액이 되므로 감가공제는 하지 않는다.
④ 재고자산의 구입비에는 운반비 등 구입경비와 판매비용은 포함하지 않는다.

선지분석
① 미실현 이익 등은 포함하지 않는다.
② 반제품은 제조 중인 중간제품이다.
④ 재고자산의 가액은 운반비와 구입경비 등을 포함한다.

정답 ③

66 ★★★

화재발생종합보고서 작성 시 질문기록서 작성을 생략할 수 있는 대상으로 맞는 것은?

① 선박화재   ② 자동차화재
③ 건축·구조물화재   ④ 전봇대화재

해설
기타화재 중 쓰레기, 모닥불, 가로등, 전봇대화재 및 임야화재의 경우 질문기록서 작성을 생략할 수 있다.

정답 ④

67 ★★★

화재조사 및 보고규정상 화재피해액 산정기준으로 틀린 것은?

① 차량은 전부손해의 경우 시중매매가격으로 한다.
② 임야의 입목은 전부손해의 경우 감정가격으로 한다.
③ 미술공예품은 전부손해의 경우 감정가격으로 한다.
④ 기타피해 물품은 피해당시의 현재가를 재구입비로 하여 피해액을 산정한다.

해설
임야의 입목 소실 전의 입목가격에서 소실한 입목의 잔존가격을 뺀 가격으로 한다. 단, 피해산정이 곤란할 경우 소실면적 등 피해 규모만 산정할 수 있다.

정답 ②

68 ★★★

화재현황조사서에 명시된 발화요인으로 맞는 것은?

① 불꽃, 불티
② 작동기기
③ 담뱃불, 라이터불
④ 교통사고

해설
교통사고는 화재현황조사서에 명시된 발화요인이 아니다.

관련이론 화재현황조사서에 기재된 발화요인의 종류
- 전기적요인
- 기계적요인
- 제품결함
- 가스누출(폭발)
- 화학적요인
- 교통사고
- 부주의
- 자연적요인
- 방화

정답 ④

69 ★★★

화재범위가 2 이상의 관할구역에 걸친 화재에 대한 설명으로 맞는 것은?

① 출동하여 진압한 소방서에서 1건의 화재로 한다.
② 관할 소방서장과 출동한 소방서장이 협의하여 정한다.
③ 발화 소방대상물의 소재지를 관할하는 소방서에서 1건의 화재로 한다.
④ 발화 소방대상물의 소재지를 관할하는 소방서와 출동한 소방서에서 각각 1건의 화재로 한다.

해설
화재범위가 2 이상의 관할구역에 걸친 화재에 대해서는 발화 소방대상물의 소재지를 관할하는 소방서에서 1건의 화재로 한다.

정답 ③

70 ★★★

화재현장조사서에 첨부할 도면의 작성에 대한 설명으로 틀린 것은?

① 도면작성에 있어서는 방의 배치와 출입구, 개구부의 상황을 위주로 한다.
② 거리측정은 기둥의 중심에서 다른 기둥의 중심까지로 기준점을 통일한다.
③ 도면(평면도, 입체도)은 측정치를 기준으로 하여 축척에 맞춰서 작성한다.
④ 화재조사관은 화재현장에 대한 이해도를 높이기 위해 화재의 유형과 규모에 관계없이 3차원 형식의 도면을 반드시 작성하여야 한다.

해설
3차원 도면을 반드시 작성할 필요는 없다.

관련이론 화재현장조사서 도면 작성 방법
- 도면은 이해하기 쉽도록 작성한다.
- 도면의 표제는 객관적으로 표현한다.
- 도면상에서 방위상 북을 위쪽으로 작성한다.
- 도면작성 시 표준화된 기호를 사용한다.
- 도면은 측정치를 기준으로 하여 축척에 맞춰서 작성한다.
- 도면작성 시 방의 배치와 출입구, 개구부 상황을 위주로 한다.
- 거리측정은 기둥의 중심에서 다른 기둥의 중심까지로 기준점을 통일한다.

정답 ④

71

★★★

화재조사서류 중 화재발생종합보고서의 보존기간으로 맞는 것은?

① 5년
② 10년
③ 영구
④ 준영구

해설
소방본부장 및 소방서장은 조사결과 서류를 국가화재정보시스템에 입력·관리해야 하며 영구보존방법에 따라 보존해야 한다.

정답 ③

72

★★★

화재피해액 산정에 있어 상당부분 교체 내지 수리가 필요한 경우의 손해율로 맞는 것은?

① 20%
② 40%
③ 60%
④ 80%

해설
손해정도가 심해 상당부분 교체 내지 수리가 필요한 경우는 60%이다.

관련이론 영업시설의 소손 정도에 따른 손해율

화재로 인한 피해정도	손해율(%)
불에 타거나 변형되고 그을음과 수침 정도가 심한 경우	100
손상정도가 다소 심하여 상당부분 교체 내지 수리가 필요한 경우	60
영업시설의 일부를 교체 또는 수리하거나 도장 내지 도배가 필요한 경우	40
부분적인 소손 및 오염의 경우	20
세척 내지 청소만 필요한 경우	10

정답 ③

73

★☆☆

화재현장조사서 작성 시 유의사항 중 틀린 것은?

① 관계자 진술은 주관적인 것이므로 기재하지 않는다.
② 필요한 경우 예상되는 사항 및 관련 조치사항 등도 기록할 수 있다.
③ 발화지점 및 화재원인 판정은 객관적인 증거자료(사진, 기타서류 등)를 첨부할 수 있다.
④ 필요한 경우 감식·감정 결과통지서, 전기배선도, 연구자료, 재현실험 결과, 참고문헌 등 참고자료를 첨부할 수 있다.

해설
관계자 진술은 조사자의 판단이 개입되지 않도록 그대로 표현해야 한다.

정답 ①

74

★★★

지은지 10년된 아파트에서 화재가 발생하여 100m²가 소실되었다. 화재피해액은 약 얼마인가? (단, 내용연수 50년, 신축단가 670천원/m², 손해율 40%이다.)

① 21,862천원
② 22,512천원
③ 26,661천원
④ 28,891천원

해설
건물의 화재로 인한 피해액을 구하면 다음과 같다.
= 소실면적의 재건축비 × 잔가율 × 손해율
= 신축단가 × 소실면적 × $[1 - (0.8 \times \frac{경과연수}{내용연수})]$ × 손해율
= 670천원/m² × $[1 - (0.8 \times \frac{10}{50})]$ × 40 = 22,512천원

정답 ②

75 ★☆☆

화재발생종합보고서에서 화재 발생 시 모든 경우에 작성되어야 할 조사서는?

① 화재현황조사서
② 화재유형별조사서
③ 방화·방화의심 조사서
④ 화재피해(인명·재산)조사서

해설
모든 화재에 공통적으로 작성되어야 하는 조사서는 화재현황조사서, 화재현장조사서이다.

정답 ①

76 ★★★

화재피해액 산정에 관한 설명으로 맞는 것은?

① 최종잔가율은 건물, 부대설비, 가재도구의 경우 20%, 기타의 경우 10%로 한다.
② 화재피해액을 산정하기 위한 피해면적은 화재피해를 입은 건물의 입체면적을 말한다.
③ 화재로 인한 건물의 피해액은 화재피해 대상 건물과 동일한 구조, 용도, 질, 규모의 건물 재건축비에서 손해율을 곱한 금액이 된다.
④ 간이평가방식에 의한 부대설비의 피해액 산정에 있어 전등 및 전열설비 등 기본적 전기설비만 설치되어 있어도 별도로 부대시설 피해액을 산정한다.

선지분석
② 건물의 소실면적 산정은 소실 바닥면적으로 산정한다.
③ 피해액은 재구입하는데 소요되는 가액에서 감가공제를 한 금액이다.
④ 간이평가방식에서는 별도로 부대시설 피해액을 산정하지 않는다.

정답 ①

77 ★★☆

화재조사 및 보고규정 상 화재피해조사서(재산피해)에 작성하지 않아도 되는 내용은?

① 건물 피해산정
② 부대설비 피해산정
③ 영업시설 피해산정
④ 사상 시 위치·행동

해설
사상 시 위치·행동에 관한 사항은 화재피해조사서(인명피해)에 해당한다.

관련이론 화재피해조사서(재산피해) 작성
- 건물 피해산정
- 부대설비 피해산정
- 영업시설 피해산정
- 가재도구 피해산정
- 집기비품 피해산정
- 가재도구 간이평가 피해산정
- 기타 피해산정
- 잔존물 제거비
- 총 피해액

정답 ④

78 ★☆☆

화재피해액 산정 시 중고로 구입한 기계장치 및 집기비품으로서 그 제작연도를 알 수 없을 경우 그 상태에 따라 신품가액 대비 잔가율로 정할 수 있는 비율은?

① 30% 내지 50%
② 30% 내지 60%
③ 20% 내지 50%
④ 20% 내지 60%

해설
중고구입기계장치 및 집기비품으로서 그 제작연도를 알 수 없는 경우에는 그 상태에 따라 신품가액의 30% 내지 50%를 잔가율로 정할 수 있다.

정답 ①

79 ★★☆
화재현장출동보고서의 기재항목이 아닌 것은?

① 발화지점 판정
② 출동대원 및 응답자
③ 현장도착 시 발견사항
④ 도착하여 처음 실행한 일의 지점 및 유형

해설
발화지점 판정은 화재현장조사서의 기재항목이다.

관련이론 화재현장출동보고서 기재사항
- 출동대원 및 응답자
- 현장도착 시 발견사항
- 도착하여 처음 실행한 일의 지점 및 유형
- 출입문 상태 및 소방대 건물 진입방법
- 소방대 이외의 강제적인 진입흔적
- 화재 장소에서 사용된 장비
- 출동로상의 발견사항
- 기타 화재와 관련된 사항
- 화재사진 및 동영상

정답 ①

80 ★★★
화재현장조사서 작성 시 화재원인 검토와 관련된 내용 중 필수 검토항목이 아닌 것은?

① 방화 가능성
② 전기적 요인
③ 인적 부주의
④ 관련 조치사항

해설
관련 조치사항은 화재원인 검토항목에 해당하지 않는다.

관련이론 화재원인 검토항목
- 방화 가능성(연소상황, 원인추적 등에 관한 사진, 설명)
- 전기적 요인
- 기계적 요인
- 가스누출
- 인적 부주의 등
- 연소확대 사유

정답 ④

화재조사관계법규

81 ★★★
소방의 화재조사에 관한법 상 소방청장이 실시하는 화재조사에 관한 시험에 합격한 자가 없는 경우, 화재조사를 실시하게 할 수 있는 소방공무원의 기준으로 옳은 것은?

① 소방교육기관에서 10주 이상 화재조사에 관한 전문교육을 이수한 자
② 국립과학수사연구원에서 10주 이상 화재조사에 관한 전문교육을 이수한 자
③ 외국의 화재조사 관련 기관에서 10주 이상 화재조사에 관한 전문교육을 이수한 자
④ 「국가기술자격법」에 따른 건축 · 위험물 · 전기 · 안전관리(가스 · 소방 · 소방설비 · 전기안전 · 화재감식평가 종목에 한한다.)분야 산업기사 이상의 자격을 취득한 자

해설
「소방의 화재조사에 관한 법률 시행규칙 제4조」
- 화재조사관 양성을 위한 전문교육을 이수한 사람
- 화재조사관 양성을 위한 전문교육
- 화재조사관의 전문능력 향상을 위한 전문교육
- 전담부서에 배치된 화재조사관을 위한 의무 보수교육
- 국립과학수사연구원 또는 소방청장이 인정하는 외국의 화재조사 관련 기관에서 8주 이상 화재조사에 관한 전문교육을 이수한 사람

정답 ④

82

화재조사 및 보고규정상 조사보고에 관한 내용으로 ( ) 알맞은 내용은?

- 종합상황실장이 상급 종합상황실에 지체없이 보고해야 하는 화재는 화재·구조·구급상황 보고서 내지 제11호서식까지 작성하여 화재 발생일로부터 (㉠) 이내에 보고해야 한다.
- 제1호에 해당하지 않는 화재: 별지 제1호서식 내지 제11호서식까지 작성하여 화재 발생일로부터 (㉡) 이내에 보고해야 한다.
- 제2항에도 불구하고 다음 각 호의 정당한 사유가 있는 경우에는 소방관서장에게 사전 보고를 한 후 필요한 기간만큼 조사 보고일을 연장할 수 있다.

① ㉠ 30, ㉡ 30
② ㉠ 15, ㉡ 30
③ ㉠ 30, ㉡ 15
④ ㉠ 20, ㉡ 50

해설

「화재조사 및 보고규정 제22조」
긴급상황보고에 해당하는 화재는 조사서를 작성하여 화재 발생일로부터 30일 이내에 보고해야 하고 그렇지 않은 화재는 15일 이내에 보고해야 한다. 추가화재조사가 필요하여 조사보고일을 연장한 경우 그 사유가 해소된 날부터 10일 이내에 소방관서장에게 조사결과를 보고해야 한다.

정답 ③

83

소방의 화재조사에 관한 법령상 화재조사전담부서의 업무와 거리가 먼 것은?

① 화재조사의 실시 및 조사결과 분석·관리
② 화재조사 관련 기술개발과 화재조사관의 역량증진
③ 화재조사에 필요한 시설·장비의 관리·운영
④ 위급한 상황으로부터 국민의 생명·신체 및 재산을 보호하기 위하여 필요한 시책을 수립

해설

「소방의 화재조사에 관한 법률 제6조」
- 소방관서장은 전문성에 기반하는 화재조사를 위하여 화재조사전담부서를 설치·운영하여야 한다.
- 전담부서는 다음 각 호의 업무를 수행한다.
  - 화재조사의 실시 및 조사결과 분석·관리
  - 화재조사 관련 기술개발과 화재조사관의 역량증진
  - 화재조사에 필요한 시설·장비의 관리·운영
  - 그 밖의 화재조사에 관하여 필요한 업무
- 소방관서장은 화재조사관으로 하여금 화재조사 업무를 수행하게 하여야 한다.
- 화재조사관은 소방청장이 실시하는 화재조사에 관한 시험에 합격한 소방공무원 등 화재조사에 관한 전문적인 자격을 가진 소방공무원으로 한다.
- 전담부서의 구성·운영, 화재조사관의 구체적인 자격기준 및 교육훈련 등에 필요한 사항은 대통령령으로 정한다.

정답 ④

84 ★★★

화재로 인한 손해의 배상의무자가 법원에 손해배상액의 경감을 청구할 수 있는 경우로 옳은 것은?

① 고의에 의한 화재인 경우
② 중대한 과실로 인한 실화인 경우
③ 경미한 과실로 인한 실화인 경우
④ 악의적인 방화로 인한 화재인 경우

해설

「실화책임에 관한 법률 제3조」
법원은 청구가 있을 경우 다음 사정을 고려하여 그 손해배상액을 경감할 수 있다.
- 화재의 원인과 규모
- 피해의 대상과 정도
- 연소(延燒) 및 피해 확대의 원인
- 피해 확대를 방지하기 위한 실화자의 노력
- 배상의무자 및 피해자의 경제상태
- 그 밖에 손해배상액을 결정할 때 고려할 사정

정답 ③

85 ★★★

화재조사 및 보고규정에서 6가지로 규정한 화재 유형이 아닌 것은?

① 건축 · 구조물화재
② 위험물 · 가스제조소 등 화재
③ 공원화재
④ 선박 · 항공기화재

해설

화재유형별조사서 종류
- 화재유형별조사서(건축 · 구조물화재)
- 화재유형별조사서(자동차 · 철도차량화재)
- 화재유형별조사서(위험물 · 가스제조소등 화재)
- 화재유형별조사서(선박 · 항공기화재)
- 화재유형별조사서(임야화재)

정답 ③

86 ★★★

제조물 책임법에 따르면 손해배상의 청구권은 제조업자가 손해를 발생시킨 제조물을 공급한 날부터 몇 년 이내에 행사하여야 하는가? (단, 원칙적인 경우에 한한다.)

① 3년 ② 5년
③ 10년 ④ 15년

해설

「제조물 책임법 제7조」
이 법에 따른 손해배상의 청구권은 제조업자가 손해를 발생시킨 제조물을 공급한 날부터 10년 이내에 행사하여야 한다. 다만, 신체에 누적되어 사람의 건강을 해치는 물질에 의하여 발생한 손해 또는 일정한 잠복기간(潛伏期間)이 지난 후에 증상이 나타나는 손해에 대하여는 그 손해가 발생한 날부터 기산(起算)한다.

정답 ③

87 ★☆☆

화재로 인한 재해보상과 보험가입에 관한 법률의 설명으로 틀린 것은?

① 보험금 청구권 중 손해배상책임을 담보하는 보험의 청구권은 압류할 수 없다.
② "손해보험회사"란 손해배상법에 따른 화재보험업의 허가를 받은 자를 말한다.
③ 대한민국에 주둔하는 외국군대가 소유하는 건물은 특수건물소유자의 손해배상책임에 적용되지 않는다.
④ 손해보험회사는 대통령령으로 정하는 바에 따라 협회의 설립과 운영에 필요한 비용을 출연하여야 한다.

해설

손해보험회사란 화재로 인한 재해보상과 보험가입에 관한 법률에 따른 화재보험업의 허가를 받은 자를 말한다.

정답 ②

88 ★★★

형법에서 규정하고 있는 진화방해죄에 대한 벌칙 기준 중 다음 (　)안에 알맞은 것은?

> 화재에 있어서 진화용의 시설 또는 물건을 은닉 또는 손괴하거나 기타 방법으로 진화를 방해한 자는 (　)년 이하의 징역에 처한다.

① 10　　② 7
③ 5　　④ 1

해설
「형법 제169조」
화재에 있어서 진화용의 시설 또는 물건을 은닉 또는 손괴하거나 기타 방법으로 진화를 방해한 자는 10년 이하의 징역에 처한다.

정답 ①

89 ★☆☆

제조물 책임법상 제조업자에 해당하는 자로 옳지 않은 것은?

① 제조물의 제조·가공을 업으로 하는 자
② 제조물의 유통을 업으로 하는 자
③ 제조물의 수입을 업으로 하는 자
④ 제조물에 성명·상호·상표 등을 사용하여 자신을 제조업자로 오인하게 할 수 있는 표시를 한 자

해설
「제조물 책임법 제2조」
제조업자란 다음과 같다.
- 제조물의 제조·가공 또는 수입을 업(業)으로 하는 자
- 제조물에 성명·상호·상표 또는 그 밖에 식별(識別) 가능한 기호 등을 사용하여 자신을 제조물의 제조·가공 또는 수입을 업으로 하는 자로 표시한 자 또는 오인(誤認)하게 할 수 있는 표시를 한 자

정답 ②

90 ★☆☆

미성년자가 타인에게 손해를 가한 경우에 그 행위의 책임을 변식할 지능이 없는 때에는 배상의 책임이 없다. 이 경우 민법상 미성년자임을 판단하는 연령과 그 산정방법으로 옳은 것은?

① 14세 미만, 출생일 산입
② 18세 미만, 출생일 불산입
③ 19세 미만, 출생일 산입
④ 20세 미만, 출생일 불산입

해설
미성년자는 출생일을 산입(출생일을 기준으로)하여 19세 미만인 자를 말한다.

정답 ③

91 ★★★

소방의 화재조사에 관한 법령상 화재조사를 하는 경우 조사사항으로 옳지 않은 것은?

① 화재원인에 관한 사항
② 화재로 인한 재산피해 상황
③ 소방시설 등의 설치·관리 및 작동 여부에 관한 사항
④ 자위소방대의 대응 및 조직 구성에 관한 사항

해설
「소방의 화재조사에 관한 법률 제5조」
- 소방청장, 소방본부장 또는 소방서장은 화재발생 사실을 알게 된 때에는 지체없이 화재조사를 하여야 한다. 이 경우 수사기관의 범죄수사에 지장을 주어서는 아니 된다.
- 소방관서장은 화재조사를 하는 경우 다음 사항에 대하여 조사하여야 한다.
  - 화재원인에 관한 사항
  - 화재로 인한 인명·재산피해상황
  - 대응활동에 관한 사항
  - 소방시설 등의 설치·관리 및 작동 여부에 관한 사항
  - 화재발생건축물과 구조물, 화재유형별 화재위험성 등에 관한 사항
  - 그 밖에 대통령령으로 정하는 사항

정답 ②

92 ★★★

화재로 인한 재해보상과 보험가입에 관한 법률상 특약부화재보험을 가입하지 않은 특수건물 소유자의 벌칙으로 옳은 것은?

① 200만원 이하의 벌금
② 300만원 이하의 벌금
③ 400만원 이하의 벌금
④ 500만원 이하의 벌금

해설

「화재로 인한 재해보상과 보험가입에 관한 법률 제23조」
특약부화재보험에 가입하지 아니한 자는 500만원 이하의 벌금에 처한다.

정답 ④

93 ★☆☆

실화책임에 관한 법률상 배상의무자가 법원에 손해배상액의 경감을 청구할 경우 법원이 손해배상액의 경감을 고려하는 사정이 아닌 것은?

① 화재의 원인과 규모
② 피해의 대상과 정도
③ 연소 및 피해 확대의 원인
④ 화재피해자의 직업

해설

「실화책임에 관한 법률 제3조」
법원은 청구가 있을 경우 다음 사정을 고려하여 그 손해배상액을 경감할 수 있다.
- 화재의 원인과 규모
- 피해의 대상과 정도
- 연소(延燒) 및 피해 확대의 원인
- 피해 확대를 방지하기 위한 실화자의 노력
- 배상의무자 및 피해자의 경제상태
- 그 밖에 손해배상액을 결정할 때 고려할 사정

정답 ④

94 ★☆☆

화재 현장에서의 증거물이 법정에 제출되는 경우, 증거로서의 가치를 상실하지 않도록 준수해야 하는 적법한 절차에 관한 사항으로 옳은 것은?

① 관련 법규 및 지침에 규정된 일반적인 원칙과 절차를 준수한다.
② 화재조사에 필요한 증거 수집은 화재피해자의 피해를 최대화하도록 하여야 한다.
③ 화재의 증거물을 획득할 때에는 어떠한 장비도 사용해서는 아니된다.
④ 최종적으로 법정에 제출되는 화재 증거물은 증거의 훼손 방지를 위하여 항상 사본을 제출한다.

선지분석

② 화재조사에 필요한 증거 수집은 화재피해자의 피해를 최소화하도록 하여야 한다.
③ 화재의 증거물을 획득할 때에는 증거물의 오염, 훼손, 변형되지 않도록 적절한 장비를 사용하여야 하며, 방법의 신뢰성이 유지되어야 한다.
④ 최종적으로 법정에 제출되는 화재 증거물의 원본성이 보장되어야 한다.

정답 ①

95

화재로 인한 재해보상과 보험가입에 관한 법령상 손해보험회사가 운영하는 특약부화재보험에 가입 하여야 하는 특수건물의 기준으로 옳은 것은?

① 노래연습장업으로 사용하는 부분의 바닥면적의 합계가 1,000m²이상인 건물
② 학원으로 사용하는 부분의 바닥면적의 합계가 1,000m²이상인 건물
③ 병원급 의료기관으로 사용하는 건물로서 연면적의 합계가 2,000m²이상인 건물
④ 관광숙박업으로 사용하는 건물로서 연면적의 합계가 3,000m²이상인 건물

해설

관광숙박업으로 사용하는 건물로서 연면적의 합계가 3,000m² 이상인 건물은 특약부화재보험에 가입하여야 한다.

관련이론 면적별 특수건물의 범위

면적기준	대상물
바닥면적 2천제곱미터 이상	학원, 게임제공업, 인터넷컴퓨터게임시설공업, 노래연습장업, 휴게음식점영업, 단란주점영업, 유흥주점영업, 공유주방 운영업, 목욕장업, 영화상영관
바닥면적 3천제곱미터 이상	숙박업, 대규모점포, 도시철도의 역사(驛舍) 및 역 시설
연면적 3천제곱미터 이상	병원급 의료기관, 관광숙박업, 공연장, 방송사업을 목적으로 사용하는 건물, 농수산물도매시장 및 민영농수산물도매시장, 학교, 공장

정답 ④

96

소방기본법상 화재, 재난·재해, 그 밖의 위급한 상황이 발생한 현장에 소방활동구역을 정하여 소방활동에 필요한 사람으로서 대통령령으로 정하는 사람 외에는 그 구역에 출입하는 것을 제한할 수 있는 자는?

① 시·도지사 ② 행정안전부장관
③ 시장·군수 ④ 소방대장

해설

「소방기본법 제23조」
• 소방대장은 화재, 재난·재해, 그 밖의 위급한 상황이 발생한 현장에 소방활동구역을 정하여 소방활동에 필요한 사람으로서 대통령령으로 정하는 사람 외에는 그 구역에 출입하는 것을 제한할 수 있다.
• 경찰공무원은 소방대가 소방활동구역에 있지 아니하거나 소방대장의 요청이 있을 때에는 조치를 할 수 있다.

정답 ④

97

승객이 있는 기차에 불을 놓은 경우에 해당되는 죄는 무엇인가?

① 현주건조물 등의 방화
② 공용건조물 등의 방화
③ 일반건조물 등의 방화
④ 일반물건의 방화

해설

「형법 제164조」
불을 놓아 사람이 주거로 사용하거나 사람이 현존하는 건조물, 기차, 전차, 자동차, 선박, 항공기 또는 지하채굴시설을 불태운 자는 무기 또는 3년 이상의 징역에 처한다.

정답 ①

98 ★★★

화재조사 및 보고규정상 건축·구조물화재의 소실정도의 분류 중 다음 ( )안에 알맞은 것은?

| 반소: 건물의 (㉠)% 이상 (㉡)% 미만이 소실된 것 |

① ㉠ 20, ㉡ 50
② ㉠ 20, ㉡ 70
③ ㉠ 30, ㉡ 50
④ ㉠ 30, ㉡ 70

해설

구분	소실정도
전소	건물의 70% 이상(입체면적에 대한 비율)이 소실되었거나 또는 그 미만이라도 잔존부분을 보수하여도 재사용이 불가능한 것
반소	건물의 30% 이상 70% 미만이 소실된 것
부분소	전소, 반소에 해당하지 않는 것

정답 ④

99 ★☆☆

화재조사관이 화재원인 및 피해조사활동을 개시하는 시점으로 옳은 것은?

① 화재사실을 인지하는 즉시
② 현장에 소방차량이 도착함과 동시
③ 화재가 진압되고 즉시
④ 관할 경찰서의 조사허가 즉시

해설

「소방의 화재조사에 관한 법률 제5조」
소방청장, 소방본부장 또는 소방서장은 화재발생 사실을 알게 된 때에는 지체 없이 화재조사를 하여야 한다.

정답 ①

100 ★☆☆

소방서장 등은 불이 번지는 것을 막기 위하여 필요할 때에는 불이 번질 우려가 있는 소방대상물을 일시적으로 사용하거나 그 사용의 제한 또는 소방활동에 필요한 처분을 할 수 있다. 다음 중 이러한 처분을 방해한 자에 대한 벌칙으로 옳은 것은?

① 3년이하 징역 또는 3천만원 이하의 벌금
② 5년이하 징역 또는 5천만원 이하의 벌금
③ 1년이하 징역 또는 500만원 이하의 벌금
④ 300만원 이하의 벌금

해설

「소방기본법 제51조」
처분을 방해한 자 또는 정당한 사유 없이 그 처분에 따르지 아니한 자는 3년 이하의 징역 또는 3천만원 이하의 벌금에 처한다.

정답 ①

2020년 4회 기출문제

화재조사론

01 ★☆☆

다음은 화재조사의 과학적인 방법론이다. 순서에 맞게 배열한 것은?

① 문제인식 → 문제정의 → 가설 설정 → 자료 수집 → 자료 분석 → 가설 검증 → 최종 가설선택
② 문제정의 → 문제인식 → 자료 수집 → 자료 분석 → 가설 설정 → 가설 검증 → 최종 가설선택
③ 문제정의 → 문제인식 → 자료 수집 → 자료 분석 → 가설 검증 → 가설 설정 → 최종 가설선택
④ 문제인식 → 문제정의 → 자료 수집 → 자료 분석 → 가설 설정 → 가설 검증 → 최종 가설선택

해설
화재조사의 과학적 방법론의 절차는 다음과 같다.
문제인식 → 문제정의 → 자료 수집 → 자료 분석 → 가설 설정 → 가설 검증 → 최종 가설선택

정답 ④

02 ★☆☆

화재와 연소에 대한 설명으로 옳지 않은 것은?

① 화재란 사람의 의도에 반하거나 고의에 의해 발생하는 연소현상으로서 소화시설 등을 사용하여 소화할 필요가 있는 것을 말한다.
② 연소란 가연성 물질이 산소와 결합하여 열과 빛을 내며 급속히 산화되어 형질이 변경되는 화학반응을 말한다.
③ 연기란 연소 및 열분해에 의한 생성물로서 공기 중에 부유하고 육안으로 보이는 기체의 집단을 말한다.
④ 연기 입자의 크기는 연소조건에 따라 차이는 있지만, 무염연소의 경우에는 약 $1\mu m$, 유염연소의 경우에는 약 $1~5\mu m$의 것이 대부분을 차지한다.

해설
연기는 $0.01\mu m~10\mu m$의 정도의 미립자를 말하며 연소 및 열분해에 의한 생성물로서 공기 중에 부유하고 있는 기체, 액체, 고체의 집단이다.

정답 ③

03 ★☆☆

화재가 나타내는 V 패턴의 설명으로 옳지 않은 것은?

① 불꽃과 대류 또는 복사열에 의해서 생성된다.
② 연소가 진행될 때 수직으로 된 벽면에 나타난다.
③ 패턴이 나타내는 각도가 넓으면 연소의 속도가 느리다.
④ 발화지점이 아닌 곳에서도 생성될 수 있다.

해설
V 패턴의 각도는 연소속도에 직접적인 영향을 미치지 않는다.

관련이론 V 패턴(V pattern)
- 물질 연소 시 가장 흔히 형성되는 패턴이다.
- 불꽃, 대류, 복사열에 의해 발생한다.
- 연소가 진행될 때 수직 벽면에 나타난다.
- 발화지점이 아닌 곳에서도 형성될 수 있다.
- 화재효과의 가장자리를 보여주는 경계선이다.
- 각도는 열방출률, 가연물의 양과 형태, 환기 조건 등에 의해 결정된다.

정답 ③

04 ★☆☆

발화지점으로 추정되는 위치에서 발화원, 발화물질 등 연소된 물건을 현장발굴하는 방법에 대한 설명으로 옳지 않은 것은?

① 발굴은 가능한 삽과 같은 것을 사용한다.
② 발굴한 물건 중 복원할 필요가 있는 것은 번호 또는 표식을 부착해 정리해 둔다.
③ 발굴은 위에서 아래로 실시한다.
④ 발굴한 연소된 물건은 가능한 그 위치를 옮기지 않는다. 불가피하게 이동하는 경우에는 복원가능한 조치를 한다.

해설
발굴은 현장을 훼손하지 않기 위해 삽을 사용해서는 안되며, 가능한 간단한 도구와 손으로 해야 한다.

관련이론 발화지점 현장발굴 요령
- 현장발굴 시 삽을 사용하지 않는다.
- 발굴한 물건 중 복원할 필요가 있는 것은 번호 또는 표식을 부착해 정리한다.
- 발굴은 위에서 아래로 실시한다.
- 연소된 물건은 가능한 위치를 옮기지 않는다. 다만, 불가피하게 이동해야하는 경우에는 복원이 가능할 수 있도록 조치한다.

정답 ①

05 ★★☆

연소에 따른 금속의 산화작용으로 옳지 않은 것은?

① 온도가 높을수록, 노출 시간이 짧을수록 산화의 효과가 많이 나타난다.
② 철이나 강철이 화재에서 산화되었을 때, 처음에는 푸르스름하고 흐린 회색이 된다.
③ 스테인리스 스틸이 심하게 산화되면 흐린 회색을 띠게 된다.
④ 구리는 열에 노출되면 어두운 적색이나 흑색 산화물을 만든다.

해설
금속은 온도가 높고 노출시간이 길수록 산화효과가 많이 나타난다.

정답 ①

06 ★★☆

화재현장출동보고서의 작성자에 대한 설명으로 틀린 것은?

① 보고서의 작성자는 화재현장에 출동한 소방공무원으로 한정한다.
② 원칙적으로 일반대원보다 선착대의 대장을 작성자로한다.
③ 구조대원 또는 구급대원은 작성자가 될 수 없다.
④ 화재현장에 출동한 소방대원이 실제로 관찰·확인한 연소상황이나 정보를 직접 기재한다.

해설
구조대원, 구급대원에 상관없이 화재현장 선착대 선임자는 철수 후 지체없이 국가화재정보시스템에 화재현장출동보고서를 작성·입력해야 한다.

정답 ③

07 ★☆☆

화재조사 전 준비의 내용으로 가장 거리가 먼 것은?

① 조사관은 사고의 날짜, 요일 및 시간을 정확하게 판단해야 한다.
② 사고가 발생한 뒤 흐른 시간은 조사 계획에 영향을 줄 수 있다.
③ 사건의 사실 및 환경은 현장 조사 후 확인하여야 한다.
④ 사고와 조사 사이에 시간이 많이 지연될 경우 기존문서와 정보를 검토하는 것이 더 중요하다.

해설
사건의 사실 및 환경은 현장조사 전에 최대한 빨리 수집해야 한다.

정답 ③

08 ★☆☆

화학적 폭발에 대한 설명 중 옳은 것은?

① 산소 농도가 낮을수록 폭발 위력이 크다.
② 압력이 높을수록 폭발의 위력이 작다.
③ 입자가 작을수록 폭발의 위력이 작다.
④ 혼합비율이 화학양론비에 가까울수록 위력이 크다.

선지분석
① 산소 농도가 높을수록 폭발의 위력이 크다.
② 압력이 높을수록 폭발의 위력이 크다.
③ 입자가 작을수록 폭발의 위력이 크다.

정답 ④

09 ★☆☆

일반 주택화재의 발화지점을 판정할 때 활용되는 정보로 가장 거리가 먼 것은?

① 화재패턴
② 산소농도
③ 목격자 진술
④ 전기합선 지점 분석

해설
화재현장에서의 산소농도는 낮아지는 경향이 있지만, 발화지점 특정을 위한 정보로는 충분하지 않다.

정답 ②

10 ★☆☆

유류화재 발생 시 포소화약제를 유류표면에 발포하면 재착화가 일어나지 않으나 분말소화약제에 비해 소화시간이 긴 단점을 가지고 있다. 이와 같은 단점을 보완하기 위하여 분말소화약제와 함께 사용이 가능한 포소화약제로 가장 적절한 것은?

① 수성막포소화약제
② 단백포소화약제
③ 알코올형포소화약제
④ 합성계면활성제포소화약제

해설
수성막포소화약제는 유류표면에 수막을 형성하여 증발을 억제하고, 공기와의 접촉을 차단하여 뛰어난 질식 효과를 나타낸다. 하지만 분말 소화약제에 비해 소화시간이 길다는 단점이 있어 분말 소화약제와 함께 사용하면 단점을 보완할 수 있다.

정답 ①

11 ★☆☆

여러 동의 인접한 건물이 소손되어 있는 화재현장에서 발화건물 판정을 위한 일반적인 조사요령에 관한 설명으로 옳지 않은 것은?

① 화재현장 전체의 연소방향은 가급적 낮은 쪽에서 높은 쪽을 바라보며 파악한다.
② 각 건물의 연소방향은 타다 멈춘 부분 또는 연속강약이 명확한 부분부터 파악한다.
③ 타서 허물어진 부분을 보고 연소방향을 추정할 수 있다.
④ 복수의 건물이 소손되어 있으면 인접동간격, 외벽구조, 개구부상황 등으로부터 연소상황을 파악한다.

해설
화재현장 전체의 연소방향은 가급적으로 높은 곳에서 낮은 곳을 바라보며 파악하는 것이 바람직하다.

정답 ①

12 ★★☆

물질의 연소와 관련이 있는 열관성(Thermal inertia)의 식으로 옳은 것은? (단, k는 열전도도, ρ는 밀도, c는 열용량이다.)

① $\dfrac{c}{k\rho}$
② $\dfrac{\rho}{kc}$
③ $\dfrac{\rho c}{k}$
④ $k\rho c$

해설

열관성은 물체가 열을 전달받을 때 온도가 변화하는 속도를 의미한다. 이는 물체가 자신의 열적 상태를 유지하려는 성질을 나타내며 $k\rho c$로 표현한다.

관련이론 열관성(Thermal inertia)

k(열전도도): 물체가 열을 얼마나 잘 전달하는지를 나타내는 값이다.
ρ(밀도): 물체의 질량 밀도를 나타내는 값이다.
c(비열): 물체가 ℃ 변화에 필요한 열의 양을 나타내는 값이다.

정답 ④

13 ★★★

V 패턴의 각도에 영향을 미치지 않는 것은?

① 열방출률
② 가연물의 형태
③ 환기의 효과
④ 벽면의 열전도성

해설

V 패턴의 각도는 열방출률과 가연물의 양·형태, 환기 효과 등에 의해 결정된다.

관련이론 패턴의 각도에 영향을 미치는 인자
- 열방출률
- 재료의 가연성
- 가연물의 형상
- 수평표면의 존재
- 환기효과

정답 ④

14 ★☆☆

화재패턴 중 붕괴된 침대 스프링에 대한 설명으로 옳은 것은?

① 스프링의 붕괴된 부위과 붕괴되지 않은 부위를 비교하여 화염의 방향을 추정할 때 붕괴된 부위 방향을 화재의 진행방향으로 판단할 수 있다.
② 화재 이전부터 침대 위에 무거운 것이 올려져 있었다면 화염의 방향과 상관없이 붕괴될 수 있으며, 소락물에 의한 영향은 없다.
③ 무거운 것이 올려져 있지 않다면 스프링은 붕괴되지 않는다.
④ 화재 이후에도 붕괴되지 않고 남아있는 스프링은 붕괴된 스프링과 같이 탄성을 잃어버린다.

해설

스프링이 붕괴된 부위는 화염이 직접적으로 닿은 곳을 의미하고 붕괴되지 않은 부위는 화염의 영향을 덜 받은 곳을 나타내며 스프링이 붕괴된 방향은 화재의 진행 방향으로 판단할 수 있다.

정답 ①

15 ★☆☆

소방기관이 화재조사를 수행하는 근본적인 목적으로 옳은 것은?

① 유사화재의 재발 방지와 피해 경감을 위한 자료로 활용
② 출화원인 규명으로 사법처리 근거 자료로 활용
③ 인적, 물적 피해사항 조사를 통한 통계 자료로 활용
④ 법률관계에 수반된 증거보전 자료로 활용

해설

화재조사를 수행하는 근본적인 목적은 유사화재의 재발방지와 피해 경감을 위한 자료로 활용하기 위함이다.

관련이론 소방기관의 화재조사의 목적
- 화재에 의한 피해를 알리고 유사화재의 재발방지와 피해 경감
- 예방행정(화재안전조사, 소방안전관리자, 소방시설 등)의 자료로 활용
- 연소확대 및 소방시설의 작동상황 등을 파악하고 진압대책의 자료로 활용
- 화재발생상황, 손해상황 등을 통계화 함으로써 소방행정의 자료로 활용

정답 ①

16 ★☆☆

화염 충돌에 의한 화재확산에 대한 설명으로 옳지 않은 것은?

① 구획공간에서 연료가 있는 위치에 따라 화염의 길이가 달라진다.
② 구획공간에서 연료의 위치가 벽과 구석(coner)에 있을 때 화염의 길이는 구석이 더 길다.
③ 화염의 높이가 천장보다 클 때는 화염이 천장을 따라 확장된다.
④ 천장에 의해서 화염이 잘려질 때 화염의 전체 길이는 자유 화염높이보다 작아진다.

해설
천장에 의해 화염이 잘려질 때 화염의 전체 길이는 늘어나거나 일정하게 유지된다.

정답 ④

17 ★☆☆

탄화알루미늄이 상온에서 물과 반응할 경우 생성되는 가연성 기체는?

① 수소   ② 아세틸렌
③ 메탄   ④ 프로판

해설
탄화알루미늄은 물과 반응하여 가연성인 메탄가스를 발생시키기 때문에, 물이나 포 소화약제를 사용해서는 안 된다. 이러한 경우에는 마른 모래를 이용해 피복소화를 해야 한다.
$Al_4C_3 + 12H_2O \rightarrow 4Al(OH)_3 + 3CH_4$

정답 ③

18 ★☆☆

공기의 비중을 1이라 했을 때 다음 중 비중이 가장 큰 가스는?

① 수소   ② 부탄
③ 프로판   ④ 메탄

해설
기체의 비중을 구하는 공식은 다음과 같다.

$$비중 = \frac{기체의 분자량}{공기의 평균분자량(29)}$$

① 수소의 증기비중 = $\frac{2}{29}$ = 0.07
② 부탄의 증기비중 = $\frac{58}{29}$ = 2
③ 프로판의 증기비중 = $\frac{44}{29}$ = 1.52
④ 메탄의 증기비중 = $\frac{16}{29}$ = 0.55

정답 ②

19 ★☆☆

구획실 화재에서 플래시오버를 일으키는 화재의 최소 크기와 환기구 높이의 관계에 대한 설명으로 옳은 것은?

① 화재의 최소 크기는 환기구의 높이의 제곱근에 비례한다.
② 화재의 최소 크기는 환기구의 높이의 제곱에 비례한다.
③ 화재의 최소 크기는 환기구의 높이의 세제곱근에 비례한다.
④ 화재의 최소 크기는 환기구의 높이의 세제곱에 비례한다.

해설
구획실 화재에서 플래시오버를 일으키는 화재의 온도는 개구부의 크기에 비례하고, 개구부 높이의 제곱근에 비례한다.

정답 ①

20 ★★☆
화재조사의 책임과 권한에 대한 설명으로 옳은 것은?

① 소방서장은 관계보험사가 그 화재원인과 피해상황을 조사하고자 할 때에는 이를 허용해서는 안 된다.
② 소방서장은 화재의 원인 및 피해 등에 대한 조사를 소화활동 후에 실시하여야 한다.
③ 과실로 인한 위법행위로 타인에게 손해를 가한 자는 그 손해를 배상할 책임이 없다.
④ 소방서장은 화재조사를 위하여 필요한 경우에는 수사에 지장을 주지 아니하는 범위에서 그 피의자 또는 압수된 증거물에 대한 조사를 할 수 있다.

선지분석
① 소방관서장은 관계보험사가 그 화재원인과 피해상황을 조사하고자 할 때에는 서로 협력해야 한다.
② 소방서장은 화재의 원인 및 피해 등에 대한 조사를 화재발생 사실을 알게된 때에 지체없이 실시하여야 한다.
③ 화재조사 시 과실로 인한 위법행위로 타인에게 손해를 가한 자는 그 손해를 배상할 책임이 있다.

정답 ④

화재감식론

21 ★★☆
무염화원이 아닌 것은?

① 담뱃불 ② 그라인더 불티
③ 모기향 ④ 촛불

해설

구분	예시
유염화원	라이터, 촛불, 성냥, 가스레인지 불꽃 등
무염화원	담뱃불, 모기향, 숯불, 전기 스파크 등

정답 ④

22 ★☆☆
다음 중 염소(Cl)성분을 포함하고 있는 가스는?

① 암모니아 ② 아세틸렌
③ 포스겐 ④ 시안화수소

해설
염소(Cl)성분을 포함하고 있는 가스는 포스겐이다.

정답 ③

23 ★☆☆
계획적인 방화로 분류되지 않는 것은?

① 정신이상에 의한 방화
② 이익목적에 의한 방화
③ 정치적 목적에 의한 방화
④ 원한에 의한 방화

해설
정신이상에 의한 방화는 우발적 방화에 해당한다.

정답 ①

24

선박에서 인접하는 구획 사이를 2개의 분리된 격벽이나 갑판으로 격리시키는 구역을 무엇이라 하는가?

① A급 구획
② B급 구획
③ 코퍼댐(Cofferdam)
④ 제연벽

해설
코퍼댐(Cofferdam)은 기름이 누출되지 않도록 설치하는 이중격벽을 말하며 기름탱크와 기관실, 기름탱크와 펌프실 사이에 설치한다.

정답 ③

25

산화에틸렌 90%와 메탄 10%가 혼합되어 있는 경우 폭발하한계로 옳은 것은? (단, 메탄의 연소범위는 5~15vol%, 산화에틸렌의 연소범위는 3~80vol%이다.)

① 1.79vol.%
② 3.13vol.%
③ 32vol.%
④ 55.81vol.%

해설
르샤틀리에법칙은 다음과 같다.

$$\frac{100}{LEL} = \frac{V_1}{L_1} + \frac{V_2}{L_2} + \cdots$$

LEL: 혼합가스 폭발하한계(vol%), V_1, V_2: 가연성가스의 체적(vol%), L_1, L_2: 가연성가스의 폭발하한계(vol%)

$$\frac{100}{LEL} = \frac{90}{3} + \frac{10}{5} = 3.125 \text{vol}\%$$

정답 ②

26

임의의 도선에 흐르는 전류에 의한 자계의 세기 단위로 옳은 것은?

① [V·T/cm²]
② [V·T/M]
③ [A·T/cm²]
④ [A·T/m]

해설
자계의 세기 단위는 [A·T/m]이다.

정답 ④

27

다음 폭발 중 기상폭발에 해당하는 것이 아닌 것은?

① 가스폭발
② 분진폭발
③ 분무폭발
④ 수증기폭발

해설
수증기폭발은 응상폭발에 해당한다.

관련이론 기상폭발의 종류
- 가스폭발
- 분무폭발
- 분해폭발
- 증기운폭발
- 분진폭발

정답 ④

28

방화의 직접적 단서가 될 수 없는 것은?

① 도화선
② 색다른 촉진제
③ 비정상적인 연료하중
④ 출입문의 잠김 상태

해설
출입문의 잠김 상태는 방화의 간접적 단서에 해당한다.

정답 ④

29

다음 중 자연발화성 물질의 자연발화를 촉진시키는 데 영향을 주지 않는 것은?

① 표면적이 넓고 발열량이 클 것
② 열전도율이 클 것
③ 주위온도가 높을 것
④ 반응성이 클 것

해설
열전도율이 작을 때 자연발화는 촉진된다.

관련이론 자연발화의 조건
- 주변의 온도가 높을 것
- 열의 축적이 양호할 것
- 비표면적이 클 것
- 산소의 공급이 적당할 것
- 반응물질과 수분이 적당할 것
- 열전도율이 작을 것

정답 ②

30
산불진화 시 열 스트레스 손상으로 가장 거리가 먼 것은? ★★☆

① 열 경련
② 탈수 피로
③ 열 발작
④ 혼수상태

해설
산불진화활동은 극심한 고온, 높은 습도, 연기 흡입 등 열적 스트레스 요인이 많은 환경에서 이루어진다. 이러한 열적 스트레스는 신체에 심각한 영향을 미쳐 열 경련, 열 탈진, 열사병 등을 유발할 수 있다.

정답 ④

31
성냥의 나무개비에 침투시켜 연소 후 탄화시키는 약제는? ★☆☆

① 곰팡이 방지제
② 표백제
③ 염색제
④ 인풀제

해설
인풀제는 성냥의 원료로 탄화하며 열을 발생시킨다.

정답 ④

32
pH = 3인 수용액의 [H⁺]는 pH=5인 수용액의 [H⁺]의 몇 배인가? ★☆☆

① 0.01
② 10
③ 100
④ 1,000

해설
pH는 용액 속에 들어있는 수소이온농도[H⁺]에 따라 결정되며 수소이온농도의 음의 로그값 $pH = -\log[H^+]$ 을 취한 것이다.
pH = 3은 $-\log[H^+]$에서의 [H⁺]는 10^{-3}
pH = 5은 $-\log[H^+]$에서의 [H⁺]는 10^{-5}
이므로 pH = 3인 수용액의 [H⁺]는 pH = 5인 수용액의 [H⁺]의 100배이다.

정답 ③

33
임야화재 시 수관화의 특징으로 옳은 것은? ★★☆

① 중심부의 화염온도는 2,500℃이다.
② 주변의 연기온도는 1,500℃이다.
③ 바람이 강할 때 연소속도는 7km/h이다.
④ 임야화재 연소 중에 수십 m의 상승기류가 발생한다.

선지분석
① 중심부의 화염의 온도는 1,175℃ 이다.
② 주변의 연기온도는 600℃ 이다.
③ 바람이 강할 때 연소속도는 15km/h 까지 상승한다.

관련이론 임야화재의 연소에 따른 분류

분류	내용
지중화(Ground fire)	낙엽층 밑에 있는 유기물 층이 연소하는 것
지표화(Surface fire)	지표에 쌓인 낙엽, 잔가지, 관목 등이 연소하는 것
수간화(Stem fire)	나무의 줄기가 연소하는 것
수관화(Crown fire)	나무의 잎사귀 부위가 연소하는 것

정답 ④

34
LPG차량엔진의 구성 부품 중 봄베에 부착된 충전밸브, 기체 송출밸브 및 액체 송출밸브의 색상을 순서대로 바르게 나열한 것은? ★★☆

① 녹색, 적색, 황색
② 녹색, 황색, 적색
③ 황색, 녹색, 적색
④ 황색, 적색, 녹색

해설

구분	충전밸브	액체송출밸브	기체송출밸브
색상	녹색	적색	황색

정답 ②

35

차량용 LPG 기화기(Vaporizer)의 설명 중 옳은 것은?

① 1차 감압실은 봄베로부터 전달된 액체 LPG를 0.8kg/cm^2으로 감압 및 기화하여 2차 감압실로 보낸다.
② 고정 조정 스크루는 공회전 상태에서 스크루를 돌려 공회전 상태의 CO 또는 HC의 농도를 조절한다.
③ 1차 압력조정 스크루는 1차 감압실의 LPG 압력을 0.8kg/cm^2으로 저장하기 위한 스크루이다.
④ 저속차단 솔레노이드 밸브는 LPG가 액체상태에서 기체로 될 때 주위로부터 기화열을 흡수하여 동결시키는 현상을 방지하기 위한 장치이다.

선지분석
① 1차 감압실은 봄베로부터 전달된 액체 LPG를 0.3kg/cm^2으로 감압 및 기화하여 2차 감압실로 보낸다.
③ 1차 압력조정 스크루는 1차 감압실의 LPG 압력을 0.3kg/cm^2으로 저장하기 위한 스크루이다.
④ 저속차단 솔레노이드 밸브는 엔진시동 시 필요한 LPG를 추가 공급하는 장치이다.

정답 ②

36

방화의 특징으로 옳지 않은 것은?

① 2개 이상의 독립된 발화개소가 식별된 경우
② 덕트나 배관용 파이프홀을 통해 다른 층이나 다른 방실로 화재가 확산되는 경우
③ 용도별로는 주택 및 차량에 대한 방화가 많음
④ 휘발유, 시너 등을 사용하는 경우가 많아 화재확산이 매우 빠름

해설
덕트나 배관용 파이프홀을 통해 다른 층이나 다른 방실로 화재가 확산되는 경우는 실화와 연관성이 높다.

정답 ②

37

전기화재 발생과정에 대한 설명 중 옳지 않은 것은?

① 코드의 접촉불량 시 접촉저항의 증가로 줄열에 의한 화재 발생
② 고압 변압기의 충전부에서 누설 방전으로 절연이 파괴되어 화재 발생
③ 코일의 층간 단락으로 저항이 증가하여 전류가 감소되며 화재 발생
④ 물 없는 전기온수기를 통전 방치하여 주변 가연물에서 화재 발생

해설
층간 단락은 저항과 전류가 증가하면서 화재가 발생한다.

정답 ③

38

차량이 충돌 또는 추돌하는 경우, 누출된 연료 및 오일의 점화로 인해 화재로 이어져 인명사고가 발생하는 경우가 있다. 동 경우, 발화원인으로 작용할 수 없는 것은?

① 차량 파손에 동반된 전선의 단락에 의한 전기적 발열
② 차량 파손에 동반된 고온의 충격 마찰열
③ 차량 파손에 동반된 엔진 표면 및 배기계통의 고온 열면
④ 차량의 파손에 동반된 냉각수의 분출

해설
냉각수의 분출은 발화원인이 되지 않는다.

정답 ④

39 ★☆☆

항공기에서 이상적인 화재감지장치(Fire Detection System)의 특징이 아닌 것은?

① 화재가 계속되는 동안 계속 지시해야 한다.
② 화재가 다시 발생하는 경우 다시 정확히 지시해야 한다.
③ 조종실에서 감지기 장치를 시험 시 소요되는 전력은 많아야 한다.
④ 취급에서 노출에 견딜 수 있도록 견고해야 한다.

해설
항공기 시스템은 전력 효율이 매우 중요하기 때문에 이상적인 화재감지장치는 시험 시 정상적으로 작동되는지만 확인하면 되므로 최소한의 전력을 소모하는 것이 효율적이다.

정답 ③

40 ★★☆

방화의 일반적인 판단요소로 가장 거리가 먼 것은?

① 국부적인 발화흔적 ② 무단침입 흔적
③ 범죄흔적 ④ 이상 연소현상

해설
국부적인 발화의 흔적은 일반적인 판단요소에 해당하지 않는다.

정답 ①

증거물관리 및 법과학

41 ★☆☆

화재사의 사인과 그 내용이 올바르게 연결된 것은?

① 화상사: 화재에 따른 현상에 의해 신경을 자극해서 정신 또는 신체가 충격을 받아 사망한 것
② 질식사: 화재 시 발생한 일산화탄소 등 유독가스가 혈액의 산소공급을 막아 조직의 산소결핍으로 사망한 것
③ 소사: 화재로 인하여 화염 등 고열이 피부에 작용하여 화상을 입은 후 그 상황에서 2차적인 조건에 의해 사망한 것
④ 쇼크사: 화재로 인한 화상과 더불어 화염에 의해 불에 타서 사망하거나 일산화탄소에 의한 유독가스 중독과 산소결핍에 의한 질식 등이 합병되어 사망한 것

선지분석
① 화상사는 고열이 피부에 작용하여 발생하는 장애로 뜨거운 기체나 액체에 의한 손상으로 사망하는 것을 말한다.
③ 소사는 화재로 인한 화상과 더불어 CO나 유독가스로 인한 중독과 산소결핍으로 질식 등이 합병되어 사망하는 것을 말하며 화상사와는 구분된다.
④ 쇼크사는 원인과 상관없이 쇼크증세로 사망하는 것을 말한다.

정답 ②

42 ★☆☆

증거물 오염이 가중되는 시기로 맞는 것은?

① 보관할 때 ② 이송할 때
③ 수집할 때 ④ 발견했을 때

해설
증거물 오염은 주로 증거물을 수집할 때 발생한다.

정답 ③

43 ★★★

화재로 사망한 사람의 생활반응으로 틀린 것은?

① 일산화탄소의 중독으로 사망한 경우 암적색 시반이 타나난다.
② 분신자살자는 혈중 일산화탄소 농도가 전혀 나오지 않는 경우도 있다.
③ 흡연자의 경우, 평소에도 비흡연자보다 높은 수준의 일산화탄소 농도가 나타난다.
④ 사망에 이르는 혈중 일산화탄소의 농도는 10~80% 까지 개개인마다 차이가 있다.

해설

일산화탄소 중독으로 사망한 경우에는 선홍색 시반이 나타난다.

정답 ①

44 ★☆☆

화재현장에서의 현장임장 및 증거물 수집활동의 법적근거가 아닌 것은?

① 형사소송법 제218조 영장에 의하지 아니한 압수
② 형사소송법 제216조 영장에 의하지 아니한 강제처분
③ 형사소송법 제308조 제2항 위법수집증거 배제원칙
④ 범죄수사규칙 제8장제2절, 제124조, 제125조 범죄현장과 증거보존, 유류물 등의 압수

해설

위법수집증거 배제원칙이란 적법한 절차를 따르지 아니하고 수집한 증거는 증거로 할 수 없다는 원칙이다.

정답 ③

45 ★☆☆

화재현장에서 화재조사자의 의무가 아닌 것은?

① 화재원인과 피해 조사를 위한 출입 검사의무
② 화재원인과 피해조사 시 경찰공무원과의 협력의무
③ 증거물과 피의자에 대한 조사를 수행함에 있어 경찰의 수사를 방해하시 않아야 할 의무
④ 방화, 실화 등 범죄의 혐의가 있는 경우 관할 경찰서장에게 알리고 필요한 증거를 수집 보존할 의무

해설

소방관서장은 화재조사를 위하여 필요한 경우에 관계인에게 보고 또는 자료 제출을 명하거나 화재조사관으로 하여금 해당 장소에 출입하여 화재조사를 하게 하거나 관계인 등에게 질문하게 할 수 있다.

정답 ①

46 ★★☆

인화점 측정을 위한 장비가 아닌 것은?

① Pensky-Martens
② Tag Closed Cup
③ Cleveland Open Cup
④ Scanning Electron Microscope

해설

주사전자현미경(Scanning Electron Microscope)은 시료의 표면 관찰에 사용된다.

관련이론 인화점 시험방법

- 태그 밀폐식(Tag closed cup)
  시료를 담은 밀폐컵을 액체에 잠기게 하여 가열하고 점화원에 노출되었을때 증기가 발화하는 온도를 측정하는 방법으로 인화점 93℃ 이하인 물질의 시료를 측정하는데 사용하는 방법이다.
- 펜스키-마텐스 밀폐식(Pensky-Martens Closed Tester)
  인화성 액체, 부유물을 가진 액체, 시험 조건에서 표면막을 형성하기 쉬운 액체를 시험하며 인화점 40~370℃까지인 시료를 측정할수 있다.
- 태그 개방식(Tag Open Cup Apparatus)
  시료를 담은 개방식 컵을 액체에 잠기게 하여 가열하는 방식으로 인화점이 -18~290℃인 시료를 측정한다.
- 클리브랜드 개방식(Cleveland Open Cup)
  개방식 황동제 컵에 시료를 담아 직접 가열하는 방식으로 인화점이 80~400℃ 이하인 시료를 측정한다.

정답 ④

47

훈소가 가능한 물질에 해당하는 것은? ★☆☆

① 종이 ② 스티로폼
③ 나일론섬유 ④ 플라스틱

해설
훈소는 목재, 종이, 면직류 등 셀룰로오스 물질에서 주로 발생한다.

정답 ①

48

화재로 발생한 열에 의해 유리창이 파손되는 원인에 대한 설명으로 맞는 것은? ★☆☆

① 열을 받는 유리가 녹으면서 깨진다.
② 유리면의 온도차에 의한 응력으로 깨진다.
③ 유리를 구성하는 규소의 열분해에 의해 깨진다.
④ 화재가 발생한 실내의 높아진 압력에 의해 깨진다.

해설
유리창은 복사열이 받는 중앙부와 창틀에 의해 보호되는 부분의 온도차가 약 70℃가 되면 금이 가기 시작한다.

정답 ②

49

아파트의 주방에서 가스폭발로 20대 여성이 둔상을 입었다. 둔상은 폭발효과에 의한 부상의 4가지 유형 중 어느 것인가? ★☆☆

① 열효과에 의한 부상
② 지진효과에 의한 부상
③ 파편효과에 의한 부상
④ 압력파효과에 의한 부상

해설
둔상은 폭발로 인한 파편으로 인해 발생한 것으로 몽둥이나 벽돌 등과 같이 둔한 외부의 힘에 의해서 생긴 손상을 말한다.

정답 ③

50

화재조사를 위한 사진촬영의 중요성에 해당하지 않는 것은? ★☆☆

① 사실의 묘사성 ② 진술의 신뢰성
③ 기억의 환기성 ④ 증거의 조작성

해설
사진촬영의 중요성에는 사실성, 신속성, 영구보전성, 신뢰성, 기억의 한계 극복성 등이 있다.

정답 ④

51

플라스틱 증거물에 관한 설명으로 맞는 것은? ★★☆

① 열가소성 물질은 용해되고 흘러서 화재 확대의 원인이 된다.
② 폴리우레탄 같은 열가소성 물질은 탄화물질을 형성하지 않는다.
③ 탄화수소계의 기본적인 고체 가연물인 플라스틱의 약 90%는 열경화성이다.
④ PVC와 같은 열경화성 물질은 가열되면 용융, 변형, 그리고 드롭다운 패턴이 형성된다.

선지분석
② 폴리우레탄 같은 열가소성 물질은 탄화물질을 형성한다.
③ 탄화수소계의 기본적인 고체 가연물인 플라스틱의 대부분은 열가소성이다.
④ PVC와 같은 열가소성 물질은 가열되면 용융, 변형, 그리고 드롭다운 패턴이 형성된다.

관련이론 플라스틱의 연소특성

구분	종류
열경화성 수지	에폭시수지, 폴리에스터, 폴리우레탄, 페놀수지, 멜라민수지, 우레아수지 등
열가소성 수지	폴리에틸렌, 폴리프로필렌, 폴리스티렌, 폴리염화비닐, 아크릴 등

정답 ①

52
카메라 촬영에 있어 피사계심도 조절 방법으로 틀린 것은?

① 피사계심도를 얕게 하는 방법으로 렌즈구경을 개방한다.
② 피사계심도를 깊게 하는 방법으로 촬영거리를 가깝게 한다.
③ 피사계심도를 얕게 하는 방법으로 초점거리가 더 긴 렌즈를 사용한다.
④ 피사계심도를 깊게 하는 방법으로 초점거리가 더 짧은 렌즈를 사용한다.

해설
촬영거리를 멀리하면 피사계심도는 깊어진다.

정답 ②

53
화재와 관련된 사망자 분석으로 틀린 것은?

① 피는 열의 영향으로 귀, 코, 입에서 스며나올 수 있다.
② 재로 인한 희생자는 모두 사망시간을 측정해야 한다.
③ 화재로 인한 희생자는 모두 일산화탄소 포화상태를 측정해야 한다.
④ 사체 외부에서 발견된 피는 사망하기 전에 신체적 외상을 입었다는 것을 나타낸다.

해설
사망시간을 모두 측정할 필요는 없으며, 필요 시 조사한다.

정답 ②

54
화재현장의 사진촬영 기법에 대한 설명으로 틀린 것은?

① 발화지점을 중심으로 연소 확산된 상황을 촬영
② 화재대상물과 주위의 위치관계를 알 수 있도록 촬영
③ 가능한 소실된 현장을 국소적으로만 자세하게 촬영
④ 외부 촬영 시 먼 곳에서 화재대상물 전면을 담아낼 수 있는 위치에서 촬영

해설
소실된 현장만 국소적으로 촬영하기 보다 전체를 함께 촬영한다.

정답 ③

55
가연성 액체 증거보관용기의 설명으로 틀린 것은?

① 가연성 액체 증거를 온전하게 보존해야 한다.
② 가연성 액체 증거의 오염과 변화를 예방해야 한다.
③ 가연성 액체 증거의 기화를 막기 위해 밀봉이 되어서는 안 된다.
④ 가연성 액체 증거의 물리적 상태, 특징, 파괴성, 휘발성을 고려하여 선택한다.

해설
가연성 액체 증거의 기화를 막기 위해 완전히 밀봉해야 한다.

정답 ③

56
화재조사에서 전기설비 및 구성부품의 증거물 수집 시 유의사항으로 맞는 것은?

① 전체 전기기기나 전기 제품을 있는 그대로 수집해야 한다.
② 전선의 한쪽 끝에는 태그를 붙여 회로 장치 등의 내용을 표시한다.
③ 전선 피복의 검사가 용이하도록 가능한 전선을 짧게 수집해야 한다.
④ 증거물이 발견되면 다른 구성부품과의 혼란 방지를 위해 신속히 이동시킨다.

해설
전체 전기기기나 제품을 있는 그대로 수집해야 한다.

관련이론 전기설비 및 구성부품의 증거물 수집 시 유의사항
- 발견된 물증은 가능한 한 물증이 발견된 상태를 그대로 유지해야 한다.
- 전선의 양쪽 끝에는 태그를 붙여 회로 장치 등의 내용을 표시한다.
- 전선 피복의 검사가 용이하도록 가능한 전선을 길게 수집해야 한다.
- 증거물이 발견되면 현장기록 및 사진촬영을 한 후에 이동시킨다.

정답 ①

57 ★☆☆

가스크로마토그래피법을 통해 분리된 각 원소들에 대한 상세한 분석을 수행하는 장비로 맞는 것은?

① Mass Spectrometer
② Tag Closed Tester
③ X-ray Fluorescence
④ Infrared Spectrophotometer

선지분석
② Tag Closed Tester(태그 밀폐식 인화점 측정기)는 인화점 측정 장비이다.
③ X-ray Fluorescence(X선 형광분석법)은 원소 성분 분석 장비이다.
④ Infrared Spectrophotometer(적외선 분광 광도계)는 분자 내의 작용기를 분석하는 장비이다.

정답 ①

58 ★☆☆

액체 연소촉진제의 물리적 증거 수집 시 고려사항으로 틀린 것은?

① 흡수성 물질(밀가루 등)은 실험실로 옮겨서 추출하는 것이 좋다.
② 액체 연소촉진제는 다공성 물질 안에 갇혔을 때 다공성 물질 안에 존재할 가능성이 높으므로 주의 깊게 확인한다.
③ 액체 연소촉진제는 대부분 구조부, 내부 마감재 및 기타 화재 잔해에 쉽게 흡수되므로 물질 내부에 흡수되었는지 확인한다.
④ 모든 액체 연소촉진제는 물보다 가벼워 물과 접촉 시 그 위에 뜨므로 기름띠를 확인하는 것만으로도 액체 연소촉진제가 있었는지를 알아낼 수 있다.

해설
액체 연소촉진제는 물보다 가벼워 물에 뜨지만 알코올과 같이 물과 섞이는 경우도 있다.

관련이론 액체 촉진제의 특성
- 흡수성 물질(밀가루 등)은 실험실로 옮겨서 추출한다.
- 다공성 물질에 흡수되었을 때는 고체상태로 잔존하기도 한다.
- 대부분의 내부 마감재 및 기타 화재 잔해에 쉽게 흡수된다.
- 대부분 물보다 비중이 낮아 물에 뜨지만 알코올과 같이 물과 섞이기도 한다.
- 액체 표본 채취 시 살균한 거즈패드를 사용할 수 있다.
- 휘발성이 있는 유류 증거물 등은 수집과 동시에 밀폐된 용기에 담아 밀봉하여야 하며, 가능하면 증발을 줄이기 위해 차가운 곳에 보관해야 한다.

정답 ④

59 ★★☆

타임라인에서 상대적 시간에 포함되는 것은?

① 완전소화시간
② 목격된 지속시간
③ 신고가 접수된 시간
④ 알람의 설정과 작동시간

해설

완전소화시간, 신고가 접수된 시간, 알람의 설정과 작동시간 등은 절대적 시간에 해당한다.

관련이론 타임라인

구분	내용
실제시간, 절대적 시간 (Hard Time)	신고가 접수된 시간, 알람의 설정과 작동시간, 완전진화시간
상대적 시간	목격된 지속시간

정답 ②

60 ★★★

화재현장에서 질문 내용의 녹음 방법으로 맞는 것은?

① 진술 거부 시 유도신문을 한다.
② 질문은 길게 하고 간결한 답변을 요구한다.
③ 사전에 녹음사실을 알리고 임의적 진술을 확보한다.
④ 관계자의 심리적 상태를 고려하여 화재로부터 2~3일 후 면담을 한다.

해설

관계자에게 녹음사실을 알리고 관련법령에 적법해야 하며, 시기, 장소 등을 고려해 진술하는 사람으로 부터 임의진술을 얻어야 한다.

정답 ③

화재조사보고 및 피해평가

61 ★★★

피해물의 경제적 내용연수가 다한 경우 잔존하는 가치의 재구입비에 대한 비율을 무엇이라 하는가?

① 잔가율
② 손해율
③ 최종잔가율
④ 보정률

해설

최종잔가율이란 피해물의 내용연수가 다한 경우 잔존하는 가치의 재구입비에 대한 비율을 말한다.

정답 ③

62 ★☆☆

화재피해조사서(인명) 작성 시 기재사항이 아닌 것은?

① 사상부위
② 사상 시 위치·행동
③ 사상 전 상태
④ 사상자 가족 인적사항

해설

사상자 가족 인적사항은 화재피해조사서(인명피해)의 기재사항에 해당하지 않는다.

관련이론 화재피해조사서(인명피해) 기재사항

- 사상자
- 사상정도
- 사상 시 위치·행동
- 사상 시 위치·행동
- 사상원인
- 사상 전 상태
- 사상부위 및 외상
- 사상자 정보

정답 ④

63 ★★☆

화재조사 및 보고규정상 사후조사에 대한 설명으로 맞는 것은?

① 사후조사는 발화장소 및 발화지점의 현장이 보존되어 있는 경우에만 조사를 한다.
② 사후조사의 경우에도 화재현장 출동보고서를 반드시 작성하여야 한다.
③ 사후조사의 경우 화재발생종합보고서는 화재조사 및 보고규정 별지 제3호 서식이 아닌 별도의 서식에 의해 작성한다.
④ 소방대가 출동하지 아니한 화재장소의 화재증명원 발급요청이 있는 경우, 조사관이 판단하여 사후조사를 실시한 후 보고서를 작성한다.

선지분석
② 사후조사의 경우 화재현장출동보고서는 생략할 수 있다.
③ 사후조사의 경우 화재발생종합보고서는 화재조사 및 보고규정 서식에 의해 작성한다.
④ 소방대가 출동하지 아니한 화재장소의 화재증명원 발급요청이 있는 경우, 조사관으로 하여금 사후조사를 실시하게 할 수 있다.

정답 ①

64 ★☆☆

화재조사 및 보고규정상 화재조사 활동의 개시시점으로 맞는 것은?

① 화재사실 인지와 동시
② 화재현장 도착과 동시
③ 화재진화 활동과 동시
④ 화재진화 작업종료와 동시

해설
화재조사 활동은 화재발생 사실을 인지하는 즉시 시작해야 한다.

정답 ①

65 ★★★

공구 및 기구의 소손정도에 따른 손해율로 틀린 것은?

① 오염·수침손의 경우: 10%
② 손해정도가 보통인 경우: 20%
③ 손해정도가 다소 심한 경우: 50%
④ 50% 이상 소손되고 그을음 및 수침오염 정도가 심한 경우: 100%

해설

화재로 인한 피해정도	손해율(%)
50% 이상 소손되고 그을음 및 수침오염 정도가 심한 경우	100
손해정도가 다소 심한 경우	50
손해정도가 보통인 경우	30
오염·수침손의 경우	10

정답 ②

66 ★☆☆

화재조사 및 보고규정상 화재현장출동보고서의 작성을 생략할 수 있는 경우는?

① 항구에 매어둔 선박에서 화재가 발생하여 조사하는 경우
② 건축물이 아닌 야외 공터의 쓰레기 화재에 대해 조사한 경우
③ 소방대가 화재현장에 출동하였고, 재산피해가 경미한 경우
④ 소방대가 출동하지 않은 화재현장에 대해 미원인이 사후조사를 의뢰하였고, 현장이 보존되어 사후조사를 실시한 경우

해설
소방관서장은 소방대가 출동하지 아니한 화재장소의 화재증명원 발급요청이 있는 경우에는 발화장소 및 발화지점의 현장이 보존되어 있는 경우 조사관으로 하여금 사후조사를 하게 할 수 있고 화재현장출동보고서를 생략할 수 있다.

정답 ④

67 ★☆☆
화재현장조사서 작성 시 발화원인 판정의 방법으로 틀린 것은?

① 재현실험의 데이터나 각종 문헌 등을 인용한다.
② 제조물 관련 화재의 경우, 경험에 기초하여 주관적 증명이 가능하도록 한다.
③ 난해한 전문용어나 어려운 이론을 열거하는 것은 피하고 논리적 표현을 사용한다.
④ 질문조사서 등의 서류로부터 사실인용과 합리적·과학적인 논리전개가 중심이 된다.

해설
제조물 관련 화재의 경우 화재증거물에 기초하여 객관적 증명이 가능하도록 한다.

정답 ②

68 ★★★
모델하우스 또는 가설건물 등 일정기간 존치하는 건물에 있어서는 실제 존치할 기간을 내용연수로 하여 피해액을 산정한다. 이 경우 존치기간 종료일 현재의 최종산가율은 얼마인가?

① 10%   ② 20%
③ 30%   ④ 40%

해설
모델하우스 또는 가설건물 등 일정기간 존치하는 건물에 있어서는 실제 존치할 기간을 내용연수로 하여 피해액을 산정한다. 이 경우 존치기간 종료일 현재의 최종잔가율은 20%이며, 내용연수 및 경과연수는 연 단위까지 산정한다.

정답 ②

69 ★☆☆
화재원인 분류에서 화학적 요인에 해당하지 않는 것은?

① 자연발화   ② 혼촉발화
③ 물리적 폭발   ④ 금수성물질과 물의 접촉

해설
화학적 요인에는 화학적 폭발, 금수성물질의 물과 접촉, 화학적 발화(유증기 확산), 자연발화, 혼촉발화, 기타 등이 해당한다.

정답 ③

70 ★★★
화재피해액 산정에 있어 상당부분 교체 내지 수리가 필요한 경우의 손해율로 맞는 것은?

① 20%   ② 40%
③ 60%   ④ 80%

해설
손해정도가 심해 싱딩부분 교체 내지 수리가 필요한 경우는 60%이다.

관련이론 영업시설의 소손 정도에 따른 손해율

화재로 인한 피해정도	손해율(%)
불에 타거나 변형되고 그을음과 수침 정도가 심한 경우	100
손상정도가 다소 심하여 상당부분 교체 내지 수리가 필요한 경우	60
영업시설의 일부를 교체 또는 수리하거나 도장 내지 도배가 필요한 경우	40
부분적인 소손 및 오염의 경우	20
세척 내지 청소만 필요한 경우	10

정답 ③

71 ★★★

화재조사서류 작성상의 유의사항으로 틀린 것은?

① 필요한 서류가 첨부되어야 한다.
② 원칙적으로 평이하고 알기 쉬운 문장으로 작성토록 노력한다.
③ 오자, 탈자 등이 없도록 글자 하나라도 가볍게 보아서는 안 된다.
④ 화재유형별조사서는 화재의 유형에 관계없이 동일 양식에 기재하여야 한다.

해설

화재유형별조사서는 화재의 유형에 따라 다른 양식에 기재하여야 한다.

관련이론 화재유형별조사서 종류

- 화재유형별조사서(건축·구조물화재)
- 화재유형별조사서(자동차·철도차량화재)
- 화재유형별조사서(위험물·가스제조소 등 화재)
- 화재유형별조사서(선박·항공기화재)
- 화재유형별조사서(임야화재)

정답 ④

72 ★★★

화재조사 및 보고규정 상 화재피해조사서(재산피해)에 작성하지 않아도 되는 내용은?

① 건물 피해산정
② 부대설비 피해산정
③ 영업시설 피해산정
④ 사상 시 위치·행동

해설

사상 시 위치·행동에 관한 사항은 화재피해조사서(인명피해)에 해당한다.

관련이론 화재피해조사서(재산피해) 작성

- 건물 피해산정
- 부대설비 피해산정
- 영업시설 피해산정
- 가재도구 피해산정
- 집기비품 피해산정
- 가재도구 간이평가 피해산정
- 기타 피해산정
- 잔존물 제거비
- 총 피해액

정답 ④

73 ★★★

내용연수가 30년이고 경과연수가 15년인 건물의 잔가율은 얼마인가?

① 30% ② 40%
③ 50% ④ 60%

해설

잔가율을 구하는 공식은 다음과 같다.

$$잔가율 = 1 - (1 - 최종잔가율) \times \frac{경과연수}{내용연수}$$

$$잔가율 = 1 - (1 - 0.2) \times \frac{15}{30} = 0.6 = 60\%$$

※ 최종잔가율은 건물, 부대설비, 구축물, 가재도구는 20%로 하며, 그 이외의 자산은 10%로 정한다.

정답 ④

74 ★☆☆

다음 중 작성자가 다른 화재조사 서류는?

① 질문기록서   ② 화재현장조사서
③ 화재피해조사서 ④ 화재현장출동보고서

해설

화재현장출동보고서는 출동대원이 작성하며 질문기록서, 화재현장조사서, 화재피해조사서는 화재조사관이 작성한다.

정답 ④

75 ★★★

예술품 및 귀중품의 피해액 산정을 위한 기준으로 맞는 것은? (단, 그 가치를 손상하지 아니하고 원상태의 복원이 가능한 경우는 제외한다.)

① 시중매매가격   ② 감정서의 감정가액
③ 수리비에 의한 방식 ④ 회계장부상의 구입가액

해설

예술품 및 귀중품의 피해액은 감정서의 감정가액으로 한다.

정답 ②

76

화재 등으로 인한 피해액 산정에 있어 최종잔가율 20% 적용이 아닌 것은?

① 건물 ② 부대설비
③ 비품 ④ 가재도구

해설

최종잔가율이란 피해물의 내용연수가 다한 경우 잔존 가치를 재구입비에 대한 비율로 나타낸 것으로 피해액 산정 시 현실을 반영하여 건물·부대설비·구축물·가재도구 등에 대한 최종잔가율은 20%, 그 외 자산에 대해서는 10%로 정한다.

정답 ③

77

화재조사 및 보고규정에서 소실정도를 구분할 때 전소에 대한 설명으로 틀린 것은?

① 반소보다 소실비율이 높다.
② 일반적으로 건물의 경우 70% 이상 소실된 것을 의미한다.
③ 소실비율은 소실된 건물의 바닥면적을 기준으로 한다.
④ 소실정도가 70% 미만인 경우에 잔존부분을 보수하여도 재사용이 불가능한 것은 전소에 해당한다.

해설

구분	소실정도
전소	건물의 70% 이상(입체면적에 대한 비율)이 소실되었거나 또는 그 미만이라도 잔존부분을 보수하여도 재사용이 불가능한 것
반소	건물의 30% 이상 70% 미만이 소실된 것
부분소	전소, 반소에 해당하지 않는 것

정답 ③

78

영업시설의 피해액 산정 시에 개·보수한 때를 기준으로 경과연수를 산정하는 것은 재설치비의 몇 % 이상 개·보수한 경우인가?

① 50 ② 60
③ 70 ④ 80

해설

재설치비의 80% 이상 개보수한 때를 기준으로 하여 경과연수 산정한다.

정답 ④

79

화재현황조사서의 기재사항이 아닌 것은?

① 건물상태 ② 화재발생장소
③ 화재원인 ④ 발화관련기기

해설

건물상태는 화재현황조사서에 기재사항에 해당하지 않는다.

관련이론 화재현황조사서 기재항목

- 소방관서
- 화재발생 및 출동
- 화재발생장소 및 유형
- 화재원인
- 발화관련 기기
- 연소확대
- 피해 및 인명구조
- 관계자
- 동원인력
- 보험가입
- 기상상황
- 첨부서류
- 작성자

정답 ①

80 ★★★

철거건물에 대한 피해액 산정 시의 최종잔가율로 맞는 것은?

① 5% ② 10%
③ 15% ④ 20%

해설

퇴거 또는 철거가 예정된 건물은 사고일로부터 철거일까지의 기간을 잔여내용연수로 보고 잔여내용연수 기간의 감가율에 최종잔가율 20%를 합한 비율을 당해 건물의 잔가율로 하여 피해액을 산정한다.

관련이론 철거건물의 피해액

철거건물의 피해액 = 재건축비 $\times [0.2 + (0.8 \times \frac{잔여내용연수}{내용연수})]$

정답 ④

화재조사관계법규

81 ★★★

화재로 인한 재해보상과 보험가입에 관한 법률상 특수건물에 대하여 손해보험회사가 운영하는 특약부화재보험에 가입하지 아니한 자의 벌칙 기준으로 옳은 것은?

① 100만원 이하의 벌금   ② 300만원 이하의 벌금
③ 500만원 이하의 벌금   ④ 700만원 이하의 벌금

해설

「화재로 인한 재해보상과 보험가입에 관한 법률 제23조」
법을 위반하여 특약부화재보험에 가입하지 아니한 자는 500만원 이하의 벌금에 처한다.

정답 ③

82 ★★★

소방의 화재조사에 관한 법률상 화재조사를 하기 위한 화재조사관의 출입 또는 조사를 거부·방해 또는 기피하는 자에 대한 벌칙 기준으로 옳은 것은?

① 100만원 이하의 벌금   ② 200만원 이하의 벌금
③ 300만원 이하의 벌금   ④ 500만원 이하의 벌금

해설

「소방의 화재조사에 관한 법률 제21조」
정당한 사유 없이 화재조사관의 출입 또는 조사를 거부·방해 또는 기피한 사람은 300만원 이하의 벌금에 처한다.

정답 ③

83 ★★★

화재조사 및 보고규정에 따른 사상자의 기준 중 다음 ( )안에 알맞은 것은?

> 사상자는 화재현장에서 사망한 사람과 부상당한 사람을 말한다. 단, 화재현장에서 부상을 당한 후 ( )시간 이내에 사망한 경우에는 당해 화재로 인한 사망으로 본다.

① 72
② 48
③ 36
④ 24

해설

분류	부상 정도
사상자	화재현장에서 사망한 사람과 부상당한 사람을 말한다. 다만, 화재현장에서 부상을 당한 후 72시간 이내에 사망한 경우에는 당해 화재로 인한 사망으로 본다.
중상	3주 이상의 입원치료를 필요로 하는 부상
경상	중상 이외의 부상(입원치료를 필요로 하지 않는 것도 포함)을 말한다. 단, 병원치료를 필요로 하지 않고 단순하게 연기를 흡입한 사람은 제외

정답 ①

84 ★☆☆

소방청장, 소방본부장 또는 소방서장이 방화(放火) 또는 실화(失火)의 혐의가 있어서 수사기관이 이미 피의자를 체포하였거나 증거물을 압수하였을 때에 화재조사를 위하여 피의자 또는 압수된 증거물에 대한 조사를 하는 경우에 대한 설명으로 옳은 것은?

① 필요할 때는 언제나 조사할 수 있으며 수사기관은 항상 화재조사에 협조하여야 한다.
② 수사기관의 수사가 종료된 후부터 조사를 실시할 수 있다.
③ 수사에 지장을 주지 아니하는 범위에서 조사를 할 수 있으며 수사기관은 신속한 화재조사를 위하여 특별한 사유가 없으면 조사에 협조하여야 한다.
④ 원칙적으로 조사할 수 없으나, 인명피해 등 사회적 문제가 야기된 경우에는 조사할 수 있다.

해설

「소방의 화재조사에 관한 법률 제11조」
- 소방관서장은 화재조사를 위하여 필요한 경우 증거물을 수집하여 검사·시험·분석 등을 할 수 있다. 다만, 범죄수사와 관련된 증거물인 경우에는 수사기관의 장과 협의하여 수집할 수 있다.
- 소방관서장은 수사기관의 장이 방화 또는 실화의 혐의가 있어서 이미 피의자를 체포하였거나 증거물을 압수하였을 때에 화재조사를 위하여 필요한 경우에는 범죄수사에 지장을 주지 아니하는 범위에서 그 피의자 또는 압수된 증거물에 대한 조사를 할 수 있다. 이 경우 수사기관의 장은 소방관서장의 신속한 화재조사를 위하여 특별한 사유가 없으면 조사에 협조하여야 한다.
- 증거물 수집의 범위, 방법 및 절차 등에 필요한 사항은 대통령령으로 정한다.

정답 ③

85 ★★☆

화재로 인한 재해보상과 보험가입에 관한 법률에 따르면 특수건물의 소유권이 변경된 경우 소유권을 취득한 날부터 며칠 이내에 특약부화재보험에 가입하여야 하는가?

① 즉시 ② 10일
③ 20일 ④ 30일

해설

「화재로 인한 재해보상과 보험가입에 관한 법률 제5조」
- 손해보험회사는 특약부화재보험 계약의 체결을 거절하지 못한다.
- 특수건물의 소유자는 다음 각 호에서 정하는 날부터 30일 이내에 특약부화재보험에 가입하여야 한다.
  - 특수건물을 건축한 경우: 건축법에 따른 건축물의 사용승인, 주택법에 따른 사용검사 또는 관계 법령에 따른 준공인가·준공확인 등을 받은 날
  - 특수건물의 소유권이 변경된 경우: 그 건물의 소유권을 취득한 날
  - 그 밖의 경우: 특수건물의 소유자가 그 건물이 특수건물에 해당하게 된 사실을 알았거나 알 수 있었던 시점 등을 고려하여 대통령령으로 정하는 날
- 특수건물의 소유자는 특약부화재보험에 관한 계약을 매년 갱신하여야 한다.

정답 ④

86 ★★★

화재조사 및 보고규정상 화재의 소실정도가 반소인 기준으로 옳은 것은?

① 건물의 30% 이상 70% 미만이 소실된 것
② 건물의 40% 이상 60% 미만이 소실된 것
③ 건물의 50% 이상 70% 미만이 소실된 것
④ 건물의 50% 이상 80% 미만이 소실된 것

해설

구분	소실정도
전소	건물의 70% 이상(입체면적에 대한 비율)이 소실되었거나 또는 그 미만이라도 잔존부분을 보수하여도 재사용이 불가능한 것
반소	건물의 30% 이상 70% 미만이 소실된 것
부분소	전소, 반소에 해당하지 않는 것

정답 ①

87 ★☆☆

민법상 다음 (   )안에 알맞은 용어는?

> 공작물의 설치 또는 보존의 하자로 인하여 타인에게 손해를 가한 때에는 공작물(㉠)가 손해를 배상할 책임이 있다. 그러나 (㉠)가 손해의 방지에 필요한 주의를 해태하지 아니할 때에는 그(㉡)가 손해를 배상할 책임이 있다.

① ㉠ 소유자, ㉡ 중개자 ② ㉠ 점유자, ㉡ 소유자
③ ㉠ 소유자, ㉡ 설계자 ④ ㉠ 점유자, ㉡ 건축자

해설

「민법 제758조」
공작물의 설치 또는 보존의 하자로 인하여 타인에게 손해를 가한 때에는 공작물점유자가 손해를 배상할 책임이 있다. 그러나 점유자가 손해의 방지에 필요한 주의를 해태하지 아니한 때에는 그 소유자가 손해를 배상할 책임이 있다.

정답 ②

88 ★★★

제조물 책임법에 따른 손해배상의 청구권은 제조업자가 손해를 발생시킨 제조물을 공급한 날부터 몇 년 이내에 행사하여야 하는가?

① 3 ② 5
③ 7 ④ 10

해설

「제조물 책임법 제7조」
이 법에 따른 손해배상의 청구권은 제조업자가 손해를 발생시킨 제조물을 공급한 날부터 10년 이내에 행사하여야 한다. 다만, 신체에 누적되어 사람의 건강을 해치는 물질에 의하여 발생한 손해 또는 일정한 잠복기간(潛伏期間)이 지난 후에 증상이 나타나는 손해에 대하여는 그 손해가 발생한 날부터 기산(起算)한다.

정답 ④

89 ★☆☆

제조물 책임법상 제조업자의 손해배상 면책 규정으로 옳지 않은 것은?

① 제조업자가 해당 제조물을 공급하지 아니하였다는 사실을 입증한 경우
② 제조물의 결함이 제조업자의 제조물 공급 당시 법령기준을 준수함에 따라 발생하였다는 사실을 입증한 경우
③ 제조물을 공급한 당시의 과학·기술 수준으로는 결함의 존재를 발견할 수 없었다는 사실을 입증한 경우
④ 제조업자가 결함 있는 제조물을 공급한 후 3년이 경과한 경우

해설
「제조물 책임법 제4조」
손해배상책임을 지는 자가 어느 하나에 해당하는 사실을 입증한 경우에는 이 법에 따른 손해배상책임을 면(免)한다.
- 제조업자가 해당 제조물을 공급하지 아니하였다는 사실
- 제조업자가 해당 제조물을 공급한 당시의 과학·기술 수준으로는 결함의 존재를 발견할 수 없었다는 사실
- 제조물의 결함이 제조업자가 해당 제조물을 공급한 당시의 법령에서 정하는 기준을 준수함으로써 발생하였다는 사실
- 원재료나 부품의 경우에는 그 원재료나 부품을 사용한 제조물 제조업자의 설계 또는 제작에 관한 지시로 인하여 결함이 발생하였다는 사실

정답 ④

90 ★★★

화재로 인한 재해보상과 보험가입에 관한 법령상 특약부화재보험을 가입하여야 하는 특수건물 중 아파트는 기본적으로 몇 층 이상이어야 하는가?

① 7층
② 11층
③ 16층
④ 층수에 관계없이 모든 아파트

해설
「화재로 인한 재해보상과 보험가입에 관한 법률 시행령 제2조」
공동주택으로서 16층 이상의 아파트 및 부속건물이 경우 관리주체에 의하여 관리되는 동일한 아파트단지 안에 있는 15층 이하의 아파트를 포함한다.

정답 ③

91 ★★★

화재조사 및 보고규정상 다음에서 설명하는 용어는?

> 피해물의 종류, 손상 상태 및 정도에 따라 피해액을 적정화시키는 일정한 비율을 말한다.

① 최초잔가율
② 최종잔가율
③ 잔가율
④ 손해율

해설
「화재조사 및 보고규정 제2조」
손해율이란 피해물의 종류, 손상 상태 및 정도에 따라 피해액을 적정화시키는 일정한 비율을 말한다.

정답 ④

92 ★★★

제조물 책임법상 제조상의 결함에 해당되는 것은?

① 제조업자가 합리적인 대체설계(代替設計)를 채용하였더라면 피해나 위험을 줄이거나 피할 수 있었음에도 대체설계를 채용하지 아니하여 해당 제조물이 안전하지 못하게 된 경우를 말한다.
② 제조업자가 제조물에 대하여 제조상·가공상의 주의의무를 이행하였는지에 관계없이 제조물이 원래 의도한 설계와 다르게 제조·가공됨으로써 안전하지 못하게 된 경우를 말한다.
③ 제조업자가 합리적인 설명·지시·경고 또는 그 밖의 표시를 하였더라면 해당 제조물에 의하여 발생할 수 있는 피해나 위험을 줄이거나 피할 수 있었음에도 이를 하지 아니한 경우를 말한다.
④ 제조업자가 물류·유통과정에서 발생할 수 있는 위험을 인지하지 못하여 제조물의 파손을 초래한 경우를 말한다.

해설
「제조물 책임법 제2조」
결함이란 해당 제조물에 다음 각 목의 어느 하나에 해당하는 제조상·설계상 또는 표시상의 결함이 있거나 그 밖에 통상적으로 기대할 수 있는 안전성이 결여되어 있는 것을 말한다.
- 제조상의 결함
  제조업자가 제조물에 대하여 제조상·가공상의 주의의무를 이행하였는지에 관계없이 제조물이 원래 의도한 설계와 다르게 제조·가공됨으로써 안전하지 못하게 된 경우를 말한다.
- 설계상의 결함
  제조업자가 합리적인 대체설계(代替設計)를 채용하였더라면 피해나 위험을 줄이거나 피할 수 있었음에도 대체설계를 채용하지 아니하여 해당 제조물이 안전하지 못하게 된 경우를 말한다.
- 표시상의 결함
  제조업자가 합리적인 설명·지시·경고 또는 그 밖의 표시를 하였더라면 해당 제조물에 의하여 발생할 수 있는 피해나 위험을 줄이거나 피할 수 있었음에도 이를 하지 아니한 경우를 말한다.

정답 ②

93 ★★★

형법상 업무상과실 또는 중대한 과실로 인하여 실화의 죄를 범한 자에 대한 벌칙 기준으로 옳은 것은?

① 2년 이하의 금고 또는 700만원 이하의 벌금
② 3년 이하의 금고 또는 2,000만원 이하의 벌금
③ 5년 이하의 금고 또는 1,500만원 이하의 벌금
④ 7년 이하의 금고 또는 2,000만원 이하의 벌금

해설
「형법 제171조」
업무상과실 또는 중대한 과실로 인하여 죄를 범한 자는 3년 이하의 금고 또는 2천만원 이하의 벌금에 처한다.

정답 ②

94 ★★★

화재로 인한 재해보상과 보험가입에 관한 법령상 특약부화재보험의 설명으로 옳은 것은?

① 장애가 남은 것이란 정상기능의 5분의 2 이상을 상실한 경우를 말한다.
② 제대로 못쓰게 된 것이란 정상기능의 5분의 4 이상을 상실한 경우를 말한다.
③ 뚜렷한 장애가 남은 것이란 정상기능의 5분의 3 이상을 상실한 경우를 말한다.
④ 항상 보호 또는 수시 보호를 받아야 하는 기간은 의사가 판정하는 노동능력 상실기간을 기준으로 하여 타당한 기간으로 정한다.

해설
「화재로 인한 재해보상과 보험가입에 관한 법률 시행령 별표2」
- 항상 보호 또는 수시 보호를 받아야 하는 기간은 의사가 판정하는 노동능력 상실기간을 기준으로 하여 타당한 기간으로 정한다.
- 제대로 못쓰게 된 것이란 정상기능의 4분의 3 이상을 상실한 경우를 말하고, 뚜렷한 장애가 남은 것이란 정상기능의 2분의 1 이상을 상실한 경우를 말하며, 장애가 남은 것이란 정상기능의 4분의 1 이상을 상실한 경우를 말한다.

정답 ④

95 ★★★

소방의 화재조사에 관한 법령상 화재조사관 자격시험에 응시할 수 있는 소방공무원의 기준에 대한 내용이다. 다음 (   ) 안에 알맞은 것은?

- 화재조사관 양성을 위한 전문교육을 이수한 사람
- 국립과학수사연구원 또는 소방청장이 인정하는 외국의 화재조사 관련 기관에서 (   )주 이상 화재조사에 관한 전문교육을 이수한 사람

① 15　　② 12
③ 10　　④ 8

해설
「소방의 화재조사에 관한 법률 시행규칙 제4조」
- 화재조사관 양성을 위한 전문교육을 이수한 사람
  - 화재조사관 양성을 위한 전문교육
  - 화재조사관의 전문능력 향상을 위한 전문교육
  - 전담부서에 배치된 화재조사관을 위한 의무 보수교육
- 국립과학수사연구원 또는 소방청장이 인정하는 외국의 화재조사 관련 기관에서 8주 이상 화재조사에 관한 전문교육을 이수한 사람

정답 ④

96 ★★★

화재조사 및 보고규정상 용어의 정의 중 옳은 것은?

① 발화열원이란 화재가 발생한 부위를 말한다.
② 화재조사관이란 화재조사업무를 위탁한 보험회사 직원을 말한다.
③ 발화요인이란 발화에 관련된 불꽃 또는 열을 발생시킨 기기 또는 장치나 제품을 말한다.
④ 연소확대물이란 연소가 확대되는 데 있어 결정적 영향을 미친 가연물을 말한다.

선지분석
① 발화열원이란 발화의 최초원인이 된 불꽃 또는 열을 말한다.
② 화재조사관이란 화재조사업무를 수행하는 간부급 소방공무원을 말한다.
③ 발화열원에 의하여 발화로 이어진 연소현상에 영향을 준 인적·물적·자연적인 요인을 말한다.

정답 ④

97 ★☆☆

민법에서 규정하는 불법행위에 대한 설명으로 틀린 것은?

① 과실로 인한 위법행위로 타인에게 손해를 가한 자는 그 손해를 배상할 책임이 있다.
② 타인의 신체, 자유 또는 명예를 해하거나 기타 정신상 고통을 가한 자는 재산 이외의 손해에 대하여도 배상할 책임이 있다.
③ 심신상실 중에 타인에게 손해를 가한 자는 배상의 책임이 있다.
④ 태아는 손해배상의 청구권에 관하여는 이미 출생한 것으로 본다.

해설
「민법 제754조」
심신상실 중에 타인에게 손해를 가한 자는 배상의 책임이 없다. 그러나 고의 또는 과실로 인하여 심신상실을 초래한 때에는 그러하지 아니하다.

정답 ③

98 ★☆☆

소방기본법에 의한 화재, 재난·재해 그 밖의 위급한 상황이 발생한 현장에서 그 현장에 있는 사람으로 하여금 사람을 구출하는 일 또는 불을 끄거나 불이 번지지 아니하도록 하는 일을 방해한 자에 대한 벌칙은?

① 5년 이하의 징역 또는 3천만원 이하의 벌금
② 5년 이하의 징역 또는 5천만원 이하의 벌금
③ 3년 이하의 징역 또는 1천500만원 이하의 벌금
④ 3년 이하의 징역 또는 1천만원 이하의 벌금

해설
「소방기본법 제50조」
화재, 재난·재해 그밖의 위급한 상황이 발생한 현장에서 그 현장에 있는 사람으로 하여금 사람을 구출하는 일 또는 불을 끄거나 불이 번지지 아니하도록 하는 일을 방해한 자는 5년 이하의 징역 또는 5천만원 이하의 벌금에 처한다.

정답 ②

99 ★★★

공용건조물 등 방화죄 대상물이 아닌 것은?

① 건조물 ② 자동차
③ 임야 ④ 광갱

해설

「형법 제165조」
불을 놓아 공용(公用)으로 사용하거나 공익을 위해 사용하는 건조물, 기차, 전차, 자동차, 선박, 항공기 또는 지하채굴시설을 불태운 자는 무기 또는 3년 이상의 징역에 처한다.

정답 ③

100 ★★★

화재증거물수집관리규칙에 따른 증거물 시료용기의 기준 중 옳은 것은?

① 주석 도금캔(CAN)은 2회 사용 후 반드시 폐기한다.
② 양철 용기는 돌려 막는 스크루 뚜껑만 아니라 밀어 막는 금속 마개를 갖추어야 한다.
③ 코르크마개, 클로로프렌 고무, 마분지, 합성 코르크마개 또는 플라스틱 물질(PTFE포함)은 시료와 직접 접촉되어서는 안 된다.
④ 유리병의 코르크 마개는 휘발성 액체에 사용하여야 한다. 만일 제품이 빛에 민감하다면 짙은 색깔의 시료병을 사용한다.

선지분석

① 주석 도금캔(CAN)은 1회 사용 후 반드시 폐기한다.
③ 코르크마개, 고무(클로로프렌 고무는 제외), 마분지, 합성 코르크마개 또는 플라스틱 물질(PTFE는 제외)은 시료와 직접 접촉되어서는 안 된다.
④ 유리병의 코르크 마개는 휘발성 액체에 사용하여서는 안 된다. 만일 제품이 빛에 민감하다면 짙은 색깔의 시료병을 사용한다.

정답 ②

에듀윌이 너를 지지할게

ENERGY

삶의 순간순간이
아름다운 마무리이며
새로운 시작이어야 한다.

– 법정 스님

**여러분의 작은 소리
에듀윌은 크게 듣겠습니다.**

본 교재에 대한 여러분의 목소리를 들려주세요.
공부하시면서 어려웠던 점, 궁금한 점,
칭찬하고 싶은 점, 개선할 점, 어떤 것이라도 좋습니다.

에듀윌은 여러분께서 나누어 주신 의견을
통해 끊임없이 발전하고 있습니다.

에듀윌 도서몰 book.eduwill.net
- 부가학습자료 및 정오표: 에듀윌 도서몰 → 도서자료실
- 교재 문의: 에듀윌 도서몰 → 문의하기 → 교재(내용, 출간) / 주문 및 배송

2026 에듀윌 화재감식평가기사 필기 한권끝장(산업기사 동시대비)

발 행 일	2025년 10월 31일 초판
편 저 자	김훈
펴 낸 이	양형남
개발책임	목진재
개 발	김미지
펴 낸 곳	(주)에듀윌
I S B N	979-11-360-3985-9
등록번호	제25100-2002-000052호
주 소	08378 서울특별시 구로구 디지털로34길 55 코오롱싸이언스밸리 2차 3층

* 이 책의 무단 인용 · 전재 · 복제를 금합니다.

www.eduwill.net
대표전화 1600-6700